地 震 工 程 学

（第二版）

胡聿贤 著

地 震 出 版 社

2006

图书在版编目（CIP）数据

地震工程学/胡聿贤著. —2 版. —北京：地震出版社，2006. 1（2021.9重印）

ISBN 978-7-5028-2852-4

Ⅰ. 地… Ⅱ. 胡… Ⅲ. 地震工程－理论 Ⅳ. P315.9

中国版本图书馆 CIP 数据核字（2005）第 005786 号

地震版 XM5021/P 1264

地震工程学（第二版）
胡聿贤 著
责任编辑：蒋乃芳 李 玲
责任校对：王花芝

出版发行：地震出版社
北京民族学院南路 9 号 邮编：100081
发行部：68423031 68467991 传真：68467991
总编室：68462709 68423029
E-mail：seis@ht.rol.cn.net
http://seismologicalpress.com

经销：全国各地新华书店
印刷：河北文盛印刷有限公司

版（印）次：2006 年 1 月第二版 2021 年 9 月第三次印刷
开本：787×1092 1/16
字数：941 千字
印张：36.75
书号：ISBN 978-7-5028-2852-4
定价：128.00 元
版权所有 翻印必究
（图书出现印装问题，本社负责调换）

再版前言

地震工程是一门专业性较强的学科。二十多年前，我在中国地震局工程力学研究所为地震工程专业的研究生讲课，在此基础上，1988 年出版了本书的第一版。蒙一些有关大专院校将该书用作这一专业的参考教材，目前，此书已脱销。因相似的专著不多，故出版此修订本。

二十多年来，这一领域的主要发展有二。第一是消能与控制理论的应用。国内外都在研究与工程两方面取得了可喜的成绩，并制定了相应的抗震设计规范。为此，本书再版增补了第十一章，包括被动消能与主动控制两部分，分别请同事好友周锡元与张敏政撰写，合为一章。第二是提出了考虑破坏后果的抗震设计原则（consequence-based design criterion），强调要考虑所设计工程的重要性，包括其破坏可能引起的直接和间接损失（Hu，2003）。几年后，美国中部 MAE（地震工程中心）Illinois 大学的 Abrams 教授大力开展了这一研究，相信他们会取得好结果。

作　者

2005 年 9 月于北京

前　言

本书以地震工程或结构抗震专业研究生和从事此专业的教学、科研、设计人员为对象，全面阐述工程地震学和结构抗震两方面的内容，特别重视两者的联系。

作者从1982年起在中国科学院工程力学研究所（后改属国家地震局）对地震工程和结构动力学专业研究生讲授地震工程学，1983年在南京力学学会和地震学会合办的短期讨论班讲过一次，本书以此教材为基础修改而成。

作者年青时学习土木工程系结构专业，在工程力学研究所工作近三十年，主要从事工程地震与结构抗震研究。二十余年来，深感国内外地震工程界存在着一个严重缺陷，即地震学与结构抗震两者之间缺乏联系。负责地震活动性与地震区划工作的大多是地质、地震部门，从事这一工作的地质、地震学家以为结构抗震对地震的要求就是地震烈度；负责结构抗震工作的是建设部门，从事这一工作的结构工程师不大了解地震活动性和地震区划。国内外的共同之处是，地震学家们无法考虑工程师们不断提高的要求，只提供自己熟悉的地震烈度；工程师们不满足于烈度，只好按自己了解的地震活动性去估计地震动物理量的变化。结果是两方面相互不能配合好，地震工程学的发展受到阻碍。

目前国际上关于地震工程学的书籍至少有几十本，绝大部分以结构抗震为主要目标，只对工程地震作简单介绍；少数专著则专门介绍工程地震，虽亦涉及结构抗震，但不深入，如日本的金井清与苏联的默德韦杰夫的书；另有少数专著涉及面广，工程地震与结构抗震两部分都有详细论述，但属多人合写，未能互相渗透、合为一体，如金井清、田治见宏、大沢胖、小林启美四人合著的《地震工程学》，或威格尔主编、十五人合写的《地震工程》。在现有书籍中，纽马克与罗森布卢思的《地震工程原理》是一本好书，惜出版于十余年前，需要补充新资料。

为此，作者不惴冒昧，谨以本书补此空白，若能为沟通工程地震与结构抗震两方面尽一点力量，实属万幸。

本书主要由工程地震和结构抗震两部分组成，共分四篇十四章。第一篇是概论与基础。第一章概论是作者关于地震工程学范畴的个人见解。结构动力学是本书的主要基础知识，属地震工程专业研究生必修课，另有讲授，国内又已有不少较好书籍，故本书从略，而只介绍地震学基础和随机振动必备知识。第二篇是工程地震，重点是第六章地震动；第四章关于地震烈度部分是结合我国具体需要写的。这一篇的主要目的是想说明，在结构抗震中，现在是从烈度过渡到直接采用地震动的时候了。第三篇是结构抗震理论，重点和基础是第七章结构地震反应分析，由于国内已有的抗震专著对此均有详细论述，故本书仅就必要的基础、重要的概念和最新的进展作详细介绍。本篇力图贯彻作者的一个基本信念，即地震工程学的基础是实际震害经验、强震观测资料和现场与室内试验结果，因此，本书将结构物实际地震反应和试验扩大为独立的第九、十两章。第四篇是地震工程理论的应用，包括地震危险性分析与区划和抗震设计。

总之，作者力图贯彻全书的中心思想是在工程地震与结构抗震的实际工程应用中，将两部分融汇在一起，使地震工程学得以迅速而健康的发展。除此基本目的之外，本书着重介绍国际新进展，而不拘泥于定论，使读者不但能了解本学科的现有定论，又能了解当前存在的主要问题及不同意见的论据。这一特点多见于论文而少见于书籍，请读者注意，勿为一家之言或作者偏见所左右。古语说，尽信书不如无书，可能有些过份，但在科研中实属必要。本书主要读者对象已有独立思考能力和很多经验，当不致造成恶果。将这些散见于期刊中的文献，系统地加以分析介绍，若能使读者迅速了解国际新情况，作者就满足了。

个别图中仍有英制单位，故在卷首附有单位换算表。另外，作者深感索引的方便作用，故在书末附有中英人名、地名、名词对照表且兼作索引之用。

由于作者学识有限，偏见在所难免，疏忽谬误之处，敬希读者不吝指正。

最后，感谢对本书出版作出各种帮助的同志，特别是作技术校对的王孝信、王前信同志，及博士研究生张敏政。

单位换算表

1 英寸=2.54 厘米

1 英尺=0.3048 米

1 英里=1.609 公里

1 磅=0.4536 公斤

1 磅力·英尺=1.356 牛顿·米

1 磅力/英寸 ^{2}=0.689 牛顿/厘米 ^{2}

1 磅力/英尺 ^{2}=47.9 牛顿/米 ^{2}

1 公斤力=9.8 牛顿

1 吨力=9800 牛顿

1 达因=10^{-5} 牛顿

1 巴=10^5 帕

1 伽=10^{-2} 米/秒 ^{2}

1 公斤力/厘米 ^{2}=9.8×10^4 帕

1 吨力/米 ^{2}=0.98×10^4 帕

常用符号

A 面积；加速度最大值；或地震动其他参数

$\underline{A}$ 地震动参数矢量，有时省去下面一横

A_a 有效峰值加速度

A_v 有效峰值速度相应的加速度

A_n 第 n 层的层间剪力分布系数

a 加速度；常数

$\underline{a}$ 初始条件与参数矢量

a_{max} 最大加速度

B 宽度；结构修复费

b 长度量；常数

C 结构系数；构造特性系数；常数；函数；荷载效应系数

C_ζ 阻尼构造系数

C_μ 延性构造系数

C_i 常数或系数

C_e 偏心修正系数

C_s 刚度均匀系数

$C_{es}=C_eC_s$ 偏心刚度系数

C_d 结构位移放大系数

C_D 顶部附加集中力系数

$C_V=\sigma/m$ 离散系数

C_R 反应修正系数

C_T 自振周期计算系数

C 阻尼系数；常数

C_{cr} 临界阻尼系数

COV 变异系数

D 断层距（公里）；损坏度；自重荷载；位移最大值；阻尼力；积累疲劳损伤度

d 位移（厘米）；长度量

d_S 砂层埋深（米）

d_{max} 最大位移

d_W 地下水埋深（米）

E 弹性模量

$E[\ ]$ 期望值；集系平均

EPA 有效峰加速度

EPV 有效峰速度

e 偏心距

e_s 静力偏心距

e_D 偶然偏心系数

F 外力

F_t 房屋顶部的地震力

F_p 局部地震力

$F(\omega)$ 傅里叶复谱

$F(x)$ 随机变量不超过 x 的概率

$f(x)=\dfrac{\mathrm{d}F(x)}{\mathrm{d}x}$ 概率密度函数；x 的函数

$f(x\,|\,A)$ 事件 A 出现后，x 出现的概率密度

$f=\dfrac{\omega}{2\pi}$ 工程频率（赫）

G 剪切模量；静载；常数；恢复力

$G(\omega)$ （单侧）功率谱密度

g 重力加速度（$1g$=980 厘米/秒^2）

$g(x)$ x 的函数

H 水平力；高度；房屋总高度；地下深度

$H_n=\sum_{j=1}^{n}h_j$ 第 n 层顶高程，n 由下向上计算

$\overline{H}$ 结构重心高度

$H(\mathrm{i}\omega)$ 传递函数

$H\{\bullet\}$ 哈密尔顿函数

h 震源深度（公里）；土层厚度（米）；房屋层高（米）；高度

h_n 第 n 层层高

$h(t)$ 脉冲反应函数

I 地震烈度；重要性系数；惯性矩；震害指数；液化指数

I_0 震中烈度；功率

$\underline{I}$ 单位矩阵，对角线为 1，其他元均为零

Im[ ] 量[ ]的虚部

$\mathrm{i}=\sqrt{-1}$

i 震害指数；整变数

J 极惯性矩；误差目标函数；倾覆力矩；折减系数

j 整数变量

j_s 场地变量

j_v 竖向分量变量

J^* 泛函

K 刚度；侧应力系数；常数；反馈增益矩阵

k 刚度；$k=a_{max}/g$ 震度或地震力系数；系数

k_1 第一次设计用的地震力系数

k_2 第二次设计用的地震力系数

L 断层破裂长度（公里）；长度；外部荷载

l 长度；波长

M 震级；质量；弯矩；力矩

M_1 足以引起场地危险地震动的最小震级

M_2 潜在震源区带内断层最大长度对应的最大震级

M_L 地方震级

M_S 面波震级

M_u 震级上限

M_N 矩震级

M_0 地震矩；震级下限；基底变矩

m 质量；震级；平均值；次数；常指数；等效弯曲系数

m_b 体波震级

N 次数；地震次数；循环次数；轴向内力；房屋总层数；标贯锤击数

N_C 砂土液化临界标贯锤击数

n 次数；由下向上的楼层数，n=1 为底层，$n=N$ 为顶层；钢筋与混凝土弹性模量之比

$P(x)$ $P(x)=1-F(x)$表示随机变量超过 x 的概率

$P[S]$ 事件 S 发生的概率

$P[S|A]$ 在事件 A 出现后，事件 S 发生的条件概率

PI 塑性指数

P_c 粘粒含量（%）

p 概率；配筋率；外力

$p(x)$ 概率密度函数

PSV 准速度反应谱

PGA 有效峰值加速度

PGV 有效峰值速度

Q 恢复力；品质因数；结构反应

Q_u 保有水平抗力

Q_y 屈服剪力

Q_{un} 第 n 层层间保有水平抗力

q 等效剪力系数；振型反应

R 震源距（公里）；能中距；半径；结构反应折减系数；结构抗力、强度或反应容许值

$R_{xy}(t_1，t_2)$ 相关函数

$R_t=\beta/\beta_{max}$ 反应谱形系数

Re[ ] 量[ ]的实部

r 半径；震源距（公里）；比值

r_s 刚度比，层间转角倒数与各层间转角倒数平均值之比

$r_e=e/r_i$ 偏心率，为偏心 e 与回转半径 r_i 之比

$r(t)$ 包线过程

S 谱密度；结构反应状态；场地土壤系数；场地土壤分类

$S(T)$或$S(T，\zeta)$ 反应谱，一般取ζ=0.05

$S_a(T)$ （绝对）加速度反应谱

$S_v(T)$ （相对）速度反应谱

$S_d(T)$ （相对）位移反应谱

s 断层长度（公里）

T 周期（秒）；地震动时段长（秒）；

	结构寿命（年）
T_0	反应谱拐点周期（秒）
T_d	地震动持时（秒）
T_g	地震动卓越周期
T_S	场地自振周期（秒）
T_j	结构第 j 振型自振周期（秒）
t	时间变量
u	相对位移；位错
V_0	底部剪力，基底剪力
V	底部剪力；竖向力；速度最大值；波速
V_{e0}	弹性底部剪力
V_n	第 n 层层间剪力
V_{en}	弹性第 n 层层间剪力
V_{n2}	第二级设计第 n 层层间剪力
$V_{ar}[\ \ ]$	方差
v	质点速度；波速；位移
v_{max}	最大速度
v_P	纵波波速（公里/秒）
v_S	横波波速（公里/秒）
v_f	断层破裂速度
W	重量；功；能量
$W_n=\sum_{j=n}^{N} w_j$	第 n 层及更高层的总重量
w	位移
w_j	第 j 层重量；权函数
X, Y, Z	坐标；位置变量
x, y, z	坐标；变量或函数
y	反应量
$\underline{y^0}$	初始条件矢量
Y	函数
Z	地震分区系数
$\underline{\alpha}$	参数矢量
α	角度；曲率；底部（基底）剪力系数，$\alpha=k\beta(T)$；系数；纵波速
α_n	第 n 层剪力系数
β	系数；角度；横波速
$\beta=\beta(T)=S_a(T)/\alpha_{max}$	加速度（反应）放大谱
β_w	剪力墙承受的荷载与该层层间总剪力之比
Γ	伽玛函数
γ	剪切变形；γ_j 为第 j 振型参与系数；荷载分项安全系数
Δ	震中距（公里）；变位；增量符号
Δ_y	屈服极限变位
δ	对数衰减率；层间变位；系数
ε	轴向变形
ε_b	弯曲变形
$\zeta=C/C_{cr}$	阻尼比；屈服强度系数
η	烟囱基底剪力修正系数；常系数；地震波辐射效率
Θ	$\theta(t)$的傅里叶变换
θ	角度，稳定系数；系数
λ	拉梅常数；波长
λ_j	谱矩；拉格朗日乘子向量
μ	拉梅常数$\mu=G$；延性系数$\mu=\Delta_{max}/\Delta_y$；中心矩
ν	泊松比；地震年平均发生率
ρ	质量密度
σ	应力；均方差
$\sigma(\bullet)$	最大奇异值
$\sigma(\tau)=R(\tau)/R(0)$	相关函数
τ	剪应力；时间变量；时间差变量；时滞
$\underline{\Phi}$	振型矩阵
ϕ	振型矢量；任意函数；相位角；系数；反应谱放大系数；相位谱
ψ	荷载组合系数；反应谱放大系数 $\psi_\mu=\phi_\mu \cdot \phi_e$
$\omega=2\pi f$	圆频率（弧度）
ω_0	单自由度自振频率
ω_D	有阻尼自振频率 $\omega_D=\omega\sqrt{1-\zeta^2}$
ω_j	第 j 振型自振频率；$\omega_1=\lambda_1/\lambda_0$，$\omega_2=\sqrt{\lambda_2/\lambda_0}$ 为谱参数
Ω	频率变量；$\Omega=\omega_2$ 为谱参数
lg	常用对数

ln	自然对数
上标或下标：	
b	弯曲
d	动力
D	阻尼
e	弹性；等效
E	地震
f	下标，破坏
g	地面；场地；土壤；地震动
G	静载
h	水平方向
i, j, k	整数顺序变量
l	荷载
L	活载
M	震级
m	最大值
n	由下向上的楼层号，顺序号
P	概率
s	结构；场地；雪载；静力
t	总和
T	上标表示矩阵的转置
u	极限值
v	竖直方向
W	风载；墙
y	屈服极限；反应
μ	延数
cr	临界值
$\cdot = \dfrac{\partial}{\partial t}$	置于变量之顶表示求导数
—	置于变量之顶表示平均
—	置于变量之底表矢量或矩阵，如 $\underline{M}$
～	置于变量之顶表示土结相互作用
0	底部变量；基本变量；初始量
*	上标，共轭复数
′	上标，另一（变）量
ˆ	置于矢量之顶表示最佳估计；置于矢量之顶表示已知输出
$\lvert\cdots\rvert$	行列式
sgn(•)	符号函数
‖•‖	范数
£{•}	拉普拉斯变换

目　录

第一篇　概论与基础知识

第二篇　工 程 地 震

第三篇 结构抗震理论

第四篇 工 程 抗 震

CONTENTS

PART Ⅰ GENERALS AND FUNDAMENTALS

PART Ⅱ ENGINEERING SEISMOLOGY

PART Ⅲ THEORY OF EARTHQUAKE RESPONSE OF STRUCTURE

第一篇　概论与基础知识

第一章　概　　论

1.1　前　　言

地震是危及人民生命财产的突发式自然灾害，表 1.1.1 和表 1.1.2 中列出了 20 世纪主要地震和由它引起的人员死亡情况。除了人身伤亡之外，地震所带来的损失还有房屋破坏、交通生产中断，水、火、疾病等次生灾害和社会与政治影响。

表 1.1.1　20 世纪部分强震与死亡人数

年 月 日	地　　点	M	死亡人数	年 月 日	地　　点	M	死亡人数
1905.4.4	克什米尔	8.6	1.9 万	1964.6.16	日本新潟	7.4	26
1906.4.18	美国旧金山	8.3	7 万余	1970.5.31	秘鲁	7.7	4 万
1920.12.16	中国海原	8.6	20 余万	1971.2.9	美国加州	6.6	65
1923.9.1	日本关东	8.3	10 万死，4 万不明	1972.4.10	伊朗	7.0	1.7 万
1927.3.7	日本丹后	7.9	3 千	1972.12.23	马拉瓜	6.5	1 万
1933.3.2	日本三陆冲	8.9	3 千	1975.2.4	中国海城	7.0	1.3 万
1935.5.30	巴基斯坦	7.5	3 万	1976.7.28	中国唐山	7.6	24 万
1939.1.25	智利	8.3	3 万	1978.9.16	伊朗	7.7	2.5 万
1939.12.26	土耳其	7.9	2.3 万	1988.9.19	墨西哥	8.1	0.95 万
1946.12.20	日本南海道冲	8.4	千余	1988.12.7	苏联亚美尼亚		2.5 万
1948.6.28	日本福井	7.3	千余	1999.8.17	土耳其	7.4	1.4 万
1952.7.21	美国加州	7.7	10 人	1999.9.21	中国台湾	7.6	0.21 万
1960.2.29	摩洛哥	5.6	1.2 万	2001.1.26	印度	7.7	2 万
1960.5.22	智利	8.3	海啸使日本死 120 人	2001.11.14	中国昆仑山口西	8.1	无人区
1964.3.28	美国阿拉斯加	7.9	130 人				

注：震级 M 为里氏震级 M_L；表中地震数据取自杜达目录或杜达与巴特目录。

表 1.1.2　1949~1969 年死亡人数与地震次数

国　　家	死亡人数	地震次数	国　　家	死亡人数	地震次数
阿 根 廷	5100	8	伊　朗	7500	29
智　　利	28000	32	意 大 利	1800	15
中　　国	159000	17	日　　本	15800	35
厄瓜多尔	5500	11	巴基斯坦	40000	5
希　　腊	1500	47	土 耳 其	46400	54
印　　度	6500	6	苏　　联	15000	2

我国地震区域广阔而分散，地震频繁而强烈，20 世纪内，震级等于或大于 8 的强地震已经发生 10 次之多（表 1.1.3），其中发生于人烟稠密之处者，损失惨重。1556 年陕西的关中地震，被害有名可查者即达 83 万余人；1920 年宁夏的海原地震，死亡 20 余万，伤者不计其数；1976 年河北唐山地震，震级近 8 级，死亡达 24 万余人，强震区内的房屋、工业厂房与设备、城市建设、交通运输、水电设施等都受到极其严重的破坏。

表 1.1.3　中国 1900 年以来 $M \geqslant 7.0$ 地震

年 月 日	地　　点	M	I_0	伤亡与震害
1902.8.22	新疆阿图什	$8\frac{1}{4}$	＞X	死伤 500，土木房全倒
1906.12.23	新疆玛纳斯西南	8	X	死 280，倒房 2000 余间
1909.4.15	台湾花莲海中	$7\frac{1}{4}$	VIII	
1914.8.5	新疆巴里坤	$7\frac{1}{2}$	＞VIII	
1915.12.3	西藏拉萨东	7		
1917.7.31	吉林珲春南	$7\frac{1}{2}$		(深震)
1918.2.13	广东南澳	$7\frac{1}{4}$	X	死伤 80%，全县房倒平
1918.4.10	吉林珲春	$7\frac{1}{4}$		(深震)
1919.12.21	台湾台东东北海中	7		
1920.6.5	台湾花莲海外	8		死伤数十人
1920.12.16	宁夏海原	$8\frac{1}{2}$	VII	死 20 余万，旧城全毁
1920.12.25	宁夏泾源	7		
1922.9.2	台湾宜兰东南海中	$7\frac{1}{2}$		死数人，房倒 14 户
1922.9.15	台湾宜兰东南	$7\frac{1}{4}$		伤数人，房屋倒 24 户
1923.3.24	四川炉霍、道孚	$7\frac{1}{4}$	X	死 3000 余人，震区房全倒
1924.7.3	新疆民丰东	$7\frac{1}{4}$		
1925.3.16	云南大理	7	IX	大理县死 3600，震后起火，共毁房 7 万余间
1925.4.17	台湾恒春	7		
1927.5.23	甘肃古浪	8	XI	死 4 千余，房倒 90%
1930.8.21	台湾宜兰东南海中	7		
1931.8.11	新疆富蕴	8	XI	死万人，倒房屋，地裂 300km
1932.12.25	甘肃昌马	$7\frac{1}{2}$	X	死 270，房倒 80%~90%
1933.8.25	四川叠溪	$7\frac{1}{4}$	X	死 6800，水灾死 2500，60 余城房全毁
1935.4.21	台湾新竹、台中	7		死 3200，伤万余，房全倒
1935.9.4	台湾兰屿西北	$7\frac{1}{4}$		
1936.8.22	台湾恒春东海中	$7\frac{1}{2}$		伤 10 余人，房倒 15 户
1937.8.1	山东菏泽	7	IX	死 390，房倒 3 万余间
1937.12.8	台湾台东新港	7		桥梁破坏，房倒 5 户
1938.9.7	台湾花莲附近	7		
1938.12.7	台湾火烧岛北海中	7		
1940.7.10	黑龙江穆棱	$7\frac{1}{4}$		(深震)
1941.5.16	云南耿马	7	IX	死伤数十人
1941.12.16	台湾嘉义	7	IX~X	死 300 余，房倒 1700 余间
1941.12.26	云南澜沧东南	7	VIII	
1943.11.24	台湾火烧岛东	7		

续表

年 月 日	地　　点	M	I_0	伤亡与震害
1944.3.10	新疆库车、新源	$7\frac{1}{4}$	＞VIII	死数人
1944.9.28	新疆喀什西南	7		房屋轻微破坏
1946.1.11	黑龙江牡丹江南	$7\frac{1}{4}$		(深震)
1947.3.17	青海达日	$7\frac{3}{4}$		
1947.7.29	西藏朗县东南	$7\frac{3}{4}$		
1948.3.3	东沙群岛东南	$7\frac{1}{4}$		
1948.5.25	四川理塘南	$7\frac{1}{4}$	X	死 800 余，房倒 90%
1949.2.24	新疆库车东北	$7\frac{1}{4}$	IX	死十余人，房倒近 4 千间
1950.8.15	西藏察隅	$8\frac{1}{2}$	≥X	伤亡甚大，坯房倒 90%
1951.10.22	台湾花莲	$7\frac{1}{4}$	IX~X	
1951.11.18	西藏当雄	8		
1954.2.11	甘肃山丹东北	$7\frac{1}{4}$	X	死 47，房倒 20%~30%
1955.4.14	四川康定南	$7\frac{1}{2}$	IX	坯房倒 90%
1955.4.15	新疆乌恰西	7	IX	(两次地震)
1957.1.3	吉林珲春	7.0		(深震)
1959.8.15	台湾恒春东北	7		
1963.4.19	青海阿兰湖	7	VIII^{+}	西克尔土坝顶裂
1964.1.18	台湾台南东南	7	IX~X	
1966.3.22	河北宁晋东汪(邢台)	7.2	X	县内房几乎倒平
1969.7.18	渤海	7.4	≥VII	山东各地倒坏房千余间
1970.1.5	云南通海	7.7	X^{+}	房倒平 90%
1972.1.25	台湾新港东海中	8		
1973.2.6	四川炉霍	7.9	X	除木房外，全倒
1973.9.29	吉林珲春	7.6		(深震)
1974.5.11	云南永善—大关	7.1	IX	
1975.2.4	辽宁海城	7.3	IX	乡村房倒 50%
1976.5.29	云南龙陵	7.5	IX	两次地震房倒约半数
1976.7.28	河北唐山	7.8	XI	死 24 万，全市几乎全毁
1976.8.16	四川松潘	7.2	IX	
1976.8.23	四川松潘	7.2	VIII^{+}	
1985.8.23	新疆乌恰	7.4	VIII	死亡 67 人，房倒 3.4 万间
1988.11.6	云南耿马-澜沧	7.6	X	死亡 748 人，房倒 41.2 万间
1990.4.26	青海共和	7.0	IX	死亡 119 人，房倒 8800 万间
1994.7.22	吉林珲春	7.0		(深震)
1994.9.16	台湾海峡南部	7.3		(海震)
1996.2.3	云南丽江	7.0	IX	VI 度区共有 244606 户，1075623 人受灾，309 人死亡
1999.4.8	吉林珲春—汪清	7.0		(深震)
1999.9.21	台湾集集	7.6		死亡 2333 人，房屋损毁超过 10000 万栋
2001.11.14	中国昆仑山口西	8.1		(无人区)
2002.6.29	吉林汪清	7.2		(深震)

注：I_0 为震中烈度或最高烈度；数据大部分引自科学出版社 1983 年版《中国地震目录》。

为了减轻地震灾害，必须大力进行地震预报与地震工程两方面的工作。预报的目的是力图正确地指出今后可能发生强地震的地点、时间和大小，使政府和人民得以采取相应的措施，防止或减少损失。总的来说，地震预报可以分为两大类。一类是长期预报，为抗震或地震工程服务；另一类是中期、短期和临震预报，为发出警报以减轻灾害服务。中期预报指的是对今后一二年至几年内的地震趋势进行分析，为进一步加强监视指出方向；短期预报指的是几天至几个月内的预报；临震预报则指几小时至几天内的预报。短期与临震预报主要服务于政府和人民为减轻生命财产损失采取的临时性措施。对于长期预报的地震，人们可以作出地震区划，尽量选择较安全的地区，建设城市，规划居民点；对于不同强烈程度的地震区，规定不同要求，制订抗震规范，据以兴建新工程，加固已有工程。对于短期预报，可以疏散人口，加强防震救灾准备；对特别危险或重要的工程，采取应急措施，保护人民生命，减少财产的损失。

地震预报主要是地震和地质工作者的任务，疏散人口和采取防震救灾措施属于社会管理，一般均由政府和地方组织负责。工程建设抗震和加固措施的制定，则是地震工程工作者的任务。地震工程工作者还要参加地震危险性估计及区划，制订工程应急措施与估计震害等工作。

1.2　地震工程学研究的内容

地震工程学研究的内容如图 1.2.1 所示。作为一个优秀的地震工程工作者，不论从事工程地震、结构动力分析、抗震设计或抗震鉴定加固的研究、设计或管理等哪一方面的人员，都需要了解框图中所示各项工作的目的和这些工作的相互联系，了解它们当前的水平，并熟悉自己所从事工作的各个细节，然后才能与其他工作相互衔接，相互配合，更好地完成自己的工作任务。

地震工程的最终任务是：根据地震预报现有结果，在国家经济政策的指导下，经济、安全而又合理地制定兴建工程的抗震设防技术措施，对已有的工程制定鉴定标准和加固措施。从任务来看，地震工程学可以根据专业性质和工作阶段分为以下五个部分：地震危险性分析与地震区划、抗震规范、抗震设计、抗震鉴定加固和抗震救灾。

有了地震长期预报之后，就可根据预报的未来地震的时间、地点、强度、概率这四个要素，对选用的地震动设计参数，估计其大小与发生的概率，即地震危险性，再根据危险性大小，作出以这些参数为指标的地震动区划。我国现有的地震烈度区划即为一例。这一工作，把地震工作者的预报结果，转换为工程抗震所需参数的预报。

抗震规范是对新建工程规定法定抗震原则和具体措施，在抗震设计中必须遵守。这些原则和措施是根据宏观震害总结出来的抗震经验，从强震观测、结构试验与动力分析所了解的抗震原理，以及工程设计者的工程经验这三方面综合起来的技术成果，在国家经济政策指导下，制订的综合准则。抗震设计包括按抗震规范进行的一般结构物的设计，也包括规范中要求进行专门研究而不受规范约束的一些重要的、特殊的结构物的设计，如核电站、海洋平台、特大桥梁、特大水坝等等；对于后者需要利用最新的科研成果和经验，对其抗震安全性作全面而系统的分析、试验和原型观测等特殊研究。

抗震鉴定加固是对已有工程而言的，针对当地未来可能遭遇的地震危险，估计已有工程的危害性，提出加固的原则和可行的技术措施。

抗震救灾有两项内容，一项是指在已发生强地震的现场，为了减轻可能的进一步的危害而应采取的措施；另一项是对短临强地震预报区应进行的防灾准备工作。

图 1.2.1 中用点画线分别标明地震危险性分析、地震区划、结构抗震和防灾等四个部分，前两部分常合称为工程地震，防灾又可称为社会地震学，它们共同组成地震工程的全部内容。本书主要介绍工程地震（地震危险性分析与地震区划）和结构抗震这两部分。

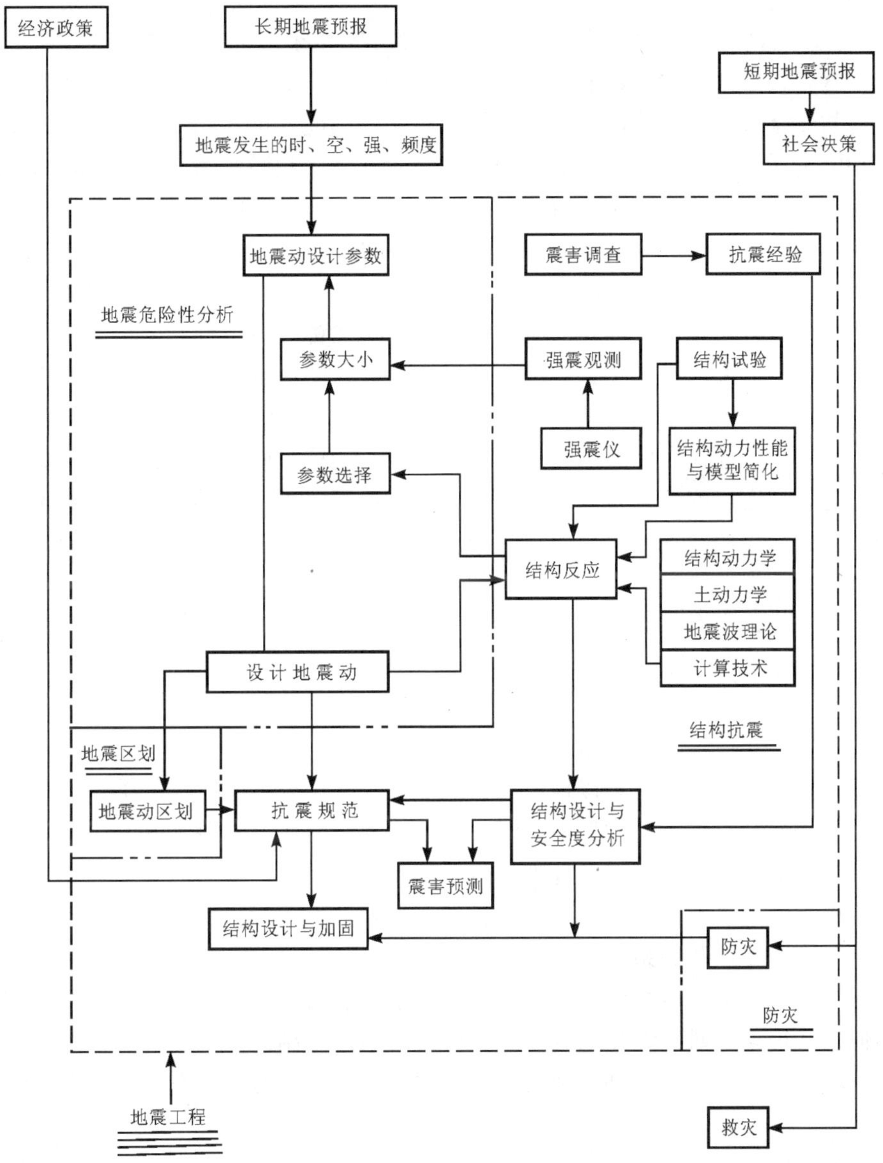

图 1.2.1　地震工程内容

从学科上看，地震工程学跨越地震学、工程学与社会学三个学科，而以前两者为主；它包括工程地震与结构抗震两个分支。

工程地震学研究的问题是中、长期地震预报中的潜在震源区划分、潜在震源区地震活动性规律、地震动工程参数的选择，以及这些参数的估计等等。由于地震活动性、地震动参数衰减规律都具有很大的随机性，所以对地震活动性规律和地震危险性估计都要求给出概率的含意。根据地震危险性估计的地震动工程参数值，对一个大地区进行划分，即为地震动区划。重点考虑场地条件影响的区划，称为小区划。以地震烈度为指标的区划称为烈度区划。以具有概率定义的地震或地震动作出的区划，称为危害性或危险性区划。

结构抗震研究以结构动力学和工程学为基础，研究内容包括建筑材料与地基的动力性能、构件与结构振动特性、结构动力反应（重点是非线性或弹塑性反应）、结构物的弹塑性与脆性破坏的机制，以及结构可靠性理论和工程设计等领域。由于现代结构的种类繁多，性能各异，常常出现一些特殊的研究内容，例如：混凝土坝的坝体、地基和水三者的相互作用，贮液器的液体作用与罐壁的局部屈曲，核电站的复杂体系与高度安全性的要求，桥梁、管道等大跨多支点结构的地震动输入的规定，海洋平台桩基础的桩土共同作用以及地下管道中地基变形等等，都涉及一些特殊的动力学内容。

地震工程还有下述两点不同于其他工程问题。第一，由于在一个地区，地震是极为稀有的事件，对其发生的时间和强弱的估计精度都很差，但一旦发生，却后果严重。因此，从决策分析来看，今后几十年内，假若在全部抗震设防地区都发生了预期的地震，当然会减少很大的损失；然而，若都不发生那么大的地震，则所投入的资金不见成效，其得失的权衡，与人寿保险有些相似。但一个重要的差别是，人死亡的概率已经有大量的数据，可以得出可靠的平均死亡概率，从而决定保险的投资；而地震发生的概率则很难估计，特别是在城市地区（因为城市是人口密集的地区），一旦发生强烈地震，后果极为严重。因此，这是一个社会经济影响很大，而又需要在缺乏可靠数据时作出决策的问题。第二，由于同样的原因，不仅在工程建设之前存在上述问题，在有中短期强地震预报的地区，对于已有的工程建设是否加固或加固到什么程度，也存在类似问题。

1.3　地震工程学与地震学

地震学与地震工程学两者都以地震为研究对象，关系密切。它们的关系有些像细菌学与医学、水文学与水利工程之间的关系，后者需要以前者的研究结果为基础，前者需要从后者去实现其最终目的；在相互衔接的地方，两者都需要去研究，很难区分应该属于哪一学科。但是，两者也有不同的地方，各有自己的目的，重点各不相同。

下面将分别阐述这些关系。

地震学的首要任务是研究地震的活动性，通过地震宏观调查，根据地震时结构物的破坏程度及其他宏观现象，研究地震的强度及其分布规律，总结地震活动性的历史经验，并结合地质构造环境及地震仪器记录到的地震震源特性和大、小地震的关系，对未来的强地震作出预报。

地震工程学的主要目的是针对未来强震，从工程上着眼，力求在最经济的条件下使结构物具有足够的抗震性能，以达到保障人民生命财产的目的。为此，必须了解未来地震可能发生的地点、时间、强度和频度，使抗震有明确目标而不致盲目加强结构。

所以，这两个学科的最终目标都是保障人民生命财产的安全。为此，一要有预报，二要采取具体措施，这两个环节有一个做得不好，都会影响最终目标的实现。

在地震动这一环节上，两门学科是互相搭接的。地震工作者必须研究地震动，因为只有通过地震动的测量才能了解地震震源与地球介质的特性。地震工程学也必须研究地震动，因为地震工程是以防止强震时工程破坏为目的，而工程破坏主要是由地震动引起的，所以必须了解地震动的规律，才能进行结构地震反应分析和设计。过去，地震工程以近场地震动为主，地震则以远场地震动为主，但是现在地震学也重视近场地震动的研究了。因此，很难说地震动是属于哪一学科的。地震动与地震危险性估计是两学科搭接的地方。

地震学的形成远早于地震工程学。大约在18世纪，人们就已经开始从宏观现象研究地震大小或地震动大小，而地震工程的研究则是在20世纪才真正开始。这两个学科在地震烈度方面的研究是都重视而又各不相同。地震学由于需要一个衡量地震和地震动强烈程度的宏观指标，从而提出了地震烈度这个概念，希望通过一次地震的烈度分布规律来研究这次地震的特性，研究的主要目标在地震本身而不是地震动。地震工程学由于要了解工程结构在地震时的反应，所以要了解地震动的动力特性，一开始就采用了已经由地震学家提出的地震烈度这个名词，企图用它来描述地震动加速度、速度或位移等物理量，或泛指任何足以影响结构反应的物理量的大小，使地震烈度的意义复杂化。现在地震工程工作者甚至抛弃了宏观烈度这个名词而直接研究地震动的振幅、频谱，持续时间等明确的地震动参数，即研究的目标是地震动本身，是地震动与结构振动的关系，而不是或主要不是地震本身。

除了地震活动性之外，地震学还重视用地震地质、地球物理勘探等多种手段来研究地球内部构造，地震工程学则重视工程结构物的动力性能、抗震设计和鉴定加固。这是两学科互不相关的专业领域。

1.4 地震工程学与社会经济的关系

地震是一种自然灾害，为了尽量减小这种灾害的损失，必须研究地震可能引起的各种损失，通过决策分析，采取相应措施，使工程投资与震害损失之和为最小（参见第13.2节）。

地震引起的损失，除了工程破坏的直接经济损失外，还包括下述几项损失：①政治损失；②人身伤亡；③地震次生灾害（如火灾、水灾、疾病）所引起的间接损失；④生产与生活中断或减少带来的社会经济损失。在社会经济损失中，还应考虑由于劳动力减少、物资供应减少而引起其他生产中止或减少的连锁反应。为了防止或减轻这些损失，可以从两个方面采取防预措施，即地震工程和社会组织。地震工程是通过工程手段达到这一目的，如采用适当的抗震设计标准，以提高工程抗震能力。社会组织则是通过社会措施，以提高群众抗震救灾能力，如宣传地震、防震知识，加强防震救灾组织，以减少人身伤亡，尽早恢复生产与正常生活。因此，地震工程仅为防灾救灾的一种工程手段。

另外，在抗震设防标准上，地震工程学也受社会经济效益的左右。过高的设防标准，是用过大的当前经济投资，换取高度的抗震效果；而过低的设防标准，则是用过低的抗震安全性，减少当前的经济投资，但增加了未来更大的可能损失。当前的经济投资与国家当前的财力、物力有密切关系。举例而言，地震工程界早已知道钢、木、钢筋混凝土的良好抗震能力，故不少经济发达国家大多使用这些材料进行建筑，但许多经济尚不发达的地区，却仍然大量使用砖石之类抗震性能不良材料兴建房屋，主要原因在于经济力量不足，而不得不承担更大的地震风险，以降低当前的经济投资。随着社会经济力量的发展壮大，抗震设防的水平将会逐步提高，以求得更大的安全。

第二章　地震学基础

本章目的在于给工程人员介绍一些有关地震学的基础知识，方便读者对以下章节的了解，因此，取材和解释都是从地震工程出发的。详细的地震学基础可参阅有关参考书（李善邦，1981；徐果明等，1982；郭增建、秦保燕，1979）。

2.1　地球内部构造

地球是一个略呈梨形的椭球体，平均半径约 6400km。地球由地表至核心可分为性质不同的三层：如图 2.1.1，最外一层是相当薄的地壳，厚度为几公里至几十公里；其下为地幔，厚约 2900km，地壳与地幔的交界面称为莫霍面；最内的球为地核，半径约 3500km。

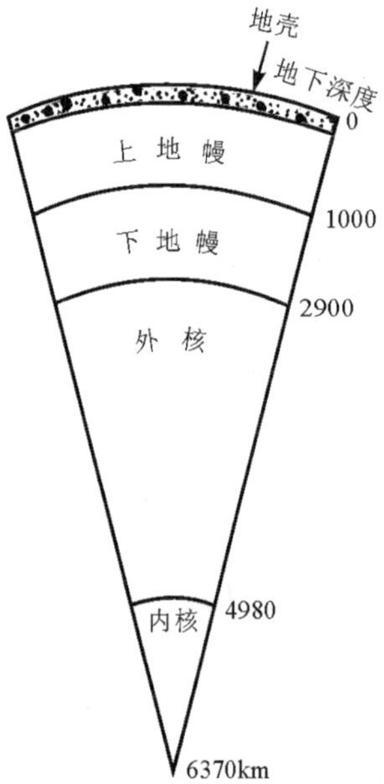

图 2.1.1　地球内部的分层

地壳表层由很不均匀的岩石组成，大陆表面几公里之内为多种沉积岩、岩浆岩、变质岩以及疏松沉积物。在海洋中，海底沉积物之下即为玄武岩，性质较单一。一般认为，大陆地壳可分为花岗质层和玄武质层，而海洋地壳仅有玄武质层，缺失花岗质层。地壳厚度变化很大，在海洋下，一般仅为几公里；而在大陆下，平均厚度为 30~40km；在大山脉之下，厚度更大，如我国青藏高原，地壳最厚可达 70km。绝大部分地震都发生在地壳内。

一般认为，地幔由较均匀的橄榄岩组成，但其上部的几百公里内，情况仍然复杂。从莫霍面以下 40~70km 内是一层岩石层，它与地壳共同组成所谓岩石圈或岩石壳。岩石层以下存在着一个厚约几百公里的软流层。软流层内波速明显低于上下的岩层，这可能是该层因高温、高压而具有粘弹或流变性质之故。岩石层与软流层合称为上地幔。上地幔之下为下地幔，颇为均匀。

地核又可分为外核与内核。内核半径约 1400km。外核处于液态，地震波观测发现，地震横波不能通过外核；内核处于固态。地核物质主要是镍和铁。

地球岩层的比重是从外向内显著增加的。地壳岩石的密度最小，约为 2.7~3.0g/cm^3；地幔外层为 3.3g/cm^3，内层为 5.7g/cm^3；外核为 9.7g/cm^3，内核为 12.3g/cm^3。整个地球的平均密度约为 5.5g/cm^3。

地球内部的温度也随深度而增加。地下 20km 处温度约为 600℃，100km 处约为 1000~1500℃，700km 处约为 2000℃，地核内部可高达 4000~5000℃。地球内部的高温来自地球内部放射性物质不断释放的热量。这些放射性物质的分布，在海洋与大陆底部并不相同，因此有一种学说认为由此而来的温度差导致了地幔内物质的蠕动而产生对流。

地球内部的压力也随深度而增加。一般认为，地幔外部的压力约为 90kN/cm^2，地核外部约为 14000kN/cm^2，核中约达 37000kN/cm^2。在这样高的压力和温度下，岩石的性能当然与常温常压下的大不相同。

2.2 板块构造运动

大陆漂移学说主要是根据各大洲地质地形拼合证据提出来的。根据之一是几个大陆的边缘几何形状十分相合，以至它们可以拼合成一整体。另外，早在 19 世纪，就曾经根据不同大陆的古气候、古生物化石残迹，证明各大陆之间曾经有过陆地联系。例如，若将南美洲与非洲拼合在一起，则若干亿年来不同年龄的岩层都能吻合；若将北大西洋两岸的大陆拼合起来，则主要的造山运动形成一个连续的整体；欧洲、北美和亚洲，都可以在一亿年的岩层中找到同一种动物始祖的化石，在原始大陆分离之后，动物的种类就随着各自的自然环境改变了。

上述这种拼合现象也许还可以作其他解释，但是到 20 世纪 50 年代，岩石古地磁的研究则提出了更为科学的论据，从而使更多的人接受了这一学说。含铁矿物的岩石如花岗岩，在温度达 1000℃以上时，是不带磁性的，当它冷却到 600℃以下时，其中的铁矿物颗粒就会按照当时地球磁场方向发生磁化。由于岩石进一步冷却，这种磁化方向就被冻结在岩石中，而不受以后地球磁场变化的影响，火山喷发的熔岩研究早已证明了这一点。

地球的北磁极现在位于加拿大北部，离地球的地理北极（旋转极）相当远，从古地磁的研究中知道，地球北磁极曾经缓慢而连续地变化过，但与旋转极的平均相对位置不变，其轨迹称为磁极游动曲线。要接受在同一时期地球上存在两个磁极和两个旋转极这一假设是很困难的，假定把两个大陆拼合在一起，这两条轨迹就完全重合。南美洲与非洲也有这一现象。这是其他假说无法解释的现象。

板块运动的另一有力支持是海底古地磁研究成果。在海洋底部的研究中，发现海底地磁成条带状分布，条带宽度可达 20~30km，长度大约可延续几百公里，而且按正、反磁化方向相间排列，这些磁异常条带相互平行且对称于洋脊。海底扩张很容易解释这种其他假说难以解释的现象。从实验知道，当岩石由高温下降经过居里温度时，在地球磁场方向就被磁化，被记录于冷却了的海底岩层中，而不再受以后磁场的影响。古地磁学发现了地球古磁极的移动和磁场几次倒转的历史。将古磁场倒转的历史和海底地磁带和颠倒的磁化方向结合起来，不但可以解释海底地磁条带分布。而且可以推断海底扩张的速度。因此，有人把海底扩张比喻为从洋脊出来、向两边推出的磁带，它记录了地球磁场的变迁史。近洋脊的磁异常条带最年轻，愈远则年代愈古老，到海沟处最古老。从 1968 年起，美国在大洋底部进行了深海地质钻探，穿过沉积岩到基岩，对岩石样品的绝对年龄测定证明，结果与海底磁异常条带所推断非常一致，从而为板块构造运动提供了又一有力的支柱。

全球板块分布如图 2.2.1 所示。

2.3 板内构造活动与板内地震

有一些地震并不发生于板块边缘附近，这些地震称为板内地震。和板边地震相比，板内地震活动有三个特点：第一，板内地震活动规律与板边地震颇不相同。板内地震发生的地点

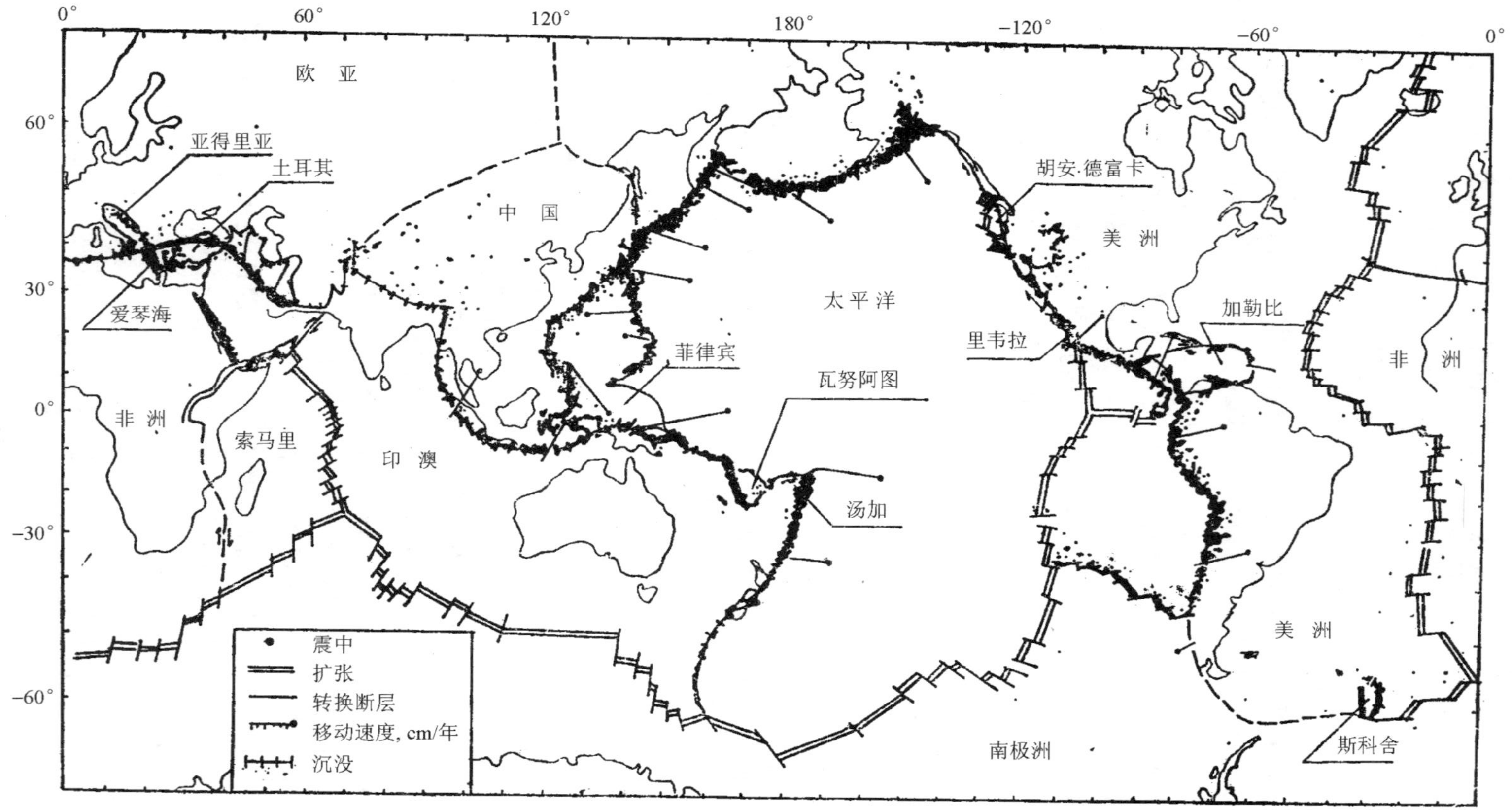

图2.2.1 全球大板块分布(包括1961~1967年地震震中)

零散，频度较低；而板边地震发生地点集中，频度较高。图 2.3.1 中的震中分布完全证明这一点。对照图 2.2.1 可知，地震点密集沿苏联东海岸、日本、我国台湾至菲律宾的环太平洋地震带西支，正好就是太平洋板块和菲律宾板块与欧亚板块的边缘。我国大陆属欧亚板块东部，地震具有板内特点。第二，板内地震危害性大。因为板内地震大多发生在人类居住集中的大陆板块内部，那里地壳较厚，岩层年龄较老，强度较高，所以地震可能较大，而且震源大都在 10~30km 深度之内，容易引起伤亡和财产损失。第三，板内地震的震源机制复杂，原因是板内受力状态复杂，而且各地不同。另外，大陆地壳在较长时期的受力状态下，形成了极为复杂的裂缝和褶皱，所以，地震震中分布零乱，机制多变。历史上，人们曾致力于研究地壳的水平构造运动与竖向构造运动、固体潮与地球自转、弹性回跳与液体在裂隙中的压力与润滑作用对地震的影响，但近几十年来，注意力比较集中于板块构造运动的机制和板内地震的关系。当然，弹性回跳之类的地震震源机制研究是对地震震源局部动力学的一种解释，与板内地震的板块构造运动并无矛盾。有人研究过全球 80 个板内地震的初动震源机制解，发现大多数板内地震是由压性断层作用产生的，板内地壳中存在很大的水平压应力，而这种水平压应力来自板块构造运动。但也有不少研究者持不同见解，由于大陆板块的厚度、岩层分布、断层和节理以及板内应力状态都极为复杂，各地震区带的震源特性和地震活动性都有自己的特点。例如欧亚板块东南端的东南亚地区，包括印度支那半岛和中国的一部分（图 2.2.1），是欧亚大板块向南伸出的一个舌状端部，几何形状奇特，在南部受印澳板块向东与北的挤压，在东南受菲律宾小板块向西北的挤压，在东北受太平洋大板块向西的挤压，受力状态也很复杂，因此，地震的震中分布很零乱，远不及板边地震那么集中成带。

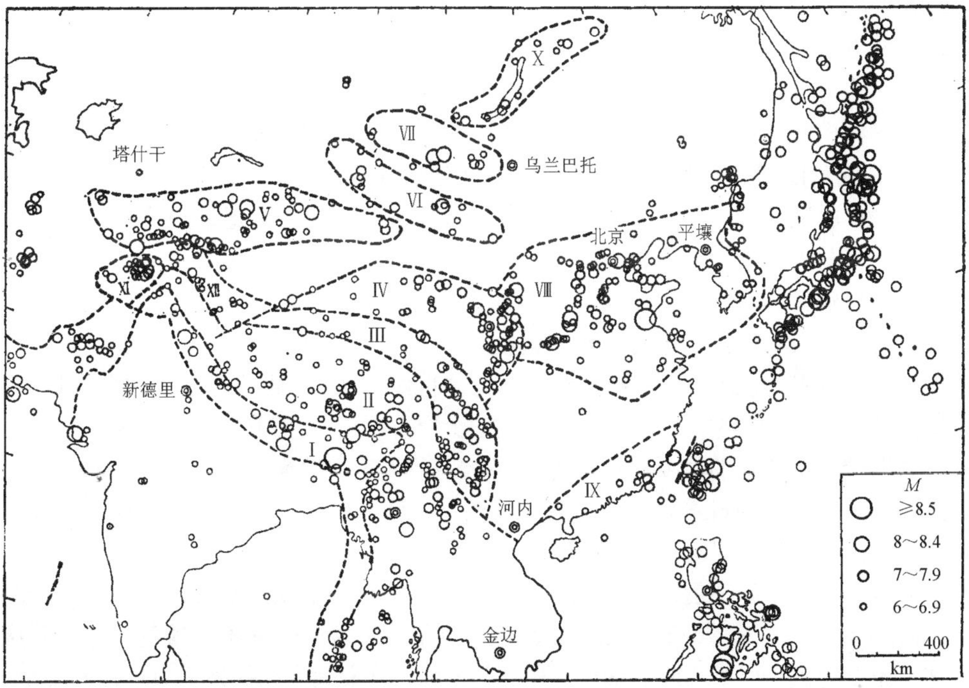

图 2.3.1　中国及附近地区的地震分布（公元前 780~公元 1979 年）

Ⅰ. 喜马拉雅南缘地震区；Ⅱ. 青藏高原南部地震区；Ⅲ. 青藏高原中部地震区；Ⅳ. 青藏高原北部地震区；Ⅴ. 天山地震区；Ⅵ. 阿尔泰地震区；Ⅶ. 杭爱山地震区；Ⅷ. 华北地震区；Ⅸ. 东南沿海地震区；Ⅹ. 贝加尔地震区；Ⅺ. 兴都库什地震区；Ⅻ. 帕米尔—西昆仑地震区

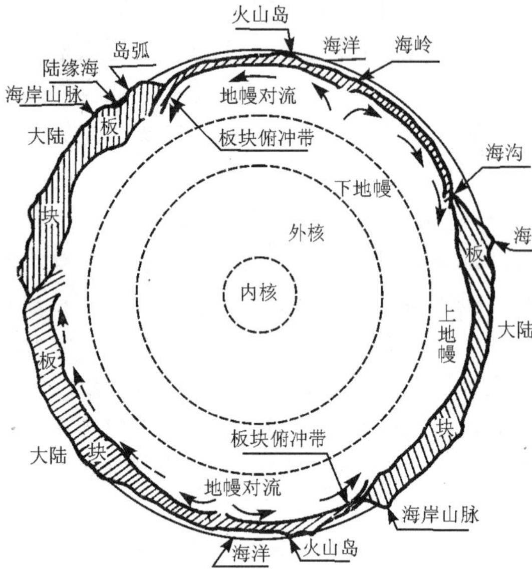

图 2.3.2　海底扩张示意

有了板块构造学说之后，地震的成因就容易解释了。图 2.3.2 绘出了软流层物质从海岭涌出，推动板块水平移动，至海沟外向大陆之下插入，返回到地幔的板块运动示意图。由于地幔物质温度很高，从海岭处涌出后，温度迅速下降，物质逐渐凝固而开始增加强度，海岭上部的物质在板块运动下受拉力作用，由于强度尚低，所以地震较小而频繁，但当板块漂移到海沟附近时，经过上亿年的冷却而强度增加很大，所以地震较大；又由于板块向下插至地幔时的应力复杂，引起其本身与附近地壳和岩石层的脆性破裂而发生地震。这里的地震可以是浅震（震源深度 $h<70$km），也可以是中深震（$h<700$km），后者即由在海沟附近 20~50km 的宽度内，板块下插至地下深处所引起的。当板块更下插入地幔深处时，由于温度增高，压力加大，岩石软化，不可能断裂，故不致发生地震。这就是占所有地震 99%的大小板块边缘附近的构造性地震的成因。

除构造地震之外，还有火山地震与陷落地震。火山地震由火山爆发引起，陷落地震由地壳中空穴顶板陷落引起。两者为数极少，危害也不大，不是地震工程研究的主要对象。

地震是一种自然现象，我国是记述和研究地震现象最早的国家，有极为丰富的地震历史资料。早在公元前 12 世纪，我国就有“周文王八年地动”的记载，公元 132 年，东汉张衡创造了世界上最早的地震仪，即候风地动仪，并于公元 138 年成功地记录到一次远震。1929 年我国开始在北京与南京建立地震台。解放后，中国科学院组织大量人力，系统整理我国 3000 多年的地震历史资料，1956 年由科学出版社出版《中国地震资料年表》，并建立了从事地震、地震地质、地震预报和结构抗震等工作的机构。

从世界范围来看，地震工作主要开展于 17~20 世纪。现在全世界都建立了各种地震台站，每年平均记录到震级 $M\geqslant 5$ 的地震约千次。这些地震的震中大部分密集于板块边缘。地震密集带称为地震带。地球上的主要地震带有二：一为环太平洋地震带，沿美洲西海岸、经阿留申、堪察加、千岛群岛到日本列岛，然后分成两支，西支经我国台湾省、菲律宾、印度尼西亚至新几内亚；东支经马里亚纳群岛至新几内亚；两支汇合后，经所罗门到汤加，突转向南到新西兰。这一地震带的地震活动最强，全世界地震总数的 75%左右发生于此。另一为欧亚地震带，东起环太平洋地震带的新几内亚，经印度尼西亚南部和西部、缅甸，进入我国西南部和西部与印度北部，再经苏联南部、土耳其、希腊、意大利南部等地中海地区和非洲北部，至大西洋亚速尔群岛，全世界地震总数的 22%左右发生于此地震带内。由图 2.2.1 可知，这两个地震带实际上就是在大陆内或近大陆的板块边缘。

全球六个大板块，各自都可以再分为次一级的小板块，小板块的边缘当然也是地震密集的地带。另外，在板块内部也可以发生地震。板块内的地震也大都是由板块构造运动引起的。板块虽然在软流层上漂移，但并非船在水上作整体一致的漂移，而是颇不均匀的。软流层只是在高温高压下具有流变性质，在短期动力的作用下它仍然有很大的刚度，而且软流层与在其上漂移的岩石层的界面很不平坦，因此，板块移动的速度在时间和空间上都是很不均匀的，所以一个板块之内也有相对的变形，这种变形很复杂，可以由挤压而出现竖向变形的造山运动，也可以由剪切而出现水平相对变形。当这些变形超过地壳岩石或破碎带的极限强度时，就会突然产生脆性破裂而发生地震。

2.4 震 源 机 制

地震是由于板块构造运动引起的，它是地壳岩石中长期积累的变形在瞬时内转换为动能的结果。在不同的温度、压力与应力作用下，岩石虽然一般可以看做是一种具有蠕变性质的粘弹性体，但其力学性能完全不同。在常温、常压与动力作用下，它表现为固体，刚度很大。在过大的应力作用下，当变形超过容许值时，它可以产生突然的脆性破裂。当温度和压力增高而应力速度降低时，岩石刚度与强度均降低，而应变增大。但是当温度、压力增加到很高而应力又变为长期持续作用时，岩石的蠕变性能即起主要作用，其应力-应变关系由应力与应变速度关系所代替。当软流层中的岩石物质具有流体特性时，它不会破裂，所以不会在那里发生地震；而在地壳中的岩石，则具有固体特性，当应变超过容许值时即突然破裂而形成地震。

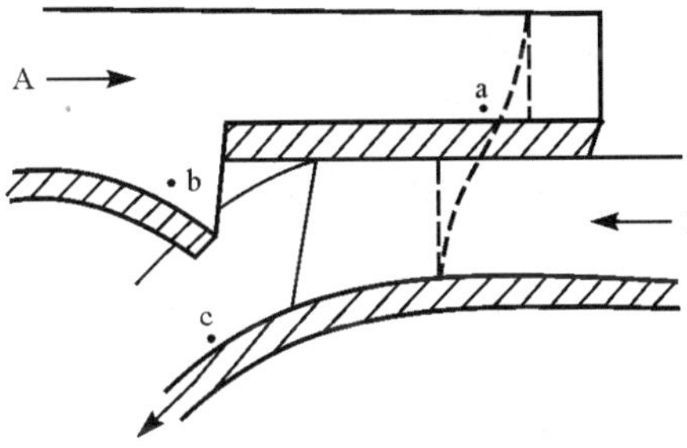

图 2.4.1　板块运动与地震

图 2.4.1 示 A 和 B 两个板块相互冲撞，在海沟处，B 块插入 A 块之下。在 a，b，c 等处都可能发生地震。以点 a 附近为例，原来位于一条直线（图中细虚线）上的点，在两个板块长期的相对运动下变形到粗虚线所示的位置，a 点的地壳岩石在剪力作用下产生剪切变形从而积累应变能；当变形超过容许值时，岩层即突然破裂，这时，由于破裂面上的应力突然下降，所以位于粗虚线上的点都急速地向着各板块内原来未变形前的细虚线位置回弹过去，从而将地壳该处积累的弹性应变能变为动能释放出来，形成地震波，向四面八方传播出去。这就是震源机制的回跳理论。这样形成的地壳岩石中的大断裂面，叫做断层。绝大多数断层形成时都伴随有大地震。只有当断裂处有强度极低的软弱夹层时，可以发生断层错位而不伴随明显的地震，这种断层称为蠕动断层。

当断层面两侧岩层的相对运动以沿地表断裂的走向为主时，称为走（向）滑（动）断层或横推断层；以沿断层面向地下倾斜方向滑动（倾向）为主时，则称为倾（向）滑（动）断层。在倾滑断层中，若断层的上盘块体相对下盘作向下滑动时，为正断层；反之为逆断层。在走滑断层中，从空中向下看地表，若相对滑动是顺时针转时，为右旋；反之，为左旋。若断层两侧相对位移既有走向滑动又有倾向滑动，则为斜向滑动断层。

如图 2.4.2 所示，设在地震发生之前，作用于断层两侧的剪切应力为 σ_0，两侧面的相对剪切位移 u=0，地震发生时从 t_0 到 t_1 的极短时间内，应力降低为σ_1，相对位移从零上升到 u，

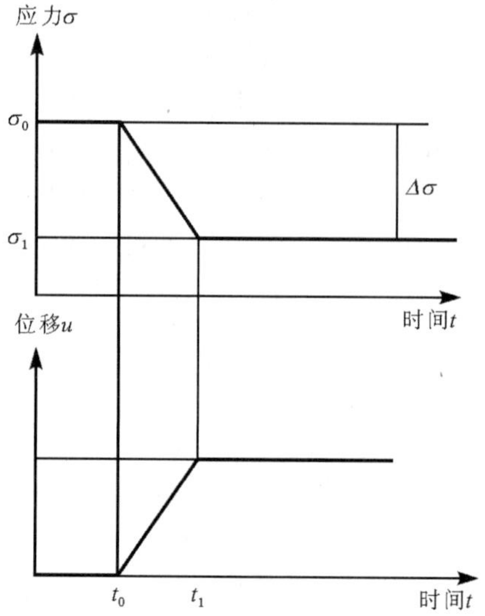

图 2.4.2　岩石断裂时应力与变形的变化

$\Delta t = t_1 - t_0$ 称为上升时间，

$$\Delta\sigma = \sigma_0 - \sigma_1 \tag{2.4.1}$$

称为应力降。设 A 为总断裂面积，则地震矩为

$$M_0 = GA\bar{u} \tag{2.4.2}$$

式中，G 为岩石剪切模量。地震矩的物理意义是在断裂面上等于剪切模量 G 的应力使断裂面两侧错开 $\bar{u}$ 时所做的功，常用单位是 N·cm。地震释放的总能量为

$$E_T = \bar{\sigma}A\bar{u} \tag{2.4.3}$$

由于断裂面上各点的位错很不均匀，所以 $\bar{u}$，$\bar{\sigma}$ 与 $\Delta\sigma$ 都是平均值。总能量大部分转变为热能，只有一小部分转变为动能 E。

断层面并不是在一瞬间全面破裂的，而是从一个局部先开裂，再迅速向四面开裂，破裂传播速度 v_f 略低于剪切波速度 v_S，一般约为 2~3km/s。

除了力学参数之外，震源还有如下一些几何参数为地震工程所常用。由于地震一般都在地壳中发生，所以大陆地震的震源深度一般约几公里到几十公里。一次地震释放能量的断层面积很大，沿走向的长度可以是几公里到几百公里，沿倾向的宽度为几公里到几十公里。断裂面的几何中心常接近能量释放中心。能量释放中心在地表的投影为宏观震中，即破坏中心；初始破裂在地表上的投影为仪器震中，两个震中可以相距几公里到几十公里。初始破裂点为仪器震源。从震源到地表的垂直距离为震源深度。

在第 2.7 节与第 4.2 节中，我们将要定义震级与地震烈度这两个概念，前者用仪器数据衡量，表示一次地震的大小；后者用宏观描述来分等级，表示某个地区所受震害的程度。在缺乏仪器记录的初期，震中区的烈度，一般也是一次地震中最高的烈度，曾被用来作为地震大小的量度。

2.5　地震活动性

地震活动性指的是地震活动的时、空、强和频度的规律，即研究各地区各种大小的地震在时间上的分布规律。这一规律是一切地震工作的基础或核心。由于现在人们还不能控制地震使之按人们的意志来发生或不发生，所以只有按照其自然规律来预报地震，采取抗震防震措施。

全球有许多地震带，这些地震带有不同的构造背景、力学性质和地质状态，所以地震活动性也不同。洋脊附近发生的地震，多在海底地壳表层，是由于软流层物质从上地幔涌出时使上部地壳表层受拉破裂而生的地震，由于该处的地壳较新，强度相对较小，所以地震小，它们成条带分布于海洋中部，地震带窄。在海沟附近发生的地震多在地壳内，甚至深达上地幔岩石层中，它们是由大洋板块与大陆板块相撞，并插入大陆板块之下而引起地震的（图 2.4.1），所以地壳的断裂除了由于弯曲而产生的拉裂之外，还有剪切破裂。由于海沟附近地壳

较老，强度相对较高，所以地震有时极大，同时还有深源地震，它们成条带分布于大陆边缘，地震带宽。转换断层多垂直于洋脊，破裂以剪切为主，多产生走滑断层，地震只有浅源的，有时有大震。大陆板块内部的地震，很多也呈条带状分布，但不那么集中，也有不少地震分布零散，不成条带，这些地震都发生于地壳内。由于大陆年龄最老，强度相对较高，所以地震可能很大，又由于板块内部的地壳构造运动复杂，具备多种类型，所以这种地震活动规律的地区性很强，需要进行具体分析研究。

研究地震活动性现在主要靠经验的统计方法。首先，根据地震活动性和地质构造等特点，确定性质相同的地震区或带，搜集历史上这一地震区或带内发生的地震次数及相应的震级。设 N 为震级 M 至 $M+\Delta M$ 之间的地震次数，ΔM 要选择得适当大，使 $\lg N-M$ 曲线足够平滑，古登堡和里克特发现，一般而言，这样的曲线可以用下述震级-频度关系表示：

$$\lg N = a - bM \tag{2.5.1}$$

式中，a 是与地震总次数有关的常数，它随地区而有很大的变化，在 $\lg N-M$ 图上，它是 $\lg N$ 轴上的截距；常数 b 的变化相对较小，它表示大小地震的活动性之间的关系，是 $\lg N-M$ 曲线 L 的斜率。

公式（2.5.1）也可以写为

$$N = f(M) = 10^{a-bM} \tag{2.5.2}$$

所以震级大于或等于 M 的年平均地震次数 N' 为

$$N' = \int_{M}^{M_u} N\mathrm{d}M = \frac{1}{b}10^{a}(10^{-bM} - 10^{-bM_u})$$

若取式中震级上限 M_u 为∞，则从上式得震级不小于 M 的年平均次数为

$$N' = b\cdot 10^{a-bM} = 10^{a'-bM} \tag{2.5.3}$$

其中

$$a' = a - \lg b$$

由此可见，在地震无上限的假定下，公式（2.5.1）这一形式也可用于 N 为震级大于或等于 M 的年平均地震次数的情况。

一般常将公式（2.5.3）写为下述形式：

$$N = \mathrm{e}^{\alpha-\beta M} \tag{2.5.4}$$

式中，N 为震级不小于 M 的年平均次数；

$$\alpha = (a - \lg b)/\lg \mathrm{e}; \quad \beta = b/\lg \mathrm{e} \tag{2.5.5}$$

若取震级下限为 M_0，则每年总地震次数为

$$N_{总} = \mathrm{e}^{\alpha-\beta M_0}$$

由此得发生震级大于或等于 M 的地震概率为

$$1 - F(M) = N/N_{总} = \mathrm{e}^{\alpha-\beta M}/\mathrm{e}^{\alpha-\beta M_0} = \mathrm{e}^{-\beta(M-M_0)}$$

而震级不大于 M 的地震发生的概率则为

$$F(M) = 1 - \mathrm{e}^{-\beta(M-M_0)} \tag{2.5.6}$$

此即 M 的积累概率函数。M 的概率密度分布函数则为

$$f(M)=\beta\mathrm{e}^{-\beta(M-M_0)} \tag{2.5.7}$$

虽然公式（2.5.1）满足许多地区中等地震的数据，但是早已发现，对于小震级和很大的震级，它都存在缺点。在震级较小时，它给出的震级次数偏小；对于很大的震级，由于现在大多数人同意震级有一个上限 M_u，所以无上限的公式（2.5.1）也不满足要求。1969 年，科内尔和范马克（Cornell and Vanmarcke，1969）建议采用如下的修正公式：

$$F(M)=\frac{1-\mathrm{e}^{-\beta(M-M_0)}}{1-\mathrm{e}^{-\beta(M_u-M_0)}} \qquad M_0\leqslant M\leqslant M_u \tag{2.5.8}$$

式中，M_0 与 M_u 分别为震级的下限和上限。当 $M_u\to\infty$时，它即为公式（2.5.6）。

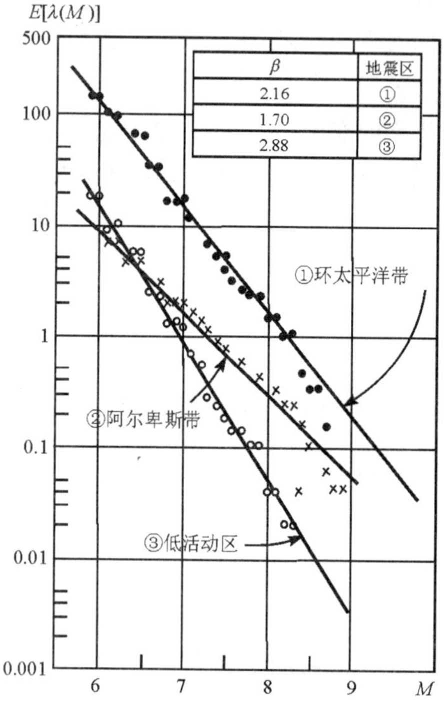

图 2.5.1　大区地震活动性

(Lomnitz and Rosenblueth，1976，第 192 页)

图 2.5.1 给出环太平洋地震带、阿尔卑斯地震带和一低地震活动带的地震活动情况，均用公式（2.5.1）的经验公式拟合。由此可见，不同地区的地震活动性颇不相同。另外，还可以看到，当有足够的大地震数据时，公式（2.5.1）在大震级处与实际数据不符，如图中环太平洋带。

在实际分析中，震级下限 M_0 需要根据数据的性质和主观判断来选择，通常取为 4 或 4.5 以上。对于近期有仪器记录的数据，可以取得低一些，如 4.0；对于早期的历史文献数据，应该取得高一些，如 4.5 或 5.0，因为小震级地震易被遗漏。震级上限 M_u 的选择比较困难，通常选在 9 或 8.5 以下。对于大区域而言，由于数据较多，可能的震级上限也较大，所以 M_0 与 M_u 都选择得较大，如 $M_0=6$，$M_u=9$，但是，对于局部地区的分析，它们常选择得偏小。

由于震级上限 M_u 不易确定，龙尼茨（Lomnitz，1979）建议下述修正关系：

$$\ln N=a-b\mathrm{e}^{cM} \tag{2.5.9}$$

耶古拉尔普（Yegulalp and Kuo，1974）等曾建议采用第三型渐近极值分布：

$$F(M)=\Phi_n^{(3)}(M)=\exp\left[-\left(\frac{M_u-M}{M_u-M_0}\right)^k\right] \tag{2.5.10}$$

其中 $k>0$。这些关系式形式比较复杂，不如公式（2.5.1）简便，所以公式（2.5.1）仍常被应用。

2.6　地　震　波

人们对地震的认识，首先来自地震时的宏观现象，并导出了地震烈度这样的概念；随后就用地震仪对地震时质点的地震动进行观测，促进了地震波动理论的发展和对震源与地球构造的了解。可以说，地震波动理论是地震学的理论基础或理论手段。

2.1 节中已经介绍过地壳与地幔的岩石物质组成，第 2.4 节中又讨论过这些岩石在高温、高压下具有一定的流变性能。因此，在地质应力极长时期的作用下，岩石的粘弹性或流变性是很主要的。这就是板块运动的理论基础之一。但是，在极短期的迅速变化的动力作用下，岩石则表现为弹性的，粘滞作用的影响可以用能量损耗的概念来加以修正。这就是地震波传播的基本理论假定。

2.6.1 波动方程

在各向同性、均匀、无阻尼弹性体内，质点运动必须满足介质的应力-应变关系、连续条件和牛顿运动第二定律，从小变形弹性力学理论可以导出运动的基本方程为

$$\begin{aligned}\rho\frac{\partial^2 u}{\partial t^2}&=(\lambda+\mu)\frac{\partial\theta}{\partial x}+\mu\nabla^2 u\\ \rho\frac{\partial^2 v}{\partial t^2}&=(\lambda+\mu)\frac{\partial\theta}{\partial y}+\mu\nabla^2 v\\ \rho\frac{\partial^2 w}{\partial t^2}&=(\lambda+\mu)\frac{\partial\theta}{\partial z}+\mu\nabla^2 w\end{aligned}\tag{2.6.1}$$

其中，u，v，w 分别为沿直角坐标 x，y，z 三个方向的质点位移；$\theta=\frac{\partial u}{\partial x}+\frac{\partial v}{\partial y}+\frac{\partial w}{\partial z}$ 为质点的体应变；$\nabla^2=\frac{\partial^2}{\partial x^2}+\frac{\partial^2}{\partial y^2}+\frac{\partial^2}{\partial z^2}$ 为拉普拉斯算子；t 是时间；ρ，λ和μ都是介质常数，其中ρ为密度，$\lambda=\frac{\nu E}{(1+\nu)(1-2\nu)}$，$\mu=\frac{E}{2(1+\nu)}=G$ 是拉梅常数，E 与 G 分别为杨氏模量与剪切模量，ν为泊松比。

为求解上述方程，可取两个势函数，一个是标量势φ，另一个是矢量势ψ(ψ_x，ψ_y，ψ_z)，位移 u，v，w 与这两个势的关系为

$$\begin{aligned}u&=\frac{\partial\varphi}{\partial x}+\frac{\partial\psi_z}{\partial y}-\frac{\partial\psi_y}{\partial z}\\ v&=\frac{\partial\varphi}{\partial y}+\frac{\partial\psi_x}{\partial z}-\frac{\partial\psi_z}{\partial x}\\ w&=\frac{\partial\varphi}{\partial z}+\frac{\partial\psi_y}{\partial x}-\frac{\partial\psi_x}{\partial y}\end{aligned}\tag{2.6.2}$$

这时，从方程（2.6.1）可以得到下面四个方程式：

$$\nabla^2\varphi=\frac{1}{\alpha^2}\frac{\partial^2\varphi}{\partial t^2}\tag{2.6.3}$$

$$\nabla^2\psi_i=\frac{1}{\beta^2}\frac{\partial\psi_i}{\partial t^2}\qquad(i=x,y,z)\tag{2.6.4}$$

其中

$$\begin{aligned} \alpha &= \sqrt{\frac{\lambda+2\mu}{\rho}} \\ \beta &= \sqrt{\frac{\mu}{\rho}} \end{aligned} \tag{2.6.5}$$

从方程（2.6.3）和（2.6.4）可以求得势函数φ和ψ。

由于方程（2.6.3）和（2.6.4）是独立的线性方程，所以势函数φ和ψ的任何线性变换也满足这两个方程。从式（2.6.2）可知体应变为

$$\theta = \frac{\partial u}{\partial x} + \frac{\partial v}{\partial y} + \frac{\partial w}{\partial z} = \nabla^2 \varphi$$

而畸变为

$$\omega_x = \frac{1}{2}\left(\frac{\partial w}{\partial y} - \frac{\partial v}{\partial z}\right)$$

$$\omega_y = \frac{1}{2}\left(\frac{\partial u}{\partial z} - \frac{\partial w}{\partial x}\right)$$

$$\omega_z = \frac{1}{2}\left(\frac{\partial v}{\partial x} - \frac{\partial u}{\partial y}\right)$$

由此可见，θ只与标量势φ有关；ω_x、ω_y、ω_z 只与矢量势ψ有关，因此θ和ω_i（$i=x$，y，z）也满足方程式（2.6.3），即下述波动方程：

$$\nabla^2 \theta = \frac{1}{\alpha^2} \cdot \frac{\partial^2 \theta}{\partial t^2} \tag{2.6.6}$$

$$\nabla^2 \omega_i = \frac{1}{\beta^2} \frac{\partial^2 \omega_i}{\partial t^2} \qquad (i = x, y, z) \tag{2.6.7}$$

2.6.2　体波

2.6.2.1　纵波

设在一无限空间中有一平面波沿 x 方向传播，容易证明

$$\left.\begin{aligned} &\varphi\text{或}\theta = f_1(x-\alpha t) + f_2(x+\alpha t) \\ &\psi_i\text{或}\omega_i = 0 \qquad (i = x, y, z) \end{aligned}\right\} \tag{a}$$

满足方程式（2.6.3）和（2.6.4）。f_1 为沿 x 轴向正方向传播的波，f_2 为沿 x 轴向负方向传播的波，φ值在 x=常数的平面上是常数，故为平面波；又由于用φ表示的位移或应力状态满足旋度为零的条件

$$\nabla \times \nabla \varphi = 0$$

故为无旋波，即只有体积变形而无畸变，所以这种波叫做纵波或拉压波，也叫 P 波。

由于这一纵波的φ值仅为 x 的函数而与 y 和 z 无关，而且ψ_i（i=x，y，z）=0，所以，由公式（2.6.2）可知，只有位移 u 才有值，而 v=w=0。这表明，纵波的振动方向与波传播方向一致，均为 x 轴。由式（2.6.5）可知，纵波速为

$$v_{\mathrm{P}} = \alpha = \sqrt{\frac{\lambda+2\mu}{\rho}} \tag{2.6.8a}$$

2.6.2.2 横波

设在一无限空间中有一平面波沿 x 轴传播，容易证明

$$\left.\begin{aligned}\psi_y &= f_1(x-\beta t)+f_2(x+\beta t)\\ \psi_x &= \psi_z=\varphi=\theta=0\end{aligned}\right\} \tag{b}$$

满足方程式（2.6.3）和（2.6.4）。由于φ_y在 x=常数平面上为常数，故为平面波；又由于$\theta=0$，故为畸变波，即只有形状改变而无体积变形，这种波叫做横波、剪切波或 S 波。

由公式（2.6.2）可知，此波只有沿 z 轴的位移 w 有值，而 $u=v=0$，所以它的振动方向（z 轴）与波传播方向（x 轴）相垂直。假若 x—z 面是水平面，这种 S 波就称为 SH 波；假若 x—z 面是竖直平面，就称为 SV 波。S 波速为

$$v_S=\beta=\sqrt{\frac{\mu}{\rho}} \tag{2.6.8b}$$

对比 v_P 和 v_S 可知，v_P 总是大于 v_S，而且 $\left(\dfrac{v_P}{v_S}\right)^2=1+\dfrac{1}{1+2\nu}$。在地幔内，$\nu=\dfrac{1}{4}$，故 $v_P/v_S=1.7$。假若从一震源同时发出纵波与横波，它们到达震源距为 r 点的到时差Δt 为

$$\Delta t=t_S-t_P=r\left(\frac{1}{v_S}-\frac{1}{v_P}\right)=\frac{r}{v_0}$$

在地壳中，P 波速度约为 7~8km/s，S 波速约为 4~5km/s，因此若取 $v_P=1.7v_S$，则

$$v_0=1.4v_P\approx 10\sim 11\text{km/s}$$

v_0 常称为虚波速度。假若知道一地点的纵、横波到时差Δt，则可近似估计震源距 $r=v_0\Delta t$。

代替式（b），我们也可以取

$$\begin{aligned}\psi_z &= f_1(x-\beta t)+f_2(x+\beta t)\\ \psi_x &= \psi_y=\varphi=\theta=0\end{aligned}$$

这时，只有位移 v 有值，而 $u=w=0$，故振动方向沿 y 轴，即与波传播方向 x 轴相垂直的方向。但是，若用下式代替式（b）

$$\begin{aligned}\psi_x &= f_1(x-\beta t)+f_2(x+\beta t)\\ \psi_y &= \psi_z=\varphi=\theta=0\end{aligned}$$

则全部位移分量均等于零，即 $u=v=w=0$，这表明不存在振动方向与波传播方向一致的剪切波。

2.6.3　瑞利波（R 波）

假若介质是均匀无限空间，则只可能存在上述体波。假若存在界面，界面两侧的介质性能不同，由于界面处必须满足应力平衡与变形连续条件，就可能产生其他波，瑞利波与洛夫波都是在自由表面或界面处产生的，故统称为面波。由于地壳表层物质形成的年代不同等地质原因，地壳呈层状结构，很容易产生面波，所以面波是地震波研究中的主要内容之一。

设自由表面中波传播方向为 x，原点在面中，z 轴垂直于表面，向介质内为正，y 轴在面中。

位移的实部为

$$u = A(e^{-0.848a_0z} - 0.577e^{-0.393a_0z})\sin(a_0x - \omega t)$$
$$w = A(-0.848e^{-0.848a_0z} + 1.468e^{-0.393a_0z})\cos(a_0x - \omega t) \quad (2.6.9)$$
$$v = 0$$

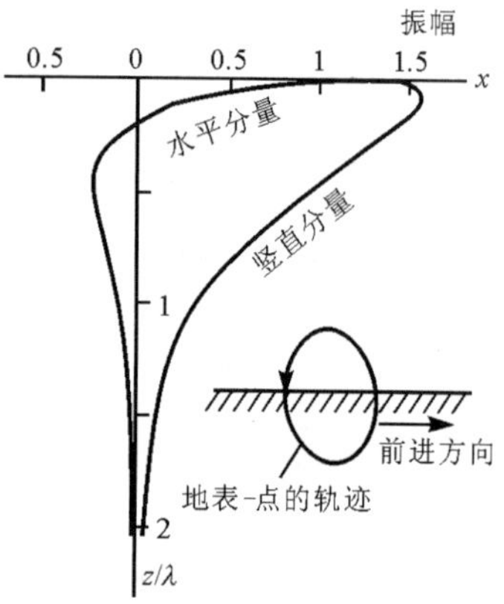

图 2.6.1　瑞利波特性

式中，A 为待定常数；$a_0=\omega/v_R$；ω为波的频率；$v_R=0.92v_S$，为瑞利波速。在地壳表面处

$$u = 0.42A\sin(a_0x - \omega t)$$
$$w = 0.62A\cos(a_0x - \omega t)$$
$$v = 0$$

由此可见，瑞利波的质点仅在竖直平面内运动，其轨迹为如图 2.6.1 所示的逆进椭圆，竖向振幅大于水平向，比值约为 3∶2。瑞利波振幅沿竖向的衰减很快，在一个波长（λ）后即衰减到 1/5 左右。瑞利波是体波到达地表面后反射叠加所形成，在震中附近并不出现，大约在震中距大于 $v_R h/\sqrt{v_P^2 - v_R^2}$ 后才出现（h 为震源深度）。

2.6.4　勒夫波（Q 波）

勒夫波是另一种面波，在实际地震观测中被发现，后由勒夫从理论上证明其存在。勒夫波存在的条件是：半无限空间上存在一松软水平覆盖层。勒夫波是一种 SH 波。

设坐标原点在覆盖层与半无限体的界面上，x 轴为波传播方向，z 轴竖直，向无限体内为正，覆盖层厚为 H。设位移函数为

$$\left.\begin{aligned} &v_1(z,x,t) = f_1(z)e^{i(ax-\omega t)} \quad (-H \leqslant z \leqslant 0) \\ &v_2(z,x,t) = f_1(z)e^{i(ax-\omega t)} \quad (z \geqslant 0) \\ &u = w = 0 \end{aligned}\right\} \quad (2.6.10)$$

再根据自由表面 $z=-H$ 与界面 $z=0$ 处的边界条件，以及在无限深处（$z=\infty$）振幅 f_2（∞）应有界，就可得到勒夫波存在的条件：

$$\mu_2\sqrt{1-\frac{v_L^2}{\beta_2^2}} = \mu_1\sqrt{\frac{v_L^2}{\beta_2^2}-1}\tan\left(\frac{\omega H}{v_L}\sqrt{\frac{v_L^2}{\beta_1^2}-1}\right) \quad (2.6.11)$$

式中，β_1 与 β_2 分别为覆盖层与其下卧层剪切波速，而

$$v_L = \omega/a \quad (2.6.12)$$

则为勒夫波速。由此可见，如果$\beta_1<v_L<\beta_2$，公式（2.6.11）即可以满足。所以只有在覆盖层剪切波速 $v_{S1}=\beta_1$ 小于半无限体的剪切波速 $v_{S2}=\beta_2$ 时，才可能存在勒夫波。由式（2.6.10）可知，勒夫波的质点运动方向是水平的，且垂直于波传播方向。由式（2.6.11）可知，当 $a=\omega/v_L$ 很小，即波长 $l=2\pi/a$ 很大时，式右端接近于零，故 $v_L \to v_{S2}$；反之，当 a 很大而 l 很小时，$v_L \to v_{S1}$，此时，勒夫波在覆盖层内呈驻波，因为可以证明

$$f_1(z) = A\cos\sqrt{\frac{\omega^2}{\beta_1^2}-a^2}\,z + B\sin\sqrt{\frac{\omega^2}{\beta_1^2}-a^2}\,z$$

而在半无限介质中，则随深度而迅速衰减。

由于勒夫波的波速 $v_L=\omega/a$ 与频率或波长 l 有关，所以它有频散现象。在实际地震时，发现一些周期极为接近的波，因为其波速相近，常形成有规则的波群传播，其传播速度称为群速 c，单一频率波的波速称为相速 v，两者的关系为

$$c=v-l\frac{\mathrm{d}v}{\mathrm{d}l}$$

l 是这一群波的平均波长。对于地表面而言，由于 $\mathrm{d}v/\mathrm{d}l$ 是正数，故群速常小于相速。

2.6.5 地震波的反射和折射（注意本节中α，β为角度）

首先考虑一个最简单的情况，如图 2.6.2，xOy 为自由表面（y 轴与纸面垂直，未绘出），z 轴向地表下为正。在图（a）中，设有 P 波沿 AO 线入射。先设有纵波与横波分别沿 OB 与 OC 从自由面向下反射，然后按力学规律确定它们存在的条件及幅值大小。SV 波的波前振动方向在图中用小箭头表示。

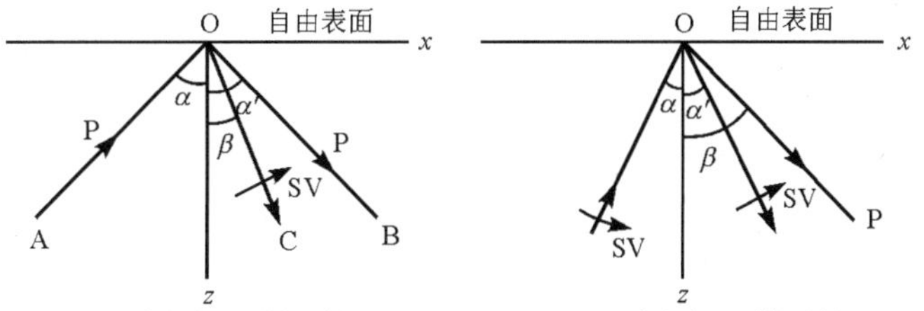

(a) P波在自由面的反射　(b) SV波在自由面的反射

图 2.6.2　波的反射

在本节推导中，认为 y 方向的位移为零，因此为一平面应变问题。设这三个波的振动位移分别为

入射 P 波，　$S(x,z,t)=A\mathrm{e}^{\mathrm{i}(k_x x-k_z z-\omega t)}$

反射 P 波，　$S'(x,z,t)=A'\mathrm{e}^{\mathrm{i}(k'_x x+k'_z z-\omega' t)}$

反射 SV 波，　$S''(x,z,t)=B\mathrm{e}^{\mathrm{i}(k''_x x+k''_z z-\omega'' t)}$

式中

$$\left.\begin{aligned}k_x=\frac{\omega}{v_\mathrm{P}}\sin\alpha,\quad k'_x=\frac{\omega'}{v_\mathrm{P}}\sin\alpha',\quad k''_x=\frac{\omega''}{v_\mathrm{S}}\sin\beta\\ k_z=\frac{\omega}{v_\mathrm{P}}\cos\alpha,\quad k'_z=\frac{\omega'}{v_\mathrm{P}}\cos\alpha',\quad k''_z=\frac{\omega''}{v_\mathrm{S}}\cos\beta\end{aligned}\right\}$$

这三个波函数均满足波动方程。在自由表面上，边界条件为

$$\omega=\omega'=\omega'',\quad k_x=k'_x=k''_x$$

由此可得

$$\alpha=\alpha',\quad \frac{\sin\alpha}{v_\mathrm{P}}=\frac{\sin\beta}{v_\mathrm{S}}\qquad(\text{斯内尔定律})$$

以及波振幅的反射系数

$$
\left.\begin{aligned}
\frac{A'}{A}&=\frac{v_S^2\sin 2\alpha\sin 2\beta-v_P^2\cos^2 2\beta}{D}\\
\frac{B}{A}&=\frac{2v_Pv_S\sin 2\alpha\cos 2\beta}{D}\\
D&=v_S^2\sin 2\alpha\sin 2\beta+v_P^2\cos^2 2\beta
\end{aligned}\right\}\tag{2.6.13}
$$

由这两个关系可见，在一般情况下，当 P 波以α角向一自由表面入射时，可以产生两个反射波，一个是 P 波，在入射波的对称方向反射；一个是 SV 波，反射角为β，且$\beta<\alpha$。当入射角$\alpha=0$即垂直入射时，由式（2.6.13）可知，$B/A=0$，$A'/A=-1$，故只有 P 波反射，且相位差为±π。当$\alpha=\pi/2$时，$A'=B=0$，不存在反射问题。

同样，假若入射波是 SV 波，入射角为α，振幅为 B，如图 2.6.2(b)所示，则有下述关系：

入射 SV 波， $S=B\mathrm{e}^{\mathrm{i}(k_xx+k_zz-\omega t)}$ (a)

反射 SV 波， $S'=B'\mathrm{e}^{\mathrm{i}(k'_xx+k'_zz-\omega' t)}$ (b)

反射 P 波， $S''=A\mathrm{e}^{\mathrm{i}(k''_xx+k''_zz-\omega'' t)}$ (c)

$$
k_x=k'_x=\frac{\omega}{v_S}\sin\alpha,\quad k''_x=\frac{\omega}{v_P}\sin\beta,\quad \frac{\sin\alpha}{\sin\beta}=\frac{v_S}{v_P}
$$

$$
k_z=-\frac{\omega}{v_S}\cos\alpha=-k'_z,\quad k''_z=\frac{\omega}{v_P}\cos\beta
$$

$$
\frac{B'}{B}=\frac{-v_S^2\sin 2\alpha\sin 2\beta+v_P^2\cos^2 2\alpha}{D}
$$

$$
\frac{A}{B}=\frac{v_Pv_S\sin 4\alpha}{D}
$$

和 P 波入射时相比，这里有个差别，因为 $v_P/v_S=\sin\beta/\sin\alpha>1$，故反射 P 波角$\beta$大于入射角$\alpha$。因此，当 $\sin\alpha>v_S/v_P$ 时，$\sin\beta=(v_P/v_S)\sin\alpha>1$，不存在$\beta$角，这表示在介质内部不存在反射的 P 波，所以 SV 波入射不一定总存在反射 P 波。

另一类横波是 SH 波。SH 波向自由表面入射的情况最为简单，按照前面的方法，可以得到反射波只有 SH 波一种，而且在入射波的对称位置反射，完全等于入射波。

最后，研究图 2.6.3 所示的比较一般的情况，即一 P 波从上半无限空间①向下半无限空间②的界面入射。界面两边介质不同。在作为平面应变问题讨论时，我们可以写出五个可能波的弹性位移：

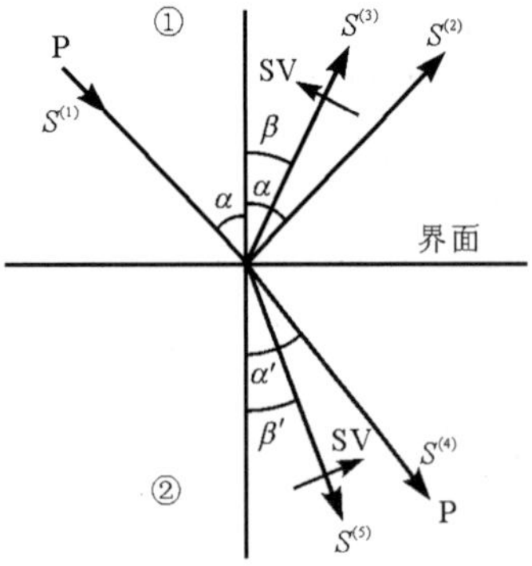

图 2.6.3 波的反射与折射

入射 P 波， $S^{(1)}=S_0^{(1)}\mathrm{e}^{\mathrm{i}(k_x^{(1)}x+k_z^{(1)}z-\omega^{(1)}t)}$

反射 P 波， $S^{(2)}=S_0^{(2)}\mathrm{e}^{\mathrm{i}(k_x^{(2)}x-k_z^{(2)}z-\omega^{(2)}t)}$

反射 SV 波， $S^{(3)}=S_0^{(3)}\mathrm{e}^{\mathrm{i}(k_x^{(3)}x-k_z^{(3)}z-\omega^{(3)}t)}$

折射 P 波， $S^{(4)}=S_0^{(4)}\mathrm{e}^{\mathrm{i}(k_x^{(4)}x-k_z^{(4)}z-\omega^{(4)}t)}$

折射 SV 波， $S^{(5)}=S_0^{(5)}\mathrm{e}^{\mathrm{i}(k_x^{(5)}x-k_z^{(5)}z-\omega^{(5)}t)}$

在分界面上的连续条件为

$$
u_1=u_2,\qquad w_1=w_2
$$

$$
\sigma_{z1}=\sigma_{z2},\qquad \tau_{xz1}=\tau_{xz2}
$$

按照与上面同样的步骤可以导出下述关系：

$$\omega^{(i)}=\omega,\quad k_x^{(i)}=k_x\quad (i=1,2,3,4,5)$$

$$\frac{\sin\alpha}{v_{\mathrm{P1}}}=\frac{\sin\beta}{v_{\mathrm{S1}}}=\frac{\sin\alpha'}{v_{\mathrm{P2}}}=\frac{\sin\beta'}{v_{\mathrm{S2}}} \tag{2.6.14}$$

$$\left.\begin{aligned}
&(S_0^{(1)}+S_0^{(2)})\sin\alpha-S_0^{(3)}\cos\beta-S_0^{(4)}\sin\alpha'-S_0^{(5)}\cos\beta'=0\\
&(S_0^{(1)}-S_0^{(2)})\cos\alpha-S_0^{(3)}\sin\beta-S_0^{(4)}\cos\alpha'+S_0^{(5)}\sin\beta'=0\\
&(S_0^{(1)}+S_0^{(2)})\frac{(v_{\mathrm{P1}}^2-2v_{\mathrm{S1}}^2\sin^2\alpha)}{v_{\mathrm{P1}}}+S_0^{(3)}v_{\mathrm{S1}}\sin2\beta-S_0^{(4)}\frac{\rho_2}{\rho_1}\frac{v_{\mathrm{P2}}^2-2v_{\mathrm{S2}}^2\sin^2\alpha'}{v_{\mathrm{P2}}}+S_0^{(5)}\frac{\rho_2}{\rho_1}v_{\mathrm{S2}}\sin2\beta'=0\\
&(S_0^{(1)}-S_0^{(2)})\frac{v_{\mathrm{S1}}^2}{v_{\mathrm{P1}}}\sin2\alpha+S_0^{(3)}v_{\mathrm{S1}}\cos2\beta-S_0^{(4)}\frac{\rho_2}{\rho_1}\cdot\frac{v_{\mathrm{S2}}^2}{v_{\mathrm{P2}}}\sin2\alpha'-S_0^{(5)}\frac{\rho_2}{\rho_1}v_{\mathrm{S2}}\cos2\beta'=0
\end{aligned}\right\} \tag{2.6.15}$$

从公式（2.6.15）可以求出四个反射波振幅值与入射波振幅 $S_0^{(1)}$ 之比，而反射角和折射角均可由斯内尔定律（2.6.14）确定。

由式（2.6.14）可知，$\beta<\alpha$，$\beta'<\alpha'$，因为 $v_{\mathrm{S}}<v_{\mathrm{P}}$。假如折射波速小于入射波速，即 $v_{\mathrm{P2}}<v_{\mathrm{P1}}$，$\alpha'<\alpha$。这一情况在地震工程中颇有意义，因为一般地壳中的岩石层是愈向下愈硬，所以当地震波由下向上传播时，经过一界面，α 角就减小一些，当到达地表时，就接近于垂直入射了。假若折射波速大于入射波速，即 $v_{\mathrm{P2}}>v_{\mathrm{P1}}$，$v_{\mathrm{S2}}>v_{\mathrm{S1}}$，则 $\alpha'>\alpha$。这时，若入射角过大，将使按公式（2.6.14）计算的折射 P 波角 $\alpha'>\pi/2$，即无折射。

假若 $\alpha=0$ 即为垂直入射，这时可得

$$\frac{S_0^{(2)}}{S_0^{(1)}}=\frac{\rho_2v_{\mathrm{P2}}-\rho_1v_{\mathrm{P1}}}{\rho_1v_{\mathrm{P1}}+\rho_2v_{\mathrm{P2}}}\quad\text{(反射 P 波系数)}$$

$$\frac{S_0^{(4)}}{S_0^{(1)}}=\frac{2\rho_1v_{\mathrm{P1}}}{\rho_1v_{\mathrm{P1}}+\rho_2v_{\mathrm{P2}}}\quad\text{(折射 P 波系数)}$$

$$S_0^{(3)}=S_0^{(5)}=0$$

由此可见，当 P 波垂直入射时，①不产生横波；②只有当界面两侧介质的阻抗 ρv 相同时，才无反射，此时能量将全部折射；③折射层阻抗愈大，则折射系数愈小，反射系数愈大，当 $\rho_2v_{\mathrm{P2}}\to\infty$ 时，全部能量反射而无折射；④当 $\rho_2v_{\mathrm{P2}}>\rho_1v_{\mathrm{P1}}$ 时，反射波与入射波同相位，反之，则相位相差 $\pm\pi$；而折射波总是与入射波同相位的。

当入射波是 SV 波时，反射、折射波也可以有上述四个；但是当入射波为 SH 波时，却只能产生 SH 型的反射波与折射波。当 SH 波垂直入射时，情况和 P 波垂直入射时一样，只要将 v_{P} 转为 v_{S} 即可。

2.6.6 地震波的衰减

当地震波在介质中传播时，部分能量转变为热能而损失，这就使介质具有阻尼作用。当阻尼不大时，这一影响可以用复阻尼理论考虑（参见第 7.8 节阻尼理论），即在波动方程及其解中，凡涉及模量 E 和 G 或拉梅常数 λ 和 μ 的常数，均看做是复常数。现以平面波为例说明如下。

设有一平面纵波沿 x 轴传播，则其波动方程与解在无阻尼时为

$$\nabla^2\varphi=\frac{1}{\alpha^2}\frac{\partial^2\varphi}{\partial t^2}$$

$$u(x,z,t)=\frac{\partial\varphi}{\partial x}=f(z)e^{i(kx-\omega t)}$$

式中，k 为常数。当用 $k(1+i\delta)$代替 k 时，则得有阻尼时的解

$$u(x,z,t)=f(z)e^{-k\delta x}e^{i(kx-\omega t)} \tag{2.6.16}$$

式中，δ为与阻尼有关的常数。

在地震波理论中，习惯于用品质因数 Q 来表示阻尼的影响，其定义为

$$\frac{1}{Q}=\frac{1}{2\pi}\cdot\frac{\Delta E}{E} \tag{2.6.17}$$

式中，ΔE 为波通过 $x=x_0$ 到 $x=x_0+\lambda$之间的能量差，即为这中间的能量损耗；E 为一个周期 T 内通过 $x=x_0$ 的能量；$\lambda=2\pi/k$ 为波长。由此定义得

$$\begin{aligned}\frac{1}{Q}&=\frac{1}{2\pi}\left[\int_0^T|u(x_0)|^2\,dt-\int_0^T|u(x_0+\lambda)|^2\,dt\right]\Big/\int_0^T|u(x_0)|^2\,dt\\&=\frac{1}{2\pi}(1-e^{-2k\delta\lambda})\end{aligned}$$

$$\frac{1}{Q}=\frac{1}{2\pi}(1-e^{-4\pi\delta})$$

当 $k\delta\lambda=2\pi\delta$足够小时，则有

$$1/Q=2\delta \tag{2.6.18}$$

地壳内 Q 的数值均在几百到几千之内，Q 愈大，则能量损失愈少，阻尼愈小。

2.7 地震的仪器观测与震级

地震的仪器观测可以大致分为两种，一种是以研究震源和传播介质情况为主的，一种是以研究地面质点振动规律为主的。前者以观测世界性的地震或弱震为主，开展得较早，约在本世纪初形成系统；后者以观测近震强震为主，开展于 20 世 30 年代至 50 年代才形成系统。本节只叙述第一种，第二种将在第六章中叙述。

2.7.1 地震仪

世界上最早的地震仪是我国古代科学家张衡于公元 132 年所首创，并于公元 138 年成功地记录到一次远震，开创了人类用仪器观测地震的先例。近代地震仪则是在 18 世纪后期才开始的。近代地震仪一般包括拾震器、放大器和记录装置三个系统。拾震器是一个单摆，利用摆的动力学原理，选择摆的自振周期和阻尼，再加上放大器的微分或积分作用，可以记录地面质点运动的位移、速度或加速度。由于地震仪以观测弱震为主，所以通常记录的物理量是地面质点的位移。

拾震器一般有三个，分别考虑一个竖向和两个相互垂直的水平（通常为南北、东西）位移分量。由于记录的位移量很小，所以需要经过放大器放大后再记录才能辨别波型和到时，地震仪的重要特性是其动态放大频率特性曲线，如图 2.7.1 所示。由图可见，仪器的通频带一

般较窄，不同频率的地震动分量的放大倍数与相位有较大差别。但是，它们已能满足一般地震工作的需要。

这种仪器现在都是以电为能源的，日夜不停地工作，记录纸在一滚筒上，转速要求均匀；同时还配有计时装置，精度要求达到 0.1s 左右。

现在地震学测量上常用的地震仪有多种，自振周期接近 1s 的仪器常用于近弱震的观测，如我国使用的 581，64，65，DD–I 和维开克地震仪，放大倍数在 10^4～10^5 左右。自振周期长达 10s 以上的仪器常用于远强震的观测，我国设计的 763 型和基氏地震仪，放大倍数约为二三千倍。另一种常用的是伍德-安德森扭摆地震仪，其自振周期为 0.8s，接近临界阻尼，放大倍数 2800，属短周期地震仪，宜于近震观测。由于科学技术的发展，现有的数字化宽频带地震动记录仪已经在迅速推广使用，并已经取得了许多有用的强震记录。例如 1999 年我国台湾集集地震所取得的大量记录，不但丰富了强震记录数据库，而且揭示了一次地震中断层破裂的先后细节，及近断层地震动和永久位移的特征。这种仪器，不但可以记录强震，也可以记录较小的地震；不但可以记录到地震动加速度，也可以记录位移，且都有很好的精度。它扩大了我们的观测范围，同时满足了地震学与工程学两者的要求。它除了记录地震动之外，还可以与高速计算机相结合，用来研究地壳构造的细节，可望在地震学与地震工程学的研究中起到特别重要的作用。

2.7.2 震相分析

在第 2.1 节中已经介绍过，地球中岩石是分层的，地壳与地幔、地幔与地核之间存在着明显的分界面；地震波从震源产生后，向四面八方传播，在分界面上产生反射和折射。由于岩石弹性模量一般是上小下大，所以从震源向上传播的波的传播方向逐步接近竖向，而向下传播的波的传播方向则逐步接近水平，而后再返回地面；向下传播波的反射波更快地返回到地面。因此，在地面一点观测到的地震波是多种波的混合，有直接从震源传来的波，有经过莫霍面反射来的波，有经过地核界面反射来的波，有透过地核而传来的波，还有多次反射来的波，是极为复杂的。但是，由于不同波型有不同的波速，所以到达有先有后；而且不同波型还有其特定的振动方向和轨迹，所以还可以分辨出一些特殊的波型，这就要作震相分析。虽然地震学为其本身的目的而对许多种震相感到兴趣，但是为简单计，这里只简单介绍几个对地震工程特别重要的震相，即体波的第一震相 P，第二震相 S 和面波最大震相 M。

图 2.7.1 示一次长周期地震仪记录到的远震东西向记录，震中距 6100km，图中横坐标是时间，向右为正。由于记录纸是首尾相连地贴在圆筒上的，故下条线的左端是连在上一条线右端之后的。图中标出了分辨出来的几种震相，箭头表示该种波开始到达的时间，PP 波表示 P 波经过地表面一次反射形成的另一 P 波，LR 与 LQ 分别为瑞利波和洛夫波，时间坐标上每分钟有一小竖线（图中不易看出）。

震相分析是一项专门工作，它是根据各种波的特性，如三个位移分量的大小、方向、频率和连续性来判别的，需要一定的经验。

2.7.3 震相分析的实际意义

震相分析的实际意义很大，概括起来至少可以分为如下三个方面。第一，确定震源特性，例如震源或震中位置、地震大小、震源机制、震源动力特性；第二，研究地壳构造，如地壳及地球分层情况及各层的力学特性；第三，发展地震波理论。现简单说明第一方面，因为它有助于理解震源特性确定的精度。

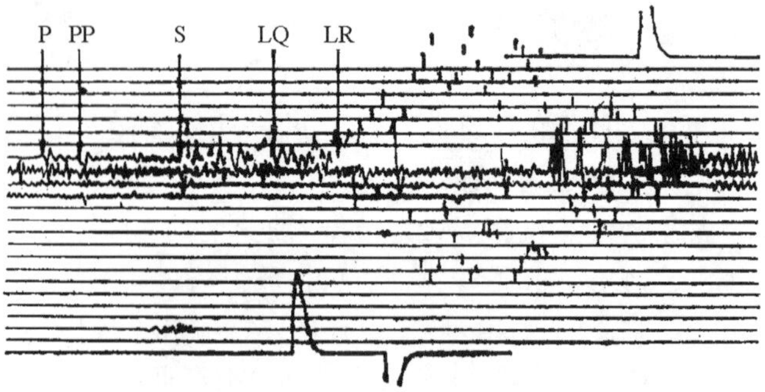

图 2.7.1　一次地震记录

某地震图，显示了 P，PP，S，LQ，LR 等震相；
P 和 S 到时差约 8min；图上、下给出标定脉冲

前面说过，只要知道 P 波与 S 波的到时差，就可以根据该地区波速来计算震源距离；还可以根据 P 波和 S 波的初动方向和其他特性来计算震源方位和震源错动方向；然后根据几个台站的这些数据，共同确定震源特性。按现有的台站分布情况，震中距确定的误差可达几十公里，震源深度的误差也达到深度的同一量级。误差来源主要在于地震波从震源到记录台站之间所经过的距离并非一条直线，而是由于地球成层构造所造成的途径“弯曲”，所以这么求得的震中距有颇大的误差。到 20 世纪 60 年代，利用多台的影响来确定震中，可以达到误差为几公里的高精度。但由于仪器所定震源仅为开始破裂点，而震源体常长达几十公里，所以从地震工程看，可以不要求误差为几公里的精度。

根据地震记录确定地震大小的问题将在下节叙述。

为了求得震源动力学参数，人们引入模拟断层错动的震源等效模型，如单力偶模型或剪切位错模型。根据这样的模型可以计算出远场位移的公式，从而确定 P 波初动方向。因此，根据一次地震在远场测得的 P 波初动方向的地表分布，即可求得断层错动的两个相互垂直的面，直正的断裂面为其中之一。现在还能根据地震记录的谱和其他动力学计算，来推求震源的谱、破裂传播方向和破裂速度、断层破裂尺度、应力降、地震波能量等等。

2.7.4　地震震级

1935 年，里克特首先引入震级这一概念。他想在人的感觉、结构物与自然界的反应之外，用地震仪器来区分南加州地震的大小。当时，该地区通用的地震仪是伍德-安德森标准扭摆仪，仪器类型统一。他发现，若将每一次地震时各地最大水平记录振幅 A 的对数 $\lg A$ 与震中距 $\varDelta$ 绘成曲张 $\lg A$-$\varDelta$，则不同地震的 $\lg A$-$\varDelta$ 曲线是相互平行的。因此，可以取在任一 $\varDelta$ 值时两曲线之间的纵坐标差 $\lg A-\lg A_0$ 作为两次地震大小之差。他称这样确定的地震大小为地方震级 M_L。他任意取 $\varDelta$=100km 处，两水平记录最大振幅的算术平均 $A_0(\varDelta=100)=1\mu m$ 所对应的震级为零（$M_L=0$），故得

$$M_L = \lg A(\varDelta) - \lg A_0(\varDelta) \tag{2.7.1}$$

式中，$\lg A_0(\varDelta)$是根据当地经验给定的。

前面提到过，伍德-安德森地震仪的自振周期为 0.8s，阻尼系数为 0.8，静态放大倍数为 2800，动态幅频特性见表 2.7.1，它是一种短周期地震仪，对于周期 T 大于 0.5s 的地震动，记录逐步变小。在采用上述定义的震级 M_L 中，由于选定了这种仪器，就等于规定了只是按照短周期的地震动分量来定义震级 M_L，然而实际地震波的频谱是因地震、地区可以有很大变化

的，所以这种定义，特别是所采用的 $\lg A_0(\varDelta)$值，只适用于南加州地区。

表 2.7.1 伍德-安德森地震仪幅频特性

周期 T/s	0.1	0.2	0.4	0.5	0.6	0.7	0.8	0.9	1.0	1.4	2.0	3.0	4.0	5.0
放大倍数	2786	2745	2557	2395	2199	1972	1750	1538	1350	807	424	190	110	71

由于全世界地震台站的分布不都像南加州那样密，所以要想都采用上述地方震级来确定地震的大小常常是不可能的，而必须依靠远距离的地震台记录。为此，古登堡又仿照上述定义，提出了面波震级 M_S 如下的定义：

$$M_{\mathrm{S}} = \lg A(\varDelta) - \lg A_0(\varDelta) \tag{2.7.2}$$

用于浅远震。在约 2000km 以上的震中距处，地震动最主要的波是面波，周期约为 20s，相应于瑞利波速和洛夫波群速最小值。由于没有这种标准仪器，他研究并采用 20s 周期水平分量的面波的最大幅值 A（两水平分量的矢量和的最大值），和用经验方法确定的 $\lg A_0(\varDelta)$。

这一定义只能用于足以产生 20s 周期为主的面波，只有浅源的强震才能如此。这一定义的优点在于这样的面波在地球任何处衰减大致相近，所以他采用的 $\lg A_0(\varDelta)$值也可用于全世界。其缺点是不能用于深源地震，因为深源地震产生不了这样的面波。因此，古登堡又提出了下述体波震级 m_b 的定义。

$$m_{\mathrm{b}} = \lg\left(\frac{A}{T}\right)_{\max} - \overline{Q}(\varDelta, h) \tag{2.7.3}$$

式中，$\overline{Q}(\varDelta, h)$ 为标定函数，是震中距$\varDelta$与震源深度 h 的函数，根据经验确定；他规定可以用 P，PP 或 S 波中最大的$(A/T)_{\max}$ 比值，式中 A 可以为竖向也可以为水平矢量，仍以μm 计，T 为记录中与 A 相应的周期，以 s 计。但在实际应用中，由于多数地区采用的地震仪是记录地震动竖向分量的，且仪器的自振周期为 1s，所以大半用 1s 左右的 P 波地震动竖向分量来确定体波震级 m_b。

上述三种震级之间的一种经验关系是

$$M_{\mathrm{S}} = 1.59m_{\mathrm{b}} - 4.0 = 1.27(M_{\mathrm{L}} - 1) - 0.016M_{\mathrm{L}}^2 \tag{2.7.4}$$

或

$$M_{\mathrm{S}} = 1.13M_{\mathrm{L}} - 1.08 \tag{2.7.5}$$

我国由于不用伍德-安德森地震仪，所以虽然采用同一形式的公式来定义地方震级 M_L 或面波震级 M_S，但在采用 $\lg A_0(\varDelta)$时，还须包括仪器特性的影响。我国常用的地震仪是短周期的 64 型或 65 型和长周期的基氏型，常用的 M_S 与 M_L 的关系为

$$M_{\mathrm{S}} = 1.13M_{\mathrm{L}} - 1.08$$

综合上述情况可见，地方震级 M_L 所根据的是周期为 0.1～0.5s 的地震动，面波震级 M_S 是 3～20s 的面波地震动，而体波震级 m_b 是 1s 左右的体波地震动。另外，不论采用什么震级，其精度都不太高，由于地震波传播途径的差异，同一地震在不同地点确定的震级常常不同，差别常达 0.5 左右，有时甚至超过 1.0。

上述这些震级都会饱和，地球上已发生的最大震级接近 9.0。震级饱和的原因有二：第一，地壳的强度是有限的，地壳内的应力分布是不均匀的，一次断裂只是一小部分地壳，所

以一次释放的能量是有限的；第二，震级定义是根据某一频率内的能量，这一能量不一定会随断裂长度的增加而一直增加。

现有研究资料表明，大小不同的地震具有不同的频谱组成，就位移谱而言，地震愈大，高频成分影响愈少，如图 2.7.2 所示。

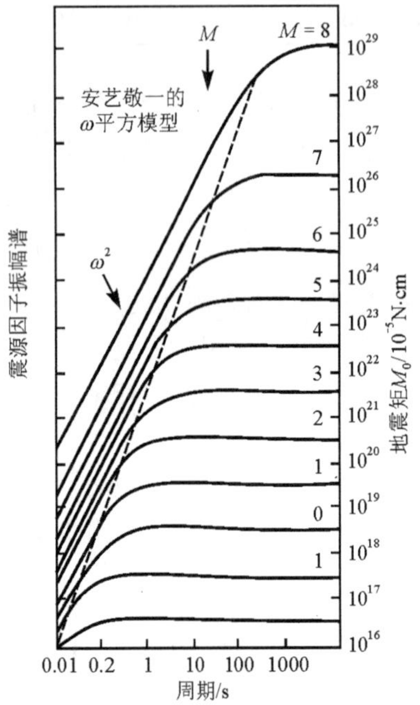

图 2.7.2　震源谱

这一模型具有一个拐角频率，如图中虚线所示。Atkinson(　　)将之修改为双拐角模型，

$$S(\omega)=CM_0\left[(1-\varepsilon)S_A+\varepsilon S_B\right] \tag{2.7.6}$$

其中，

$$S_A=1\Big/\left[1+\left(\frac{\omega}{\omega_A}\right)^2\right]$$

$$S_B=1\Big/\left[1+\left(\frac{\omega}{\omega_B}\right)^2\right]$$

ω_A 与 ω_B 即为拐角频率，它们与 ε 均为震级的函数；M_0 为地震矩。频谱组成决定于震源的力学特性，如断层面的长与宽、应力降、断裂的位错时间函数等参数，不仅近场谱的大小、而且谱的形状也不相同。根据一个频率成分确定的量只能反映该频率成分的变化，而不能反映其他频率成分，所以，地震震级不能全面代表地震的大小。杜达和纳特利指出过这一点，并建议指明某一震级定义所代表的频率范围（Duda and Nuttli，1974）。

矩震级 M_W 是汉克斯和金森博雄（Hanks and Kanamori，1979）提出来的。他们认为地震矩

$$M_0=E_S\cdot\frac{2\mu}{\Delta\sigma} \tag{2.7.7}$$

是表示地震能量的适当参数，式中 E_S 为地震波辐射能量；$\Delta\sigma$ 为应力降；μ 为拉梅常数。假若能用适当方法计算出能量 E_S，则古登堡和里克特的经验关系

$$\lg E_S=1.5M+11.8 \tag{2.7.8}$$

可以用来作为一个新震级的定义。因此，他们建议用地震矩来计算能量，将式（2.7.7）代入式（2.7.8），并采用适当的 μ 和 $\Delta\sigma$ 值，即得

$$\lg M_0=1.5M_W+16.1 \tag{2.7.9}$$

或

$$M_W=\frac{2}{3}\lg M_0-10.7 \tag{2.7.10}$$

此即震矩震级，或简称矩震级。在 M_W=3~7 时，$M_W=M_L$；在 M_W=5~ $7\frac{1}{2}$ 时，$M_W=M_S$；在 $M_W>7\frac{1}{2}$ 时，矩震级 M_W 大于 M_S 和 M_L。

第三章 随机振动基础

虽然早在 1947 年豪斯纳（Housner，1947）就首先把地震动看做是随机过程，但中间停顿了近十年，直到 20 世纪 50 年代后期，地震工程界才广泛开展地震反应的随机过程研究，有代表性的研究者包括罗森布卢思（Rosenblueth，1956）、汤姆森（Thomson，1959）、埃林根（Eringen，1958）、巴尔斯坦（Барштейн，1958）、博洛京（Болотин，1960）和田治见宏（1958）等。作者曾对他们的工作作过介绍和评述，并开展了工作（胡聿贤等，地震工程研究报告集，vol.1，1962；vol.2，1965；土木工程学报，No.1，1965）。在以后的 10 年中，更多的人研究了这一问题，取得了很大进展。地震力的随机振动分析已成为地震动及结构反应的典型研究方法之一，已经有了一个初具规模的理论体系，是可靠性理论的重要组成部分，并从近 50 年来的强震观测资料中得到了不少实用数据，在地震工程中得到了日益增长的应用。

地震工程中的随机过程理论包括下述几个内容：地震发生的过程，地震动的随机过程描述及其参数的确定，地震动的人工合成，结构或土体反应的随机振动理论和结构反应的统计特征等等。地震发生的过程，不在本书范围之内，本章将只讨论地震动的随机描述，作为随机过程应用的一个例子，其他问题将在第七章中讨论。更详细而深入的内容，可参阅有关参考文献（Lin，1967；Болотин，1965；Clough and Penzien，1975；星谷胜，1977）。

3.1 随机过程的基本概念

3.1.1 随机变量

从概率论的观点出发，物理量可以分为两大类，即确定量与随机量。在同一取样条件下对某一物理量进行多次量测，假若每次测得的结果在测量误差范围内都是一样的，则称此量为确定量；假若每次测得的结果并不一样，差别超过误差范围，则称此量为随机量。严格说来，在自然科学与工程实践中，人们所遇到的物理量大多是随机量，如材料强度、荷载与质点的运动。即使是同一次搅拌的混凝土、同一炉冶炼的钢材、同一场地下取出的土样、高空中同一高度的气压与温度、地面上相距很近的两点的地面运动等都是随机量。只是当随机性不大时，人们为简单计，才把它们当作是确定量来考虑。

物理现象之所以具有随机性的根本原因在于以下事实：对于任一物理现象，都存在着几乎是无穷多个影响因素，这些因素都对此物理现象有相近程度的影响。例如一个混凝土试块就是由近于无穷多个水泥、砂子和水分子的化合物和空气分子所组成，这些分子的排列都对试块的强度特性有影响，每一个分子的影响虽然很小但都相差不大，近无穷多个很小的影响决定了整个试块的强度特性。人们无法控制或了解这些分子的排列情况及其对试块强度特性的影响，故无法确切估计每个试块的强度，这种不可确切估计个别具体情况的现象，就称为随机性。地震时的地震动与结构反应也是这样的随机量。地震震源的物质及其断裂过程都是由震源的无穷多个岩石分子的类型及其排列情况决定的，它们决定了从震源向外发出的地震波大小在时间上的分布；而传播到远处某一场地的地震动，则又受到地壳或深处的岩石分子类型和排列的影响。这些不可预估的因素使地震动具有随机性。

虽然随机量的个别具体情况不可预估，但随机量并不是随意变动、毫无规律的量，这是因为无穷多个影响因素中还有一些主要部分是有明显变化规律可循的。例如混凝土试块中，水泥的优劣、加水的多少、搅拌的均匀、养护的湿度等等是可以适当控制的，所以混凝土的强度的平均特性还是可以估计或控制的。在地震动中，地震断层的破裂面积、岩石的平均强度与刚度、震中距离的远近等也是可以估计的量，所以地震动的平均特性也是可以估计的。这就是说，有两类因素在影响着一个物理现象，一组由无穷多个无法控制的未知因素所组成，它们决定了此量的随机性；另一组由有限个可控制的已知因素所组成，它们决定着此量的确定性变化。

在概率论中，随机变量的特征可以用其概率密度函数或其积分概率分布函数来描述。设 x 为一随机变量，则概率密度函数 $p(x)$表示变量 x 发生于$(x，x+\mathrm{d}x)$区间中的概率，即 x 出现的可能性；而概率分布函数

$$F(x)=\int_{-\infty}^{x}p(x)\mathrm{d}x \qquad (-\infty<x<+\infty) \tag{3.1.1}$$

则表示此变量小于 x 的概率，$p(x)$的绝对值必须使得 $F(-\infty)=0$，$F(\infty)=1$，这是概率物理含意的要求。注意在本书中用 $p(x)$表示 $1-F(x)$，即变量大于 x 的概率。

知道一个随机变量 x 的概率密度函数 $p(x)$，就可以定义随机变量 x 的任一函数 $f(x)$的数学期望为

$$E[f(x)]=\int_{-\infty}^{\infty}f(x)p(x)\mathrm{d}x \tag{3.1.2}$$

由此得随机变量 x 的数学期望 $\bar{x}$ （在统计上即为平均值 m）与方差σ^2 分别为

$$m=\bar{x}=E[x]=\int_{-\infty}^{\infty}xp(x)\mathrm{d}x \tag{3.1.3}$$

$$\sigma^2=\overline{(x-m)^2}=E[(x-m)^2]=\mathrm{Var}[x-m]=\int_{-\infty}^{\infty}(x-m)^2p(x)\mathrm{d}x \tag{3.1.4}$$

σ^2 又称离散，σ 称为标准差。公式（3.1.3）又称为 x 的第一阶初始矩，公式（3.1.4）为 x 的第二阶中心矩。平均值 $\bar{x}$ 表示 $p(x)$曲线下面积的重心；二阶中心矩表示 $p(x)$曲线的胖瘦或 x 的可能分散的程度；$C_\mathrm{v}=\sigma/\bar{x}$ 称为离散系数；三阶中心矩μ_3 表示 $p(x)$的偏斜，μ_3/σ^3 称为偏态系数。在工程实践中，通常只用到前两阶矩，即只用两个统计参数 m（或 $\bar{x}$ ）与σ和指定的概率密度函数形式来作为随机变量 x 的第一次近似描述；假若只用到第一阶矩，即 m 或 $\bar{x}$，x 就成为确定变量。

3.1.1.1 正态分布

最常用的概率分布函数是正态分布，或称高斯分布，其概率密度函数为

$$p(x)=\frac{1}{\sigma\sqrt{2\pi}}\exp\left[-\frac{1}{2}\left(\frac{x-m}{\sigma}\right)^2\right] \qquad (-\infty<x<\infty) \tag{3.1.5}$$

它完全由 m 和σ两个参数所决定。它显然满足公式（3.1.3）和（3.1.4）。

3.1.1.2 对数正态分布

正态分布中的变量 x 的取值可正可负。在工程实践中，由于许多物理量不能取负值，如

材料强度，因此，对数正态分布也得到广泛应用。设有一物理变量 y 只能取正值，这时，可以取其对数为一新变量，即 $x=\ln y$，新变量 x 的变化范围在（$-\infty$，∞）范围内。假若 x 符合正态分布，则随机变量 y 符合对数正态分布，即

$$p(y)=\frac{1}{y\sigma\sqrt{2\pi}}\exp\left[-\frac{1}{2}\left(\frac{\ln y-m}{\sigma}\right)^2\right] \qquad (0\leqslant y<\infty) \tag{3.1.6}$$

这时，式中 m 和 σ 分别为 $\ln y$ 的平均值与 $\ln y$ 的标准差，而不是 y 的平均值与标准差。若用 m_y 与 σ_y 表示 y 的平均值与标准差，则它们之间存在下述关系：

$$\left.\begin{aligned} m_y&=\bar{y}=\exp\left(m_x+\frac{1}{2}\sigma_x^2\right)\\ \sigma_y^2&=\exp(2m_x+2\sigma_x^2)-\exp(2m_x+\sigma_x^2)\\ &=\exp(2m_x+2\sigma_x^2)\cdot[\exp(\sigma_x^2)-1] \end{aligned}\right\} \tag{3.1.7}$$

$p(x)=0.5$ 时的 x 值称为中位数，简写为 x_{50}。由定义可知，

$$m_x=\ln y_{50}$$

故

$$m_y=\exp\left(m_x+\frac{1}{2}\sigma_x^2\right)=y_{50}\exp\left(\frac{1}{2}\sigma_x^2\right) \tag{3.1.8}$$

因此在式（3.1.6）中，正规化变量为

$$x=\frac{\ln y-m_x}{\sigma_x}=\frac{\ln y-\ln y_{50}}{\sigma_x}$$

用此正规化变量表示的正态积累概率函数为

$$F(x)=\frac{1}{\sigma_x\sqrt{2\pi}}\int_{-\infty}^{x}\mathrm{e}^{-\frac{1}{2}x^2}\mathrm{d}x$$

取 $F(x_{84})=84\%$（当 $x_{84}=1$），这时的变量 x 值就写为 x_{84}，它称为 x 的 84 百分位值，表示当 x 符合正态分布时，有 84%的可能 $x<x_{84}$。这时可以求得相应的对数正态分布变量 y 的相应值 y_{84} 如下：

因为 $$x_{84}=(\ln y_{84}-\ln y_{50})/\sigma_x=1$$

故

$$y_{84}=y_{50}\cdot\mathrm{e}^{\sigma x} \tag{3.1.9}$$

在工程实践中，概率密度函数 $p(x)$ 是不知道的，所以无法直接利用上述这些分布函数，而必须先根据推理判断或经验选择，假设某一随机变量符合某一概率分布。然后利用实测数据，按统计方法，确定分布函数中的待定常数。

从实测数据确定分布函数中待定常数的方法是用数据中表现出来的实际概率密度函数 $f(x)$ 代替理论的概率密度函数 $p(x)$，按式（3.1.3）和（3.1.4）或其推广公式的定义计算第一、第二或更高阶矩，令这样求得的矩等于理论上的矩，从而确定待定常数。例如对某一随机变量 x 进行了 n 次取样，得到 n 个观测值 x_1，x_2，x_3，…，x_n。这些值可能有些是相等的，因此

不同的 x 取值设为 x_j(j=1，…，m)，与之相当的实际概率密度函数为 $f(x_j)=\dfrac{n_j}{n}$，n_j 为 $x=x_j$ 的个数，$\sum_{j=1}^{m}n_j=n$。按定义可以求出

$$m_x=E[x]=\sum_{j=1}^{m}x_j\cdot f(x)=\frac{1}{n}\Sigma n_j x_j \tag{3.1.10}$$

$$\sigma_x^2=E[(x-m_x)^2]=\frac{1}{n}\Sigma n_j(x_j-m_x)^2 \tag{3.1.11}$$

$$\mu_x=E[(x-m_x)^i]=\frac{1}{n}\Sigma n_j(x_j-m_x)^i \qquad (i=3,4,\Lambda) \tag{3.1.12}$$

这里μ为中心矩。假若所采用的分布函数只有两个待定常数，如正态、对数正态等，可以只采用前两次矩 m_x 和 σ_x^2 来确定这两个常数。在实际应用中，为了使按上述方法估计的方差是无偏的，应在分母中用 $n-1$ 代替 n，即

$$\sigma_x^2=\frac{1}{n-1}\Sigma n_j\cdot(x_j-m_x)^2 \tag{3.1.13}$$

3.1.2 随机过程

假若一个随机变量 x 为另一确定变量 t 的函数，则 $x(t)$称为随机函数，若此自变量 t 为时间，则此随机函数 $x(t)$又称为随机过程。地面或结构物由于自然环境的杂乱干扰而产生的微弱振动常被称为环境振动、脉动或常时微动，它是典型的随机过程；结构物在风、浪、地震作用下的振动，也是典型的随机过程。随机过程的宏观特征是：在可控制的基本条件保持不变时，对同一现象进行多次连续观测，可得一组观测过程 $x_i(t)$，(i=1，2，…)，由于随机性，不可能有两个观测过程是完全相同的。

随机过程的数学描述有两个途径，一种是概率描述，在数学上是严谨的；一种是统计描述，比较直观，这里只介绍后一种。

在随机变量的统计描述中，最重要的特征是平均值与方差。在随机过程的统计描述中，也是如此，只不过复杂一些。图 3.1.1 中分别绘出了对两个随机过程 $x(t)$与 $y(t)$的多次观测结果，$x_i(t)$，i=1，2，…，N；$y_j(t)$，j=1，2，…，M。先研究过程 $x(t)$。在指定的时刻 $t=t_1$，过程 $x_i(t_1)$，i=1，2，…，N 就是一组随机变量的取样，其平均值 $\bar{x}(t_1)$ 与方差 $\sigma_x^2(t_1)$ 按公式（3.1.10）和（3.1.13）分别为

$$\bar{x}(t_1)=\frac{1}{N}\sum_{1}^{N}x_i(t_1) \tag{3.1.14a}$$

$$\sigma_x^2(t_1)=\frac{1}{N-1}\sum_{1}^{N}[x_i(t_1)-\bar{x}(t_1)]^2 \tag{3.1.14b}$$

假若让 t 从初始点 t=0 变到终止点 $t=T$，则可求出中间任一时刻 t 的平均值 $\bar{x}(t)$，它就是过程 $x(t)$的 N 个取样 $x_i(t)$(i=1，…，N)的平均过程。只要 N 足够大，在工程上通常可以认为它就代表 $N\to\infty$时求得的真正平均过程，因此它就是一个确定过程。当只考虑线性问题时，可以把确定过程 $\bar{x}(t)$ 和随机过程 $x'(t)=x(t)-\bar{x}(t)$ 分开处理，因此，今后将不再考虑平均过程 $\bar{x}(t)$ 的

影响，而只研究随机过程 $x'(t)$，并省去上角标而写为$(x)t$。对于新的过程 $x(t)$，其平均过程 $\bar{x}(t)$ 当然恒等于零，即 $\bar{x}(t)\equiv 0$。这时，$x_i(t)$即表示新过程 $x(t)$的量测值，所以方差可以写为

$$\sigma_x^2(t)=\frac{1}{N-1}\sum_1^N x_i^2(t) \tag{3.1.15}$$

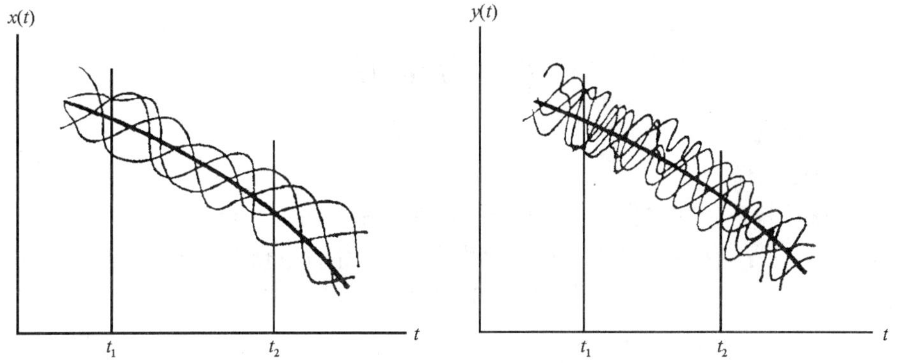

图 3.1.1　两个随机过程的多次观测结果

上面是在随机变量中讨论过了的。在随机过程中，还有一个更为重要的、表示随机过程特征的量，叫做自相关函数 $R(t_1, t_2)$，其定义为

$$R_x(t_1,t_2)=E[x(t_1)\cdot x(t_2)]=\frac{1}{N-1}\sum_i[x_i(t_1)\cdot x_i(t_2)] \tag{3.1.16}$$

当 $t_1=t_2$ 时，它就变为方差 $\sigma_x^2(t_1)$。相关函数还可以推广到两个不同随机过程 $x(t)$与 $y(t)$之间，从而定义互相关函数为

$$R_{xy}(t_1,t_2)=E[x(t_1)y(t_2)]=\frac{1}{N-1}\sum_i\sum_j[x_i(t_1)\cdot y_j(t_2)] \tag{3.1.17}$$

上面三个公式的定义都是对集系的平均，即在多次取样之间求平均。

相关函数的物理意义极为重要。从式（3.1.17）可知，$R_{xy}(t_1, t_2)$表示在 t_1 时刻 $x(t)$取某一数值 $x(t_1)$与在 t_2 时刻 $y(t)$所取的数值 $y(t_2)$的相关关系。当然这种关系是一种平均的关系，一种期望关系，一种具有概率意义的关系，而不是确定性的关系。例如 $R_{xy}(t_1, t_2)$为负值时，它表示平均而言，$x(t_1)$与 $y(t_2)$的符号是相反的，但并不是在每一对取样中都相反。又如当 $R_{xy}(t_1, t_2)=0$ 时，它表示当 $x(t_1)$取某一值时，$y(t_2)$取值的正、负，大、小都可能，即 $y(t_2)$的取值与 $x(t_1)$值无关。当然，这只是相关函数的部分物理意义，是单独看相关函数上一个点的物理意义。作为时间函数，它还有更多的物理意义。

图 3.1.1 中的两个随机过程 $x(t)$与 $y(t)$的平均曲线 $\bar{x}(t)$ 与 $\bar{y}(t)$ 是差不多的，每一时刻 t_1 的方差 $\sigma_x^2(t_1)$ 与 $\sigma_y^2(t_1)$ 也是差不多的；但是即使凭肉眼一看，也可以看出它们还有很不相同的内部结构，或随时间而变化的动态特性。过程 $x(t)$的变化比较缓慢，$x(t)$的每一次取样 $x_i(t)(i=1, 2, \cdots)$都表示出随 t 而改变的趋势比较平滑，波动少；与此相反，过程 $y(t)$的变化则比较频繁多变，波动较大。这一物理现象如何在相关函数中表示，在讨论图 3.1.3 的功率谱时，可以知道。

3.1.3 随机过程的平稳性与平稳化随机过程

随机过程 $x(t)$的积分

$$g = \int_a^b x(t)\mathrm{d}t$$

对于 $x(t)$的所有取样过程 $x_i(t)(i=1，2，\cdots)$都成立时，它具有和通常积分相同的意义。但是，由于 $x(t)$是随机过程，所以 g 是随机变量；因此 g 的期望值为

$$E[g] = \int_a^b E[x(t)]\mathrm{d}t$$

下面将用到这一概念。

3.1.3.1　平稳过程

假若所有统计特征，如 $E[x(t)]$与 $E[x(t_1)\cdot x(t_2)]$，都与时间 t 无关，如 $E[x(t_1)\cdot x(t_2)]$，只与时滞或时间差 $\tau=t_2-t_1$ 有关，则此随机过程称为弱平稳随机过程；若所有更高阶的相关函数 $E[x(t_1)\cdot x(t_2)\cdot \cdots \cdot x(t_i)](i\geqslant 3)$都如此，则称为强平稳随机过程。这时，前两个统计特征可以写为

$$E[x(t)] = 常数$$

$$E[x(t_1)x(t_2)] = R_x(t_2 - t_1) = R_x(\tau)$$

相关函数有时写成无量纲的形式：

$$\rho_x(\tau) = R_x(\tau)/R_x(\tau = 0)$$

3.1.3.2　各态历经平稳过程或遍历过程

在平稳过程中常常采用的是各态历经平稳随机过程，即在一次取样的过程 $x_1(t)$中，就包含有其他各次取样 $x_2(t)$，$x_3(t)\cdots$的全部特征，因而可以用时间内的平均代替集系内的平均。这里约定用上加横线表示时间平均，用 $E[\quad]$表示集系平均。各态历经过程的前两个统计特征有下述关系：

$$E[x(t)] = E\left[\frac{1}{T}\int_0^T x(t)\mathrm{d}t\right] = \frac{1}{T}\int_0^T E[x(t)]\mathrm{d}t = E[x(t)]\frac{1}{T}\int_0^T \mathrm{d}t = \overline{x}(t)$$

$$E[x(t)\cdot x(t+\tau)] = E\left[\frac{1}{T}\int_0^T x(t)x(t+\tau)\mathrm{d}t\right] = \frac{1}{T}\int_0^T E[x(t)x(t+\tau)]\mathrm{d}t$$

$$= E[x(t)x(t+\tau)]\frac{1}{T}\int_0^T \mathrm{d}t = E[x(t)x(t+\tau)] = R_x(\tau)$$

这两个关系即表示时间平均等于集系平均，即

$$\left.\begin{aligned} &\overline{x}(t) = E[x(t)] \\ &\overline{x(t)x(t+\tau)} = E[x(t)\cdot x(t+\tau)] \end{aligned}\right\} \tag{3.1.18}$$

因此可以用时间平均计算随机过程的统计特性，即

$$\overline{x}(t) = \frac{1}{T}\int_0^T x(t)\mathrm{d}t \tag{3.1.19}$$

$$R_x(\tau) = \frac{1}{T-\tau}\int_0^{t-\tau} x(t)x(t+\tau)\mathrm{d}t \tag{3.1.20}$$

对地震工程而言，由于无法对一次地震动取得多次观测值，从而在集系中求平均，所以，虽然意识到地震动可能不是遍历的，但仍不得不采用遍历性假定。

3.1.3.3 平稳化过程

地震工程中对地震动经常采用的另一个假定是平稳假定，后来推广为平稳化假定，即地震动可以用平稳化遍历随机过程描述。

假定一随机过程 $x(t)$只有幅值特性是随时间而变的非平稳过程，就可以用一个确定的时间函数 $f(t)$表示振幅特性随时间的确定变化，而将过程 $x(t)$写为

$$x(t)=f(t)\cdot y(t) \tag{3.1.21}$$

其中 $y(t)$为遍历平稳随机过程，$x(t)$即为平稳化随机过程。它的自相关函数为

$$R_x(t_1,\ t_2)=f(t_1)f(t_2)R_y(\tau) \tag{3.1.22}$$

3.1.3.4 谱密度函数

与相关函数有对应关系的是功率谱密度函数，或简称谱密度 $S(\omega)$。它可以定义为相关函数的傅里叶变换对①，即

$$S(\omega)=\int_{-\infty}^{\infty}R(\tau)e^{-i\omega\tau}d\tau \tag{3.1.23a}$$

$$R(\tau)=\frac{1}{2\pi}\int_{-\infty}^{\infty}S(\omega)e^{i\omega\tau}d\tau \tag{3.1.23b}$$

这就是有名的威纳－欣钦关系。自相关函数和自谱密度都是偶函数，即

$$R(\tau)=R(-\tau)$$

$$S(\omega)=S(-\omega)$$

同时，互相关函数与互谱密度也是傅里叶变换对，即

$$\begin{aligned}S_{xy}(\omega)&=\int_{-\infty}^{\infty}R_{xy}(\tau)e^{-i\omega\tau}d\tau\\R_{xy}(\tau)&=\frac{1}{2\pi}\int_{-\infty}^{\infty}S_{xy}(\omega)e^{i\omega\tau}d\omega\end{aligned} \tag{3.1.24}$$

但是它们却并非偶函数，而且互谱密度还是复函数。

现在可以说明图 3.1.1 中的两个随机过程 $x(t)$与 $y(t)$的相关函数特性的另一重要物理意义。设 $x(t)\equiv\bar{y}(t)\equiv 0$，而且 $x(t)$与 $y(t)$都是平稳随机过程。图 3.1.2 中分别绘出了 $x(t)$与 $y(t)$的自相关函数$\sigma_x(\tau)$与$\sigma_y(\tau)$，图 3.1.3 中分别绘出了它们的自谱密度 $S_x(\omega)$与 $S_y(\omega)$。由此对比，$x(t)$取样中的缓慢变化表示为自相关函数 $R_x(\tau)$的较低的主频率和自谱密度 $S_x(\omega)$中的低频谱峰点；相反，$y(t)$取样中的急剧频繁变化则表示为自相关函数 $R_y(\tau)$中的高主频率和自谱密度 $S_y(\omega)$中的高频谱峰点。

若一平稳随机过程 $x(t)$表示一单质点弹性体系的位移，k 为体系的刚度，则 $kx(t)$为体系中的内力，而$\frac{1}{2}kx^2(t)$为单位时间内的应变能，那么在振动持续时间 T 之内的总应变能为（系数$\frac{1}{2}$略去）

$$\overline{W}=\int_0^T kx^2(t)dt$$

① 这里采用的相关函数与谱密度的关系与巴尔斯坦、詹金斯·瓦茨和本达特·皮索尔(Bendat, J.S.)等的形式相同；另外还有一种略有差别的形式，即将式（3.1.23b）中的系数 1/2π放在式（3.1.23a）中去。这两种形式都常见采用。

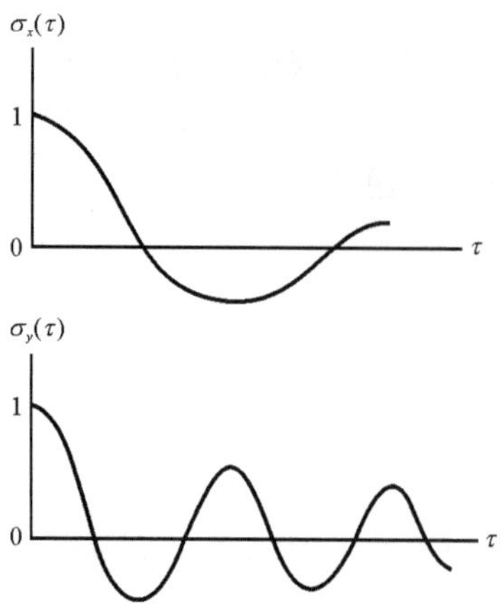

图 3.1.2　图 3.1.1 过程的自相关函数

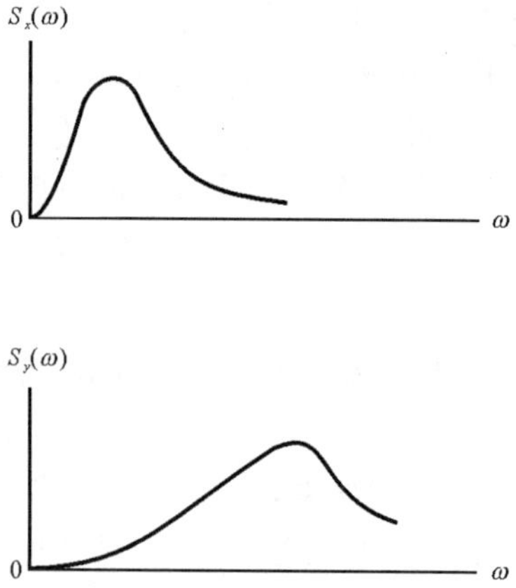

图 3.1.3　图 3.1.1 过程的自谱密度

应用公式（3.1.20）和（3.1.23），总应变能可以写为

$$\overline{W}=k\int_0^T x^2(t)\mathrm{d}t=kT\bullet R(0)=\frac{kT}{2\pi}\int_{-\infty}^{\infty}S(\omega)\mathrm{d}\omega$$

单位时间内的能量$\overline{W}/T$就是功率，这就是为什么$S(\omega)$被称为功率谱密度的原因。

一随机函数$x(t)$的谱密度与其傅里叶谱$X(\mathrm{i}\omega)$有密切关系。根据定义

$$X(\mathrm{i}\omega)=\int_{-\infty}^{\infty}x(t)\mathrm{e}^{-\mathrm{i}\omega t}\mathrm{d}t \tag{3.1.25a}$$

$$x(t)=\frac{1}{2\pi}\int_{-\infty}^{\infty}X(\mathrm{i}\omega)\mathrm{e}^{\mathrm{i}\omega t}\mathrm{d}\omega \tag{3.1.25b}$$

设T为此平稳随机函数$x(t)$的持续时间。根据相关函数定义及上述傅里叶变换对可得

$$\begin{aligned}R_x(0)=E[x^2(t)]&=\lim_{T\to\infty}\frac{1}{T}\int_{-\infty}^{+\infty}x^2(t)\mathrm{d}t\\&=\lim_{T\to\infty}\frac{1}{T}\int_{-\infty}^{\infty}x(t)\left[\frac{1}{2\pi}\int_{-\infty}^{\infty}X(\mathrm{i}\omega)\mathrm{e}^{\mathrm{i}\omega t}\mathrm{d}\omega\right]\mathrm{d}t\\&=\lim_{T\to\infty}\frac{1}{T}\int_{-\infty}^{\infty}\frac{1}{2\pi}X(\mathrm{i}\omega)\left[\int_{-\infty}^{\infty}x(t)\mathrm{e}^{\mathrm{i}\omega t}\mathrm{d}t\right]\mathrm{d}\omega\\&=\lim_{T\to\infty}\frac{1}{T}\int_{-\infty}^{\infty}\frac{1}{2\pi}X(\mathrm{i}\omega)X^*(\mathrm{i}\omega)\mathrm{d}\omega\\&=\lim_{T\to\infty}\frac{1}{2\pi T}\int_{-\infty}^{\infty}|X(\mathrm{i}\omega)|^2\,\mathrm{d}\omega\end{aligned} \tag{a}$$

这时，再定义$x(t)$的功率谱$S_x(\omega)$与方差$R_x(0)$的关系为

$$R_x(0)=\frac{1}{2\pi}\int_{-\infty}^{\infty}S_x(\omega)\mathrm{d}\omega \tag{b}$$

对比式（a）与（b）后即得

$$S_x(\omega)=\lim_{T\to\infty}\frac{1}{T}[|X(\mathrm{i}\omega)|^2] \tag{3.1.26}$$

这表明，除了一个常系数外，傅里叶谱模的平方的期望值即为谱密度函数。假若把式（3.1.26）右边看做是在持时 T 足够长时的$|X(\mathrm{i}\omega)|^2$的单位时间内的平均值，则它就是谱密度。由此可知，这两个谱有两个重要差别。第一，由于 $x(t)$是随机函数，所以其傅里叶谱 $X(\mathrm{i}\omega)$也是随机函数，而谱密度则是确定函数。第二，傅里叶谱是复的，它包括相位信息；而谱密度是实的，不具有相位信息。

3.1.3.5　导数的谱密度函数

假若平稳过程 $x(t)$的相关函数为 $R_x(\tau)$，谱密度为 $S_x(\omega)$，容易证明 $x(t)$的第 n 阶导数 $x^{(n)}(t)$的自相关函数与谱密度函数分别为

$$\left.\begin{aligned} R_n(\tau) &= (-1)^n \frac{\mathrm{d}^{2n}}{\mathrm{d}t^{2n}} R_x(\tau) \\ S_n(\omega) &= \omega^{2n} S_x(\omega) \end{aligned}\right\} \tag{3.1.27}$$

3.1.3.6　互相关矩阵与互谱密度矩阵

对于多个随机过程 $x_i(t)(i=1，2，\cdots)$（注意：这是几个随机过程，而不是同一随机过程的几次取样），和前面两个随机过程 $x(t)$，$y(t)$相似时，两两之间的互相关函数与互谱密度可以分别写为矩阵形式：

$$\underline{R}(\tau) = \begin{pmatrix} R_{11}(\tau) & R_{12}(\tau) & \Lambda \\ R_{21}(\tau) & R_{22}(\tau) & \Lambda \\ \mathrm{M} & \mathrm{M} & \mathrm{M} \end{pmatrix}$$

$$\underline{S}(\mathrm{i}\omega) = \begin{pmatrix} S_{11}(\mathrm{i}\omega) & S_{12}(\mathrm{i}\omega) & \Lambda \\ S_{21}(\mathrm{i}\omega) & S_{22}(\mathrm{i}\omega) & \Lambda \\ \mathrm{M} & \mathrm{M} & \mathrm{M} \end{pmatrix}$$

互相关函数 $R_{ij}(\tau)$与相应的互谱密度 $S_{ij}(\mathrm{i}\omega)$也满足式（3.1.23）和（3.1.24）的互为傅里叶变换的关系。矩阵对角线上的项即为自相关函数与自谱密度。

根据互相关函数定义，可以证明

$$R_{ji}(\tau) = R_{ij}(-\tau)$$

由此可见，自相关函数 $R_{ii}(\tau) = R_{ii}(\tau) = R_{ii}(-\tau)$ 是偶函数，而互相关函数则不是偶函数。

根据谱密度与相关函数的关系可知

$$S_{ij}(\mathrm{i}\omega) = \int_{-\infty}^{\infty} R_{ij}(\tau)\mathrm{e}^{-\mathrm{i}\omega\tau}\mathrm{d}\tau = \int_{-\infty}^{\infty} R_{ij}(\tau)\cos\omega\tau\mathrm{d}\tau - \mathrm{i}\int_{-\infty}^{\infty} R_{ij}(\tau)\sin\omega\tau\mathrm{d}\tau$$

由于互相关函数 $R_{ij}(\tau)$ 不是偶函数，所以上式右边第二项不等于零，因此互谱密度是复函数。另外，容易证明

$$R_{ij}^2(0) \leqslant R_i(0)R_j(0) \tag{3.1.28}$$

与之相应的谱密度关系为

$$\left|\int_{-\infty}^{\infty} S_{ij}(\mathrm{i}\omega)\mathrm{e}^{\mathrm{i}\omega\tau}\mathrm{d}\omega\right|^2 \leqslant \int_{-\infty}^{\infty} S_i(\mathrm{i}\omega)\mathrm{d}\omega \int_{-\infty}^{\infty} S_j(\mathrm{i}\omega)\mathrm{d}\omega \tag{3.1.29}$$

3.1.3.7　凝聚函数

凝聚函数或相干函数是一个有用的概念，其定义为

$$\gamma_{ij}^2(\omega)=\frac{|S_{ij}(\mathrm{i}\omega)|^2}{S_i(\omega)S_j(\omega)} \qquad (0\leqslant\gamma_{ij}^2(\omega)\leqslant 1) \tag{3.1.30}$$

其物理意义说明如下。假设 $x_1(t)$与 $x_2(t)$分别为一线性体系的输入和输出，$z(t)$为噪音或其他输入对输出 $x_2(t)$的影响，可以证明：

$$S_z(\omega)=S_2(\omega)[1-\gamma_{12}^2(\omega)] \tag{3.1.31}$$

由此可知，当$\gamma_{12}^2(\omega)=1$时，表示在此频率ω处噪音谱 $S_z(\omega)$为零，输出 $S_2(\omega)$完全来自 $S_1(\omega)$，即输入与输出完全相关；反之，若$\gamma_{12}^2(\omega)=0$，则 $S_z(\omega)=S_2(\omega)$，表示在此ω处输出 $S_2(\omega)$完全是噪音谱，即输入与输出完全无关。

3.2 谱参数及其物理意义

3.2.1 谱参数

设 $x(t)$为一平稳随机过程，均值为零，方差为σ^2，自相关函数为 $R(\tau)$，自谱密度为 $S(\omega)$。由于自谱密度是偶函数，可以只计算 $0<\omega<\infty$这一部分，但加倍，而称之为单侧谱密度 $G(\omega)=2S(\omega)$。现定义单侧谱密度的谱矩λ_i为

$$\lambda_i=\frac{1}{2\pi}\int_0^\infty \omega^i G(\omega)\mathrm{d}\omega \qquad (i=0，1，2，\cdots) \tag{3.2.1}$$

最常用的是前三个谱矩λ_0，λ_1，λ_2。本节所要讨论的几个谱参数σ，ω_2，q 都可以通过这三个谱矩来表示。

由式（3.1.23b）可知，

$$\sigma^2=R(0)=\frac{1}{2\pi}\int_0^\infty G(\omega)\mathrm{d}\omega=\lambda_0 \tag{3.2.2}$$

为了方便起见，引入参数$\omega_i(i=1，2)$和 q 如下

$$\omega_i=\left(\frac{\lambda_i}{\lambda_0}\right)^{1/i} \qquad (i=1,\ 2) \tag{3.2.3}$$

$$q=\left(1-\frac{\lambda_1^2}{\lambda_0\lambda_2}\right)^{1/2} \tag{3.2.4}$$

下面先在频域和时域中解释这些参数的物理意义，然后介绍其应用。

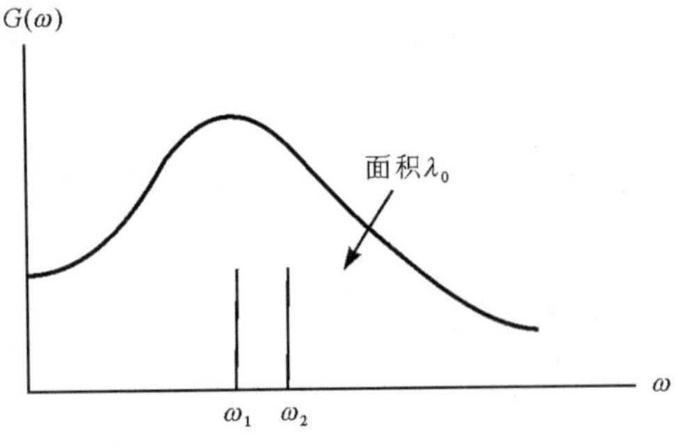

图 3.2.1 单侧谱密度的谱参数

3.2.2 谱参数的频域意义

从式（3.2.2）可知，$\lambda_0=\sigma^2$是单侧谱密度曲线 $G(\omega)$下的面积的$\dfrac{1}{2\pi}$倍（图 3.2.1），而

$$\omega_1=\frac{\lambda_1}{\lambda_0}=\frac{\int_0^\infty \omega G(\omega)\mathrm{d}\omega}{\int_0^\infty G(\omega)\mathrm{d}\omega}$$

则为 $G(\omega)$面积重心处的频率，一般情况下表示谱集中于何处。同样，也可以知道，ω_2 为此面积的旋转半径，表示谱的胖瘦，而参数

$$q=\left(1-\frac{\lambda_1^2}{\lambda_0\lambda_2}\right)^{1/2}=\left(\frac{\omega_2^2-\omega_1^2}{\omega_2^2}\right)^{1/2} \tag{3.2.5}$$

也表示谱形，即谱集中或扩展于其重心ω_1 的程度，$0\leqslant q\leqslant 1$。q 值愈小，$G(\omega)$图形愈窄，$x(t)$称为窄频带，q=0 表示 $G(\omega)$为在ω_1 处的一条线，即 $G(\omega)=\delta(\omega-\omega_1)$，或 $x(t)$为单频的简谐振动；q 值愈大，$G(\omega)$愈宽，q=1 表示 $G(\omega)$=常数，即一条无限长的水平直线，这种谱称为白谱，这种随机过程称为白噪声，因为像光线那样，它同等地包括所有频率的振动成分。

3.2.3　谱参数的时域意义

式（3.1.27）给出了随机过程 $x(t)$的导数的谱密度。假若 n=1，即 $\dot{x}(t)=\dfrac{\mathrm{d}}{\mathrm{d}t}x(t)$，若 $x(t)$表示位移，则 $\dot{x}(t)$ 表示速度。那么，速度的谱密度即为

$$G_{\dot{x}}(\omega)=\omega^2G(\omega) \tag{3.2.6}$$

由此可知

$$\lambda_2=\frac{1}{2\pi}\int_0^{\infty}\omega^2G(\omega)\mathrm{d}\omega=\frac{1}{2\pi}\int_0^{\infty}G_{\dot{x}}(\omega)\mathrm{d}\omega=\sigma_{\dot{x}}^2 \tag{3.2.7}$$

$$\omega_2=(\lambda_2/\lambda_0)^{1/2}=\sigma_{\dot{x}}/\sigma \tag{3.2.8}$$

即λ_2 为 $\dot{x}(t)$ 的方差，而ω_2 为过程 $\dot{x}(t)$ 与 $x(t)$标准差之比。

图 3.2.2 给出了过程 $x(t)$的上下包线$\pm r(t)$。若 $x(t)$为窄频带过程，包线 $r(t)$的变化比较平缓。根据包线的定义，对于任何 t 值，$|r(t)|\geqslant|x(t)|$。可以证明

$$q=\sigma_{\dot{r}}/\sigma_{\dot{x}} \tag{3.2.9}$$

其中，$\sigma_{\dot{x}}$为过程 $x(t)$在 t 处的斜率 $\dot{x}(t)$ 的标准差；$\sigma_{\dot{r}}$为包线过程 $r(t)$在 t 处的斜率 $\dot{r}(t)$ 的标准差。

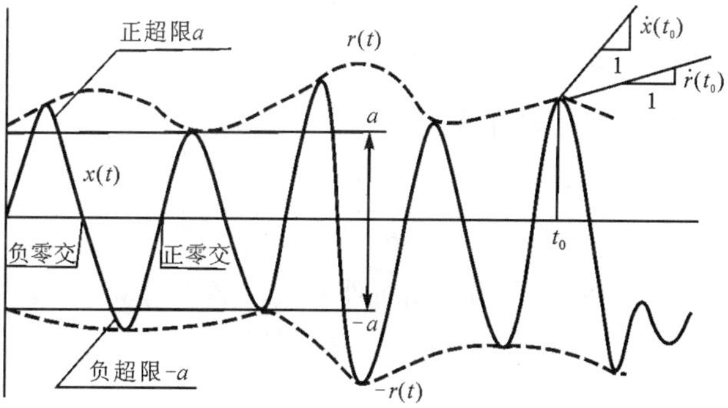

图 3.2.2　过程 $x(t)$及其包线过程 $r(t)$

当过程 $x(t)$的 x 值的分布符合正态分布时，此过程称为高斯过程。$x(t)$在单位时间内取 a 值的次数称为 a 交率，若这时 $x(t)$为正，则为正 a 交率，若为负，则为负 a 交率。高斯过程平均正负 a 交率 v_a 各为

$$\nu_a = \nu_a^+ = \frac{1}{2\pi}(\lambda_2/\lambda_0)^{1/2}\cdot \mathrm{e}^{-a^2/(2\lambda_0)} = \nu_0^+ \mathrm{e}^{-a^2/(2\lambda_0)} \tag{3.2.10}$$

当 a=0 时，即得平均正零交率为

$$\nu_0^+ = \frac{\omega^2}{2\pi}$$

负零交率 ν_0^- 与之相同。所以平均总零交率为

$$\nu_0 = \omega_2/\pi \tag{3.2.11}$$

这说明ω_2具有视频率的含意。包线过程 $r(t)$的平均正 a 交率 n_a^+ 为

$$n_a^+ = \frac{\sigma_{\dot{r}}}{\sqrt{2\pi}}\frac{a}{\lambda_0}\mathrm{e}^{-a^2/(2\lambda_0)} \tag{3.2.12}$$

对于高斯过程，包线 $r(t)$为瑞利分布，$\dot{r}(t)$ 为正态分布，它们相互独立。有关参数为

$$\sigma_r^2 = 2\lambda_0/\pi,\quad m_{\dot{r}} = 0$$
$$\sigma_{\dot{r}}^2 = q^2\omega_2^2\lambda_0/\pi \tag{3.2.13}$$

3.3　最大值分布

从 t=0 到 t=T 之间，$x(t)$的最大值 $x_T=\max|x(t)|\leqslant|a|$的积累概率分布 $F_{xT}(a)$很有实用意义，但是现在尚无精确解析方法来计算它。当 $x(t)$为正态白噪声引起的小阻尼线性体系的反时应，通常采用下述假定：当 $a=r\sigma_x$（这里 r 为一常数）很大时，则 $x(t)$超过 a 的发生是独立的事件，符合泊松分布，平均率为 $2\nu_a$。这时，利用式（12.3.22）和（3.2.10）可得

$$F_{xT}(a) = \mathrm{e}^{-2\nu_a T} = \mathrm{e}^{-2\nu_0 T\mathrm{e}^{-r^2/2}} \tag{3.3.1}$$

当 $r\to\infty$时，上式是精确的；但对于不太大的 a 值，上式可能有不小的误差，对于窄频带过程，即 q 小，上式的结果极为保守。

更好的近似公式是（Vanmarcke，1976）

$$\left.\begin{aligned} F_{xT}(a) &= A\mathrm{e}^{-2\nu_0^+ T\cdot \mathrm{e}^{-r^2/2}}\cdot g(r) \\ g(r) &= \frac{1-\mathrm{e}^{-\sqrt{2\pi}qr}}{1-\mathrm{e}^{-r^2/2}} \end{aligned}\right\} \tag{3.3.2}$$

其中

式中，A 为 T=0 时 $F_{xT}(a)$的初值，它与初始条件有关，通常可取 A=1。

令 $x_{T,P}$表示在持时 T 内，不被 $x_T=\max|x(t)|$超过的概率为 P 时的 x 值。范马克得到下述半经验关系：

$$x_{T,P} = \sigma_x\left\{2\ln\left[2\frac{\nu_0^+ T}{\ln(1/P)}(1-\mathrm{e}^{-\sqrt{\frac{\pi}{2}}qr_e})\right]\right\}^{1/2} \tag{3.3.3}$$

其中

$$r_e = \left[2\ln\frac{2\nu_0^+ T}{\ln(1/P)}\right]^{1/2}$$

当 q 值很大时，上式变为

$$x_{T,P}=\sigma_x\left\{2\ln\left[\frac{2v_0^+T}{\ln(1/P)}\right]\right\}^{1/2}$$

$$P=\mathrm{e}^{-2v_0^+T\mathrm{e}^{-\frac{x_{T,P}^2}{2\sigma_x^2}}}$$

它就是式（3.3.1），因为 $r=x_{T,P}/\sigma_x$。

3.4　地震动的随机过程描述

当随机过程理论应用于地震动分析时，首先采用的是平衡过程。最常见的几种地震动随机过程模型见表 3.4.1，其中白噪声是最先采用的，如豪斯纳等；由于这一过程极为简单，地震动的频带也较宽，所以至今仍见采用，它可以作为第一次近似。有限带宽的白噪声是对白噪声的一种修正，它可以避免 $\int_{-\infty}^{\infty}S(\omega)\mathrm{d}\omega$ 为无限的不适当现象。巴尔斯坦、金井清与田治见宏等的模型可以看做是一种过滤白噪声，其频谱具有单峰点，峰值发生于过滤器的自振周期 ω_g 附近，阻尼比为 ζ_g。

地震动的持续时间不过只有几秒到几十秒，最多也不过 1~2min。在第六章中可以看到几个典型的地震动加速度过程 $a(t)$ 记录。由此可见，它们都具有一个共同的特性，即非平稳特性。这种不平稳性常被分为三个阶段：在开始阶段，地震动迅速从小到大；接着是平稳阶段，地震动保持其平均强度不变；然后是衰减阶段，地震动比较缓慢地逐渐减小。因此，考虑这种不平稳的地震动随机过程模型就被提出来了。它们大多可以写成下述平稳化过程的形式：

$$x(t)=\sum_{i=1}^{m}f_i(t)y_i(t) \tag{3.4.1}$$

式中，m 常取为 m=3，即分别用 $f_1(t)$，$f_2(t)$，$f_3(t)$表示加速度过程 $a(t)$的增长、平稳、衰减这三个阶段（图 3.4.1），而 $y_i(t)(i=1，2，3)$则在其各自时段内是平稳的。例如阿明和洪华生（Amin and Ang，1968）提出

$$f(t)=\begin{cases}t^2/t_1^2 & 0\leqslant t\leqslant t_1\\ 1 & t_1\leqslant t\leqslant t_2\\ \mathrm{e}^{-c(t-t_2)} & t_2\leqslant t\leqslant t_3\\ 0 & t_3<t\end{cases} \tag{3.4.2}$$

$$\left.\begin{aligned}&y_1(t):\ R_1(\tau)/R_1(0)=\mathrm{e}^{-\alpha\tau}\\&y_2(t):\ R_2(\tau)/R_2(0)=\mathrm{e}^{-\gamma_2\omega_2\tau}\cdot\left[\cos\omega_{2D}\tau+\frac{\gamma_2}{\sqrt{1-\gamma_2^2}}\sin\omega_{2D}\tau\right]\\&y_3(t):\ R_3(\tau)/R_3(0)=\mathrm{e}^{-\gamma_3\omega_3\tau}\cdot\left[\cos\omega_{3D}\tau+\frac{\gamma_3}{\sqrt{1-\gamma_3^2}}\cdot\frac{1-4\gamma_3^2}{1+4\gamma_3^2}\sin\omega_{3D}\tau\right]\end{aligned}\right\} \tag{3.4.3}$$

表 3.4.1　几种常用的地震动随机过程描述

编号	过程	$R(\tau)=\frac{1}{2\pi}\int_{-\infty}^{\infty}S(\omega)e^{i\omega\tau}d\omega$	$S(\omega)=\int_{-\infty}^{\infty}R(\tau)e^{-i\omega\tau}d\tau$
1		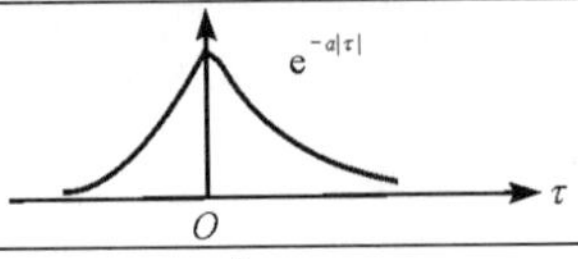	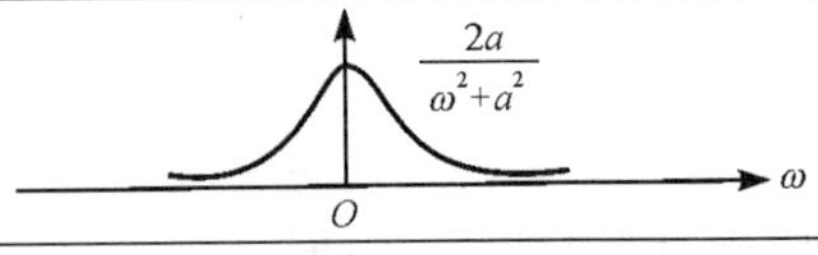
2		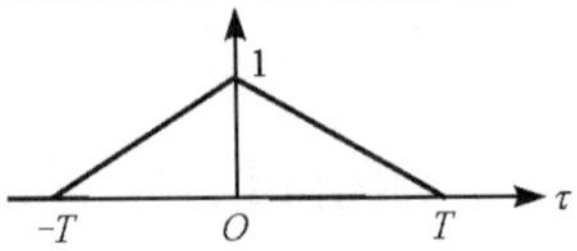	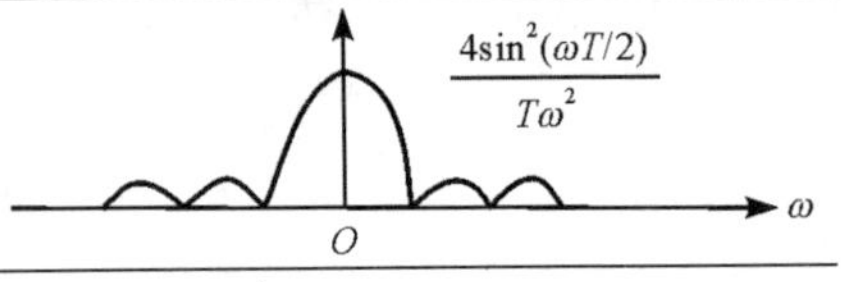
3	有限带宽白噪声	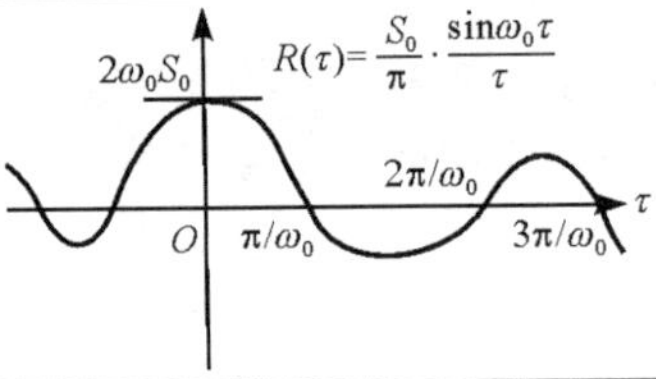	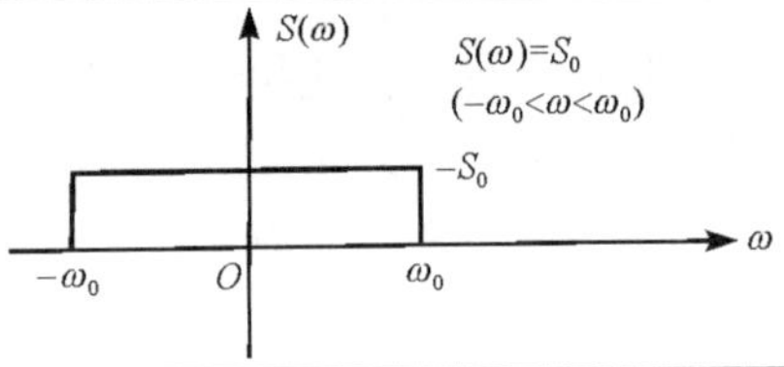
4	白噪声	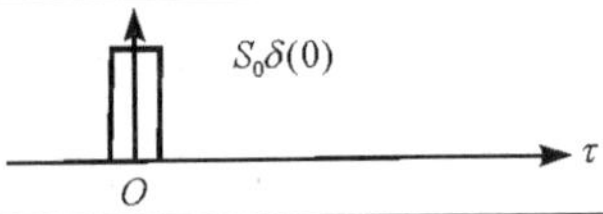	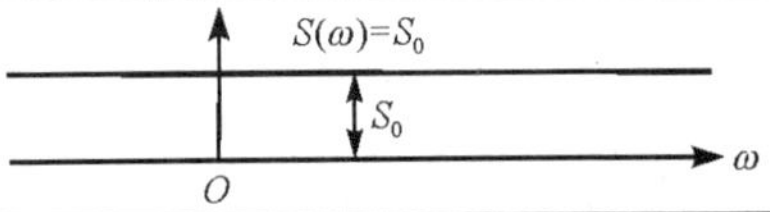
5	简谐波	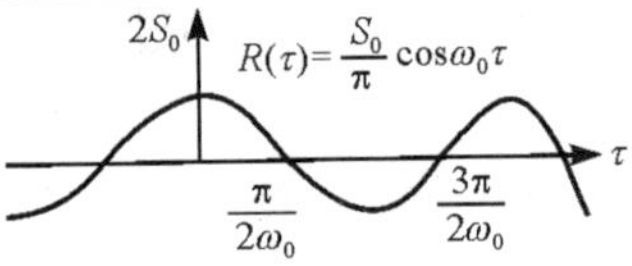	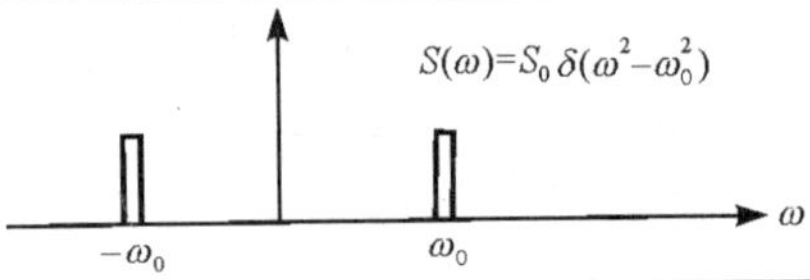
6	过滤噪声(巴尔斯坦)	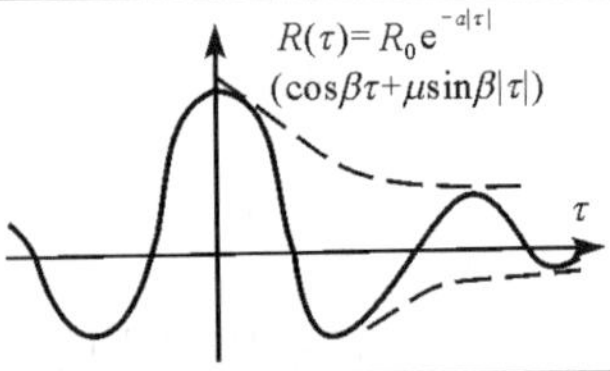	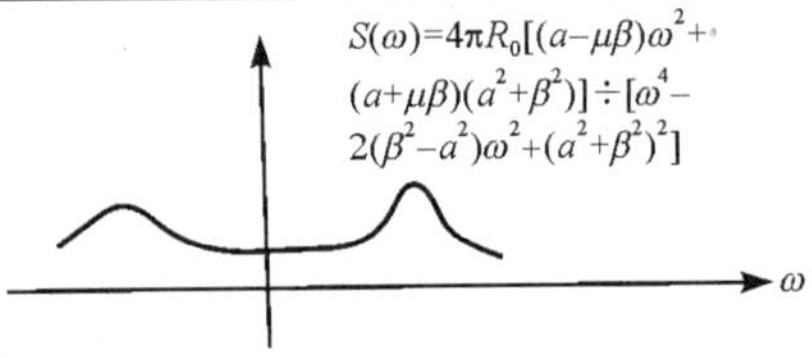
7	过滤噪声(金井清,田治见宏)	同上，但 $a=\zeta_g\omega_g$, $\beta^2=(1-\zeta_g^2)\omega_g^2$, $R_0=\zeta_g\omega_g S_0/\pi$, $\mu=\frac{1-4\zeta_g^2}{1+4\zeta_g^2}\cdot\frac{\zeta_g^2}{1-\zeta_g^2}$	$S(\omega)=\frac{1+4\zeta_g^2\frac{\omega^2}{\omega_g^2}}{\left(1-\frac{\omega^2}{\omega_g^2}\right)^2+4\zeta_g^2\frac{\omega^2}{\omega_g^2}}S_0$

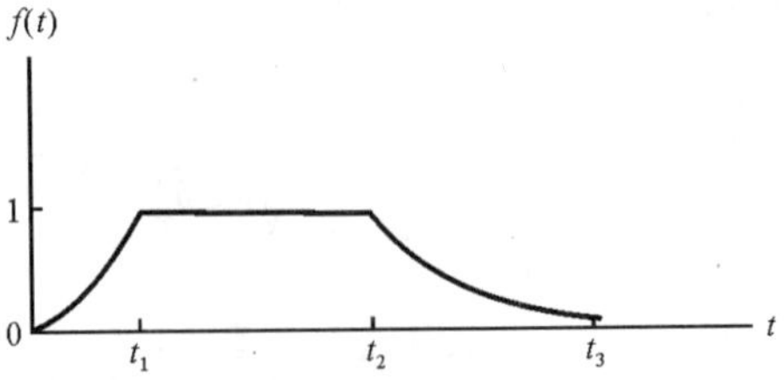

图 3.4.1　平衡化函数

其中α =10Hz，0.5<γ_2<0.6，4≤ $\frac{\omega_2}{2\pi}$ ≤5Hz；0.5<γ_3<0.8，2≤ $\frac{\omega_3}{2\pi}$ ≤3Hz；$\omega_{2D}=\sqrt{1-\gamma_2^2}\omega_2$，$\omega_{3D}=\sqrt{1-\gamma_3^2}\omega_3$。但是更多的研究者，为简单计，在式(3.4.1)中只取 m=1，这时

$$x(t)=f(t)y(t)$$

其中 $y(t)$为平稳过程，而常用的强度包线函数有(t≥0)

$$\left.\begin{aligned} f(t) &= a\cdot\frac{t}{t_p}\cdot \mathrm{e}^{1-\frac{t}{t_p}}\ \text{(Goto and Toki, 1969)} \\ &= \mathrm{e}^{-\alpha t}-\mathrm{e}^{-\beta t}\left(\begin{array}{l}\text{Shinozuka and Sayo, 1967;} \\ \text{胡聿贤, 周锡元, 1962; 清水, 1972}\end{array}\right) \\ &= (a+bt)\mathrm{e}^{-ct}\ \text{(Iyengar and Iyengar, 1969)} \end{aligned}\right\} \tag{3.4.4}$$

除了上述这几种常见的地震动随机过程描述之外，还有一种所谓散粒噪声（Shot noise）。它实际上就是当 $y(t)$为白噪声时的模型。散粒噪声过程一般写为

$$x(t)=\sum_{k=1}^{m}x_k\delta(t-t_k) \tag{3.4.5}$$

式中，x_k是互相独立的随机脉冲，可正可负，期望值为零，而方差为$\mathrm{Var}[x_k]=f(\tau_k)\Delta t$，$f(\tau_k)$为强度函数；$m$ 是在时间(0，t)内的脉冲总数，这些脉冲以一定的时间间隔Δt 发生。若Δt 足够小，则

$$R_x(t_1,t_2)=f(t_1)\delta(t_2-t_1) \tag{3.4.6}$$

若 $f(t)\equiv 1$，则 $x(t)$变为白噪声过程。

第二篇　工程地震

第四章　震害与地震烈度

认识来源于实践，人们对地震的认识也是如此。在地震仪器观测大量开展之前，认识的实践来自人身直接观察感受的现象。直到今天，这种实践仍然是人们认识地震的一个重要方面。

4.1　地震的宏观现象

这里说的地震的宏观现象，专指地震发生后的现象，不包括震前预兆。宏观现象可以概括为四类，即人的感觉，人工结构物的损坏，物体的反应，以及自然状态的变化。现分述如下。

1．人的感觉

人对地震的感觉是复杂的。从强烈程度分，可分为无感、可感、明显有感、强烈、惊恐、站立不稳、倒地；以人的多寡来分，可以有个别、少数、许多、多数、全部；从感觉官能来分，可以有听、见、感；从地震动性质来分，可以有上下颠簸、水平摇摆、筛动。宏观现象的强弱随地震大小与震中距离而不同。一般而言，地震大、距震中近时，人的感觉强烈；反之，人的感觉微弱；但是，即使对同一地震的同等震中距离，感觉的强烈也因人因地因时而异，有的人感觉较灵敏而清晰，有的人感觉迟钝而模糊；在楼上的人感觉大，在地下、井下的人感觉小；静止中的人感觉大，行动中的人感觉小。

2．人工结构物的损坏

人工结构物泛指一切人工制造或加工的结构物，如房屋、构筑物、桥、坝、路堤等。地震时人工结构物的损坏是造成人身伤亡和财产损失的直接原因。结构物的损坏不但与地震的强弱有关，而且与结构物本身的抗震性能有关。结构的抗震性能决定于建筑材料、结构类型和施工质量等多种因素。人们在地震后看到的结构破坏现象是这两类因素的综合结果，破坏可以具有许多特点，如有的破坏是地震开始时就发生的，有的则是震动一段时间之后产生的；有的表现为水平摇晃，有的则表现为扭转、局部破裂和倒塌；有的表现为结构本身的振动破坏，有的表现为地基破坏而整个结构滑动或拉裂。

3．物体的反应

除上述两种现象外，常见的还有各种物体的反应，如桌上、架上浮摆着的小用具与书籍、地上放置的家用品和墙上挂的装饰品在地震时的移动、坠落或翻倒，以及容器中液体的振荡和溢出。这些现象除了反映震动的强弱外，有时还可以反应出震动的一些特点，如桌上的茶杯在原处上、下跳动作响，石狮子或水缸在原地扭转，但翻倒或坠落现象最为普遍。

4．自然状态的变化

强烈地震时，在某些特定地区，自然现象有时也会发生变化，如山崩、滑坡、地裂、冒水、喷砂、地面变形、地下水位升降与泉水增减、山石滚落等等。在震中区附近，大规模的地裂有时延续几十或上百公里，大滑坡有时堵河成湖或掩埋村庄；在河流冲积区易见冒水喷砂，毁坏农田或出现陷穴；在河岸，易见滑坡，破坏桥梁；在平缓坡地或软弱松散土壤上，有时见地面起伏和水平变形，后者有时可从铁轨弯曲反映。地震伴生的另一现象是海啸，它只发生在海中地震且有一定条件的地区；大湖、大水库有时可产生大浪。

4.2　地震烈度与地震烈度表

4.2.1　地震烈度及其用途

地震烈度是指某一地区的地面和各人工建筑物遭受一次地震影响的强弱程度。虽然这一定义已为大多数人所接受，但仍常有不同的理解。

地震烈度这个名词早在一百多年前已广泛使用。此词来源于英文 Intensity，其意义为强烈程度，与中文“烈度”或“强度”一词的表面意义完全相同，因而可以用来表述震害的轻重程度，但也可以用来表述地震动加速度、速度、位移的大小，楼板分布荷载的大小；可以是某一宏观现象的强弱程度，也可以是某一物理量的大小；这是多数人的理解。但是在我国，许多地震工作者或地震工程工作者只把它理解为地震震害的强弱程度或通过震害强弱程度反映的地震动的大小，即用宏观震害现象规定的地震烈度。为此，本书中用烈度或地震烈度表述用宏观震害定义的量，而用强度一词表述用地震动物理量定义的大小。

地震烈度在国际上使用得极为广泛，而且很早，它的使用在地震动各物理量与震级之前，距今已经有 170 多年，直到现在还在许多国家和地区继续使用。概括起来地震烈度这一概念的用途可以分为以下三个方面：

第一，作为震害的简便估计。一次强震之后，政府或社会为了解震害的大小和分布情况，需要有一个极为综合而简便的描述，便于了解各地区的灾情。经过一百多年的实践，人们采用了地震烈度。例如Ⅵ度表示无灾；Ⅶ度表示轻微灾害；Ⅷ度表示有灾情；Ⅸ度以上表示重灾，伤亡严重，无家可归，等等。这种综合而简便的划分，便于人们理解，像风的风级一样。

第二，为地震工作者提供一种宏观尺度来描述地震影响的大小。美国在其本国发生的每一次有破坏的强震之后，均立即通过各种途径，调查收集各地的震害程度，从而按地震烈度表确定各城市的烈度，并发表于其每年正式出版一期的《美国地震》上，至今已有 50 多年了。地震工作者利用这些资料，研究震中区烈度的分布，从而估计震源情况和地质构造活动。特别是历史地震，只有震害资料可供参考，假若放弃这些历史资料，全世界就只有几十年的地震资料可供利用，而几十年对地震活动性的研究来说过于短暂，因为许多地区的大地震重复周期都在几十年以上，只有几十年的地震资料是无法正确了解这种重复率的。由于地震活动性是地震工作研究的核心，地震预报和地震工程都以此为根据，地震预报的精度和抗震工作的成效，都依赖于我们对地震活动性的认识程度。所以历史地震资料是必须利用的。

第三，作为一种粗略而简便的指标，为地震工程总结抗震经验、进行烈度区划，从而规定地震动设计参数。世界许多多地震国家如美国、加拿大、苏联、中国、印度及欧洲诸国都曾采用地震烈度作为地震区划的指标，一些国家现在仍然继续使用。

4.2.2 地震烈度表

地震烈度的上述宏观概念的产生是很自然的。人们多次经受地震灾害之后，就试图采用一种简便的方法来表示地震、地震动或震害的强弱程度，这就是地震烈度的起源。最早具有地震烈度概念的记录可以追溯到1564年欧洲的加斯塔尔迪，他在讨论一次地震的影响时，用不同颜色表示地震影响的强弱。到19世纪，出现了许多地震烈度表，大多是表示地震震害和地震动的强弱，只有个别的烈度表是用最大震害来表示一次地震本身大小的，即用震中烈度来表示地震大小。当时没有地震仪，只能采用当时最普遍的宏观现象，即大量存在的事物的地震反应，第4.1节中所介绍的四种宏观现象就很自然地被作为地震烈度表的指标，并归纳总结而沿用到现在。表4.2.1是修正默卡尼（MM）烈度简表，即为一例。从表中可以看到，被引用的都是宏观现象，其中包括人的感觉，家用器物与门窗反应，各种结构物的破坏，以及地表现象。值得指出的有三点，第一，现在仍然存在着多种烈度表，各用于一些地区。除日本仍然采用从0到7的八度划分外，其他地区所用均为12度划分的表，现有的几种烈度划分表如中国、苏联、MSK和MM，颇为相近。第二，希望对各级烈度附加一个物理量的指标，从而成为一个定量的“绝对烈度表”。这是一个存在了近一百年的愿望。1888年霍尔登首先提出采用等效地震动加速度最大值来与烈度相联系，他根据的数据是米尔恩等人1885年根据一些宏观现象估算出来的地震动加速度值与烈度的关系。此后，大森房吉等人也作了相应的尝试。1952年，苏联默德韦杰夫又根据当时得到的一部分强震加速度记录，用简单方法，给不同烈度规定了地震动的加速度、速度、位移的尺度，MSK表沿用了这一结果。到90年代后期，MSK表更名为欧洲地震烈度表，又未采用这一建议，而补充增加了房屋抗震能力的有关规定。第三，从实际应用情况来看，由于工作需要，现有的实际烈度等震线图都是从12级中的Ⅴ度开始直到Ⅹ度，并包括可感范围，它约相当于Ⅲ度左右，因此可以说，使用得最经常的烈度是Ⅵ～Ⅹ，它们大多是根据低层房屋震害评定的，正好是地震工程中最关心的烈度范围，因为更小的烈度对工程无影响，更高的烈度既少见而且又超过人们可以经济地防御的范围。

表4.2.1　修正默卡尼（MM）烈度简表

Ⅰ. 无感
Ⅱ. 安静的人或楼上人有感
Ⅲ. 吊物摆动或轻微震动
Ⅳ. 振动如重型货车，门窗、碗碟响动，静止的汽车摇动
Ⅴ. 户外有感，睡觉者震醒，小物体坠落，镜框移动
Ⅵ. 人人有感，家具移位。损坏物件包括：玻璃破碎，架上东西坠落，抹灰层裂
Ⅶ. 行进的汽车有感，站立者失稳，教堂鸣钟。损坏结构包括：烟囱与建筑装饰破裂，抹灰脱落，抹灰与石墙普遍开裂，土坯房有倒塌
Ⅷ. 行进的汽车难驾驶，树枝断落，饱和土裂缝。破坏结构包括：高架水塔、纪念塔、土坯房。严重至轻微损坏的结构包括：砖结构、构架房（未锚固于基础的）、灌溉工程、堤坝
Ⅸ. 饱和粉砂中出现“砂坑”、滑坡、地裂。破坏结构包括：无筋砖结构。严重至轻微损坏的结构包括：不良的钢筋混凝土结构、地下管道
Ⅹ. 普遍滑坡与地基损坏。破坏结构包括：桥梁、隧道、一些钢筋混凝土结构。严重至轻微损坏结构包括：许多房屋、坝、铁轨
Ⅺ. 永久地变形
Ⅻ. 几乎全毁

《新的中国地震烈度表》是1957年谢毓寿结合我国建筑物的形式和结构特征编成的。该表由表前的两项注解及烈度表本文构成，如表4.2.2所示。

表4.2.2 新的中国地震烈度表（1957）

1) 房屋类型

Ⅰ类：简陋棚舍，土坯、卵、毛石砌垒、草泥顶一类的粗制房屋。

Ⅱ类：一般夯土或土坯、卵、毛石砌筑的低级施工的民房和老朽木架房屋。

Ⅲ类：木架建筑（如宫、庙、城楼等）及新式砖石房屋。

2) 建筑物破坏程度

轻微损坏：灰泥散落，墙壁表面有细小裂纹或小块剥落，偶有安置不牢的附着物滑落。

损坏：墙体有小裂缝，接合处裂缝大些，个别有局部崩塌：木架偶有点拔榫，烟囱顶部扭伤。

破坏：墙裂大缝，个别部分倒塌，木架拔榫，柱脚移动，部分屋顶破坏，烟囱倒下。

倾倒：建筑物的全部或大部墙壁楼板和屋顶倒塌。时或屋顶移动，墙变形、倒塌，木架显著歪斜，构件折断。

烈度表

Ⅰ度　无感，仪器才能记录到。

Ⅱ度　个别非常敏感、完全静止中的人有感。

Ⅲ度　室内少数完全静止中的人感觉振动，如载重汽车很快从旁驰过。细心的观察者注意到悬挂物有些摇动。

Ⅳ度　室内大多数，室外少数人有感，一些人从梦中惊醒。

门、窗、纸顶篷作响，悬挂物动摇。皿中水轻微振荡，紧靠在一起的、不稳定的器皿作响。

Ⅴ度　室内几乎人人，室外大多数人有感，很多人从梦中惊醒。家畜不宁。

门、窗、地板、天花板和木架榫头作响。开着的门、窗摇动。尘土、泥灰散落，墙壁表面可能微有裂纹。

悬挂物显著摇摆。挂钟停摆。少量液体从满装的器皿中溢出。架上不稳物件倒翻或掉下。

Ⅵ度　很多人从室内逃出，立脚不稳。家畜多从厩中向外奔逃。盆中水剧烈地动荡，有时溅出。架上书物有时翻倒或掉落。轻家具可能移动。

Ⅰ类房屋许多损坏，少数破坏，个别倾倒。Ⅱ、Ⅲ类房屋许多轻微损坏。Ⅱ类房屋损坏。牌坊及砖、石塔和院墙有轻微损坏。

潮湿、疏松的土地上，可以有一些小裂缝，个别情况下山区偶有小滑坡、滚石和陷穴。

Ⅶ度　人皆惊惶从室内逃出，驾驶汽车的人也有感。悬挂物剧烈摇摆或损坏坠落。轻家具移动，书物用具掉落。

Ⅰ类房屋大多数损坏，许多破坏，少数倾倒。Ⅱ类房屋多数损坏，少数破坏。Ⅲ类房屋大多数轻微损坏，许多损坏，院墙损坏，有些倒塌，不坚固的城墙剥落，城堞少数掉砖。牌坊、砖石砌塔、坟及工厂烟囱可能损坏。黄土窑洞有些崩坏。

路面上，路基或土堤坡上有小裂缝，偶有小塌方。潮湿及疏松土上裂缝较多较大，少数可能冒出泥沙水。山区陡坎可能有滑坡、滚石。泉水流量和地下水位可能发生变化。

Ⅷ度　人感到走路困难。由于房屋破坏，人、畜有伤亡。家具移动，部分翻倒。

Ⅰ类房屋大多数损坏，许多倾倒。Ⅱ类房屋许多破坏，少数倾倒。Ⅲ类房屋大多数损坏，少数破坏（可能有倾倒的）。院墙破坏，局部倒塌，不坚固的城墙多坏颓，有些地方崩塌，城堞倾倒甚多。牌坊、坟、塔及工厂烟囱损坏，不坚固的遭到破坏甚至崩塌。石碑等纪念物多移转或倒下。个别地下管道接口处遭到破坏。

地面裂缝宽达数厘米，土质疏松和潮湿的河滩上宽度更大。在地下水位较高的地方，常从裂缝喷出泥沙水。在路基、堤坎、陡坡上有不大的塌方。在岩石破碎、土质疏松的地区常发生相当大的土流、石

落、滑坡及山崩，有时堵塞河道，造成新湖。 有时井泉干涸或出现新泉。 Ⅸ度　家具倒翻伤损。 Ⅰ类房屋大多数倾倒。Ⅱ类房屋许多倾倒。Ⅲ类房屋许多破坏，少数倾倒。院墙大部倾倒，较坚固的亦局部倒塌。较坚固的城墙多处遭受破坏，城堞倒塌很多。牌坊、坟、塔及工厂烟囱多破坏甚至倾倒。石碑等纪念物，较稳定的亦多翻倒。地下管道有些破裂。 路基有些毁坏，路上有裂缝。铁轨局部弯曲。地面裂缝很多，宽达十厘米，在斜坡和河边冲积土上有时裂缝纵横。宽可达数十厘米，绵延很长。山区不少流土、滚石和崩滑。 Ⅹ度　家具和其他室内用品大量损坏。 Ⅲ类房屋许多倾倒。牌坊多破坏，坟、塔及工厂烟囱大都倒塌，坚固的石碑等纪念物翻倒。铁轨轻度弯曲，地下管道破裂。 地上裂缝宽数十厘米，有些达一米以上，在软土上，裂缝组成宽大裂缝带绵延数公里之长。岩石上有时亦产生裂缝。山区崖岸大量崩滑，堵水成湖。河湖水面大浪扑岸。 Ⅺ度　由于房屋倒塌，压死大量人畜，埋没许多财物。 房屋普遍破坏倾倒。路基堤岸大段崩毁，铁轨大段弯曲，地下管道系统完全破坏，不能使用。 地面张开许多大裂缝，冒污水夹杂古代沉埋朽物。大规模山崩、滑坡，产生新断层，其水平和垂直错距都相当大。地面地下水位发生剧烈变化。 Ⅻ度　一切建筑物普遍毁坏。广大地区内地形改变很大，地面地下水系破坏，洪水横流，平原水淹，山区因崩坡土陷，动植物遭到毁灭。

现有烈度评定的精度是不高的，在板端情况下相差可达 4 度之多（Ambraseys，1969），一般来说可以有一度之差的精度，因此，国际上的惯例是烈度只能为整数，而不出现中间等级如 8.5 度，7 度半，或 9^{+}度，8 度弱；但是在不少报告中，如我国和苏联，有时也出现这类描述。另外，在烈度分析中，如烈度衰减中，有时也出现这种情况。

4.3　震害及几次地震实例

4.3.1　两种震害

震害常被划分为直接震害和间接震害。直接震害指的是地震直接引起的人身伤亡与财产损失，财产损失中包括各种人工建筑物，如房屋建筑、构筑物、桥梁、隧道、道路、水利工程，以及自然环境，如农田、河流、湖泊、地下水等的破坏；间接震害指的是非地震灾害和损失，如火灾、水灾（海啸、大湖波浪）、流行疾病和由于劳动力损失与交通中断等引起的一系列经济损失。本书只讨论直接震害，而只在地震的社会影响中涉及间接震害。关于直接震害，作者从结构抗震设计的观点出发，在本节中，将首先强调两类直接震害的划分，即地基失效和结构振动破坏。

地基失效破坏指的是由地震引起的地基丧失其承载能力的多种破坏，其中包括极震区中常常发现的断层位错（如断层两侧的水平和竖向相对位移和由此产生的滑坡）和由振动引起的滑坡、不均匀变形和开裂、地基承载力下降或全部丧失；后者仅见于不稳定的地基上。从第 4.3.2 节中介绍的许多地震简况，可以看到许多地基失效造成的震害现象，如由断层位错产生的滑坡可以堵河成湖、掩埋村庄、破坏道路和农田；砂土液化引起的冒水喷砂，可以掩盖农田，液化又可以导致边坡滑动、坝体破坏、房屋倾倒、桥台和桥墩滑移、倾斜，并可使地上结构下沉或地下结构上浮。

结构振动破坏指的是各种人工建筑物和构筑物由于地基振动而产生的结构地基共同体系的破坏，包括水平和竖向振动引起的各种振动破坏、扭转破坏、脆性或塑性破坏以及整体破坏或局部破坏。

把地基失效这种震害和结构振动震害分开强调的主要原因有二：第一，地基失效引起的结构震害，属于静力作用，是由于地基失效产生的相对位移引起的结构破坏，而结构振动破坏则是动力作用，是由于振动产生的结构物的惯性力引起的，两者破坏原因不同；第二，便于在结构抗震设计中分清原因，以便对症下药，采取抗震措施，确保结构物与构筑物的安全。

4.3.2 几次地震震害实例

这里先介绍几次国外强震的受害情况，目的在于对地震的宏观现象有一粗略认识。我国的几次强震情况见第 6.4 节。有关地震烈度的定义见第 4.2 节。

4.3.2.1 土耳其盖迪兹地震

1970 年 3 月 28 日，土耳其盖迪兹西北发生一次 7 级地震，震源深度 13km，等震线见图 4.3.1。这次地震的一个特点是震中烈度按地表现象为Ⅸ度，按房屋破坏为Ⅷ度，烈度异常区很多。另一个特点是远距离处长周期结构破坏严重。在震中北 135km 布尔萨市的托法斯工厂，它位于Ⅴ度或更低烈度区，但结构破坏严重，烈度高达Ⅷ度。此工厂地基为几百米厚的极软亚粘土冲积层，余震记录表明，地震动卓越周期为 1.2s，倒塌结构物的自振周期约为 1.25s，震害加重的原因是由于地震动卓越周期与结构物自振周期相近，因共振效应而破坏。

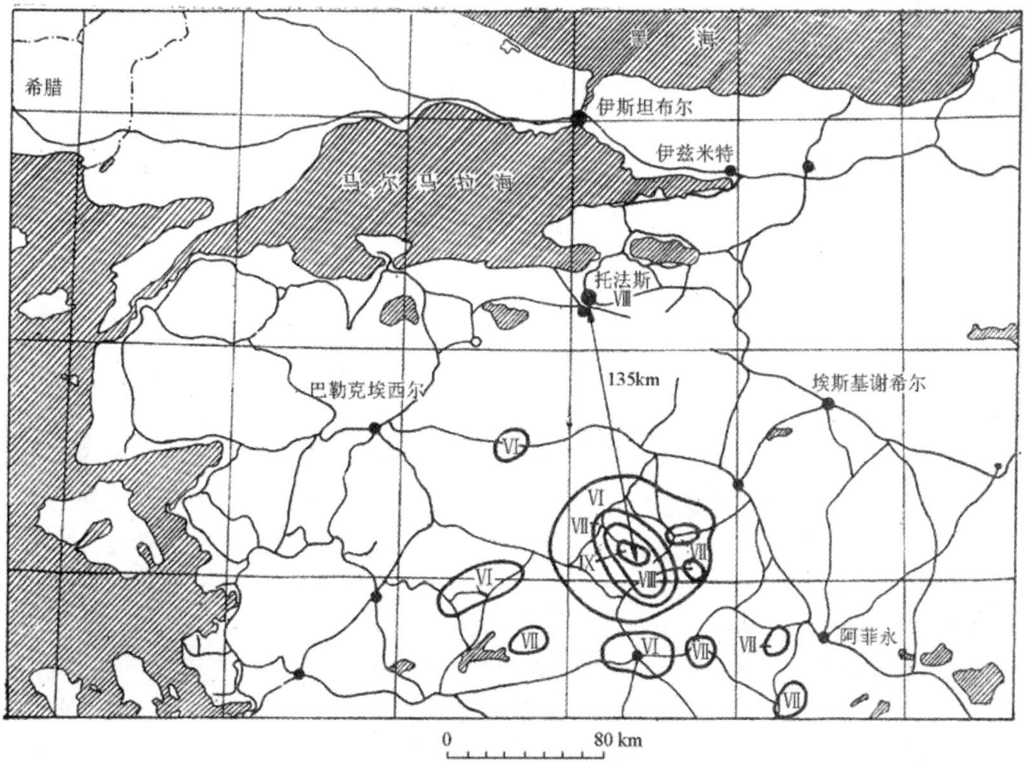

图 4.3.1 土耳其 1970 年 3 月 28 日盖迪兹地震等震线图

4.3.2.2　墨西哥格雷罗海岸地震

1957 年 7 月 28 日，墨西哥格雷罗海湾附近发生一次 7.5 级强震，震源深度 25km，震中在墨西哥市南 360km 处。等震线见图 4.3.2。这次地震，烈度异常区很多，但主要特点在墨西哥市。

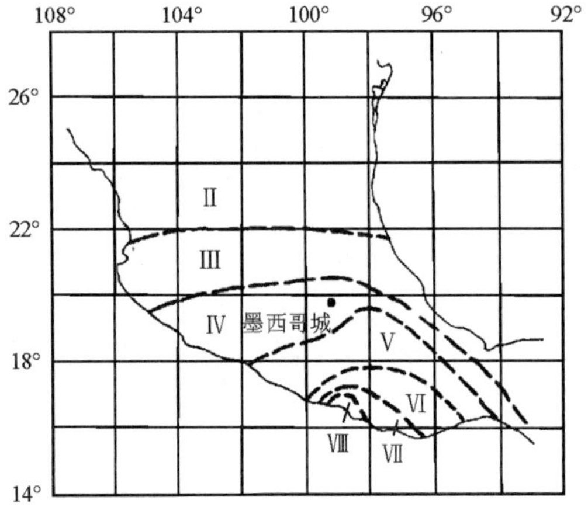

图 4.3.2　墨西哥 1957 年 7 月 28 日格雷罗海岸地震等震线图

根据地基土壤情况，墨西哥市可以分为 A，B，C 三个区。A 区位于古湖床上，地表土层为 10～230m 厚的火山灰软粘土，可压缩性很高，平均含水量达 300%，近地表土的抗压强度为 6×10^4Pa，地表千米下为基岩。C 区为火山坡前的低山地带，地基土为凝灰岩、胶结或密实砂土和类似的低压缩性土壤，无侧限抗压强度通常超过 5×10^5Pa。B 区为前两区的过渡区，在密实沉积物之上常有厚度小于 10m 的低至中等压缩性的砂质粘土或粉质砂土、或高塑性软粘土。

墨西哥市震害较重。在已知的 1500 栋房屋中，受害较重者近 1000 栋，其中在低山区（C 区）者不到 0.3%，在过渡区（B 区）者约 4%，其余 95%均在湖区（A 区）；倒塌的房屋都在 A 区内。墨西哥市的这种震害特点屡见于该地以后几次大地震。

4.4　地震烈度的性质及其适用性

4.4.1　地震烈度的性质

仔细分析国际上的多种地震烈度表及其使用情况之后，可以看出，衡量地震动强弱的地震烈度尺度具有三个特性，即多指标的综合性、分等级的宏观模糊性、和以后果表示原因的间接性。

4.4.1.1　多指标的综合性

前面说过，烈度表规定按人的感觉、结构物的损坏、物体的反应和自然现象的变化这四大类指标来评定地震烈度，而在每一大类之中又包括不同的类型，以房屋为例，我国烈度表又按其抗震能力分为三类。假若把每一大类看作是一把尺子，则每一大类中的再分类就是几把不同的分尺子，烈度评定按这些尺子分别进行。假若这许多尺子在一次地震中量出来的烈度不同，甚至很不相同，那就必须由烈度评定者综合考虑各把尺子量出来的结果，给出一个有平均或综合含意的烈度值。

4.4.1.2　分等级的宏观模糊性

从地震烈度表中的描述可见，作为评定烈度的这许多尺子，都是宏观现象而不是物理量。物理量，如加速度、速度、重量等，都可以用连续的实数定量地、确切地表示其大小，而非物理量，如人的感觉、结构物的震害、器物的表现等等，则只能定性地模糊地表示其程度，并将此程度划分为等级。地震烈度表中所有的尺度都具有双重的宏观性。第一，它表现在尺子本身，这些尺子本身也是模糊不清的。例如地震烈度表中把地基分为潮湿疏松、软土、岩石、山区崖岸、坚硬岩盘；又例如建筑物烈度表总是按其抗震能力的弱强分为A，B，C，或Ⅰ、Ⅱ、Ⅲ等类，如《新的中国地震烈度表》中规定，Ⅰ类房屋为简陋棚舍、土坯、卵、毛石砌垒，草泥顶一类的粗制房屋；Ⅱ类为一般夯土或土坯，卵、毛石砌筑的低级施工的民房和老朽木架房屋；Ⅲ类为木架建筑（如宫殿、庙、城楼等）及新式砖石房屋。这种划分尺子本身的方法就是宏观的、定性的、模糊的。第二，每把尺子上的刻度也是模糊的。例如房屋震害大小的刻度是完好、轻微损坏、损坏、破坏、倾倒，即使加上数量的形容，也还是模糊的宏观方式，如个别、少数、许多、大多数。对于这种宏观定性描述的量，其大小强弱只能分为等级而不可能有一个明确的、逐渐连续的变化。如职工级别、天气好坏、风级均属于此种量，均属主观规定的等级量，宜用模糊数学方法分析。

4.4.1.3 以后果表示原因的间接性

地震烈度表中列举的所有现象都是由地震引起的后果，因此，在第4.2.1节中，一开始，就将地震烈度定义为“地震影响的强弱程度”，其中“影响”一词指明它是后果。

提出地震烈度这个概念的目的就包括有两种不同的看法。一种认为它只是地震后果强弱程度的衡量，如上述定义所表明；另一种则认为它是通过地震影响后果来间接衡量地震力的大小或地震动的强弱的。特别是在我国，由于长期采用地震烈度作为结构物抗震设计的指标，要求按地震烈度来规定地震力或地震动的大小，就明显地采用了第二种看法，但是，地震烈度又是按地震烈度表中的后果现象去规定的，这就是地震烈度的第三个特性——间接性。

4.4.2 地震烈度的实用范围

了解了地震烈度概念的形成过程及其性质之后，在使用它时，就可以认清其实用范围和优缺点。

地震烈度是一个简单的概念，它综合考虑了多种地震宏观影响后果，给出了简单的定性的等级划分。其突出的优点是简单。

对于只需要一个表示地震后果强弱程度的简单量时，地震烈度是极为恰当的工具。例如一次大地震后绘制等震线图，用于指示抗震救灾的部署；或预计一次未来强地震可能造成的后果，用于作防灾准备。这时，人们尚无更为详细的要求。

从开始提出地震烈度一词起，直到20世纪前半叶，人们把地震动看做是一个只有大小的物理量，假若忽略地基失效与结构振动震害的差异，则后果与原因（即烈度与地震动）之间也具有一定的关系。

即使在上述简单要求的情况下，实际应用时，仍然存在下述两方面的问题。

4.4.2.1 烈度的综合评定

由于烈度具有多指标综合性，在多个指标评定结果相差较多时，如何综合评定，多由评定者个人主观决定，不同的着重点，会使综合结果有很大差异，因为烈度表中并未规定如何综合。突出的例子有以下两类。

1) 震中烈度的评定

根据地震烈度表，如修正默卡尼表，断层破裂在地表的出露常被作为Ⅸ、Ⅹ、Ⅺ度烈度的标志，但是断层附近的房屋却常常没有与之相应的震害，而只有Ⅷ度或Ⅶ度。著名的例子是美国1952年克恩县地震，由于断层破裂出露地表，使4条隧道局部破坏，从而在这几个点上将烈度定为Ⅸ～Ⅺ度，但是附近结构物的震害却至多只有Ⅷ度，整个震中区其他地点的烈度最高也只有Ⅷ度，从而引起工程师与地震学家之间的一场争论。在综合评定时，各有侧重，工程师着眼于地震波的能量与振动对结构的影响，认为这次地震的震害烈度至多只有Ⅷ度，而地震学家认为，按照地震烈度表，决定烈度的是地震震害，而不是能量或振动，事实是地表断裂达到了Ⅸ～Ⅺ度的标准，所以应该是Ⅸ～Ⅺ度。因此，直到现在，美国一些有断层破裂出露于地表的震中烈度仍然是两种意见并存，造成震中区普遍是Ⅷ度，只是在个别零星点上有Ⅹ或Ⅺ度，而不存在Ⅸ或Ⅹ度区这种奇怪现象。又如 1954 年 12 月 16 日美国内华达州迪克希谷・费尔维尤河谷地震，震中区烈度普遍为Ⅶ度，只是在两条断层破裂出露处被认定为Ⅹ度，而不存在Ⅷ和Ⅸ度区。1959 年 8 月 17 日美国蒙大拿州赫布根湖的地震，也是将地震断层在地表出露的断崖区定为Ⅹ度，而将山崩堵河成湖处定为Ⅸ度；可是从振动效果看，包括沿断层崖处，震中区内烈度一般为Ⅶ度，只有少数地点达到Ⅷ度。严格而言，“基岩断层”、“滑坡、河流堵塞成湖”，在 MM 表与 MSK 上都是烈度Ⅻ度的描述，但是，赫布根湖地震时，却将这一现象定为Ⅹ度，据报道是由于该处边坡早已处于不稳定状态之故（以上均见第 4.3 节）。另外，使人惊奇的是，1966 年 3 月 4 日，南加州英佩里亚尔河谷地区，一次 M=3.6 的小地震却使地表出现了长达 10km 的地表断层破裂，恐怕无人会将这样小地震的震中区定为Ⅹ度左右的。由此可见，这些衡量烈度的尺子带有很大的任意性。

2) 不同结构类型的影响

随着人类文明的进步，出现了多种多样的结构物，而不只是 20 世纪初的平房。超高层楼房、高烟囱、大跨度工业厂房、大桥梁、近海平台、核电站等动力性能不相同的结构物，在地震时有不同的表现，自应分别对待。现有抗震理论与震害实例已经充分证明，当结构物的自振周期与地震动卓越周期相近时，由于共振效应，震害可以很重，反之，震害可以很小，这就是所谓的震害选择性。例如 1975 年海城地震，在Ⅶ、Ⅷ、Ⅸ度区内，高大砖烟囱的震害却变化不大，而砖平房的震害则相差很多。又如 1976 年唐山地震，天津市内，一、二层房屋的震害最多为Ⅶ度，而工业厂房与高大砖烟囱的震害则可达Ⅷ度。美国 1952 年克恩县地震时，远离震中的洛杉矶市与长滩市，较高房屋震害重，在震中区则一、二层砖房震害重。1954 年美国迪克希河谷地震，距震中远达 300km 的地下水池，由于几秒钟的长周期水浪而损坏，但其他结构却无损。对于上述这种现象，无论如何调整不同结构的烈度尺度，都不可能使不同尺子量出的烈度值相统一。当前我国的作法是重视平房得到的结果。

4.4.2.2　地基失效的影响

由于地震烈度具有以后果表示原因的间接性，在存在地基失效影响时，如何根据地震烈度来确定地震动大小，是一个困难问题。假若认为地震烈度可以作为地震动强弱的指标而用于结构抗震设计，则应区分地基失效与结构震动这两种震害，前者主要决定于地基条件，后者主要决定于地震动，故应着重考虑由地震动引起的结构震害，而不必为断层错动引起的断层崖或大滑坡堵河成湖等现象提高地震烈度。不幸的是，地震学家们按自己的理解去评定烈度，而工程师又按自己的理解而将烈度作为地震动大小的标准去使用。

上述两方面的问题是在人们只需要用一个简单的量来表示地震动时的情况。现在的抗震工程界已经普遍认为需要考虑地震动的多个独立可变的特性了（详见第六章）。当后果是由多个独立的原因共同引起时，从后果简单地反推原因就存在更大的问题。

总之，地震烈度这个概念的特点在于简单，适当的应用，只求一个粗略而概括的量，就充分发挥了其特长而成为优点；不适当的应用，用它表示地震动的多种特性，或从而推求多种设计地震动参数，就过分夸大其作用，而引起许多矛盾。

4.5 地震烈度分布

4.5.1 烈度分布图或等震线图

绘制烈度等震线有两个步骤，首先将调查所得各地点的烈度一一标在一张大地图上，再用曲线将不同烈度区分开，使得在同一区内的烈度都相同。这个原则看来很简单，但做起来很不容易。从第 4.3 节中的许多烈度分布图中可以看到，调查所得的实际烈度分布并不均匀连续，而常常是较零乱的，一个或几个低烈度点常常为一大片高烈度点所包围，反之亦然（参见图 5.4.1）。有时，有些地区能够评定烈度的地点不够密，使地图中出现一个空白区。因此，通常的经验是，不要求一个烈度区内完全不存在不同的烈度点，以免烈度分区线过分曲折。但是，一个烈度分区中至少应该以同一烈度的点数占大多数，而可以容忍有一小部分高或低 1 度的烈度异常点。许多烈度异常点密集在一起所构成的地区称为烈度异常区。这样绘制出来的烈度分布图称为等震线图。

由于烈度分布不均匀连续，而容许在一个烈度区之内存在不同的烈度点，就使得等震线图的绘制又增加了主观影响。有的人愿意勾画烈度异常区，以使等震线尽可能光滑而接近圆形或椭圆形，有的人愿意使异常区或异常点尽量减少而勾画出形状很不规则的等震线，从而出现了不同的原则和方法，归纳起来，有以下几种。第一种原则认为，绘制等震线的目的是要反映震源的影响，所以要排除地表局部因素引起的烈度局部变化，因此等震线应大体上呈同心圆形成椭圆形，其圆心或中心便是震中或震源延伸体在地表上的投影；第二种原则认为，绘制等震线的目的是要尽可能地反映客观实际的烈度分布，因此只能略加圆滑，而保持原来烈度分布的实际现象，以便研究震源、方向性、局部条件等因素对烈度的影响；第三种原则则是前两种原则的调和。近代的等震线图大多是按第三种原则绘制的。

在第一种原则指导下可以有两种方法。第一种方法绘成的图可以称为基岩等震线，它要求排除各种局部条件对烈度的干扰，如工程地质、水文地质和地形地貌条件的影响：假若可能的话，以平坦的基岩地基为标准，希望能够将一切非平坦、非基岩地点的烈度值都换算到平坦的基岩上去，希望由此能够得到一种理想的等震线图，只是反映震源特性的影响。由于不少人认为，表层土和不平坦地形都会使烈度提高（见第 4.7 节），所以只要按实际烈度图中最低的烈度点来绘制即可，也就是说，所绘出的烈度圈内不得有低于该圈烈度的点存在。纽曼在 1957 年研究并应用过这一原则，并认为所得到的等震线形状极为理想。但通常很少使用，原因可能在于实际自然村很少是建造在基岩上的，因此，原始烈度图上的基岩点就很少，单纯依靠这些点无法绘成等震线；要想把土层上的点换算到基岩上来，目前并不存在多数人接受的换算关系。第二种方法绘成的图可以称为平均地基等震线图。由于绝大多数村庄、城市是建在中等地基上的，所以平均地基就是中等地基。和中等地基相比，一般规律是基岩上的烈度偏低而软弱地基上的烈度偏高。因此按前述第二或第三个原则绘制的等震线图，就是中等地基上的等震线图。现有的等震线图大都属于这一种。按第二种原则绘制的等震线图都是很不规则的，大体上相似于图 5.4.3 中的通海地震实际等震线图。由此可见，按任何方法绘出的平滑等震线图，都包含着许多主观因素。前面已经说过，烈度的评定已经包含了很大的主观因素，在勾绘等震线时，又加以主观的取舍，就容易丢失一些客观影响，增添一些虚假的东西。在分析和利用等震线时，应该注意到这一事实。在第 5.4 节和第 4.3 节中分别给出了我国近代几次大地震的等震线图和几次国际上有名地震的等震线图。它们都是有代表性的。

等震线的精度并不是很高的。由于地震烈度的分布很零乱，再加上绘制的主观因素，对于同一地震，不同人可以绘出很不相同的等震线图。例如 1974 年 5 月 11 日云南、四川边境的大关—永善地震，先后派出两次调查组，一次将极震区的长轴绘为北东向，另一次则绘为北西向（参见图 5.4.4）。由此可见资料不足时主观影响所能起的作用。

值得提出的一个现象是，等震线图中的烈度值，一般应绘于相邻两线之间，它表示这一片地区之内的烈度值。但是，有些等震线却将烈度值绘于一条线上，它通常表示该曲线之内的烈度值。

4.5.2 烈度异常区

在等震线图中常见到的一个注目的现象是零星分布的所谓烈度异常区。高于所在烈度区的称为高烈度异常区。低于所在烈度区的称为低烈度异常区。所谓异常，指的是这一片小地区的烈度与周围大片地区的烈度不同，而又不是震中区。例如通海地震中的杞麓湖异常区由两圈等震线构成，即异常区内的烈度比大区高出 2 度之多。但是，在一次地震中出现一些异常区却是一件很“正常”的事件。形成异常区的原因大多是地基土层特殊性的影响，当然，还有一些异常区是由于其他因素引起的，这些将在第 4.7 节中详细讨论。

这里只想说明一点，不少异常区在历史地震中多次重复出现。例如 1976 年唐山地震时，在唐山西北约 50km 处的玉田县，就是Ⅶ度区中的Ⅵ度低异常区，此异常范围较大，东西长约 30km，南北宽约 15km（参见图 5.4.15）。据历史地震记载，1679 年三河、平谷地震时，玉田的烈度也显著低于周围地区。

4.5.3 影响地震烈度分布的因素

地震烈度是地震的扰动引起地面多种震害现象的综合量度，所以影响地震烈度的因素，除事物本身之外，必然包括震源与传播条件这两个方面，震中距离包括在传播条件中。

4.5.3.1 震源影响

震源是指一次地震时的应变能释放区。地震时，震源体内突然产生断裂面，断裂面两侧产生错位，并从震源区以地震波的形式向外释放出巨大的能量。地震的影响有两个方面，即地表变形和地震波动。下面分别讨论这两个方面。

(1) 震源位错引起的地基变形。由于震源处突然断裂，积累的应变能要释放，使断裂面两侧分别向相反方向错位，从而可能在地表面出现水平与竖向的位错或相对位移，位移的大小可达 1～2m 或更多。这一变形是由地下几十、几百平方公里的断裂错位引起的，能量巨大，凡是建于其上的任何结构物只能随之变形而无法制止这种变形。因此，跨越断层两侧的结构物常发生拉裂、变形、破坏，甚至倒塌，这在历次大地震中常见。当断裂发生于陡坡悬崖时，常导致大滑坡与山崩，若结构物位于滑坡体上下，必随滑坡坠毁或为滑坡体所击毁、掩埋。这种震害常称为地基失效引起的震害，属静力破坏效应，与震动的强弱关系不大。

(2) 震源体释放的震动能量。假若将震源释能体简化为断裂面 ABCD，则地表震动能量的分布将如图 4.5.1 所示的近似椭圆形，下图表示地下纵剖面，上图表示地表面。断裂面长 L，宽 B，中心为 O_2，O_2 的地表投影为 C_2。AD 为断裂面与地表面的交线。上图中的曲线是等震动能量线。

假若整个断裂面同时破裂，且断裂面上各点释放的能量大致相同，则地表的震动能量分布具有下述规律。第一，在近断裂处，等能量线随断裂长宽比L/B的加大而变得瘦长；第二，当断裂面很陡时，等能量线对称于 AD 线；当断裂面不很陡时，等能量线中心向 C_2 侧移动；第三，近断裂处，震动能量主要来自最近的那一部分断裂；远离断裂处，震动能量与整个断裂有关；第四，近断裂处的等能量线近似呈椭圆形，远离断裂处，近似呈圆形。

地震烈度的分布有着与等震动能量线相似的规律，如 1970 年通海地震。这是因为由震源释放出来的能量是影响地震烈度的主要因素。

当地震很大时，断裂长度 L 可达几十或近百公里，这时，断裂只能从某一薄弱部位开始，设为 AB 端，断裂传播方向设为 AD，整个面断裂常需要几秒至几十秒钟。由于地震的剪切波速 v_S 很接近断裂传播速度 v_f，地表震动能量的分布将出现多普勒效应。

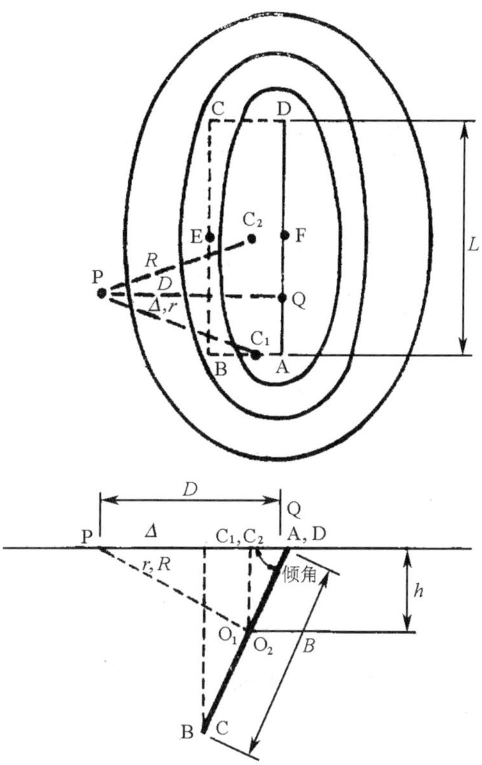

图 4.5.1　震源体几何位置对地表烈度的影响

如图 4.5.2，设破裂从 C_1 点开始，向 C_2 点延伸，当破裂达到 C_2 点时，C_1 点破裂所释放出来的震动能量的一部分也传播到 C_2 点，与 C_2 点破裂释放的能量叠加在一起，这就是多普勒效应。这一效应并未改变通过各点的总能量，但改变了能量在时间上的分布，即能量密度。它使断裂传播方向上的点的能量密度加大，震动持续时间缩短；使相反方向的点（如 C_3）的能量密度减少，震动持时加长。对于刚性、脆性的结构而言，沿断裂传播方向的震害可能加重，在相反的一端则可能减轻。宏观烈度分布有时可以发现这种现象。

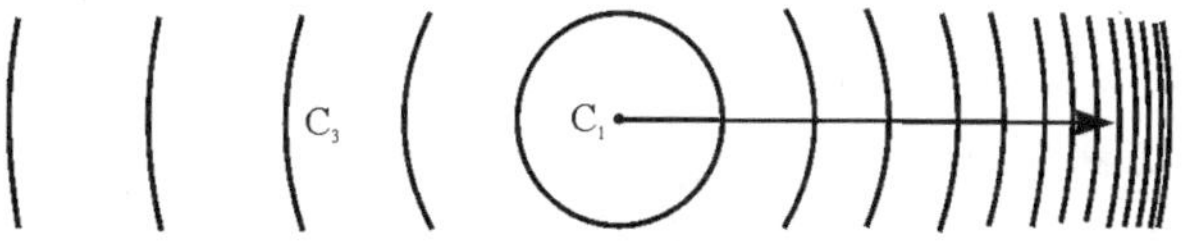

图 4.5.2　移动震源的多普勒效应

上述简单分析是在极端简化的能量释放情况下讨论的。事实上，断裂面不是一个平面，面上各点释放出来的能量不是均匀的，因此，即使只是从震源体释放的能量来看，地表的烈度分布不会像图 4.5.1 那样简单，而有时会出现图 4.5.3 的分布情况，在极震区呈哑铃形，或两个分离的极震区。这种分布可能是由于震源体空间分布的特殊情况引起的。如图，阴影面积表示震源释能体在一个竖向剖面中的分布，一个较深的大的释能体 O_1 和一个近地表的小释能体 O_2。大释能体 O_1 产生了右边那个极震区，小释能体 O_2 产生左边那个极震区。随着震中

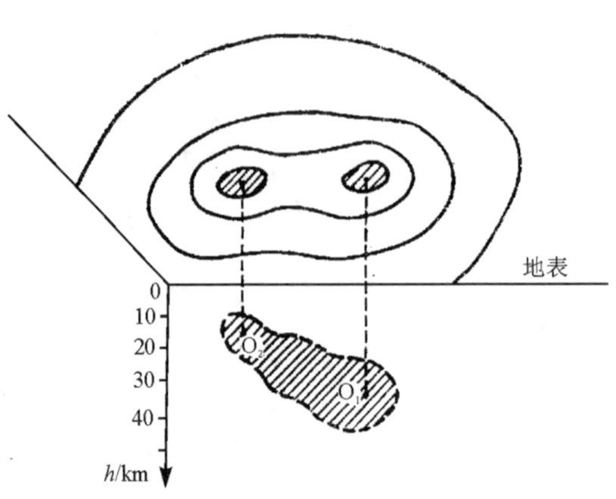

图 4.5.3 震源体竖向分布对地表烈度的影响

距离加大，局部影响将减小，烈度分布将逐步过渡到以 O_1 与 O_2 的共同中心为点源的圆形等震线。谢巴林 1973 年曾用此原理分析过 1963 年南斯拉夫斯科普里地震的等震线图形。

4.5.3.2 传播途径与距离的影响

在讨论震源对烈度的影响时，已经包括了距离的影响，在第 4.6 节讨论烈度衰减规律时还要专门讨论这一影响。

方位对烈度的影响也与传播途径有关。所谓方位影响指的是在断裂端部附近，如图 4.5.1 中 AB 与 CD，等震线会出现偏于一侧或两侧的尖端形。产生这种单枝或双枝等震线的原因，可以是断裂动力学的要求，也可以是地下地质构造的横向不均匀性。这方面的结论尚少。

4.5.3.3 场地条件影响

场地条件对烈度的影响是很普遍的，将在第 4.7 节中专门详细介绍。

4.6 地震烈度的衰减规律

地震烈度衰减规律描述烈度随震级（或震中烈度）和距离而变化的关系，即假若已知一次地震的震级，此规律应能给出各地表点的烈度。

4.6.1 震中距、震源距、断层距和能中距

如图 4.5.1 所示，仪器测定的震源 O_1 是断层面上开始破裂点的位置，它在地表上的竖直投影即为仪器测定的震中 C_1，仪器震源 O_1 可以是断层破裂面上的任何一点，不一定与断层破裂面的几何中心 O_2 重合。通常假设断层上释放的能量是均匀的，则 O_2 点即为释能中心，它在地表上的竖直投影 C_2，常常与宏观震中相近，即极震区的中心；而仪器震中 C_1 有时偏处于极震区的一角。

在研究烈度或地震动衰减关系时，曾引用过下述几种距离。参考图 4.5.1，从地表任一点 P 到仪器震中 C_1 的距离称为震中距，到宏观震中 C_2 的距离称为能中距（有人也称为震中距），多用Δ表示（也常用 R 表示）；至相应震源 O 的距离则为震源距或能源距，常用 R 表示。$R^2=\Delta^2+h^2$，h 为震源深度。特别是在研究地震动衰减规律时，还常采用从 P 点到地表断层的垂直距离 D，称为断层距。这些不同距离的定义在远震区没有多大差别，只是为了研究近震区的衰减关系才提出来。这里，在研究烈度衰减关系时，若未特别说明，我们假定所用的距离都是对宏观震中 C_2 而言的震中距Δ，或对 C_2 相应的释能中心 O_2 而言的能源距 R，$R=\sqrt{\Delta^2+h^2}$，这时宏观震中取为极震区的中心。

上述距离的定义都与震中或震源相联系，而且把它们看成是一个点。实际上，不论是仪器震中或宏观震中，都应该理解为一个很大的面积或体积，而不是一个点，因为震源体实际

上是一个很大的体积，而且震中、震源的确定都有几公里甚至上十公里的误差。所以，严格说，这些距离的精度至少都在几公里左右。

4.6.2 震中烈度与震级的关系

在震级概念尚未提出来时，人们常常用震中烈度 I_0 来衡量地震大小。事实上，震中烈度是地震大小和震源深度两者的函数，假若把震源看做点源，只有在震源深度 h 保持不变时，震中烈度才能与震级一一对应。图 4.6.1 示出震级相同而震源深度不同的两次地震的情况，假设震源是点源。图中绘出的几个同心圆，分别表示不同距离处的能量大小，用烈度表示，如 R_{X} 表示在此球面上，烈度可达Ⅹ度。这里忽略能量在地表面的反射影响。图（a）是浅源地震，其震中烈度可能达Ⅹ度，至少为Ⅸ度；图（b）是深源地震，地表上可见的最高烈度只有Ⅶ度。这种烈度变化完全由能量从点源释放出来的几何扩散所引起。假若不考虑能量在传播中的损耗，则从震源 O 释放的能量将保持不变地成球面向外扩散，所以球面上单位面积上的能量将按 R^{-2} 向外衰减，在 R_{VII} 处的能量密度要比 R_{X} 处的能量密度小 $(R_{\mathrm{VII}}/R_{\mathrm{X}})^2$ 倍。由此可见，震中烈度 I_0 是震源深度的函数。实际地震的震源深度变化很大，如我国，可以有震源深度 h=10km 左右的大地震，如海城、唐山地震；h=5km 左右的水库地震，如新丰江地震群；也有 h=300km 左右的深源地震，如吉林一带。但是，对人民生命财产影响最大而且最普通的地震的震源深度在 h=10～30km 左右，即在一个不大的范围内变化，为此，我们可以近似认为 h 不变，从而研究震中烈度 I_0 与震级 M 的关系。这个关系之所以重要，原因之一是我们可以从它来确定历史地震的震级。

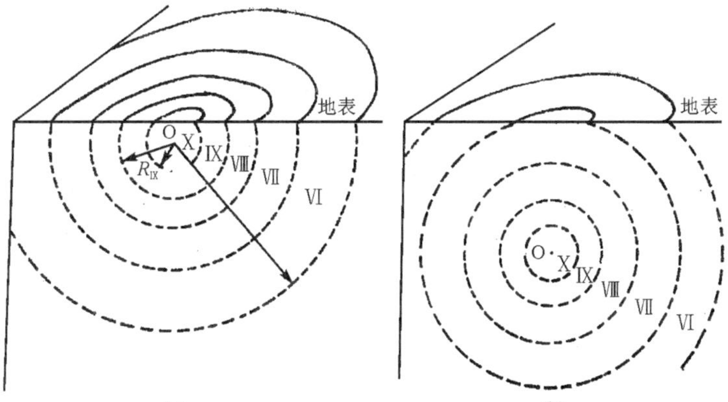

图 4.6.1 震源深度对震中烈度的影响

美国著名地震学家古登堡和里克特是最早研究震中烈度与震级关系的（Gutenberg and Richter，1956）。1956 年他们根据美国南加州地震的研究，提出下述关系：

$$M = \frac{2}{3}I_0 + 1 \qquad (h \approx 16\text{km}) \tag{4.6.1}$$

我国在 20 世纪 70 年代研究全国烈度区划时，根据我国 1900 年以来的 152 次地震资料（图 4.6.2）求得的关系与上式极为相近，即

$$M = 0.66I_0 + 0.98 \qquad (h\text{=15\textasciitilde45km}) \tag{4.6.2}$$

标准差为 0.33；而李善邦根据我国历史和早期地震资料则得下述关系（邓起东等，1980）：

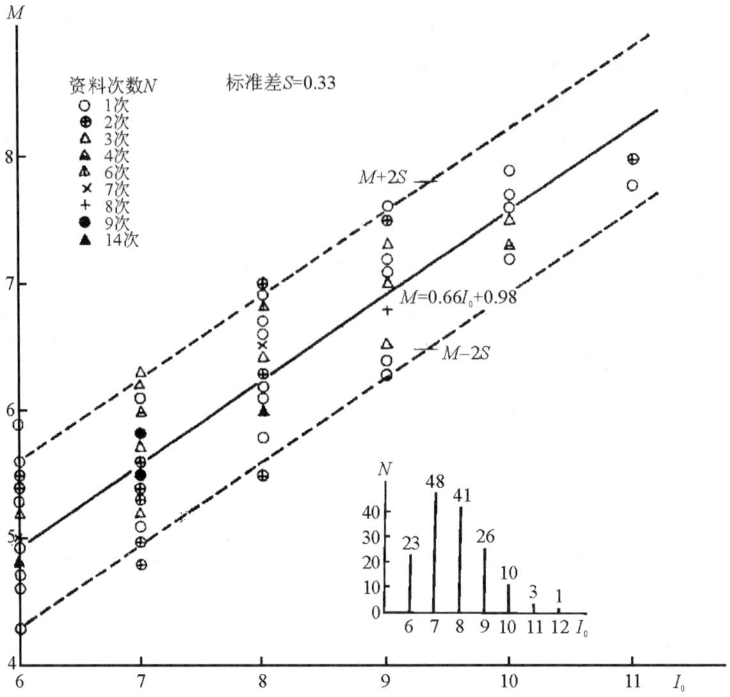

图 4.6.2　中国地震震级和震中烈度的关系

$$M = 0.58I_0 + 1.5 \tag{4.6.3}$$

另一种研究震级与震中烈度关系的方式是把震源深度 h 作为一个参数考虑到关系中来。傅承义、刘正荣求得的关系式为

$$M = 0.68I_0 + 1.39\lg h - 1.4 \tag{4.6.4}$$

苏联谢巴林得到的关系（Медведев，1962）为

$$I_0 = 1.5M - 3.5\lg h + 3.0 \tag{4.6.5}$$

梅世蓉与萨瓦林斯基根据我国地震资料求得

$$I_0 = 1.5M - 1.2\lg h + 0.75 \tag{4.6.6}$$

这些关系只适用于浅源地震，即 h=10～40km。

4.6.3　圆形等震线的烈度衰减关系

现有的绝大多数烈度衰减关系是以圆形等震线假定为基础的。这是由于烈度的分布常常近似呈圆形，较小地震（M≤6.5）的等震线常常看不出什么方向性，只是对于很大的地震（M>7.5）等震线图才变得窄长，因此，常常不考虑烈度分布的方向性而寻求一种平均关系，即圆形等震线。

在早期的研究中，烈度衰减关系的形式常写为

$$I = I_0 + a - b\varDelta - c\lg(\varDelta + R_0) \tag{4.6.7}$$

式中，a，b，c 是回归常数；R_0是事先假定的常数，早期常取为零；$\varDelta$为给定烈度区 I 的外包等震线按等面积转换为圆形的半径；I_0为震中烈度。

由于近几十年来积累的大批资料都可以用震级来表示地震的大小，所以近期的烈度关系

常写为

$$I = a + bM - c\varDelta - d\lg(\varDelta + R_0) \tag{4.6.8}$$

表 4.6.1 和图 4.6.3 中给出了一些美国烈度衰减关系的结果。另外，还有些结果只以图表形式给出，并未用公式表示，如图 4.6.4 所示的日本地震。图 4.6.3 是一些地区许多地震的平均衰减关系，而图 4.6.4 则是各个地震自己单独的平均衰减关系。

表 4.6.1　美国不同地区的烈度衰减关系 $I=I_0+a-b\varDelta-c\lg(\varDelta+R_0)$

提出者	年代	适用地区	适用范围	a	b	c	R_0/km	I_0
豪厄尔 舒尔茨	1975	美国圣安德烈斯区 美国西部科迪勒拉山区 美国东部地区		0.874 1.802 3.278	0.0186 0.0090 0.0029	0.183 0.273 0.430	0	I_0
格普塔	1976	美国中部		2.35	0.00316	1.79	0	I_0
安德森 (Anderson)	1978	美国西部		3.2	0.00106	2.7	0	I_0
钱德拉	1979	美国圣安德烈斯区 美国西部科迪勒拉山区 美国东部地区 美国中部地区	$\varDelta$<330km $\varDelta$<335km $\varDelta$<475km $\varDelta$<1600km	2.065 2.819 3.374 3.534	0.00594 0.00503 0.00312 0.00164	2.065 2.017 2.414 2.528	10 25 25 25	$<I_0$
钱德拉	1979	伊朗	$\varDelta$<120	6.453	0.00121	4.960	20	$<I_0$
苏	1980	菲律宾		4.01	0.015	2.40	0	I_0

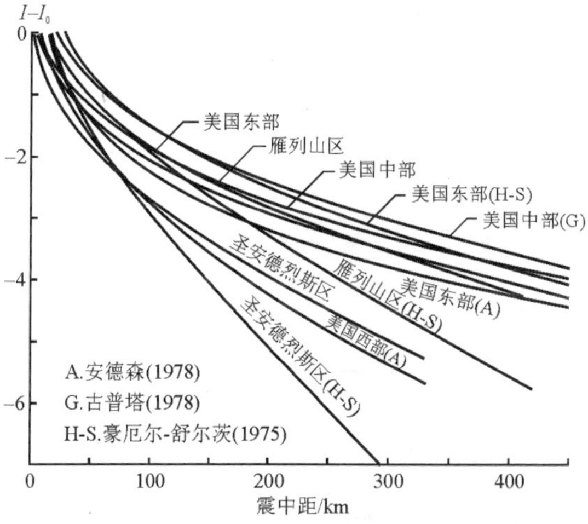

图 4.6.3　美国不同地区的地震烈度衰减关系

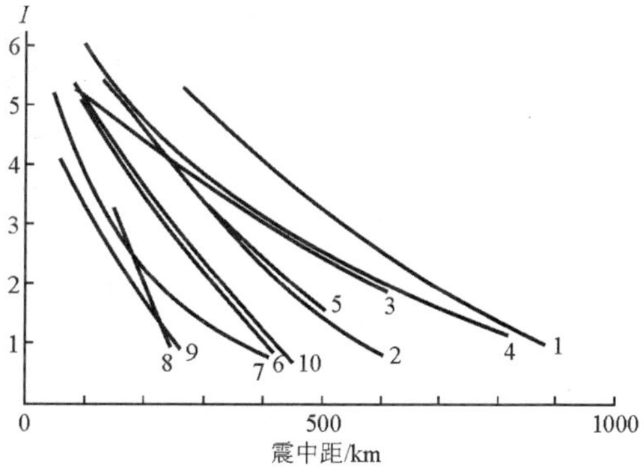

图 4.6.4　日本的地震烈度衰减关系

1. 1933.3　三陆冲地震　2. 1944.12　东南海地震
3. 1946.12　南海道地震　4. 1952.3　十胜冲地震
5. 1923.9　关东地震　6. 1943.9　鸟取地震
7. 1948.6　福井地震　8. 1943.3　鸟取地震
9. 1949.12　枥木地震　10. 1964.6　新潟地震

4.6.4　椭圆形等震线的烈度衰减关系

当地震烈度分布资料较多，或该地区的等震线明显呈椭圆形时，可以考虑在长轴和短轴方向有不同的衰减。我国就是这样做的。图 4.6.5 给出我国各地震区 I_0=Ⅸ沿长轴、短轴与等效圆半径的平均衰减关系，表 4.6.2 列出我国华北、华南地区的烈度衰减关系，表中 a 和 b 分别表示椭圆的长轴和短轴半径，r 为等效圆半径。钱德拉等（Chandra，1979）给出的伊朗的这种关系为

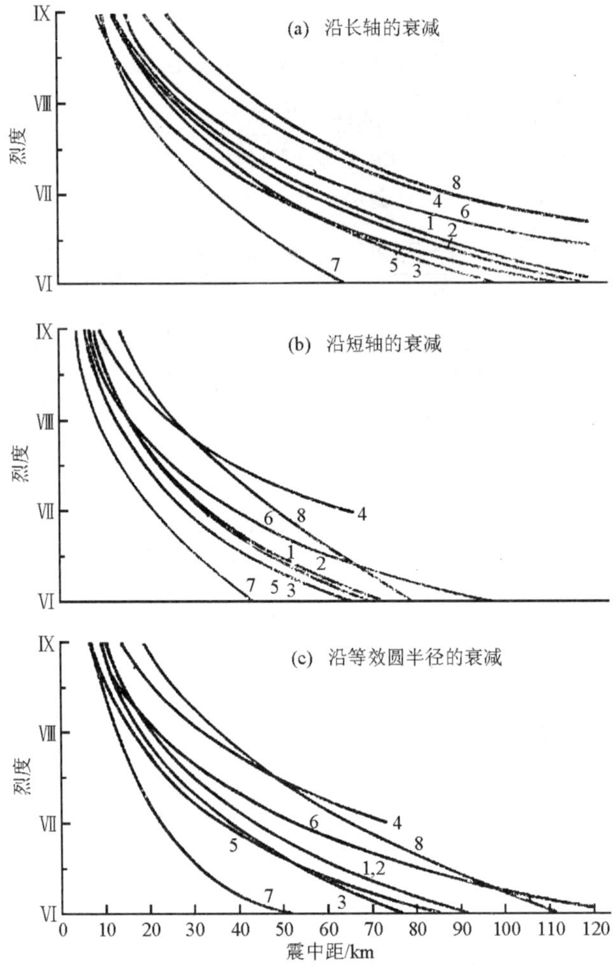

图 4.6.5　我国不同地区的地震烈度衰减关系

1. 全国；2. 东部；3. 西部；4. 台湾；5. 华南；6. 华北；7. 川滇；8. 新疆

表 4.6.2　华北、华南地震烈度衰减关系（单位：km）

烈度 I		Ⅹ			Ⅸ			Ⅷ			Ⅶ			Ⅵ		
I_0	地震区	a	b	r	a	b	r	a	b	r	a	b	r	a	b	r
Ⅹ	华北	11	5	7	22	13	17	48	32	40	102	78	89	219	191	204
	华南	19	15	17	36	29	32	71	58	64	138	115	126	269	229	248
Ⅸ	华北				12	6	8	29	15	21	69	39	52	166	100	129
	华南				8	5	6	19	12	15	47	28	36	122	66	90
Ⅷ	华北							4	3	3	9	6	8	20	13	16
	华南							7	5	6	20	11	15	56	26	38
Ⅶ	华北										6	4	5	19	12	15
	华南										7	5	6	17	13	15
Ⅵ	华北													7	4	5
	华南													8	4	6

长轴　　$I = I_0 + 4.824 - 0.00548\Delta - 3.708\lg(\Delta + 20)$　　$\Delta < 160\text{km}$　　(4.6.9)

短轴　　$I = I_0 + 8.729 + 0.01158\Delta - 6.709\lg(\Delta + 20)$　　$\Delta < 110\text{km}$　　(4.6.10)

分别长短轴的衰减关系只适用于特定的地区，即那些发震断层方向明确、烈度衰减长短轴方向固定的地区，否则，对于等烈度线长短轴改变的地区，就得不到预期的效果。

4.6.5　震中烈度的选择

在早期的烈度衰减关系研究中，由于没有震级资料而必须采用公式（4.6.7）的形式，以震中烈度 I_0 表示地震的大小。但是，震中烈度的评定常常存在不少问题，特别是当地震较大时（如第 4.4.2 节所讨论）。本节专门介绍这一问题对烈度衰减的影响。

在研究烈度衰减时，现有的方法都是从历史地震的烈度分布或等震线图中统计各次地震的烈度与震中距的资料，然后用回归分析求经验关系。回归方法有二：一种方法是将一个地区所有的资料放在一起，按公式（4.6.7）统计，确定公式中的待定系数；另一种方法是先根据每一次地震的资料按公式（4.6.7）统计，确定公式中的待定系数，然后再按多次地震求平均。这两种结果是差不多的，关键在于如何处理 I_0 这个数据。

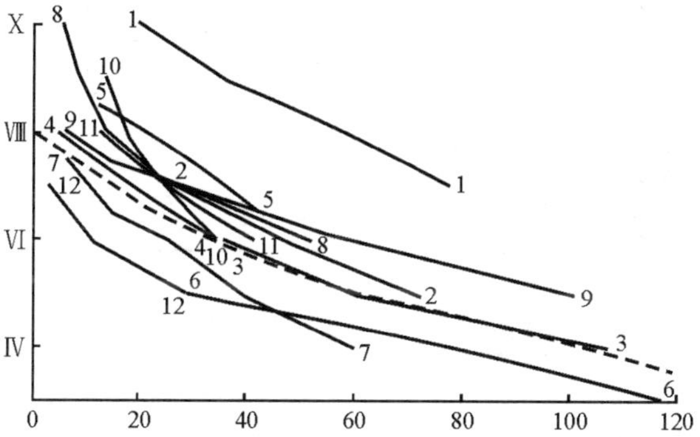

图 4.6.6　伊朗地震烈度衰减曲线

钱德拉在研究伊朗地震烈度衰减关系时，利用了图 4.6.6 中所示的 12 个地震的数据。他注意到一次地震中 I_0 值的确定是否准确对烈度衰减的影响很大，若 I_0 过高，则衰减很快。他求得的衰减关系为

$$I - I_0 = 6.453 - 0.00121R - 4.96\lg(R + 20)$$

式中，R 为震源距，以 km 计。

若取 I_0=Ⅷ，则衰减曲线如图中虚线所示；若取 I_0 为其他值，则上式定义的曲线将平行于图中虚线移动。钱德拉在这种平行性的假定下，提出了一个重新确定 I_0 的图解法。他先将一个地区内待分析的全部地震的烈度衰减绘在如图 4.6.6 那样的图中，凭观察法绘出其平均曲线，并特别注意曲线的坡度或形状，然后平行地移动此曲线使之平均地与一次地震的烈度衰减曲线重合，从而确定此次地震的 I_0 计算值。利用这样确定的各地震的 I_0 值代替原始数据中的 I_0 值，再进行统计分析，确定衰减公式中的待定常数。有了衰减公式之后，可以用之代替原来用观察法绘出的平均曲线，重新确定各次地震的 I_0 计算值，重复上述计算，直至 I_0 值无多大变化为止。

钱德拉的方法比直接采用宏观数据 I_0 值更为合理。假若在一组地震中，有个别地震的震

中烈度 I_0 评定得过高，通过上述方法就可以免除这种不合理情况的影响。但是，引入这种不合理现象的原因在于烈度表中的有关规定，如第 4.4.2 节所讨论，所以首先应重新校核震中烈度的评定（特别对于震中烈度 $I_0 \geq$ IX），删去那些单纯依靠断层破裂及其引起地基失效的影响所评定的烈度点，如表 4.6.3 中的第 2 号地震和表 4.6.4 中的第 5～7 和 9 号地震的震中烈度点就应该分别改为VIII、VII～VIII、VII～VIII、VII和VIII度。

表 4.6.3　豪厄尔、舒尔茨和钱德拉选用的数据（圣安德烈斯区）

编号	年.月.日	地　震	M_L	m_b	(宏观) I_0	(采用) I_0	备　注
1	1906.4.18	旧金山	—		XI	9.3	
2	1952.7.21	克恩县	7.7		XI	9.8	
3	1952.8.22	贝克斯菲尔德	5.8		VIII	7.3	
4	1954.1.12	惠勒岭	5.9		VIII	7.8	
5	1954.4.25	沃森维尔	$5\frac{1}{4}$		VIII	7.0	I_0 仅在断层带上，次一级烈度为VIII
6	1955.9.4	圣何塞	5.8		VII	7.4	
7	1955.10.23	沃尔纳特河	5.4		VII	7.2	
8	1955.12.16	布罗莱	5.4		VII	7.0	
9	1961.4.8	霍莱斯特	5.6		VII	7.5	
10	1966.6.27	帕克费尔德		5.3	VII	7.4	

表 4.6.4　钱德拉选用的数据（西部雁列山脉地区）

编号	年.月.日	地　震	M_L	M_S	(宏观) I_0	(采用) I_0	备　注
1	1935.10.18	蒙大拿州海伦娜		$6\frac{1}{4}$	VIII	7.3	
2	1946.2.14	华盛顿州皮吉特海峡		$5\frac{3}{4}$	VII	7.3	
3	1950.12.14	加州黑尔洛格		5.6	VII	6.8	
4	1954.5.15	华盛顿州皮吉特海峡	—	—	VII	6.6	
5	1954.7.6	内华达州法伦	6.8		IX	8.1	I_0 仅在断层带上，次级烈度为VII~VIII
6	1954.8.23	内华达州法伦	6.8		IX	8.2	I_0 仅在断层带上，次级烈度为VII~VIII
7	1954.12.16	内华达州迪克希谷	7.2		X	8.7	
8	1954.12.21	加州尤里卡		6.6	VII	7.5	
9	1959.8.17	蒙大纳州赫布根湖		7.1	X	9.1	I_0 仅在断层带上，IX度仅在滑坡附近
10	1962.8.30	犹他州洛根		5.7	VII	7.2	
11	1965.4.29	华盛顿州皮吉特海峡		6.5^{*}	VIII	8.0	为 m_b 震级
12	1966.9.12	加州博卡坝	$6\frac{1}{4}$~$6\frac{1}{2}$		VII	7.4	
13	1967.10.4	犹他州马里斯瓦尔		5.2*	VII	7.0	

4.7 场地条件对地震烈度的影响

场地条件一般指局部地质条件，如近地表几十米至几百米内的地基土壤、地下水位等工程地质情况、微地形以及有无断层破碎带通过等等。国内外震害经验几乎一致表明，场地条件是引起地表震害或地震动局部变化的主要因素。

场地条件对震害或地震烈度的影响很早就为人们所认识。1906 年旧金山大地震中，市内软弱地基上显著较高的震害已为人们所重视。1932 年末广恭二去美国讲“工程地震”时就明确提出 1923 年日本关东大地震和 1731 年武藏（西琦玉）地震中软地基对木房屋的有害作用和对刚性房屋的有利作用。第一个系统提出场地条件对地震烈度的影响而且后来又为规范所引用的是苏联的默德韦杰夫，第二位是日本的金井清。我国考虑场地土壤对反应谱形状影响的工作和罗马尼亚草拟的八国抗震规范草案中的相似工作均早于美国、苏联和日本。

4.7.1 场地土壤的影响

场地土壤对震害的影响在场地条件中占首要地位，几乎在每次大地震的现场中都可以看到这种影响的事例。

假若我们暂时把场地土壤分为三大类，第一类是坚硬的岩石，第二类是一般常见的硬至中硬的土层，第三类是软弱、松散和水位很高的淤泥质地基或饱和粉细砂地基。这三种地基的特性迥然不同，从抗震角度看，它们的差异至少有两方面。第一，它们的刚度不同，或阻抗ρv不同，这里ρ为土壤密度，v为波速，因此地震波在其中传播的情况也不同，刚度大则传播速度快，而衰减小；第二，它们的动力强度不同，基岩强度很高，在地震波动作用下，一般不致破坏；相反，软弱地基则在地震波作用下很容易产生地基失效，如软粘土容易产生振陷，饱和松散粉细砂容易液化。因此，不同的层厚或不同几何形状的地基，就会具有不同的动力特性，从而影响到在其中传播的地震波的动力特性，进而影响到震害或地震烈度。

4.7.1.1 场地土壤对烈度的影响

在地震现场中，最常见的是地震烈度异常，如第 4.3 和 4.5.2 所述。这些异常区或异常点大多数是由特殊的土壤条件所引起。一般规律是基岩地基上的地震烈度较低，软弱松散地基上的地震烈度偏高。默德韦杰夫（Medvedev）根据场地条件对地震烈度影响的许多实例，着重研究了地基土壤和地下水的影响（Медведев，1962）：

$$\Delta I = 1.67\lg\frac{v_0\rho_0}{v\rho} + \alpha e^{-0.04h^2} \tag{4.7.1}$$

式中各物理量均指地表 10m 或 20m 内的平均值，其中v为地震波速，在他开始提出此方法时，用 P 波速，后来改用 S 波速；ρ为土壤密度；下标 0 为参考土壤，无下标者为所考虑的土壤；h为地下水位埋深，以 m 计；常数α=0.5（砾石）或 1.0（亚砂土，亚粘土和细砂土）。1957 年苏联抗震规范采用了这一建议，把全国烈度区划图或给定的居民点的烈度估计值，作为中等土壤上的烈度值，然后按场地条件加以调整，调整幅度为±1 度。这一方法影响很广，现在仍为人所引用。

默德韦杰夫的工作在 20 世纪 50～60 年代中有代表性。现有的科研成果足以表明，单纯用烈度作为设计的指标是不恰当的。

4.7.1.2　场地土壤对震害指数的影响

图 4.7.1 给出 1970 年通海地震的Ⅰ类地基（基岩）等震害指数线。由于不同地基条件上的基岩场地等震线形状颇为相似，因而可以用图 4.7.2 表示各类地基上震害指数随距离的变化关系，图中横坐标以相应地基上的等震害指数 D_i 来代替距离，图中除由图 4.7.1 给出的不同地基条件上的基岩场地等震线以外，还绘出了Ⅳ类（软土）地基上的震害指数衰减关系，后者根据软土地基上的等震害指数线图（本书中未给出）绘出。这一结果与纽曼（Neumann，

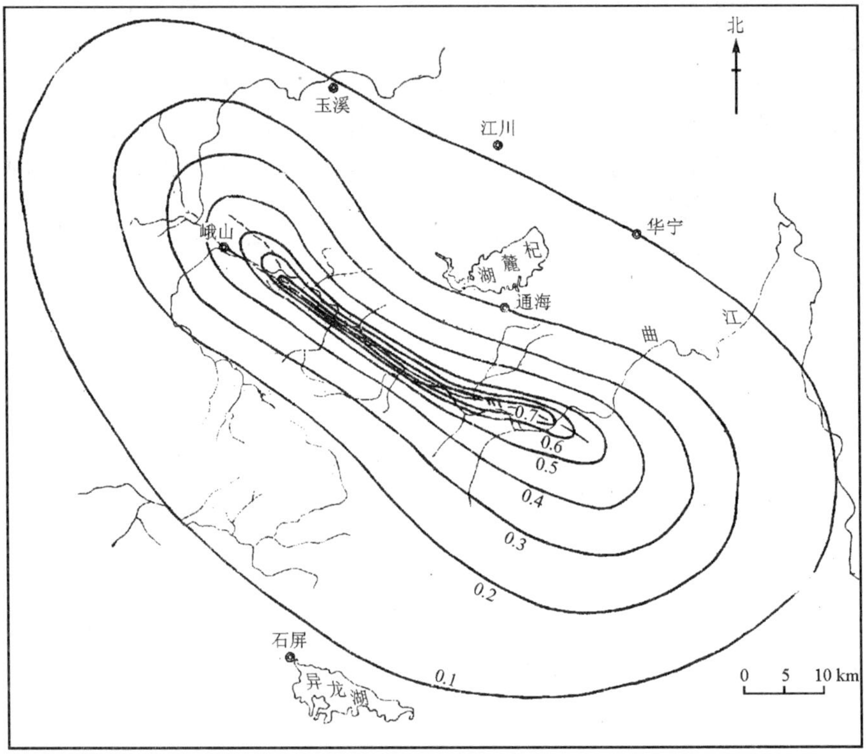

图 4.7.1　通海地震基岩地基等震线

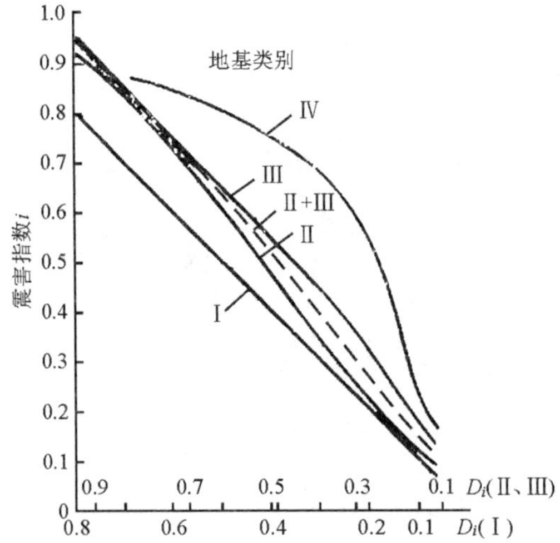

图 4.7.2　通海地震震害与地基类别的关系

1952，1954）所得的不同地基上的烈度衰减曲线基本相似。

由图 4.7.2 可知，平均而言，基岩上震害最轻，软土地基上震害最重，这种差别在中等距离处（震害指数 0.5 所对应的距离，或 10～20km 左右）最大。值得提醒的是在震害严重的地区，或靠近发震断层处（$i_{\text{I}}\approx 0.8$ 或 $i_{\text{II}+\text{III}}\geqslant 0.9$），软土场地上的震害接近甚至低于硬土场地。这有两种可能的解释，一种是大家公认的，即烈度或震害已达最大值，该类房屋已经全倒，虽然地震动强弱有别，但无法区分；另一种解释是作者在 1975 年分析海城地震震害中砂土液化影响时提出来的，现介绍如下。

图 4.7.3 和 4.7.4 分别给出 1975 年海城地震中Ⅱ类场地（硬土）、Ⅱ类场地（厚的硬土）上的震害指数衰减曲线。由图可见，在硬土场地上，有 6 个喷砂冒水的村庄，一个震害重于平均值，5 个轻于平均值。厚硬土场地上有 9 个喷砂冒水的村庄，2 个重于平均值，7 个轻于平均值。这些村庄距震中约 4～40km，地表有约 2～3m 以上的较密实的粘土或亚粘土覆盖层，其下即为饱和的粉细砂层，地下水位较浅，由于地震时正值严冬，地表有 0.8～1m 左右的冻土层，震后震害显著较轻。而附近震害较重的村庄，或地表下几十米内无这种砂层，或这种砂层上的覆盖层不够厚或不够密实。正是由于上述极为有利的组合，即房屋基础下有相当厚的密实土层，足以支承上部结构并防止地基失效，而可液化层又由于液化而起了隔震作用，从而减轻了上部结构物的震害。

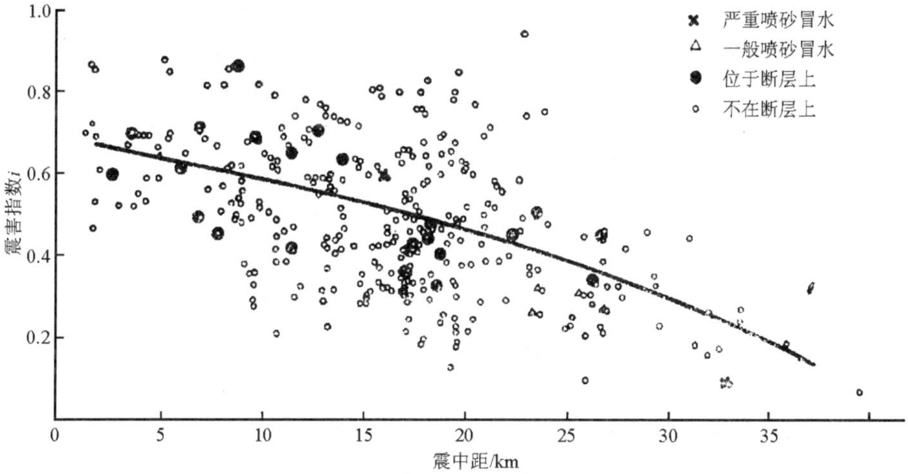

图 4.7.3　海城地震硬土地基震害衰减关系

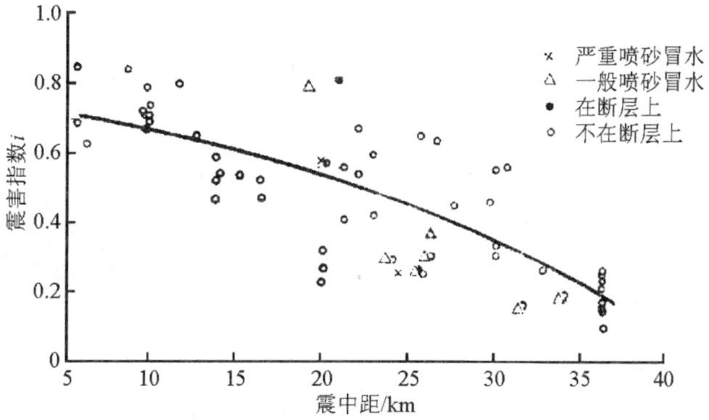

图 4.7.4　海城地震厚硬土地基震害衰减关系

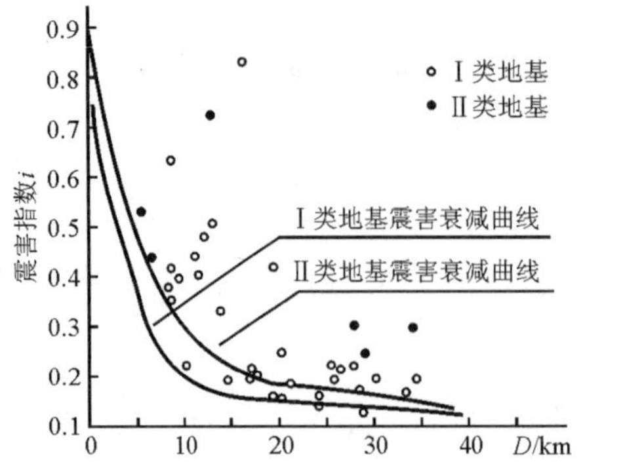

图 4.7.5 1970 年通海地震中局部地形对震害的影响

4.7.2 局部地形对地震烈度的影响

在宏观震害调查中，国内外都曾多次发现，在孤立突出的小山包、小山梁上的房屋震害一般较重。1970 年通海地震时曾收集到宝贵的资料，见图 4.7.5。这次地震发生在山区，有时整个村庄散布在山梁上；同时还可以在附近山下找到可以进行对比的村庄。像前述断层影响的分析那样，一共有 67 个在孤立小山顶上的村庄的震害资料，它们与附近平地上的村庄的震害指数之差 Δi=0.07－0.25。这些小山的相对高度一般低于 100m，多由基岩或第三纪岩层构成，后者的震害差Δi 较大，基岩小山的高度若小于 30m，则震害差异不大。

类似通海地震的这种现象，在其他地震中也常有发现，但数据不如通海那么多而详细。如上述云南的永善－大关地震中的回龙湾异常区的事例和 1966 年邢台地震时井陉异常区中北方岭的事例。现在的困难之一在于尚无适当指标足以表示山的孤立突出的程度，这个指标除了几何形状参数之外，还应包括介质的材料性能（如刚度）及地震动的某些特性（如波长）。

地形影响的另一个很少涉及的问题是局部地形凹陷对烈度的影响。1970 年通海地震曾发现有个别村庄在山坳处烈度较轻的事例，国际上很少见到这方面的报道。

4.7.3 其他影响地震烈度的因素

除了第 4.5.3、4.7.1 和 4.7.2 节关于震源、震中距离和场地条件对烈度的影响之外，在强震现场还发现一些地震烈度异常区，可能是由其他因素引起，其中多次为人们所提到的因素是地震波的辐射干涉。地壳中存在着各种界面（如地壳下的莫霍面，和山脚下常常出现的基岩与覆盖土层倾斜界面或其他界面），地震波在界面上会产生反射、折射，还会产生出新的地震波型（如第二章所述），这些不同的波在地表处综合到一起而施加于结构物的基础上，它们会产生各种辐射干涉，或者相互抵消，或者像光线一样产生聚焦作用，从而加剧或减轻震害。1966 年邢台地震中距震中西北约 90km 的井陉地区，出现了一个高烈度异常区，据震后的专门研究（包括对该地区的余震观测）认为，引起这一异常的主要原因是地震波经莫霍界反射到地表而在这一距离范围内形成聚焦所致。当然，这只是一种可能性，尚待更多事例来证实其正确性。

第五章　中国的地震

5.1　中国的地震区和地震带

前面说过，地震活动带呈条带状分布，这些条带大多是板块的边缘。这种地震活动的地理分布与地震的成因密切相关，地震区与地震带就是地震活动强度大的地区的地理分布。

1977 年我国完成了第二代《中国地震烈度区划图》。在编图过程中，对全国的地震区、地震带作过划分，采用了三级分区，并根据范围大小命名为地震区、地震亚区和地震带。划分地震区带的主要依据为以下几个因素的区域性差异：地震活动性，新构造与现代构造运动、应力场和构造体系的活动特征，地球物理场，地壳厚度，以及地质构造发展历史等。全国共分为 10 个地震区，其中包括 23 个地震亚区（图 2.3.1 和图 5.1.1），这些亚区又分为 30 个地震带。表 5.1.1 给出了区划图中地震区带的划分，它与图 2.3.1、图 5.1.1 略有不同。图 5.1.1 绘出了我国历史上震级大于 6 的地震活动带分布图（时振梁等，1974），由此可见，我国有 23 个地震带，其中 5 个较大，台湾地震带（19，图中编号，下同）与西藏南部地震带（9）属于大板块边缘地震带，而北起民勤、中卫（5）至天水、武都、文县、泸定（14）南到滇西（7）的纵贯南北的中枢地震带，西起宝鸡经渭汾河入晋北到山西北部的华北地震带（12，6，4，3，2，11），以及郯城－庐江断裂带（1），均属板块内地震带。现按区划图中的划分略述如下。

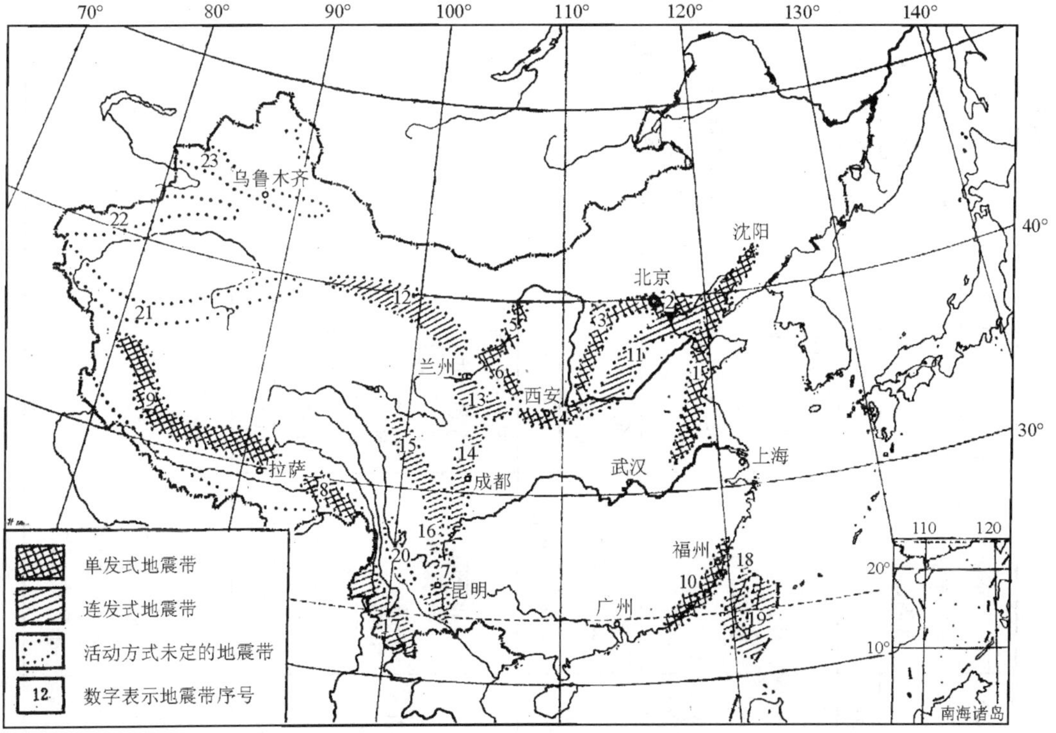

图 5.1.1　中国的地震带

表 5.1.1　我国地震区带划分简表

地震区	地震亚区	地震带	地震活动程度
台湾	台湾东部 台湾西部		强度大、频度高 (西部频度较低)
南海			强度小、频度低
华南	东南沿海	泉州—汕头 邵武—河源 广州—阳江 灵山 雷琼	中强地震活动， 频度较低。 东南沿沿强度大
	长江中下游	扬州—铜陵 麻城—常德	
	秦岭—大巴山		
华北	华北平原	邢台—河间 许昌—淮南 营口—郯城	强度大、频度较高
	山西	怀来—西安	
	阴山—燕山	三河—滦县 五原—呼和浩特	
东北			强度小、频度低
青藏 高原 南部	滇西南 腾冲 阿隆岗日 察隅—墨脱 雅鲁藏布江		强度大、频度高

地震区	地震亚区	地震带	地震活动程度
青藏 高原 中部	川　滇	下关—剑川 通海—石屏 东川—嵩明 马边—昭通 冕宁—西昌 炉霍—康定	强度大、频度高
	可可西里—三江 西昆仑 托素湖		
青藏 高原 北部	宁夏—龙门山	龙门山 松潘 天水 西海固 民勤 银川	强度大、频度较高
	祁连山	柴达木 祁连 河西走廊	
	阿尔金		
新疆中部	北天山		强度大、频度高
	南天山	拜城—和静 柯坪—喀什	
新疆北部	阿尔泰		强度大、频度高

注：资料录自《中国地震烈度区划工作报告》。

(1) 台湾地震区、南海地震区和华南地震区中的东南沿海地震亚区，属环太平洋地震带，是由太平洋板块与欧亚板块接触引起的。其中，台湾东部地震亚区是我国地震活动最强、频度最高的地震区，它包括台湾中央山脉至东海岸再至菲律宾海沟。在这条南北向的狭长带上，震中多在海中。1920 年和 1972 年曾先后发生过 8 级的特大地震。在中央山脉以东，有一南北向大纵谷，台东断层由此通过而伸入海中，1951 年在纵谷北端发生过一次 7.3 级地震。台湾西部地震亚区包括岛中央大山以西的丘陵和平原，震中多在山区与平原交接处；隔海相望的大陆东南沿海地震亚区包括闽粤大陆边缘。此两亚区的地震均为浅源。

(2) 青藏高原南、中、北部地震区和新疆中、北部地震区包括我国西部全部地震区，其活动与印度板块由南向北俯冲入欧亚板块的运动有密切关系。从西藏南边和云南西边起，青藏高原南部地区（由近东西向的雅鲁藏布江、阿隆岗日亚带，经弧形的察隅－墨脱亚区，折转至南北向的腾冲、滇西南亚区）和大体上与之平行的弧形的青藏高原中部地震区（由近东西的西昆仑山，经弧形的可可西里、三江亚区，折转向近南北向的川滇亚区）都是由印度板块俯冲而形成的断层活动。除青藏高原北部地震活动性属中等外，其他地震区均属地震活动性强烈地区，震源深度一般为 15～70km。由此再向北，青藏高原北部地震区中东西向的阿尔金山和祁连山亚区以及新疆中、北部地震区，都与上述两区中东西向的地震亚区相平行，可能受到印度板块插入的影响，震源深度一般为 5～25km。但是青藏高原北部地震区的宁夏龙门山亚区则完全是南北向的，大致沿东经 104 °线，即所谓的中枢大地震带的北半部。

(3) 华北地震区由四组地震带组成，它们围成一个菱形方块，方块的北缘为阴山、燕山亚区，南缘为许昌－淮南地震带，东缘为营口－郯城地震带，西缘为山西亚区，中间有邢台－河间地震带北东向穿过，北端也许与阴山－燕山亚区的西端正好接合起来。这一地震区是典型的板块内部地震区，所以条带形状比较复杂。但是，其中 4 条北东向的地震带均与太平洋板块与欧亚板块的接触带大体平行，也许是受太平洋板块作用力的影响。

上述只是地震带一种划分。另外，还有不少差别颇大的划分方法。例如不少人将青藏高原中部地震区中的川滇地震带与华北地震带的山西隆起区断陷地震带看做是一个地震带，它大致上沿东经 104 °线，纵贯我国中部，部称为中枢大地震带。又如，华北地震区东北角的辽东和辽南，有人将其合称为东北地震区，并包括整个松辽平原。

5.2 中国的地震历史

5.2.1 中国的地震史料

我国文化悠久，有文字记载的历史即达四千年，所以地震历史资料异常丰富，为世界之冠。历史上最早一条关于地震的记载在公元前 1831 年，“夏帝发七年泰山震”，载于《竹书纪年》中。以后历代王朝的记录均涉及地震，因为当时把它当作是一件代表天命的大事，有关一代朝廷的盛衰。虽然当时对这些风雨雷电震等自然现象并不理解，但这些记录却为后人提供了宝贵的历史资料。

除了汉代人张衡（78～139 年）发明的候风地动仪之外，历代关于地震的时间和各大城市的震害记录，也是我国的宝贵科学资料，使我们现在能够研究几千年的地震历史。这些历史记载多见于皇朝史官的记录和地方向皇朝的奏报中，或作为奇观异事或灾乱被记录于各地的笔记、书籍中，如私人的诗文、小说、传记以及墓碑文，但记载十分简单，除了知道什么时候发生过地震外，很难知道更多的事实。到明、清两朝，各地盛行地方志，记载当地的重大历史事件，资料才更为详细。

地方志是各级地方行政单位刊行的一种地方历史记录，记载当地的历史沿革、好人好事以及兴废灾祥等事。到明代，省有通志，府有府志，州有州志，县有县志，逐年修订增补，编修印行。地震一般作为灾乱，有专栏记载。当时全国设有二千余县，一次强大地震，许多省县都有记录，就成为十分宝贵有用的地震资料。

例如关于1556年陕西关中大地震，《明嘉靖实录》载："嘉靖三十四年十二月壬寅，是日山西、陕西、河南同时地震，声如雷，鸡犬鸣吠。陕西渭南、华洲、朝邑、三原等处和山西蒲州等处尤甚，或裂泉涌，中有鱼物；或城廓房屋陷入地中，或平地灾成山阜；或一日连震数次，或累日震不止。河渭泛涨，华岳、终南山鸣，河壅数日。压死官吏军民奏报有名者八十二万有余，其不知名未经奏报者复不可数计。"此外，则还有211个县的县志记有此事。《中国地震目录》1977年版，是有关这次地震的历史记载全貌。

20世纪60年代，我国曾组织历史和地震专业人员，广泛整理了历史地震记载，将1955年以前的资料整理成资料年表。据统计全国记录的地震约8000余次，其中有灾害的达1000次左右。

5.2.2 历史资料的处理和加工

历史地震资料在应用之前需要加工处理。处理的第一步是对比和分析，以去伪存真；第二步是对各地点的各次记述进行地震烈度评定。为此，我国编制了一个根据历史记载评定地震烈度的烈度表。

5.3 中国的地震活动性

5.1节中讨论过地震活动的地理分布，本节专门考虑地震活动的时间分布。地震活动的时间分布包括两个指标，一个是地震的强度，一个是地震的频度；或者说是地震大小沿时间的分布，或地震的重复性。当前，主要是按历史活动性进行统计分析，求得平均规律，从而外推未来可能的地震活动趋势。

5.3.1 地震的活动期

我国近千年的历史地震记录反映出各地区地震活动性大多具有一个总的规律，即在一定地区内的地震活动过程是一个相对平静的"平静期"和显著活动的"活跃期"互相交替的过程，由一个平静期的开始到下一个活跃期的结束合称为一个地震的活动期。这种平静与活跃交替的规律是板块构造运动中地震区带应变能积累和释放的过程，可以从力学观点来理解。在一次地震发生之后，该处的应变能大部释放，必须经过一段时期的积累，才有可能再发生地震。同一地点的两次地震之间如此，整个地震区带之内的地震群也是如此。图5.3.1给出了我国几个地震区的地震活动期随时间的分布情况。由此可见，我国各地震区的地震活动性有如下特征：

(1) 同一地震区内的活动期的历时大致不变，而不同地震区的活动期历时则各不相同，可见活动期历时是各地区的特征。活动期有的长达300～400年，如华北、华南、青藏高原北部；有的长100年左右，如新疆中部及青藏高原中部；有的仅约几十年，如台湾东部和青藏高原南部。这种活动期长短的变化，可能与接近大板块接触带的远近有关。

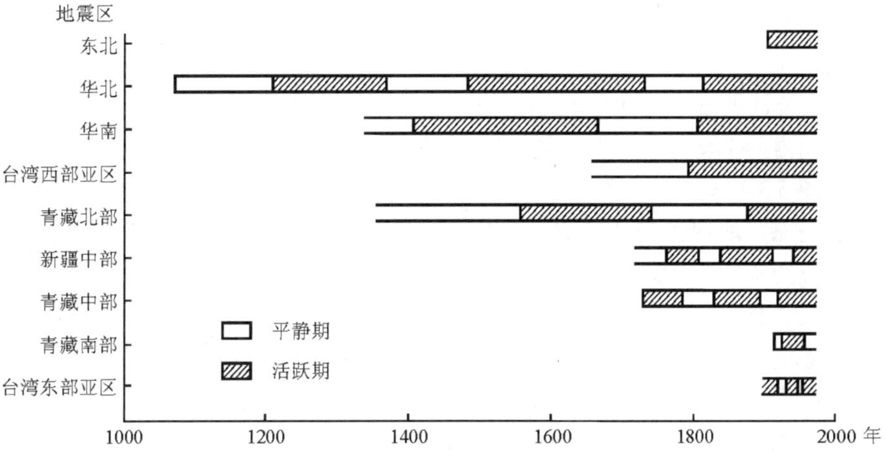

图 5.3.1　我国各地震区的地震活动期

(2) 在平静期内，一般没有或很少发生 7 级以上地震，6～6.9 级地震也很少。大量 6 级以上地震发生在活跃期内。除个别地震区外，每一次活跃期内都发生过 8 级以上的强烈地震。这一规律是根据地震活动性的应变积累和释放过程总结得来的。

(3) 我国东部地震活动期较长的几个地震区，在时间上大体相对应，活动期内的活跃期与平静期也大体相对应。这可能与它们都接近欧亚板块边缘，同受边缘推力影响较大的缘故有关。

5.3.2　震级-频度关系（地震重复率关系）

在第 2.5 节中介绍过古登堡提出的地震重复率关系：

$$\lg N = a - bM$$

这里，N 为同一地震带内发生于震级分区（M，$M+\Delta M$）中的地震次数。应用上式统计我国各地震区的震级-频度关系（图 5.3.2），发现对一些资料较全的活动期而言，常数 a 和 b 有如下的规律。

(1) 对同一地震区带，每次活动期的 a、b 值基本稳定，如图中直线 1 和 2，7 和 8。

(2) 活动期较短（100 年左右或更短）的地震区带的 a 值和 b 值较高，分别为 5.0～6.5 和 0.60～0.75，如台湾东部、青藏高原南部和中部、新疆中部等地区；活动期达 300～400 年的地震区带的 a、b 值较低，分别为 3.5～5.0 和 0.40～0.60，如华北、青藏高原北部、台湾西部等地区。

(3) 绝大部分地震区的重复率曲线在 M 轴上的截距都在 $8\frac{1}{2}$ 级附近，说明我国绝大部分地震区在每个活动期中都可能发生 8 级以上地震。

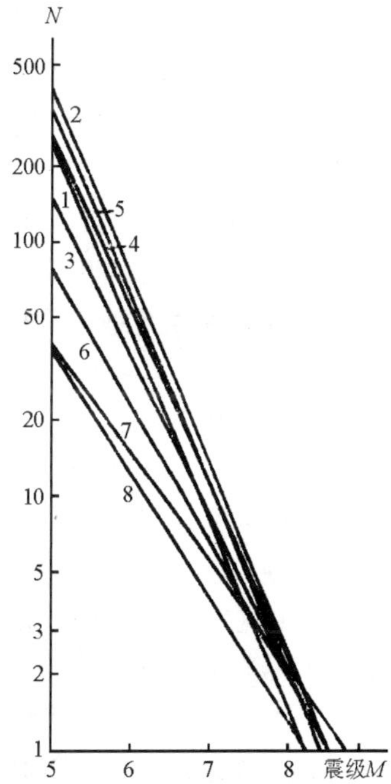

图 5.3.2　我国主要地震区的震级频度关系
1. 台湾地震区（1952.7~1972.11）；2. 台湾地震区（1923.1~1952.6）；3. 新疆中部地震区（1915~1988）；4. 青藏高原南部地震区（1917~1959）；5. 青藏高原中部地震区（1896~1988）；6. 青藏高原北部地震区（1740~1988）；7. 华北地震区（1369~1739）；8. 华北地震区（1740~1988）

利用上面得到的 a、b 常数或 $\lg N=a-bM$ 直线，就可以求得某地震区带一个活动期内各级地震的次数，减去当前这个活动期已发生的次数，即可求得本活动期内将来可能还会发生的次数，从而从统计的观点作出中长期预报。当然，也可以根据图 5.3.2 的结果，求得某地震区带一个活动期内，各级地震的平均复发周期或百年内可能发生的平均次数，从而作出预报。

当然，由图 5.3.1 也可以看到值得注意的两点：①有的地震区带有记载的地震历史不长，如东北与青藏高原，所得到的活动期历时长短较不可靠，所得数值结果的可靠性也较差；②即使是对于地震历史较长的地震区，如华北，也不过只经历了不到三个活动期，从统计观点来看也是不够的。另外，从图中所示的全部结果来看，各区之间的活动期长短确有差别，但在一个区带内，活动期的长短也有所不同；再加上经验关系 $\lg N=a-bM$ 用于 M 最大处一端是有误差的（因为 M 是有界的，而公式 $\lg N=a-bM$ 中的 M 值是无界的，已在第 2.5 节中讨论过），所以，这样估计未来可能的大震级的平均次数，只能是一个平均估计，可能有不小的误差，不能认为是必然的，还需要进行概率与不确定性分析（见第十二章）。

5.4 中国的大地震与震害

李善邦在《中国地震》一书中按省统计了历史上发生过的各级地震的次数和所受震害的情况，破坏性地震的大小分为 4 类，a 类 $M\geqslant 7\frac{3}{4}$，b 类 $7\frac{3}{4}>M\geqslant 6\frac{3}{4}$，c 类 $6\frac{3}{4}>M\geqslant 6$，d 类 $6>M>5$；震害分为 3 类，A 为严重破坏，相应地震烈度≥Ⅸ；B 为中等破坏，相应烈度为Ⅷ～Ⅶ；C 为轻微破坏，相应烈度≤Ⅵ。台湾地震强度最高，活动又频繁；新疆、西藏与云南相差不多；甘肃、宁夏强度也很大，活动频繁程度与四川、青海相近；地震活动性最低的是吉林、黑龙江、辽宁、江西、广西、江苏、浙江、贵州、湖南、湖北、安徽、内蒙古。表 1.1.3 中列出了 20 世纪内我国震级等于或大于 7 的地震。从这些地震中，选择了几个特大的或近代的地震分别介绍如下。

5.4.1 1920 年海原大地震（国家地震局兰州地震研究所、宁夏回族自治区地震队，1980）

1920 年 12 月 16 日，我国甘肃与宁夏交界处发生了一次 $M_S8.5$ 的特大地震，地表断裂断续 220km，震源深度 29km，等震线见图 5.4.1。这次地震值得注意的现象有以下四点。

第一，伤亡惨重，影响范围极大。死亡 23 万余人。地震烈度大于或等于Ⅸ度的地区达 2 万多 km^2，有感半径约 1500km，范围超过半个中国，北京“电灯摇动，令人头晕目眩”，上海“时钟停摆，悬灯摇晃”，广州“掉灰泥片”，汕头“客轮荡动”，香港“大多数人感觉地震”。

第二，震中区的现象。在极震区，人的感觉中最突出的一点是：震动异常猛烈，但持续时间短促。据一亲身经历者回忆，地震时他正在街上走，突然感到似有人将他猛推一把，当即晕倒在地。另一人见屋盖突然整体抛落院中，室内人员又被推落在地面的屋顶上。这种来势凶猛但历时较短的地面运动和附近波及地区长时间的来回摇摆有很大区别。地震动的竖向分量极其明显，很多人亲自看到晒场上的石碾从地面跳起 1m 多高，然后地面才开始左右猛烈摇晃，人不能站立。震中区内房屋几乎全部倒塌，地形改观，干盐池湖面位置改变，地裂缝、滑坡到处皆是；有的山崩壅塞河流，积水成湖。

第三，烈度异常区大而且多（图 5.4.1）。最大的烈度异常区是震中南 130kmⅦ度区中的通渭Ⅹ度异常区，长达 40 余 km，宽约 20km，其Ⅸ度区的面积约为Ⅹ度区的 2 倍多。产生这一异常区的原因不详，有人认为是一次触发地震，有人认为是莫霍面上的反射波与直达波互相叠加的结果。

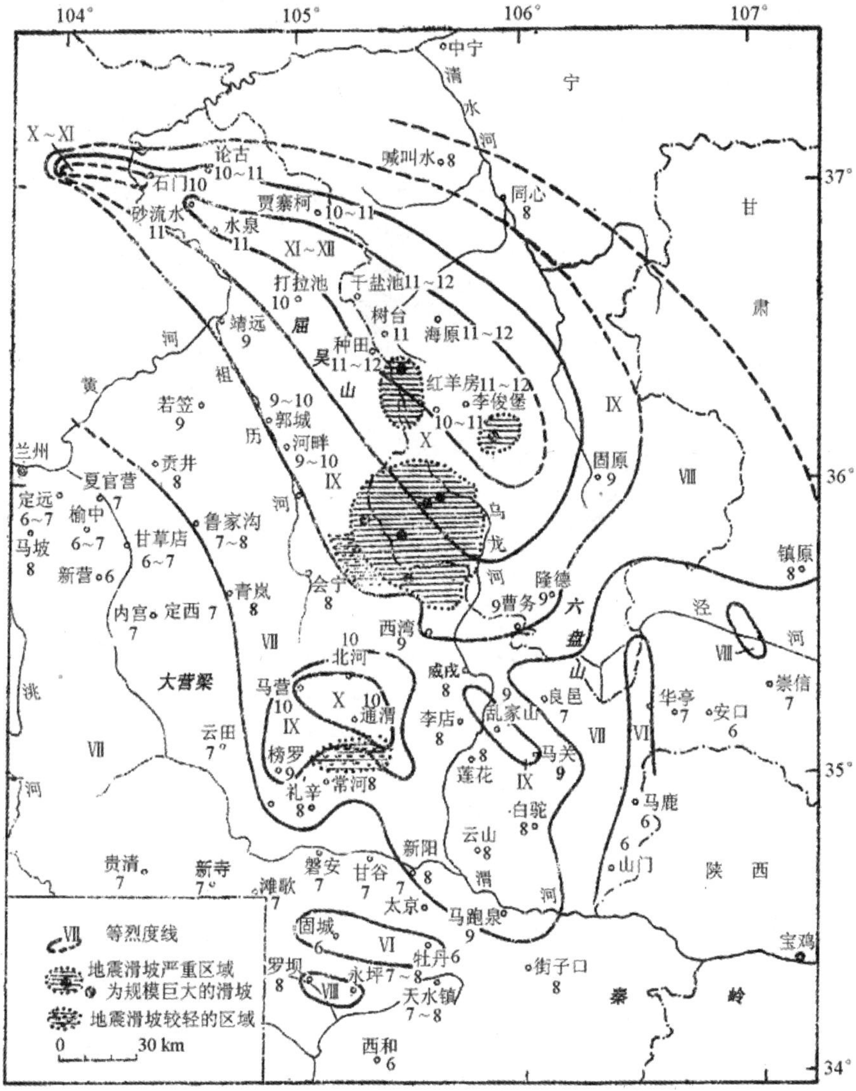

图 5.4.1　1920 年海原大地震烈度分布

(地名旁的数字为该地的烈度)

值得特别提到的一个烈度低异常点是袁家窝窝村，它位于极震区中心，在海原县西安州之南 5km 处，临近新断层带，周围地震烈度高达XI～XII度，各种建筑物荡然无存，而袁家窝窝的烈度仅为VIII度。此小村庄坐落在一狭窄的谷底，四周山岭环抱，属老第三纪砂页岩，地基坚硬。小村周围山上有较大规模的地震滑坡，地震烈度却如此之低，可能与坚硬地基及谷底地形有关。

第四，房屋震害现象。本地区房屋有几种类型：穿斗木构架承重房屋、木构架与墙体混合承重房屋、墙体承重房屋、黄土崖窑、土坯拱窑。抗震性能以穿斗木构架为最好，土坯拱窑最差。由于地基基础做法不良，木结构房屋在X度区内即大多倒平，IX度区内少数倒平，混合承重房屋在Ⅹ度区内全部倒平；墙体承重房屋在Ⅸ度区内即几乎全部倒平；土拱窑在Ⅷ度已很少幸存，在Ⅶ度区内倒塌亦近半。

5.4.2 1970年通海地震

1970年1月5日，在我国云南省东南部的通海、建水、峨山三县交界的山区发生了一次7.7级的强震，震源深度13km，地质构造背景与等震线分别见图5.4.2及5.4.3。关于这次地震及其调查，以下三点值得注意。

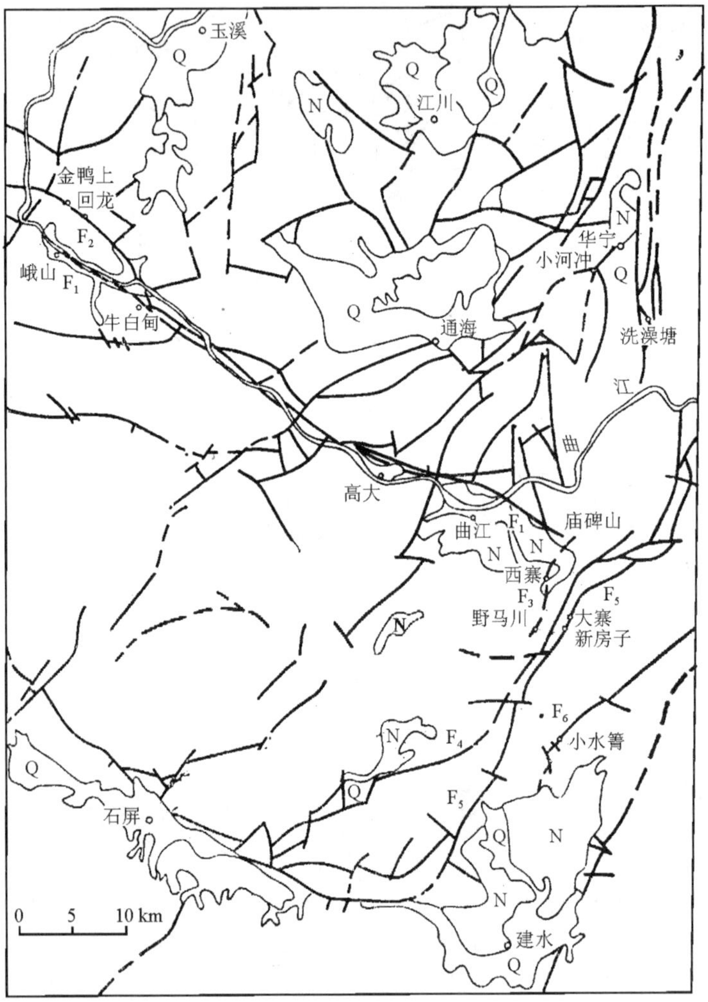

图5.4.2 1970年通海地震主要断层及地质图

第一，地表断层清晰，等震线狭长。地震发生时，沿老的曲江断裂产生了极为清晰的新断裂带，它东起建水县的庙碑山，经过通海县的高大，到峨山县的牛白甸；牛白甸以西，新断裂带可能延伸至峨山县城。新断裂总体走向约120°～130°，长约60km，见图5.4.2，以顺时针水平错动为主，在高大附近错距最大，水平达2.2m，竖直近1m。另外有迹象表明回龙断层从牛白甸至金鸭上村在这次地震时可能也有活动。

新断裂基本沿曲江河谷延伸，河谷两岸为高山，因而形成了极为狭长的极震区，如图

5.4.3。这种狭长形的等震线从 i=0.9（Ⅹ度）一直到 i=0.3（Ⅷ度），到 i=0.1（Ⅵ度）才变得胖起来。

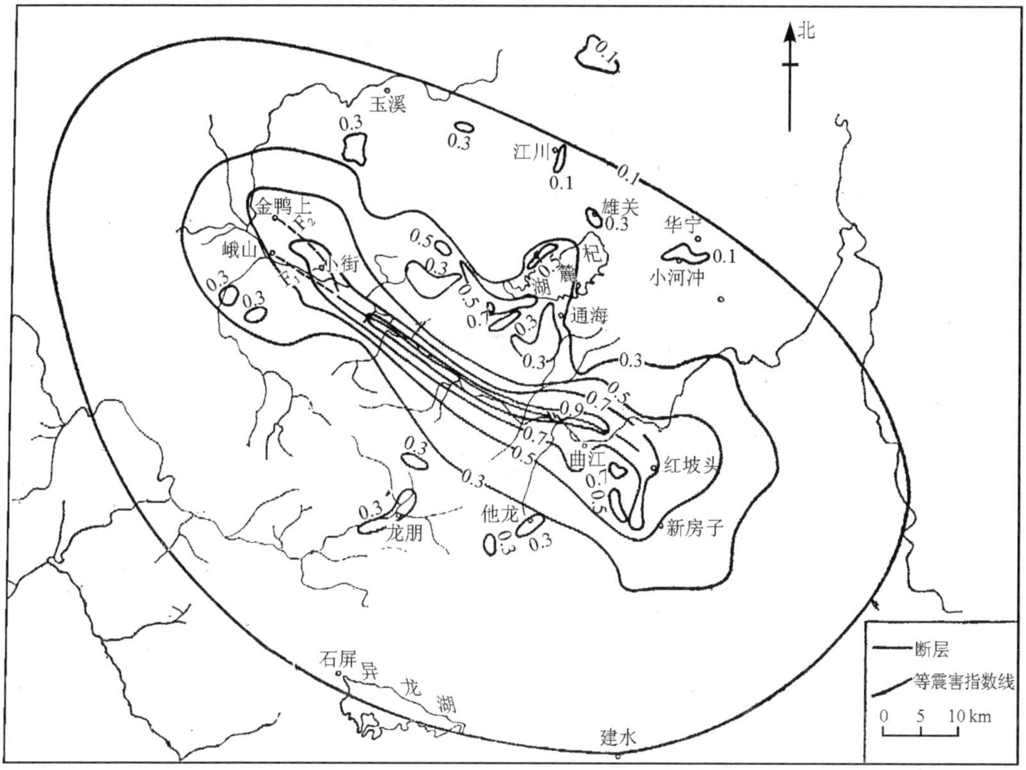

图 5.4.3 通海地震实际等震线

第二，场地条件影响表现充分，研究细致。由于这次地震强烈，影响面很广，震害指数 i=0.3～0.9 或烈度 I=Ⅹ～Ⅷ包括了建水、通海及峨山三个县城所在地的冲积、洪积平原地区及其间的高山及丘陵地区，各种局部场地条件的震害影响都有所表现，而且还进行了极为细致的现场调查。这些局部条件包括断层、土壤与地形。

第三，现场调查极为详细。这次地震震害与场地条件的现场调查专业人员多、持续时间长。为了从工程观点研究场地条件影响，由地质工作者、地震工作者与结构工程师 40 余人进行了 12 个月的现场调查，对 1390 个村庄的场地条件（断层、土壤与地形）和震害逐一进行了具体了解。结果见第 4.7 节。

5.4.3 昭通（永善－大关）地震

1974 年 5 月 11 日，我国云南、四川交界处的昭通地区发生了一次 7.1 级的地震，震源深度 14km，烈度分布见图 5.4.4。图中标明了作者调查过的村庄的烈度值，带括号的烈度表示精度低，或者由于房屋过少，或者由于未进行逐栋调查。这次地震有以下两个特点。

第一，地震烈度分布零乱。这次地震发生于山区，自然村少，第四纪土层很薄，常见基岩裸露，一般村庄多在山顶、山坡或阶地上，平均地基土壤是基岩上覆几米厚的坡残积层。因此，局部孤突地形和略厚而松散的土层可能使地震烈度偏高。另外，极震区内未见深大断裂，这次地震的发震断层不明，所以地震烈度分布极为零乱。在勾绘等震线时，主观因素表现明显，两次不同的调查组先后绘出了两组颇不相同的等震线图。一组认为这次地震的发震断层或控制构造是北西或北北西的隐伏断层，绘出了图中实线等震线；另一组则认为这次地震的控制构造是北北东向，绘出了虚线等震线。前者引用较多。

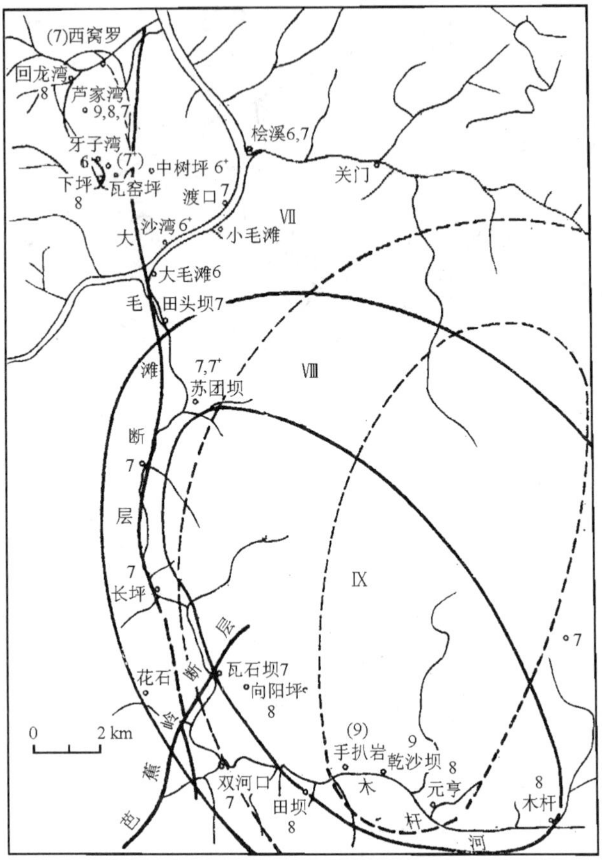

图 5.4.4　1974 年永善－大关地震震害与断层

（地名旁数字为该地烈度）

第二，场地土壤与地形对烈度的影响大。震区常见基岩出露，如极震区西侧木杆河谷两岸的村庄，虽紧靠大毛滩断层，但烈度却低于所在区的平均烈度；与此相反，远处金沙江北岸四川境内的回龙湾高烈度异常区则是由松散土层或局部孤突地形引起的。

5.4.4　海城地震

1975 年 2 月 14 日，辽宁省海城、营口地区发生了一次 7.3 级强震，震源深度 12～15km。这次地震的等震线见图 5.4.5。这次地震的震害特点有四。

第一，地震烈度分布零乱。海城地震的极震区在鞍山至海城的铁路线东边的低山丘陵地区。区内断层构造分为两大组，一组是北东向，一组是北西向。这次地震虽然在地表上引起了许多地裂缝，但绝大部分为软弱土层中的次生裂缝，不能证明和地壳构造运动有关。在极震区东南角孤山公社古老的辽河群基岩中的老断裂上，产生了一条新的锯齿状地裂缝带，总体走向东西，延伸长度约 5.5km，宽 10～60cm，有时切过山脊鞍部或基岩，不受地形与地貌的影响，看来属地震断裂，但其规模很小，且偏处极震区一角，附近房屋有的完好无损（图 5.4.6）

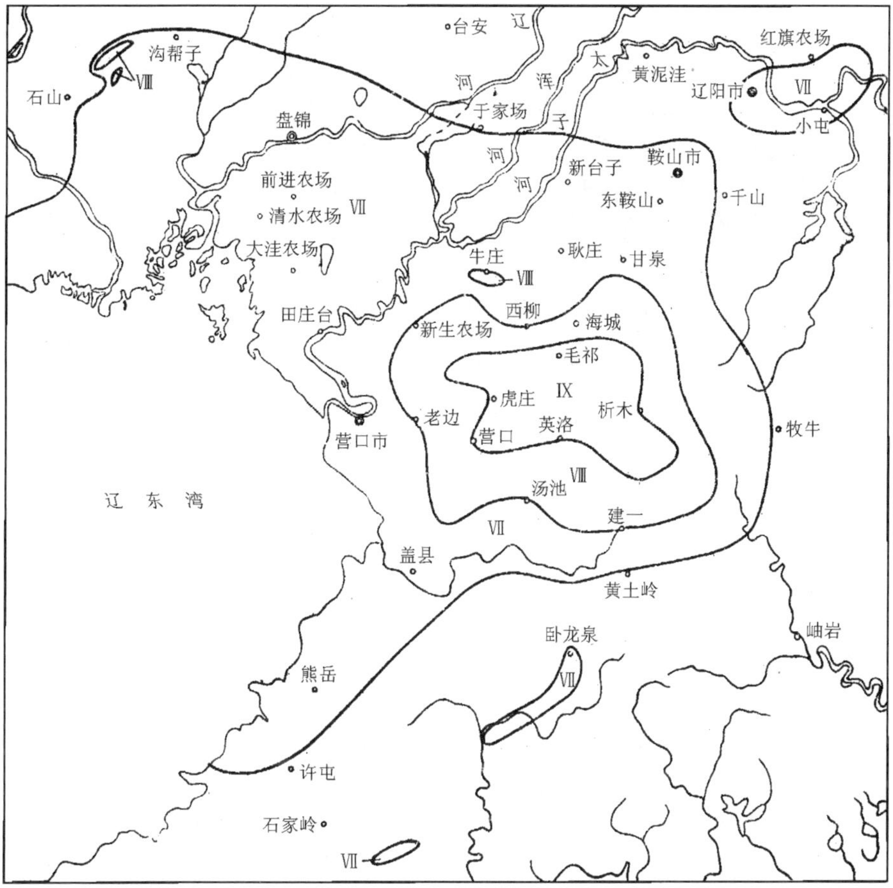

图 5.4.5　海城地震等震线

图 5.4.6　海城地震断层附近的完好平房

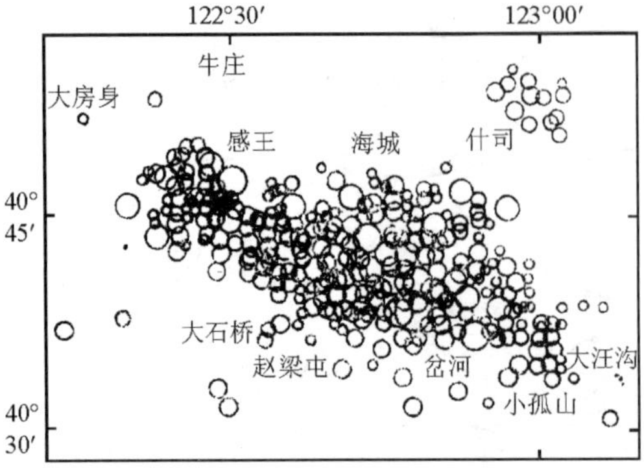

图 5.4.7　海城地震震中分布

似非主要释放能量的断层。主震前后的地震震中分布（图 5.4.7）表明，这次地震的主要释能区可能是北西向的。

由于区内的主要地质构造有北东和北西两组，极震区地处低山丘陵区，无主要新断裂，所以烈度分布零乱，极震区（Ⅸ度区）呈海星形。

第二，工程震害经验多。地震发生在工业发达、人烟稠密的地区，各类工程结构的震害很多。值得指出的有以下五点：①结构物破坏最重要的地区在极震区西端，而地表断裂在极震区东南角；②在极震区西南缘之外，有一片村庄属严重冒水喷砂区，但房屋震害不重，而其附近未见冒水喷砂区的房屋震害却严重；③砂土液化对工程震害影响大，软弱地基上的震多与此有关；④砖烟囱震害具备多种形态，如多道水平裂缝、顶端扭转或错位，有时出现一些特殊的位错形式，如图 5.4.8～5.4.10，这些破坏都集中在烟囱上半部；⑤有些工业厂房由于支撑系统不良，破坏严重，如图 5.4.11 所示营口市中板厂机修车间屋顶震落。

图 5.4.8　海城地震方烟囱顶部扭转

图 5.4.9　海城地震砖烟囱断裂、扭动

第三，冲积平原与山区的震害特点颇异。地震区西部属冲积平原、滨海地区，地表震害表现充分：①地面冒水喷砂，遍及图 5.4.5 中所示的西部Ⅶ度区，据盘锦地区三个农场统计，

压砂面积占耕地总面积5%左右。据分析，喷出砂原来一般位于地表层10m以内，但个别地方可深达17m。②地面裂缝也以上述地区内最为普遍，一般缝宽数十厘米、长几十至几百米，最长者达几公里。③地表变形常见于河岸附近或软弱地基上，桥台、桥墩随地基滑向河心，上部结构从纵向坠落河中。地震区东部，包括极震区，属丘陵地区，震害形式与平原区颇异，多由振动效应引起，如桥墩水平裂缝或呈劈裂形，除可能与灰岩中溶洞有关的地面陷坑之外，未见地基失效现象。

图5.4.10 海城地震砖烟囱震断、扭动

图5.4.11 海城地震机修车间屋顶坠落

第四，砖平房与砖烟囱震害衰减不同。图 5.4.12 与 5.4.13 分别绘出砖平房与砖烟囱在不同场地条件下的震害衰减，砖平房震害的衰减与一般情况下烈度的衰减相似，但砖烟囱在软弱场地上则几无衰减。

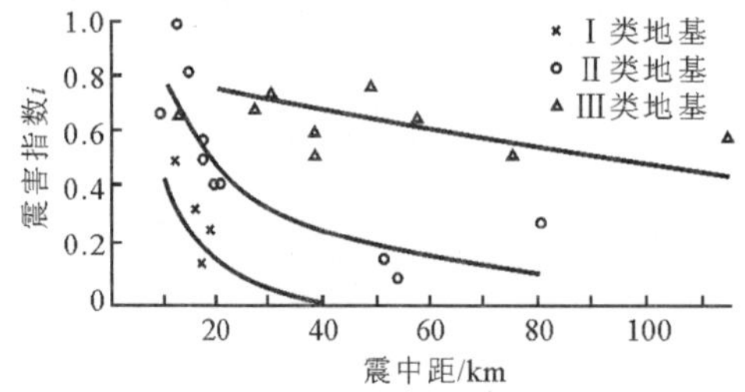

图 5.4.12　砖烟囱震害与震中距关系

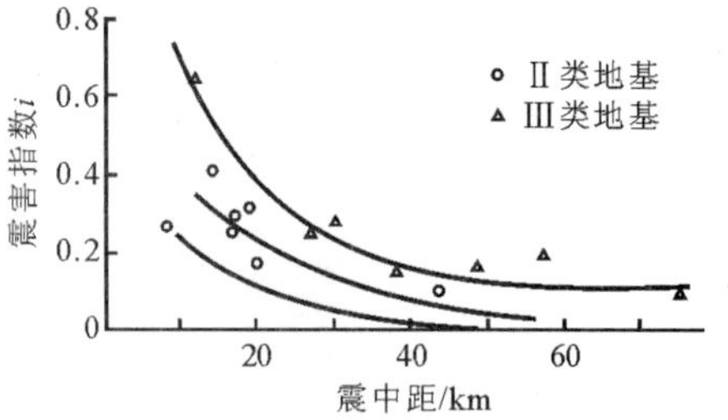

图 5.4.13　砖平房震害与震中距关系

5.4.5　唐山地震

1976 年 7 月 28 日，我国河北唐山发生了一次 M_S=7.8 的大地震，地表断裂不足 10km，震源深度 16km，震中烈度Ⅺ度。唐山附近的主要地质构造见图 5.4.14，断层在唐山的走向为北东。等震线见图 5.4.15。这次地震的特点与 1975 年海城地震有许多相似之处。极震区均位于低山丘陵区与冲积平原区交界处，因此，不同地质背景地区的震害差异表现明显；地表断裂都很短，与震级不相适应；地震区人烟稠密、工业发达，各类工程震害经验丰富，而唐山地震震害犹重，影响面更广。唐山地震的其他特点可参阅有关专著，这里只列举以下五点。

第一，人身伤亡及工程损失均异常严重，为近几十年国内外所仅见。从工程上看，这一经验说明准确的地震预报和经济而有效的抗震措施的重要意义。图 5.4.16 为唐山市路南区震害鸟瞰，由此可见一斑。

第二，各类工程震害经验多。地基变形，使铁轨弯曲成蛇形或波浪式起伏；边坡滑移，使桥梁破坏严重；唐山市北面约 20km 处的陡河土坝严重破坏，坝顶下沉 1m 余，估计由坝基下砂层液化所致。

唐山市内，砖烟囱（图 5.4.17）与砖筒壁水塔全部倒塌，桥梁全部破坏。

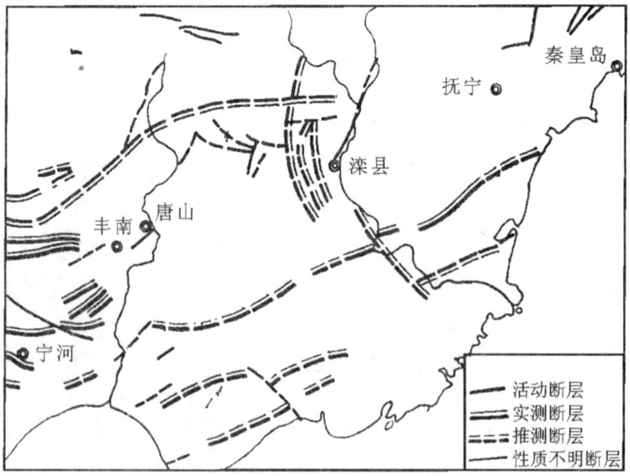

图 5.4.14　唐山地质构造背景

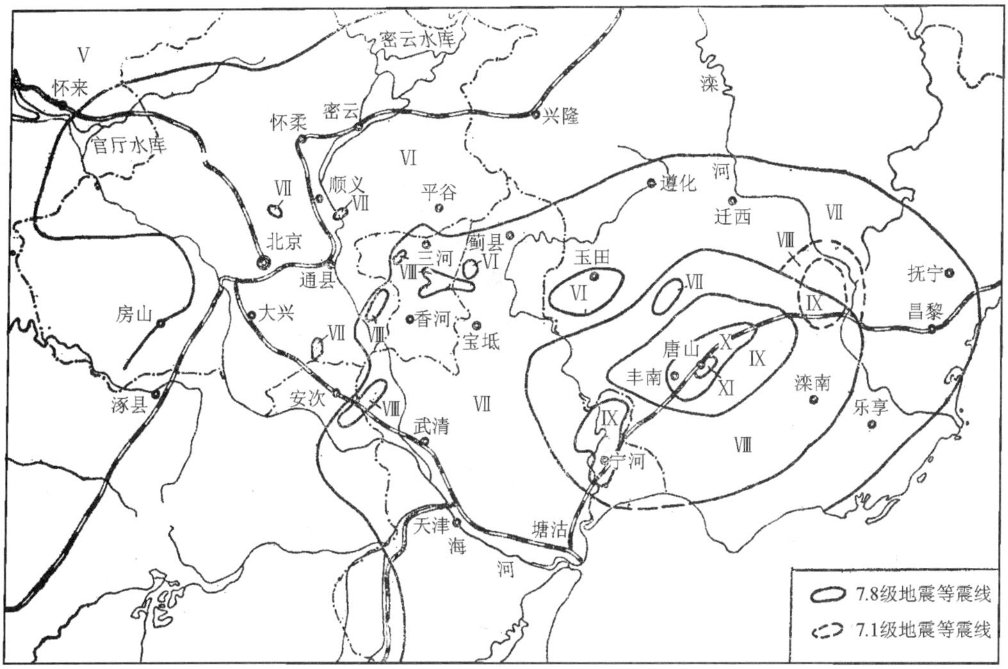

图 5.4.15　唐山地震烈度分布

图 5.4.16　唐山地震极震区震害全貌

图 5.4.17　唐山地震烟囱震害

第三，积累震害效应明显。唐山主震 15 小时之后，在滦县附近发生了一次 7.1 级的强余震，加重了震害。例如唐山市东约 50km 处的 35 孔钢筋混凝土简支梁公路桥，主震后未见严重破坏，仍能通车，但这次强余震中则倒塌过半，如图 5.4.18 所示。其破坏纯属振动影响，桥台与桥墩处未见地基失效现象。滦县 7.1 级地震的等震线见图 5.4.15。

第四，烈度异常区。从图 5.4.15 的等震线图可见，高烈度异常区最大者为Ⅷ度区内的宁河Ⅸ度异常区；低烈度异常区最大者为Ⅶ度区内的玉田Ⅵ度异常区，东西长约 30km，南北长约 15km，此地基岩隆起，覆盖土层较薄。宁河异常区内铁轨变曲变形，地裂缝、喷水冒砂和地表沉降现象比较普遍。

第五，远震区的震害。远在震中西北 150km 之外的密云水坝位于Ⅵ度区内，地震时粘土心墙外迎水面护坡水下部分沿心墙滑落，坝上下的强震加速度记录表明，最大水平加速度在坝顶为 0.16*g*，在坝脚为 0.05*g*，强震动持续时间达 20～30s（按加速度大于 1/2 或 1/3 倍最大值计算，参见第 6.2.4 节）。

在震中西南约 100km 的天津市属Ⅶ度区中的Ⅷ度异常。市内低层民房的震害仍属Ⅶ度，并不特殊，但是长自振周期的工业厂房与砖烟囱的震害则已达Ⅷ度以上。这种长自振周期结构在远震区的软弱场地上震害加重的现象是常见的，如第 4.3.2 节中介绍过的一些外国这样的震例。详细内容可参考地震出版社出版的《唐山大地震震害》。

图5.4.18 唐山地震滦河公路桥震害

第六章　地　震　动

地震动是引起震害的外因，其作用相当于结构分析中的各种荷载，差别在于结构工程中常用的荷载以力的方式出现，而地震动是以运动方式出现；常用的荷载一般为短期内大小不变的静力，地震动是迅速变化的振动；常用的活载大多是竖向作用的，地震动则是水平、竖向甚至扭转同时作用的。

地震动，有时称为地面运动，是由震源释放出来的地震波引起的地表附近土层的振动，它是地震与结构抗震之间的桥梁，是工程地震研究的主要内容，如 20 世纪 60 年代提出的“强震地震学”即以此为主要对象；同时，它又是结构抗震设防时所必须考虑的依据。因此，近代的地震工程书籍中，无不专门讨论这一问题。

地震动是一个复杂的现象。其所以复杂是因为我们对许多重要因素尚难精确估计，如震源与传播介质中千差万别的动力过程与裂隙构造，从而产生许多不确定性的变化。幸而近几十年来强震观测有了很大发展，人们的认识有了很大提高，从而对强地震引起的地震动有了不少认识。本章将介绍现有的主要结果，包括地震动特性、影响地震动的因素及其估计方法和结果。

6.1　地震动的量测

6.1.1　测量仪器

虽然早在公元 132 年就有了地震仪，但是，能够记录到对工程极为重要的地震动过程的仪器，则是近 50 多年来的事。

现有的地震动量测仪器可以概括为两大类：一类是地震工作者使用的，目的在于确定地震震源的地点和力学特性、发震时间和地震大小，从而了解震源机制、地震波所经过的路线中的地球介质及地震波的特性和传播规律。除地震本身之外，研究的内容还涉及地球的内部结构。另一类是抗震工作者使用的，目的在于确定强地震时测点处的地震动和结构振动反应，以便了解结构物的地震动输入特性、结构物的抗震特性，从而为抗震设计提供数据。由于目的不同，各自使用的仪器的性能也不同，前者我们称为地震仪，后者我们称为强震仪或强震加速度仪。

地震仪以弱震动为主要量测对象。因为强震少，而弱震则经常发生，通过弱震动的量测就可以迅速取得所需要的资料，达到研究目的；另外，从制造工艺来看，满足此要求的仪器以记录地震动位移比较容易。因此，地震工作者采用的地震仪几乎都是记录微小地震动位移的。强震加速度仪以强震动为主要量测对象，因为只有强震动才能危及人民生命财产的安全，才是抗震工作者研究的对象。为了得到对结构破坏起主要作用的数据，测量的重点是地表附近的地震动全过程。地震动的物理量大多选定为与地震惯性力联系密切的地震动加速度。从制造工艺来看，满足此要求的仪器以记录地震动加速度或速度比较容易。因此，抗震工作者使用的强震仪几乎全是记录强烈地震动加速度的。另外一个原因则是，从地震动加速度过程

$a(t)$推算地震动速度过程 $v(t)$和位移过程 $u(t)$比较容易；反过来，从位移过程推算加速度过程就比较困难。表 6.1.1 中列出了两类仪器的不同特性。由于现代建筑技术的发展，兴建了许多高层房屋、大跨桥梁和近海工程与核电站之类的特种结构与地下结构，抗震工作者对强地震动的位移也感需要；与此同时，地震工作者也想观测强震动，利用近场地震动，研究震源机制中的一些动力过程，所以地震与抗震工作者在观测地震动的仪器与观测内容上也是相互补充、渗透和接近的。

表 6.1.1　地震仪与强震加速度仪的对比

仪器	使用者专业	地震强弱	运转	记录纸速	放大倍数	记录地震动量	记录重点内容	设置地点	通频带
地震仪	地震	弱	连续不停	慢	高	位移	各种波型的到时与初动方向	基岩	窄、低频
强震加速度仪	抗震	强	自动触发	快	低	加速度	全过程	各种场地与结构物上	宽高、低频

由于强震仪是靠地震动本身启动的，所以强震加速度仪都有“丢头”现象，即开始那一部分小于启动下限的地震动（设为Δt 时段长）被丢掉了。由于仪器的启动还需要一定的延迟时间（约为 0.1s），所以总共去掉的时段长为（Δt+0.1）s。当地震的震级小，而观测点的距离较近时，整个地震动强烈部分的持时不过几秒钟，假若地震动加速度的最大值比触发下限 0.01g 大不了多少，则主要震动部分可能被丢掉而只记录到其尾部，如图 6.1.1（a）所示。由此可见，对于加速度最大值小于或接近 0.01g 的地震动记录，要特别慎重对待。对于一般强震动而言，良好的地震动记录是由 P 波开始部分启动仪器，还可以记录到 P 波的最大振幅和完整的 S 波和面波，如图 6.1.1（b）所示。

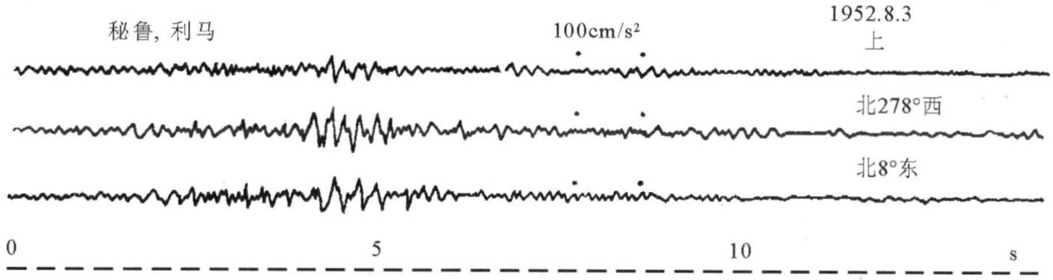

(a)

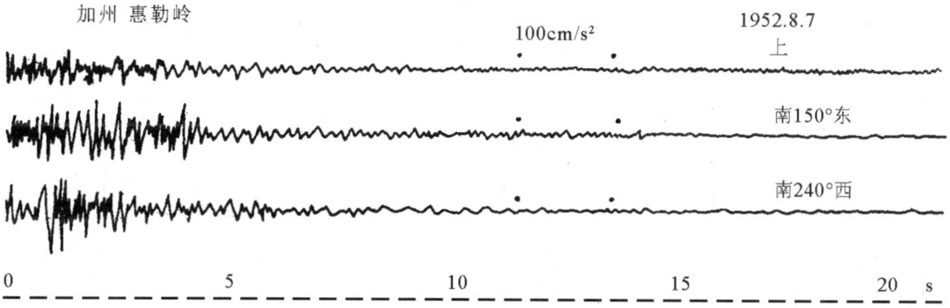

(b)

图 6.1.1　典型的强震加速度记录

对于强震仪假若选择自振周期 $T=2\pi/\omega_0$ 约为 0.05s 的拾振器，只能比较准确地记录到 $T>0.05s$ 的地震动。通常我们将记录幅值约为真实值 90%的频率称为通频带频率，那么，对于加速度仪而言，通频带频率为$\omega \leqslant 0.8\omega_0$。由于真实地震动中包含有各种频率的分量，那些频率高于 $0.8\omega_0$ 的分量都记录得过小，这种现象称为“失真”。因此，现有强震加速度仪对于比 0.06s 周期较短的地震动分量是失真的。但是，由于强震仪的特性是已知的，所以有可能修正这种失真（见 10.9 节）。我国使用较广的 RDZ-1 型强震仪有两大特点：第一，有 12 道记录而不是 3 道可供选用，对结构物的观测特别方便，可以方便地使 12 条记录有共同的时间坐标；第二，采用的是电流计式的，低频端不够宽。

6.1.2 强震观测现状

利用上述强震加速度仪观测强震时的地震动，简称为强震观测。强震观测的目的在于通过对取得记录的分析，从而了解地震动与结构反应特性，以便研究结构物抗震问题，其中包括引起结构物破坏的地震动参数的选择，及这些参数与震级、距离、场地条件的关系，再进而估计地震动，通过计算分析进行结构抗震设计。

按观测目的，现有强震观测系统可以分为下述六种。

1．地震动衰减台阵

这种台阵观测的目的在于了解地震动随断层或震中距离而衰减的规律。因此一个台阵常包括几台到十几台强震加速度仪，成线状地跨过发震可能性较大的断层，有些台阵现在已经取得了较好记录。

2．区域性地震动台阵

这种台阵的观测目的在于获得一个地区内地震动资料，包括不同场地条件对地震动的影响，如阿拉斯加台阵，共 51 台；夏威夷台阵，共 19 台；密西西比谷新马德里台阵，共 38 台。大都分布较广，线性长度有时达几百公里。

3．断层地震动台阵

布设这种台阵目的在于了解震中附近地震动特性，常与上述地震动衰减台阵联合设置。我国也准备在北京附近布置这类台阵，同时考虑地震动衰减台阵。

4．结构地震反应台阵

这种台阵的目的在于了解结构物在强地震作用下的反应，包括结构物的弯剪水平振动、扭转振动、竖向振动以及土结相互作用，因此要求根据结构物的特性在结构物的不同高度和不同水平位置设置多台仪器，特别要在室内地面与室外附近地面布置仪器。但事实上多不能同时满足这些要求。美国的情况是，在所观察的房屋内至少有2～3台仪器，分别设置在屋顶及室内地面或中间层上。按结构类型来分，现在国际上已设置的结构物范围很广，包括房屋、桥、坝、核电站、近海平台。我国也在房屋、桥、坝等多种类型结构上布置了台阵。在美国南加州地区，由于建筑法令要求，对于六层以上的高层房屋，至少必须布置3台强震仪，所以许多高楼观测系统都成了台阵。在1971年圣费尔南多地震时，取得了大量房屋的强震观测数据；1979年英佩里亚尔河谷地震时，又取得了大批数据，其中英佩里亚尔县服务大楼遭到严重破坏，濒临倒塌；还有一座立体交叉桥，距断层仅0.5km，也都取得了良好记录。我国唐山地震的主震和大余震中，北京饭店、天津医院和密云水库土坝都受到轻微损坏，也都取得了宝贵的台阵强震观测记录。

5．地震动密集台阵或差动台阵

这种台阵的目的在于了解在几十米至几百米范围内，地面空间各点的地震动之间有何相关性，以便研究这种关系对于大跨、多支点、大体积的结构物有何影响。现在已经取得过记录的有日本东京大学1966～1968年沿荒川布置的6台加速度仪，在500m内等间距100m呈线性布置；港湾技术研究所在东京机场2500m内等间距500m布置的6台加速度仪；美国在1979年南加州地震中在埃尔森特罗的差动台阵有6台数字强震仪，分别在间距为0m、18m、54m、120m、210m和300m处布置；在我国台湾有SMART-1差动台阵，此台阵规模很大，除在圆心有1台之外，共在三个同心圆上布有12、12、12台磁盒记录数字式强震加速度仪，半径分别为200m、1000m和2000m，自1980年起已多次取得良好记录（Bolt et a1.，1982）；我国大陆也有一些余震差动观测台阵取得过小地震记录。

6．地下地震动台阵或三维台阵

这种台阵的目的在于了解在几十米至200m左右的近地表区强震动加速度随地下深度变化的情况，以便更好地了解土结相互作用和设计地下构筑物。这类台阵以日本为最多，主要开始于1963年，到1976年已有专门观测地表层的这类台阵42组，同时还有观测上部结构物的36组。仪器包括强震加速度仪、速度仪和位移仪，加速度仪占87%，每组至少2台仪器，一般为3～6台，多时可达9台以上。观测深度多在地下20m以内，有些达到60m，个别达200m左右。

以地震工程为目的的地震动全过程的观测，在美国开始于1932年，日本开始于1930年左右，但迅即中止，后又开始于1955年；我国开始于1966年。在20世纪60年代初期以前观测重点在于结构，且以房屋为主。例如日本，到1967年3月，共设置了410台强震仪，209台在房屋内，75台在桥梁上，37台在港湾结构物上，6台在坝上，83台在地面。但是，到60年代后期，随着人们对地震工程问题理解的加深，认识到地表附近的地震动是一个重要内容，单纯观测结构物的地震动是不够的，不但在观测结构物时要同时观测附近室内外地表运动，还需要专门观测地震动。

我国至 1983 年 9 月，共布置了 152 台强震仪，其中 67 台在自由地面上，33 台在结构物及其附近自由地面上，52 台在结构物上。

强震观测台网在国际上发展迅速。到 1970 年，全世界约布置有 1500 台强震加速度仪，其中美、日两国各约占 500 台，1978 年，就增加了一倍多；到 1982 年全世界约布置有 5000 台，其中美、日两国各约占 2000 台；到 1985 年全世界约布置有 7000 台，其中日、美两国各约占 3000 台。

到 20 世纪末，强地震动观测又有了飞跃的发展。其特点有三。第一，开始大量采用新型数值地震动观测仪器，频带可以从几十赫到几十秒周期，幅值范围可以从 0.001g 以下到 2g，既可记录地震学感兴趣的微弱地震动，又可记录有工程意义的强烈地震动；第二，多地震的国家（如日本、美国西部）和地区（如我国台湾）已布设了密集的这类台网，达到间距在几十公里以内的大面积网络；第三，这类台网中还同时布设了 GPS 等新型全球定位观测系统，例如在 1999 年 9 月 21 日的台湾集集地震中，台湾台网取得了大量记录，从加速度仪积分得到的永久位移值与 GPS 所得相互印证。我国正在布设的 2000 台数字强震仪。在强地震频发地区，这类系统在一二十年内可望得到十分有工程意义的强地震动记录，从而在强地震动估计上取得较大的进展。

6.1.3 强震观测现有资料

我国现有的强震观测资料大多来自工程力学研究所布设的台网，其中，河北黄壁庄水库的强震观测结果和唐山地震的余震记录已正式出版。兰州地震局出版了1976年松潘地震时在文县取得的地震动记录。另外，工程力学研究所取得的一些记录，如迁安记录和天津医院记录，曾为国内多次引用。

强震观测资料整理出版比较完善的是美国，1971年及以前的主要强震观测结果早已出版为四大卷，每卷分为A，B，…，Y等分册。第Ⅰ卷为未校正的加速度记录曲线和不等间距读数；第Ⅱ卷为校正后的记录，对记录的基线、仪器及读数误差进行了修正，但按等时间间距0.02s给出；第Ⅱ卷中还同时给出了根据加速度过程积分而得的速度过程和位移过程的曲线和等间距数值；第Ⅲ卷是不同阻尼比的反应谱曲线（绘于四对数坐标上，可以同时给出加速度、速度和位移反应谱）和数值；第Ⅳ卷是傅里叶谱曲线和数值。每一卷中都给出了有关地震参数，包括地震发生的时间、地点和震级，可惜无震中距离与观测点的场地条件。国际上许多地震动的研究是以此为基础的。关于美国管理的观测点的场地条件，美国地质调查局出版了一个报告，提出了一些简单的描述。

另外，美国地质调查局每年出版一本《美国地震》，给出了该年美国的宏观烈度资料，包括等震线图和调查点的烈度与各种宏观现象以及简单的强震观测结果；对于特殊重大的地震还出版专门的报告，详细报告宏观震害现象和强震观测记录。

其他国家也有专门的强震观测记录报告出版。日本的强震观测分为几个系统，出版也是分开的。土木研究所资料发表土木结构加速度观测记录；港湾技术研究所的港湾技研资料发表港湾结构物及附近地震动的加速度观测记录，每年均有一期；国家防灾研究中心强震观测委员会和东京大学地震研究所各发表一部分记录。此外南斯拉夫等国也有强震加速度记录出版。

6.1.4 数字强震仪

6.1.4.1 模拟式强震仪的缺点

现在大批使用的模拟式强震仪虽然对前阶段地震工程学的发展产生了极为重要的作用，但是在科学与工业发展过程中也同时认识它具有的如下一些缺点，这些缺点妨碍了强震记录发挥更大的作用。

(1) 丢头现象。现在大批使用的强震仪都是靠较强地震动自己触发然后启动记录的，因此前面总要丢掉一部分，即所谓丢头的现象。对于强烈地震动而言，这种仪器仍然能记录到震动的主要部分，如图6.2.1所示，因而它是极为有用的。但是从下面两个方面来看，丢头则是严重的缺点。第一，当地震动不很强烈时，只能记录到震动的尾部，而丢掉了最强烈的主要部分，如图6.1.1（a）中下面两个记录所示。用这样的记录研究地震动最大振动或持续时间的规律显然会得到偏小的结果。古登堡和里克特（Gutenberg and Richter，1942，1956）在早期研究地震烈度与加速度最大值的关系时就采用了大批这种丢头的记录。现在国际上广泛采用的加州理工学院出版的四大卷美国强震记录中，也包括了一些这样的记录。第二，出于对震源机制的要求，地震学的研究十分重视初动时刻（或各种波的到时）和初动方向，丢掉了起始部分就失去了这些信息。地震学的研究近一二十年来也有很大的发展，出于对震源动力学模型详细研究的要求，地震学家们也十分重视近场记录，地震工程中得到的强地震动记录大多是近场的，有的还直接在断层附近，从中可以得到许多远场记录所缺乏的信息，特别是高频信息，因此，丢头现象对地震学家也是缺点。

(2) 记录长周期和极大加速度的能力不足。在20世纪五六十年代，人们满足于0.1～2.0s的周期和0.05～0.5g加速度范围之内的地震动，现在则对于长达6s左右的周期和高达2.0g的大加速度都十分需要；同时还要求能记录到小地震的地震动，如震级为2或3的地震，所以最好还能记录0.001g或1Gal以下的加速度。这就要求强震仪能从过去的周期范围0.05～2.0s扩展为0.03～20s、加速度从0.01～1.0g扩展为0.001～2.0g。例如，若要考虑层间位移1.0cm，对于基本自振周期为5s的房屋而言，加速度则为1.5Gal。为此，要求强震仪有极高的精度，才能从强烈的高频振动中分辨出所包含的长周期成分。另一方面，现在人们相信地震动加速度可能高达2.0g以上，1979年已经记录到几次大于1.0g的加速度，1985年又记录到略高于2.0g的结果，这些记录对刚性结构和设备有实用意义。

(3) 记录分析中预处理的问题。现在大批使用的强震仪大都是记录在照相纸或胶卷上的，在分析之前，都要将之数值化。这种数值化预处理包括仪器校正和基线校正，以减小由于强震仪记录失真、记录纸或胶卷冲洗变形影响和数字化读数时引起的多种误差。这种数字化预处理过程既费时费力，又会引入重要误差，特别是长周期误差。1982年10月19日唐山余震（卢龙）记录（M=6.2，Δ=4.2km，h=9.6km）中，也有这一现象，如图6.1.2。这些结果表明，现在大批使用的强震仪及其相应的预处理分析方法，不能准确反映周期大于1s的地震动，因为记录纸或胶卷的变形和读数误差会产生长周期误差，而现行预处理方法为了避免这种误差而将有用的真实信息过滤掉了。

6.1.4.2　对新型强震仪的要求

根据上述原因，在20世纪70年代末到80年代初，人们提出了对新型强震仪的要求。例如日本的强震观测事业推进联络会议于1980年组织了强震观测仪器研讨会，1983年提出了明确的指标，主要内容如下（日本建筑学会，1983，第5.3节）：

(1) 周期范围，0.05～20s。为保证此精度，模数转换器采样数至少应达100次/s。

(2) 振幅范围，0.0001～2.0g。为此，模数转换器应为12～14位二进位，动态范围达86dB。

(3) 精确到时，精度1/100s。

(4) 记录延迟时间。为了争取记录到初动，一般要求在强震仪中临时记忆2～5s的地震动信息，若无规定的足够大的地震动到达，则此记忆不断更新；一旦有足够大小的地震动到达，则将记忆中的地震动及随后的地震动永久地记录于磁带上，以保证记录到启动前几秒钟的地震动。

6.1.4.3　数字强震仪

美国于1974年、日本于1978年开始有数字强震仪，由于这种仪器可以为地震工程学和地震学提供更多的信息，明显优于模拟式强震仪，因而得到了飞速的发展。除了以一般三分量为主的数字强震记录仪之外，还有一些多道强震记录仪，如日本的DACS-MM可以多达12～36道，SAMTAC-120多达1～64道，美国的DR-2000 A 达64道。

上述这些数字强震记录仪包括放大器、混频滤波器、浮动式放大器、模数转换器、记忆装置、数字磁带盒、启动器、电源、控制装置等部分，它必须与拾振器配合使用，其中力平衡拾振器是常用的一种。例如前述PDR-1为数字强震记录仪，FBA-13即为一种

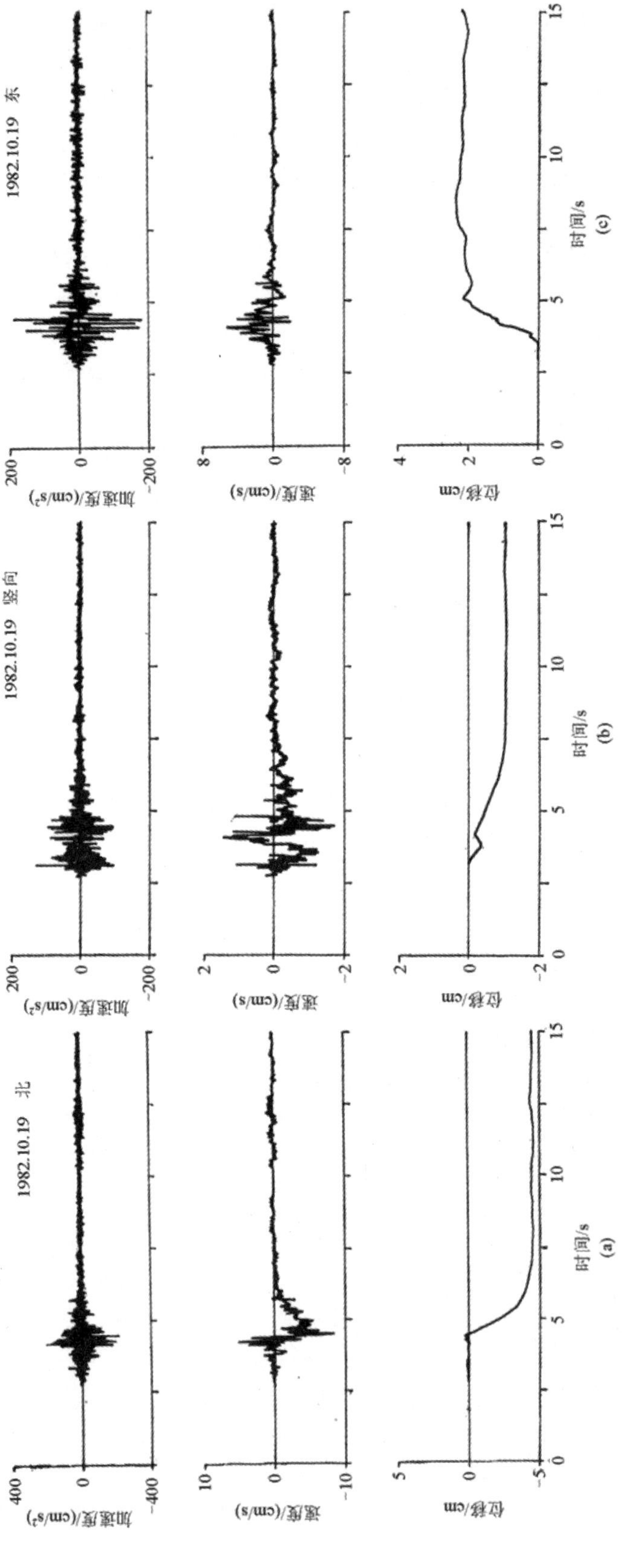

图6.1.2 唐山余震（卢龙）数字化仪器记录

力平衡拾振器。拾振器将地震动讯号变为电量，经过模数转换才变为数字量。

和常用的模拟式强震仪相比，数字强震仪的优点是：一般不丢头；振幅可以变化很大而精度仍高；周期范围宽，长周期振动精度高；预处理大为简化，可以迅速回放或用于计算机处理，过去需要几个月才能处理完的记录，现在几小时即可完成，其进一步发展和推广使用是可以预期的。目前，数字强震仪的主要缺点是磁带装置的使用湿度范围和抗振动性能还不理想，在恶劣环境下长期使用尚待改进。

6.2 强地震动特性

综合几十年来人们根据地震动宏观震害经验和仪器测量数据的分析和总结，一般认为，对工程抗震而言，地震动的特性可以通过其三要素来描述，即地震动的振幅、频谱和持时。这三个要素的不同组合决定着各类结构物的安全，大量客观事实反复说明这一点。

人们并不是一开始就认识到这三个要素的重要性的，而是随着实践的积累和分析的深入逐步加深认识的。开始，人们用静力观点看待地震动，着重认识到地震动振幅的重要性。从牛顿第二定律出发，认为最大加速度可以作为地震动强弱的标志。这是很自然的，因为当时结构设计的概念是以静力学为主的；这一认识后来曾发展为改用地震动最大速度，认为它与地震动的能量有关，因为$\frac{1}{2}mv^2$为质点运动的动能。这种采用单个因素作为地震动强弱标志的思想主要在于简单，在于把地震动看做是一个简单的物理量。随着认识的深入，特别是强震加速度过程记录的积累，人们明确了地震动频谱特性的重要性，就像声波、光波和电波一样，不考虑频谱是不可能了解振动现象的。这是有了强震记录后的必然结果，因为振动的特点就是周期，就具有频谱的含义。过去有人从弹性振动的观点，不大重视地震动持时的重要性，但是近十余年来，由于强震记录的大量积累、土体变形和砂土液化，以及结构非弹性破坏研究的深入，逐步明确地震动持时是一个重要因素。假若说，以前只有少数人认识到持时的重要意义的话，那么 1971 年 2 月 9 日美国洛杉矶北面圣费尔南多地震后一周年，在该地举行的学术讨论会上，大多数与会者通过交流讨论，得到了三条结论，其中之一就是认为地震持时是不可忽视的重要因素，这就代表多数人的意见了。现在可以说，大多数人都认为地震动的工程特性必须包括振幅、频谱与持时这三要素；但也有少数人只强调振幅的影响，其原因之一在于未充分认识到持时甚至频谱的重要性，原因之二在于他们希望地震动有一个简单的强弱概念，不希望或者觉得不必要引入过多的因素而使问题复杂化。

6.2.1 几个典型的地震动

图6.2.1～6.2.3中给出了典型的地震动加速度过程$a(t)$及部分速度过程$v(t)$和位移过程$u(t)$，有关的情况见表6.2.1。从这些记录，可以得到下述几点感性认识。第一，地震动的加速度富于高频成分，地震动的位移富于长周期成分，从简单的印象看，加速度过程的主周期或平均周期短，位移过程的主周期长；第二，有些地震动的强震动阶段持续时间长达几十秒，有的仅为几秒，如图6.2.3；第三，有些地震动的最大加速度值只是偶尔出现一两次，而次大值则小得多，但另一些地震动的最大值和大小差不多的次大值频繁出现；第四，有的地震动主周期长，有的则短。

这些特性并非偶然，它们均与震源特性、地震大小、距离远近和场地条件等有关，

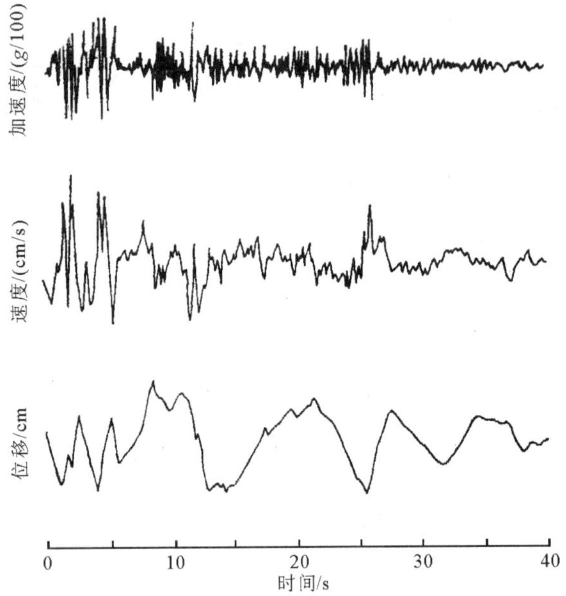

图 6.2.1　1940.5.18 埃尔森特罗强震记录

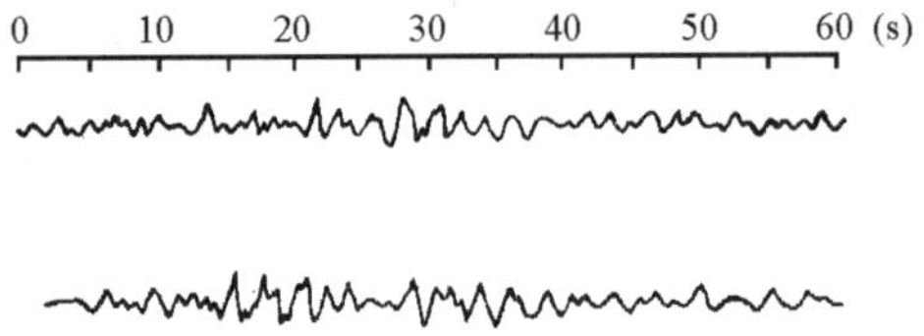

图 6.2.2　1962.5.11 墨西哥城记录

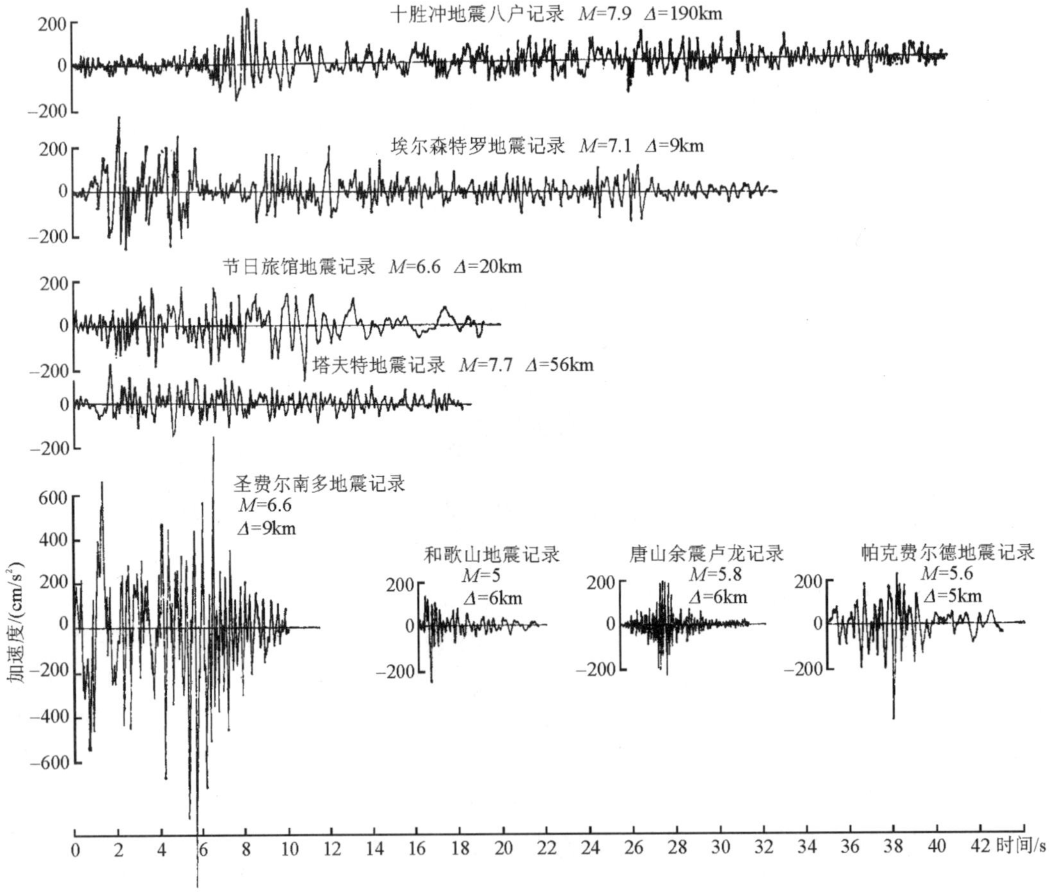

图 6.2.3　强震加速度记录的对比

表 6.2.1　几个地震动的有关资料

年.月.日	M	h/km	记录地点	Δ/km	烈度	$\frac{a}{g}$	v/(cm/s)	u/cm	T_d/s	场地条件
1940.5.18	7		埃尔森特罗	10	Ⅷ	0.32	42	28	30	
1962.5.11	7.0		墨西哥市	280	Ⅵ	0.051			40	很厚而极软的淤泥质粘土
1966.6.27	5.6		No.2 乔拉姆	0.08	Ⅶ~Ⅷ	0.50	71.1	22.1	8	沉积岩上有 30~70m 冲积层距发震断层约 70m
1966.10.17	7.5	30	秘鲁利马	205[1)]	Ⅶ	0.40	20.3	15.2	10	粗密卵石
1968.5.10	7.9	0	八户(十胜冲)	165	Ⅷ					火山灰 3~10m，下为 5~10m 砂与卵石
1976.11.15	6.9		天津医院	90	Ⅵ	0.15			10	很厚而松软的第四纪沉积物

1) 断层距可能很近。

本章下面几节将详细讨论这些特性。

6.2.2　振幅

地震动的振幅可以是指地震动加速度、速度、位移三者之一的峰值、最大值或某种意义的有效值。

前面说过，加速度很早就被看做是表示地震动强弱的量。在取得了大批强震动观测记录之后，最大加速度a是研究得最多的量。前面介绍过，在美国四大卷强震记录中，第Ⅰ卷中给出的加速度过程是按不等时间间距给出的，峰点与谷点均被取值，所以最大值a是真实的记录；第Ⅱ卷中修正了的加速度过程是按等时间间距0.02s给出的，因而就常常不能给出真实的最大值a，而是小一些的值。对竖向加速度而言，不等距与等距最大加速度值之比最大可以达到1.5∶1；对于水平加速度而言，可以达到1.3∶1（基岩场地），或1.2∶1（硬土场地）。

由于上述原因，人们提出了有效峰值这一概念，认为从抗震结构观点看，只有对结构反应有明显影响的量才是重要的。现有的有效峰值有以下几种，它们的意义都带有一定的主观性，而且这些峰值之间也存在着一定的关系（Ohsaki et al.，1980），图6.2.4即为一例。

6.2.2.1　ATC-3有效峰值加速度EPA和有效峰值速度EPV

将阻尼比为5%的加速度反应谱（参见第6.2.3节）在周期0.1～0.5s之间平均为一常值S_a，将阻尼比为5%的速度反应谱在1s周期附近平均为一常值S_v，则有效峰值加速度与有效峰值速度的定义分别为

$$EPA = S_a/2.5$$
$$EPV = S_v/2.5$$

这里的常数2.5是一个经验系数。

6.2.2.2　静力等效加速度

根据地震时简单刚体的倾覆、移动和牛顿第二定律，用反推方法计算刚体加速度，也是一种等效振幅值，这里称之为静力等效加速度。最早附有加速度指标的霍尔登地震

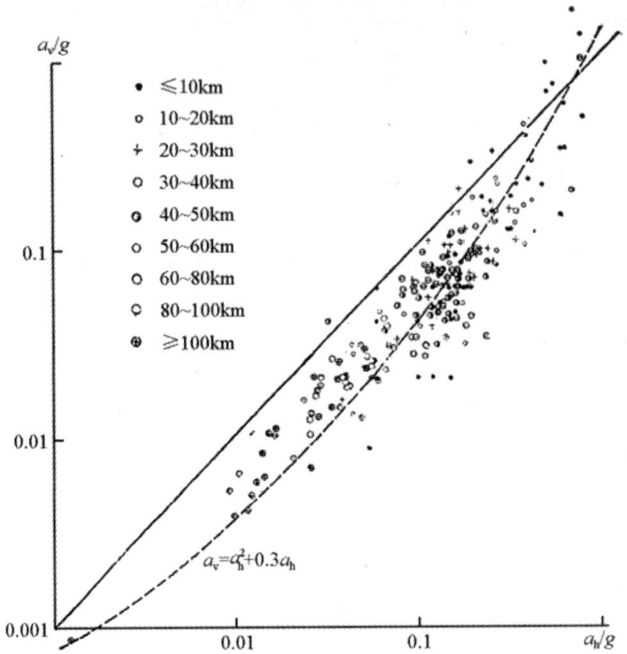

图 6.2.4 现有主要强震记录 a_v 与 a_h 值的对比

烈度表中的加速度值就是这样反推计算得来的。现在日本、印度等国仍继续使用这一概念。它一般远小于地震动加速度过程$a(t)$中的最大值。

6.2.2.3 均方根加速度a_{rms}

从随机过程观点看，加速度过程$a(t)$中的最大峰值是一个随机量，不宜作为地震动特性的标志，而方差（参见第三章）则是表示振幅大小特性的一个统计特征。阿里亚斯（Arias，1969）建议用地震动过程中单质点弹性体系所消耗的单位质点的能量

$$I_A = \frac{\pi}{2g}\int_0^{T_d} a^2(t)\mathrm{d}t \tag{6.2.1}$$

作为地震动总强度的概念，常被称为阿里亚斯强度（过去习惯译为阿里亚斯烈度，由于这里指的是地震动总能量，不涉及任何宏观烈度的概念，故改为强度），式中T_d为震动持时。假若取T_d为强震动阶段的持时，则地震动过程$a(t)$在此持时内可以近似看做是平稳过程，那么单位持时的能量与方差

$$a_{rms}^2 = \sigma_a^2 = \frac{1}{T_d}\int_0^{T_d} a^2(t)\mathrm{d}t \tag{6.2.2}$$

成正比，这就是均方根加速度a_{rms}的定义。

Jogner和Boore（1981）曾经得到过下述关系：

$$a_{max}^2 = a_{rms}^2\left[2\ln\left(2T_d / T_p\right)\right] \tag{6.2.3}$$

式中，T_p为地震动卓越周期。

汉克斯（Hanks，1979a，b）通过对奥罗维尔地震系列的强震观测和其他地震的研究，指出地震动峰值加速度作为地震动强度的指标有两个重要缺点。第一，它表示地震动高

频成分的振幅，决定于地震震源断裂面的局部特性，不能很好地反映整个震源的特性，所以在大震级时，震中或断层附近的加速度最大值可能会饱和；第二，离散性极大，震级、距离和场地条件极小的改变，会使它变化很大，这一点在第6.5.2节中还要涉及到。

6.2.2.4　谱强度SI

豪斯纳（Housner，1952）定义谱强度（过去习惯译为谱烈度，这里改译为强度）为

$$\mathrm{SI}_{\zeta}=\int_{0.1}^{2.5}S_{\mathrm{v}}(T,\zeta)\mathrm{d}T \tag{6.2.4}$$

式中，S_{v}是阻尼比为ζ时的单质点体系的相对速度反应谱；T为周期；ζ常取为0或0.2，相应的谱强度为SI_0或$\mathrm{SI}_{0.2}$，它与I_{A}一样，不涉及任何宏观现象，与地震烈度完全不同。

加速度最大值$a_{\max}$描述地震动的局部特性，它主要表示最大峰值的大小，决定于高频振动成分，并不说明其他峰值的相对大小；持续加速度a_{s}对次要的峰值虽有一些考虑，但很粗略而局限；其他几个有效或等效加速度最大值则都是地震动总强度的平均描述，它虽能反映整体，但只是平均，而不能反映局部的分布概况。描述地震动振幅的量可能最好是利用地震动强度曲线$g(t)$：

$$g^2(t)=\frac{1}{\Delta t}\int_{t-\frac{\Delta t}{2}}^{t+\frac{\Delta t}{2}}a^2(t)\mathrm{d}t \tag{6.2.5}$$

它可以看做在持时取为$T_{\mathrm{d}}=\Delta t$时的均方根加速度。地震动瞬时强度曲线$g(t)$与第3.4节中介绍的平稳化函数$f(t)$的关系见第6.2.4节。

6.2.3　频谱

从理论上，人们容易理解地震动的频谱组成对结构反应的重要影响。人们早就知道结构物有其自振频率，假若地震动的频谱集中于低频，它将引起长周期结构物的巨大反应；反之，若地震动的卓越频率在高频段，则它对刚性结构物的危害大。这就是所谓的共振效应。但是，在实际工作中，直到20世纪50年代才积累了一批地震动数据，从而规定了地震动的平均反应谱形状。这时，可以说，人们认为地震动是由各种周期分量按固定比例组成的。直到70年代，人们才进一步接受地震动的频谱组成是随场地土壤条件而改变的这一观点。

70年代，人们之所以接受频谱的频率组成可变的原因有三。第一，宏观震害现象反复说明地震动频谱组成是不同的。早在20年代，人们就从1923年日本关东大地震的房屋震害中得出坚硬地基上刚性结构破坏大，软地基上柔性结构物破坏大的结果，如图6.2.5。60年代前后几次强地震也有类似的表现，如1957年、1962年和1985年三次墨西哥地震，在离震中很远（200～300km）的墨西哥市，高层楼房的震害重于低层房屋。这种现象反复说明了地震动可以具有不同的频谱组成，震级愈大、震中愈远、场地土愈软而厚，则频谱中长周期成分愈突出。由于地震动频谱是随地震、距离与场地而变的，所以不同自振周期的结构物在不同条件下会产生不同程度的震害。第二，随

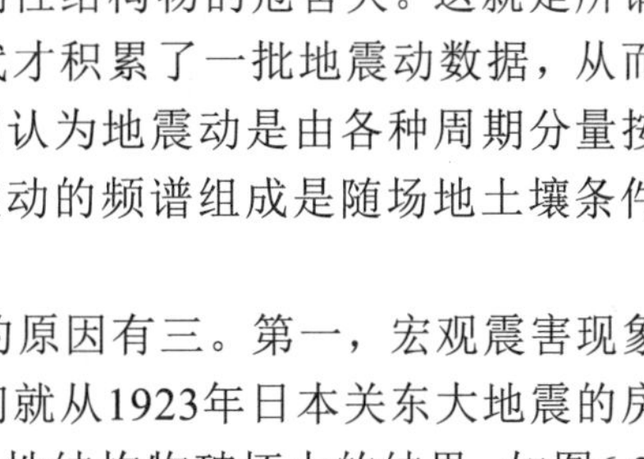

图6.2.5　关东大地震时各类房屋的破坏与地基的影响

着强震动记录的进一步积累，人们不但定性而且定量地了解到地震动频谱形状的变化，在不少地方甚至直接证明了它对结构破坏的决定性影响。例如，上述墨西哥市高层房屋的震害严重，与在该城取得的地震动记录分析一致，表明地震动的确是以长周期成分为主的，1s与2s左右的周期都很丰富。虽然此地震动的最大加速度仅为0.05g，却足以造成严重震害。这与该城市的软而厚的火山灰淤泥质沉积、震中距280km、M=7.0是密切相关的。我国1976年唐山余震天津市记录与唐山地震时天津市的震害也是如此。又如1966年10月17日秘鲁地震时的利马市，震害主要集中于单层房屋，多层房屋则几无破坏；利马市当时的强震记录则明显指出该处的地震动的确是以高频为主的，主周期为0.1s，而单层房屋自振周期正好接近0.1s。第三，从理论上说，高频地震波随距离加长而衰减较低频地震波快，远距离处的地震动频谱会以低频为主。

从图6.2.1～6.2.3可以看出，地震动不是简单的谐和振动，而是振幅和频率（或相邻零交点的时段长）都在复杂变化着的振动，或称为随机振动或无规则振动。但是对于给定的地震动过程$a(t)$而言，总是可以把它看做是由许多不同频率的简谐波组合而成。凡是表示一次地震动中振幅与频率关系的曲线，统称为频谱。地震工程中常用的频谱有三，即傅里叶谱、反应谱与功率谱。

6.2.3.1　傅里叶谱

傅里叶谱是数学上用来表示复杂函数的一种经典方法，即把复杂的地震动过程$a(t)$展开为N个不同频率的组合：

$$a(t)=\sum_{j=1}^{N}A\left(\mathrm{i}\omega_j\right)\mathrm{e}^{\mathrm{i}\omega_j t} \tag{6.2.6}$$

这里$\mathrm{i}=\sqrt{-1}$，复函数$A(\mathrm{i}\omega)$就是傅里叶谱，其模$|A(\omega)|$为幅谱，有时写为$F(\omega)$。频域中的傅里叶谱$A(\mathrm{i}\omega)$与时域中的过程$a(t)$是完全等价的。当$N\to\infty$时，两者的关系即为傅里叶变换对：

$$A(\mathrm{i}\omega)=\int_{-\infty}^{\infty}a(t)\mathrm{e}^{-\mathrm{i}\omega t}\mathrm{d}t \tag{6.2.7}$$

$$a(t)=\frac{1}{2\pi}\int_{-\infty}^{\infty}A(\mathrm{i}\omega)\mathrm{e}^{\mathrm{i}\omega t}\mathrm{d}\omega \tag{6.2.8}$$

从随机过程的观点分析，一次地震动只是一次实现，所以它是随机的，因而从一次实现求得的傅里叶谱也是随机的。假若可以对同一情况下的地震动得到多次记录，那就可以按平均的方法求傅里叶谱的期望值E［$A(\mathrm{i}\omega)$］，它就可以作为统计特征来描述这种地震动的特性。但是，这种可能性是不大的。因此，假若地震动的强震动段$a(t)$的持时较长，如几十秒，则可以将这几十秒的记录分为若干段，先求出分段的傅里叶谱，再在几个段之间求平均值，由此得出的结果，在周期小于分段长时是可靠的。

6.2.3.2　反应谱

反应谱是1940年前后提出来的，它通过理想简化的单质点体系的反应来描述地震动特性。它的定义是：一个自振周期为T、阻尼比为ζ的单质点体系在地震动作用下反应y的最大值$y(T,\ \zeta)$随周期T而变的函数，当y是单自由度体系的相对位移d，或相对速度v，或绝对加速度a时，分别称为位移、速度或加速度反应谱，参见7.2节。由于地震动加速度记录的复杂无规则的变化，常将式（7.2.4）中的cos改为sin，则这三种反应谱之间存在下述近似关系：

$$\left.\begin{aligned}
&S_{\mathrm{d}}(\zeta, \omega)=\frac{1}{\omega}S_{\mathrm{v}}(\zeta, \omega)\\
&S_{\mathrm{v}}(\zeta, \omega)=\left|\int_0^t a(\tau)\mathrm{e}^{-\zeta\omega(t-\tau)}\sin[\omega(t-\tau)]\mathrm{d}\tau\right|_{\max}\\
&S_{\mathrm{a}}(\zeta, \omega)=\omega S_{\mathrm{v}}(\zeta, \omega)
\end{aligned}\right\} \tag{6.2.9}$$

这样计算的相对速度反应谱$S_{\mathrm{v}}(T，\zeta)$常称为准速度谱PSV$(T，\zeta)$。数值计算结果表明，对于复杂的地震动，准速度谱与真速度谱的差别一般是不大的。

单质点弹性体系虽然可以说是一个理想化的简单结构体系或其一个振型，但是，由于反应谱的每一个坐标所对应的单质点体系的自振周期都在改变，所以整个反应谱并不是一个结构物或一个单质点体系的反应。因此，这个单质点体系可以更好地看做一个具有移动窗的滤波器，假如这个滤波器的通频带极窄（即阻尼趋近于零），则滤波作用接近傅里叶变换。

作者认为，假若说反应谱反映了所有结构的特性，不如说它没有反映结构物的特性，或基本上没有反映结构物的特性，而只是说它反映的是地震动的特性。总之，从反映什么特性这一点来看，把反应谱、傅里叶谱和功率谱三者都看做是反映地震动输入特性似更恰当。傅里叶幅谱值总是不超过零阻尼速度谱的。

$$S_{\mathrm{v}}(0, \omega) \geqslant |A(\omega)| \tag{6.2.10}$$

和傅里叶谱相比，反应谱失去了地震动各频率分量之间的相位差，所以从反应谱不能再返回到地震动$a(t)$。

反应谱还具有一种非线性的特性，或者更确切地说，反应谱在任一频率ω处的值并不与该频率处的傅里叶幅值成比例，因为附近其他频率分量的影响参加进来了。所以当某一频率处的傅里叶幅谱值加大一倍时，该频率处的反应谱一般不按比例加大。这一特性在第6.6节中讨论模拟地震动时有重要作用。

6.2.3.3　*功率谱密度函数*

功率谱密度函数（常简称为功率谱密度或功率谱）是随机过程在频域中描述过程特性的物理量。前面介绍过，它可以定义为地震动过程$a(t)$傅里叶幅谱的平方平均值：

$$S(\omega)=\frac{1}{2\pi T_{\mathrm{d}}}\cdot E\left[A^2(\omega)\right] \tag{6.2.11}$$

式中，T_{d}为地震动持续时间。对于各态历经过程可以用时域平均代替集系平均。和前两种频谱相比，功率谱的优点在于它具有明确的统计意义，由于是一种平均，所以它比傅里叶谱平滑，但与反应谱一样，也失去了相位信息，因而也不能返回到过程$a(t)$。但是，从随机过程观点看，这并不是缺点，因为一条曲线$a(t)$只是一次取样，我们并不要求从平均值再返回到某一次取样。

图6.2.6～6.2.8给出了几个典型地震动的这些谱。由此可见，在图6.2.1～6.2.3中从时域所见到的有关周期的粗略印象，这里更精确地表示出来了。

从随机观点看，反应谱所表示的反应y的最大值$y_{\max}$必须与其出现或超过的概率P相联系才有意义，范马克（Vanmarcke，1976）明确提出过下述关系：

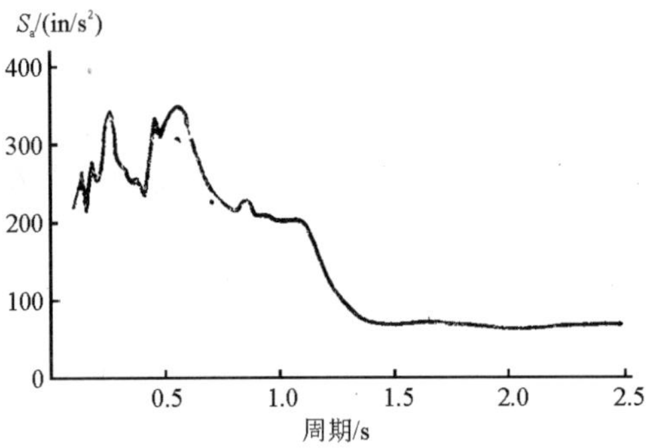

图6.2.6　1940.5.18埃尔森特罗反应谱

(1in=2.54cm)

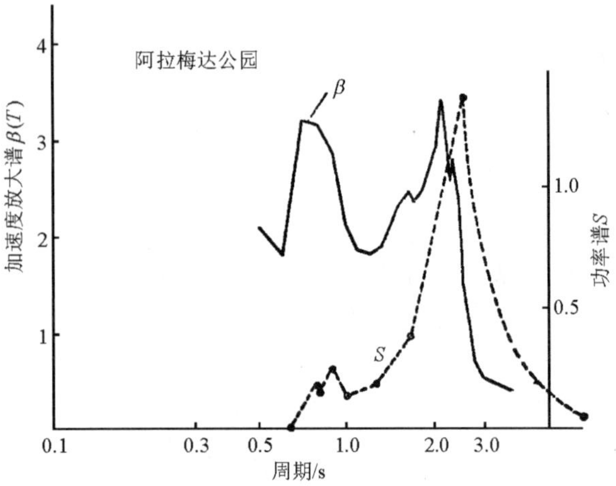

图6.2.7　1962.5.11墨西哥城记录的谱

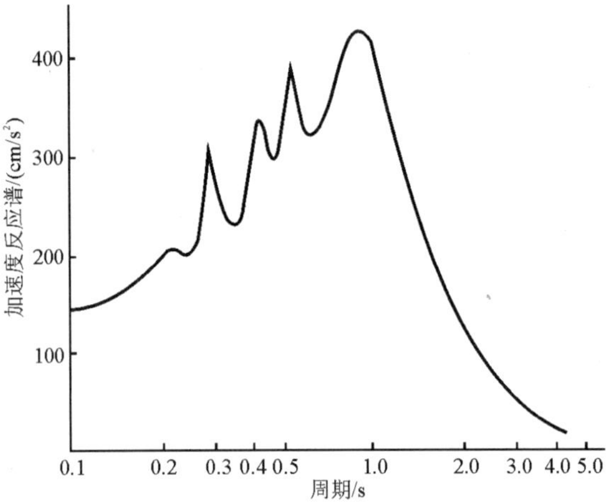

图 6.2.8　唐山余震（宁河）天津记录加速度反应谱

$$y_{\max} = r\sigma_y \tag{6.2.12}$$

式中，σ_y表示反应y的均方差；r为峰值系数，是超过$y_{\max}$的概率P的函数，峰值系数r是超越概率P、持续时间T_d和谱参数$\varOmega = \sigma_{\dot{y}} / \sigma_y$三者的函数。

在7.5.2节将给出根据输入地震动的功率谱计算单自由度体系反应均方差σ_y的一般公式，以及体系绝对加速度反应σ_a的近似公式。

将前两项结果结合起来就可以得到反应谱与地震动功率谱之间的关系。根据反应谱的定义，只要选择适当的反应谱值的超过概率P，则由式（6.2.12）定义的$y_{\max}$即为反应谱值。因此，从式（6.2.12）和式（7.5.15）即可得到加速度反应谱S_a与地震动加速度功率谱$G(\omega)$之间的关系，参见Vanmarke（1976）：

$$S_a^2(\zeta,\omega_0) = r^2 \cdot \left[\omega_0 G(\omega_0)\left(\frac{\pi}{4\zeta}-1\right) + \int_0^{\omega_0} G(\omega)\mathrm{d}\omega\right] \tag{6.2.13}$$

若频率不太高，则右边第二项可以省去，即得

$$S_a^2(\zeta,\omega_0) = r^2 \cdot \omega_0\left(\frac{\pi}{4\zeta}-1\right)G(\omega_0) \tag{6.2.14}$$

又由于$\dfrac{\pi}{4\zeta}$一般远大于1，故上式可以进一步近似为

$$S_a^2(\zeta,\omega_0) = r^2 \frac{\omega_0 \pi}{4\zeta} \cdot G(\omega_0) \tag{6.2.15}$$

注意，这里 $G(\omega)$ 为单侧谱密度，若用双侧谱密度$S(\omega)=\frac{1}{2}G(\omega)$，则上式变为

$$S_{\mathrm{a}}^2(\zeta,\omega_0)=r^2\frac{\omega_0\pi}{2\zeta}\cdot S(\omega_0) \tag{6.2.16a}$$

考尔（Kaul，1978）也得到了与上式完全相同的结果，即

$$S_{\mathrm{a}}^2(\zeta,\omega_0)=\frac{\pi\omega_0}{2\zeta}\cdot S(\omega_0)\cdot\left[2\lg\left(-\frac{\pi}{\omega_0 T}\lg P\right)\right]^{-1} \tag{6.2.16b}$$

这里，取$r^2=2\lg(2n)$［见式（7.5.30）］。

根据式（6.2.16），可以直接从功率谱计算反应谱，只要事先选定不超过概率P。在反应谱计算中通常取$P=0.85$左右。假若已知反应谱，要从式（6.2.13）求功率谱时，可以用迭代法进行。先从近似式（6.2.14）求得功率谱的第一次近似，然后按下式

$$G(\omega_0)=\frac{S_{\mathrm{a}}^2(\zeta,\omega_0)/r^2-\int_0^{\omega_0}G(\omega)\mathrm{d}\omega}{\omega_0\left(\dfrac{\pi}{4\zeta}-1\right)} \tag{6.2.17}$$

迭代，即可得功率谱。

上述关系在人工地震波中得到应用（见6.6.3节）。

6.2.3.4　频谱特征的间接表示

如图6.2.9所示，反应谱大多可以近似简化为几个线段的组合，而这些线段常常可以从地震动的最大加速度a、最大速度v、最大位移d导出，因此，由a=常数，v=常数，d=常数三条直线组成的谱可以看做是地震动在滤波之前的结果。

由图6.2.9可知，

$$\left.\begin{aligned}\frac{2\pi v}{a}&=T_1\\ \frac{ad}{v^2}&\backsim T_2/T_1\end{aligned}\right\} \tag{6.2.18}$$

T_1与T_2可以称为谱的角点周期。ad/v^2可以用来表示地震波的零乱性，当$ad/v^2=1$时，即为简谐波；但在一般地震动中，它常在3～7左右，有时可以更大。

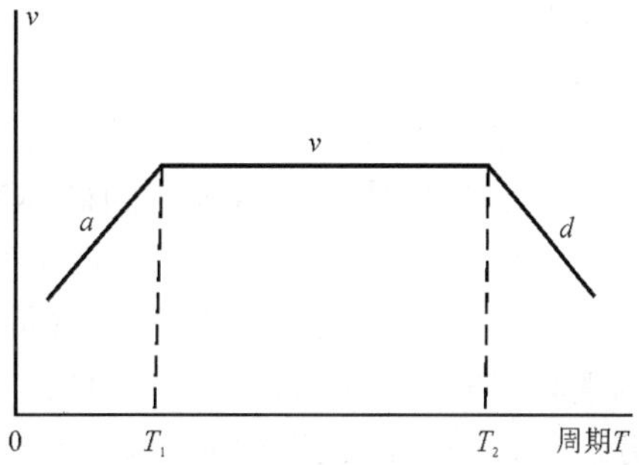

图 6.2.9　频谱特性的简化表示

严格说来，不同地震动的角点周期并不相同。但是，从现有的强震观测结果中可以看出它们有良好的相关性。大崎顺彦等（Ohsaki et al.，1980）给出从日本地震动记录得到的一些地震动振幅参数之间的平均值与方差。各物理量的单位均用cm与s，据此可得：

$$v_{\mathrm{h}}=0.0961a_{\mathrm{h}}\qquad d_{\mathrm{h}}=0.440v_{\mathrm{h}}$$
$$a_{\mathrm{h}}=8.701v_{\mathrm{h}}\qquad v_{\mathrm{h}}=2.000d_{\mathrm{h}}$$

从上述两组回归分析，用几何平均求得下述关系：

$$T_1 = 2\pi v_h / a_h = 0.11\times 2\pi = 0.66\text{s}$$

$$T_2 / T_1 = a_h \cdot d_h / v_h^2 = 4.48$$

$$T_2 = 0.45\times 2\pi = 2.95\text{s}$$

按照图6.2.9中T_1与T_2的物理意义，日本地震动记录的平均周期是较短的。

不论是哪一种频谱，严格说来，频谱的独立变量有无穷个，因为谱是变量频率的连续函数，每一个频率的谱值都是一个独立变量。假若将谱简化为如图6.2.9的三线直线，如纽马克所常用，则谱有三个独立变量。假若将谱的形状作某种假定，可以把它更进一步简化为两个或一个独立变量。如麦圭尔（见第4.2.2节ATC-3抗震规范的说明）在用0.1～0.5s周期内加速度反应谱平均值和1s周期处的反应谱值时就只采用两个独立参数；豪斯纳采用谱强度概念后就只有一个独立参数了。这时，反应谱与振幅值基本上是等价的。若用加速度最大值则与反应谱高频段相应得更好，若用速度最大值则与中频段相应得更好，若用位移最大值则与低频段相应得更好，如图6.2.9所示。但是，地震动幅值与反应谱值之间并无确定函数关系，而只存在一种大体上的对应关系，因为反应谱失去了相位信息，当采用简化后的反应谱参数时，更是如此。

6.2.3.5　谱形参数

由上述讨论可知，在采用绝对值表示的频谱时，它已经包含有振幅与频谱这两个独立的地震动要素，不必再考虑如a_h或v_h等幅值。但是当采用相对值的频谱时，则显然还要另外考虑振幅因素。所谓相对值的频谱指的是用某一振幅值正规化了的频谱，如我国常用的正规化反应谱

$$\beta(T) = S_a(T) / a_h$$

是用最大水平加速度a_h正规化了的，它的物理意义是单质点体系加速度反应放大谱，我国常称之为反应谱。

放大谱仅表示谱的形状，不表示谱的绝对值。谱形的最简单表示有时只用一个所谓的卓越周期，泛指放大谱最卓越的周期；有时则指比较卓越的那一段，有时则将相对较高的几个峰点周期都称为卓越周期。卓越周期是谱形的最重要的特征。谱形的第二个重要特征是胖瘦（参见第3.2节）。

6.2.4　持时

无论是人的感觉或仪器记录，地震动的持续时间是有长有短的，这一点大家都承认。但是，对于持时是否对结构物的破坏有重要影响以及现在能否提出有关持时的估计，意见却并不一致。在震害调查中，常常有亲身经历的人说："要是震动时间再长一点，这房子就要倒了。"这是一般人认为持时是重要因素的朴素反映。大多数地震工程学家也都认为地震动持时是地震动工程特性的三要素之一，他们从实际震害调查材料、结构的低周疲劳现象、破坏的积累效应、试验与理论分析，坚信这一点。但是，也还有少数地震工程学家并不如此，他们认为房屋的倒塌可归因于一两个大振动脉冲，认为从弹性反应来看持时是不太重要的，认为现在对持时重要性的看法是夸大了持时的影响。

地震动持时对结构物影响的重要性，可以从以下两方面来认识。

第一，从震害实例看持时的重要性。近几十年来，有不少实际地震震害的实例，有

的同时还记录到地震动加速度过程，只要认真分析对比一下震害和地震动（人的感觉或仪器记录）的三要素，就可以了解持时的影响。表6.2.2给出了两组地震动，前面11个为一组的持时都不到10s，最短者强震段持时仅约1s，后面7个为第二组的持时长达20～60s；表中给出了地震记录地点附近的地震烈度和其他有关参数。在20世纪50年代，人们普遍认为1940年埃尔森特罗地震动是典型的Ⅷ度地震烈度的地震动，其最大水平加速度为 a=0.32g，强震段持时约为30s，加速度反应谱峰值周期约0.3～0.5s，属中等周期。表6.2.2中第一组地震动最大水平加速度为0.2～1.25g，一般为0.2～0.4g，与埃尔森特罗记录大致相近，但持续时间却短得多，因而地震烈度一般仅为Ⅴ～Ⅶ度。第二组的最大水平加速度一般仅为0.05～0.2g，但持时长达30s以上，故地震烈度一般较高，在Ⅵ～Ⅷ度之间。由此可见，强震持时对于结构破坏是一个重要因素，不容忽视。

第二，从强震动造成的积累破坏看持时的重要性。安布雷赛斯（Ambraseys，1969）在总结美国1966年以前的强震和20世纪60年代南斯拉夫、希腊、土耳其的十余次强震震害经验时，也反复强调指出这种积累破坏的影响。假若承认几次地震可以产生积累破坏，那么，强震动持时加长，当然也可以造成这种影响。

表 6.2.2　几次地震动的参数与震害的对比

年.月.日	地震名	记录地点	M	距离/km	烈度	a/g	持时/s	备注
1964.11.14	日本茨城府湾外	东海村	5.1		Ⅴ	0.22	1	日本烈度Ⅲ
1967.11.11	日本北海道东	钏路			Ⅵ	0.23	1	日本烈度Ⅳ
1967.11.19	日本茨城府湾	东海村			Ⅴ	0.48	1	日本烈度Ⅲ
1972.9.4	美国石谷	梅伦迪牧场	4.7	10	Ⅵ	0.69	2	无明显结构破坏；高频
1973.11.4	希腊洛伊卡斯	洛伊卡斯	6	25	Ⅶ	0.54	3	
1966.8.4	日本松代	松代	4.7	2	Ⅴ	0.39	3	
1966.4.5	日本松代	松代	5.1	4	Ⅵ	0.42	4	
1957.3.18	美国韦内姆港	韦内姆港	4.7	7	Ⅵ	0.17	1~2	
1966.6.28	美国帕克菲尔德	No.2	5.6	0.08	Ⅶ	0.50	2~8	断层距
1971.2.9	美国圣费尔南多	帕科伊马	6.6	震中区	Ⅸ	1.25	7	
1965.12.9	墨西哥	阿卡普尔科	6.8	60	Ⅵ	0.27	8	
1949.4.13	美国奥林匹亚	西雅图	7.1	40	Ⅷ	0.07	20~45	
1968.5.16	日本十胜冲	八户	7.9	179	Ⅶ~Ⅷ	0.23	20~30	日本烈度Ⅴ
1968.5.16	日本十胜冲	室兰	7.9	310	Ⅵ	0.21	20~30	日本烈度Ⅳ
1964.6.12	日本新潟	新潟	7.7	38	Ⅶ~Ⅷ	0.16	30	日本烈度Ⅴ
1940.5.18	美国英佩里亚尔流域	埃尔森特罗	7.0	20	Ⅷ	0.32	30	
1962.5.11	墨西哥	墨西哥市.公园	7.0	260	Ⅵ~Ⅶ	0.049	60	
1962.5.19	墨西哥	墨西哥市.公园	7.1	260	Ⅵ~Ⅶ	0.039	60	

虽然地震动持时的重要性是绝大多数人承认的，但是持时的定义却还很不一致。现有的定义可以分为两大类，一类用加速度的绝对值，另一类则用相对值。

设有一地震动加速度过程 $a(t)$，其最大加速度为 a_{max}，或简写为 a_m，现绘出两条水平线 $a(t) \equiv \pm a_0$ 如图 6.2.10 所示。

一种持时定义是：

$$T_d = \Sigma \Delta t \qquad (6.2.19)$$

式中，Δt 为水平线 $a = \pm a_0$ 切削 $a(t)$ 的峰尖时的时段，如图所示。这种定义是很早提出来的，未为人们所接受，现已废弃。现在常用的持时定义是：

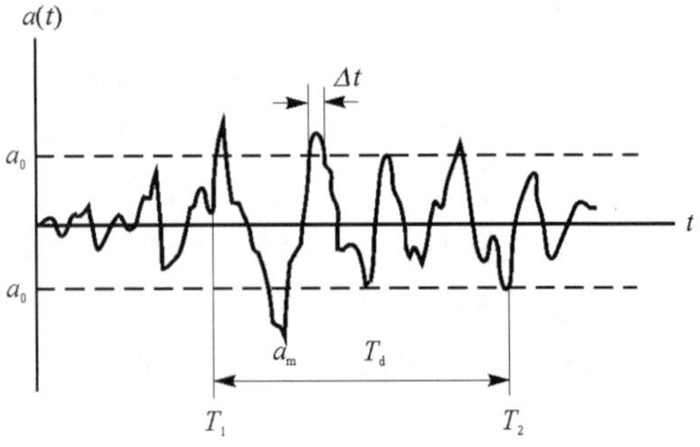

图 6.2.10　强震持时的定义

$$T_d = T_2 - T_1 \qquad (6.2.20)$$

式中，T_1 与 T_2 分别为水平线 $a = \pm a_0$ 首次和末次与 $a(t)$ 的相交点。以 a 的绝对值来定义的可以称为 a_0 持时，美国常用 $a_0 = 0.05g$ 或 $0.1g$，因为更小的地震动不大会引起结构破坏，以 a 的相对值来定义的可以称为分数持时，或 a_0/a_{max} 持时，如 1/3 持时，即取 $a_0 = \frac{1}{3}a_{max}$，常用的有 $a_0/a_{max} = 1/5 \sim 1/2$。

胡西德（Husid，1969）曾提出用 $\int_0^t a^2(t)\mathrm{d}t$ 表示地震动能量随时间的增长，或者用其正规化后的表示

$$I(t) = \frac{\int_0^t a^2(t)\mathrm{d}t}{\int_0^T a^2(t)\mathrm{d}t}$$

其中，T 为地震动总持时；$I(t)$ 是一个从 0～1 的函数。现在最常用的相对持时（Trifunac and Brady，1975）是用式（6.2.20）来定义的持时 T_d，其中 T_1 与 T_2 由下式确定：

$$\left.\begin{array}{l} I(T_1) = 0.05 \\ I(T_2) = 0.95 \end{array}\right\} \quad 或 \quad \left.\begin{array}{l} 0.15 \\ 0.85 \end{array}\right\} \qquad (6.2.21)$$

前者称为 90%持时，后者称为 70%持时。相对持时定义之所以受到广泛应用，原因有二。①持时只是地震动的参数之一，它可以与地震动的其他参数，如 a_{max} 或反应谱一并使用，因此地震动的振幅已有反映，而不必在持时中再包括它。②若采用绝对加速度值来定义持时，如 $0.1g$ 持时，则在离震中很远处，当 $a_{max} < 0.1g$ 时，持时即为零。而零持时的定义不是一个好概念，它容易使人理解为没有振动；另外，a_{max} 小于 $0.1g$ 甚至小于 $0.05g$ 时也可能引起破坏，如表 6.2.2 中最后几个地震动实例。说一个持时为零的地震动还会引起破坏也不是一件愉快的事。

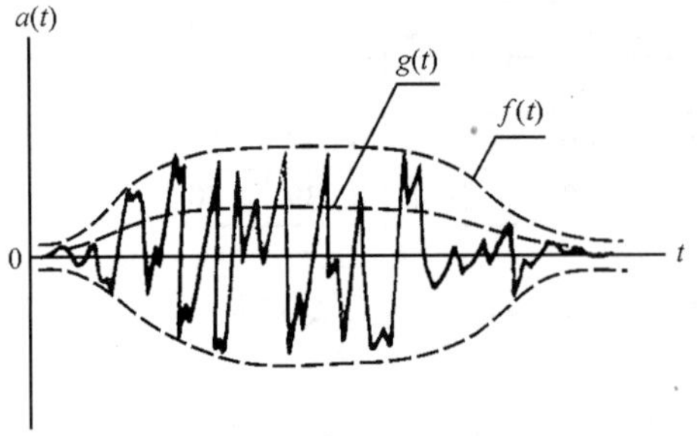

图 6.2.11　地震动振幅强度标准差与包线函数

强震动持时这一概念，不论如何定义，都带有一定的主观性，这种主观性表现在如何定义强震动的“强”这一概念。例如在以上定义中如何选择 a_0，a_0/a_{max} 或 $I(T_1)$ 与 $I(T_2)$ 的数值。另外一种方法可避免这一概念，而采用地震动振幅标准差函数 $g(t)$，如图 6.2.11。$g(t)$ 可以定义如下：

$$g^2(t) = \frac{1}{\Delta t}\int_{t-\frac{\Delta t}{2}}^{t+\frac{\Delta t}{2}} a^2(t)\mathrm{d}t \qquad (6.2.22)$$

移动窗宽Δt是一个最短的时段，使得当Δt有不大的变化时，所得的函数$g(t)$的形状不变或变化很小；这时，$g^2(t)$即为时刻t处$a(t)$的方差σ^2。

前述两类持时都可以由地震动振幅标准差函数$g(t)$确定。另外，在第3.4节中介绍过非平稳随机过程的平稳化函数$f(t)$。从概率意义上说，方差σ^2与标准差σ都是统计特征，当数据足够多时可以近似看做是确定的量，而最大值则是一个随机量，它必须与发生的概率相联系。假若变量服从正态分布，则不超过最大值$a_{\max}=\overline{a}+\sigma$的概率为68.3%，不超过$a_{\max}=\overline{a}+2\sigma$的概率为95.5%，不超过$a_{\max}=\overline{a}+3\sigma$的概率为99.7%。当然，对于地震动过程而言，平均值$\overline{a}=0$，$f(t)$一般与$g(t)$大致成正比，如图6.2.11。

从原则上说，标准差函数$g(t)$给出了地震动强度随时间变化的关系，它不仅包含了强震动持时的全部概念，而且更准确地描述了振幅强度随时间变化的许多细节，因此可以设想，是否可以直接采用$g(t)$或$f(t)$的少数几个特征参数来代替持时这个粗略的概念，如公式(3.4.4)中涉及的几个常数a，b，c，α，β及t_p。

6.2.5 其他地震动特性

上面提到的地震动三要素是大家公认的地震动重要特性，除此之外，还有一些其他因素，可能也很重要，但现在或者是其影响尚不清楚，或者是虽然有所了解，但还很难确定其发生的规律，故应用甚少。其中速度脉冲即为常提到的一种（Bertero，1976）。图6.2.12给出1971年圣费尔南多地震时断层附近几个地震动记录的时间过程$a(t)$，其中还给出了通过积分得到的速度过程$v(t)$，从中可以看到几个较大的速度脉冲。这些脉冲虽然在反应谱中也有反映，但结构物对它的反应并不能很好地通过反应谱来表示。其次是“波串”，即几个频率特性相近

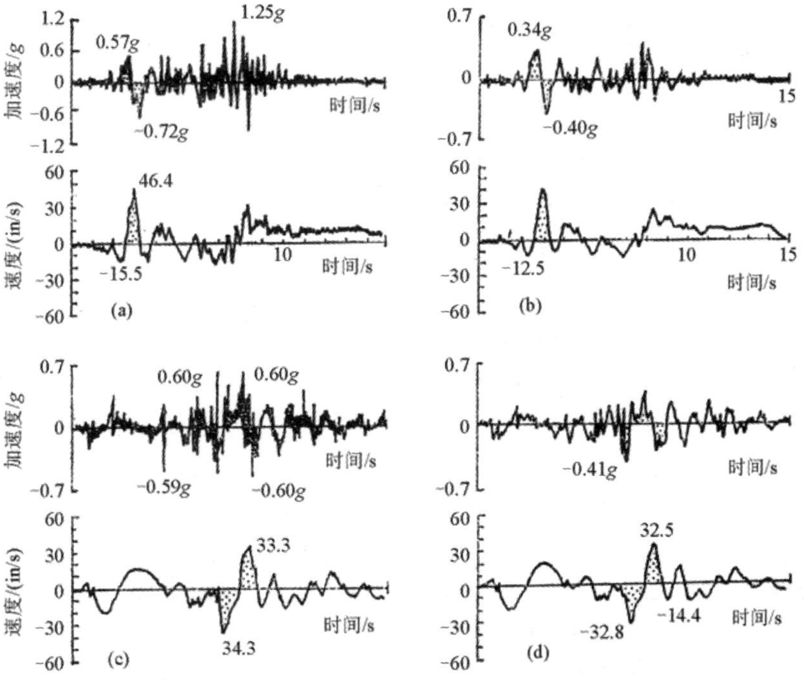

图6.2.12 圣费尔南多地震近断层地震动记录

(a) 帕科伊马坝记录S15°W；(b) 导出的帕科伊马坝记录；
(c) 导出的范诺曼坝记录N－S；(d)滤掉高频(＞5Hz)后导出的范诺曼坝记录

的加速度脉冲前后紧接着的特殊排列，形成一个短时间内接近简谐波似的地震动时段，其影响比将这些波串或脉冲串分隔开有很大的不同。特殊的波串可以使结构产生类似共振的效应而加大反应。

6.2.6 地震转动分量

现在考虑地震动大多只限于三个相互垂直的移动分量，即一个竖向和两个水平分量。但是从原则看，人们早就认识到，要完全确定结构物支承点的运动还必须有三个转动分量，因此总共需要 6 个分量，即沿三个相互垂直轴的移动分量 a_i 和绕三个相互垂直轴的转动分量 $\theta_i(i=x, y, z)$，每一个分量都可以有位移、速度、加速度或转角、角速度和角加速度，每一分量的每一运动量的过程都具有上述三要素或其他特性

日本柴田碧（Shibata.H）等从 1972 年起进行地震动转角的强震观测，他们设计了专门的仪器来记录这种地震动，并且已经得到了近 100 个地震记录。这种观测现在还没有在国际范围内展开。

假设已知地震波的传播方向，也可以从一点的位移记录 $x(t)$推算出此点的转动。设波传播方向为 y，记录位移的方向为与 y 相垂直的 $x(t)$，则根据波传播原理可知

$$x(t, y) = x(y \pm v_0 t) \tag{6.2.23}$$

式中，y 为沿传播方向的距离；v_0 为波传播速度。由此可得

$$\frac{\partial x}{\partial y} = \pm \frac{\partial x}{\partial t} \Big/ v_0 = \pm v / v_0 \tag{6.2.24}$$

式中，v 为质点运动速度；而$\partial x/\partial y$ 即为质点的转角。由此得质点的转角θ为

$$\theta = v / v_0 \tag{6.2.25a}$$

同理可得转角的速度和加速度分别为

$$\dot{\theta} = a / v_0 \qquad \ddot{\theta} = \dot{a} / v_0 \tag{6.2.25b,c}$$

式中，v，a，$\dot{a}$ 分别为质点的速度、加速度和加速度对时间的微分。

根据转角$\theta=\partial x/\partial y$ 的定义可知，当相邻两点在 y 方向的距离Δy 远小于波长时，就可以从两点在 x 方向上的位移差Δx，求得转角为

$$\theta = \Delta x / \Delta y \tag{6.2.26}$$

近十余年来取得了不少密集台阵(见第 6.1.2 节)观测记录，从此可以了解一些地震转动的信息。

由于地震动转角现在还考虑得较少，本书中若不特别指明，则地震动均指三个位移分量。

6.3 影响地震动特性的因素

影响地震动的因素包括震源、传播介质与途径和局部场地条件这三类，与影响地震烈度的因素大致相同，可以参考第 4.5.3 与 4.7 节。

6.3.1 影响振幅的主要因素

振幅是地震动特性中最主要的一个，它与震害有密切关系。假若一地震动过程的振幅加大若干倍，使得 $a_1(t)=ka_0(t)$，而 $k>1$，则 $a_1(t)$所引起的震害一般均大于 $a_0(t)$，因为这时 $a_1(t)$

与 $a_0(t)$的其他要素如频谱与持时都是一样的。这里需要再强调一下，现在常常只用一个最大值 a_{max} 来代表地震动的振幅，这是很不全面的，因为地震动还有其他重要的工程特性，如频谱与持时，只改变地震动一个脉冲的最大值 a_{max} 而不改变其他的脉冲幅值，则频谱和持时都会改变。前面已经反复说明过了，不考虑其他特性而单纯用振幅这一个因素，则振幅与震害的关系是不明确的。

不论用什么幅值定义，震源、传播介质与距离、场地这三类因素都对振幅有重要影响。当然，这三类因素不只是对振幅有影响，它们对地震动的其他特性也有影响。下面分别讨论这三类因素的影响。

6.3.1.1　*震源*

在工程应用中，震源的最简单描述是震级。假若其他条件(如距离等)不变，现有结果表明当震级不太大时，震级与地震动振幅 A 的关系可以写为

$$\ln A = c_1 + c_2 M$$

这里，A 可以是地震动加速度、速度、位移、频谱在某一给定周期时的谱值的任何一个。但是，当震级达到一定值以后，震级与高频地震动都会达到饱和。

(1) 震级饱和。在第 2.7 节中已经指出过，震级只是由某一频段内的地震动分量决定的，而与其他频率分量基本无关。当采用这样狭频带地震动分量定义的震级时，就出现了如下两个现象，第一，同一地震可以有几个震级。如一个是 M_L，一个是 M_S，M_L 相同的地震不一定具有相同的 M_S。换句话说，用 M_L 这把尺度去衡量，两个地震可以一样大，这不过表明这两个地震的 1s 左右的地震动分量相等而已，而它们的几秒或几十秒的地震动分量却不一定相等，所以用 M_S 去量则可以不同；第二，当地震很大时，震级会饱和。例如 1906 年旧金山地震与 1960 年智利地震有相同的面波震级 $M_S=8\frac{1}{4}$，但是，后者的断裂面积约为 $1.5\times10^5\text{km}^2$，断层错位 20m；而前者的断裂面积仅为 $0.6\times10^4\text{km}^2$，断层错位 4m，分别为后者的 1/25 和 1/5。这一现象与高频地震动饱和有关。现在人们已接受震级饱和这个概念，因此，一个新的不饱和的震级 M_W 已逐渐为人们所接受，即以地震矩 $M_0=GA\bar{u}$ 为基准的矩震级（见第 2.7.4 节），它适用于远场地震动分析。图 6.3.1 中绘出了这些震级的关系。由此可见，一般震级都可能饱和，用高频分量地震动来定义的震级（如体波震级 m_b 和地方震级 M_L）首先达到饱和，但矩震级 M_W 不饱和。

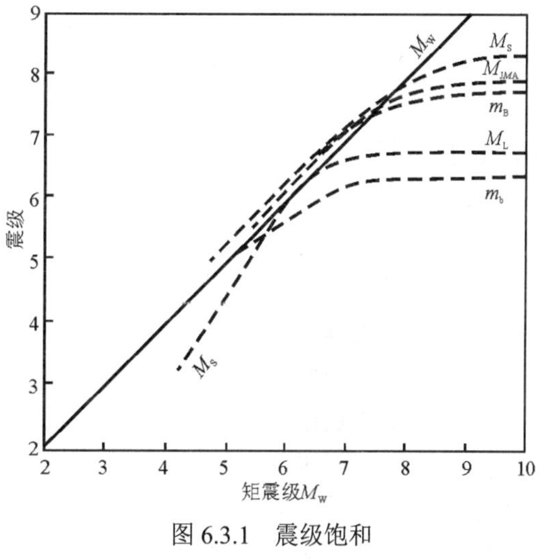

图 6.3.1　震级饱和

(2) 高频地震动的饱和。在第 6.2.4节中说过，地震动加速度是由地震动高频分量决定的，而高频地震动在传播途中容易被衰减，所以高频震动不能传播很远，虽然在传播途中的反射折射又可以产生高频震动，但它与震源发射出来的高频振动毫无关系。在第4.5.3节中介绍过，大地震的

断裂面积很大，断裂水平长度可以很长，断裂面的全部断裂要几秒甚至几十秒才能完成。对于近断层面的点来说，其高频震动主要是由靠近该点的断层破裂面上释放的能量引起的，更远的断裂面上释放出来的高频能量会迅速衰减，而且在几秒钟以后才能到达该点，故不足以加大该点高频震动的振幅，而只能延长该点振动的持时。这就是十几年前人们（Schnabel and Seed，1973）所说的在$M_L \geqslant 6.5$时加速度的饱和。汉克斯（Hanks，1979a，b；Hanks and Kanamori，1979）近几年又多次指出这一点，并从震源机制上指明，高频地震动或近断层处的加速度与断层面上的应力降$\Delta\sigma$有密切关系，特别是距离最近的破裂面上的应力降，而不和任何震级有关。

汉克斯指出，加速度最大值不是反应高频地震动的好指标，他建议用均方根加速度a_{rms}代替它，他得到

$$a_{\mathrm{rms}} = C \cdot \frac{\Delta\sigma}{R}\left(\frac{f_{\max}}{f_0}\right)^{1/2} \tag{6.3.1}$$

式中，R为震源距；$f_0=1/T_d$和f_{max}为所考虑的最低和最高频率；C为常数；T_d为断层破裂持时，大体上等于强地震动持时。

地震动振幅的上限值还可以从断层破裂的强度上限来推断。豪斯纳（Housner，1965）和安布雷赛斯（Ambraseys，1969）都这么推断过。安布雷赛斯考虑断层受单剪，剪切模量为G，密度为ρ，平均剪切强度为$P/2$。设断裂后断裂面上的平均剩余强度为$p\dfrac{P}{2}$，$p<1$，他得到断层面上最大速度为

$$V = Pv_S \cdot (1-p)/2G \tag{6.3.2}$$

若$p=1$，则$V=0$，表示断层未破裂。若$p=0$，上式即为豪斯纳的结果。

实验室中小岩石试件的三向压力试验表明，应力降系数$(1-p)$随深度或有效三向压力的增加而降低，所以深断裂处的滑动速度要小于浅断层。断层运动速度还与剪应变P/G有关，此应变为岩石破裂前岩石中的应变，它约为10^{-3}左右。假设考虑20km宽度的浅断层，临界应变为3×10^{-3}，剪切波速v_S=3km/s，强度下降为破裂强度的25％，则断层运动速度约为

$$V = \frac{3\times10^{-3}\times3\times10^{5}\,\mathrm{cm/s}}{2}\times0.25 = 112.5\mathrm{cm/s}$$

这可能是速度上限的近似值，也许上限大致在100～150cm/s范围内。

一般认为设定一个加速度上限并不是明智的，假若频率极高，则加速度可能很大，可能会超过几倍重力加速度；在一定假定下，豪斯纳曾经估计加速度的上限接近$0.5g$。但是实测记录已多次超过此值，最大时曾达$1.7g$甚至$2.3g$，虽然可能存在局部条件的影响，但20世纪80年代初有人估计上限为$2g$。

(3) 震源线性长度。从第5.4节中的海原地震、通海地震以及其他历史地震来看，凡是地表有很长的新断裂出露时，近场宏观等震线均呈瘦长形或椭圆形，其原因公认为是振动能量释放区的分布在平面上呈长条形之故。因此，地震动在地表的分布在近场也应是瘦长形或椭圆形的，但是现有强震观测台站尚未记录到这种大地震的地震动分布。

现有地震动衰减规律大多只考虑圆形衰减规律，即将震源看做是点源，而不考虑瘦长

形或椭圆形的衰减。这种简单处理的原因是，现有记录大都是在较小震级下取得的，记录点的平面分布也没有形成适当的场，不足以证明地震动的瘦长形或椭圆形衰减关系。只是在采用断层距表示的衰减规律中或在地震动危险性分析（见第十二章）中才有人这么考虑过。

6.3.1.2　传播介质与距离

传播介质对地震动的影响现在研究得很少，原因可能有以下三点：第一，地壳中地震波的传播介质很复杂，对强地震动而言，重点在于近震区的局部地壳构造与表层沉积，这尤其复杂。虽然有人研究过河谷地区近地表厚度几公里以内的表层沉积物的影响，但未能得到可以为地震工程所用的结果。第二，现有强震记录为数过少，特别是一次地震中的记录数多未能形成一个大面积地震动场的分布，不足以进行这一影响的研究。第三，对个别地区个别地震的结果，不足以估计未来地震动的分布规律，例如对1979年南加州英佩里亚尔地震，最近有人详细研究过其加速度分布场，认为分布是有方向性的，但规律比较复杂，并不像简单的椭圆形，这样的结果当然还不能为工程抗震设计所利用。

距离的影响虽然是当前最明确的，即平均而言，地震动振幅是随着震源距增大而减小的，但是，这里仍然存在着尚待研究解决的问题。主要的问题是近场地震动，即震中距或断层距在一二十公里以内的地震动变化规律。一般认为，由于震源深度一般在一二十公里以下，近震中或地表断层的观测点到震源能量释放中心的距离相差很少；离观测点过远断裂的能量释放又不足以加大观测点的地震动振幅，所以大多认为地震动加速度幅值在近场可能变化不大（参见第6.5.2节中有关近场地震动的讨论）。

6.3.1.3　局部场地条件影响

参见下节的讨论。

6.3.2　对频谱有影响的主要因素

局部条件中的场地土层对频谱形状的影响首先被各国抗震规范所接受，我国规范早在1964年草案中就根据自己的研究明确提出这一影响。采用这一规定的主要原因在于许多地震震害与地震动记录指明了这一平均趋势；当然，从震动理论上也可以接受这一规定。现在，美国、日本及其他不少国家的抗震规范已先后采用了随场地土而变形状的反应谱。

对反应谱形状有重要影响的还有地震的大小和距离。虽然从理论上早已指出，大地震的震源谱有更多长周期成分，而且从波传播理论也早已阐明，随距离加长，高频成分衰减大，谱的长周期部分会相对较大，因此，地震大、距离远的地震动频谱的形状会加强长周期部分。实测地震动记录也有这种表现，如图6.3.2。我国正在修订中的规范草案，美国ATC-3规范，加拿大1985规范都在原则上考虑到这种影响。

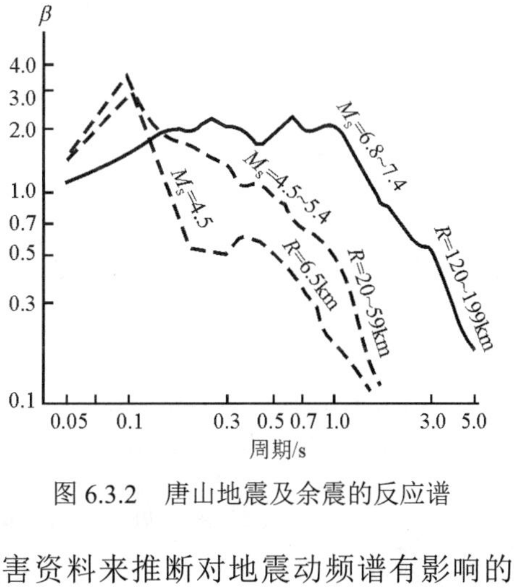

图 6.3.2　唐山地震及余震的反应谱

除了地震动仪器记录之外，有时还可以从震害资料来推断对地震动频谱有影响的因素。在第4.3.2节中介绍1952年美国加州克恩县地震、1954年美国迪克希河谷·费尔维尤河谷地震、1970年土耳其盖迪兹地震、1957年墨西哥格雷罗海岸地震时都曾提到过大地震在远距离处对长周期结构物造成的特殊震害，特别是在软弱地基上更为常见，而在这些地方自振周期短的低层房屋却无损坏；与之相反，在中小地震的震中区，房屋破坏则以低层为主。这显然是由于大震级、远距离、软弱场地上地震动的频谱在长周期处比较大之故。1975年海城地震中自振周期长的砖烟囱在软弱场地上震害衰减极慢（参见图5.4.12）也说明这一点。

我国抗震规范中规定的最软弱的是第Ⅳ类场地，其地下水位高、土壤主要为软粘土、淤泥，而土层又很厚，这类地基常为河湖相沉积。如我国的塘沽、墨西哥的墨西哥市等地，分布面很有限，大多远离山区。美国的地震动记录不少来自大城市已有住宅的地下室，而且一般房屋大多建造在中等地基上，所以多属中等地基的地震动。对于远震，较软弱的场地容易因共振效应而有较大的反应，所以容易得到记录；而近震记录则必须地震发生于附近才能得到，由于软弱场地本来为数不多，而又远离地震较多的山区，所以不易取得记录，从而形成软弱场地上的地震记录是以大震级、远距离的记录为主的现象，这就是所谓实测数据的偏颇。如何分析这种数据，是一个值得研究的问题。

有些地震动记录的反应谱的卓越周期扩展到0.7～1.0s的中长周期，这是一个事实，但问题在于它是什么因素引起的。现在不少人认为，地震的大小、震源动力特性、距离和场地条件这四个因素可能都对反应谱形状有重要影响。假若数据很多，最好的办法当然是将数据分类，在研究一种因素的影响时，要求其他三种因素的条件均相同，如在同一震级范围、同一震源特性、同一距离范围内研究不同场地条件下的反应谱，或在同一震源特性、同一距离范围、同一场地条件下研究不同震级对反应谱形状的影响。

6.3.3 对持时有影响的因素

虽然持时的定义目前尚不统一，但从工程要求看，合理的定义给出的结果相差不大；另外，影响持时的因素和持时的估计也可以达到地震动振幅与频谱估计的同等水平。前面说过，地震动的大小主要决定于地震断裂面积和局部应力降的大小以及岩体中所能储存或释放能量的多少。地震动持时主要决定于整个断裂面断裂所需要的时间，因为这就是震源释放出能量的持续时间，这是容易理解的。现有地震学知识是可以粗略地从地震大小估计断裂面积或断裂长度的，而且从地震动的总持时来估计震级也是可行的。

豪斯纳与詹宁斯（Housner and Jennings，1964）曾按平稳化过程的公式（3.4.1），取$m=1$，按图3.4.1的参数，震级的影响如表6.3.1所示。相对持时T_d约在t_2-t_1和t_3-t_1之间（参考图6.5.5）。

表 6.3.1　震级 M 对平稳化函数 $f(t)$的影响

t/s	$M=5$	$M=6$	$M=7$	$M=8$	$f(t)$
t_1	2	2	4	4	1
t_2	2.5	4	15	30	1
t_3	3.5	10	30	80	0.2

地震时断裂开始于断层面上一点或一个局部，然后向四面扩展。现在已经知道断裂扩展或传播速度约为v_f =2～3km/s，因此持时可以近似等于断裂扩展距离除以v_f，而断裂扩展距离必然在$0.5L$～$1L$之间，L为最大断裂长度，假若是单侧破裂即为L，对称双侧破

裂即为0.5L。

当采用相对持时或强度标准差函数时，由于地震波在传播过程中的反射、折射等现象，持时会有所加长。这一影响目前还只能从实测数据寻求经验规律。

严格地说，地震动振幅强度包线的形状与震级、距离（包括方位）、场地条件三者都有关系，如图6.2.3所示，小近震的包线一般总持时短、平稳段（t_2-t_1）短，振幅小；大远震的包线总持时长、平稳段也长，振幅大；迄今记录甚少的大近震则可能在加速度时程曲线上出现总持时长、平稳段短、加速度振幅大的特点，如1971年圣费尔南多地震时Pocoima记录那样。

6.4 地震烈度与地震动

地震烈度与地震动的关系是一个古老的课题，从1888年霍尔登烈度表第一次提出用地震动加速度作为地震烈度的定量指标时，就可以说是开始了这一课题的研究。由于地震烈度是一个简单定性的概念，不少人希望赋于它一个定量的物理指标，既可以给烈度一个定量指标，又可以使它为工程抗震设计服务。既然烈度也是表示地震动强弱的概念，应该寻找一个地震动的参数与之相对应。自从20世纪30～50年代人们积累了不少地震动记录之后，这一研究间断地持续了几十年，现在仍有人在继续，只是人们已经放弃了用地震动的单一参数与之联系的努力，而代之以多参数。下面将简单介绍一下这一研究的发展过程及主要根据。这一问题之所以重要，在于现在国际上仍然有不少国家和地区的抗震规范中使用地震烈度这个词。

6.4.1 地震烈度与地震动单一参数的关系

用强震观测记录到的地震动加速度最大值来与地震烈度相联系的，首先是古登堡和里克特（Gutenberg and Richter，1956）。由于他们采用了许多“丢头”的小地震记录，又不愿意取当时认为过大的加速度值，如1940年埃尔森特罗地震记录最大加速度为0.32g，却仅取a=0.17g，所以使加速度值大为降低，从而得到下述关系：

$$\lg a = I/3 - 1/2 \tag{6.4.1}$$

式中，a为最大水平加速度(cm/s^2)；I为烈度。河角广（1973）根据日本的记录得到

$$\lg a = I/2 - 0.6 \tag{6.4.2}$$

式中，I为日本0～Ⅶ度划分的地震烈度。纽曼（Neumann，1952，1954，1958）只采用震中区的记录，得到频率约为0.3Hz的加速度与烈度的关系，如图6.4.1，其值换算为MM烈度后约为式（6.4.1）的2倍。纽曼的这一研究成果在当时是比较先进的，第一，他只采用震中区的加速度记录，从而减小了影响烈度因素的可变范围；第二，他特别指出所用加速度值与频率的关系，表明他重视了不同频率的加速度值对烈度会有不同的影响，而且他还进一步给出了不同震中距或不同周期的加速度与烈度的关系，见图6.4.1。有人（Hershberger，1956）虽然得到下述结果：

$$\lg a = \frac{3}{7}I - \frac{9}{10} \tag{6.4.3}$$

却作出下述总结:“由此研究，现在我可以得到的惟一结论是：这不是得到任何结论的途

径。这些结果中的离散太大，不允许在烈度与加速度之间假设有任何肯定的数量关系。你们可以注意到，相应于烈度V，最高的最大加速度比最低的大50多倍。而且，不同烈度的加速度变化范围搭接得那么多，在很大范围内的任一最大加速度可以表示两个或三个不同烈度中的任—个。”“我相信这些事实说明烈度不能仅仅只用加速度来表示。我们需要寻求可能涉及的任何其他因素，并试图寻求所有这些因素之间的关系。”默德韦杰夫（Медведев，1962）分析了美国的强震记录。他按较大加速度峰值及其前后加速度为零的时间作为半周期，从而在加速度与周期的图上确定烈度的关系，后来，又按图中曲线，确定了与烈度相应的不同周期的加速度、速度与位移，如表6.4.1，其中位移d指的是周期为0.25s，阻尼比为8%的摆的位移。但他的方法存在着两个缺点：①他确定周期的方法比较粗略，与反应谱或傅里叶谱完全不同，而与日本金井清等分析环境振动时的方式一样，是很不可靠的；②它虽然采用了速度与位移，但假定了加速度、速度等之间存在着固定关系。实质上还是只考虑了一个地震动因素。

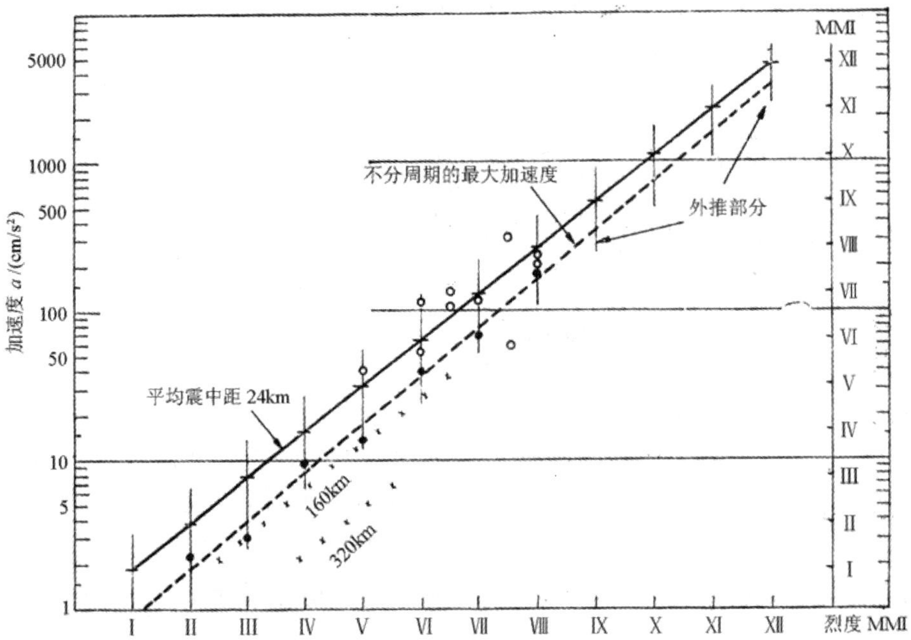

图 6.4.1　不同震中距时加速度与烈度的关系

表 6.4.1　不同烈度的地震动大小

烈度	a/(cm/s^2)	v/(cm/s)	d/mm
V	12～25	1～2	0.5～1
VI	25～50	2.1～4	1.1～2
VII	50～100	4.1～8	2.1～4
VIII	100～200	8.1～16	4.1～8
IX	200～400	16.1～32	8.1～16
X	400～800	32.1～64	16.1～32
相应周期/s	0.1～0.5	0.5～2.0	0.25

一些常见的结果汇总于图6.4.2。由图可见，离散性非常大，同一烈度所对应的地震动加速度常差几十倍甚至100倍，而相邻烈度的加速度不过相差一倍。为此，不少人试图用其他地震动量如速度来与烈度相联系。这些结果绘于图6.4.3中，结果也未见改善。

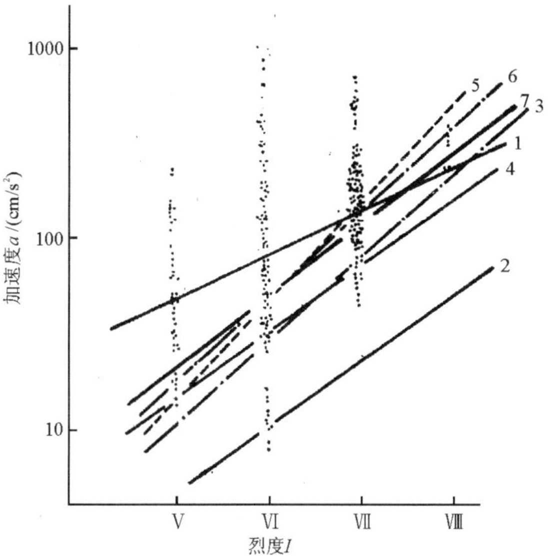

图 6.4.2　烈度与加速度的关系

1. 图中数据回归；2. 肯卡尼，1904；3. 石本已世雄，1931；4. 古登堡－里克特，1956；5. 彼得施米特，1952；6. 赫什伯格，1956；　7. 中国地震烈度表，1980

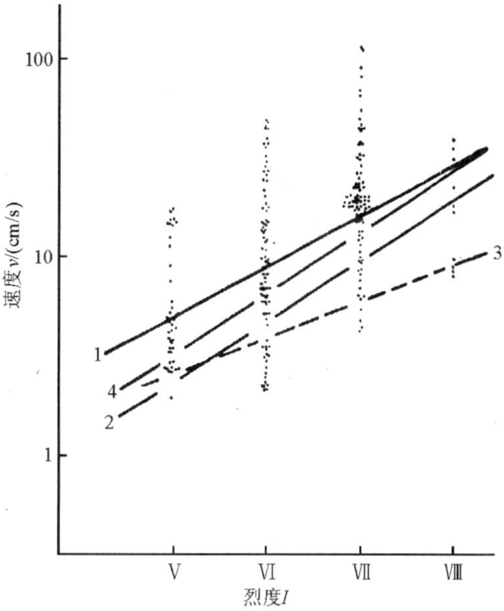

图 6.4.3　烈度与速度的关系

1. 图中数据回归；2. 纽曼，1960；3. 金井清，1967；4. 中国地震烈度表，1980

地震动加速度与速度的最大值是经常用来与烈度联系的量，此外，还有许多其他的量被采用过，如它们的均方值、谱强度、位移甚至持时；但结果仍然差不多，无大改进。

安布雷赛斯（Ambraseys，1973）在其特邀报告中对这一问题作了一个有说服力的总结，代表着现代认识的主流。他的阐述可以归纳为以下几点。第一，“过分强调烈度和最大地震动加速度或速度之间的经验关系，有很大的危险。近代教科书与现行规范常给出从烈度换算到加速度的表与公式，而不说明这些公式是怎样得到的或数据有多大的离散。”第二，他发现烈度与加速度的关系随着强震观测资料的积累而变得更为离散，因为随着数据的增多，记录到更多的极端情况，如很大的加速度（0.7g）却并未引起什么破坏的事例。其他专门从事地震工程多年的专家如豪斯纳和纽马克都曾明确指出，寻求地震动的任一单项参数与烈度的对应关系将是徒劳无功的，烈度过于粗略，不宜在工程设计中应用。

6.4.2　地震烈度与地震动多个参数的关系

通过几十年来许多人的尝试终于肯定了下面这个结论：烈度是由地震动的许多独立参数共同决定的，寻求任何一个参数与烈度的关系必然具有几十倍的离散，而所得到的平均关系的意义却远小于其离散，因而是没有实用意义的。为此，一些研究者试图寻求烈度与地震动多个参数之间的关系（Liu et al.，1982）。这些尝试会使经验关系的离散性有所降低，但尚未得到满意的结果。

这一尝试较有成效的结果可能是麦圭尔（McGuire，1977）得到的。他用美国资料求地震动某一物理量A（加速度、速度或位移）与烈度I、震中距Δ(km)和震级M的回归关系，结果如表6.4.2。由此可见，①无论用什么地震动物理量，假若只用一个，则离散$\sigma^2_{\ln A}$都是很大的，而且相差不多。②假若在这种回归关系中再引入其他变量如震级M或距离Δ，一般可以使离散减小，但并不特别显著。对一次地震而言，若引入震中距Δ，则离散的减小是显著的。图6.4.4所示1971年圣费尔南多地震的结果可以给人一个直观的量的概念。假若不分距离影响，则同一烈度内加速度值的变化范围较大，如Ⅵ度内的加速度变化于0.021～0.36g之间；假若同时考虑距离的影响，则加速度值变化于0.021～0.078g（Δ=73km），0.033～0.098g（Δ=52km），0.067～0.22g（Δ=32km），或0.11～0.33g（Δ=27km）之间。由此可见，离散减小不少，前者变化范围达17倍，后者则仅为3倍多。

表 6.4.2　软弱场地上的回归关系 $\ln A=c_1+c_2M+c_3\ln\Delta+c_4I$

物理量 A	c_1	c_2	c_3	c_4	$\sigma_{\ln A}$
加速度 a/(cm/s^2)	2.71	—	—	0.601	0.781
	2.01	—	−0.313	0.506	0.723
	1.81	0.904	−0.901		0.696
速度 v/(cm/s)	−1.51	—	—	0.543	0.770
	−1.11	—	−0.72	0.521	0.771
	−1.58	0.997	−0.710	—	0.715
位移 d/cm	−1.47	—	—	0.415	0.790
	−2.35	—	0.157	0.463	0.780
	−2.67	0.863	−0.398	—	0.740

上述研究者在寻求烈度与加速度a（或速度、位移）最大值的关系中，同时还引入了震级M和震源距R这两个量，在概念上，其作用大体上相当于引入其他与烈度有关的地震动参数。现在将上述关系改写为

$$I = c_1 + c_2 \ln a + c_3 M + c_4 \ln(R + R_0) \tag{a}$$

由于地震动参数一般可以近似看为决定于震级M和距离R（见下节）

$$\ln A = c_5 + c_6 M + c_7 \ln(R + R_0) \tag{b}$$

上式中，A可以代表速度、位移、某一周期处的反应谱值或持时，当然常数c_i(i=5，6，7)会随A的物理意义而变。对比上两式可知，虽然第一式中右端出现的是震级和距离，但可以认为它们代表独立于a的其他物理量的作用。

作者（胡聿贤，1983；Hu and Zhang，1983）建议采用加速度a和烈度I与震级M的关系。根据现有的同一地区的地震烈度和地震动的衰减关系，如式(a)和(b)，在消去R项之后所得到的关系一般就是I、a和M三者的关系，因为式(a)与(b)中的系数一般不满足下述关系：

$$c_3 / c_6 = c_4 / c_7$$

下面以美国加州地区的衰减关系为例，说明震级M对烈度与加速度关系的影响。

从表4.6.1中取钱德拉（1979）的圣安德烈斯区的地震烈度衰减关系为

$$I = I_0 + 2.065 - 0.00594\Delta - 2.065\lg(\Delta + 10) \tag{c}$$

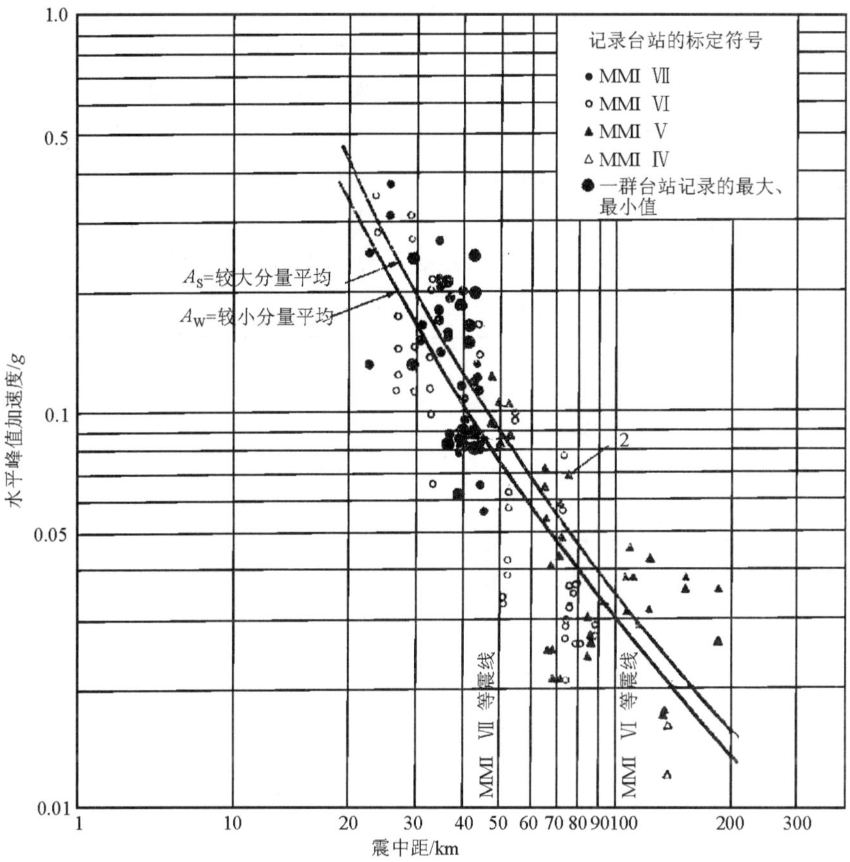

图 6.4.4　1971 年圣费尔南多地震水平峰值地面加速度回归分析

并取震中烈度I_0与震级M的关系为

$$I_0 = 1.5(M-1)$$

再从第6.5.2节取巴蒂斯（Battis，J.，1981）的加速度衰减关系

$$\ln a = 5.832 + 1.212 m_b - 2.076 \ln(\varDelta + 25) \tag{d}$$

其中，体波震级m_b为

$$m_b = 1.276 + 0.749M$$

从式(c)和(d)中消去震中距$\varDelta$后即可得到烈度I、加速度a与震级M之间的关系，数值结果如表6.4.3所示。由此可见，在同一烈度时，由于震级的不同，加速度可以在一个数量级之间变化。因此，在加速度与烈度的关系中应该考虑震级的影响。

从上述结果可以看到，对于同一烈度，加速度随距离或震级的增加而降低。这种降低意味着除了加速度a之外，还有其他地震动参数也对烈度有重要影响，这些参数加大也会使烈度加大，因此，当加速度a降低而烈度仍然不变时，就意味着另一个或几个对烈度有重要影响的量在上升，有人认为这是持时；此外，烈度的不连续变化和频谱随距离的变化也有重要影响。

用地震动多参数来与烈度相联系是否能取得令人满意的效果，尚难肯定。不少人认为，烈度是一个宏观的综合的震害描述，其中一部分是由地震动的各种因素综合决定的，而另一部分则主要决定于地质准静力现象，如断层位错、滑坡等地基失效现象（见第4.4节），与地震动关系不大。对于后一部分震害或烈度现象，企图和地震动相联系是徒劳无益的。对于前一部分虽然原则上可以与地震动相联系，但是其中又混入了烈度的粗略，综合、主观、等级等因素以及地震动的复杂变化，也会有不小的离散。因此，不少人认为在地震工程中可以直接引入地震动的某些参数作为设计之用，而不必通过烈度。事实上，现在国际上的抗震规范中有大部分已是这样处理的（见第十四章）。

表 6.4.3　加速度 a 与烈度 I 和震级 M 的关系

M \ a/g \ I	Ⅵ	Ⅶ	Ⅷ	Ⅸ	Ⅹ
5.5	0.135	—	—	—	—
6.0	0.082	0.284	—	—	—
6.5	0.048	0.179	0.583	—	—
7.0	0.030	0.104	0.389	1.154	—
7.5	0.022	0.064	0.228	0.833	—
8.0	0.018	0.044	0.136	0.502	1.747
8.5	0.017	0.034	0.091	0.292	1.100

6.5　地震动的估计

地震动的估计是地震工程学中的一个重要步骤，它的主要目的就是为抗震设计提供一个定量的设防标准，像抗风设计中确定风压，抗洪设计中估计洪水位那样。

6.5.1　三种估计途径

地震动的估计有三种可能的途径。第一种是通过地震烈度的估计，再利用烈度与地震动的对应关系将烈度换算为地震动设计参数；第二种是根据过去强震观测结果，寻求地震动与地震大小、震源特性、传播介质、场地影响的统计规律（常称为衰减规律），然后直接用此衰减规律来估计地震动；第三种是通过震源机制理论分析，应用动力学原理，计算山地面附近的地震动。

第一种是过去广泛使用而现在仍为许多国家和地区使用的途径。其优点在于可以充分利用当地历史地震资料得到的地震烈度衰减规律，其缺点在于烈度和地震动的换算关系是极不可靠而过分粗略的。第二种途径是20世纪中叶提出来的，主要应用于美国、日本、加拿大、印度等国家。其关键步骤在于确定地震动衰减规律，美国主要依靠所取得的大量地震动记录，加拿大就近引用，日本主要依靠过去从墓碑倾倒中反算出来的等效地震动加速度值和取得的地震动记录，印度主要依靠从历史地震中器物的推移、倾倒反推出来的有效加速度值。这种途径的优点在于物理概念清楚、逻辑上合理，缺点在于许多地方都缺少强震记录，而从器物移动与倾倒反推地震动的精度目前难以估计，即使估计可靠，也只能估计出地震动的一个量，无法对三个要素都进行估计。但是，最近有人提出一种根据两地烈度衰减的对比关系（Hu et al.，1983；Battis，1981），从一地所得的地震动衰减关系估计另一地的地震动衰减关系。这一修改在估计地震动振幅值和反应谱值时可能有所帮助。第三种途径还在研究发展中，最近几年进展不小，在美国东部核电站抗震分析中有应用的趋向。所以，目前广泛采用的途径只有前两种。下面先介绍地震动衰减关系，然后再分别详细介绍前两种途径。

6.5.2 地震动衰减规律

1．回归公式与数据

地震动衰减规律目前大都是根据历史数据总结出来的经验关系。所采用的总结方法是回归分析，即先根据经验选定一种或几种经验关系的数学表达式，如

$$\ln y = c_1 + c_2 M + c_3 \ln(R + R_0) + c_4 M^2 + c_5 R + c_6 j_s + c_7 j_v + c_8 \ln P \tag{6.5.1}$$

式中，y可以表示地震动的任一物理量，如加速度、速度或位移最大值，反应谱在给定周期和阻尼比的幅值，持续时间等等；右边第四项常被省去；j_s为场地变量，只取整数值，如0、1、2等，分别表示不同场地类别；j_v为竖向分量变量，j_v=0代表水平分量，j_v=1代表竖向分量；R_0为事先选定的常数，如R_0=25km，也可由回归分析决定；P为地震动不超过y值的概率。

有人（如Joyner-Boore,1981）从地震波传播原理，选用（$\ln R+c_3R$）来代替$c_3\ln(R+R_0)$，$\ln R$表示几何扩散；c_3R表示材料能量吸收，c_3常在0.001～0.005之间，在R＞100km时，c_3R项逐步变得重要起来，在R＜30km时，这一项可以忽略不计。

式（6.5.1）有一个很重要的假定，即不同场地条件和不同地震动分量的地震动衰减曲线是相互平行的，因为c_6或c_7都是常数，与震级、震源距等均无关系，而其他项并不包括场地条件或分量的影响。例如就竖向地震动与水平地震动而言，式（6.5.1）所能反映的差别只是c_7j_v这一项，即$\Delta \ln y=c_7$=常数，所以假若水平地震动（j_v=0）的衰减关系为

$$y_h = f_h(M, R, j_s, P)$$

则竖向地震动（j_v=1）的衰减关系为

$$\ln y_v = \ln y_h + \Delta \ln y = \ln f_h + c_7$$

$$y_v = e^{c_7} \cdot y_h = c \cdot f_h \qquad (c = e^{c_7})$$

对于场地条件也是如此，即不同场地条件的地震动衰减规律都可以用一个常数的乘子来反映。事实证明并不如此。如图6.5.1是现在较多数人接受的不同场地上地震动加速度最大值a_{max}的衰减关系。式（6.5.1）的公式强迫图中的两条曲线在y与R的函数坐标上必须平行，而不得交叉。假若容许曲线可以自由改变形状，可以相互交叉，则对于不同分量或不同场地条件，式（6.5.1）中的各项系数都需要重新按数据确定。

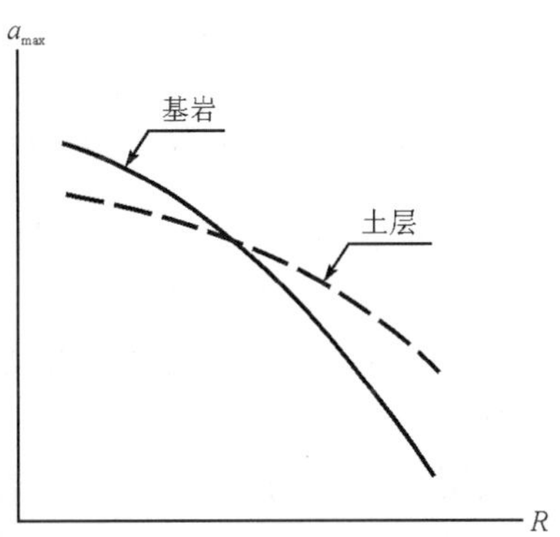

图 6.5.1 场地条件对加速度衰减关系的影响

式(6.5.1)是现在常见采用的一种表达形式，式中有关震级M与震源距R的项有时也采用其他形式，如Bolt和Abrahamson（1982）最近建议采用下述形式：

$$\ln y = c_1 + c_3 \ln[(D+R_0)^2+1] + c_5(D+R_0) \tag{6.5.2}$$

式中，D为断层距；c_1，c_3，c_5和R_0都可以是震级M的函数。上述两式的选用根据有所不同。式（6.5.1）是半经验关系，其中，c_5R与$c_3\ln(R+R_0)$是从理论上推导出来的，c_5R代表地震波在地壳介质中传播时的内摩擦耗能作用，而$c_3\ln(R+R_0)$则代表传播中的几何扩散作用；式（6.5.2）则着眼于使回归公式有更多的适应性，希望各部分的回归值由各部分的数据来确定；而式（6.5.1），由于采用了震源距$R=\sqrt{\Delta^2+h^2}$，故在近场，地震动y决定于h值和常数c_1的选择，而c_1则由数据集中的中远场所决定。

图6.5.2示出现有强震观测数据在震级M和断层距D图中的分布情况。由此可见，观测数据主要分布于小震的近场和大震的远场，而在小震的远场和大震的近场则缺乏数据。这就是强震数据的偏颇或分布上的不均匀。假若用式（6.5.1）来进行回归，用这一组数据则得图6.5.3中虚线所示的结果。假若删去$D\leqslant 8$km仅有的25个数据，所得结果并没有多大的改变，这说明式（6.5.1）给出的近场（$D\leqslant 8$km）结果是由中远场决定的。假若用式（6.5.2）则得图中实线所示结果，它表明，由于近场数据过少，故近场规律颇不明确。由此可见，回归公式的选择对数据很少的区域是十分重要的，需要特别慎重。

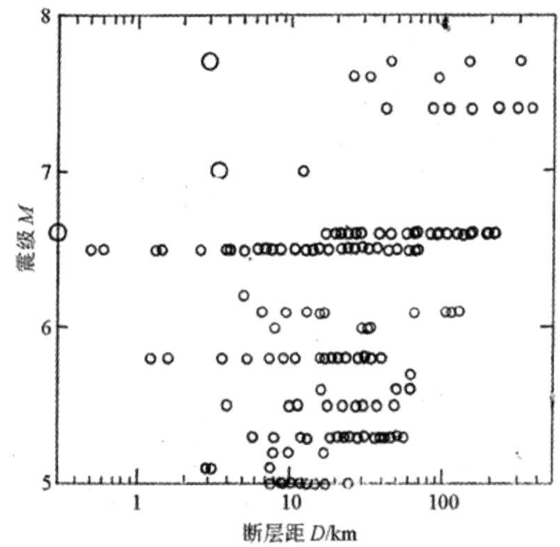

图 6.5.2　现有强震观测数据的分布

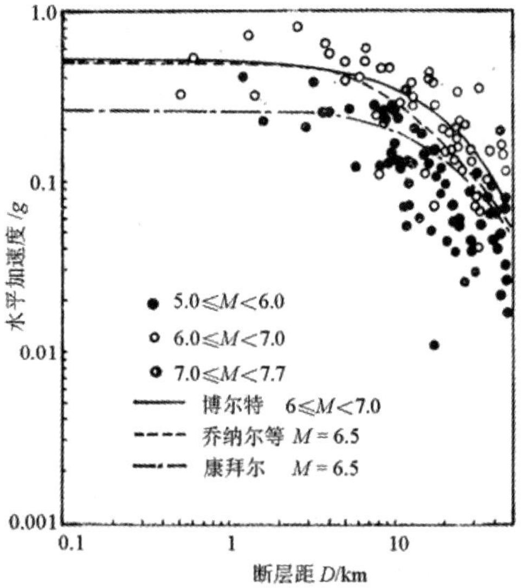

图 6.5.3　近场衰减关系式(6.5.1)和(6.5.2)的对比

对工程抗震而言，关心的是足以危害人民的强烈地震动，所以对震中附近或近场的衰减规律十分重视。在近场中，距离R的选择是有影响的。一般在取R_0=0时定义R为震源距，所以在地表震中点$R>0$，不致使$\ln(R+R_0)$具有奇点；在取$R_0\neq 0$时，也可以取R为震中距Δ或断层距D。

在采用公式（6.5.1）之类的形式时，有几个问题值得重视。第一，一般假设y符合对数正态分布，即$x=(\ln y-\ln y_0)/\sigma_{\ln y}$符合正态分布，所以$y_{50}$为$y$的中位数，即使$x$=0时的$y$值，故$y_{50}=y_0$；使$x$=1的$y$值称为84分位数$y_{84}$，是使$x\leqslant 1$的概率为84%的$y$值，即

$$x=\frac{\ln y_{84}-\ln y_0}{\sigma_{\ln y}}=1 \qquad 或 \qquad y_{84}=y_{50}e^{\sigma_{\ln y}}$$

由于对数正态变量y的平均值$\bar{y}$与正态变量x的平均值$\lambda=\overline{\ln y}=\ln y_0$和方差$\sigma_{\ln y}^2$之间有下述关系：

$$\bar{y}=\mathrm{e}^{\lambda+\frac{1}{2}\sigma_{\ln y}^2}$$

所以得到下述结果：

$$\bar{y}=y_0\cdot \mathrm{e}^{\frac{1}{2}\sigma_{\ln y}^2}=y_{50}\cdot \mathrm{e}^{\frac{1}{2}\sigma_{\ln y}^2} \tag{6.5.3}$$

由此可见，只要求出了ln$y$的方差$\sigma_{\ln y}^2$，就可以求得具有任何概率意义的y值。第二，一般在采用式（6.5.1）进行回归时，都要求对ln$y$进行回归分析，即使

$$\Sigma(\ln y_{\text{记录}}-\ln y_{\text{回归}})^2=\text{最小} \tag{6.5.4}$$

这样得到的结果与对y进行回归的结果是不同的。

2．现有衰减规律

当前国际上具有大量强震动记录的国家是美国和日本，所以现有的地震动衰减关系大多是根据他们的资料总结出来的。这些衰减关系具有下述两个共同的特性。第一，所给衰减关系为大量数据的平均值，实测数值的离散性很大，同一条件下的地震动估计的最大与最小值常可差几倍至十几倍之多。若已知标准差σ，在假定概率分布后，容易得到具有某一不超过概率的地震动估计值，如在正态分布时，（平均值+σ）的不超过概率为84%。第二，不同的衰减关系给出的结果可以相差很大，如图6.5.4。差别的主要原因为：①数据取舍不同。例如水平加速度峰值a_{p}，有的取同一场地的两个水平分量作为不同的实测结果，有的仅取较大的一个，有的取两个峰值的矢量和，有的取两个水平分量过程的矢量和过程的峰值；②场地分类不同。场地分类标准不明，场地的具体地质土壤情况不清，同一场地有时被划为不同的场地类别；③回归公式与分析方法不同。实测数据集中于震级5～7之间，缺乏大震级近场（如20km之内）记录，所以外推的结果差别很大；④尚有许多震源与介质特性均未考虑；⑤地震动峰值是随机量。

一个有争论的问题是：在近场，地震动加速度峰值是土层上大还是基岩上大。在宏观震害上，已经有过—番争论。20世纪50年代，日本从震害中总结出震害在硬场地上轻于在软弱场地上的经验，但大多是对他们常用的木房屋而言；对于较刚性的钢筋混凝土房屋而言，则有两种不同的意见：一种以金井清为代表，认为钢筋混凝土房屋的震害随土层加厚而略有降低；另一种以北泽五郎为代表，认为震害随土层软弱而加大。当时，后一意见占了上风。到20世纪60年代，更多的根据表明第一种意见是正确的（Ohsaki，1972）。在地震动上也有过这一争论。1974年坎贝尔与杜克（Campell and Duke，1974）根据1971年圣费尔南多地震时的记录，研究不同场地上的地震动加速度峰值随距离的衰减关系。他们假设不同场地上的地震动衰减曲线是相互平行的，从而得到软土场地上的加速度峰值大于硬土场地。詹宁斯在讨论这一文章时指出两点：第一，将原文四种场地的原始地震动数据叠合后，数据混杂在一起，看不到场地有什么影响；第二，原文假设不同场地的地震动衰减曲线相平行是不恰当的。后来更多的研究说明，在近场内，基岩上的加速度峰值大于软弱场地；而在远场，软弱场地上的加速度峰值大于基岩（Idriss，1978）。这一结果与场地条件对反应谱的影响是一致的（见第6.3.2节）。

下面列举几个有代表性的地震动衰减关系，并在图6.5.4中作对比。在下面的论述中，

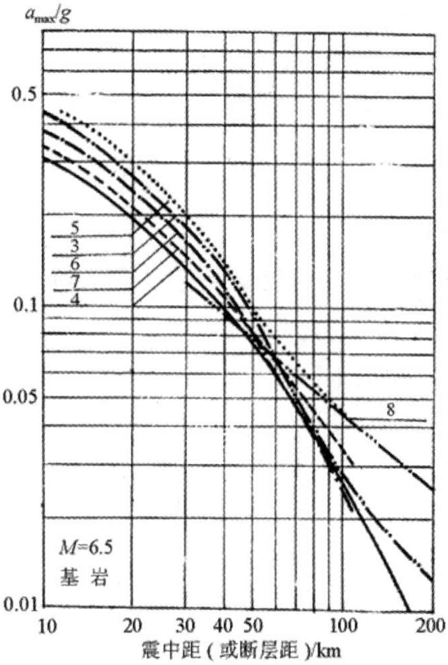

图 6.5.4(a)　加速度衰减曲线的比较

3. 希德；4. 胡聿贤等；5. 麦圭尔；6. 巴蒂斯；
7. 唐诺万；8. 阿尔提卡耶夫·科普尼切夫

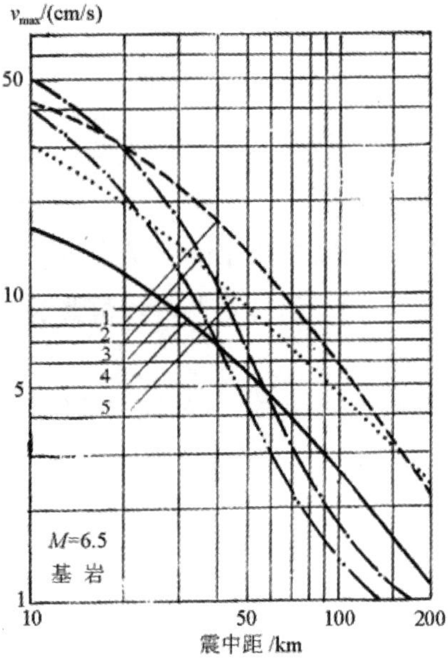

图 6.5.4(b)　速度峰值衰减曲线

1. 埃斯特瓦；2. 特里芬纳克；3. 希德；
4. 胡聿贤等；5.麦圭尔

R为震源距，D为断层距，$\varDelta$为震中距，均以km计。

1) 加速度峰值（单位除写明为g者外，均为cm/s^2）

(1) 施纳贝尔·希德（1973），基岩场地：见图6.5.4（a）。

(2) 唐诺万·博恩斯坦（1978），基岩或硬土：

$$a_{max} = c_1 e^{c_2 M}(R+25)^{-c_3}$$

$$\sigma = \begin{cases} 0.30g & (a_{max} > 0.3g) \\ -0.48g & (a_{max} = 0.05g) \end{cases}$$

$$c_1 = 2.154 \times 10^6 R^{-2.1}$$

$$c_2 = 0.046 + 0.445 \lg R$$

$$c_3 = 2.515 - 0.486 \lg R$$

(3) 麦圭尔（1978），场地变量S=0（基岩），1（土）：

$$\ln a_{max} = 3.4 + 0.89M - 1.17 \ln R - 0.2S$$

$$\sigma_{ln} = 0.62$$

(4) 巴蒂斯（1981）

$$\ln a_{max} = 5.832 + 1.212 m_b - 2.076 \ln(\varDelta + 25)$$

$$\sigma_{ln} = 0.7$$

$$m_b = 1.276 + 0.749 M_L$$

式中，$\varDelta$为震中距。

(5) 日本《道路桥示方书·同解说》（1980）：

Ⅰ基岩 $a_{max} = 46.0 \cdot 10^{0.208M} (\varDelta + 10)^{-0.686}$

Ⅱ硬地基 $a_{max} = 24.5 \cdot 10^{0.333M} (\varDelta + 10)^{-0.924}$

Ⅲ次硬地基 $a_{max} = 59.0 \cdot 10^{0.261M} \cdot (\varDelta + 10)^{-0.886}$

Ⅳ软地基 $a_{max} = 12.8 \cdot 10^{0.432M} \cdot (\varDelta + 10)^{-1.112}$

(6) 胡聿贤（1982），基岩场地：

$$\lg a_{max} = 1.71 + 0.657M - 2.18\lg(R + 30)$$
$$\sigma_{ln} = 0.47$$

(7) 阿尔提卡耶夫·科普尼切夫（Aptikaev，F.，1980），不分场地，世界各地记录，断层类型：

$$\lg a_{max} = 1.70 + 0.28M - 0.80\lg R \qquad a_p \geqslant 160\text{Gal}$$
$$= 0.80 + 0.80M - 2.3\lg R \qquad a_p < 160\text{Gal}$$

随断层错动类型而变的地震动衰减关系见表6.5.1。

表 6.5.1　a_{max} 与 T_d 和断层类型的关系

参　数	断层类型				
	逆　冲	逆冲走滑	走　滑	走倾滑	倾　滑
$\lg\dfrac{a_0}{a_{max}}$	0.35±0.13	0.11±0.17	0.22±0.08	0.06±0.13	−0.06±0.20
$\lg\dfrac{T_{d0}}{T_d}$	0.19±0.15	0.12±0.14	0.30±0.08	0.23±0.32	0.35±0.10

注：下指标0表示观测值。

图6.5.4（a）中给出了这些结果的一组对比。由此可以看出，在实测数据集中的部分（M=6.6，R=30～100km），这些估计的结果都相近。许多人选择基岩地基为研究对象的原因有二：第一，与土层地基相比，基岩地基较易定义，结果的离散性可能较小；第二，从基岩地震动可以计算土层地表的地震动或土结相互作用。

2) 近场加速度峰值

近场约指在M，D或$\varDelta$图（图6.5.2）中，M=5.0，D=5km；M=6.5，D=35km；M=7.5，D=45km这三个点所组成的折线之内的范围。

(1) 坎贝尔（1981）：

$$a_{max} = 0.0185\mathrm{e}^{1.28M} (R + 0.147\mathrm{e}^{-0.732M})^{-1.75} g$$
$$\sigma_{ln} = 0.384$$

(2) 博尔特·阿伯拉罕森（Bolt, B., Abrahamson, N.A., 1982），M=6.0～7.7：

$$a_{max} = 1.6 \times 10^3 [(D + 8.5)^2 + 1]^{-0.19} \mathrm{e}^{-0.026(D+8.5)}$$
$$\sigma = 0.09g$$

对于近场地震动加速度的衰减关系现在是有争论的，较多人的意见是，当M≥7.5左右，①a_{max}不再随M增长；②在D≤10km左右，a_{max}也与R的关系不大。图6.5.3给出了一些原始数据和上两组衰减关系的对比。

3) 速度峰值（cm/s）

(1) 金井清等（1966），基岩：

$$\lg v_{\max} = 0.61M - \left(1.66 + \frac{3.6}{R}\right)\lg R - \left(0.631 + \frac{1.83}{R}\right)$$

(2) 埃斯特瓦·维拉维德（Esteva，L.，1976）：

$$v_{\max} = 32e^{M}(R+25)^{-1.7}$$
$$\sigma = 0.74$$

(3) 特里芬纳克·布雷迪（1976），场地变量 j_s=2（基岩），1（中等土），0（冲积土）；竖向变量 j_v=1（竖向），0（水平）；P=不超过概率，P=0.5为平均值；适用范围M=3～7.7。

$$\lg v_{\max}=8.357-1.087P-1.059M+0.201M^2+0.134j_s+0.344j_v-\lg A_0(R)$$

式中，$\lg A_0$表示衰减关系，当R=0时，$\lg A_0$=1.40；R=50km时，$\lg A_0 \geqslant 2.52$，中间可以内插。

这一公式对于场地条件和竖向分量采用附加 j_s和 j_v项的方式，而其他各项均与S和v无关。这种方式假定了不同场地条件的衰减曲线是相互平行的，竖向地震动的衰减曲线也与水平的相互平行，从而对回归曲线作出了不恰当的限制。

(4) 麦圭尔（1978），M=4.5～7.7：

$$\ln v_{\max} = -1.00 + 1.07M - 0.96\ln R + 0.07 j_S$$
$$\sigma_{\ln} = 0.64$$

(5) 胡聿贤等（1982），基岩场地：

$$\lg v_{\max} = -0.269 + 0.604M - 1.53\lg(R+30)$$

图6.5.4（b）中示出了这些结果的一组对比。

4) 反应谱（阻尼比ζ=0.05）

(1) 片山恒雄（Katayama，1980）：

$$S_a(T) = f_M(T)\cdot f_\Delta(T)\cdot f_s(T) \quad (\text{cm/s}^2)$$

场地分类与日本道路桥同。

(2) 乔纳尔和波尔（Joyner and Boore，1982）：

$$\lg S_v(T) = c_1 + c_2(M-6) + c_3(M-6)^2 - c_4\lg R + c_5 R + c_6 j_s \quad (\text{cm/s})$$
$$\sigma = 0.26 \sim 0.37$$

常数值见表6.5.2。

(3) 胡聿贤等（1982）：

$$\lg S_a(T) = B_0 + B_1\lg(R+30) + B_2 M$$

常数值见表6.5.3。

5) 持续时间(s)

(1) 麦圭尔（1978），90%能量持时：

$$\ln T_d = 0.19 + 0.15M + 0.35\ln R + 0.73 j_s + 0.23 j_v$$
$$\sigma_{\ln} = 0.47$$

在R=50km时，此式给出的结果与豪斯纳（1965）、阿尔杰米森、唐诺万（1972）等人的结果相近。

表 6.5.2　乔纳尔和波尔速度反应谱衰减关系 $S_v(T)$(cm/s)

T	c_1	c_2	c_3	c_4	c_5	c_6	h/km	σ
0.1	2.24	0.30	−0.09	1.0	−0.0067	−0.06	10.6	0.27
0.15	2.46	0.34	−0.10	1.0	−0.0063	−0.05	10.3	0.27
0.2	2.54	0.37	−0.11	1.0	−0.0061	−0.03	9.3	0.27
0.3	2.56	0.43	−0.12	1.0	−0.0057	0.04	7.0	0.27
0.4	2.54	4.49	−0.13	1.0	−0.0055	0.09	5.7	0.30
0.5	2.53	0.53	−0.14	1.0	−0.0053	0.12	5.2	0.32
0.75	2.46	0.61	−0.15	1.0	−0.0049	0.19	4.7	0.35
1.0	2.41	0.66	−0.16	1.0	−0.0044	0.24	4.6	0.35
1.5	2.32	0.71	−0.17	1.0	−0.0034	0.30	4.6	0.35
2.0	2.26	0.75	−0.18	1.0	−0.0025	0.32	4.6	0.35
3.0	2.17	0.78	−0.19	1.0	0	0.29	4.6	0.35
4.0	2.10	0.80	−0.20	0.98	0	0.24	4.6	0.35
a/g	0.49	0.23	0	1.0	−0.0027	0	8.0	0.28
v_{max}	2.17	0.49	0	1.0	−0.0026	0.17	4.0	0.33

表 6.5.3　胡聿贤等基岩加速度反应谱

T	B_0	B_1	B_2	T	B_0	B_1	B_2
0.04~0.05	−0.1589	−2.2068	0.4980	1.4	−3.9294	−1.5119	0.8224
0.10	−0.0769	−2.3262	0.5568	2.0	−4.2943	−1.3107	0.7829
0.15	−0.1202	−2.2329	0.5477	3.0	−4.5818	−1.1947	0.7702
0.20	−0.2956	−2.1144	0.5421	5.0	−5.3647	−1.2980	0.8948
0.24	−0.1724	−2.0701	0.5067	8.0	−4.3741	−0.8798	0.5631
0.30	−0.5052	−1.9139	0.5041	PD	−1.350	−1.1787	0.6180
0.40	−0.9060	−1.8678	0.5360	PV	−0.269	−1.5320	0.6041
0.50	−1.7960	−1.4391	0.5355	PA	1.7116	−2.1826	0.6574
0.6	−2.2812	−1.6281	0.6528	SD	−1.4816	−0.3474	−0.2070
0.8	−2.9491	−1.7001	0.7641	SV	−1.1664	−1.5558	−2.2782
1.0	−3.3992	−1.7260	0.8308	SA	−0.6536	+0.6284	+0.6036

(2) 阿尔提卡耶夫・科普尼切夫（1980），$\frac{1}{2}a_{max}$相对持时：

$$\lg T_d = -1.30 + 0.20M + 0.50\lg R$$

随断层错动类型而变的持时衰减关系见表6.5.1。由该表可知，实测数据的T_d值约为上式的1.3～2.2倍。

图6.5.5中给出了这些结果的对比。

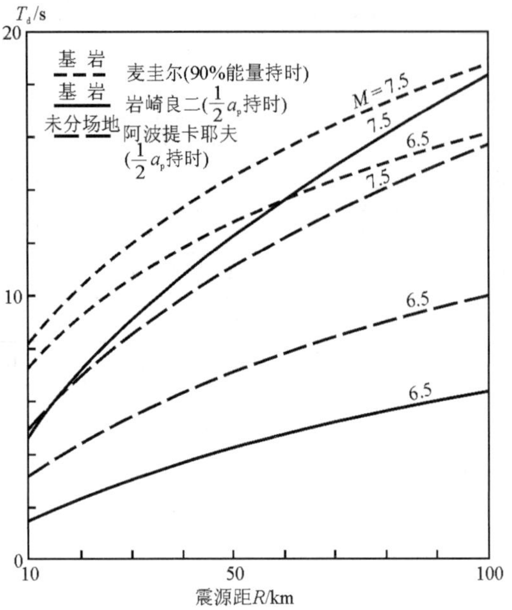

图 6.5.5 持时的一组对比

6.5.3 无记录地区的地震动衰减关系的估计

前述地震动与震级、距离的关系主要是从美国西部和日本已有的强震动记录统计得来的，由于宏观烈度的衰减关系显示出地区性的差异，所以严格地说，这些经验关系只适用于原地区。对于其他广大的地震区，目前只有很少或根本没有强地震动记录，而且在很多地区这种局面还会长期继续下去。因此，如何估计这些地区的地震动是一个重要的实际问题。

过去，这一问题是用下述两种方法之一解决的。①直接将外地得到的地震动衰减关系用于本地，或者根据主观判断略加修改；②通过地震烈度得出地震动参数，因为一般地震区都有宏观地震烈度资料。具体的步骤是先利用本地区的烈度衰减关系，然后利用从外地的地震烈度与强震动观测资料得到的烈度与地震动参数的关系，将烈度换算为地震动，从而得到本地的地震动衰减关系。我国现在采用的主要是第二种方法。

近几十年来，这方面的工作取得了明显进展，这里介绍下述四种新方法，它们都利用地震烈度衰减资料来估无记录地区的地震动衰减关系。

1．等距离法

麦圭尔（McGuire，1976）在研究烈度I与地震动峰值的关系时发现，在烈度与最大加速度a_{max}的关系中，若考虑震源距R的影响，则观测数据与回归关系的方差显著减小，因此，他用$I=g_2(a_{max}, R)$代替常用的关系$I=g_1(a_{max})$。按照作者提出的等震级法（见下述第4项）概念，他的这一方法可以引伸为用外地的关系$I=g_2(a_{max}, R)$，代入本地的烈度衰减关系$I=f_2(M, R)$中，即$g_2(a_{max}, R)=f_2(M, R)$，从而可得本地区的地震动衰减规律$a_{max}=f(M, R)$。

应用这一方法时，关系$I=g_2(a_{max}, R)$是根据外地的不同震级的地震实测数据统计出来的，在同一距离R_1处，关系$I=g_2(A_{max}, R_1)$代表不同震级的地震数据，烈度高，震级自然大，所以关系$I=g_2(A_{max}, R)$必须由许多大小不同的地震求得。

2．衰减比例法

美国ATC-3样本规范在编制其有效峰加速度EPA和有效峰速度EPV等值线图时，采用此法。此法先决定有效峰加速度在空间的分布，然后用下述原则确定有效峰速度的分布。在近场，不论地区或地震大小，假设EPA与EPV有同一比例；在远场，在西部则用已有的强地震动记录经验关系，在东部则根据与西部的烈度衰减关系的对比来选定地震动的衰减关系（详见第14.2.2节）。

3．首尾两端法

巴蒂斯（Battis,1981）提出此法，他作了下述三个假定：第一，震中烈度I_0对应的最大加速度a_0可以根据外地得到的烈度与加速度关系$I=g_1(a_{max})$确定，并取某一近距离10km为震中烈度的界限；第二，有感距离界限R_f处的烈度取为MM烈度表的Ⅲ度，即I_f=Ⅲ；它所对应的加速度a_f可以根据试验室对人的有感试验确定，可取为$a_f=0.006g$；第三，假设加速度衰减关系的表达公式，如

$$\ln a_{max}=c_1+c_2M-c_3\ln(R+25) \tag{6.5.5}$$

首先，对不同震级的地震，根据前面两个假定中的首尾两点（a_0，10）和（a_f，R_f），可以得到一组数据（M，a_{max}，R）；然后利用这组数据，根据最小二乘法确定上式中的待定参数c_1，c_2，c_3，即得修正后的本地地震动衰减关系。

现以美国中部的情况为例说明这一方法。首先，他用体波震级m_b代替震级M，并用纳特利得到的适用于美国中部的下述关系

$$m_b=2.607+0.341I_0$$

$$\ln R_f=-6.228+3.414m_b-0.196m_b^2$$

其次，对不同震级m_b（如4, 4.5, 5, 5.5, 6, 6.5），按前面两个假定和上述两个公式，得到一组数据$(m_b,\ a_0,\ R=10;\ m_b,\ a_f=0.006g,\ R_f)$，最后，用最小二乘法确定式（6.5.5）中的常数后即得

$$\ln a_{max}=3.155+1.240m_b-1.244\ln(R+25)$$

此即为所求得的适用于美国中部的地震动衰减规律。

此法的缺点有三：①仅考虑到衰减关系曲线的首尾两端，忽视了中间距离处可能有的地震动和烈度衰减变化；②用有感界限烈度Ⅲ来控制尾部，烈度过低，工程意义不大；③震中烈度所对应的最大加速度值按一般烈度加速度关系$I=g_1(a_{max})$是不恰当的，这样得到的加速度值可能偏低，因为关系$I=g_1(a_{max})$包括了更多的非震中区数据；因此，若采用此法，应该专门根据震中区记录确定的震中烈度与加速度的关系。

4．等震级法的烈度地震动转换

此法是作者1983年提出的（胡聿贤，1983；Hu and Zhang，1983）。它与现行的烈度地震动转换方法极为相似，惟一的区别在于，此法要求必须在震源情况和场地条件都相同时才可以采用烈度与地震动的函数关系，即将一般烈度加速度关系

$$I=g_1(a) \tag{6.5.6}$$

修改为

$$I=g_2(M,\ a) \tag{6.5.7}$$

采用这一关系的理由已在第6.4.2节中说明。

如图6.5.6所示，设现在要求本地的地震动衰减关系$a_本(M_1,\ R)$。先求$M=M_1$时的衰减关系$a_本=f(M_1,\ R)$，然后按同样原则再求其他M值时的这一关系。

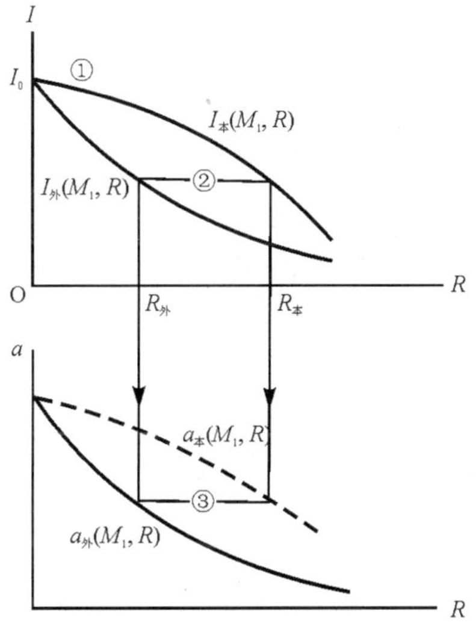

图 6.5.6　等震级法的地震动衰减关系修正

此法的第一步是先求得本地的地震烈度衰减关系$I_{本}=g_{本}(M_1, R)$；然后，选择适当的外地烈度与加速度衰减关系$I_{外}=g_{外}(M_1, R)$和$a_{本}=f_{外}(M_1, R)$。所谓适当，指的是尽可能具有相似地震，地质背景的地区，至少是外地同时具有$M=M_1$时的烈度与加速度衰减关系。然后按图6.5.6中所示箭头方向即可求得$a_{本}(M_1, R)$。图中所示步骤可用公式写为

$$\because \quad I_{外}=I_{本}=g_{本}\left(M_1, R_{本}\right)=g_{外}\left(M_1, R_{外}\right)$$

$$\therefore \quad R_{外}=g_3\left(M_1, R_{本}\right) \tag{a}$$

$$a_{本}=a_{外}=f_{外}\left(M_1, R_{外}\right)=f_{外}\left[M, R_{外}=g_3\times\left(M_1, R_{本}\right)\right]=f_{本}\left(M_1, R_{本}\right) \tag{b}$$

设已知下述衰减关系

$$\left.\begin{aligned} I_{外}&=B_0+B_1M+B_2\ln\left(R+R_0\right)+\varepsilon_I \\ \ln a_{外}&=C_0+C_1M+C_2\ln\left(R+R_0\right)+\varepsilon_a \\ I_{本}&=B_0'+B_1'M+B_2\ln\left(R+R_0'\right)+\varepsilon_I' \end{aligned}\right\} \tag{6.5.8}$$

则由上述关系得

$$\ln a_{本}=C_0'+C_1'M-C_2'\ln\left(R+R_0\right)+\varepsilon_a' \tag{6.5.9}$$

式中

$$\left.\begin{aligned} C_0'&=C_0+\frac{C_2}{B_2}\left(B_0'-B_0\right) \\ C_1'&=C_1+\frac{C_2}{B_2}\left(B_1'-B_1\right) \\ C_2'&=\frac{C_2}{B_2}B_2'\ln\left(R+R_0'\right) \\ \varepsilon_a'&=\varepsilon_a+\frac{C_2}{B_2}\left(\varepsilon_I'-\varepsilon_I\right) \end{aligned}\right\} \tag{6.5.10}$$

由此得本地加速度衰减关系的离散为

$$\sigma_{\ln}'^2=\sigma_{\ln}^2+\left(\frac{C_2}{B_2}\right)^2\left(\sigma_I'^2+\sigma_I^2\right) \tag{6.5.11}$$

式中，$\sigma_{\ln}$，σ_I和σ_I'分别为外地的加速度($\ln a_{外}$)和烈度衰减的均方差和本地烈度衰减的均方差。

和现行方法相比，等震级的烈度加速度转换法增加了一个条件“在同一震级下”或“在震源情况和场地条件相同时”，此附加条件虽极简单，但极为重要。从第6.3节中介绍过的地震动特性可知，震级对地震动的振幅、频谱和持时这三个要素都有重要影响，震级会使振幅加大，使频谱向长周期端延伸，使持时加长，而地震烈度又是这三个要素共同决定的。因此，在研究地震烈度与其中之一的振幅的关系时，只有在频谱与持时不变或变化不大时才能找到适当的函数关系。从烈度衰减关系$I=g(M, R)$可知，R可以看做是M和I的函数。

6.6 人造地震动

6.6.1 用途与途径

在随机振动理论的工程应用中，一个困难是：实际可以得到的、而且又满足同一集系

的地震动取样次数常常过少，使严格的统计分析难以进行。在其他工程中如此，在地震工程中更是如此，因为地震是稀有的自然事件，非人力所能制造产生。

例如，当研究已知统计特性的地震动作用下结构物的反应时，若只考虑线性反应或弱非线性，不少情况下可以求得理论解；但在必须考虑强非线性时，就很难求得较好的理论解。这时，就需要采用蒙特卡罗法求数值解（参见第6.6.3节）。此法首先要求有满足给定统计特征的同一集系的大批地震动取样。在没有那么多地震记录时，就只有人工制造，舍此，别无他法，因为现有地震动记录大多不符合同一集系这一要求。另外，在进行重要的或特殊的结构物的地震反应分析时，或在进行结构物地震反应试验时，也都需要选择适合具体情况的地震动输入，现有地震动记录有时不满足要求，因而也需要利用人造地震动时间过程。

人造地震动有多种途径，在现场进行试验时，有时采用微秒差的连续多次爆破、工业爆破或核爆破；在振动台试验与数值计算时，则均制造数字的或模拟的地震动。本书只讨论模拟地震动。这一途径可以采用两种方式，即比例法与数值法，应用得最普遍的是后者。

6.6.2 比例法（Seed et al., 1969; Hadjian, 1972）

比例法是先选择一个地质、地震条件及地震动参数尽量符合各项要求的地震动记录，若地震动参数不完全符合要求，则将时间坐标t与加速度坐标a分别乘以适当常数使它们满足各项要求。由于此法可供调整的参数仅有两个比例常数，所以只能满足最大加速度与卓越周期这两个要求。设要求的地震动具有最大加速度$a^0_{\max}$，卓越周期T^0，持续时间T_d^0。此法首先要求针对这一要求的地震（震源机制、震级、距离）和地质（基岩或场地土）条件，选择尽可能满足这两类条件（地震与地震地质）的地震动记录$a(t)$，但其最大加速度a、卓越周期T与持续时间T_d并不完全与所要求的相同。这时，可以采用两个比例常数a^0/a与T^0/T分别调整$a(t)$的加速度坐标与时间坐标，以完全满足最大加速度与卓越周期的要求，但除了在$T^0/T=T_d^0/T_d$时，调整后的持续时间$T_d(T^0/T)$并不等于T_d^0，为此，通常在选择地震动记录$a(t)$时，要使$T_d(T^0/T)$略大于T_d^0，则在调整后可以切除尾部较小的记录而不影响卓越周期。

这一方法不能满足反应谱或频谱的其他要求，其他要求只能通过记录$a(t)$的选择来近似满足，因此，它并不能达到前述同一集系的多次取样的理论要求。但是，由于它利用了真实地震动记录，人们希望这样得到的人造地震动能继承实际地震动的某些未知特性。

6.6.3 人造地震动的数值法

数值法又可分为三种，即三角级数法、随机脉冲法与自回归法。第二种提出得最早，第三种是20世纪70年代以后提出来的，而以第一种应用得最为普遍。下面先通过一个例子说明第一种方法的基本步骤，然后讨论几个重要问题。

根据类似第6.2节中总结的地震动衰减规律（参见第12.3.2和12.3.3节），人们可以从地震危险性估计导出关于地震动重要参数的估计。例如根据某一特定场地的周围地震活动情况，确定待求地震动$a(t)$的反应谱$S_a(T)$、持续时间T_d、振幅非平稳性函数$f(t)$，要求制造出一组满足这些条件的地震动过程$a(t)$。

1) 方法

第一步，先根据需要与可能，确定需要控制的反应谱$S_a(T)(T=T_1, \cdots, T_M)$的坐标点数$M$，和反应谱控制容许的误差$\varepsilon_0$三角级数的项数$N$由频率增量$\Delta\omega$的选择控制，见下面的讨论。

国际上通用的是M=40～60，ε=5%～10%，N=200～1000，但有时M与N可分别达100和几千。

第二步，选择一个初始$a_0(t)$函数，常用的方法是取［见公式（6.2.16b）］

$$\left.\begin{aligned}
&a_0(t)=f(t)\cdot\sum_{k=N_1}^{N_2}A_k\mathrm{e}^{\mathrm{i}(\omega_k t+\phi_k)}\\
&A_k=A(\omega_k)=[4S(\omega_k)\varDelta\omega]^{1/2}\\
&\omega_k=k\cdot\varDelta\omega\\
&S(\omega_k)=\frac{2\zeta}{\pi\omega_k}S_a^2(\omega_k)\Bigg/\left\{-2\ln\left[-\frac{\pi}{\omega_k T_{\mathrm{d}}}\ln P\right]\right\}
\end{aligned}\right\}\tag{6.6.1}$$

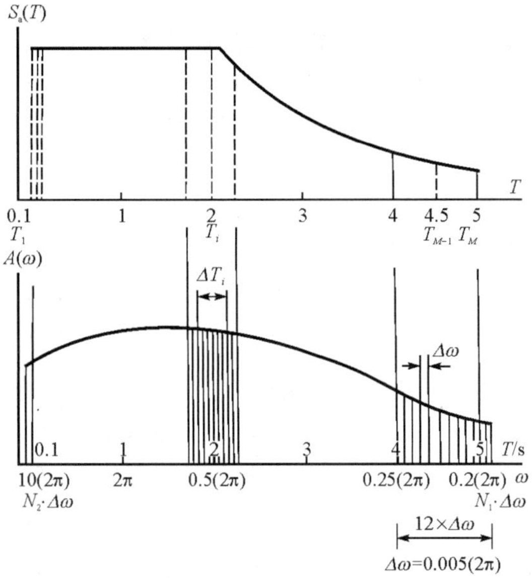

图 6.6.1　反应谱与傅里叶谱取值点数

式中，ω_k与A_k分别为第k个傅里叶分量的频率和振幅；相角ϕ_k为在0～2π之间均匀分布的随机量；$N=N_2-N_1$，$N_1=\varDelta\omega<2\pi/T_M$，$N_2\varDelta\omega>2\pi/T_1$；$S(\omega)$为功率谱；$S_a(\omega)$为加速度反应谱；$\zeta$为阻尼比；$T_d$为持时；$P$为反应不超过反应谱值的概率，一般可取为$P\geqslant0.85$。上式中功率谱与反应谱的关系是近似的。当然，式中$k$是从$N_1$到$N_2$按连续整数变化的，但是在实际应用中，在每一坐标$T_i$左右均有足够数量的三角级数，特别要注意对反应谱控制坐标T_i(i=1，M)中的长周期段（$i=M$处附近）。为此，$\varDelta\omega$应选择得足够小，如图6.6.1所示。但是，假若在长周期段要求三角级数有较多项，则短周期段的三角级数的项数将过多，从而不必要地增加N值。例如，设T_M=5s，T_{M-1}=4.5s，…，T_2=0.15s，T_1=0.1s，若要求在$T_i=T_M$附近有5项三角级数，则要求$\varDelta\omega\approx0.005(2\pi)$，这时取$N_1$=38。假若按此$\varDelta\omega$直到$T_1$=0.1s，则$N_2\geqslant2000$。

第三步，用迭代法修正傅里叶谱$A_0(\omega)=A_k^0$。根据第二步中得到的初始函数$a_0(t)$，计算反应谱$S_{a0}(\omega)$。对比计算的反应谱与给出的目标反应谱$S_a(\omega)$，修正$A(\omega)=A_k$。修正的方法可以是$A_1(\omega)=A_0(\omega)[S_a(\omega)/S_{a0}(\omega)]$或其他方式。由于反应谱的控制点数少于三角级数的项数，所以对于一个反应谱控制坐标T_i，应修改$\varDelta T_i$中的全部三角级数项。修改的原则可以是在每一$\varDelta T_i$段内为常比例数，也可以在T_{i-1}，T_i，T_{i+1}三者之内线性内插。第三步的结果是修正后的地震动过程$a_1(t)$。

第四步，重复上述迭代，直到反应谱在控制点处的最大误差小于或等于给定的误差ε为止。误差ε以反应谱纵坐标最大值的百分比来表示，如$\varepsilon=0.05S_{a\max}$。因为在长周期段$T\geqslant2$s后，反应谱值通常已经很小，这一要求不易满足，若不是对长周期地震动有特殊要求，可以容许较大误差。

2) 人造地震动需要满足的条件

根据不同的应用要求，常有不同的条件。最常见的规定是具有给定的反应谱或功率谱，因为两者大体是等价的，当然不应同时要求。与此接近等价的是规定地震动的最大加速度、速度和位移，但限制远低于规定整个谱；卓越周期只规定谱的峰点位置，即使再增加一个参数，如地基阻尼比，也仍是限制程度很低的要求。当同时规定最大加速度和加速度反应谱（见第7.2.2节）时，要注意加速度与高频反应的放大比例相匹配。振幅非平稳性函数$f(t)$也可以看做是与持时等价的，但持时的定义必须指明。另外，持时这一规定还包含更多的不确定性因素，限制程度远低于规定函数$f(t)$。当同时规定持时T_d与函数$f(t)$时，两者要相适应，T_d应大于$f(t)$中的平稳段。控制条件一般均来源于对未来地震时、空、强三者的估计和根据这些估计从第6.5节的经验关系估计的地震动特性。

3) 三维地震动

由于沿主轴的地震动的协相关函数等于零，所以，可以用上述方法先制造一个竖向地震动和两个水平向地震动，一个沿径向，一个沿切向，然后用坐标轴旋转的方法变为沿结构物长短轴向的两个水平向。

4) 收敛精度问题

不少人认为地震动本来是一个随机过程，任何提出来需要满足的条件都是一种统计特征，是具有平均意义的量，因此，一次抽样不必精确满足这些条件。但是为了不使每次取样有过大的差异，在不过分花费时间和人力的条件下，还是以误差ε小为好。

5) 相位谱

如式(6.6.1)所示，假若暂不考虑强度包线$f(t)$，则地震动过程$a_0(t)$的傅里叶幅谱为$A(\omega)$，相位谱为$\phi(\omega)$。一般人造地震动方法均取相位谱为均匀分布，即0～2π之间的期望值相等，仅有少数人注意过相位谱的影响。例如日本研究者大崎顺彦（Ohsaki, 1979）注意到相位差谱的形状与强度包线$f(t)$的形状十分相似。经验表明，相位谱对人造地震动逼近目标反应谱的收敛性有重要影响，因此，考虑相位谱的人造地震动方法是值得研究的课题。

6) 三角级数项数多少问题

三角级数的项数不宜取得过少，否则，在控制点处迭代收敛过程可能很慢，可能达不到精度ε的要求，特别是在长周期部分；在未控制点处的反应谱值可能与规定值相差过大。另外，由于制造人造地震动所需要的时间主要在于从每次求得的$a_i(t)$计算反应谱$S_a(T)$，所以三角级数的项数增多，不致使计算时间成比例增加。为此，至少应采用几百项三角级数。

7) 三角级数问题

虽然在60年代初期就有人建议过采用非平稳三角级数

$$a(t)=\sum_{k=1}^{N} tA_k e^{-\alpha_k t}\cos(\omega_k t+\phi_k) \tag{6.6.2}$$

其中，A_k和α_k均为ω_k的函数，但由于这时不能利用快速傅里叶FFT算法，所以现已很少使用。为了利用FFT算法，注意在上述公式（6.6.1）中，要取$N_1=1$，$N_2=N$（$N=2^L$, L为正整数）。在式（6.6.1）中，应将$A_k e^{i\phi_k}$视作$e^{i\omega_k t}$的复系数。

8) $f(t)$与总分析时段长的关系

设总分析时段长为T，为了采用FFT算法，$T=N\Delta t$，$N=2^L$，Δt应为一适当数值，而且$T=2\pi/\Delta\omega$（$\Delta\omega$按前述要求考虑），以保证迭代收敛。为满足这些要求，应该采用足够的时段长T，它应该大于按$f(t)$要求的时段长。要满足$\Delta\omega$的上述收敛要求，可以在原来要求的时间过程振幅非平稳性函数$f(t)$之后，加上一串足够长的零加速度值的尾部，以满足足够小的$\Delta\omega$值和$N=2^L$的要求。这相当于将$f(t)$修改为四段，第一段$t=0\sim t_1$是上升段，第二段$t=t_1\sim t_2$是平稳段，第三段$t=t_2\sim t_3$是下降段，第四段$t=t_3\sim T$是加零段。在采用FFT算法进行随机振动分析时，常常采用加零段的方法，以满足足够小的$\Delta\omega$和$N=2^L$的要求，在结构分析中还用来满足反应的零初始条件的要求。这时，还要注意，在t_3处，加速度值常不为零，为此，加零段不是从t_3时开始，而是从$t_3+\Delta t$时开始。

6.6.4　模拟地震动的地震学方法

地震学方法可以表示为下式

$$a(t)=\Sigma\Sigma S_{ij}(t)\cdot a_{ij}(t+\tau_{ij},R_{ij})\cdot H(t-t_{ij}) \tag{6.6.3}$$

然后按下述两个步骤进行。第一步，先求出地震断层面上一个子单元破裂时的地震动$a(t,R)$，或问题的格林函数；第二步，将破裂面上的所有子单元引起的地震动在给定点上在时域内求和。先将地震断裂面划分为$N=n_1\cdot n_2$个单元，每一单元即为一个子地震，然后在时域上求$i=1$，2，…，n_1和$j=1$，2，…，n_2这些子单元的子地震事件引起的某一场地的地震动之和，$S_{ij}(t)$是单元ij的源函数；τ_{ij}是第一个单元11(即$i=j=1$)和第ij个单元发出的地震波到达的时间与某一所求场地的到时差；R_{ij}是子单元ij到场地的距离；$a_{ij}(t,R)$为当子源强度$S_{ij}=1$时到达场地的波，R是子源ij到场地的距离；$H(t)$为一阶梯函数。

假若单位源的地震波$a_{ij}(t,R)$是从理论导出的，则此法称为理论法；假若是从一次真实地震中测量得到的，则称为半理论法。后一方法引起了许多地震学家和工程师的注意，因为复杂的传播途径与非均匀介质的影响和子源破裂的细节都不容易计算得准确，但在观测结果$a_{ij}(t,R)$中均能包括在内。小地震的发生远多于大地震，若能记录到一次小地震，则可用上式来模拟某些情况下的地震动时程。

哈策尔（Hartzell，1978）首先建议用小地震记录代替理论格林函数，后来的研究者有艾里库拉（Irikura，1988）、安艺（Aki，1984，1988）、罗奇峰和胡聿贤（1989）。

第三篇　结构抗震理论

第七章　结构地震反应分析

7.1　地震反应分析的发展过程

结构的地震反应决定于地震动和结构特性，特别是动力特性，因此，地震反应分析的水平也是随着人们对这两方面认识的深入而提高的；前几十年研究中的收获是对地震动的谱成分和结构的非弹性有了深入的认识，近一二十年更进而认识了地震活动性与地震动的不确定性和结构物的不同破坏阶段，因此，在结构地震分析中也随而有了相应的进展。

结构地震反应分析的发展可以分为静力、反应谱、动力这三个阶段，在动力阶段中又可分为弹性与非弹性（或非线性）两个阶段，随机振动与确定性振动是这一阶段中并列出现的两种分析方法。

7.1.1　静力阶段

静力阶段创始于意大利，发展于日本。1900 年左右，日本学者大森房吉、佐野利器、物部长穗、末广恭二等对其发展作出了重要贡献。大森房吉 1900 年提出其地震烈度表，用静力等效水平最大加速度 $a_{\max}$ 作为地震烈度的绝对指标；1899 年在其报告《砖柱和柱状物翻倒调查（人造地震动试验报告）》中明确提出结构物所受地震力 P 可以写为下述形式：

$$P=\frac{W}{g}\cdot a_{\max}=kW \tag{7.1.1}$$

式中，W 为物体重量；$k=a_{\max}/g$ 为地震系数，日本称为工程震度或工程烈度。这一公式的物理意义是：结构物是刚体，其最大加速度等于地震动最大加速度。他在正弦运动的振动台上进行了 40 多个砖柱的破坏试验，得到了砖柱破坏时的台身最大加速度 $a_{\max}$ 以及砖柱的破坏高度，然后在加速度沿全柱高均匀分布的假定下反算出破坏时砖柱的加速度 $a_{柱}$ 。大森房吉的结果是 $a_{柱}/a_{\max}$=0.2～1.6，平均为 0.8，因此他建议取 $a_{柱}=a_{\max}$ ，即砖柱在破坏时所受最大加速度等于地震动最大加速度，从而得到式（7.1.1）。大森房吉等人 1900 年提出其地震烈度表，用静力等效水平最大加速度 $a_{\max}$ 作为地震烈度的绝对指标。

根据现在的地震反应理论知识，可以理解式（7.1.1）只适用于刚性结构。作者分析过大森房吉的试验，情况的确如此。他所试验的 40 多个等截面砖柱，下端嵌固于台面，上端自由。他所试验的砖柱的基本周期 T_1 约为 0.016～0.11s；所用振动台振动的频率，在试验中由低至高缓慢变化，砖柱均在周期为 T_g=0.23～0.89s 之间破坏。在一次试验中台身的位移振幅 u_g 保持不变，当台身频率逐步提高时，台身的加速度幅值 $a_g=u_g(2\pi/T_g)^2$ 随 T_g 减少而很快加大；若 u_g 过大，则砖柱可以在远离砖柱共振时即达到破坏，$T_g \gg T_1$ 就说明了这一现实情况，即在大森房吉的试验中，砖柱在破坏时是刚体作用。假若将保持不变的台身位移选得小些，使砖柱能够有机会经过其自振周期的台面振动，结果就会不一样。

佐野利器曾亲自进行了1906年美国旧金山大地震的现场调查，并对房屋抗震进行了多年的研究；1916年他提出了《家屋耐震构造论》，从地震学、振动理论和材料力学、结构力学等多方面论证了砖石、钢和钢筋混凝土结构物的抗震问题。论文中的主要观点有以下五点。

(1) 刚性大的结构物按震度 a/g=0.1 计算。若材料的安全系数为3.0，则结构物可以抗御震度约为0.3的地震动。当时按历史地震推论地震动加速度一般在 $0.5g$ 以下。

(2) 由于给结构物以破坏性打击的地震动周期约为1.0～1.5s，结构物要避免共振，应选用刚性结构。对于刚性低的结构物，需要考虑提高上部的震度。

(3) 在挡土墙等的地震土压计算中，应采用小于静止土压的摩擦角。

(4) 当砖石结构物中楼板与屋面板缺乏足够的水平刚性时，墙体应对墙面所受的出平面水平地震力具有足够的强度。

(5) 当结构物的楼板与屋面板为钢筋混凝土板时，作用于结构物上的全部地震力按刚度分配于各抗震单元（抗震墙、抗震刚架等）。

这些观点，经过1923年关东大地震之后，大部分为当时的抗震规范所接受，定入《市街地建筑物法施行规则》。

当时在佐野利器与真岛健三郎之间引起了一场刚柔之争。1927年佐野提创刚性结构，认为强地震动的主要周期为1.0～1.5s，刚性结构可以有效地抗御地震。而真岛则认为，结构物愈刚则所受地震力愈大，所以应采用柔性结构，才有利于抗震。早在1920年，物部长穗等就已经认识到结构物是弹性的，可能与地震动产生共振现象。刚柔这两种学说都立足于避免共振，只是当时对地震动卓越周期认识不清。到20世纪30年代，妹泽克雄与金井清提出能量损耗论，认为地震动中包括有长、短多种周期分量，刚性或柔性结构若阻尼小都会共振，因此重要的是要加大阻尼。

虽然早在20世纪20年代就已经注意到共振作用的重要性，但是，由于对地震动特性缺乏正确的定量数据，错误地认为地震动的周期为1.0～1.5s，当时的房屋结构周期较短，从而采用了比较简单的静力理论。此理论认为结构物所受的最大基底剪力等于刚性结构物所受的最大惯性力，即

$$V_0 = \frac{a}{g} \cdot W = kW$$

式中，k 是地震力系数，它是地震动最大水平加速度 a 与重力加速度 g 的比值；W 是结构物的重量与部分有质量的活荷载之和。

7.1.2　反应谱阶段

日本学者早在1920年左右就研究过结构物在简谐振动下的地震反应，只是由于对地震动特性缺乏量的了解，所以虽然有许多进展，仍未能使地震反应分析脱离静力阶段。这种现象一直延续到20世纪40年代，直到比奥特（Biot, M.）、贝尼奥夫（Benioff, H.）豪斯纳等人在取得了强地震动记录之后，才提出了反应谱这样一个简化了的概念。这一理论考虑了结构动力特性与地震动特性之间的动力关系，又保持了原有的静力理论形式。它将结构物所受最大地震基底剪力写为

$$V_0 = k\beta(T)W \tag{7.1.2}$$

式中，$\beta(T)$为加速度反应谱 $S_a(T)$与地震动最大加速度 a 之比，即

$$\beta(T)=\frac{S_a(T)}{a} \tag{7.1.3}$$

它表示结构物加速度的放大倍数。近代反应谱理论见第 7.2、7.3 和 7.6 节。

7.1.3 随机振动

随着地震动加速度过程 $a(t)$观测记录的积累，人们认识到它的复杂性和随机性，从而引用了在其他学科中早已应用过的随机过程理论来进行地震动的描述和结构地震反应的分析。

这一分析方法的特点在于它认为地震动与结构地震反应都是随机现象，因而只能求得其统计特征，或者具有出现概率意义上的最大反应。根据这一概念，较好地处理了反应谱分析方法中的振型组合问题，并使抗震设计从安全系数法过渡到概率理论的分部系数法。近几十年来发展起来的地震危险性分析又为抗震结构中的一些重大问题，如地震区划、设计原则、安全与保险、社会决策等提供了理论基础。

随机振动理论与反应谱理论是并行的，前者从随机观点处理反应超过给定值的概率，后者从确定性概念处理复杂频谱组成的地震动引起的结构反应。

7.1.4 结构地震反应的数值分析

随着 60 年代前后电子计算机的大量普及而兴起的结构反应数值分析以及强震观测记录和震害经验的积累，人们逐步认识到，像反应谱那样的等效静力法并不足以保证结构物的抗震安全，考虑全部地震动过程 $a(t)$进行真正的结构反应动力分析，是非常必要的。1971 年圣费尔南多地震一周年时举行的学术讨论会中，多数人认为反应谱只谈到了问题的一半，还有重要因素尚待考虑。人们在总结这次地震时（Housner and Jennings，1972），对加州抗震规范的改进就曾指出：“二十年来抗震规范无大修改。现在已经到了修订的时候了。……等效静力法太不符合实际，不会什么时候都是有效的……结论是：房屋规范应予修订，使之更能反映强震时结构物的强度、变形和加速度。对重要结构更要如此。……高层建筑要用真正的动力分析，才是经济的方法；重要结构亦应如此。” 20 世纪 70 年代国内外都有了比较成熟的计算程序，现正广泛使用于重要结构物与非线性反应分析中。

7.1.5 非线性振动反应

大约在 20 世纪 60 年代，人们认识到，对于一般房屋结构、土体结构与地基等，必须接受或利用结构体系的非线性变形来充分考虑结构物的抗震性能；纽马克等（Newmark and Rosenblueth，1971）并曾将反应谱推广为非线性反应谱。非线性的大小常常用延性系数 $\mu=\varepsilon_{max}/\varepsilon_y$ 来表示（ε_{max} 与 ε_y 分别为所考虑的整体结构或部分结构（如层间反应）最大容许变形和此变形的弹性极限值）。强调结构的延性对抗震的有利作用，强调结构变形反应，并且把它简化成为可以在设计中采用的简单形式，可以说是 20 世纪六七十年代中地震工程取得的一大进展。日本在 20 世纪 70 年代提出的二次或二级设计法，更进一步在抗震规范中以明显的变形公式出现，与强度（力）并列，表现了设计分析的实质。只有在非线性的时程反应分析中，人们才真正考虑到地震动的作用是一个振动过程，而不是一个施加于结构上的等效静力。因而必须考虑地震动过程 $a(t)$或其三要素，即振幅、频谱与持时。这时，才可以说地震反应分析进入了动力阶段。

非线性反应分析虽然已经取得了重要成果，但是结构物的振动破坏机制有许多问题尚待研究（第 7.9 节中将进一步讨论这一问题）。

静力阶段在 20 世纪 20 年代前后形成，结构地震反应分析以弹性为主，只考虑地震动过程中的最大振幅，到 50 年代进入反应谱阶段后，仍然以弹性分析为主，到后期才考虑结构物的非弹性性质，主要的贡献是考虑了地震动过程中的振幅与频谱。

7.2 单自由度体系的地震反应与反应谱

本节将重点讨论两个问题，即地震反应的数值积分运算与反应谱理论。

7.2.1 单自由度体系反应的数值计算

如图 7.2.1 所示，设有一线性单自由度体系，在基础支承处受到地震动加速度 $\ddot{u}_g(t)$ 的作用，在质点 m 上受到动力 $P(t)$的作用，从结构动力学原理知道，

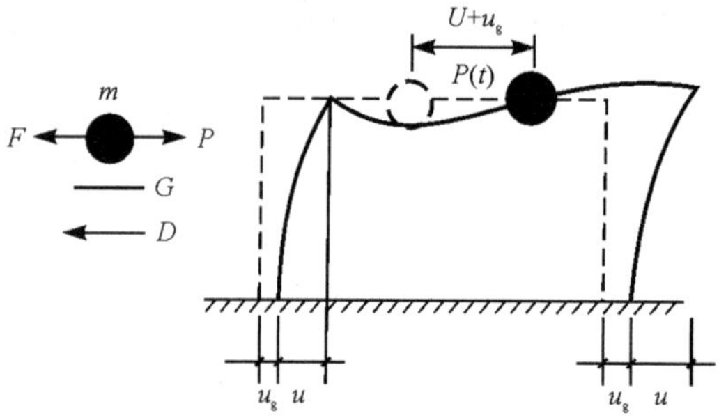

图 7.2.1 单自由度体系的地震反应

$$F+D+G-P=0$$

式中，$F=m(\ddot{u}_g+\ddot{u})$ 为质点 m 上的惯性力；$G=ku$ 为弹性体系的恢复力，k 为体系的弹簧常数或刚度；$D=C\dot{u}$ 为体系的阻尼力，C 为阻尼常数；u 为质点的相对位移，符号上的“·”表示对时间 t 的微分。由此得单自由度体系的运动方程为

$$m\ddot{u}+C\dot{u}+ku=P-m\ddot{u}_g$$

若只考虑此体系的地震动反应，则取 $P(t)$=0。由此得常用的单自由度体系运动方程为

$$\ddot{u}+2\zeta\omega\dot{u}+\omega^2u=-\ddot{u}_g \tag{7.2.1}$$

式中，$\zeta\omega=C/2m$；$\omega^2=k/m$；ζ 为阻尼比；ω 为体系的自振圆频率。一般只考虑$\zeta\ll1$ 的情况。

由于在地震工程中研究的地震动过程 $\ddot{u}_g(t)$ 极不规则，无法将全过程用一解析式表示，所以上式也只能通过数值计算求解。对于线性体系，微分方程（7.2.1）的积分可以根据叠加原理写为杜哈美积分形式：

$$u(t)=\int_0^t\ddot{u}_g(\tau)h(t-\tau)\mathrm{d}\tau \tag{7.2.2}$$

式中，$h(t-\tau)$为单位脉冲反应函数，它表示 $t=\tau$时，在 $\ddot{u}_g(t)$ 作用处有一单位脉冲 $\ddot{u}_g(\dot{\tau})=\delta(\dot{\tau})$，在时间 $t(t>\tau)$时此体系的反应 $u(t)$的值。这里 $\delta(t)$ 为狄拉克函数。对于由式（7.2.1）控制的单自由度体系而言，单位脉冲反应函数为

$$h(t)=-\frac{1}{\omega_D}e^{-\zeta\omega t}\sin\omega_D t \tag{7.2.3}$$

式中，$\omega_D=\omega\sqrt{1-\zeta^2}$ 为有阻尼自振圆频率。由此可得在阻尼较小时单自由度体系在地震动 $\ddot{u}_g(t)$ 作用下的相对位移反应 $u(t)$、相对速度反应 $\dot{u}(t)$ 和绝对加速度反应 $\ddot{u}(t)+\ddot{u}_g(t)$ 分别为

$$u(t)=-\frac{1}{\omega_D}\int_0^t\ddot{u}_g(\tau)e^{-\zeta\omega(t-\tau)}\cdot\sin\omega_D(t-\tau)\mathrm{d}\tau$$

$$\dot{u}(t)=-\frac{\omega}{\omega_D}\int_0^t\ddot{u}_g(\tau)e^{-\zeta\omega(t-\tau)}\cdot\cos[\omega_D(t-\tau)+\alpha]d\tau$$

$$\ddot{u}(t)+\ddot{u}_g(t)=+\frac{\omega^2}{\omega_D}\int_0^t\ddot{u}_g(\tau)e^{-\zeta\omega(t-\tau)}\cdot\sin[\omega_D(t-\tau)+2\alpha]d\tau$$

式中，$\tan\alpha=\arctan\zeta/\sqrt{1-\zeta^2}$。当阻尼比很小（$\zeta\ll1$）时，上式变为

$$\left.\begin{aligned}&u(t)=-\frac{1}{\omega}\int_0^t\ddot{u}_g(\tau)e^{-\zeta\omega(t-\tau)}\cdot\sin\omega_D(t-\tau)d\tau\\&\dot{u}(t)=-\int_0^t\ddot{u}_g(\tau)e^{-\zeta\omega(t-\tau)}\cdot\cos\omega_D(t-\tau)d\tau\\&\ddot{u}(t)+\ddot{u}_g(t)=+\omega\int_0^t\ddot{u}_g(\tau)e^{-\zeta\omega(t-\tau)}\cdot\sin\omega_D(t-\tau)d\tau=-\omega^2u(t)\end{aligned}\right\}\tag{7.2.4}$$

此即第 6.2.3 节中的公式。

计算式（7.2.4）积分的方法很多，20 世纪四五十年代盛行用扭摆仪来模拟单自由度体系的模拟计算法和在相平面（以 u 和 $\dot{u}/\omega$ 为直角坐标的平面）中进行的图解法。但在电子计算机普及的今天，数值积分是惟一值得推荐的方法。

7.2.1.1　纽马克线性加速度法

1959 年，纽马克提出了通用的逐步积分的数值法，不但可以直接求得微分方程（7.2.1）的积分，也可以用于多自由度体系的非线性地震反应的积分。其物理概念清晰，经过国内外大量应用，其计算时间、精度与稳定性都是令人满意的。

纽马克的广义加速度法（Newmark，1959）假设体系反应存在下述关系：

$$\left.\begin{aligned}&\dot{u}_{t+\Delta t}=\dot{u}_t+[(1-\delta)\ddot{u}_t+\delta\ddot{u}_{t+\Delta t}]\Delta t\\&u_{t+\Delta t}=u_t+\dot{u}_t\Delta t+\left[\left(\frac{1}{2}-\alpha\right)\ddot{u}_t+\alpha\ddot{u}_{t+\Delta t}\right](\Delta t)^2\end{aligned}\right\}\tag{7.2.5}$$

由于在任何时刻 $t+\theta\Delta t$，运动方程（7.2.1）都必须满足，故得

$$\ddot{u}_{t+\theta\Delta t}+2\zeta\omega\dot{u}_{t+\theta\Delta t}+\omega^2u_{t+\theta\Delta t}=-\ddot{u}_g(t+\theta\Delta t)\tag{7.2.6}$$

当 θ=1 时，将公式（7.2.5）中的 $\dot{u}_{t+\Delta t}$ 与 $u_{t+\Delta t}$ 代入式（7.2.6）（θ=1），即可得到一个方程式，其中只有 $\ddot{u}_{t+\Delta t}$ 是在 $t+\Delta t$ 时的反应量，而其余的量都是在前一步长 Δt 时刻 t 的反应量，另外还有 $t+\Delta t$ 时的地震动输入 $\ddot{u}_g(t+\Delta t)$，从此可以求解 $\ddot{u}_{t+\Delta t}$。其物理意义是，在式（7.2.5）的假设下，从体系的运动方程（7.2.6）可以根据前一步长末已经求得的体系反应 $\ddot{u}_t$, $\dot{u}_t$, u_t 与已知的本步长的地震动输入 $\ddot{u}_g(t+\Delta t)$，确定本步长末的体系反应 $\ddot{u}_{t+\Delta t}$；然后，可以从式（7.2.5）先后求得本步长末的反应量 $\dot{u}_{t+\Delta t}$ 与 $u_{t+\Delta t}$。因此，从地震动 $\ddot{u}_g(t)$ 作用于体系时（t=0）开始，在体系的初始条件（如静止条体 $u_{t=0}=\dot{u}_{t=0}=0$）下，按积分步长 Δt 逐步计算体系的反应 $\ddot{u}(t)$、$\dot{u}(t)$ 和 $u(t)$。

式（7.2.5）中参数 δ 与 α 的选择，在于使计算得到足够的精度和稳定性，当 δ=1/2，α=1/4 时，关系式（7.2.5）具有简明的物理意义，这时

$$\dot{u}_{t+\Delta t} = \dot{u}_t + \frac{\Delta t}{2}(\ddot{u}_t + \ddot{u}_{t+\Delta t})$$

$$u_{t+\Delta t} = u_t + \dot{u}_t \Delta t + \frac{(\Delta t)^2}{2} \cdot \frac{\ddot{u}_t + \ddot{u}_{t+\Delta t}}{2}$$

这就是平均常加速度反应的假定，即假设在积分步长Δt内，体系反应的加速度$\ddot{u}$可以等效为常数，并且等于本步长始末加速度反应的平均，即$\ddot{u} = \frac{1}{2}(\ddot{u}_t + \ddot{u}_{t+\Delta t})$。已经证明，这时，积分计算值是无条件稳定的，而收敛条件则为$\Delta t / T \leqslant 0.32$，这里$T = 2\pi / \omega$为体系的自振周期，通常取$\Delta t = T/8$。当取$\delta$=1/2，$\alpha$=1/6时，关系式（7.2.5）也具有简明的物理意义，并变为

$$\dot{u}_{t+\Delta t} = \dot{u}_t + \frac{\Delta t}{2}(\ddot{u}_t + \ddot{u}_{t+\Delta t})$$

$$u_{t+\Delta t} = u_t + \dot{u}_t \Delta t + \frac{1}{2}\ddot{u}_t (\Delta t)^2 + \frac{1}{6}(\ddot{u}_{t+\Delta t} - \ddot{u}_t)(\Delta t)^2$$

即在积分步长Δt 内，体系加速度反应$\ddot{u}$是直线变化的，在步长之始，$\ddot{u} = \ddot{u}_t$；在步长之末，$\ddot{u} = \ddot{u}_{t+\Delta t}$，这就是线性加速度反应的假定。已经证明，这一算法的稳定条件是$\Delta t / T \leqslant 0.551$，收剑条件是$\Delta t / T \leqslant 0.389$。由于一般均取$\Delta t / T$=1/8左右，所以$\delta$=1/2，$\alpha$=1/4～1/6之间的任何值都可以得到满意的结果。惟一必须注意的是$\Delta t / T \leqslant 1/4$。

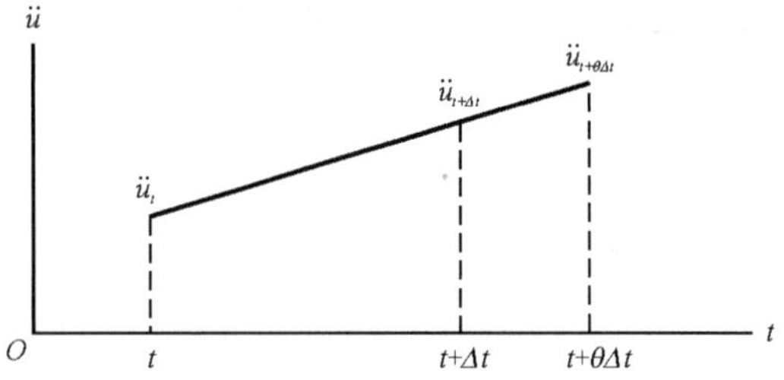

图 7.2.2　威尔逊θ法的假定

7.2.1.2　威尔逊θ法

1966年，威尔逊（Wilson，1966）提出其θ法。此法假定，在$\theta\Delta t$内，体系的加速度反应 u 是线性变化的，如图 7.2.2 所示，即

$$\ddot{u}_{t+\tau} = \ddot{u}_t + \frac{\tau}{\Delta t}(\ddot{u}_{t+\Delta t} - \ddot{u}_t) \tag{7.2.7}$$

式中，$0 \leqslant \tau \leqslant \theta\Delta t$，而且$\theta > 1$。由此可见，当$\theta$=1时，此假定即为纽马克线性加速度反应。根据威尔逊的假定，容易得到下述关系：

$$\left.\begin{aligned} \dot{u}_{t+\tau} &= \dot{u}_t + \ddot{u}_t \tau + (\ddot{u}_{t+\Delta t} - \ddot{u}_t)\frac{\tau^2}{2\Delta t} \\ u_{t+\tau} &= u_t + \dot{u}_t \tau + \frac{1}{2}\ddot{u}_t \tau^2 + (\ddot{u}_{t+\Delta t} - \ddot{u}_t)\frac{\tau^3}{6\Delta t} \end{aligned}\right\} \tag{7.2.8}$$

将式（7.2.8）（取$\tau = \theta\Delta t$）代入式（7.2.6），则与前相同，结果为只有一个未知数$\ddot{u}_{t+\theta\Delta t}$的方程式，从而可以求得$\ddot{u}_{t+\theta\Delta t}$，之后，自然可以从线性假定内插求得$\ddot{u}_{t+\Delta t}$，从而可以从式（7.2.8）求得$\dot{u}_{t+\Delta t}$和$u_{t+\Delta t}$。

威尔逊θ法与纽马克线性加速度法的差别在于：纽马克假定体系反应在$t+\Delta t$内是线性的，要求在$t+\Delta t$时满足运动方程，从而计算在$t+\Delta t$时的反应量$\ddot{u}_{t+\Delta t}$。威尔逊假定体系反应在$t+\theta\Delta t$内是线性的，要求在$t+\theta\Delta t$时满足运动方程，从而确定$\ddot{u}_{t+\theta\Delta t}$的值，但以后仍然退回计算在$t+\Delta t$时刻的体系反应。已经证明，当$\theta \geqslant 1.37$时，此算法是无条件稳定的，为简便计，通常用$\theta$=1.4

或 2。

威尔逊法的物理意义是，当用纽马克算法而 $\Delta t/T$ 过大时，反应经常出现振荡现象，使正确解处于一个步长的始末之间。为消除此振荡，威尔逊设想，若令 θ=2，则所计算时刻即为原来一个步长（$2\Delta t$）中间的点，即接近正确解。

威尔逊 θ 法的另一特点是，在多自由度体系中，具有抑制高频振动的作用，即对高频振动有人为阻尼，从而大大减小高频振动反应。这一特性的优点是可以采用较大的积分步长 Δt，不怕不要考虑的高振型反应引起振荡而使计算不稳定，缺点在于，它不能保留高振型反应，即使在计算中需要保留。纽马克算法无人为阻尼，所以无此优缺点。

许多专门研究表明（Nickell，1973），纽马克算法是最好的方法之一。

7.2.2 反应谱

假设有一组 N 个自振周期 $T_i(i=1，2，\cdots，N)$各不相同而阻尼比 ζ 相同的单自由度体系，在某一给定的地震动过程 $\ddot{u}_g(t)$ 的作用下，各个体系的最大绝对加速度反应为 $S_a(T_i, \zeta)$，$(i=1，2，\cdots，N)$为

$$S_a(T, \zeta) = \left|\ddot{u}(t) + \ddot{u}_g(t)\right|_{max}$$

它就是绝对加速度反应谱。同理也可以计算相对速度反应谱 S_v 与相对位移反应谱 S_d。由式（7.2.4）可知，反应谱必然是阻尼比 ζ 和体系自振周期 $T = 2\pi/\omega$ 的函数。

从式（7.2.4）可以看出，若令准速度反应谱为

$$\mathrm{PSV}(T,\zeta) = \left|\int_0^t \ddot{u}_g(\tau)e^{-\zeta\omega(t-\tau)} \sin[\omega_D(t-\tau)]d\tau\right|_{max} \tag{7.2.9}$$

则相对位移反应谱 $S_d(T,\zeta)$ 和绝对加速度反应谱 $S_a(T,\zeta)$ 将分别为

$$\left.\begin{aligned} S_d(T,\zeta) &= \frac{1}{\omega}\mathrm{PSV}(T,\zeta) \\ S_a(T,\zeta) &= \omega\mathrm{PSV}(T,\zeta) \end{aligned}\right\} \tag{7.2.10}$$

而且准速度反应谱 $\mathrm{PSV}(T,\zeta)$ 与真速度反应谱 $S_v(T,\zeta)$

$$S_v(T,\zeta) = \left|\int_0^t \ddot{u}_g(\tau)e^{-\zeta\omega(t-\tau)} \cos[\omega_D(t-\tau)]d\tau\right|_{max} \tag{7.2.11}$$

的差别一般不是很大，如图 7.2.3 所示。

假若将绝对加速度反应谱 S_a 用地震动加速度过程 $\ddot{u}_g(t)$的最大绝对值 $\ddot{u}_{g,max}$ 除，则所得的商 $\beta(T,\zeta) = S_a(T,\zeta)/\ddot{u}_{g,max}$ 称为正规化加速度反应谱，也可以称为动力放大系数，我国常简称为反应谱。

在第 6.2 节中曾经指出，反应谱可以看做是表示地震动频谱特性的一种方法，但是它也具有结构体系反应的某种含意。比奥特曾建议搜集许多实际地震动过程的记录 $\ddot{u}_g(t)$，从而计算出许多反应谱，然后用这些谱的包线或平均作为标准反应谱，据此进行结构物的抗震设计。豪斯纳等人后来就进行了这一工作，从而奠定了反应谱理论的基础。

比奥特在 1941 年用机械式扭摆仪进行微分方程（7.2.1）的积分，豪斯纳等人在 1953 年左右则用电模拟方法计算反应谱。他们计算了美国当时大部分强地震动记录的反应谱，当时的主要结论如下：

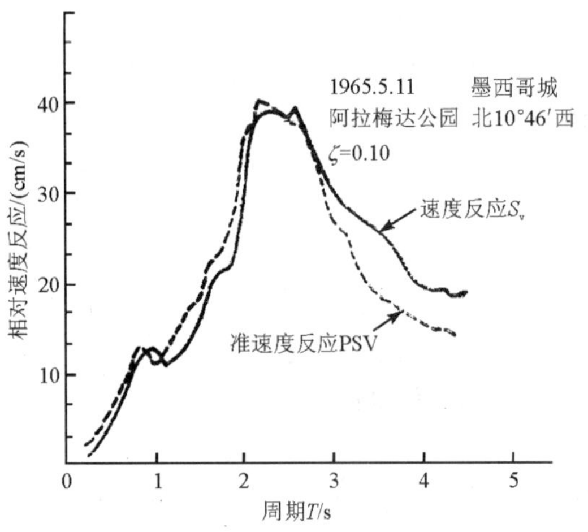

图 7.2.3 准速度反应谱与真速度反应谱的对比

(1) 阻尼对反应谱的影响很大，很小的阻尼（如ζ=0.02）就可能减小无阻尼反应谱峰值一半，并且可以削平谱上的许多峰点，使谱成为平滑的曲线；但在较大阻尼（如$\zeta \geqslant 0.1$）时，若再使阻尼比增减 0.02，它对谱的影响则相对较小。

(2) 速度反应谱比其他反应谱更有规律。当结构自振周期大于地震动的周期时，有阻尼的速度反应谱曲线趋近于常数。豪斯纳建议用有阻尼的速度反应谱作为设计依据(Housner，1961，1947)。

(3) 地震时输入结构的能量与速度反应谱有直接关系，它约等于$\frac{1}{2}MV^2$。因此可以从能量输入与能量吸收的观点来进行结构设计，并建议利用结构材料的塑性变形来吸收输入的能量（Housner，1956）。

(4) 绝大多数加速度反应谱的形状是相似的，不同地区的特点不明显，因此，在强地震动中不存在地震动卓越周期（Housner，1956）。这一观点是当时由于地震记录太少而导致的不适当的结论。到 20 世纪 80 年代，人们已经认识到随着地震大小、震源距离远近、场地刚柔，反应谱会有不同的形状；但是强震动与弱震动的确有差异，见第六章和第八章。

美国 1952 年加州抗震规范首先采用上述反应谱理论（Anderson et al.，1952），但是将反应谱值降低到几分之一，以适应传统经验和应力设计中的安全系数。

反应谱虽然是由美国学者最后明确提出的一种很好的地震反应分析概念，但是这一概念的起源却是早已有的。前面说过，真岛健三郎就提出过，结构物刚性愈大，所受地震力愈大。日本的物部长穗也早（1920）就提出式（7.1.2）以修正大森房吉早期的公式，并指出$\beta(T_0/T)$因结构类型和质点空间位置而异。但是，由于当时缺乏强地震动加速度的仪器观测结果而不得不依赖于地震仪的位移记录，从而错误地认为地震动为主要周期接近 1.35s 的近似简谐振动，导出了错误的结论。由此可见，正确的实际数据对正确理论形成的重要意义。

7.2.3 反应谱理论及其基本假定

反应谱理论就是：结构物可以简化为多自由度体系，多自由度体系的地震反应可以按振型分解为多个单自由度体系反应的组合（见第 7.3 节，组合方法见第 7.6 节），每个单自由度体系的最大反应可以从反应谱求得。

反应谱理论包括如下三个基本假定。第一，结构物的地震反应是弹性的，可以采用叠加原理来进行振型组合。第二，现有反应谱是在结构的所有支承处的地震动完全相同、基础与土壤无相互作用的假定下求得的，因而也只适用于这一条件。另外现在给出的不少反应谱并不是一次地震动 $a(t)$作用下的反应谱，而是所谓标准反应谱或平均反应谱，它们都是不同地震反应谱的包线，或者是不区分某些有影响因素的结果。如我国 1978 年抗震规范中采用的反应谱，只考虑了场地土的影响，但不区分地震大小与震源距离远近的影响。第三，结构物最不利的地震反应为其最大的地震反应，而与其他动力反应参数，如达到最大值附近的次数或概率无关。

7.2.4　反应谱的特性

反应谱具有如下特性：

第一，绝对刚性的结构物(T=0)的相对位移、相对速度和相对加速度反应均等于 0，而绝对加速度最大反应则等于地震动最大加速度 $a=\ddot{u}_{\mathrm{g,max}}$，即

$$S_{\mathrm{a}}(T\to 0)=a,\ S_{\mathrm{v}}(T\to 0)=S_{\mathrm{d}}(T\to 0)=0$$

但是由于现有强震加速度仪大多在极高频处严重失真，所以通常不能用以计算 $T<0.05$s 的反应。

第二，无限柔性的结构物($T\to\infty$)的最大相对位移反应、相对速度反应和相对加速度反应均分别等于地震动的最大位移、速度和加速度，而绝对加速度反应则等于零，即

$$S_{\mathrm{a}}(T\to\infty)=0,\ S_{\mathrm{v}}(T\to\infty)=\mathrm{PSV}(T\to\infty)=v,\ S_{\mathrm{d}}(T\to\infty)=d$$

第三，反应谱的高频段主要决定于地震动最大加速度 a，中频段决定于地震动最大速度 v，低频段决定于地震动最大位移 d。图 7.2.4 给出纽马克-罗森布卢思（Newmark and Rosenblueth，1969，图 9.12）的一种估计反应谱的方法。此法首先要求根据场地的地震环境和局部场地条件确定场地的地震动最大值 a，v 和 d，并绘于图中，如三条最低的直线；然后根据阻尼比ζ的大小，从表 7.9.1 中确定各部分的放大系数，用这些系数分别去乘 a，v 和 d，从而得到单自由体系的最大加速度 A、速度 v 和位移 D，分别将它们绘于图中，即得图中上部的三条虚线（在 0.03s 附近的折线，参考第 7.9.3 节）。这种处理方法，充分说明了地震动最大值的频段含意。

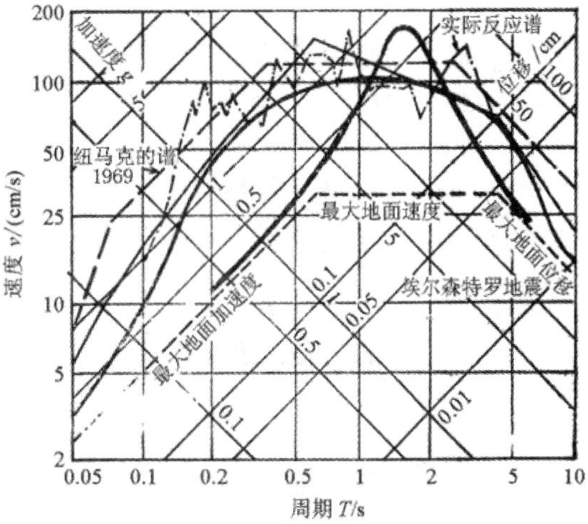

图 7.2.4　反应谱与地震动的关系

第四，由于相对位移反应、相对速度反应与绝对加速度反应谱三者之间存在式（7.2.10）的关系，所以可以在图 7.2.4 这样的坐标上将它们同时绘出。此法由纽曼提出，现已成为美国通用的表示法。

第五，阻尼对反应谱的影响可以表示为正规化后的加速度反应谱$\beta(T,\zeta)$的下述关系

$$\left.\begin{aligned}&\beta(T,\zeta)=\beta(T,\zeta=0.05)\cdot\lambda(\zeta,T)\\&\lambda(\zeta,T)=\left(1/\sqrt[3]{16.6\zeta+0.16}\right)\left(\frac{0.8}{T}\right)^{a}\\&\alpha(\zeta)=\frac{0.05-\zeta}{0.156+3.38\zeta}\end{aligned}\right\}\tag{7.2.12}$$

与给定的数值对比。过去曾有人建议过极为简单的形式，如$\lambda(\zeta,T)=(20\zeta)^{1/n}$，$n=2, 3$或4。这一形式有两个缺点，即未考虑不同周期$T$的不同影响和在$\zeta=0$时的无限值。

第六，从随机振动观点看，反应谱是有随机性的，应该指明其发生的概率，或者在给出平均反应谱的同时给出方差。在第6.2.3节中讨论到反应谱与功率谱的关系时已明确指出过这种关系与反应谱值发生的概率有关。

7.3 多自由度体系的地震反应

实际工程中常见的结构物大多是多自由度体系，如二层以上的房屋、桥梁、坝、烟囱等。实际工程结构的地震反应分析可以采用两类方法，一类是将结构物简化为可以用方便的数学表达式的连续模型以便求得解析解，对于体型简单的烟囱、高层楼房，有时简化为变截面悬臂梁。但是，由于计算技术的飞速发展，更多的情况是采用另一类方法，即将结构物简化为离散模型，用数字计算机寻求数值解。由于地震动极为复杂，即使结构物极为简单，如单质点体系，也需要采用数值计算法求解，所以本书只讨论后一类方法。

7.3.1 运动方程

图7.3.1示一个二层楼房的计算简图，作为多自由度体系分析方法的例子。假设质量均集中于楼板水平面内，楼板是刚性的，只考虑一个水平方向的振动。和第7.2.1节中一样，二楼层的运动方程可以写成如下形式，符号意义与前相同。

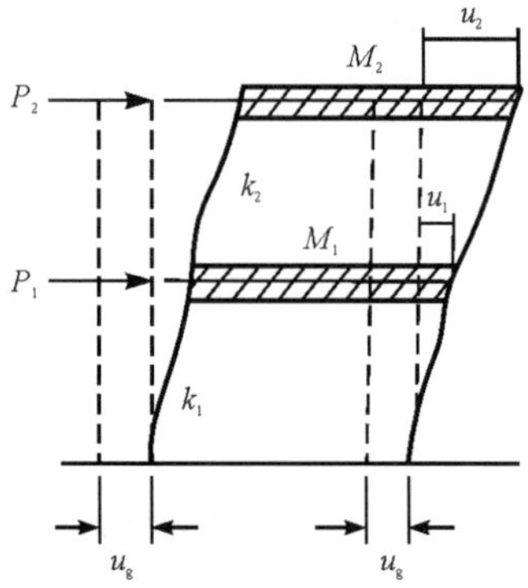

图7.3.1 多自由度体系示例

$$F_1+D_1+G_1=P_1$$
$$F_2+D_2+G_2=P_2$$

和单自由度体系相似，惯性力F_i为

$$F_1=M_1(\ddot{u}_1+\ddot{u}_g)$$
$$F_2=M_2(\ddot{u}_2+\ddot{u}_g)$$

或写为矩阵形式

$$\begin{Bmatrix}F_1\\F_2\end{Bmatrix}=\begin{bmatrix}M_1&0\\0&M_2\end{bmatrix}\begin{Bmatrix}\ddot{u}_1+\ddot{u}_g\\\ddot{u}_2+\ddot{u}_g\end{Bmatrix}$$
$$=\begin{bmatrix}M_1&0\\0&M_2\end{bmatrix}\begin{Bmatrix}\ddot{u}_1\\\ddot{u}_2\end{Bmatrix}+\begin{bmatrix}M_1&0\\0&M_2\end{bmatrix}\begin{Bmatrix}1\\1\end{Bmatrix}\ddot{u}_g$$

或

$$\underline{F}=\underline{M}\underline{\ddot{u}}+\underline{M}\,\underline{I}\ddot{u}_g$$

弹性恢复力G_i为

$$G_1=k_{11}u_1+k_{12}u_2$$
$$G_2=k_{21}u_1+k_{22}u_2$$
$$k_{11}=k_1+k_2,\ k_{12}=k_{21}=-k_2,\ k_{22}=k_2$$

或写为矩阵形式

$$\begin{Bmatrix}G_1\\G_2\end{Bmatrix}=\begin{bmatrix}k_{11}&k_{12}\\k_{21}&k_{22}\end{bmatrix}\begin{Bmatrix}u_1\\u_2\end{Bmatrix}$$

或

$$\underline{G} = \underline{K}\underline{u}$$

阻尼力 D_i 为

$$D_1 = C_{11}\dot{u}_1 + C_{12}\dot{u}_2$$
$$D_2 = C_{21}\dot{u}_1 + C_{22}\dot{u}_2$$

或写为矩阵形式

$$\begin{Bmatrix} D_1 \\ D_2 \end{Bmatrix} = \begin{bmatrix} C_{11} & C_{12} \\ C_{21} & C_{22} \end{bmatrix} \begin{Bmatrix} \dot{u}_1 \\ \dot{u}_2 \end{Bmatrix}$$

或

$$\underline{D} = \underline{C}\dot{\underline{u}}$$

外力 P_i 为

$$\underline{P} = \begin{Bmatrix} P_1 \\ P_2 \end{Bmatrix}$$

将这些力的矩阵表示式都代入运动方程中，则运动方程变为

$$\underline{M}\ddot{\underline{u}} + \underline{C}\dot{\underline{u}} + \underline{K}\underline{u} = \underline{P} - \underline{M}\underline{I}\ddot{u}_{\mathrm{g}} \tag{7.3.1}$$

式中，$\underline{I}$ 为单位矩阵。此式虽然是按两个自由度体系建立的，但完全适用于 n 个自由度的剪切梁体系。

7.3.2 振型和自振频率

结构动力反应决定于外部干扰（$\underline{P}$, $\ddot{u}_{\mathrm{g}}$）和结构本身的动力特性。体系的动力特性主要是振型和自振频率。令 $\underline{P} \equiv \underline{0}$, $\ddot{u}_{\mathrm{g}} \equiv 0$, $\underline{C} = \underline{0}$, 则运动方程变为

$$\underline{M}\ddot{\underline{u}} + \underline{K}\underline{u} = \underline{0}$$

令

$$\underline{u} = \underline{U}\sin\omega t$$

则得

$$[-\omega^2\underline{M} + \underline{K}]\underline{U} = \underline{0} \tag{7.3.2}$$

要 $\underline{U}$ 有非零解，体系才能处于振动状态，由此得特征方程

$$\left|\omega^2\underline{M} - \underline{K}\right| = \underline{0} \tag{7.3.3}$$

特征方程的左边为一行列式，由此式可以求得特征值 ω_i（对两个自由度的体系，i=1，2）；将特征值代入式（7.3.2）即可得特征向量 $\underline{u}_i$，特征值即为体系的自振频率，特征向量即为体系的自振振型。

以图 7.3.1 的两层楼房为例。设 k_1=300kN/cm，k_2=200kN/cm，M_1=M_2=1kN·s^2/cm，则特征方程为

$$\left| -\omega^2\begin{bmatrix} 1 & 0 \\ 0 & 1 \end{bmatrix} \right| + \left| \begin{bmatrix} 500 & -200 \\ -200 & 200 \end{bmatrix} \right| = \begin{vmatrix} 1\omega^2 - 50 & 200 \\ 200 & 1\omega^2 - 200 \end{vmatrix} = 0$$

由此得自振频率为 $\omega_1^2 = 100$，$\omega_2^2 = 600$，自振周期为 T_1=0.628s，T_2=0.256s。将之代入式(7.3.2)

即可得自振振型$\Phi_i=\begin{bmatrix}u_i(1)\\u_i(2)\end{bmatrix}$为

$$\Phi=[\Phi_1\Phi_2]=\begin{bmatrix}u_1(1) & u_2(1)\\u_1(2) & u_2(2)\end{bmatrix}=\begin{bmatrix}1 & 2\\2 & -1\end{bmatrix}$$

$$\omega_1^2=100\text{时},\qquad \frac{u_2^0}{u_1^0}=2$$

$$\omega_2^2=600\text{时},\qquad \frac{u_2^0}{u_1^0}=-\frac{1}{2}$$

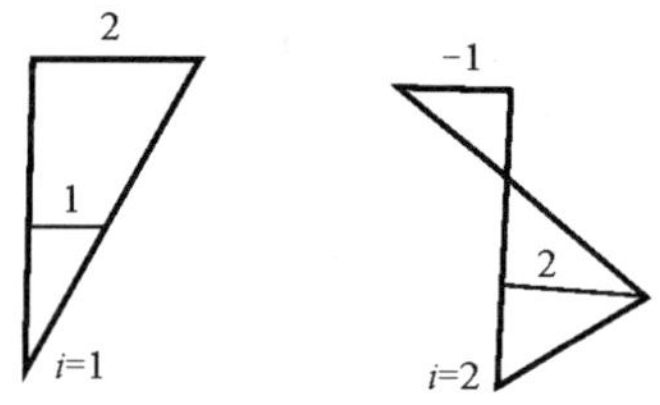

图 7.3.2 自振振型

各振型如图 7.3.2 所示。

在结构动力学中已经证明，各振型之间存在正交关系，即

$$\underline{\Phi}_i^{\mathrm{T}}\underline{M}\,\underline{\Phi}_j=0\qquad(i\neq j)$$

$$\underline{\Phi}_i^{\mathrm{T}}\underline{K}\,\underline{\Phi}_j=0\qquad(i\neq j)$$

7.3.3 振型分解

由于自振振型为完备正交系，所以体系的任何反应都可以用振型来展开，相对位移矢量$\underline{u}$当然也可以用振型$\Phi_i(i=1,\cdots,n)$来展开，即

$$\underline{u}(t)=\sum_{i=1}^{n}\underline{\Phi}_i\,q_i(t)=\underline{\Phi}\,\underline{q}(t)\tag{7.3.4}$$

$\underline{q}$是表示振型幅值的广义坐标矢量。将上式代入运动方程（7.3.1），并利用振型之间的正交性，最后可得解耦后的各振型反应的运动方程为

$$\ddot{q}_i+2\zeta_i\omega_i\dot{q}_i+\omega_i^2q_i=\frac{P_i^*(t)}{M_i^*}\qquad(i=1,\ 2,\ \cdots,\ n)\tag{7.3.5}$$

式中符号意义如下：

$$\left.\begin{array}{ll}\text{广义质量} & M_i^*=\underline{\Phi}_i^{\mathrm{T}}\underline{M}\,\underline{\Phi}_i\\ \text{广义阻尼} & C_i^*=\underline{\Phi}_i^{\mathrm{T}}\underline{C}\,\underline{\Phi}_i\\ \text{广义刚度} & k_i^*=\underline{\Phi}_i^{\mathrm{T}}\underline{K}\,\underline{\Phi}_i\\ \text{广义荷载} & P_i^*=\underline{\Phi}_i^{\mathrm{T}}(\underline{P}-\underline{M}\,\underline{I}\ddot{u}_g)\\ \text{振型阻尼} & \zeta_i=C_i^*/(2\omega_iM_i^*)\\ \text{自振频率} & \omega_i=\sqrt{k_i^*/M_i^*}\end{array}\right\}\tag{7.3.6}$$

若仅考虑地震动$\ddot{u}_g(t)$而不考虑外力，即$\underline{P}(t)\equiv\underline{0}$，则

$$\frac{P_i^*(t)}{M_i^*}=-\frac{\underline{\Phi}_i\underline{M}\,\underline{I}}{\underline{\Phi}_i^{\mathrm{T}}\underline{M}\,\underline{\Phi}_i}\ddot{u}_g=-\gamma_i\ddot{u}_g\tag{7.3.7}$$

其中

$$\gamma_i=\frac{\underline{\Phi}_i\underline{M}\underline{I}}{\underline{\Phi}_i^{\mathrm{T}}\underline{M}\underline{\Phi}_i}=\frac{\sum_j M_j u_i(j)}{\sum_j M_j u_i^2(j)} \tag{7.3.8}$$

称为第 i 振型参与系数。

在计算中常使用无量纲的振型函数 $\underline{Y}=[\underline{Y_1}\ \underline{Y_2}\cdots\underline{Y_n}]$ 来代替 $\underline{u}=[\underline{u_1}\ \ \underline{u_2}\ \cdots\ \underline{u_n}]$，它们之间的关系为

$$Y_i(j)=u_i(j)\frac{\sum_j M_j}{\sum_j M_j u_i(j)} \tag{7.3.9}$$

此时各振型反应的运动方程为

$$\ddot{q}_i+2\zeta_i\omega_i\dot{q}_i+\omega_i^2 q_i=-\gamma_i\ddot{u}_{\mathrm{g}}$$

由此可见，若在振型分解时令

$$\underline{u}=\sum_{i=1}^{n}\underline{\Phi}_i\gamma_i\cdot q_i(t) \tag{7.3.10}$$

则振型反应的运动方程为

$$\ddot{q}+2\zeta_i\omega_i\dot{q}_i+\omega_i^2 q_i=-\ddot{u}_{\mathrm{g}}\qquad (i=1,\ 2,\ \cdots,\ n) \tag{7.3.11}$$

这与单自由度体系完全相同。这时，可以理解为以 $\gamma_i\underline{\Phi}_i$ 作为振型，因此在式（7.3.6）中均应用 $\gamma_i\underline{\Phi}_i=\gamma_i\begin{Bmatrix}Y_i(1)\\Y_i(2)\end{Bmatrix}$ 代替 $\underline{\Phi}_i=\begin{Bmatrix}u_i(1)\\u_i(2)\end{Bmatrix}$。这时广义质量即为

$$M_i^*=\gamma_i\{Y_i(1)\ \ Y_i(2)\}\begin{bmatrix}M_1 & 0\\0 & M_2\end{bmatrix}\gamma_i\begin{Bmatrix}Y_i(1)\\Y_i(2)\end{Bmatrix}=\gamma_i^2\sum_j M_j Y_i^2(j)$$

而振型参与系数 γ_i 此时由式（7.3.8）变为

$$\left.\begin{aligned}\gamma_i&=\frac{\sum_j M_j Y_i(j)}{\sum_j M_j Y_i^2(j)}=\frac{\left[\sum_j M_j u_i(j)\right]^2}{\left(\sum_j M_j\right)\sum_j M_j u_i^2(j)}\\ M_i^*&=\gamma_i\sum_j M_j Y_i(j)=\frac{\left[\sum_j M_j Y_i(j)\right]^2}{\sum_j M_j Y_i^2(j)}\end{aligned}\right\} \tag{7.3.12}$$

将 $Y_i(j)$ 由式（7.3.9）代入即得

$$M_i^*=\frac{\left[\sum_j M_j u_i(j)\right]^2}{\sum_j M_j u_i^2(j)} \tag{7.3.13}$$

对比式（7.3.12）、（7.3.13）可见，在采用无量纲振型 $\underline{Y}$ 之后，振型参与系数

$$\gamma_i = \frac{M_i^*}{\sum_j M_j}$$

的物理意义是：若将第 i 振型看做是一个单质点体系，则此体系的广义质量 M_i^* 与原体系总质量 $\sum_{j=1}^{n} M_j$ 之比等于 γ_i。另外，从式（7.3.12）可知：① γ_i 总是正数，且

$$\sum_{i=1}^{n} \gamma_i = 1 \tag{7.3.14}$$

这可以作为计算校核之用；②随着振型序号 i 加大，γ_i 逐渐减小。假若不采用无量纲振型 $\underline{Y}$，则参与系数有正有负，且绝对值大小参差不齐。

由此可见，多自由度体系运动方程（7.3.1）原来是耦联的 n 个联立方程组，在采用了振型分解之后，即变为解耦后的 n 个独立微分方程（7.3.11）。在从式（7.3.11）的积分中求得 q_i 之后，即可从式（7.3.10）求得体系的相对位移反应 $\underline{u}(t)$，然后可以求出其他各种反应。必须注意的是，式（7.3.10）右边的求和号内的各振型反应在叠加时只能将同一时刻的数值相加。在实际计算中，并不是先求得相对位移过程 $\underline{u}(t)$ 之后，再从 $\underline{u}(t)$ 去求其他反应量，而是先求得各振型的这些反应量 R_i（如层间变形或剪力）。如第 i 振型第 j 层层间位移为

$$\Delta_{ij} = \Phi_i(j+1) - \Phi_i(j)$$

则根据式（7.3.10）直接求得第 j 层层间位移为

$$\Delta_j(t) = \sum_{i=1}^{n} [\Phi_i(j+1) - \Phi_i(j)]\gamma_i q_i(t)$$

对于图 7.3.1 所示例题，用图 7.3.2 中的振型时，$\gamma_1 = 0.6$，$\gamma_2 = 0.2$；若用无量纲振型，则 $M_1^* = 0.18$, $\gamma_1 = 0.9$; $M_2^* = 0.02$, $\gamma_2 = 0.1$。

7.3.4 地震反应

多自由度体系的地震反应分析有三种方法。第一种是逐步积分法，即利用第 7.2.1 节中介绍的在时域中进行数值法逐步直接求解微分方程组（7.3.1）或（7.3.11）；第二种是反应谱法，即利用反应谱概念来确定每一振型的最大反应；第三种是在频域中求解微分方程组（7.3.1）。第三种方法留待第 7.4 节中介绍。

7.3.4.1 逐步积分法

此法应用于多自由度体系时，与单自由度体系的步骤完全相同，公式也几乎一样。在直接求解微分方程组（7.3.1）时，不论是纽马克法或威尔逊 θ 法，只需用矢量 $\underline{u}$ 代替式（7.2.5）～（7.2.8）中的单自由度反应 u 即可；在分别求解解耦后的各振型反应微分方程（7.3.11）时，则用 $q_i(t)$ 代替 $u(t)$。惟一需要特别考虑的是积分步长 Δt 的选择。在求解方程（7.3.11）时，当然要考虑 $\Delta t/T_i$ 要足够小，所以对不同振型的反应，Δt 是不同的，这时要注意让 Δt 成倍增长，以便进行振型反应的叠加；在求解方程组（7.3.1）时，要注意避免高振型反应可能引起的稳定问题，由于在纽马克法中无人为阻尼，所以 $\Delta t/T$ 的要求应根据高振型的周期 T 来选择 Δt；

而威尔逊θ法由于存在高振型的人为阻尼，Δt 可以适当加大。但是，在选择阻尼时，可以用一些方法，人为地对高振型引入很大的阻尼而有助于克服高振型反应的不稳定（见第 7.8 节）。

7.3.4.2 反应谱法

在给定反应谱之后，和单自由度体系完全一样，由方程（7.3.11）可知，可以从振型的自振周期 T_i 与阻尼比ζ_i 确定某一反应量的各振型反应的最大值，如相对位移 q_i 的最大值为$\Phi_i\gamma_i \cdot S_{dq_i}(T_i, \zeta_i)$，或第 j 层的层间位移$\Delta_j(t)$的最大值为$[\Phi_i(j+1)-\Phi_i(j)]\gamma_i S_{dq_i}(T_i, \zeta_i)$。由于同一反应量的各振型反应的最大值并不在同一时刻发生，而且可能有正有负，所以如何从各振型的最大反应确定振型叠加之后的体系反应，则要专门研究。这就是振型组合问题，将在第 7.6 节中讨论。

7.4 频 域 分 析

对于线性体系，由于存在叠加原理，所以时域或频域解是完全等价的。过去，由于计算不便，频域解有很多困难，所以未受到适当重视。自从电子计算机普及、快速傅里叶算法 FFT 出现后，计算上已无大困难。由于频率在振动中物理概念的重要性，在频域中处理振动问题有许多优点，所以到 20 世纪 80 年代，频域分析已提到重要地位。表 7.4.1 中列出了这两种方法应用范围的对比。由此可见，对于具有依赖于频率的参数（频变参数）的线性体系，如土-结共同作用，则需采用频域分析；对于具有依赖于频率参数的非线性体系，则只有采用近似分析法，如非线性因素的等效线性化后的频域解，或将依赖于频率的参数简化为不依赖于频率的常参数下的时域非线性解。

表 7.4.1 时域与频域分析法的应用范围

体系特性	时域法	频域法
常参数线性体系	能	能
非线性体系	能	不能
具有依赖于频率的参数的线性体系	不能	能
具有依赖于频率的参数的非线性体系	不能（系数平均）	不能（等效线性化）

7.4.1 单自由度体系的频域反应

7.4.1.1 傅里叶级数解

第 7.2.1 节中得到过单自由度体系的运动方程为

$$m\ddot{u}+C\dot{u}+ku=p(t) \tag{7.4.1}$$

设 $p(t)$为不规则振动过程，持时为 T_d。从数学分析可知，这种不规则振动过程可以分解为许多三角级数之和：

$$p(t)=a_0+\sum_{j=1}^{\infty}[a_j\cos\omega_j t+b_j\sin\omega_j t]$$

式中，a_0，a_j，b_j(j=1，2，…)都是实数。由数学公式（参考图 7.4.1）可知，

$$e^{i\omega t}+e^{-i\omega t}=2\cos\omega t$$

$$e^{i\omega t}-e^{-i\omega t}=2i\sin\omega t$$

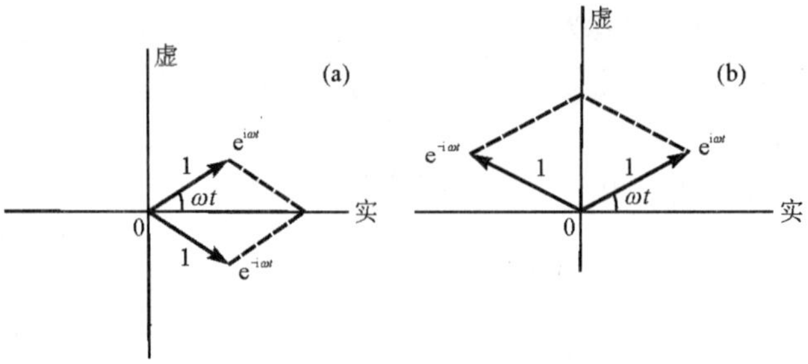

图 7.4.1　矢量合成

由此可以将振动外力 $p(t)$ 的每一个频率分量写为复数形式：

$$
\begin{aligned}
p_j(t) &= a_j\cos\omega_j t + b_j\sin\omega_j t \\
&= \frac{1}{2}a_j(e^{i\omega_j t}+e^{-i\omega_j t}) - \frac{b_j}{2}i(e^{i\omega_j t}-e^{-i\omega_j t}) \\
&= \frac{1}{2}(a_i - ib_j)e^{i\omega_j t} + \frac{1}{2}(a_j + ib_j)e^{-i\omega_j t} \\
&= C_j e^{i\omega_j t}
\end{aligned}
$$

这里规定 $C_j = \frac{1}{2}(a_j - ib_j)$，当 $j>0$ 时；$C_j = \frac{1}{2}(a_j + ib_j)$，当 $j<0$ 时；$C_j = C_0 = a_0$，当 $j=0$ 时；另外，$\omega_{-j} = -\omega_j$。由此可见，第 j 项与第 $-j$ 项的复系数 C_j 与 C_{-j} 是共轭的，即 $C_j = C_{-j}^*$。因此，$p(t)$ 的傅里叶展开式可以写为复数形式如下

$$
\left.
\begin{aligned}
p(t) &= \sum_{j=-\infty}^{\infty} C_j e^{i\omega_j t} \\
C_j &= \frac{1}{T_p}\int_0^{T_d} p(t)e^{-i\omega_j t}\,dt
\end{aligned}
\right\}
\tag{7.4.2}
$$

下面介绍一下传递函数的概念。

传递函数是频域分析中极重要的一个概念，它就是体系受到一简谐振动的干扰时稳态反应与干扰的比，即当 $p(t) = C_j e^{i\omega_j t}$ 时，

$$
m\ddot{u} + C\dot{u} + ku = C_j e^{i\omega_j t}
$$

的解

$$
u(t) = H_j(i\omega_j)C_j e^{i\omega_j t}
$$

与干扰 $C_j e^{i\omega_j t}$ 之比 $H_j(i\omega_j)$，或简写为 $H(i\omega)$。传递函数 $H(i\omega)$ 是复函数，由上式的解可得

$$
H(i\omega) = \frac{1}{-m\omega_j^2 + iC\omega_j + k} = \frac{1}{k}\cdot\frac{1}{(1-\beta)^2 + 2i\zeta\beta}
\tag{7.4.3a}
$$

式中，$\beta = \omega_j/\omega_0$ 为干扰频率 ω_j 与体系自振频率 $\omega_0 = \sqrt{k/m}$ 之比；$\zeta = C/2m\omega_0$ 为阻尼比。传递函数 $H(i\omega)$ 之模 $|H(i\omega)|$ 表示体系反应与干扰的幅值比，$H(i\omega)$ 的相角表示反应与干扰这

两个简谐振动的相位差。传递函数有多种，式（7.4.3a）是体系相对位移 $u(t)$对输入 $p(t)$的传递函数。例如对单自由度体系的地震动输入 $\ddot{u}_g(t)$，运动方程为

$$\ddot{u}+2\zeta\omega_0\dot{u}+\omega_0^2 u=-\ddot{u}_g(t)$$

则相对位移反应 $u(t)$对地震动输入 $\ddot{u}_g(t)$ 的传递函数为

$$H_u(\mathrm{i}\omega)=\frac{1}{\omega_0^2-\omega^2+2\mathrm{i}\zeta\omega_0\omega}=[(\omega_0^2-\omega^2)^2+4\zeta^2\omega_0^2\omega^2]^{-1/2}\mathrm{e}^{\mathrm{i}\phi} \tag{7.4.3b}$$

$$\phi=\arctan\frac{2\zeta\omega_0\omega}{\omega_0^2-\omega^2}$$

根据第五章中函数与其导数的谱密度之间的关系可知，速度反应 $\dot{u}(t)$ 与绝对加速度 $\ddot{u}(t)+\ddot{u}_g(t)$ 的传递函数为

$$H_{\dot{u}}(\mathrm{i}\omega)=\omega H(\mathrm{i}\omega)=\frac{\omega}{\omega_0^2-\omega^2+2\mathrm{i}\zeta\omega_0\omega} \tag{7.4.3c}$$

$$H_{\ddot{u}+\ddot{u}_g}(\mathrm{i}\omega)=1+\omega^2 H(\mathrm{i}\omega)=\frac{\omega_0^2+2\mathrm{i}\zeta\omega_0\omega}{\omega_0^2-\omega^2+2\mathrm{i}\zeta\omega_0\omega} \tag{7.4.3d}$$

上述传递函数的模的平方分别为

$$\left.\begin{aligned}&\left|H_u(\mathrm{i}\omega)\right|^2=1/D\\&\left|H_{\dot{u}}(\mathrm{i}\omega)\right|^2=\omega^2/D\\&\left|H_{\ddot{u}+\ddot{u}_g}(\mathrm{i}\omega)\right|^2=(4\zeta^2\omega_0^2\omega^2+\omega_0^4)/D\\&D=(\omega^2-\omega_0^2)+4\zeta^2\omega_0^2\omega^2\end{aligned}\right\} \tag{7.4.3e}$$

求得传递函数之后，根据式（7.4.2）所示的 $p(t)$展开式，各项输入的反应之和即得

$$u(t)=\sum_{j=-\infty}^{\infty}H_u(\mathrm{i}\omega_j)C_j(\omega_j)\mathrm{e}^{\mathrm{i}\omega_j t} \tag{7.4.4}$$

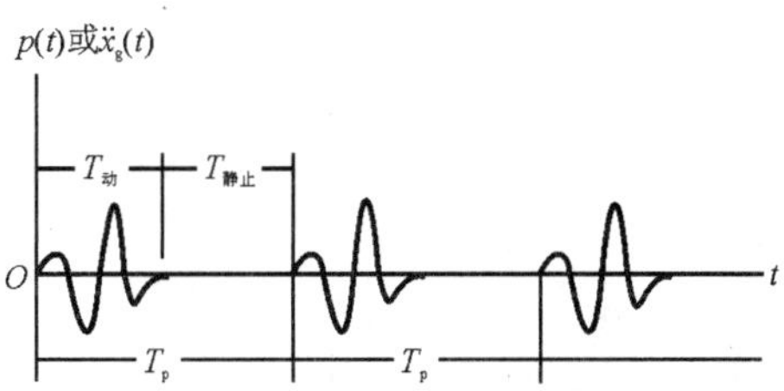

图 7.4.2　不规则振动过程 $p(t)$

7.4.1.2　傅里叶积分解

现令静止期（图 7.4.2）$T_{静止}\to\infty$，则 $p(t)$的周期 $T_p\to\infty$。这时，$p(t)$的傅里叶级数展开可以写为

$$p(t)=\lim_{T_p\to\infty}\frac{1}{T_p}\sum_{j=-\infty}^{\infty}C_j T_p\mathrm{e}^{\mathrm{i}\omega_j t}$$

由于 $T_p\to\infty$，所以 $\Delta\omega=\dfrac{2\pi}{T_p}\to\mathrm{d}\omega,\ \omega_j=j\Delta\omega\to\omega,\ \dfrac{1}{T_p}=\dfrac{\Delta\omega}{2\pi}=\dfrac{\mathrm{d}\omega}{2\pi}$，而

$$\left.\begin{aligned}&P(\mathrm{i}\omega)=C_j T_p=\int_{-T_p/2}^{T_p/2}p(t)\mathrm{e}^{-\mathrm{i}\omega t}\mathrm{d}t=\int_{-\infty}^{\infty}p(t)\mathrm{e}^{-\mathrm{i}\omega t}\mathrm{d}t\\&p(t)=\frac{1}{2\pi}\int_{-\infty}^{\infty}P(\mathrm{i}\omega)\mathrm{e}^{\mathrm{i}\omega t}\mathrm{d}\omega\end{aligned}\right\} \tag{7.4.5}$$

以后本书用同一字母的小写表示时域函数，大写表示相应的频域函数，两者为傅里叶变换对，如式（7.4.5）所示。

这时，体系的反应 $u(t)$可以从式（7.4.4）变换过来，但下面为了说清一些重要的物理概念，将从运动方程直接推导。

将运动方程（7.4.1）进行傅里叶变换后得

$$(-\omega^2 m+\mathrm{i}\omega C+k)U(\mathrm{i}\omega)=P(\mathrm{i}\omega)$$

式中

$$\left.\begin{aligned}P(\mathrm{i}\omega)&=\int_{-\infty}^{\infty}p(t)\mathrm{e}^{-\mathrm{i}\omega t}\mathrm{d}t\\U(\mathrm{i}\omega)&=\int_{-\infty}^{\infty}u(t)\mathrm{e}^{-\mathrm{i}\omega t}\mathrm{d}t\\u(t)&=\frac{1}{2\pi}\int_{-\infty}^{\infty}U(\mathrm{i}\omega)\mathrm{e}^{\mathrm{i}\omega t}\mathrm{d}t\end{aligned}\right\}\tag{7.4.6}$$

对比式（7.4.3）的单自由度体系相对位移 $u(t)$与外力 $p(t)$之间的传递函数 $H(\mathrm{i}\omega)$即得

$$U(\mathrm{i}\omega)=H(\mathrm{i}\omega)P(\mathrm{i}\omega)\tag{7.4.7}$$

此式即为输出 $u(t)$、输入 $p(t)$在频域中的关系。由式（7.2.2）可见，在时域中为褶积关系的输入 $\ddot{u}_{\mathrm{g}}(t)$ 与脉冲反应函数 $h(t)$，在频域中变为简单的输入与传递函数的乘积关系。

根据单位脉冲函数的定义，$\int_{-\infty}^{\infty}\delta(t)\mathrm{d}t=1$，可知当 $p(t)=\delta(t)$ 时，$P(\mathrm{i}\omega)=1$，所以单位脉冲反应函数 $h(t)=u(t)$ 的傅里叶变换

$$U(\mathrm{i}\omega)=H(\mathrm{i}\omega)$$

即为传递函数 $H(\mathrm{i}\omega)$。由此可知，$h(t)$与 $H(\mathrm{i}\omega)$为傅里叶变换对，即

$$\begin{aligned}H(\mathrm{i}\omega)&=\int_{-\infty}^{\infty}h(t)\mathrm{e}^{-\mathrm{i}\omega t}\mathrm{d}t\\h(t)&=\frac{1}{2\pi}\int_{-\infty}^{\infty}H(\mathrm{i}\omega)\mathrm{e}^{\mathrm{i}\omega t}\mathrm{d}t\end{aligned}\tag{7.4.8}$$

从上述论证可知，当采用频域分析法时，单自由度体系反应的求解步骤为：

(1) 利用快速傅里叶变换 FFT 对离散的ω 值求荷载的傅里叶变换 $P(\mathrm{i}\omega)$；

(2) 利用频域中输出与输入的关系（7.4.7）求反应 $u(t)$的频域表示 $U(\mathrm{i}\omega)$；

(3) 利用快速逆傅里叶变换从式（7.4.6）求反应的时域表示 $u(t)$。

7.4.2 多自由度体系的频域反应

多自由度体系的频域反应分析与单自由度体系的步骤是一样的。这时，运动方程为

$$\underline{M}\underline{\ddot{u}}+\underline{C}\underline{\dot{u}}+\underline{K}\underline{u}=-\underline{M}\underline{I}\ddot{u}_{\mathrm{g}}(t)\tag{7.4.9}$$

不考虑外力 $\underline{P}$，只考虑支承点的地震动 $\ddot{u}_{\mathrm{g}}(t)$。先将上式进行傅里叶变换，得

$$(-\omega^2\underline{M}+\mathrm{i}\underline{C}\omega+\underline{K})\underline{U}(\mathrm{i}\omega)=-\underline{M}\underline{I}\ddot{U}_{\mathrm{g}}(\mathrm{i}\omega)$$

也可以写为下述形式：

$$\underline{U}(\mathrm{i}\omega)=\underline{H}(\mathrm{i}\omega)\cdot\underline{I}\ddot{U}_{\mathrm{g}}(\mathrm{i}\omega)\tag{7.4.10}$$

其中传递函数矩阵 $\underline{H}(\mathrm{i}\omega)$为简谐振动输入 $\ddot{u}_{\mathrm{g}}(t)=\mathrm{e}^{\mathrm{i}\omega t}$ 时，体系的稳态反应 $\underline{u}=\underline{U}^0(\mathrm{i}\omega)\cdot\mathrm{e}^{\mathrm{i}\omega t}$ 与输入之比，即

$$\underline{H}(i\omega)=\underline{U}^0(\mathrm{i}\omega)$$

其计算必须通过求解联立方程组（7.4.9）才能求得，是计算中颇费机时的一个步骤。求得了反应的傅里叶变换 $\underline{U}(\mathrm{i}\omega)$之后，用逆傅里叶变换即可求得反应的时域表示 $\underline{u}(t)$。也可以采用振型分解法，这时可以用式（7.3.11）先求得振型反应 $q(t)$的频域表示

$$Q_j(\mathrm{i}\omega)=H_j(\mathrm{i}\omega)\ddot{U}_g(\mathrm{i}\omega) \tag{7.4.11}$$

然后求得振型反应的时域表达式 $q_j(t)$，再从式（7.3.10）求得体系反应 $u(t)$。

前面公式中的传递函数 $H(\mathrm{i}\omega)$均指体系相对位移对于外部干扰 $p(t)$或 $\ddot{u}_{\mathrm{g}}(t)$ 的传递函数。应该理解，任何其他反应，如层间变形、层间剪力，或其他内力与变形反应都有其对于某种干扰的传递函数，只要可以求解体系中全部相对位移反应 $\underline{U}^0(\mathrm{i}\omega)$，则体系中的任一反应均可从而决定。因此，式（7.4.10）与（7.4.11）都可以推广到其他体系反应，只要传递函数作相应的改变即可。

7.5 结构随机地震反应

在第三章中已经介绍过随机过程的基本概念和地震动的随机描述。由于震源与介质中许多偶然因素的影响，地震动具有明显的随机性，从而使得结构物的地震反应也成为随机过程。因此，对结构地震反应进行随机过程分析是很自然的事。

随机反应所研究的问题是，在已知统计特征的随机干扰作用下，求结构体系随机反应的统计特征。前面说过，随机过程的主要统计特征是平均值、方差、相关函数、谱密度等，或具有给定概率的最大值。本书所说的随机振动反应也仅限于这些特征。

7.5.1 随机过程的一般线性变换

先研究平稳随机过程 $u(t)$经过一般线性变换 L 之后的随机过程 $y(t)=Lu(t)$与原过程 $u(t)$的关系。这里 L 为一般线性变换算子，如积分、微分或式（7.2.1）所表示的单自由度体系的输出与输入的关系。

设 $U(\mathrm{i}\omega)$为 $u(t)$的傅里叶变换[见式（7.4.6）]，由于 $u(t)$是随机过程，所以 $U(\mathrm{i}\omega)$也是随机函数，对于不同的ω值，$U(\mathrm{i}\omega)$是互不相关的。

当 $u(t)=\mathrm{e}^{\mathrm{i}\omega t}$时，线性变换后的结果可以写为

$$y(t,\omega)=H(\mathrm{i}\omega,t)\mathrm{e}^{\mathrm{i}\omega t} \tag{7.5.1}$$

这里将传递函数 $H(\mathrm{i}\omega,\ t)$写为非平稳的形式，是为了可以考虑在平稳过程开始作用于一体系时由于初始条件带来的非平稳性。按叠加原理可以得 $u(t)$的线性变换为

$$y(t)=\frac{1}{2\pi}\int_{-\infty}^{\infty}U(\mathrm{i}\omega)H(\mathrm{i}\omega,t)\mathrm{e}^{\mathrm{i}\omega t}\mathrm{d}\omega$$

从此可以求得反应 $y(t)$的相关函数为（胡聿贤和周锡元，1965）

$$\begin{aligned}R_y(t,t') = \overline{y(t)y(t')} &= \frac{1}{2\pi}\int_{-\infty}^{\infty}\int_{-\infty}^{\infty} R_u(\tau_1\tau')h(t'-\tau')h(t-\tau)\mathrm{d}\tau\mathrm{d}\tau' \\ &= \left(\frac{1}{2\pi}\right)^2\int_{-\infty}^{\infty}\int_{-\infty}^{\infty}\overline{U(\mathrm{i}\omega)U^*(\mathrm{i}\omega')}H(\mathrm{i}\omega,t)\mathrm{e}^{\mathrm{i}\omega t}H^*(\mathrm{i}\omega',t')\mathrm{e}^{-\mathrm{i}\omega' t'}\mathrm{d}\omega\mathrm{d}\omega' \\ &= \frac{1}{2\pi}\int_{-\infty}^{\infty}\int_{-\infty}^{\infty} S_u(\mathrm{i}\omega)\delta(\omega-\omega')H(\mathrm{i}\omega,t)H^*(\mathrm{i}\omega',t')\mathrm{e}^{\mathrm{i}(\omega t-\omega' t')}\mathrm{d}\omega\mathrm{d}\omega' \\ &= \frac{1}{2\pi}\int_{-\infty}^{\infty} S_u(\omega)H(\mathrm{i}\omega,t)H^*(\mathrm{i}\omega,t')\mathrm{e}^{\mathrm{i}(\omega t-\omega' t')}\mathrm{d}\omega\end{aligned} \tag{7.5.2}$$

由此可见，由于考虑到体系初始条件的影响，$y(t)$的相关函数也不是平稳的。但是，假若不考虑初始条件的这种影响，或者由于阻尼、初始条件的影响会随时间增大而消失，则 $y(t)$就会达到平稳阶段，这时线性变换的传递函数为$H(\mathrm{i}\omega,\ t)=H(\mathrm{i}\omega)$，而稳态解 $y(t)$的相关函数变为

$$\left.\begin{aligned}&R_y(\tau) = \frac{1}{2\pi}\int_{-\infty}^{\infty} H(\mathrm{i}\omega)H^*(\mathrm{i}\omega)S_u(\omega)\mathrm{e}^{\mathrm{i}\omega\tau}\mathrm{d}\omega = \frac{1}{2\pi}\int_{-\infty}^{\infty} S_y(\omega)\mathrm{e}^{\mathrm{i}\omega\tau}\mathrm{d}\omega \\ \text{故}\quad &S_y(\omega) = H(\mathrm{i}\omega)H^*(\mathrm{i}\omega)S_u(\omega)\end{aligned}\right\} \tag{7.5.3}$$

这一关系远比时域中的相应关系式（7.5.2）简单。由此可以认识到谱分解在随机过程中的优越性和功率谱密度的重要性。请注意这一关系与式（7.4.7）给出的确定性函数之间的关系

$$Y(\mathrm{i}\omega) = H(\mathrm{i}\omega)U(\mathrm{i}\omega)$$

极为相似。

当 L 算子为微分时，则 $H(\mathrm{i}\omega)=\mathrm{i}\omega$，由此得 $S_y(\omega)=\omega^2 S_u(\omega)$；当 L 为积分算子时，则 $H(\mathrm{i}\omega)=1/(\mathrm{i}\omega)$，由此得 $S_y(\omega)=\omega^{-2}S_u(\omega)$；而 $u(t)$的可微与可积条件分别为

$$\int_{-\infty}^{\infty}\omega^2 S_u(\omega)\mathrm{d}\omega\text{有界},\qquad \int_{-\infty}^{\infty}\omega^{-2}S_u(\omega)\mathrm{d}\omega\text{有界} \tag{7.5.4}$$

7.5.2 单自由度体系的随机反应

单自由度体系的运动方程（7.2.1）也是一种线性变换，只要用式（7.4.3b～d）给出的传递函数，式（7.5.3）即表示体系反应 $y(t)$与地震动 $u(t)$的统计特征之间的关系。

早期的地震反应随机理论工作者都曾利用过此关系研究地震反应特征（胡聿贤、周锡元，1962），特别是在白噪声输入下的反应。最早将随机过程理论引入地震反应分析中的是豪斯纳（Housner，1947），据说他曾从两方面来研究这一问题，把地震动当作是一系列随时间随机分布的速度脉冲，或把它当作平稳随机过程来研究结构反应，但是他只发表了前一结果。古德曼等人发展了这一观点，并且证明豪斯纳发展的随机脉冲过程就是白噪声随机过程。到1960 年前后，许多研究者均把地震动当作是平稳的或可平稳化的随机过程，对功率谱无特殊限制，而白噪声仅为其最简单的特例。在我国，则由作者、王光远、周锡元等在 1962 年前后开始进行这一研究，作者曾对这一阶段的工作进行过评述（胡聿贤、周锡元，1962）。

巴尔斯坦在分析一些地震动加速度过程记录之后，建议取其统计特征为

$$R(\tau) = R(0)\mathrm{e}^{-\alpha|\tau|}(\cos\beta\tau + \mu\sin\beta|\tau|) \tag{7.5.5}$$

$$S(\omega) = 2R(0)\frac{(\alpha-\mu\beta)\omega^2 + (\alpha+\mu\beta)(\alpha^2+\beta^2)}{\omega^4 - 2(\beta^2-\alpha^2)\omega^2 + (\alpha^2+\beta^2)^2} \tag{7.5.6}$$

式中，$R(0)$为地震动加速度的方差；β是地震动的卓越频率（此谱密度有单峰点）；α 表示相关程度或杂乱程度的参数，α 愈大则相关性愈小，当$\alpha \to \infty$时，即为白噪声；$S(\omega)$=常数；μ 为不大于α/β的常数，在具体研究中，巴尔斯坦取μ=0。

实际上这一地震动模型是有缺点的（胡聿贤、周锡元，1962）。若$\mu \neq \alpha/\beta$，则在τ=0 处$R(\tau=0)$有尖点，即 $\left.\frac{\mathrm{d}R}{\mathrm{d}\tau}\right|_{\tau=0} \neq 0$，使得 $\left.\frac{\mathrm{d}^2R}{\mathrm{d}\tau^2}\right|_{\tau=0}$ 不存在，从而不能满足可微条件式（7.5.4）；若$\mu \neq -\alpha/\beta$，则可积条件（7.5.4）不满足，因此，若用式（7.5.6）表示地震动位移、速度或加速度之一时，则其他两个量的可微或可积条件不满足。为避免这一缺点，可以用下述模型来表示地震动加速度过程的谱密度：

$$S_{\ddot{u}}(\omega) = \frac{\omega^2}{\omega^4 - 2(\beta^2 - \alpha^2)\omega^2 + (\alpha^2 + \beta^2)} \cdot \frac{\omega^2}{\omega^2 + \gamma^2} \tag{7.5.7}$$

并称γ为低频减量。

单自由度体系地震反应的计算步骤是极为简单的。如前所述，在确定了适当的地震动的随机模型（即其谱密度或相关函数，以及非平稳性的模型，本节只讨论平稳地震动）之后，即可从式（7.5.3）求得体系反应的谱密度，然后用傅里叶逆变换求得反应的相关函数，就得到了反应的方差。在早期的研究中很少考虑其他统计特征。后面将简单介绍有关首超和能量损耗的概念。

假若采用式（7.5.6）的模型，按上述步骤可得反应 $y(t)$的方差为

$$\begin{aligned}\overline{y^2} = R_y(\tau = 0) = \frac{R_u(0)(\alpha - \mu\beta)}{m^3\omega_0^3 M}\Bigg[&\frac{1}{2\alpha}\left(1 + \frac{\alpha + \mu\beta}{\alpha - \mu\beta}\right)\omega_0^3 + \frac{1}{2\zeta}\left(1 + 4\zeta^2 \cdot \frac{\alpha + \mu\beta}{\alpha - \mu\beta}\right)\omega_0^2 \\ &+ 2\alpha\frac{\alpha + \mu\beta}{\alpha - \mu\beta}\omega_0 + \frac{1}{2\zeta} \cdot \frac{\alpha + \mu\beta}{\alpha - \mu\beta}(\alpha^2 + \beta^2)\Bigg]\end{aligned} \tag{7.5.8}$$

式中，m 为单质点体系的质量；$R(0)$为地震动输入的方差；

$$M = \omega_0^4 + 4\zeta\alpha\omega_0^3 + 2\left[(\alpha^2 - \beta^2) + 4\zeta^2(\alpha^2 + \beta^2)^2\right]\omega_0^2 + 4\zeta\alpha(\alpha^2 + \beta^2)\omega_0 + (\alpha^2 + \beta^2)^2$$

公式（7.5.8）也具有反应谱的含意，不同的是，反应谱的纵坐标是反应 $y(t)$的非统计意义的最大值 $y_{\max}$，上式却只是反应的方差 δ_y^2。一种近似处理的方法是，假设近似认为反应 $y(t)$是正态分布，且 $\bar{y} = 0$，则可取 $y_{\max}=k\sigma_y$，其超过概率约为 4.55%（k=2）或 0.27%（k=3）。

另一种近似处理的方法是假设反应的标准差σ_y与最大值 $y_{\max}$ 的比$\sigma_y/y_{\max}$等于输入的标准差σ_u与最大值 $u_{\max}$ 的比$\sigma_u/u_{\max}$，则得

$$y_{\max} = u_{\max}\sigma_y / \sigma_u \tag{7.5.9}$$

假若 y 和 u 分别为反应与输入的位移，则$\sigma_y/\sigma_u=y_{\max}/u_{\max}$为位移放大倍数；设若两者都是速度，则$\sigma_y/\sigma_u$为速度放大倍数；假若 y 和 u 分别为反应的绝对加速度和输入的加速度，则σ_y/σ_u为绝对加速度的放大倍数，也就是正规化了的反应谱。

图 7.5.1 中绘出了利用式（7.5.6）与式（7.5.7）的模型所得到的位移反应。由此可见，低频减量γ对长周期位移反应有巨大影响。图中 $T_0/T_g=\beta/\omega_0$。

当考虑一个平稳地震动过程开始作用于一静止的单自由度体系时，反应将不是平稳的[式

（7.5.1）]。若地震动过程为白噪声，则无论从平稳过程理论出发，或者从马尔可夫过程的福克-普兰克方程出发，都可以得到与单位质量上的能量 E/m 有关的量，

$$\overline{\frac{2E}{m}} = \overline{\omega_0^2 y^2} + \overline{\dot{y}^2} = \frac{2D}{\zeta\omega_0}\left[1 - \frac{1}{\omega_1^2}\mathrm{e}^{-2\zeta\omega_0 t}(\omega_1^2 + 2\zeta\omega_0^2 \sin^2 \omega_1 t)\right] \tag{7.5.10}$$

$$\sigma_y^2(t) = \overline{y^2} = \frac{S}{4\zeta\omega_0^3}\left[1 - \mathrm{e}^{-2\zeta\omega_0 t}\left(\frac{1}{1-\zeta^2} - \frac{\zeta^2}{1-\zeta^2}\cos 2\omega_1 t + \frac{\zeta}{\sqrt{1-\zeta^2}}\sin 2\omega_1 t\right)\right] \tag{7.5.11}$$

式中，S 为白噪声加速度谱密度值；$\omega_1 = \sqrt{1-\zeta^2}\,\omega_0$；$D$ 为与 S 有关的量。由此可以得到体系的稳态解，即当 t 足够大时，初始条件的影响由于阻尼影响可忽略不计，

$$\sigma_y^2(\infty) = \frac{S}{4\zeta\omega_0^3} \tag{7.5.12}$$

这就是白噪声地震动作用下位移反应的方差。式（7.5.11）、（7.5.12）的结果也可以近似地用于具有平缓谱密度的地震动，只须将 S 理解为 $S(\omega_0)$ 即可。巴尔斯坦（胡聿贤、周锡元，1965）在式（7.5.6）的地震动模型下（μ=0）研究了这一问题，但是得到了错误的结果，如图 7.5.2 中的曲线 1，式（7.5.11）的白噪声输入结果则如图中曲线 2，图中另两条曲线 T_0=0.3s 和 1.0s 是非白噪声输入的结果[式（7.5.6），μ=0]。由此可见，巴尔斯坦的结果是错误的。其他人研究的结果均与作者所得相同。这一错误的影响是巨大的，因为苏联后来在其抗震规范中采用了这一结果而提出了一个不恰当的振型遇合公式。

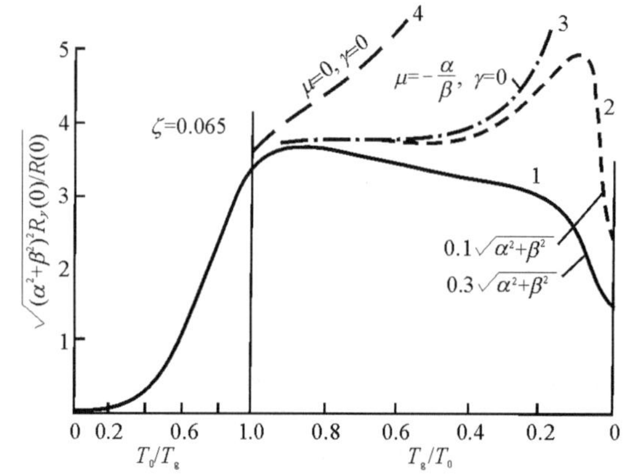

图 7.5.1　单自由度体系的反应

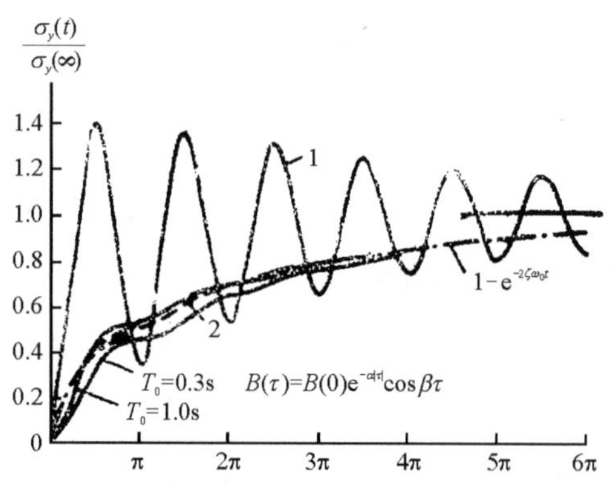

图 7.5.2　初值对稳态反应的影响

从式（7.5.11）还可以得到一个关于近似平稳性的重要结论。假若认为 $\sigma_y(t) = 0.9\sigma_y(\infty)$ 基本上达到了平稳反应，则由于式（7.5.11）可以简化为（当 $\omega_1 t = 2n\pi$ 时）

$$\lambda^2 = \sigma_y^2(n)/\sigma_y^2(t) = 1 - \exp\left(-\frac{\zeta}{\sqrt{1-\zeta^2}}4n\pi\right) \tag{7.5.13}$$

按上式得到的部分结果见表 7.5.1。由此可见，对于常用阻尼（$\zeta \leqslant 0.1$），只要强地震动持时可以达到 3 倍结构自振周期以上，即可认为体系已达到其平稳阶段。

范马克（Vanmarcke，1976）曾提出过一个可用于窄频带反应的近似结果。从式（7.5.3）可知，在一般情况下，平稳过程位移反应方差为

$$\sigma_y^2 = R_y(0) = \frac{1}{\pi}\int_0^\infty G_y(\omega)\mathrm{d}\omega = \frac{1}{\pi}\int_0^\infty \left|H(\omega)\right|^2 G_u(\omega)\mathrm{d}\omega$$

式中，$G(\omega) = 2S(\omega)$ 为单侧功率谱；$H(\omega)$ 为结构体系传递函数。如图 7.5.3，若阻尼小，则传递函数的模的平方 $\left|H(\omega)\right|^2$ 很狭，在自振周期 ω_0 处很尖，然后向两边迅速减小。在一般情况下，由于地震动功率谱 $G_u(\omega)$ 相对较平缓，因此可以假定 $G_u(\omega)$ 在 ω_n 处变化平缓，这时，从上式可以得到加速度反应的方差的近似表示（参见图 7.5.3，图中略去功率谱的下标）

表 7.5.1　体系反应达平稳所需要的周期 n

ζ \ n \ λ	0.95	0.90
0.05	3.7	2.6
0.10	1.8	1.3

$$\begin{aligned}\sigma_a^2 &= \omega_n^4\sigma_y^2 = \frac{\omega_n^4}{\pi}\int_0^\infty G_u(\omega)\left|H(\omega)\right|^2\mathrm{d}\omega \\ &= \frac{\omega_n^4}{\pi}G_u(\omega_n)\int_0^\infty \left|H(\omega)\right|^2\mathrm{d}\omega - \omega_0 G_u(\omega_n)\frac{1}{\pi} + \frac{1}{\pi}\int_0^{\omega_n} G_u(\omega)\mathrm{d}\omega \qquad (7.5.14) \\ &= \frac{\omega_n}{\pi}G_u(\omega_n)\left(\frac{\pi}{4\zeta} - 1\right) + \frac{1}{\pi}\int_0^{\omega_n} G_u(\omega)\mathrm{d}\omega\end{aligned}$$

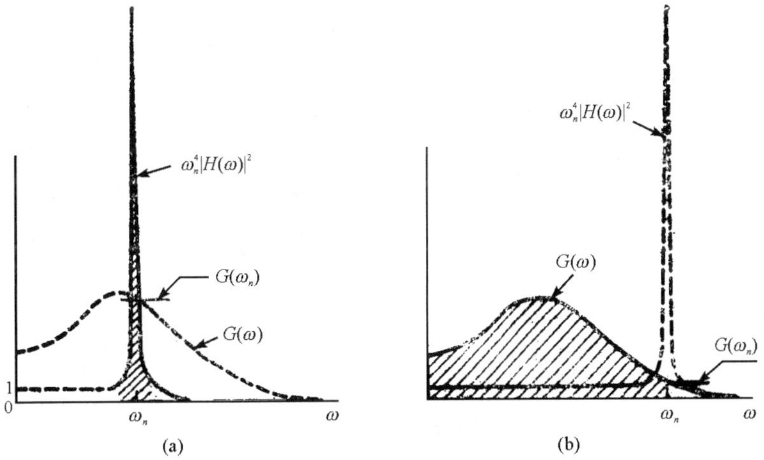

图 7.5.3　窄带反应

从图 7.5.3 可以了解上式右边两项的物理意义。第一项表示图（a）中示出的在 ω_n 附近狭频带输入通过结构传递函数放大而产生的反应，即图（a）中单斜影面积；第二项表示从零到 ω_n 范围为 $G_u(\omega)$的面积。第一项中之所以减去 $\omega_n G_u(\omega_n)$，是因为两项中都考虑了这一项。式中的第二项一般影响不大，只是在 ω_0 很大时它的影响才大。假若输入地震动位移是白噪声，即 $G_u(\omega) = G_0$，则上项是精确解。这时它可以进一步简化为

$$\sigma_y^2 = \frac{G_0\omega_n}{4\zeta} \qquad (7.5.15)$$

7.5.3 单自由度体系的平稳化过程

假若采用平稳化的地震动过程（第 3.4 节），

$$u(t)=f(t)n(t) \tag{7.5.16}$$

式中，$f(t)$为非平稳性强度函数；$n(t)$为平稳过程，这时，反应的相关函数为

$$R_y(t,\ t')=\iint_{-\infty}^{\infty}h(t'-\tau')h(t-\tau)f(\tau)f(\tau')R_n(\tau-\tau')\mathrm{d}\tau\mathrm{d}\tau'$$

反应的方差为

$$R_y(t=t')=\sigma_y^2(t)=\iint_{-\infty}^{\infty}h(t-\tau')h(t-\tau)f(\tau)f(\tau')R_n(\tau-\tau')\mathrm{d}\tau\mathrm{d}\tau' \tag{7.5.17}$$

对于相应平稳过程，$f(t)\equiv 1$，则 $u(t)$的相关函数与谱密度之间有下述关系：

$$R_n(\tau-\tau')=\frac{1}{\pi}\int_0^{\infty}S_n(\omega)\cos\omega(\tau-\tau')\mathrm{d}\omega$$

将之代入式（7.5.17），并交换积分次序可得

$$\sigma_y^2(t)=\frac{1}{\pi}\int_0^{\infty}S_n(\omega)\left|H(\mathrm{i}\omega,t)\right|^2\mathrm{d}\omega \tag{7.5.18}$$

式中

$$\left|H(\mathrm{i}\omega,t)\right|^2=\iint_{-\infty}^{\infty}f(\tau)f(\tau')h(t-\tau)h(t-\tau')\cos\omega(\tau-\tau')\mathrm{d}\tau\mathrm{d}\tau' \tag{7.5.19}$$

$H(\mathrm{i}\omega,\ t)$表示单自由度体系在 $u(t)=n(t)=\mathrm{e}^{\mathrm{i}\omega t}$ 作用下的瞬时频率特性。上式也可以推广来包括平稳化随机过程，只要认为 $H(\mathrm{i}\omega,\ t)$表示单自由度体系在 $u(t)=f(t)\mathrm{e}^{\mathrm{i}\omega t}$ 作用下的瞬时频率特性即可。

除了巴尔斯坦外，考格伊-斯顿夫（Caughey-Stumpf，1961）也研究了同一问题。他们先从式（7.5.19）求出反应的瞬时频率特性，然后在应用式（7.5.18）求反应的瞬时方差时，假设输入谱密度 $S_n(\omega)$ 无尖锐峰点，因此，在体系的阻尼比 ζ 很小时，频率特性 $\left|H(\mathrm{i}\omega,t)\right|^2$ 在 ω_0 附近有尖锐峰点，所以可以近似地取

$$\sigma_y^2(t)=\frac{S(\omega_0)}{\pi}\int_0^{\infty}\left|H(\mathrm{i}\omega,t)\right|^2\mathrm{d}\omega$$

从而得到式（7.5.11）的结果，但 $S=S(\omega_0)$。

博洛京（Болотин，1960）研究过 $f(t)=\mathrm{e}^{-Ct}(t\geqslant 0)$的平稳化过程的反应。他假设 $n(t)$具有式（7.5.6）的特性，在一些近似处理之后，得到下述结果：

$$\sigma_y^2(t,t')=\frac{1}{2\omega_1^2}\mathrm{e}^{-2\zeta\omega_0 t}\left[\frac{\mathrm{e}^{-2\Omega_1 t}\cdot Y_1-Y_2}{\Omega_1}\right.$$
$$\left.-\frac{\mathrm{e}^{-2\Omega_1 t}\cdot(\Omega_1 Y_1-\omega_1 Y_3)+(\Omega_1 Y_2+\omega_2 Y_4)\cos 2\omega_1 t-(\omega_1 Y_2-\Omega_1 Y_4)\sin 2\omega_1 t}{\omega_1^2+\Omega_1^2}\right] \tag{7.5.20}$$

式中
$$Y_{1,2}=\int_0^t \mathrm{e}^{-(\alpha\pm\Omega_1)\tau}\cdot\cos\beta\tau\cdot\cos\omega_1\tau\mathrm{d}\tau$$
$$Y_{3,4}=\int_0^t \mathrm{e}^{-(\alpha\pm\Omega_1)\tau}\cdot\cos\beta\tau\cdot\sin\omega_1\tau\mathrm{d}\tau$$
$$\Omega_1=\zeta\omega_0-C$$

他并且绘出了当 $\omega_1=10$，$C=0.2$，$\zeta\omega_0=0.4\ \mathrm{Hz}$ 时，$\beta/\omega_1=1.15$，1.10，1.05 的一组曲线，如图 7.5.4 所示。纵坐标 ψ 是反应的一种无量纲表示。这一结果表明，当体系的自振周期接近地震动的卓越周期 β 时，反应的差别可以很大。博洛京的方法只适用于他所选定的那种非平稳过程。

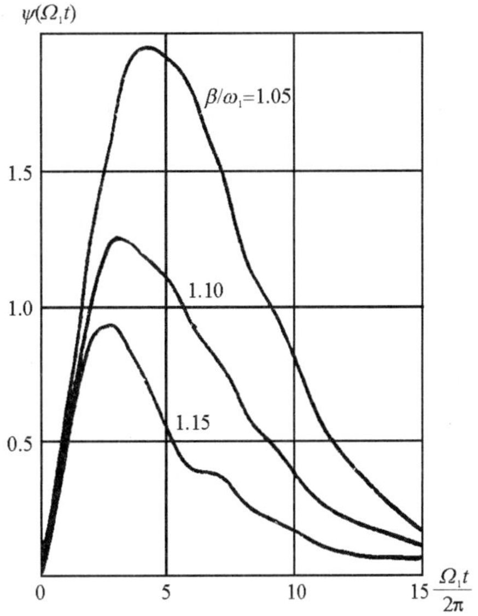

图 7.5.4 博洛京的结果

作者与周锡元在 1965 年提出一个通用的近似方法来求体系的非平稳反应，此法以下述考虑为基础。首先，地震动强度非平稳性的影响一般是使最大瞬态反应低于相应平稳过程的稳态反应，降低的程度则取决于平稳化函数 $f(t)$ 的形状和相应平稳过程的谱密度。为了近似考虑非平稳性对最大瞬态反应的影响，我们假定谱密度的形状虽然会影响最大瞬态反应 $\sigma_{y,\max}$ 和相应平稳过程稳态反应 $\sigma_y(\infty)$，但对比值 $r=\sigma_{y,\max}/\sigma_y(\infty)$ 的影响并不大。在这一假定下，就可以在白噪声谱的条件下，求得比值 r。第二步是考虑具体的谱密度函数，计算体系的平稳反应 $\sigma_y(\infty)$。那么，在此谱密度函数时的非平稳输入 $u(t)=f(t)n(t)$ 的瞬态反应即为

$$\begin{aligned}\sigma_y^2(t)^{\text{近似}}_{\text{非白、非平}}&=\sigma_y^2(\infty)_{\text{非白、平稳}}\frac{\sigma_y^2(t)_{\text{白、非平}}}{\sigma_y^2(\infty)_{\text{白、平稳}}}\\&=4\zeta\omega_0^2\sigma_y^2(\infty)_{\text{非白、平稳}}\int_0^t f^2(\tau)h^2(t-\tau)\mathrm{d}\tau\end{aligned}\tag{7.5.21}$$

由式（7.5.21）可见，作者所提方法是在谱密度形状不影响比值 r 的假定下，用 $r_{\text{白}}$ 来考虑非平稳性的影响，用 $\sigma_y^2(\infty)$ 来考虑谱密度形状的影响。

1965 年我们曾对两个有精确解的结果校核了上述近似方法。

第一个校核是图 7.5.2 中给出的巴尔斯坦计算过的非白噪声输入反应的例题，我们改正了他的计算错误之后，求得了精确解，同图中绘出了自振周期为 T_0=0.3s 和 1.0s 的结果以及白噪声下的 $\sigma_y(t)/\sigma_y(\infty)$。由此可见，这一组例子（$\alpha$=7.5，$\beta$=17s^{-1}，即周期为 0.37s，$\mu$=0）说明，谱密度的形状对 $\sigma_y(t)/\sigma_y(\infty)$ 的影响不大。

第二个校核是对博洛京（Болотин，1960）计算过的例子进行的，他取 α=0.7s^{-1}，ω_0=10，ζ=0.04，β/ω_0=1.05，1.10，1.15 三种情况，非平稳函数为 $f(t)=\mathrm{e}^{-n\omega_0 t}$ ($t\geqslant0$)，n=0.02。图 7.5.4 中给出的是博洛京得到的不同 n 值的结果。我们得到白噪声输入时在上述非平稳函数 $f(t)$时

的方差为

$$\sigma_y^2(t)_{白、非平}=\frac{S(\omega_0)}{4\omega_0^3(1-\zeta)^2(n-\zeta)}\left\{e^{-2\zeta\omega_0 t}\cdot[\cos^2(\omega_1 t+\theta)+\sin^2\omega_1 t]-e^{-2n\omega_0 t}\cdot\cos^2\theta\right\}$$

(7.5.22)

式中，$\theta=\arctan\dfrac{n-\zeta}{\sqrt{1-\zeta^2}}$，表 7.5.2 中列出了有关结果。由此可以看出两点：第一，谱形的确对 $\sigma_y^2(\infty)$ 有很大影响，对 $\sigma_y^2(t)$ 也有很大影响，如表中最后三行所示；第二，谱形对比值 r 的影响不大。

表 7.5.2　非平稳反应近似结果的对比

β/ω_0		1.05	1.10	1.15
博洛京　$\dfrac{\omega_0^4\sigma_{y,\max}^2}{R(0)}$		24.2	15.6	11.4
博洛京　r^2		0.51	0.50	0.57
$r_{白}^2$[公式(7.5.22)]		0.50	0.50	0.50
$\dfrac{\omega_0^4\sigma_y^2(\infty)}{R(0)}$	博洛京　公式导出	47.2	31.2	20.0
	近似方法式(7.5.22)导出	59.2	29.4	16.0
	精确解	69.6	38.0	21.9

7.5.4　最大反应的估计（Vanmarcke，1976）

对于给定的地震动，体系的最大反应，如房屋的层间剪力或结构物中一设备的最大加速度，常常是抗震设计中主要关心的问题。随机振动分析可以对给定发生概率下的体系最大反应作出估计。设 y 为某一结构反应，且已求得其方差 σ_y^2，则超越概率为 P 的最大反应可以写为

$$y_P=r_P\sigma_y \tag{7.5.23}$$

式中，r_P 称为峰值系数，其解即所谓的首达（first passage）问题。虽然首达问题现在尚无精确解，但已有一些良好的近似结果可供实用。σ_y 的估计，前面已经讨论过，本节专门讨论 r_P 值的估计。显然，P=0.5 时，$r_{0.5}$ 给出的 y_P 值即为中值，但是实际上发生的最大值可能为 r_P=1.25～3.5。求 r_P 的问题，也就是估计在时段(0，T_d)内体系反应 y 第一次达到上交 a 值的概率 P。大多数人研究的是正态白噪声干扰下小阻尼线性单自由度体系的平稳反应。范马克等则研究了稳态正态干扰下的线性非平稳反应的近似解，本节以此为主。

7.5.4.1　平稳反应

理论与模拟解已经证明，在持续时间 T_d 不太小时，反应 y 的绝对值在(0，T_d)时段内不超过 a 的概率近似为

$$P(T_d)=Ae^{-\alpha T_d} \tag{7.5.24}$$

其中，α为衰减率，A=P(0)=开始时$|y|\leqslant a$ 的概率。只要 a 较大，则 $A\approx1$，$\alpha\approx2\nu_a^+$，ν_a^+ 为上交 a 的平均率（见第 3.2 节），这时式（7.5.24）变为

$$P(T_{\mathrm{d}}) = \mathrm{e}^{-2v_a^+ T_{\mathrm{d}}} \tag{7.5.25}$$

假若反应是正态平稳过程，则位移 y 与速度 $\dot{y}$ 无关，故其联合概率分布密度为

$$f(y,\dot{y}) = \frac{1}{2\pi\,\sigma_y\sigma_{\dot{y}}}\mathrm{e}^{-1/2(y^2/\sigma_y^2+\dot{y}^2/\sigma_{\dot{y}}^2)}$$

因此，上交 a 的平均率为

$$v_a^+ = \frac{1}{2}\int_{-\infty}^{\infty}|\dot{y}|f(y,\dot{y},T_{\mathrm{d}})\mathrm{d}\dot{y} = v_0^+\mathrm{e}^{-1/2r^2}$$

式中，$r = a/\sigma_y$；$v_0^+ = \dfrac{\Omega}{2\pi}$为上交零的平均率；$\Omega = \sigma_{\dot{y}}/\sigma_y = \sqrt{\lambda_2/\lambda_0}$。由此得

$$P(T_{\mathrm{d}},r) = \exp\left[-\frac{\Omega}{\pi}T_{\mathrm{d}}\exp(-r^2/2)\right] \tag{7.5.26}$$

这就是达文波特（Davenport，1964）得到的结果。对于常用的 a 值大小而言，此结果是有误差的；对于宽带过程 a 值较小时，误差偏于不安全；对于窄带过程则误差偏于保守。对于宽带过程，误差主要来自泊松通过假定，它没有考虑超过 a 的运动；而对于窄带过程 a 不大时的通过并非独立，而是成群出现的。

若仍用式（7.5.24），但用下述近似α的关系，则 $P(T_{\mathrm{d}})$的估计大为改善，而与数值模拟结果符合良好。

$$\alpha = 2v_a^+\frac{1-\exp\left(-\sqrt{\dfrac{\pi}{2}}\delta_{\mathrm{e}}r\right)}{1-\exp(-r^2/2)} \tag{7.5.27}$$

式中，$\delta_{\mathrm{e}} = \delta_y^{1+b}$是带宽的一种量度；$b$ 为非负的经验常数，约为 0.2；若取 b=0，则所得 r_P 将略大；

$$\delta_y^2 = 1-\frac{\lambda_1^2}{\lambda_0\lambda_2} \qquad (0 \leqslant \delta_y \leqslant 1)$$

$$\lambda_n = \int_0^{\infty}\omega^n G_y(\omega)\mathrm{d}\omega$$

$G_y(\omega) = 2S_y(\omega)$为单侧谱密度（见第 3.2 节）。图 7.5.5 绘出了式（7.5.27）与数值模拟结果的对比；由图可见，当 a 很大时，$\alpha/2v_a^+ \to 1$，即式（7.5.25）的结果。式（7.5.24）中概率 A 的改进值为

$$A = 1-\mathrm{e}^{-r^2/2} \tag{7.5.28}$$

它也在 a 值很大时趋近于 1。

按照上式估计的 $P(T_{\mathrm{d}})$与 $y(t)$的前几个谱矩δ_y，Ω和δ_y 有关。峰值系数 r_{P} 可以从关系 $P(T_{\mathrm{d}}) = \mathrm{e}^{-\alpha T_{\mathrm{d}}}$ 中求得，结果可以表示为δ_{e}和 n 的表达式，这里

$$n = \frac{\Omega T_{\mathrm{d}}}{2\pi}(-\lg P)^{-1} \tag{7.5.29}$$

当 $P=\mathrm{e}^{-1}=0.368$ 时，$(-\lg P)^{-1}=1$，而 n 就等于反应的平均循环次数 $\Omega T_{\mathrm{d}}/2\pi$；当 P=0.5，0.9 或 0.99 时，$(-\lg P)^{-1}$ 分别为 1.4，10，100；当 P 接近 1 时，$(-\lg P)^{-1}\approx(1-P)^{-1}$。

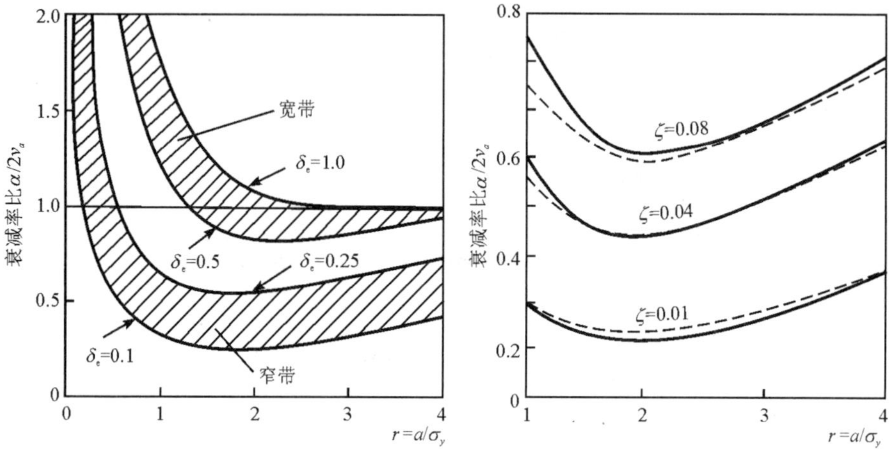

图 7.5.5　衰减率之比 $\alpha/2v_a^+$

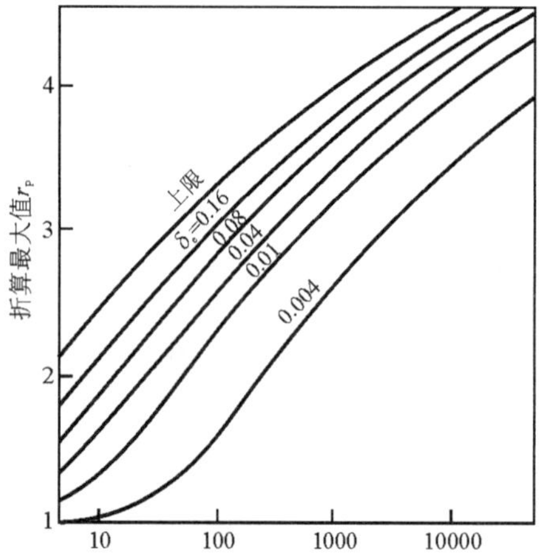

图 7.5.6　峰值系数 r_{P}

$n=\dfrac{\Omega T_d}{2\pi}(-\lg P)^{-1}$; $\delta_{\mathrm{e}}=\delta_y^{1+b}$

图 7.5.6 绘出了峰值系数 r_{P}。当 δ_{e} 较大时，r_{P} 趋近于其上限，即式（7.5.26）。上限的精确方程式是

$$r_{\mathrm{P}}=\sqrt{2\lg(2n)} \tag{7.5.30}$$

图中其他曲线的近似式为

$$r_{\mathrm{P}}=\left\{2\lg\left[2n\left(1-\mathrm{e}^{-\sigma_{\mathrm{e}}\sqrt{\pi\lg(2n)}}\right)\right]\right\}^{1/2} \tag{7.5.31}$$

7.5.4.2　瞬态反应

上述结果的重要优点之一在于它可以容易地推广到瞬态反应的首达概率的估计，瞬态特性通过时变谱密度函数 $G_y(\omega,\ t)$ 表示。这时，概率 $P(T_{\mathrm{d}})$ 可写为

$$P(T_{\mathrm{d}})=\exp\left[-\int_0^{T_{\mathrm{d}}}\alpha(t)\mathrm{d}t\right] \tag{7.5.32}$$

$A=P(T_{\mathrm{d}}=0)=1$，因为体系是由静止开始。这时，直观的方法可以将相应的时变参数代替 δ_y，Ω，δ_y 代入式（7.5.27）中，然后用数值法求解 $r_{\mathrm{P}}=a/\sigma_y(T_{\mathrm{d}})$。但是，下面将提出一个更为简单的近似方法。当反应的方差 $\sigma_y^2(t)$ 从 0 增加到 $\sigma_y^2(T_{\mathrm{d}})$ 时，破坏率 $\alpha(t)$ 更增加得快得多，所以积分 $\int_0^{T_{\mathrm{d}}}\alpha(t)\mathrm{d}t$ 主要由接近于 T_{d} 的 t 值的 $\alpha(t)$ 所决定。这就导致我们引入一个“等效平稳反应”持时 T_{d0} 的概念，使得

$$P(T)=\exp\left[-\int_0^{T}\alpha(t)\mathrm{d}t\right]=\exp[-T_{\mathrm{d0}}\alpha(T)] \tag{7.5.33}$$

当然 $T_{d0} \leqslant T_d$。从关系

$$m = \sigma^2(T_d) / \sigma^2(T_d/2)$$

可以得到下式

$$\frac{T_{d0}}{T_d} \approx \exp[-2(m-1)] = \exp\left[-2\left(\frac{\sigma_y^2(T_d)}{\sigma_y^2(T_d/2)} - 1\right)\right] \tag{7.5.34}$$

当 m=1 时，为平稳反应，$T_{d0}=T_d$。在确定 r_P 时，仍可用式（7.5.30）和（7.5.31），只要用 $T_{d0}\Omega(T_d)$ 和 $\delta_y(T_d)$ 分别代替 $T_d\Omega$ 和 δ_y 即可。

7.5.4.3　极值的概率分布

上面说过，对于平稳反应，极值 a 或 $r=a/\sigma_y$ 的概率分布由式（7.5.26）定为

$$P(r) = \exp\left[-\frac{\Omega}{\pi} T_d \exp(-r^2/2)\right] \qquad (r > 0)$$

由此可得概率密度函数为

$$P(r) = r\frac{\Omega}{\pi} T_d \cdot \exp\left[-\frac{r^2}{2} - \frac{\Omega}{\pi} T_d \cdot \exp(-r^2/2)\right] \tag{7.5.35}$$

由此可得极值的期望值与方差分别近似为

$$\begin{aligned} \bar{r} &\approx \left[2\ln\left(\frac{\Omega}{\pi}T_d\right)\right]^{1/2} + 0.577\left[2\ln\left(\frac{\Omega}{\pi}T_d\right)\right]^{-1/2} \\ \sigma_r^2 &= \frac{\pi^2}{6} \cdot \frac{1}{2\ln\left(\frac{\Omega}{\pi}T_d\right)} \end{aligned} \tag{7.5.36}$$

图 7.5.7 中绘出了由式（7.5.35）表示的极值 a/σ_y 的概率密度分布。同图中也绘出了极大值 η 的概率密度分布。极大值 $y_{峰}$ 或 $\eta=y_{峰}/\sigma_y$ 可正可负，如图所示，凡是向上的峰值均为极大值；而极值则为最大的极大值。注意，图 7.5.7 中 $p(\eta)$ 为极大值分布，$p(\eta_e)=p(r)$ 为极值分布，$\varepsilon=\delta_y$，$\nu_0=\Omega/\pi$。

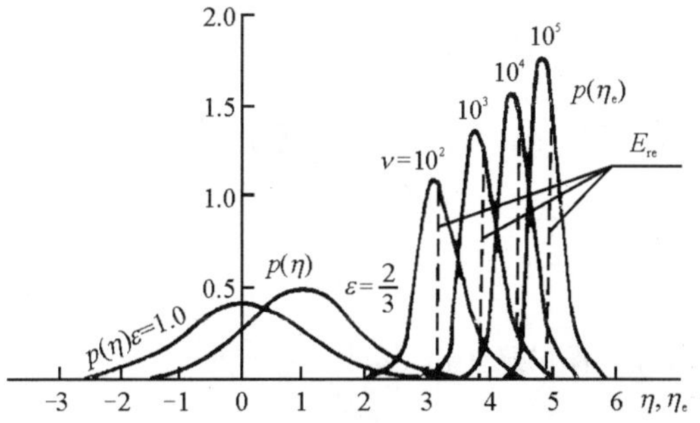

图 7.5.7　极值与极大值概率密度分布曲线

图中 $\nu=\nu_0 T_d$, $E=r$

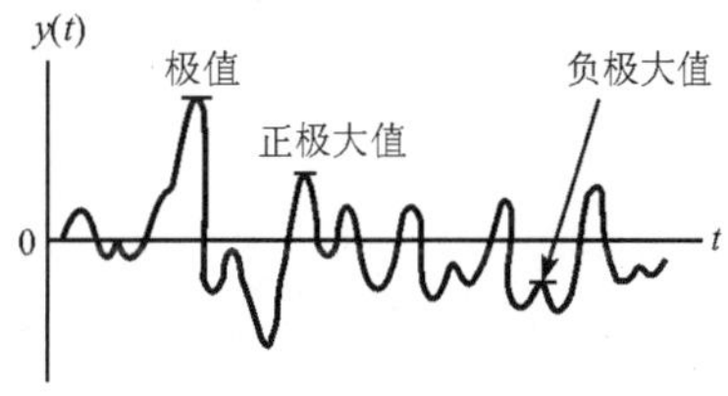

图 7.5.8　极值与极大值

上面是达文波特得到的结果。当采用范马克的改进公式（7.5.27）时，极值的期望值与方差分别为

$$\left.\begin{aligned}\bar{r} &= \sqrt{2\ln(\nu_e T_d)} + \frac{0.577}{\sqrt{2\ln(\nu_e T_d)}} \\ \sigma_r &= \frac{1.2}{\sqrt{2\ln(\nu_e T_d)}} - \frac{5.4}{13+[2\ln(\nu_e T_d)]^{3.2}} \\ \nu_e &= (1.63\delta_y^{25} - 0.38)\nu_0 \qquad 当\delta_y < 0.69 \\ &= \nu_0 \qquad\qquad\qquad\qquad\quad 当\delta_y \geqslant 0.69\end{aligned}\right\} \tag{7.5.37}$$

上式适用于 $10 \leqslant \nu_0 T_d \leqslant 1000$ 和 $0.11 \leqslant \delta_y \leqslant 1$。地震动符合这一要求。当 $\nu_0 T_d$ 很大，如 $\nu_0 T_d \geqslant 5000$ 时，即接近风和海浪的情况，则上式趋近于达文波特的结果式（7.5.36）。

7.6 振 型 组 合

在前一节中只讨论了单自由度体系的随机地震反应，本节讨论多自由度体系的随机地震反应，振型组合是多自由度体系随机反应中的主要问题。

振型组合问题讨论的只是线性体系，因为只有在线性体系中才能用叠加原理。在第 7.3.3 节中介绍过振型分解的原理和方法，用 Φ_i 表示相对位移的第 i 个振型，并曾指出，由 Φ_i 及体系的其他物理量（如刚度等）可以导出其他反应量 Q_i，如基底剪力、层间位移或某一杆件中的内力。因此，对于任一结构反应 $Q(t)$，都可以写出下述一般振型分解关系：

$$Q(t) = \sum_i Q_i(t) = \sum_i \alpha_i q_i(t) \tag{7.6.1}$$

式中，$q_i(t)$为第 i 振型广义坐标反应，由式（7.3.11）得出；α_i 为反应量 Q 的第 i 振型值，由振型 Φ_i、振型参与系数 γ_i 以及其他结构参数（如刚度）等所决定。由此可见，振型反应 α_i 是结构参数，与地震动无关；而振型地震反应 $Q_i(t)= \alpha_i q_i(t)$则为结构特性与地震动 $\ddot{u}_g(t)$ 两者共同决定的。后者也有时简称为振型反应。

现考虑平均过程为零的平稳地震动输入 $\ddot{u}_g(t)$，其单侧谱密度为 $G(\omega)$，则在初始条件影响可以忽略时，结构任一反应量 $Q(t)$也是平均过程为零的平稳过程，其单侧谱密度按式（7.5.3）为

$$G_Q(\omega) = \sum_i \sum_j \alpha_i \alpha_j H_i(\mathrm{i}\omega) H_j^*(\mathrm{i}\omega) G(\omega)$$

传递函数 $H_i(\mathrm{i}\omega)$ 由式（7.4.3）等给定，由此可得反应 $Q(t)$的谱密度函数的矩为

$$\left.\begin{aligned}\lambda_m &= \frac{1}{2\pi}\int_0^\infty \omega^m G_Q(\omega)\mathrm{d}\omega = \sum_i \sum_j \alpha_i \alpha_j \lambda_{m,ij} \\ \lambda_{m,ij} &= \mathrm{Re}\left[\frac{1}{2\pi}\int_0^\infty \omega^m G(\omega) H_i(\mathrm{i}\omega) H_j^*(\mathrm{i}\omega)\mathrm{d}\omega\right]\end{aligned}\right\} \tag{7.6.2}$$

$\lambda_{m,ij}$ 为第 i 和第 j 振型反应的广义坐标值的互谱矩。由于对称之故，单侧谱 $G(\omega)$是实数。现引入下述互相关系数：

$$\rho_{m,ij} = \lambda_{m,ij} \Big/ \sqrt{\lambda_{m,ii} \cdot \lambda_{m,jj}} \tag{7.6.3}$$

则得

$$\lambda_m = \sum_i \sum_j \alpha_i \alpha_j \rho_{m,ij} \sqrt{\lambda_{m,ii} \cdot \lambda_{m,jj}} \tag{7.6.4}$$

由第 3.2.1 节可知，$\lambda_0 = \sigma_Q^2$，$\lambda_2 = \sigma_{\dot{Q}}^2$；与之相似，$\lambda_{0,ii}$ 与 $\lambda_{2,ii}$ 分别为第 i 广义坐标值 $q_i(t)$ 及其导数 $\dot{q}_i(t)$ 的方差；而 $\rho_{0,ij}$ 与 $\rho_{2,ij}$ 则分别为 $q_i(t)$与 $q_{ij}(t)$ 和 $\dot{q}_i(t)$ 与 $\dot{q}_j(t)$ 的互相关系数。λ_1 与 $\lambda_{1,ij}$ 则如第 3.2 节所述，各为与反应过程包线有关的矩。下面先介绍这些系数及由此导出的量，最后再讨论多自由度体系的反应谱方法。

7.6.1　互相关系数 $\rho_{m,ij}$

库雷贾恩（Kiureghian，1980）给出了在输入功率谱 $G(\omega)$为白噪声和过滤器声时，即

$$G(\omega) = G_0$$

$$G(\omega) = \frac{\omega_g^4 + 4\zeta_g^2 \omega_g^2 \omega^2}{(\omega_g^2 - \omega^2)^2 + 4\zeta_g^2 \omega_g^2 \omega^2} G_0$$

前三个谱矩 $\lambda_{m,ij}$ 和 $\rho_{m,ij}$ (m=0，1，2)的封闭解。在过滤噪声中，ω_g 决定输入谱的卓越频率域，ζ_g 决定谱的胖瘦或宽窄，当$\zeta_g \geqslant 0.6$ 时，即可认为是宽带输入。$\omega_g=5\pi$和$\zeta_g=0.6$ 是地震工程中常用的数值。参见表 3.4.1。

库雷贾恩证明过，$\lambda_{m,ij}$ 对输入谱形敏感，而系数 $\rho_{m,ij}$ 对宽带输入则较不敏感。当两振型的自振频率分离较远时，相关系数迅速降低，小阻尼下降更快。对于宽带输入，式（7.6.4）中的交叉项只对频率相距很近的振型才重要。另外，只要振型频率不是远大于地震动卓越频率域（如$\omega_j=2\omega_g$，$\omega_i/\omega_j \geqslant 1.5$），两种输入谱作用下反应的相关系数几乎一样。由于$\omega_j>\omega_g$，$\omega_i>\omega_g$ 这一部分一般并不很重要，因而可以认为，从白噪声输入得到的互相关系数对宽带输入是良好的近似。白噪声输入下的互相关系数当然已有精确解，但形式颇复杂，不便应用；下述近似解则比较简单，而且也具有很好的精度。

$$\left.\begin{aligned}
\rho_{0,ij} &= 2\sqrt{\zeta_i \zeta_j} D \cdot [(\omega_i + \omega_j)^2 (\zeta_i + \zeta_j) + (\omega_i^2 - \omega_j^2)(\zeta_i - \zeta_j)] \\
\rho_{1,ij} &= 2\sqrt{\zeta_i \zeta_j} D \cdot [(\omega_i + \omega_j)^2 (\zeta_i + \zeta_j) - 4(\omega_i - \omega_j)^2 / \pi] \\
\rho_{2,ij} &= 2\sqrt{\zeta_i \zeta_j} D \cdot [(\omega_i + \omega_j)^2 (\zeta_i + \zeta_j) - (\omega_i^2 - \omega_j^2)(\zeta_i - \zeta_j)] \\
D &= [4(\omega_i - \omega_j)^2 + (\omega_i + \omega_j)^2 (\zeta_i + \zeta_j)^2]^{-1}
\end{aligned}\right\} \tag{7.6.5}$$

当频率比为 0.8～1.2 时，这些近似公式的误差均在 1%以内。

7.6.2　振型反应方差$\lambda_{m,ii}$

在零平均正态输入假定下，体系的稳态反应也是零平均正态的，这时可以定义

$$Q_{T_d} = \max_{T_d} |Q(t)|$$

为持时 T_d 内 $Q(t)$的极值。其概率分布由式(7.5.24)、(7.5.26)给定，其期望值与方差由式(7.5.37)给定。对于每一振型反应 $Q_i(t)$而言，可以用 $q_i(t)$代替 $Q(t)$，用$\lambda_{m,ii}$ 代替λ_m 代入下述公式之中：

$$\nu_0^+ = \frac{1}{2\pi} \sqrt{\lambda_2 / \lambda_0}$$

$$\Omega=\sqrt{\lambda_2/\lambda_0}$$

$$\delta_Q^2=1-\frac{\lambda_1^2}{\lambda_0\lambda_2}$$

而将ν_0^+，δ_Q，P与σ_r等量均用振型序号作下标，以示属于该振型，即得振型反应。

7.6.3 反应谱法

令$\bar{S}_{T_\mathrm{d}}(\omega,\zeta)$表示在持时 T_d 内，单自由度体系在干扰$\ddot{u}_\mathrm{g}(t)$下的最大绝对反应的平均值，即平均反应谱，ω与ζ分别为体系的自振频率和阻尼比，本节目的在于建立一个随机的方法以计算平均反应谱。

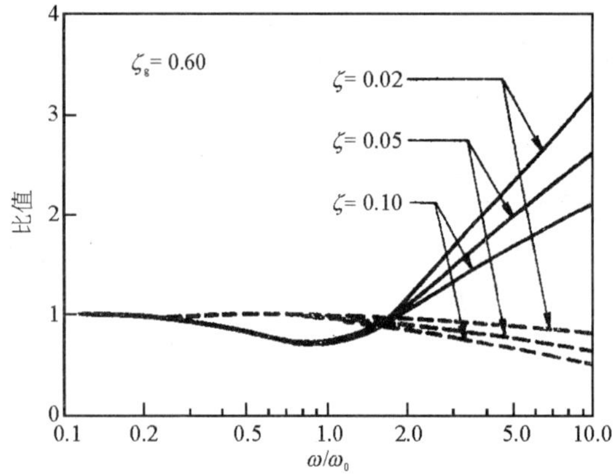

图 7.6.1 谱型对ν与δ 的影响

可以证明，只要输入是宽带的而且振型频率不大于地震动的卓越频率域，则反应的平均零交率$\nu_{0i}=(1/\pi)\sqrt{\lambda_{2,ii}/\lambda_{0,ii}}$和谱型因子$\delta_i=\sqrt{1-(\lambda_{1,ii}^2/\lambda_{0,ii}\lambda_{2,ii})}$对输入谱$G(\omega)$的形状不很敏感。图 7.6.1 中通过两种输入谱下的零交率ν_0的比值和谱型因子的比值比对了过滤噪声 FWN 与白噪声 WN 的影响，由此可见，零交率ν_0的比总是接近于 1，但谱型因子δ_i之比则仅在输入卓越频率域内接近于 1。因此，可以用由白噪声输入求得的这些参数作为一般宽带输入的值。对于白噪声输入，

$$\nu_{0i}=\omega_i/\pi$$

$$\delta_i=\left[1-\frac{1}{\sqrt{1-\zeta_i^2}}\left(1-\frac{2}{\pi}\arctan\frac{\zeta_i}{\sqrt{1-\zeta_i^2}}\right)\right]^{1/2}\approx 2\left(\frac{\zeta_i}{\pi}\right)^{1/2}$$

后一式的近似值只适用于小阻尼ζ_i。利用它们就可以从式（7.5.37）计算峰值因子的平均值$\bar{r}$与均方差σ_r。

根据定义 $r=a/\sigma_Q$，故

$$\bar{S}_{T_\mathrm{d}}(\omega_i,\zeta_i)=\bar{r}_i\cdot\sqrt{\lambda_{0,ii}}$$

由此可得

$$\lambda_{0,ii}=\frac{1}{\bar{r}_i^2}\bar{S}_{T_\mathrm{d}}^2(\omega_i,\zeta_i)$$

再根据$\nu_i=(1/\pi)\sqrt{\lambda_{2,ii}/\lambda_{0,ii}}$和$\delta_i=\sqrt{1-(\lambda_1^2/\lambda_{0,ii}\lambda_{2,ii})}$的定义，又可得下述谱参数$\lambda_{1,ii}$与$\lambda_{2,ii}$和平均反应谱的关系：

$$\lambda_{1,ii}=\frac{\omega_i^2}{\bar{r}_i^2}\bar{S}_i^2(\omega_i,\zeta_i)$$

$$\lambda_{2,ii} = \frac{\omega_i^2}{\bar{r}_i^2}\bar{S}_\tau^2(\omega_i,\zeta_i)$$

有了这些参数之后，就可以从式（7.6.2）求得反应 $Q(t)$的谱矩λ_m；将λ_m表示为平均反应谱，从而计算出反应 $Q(t)$，$\dot{Q}(t)$ 和极值的平均 $\overline{Q}_{T_d}$ 与均方差 σ_{QT_d} 等统计量。现令 $\overline{Q}_{iT_d} = \alpha_i \bar{S}_{T_d}$（$\omega_i,\zeta_i$ 为第 i 振型最大反应的平均值），则体系总反应 $Q(t)$的有关统计量为

反应标准差 $$\sigma_Q = \left(\sum_i\sum_j \frac{1}{\bar{r}_i\bar{r}_j}\rho_{0,ij}\overline{Q}_{iT_d}\overline{Q}_{jT_d}\right)^{1/2} \tag{7.6.6a}$$

反应速率标准差 $$\sigma_{\dot{Q}} = \left(\sum_i\sum_j \frac{\omega_i\omega_j}{\bar{r}_i\bar{r}_j}\rho_{2,ij}\overline{Q}_{iT_d}\overline{Q}_{jT_d}\right)^{1/2} \tag{7.6.6b}$$

极值平均 $$\overline{R}_{T_d} = \left(\sum_i\sum_j \frac{\bar{r}^2}{\bar{r}_i\bar{r}_j}\rho_{0,ij}\overline{Q}_{iT_d}\overline{Q}_{jT_d}\right)^{1/2} \tag{7.6.6c}$$

极值标准差 $$\sigma_{QT_d} = \sigma_r\cdot\sigma_Q = \left(\sum_i\sum_j \frac{\sigma_r^2}{\bar{r}_i\bar{r}_j}\rho_{0,ij}\overline{Q}_{iT_d}\overline{Q}_{jT_d}\right)^{1/2} \tag{7.6.6d}$$

反应平均频率 $$\overline{\omega} = \pi\nu_0 = \sigma_{\dot{Q}}/\sigma_Q = \left(\frac{\sum_i\sum_j \frac{\omega_i\omega_j}{\bar{r}_i\bar{r}_j}\rho_{0,ij}\overline{Q}_{iT_d}\overline{Q}_{jT_d}}{\sum_i\sum_j \frac{1}{\bar{r}_i\bar{r}_j}\rho_{0,ij}\overline{Q}_{iT_d}\overline{Q}_{jT_d}}\right)^{1/2} \tag{7.6.6e}$$

由上式可知，平均反应频率 $\overline{\omega}$ 基本上等于振型频率的加权平均，因为 $\rho_{2,ij}$ 与 $\rho_{0,ij}$ 差别不大。

在许多分析中，常常只需要极值平均 $\overline{Q}_{T_d}$，因此，若能进一步简化它的计算，则便于应用。首先，请注意到 $\bar{r}_i$ 的物理意义是第 i 振型峰值反应与标准差之比，即所谓峰值系数；体系的峰值系数 $\bar{r}$ 是各振型峰值系数 $\bar{r}_i$ 的某种加权平均，所以比值 $\bar{r}/\bar{r}_i$ 大体在 1 附近，若取它为 1，则得

$$\overline{Q}_{T_d} = \left(\sum_i\sum_j \rho_{0,ij}\overline{Q}_{iT_d}\overline{Q}_{jT_d}\right)^{1/2} \tag{7.6.7}$$

这一简化使我们不必计算 $\rho_{2,ij}$，也不必计算λ_m，另外，极值平均也与持时 T_d无关。

若体系自振频率相隔较远，则 $\rho_{m,ij}\to 0$。通常认为

$$\frac{\omega_i}{\omega_j} < \frac{0.2}{\zeta_i+\zeta_j+0.2} \qquad i<j \tag{7.6.8}$$

即可认为自振频率相隔较远，因为这时 $\rho_{m,ij}<0.1$，所以 $\beta_{m,ij}$ 可以认为接近于零。这时由于根据定义 $\rho_{0,ij}=1$，所以（7.6.7）变为

$$\overline{Q}_S = \left(\sum_i \overline{Q}_{iS}^2\right)^{1/2} \tag{7.6.9}$$

这就是众所周知的平方和开平方（SRSS）振型组合法。

纽马克和罗森布卢恩（Newmark and Rosenblueth，1971）建议的方法比较简单，但精度未见比较。其法首先定义一个等效阻尼比

$$\zeta_i' = \zeta_i + \frac{2}{\omega_i T_d}$$

以考虑持时 T_d 的影响，然后假定

$$\begin{aligned} \overline{Q}_{T_d} &= \sum_i \overline{Q}_{iT_d}^2 + \sum\sum_{i \neq j} \frac{\overline{Q}_{iT_d} \cdot \overline{Q}_{jT_d}}{1+\zeta_{ij}^2} \\ \zeta_{ij} &= \frac{\omega_i - \omega_j}{\zeta_i' \omega_i + \zeta_j' \omega_j} \end{aligned} \tag{7.6.10}$$

注意，$\overline{Q}_{iT_d}$ 的正负号决定于 $\varPhi_i$ 的正负号。

古普塔和科德罗（Gupta and Cordero，1981）将振型组合写成下述形式：

$$Q^2 = Q_1^2 + Q_2^2 + 2e_{12}Q_1Q_2 \tag{7.6.11}$$

他们假设任一振型反应 Q_i 都由两部分组成，一部分是有阻尼的周期反应 Q_i^{p}，它与利用有限带宽的白噪声所得结果相似；另一部分则为刚体反应 Q_i^{r}，它与输入地震动完全相关，而且这两部分是完全互不相关的，即

$$Q_i^2 = (Q_i^{\mathrm{p}})^2 + (Q_i^{\mathrm{r}})^2$$

由上述假定可得[注意，这里α_i与式（7.6.1）不同]

$$Q_i^{\mathrm{r}} = \alpha_i Q_i, \qquad (Q_i^{\mathrm{p}})^2 = (1-\alpha_i^2)Q_i^2$$

现考虑两个相邻的振型反应 Q_1 和 Q_2，其自振频率分别为 f_1 和 f_2，单位为 Hz，则它们的组合反应为

$$Q^2 = (Q^{\mathrm{r}})^2 + (Q^{\mathrm{p}})^2$$

式中

$$Q^{\mathrm{r}} = \alpha_1 Q_1 + \alpha_2 Q_2 \qquad \text{(完全相关)}$$
$$(Q^{\mathrm{p}})^2 = (Q_1^{\mathrm{p}})^2 + (Q_2^{\mathrm{p}})^2 + 2\varepsilon_{12}^{\mathrm{p}} Q_1^{\mathrm{p}} Q_2^{\mathrm{p}}$$

并取

$$\varepsilon_{12}^{\mathrm{p}} = \left\{1 + \left[\frac{f_2 - f_1}{\zeta(f_1+f_2) + C_{12}}\right]^2\right\}^{-1}$$

$$C_{12} = (1-3\zeta)(0.036 - |f_2^2 - f_1^2|) \geqslant 0$$

若 C_{12} 为负值，即取 C_{12}=0，由上式可得

$$e_{12} = \alpha_1\alpha_2 + \sqrt{(1-\alpha_1^2)(1-\alpha_2^2)} \cdot \varepsilon_{12}^{\mathrm{p}} \tag{7.6.12}$$

而α 值则由下式确定

$$(\alpha+0.1)(\alpha-m\cdot\ln f+a)=b \qquad (-0.1\leqslant\alpha\leqslant1.0) \tag{7.6.13}$$

式中

$$\left.\begin{aligned} m&=0.07373\ln(17.34/\zeta)\\ a&=-0.3437\ln(7.594\zeta)\\ b&=-0.03237\ln(14.28\zeta)\end{aligned}\right\} \tag{7.6.14}$$

7.6.4 经验方法

最近，蔡念虔（Tsai，1984）根据大量数值计算结果的统计分析，提出了一种他称之为高级反应组合法（Advanced Response Combination）ARC 法如下：

$$Q^2=\sum_i Q_i^2+2\sum_{i\neq j}\sum C_{ij}Q_iQ_j$$

$$C_{ij}=1-C_{1,ij}\frac{C_{2,ij}^2}{C_{2,ij}^2+4(\zeta_i+0.01)^2} \tag{7.6.15}$$

其中，$C_{2,ij}=(\omega_j-\omega_i)/\overline{\omega}_{ij}$，$\overline{\omega}_{ij}=(\omega_i+\omega_j)/2$，而$C_{1,ij}$的值见表 7.6.1。从作者提出的数据看，此法的精度很高。更一般的地震反应组合方法可以参考有关的文献（Zhou X. Y. et al.，2004；周锡元等，2005）。

表 7.6.1　$C_{1,ij}$ 的值

$\frac{\overline{\omega}_{ij}}{2\pi}$/Hz	0	1	5	15	25	33
$C_{1,ij}$	0	1.0	1.0	0.3	0.1	0

7.7 竖向地震反应与 P-Δ效应

在一般抗震设计或分析中，竖向地震动的影响常不考虑。解释这一情况的一种理由是，结构物总要设计得能承受竖向荷载，其荷载系数或安全度已经不小于同时考虑重力与竖向地震作用，因此不必再考虑这一不大可能控制设计的情况。实际上，不考虑竖向地震动对结构物的影响，是一种过分的简化。现在愈来愈多的人认为，应该重视竖向地震动的作用，仅仅只考虑水平地震动是不够的，至少在某些情况下如此。

竖向地震动对结构物反应的重要影响至少在下述几方面是应该考虑的。第一，对于以竖向地震动为主要地震荷载的结构物，如水平悬臂梁；第二，对于竖向地震动敏感的结构物，如依赖自重维持稳定的结构物，如重力坝与挡土墙的稳定问题；对于高耸结构，特别是在强非线性反应阶段，竖向力 P 因较大水平变位Δ而产生的 P-Δ效应影响顶部的强度；第三，位于大地震震中区的结构物，特别是已有迹象表明竖向地震动分量可能很大的地区。在这些情况下，竖向地震动可能对结构的安全有重要影响。

7.7.1 宏观抛掷表现

人们对地震动的认识是从地震宏观现象开始的，对竖向地震动也是如此，中外地震历史中都有物体被抛掷起来的记载。早期记载中较可靠的有：据奥尔德姆报道，1897 年 6 月 12

日印度阿萨姆地震时，几个地区浮置地面的石头被抛向空中，“像鼓上的豆子”一样，向上抛掷看来很突然，石下空隙的边缘几乎未被抹平。并有一些报道说柱子被抛出而原埋置处土中空穴边缘清晰。

据报道，日本有些地震也有明显的抛掷现象。1949 年 12 月 26 日今市的两次 6 级地震中，在极震区中心的一个村庄，直径约 50cm 的石臼据说被抛起约 20cm，且连续几次。一件特别有意义的报道来自 1923 年 9 月 1 日的关东大地震，冲积地的扰动特别明显，软地上强烈的扰动使得地下的土豆被挤出地面。

美国也有这样的报道，1971 年圣费尔南多地震时，一名值班的消防员从床上被抛到地板上，而床又落在他身上；安在墙上的普通电话听筒从钩上落下；室内每样东西都翻倒；房屋离开原地基；石头从地上抛起，地上出现一些大裂缝。就在此消防站，一台救火车的震动被记载如下：“一台 20t 重的救火车停在车库中，刹车掣动着，地震时前后移动了 2～2.6m，而地面上未留下刹车痕迹。在门框上地面以上 1m 处有右后轮胎留下的痕迹。但后挡板无损，而挡板在车胎上面伸出 1m 多。地面上 1m 多处的水龙管架被车后踏步撞坏。踏步向上弯，水龙管架向上破坏。”消防员所在房子的移动，有更为明显的竖向分离的证据。房屋浮置于台阶上，房屋外侧镶有一排竖向底板，向台阶下延伸约 10cm，房屋移离地基台阶后，此底板并未损坏。

我国也有许多这方面的报道。据陕西省地震队关于唐山地震现场调查的报告，在唐山地震主震破裂带两侧，有一个宽约 600m，长约 11km 的抛掷带，那里有许多抛起事例。

宏观抛掷现象说明在强地震时被抛掷的物体具有$\geq 1.0g$的重力加速度。但是，在由此反推地震动强弱时，要注意两个问题，一个是物体与地基所构成的联合体系中地震动输入与物体反应之间的关系；另一个是这种巨大加速度的频率特性（或其相应的脉冲持时）。

7.7.2 结构竖向反应

结构竖向反应的分析方法与水平向并无原则区分，但是，竖向与水平地震动的特性是有差异的，这种差异，在结构反应上自然会引起一些重要的影响。这些影响是：

第一，竖向与水平向地震动振幅的相对大小与地震特性、震中距离有关，所以竖向地震动分量的相对重要性会随地而异，例如我国 1974 年抗震规范规定在Ⅸ度时应验算竖向地震动的作用，就是要求在强震震中区特别重视竖向地震动。

第二，进行结构竖向反应分析时，必须同时注意到地震动振幅与频谱两者的变化，不能只考虑振幅的影响。根据对现有部分房屋反应强震观测结果的分析（胡聿贤等，1983），①竖向地震动卓越周期接近高层房屋（6～20 层）竖向的基本周期，而水平地震动卓越周期则接近水平向第二或更高自振周期；②在房屋底部，竖向地震动最大加速度平均约为水平向的 1/2；③对于 6～20 层的房屋而言，竖向地震反应以第一振型反应为主，水平向地震反应以高振型为主；④就房屋顶部的最大加速度反应而言，竖向地震动的放大倍数一般大于水平向的放大倍数。由此可见，在研究结构竖向反应时，必须考虑竖向地震动频谱与水平向的差异，以及地震动与结构频谱之间的相对关系。

第三，竖向结构的竖向振动以轴力为主，其水平振动则以剪弯为主，不同内力作用有不同的恢复力特性和动力性能，在结构反应分析中，应注意这一差别。在压弯构件试验中的 $P\text{-}\Delta$ 效应会使恢复力曲线出现明显的下降段，即为一例。

7.7.3 P-Δ效应

在线性体系中，P-Δ效应影响也会产生非线性影响。对于高耸结构和非线性结构，这一影响特别重要。

在如图 7.7.1 所示的单质点体系中，当考虑 P-Δ影响时，相对位移 u 产生的次生效应为一作用于支承点的弯矩 $[F(t)+M(\ddot{v}+\ddot{v}_g)]u$，它相当于在水平向的一个附加力

$$[F(t)+M(\ddot{v}+\ddot{v}_g)]u\cdot\frac{1}{H}$$

式中，$F(t)$为竖向力；M 为单质点的质量；$\ddot{v}_g(t)$ 为竖向地震动加速度过程；$\ddot{v}(t)$ 为质点相对竖向加速度反应。由于考虑到了水平与竖向两个分量的运动，故有两个自由度，所以运动方程为

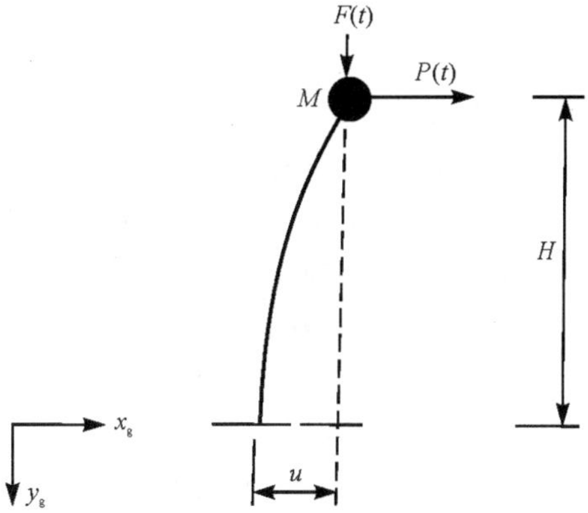

图 7.7.1 倒摆的竖向振动影响

$$M\ddot{u}+c_x\dot{u}+k_x u=P(t)-M\ddot{u}_g-[F(t)+M(\ddot{v}+\ddot{v}_g)]\cdot u/H \tag{7.7.1a}$$

$$M\ddot{v}+c_y\dot{v}+k_y v=F(t)-M\ddot{v}_g \tag{7.7.1b}$$

式中，c_x，c_y 与 k_x，k_y 分别为体系的水平与竖向的阻尼系数和刚度。由此可见，即使体系材料是线性的，由于式中出现了 $(\ddot{v}+\ddot{v}_g)u$ 项，所以 P-Δ效应是一个非线性问题。

对于变截面受弯竖向悬臂杆，若近似取杆中各点竖向加速度均为 $\ddot{v}$，水平向运动方程为

$$\frac{\partial^2}{\partial y^2}\left\{EI(y)\frac{\partial^2 u}{\partial y^2}-(g+\ddot{v})\int_y^H m(s)[u(s)-u(y)]\mathrm{d}s\right\}=-m(y)(\ddot{u}+\ddot{u}_g)-c\dot{u} \tag{7.7.2}$$

式中，$u(t)$与 $v(t)$分别为体系在 y 处的质点在 x 与 y 方向的相对位移；$\ddot{u}$ 与 $\ddot{u}_g$ 分别为 x 与 y 向的地震动加速度。上式左边第二项表示 P-Δ效应。

这些考虑到 P-Δ效应后的运动方程都是非线性的，其解可以用一般非线性微分方程的解法求得（见第 7.9 节）。由式（7.7.2）可知，当考虑到水平与竖向两个方向的作用和 P-Δ效应后，由于竖向的动力作用，在式（7.7.2）中出现质点竖向相对位移，所以它既是非线性的，又是与此杆竖向振动运动方程联立的。但在实际应用中，有时不考虑竖向的动力放大作用而近似假设质点在竖向的加速度就等于竖向地震动加速度，即取 $\ddot{v}\equiv 0$，则这两方程式是独立的，但要考虑受到两个方向的输入。

在同时考虑到竖向与水平向地震动和 P-Δ效应影响之后，由于非线性的影响，反应具有下述特点：

第一，竖向作用会加强水平地震动的影响，从而加大水平反应，而且这种影响是随原反应大小而变的，若不考虑竖向影响时的原水平反应大，则加强也大；

第二，对于弯曲梁，考虑竖向地震动影响后，上部的弯矩加大；

第三，对高耸结构或长周期结构，P-Δ效应较大；

第四，对结构非线性反应，P-Δ影响更大，它将增加结构的非线性变形和永久变形，这

与 P-Δ效应使构件恢复力特性出现明显下降段的幅值是一致的。

7.8 阻尼理论

“阻尼”一词是用来表示能量耗散性能的。在地震工程中除了辐射或几何扩散阻尼另有原因外，从原则上看，阻尼可以分为两类，一类是内阻尼，一类是外阻尼。内阻尼又称材料阻尼或滞回阻尼，它通过材料内部的摩擦而将能量转变为热能耗散。对于一个结构体系来说，构件与构件之间的连接部件的摩擦与材料的内部摩擦作用相似，应亦属于内阻尼。外阻尼是指所研究的体系与其外部的液体、气体或电磁场的相互作用引起的能量损耗。阻尼又可从其力学性能上分为干摩擦阻尼与粘滞摩擦阻尼，前者一般用于两固体面之间的滑动摩擦，由于它是非线性的，分析不便，地震工程中仅在特殊情况下采用。本节只讨论粘滞摩擦阻尼。

在结构地震反应问题中，弹性体系的材料阻尼一般都很小，阻尼比常在 10%以下，且多为 5%左右，因此，在工程应用中，都假设弹性阻尼是很小的，本书也只考虑这一情况。在小阻尼时，各种阻尼理论之间的差别不大，本书常用粘滞阻尼理论，这是地震工程学中使用得最广泛的理论。

7.8.1 粘滞阻尼与复阻尼理论

目前采用的阻尼理论有粘滞阻尼与复阻尼两种。粘滞阻尼理论假定阻尼与变形速度成正比，因此，在应力-应变关系中，包括弹性应力与阻尼应力的总应力为

$$\sigma = E\varepsilon + c'\dot{\varepsilon} \tag{7.8.1}$$

式中，c'为阻尼常数；E 为弹性模量；ε为应变；$\dot{\varepsilon}$ 为应变速率。在单自由度体系受到简谐力 $p_0\sin\omega t$ 时，其运动方程为

$$m\ddot{u} + c\dot{u} + ku = p_0 \sin\omega t \tag{7.8.2}$$

复阻尼理论认为阻尼力大小与弹性恢复力成正比，而其相位则与变形速度的相位相同，由于应变速率与应变有下述关系

应变

$$\varepsilon = \varepsilon_0 \mathrm{e}^{\mathrm{i}\omega t}$$

应变速率

$$\dot{\varepsilon} = \mathrm{i}\omega\varepsilon_0 \mathrm{e}^{\mathrm{i}\omega t} = \omega\varepsilon_0 \mathrm{e}^{\mathrm{i}(\omega t+\frac{\pi}{2})}$$

即应变速率比应变超前 90°，由此可得总应力为

$$\sigma = E\varepsilon_0 \mathrm{e}^{\mathrm{i}\omega t} + \nu E\varepsilon_0 \mathrm{e}^{\mathrm{i}(\omega t+\frac{\pi}{2})} = (1+\mathrm{i}\nu)E\varepsilon \tag{7.8.3}$$

式中，ν为与阻尼有关的常数。在单自由度体系受到简谐力 $p_0\sin\omega t$ 时，复阻尼理论中的运动方程为

$$m\ddot{u} + (1+\mathrm{i}\nu)ku = p_0 \mathrm{e}^{\mathrm{i}\omega t} \tag{7.8.4}$$

其解为复函数 $u(t)$的实部。

从结构动力学知识，容易从式（7.8.2）和式（7.8.4）求得在干扰 $p(t)=p_0\sin\omega t$ 作用下的稳态解分别为（$\beta = \omega/\omega_0$，$\omega_0^2 = k/m$）

粘滞阻尼

$$
\left.\begin{aligned}
u(t) &= \frac{p_0}{k}\left[\left(1-\beta^2\right)^2+\left(\frac{c}{m\omega_0}\beta\right)^2\right]^{-1/2}\sin(\omega t+\theta) \\
\theta &= \arctan\frac{\dfrac{c}{m\omega_0}\beta}{1-\beta^2} \\
\Delta W &= \frac{\pi\, c\omega p_0^2}{k^2}\left[\left(1-\beta^2\right)^2+\left(\frac{c\beta}{m\omega_0}\right)^2\right]^{-1}
\end{aligned}\right\} \tag{7.8.5}
$$

复阻尼

$$
\left.\begin{aligned}
u(t) &= \frac{p_0}{k}\left[(1-\beta^2)^2+\nu^2\right]^{-1/2}\sin(\omega t+\theta) \\
\theta &= \arctan\frac{\nu}{1-\beta^2} \\
\Delta W &= \pi\nu k\cdot\frac{p_0^2}{k^2}\left[(1-\beta^2)^2+\nu^2\right]^{-1}
\end{aligned}\right\} \tag{7.8.6}
$$

式中，ΔW 为每一循环的阻尼耗能；$c/m\omega_0 = 2\zeta\omega/\omega_0 = 2\zeta\beta$。另外，从自由衰减振动可得对数衰减率为

粘滞阻尼

$$
\lambda = 2\pi\left[\left(\frac{2m\omega_0}{c}\right)^2-1\right]^{-1/2} = \frac{2\zeta\pi}{\sqrt{1-\zeta^2}} \tag{7.8.7}
$$

复阻尼

$$
\lambda = \pi\nu \tag{7.8.8}
$$

对比所有上述结果，只要令

$$
\nu = \frac{c\omega}{m\omega_0^2}
$$

则两种阻尼理论的强迫振动稳态反应结果就完全一致。当作自由振动时，上式给出的结果为 $\nu = c/m\omega_0$，这时，自由振动中两种阻尼理论给出的结果也是完全一致的。

在实际地震工程中，当采用粘滞阻尼理论时，常取 $c/m = 2\zeta\omega_0$，式中 ζ 为阻尼比，这时

$$
\nu = 2\zeta\frac{\omega}{\omega_0} \tag{7.8.9}
$$

上式为两种阻尼理论给出同一结果的条件。

复阻尼理论的单自由度体系的运动方程还可以写成另一形式，即

$$
\ddot{u}+(a+\mathrm{i}\nu)\omega_0^2 u = -\ddot{u}_{\mathrm{g}}(t) \tag{7.8.10}
$$

式中

$$
a = \frac{1-\zeta^2}{1+\zeta^2},\quad \nu = \frac{2\zeta}{1+\zeta^2}
$$

这一结果相当于

$$\ddot{u}+e^{i\varphi}\omega_0^2 u=-\ddot{u}_g(t)$$

式中

$$\varphi=\arctan\frac{2\zeta}{1-\zeta^2}$$

这种形式也常被使用。

虽然在式（7.8.9）的条件下，粘滞阻尼理论与复阻尼理论能给出相同的强迫振动稳态反应结果，但这两种理论是不同的。复阻尼理论认为系数ν是常数，许多试验数据支持这一结果；但是它也存在下述一些缺点：第一，当强迫振动频率$\omega=0$时，反应 u 应趋近于静力位移$u_s=p_0/k$；但是复阻尼理论的结果却为$u=u_s/\sqrt{1+\nu^2}$；第二，它原则上只适用于稳态振动。粘滞阻尼理论认为系数 c 是常数，在实际应用时常取$c/m=2\zeta\omega_0$，则ζ是常数；也有一些实测数据说明如此，特别是外阻尼；缺点是它不符合另一部分数据。

上述两种阻尼理论的差别在简谐外力强迫作用下是明显的，如式（7.8.9）所示，它表明，ν与ζ不能两者都是常数。但是对于地震动这种具有许多频率成分的复杂振动而言，当阻尼很小时（如阻尼比ζ<0.05 或ν<0.1），体系反应以$\omega\approx\omega_0$的分量放大最多，而远离ω_0的干扰分量则影响均小，故反应是以$\omega\approx\omega_0$为主的。若取$\omega\approx\omega_0$，则式（7.8.9）变为

$$\nu\approx 2\zeta \tag{7.8.11}$$

即两者均可以近似看为是常数。因此，在地震反应中的小阻尼体系，这两种理论差别并不大，所以均有使用。

图 7.8.1 中绘出了在$\nu=2\zeta$时这两种阻尼理论的稳态反应放大系数的对比，取$\zeta=0.1$，

粘滞阻尼 $$|H(i\omega)|=\frac{p_0}{k}[(1-\beta^2)^2+(2\zeta\beta)^2]^{-1/2}$$

复阻尼 $$|H(i\omega)|=\frac{p_0}{k}[(1-\beta)^2+(2\zeta)^2]^{-1/2}$$

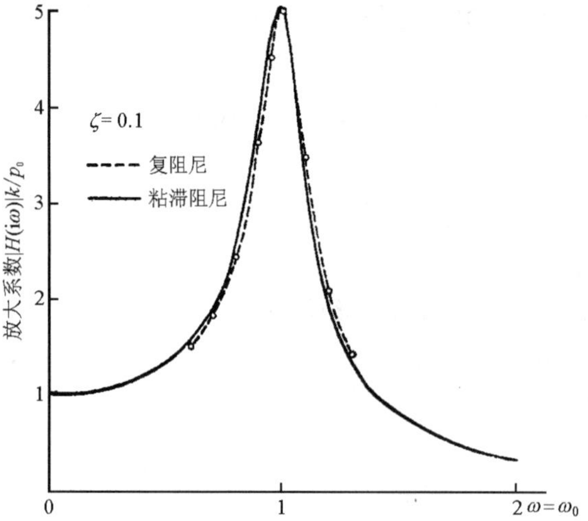

图 7.8.1　放大系数的对比

由此可见，在小阻尼时，两种阻尼理论的结果相差甚微。

7.8.2　等效阻尼

当阻尼条件并不严格符合上述理想假定时，甚至对于弹塑性型非线性耗能，常常将能量耗散部分等价为线性阻尼作用（见第 7.9.6 节与第 8.4 节）。等效的原则是：等效线性化后的体系耗散的能量ΔW，或此能量与体系最大位能 W 之比，与原体系相同，即

$$\zeta=\frac{\Delta W}{4\pi W} \tag{7.8.12}$$

这一关系原则上只适用于小阻尼，但在体系的弹塑性反应中有时也

用于较大的阻尼。当然，对于弹塑性非线性反应，在采用等效阻尼的同时，也采用等效刚度。

7.8.3 瑞利阻尼（Agbabian，1971）

瑞利建议，将多自由度体系的阻尼矩阵写成下述与质量矩阵 $\underline{M}$ 和刚度矩阵 $\underline{K}$ 分别成线性比例的两项之和

$$\underline{C} = a\underline{M} + b\underline{K} \tag{7.8.13}$$

式中，a 与 b 为比例常数。只要质量阵和刚度阵满足正交条件，这一形式的阻尼矩阵当然满足正交条件，因为

$$\underline{\Phi}^{\mathrm{T}}\underline{C}\underline{\Phi} = a\underline{\Phi}^{\mathrm{T}}\underline{M}\underline{\Phi} + b\underline{\Phi}\underline{K}\underline{\Phi}$$

将多自由度运动方程（7.4.9）中的未知量 $\underline{u}$ 用振型 $\underline{\Phi}$ 展开，则式（7.4.9）可以解耦而得

$$M_i^*\ddot{q}_i + (aM_i^* + b\omega_i^2 M_i^*)\dot{q} + \omega_i^2 M_i^* q_i = p_i^*$$

或

$$\ddot{q}_i + 2\zeta_i\omega_i\dot{q}_i + \omega_i^2 q_i = p_i^* / M_i^*$$

式中

$$\zeta_i = \frac{a}{2\omega_i} + \frac{b\omega_i}{2} \qquad (i = 1, 2, \cdots) \tag{7.8.14a}$$

这里 ζ_i 与 ω_i 分别为第 i 振型的阻尼比与自振频率。若已知 ζ_i 和 ζ_{i+1}，则从上式可得

$$\left.\begin{aligned} a &= 2\left(\frac{\zeta_i}{\omega_i} - \frac{\zeta_{i+1}}{\omega_{i+1}}\right)\Bigg/\left(\frac{1}{\omega_i^2} - \frac{1}{\omega_{i+1}^2}\right) \\ b &= 2(\zeta_{i+1}\omega_{i+1} - \zeta_i\omega_i)/(\omega_{i+1}^2 - \omega_i^2) \end{aligned}\right\} \tag{7.8.14b}$$

这一结果表明，假若采用瑞利阻尼，则其中有两个未定常数 a 和 b；因此，只能有两个振型的阻尼比可供我们选择或指定，一旦选定之后，其他振型的阻尼比即随之而定。由图 7.8.2 可知，根据 a 与 b 的选择，式（7.8.14b）的特性总是在 a=b 附近 ζ_i 为最小，而在很小或很大的频率 ω_i 时都是很大。例如，当指定 $\zeta_i = \zeta_{i+1} = 0.05$ 后，则更高振型（>i+1）或更低振型（<i）的阻尼将逐步变得很大，设 $\omega_i = 2\pi/1.0$，$\omega_{i+1} = 2\pi/0.3$，则得如图 7.8.2 中所示的虚线，它表示 $\zeta_i(\omega_i)$ 的关系式（7.8.14a）。由此可见，$T = 2\pi/\omega > 1.0$ 和 $T < 0.3$ s 周期的振型阻尼比增加得很快，因此，那些振型的反应将被限制。这就使我们必须注意，在采用式（7.8.14b）这种阻尼时，除了紧靠指定阻尼比的少数几个振型之外，其他振型的反应将受到假定所赋值的大阻尼所抑制，而所得结果只代表附近少数振型的反应，其他振型并不是本来就没有反应，而是被人为的假定所限制；假若令指定阻尼比的振型相隔较远，如第 i 和第 i+5 振型，则第 i+1，i+2，i+3，i+4 这四个振型的阻尼比将很小，因为式（7.8.14）的形式决定了图 7.8.2 中的曲线的形状。

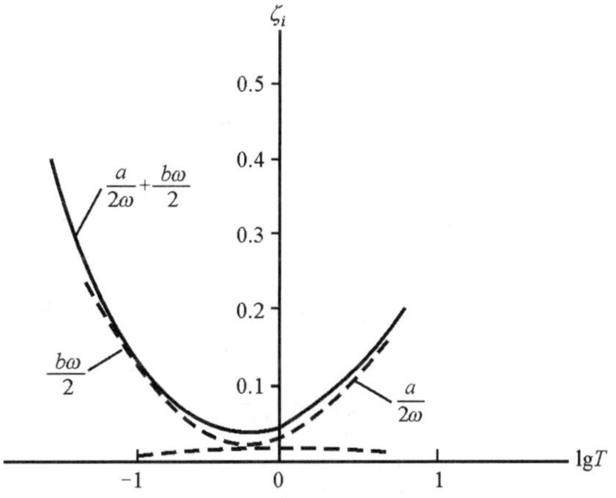

图 7.8.2　各振型的阻尼比变化

采用这种形式的阻尼，就无法研究相隔较远振型的影响。

7.8.4 常阻尼模型

实物振动测量多次表明，结构物前几个振型的阻尼比并无随振型序号明显递增递减的变化规律，常阻尼比的假定可能也是适当的。因此，在振型分解的动力计算中，各振型阻尼比均相等的常阻尼比假定与前节所述的瑞利阻尼假定都常被采用。

常阻尼模型可以由下述假定导出。在第 7.8.1 节关于复阻尼理论中介绍过，如式（7.8.4）所示，阻尼力大小假设为与恢复力成比例，但其相位则与反应的速度相同。对于单自由度体系，阻尼力可写为

$$C\dot{u} = cK|u| \cdot (\dot{u}/|\dot{u}|) = cK|u/\dot{u}|\dot{u} \tag{7.8.15}$$

式中，C 与 c 均为与阻尼有关的常数。对于稳态振动而言，

$$|u/\dot{u}| = 1/\omega \tag{7.8.16}$$

式中，ω为稳态振动频率。这时阻尼力即为

$$C\dot{u} = cK \cdot \frac{1}{\omega}\dot{u} \tag{7.8.17}$$

对于多自由度体系的稳态振动，阻尼力为

$$\underline{C}\dot{\underline{u}} = c\underline{K}\frac{1}{\omega}\dot{\underline{u}} \tag{7.8.18}$$

由式（7.8.13）和（7.8.14a）可知，当阻尼矩阵为

$$\underline{C} = c\underline{K}\frac{1}{\omega} \tag{7.8.19}$$

时，振型阻尼比为

$$\zeta_i = c/2 \tag{7.8.20}$$

由此可见，若将瑞利阻尼与常阻尼结合，则阻尼矩阵为

$$\underline{C} = a\underline{M} + b\underline{K} + c|u/\dot{u}|\underline{K} \tag{7.8.21}$$

振型阻尼比则为

$$\zeta_i = \frac{a}{2\omega_i} + \frac{b\omega_i}{2} + \frac{c}{2} \tag{7.8.22}$$

式中，常数 a，b 和 c 可以为非负数

7.9 结构非线性地震反应

对于工程抗震来说，结构的非线性[①]分析是特别重要的，因为对于一般结构物，在强烈地震作用下，结构物会因局部损坏而改变其动力特性，一般改变是刚度降低，阻尼加大，从而进入非线性反应阶段。对于钢筋混凝土结构、钢结构，常常要考虑很强的非弹性反应。对

① 抗震结构中考虑的绝大部分非线性问题是非弹性问题，但也包括其他非线性问题，如刚体倾覆与基础翘离地基、P-$\varDelta$效应、隔振基础干摩擦等，因此，国际惯例常统称为非线性。

于强非弹性而言，现有行之有效的分析方法有三，即数值积分法、反应谱法与等效线性化法。从所得结果来看，70 年代的主要成果是，认识到在非弹性反应阶段，变形与强度是决定结构安全的两个重要因素，必须同时考虑；现在则已进一步认识到地震动的几个主要因素对变形的影响。

7.9.1　数值积分法

数值积分法是理论上、一般适用的多自由度体系非线性反应分析法，适用于任何非线性。此法的步骤与第 7.2 节中讨论过的线性反应分析很相似。此法首先将时间划分为足够小的许多步长Δt，根据前一步末所得的结果为作本步长计算时的初始条件，根据体系的运动方程，求得本步长末的结构反应。在非线性体系反应中，运动方程中的刚度矩阵 $\underline{K}$ 是反应量 $\underline{u}$ 和 $\underline{\dot{u}}$ 的函数，而不再是常数，因此每步需重新计算，此即增量法。

设有一单质点体系，受外部干扰 $F(t)$作用，体系的恢复力 $G(u,\ \dot{u})$与阻尼力 $D(\dot{u})$ 都是非线性的，如图 7.9.1 所示。若 $I(t)$为惯性力，则运动方程为

$$I(t)+D(t)+G(t)=F(t)$$

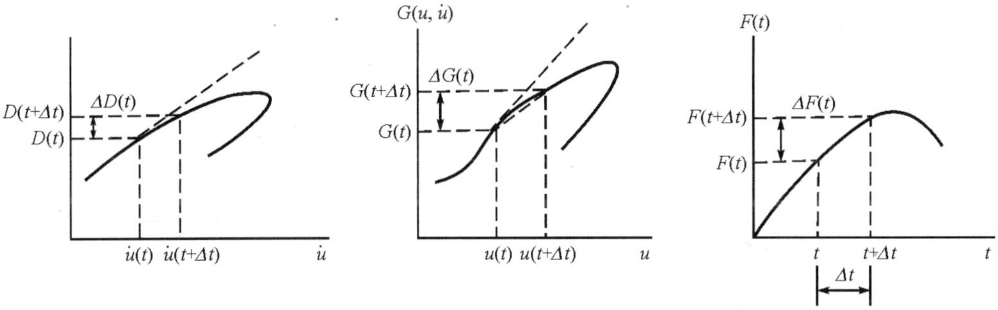

图 7.9.1　非线性反应的增量法示意图

在一个步长Δt 之后，运动方程为

$$I(t+\Delta t)+D(t+\Delta t)+G(t+\Delta t)=F(t+\Delta t) \tag{7.9.1}$$

两者之差即为运动方程的增量表达式

$$\Delta I(t)+\Delta D(t)+\Delta G(t)=\Delta F(t)$$

其中各力的增量分别为

$$\begin{aligned}\Delta I(t)&=m\Delta\ddot{u}(t)\\ \Delta D(t)&=c(t)\Delta\dot{u}(t)\\ \Delta G(t)&=k(t)\Delta u(t)\\ \Delta F(t)&=F(t+\Delta t)-F(t)\end{aligned}$$

按定义，$c(t)$与 $k(t)$均应为图 7.9.2 中所示割线的斜率，它并不等于曲线 $D(\dot{u})$与$G(u,\dot{u})$ 在 t 时的切线斜率，割线斜率必须通过迭代法求得，因此在本步末的 $D(t+\Delta t)$与 $G(t+\Delta t)$值与它们有关，为此常近似取

$$c(t)\approx\frac{\mathrm{d}D(t)}{\mathrm{d}\dot{u}},\quad k(t)\approx\frac{\partial G(t)}{\partial u}$$

即以切线代替割线。这时增量方程可写为

$$m\Delta\ddot{u}(t)+c(t)\Delta\dot{u}(t)+k(t)\Delta u(t)=\Delta F(t) \tag{7.9.2}$$

求解上方程式的数值方法很多，下面以线性加速度法为例介绍方法之一。

在步长 Δt 内结构反应 $\ddot{u}(t)$ 为线性的假定下，可得

$$\Delta\dot{u}(t)=\ddot{u}(t)\Delta t+\Delta\ddot{u}(t)\cdot\frac{\Delta t}{2}$$

$$\Delta u(t)=\dot{u}(t)\Delta t+\ddot{u}(t)\frac{\Delta t^2}{2}+\Delta\ddot{u}(t)\frac{\Delta t^2}{6}$$

现在选择增量位移 $\Delta u(t)$ 作为基本变量，而根据前两式将 $\Delta\dot{u}(t)$ 与 $\Delta\ddot{u}(t)$ 表示为 $\Delta u(t)$ 与前一步长末的反应量的函数如下：

$$\Delta\ddot{u}(t)=\frac{6}{\Delta t^2}\Delta u(t)-\frac{6}{\Delta t}\dot{u}(t)-3\ddot{u}(t)$$

$$\Delta\dot{u}(t)=\frac{3}{\Delta t}\Delta u(t)-3\dot{u}(t)-\frac{\Delta t}{2}\ddot{u}(t)$$

将这些关系代入式（7.9.2）可得

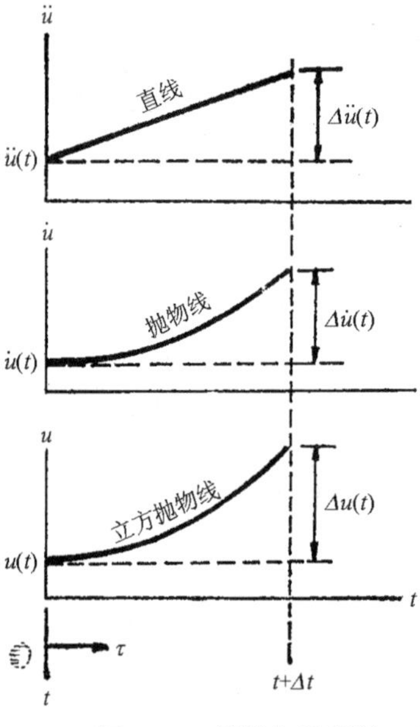

图 7.9.2　线性加速度法

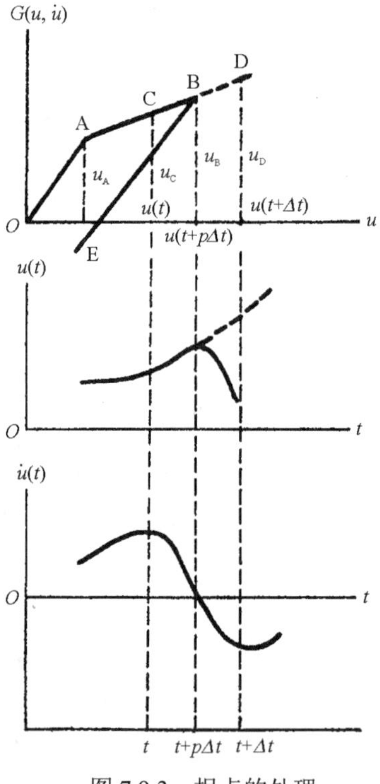

图 7.9.3　拐点的处理

$$\left.\begin{aligned}
&\widetilde{K}(t)\Delta u(t)=\Delta\widetilde{F}(t)\\
&\widetilde{K}(t)=k(t)+\frac{6}{\Delta t^2}m+\frac{3}{\Delta t}c(t)\\
&\Delta\widetilde{F}(t)=\Delta F(t)+m\left[\frac{6}{\Delta t}\dot{u}(t)+3\ddot{u}(t)\right]+c(t)\left[3\dot{u}(t)+\frac{\Delta t}{2}\ddot{u}(t)\right]
\end{aligned}\right\} \tag{7.9.3}$$

计算时，先从式（7.9.3）求得本步长 Δt 末的 $\Delta u(t)$，然后可以求得 $\Delta\dot{u}(t)$。另外，为了避免假定用切线斜率 $k(t)$代替割线斜率而产生的误差积累，在每一步长计算的开始，先用平衡方程式求 $\ddot{u}(t)$，

$$\ddot{u}(t)=\frac{1}{m}\left[F(t)-D(t)-G(t)\right] \tag{7.9.4}$$

除了最后一步外，上述步骤与线性反应分析时完全相同，区别仅在于 $k(t)$与 $c(t)$是 $u(t)$与 $\dot{u}(t)$ 的函数。非线性反应分析中所特有的问题是拐点的处理，详见下节。

7.9.2　反应谱法（Riddel and Newmark，1979；Nau and Hall，1982）

1973～1976 年，纽马克和霍尔总结当时的经验，提出了估计地震动的线性反应谱和非线性反应谱的方法，并建议用于实际结构物的抗震计算。1979 年，他们又仿照确定线性反应谱的步骤，对几种常用的非线性恢复力模型，计算了 10 个地震动作用下的非线性反应谱，并从而归纳出确定非线性反应谱的原则、方法和数据，以及相应的结构地震反应计算方法。本节专门介绍这一成果。

首先，他们利用 10 个国际上常用的地震动加速度过程 $\ddot{u}_g(t)$，对弹塑性、双线性和刚度退化这三种非线性恢复力模型的单质点体系反应进行大量数值计算，最后将结果绘成非线性反应谱，如图 7.9.4，其纵坐标表示体系所应具有的弹性极限变形能力 u_y，使得谱加速度、速度与位移分别不超过 ω^2u_y，ωu_y 和 u_y，因此，这里 u_y 和延性系数μ都是一种对于体系能力的要求。然后通过分析选定 4 个结构参数（即自振周期、阻尼比ζ、恢复力特性类型和延性系数μ）和 3 个地震动参数（即地震动最大加速度 A、速度 V 和位移 D），并给出了按这些参数估计线性和非线性反应谱的方法。

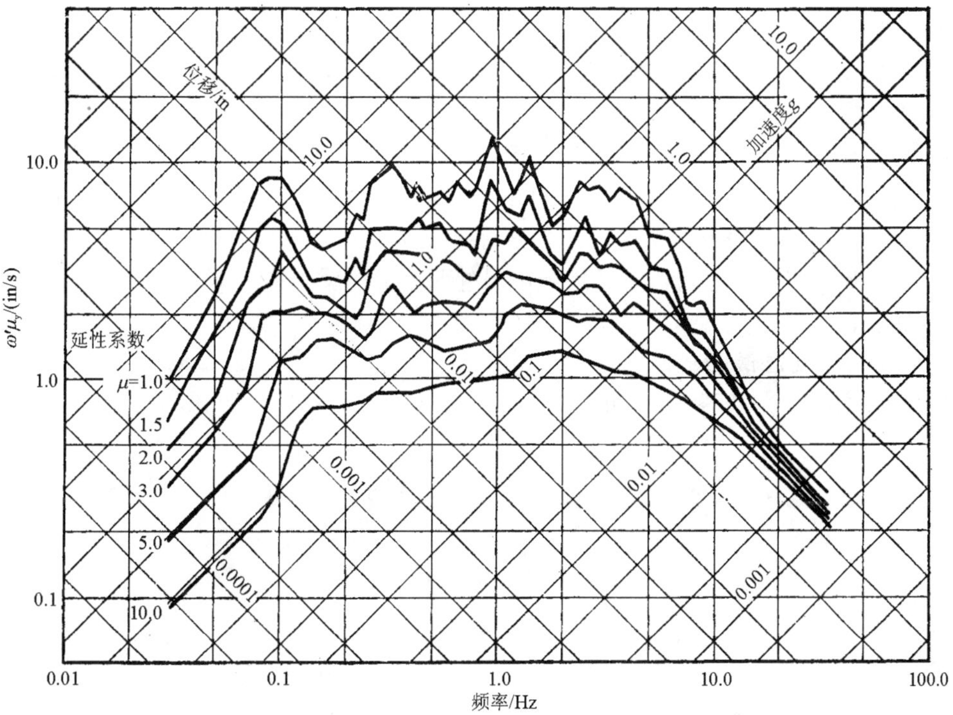

图 7.9.4　非线性屈服反应谱（1940 年埃尔森特罗）

7.9.2.1 几种非线性反应谱

在线性反应谱中，由于存在近似关系：

$$S_a = \omega S_v = \omega^2 S_d$$

所以在四对数坐标图上可以同时表示加速度反应谱 S_a、速度反应谱 S_v 和位移反应谱 S_d；由于在非线性反应中不存在上述近似关系，就有了以下三种可能的非线性反应谱：

(1) 非线性屈服反应谱。

非线性屈服反应谱在位移坐标上绘出的不是结构的位移反应，而是使位移反应为 $u_{max}=\mu u_y$ 的屈服变形 u_y。这里，延性系数或延伸率$\mu=|u_{max}/u_y|$。这时，在非线性加速度反应 S_a、非线性速度反应 S_v 和屈服变形 u_y（不是位移反应 S_d）之间存在下述近似关系（图 7.9.4）。

$$S_a = \omega S_v = \omega^2 u_y \tag{7.9.5}$$

这时，结构屈服强度 P_y 为

$$P_y = P_{max} = k u_y = m\omega^2 u_y$$

式中，k 为结构物的弹性刚度；m 为单质点体系的质量。在理想弹塑性体系中，P_y 即为体系的最大内力。在双直线非线性体系中，最大内力为

$$P_{max} = m\omega^2 u_y [1 + p(\mu - 1)] \tag{7.9.6}$$

式中，p 为第二直线的坡度 pk 与第一直线坡度 k 之比。

(2) 非线性加速度反应谱。

非线性加速度反应谱在加速度坐标上绘出的是相应于结构最大内力的加速度 P_{max}/m，其优点是可以直接给出反应的最大内力，但这时，速度与位移坐标均无意义。

(3) 非线性总变形反应谱。

非线性总变形反应谱在位移坐标上绘出的是结构位移反应 $u_{max}=\mu u_y$，但是，速度与加速度坐标均无意义。

由上述定义可知，非线性加速度反应谱中，只有加速度坐标是有意义的，它等于非线性屈服反应谱中的加速度坐标乘以$[1+p(\mu-1)]$；非线性总变形反应谱中，只有位移坐标是有意义的，它等于非线性屈服反应谱中的位移坐标乘以μ。由此可见，非线性屈服反应谱的三个反应量都有明确意义，而且可以方便地导出另外两个谱的反应量。本书所用非线性反应谱均为非线性屈服谱。

7.9.2.2 弹性反应谱μ=1

弹性反应谱的估计见图 7.9.5 和表 7.9.1。设 y 为某地震动量（如 A，V，D 三者之一），S 为反应谱中与之对应的量。如图 7.9.5 所示，与 A，V，D 相应的反应谱的量分别由 LM，KL，JK 线段表示，y 与 S 是两两相互平行的。S 的下标 e 表示弹性反应谱，下标μ表示非线性反应谱。

$$\left.\begin{aligned} S_e &= \phi_e y \\ S_\mu &= \phi_\mu S_e \end{aligned}\right\} \tag{7.9.7}$$

或

$$S_\mu = \phi_\mu \phi_e y = \psi_\mu y$$

式中，y 代表地震动 A，V，D 之一；$\psi_{\mu}=\phi_{\mu}\cdot\phi_{e}$。利用表 7.9.1 中给出的放大系数，即可从给定的地震动参数 A，V，D 确定弹性反应谱。由于谱是绘于常规对数坐标中的，如图 7.9.5，所以它包括加速度、速度和位移三种谱，表 7.9.1 中给出的是放大系数ϕ_e的平均值，为保守一些起见，常可用

$$\phi_{p,e}=\phi_{e}+\delta_{p}\sigma_{e} \tag{7.9.8}$$

来代替平均值ϕ_e，σ_e为标准差，δ_p=0，1 和 2 分别相应于不超越概率 p=0.50，0.84 和 0.98（设为正态分布），常用者为 84 分位数值，即δ_p=1。

表 7.9.1　弹性反应谱的放大倍数

阻尼比	谱	1979			1973		
		ϕ_e	σ	变异系数	平　均	σ	变异系数
2%	位　移	1.69	0.83	0.49	1.68	0.83	0.49
	速　度	2.03	0.85	0.42	2.06	0.92	0.45
	加速度	3.08	0.74	0.24	2.76	0.89	0.32
5%	位　移	1.47	0.64	0.43	1.40	0.64	0.46
	速　度	1.55	0.60	0.39	1.66	0.66	0.40
	加速度	2.28	0.49	0.22	2.11	0.49	0.23
10%	位　移	1.23	0.48	0.39	1.15	0.47	0.41
	速　度	1.20	0.44	0.36	1.34	0.47	0.35
	加速度	1.78	0.32	0.18	1.65	0.36	0.22

7.9.2.3　非线性设计谱

如图 7.9.6，非线性设计谱可以从弹性设计谱按下述考虑导出。此法根据大量数值计算结果，分若干频段考虑弹性谱与非线性谱的关系，式（7.9.7）中ϕ_μ值分频段列于表 7.9.2。频段分界点如下：

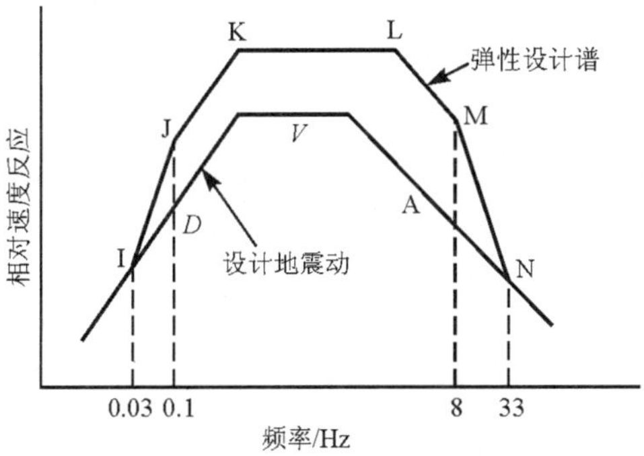

图 7.9.5　弹性反应谱的估计方法

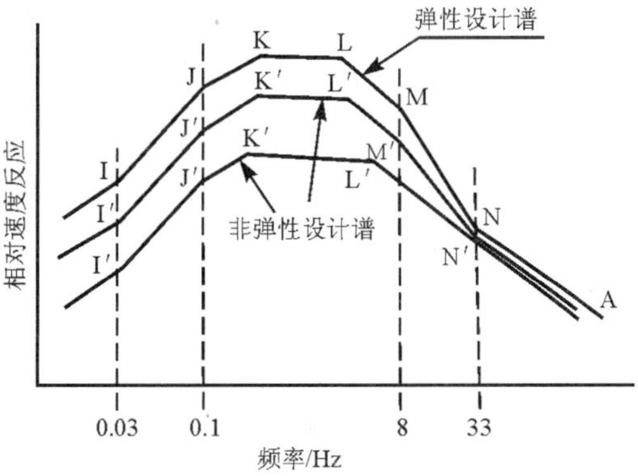

图 7.9.6　非线性设计谱的估计方法

点 I，I′　　　　频率$f=\dfrac{\omega}{2\pi}=0.03$Hz

J，J′　　　　0.1Hz

K，K′；L，L′　　　　可变（见表 7.9.2）

M，M′　　　　　　　　　　　　　　8Hz

N，N′　　　　　　　　　　　　　　33Hz

在频率 f=33Hz 处的 N′点，非线性谱 N′略低于弹性谱 N，ϕ_μ值的平均和平均加标准差值见表 7.9.2，可用以确定点 N′。在频率 f=0.03Hz 的 I′点，则用$\phi_\mu=1/\mu$按式（7.9.7）确定点 I′。

表 7.9.2　在 33Hz 处对地震动加速度正规化后的谱值

体　　系		（平均）—（平均+σ）				
		μ=1.5	μ=2	μ=3	μ=5	μ=10
弹塑性	ζ=2%	0.941~0.963	0.920~0.948	0.895~0.931	0.862~0.906	0.810~0.864
	ζ=5%	0.935~0.959	0.913~0.943	0.884~0.921	0.846~0.891	0.784~0.838
	ζ=10%	0.928~0.955	0.902~0.935	0.868~0.907	0.821~0.868	0.742~0.797
双线性	ζ=5%	0.932~0.957	0.906~0.936	0.871~0.907	0.820~0.863	0.731~0.782
刚度退化	ζ=5%	0.932~0.957	0.907~0.937	0.874~0.907	0.829~0.870	0.748~0.794
$\mu^{-0.07}$	(1)	0.972	0.953	0.926	0.893	0.851
$\mu^{-0.10}$	(2)	0.960	0.933	0.896	0.851	0.794
$\mu^{-0.13}$	(3)	0.948	0.914	0.867	0.811	0.741

注：(1) 近似关系，对弹塑性体系，ζ=2%和 5%，平均+σ；

(2) 近似关系，对弹塑性体系，ζ=2%和 5%，平均；ζ=10%、平均+σ；对双线性和刚度退化体系，ζ=5%，平均+σ；

(3) 近似关系，对弹塑性体系，ζ=10%；对双线性和刚度退化体系，ζ=5%，平均+σ。

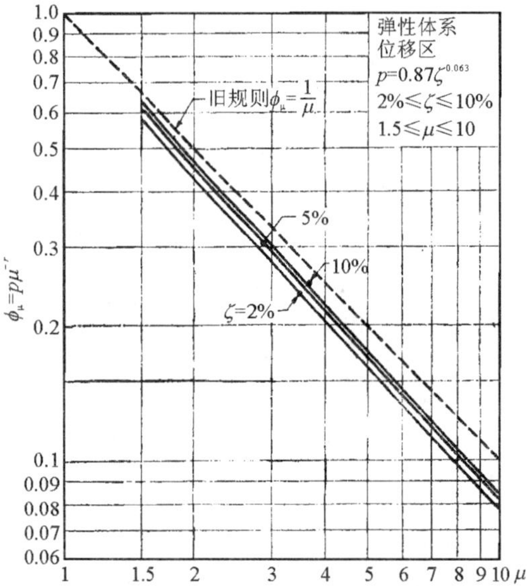

图 7.9.7　1973 年和 1979 年方法对比

r=1.07

1960 年和 1973 年，纽马克曾经提出过类似的建议，适用于弹塑性体系，当时所采用的ϕ_μ值为 $1/\mu$（位移和速度）或 $1/\sqrt{2\mu-1}$（加速度）。对于弹塑性体系，1979 年与 1973 年方法的对比见图 7.9.7，图中 p，q，r 均为阻尼比的函数，由此可见，它们大体上是一致的，但 1979 年考虑的因素更多，数据也更多，故更为可靠。

在采用上述方法时，必须先根据地震动情况确定地震动的最大加速度 A、最大速度 V 和最大位移 D，然后再确定弹性反应谱，最后再确定非线性反应谱。

7.9.3　结构的非线性变形

近 30 年的研究使人们充分认识到，结构物的抗震安全性决定于结构物的强度和变形能力，20 世纪 60 年代提出并得到重视和广泛应用的延性概念就是这种认识的一个表现。结构物在保持一定强度条件下产生的最大延性系数就是一个衡量结构变形能力的指标。不少新的抗震规范，如美国石油协会的海洋平台抗震规范和日本的新抗震设计规范，都明确规定要求对强震作用下的变形能力进行校核，以保证“大震不倒”设计思想的体现。本节介绍在地震作用下结构非线性变形的主要特点。

第一，线性与非线性反应的关系。将结构物简化为单质点体系，通过大量的地震动非线性反应计算，发现非线性反应与线性反应之间存在着下述近似关系。如图 7.9.8 所示的力与变形关系，D 点为体系的最大线性反应，与之相应的为最大线性内力 P_e 和最大线性变位 u_e；B 点为体系的最大非线性反应，与之相应的为极限内力 P_y 和最大非线性变位 u_{max}。假若两种体系最大反应所对应的能量相等，即三角形 ODE 与梯形 OABC 的面积相等，则得

$$\frac{1}{2}P_e u_e = \frac{1}{2}P_y[u_{max} + (u_{max} - u_y)]$$

因为 $P_e / P_y = u_e / u_y$，则最后可得线性与非线性反应的关系为

$$u_e / u_y = \sqrt{2\mu - 1} \tag{7.9.9}$$

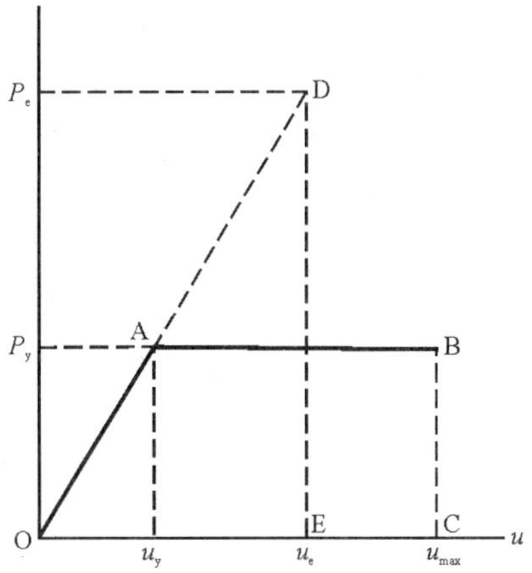

图 7.9.8　线性和非线性反应的关系

式中，延性系数或延伸率 $\mu = u_{max} / u_y$。这是众所周知的结果。利用这样的关系可以从弹性反应谱求非线性反应谱（见第 7.9.2 节）。

如第 7.9.2 节所述，在非线性反应谱中，位移坐标不是反应的位移，而是弹性极限变形 u_y，反应的变形应为 $u_{max}=\mu u_y$。

第二，非线性反应的集中现象（参见第 10.6.3 节）。前节所述非线性反应谱的规律及其与弹性反应谱的关系是根据单质点体系反应求得的；对于多自由度体系的结构物而言，由于结构各部分的最大反应不是同时出现的，各部分的结构强度储备也各不相同，所以结构物总是在个别部分先达到屈服极限；一旦结构物中个别部分出现非线性反应，结构物的性能即已发生变化，反应的规律即发生变化。这种变化是单质点体系所不能反映的。

国内外许多研究（Newmark and Rosenblueth，1971；加藤勉、秋山宏，1976；尹之潜等，1981；He and Wei，1981）都明确指出，对于剪切型的多层框架，非线性变形极容易集中于相对薄弱楼层。所谓薄弱楼层指的是：①刚度沿竖向分布相对比上下相邻层较低的楼层，或②各楼层的强度与该层弹性反应内力之比相对较弱的楼层，或③恢复力特性比上下相邻楼层较差的楼层。尹之潜等（1983）根据 31 条地震动记录，对具有刚度退化的弹塑性恢复力模型的多层剪切框架房屋的地震反应的统计分析，研究了薄弱楼层的非线性变形。图 7.9.9 给出了沿楼层高度的变位分布的平均规律。图中用屈服剪力系数 $q=P_y/P_e$ 表示屈服极限与同楼层弹性反应最大内力之比。他们从此得到下述几点结论：①在等强度结构（q 为常数）中，若屈服剪力系数 q 较小，则第 2 层的延性系数μ保持不变，而其他楼层的μ较大，但以底层为最大；②在有薄弱楼层的结构（q=其他楼层的 80%）中，薄弱楼层的变位或延性系数μ要比相邻楼层大得多，可达相邻层的 2～6 倍之多；屈服剪力系数 q 值愈小，则差别愈大；③非线性变形均集中于薄弱楼层，其他楼层的变位或延性系数μ比较接近。另外，纽马克（Newmark and Rosenblueth；1971，第 357 页）和尹之潜等都曾指出过，在一个地震动作用下，各层延性系数是均匀的结构物，在另一个地震动作用下，也可以产生很大的局部延性集中现象。假若按照各楼层的实际强度 P_y 与弹性地震反应所要求的最大强度 P_e 之比 $q=P_y/P_e$ 来衡量一个楼层的强弱，就可以理解延性局部集中不仅受到结构物本身特性（P_y，恢复力特性及刚度等）的影

响，而且还要受到地震动特性的影响，因为地震动特性会影响到结构物的弹性反应 P_e。

尹之潜等提出下述经验公式来估计多层剪切框架的非线性变形：

$$\overline{\mu}=\frac{1}{\sqrt{q}}\mathrm{e}^{b(1-q)} \tag{7.9.10}$$

式中，

b=1.1，均匀型（各楼层 q 近似为同一值）房屋中除底层以外的楼层，或非均匀型（个别楼层的 q 值较低）房屋中的均匀楼层；

b=1.9，均匀型（各楼层 q 近似为同一值）房屋的底层，或非均匀型房屋的均匀底层；

b=2.6，非均匀型房屋中的薄弱楼层。

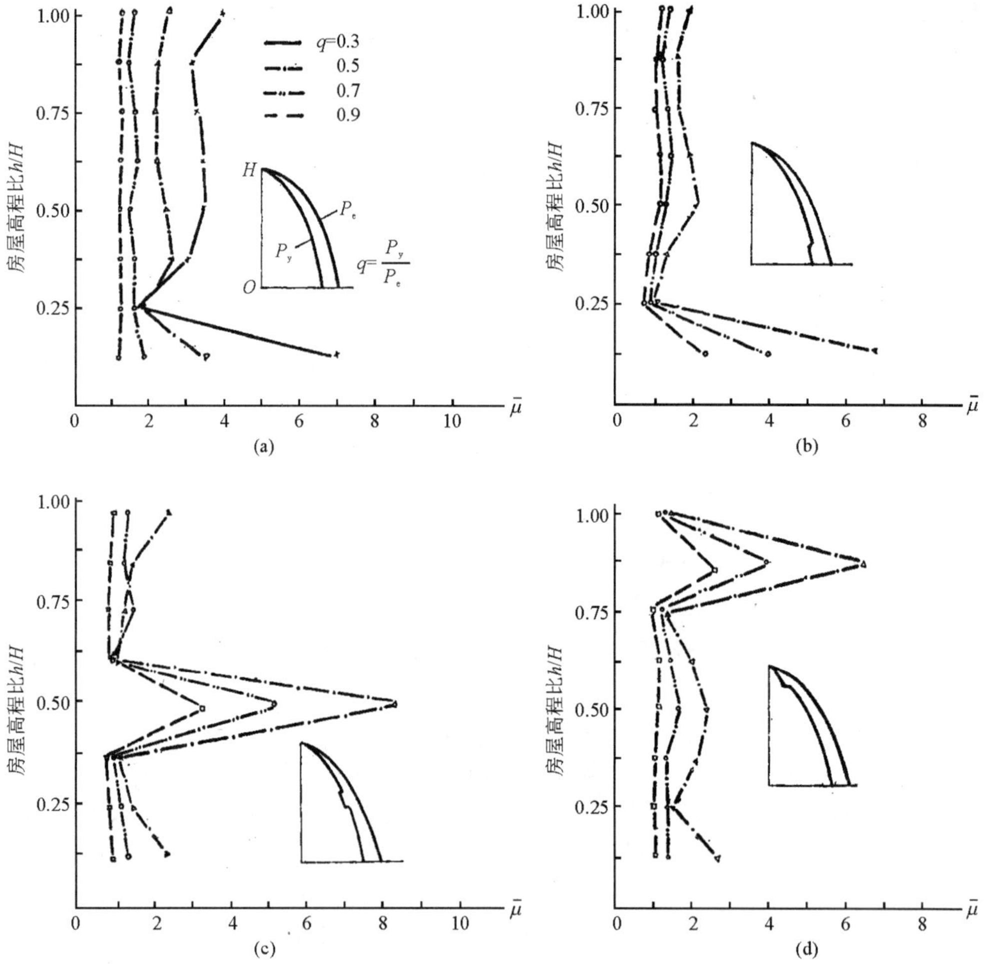

图 7.9.9　薄弱楼层的非线性变形集中

加藤勉与秋山宏（加藤勉、秋山宏，1978）则建议用下述经验公式来估计非线性的能量损耗：

$$E_{qi}=E_q\alpha_i q_i^{-12}\Big/\sum_{j}^{N}\alpha_j q_j^{-12} \tag{7.9.11}$$

式中，$E_{qi}=W_{qi}\bigg/\left(\dfrac{mg^2}{\omega_1^2}\right)$，$\omega_1$为结构的基本自振频率，$m$为结构总质量；$N$为总层数；$W_{qi}$为第 i 层的非线性能量损耗；$E_q=W_q\bigg/\left(\dfrac{mg^2}{\omega_1^2}\right)$，$W_q$为结构总非线性能量损耗；$q_i=P_{yi}/P_{y0i}$，$P_{yi}$为第 i 层的屈服剪力；P_{y0i}为第 i 层最佳屈服剪力，它使各层具有相同的延性系数μ；$\alpha_j=\left(\sum\limits_{j=i}^{N}m_j/m\right)\left(\dfrac{P_{y0i}}{P_{y01}}\right)^2\cdot\dfrac{k_1}{k_i}$，$k_i$为第 i 层刚度。

这里附带指出一点，在按抗震规范计算结构非线性变形时，要注意所采用的加速度或惯性力是否经过折减。许多抗震规范所采用的地震荷载并非真实地震荷载，而是采用了弹性计算的形式、影含地考虑到结构反应的非线性（通过延性系数μ表示），从而将真实地震荷载加以折减。如我国 1974 年和 1978 年工民建抗震规范就是这样，折减系数约为$1/\sqrt{2\mu-1}$或$1/\mu$（约等于 0.3 左右）。按折减后的地震荷载计算出来的内力与非线性反应相对应，但是变形则折减到$\sqrt{2\mu-1}$或μ（约等于 3）分之一。为此，在进行结构变形计算时，应先将地震荷载乘以$\sqrt{2\mu-1}$或μ，或除以我国 1978 年抗震规范中采用的结构系数 C。在我国 1987 年修订的规范中则将明确规定两个加速度值，一个用于内力分析，另一个用于变形计算，后者约为前者的 4～6 倍。日本的二次设计新规范也是这样明确规定的。

7.9.4 地震动持续时间对结构变形的影响

影响结构非线性变形的因素很多，众所周知的是地震动的振幅和频谱。一般来说，振幅愈大则变形愈大。在线性反应中，地震动频谱的影响是简单的，只要地震动卓越频率接近结构自振频率，线性变形就加大。但是对结构非线性反应来说，情况就变得复杂了。在进入非线性反应之前，频率与结构自振频率接近的地震动，在结构反应进入非线性阶段之后，这种共振效应就大为减少，从而使变形停止加大或减小；相反，当地震动频率低于结构自振频率时，若地震动振幅大得足以使结构反应进入非线性阶段，则共振效应将加强，从而有可能使反应的非线性加强，变形进一步加大。因此，频谱的影响不如线性反应那么简单。

现在人们对地震动持时对结构变形的影响有了更深入的认识。宋雅桐与朱继澄（1983）指出，对无强度退化的多层房屋，假若薄弱楼层的最大变形达到$\mu>4$，当持续时间从 10s 增加到 34s 时，薄弱楼层的变位可以加大 20%左右。赖世声等（Lai and Biggs，1980）也指出，对于理想弹塑性体系，地震动持时对非线性反应无显著影响。徐植信、翁大根（Xu and Weng，1982）研究了持时对有刚度和强度退化的非线性单质点体系反应的影响，他们指出，持时对这种结构的倒塌有重要影响。图 7.9.10 给出了他们的一组结界。图中 $I_{MC}=ma_{rms}/P_y$，a_{rms}为使单质点体系倒塌的最小均方根加速度值，$\hat{S}_e$为回归直线的标准差，ω_i为所采用的弹性自振频率，ω_1=31.4，ω_2=12.6，ω_3=6.3rad/s，分别相应于周期 0.2s，0.5s 和 1.0s。不少人的研究结果（Takizawa et al.，1980）均表明，对于有刚度或强度退化的体系，持时对结构变形的影响是明显的。但是，这些结果距实际应用还相差甚远。

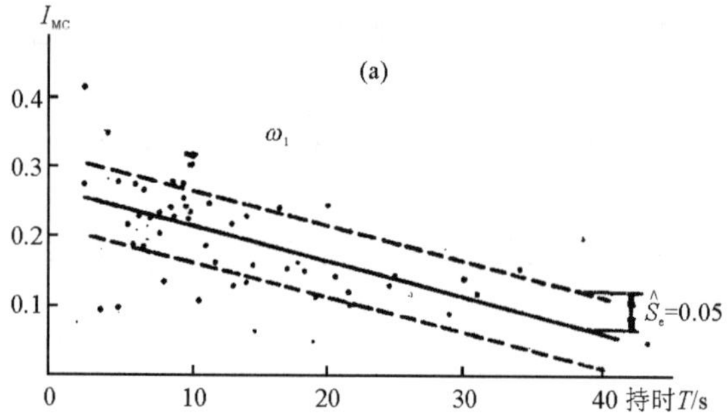

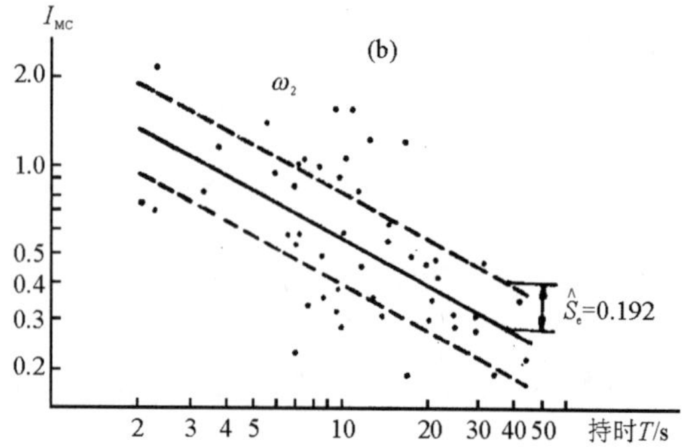

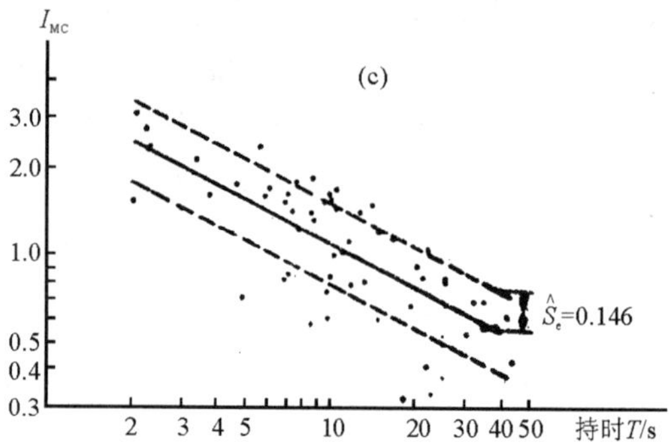

图 7.9.10　持时对倒塌的影响

7.10　多维多点输入的地震反应

7.10.1　一般公式

为了能更好地理解复杂体系运动方程的建立，先分析图 7.10.1 所示的无支承双质点体系。对于非常复杂的体系，如多支承点输入和土结共同体系，基本概念也是一样的。

图示两个质点 m_1 和 m_2，由一刚度矩阵为 $\underline{K}$ 的杆相联，在支承点 m_2 处受到已知地震动过程 $u_g(t)$而产生振动，无其他外力加于此体系上。现在将支承点 m_2 也考虑为无支承的，采用图示的总位移坐标系，此体系的运动方程即为

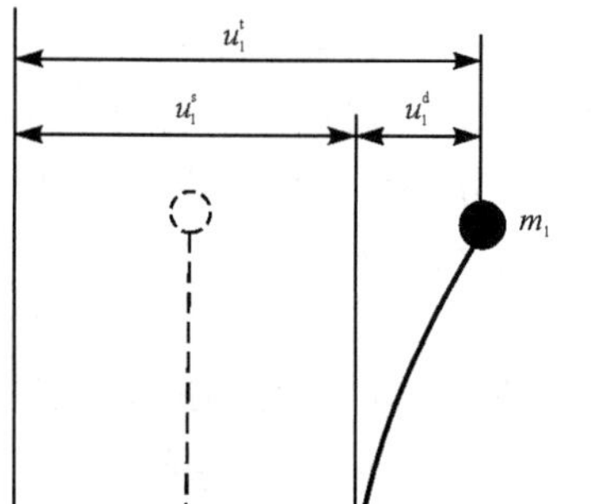

图 7.10.1　无支承双质点体系的振动

$$\begin{bmatrix} m_1 & 0 \\ 0 & m_2 \end{bmatrix}\begin{Bmatrix} \ddot{u}_1^t \\ \ddot{u}_2^t \end{Bmatrix}+\begin{bmatrix} k_{11} & k_{12} \\ k_{21} & k_{22} \end{bmatrix}\begin{Bmatrix} u_1^t \\ u_2^t \end{Bmatrix}=\begin{Bmatrix} P_1 \\ P_2 \end{Bmatrix} \quad (7.10.1)$$

由于体系在 m_1 处无外力，故 P_1=0，因此第一式变为

$$m_1\ddot{u}_1^t + k_{11}u_1^t + k_{12}u_2^t = P_1 = 0 \quad (7.10.2)$$

现在考虑将总位移分解为两部分，即 u_i^d 和 u_i^s。u_i^d 是动位移，是由于振动产生的可动质点 i 相对于原支承点的位移；u_i^s 是伪静位移，是由于在原支承点上施加的给定位移在 i 点引起的静位移。在图示的特例中，

$$u_1^{t} = u_1^{d} + u_1^{s}$$
$$u_2^{t} = u_2^{d} + u_2^{s}$$

将上式代入式（7.10.2）中，即得

$$m_1\ddot{u}_1^{d} + k_{11}u_1^{d} = -k_{12}u_2^{s} - m_1\ddot{u}_1^{s} - k_{11}u_1^{s} - k_{12}u_2^{d} \tag{7.10.3}$$

根据定义，伪静力位移应满足在所有动力部分（包括 u_i^{d} 和 $\ddot{u}_i$ ）均不考虑之后的上式，即

$$k_{12}u_2^{s} + k_{11}u_1^{s} = 0$$

在图示的特例中，由于此体系是无支承点体系，故 $u_1^{s} = u_2^{s} = u_g$ ，故得

$$k_{12} + k_{11} = 0$$

这表明刚度矩阵 k 是奇异的。另外，由于 m_2 点实际上是支承点，故 $u_2^{d} = 0$ 。最后，从式(7.10.3)就得到常见的以动位移 u_1^{d} 表示的单质点体系运动方程：

$$m_1\ddot{u}_1^{d} + k_{11}u_1^{d} = -m_1\ddot{u}_g \tag{7.10.4}$$

在上述推导中，有如下四个特点。第一，将支承点也作为非支承点处理，采用体系外的固定坐标系，用总位移表示各节点的运动；第二，将总位移分解为伪静力 u^{s} 和动力 u^{d} 两部分；而在原来的支承点上，则无动力分量；第三，在非支承点的运动方程中，令所有动力分量均等于零，从而确定伪静力位移分量，消去这些伪静力分量之后，即得仅包括动力分量的运动方程；第四，从式（7.10.1）的第二个方程中，可以求得支承点的反力 $P_2(t)$。对于多自由度体系，多维多点输入的地震线性反应的控制方程为

$$\underline{M}\ddot{\underline{u}}^{t} + \underline{C}\dot{\underline{u}}^{t} + \underline{K}\underline{u}^{t} = \underline{P}(t) \tag{7.10.5}$$

式中，$\underline{u}^{t}$ 为对应于结构之外的固定坐标的体系总位移矢量，总自由度为 $n=n_s+n_b$，其中包括结构有输入的支承点的自由度 n_b 和结构中非支承点的自由度 n_s；$P(t)$为外部干扰，只在有地震动输入处有非零项，它即为支承点地震相互作用力。此方程式可以重新写为

$$\begin{bmatrix} \underline{m}_{ss} & \underline{m}_{sb} \\ \underline{m}_{bs} & \underline{m}_{bb} \end{bmatrix}\begin{Bmatrix} \ddot{\underline{u}}_s^{t} \\ \ddot{\underline{u}}_b^{t} \end{Bmatrix} + \begin{bmatrix} \underline{C}_{ss} & \underline{C}_{sb} \\ \underline{C}_{bs} & \underline{C}_{bb} \end{bmatrix}\begin{Bmatrix} \dot{\underline{u}}_s^{t} \\ \dot{\underline{u}}_b^{t} \end{Bmatrix} + \begin{bmatrix} \underline{K}_{ss} & \underline{K}_{sb} \\ \underline{K}_{bs} & \underline{K}_{bb} \end{bmatrix}\begin{Bmatrix} \underline{u}_s^{t} \\ \underline{u}_b^{t} \end{Bmatrix} = \begin{Bmatrix} \underline{P}_s \\ \underline{P}_b \end{Bmatrix} \tag{7.10.6}$$

式中，$\underline{P}_s$ 为作为于非支点上的外力，在只考虑地震动由支承点输入时，它为 $\underline{0}$，即 $\underline{P}_s = \underline{0}$。

总反应 u^{t} 可以再区分为准静力 $\begin{Bmatrix} \underline{u}_s^{qs} \\ \underline{u}_b^{qs} \end{Bmatrix}$ 和动力反应 $\begin{Bmatrix} \underline{u}_s^{d} \\ \underline{0} \end{Bmatrix}$ 而写为

$$\underline{u}^{t} = \begin{Bmatrix} \underline{u}_s^{qs} \\ \underline{u}_b^{qs} \end{Bmatrix} + \begin{Bmatrix} \underline{u}_s^{d} \\ \underline{0} \end{Bmatrix} \tag{7.10.7}$$

式中，$\underline{u}_b^{qs}$ 是支承点处给出的 $\underline{u}_b^{t}$ 中的地震动的位移；$\underline{u}_s^{qs}$ 是非支承点 n_s 个自由度上的准静力反应；$\underline{u}_s^{d}$ 是这 n_s 个自由度上的动力反应。准静力反应可以由式（7.10.6）的第一式令 $\ddot{\underline{u}}^{t} = \dot{\underline{u}}^{t} = \underline{u}_s^{d} = 0$ (准静力)求得为

$$\underline{u}_{\mathrm{s}}^{\mathrm{qs}} = -\underline{K}_{\mathrm{ss}}^{-1}\underline{K}_{\mathrm{sb}}\underline{u}_{\mathrm{b}}^{\mathrm{t}} \tag{7.10.8}$$

动力反应$\underline{u}_{\mathrm{s}}^{\mathrm{d}}$可以由式（7.10.6）中的第一式

$$\begin{aligned}&\underline{m}_{\mathrm{ss}}\ddot{\underline{u}}_{\mathrm{s}}^{\mathrm{d}} + \underline{C}_{\mathrm{ss}}\dot{\underline{u}}_{\mathrm{s}}^{\mathrm{d}} + \underline{K}_{\mathrm{ss}}\underline{u}_{\mathrm{s}}^{\mathrm{d}}\\ &= [\underline{m}_{\mathrm{ss}}\underline{K}_{\mathrm{ss}}^{-1}\underline{K}_{\mathrm{sb}} - \underline{m}_{\mathrm{sb}}]\ddot{\underline{u}}_{\mathrm{b}}^{\mathrm{t}} + [\underline{C}_{\mathrm{ss}}\underline{K}_{\mathrm{ss}}^{-1}\underline{K}_{\mathrm{sb}} - \underline{C}_{\mathrm{sb}}]\cdot\dot{\underline{u}}_{\mathrm{b}}^{\mathrm{t}}\end{aligned}$$

求得。当阻尼与刚度成比例时，上式右边第二项为零；当阻尼为其他形式而较小时，此项也很小；因此可以从上式中略去；这时，上式可近似写为

$$\underline{m}_{\mathrm{ss}}\ddot{\underline{u}}_{\mathrm{s}}^{\mathrm{d}} + \underline{C}_{\mathrm{ss}}\dot{\underline{u}}_{\mathrm{s}}^{\mathrm{d}} + \underline{K}_{\mathrm{ss}}\underline{u}_{\mathrm{s}}^{\mathrm{d}} \approx [\underline{m}_{\mathrm{ss}}\underline{K}_{\mathrm{ss}}^{-1}\underline{K}_{\mathrm{sb}} - \underline{m}_{\mathrm{sb}}]\ddot{\underline{u}}_{\mathrm{b}}^{\mathrm{t}} \tag{7.10.9}$$

此式适用于小阻尼比。和式（7.10.6）相比，此式一个明显的优点是可以仅根据给定的支承点处的加速度过程$\ddot{\underline{u}}_{\mathrm{b}}^{\mathrm{t}}$进行计算，而不须知道速度$\dot{\underline{u}}_{\mathrm{b}}^{\mathrm{t}}$与位移$\underline{u}_{\mathrm{b}}^{\mathrm{t}}$。这是很方便的，因为实际情况常常是已知加速度过程，而速度和位移过程并不知道。

现在，若采用所有支承点均固定时的自振振型$\underline{\Phi}_{\mathrm{s}}$，它由下式求得：

$$\underline{m}_{\mathrm{ss}}\cdot\ddot{\underline{u}}_{\mathrm{s}}^{\mathrm{d}} + \underline{K}_{\mathrm{ss}}\underline{u}_{\mathrm{s}}^{\mathrm{d}} = 0$$

可以用固定支点振型将动力反应$\underline{u}_{\mathrm{s}}^{\mathrm{d}}$展开为

$$\underline{u}_{\mathrm{s}}^{\mathrm{d}} = \underline{\Phi}_{\mathrm{s}}\underline{y}_{\mathrm{s}} \tag{7.10.10}$$

将之代入式（7.10.9），即得最后的运动方程

$$\underline{M}_{\mathrm{s}}\ddot{\underline{y}}_{\mathrm{s}} + \underline{C}_{\mathrm{s}}\dot{\underline{y}}_{\mathrm{s}} + \underline{K}_{\mathrm{s}}\underline{y}_{\mathrm{s}} = \underline{\Phi}^{\mathrm{T}}[\underline{m}_{\mathrm{ss}}\underline{K}_{\mathrm{ss}}^{-1}\underline{K}_{\mathrm{sb}} - \underline{m}_{\mathrm{sb}}]\ddot{\underline{u}}_{\mathrm{b}}^{\mathrm{t}} \tag{7.10.11}$$

式中，$\underline{M}_{\mathrm{s}}$，$\underline{C}_{\mathrm{s}}$，$\underline{K}_{\mathrm{s}}$都为$n_{\mathrm{s}}\times n_{\mathrm{s}}$的对角线矩阵，

$$\begin{aligned}\underline{M}_{\mathrm{s}} &\equiv \underline{\Phi}_{\mathrm{s}}^{\mathrm{T}}\underline{m}_{\mathrm{ss}}\underline{\Phi}_{\mathrm{s}}\\ \underline{k}_{\mathrm{s}} &\equiv \underline{\Phi}_{\mathrm{s}}^{\mathrm{T}}\underline{K}_{\mathrm{ss}}\underline{\Phi}_{\mathrm{ss}} = \omega_{\mathrm{s}}^2\underline{M}_{\mathrm{s}}\end{aligned}$$

由于正交性，矩阵$\underline{M}_{\mathrm{s}}$与$\underline{K}_{\mathrm{s}}$都是对角线矩阵。假若阻尼矩阵$\underline{C}_{\mathrm{ss}}$可以满足正交条件，则可得

$$\underline{C}_{\mathrm{s}} = \underline{\Phi}_{\mathrm{s}}^{\mathrm{T}}\underline{C}_{\mathrm{ss}}\underline{\Phi}_{\mathrm{s}} = \underline{M}_{\mathrm{s}}/(2\omega_{\mathrm{s}}\underline{\zeta}_{\mathrm{s}})$$

从而得到$\underline{C}_{\mathrm{s}}$为对角矩阵，而得到解耦的方程（7.10.11）；若$\underline{C}_{\mathrm{ss}}$不满足正交条件，则$\underline{C}_{\mathrm{s}}$将不是对角线矩阵，而式（7.10.11）在阻尼上仍然是耦联的。

方程式（7.10.6）的第二式可用来求支承点上的作用力$\underline{P}_{\mathrm{b}}$。

7.10.2　特殊情况之一（n_{b}=2，n_{s}=1）

如图 7.10.2，当只有两个支承点自由度 A 与 B 和一个非支点自由度时，

$$\underline{u}^{\mathrm{t}} = \begin{Bmatrix}u_1^{\mathrm{t}}(t)\\ u_{\mathrm{gA}}(t)\\ u_{\mathrm{gB}}(t)\end{Bmatrix} = \begin{Bmatrix}u_1^{\mathrm{qs}}(t)\\ u_{\mathrm{gA}}(t)\\ u_{\mathrm{gB}}(t)\end{Bmatrix} + \begin{Bmatrix}u^{\mathrm{d}}(t)\\ 0\\ 0\end{Bmatrix}$$

式中，$u_{\mathrm{gA}}(t)$与$u_{\mathrm{gB}}(t)$分别为支点 A 与 B 处的地震动输入过程；$u^{\mathrm{d}}(t)$则可以为固定支点多自由度体系的任一振型的动力反应。

准静力解由式（7.10.8）为

$$u_1^{\mathrm{qs}} = -\frac{k_{12}}{k_{11}} u_{\mathrm{gA}} - \frac{k_{13}}{k_{11}} u_{\mathrm{gB}}$$

动力反应则由式（7.10.9）为

$$\ddot{u}_1^{\mathrm{d}} + 2\zeta_1\omega_1\dot{u}_1^{\mathrm{d}} + \omega_1^2 u_1^{\mathrm{d}} = \left(\frac{k_{12}}{k_{11}} - \frac{m_{12}}{m_{11}}\right)\ddot{u}_{\mathrm{gA}} + \left(\frac{k_{13}}{k_{11}} - \frac{m_{13}}{m_{11}}\right)\ddot{u}_{\mathrm{gA}} = -A\ddot{u}_{\mathrm{gA}} - B\ddot{u}_{\mathrm{gB}} \qquad (7.10.12)$$

式中，

$$\omega_1^2 = k_{11}/m_{11}, \qquad \zeta_1 = C_{11}/(2m_{11}\omega_1)$$

$$A \equiv -\left(\frac{k_{12}}{k_{11}} - \frac{m_{12}}{m_{11}}\right) \qquad B \equiv -\left(\frac{k_{13}}{k_{11}} - \frac{m_{13}}{m_{11}}\right)$$

现在定义 $S_{\mathrm{a}}^{\mathrm{AA}}(\zeta,T)$ 和 $S_{\mathrm{a}}^{\mathrm{BB}}(\zeta,T)$ 分别为 A、B 两支点同时受到 $\ddot{u}_{\mathrm{gA}}$ 或 $\ddot{u}_{\mathrm{gB}}$ 时的常用准加速度反应谱。再设 $|A| \leqslant |B|$，则可引入参与系数比 r 为

$$r \equiv A/B \qquad (-1 \leqslant r \leqslant +1)$$

则式（7.10.12）可以写为

$$\ddot{u}_1^{\mathrm{d}} + 2\zeta_1\omega_1\dot{u}_1^{\mathrm{d}} + \omega_1^2 u_1^{\mathrm{d}} = -B(r\ddot{u}_{\mathrm{gA}} + \ddot{u}_{\mathrm{gB}})$$

这里再定义 $S_{\mathrm{a}}^{\mathrm{AB}}(r,\zeta,T)$ 为在 B=1/2 时，由上式确定的准加速度反应谱。这时，就可以定义一个广义动力反应比 $\phi^{\mathrm{d}}(r,\zeta,T)$ 为

$$\phi^{\mathrm{d}}(r,\zeta,T) \equiv \frac{4}{r+1} \cdot \frac{S_{\mathrm{a}}^{\mathrm{AB}}(r,\zeta,T)}{S_{\mathrm{a}}^{\mathrm{AA}}(\zeta,T) + S_{\mathrm{a}}^{\mathrm{BB}}(\zeta,T)} \qquad (7.10.13)$$

假若 $\ddot{u}_{\mathrm{gA}}(t)$ 与 $\ddot{u}_{\mathrm{gB}}(t)$ 完全相关，则上式变为 $\Phi^{\mathrm{d}}(1,\zeta,T) = 1$ 。

由上式定义的广义动力反应比 ϕ^{d} 可以用来有效地量度两个支点同时施加的地震动 $\ddot{u}_{\mathrm{gA}}$ 和 $\ddot{u}_{\mathrm{gB}}$ 的差异而产生的动力反应。显然，这些差别当然与 A、B 两点之间的距离和其他因素有关。由于 $S_{\mathrm{a}}^{\mathrm{AB}}(1,\zeta,T)$ 和 $S_{\mathrm{a}}^{\mathrm{AB}}(-1,\zeta,T)$ 分别为输入 $\left(\frac{1}{2}\ddot{u}_{\mathrm{gB}} + \ddot{u}_{\mathrm{gA}}\right)$ 和 $\frac{1}{2}(\ddot{u}_{\mathrm{gB}} - \ddot{u}_{\mathrm{gA}})$ 或同相与反相的准加速度反应谱，则下述无量纲形式的正规化动力反应比

$$\left(\frac{r+1}{2}\right)\phi^{\mathrm{d}}(r,\zeta,T) = \frac{2S_{\mathrm{a}}^{\mathrm{AB}}(r,\zeta,T)}{S_{\mathrm{a}}^{\mathrm{AA}}(\zeta,T) + S_{\mathrm{a}}^{\mathrm{BB}}(\zeta,T)} \qquad (7.10.14)$$

可以来表示同相(r=+1)，出相(−1<r<1)和反相(r=−1)。

对于图 7.10.2 这样的体系

$$u_1^{\mathrm{qs}} = \frac{1}{2}(u_{\mathrm{gA}} + u_{\mathrm{gB}})$$

$$\ddot{u}_1^{\mathrm{d}} + 2\zeta_1\omega_1\dot{u}_1^{\mathrm{d}} + \omega_1^2 u_1^{\mathrm{d}} = -\frac{1}{2}(\ddot{u}_{\mathrm{gA}} + \ddot{u}_{\mathrm{gB}})$$

$$\omega_1^2 = k/m, \ r = +1$$

$$\phi^{\mathrm{d}}(1,\zeta,T) = \frac{2S_{\mathrm{a}}^{\mathrm{AB}}(1,\zeta,T)}{S_{\mathrm{a}}^{\mathrm{AA}}(\zeta,T) + S_{\mathrm{a}}^{\mathrm{BB}}(\zeta,T)}$$

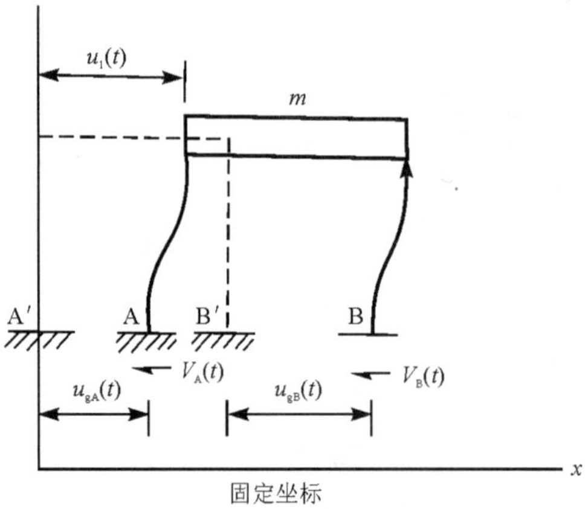

图 7.10.2　对称框架水平振动

柱中的剪力分别为

$$V_A(t)=\frac{k}{2}\left[u_1^d+\frac{u_{gB}-u_{gA}}{2}\right]$$

$$V_B(t)=\frac{k}{2}\left[u_1^d-\frac{u_{gB}-u_{gA}}{2}\right]$$

由此可见，对这样的体系，两点地震动的同相部分 $\frac{1}{2}(u_{gA}+u_{gB})$ 产生动力反应，反相部分 $\frac{1}{2}(u_{gB}-u_{gA})$ 不产生动力反应；但两者都在桩中产生内力反应，一部分是伪静力，可按静力计算，另一部分是动力的。

正规化动力反应比[式（7.10.14）]可以用来表示两支点地震动相互关系的特性，就像用反应谱 S_a^{AA} 来表示 A 点地震动特性一样，图 7.10.3 为一次地震相距 200m 的两点同一水平方向的地震动的动力反应比，结果表明，这两点的地震包括有较多的同相成分，因为 $r=+1$ 时的动力反应比很接近于 1，而 $r=-1$ 时的比值则很小。

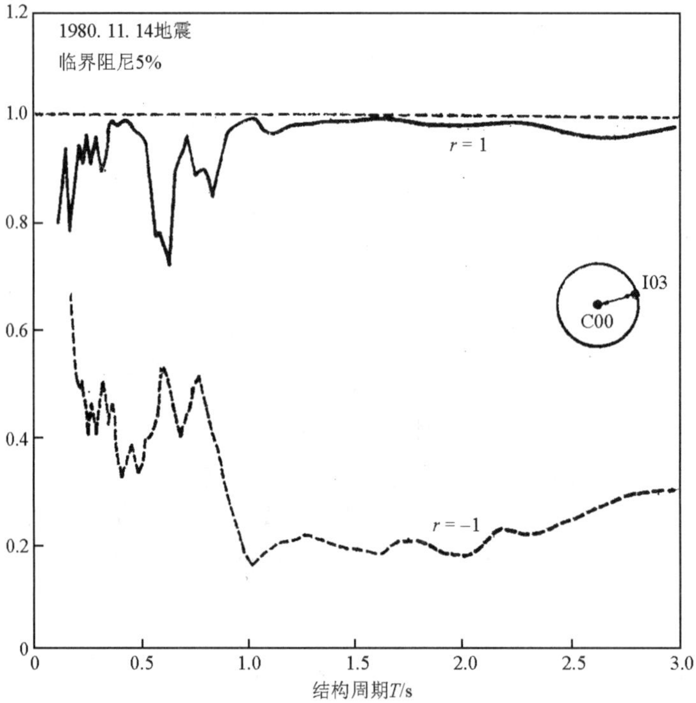

图 7.10.3　一次地震的正规化动力反应比

7.10.3　地震动空间相关性

上节讨论了在已知支承各点地震动之后，如何计算线性结构的反应，从而确定空间结构在受到多维多点输入时结构反应的计算方法问题。只有知道多维多点输入的关系，才可以进行计算分析。地震动空间相关性就是研究输入地震动之间的关系。

地震动空间相关性是通过不同分量或不同点之间地震动的振幅与相位的关系来表示的。假若相距不远的地面上两点 1 和 2 的地震动过程 $a(t)$在形状上完全相同，只是在时间上相差τ秒，即

$$a_1(t)=a_2(t+\tau)$$

这表明同一地震波先到达 2 点，在τ秒后才到达 1 点，通常称这一差别为相差。假若认为τ与两点之间的距离 r 成正比，则称之为进行波，就好像 $a(t)$是一串地震波，以 r/τ的速度沿地面从 2 向 1 传播。假若同时考虑振幅变化

$$a_1(t)=Ca_2(t+\tau) \qquad C<1$$

则认为地震波从 2 点传播到 1 点时有衰减。这种关系也可以在频域中表示为

$$A_1(\omega)=C(\omega)A_2(\omega)\mathrm{e}^{\mathrm{i}\rho\omega}$$

式中，$C(\omega)\leqslant 1$，表示衰减是与频率有关的；$\rho\omega$ 是频率为 ω 的分量的相位差。

上面是确定函数频域表示法。在随机过程中，上述关系用互相关函数或互谱密度 $S_{12}(\mathrm{i}\omega)$，或用下述自谱密度正规化后的相关谱来表示。

$$R_{12}(\mathrm{i}\omega)=S_{12}(\mathrm{i}\omega)/\sqrt{S_1(\omega)S_2(\omega)} \tag{7.10.15}$$

式中，$S_1(\omega)$ 与 $S_2(\omega)$ 分别为点 1 和 2 的自谱密度。相关谱表示点 1 与点 2 之间地震动的统计关系，包括振幅和相位之间的关系，它通常可以写为

$$R_{12}(\mathrm{i}\omega)=\mathrm{e}^{-(\rho_1\omega+\rho_2)\varDelta+l\rho_3\omega\varDelta} \tag{7.10.16}$$

式中，模 $\mathrm{e}^{-(\rho_1\omega+\rho_2)\varDelta}$ 表示点 1 和 2 的振幅之间的关系；$\rho_3\omega\varDelta$ 表示点 1 与 2 的相位差；$\varDelta$为两者之间的距离。常数 ρ_1，ρ_2，ρ_3 均由地震动特性所决定，少数数据表明，ρ_1=(0.4～2)×10^{-5}rad^{-1}；ρ_2=(20～90)×10^{-4}m^{-1}；ρ_3^{-1}=地震视剪切波速。

7.10.4 地震动空间相关性对结构反应的影响

这里用两个例子来说明上述结果的应用和空间相关性对结构反应的影响。

7.10.4.1 刚性基础反应

豪斯纳和金井清通过对建筑物基础的运动及其附近地震动的观测分析后指出，基础越长，反应越小，高频分量小得很多。用上述相关谱可以得到同一结果。

先将置于弹性地基上的刚性基础离散化为相距$\varDelta$的 n 个支承点，如图 7.10.4 所示，在这些点上受到具有相关谱(7.10.16)的地震动的作用，但忽略谱衰减的影响，即 $S_1(\omega)$=$S_2(\omega)$…=$S_n(\omega)$=$S(\omega)$。由于是刚性基础，因此

$$y_1^{\mathrm{qs}}=\frac{1}{n}\left(\sum_{i=1}^{n}u_{gi}\right)$$

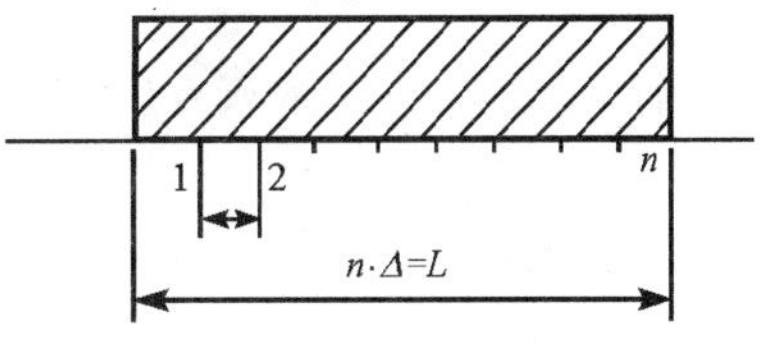

图 7.10.4 刚性基础

所以基础反应 $y(t)$的传递函数为

$$H(\omega)=\frac{1}{n}[1,\ 1,\ 1,\ \cdots,\ 1]$$

根据第 7.5 节关于结构随机反应与输入的关系

$$S_{\mathrm{y}}(\omega)=H(\mathrm{i}\omega)S_{\mathrm{ug}}(\omega)H^*(\mathrm{i}\omega)=H(\mathrm{i}\omega)H^*(\mathrm{i}\omega)S(\omega)$$

得到基础的位移反应 $y(t)$的自谱密度为

$$S_{\mathrm{y}}(\omega)=\left\{\frac{1}{n}+\frac{1}{n^2}\mathrm{Re}\left[\frac{\mathrm{e}^{\phi}}{1-\mathrm{e}^{\phi}}\left(n-1-\frac{\mathrm{e}^{\phi}-\mathrm{e}^{n\phi}}{1-\mathrm{e}^{\phi}}\right)\right]\right\}S(\omega)=R^2S(\omega)$$

其中指数 $\phi=(\rho_1\omega+\rho_2)\Delta+\mathrm{i}\rho\Delta_3\omega$ ，而

$$R=\sqrt{S_{\mathrm{y}}(\omega)/S(\omega)}$$

则为地基与基础之间的传递函数。对于输入点为连续的情况，可以使 $n\to\infty$，$\Delta\to 0$，这时，还可得

$$\lim_{n\to\infty}R^2=\frac{-2La(a^2+b^2)+2[\mathrm{e}^{aL}(a^2-b^2)\cos bL+2ab\mathrm{e}^{aL}\sin bL+b^2-a^2]}{L^2(a^2+b^2)^2}$$

其中，$a=\rho_1\omega+\rho_2$；$b=\rho_3\omega$；R 即为地基与基础之间的传递函数。图 7.10.5 中绘出了 L=40m、60m、80m、100m 的传递函数 R。定性而言，它完全与豪斯纳与金井清定性的结果一致。图（b）中又绘出了仅仅由于相位差所产生的影响。图中横坐标 $\Delta T=\rho_3\Delta$ ，由此可见，是否考虑地震动相关性，结果差别很大，特别是对于高频而言。

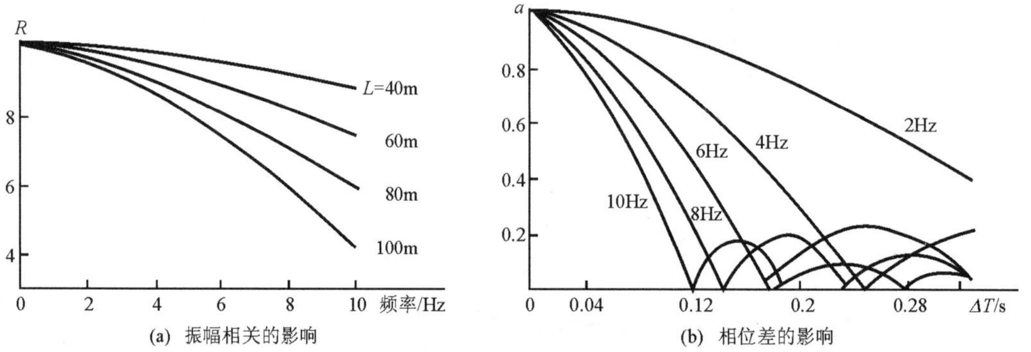

图 7.10.5　刚性基础的传递函数

7.10.4.2　四个支承柱上的刚板反应

这时运动方程可写为

$$\ddot{u}_{\mathrm{d}}+2\zeta\omega_0\dot{u}_{\mathrm{d}}+\omega_0^2u_{\mathrm{d}}=-\frac{1}{4}\sum_{j=1}^{4}a_j(t)$$

$$\ddot{u}^{\mathrm{t}}=\ddot{u}^{\mathrm{d}}+\frac{1}{4}\sum_{1}^{4}a_j(t)$$

板的绝对加速度的传递函数 $H(\omega)$ 为

$$\underline{H}(\omega)=\frac{A}{4}\{1,\ 1,\ 1,\ 1\}^{\mathrm{T}}$$

$$A=\frac{1+\mathrm{i}2\zeta\beta}{1-\beta^2+\mathrm{i}2\zeta\beta}\qquad\qquad \beta=\omega/\omega_0$$

由此可得体系绝对加速度的自谱密度为

$$S_{\ddot{u}^{\mathrm{t}}}(\omega)=\underline{H}(\mathrm{i}\omega)\underline{S}(\omega)\underline{H}^{*}(\omega)$$

各支点的输入的谱矩阵为

$$\underline{S}(\omega)=S_1(\omega)\left|\begin{array}{cccc} 1 & \mathrm{e}^{\varphi\Delta} & \mathrm{e}^{2\varphi\Delta} & \mathrm{e}^{3\varphi\Delta} \\ & \mathrm{e}^{-\rho\omega\Delta} & \mathrm{e}^{-\rho\omega\Delta+\varphi\Delta} & \mathrm{e}^{-\rho\omega\Delta+2\varphi\Delta} \\ & & \mathrm{e}^{-2\rho\omega\Delta} & \mathrm{e}^{-2\rho\omega\Delta+\varphi\Delta} \\ & & & \mathrm{e}^{-3\rho\omega\Delta} \end{array}\right|$$

其中，$S_1(\omega)$ 为第 1 支点的自谱密度；$S_1(\omega)\mathrm{e}^{-\rho\omega\Delta}$ 为第二支点的自谱密度；$\mathrm{e}^{\rho\omega\Delta}$ 表示自谱密度的衰减。板绝对加速度反应的离散为

$$\sigma_{\ddot{u}^{\mathrm{t}}}^{2}=\int_{-\infty}^{\infty}S_{\ddot{u}^{\mathrm{t}}}(\omega)\mathrm{d}\omega$$

7.10.5 非线性体系的多维地方反应

多维地震动作用对非线性体系反应的影响远比线性体系复杂，主要原因在于叠加原理不再适用，其后果常常也是巨大的，甚至会改变原来的只有一维地震动作用时非线性反应的特性。例如在 7.12 节中将讨论地面刚体的地震反应，在双向水平地震动作用下会出现刚体的扭转现象；在具有几何对称和结构性能对称的对称结构中，在双向水平地震动作用下，也会出现扭转现象；这些现象，容易和地震动的转动效应相混淆。又如在水平地震动作用下，变形较大的结构物由重力影响而出现的 P-Δ效应（第 7.7 节），这虽然不是地震动作用，但也是多维力的影响，而且同时考虑水平与竖向地震动会增大 P-Δ效应，这种效应会加速结构物的非弹性变形，加速结构物的倒塌和失稳，会使结构物的恢复力特性出现下降段（见第 10 章）。

7.11 土结相互作用

结构物与支承它的地基之间总是有相互作用的。这种相互作用，当上部结构物的刚度大而地基的刚度相对较小时，更为突出；只有在地基的刚度比上部结构物大得多时，这种相互作用才可以忽略不计。当把地基看成是完全刚性时，结构物的振动性能完全决定于上部结构，地基震动也不受上部结构物存在的影响，而与自由地面时相同，这时，无土结相互作用；当地基不是完全刚性时，土结相互作用会改变结构物的振动特性和地基的地震动，或者更精确地说，土结共同体系的振动性能不同于刚性地基时的结构动力性能，共同体系中地基震动也不同于自由地面或自由场的震动。举例而言，由于考虑地基柔性，土结共同体系的自振周期会比刚性地基时加长，阻尼作用会由于能量向地基扩散而加大（后一影响常称为辐射阻尼或几何扩散阻尼）；由于结构物的存在，结构基础下地震动高频分量会比自由场低。

土结相互作用是一个受到长期重视的课题，在机械基础振动中最早受到重视。近十几年来，由于电子计算机的迅速普及，土结相互作用分析方法有了很大的发展。在分析方法上可以分为频域和时域，在结构划分上可以分为全结构、子结构（连续、边界、体积）和混合结构。近几年来，不少作者写出了很好的总结评述（Lysmer，1978；Idriss and Kennedy，1980；Rosenblueth，1980；Luco，1982；Roesset and Tassoules，1982）。大多数研究者采用频域方法，

原因有二。第一，在频域分析中可以方便地考虑与频率有关的地基阻抗函数，将结构与土壤分为两个子结构，分别研究其反应。第二，用有限元模型或波传播理论得到的透射边界都是频率的函数。近来，在时域中的土结相互作用也有了发展（Bayo and wilson，1983）。如第7.9.1 节中所述，时域分析法对非线性反应问题是有效的。表 7.11.1 列出了这些方法的基本步骤。

概括起来说，土结相互作用问题的分析有四个基本步骤或基本问题。第一个基本问题是自由场反应问题，它是研究在未建结构物时，当给定的地震动不是基岩地震动时如何寻求与给定地震动相应的基岩地震动输入。例如在海洋平台抗震设计中，给定的地震动常常是自由场的地震动过程。所谓基岩指的是在分析中假定为地震动输入的边界。第二个基本问题是地基反应或散射问题，研究的是在基岩地震动输入下，取出结构之后的地基子结构的地震反应，特别是在结构与地基接触点上的地震动；地基子结构与自由场的差别在于在子结构中不包括为结构所代替的土壤。因此，对于基础在地表面的结构，第一、二两个问题就合而为一。在混合结构中（见表 7.11.1)，就是结构与周围地基组成的混合结构与剩余的半无限地基的接触点上的地震动。第三个基本问题是阻抗问题，研究的是在接触点处有给定力作用时，地基子结构在接触点处的变形。假若施加于接触点上的力为$\underline{F}_{\mathrm{c}}(\omega)\mathrm{e}^{\mathrm{i}\omega t}$，而地基子结构在接触点处的位移为$\underline{U}_{\mathrm{c}}(\omega)\mathrm{e}^{\mathrm{i}\omega t}$，则$\underline{U}_{\mathrm{c}}(\omega)=\underline{C}(\omega)\cdot\underline{F}_{\mathrm{c}}(\omega)$，$I_{\mathrm{s}}(\omega)\equiv C^{-1}(\omega)$即为基础的阻抗矩阵函数，$C(\omega)$为柔度矩阵。若结构基础在地表，则地基子结构为半无限体，对于均匀的、或只有一层水平表层的半空间或无限体，$C(\omega)$有解析解。第四个基本问题是包括上部结构的结构反应分析，参见表 7.11.1。

下面用频域中的子结构法（半无限地基）和时域中的全结构法来说明这几个基本步骤。

7.11.1　频域子结构法

此法又称阻抗函数法，早期的土结相互作用分析均用此法。它将上部结构与地基在基础面处分为两个子结构，如图 7.11.1，分别研究其反应，然后在它们的接触面处联系起来，使连续条件得到满足。目前，这一方法已应用于三维地震动作用下的结构反应分析。这一原理，在频域、时域中均可应用。

7.11.1.1　基本问题

子结构法常以自由场地震动为已知条件，即要求在上部结构不存在时，自由场的表面或表面下某深度处的地震动满足给定的反应谱。现在我们假设已知条件是更为广泛的三维时间过程$\underline{u}_{\mathrm{g}}(t)$，其频域表示为$\underline{U}_{\mathrm{g}}^{0}(\omega)$。如表 7.11.1 所示，此问题包括四个主要步骤或基本问题。

第一个基本问题是自由场反应问题，即根据给定的地震动条件，确定基岩地震动输入，见图 7.11.1（d)。给定的地震动无论是在自由场的地表或地下，一般常按竖向传播的剪切波理论推算基岩地震动输入。所谓基岩指的是地基子结构的下边界，如图 7.11.1 中的 a 类点。场地反应问题要求确定图（d）中底面 a 类点上的输入地震动$\underline{u}_{\mathrm{a}}(t)$或$\underline{U}_{\mathrm{a}}(\omega)$，它们在自由场中所产生的控制点 g 类点的地震动完全满足给定的要求$\underline{u}_{\mathrm{g}}(t)$或$\underline{U}_{\mathrm{g}}(\omega)$，即要求下述算子 L_1，

$$L_1：\ \underline{u}_{\mathrm{a}}(t),\ \ \underline{U}_{\mathrm{a}}(\omega)\leftarrow\underline{u}_{\mathrm{g}}(t),\ \ \underline{U}_{\mathrm{g}}(\omega)$$

当场地土是均匀的或成水平层时，可以用一维地震波传播或剪切梁模型求解（见第 8.4 节)。

第二个基本问题是当结构被取出后的地基子结构在基岩运动$\underline{u}_{\mathrm{a}}(t)$，$\underline{U}_{\mathrm{a}}(\omega)$作用下的反

表7.11.1　不同土结相互作用分析方法的基本步骤

域	方　法	全 结 构	连续子结构	边界子结构	体积子结构	混合结构
频域	自由场反应问题 ↑地震输入方向		无			
	地基或散射问题	无	无		无	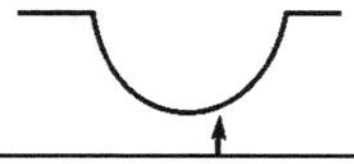
	阻抗问题 ・加载或干扰点	无	 解析解	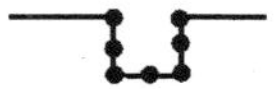	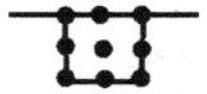	系统辨识
	结构反应分析 ・输入震动	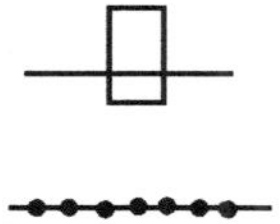	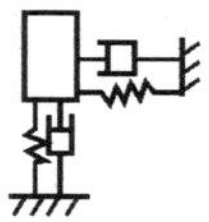		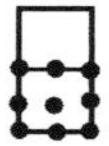	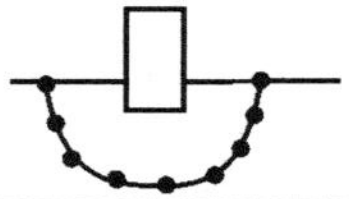
时域	场地反应问题					
	地基或散射问题	无		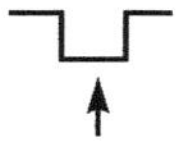	无	
	结构反应分析	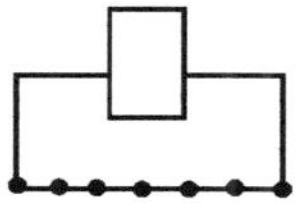		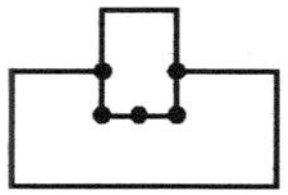	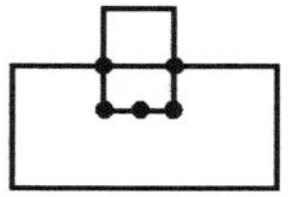	

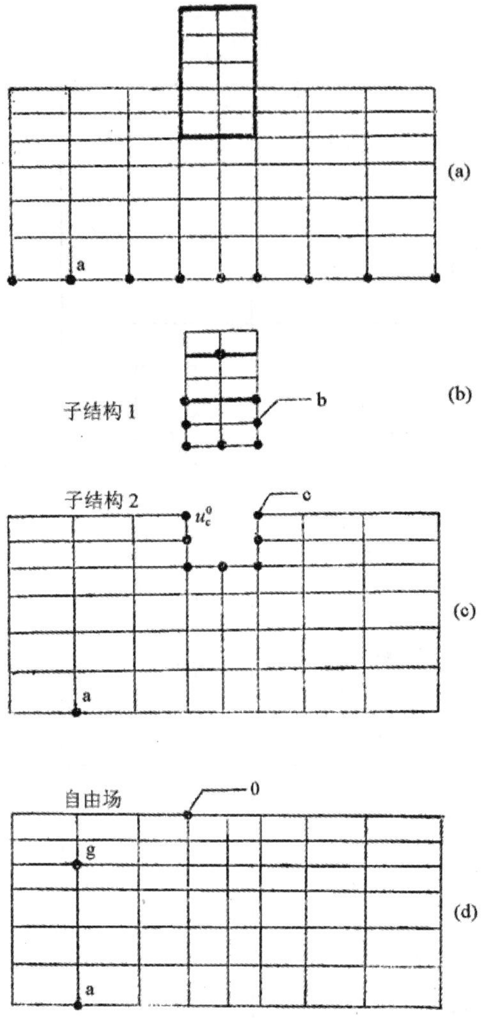

图 7.11.1　土结相互作用的子结构划分

应，特别是它与子结构 1 的接触点 c 类点上的地震动$\underline{u}_c^0(t)$或$\underline{U}_c^0(\omega)$，见图（c），其过程即算子为 L_2，

$$L_2: \ \underline{u}_c^0(t),\ \ \underline{U}_c^0(\omega) \leftarrow \underline{u}_a(t),\ \ \underline{U}_a(\omega)$$

假若结构基础在地表面，则子结构 2 模型即为自由场模型，c 类点即为 0 类点，则

$$\underline{u}_c^0(t) \equiv \underline{u}_0(t),\ \ \underline{U}_c^0(\omega) \equiv \underline{U}_0(\omega)$$

第三个基本问题是阻抗问题，它研究的是在子结构 2 中，若在 c 类点上的某一自由度作用一个外力 $f_c(t)=F_c(\omega)e^{i\omega t}$ 时，c 类点的所有自由度上的位移 $\underline{u}_c(t)=\underline{U}_c(\omega)e^{i\omega t}$ 是什么，最后需要得到的关系是

$$\underline{U}_c(\omega)=\underline{C}(\omega)\underline{F}_c(\omega)$$

或
$$\underline{F}_c(\omega)=\underline{K}(\omega)\underline{U}_c(\omega) \tag{7.11.1}$$

式中，$\underline{C}(\omega)$ 为地基柔度矩阵，$\underline{K}(\omega)=\underline{C}^{-1}(\omega)$ 为地基阻抗矩阵。假若结构基础在地表面，而且地基子结构是均匀的半无限空间，或者只有一层水平表土层，则 $\underline{C}(\omega)$ 与 $\underline{K}(\omega)$ 有理论解。

第四个基本问题是结构反应分析，即在子结构 1 中，研究在它与地基的接触边界 b 类点的某一自由度上作用有力 $f_b(t)=F_b(\omega)e^{i\omega t}$ 时，上部结构中这些点的位移反应$\underline{u}_b(t)$或$\underline{U}_b(\omega)$，这一结果可以写成下述形式

$$\underline{F}_b(\omega)=\underline{M}_b(\omega)\cdot\omega^2\underline{U}_b(\omega) \tag{7.11.2}$$

式中，$\underline{M}_b(\omega)$ 为上部结构等效质量矩阵，这是频率ω的函数。

因此，四个基本问题就是求算子 L_1、算子 L_2、$\underline{C}(\omega)$ 和 $\underline{K}(\omega)$ 、$\underline{M}_b(\omega)$ 这四个主要步骤。分别求得了这四个主要问题的解之后，剩下的就是将它们结合起来的总装问题，在联结处必须满足连续和平衡条件。

连续条件是，在两个子结构的接触边界 b 或 c 类点上，相互作用体系的位移$\underline{u}_b(t)$或$\underline{U}_b(\omega)$应等于地基子结构上（取出子结构 1）的位移$\underline{u}_c^0(t)$或$\underline{U}_c^0(\omega)$与由于存在子结构 1 而产生的相互作用引起的位移$\underline{u}_c(t)$或$\underline{U}_c(\omega)$之和，即

$$\underline{u}_b(t)=\underline{u}_c^0(t)+\underline{u}_c(t)\quad 或\quad \underline{U}_b(\omega)=\underline{U}_c^0(\omega)+\underline{U}_c(\omega) \tag{7.11.3}$$

平衡条件是要求在结构基础上，地基与基础之间的力 $\underline{f}_{c}(t)$或$\underline{F}_{c}(\omega)$ 与结构与基础之间的力 $\underline{f}_{b}(t)$或$\underline{F}_{b}(\omega)$ 共同控制刚性基础的运动，即

$$\underline{f}_{c}(t) \equiv \underline{f}_{i}(t) + \underline{f}_{b}(t) \quad \text{或} \quad \underline{F}_{c}(\omega) = \underline{M}_{0} \cdot \omega^{2} \underline{U}_{b}(\omega) + \underline{F}_{b}(\omega) \tag{7.11.4}$$

式中，$\underline{f}_{i}(t)$ 是基础惯性力，$\underline{M}_{0} \cdot \omega^{2} \underline{U}_{b}(\omega)$ 是 $\underline{f}_{i}(t)$ 的傅里叶变换，$\underline{M}_{0}$ 是刚性基础的质量矩阵。

根据式（7.11.1）～（7.11.4）可得

$$\underline{U}_{b}(\omega) = [\underline{I} - \omega^{2} \underline{C}(\omega)[\underline{M}_{0} + \underline{M}_{b}(\omega)]]^{-1} \underline{U}_{c}^{0}(\omega) \tag{7.11.5}$$

或

$$\left.\begin{aligned} &\underline{U}_{b}(\omega) = [\underline{K}(\omega) - \omega^{2}[\underline{M}_{0} + \underline{M}_{b}(\omega)]]^{-1} \underline{F}_{c}^{0}(\omega) \\ &\underline{F}_{c}^{0}(\omega) = \underline{K}(\omega) \underline{U}_{c}^{0}(\omega) \end{aligned}\right\} \tag{7.11.6}$$

式中，$\underline{I}$ 为单位矩阵，假若考虑三维地震动，则刚性基础有 3 个平移和 3 个转动，共 6 个独立变位量，则 $\underline{I}$ 的阶为 6×6。式（7.11.5）清楚地表示出各种相互作用的影响。控制地震动 $\underline{u}_{g}(t)$ 或 $\underline{U}_{g}(\omega)$ 对刚性基础的影响，由基础输入运动矢量 $\underline{U}_{c}^{0}(\omega)$ 表示，它是根据算子 L_1 和 L_2 求得的；上部结构、基础与土壤三者的相互影响，则由 $\underline{C}(\omega)[\underline{M}_{0} + \underline{M}_{b}(\omega)]$ 表示，基础的总运动 $\underline{U}_{b}(\omega)$ 是这两种影响的综合结果。一旦求得基础处的运动之后，结构中任何点的任何反应可以按常规方法求得。

在式（7.11.6）中，$\underline{F}_{c}^{0}(\omega) = \underline{K}(\omega) \underline{U}_{c}^{0}(\omega)$ 为推动力矢量，它相应于当子结构 2（取出子结构 1 后的地基）中 c 类点由于受到地震动的作用而产生变位，但 c 类点有了刚性基础而固定位置不能产生变位，从而施加于基础上的力和力矩。有时此式要比式（7.11.5）使用起来更方便些。

7.11.1.2　例题——上部单质点体系

图 7.11.2 给出了只有一个单质点的上部子结构的土结相互作用分析的示意图，考虑上部结构基础在地基上的水平与转动两种变位，但为简单计忽略了竖向变位。这样，子结构 1 就只有 3 个自由度和 2 个质量，一个是上部结构集中于顶部的质量 m，另一个是集中于基础处的质量 m_0，其中也包括地基集中于此的附加质量。这时，与式（7.11.3）相似，基础地震动位移可以写为

$$u_{g}^{t}(t) = u_{g}(t) + u_{g}^{I}(t) \tag{7.11.7}$$

式中，$u_g(t)$为自由场地震动位移过程；$u_{g}^{I}(t)$ 为由于相互作用而引起的基础位移；$u_{g}^{t}(t)$ 则为有相互作用时基础的总位移。由于结构基础在地表面，而且给定的地震动 $u_g(t)$就是自由场地震动，也就是子结构 2 中接触边界点的地震动，所以第一、二两个基本问题就自动完成了。若不考虑相互作用，则 $u_{g}^{I}(t) \equiv 0$。根据动力学原理，对于子结构 1 可以得到如下三个平衡方程式：

(1) 质量 m 的水平平衡条件：

$$m\ddot{u}_{g}^{t} + mh\ddot{\theta} + m\ddot{u} + c\dot{u} + ku = P(t) \tag{7.11.8}$$

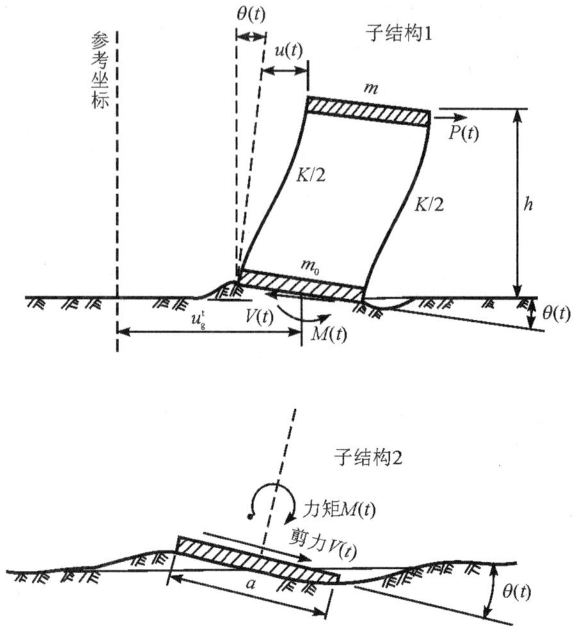

图 7.11.2 简单体系的土结相互作用简图

因为$u_g^t = u_g + u_g^I$，并用$c = 2m\zeta\omega_0$代入上式即得

$$m\ddot{u}_g + 2m\zeta\omega_0\dot{u} + ku + mh\ddot{\theta} + m\ddot{u}_g^I + m\ddot{u} - P(t) = 0 \tag{7.11.9}$$

(2) 整个子结构 1 的水平平衡条件：

$$m\ddot{u} + mh\ddot{\theta} + (m + m_0)\ddot{u}_g^I + (m + m_0)\ddot{u}_g - P(t) + V(t) = 0 \tag{7.11.10}$$

(3) 整个子结构 1 的力矩平衡条件：

$$mh\ddot{u} + I\ddot{\theta} + mh\ddot{u}_g^I + mh\ddot{u}_g - hP(t) + M(t) = 0 \tag{7.11.11}$$

式中，$I = mh^2 + (m + m_0)a^2/12$为子结构体系绕基础的转动惯量；$a$为上下两质量长方形分布的宽度。对上述三个平衡方程式进行傅里叶变换，即得

$$\begin{gathered}(-\omega^2 m + 2m\zeta\omega\mathrm{i} + k)U(\mathrm{i}\omega) - mh\omega^2\Theta(\mathrm{i}\omega) - m\omega^2 U_g^I(\mathrm{i}\omega) \\ - m\omega^2 U_g(\mathrm{i}\omega) - \overline{P}(\mathrm{i}\omega) = 0\end{gathered} \tag{7.11.12}$$

$$\begin{gathered}-\omega^2 mU(\mathrm{i}\omega) - mh\omega^2\Theta(\mathrm{i}\omega) - (m + m_0)\omega^2 U_g^I(\mathrm{i}\omega) - (m + m_0)\omega^2 U_g(\mathrm{i}\omega) \\ - \overline{P}(\mathrm{i}\omega) + \overline{V}(\mathrm{i}\omega) = 0\end{gathered} \tag{7.11.13}$$

$$\begin{gathered}-mh\omega^2 U(\mathrm{i}\omega) - I\omega^2\Theta(\mathrm{i}\omega) - mh\omega^2 U_g^I(\mathrm{i}\omega) - mh\omega^2 U_g(\mathrm{i}\omega) \\ - h\overline{P}(\mathrm{i}\omega) + \overline{M}(\mathrm{i}\omega) = 0\end{gathered} \tag{7.11.14}$$

式中，U，$\overline{P}$，$\overline{V}$，$\overline{M}$分别为u，P，V，M的傅里叶变换。若令$u_g(t) = y_1(t)$，$u_g^I(t) = y_2(t)$，$\theta(t) = y_3(t)$，大写均为其傅里叶变换，则上三式便可写为下述形式：

$$\underline{I}_s\underline{Y} + \underline{P} + \underline{V} = \underline{0} \tag{7.11.15}$$

它相当于总装问题中的平衡条件式（7.11.4），式中

$$\underline{I}_{\mathrm{s}}=\begin{vmatrix} I_{\mathrm{s}11} & I_{\mathrm{s}12} & I_{\mathrm{s}13} \\ I_{\mathrm{s}21} & I_{\mathrm{s}22} & I_{\mathrm{s}23} \\ I_{\mathrm{s}31} & I_{\mathrm{s}32} & I_{\mathrm{s}33} \end{vmatrix},\quad \underline{Y}=\begin{Bmatrix} Y_1(\mathrm{i}\omega) \\ Y_2(\mathrm{i}\omega) \\ Y_3(\mathrm{i}\omega) \end{Bmatrix},$$

$$\underline{P}=-\begin{Bmatrix} m \\ (m+m_0) \\ mh \end{Bmatrix}\omega^2 U_{\mathrm{g}}(\mathrm{i}\omega)-\begin{Bmatrix} 1 \\ 1 \\ h \end{Bmatrix}\overline{P}(\mathrm{i}\omega) \tag{7.11.16}$$

$$\underline{V}=\begin{Bmatrix} 0 \\ \overline{V}(\mathrm{i}\omega) \\ \overline{M}(\mathrm{i}\omega) \end{Bmatrix}$$

$$I_{\mathrm{s}11}=-\omega^2 m+2m\zeta\omega i+K,\qquad I_{\mathrm{s}12}=-m\omega^2,\qquad I_{\mathrm{s}13}=-mh\omega^2$$

$$I_{\mathrm{s}21}=-\omega^2 m,\qquad I_{\mathrm{s}22}=-(m+m_0)\omega^2,\qquad I_{\mathrm{s}23}=-mh\omega^2$$

$$I_{\mathrm{s}31}=-mh\omega^2,\qquad I_{\mathrm{s}32}=-mh\omega^2,\qquad I_{\mathrm{s}33}=-(mh^2+I)\omega^2$$

这里，$\underline{I}_{\mathrm{s}}$为子结构 1 的复动力刚度或阻抗矩阵。在上式中，矢量 $\underline{Y}$ 是待定的未知反应，第二项 $\underline{P}$ 是已知的干扰，第三项 $\underline{V}$ 是未知的基底剪力和基底力矩，基底剪力与弯矩必须从子结构 2 求得。

对于子结构 2，如图 7.11.3 所示，所需要的是一无质量刚性板（板为长方形面积为 $a\times b$），在半无限地基上的动力[剪力 $V(t)$与力矩 $M(t)$]与变位的关系，这就是第三个基本问题阻抗问题的解式（7.11.1），

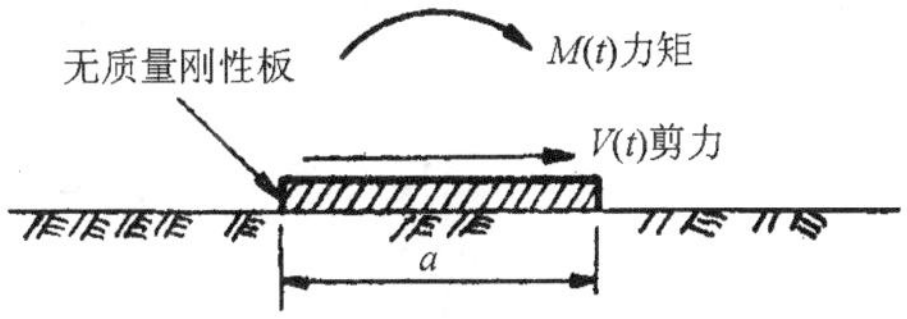

图 7.11.3　子结构 2——半无限地基

$$\begin{vmatrix} 0 & 0 & 0 \\ 0 & I_{\mathrm{f}22} & I_{\mathrm{f}23} \\ 0 & I_{\mathrm{f}32} & I_{\mathrm{f}33} \end{vmatrix}\begin{Bmatrix} Y_1(\mathrm{i}\omega) \\ Y_2(\mathrm{i}\omega) \\ Y_3(\mathrm{i}\omega) \end{Bmatrix}=\underline{I}_{\mathrm{f}}\underline{Y}=\underline{V} \tag{7.11.17a}$$

式中，$\underline{I}_{\mathrm{f}}$为子结构 2 或地基的复动力刚度或阻抗矩阵。

维莱特索斯、魏（Veletsos and Wei，1971）和卢科、韦斯特曼（Luco and Westmann，1971）曾经求得均匀半空间或层状半空间（Luco，1976）上刚性无质量圆板的柔度函数 $\underline{C}_{\mathrm{f}}$（阻抗函数的倒数）

$$\underline{I}_{\mathrm{f}}=\underline{C}_{\mathrm{f}}^{-1}$$

这一关系与下述定义是相符的，

$$\begin{pmatrix} I_{\mathrm{f}22} & I_{\mathrm{f}23} \\ I_{\mathrm{f}32} & I_{\mathrm{f}33} \end{pmatrix}\begin{Bmatrix} Y_2(\mathrm{i}\omega) \\ Y_3(\mathrm{i}\omega) \end{Bmatrix}=\underline{I}_{\mathrm{f}}\underline{Y}=\underline{V} \tag{7.11.17b}$$

$$\begin{pmatrix} C_{\mathrm{f}22} & C_{\mathrm{f}23} \\ C_{\mathrm{f}32} & C_{\mathrm{f}33} \end{pmatrix}\begin{Bmatrix} \overline{V}(\mathrm{i}\omega) \\ \overline{M}(\mathrm{i}\omega) \end{Bmatrix}=\underline{C}_{\mathrm{f}}\underline{V}=\underline{Y} \tag{7.11.17c}$$

这样得到的结果，最后可以写为

$$\underline{I}_f \underline{Y} = \begin{pmatrix} (k_{xx} + \mathrm{i}c_{xx})(k_{x\theta} + \mathrm{i}c_{x\theta}) \\ (k_{\theta x} + \mathrm{i}c_{\theta x})(k_{\theta\theta} + \mathrm{i}c_{\theta\theta}) \end{pmatrix} \begin{Bmatrix} Y_2(\mathrm{i}\omega) \\ Y_3(\mathrm{i}\omega) \end{Bmatrix} \tag{7.11.17d}$$

图 7.11.4 和 7.11.5 分别给出了均匀半空间的这些函数，k_{xx}，$k_{x\theta} = k_{\theta x}$，$k_{\theta\theta}$，$c_{xx}$，$c_{x\theta} = c_{\theta x}$，$c_{\theta\theta}$。图中横坐标为 $R\omega / V_{S1}$，这表明 k 与 c 都是频率的函数，R 是圆板的半径；ω是干扰频率；V_S 为地基剪切波速；V_{S1} 为地基表层的剪切波速；ρ为质量密度，ν为泊松比，下标 1 和 2 表示表层与其下的半无限体；H 为表层厚。正是由于 k 与 c 都是频率的函数，使得土结相互作用问题便于在频域中求解，在时域只能得近似解。

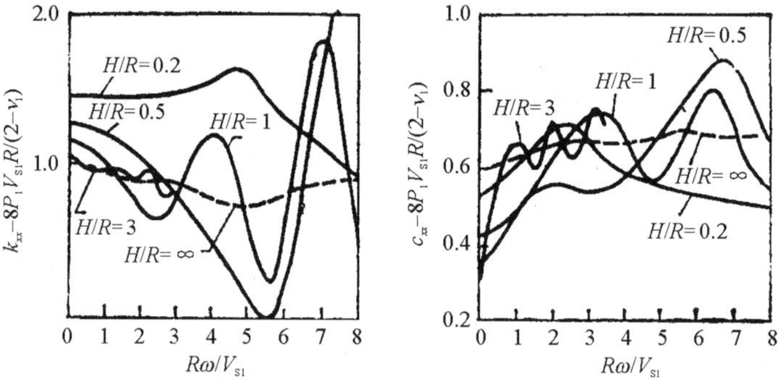

图 7.11.4　地基阻抗系数（水平振动）

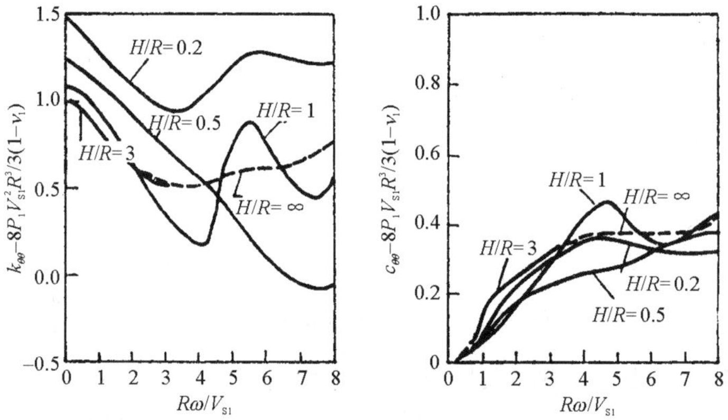

图 7.11.5　地基阻抗函数（摇摆振动）

若长方板接近方形，即 $a=b$（a 与 b 为长方形的半边长），则可近似采用圆板的阻抗或柔量，等效半径 $R = \sqrt{4ab/\pi}$；若 $a \gg b$，可用有关文献中给出的半宽为 b 的无限长条基础板，对于中间 a/b 值则应该适当地调整。

合并式（7.11.15）、（7.11.16）、（7.11.17a）以消去未知量 $V(\mathrm{i}\omega)$与 $P(\mathrm{i}\omega)$，可得

$$\begin{bmatrix} I_{s11} & I_{s12} & I_{s13} \\ I_{s21} & I_{s22} + I_{f22} & I_{s23} + I_{f23} \\ I_{s31} & I_{s32} + I_{f32} & I_{s33} + I_{f33} \end{bmatrix} \cdot \begin{Bmatrix} Y_1(\mathrm{i}\omega) \\ Y_2(\mathrm{i}\omega) \\ Y_3(\mathrm{i}\omega) \end{Bmatrix} = \ddot{U}(\mathrm{i}\omega) \begin{Bmatrix} m \\ m + m_0 \\ m \end{Bmatrix} + \overline{P}(\mathrm{i}\omega) \begin{Bmatrix} 1 \\ 1 \\ h \end{Bmatrix} \tag{7.11.17e}$$

式中，左边的系数矩阵是两个子结构合起来的总体系的阻抗矩阵，它们是复的而且是频率的函数，因为地基柔度系数是频率的函数。现在将上式右边定义为有效干扰矢量 $\underline{P}_e(\mathrm{i}\omega)$，左边

的系数阻抗矩阵定义为 $\underline{I}(\mathrm{i}\omega)$。则得

$$\underline{Y}(\mathrm{i}\omega)=\underline{I}^{-1}(\mathrm{i}\omega)\underline{P}_{\mathrm{e}}(\mathrm{i}\omega) \tag{7.11.18}$$

对上式取逆傅里叶变换，即可得所要求的反应时间过程：

$$\underline{y}(t)=\begin{bmatrix} y_1(t) \\ y_2(t) \\ y_3(t) \end{bmatrix}=\begin{Bmatrix} u(t) \\ u_{\mathrm{g}}^{\mathrm{I}}(t) \\ \theta(t) \end{Bmatrix} \tag{7.11.19}$$

一个重要的事实是，图 7.11.2 所示的问题只能在频域中求解，因为地基阻抗系数 I_{f} 等是频率的函数。由于同样的原因，体系不存在常规意义的正规振型。

7.11.2　时域子结构法

如表 7.11.1 所示，在时域子结构法中，相互作用体系包括三个基本问题。第一个问题与在第 7.11.1 节中讨论的相同，即在未建结构物之前、未开挖的自由场中，先从规定的地震动求基岩地震动 $\underline{u}_{\mathrm{a}}(t)$，其过程写为算子 L_{i}。第二个基本问题是地基或散射问题，即在子结构 2 中，如图 7.11.6（b），求在 $\underline{u}_{\mathrm{a}}(t)$作用下子结构 2 的解。第三个基本问题是在图 7.11.6（c）中，在两子结构接触边界点作用一振动源时的解。

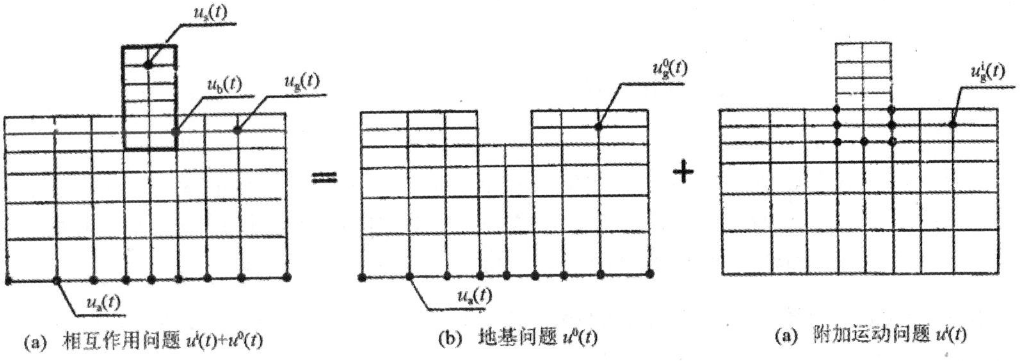

图 7.11.6　时域子结构的划分

设相互作用体系中各类点的位移如图 7.11.6（a）所示，并用上标“0”表示属于图 7.11.6（b）子结构的量，用上标“i”表示属于图 7.11.6（c）中由于相互作用附加的运动，并采用下述矩阵或矢量符号，为简便化，这里略去下加横线。

$$u^{\mathrm{i}}=\begin{Bmatrix} u_{\mathrm{s}}^{\mathrm{i}} \\ u_{\mathrm{b}} \\ u_{\mathrm{g}} \end{Bmatrix} \qquad u^{0}=\begin{Bmatrix} 0 \\ u_{\mathrm{b}}^{0} \\ u_{\mathrm{g}}^{0} \end{Bmatrix} \tag{a}$$

质量矩阵为

$$m=\begin{bmatrix} m_{\mathrm{s}} & m_{\mathrm{b}} & 0 \\ m_{\mathrm{b}}^{T} & m_{\mathrm{bb}} & 0 \\ 0 & 0 & 0 \end{bmatrix},\quad m^{0}=\begin{bmatrix} 0 & 0 & 0 \\ 0 & m_{\mathrm{bb}}^{0} & m_{\mathrm{bg}}^{0} \\ 0 & m_{\mathrm{gb}}^{0} & m_{\mathrm{bb}}^{0} \end{bmatrix} \tag{b}$$

刚度与阻尼矩阵与此类似。注意，这里地基问题中的位移 u^0 包括两类点，一类是接触边界点 b，另一类是其余地基点 g。这时，地基问题的方程式为

$$\begin{bmatrix} m^0 & m_{\rm a}^0 \\ m_{\rm a}^{0T} & m_{\rm aa}^0 \end{bmatrix} \begin{Bmatrix} \ddot{u}_0 \\ \ddot{u}_{\rm a}^0 \end{Bmatrix} + \begin{bmatrix} c^0 & c_{\rm a}^0 \\ c_{\rm a}^{0T} & c_{\rm aa}^0 \end{bmatrix} \begin{Bmatrix} \dot{u}^0 \\ \dot{u}_{\rm a}^0 \end{Bmatrix} + \begin{bmatrix} k^0 & k_{\rm a}^0 \\ k_{\rm a}^{0T} & k_{\rm aa}^0 \end{bmatrix} \begin{Bmatrix} u^0 \\ u_{\rm a}^0 \end{Bmatrix} = \begin{Bmatrix} 0 \\ 0 \end{Bmatrix} \tag{7.11.20}$$

上式的第一个方程式为

$$m^0 \ddot{u}^0 + c^0 \dot{u}^0 + k^0 u^0 = -m_{\rm a}^0 \ddot{u}_{\rm a}^0 - c_{\rm a}^0 \dot{u}_{\rm a}^0 - k_{\rm a}^0 u_{\rm a}^0 \tag{7.11.21}$$

其右端为由基岩输入的地震动。将上部结构放入地基中，则结构由图（b）变为图（c），此时，上式的左边将改变，但右边可以认为并不改变，因为当基岩距离结构较远时，结构物的存在对远处的影响是不大的；即使 a 类点以下并非基岩，如半无限均匀空间弹性体，也常如此处理。因此，相互作用体系的运动方程可以写为

$$\begin{aligned} &[m^0 + m]\{\ddot{u}^0 + \ddot{u}^{\rm i}\} + [c^0 + c]\{\dot{u}^0 + \dot{u}^{\rm i}\} + [k^0 + k]\{u^0 + u^{\rm i}\} \\ &= -m_{\rm a}^0 \ddot{u}_{\rm a}^0 - c_{\rm a}^0 \dot{u}_{\rm a}^0 - k_{\rm a}^0 u_{\rm a}^0 \end{aligned} \tag{7.11.22}$$

式中，矩阵 m，c 和 k 均指上部结构而言。将式（7.11.21）代入上式即得

$$[m^0 + m]\ddot{u}^{\rm i} + [c^0 + c]\,\dot{u}^{\rm i} + [k^0 + k]\,u^{\rm i} = -m\ddot{u}^0 - c\dot{u}^0 - ku^0 \tag{7.11.23}$$

此式即为图 7.11.6（c）中所示的附加运动问题，附加运动即为 $u^{\rm i}$。将式（a）和（b）中的矩阵 m，c，k 和 u^0 等代入上式即得

$$[m^0 + m]\ddot{u}^{\rm i} + [c^0 + c]\dot{u}^{\rm i} + [k^0 + k]u^{\rm i} = -\begin{Bmatrix} m_{\rm b} \\ m_{\rm bb} \\ 0 \end{Bmatrix} \ddot{u}_{\rm b}^0 - \begin{Bmatrix} c_{\rm b} \\ c_{\rm bb} \\ 0 \end{Bmatrix} \dot{u}_{\rm b}^0 - \begin{Bmatrix} k_{\rm b} \\ k_{\rm bb} \\ 0 \end{Bmatrix} u_{\rm b}^0 \tag{7.11.24}$$

应该注意到，此式右边所表示的图 7.11.6（c）中的输入仅在两子结构的接触界上；结构（子结构 1）中的附加运动为总位移，因此，此式可用于结构物的非线性反应。对于基础在地表面的结构，附加问题的输入地震动 $u_{\rm b}^0$ 即为自由场运动。对于嵌入结构，则必须解图 7.11.6（b）中的地基问题来确定接触边界点 b 上的输入 $u_{\rm b}^0$。假若认为地基是刚性的，则各接触边界上 b 的地震动均相等，且等于给定的地震动。

式（7.11.24）还可进一步简化，如第 7.10 节所采用，将附加位移 $u^{\rm i}$（它就是子结构 1 的总位移）分为动力部分 $u^{\rm d}$ 和伪静力部分 $u^{\rm s}$，即

$$u^{\rm i} = u^{\rm d} + u^{\rm s}$$

在式（7.11.24）中令位移的所有动力部分（包括所有 $u^{\rm d}$，速度和加速度）均等于零，即可得伪静力位移 $u^{\rm s}$

$$u^{\rm s} = -[k^0 + k]^{-1} \begin{Bmatrix} k_{\rm b} \\ k_{\rm bb} \\ 0 \end{Bmatrix} u_{\rm b}^0 = \alpha u_{\rm b}^0 \tag{7.11.25}$$

因此，从式（7.11.24）得

$$\begin{aligned} &[m^0 + m]\ddot{u}^{\rm d} + [c^0 + c]\dot{u}^{\rm d} + [k^0 + k]u^{\rm d} \\ &= -\left[(m^0 + m)\alpha + \begin{Bmatrix} m_{\rm b} \\ m_{\rm bb} \\ 0 \end{Bmatrix}\right]\ddot{u}_{\rm b}^0 - \left[(c^0 + c)\alpha + \begin{Bmatrix} c_{\rm b} \\ c_{\rm bb} \\ 0 \end{Bmatrix}\right]\dot{u}_{\rm b}^0 \end{aligned} \tag{7.11.26}$$

假若阻尼与刚度成比例或较小时，上式右边第二项可以忽略不计，从而近似可得

$$[m^0+m]\ddot{u}^{\mathrm{d}}+[c^0+c]\dot{u}^{\mathrm{d}}+[k_0+k]u^{\mathrm{d}}=-\left[(m^0+m)\alpha+\begin{Bmatrix}m_{\mathrm{b}}\\m_{\mathrm{bb}}\\0\end{Bmatrix}\right]\ddot{u}_{\mathrm{b}}^0 \tag{7.11.27}$$

此式的主要优点在于其右边只用地基加速度过程，不再要求速度与位移。

从上式求得了动力位移 u^{d}之后，相互作用体系中的总内力即为

$$\begin{aligned}f&=[k^0+k](u^0+u^{\mathrm{d}}+u^{\mathrm{s}})\\&=[k^0+k]\left[\begin{Bmatrix}0\\u_{\mathrm{b}}^0\\u_{\mathrm{g}}^0\end{Bmatrix}+\begin{Bmatrix}u_{\mathrm{s}}^{\mathrm{d}}\\u_{\mathrm{b}}^{\mathrm{d}}\\u_{\mathrm{g}}^{\mathrm{d}}\end{Bmatrix}+\alpha u_{\mathrm{b}}^{\mathrm{d}}\right]=[k^0+k]\left[\begin{Bmatrix}0\\u_{\mathrm{b}}^0\\u_{\mathrm{g}}^0\end{Bmatrix}+\begin{Bmatrix}u_{\mathrm{s}}^{\mathrm{d}}\\u_{\mathrm{b}}^{\mathrm{d}}\\u_{\mathrm{g}}^{\mathrm{d}}\end{Bmatrix}\right]-\begin{Bmatrix}k_{\mathrm{b}}\\k_{\mathrm{bb}}\\0\end{Bmatrix}u_{\mathrm{b}}^0\end{aligned} \tag{7.11.28}$$

上部结构中的内力 f_{s}为

$$f_{\mathrm{s}}=ku_{\mathrm{s}}^{\mathrm{d}}+k_{\mathrm{b}}u_{\mathrm{b}}^{\mathrm{d}} \tag{7.11.29}$$

由此可见，上部结构中的内力仅决定于动位移 $u_{\mathrm{s}}^{\mathrm{d}}$和$u_{\mathrm{b}}^{\mathrm{d}}$，不需要与地基问题中的量相叠加。

上述方法有两个缺点。第一，在地基子结构中未考虑能量可以从边界向外透射。为克服这一缺点，应将地基子结构的边界取得足够远，或者引入能量透射边界（见下面的讨论）。第二，在最后的方程式中，自由度常很多，可达几百至几千，在采用振型分解时，特征值的计算量很大；又由于阻尼矩阵$[c^0+c]$里一般不满足正交条件，则联立方程式是耦联的，因而不能用振型叠加法计算，这一缺点可以用时兹向量法解决（Bayo and Wilson，1983）。

7.11.3 透射边界

引入透射边界的目的在于在边界上附加某种条件，使之能代替边界以外地基的作用。如图 7.11.6 所示的模型，在地基子结构的底面和两侧面，本来还存在着地基，这些地基向外延伸得很远。假若地基向外延伸的部分与边界内附近部分的土壤相同，又无界面，则地震波由边界内传到边界时，在实际情况下，波会向外传播而不返回，因此人们要求有一种透射边界能够吸收全部传到此边界的能量而不反射。无限地基的这种能量扩散吸收作用有时是很重要的。

7.11.3.1 一维波传播

在一维介质中，波传播的能量完全吸收作用可以用与频率无关的粘滞阻尼来代替。设在一半无限杆中有一向无穷远传去的简谐 P 波，则杆中的位移、速度与应力分别为

$$u=A\mathrm{e}^{\mathrm{i}(\omega t-kx)}$$

$$\dot{u}=A\mathrm{i}\omega\mathrm{e}^{\mathrm{i}(\omega t-kx)}$$

$$\sigma_x=-EA\mathrm{i}k\mathrm{e}^{\mathrm{i}(\omega t-kx)}=\frac{-\rho v_{\mathrm{P}}^2\dot{u}}{v_{\mathrm{P}}}=-v_{\mathrm{P}}\rho\dot{u} \tag{7.11.30}$$

式中，纵波速度 $v_{\mathrm{P}}=\sqrt{E/\rho}=\omega/k$。上述结果表明，假若将此杆切断，而在切断处加一粘滞阻尼器，其阻尼系数为$v_{\mathrm{P}}\rho$，则在上述 P 波传至此人工切断边界处时，阻尼器将产生一阻尼力$-v_{\mathrm{P}}\rho\dot{u}$，从而完全模拟了无穷长杆的波传播作用。由于附加于此边界处的阻尼不是频率的函数。所以它即可用于时域分析，又可用于频域分析。假若为剪切波，则附加阻尼系数应为 $v_{\mathrm{S}}\rho$。

由于同样的理由，假若近似地将上述原则推广到二维波传播中去，在透射边界的每一节点上应施加两个阻尼器，一个与边界垂直，阻尼为ρv_P；另一个与边界平行，阻尼为ρv_S；在三维波传播问题中，还要再加第三个阻尼器，也在边界面内，但垂直于另两个阻尼器，阻尼为ρv_S。这种处理只是一种近似方法，因为波的传播方向与阻尼器并不一定一致。

在二维与三维的波传播问题中，假若知道波的传播方向，也可以在边界上设置一个阻尼器，其阻尼值也是与频率无关的。但是，由于必须知道波的传播方向，所以它是无法实现的。

7.11.3.2　与频率无关的辐射边界

(1) 一维波传播。

设有一单质点体系，由一弹簧 k 和一阻尼 c 连于支承地基上，当质点受一简谐力作用时，质点的放大系数为复函数，从第 7.4.1 节可得：

$$H(\omega)=[k-m\omega^2+\mathrm{i}\omega c(\omega)]^{-1}$$

此体系的自振频率为 $\omega_0=\sqrt{k/m}$。设阻尼系数 $c(\omega)$是频率ω的函数，现假设 $c(\omega)=\frac{1}{60}\omega\cdot(130-\omega)$，$\omega_0$=10，图 7.11.7 中给出用 $c(\omega=\omega_0=10)$代替 $c(\omega)$时的放大系数 $H(\omega)$的差别，这一结果表明，假若用与自振周期相应的常阻尼来代替与频率有关的变阻尼时，差别是可以忽略不计的。

设有一直杆，在其一端用弹簧 k 与阻尼 c 并联于支承地基上，在其另一端受一简谐力作用。若用与基本周期相应的常阻尼 $c(\omega_0)$代替变阻尼 $c(\omega)$，则在作用力点（点 1）及距此 1/5 杆长处（点 2）的放大系数$|H(\omega)|$如图 7.11.8 所示，差别也是很小的。

(2) 二维波传播。

设有一刚性长条基础，放在均匀半无限地基的表面上，其柔度 $C(\omega)$[见式（7.11.1）]有理论解。图 7.11.9 绘出有限元解与理论解的对比，有限元解包括两种，一种是与频率有关的透能边界，另一种是用基本自振周期处的阻尼器的常阻尼透能边界。由此可见，两者的差别是可以忽略不计的。图中横坐标是无量纲的频率变量。

三维波传播所得结果也相似（Bayo and wilson，1983）。

现有结果表明，常用的与频率有关的粘滞阻尼透能边界（Lysmer and Kuhlemeyer，1969）在中等模型大小（水平延伸宽度为基础宽度的 6～10 倍）中结果良好；假若采用与体系基本频率相应的常阻尼透能边界来代替随频率而变的阻尼的透能边界，结果也很好，当模型大小加大且考虑内阻尼时，误差减小。

7.11.3.3　迭代透射边界

廖振鹏（1980；et al.，1984）提出一种迭代透射边界。如图 7.11.10，点 1 处的竖线为边界面，现以标量为例说明这一方法的原理。设有一波斜射到一边界面，波速为 v，在边界法线上的视速度为 $v/\cos\theta$。此波在法线（x 向）上的位移可以写为

$$u(t,x)=u(y) \tag{7.11.31}$$
$$y=vt-x\cos\theta$$

由于在实际问题中有各种各样的波从内向人工边界入射，它们的入射方向和波速各不相同，且无法分辨，若主观选择一个波速为 v_A 的沿法线方向 x 传播的波去代替，如何才能够使之满足无反射边界的要求呢？

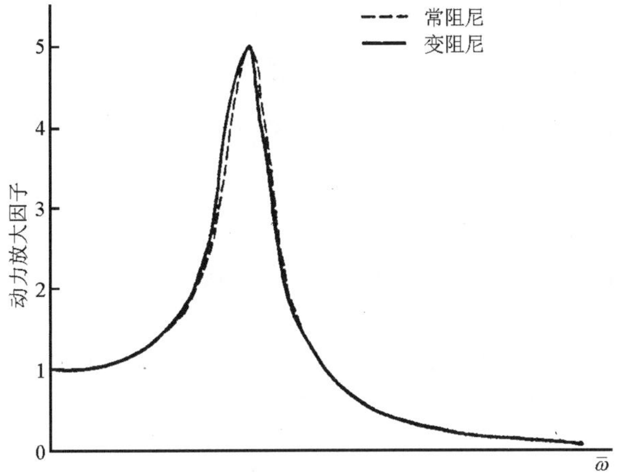

图 7.11.7　单质点体系的传递函数

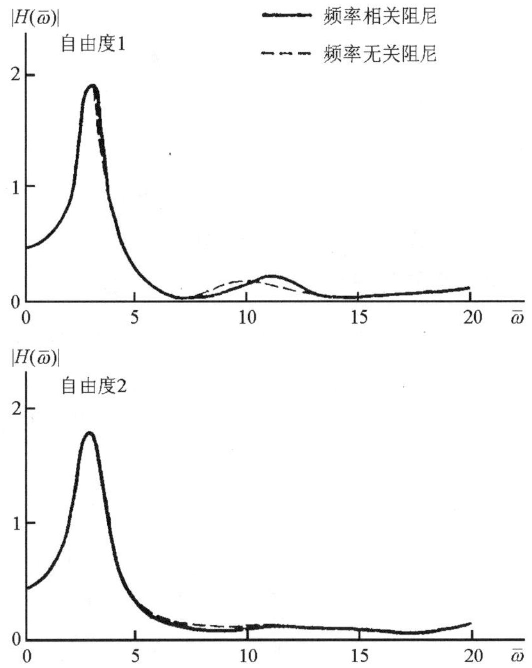

图 7.11.8　5 质点杆的传递函数

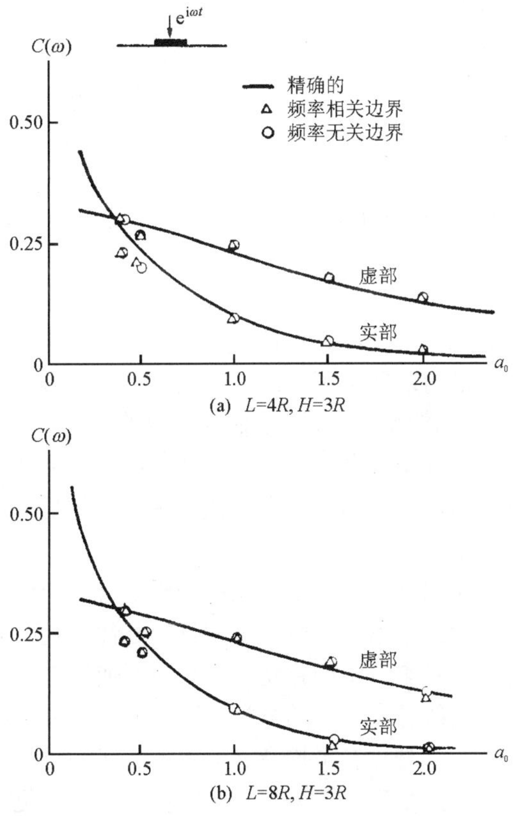

图 7.11.9　二维半无限体系的竖向柔度函数 $C(\omega)$

（$a_0=\omega R/V_S$；L 为长度，H 为厚度，R 为半径）

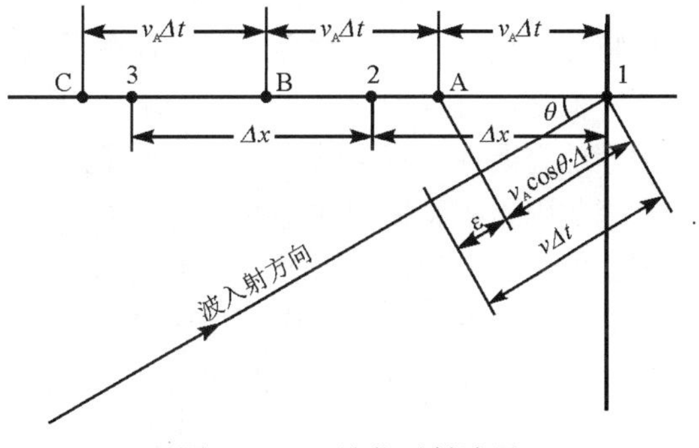

图 7.11.10　迭代透射边界

首先，假设所考虑的波是平面波，则在时刻 $t+\Delta t$ 边界点 1 的运动 $u(t+\Delta t,\ x_1)$就等于时刻 t 点 A 的运动 $u(t,\ x_A)$，从点 A 到点 1 的距离为 $v_A\Delta t$，因为波从 A 传到 1 需要时间Δt。但由于所主观选择的波速 v_A 与方向 x 并非实际，所以 $u(t+\Delta t,\ x_1)$并不等于 $u(t,\ x_A)$。廖振鹏等证明，这一差别

$$\Delta u(t+\Delta t, x_1) = u(t+\Delta t, x_1) - u(t, x_A)$$

可以看做是另一个波，再用沿 x 轴的人工边界传播的波来近似处理，它所产生的误差$\Delta^2 u(t, x_A)$又可以看做是另一个波，等等。这一理解，相当于将 $u(t+\Delta t, x_1)$在 A 点展开，即

$$u(t+\Delta t, x_1) = u(t, x_A) + \Delta u(t, x_A) + \Delta^2 u(t, x_A) + \cdots + \Delta^{N-1} u(t, x_A) + \Delta^N u(t+\Delta t, x_1) \quad (7.11.32)$$

式中，N 称为透射阶数；Δ为后差分算子，即

$$\Delta u(t, x_A) = u(t, x_A) - u(t-\Delta t, x_B)$$

$$\Delta^2 u(t, x_A) = \Delta u(t, x_A) - \Delta u(t-\Delta t, x_B) = u(t, x_A) - 2u(t-\Delta t, x_B) + u(t-\Delta t, x_C)$$

$$\cdots$$

当然，在实际计算中，在空间上的有限划分网格中，A 点不一定是节点，这时，A 点的运动需要根据空间节点 1，2，3 等的后差分内插求出。

人工透射波速 v_A 假若满足下述条件

$$v_A \leqslant 2v_{min} \quad (7.11.33)$$

则式（7.11.32）的误差为 $0((v\Delta t)^N)$。这里 v_{min} 的意思是：在标量波中，$v_{min}=v$，因为这时只有一个波速；在矢量波中，$v_{min}=v_S$；在面波中，$v_{min}=v_k$ 中之最小者。另外，为保证收敛，$v_A \cdot \Delta t < \Delta x$ 这一条件在离散网格中必须满足。简单计算例题表明，N=3 时，式（7.11.32）可以给出很好的结果，即使是在入射角θ接近于 90°时，也可以基本保证边界的无反射条件。

7.12　地震反应分析的实用性

结构物地震反应分析，特别是非线性反应分析，是在许多假定之下进行的。这些假定与实际发生的情况之间可能有颇大出入。首先是地震动的估计，它直接受地震预报的影响，预报某地可能发生的 M=7 地震并不一定发生，未预报的地区又可能发生较大震级的地震，如 1976 年唐山地震。这一误差就可能导致几倍甚至几十倍的地震动大小估计的误差；另外，即使震级估计得差不多，地震动的估计也可能有几倍至几十倍之差。结构物动力特性与强度的估计则远比地震动的估计要精确，但也可能有不小的误差，如 50%左右或更多，特别是非线性特性。这些误差当然会反映在地震反应分析结果中。

但是，这样的误差并不能否定地震反应分析的实用性，因为地震反应分析中考虑的许多因素的重要性与真实性是多次证实了的。例如地震动的频谱与持时、结构物的延性都是必须考虑的因素。特别要注意的是，不能用一次地震的结果来否定或肯定一个规律，或评定一个理论的优劣，而需要根据多次地震的大量事实，作出统计意义上的分析。因地震反应分析中所采用的数据，如反应谱、加速度与结构延性等等，都是具有平均意义的数据。我们只能要求按照现有动力分析设计的结构物，在概率意义上更为合理，更为符合实际情况，具有更一致的安全概率。因此，虽然在历次大地震中都可能发现一些现有设计方法不合理之处，那是

由于现有方法并不是完善得无可改进，但是大量事实总是说明，经过抗震设计的工程要远比未经过抗震设计的优越，按照新的现代的抗震理论分析设计的工程要比按照老的方法更优越。所以，对结构物进行适当的线性与非线性动力分析或按照这一原理提出的简化设计方法去分析和设计，是完全需要的。

第八章　土体地震反应与地基抗震

土体地震反应与地基抗震问题，是地震工程中的重要问题。因为任何受地震影响的工程都与地基相联系，地震动就是从地基传到结构中来的，而且地基破坏又可以引起上部结构物的破坏。地震工程这一分支的研究一直是很活跃的。例如 1978 年 6 月由美国土木工程师学会召开的一次“地震工程与土动力学”专业会议，参加者达 700 余人，出版了三卷论文报告集；1982 年 7 月在英国召开了“土动力学与地震工程”国际会议，出版了两卷论文报告集；另外，从 1982 年 1 月起，创办了国际土动力学与地震工程期刊《Int. J. Soil Dynamics and Earthquake Engg》。由此可见，土动力学与地震工程的联系极为密切。这方面的内容包括土动力特性，土体中的地震波动，土动力试验与地震动测量仪器与方法，土壤与结构、结构与结构相互作用，土体地震反应，基础与地基振动，桩基，地下结构，砂土液化等方面。目前这方面最活跃的工程领域是近海结构，核电站，地下管道，土坝、砂土液化等。本章只介绍动力性能、砂土液化、地基地震反应、土坝与边坡稳定和桩基这几个问题。

8.1　地基震害经验（威格尔，1977）

强地震时，地基的震害是很普遍的，人们早就注意到这一点，因而在古老的地震烈度表中就已经把它用作评定地震烈度的重要标志之一。如《新的中国地震烈度表》中就有下述描述：“潮湿、疏松的土里有细小裂缝”，“陡坎滑坡”，“有时裂缝纵横，宽度可达几十厘米，绵延很长”，“大规模的滑坡和山崩。地表产生相当大的垂直与水平断裂”，“大段铁轨弯曲”，等等。概括起来说，地基震害可以分为以下几种原因：地震断层，滑坡，变形，砂土液化。现分别叙述如下。

8.1.1　地震断层

地震大多是由地壳岩层断裂引起的，地震愈大则断裂面积愈大；断层面积愈大或震源浅，则断层愈容易出露于地表，因而出露于地表的断裂也愈长，错距也愈大。因此，假若震源深度在一般范围内（如 h=10～30km），则地表断裂长度与地震大小有一定关系。不少资料给出了震级与断裂长度 L，断裂两侧相对位移 D 的统计关系。由断裂长度推算的震级 M 与实际震级会有一些差距，有时相差达 1 级之多。例如 1970 年 1 月 5 日云南通海地震，震级 M=7.7，断裂长度 L=60km，最大错距约 2～3m，按我国公式算，M=7.1，低于实际震级。1976 年 7 月 28 日唐山地震的震级不低于通海地震，但地表可见的断裂长度与错位均比通海的要小很多；1974 年 5 月 11 日云南永善大关地震，M=7.1，地表却未见断裂。图 8.1.1 给出最近得到的一组关系。

8.1.2　滑坡与泥石流

强震时，滑坡与山崩是常见的地基破坏现象，在地震烈度表中，常将它作为高烈度的标志，如我国烈度表规定“在岩石破碎，土质疏松的地区，常发生相当大的土石散落、滑坡和山崩；有时河流受阻，形成新的水塘”，为Ⅷ度的标志；美国 MM 表则将“山崩”作为Ⅹ度。

但这一标志常不准确，因为滑坡在很大程度上决定于坡体岩土介质的具体强度；有的边坡强度可以很高，如较完好或稳定的岩石边坡，有的则可能很低或濒于滑动，无地震时也可能发生很大的滑坡。

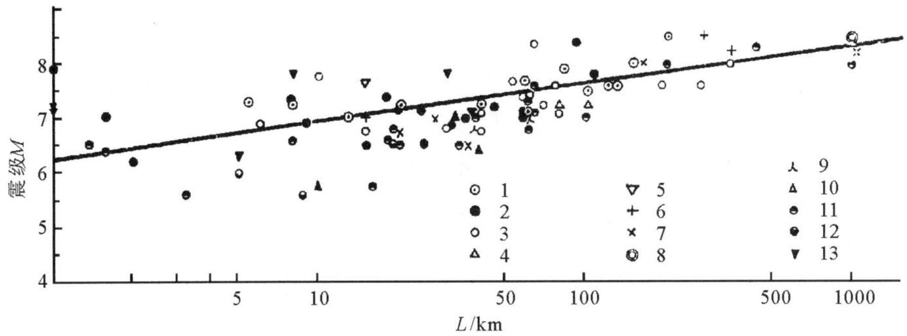

图 8.1.1　震级 M 与断层长度 L 的关系　$M=6.2+0.635\lg L$

1. 中国；2. 日本；3. 土耳其；4. 伊朗；5. 巴基斯坦；6. 蒙古；7. 苏联；8. 希腊；9. 保加利亚；10. 非洲；11. 北美；12. 南美；13. 新西兰，澳大利亚

地震引起大滑坡在我国山区或丘陵地区是常见的。如 1933 年四川叠溪地震，$M=7\frac{1}{2}$，大滑坡堵河成湖。1974 年 5 月 11 日云南永善大关地震，M=7.1，一处大滑坡从 100 余 m 高处滑下，堵塞河流，并将公路冲到河对岸山脚下，使路面直立，高度达 10m 以上；有的山崩使民房和桥梁被砸毁或被埋；有的房屋建于平时一直有滑动裂缝的滑坡岸上，地震时又有新的更大的滑坡型裂缝出现，从而加重了房屋的震害。日本 1923 年关东大地震时，在根府川河口上游约 6km 处发生山崩，土砂流入河中，使泥石流以每小时 70km 的速度冲下，冲走约 170 户房屋和 700 人，流下的土砂流约 100～300 万 m^3。1970 年 5 月 31 日秘鲁地震，M=7.7，一处大山崩将冰、土、石混合物由一高山坡滑下，淹埋了两个城市，使 2 万人死亡；泥石流速度很高，推定为 40km/h，以致翻越了一座小山。这种现象常与地震前该地的边坡稳定性不高有关，震前的大雨使滑坡和泥石流更容易形成。边坡滑动还常见于平原地区的河岸附近，土坝的纵向裂缝也属于这种破坏类型；海城和唐山地震时，这种现象很多。图 8.1.2 绘出 1960 年

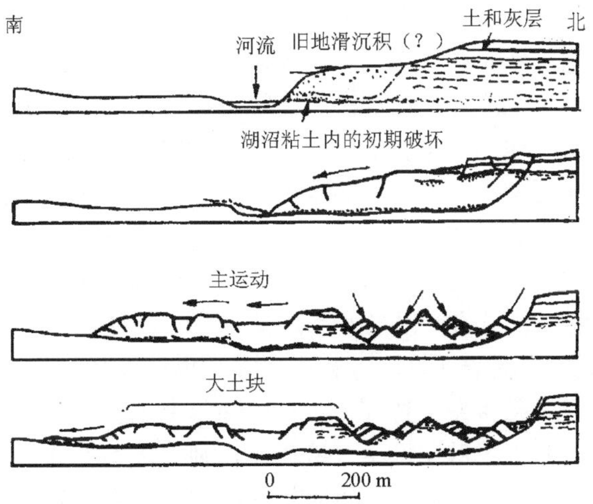

图 8.1.2　智利地震大滑坡（1960 年）

智利地震时一大滑坡的示意图。滑坡区长达 1km 左右，面积达 1.26km，土方量达 3000 万 m^3。

8.1.3 变形

地震时土体或地基常常发生多种变形，如各种类型的裂缝和不均匀的沉陷。就其成因而言，变形可分为三种，第一种由发震断层引起；第二种由滑坡引起；第三种由土体中的地震动引起。第一种比较容易区分，至少在概念上是如此。第二种与第三种不容易区分。这里将由重力影响而产生的定向滑动（向下）称为滑坡，与此有关的地变形称为滑坡型变形，而地震只是一种附加因素。这种变形，在大范围内观察，呈两端向下弯曲的弧形，在陡坡上极易判断；但在极缓的坡地上则不易判断；而在平坦地表面之下滑动面呈坡形时，则更难以区分。第三种地变形则专指地震动引起的土壤变形，特别是不均匀土体或地基不均匀变形所引起的不均匀沉陷裂缝和其他变形现象，如铁轨弯曲所反映的压缩变形，这些现象常见于动力可压缩性或可变形性高的松散潮湿地基内。当这些变形很大时，肉眼可见；当不太大时，常常可以通过其上结构物的震害现象间接反映。例如图 8.1.3 所示房屋下部的“八”字形裂缝。裂缝下宽上窄，有时可见地表有垂直于图面的地裂缝与房屋的裂缝相连，即属于房屋中段地基相对下沉的典型表现；反之，房屋上部倒“八”字形的裂缝，则属于房屋两端相对下沉的表现。其原理可以从主拉应力破坏来认识。这些现象常见于古河道和古湖泊被填平后的地区，特别是其边缘附近。

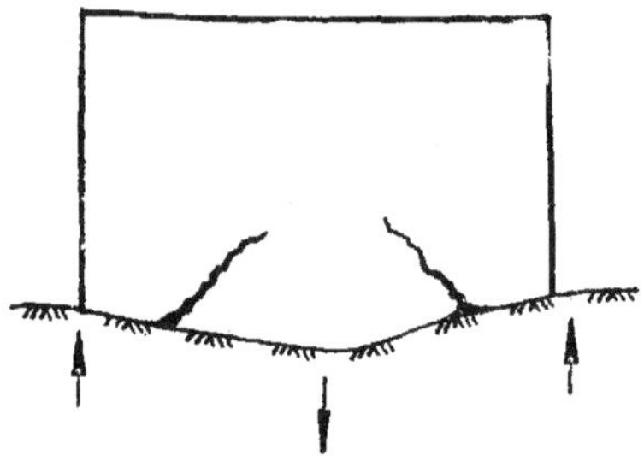

图 8.1.3 地基不均匀沉陷引起房屋破坏现象

8.1.4 砂土液化（中国科学院工程力学研究所，1979；中国科学院工程力学研究所、河北省地震局抗震组，1978）

砂土液化是地下水位高的松散砂质沉积地基内常见的震害现象。液化时的冒水喷砂现象，常发生于地震过程中，但有些时候却发生于地震快终止或终止后几分钟至几十分钟时。冒水喷砂过程通常可持续几十分钟。日本新潟地震时几座公寓严重倾斜或平卧于地表，但仍保持上部结构无其他损坏，如图 8.1.4。地上房屋由于不均匀下沉而倾斜的现象，是地震时地基下砂土液化引起的一种典型震害现象，我国唐山地震中常见于震中东南沿海地区。但是，地下砂土液化引起的更为典型的现象则为地面冒水喷砂，喷起高度有时可达 2～3m，喷出的水砂流可以冲走家具等物品，可以淹盖农田和沟渠，地上结构常因此产生不均匀沉陷和下沉，个别情况下可以引起地下或半地下结构物的上浮。我国 1975 年海城地震时，一座半地下排灌站就有上浮现象。砂土液化还常常对河岸、边坡的滑动有重要影响，如我国唐山地震时的陡河水坝（图 8.1.5）、1964 年美国阿拉斯加地震时安科雷奇市的大滑坡（图 8.1.6），使部分地基滑入海中。从喷出物和地基土层资料分析，一般认为，饱和的松散粉细砂最容易液化，特别是当它们埋藏不深时。地下砂层的液化绝大多数仅见于地表面下十几米之内。我国近年地震，特别是 1976 年唐山地震的经验表明，轻亚粘土地震时也可以产生液化。

对于地下砂层在地震时是否发生过液化，目前国际上主要是从地面冒水喷砂现象上来判断，若有冒水喷砂即认为其下的砂层发生了液化，否则难以判断其下埋藏的砂层是否液化。对于有滑坡现象的地区，有时可以通过分析来推断滑坡是否由液化引起。只有在极个别情况下，由于埋设了孔隙水压观测仪器，可以从仪器观测结果知道是否产生了液化现象。图 8.1.7

绘出了一个实际地震时砂层中孔隙水压与强震加速度仪的观测记录。实际测点的饱和砂层极为松散，所以一次大的地震动脉冲即使此砂体达到液化，而缺乏实验室对较密实砂体的液化试验中常见的逐步达到液化的过程（参见图 8.3.2）。

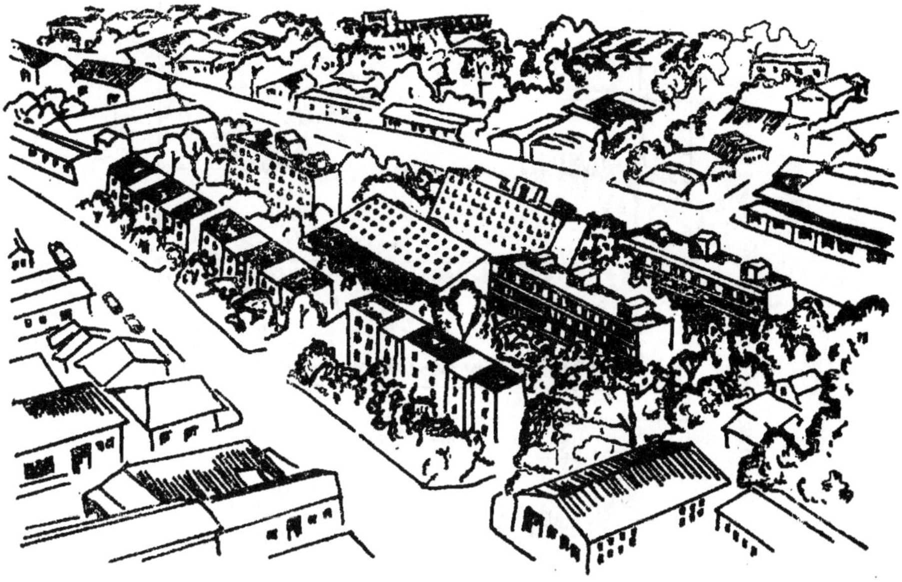

图 8.1.4　新潟地震时的房屋倾倒现象

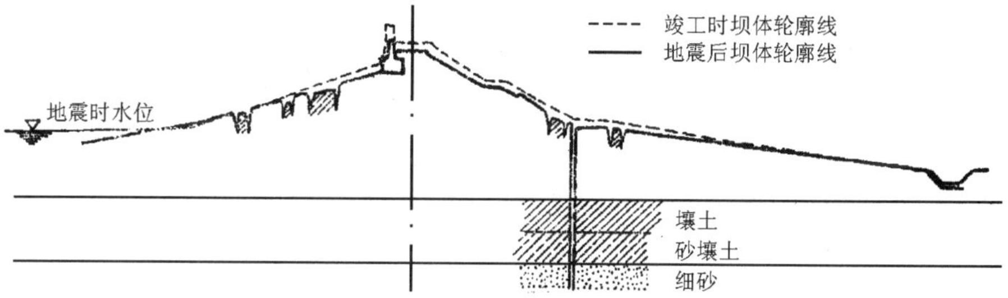

图 8.1.5　唐山地震陡河水坝震害

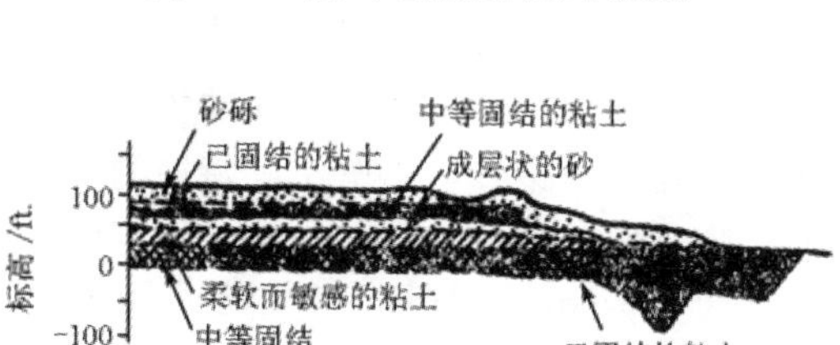

图 8.1.6　1964 年阿拉斯加滑坡地点地质图

1ft=30.48cm

虽然地基震害和由地基失效而导致的上部结构的震害相当普遍，但和直接振动引起的上部结构震害相比，地基的震害只占很微小的比例，这是因为只有在饱和松散粉细砂、轻亚粘土、极软粘土、不稳定的陡坡、不均匀的填土地区和震中区出露到地表的断裂等地基上才有可能出现地基失效现象，而这些地区在一次地震时是极为有限的。

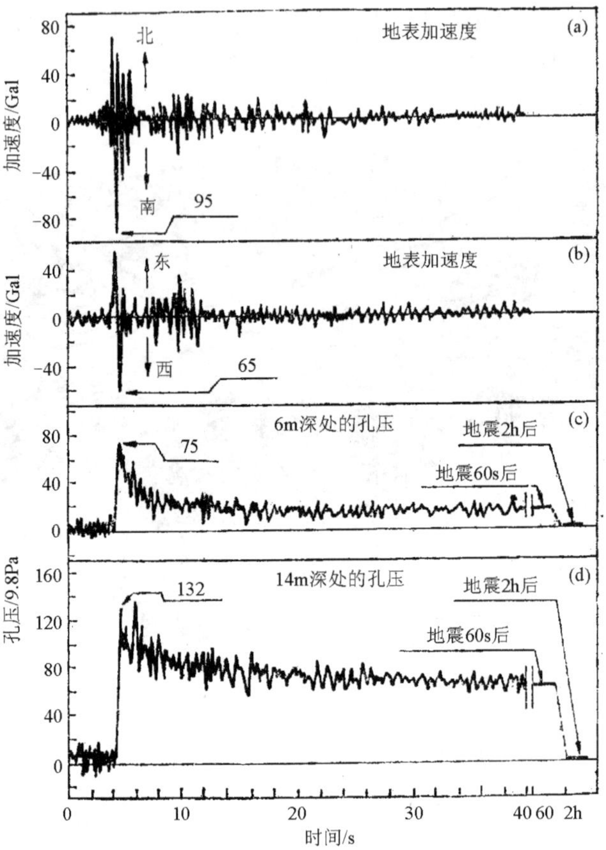

图 8.1.7　砂土液化的仪器观测结果

8.2　土动力性能

8.2.1　土的组成

土壤是一种很复杂的天然工程材料，其复杂性表现在下述三个方面。第一，材料颗粒的特性不一。大小可以相差几十万倍，大到几十厘米的石块，小到能够悬浮于水中的微粒；强度可以差别悬殊；形状可以近圆形，也可以近片状或四面体形；表面可以光滑也可以粗糙；颗粒的化学性质还可以有极大的差异。第二，这些不同特性的颗粒通常是以不同比例混合在一起的。第三，颗粒之间的空隙常由液态的水和气体填充，形成多相材料，即由固体、液体和气体共同组成。固态颗粒构成复杂的骨架结构，承担剪力及其他应力；颗粒表面极薄的吸附水膜的化学作用，会产生复杂的应力作用；颗粒空隙间的水和气体可以承担一部分正应力。这种复杂的微观结构使土的性能特殊化，具有多相性、不均匀性和较强的非线性。本书只从土的宏观现象来叙述土的动力性能。

影响土动力性能最大的因素是：土颗粒的性能（有无粘性颗粒）、坚硬密实程度和含水量等。多数土壤的抗震强度特性可以用其静力抗剪强度表示：

$$\tau = (\sigma - u)\tan\varphi + c \tag{8.2.1}$$

式中，τ为破坏面上的剪应力；σ为破坏面上的正应力；u 为孔隙水压；φ为内摩擦角；c 为凝聚力强度。

式（8.2.1）中的($\sigma-u$)称为有效应力，为土颗粒组成的骨架所承担的应力；σ称为总应力为有效应力与孔隙水压之和。式中左边第一项($\sigma-u$)$\tan\varphi$为沿破坏面的摩擦力，第二项为沿此面的凝聚力。对于粘土强度而言，c 值较大，故凝聚力是主要的；对于砂土而言，c 值很小，故摩擦力是主要的。因此，砂土和粘土的动力特性很不相同，必须分别处理。

8.2.1.1 砂土

砂土的抗剪强度虽与颗粒表面光滑度有关，但主要决定于颗粒间的空隙和含水量。砂的孔隙比（空隙体积/颗粒体积）可以在 40%～100%范围内变化。砂的剪切变形是不可逆的，变形时，体积也有变化。砂土存在一临界密度，振动时，低于临界密度的松散砂会变得密实，而高于临界密度的密砂则会变得松散。

当砂粒空隙之间为水饱和时，受力后砂粒骨架与孔隙水共同承担此力，以维持其平衡。当骨架受力时，它要发生变形；骨架的刚度在正压力上远低于水的刚度；当水受压后，若在空隙内不能保持平衡，则孔隙水将发生流动。由于水不能承担剪力，故剪力将完全由骨架承受。这种刚度不一的两相介质，在受力后就会产生变形，从而引起力平衡状态的变化。由于水的受力情况决定于水在空隙中流动的可能性，所以砂土的动力性能与透水系数（砂体断面内的平均流速与水头坡降之比）和排水条件密切相关。一般而言，粒径越大，则越容易透水。

8.2.1.2 粘性土

粘土颗粒极小，随含水量增大而从固体、半固体变为流动体或塑性体。当粘土层受到外力时，孔隙水压增高，若孔隙水能从边界排出，则粘土被压密；但由于粘土颗粒对水流动的抵抗非常大，即渗透系数很小，所以达到最后平衡所需要的时间很长，这就是所谓的固结现象。

8.2.2 砂土动力强度

若将干砂盛于箱内，使箱上下振动，设振动的加速度振幅为 a，同时再加外力使此砂体处于单剪状态，日本最上武雄得到图 8.2.1 的结果。由图 8.2.1 可见。当加速度大到 a>200Gal 后，砂体的单剪强度会迅速降低。

当砂含水，特别是饱和时，在振动时可发生液化（见第 8.3 节）。

8.2.3 粘性土动力强度

希德和张广云（Seed and Chan，1966）用其特殊装置研究了这一问题。图 8.2.2 绘出他们得到的粉砂质粘土未扰动试样的结果。其方法是先将试样预加一定荷载 p，再在其上附加以振幅为 q 的振动荷载，从而测定试样的变形。其结果是，变形随振动次数加大而加大。其次，他们定义粘土的变形达到某一较大值时即为破坏，因此，他们在动力荷载下也取以相同的变形（25%）为破坏。这样，就得到图 8.2.2 的结果。图中横坐标为定荷载 p 与静应力强度σ之比（%），纵坐标为振动荷载 q 与σ之比（%），N 为振动荷载循环次数。试验时，振动荷载的频率为 2Hz。

从图 8.2.2 还可以看到，振动荷载对粘土变形强度有两种不同的影响，循环次数少时与循环次数多时完全不同。在图中曲线上的任意一点，其纵横坐标之和$(p+q)/\sigma$%表示达到粘土破坏时所需要的最大应力或强度$(p+q)$。因此由图 8.2.2 可见，当 N=1 次时，若 p 大(如 p=80%)，则 $p+q$ 较小($p+q$=127%)；若 p 小(如 p=20%)，则 $p+q$ 较大($p+q$=157%)；相反，当 N=100 次时，若 p 大(如 p=80%)，则 $p+q$ 较大（($p+q$=96%)；若 p 小（如 p=20%），则 $p+q$ 较小($p+q$=78%)。

这表明，当振动循环次数少时，动力影响是提高粘土的强度；反之，当振动循环次数多时，则动力影响是降低粘土的强度。

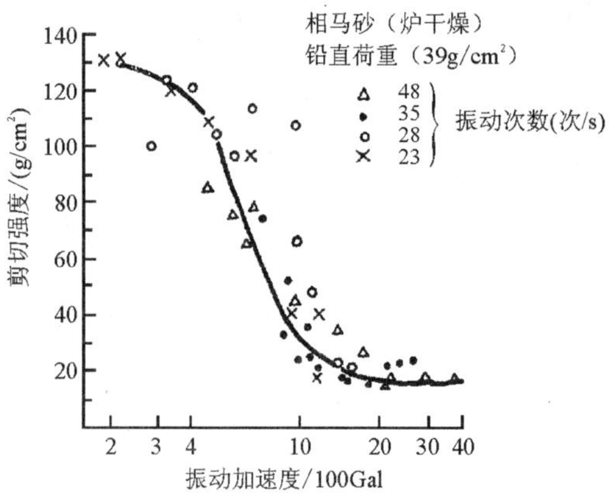

图 8.2.1　振动时砂的剪切强度

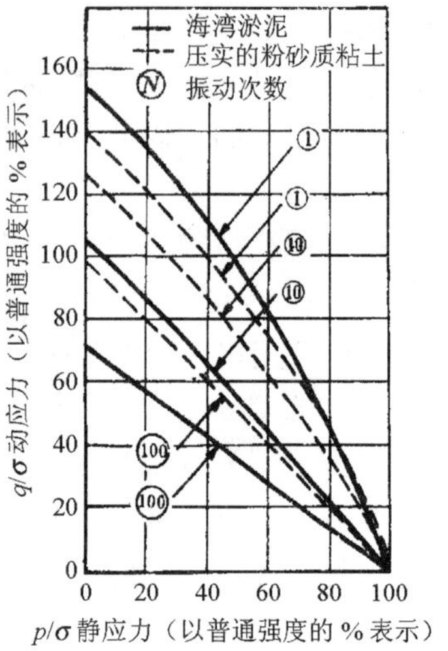

图 8.2.2　受振动荷载下的粘土强度

8.2.4　土的动力变形特性（Ishihashi，1981；Ohsaki，1982a，b，c）

通过室内试验与现场测量，人们认识到，一般土壤具有强烈的非线性，即它的重要力学特性，如模量与阻尼，不像弹性范围内那样是常数，而是随应变大小有很大的变化。为此，我们需要对地震可能引起的土壤应变范围有所了解。表 8.2.1 给出不同试验方法与振动所产生的土壤应变范围。由图可见，各种振动引起的应变大小可以差达几个量级，这就使我们认识到必须注意如何取得适当的数据。

土的动力变形性能有两种表示方法，一种是直接给出考虑非线性的应力应变关系，另一

表 8.2.1　土的最大变形范围（%）

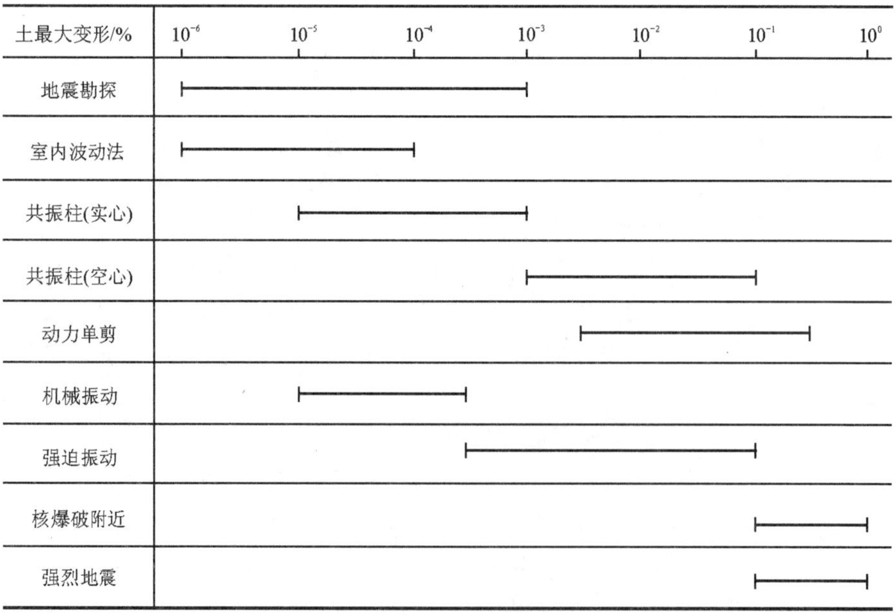

种是给出依赖于应变大小的等效模量和等效阻尼。

图 8.2.3（a）是常用的土壤非线性模型，适当选择模型参数，它可以大体上符合实测数据，公式也不太复杂。它将土壤应力应变关系分为两部分，即骨架曲线 A′OA 与滞回曲线 ABA′B′A。直线 OA 的斜率 G_{eq} 取为割线模量或等效模量，$\zeta_{eq}=1/4\pi$（滞回圈 ABA′B′A 面积/三角形 OAD 面积）为等效阻尼比，而 G_{eq} 与 ζ_{eq} 都是应变 γ 的函数。在原点附近，当应变非常小时，割线 OA 即为骨架曲线 OA 在 O 点的切线，这时模量 $G_{eq}=G_{max}$ 最大；当应变逐渐加大时，等效模量 G_{eq} 逐步减小，而等效阻尼则逐步加大。

8.2.4.1　双曲线骨架曲线

哈丁和德内维奇（Hardin and Drnevich，1972）提出了大量的实验数据并进行了分析。他们假设土壤应力应变关系的骨架曲线为

$$\tau=\frac{\gamma}{\dfrac{1}{G_{max}}+\dfrac{\gamma}{\tau_{max}}} \tag{8.2.2}$$

$\gamma_r=\tau_{max}/G_{max}$ 称为参考应变，参见图 8.2.3（b）。对于不同的围压应力 $\overline{\sigma_0}$，阻尼 $\zeta(\gamma)$ 随 $\overline{\sigma_0}$ 加大而降低。在采用 γ_r 将应变 γ 正规化之后，对于不同围压应力 $\overline{\sigma_0}$，阻尼比 $\zeta(\gamma/\gamma_r)$ 就可以用同一曲线表示。

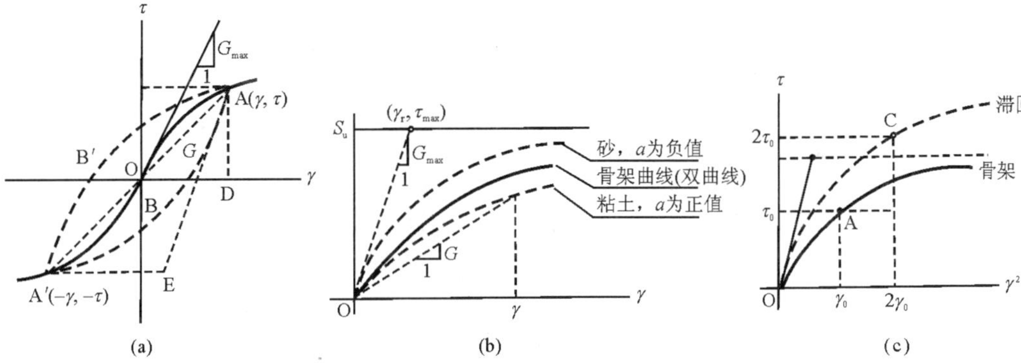

图 8.2.3　土壤的应力应变关系

(1) 参考应变 γ_r。

为了确定 γ_r，首先要确定最大剪切模量 G_{max} 和最大剪应力 τ_{max}。G_{max} 可以根据 $\gamma=0.25\times10^{-4}$ 的应变幅值的试验确定。对于未扰动粘土和砂，可取

$$G_{max}=326\frac{(2.973-e)^2}{1+e}(\mathrm{OCR})^{\alpha}\cdot\overline{\sigma_0}^{1/2} \tag{8.2.3}$$

式中，e 为孔隙比；OCR 为超固结比；剪切模量 G 和 $\overline{\sigma_0}$ 均用 $10\mathrm{N/cm^2}$ 表示。上式在 $e>2$ 时，给出的 G_{max} 值可能过小。式中参数 α 与塑性指数 PI 有关，当 PI=0，20，40，60，80，等于和大于 100 时，α 值分别为 0，0.18，0.30，0.41，0.48，0.50；最大剪应力 τ_{max} 可取为

$$\tau_{max}=\left[\left(\frac{1+K_0}{2}\cdot\overline{\sigma_v}\sin\overline{\phi}+\overline{C}\cos\overline{\phi}\right)^2-\left(\frac{1-K_0}{2}\overline{\sigma_v}\right)^2\right]^{1/2} \tag{8.2.4}$$

式中，K_0 为静止时的侧应力系数；$\overline{\sigma_v}$ 为垂直有效应力；$\overline{C}$ 和 $\overline{\phi}$ 为用有效应力表示的静力强

度参数[见式（8.2.1）]。

利用上述 G_{max} 与 τ_{max} 的表达式，并估计用 OCR 和 $\bar{\phi}$ 表示的 K_0，即可得到砂的 $\gamma_r/\overline{\sigma_v}^{1/2}$；或用 PI 表示的 ϕ，用 OCR 和 PI 表示的 K_0，用 OCR 表示的 $\overline{C}$，即可得粘性土的 $\gamma_r/\overline{\sigma_v}^{1/2}$。数值表明，孔隙比 e 对 $\gamma_r/\overline{\sigma_v}^{1/2}$ 的影响最大。哈丁和德内维奇有详细资料说明如何估计 $\gamma_r/\overline{\sigma_v}^{1/2}$ 值。

(2) 剪切模量 G 与阻尼比 ζ。

用下述两个假定来描述土壤应力应变关系的滞回曲线 ABA′B′A（图 8.2.3a），即可求得 G 与 ζ 之间存在一简单关系。第一，当从 A 点开始反循环时，滞回曲线 AB 在 A 点的斜率为 G_{max}；第二，滞回圈 ABA′B′A 的面积与三角形 AEA′A 的面积之比为一常数 C_1。根据这两个假定可得

$$\zeta=\frac{C_1}{\pi}\left(1-\frac{G}{G_{max}}\right)=\zeta_{max}\left(1-\frac{G}{G_{max}}\right) \tag{8.2.5}$$

和测试数据对比，上式有良好的近似。

根据式（8.2.2）和（8.2.5），最后可得

$$\left.\begin{aligned}G/G_{max}&=1/(1+\gamma_h)\\ \zeta/\zeta_{max}&=\gamma_h/(1+\gamma_h)\end{aligned}\right\} \tag{8.2.6}$$

式中，$\gamma_h=\gamma/\gamma_r$。

(3) 修正的双曲线关系。

由于实际的应力应变关系并非双曲线关系，而滞回圈并不完全满足上述两假定，所以式（8.2.6）的简单关系需要修正。哈丁等根据实验资料建议在式（8.2.6）中分别采用表 8.2.2 中的下述 γ_h 值即可，

$$\gamma_h=\frac{\gamma}{\gamma_r}[1+a\mathrm{e}^{-b\gamma/\gamma_r}] \tag{8.2.7}$$

式中，e=2.71828，并非孔隙比；常数 a 与 b 和土壤有关。式（8.2.7）的修正，对于骨架曲线的影响见图 8.2.3（b）。

表 8.2.2　土壤常数 a，b 和 ζ_{max}

土　类	用途	a	b	ζ_{max}/%
净干砂	G	-0.5	0.16	$33-1.5\lg N$
	ζ	$0.6N^{-1/6}-1$	$1-N^{-1/2}$	
净饱和砂	G	$-0.2\lg N$	0.16	$28-1.5\lg N$
	ζ	$0.54N^{-1/6}-0.9$	$0.65(1-N^{-1/2})$	
饱和粘性土	G	$1+0.25\lg N$	1.3	$31-(3+0.03f)\sigma_0^{-1/2}+1.5(f^{1/2}-\lg N)$
	ζ	$1+0.2f^{1/2}$	$0.2fe^{-\overline{\sigma}_0}+2.25\overline{\sigma}_0+0.3\lg N$	

注：循环次数 N<50000；f 的单位为 Hz，σ_0 的单位为 10N/cm^2。

8.2.4.2　梅辛模型（Ohsaki，1982a）

设骨架曲线为多兰伯格·奥斯古德型，即（Martin and Seed，1982）

$$\gamma = \frac{\gamma}{G_{\max}}\left(1 + a\left|\frac{\tau}{S_u}\right|^b\right) \tag{8.2.8}$$

式中，S_u为不排水剪切强度，$S_u = G_{\max}\gamma_r$；$a = 0.01\frac{G_{\max}}{S_u} - 1$；$b$=1.4（粘土）或 1.6（砂）。对于滞回曲线，利用梅辛模型，即如图 8.2.3（c），当骨架曲线为$\tau = f(\gamma)$时，滞回曲线得

$$\frac{\tau - \tau_0}{2} = f\left(\frac{\gamma - \gamma_0}{2}\right) \tag{8.2.9}$$

式中，$(\gamma_0,\ \tau_0)$为滞回曲线初始点 A（图 8.2.3a）的坐标，此即为梅辛模型（参见 Newmark and Rosenblueth，1971，第 5.1 节）。

由式（8.2.8）可得切线剪切模量 G、割线剪切模量$\overline{G}$ 和阻尼比分别为

$$\left.\begin{aligned} G &= \frac{\mathrm{d}\tau}{\mathrm{d}\gamma} = \frac{G_0}{1 + a(b+1)\left|\tau / S_u\right|^b} \\ \overline{G} &= \frac{\tau}{\gamma} = \frac{G_0}{1 + a\left|\tau / S_u\right|^b} \\ \frac{\overline{G}}{G_{\max}} &= \left[1 + a\left|\tau / S_u\right|^b\right]^{-1} \end{aligned}\right\} \tag{8.2.10}$$

$$\zeta = \frac{2}{\pi}\cdot\frac{b}{b+2}\left(1 - \frac{\overline{G}}{G_{\max}}\right) \tag{8.2.11}$$

8.2.4.3　希德等的经验关系

希德等在 1970 年左右发表了他们根据各种实测结果得到的等效剪切模量与阻尼比经验关系（Silver and Seed，1971；Kovacs et al.，1971；Seed and Idriss，1971），他们认为最重要的参数是相对密度 D_r 和围压。由于他们不但总结出这些便于实际应用的结果，而且还结合土层反应，与实际得到的地表加速度记录和震害进行对比（见第 9.2 节），结果符合良好，所以引用者甚多。其结果见图 8.2.4 和图 8.2.5。

图 8.2.4 中给出 D_r=80% 的中砂的 $G/(\sigma_0^1)^{1/3}$ 值，σ_0^1为有效覆盖压力，单位与 G 同，均为 10N/cm²。对于其他砂性土，也可采用此模量结果，但要乘以修正系数。例如，对于粉土、砂质粉土和粉土质砂土，视粉土含量乘以 0.5～0.9；卵砾石则应视卵砾石含量而乘以 1.2～2.0；对于不同密度的影

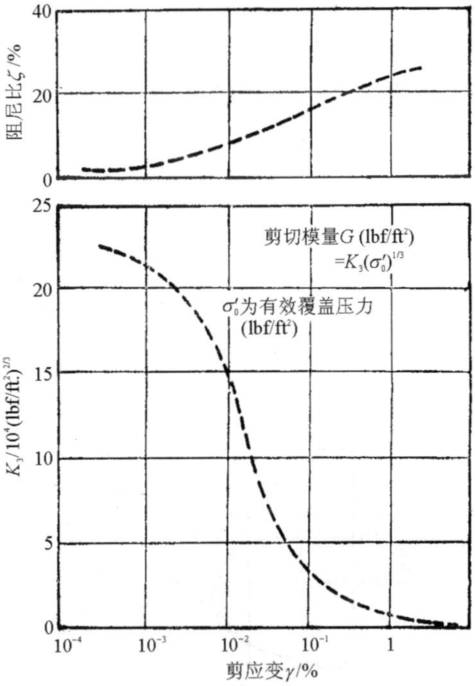

图 8.2.4　中砂的等效剪切模量 G 与阻尼比
1 lbf/ft²=40.84N/m²

响可用下述公式修正：

$$\frac{G_{D_r}}{G_{80}}=\frac{5}{9}\left(1+\frac{D_r}{100}\right) \tag{8.2.12}$$

而阻尼比则基本上不受相对密度的 D_r 影响。图 8.2.5 给出的是饱和粘土和淤泥的结果，其中 S_u 为不排水剪切强度。

图 8.2.6 和 8.2.7 给出了不同研究者得到的结果，由此可以了解现有结果的大致精度和离散。

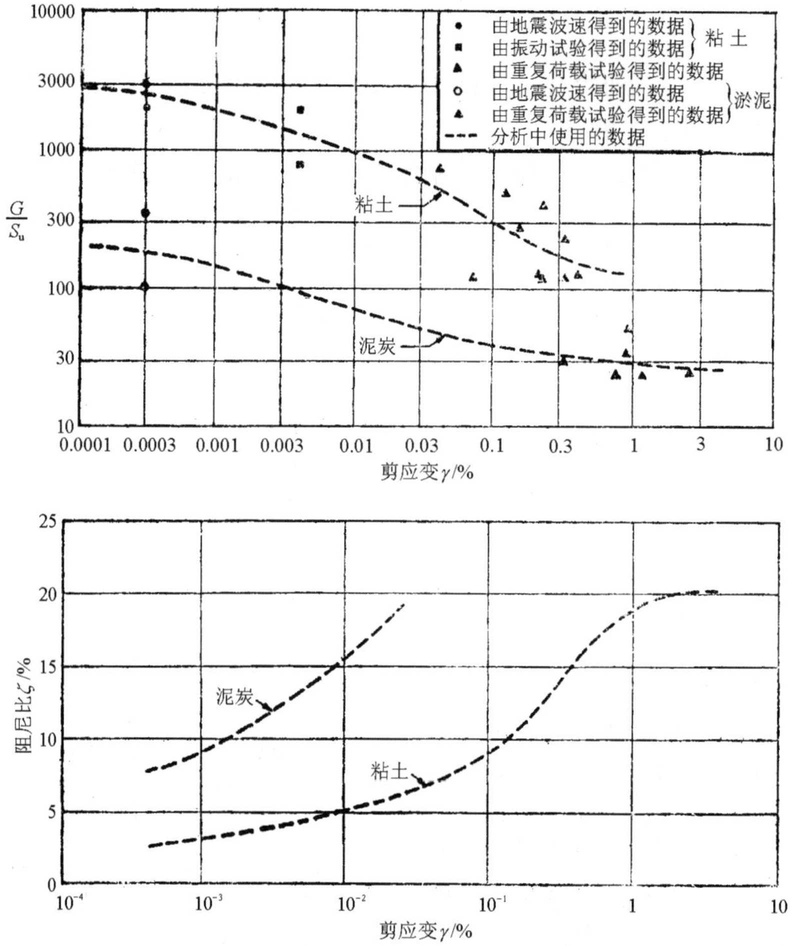

图 8.2.5　饱和粘土和淤泥的等效剪切模量与阻尼比

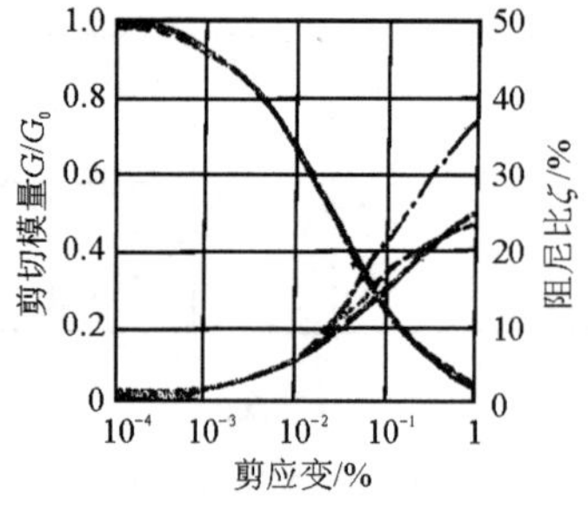

图 8.2.6　砂的动力特性

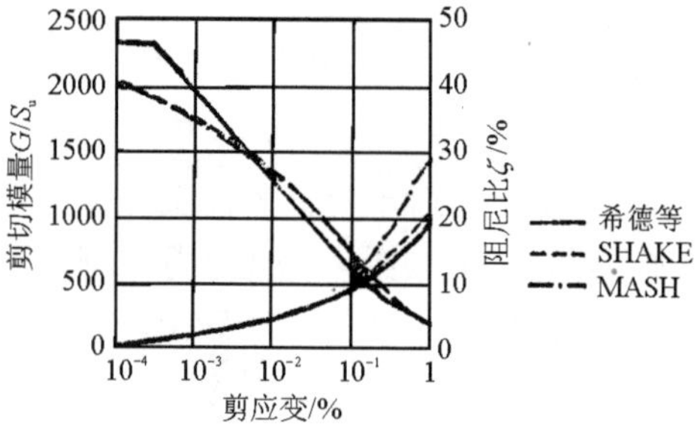

图 8.2.7　粘土动力特性

8.3 砂 土 液 化

8.3.1 砂土液化的宏观经验

在第 8.1 节中已经描述过一些典型的砂土液化现象。从大量宏观现象中可以总结出以下几点有关工程抗震的经验和规律。

(1) 在砂土液化区内，上部结构的震害大都是由地基失效引起的，由于振动直接引起的结构震害则很小，甚至没有（胡聿贤等，1980；Ambraseys et al.，1969）。这是由于砂土液化后剪切波不再能经过此砂层向上传递，限制了结构基底所受地震动的大小，从而控制了由于振动引起的震害。假若液化砂层之上有一厚而强的表土层足以支承上部结构物，则结构物的总震害将较无砂土液化时轻。典型的事例是 1975 年海城地震的经验（中国科学院工程力学研究所，1979，第二章），几个村庄大量房屋震害的对比说明了这一点，如图 8.3.1。1970 年通海地震时也发现过类似事例。但是，假若液化砂层离地表很近或地表层不足以防止地基失效现象时，则上部结构将出现由于地基失效而引起的震害。这种震害与振动引起的震害不同，如整栋房屋斜倒或八字形裂缝，或屋顶不均匀沉陷呈波浪形，或均匀下沉或上浮。

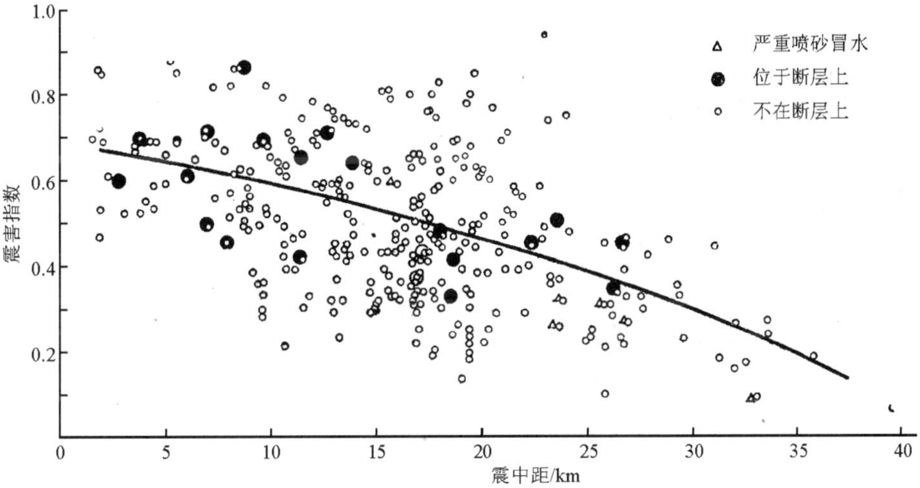

图 8.3.1 海城地震砂土液化对房屋震害的影响

(2) 砂土液化大多发生于近地表的饱和松散粉细砂层，最常见的是地表 10m 以内，也有见于 10～17m 深的，但很少见于 20m 以下者。这可能与四个因素有关，第一，埋藏深的砂层受到较大的围压，要在较大的孔隙水压下才能液化；第二，埋藏深的砂层的相对密度可能较大；第三，在地下较深处，地震动可能较小，非饱和砂土的孔隙水压不高；颗粒粗的砂土孔隙水容易流动，孔隙水压也不容易很快提高；密度大的砂相对密度大，故强度亦高，可以承担较大的应力而不过多地转嫁于孔隙水；第四，由于埋藏较深，砂层即使液化也难冒出地表，不易被发现。由于这四种原因，故不易在地表发现砂土液化现象。

(3) 砂土液化的形成或砂土液化现象出露到地表需要一定时间，可以在地震动停止了之后，而且要持续一段时间。这一现象表明，液化现象出露到地表至少要包括三个过程，即砂层局部液化、全部砂层液化和液化物喷出地表，而这三个过程的完成需要一定时间。完成这三个过程所需要的时间与地震动速度的大小和持时、砂层的力学和几何性能、覆盖层的力学和几何性能三者都有关系。安布雷赛斯和萨尔马（Ambraseys and Sarma，1969）假设下层砂土液化后研究它对尚未液化的上层饱和砂层的影响，估计上层承载力降低到某一数值所需要的时间，对于几十米的上层覆盖砂土可能要几十秒到几分钟之久。

(4) 强地震可能使松散砂层变密，使密实砂层变松。现场调查十分清楚地说明了这一点（Ohsaki，1966）。由于自然界的实际情况是：砂层常常是不均匀的水平层，相邻层的密度常常是不同的，这样，在强地震作用下，松散的砂层可能液化，液化后的砂层的孔隙水会向相邻较密的砂层渗透，从而使相邻砂层的密砂变松散，而原来松散的砂层在液化后则会变密。下一次强地震时，这一过程又可能反过来。由此可见，液化了的砂层还可能再液化，而不是原来松散的砂层每经过一次强地震时就变得更密实些，直到密得不能再液化为止。

8.3.2　液化的定义——液化与循环流动化

1964 年美国阿拉斯加和日本新潟地震时，由于砂土液化造成了大量震害，从而促进了砂土液化的研究，其中包括室内试验与液化机理的研究。希德等人（Seed and Lee，1966）首先用循环三轴试验做了定量的研究，引起了许多人在这方面进行工作，并迅速取得进展。

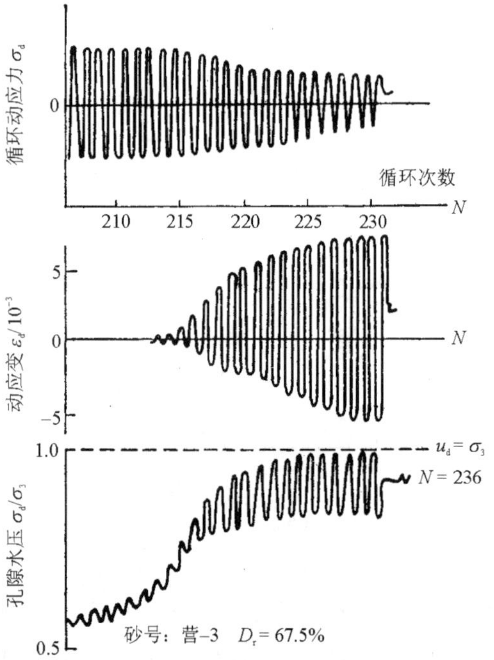

图 8.3.2　砂土液化试验记录

图 8.3.2 给出一组典型的饱和松砂不排水液化试验结果。其中包括剪应力 $\tau(t)$、剪应变 $\gamma(t)$ 和孔隙水压 $u(t)$ 的时间过程。由此可以看到一个重要现象，即在振幅不变的循环剪力 τ 的重复作用下，孔隙水压随循环次数增加而上升，到一定程度后，剪应变的残余变形会突然加大，最后当孔隙水压接近或达到围压时，应变即突然加大而导致破坏。这就是通常所谓的液化现象。这一现象容易从饱和砂土受力机制的变化来理解。饱和砂土由砂颗粒与孔隙水组成，在原始平衡状态下，砂颗粒在静力长期作用下处于一种骨架状态，在松砂中，这种骨架状态是很不稳定、很脆弱的，但它承受着外部荷载。当循环振动剪应力作用于砂体之后，砂颗粒骨架在应力作用下容易发生变形，但孔隙水在不排水状态下阻止过大变形的产生，从而使原来由骨架承担的应力的一部分转嫁给孔隙水，因此，孔隙水压上升而有效应力下降。简单的液化定义就以这种现象为根据，如美国土木工程师学会岩土工程分会，土动力学委员会正式定义液化为“将任何物质转变为液化态的作用或过程。在无粘性土中，这种转变是因孔隙水压增加和有效应力减少所导致的从固态到液态的变化”。这是一个概括的简单的定义，更详细的液化现象则可区分为下述三种：松散砂土液化、轻亚粘土液化和密砂液化。现分述如下。

8.3.2.1　*松散砂土的液化*

此定义适用于不排水的饱和松砂，当土中不存在凝聚力时，式（8.2.1）中的 c=0，从而

得到砂土的抗剪强度为

$$\tau=(\sigma-u)\tan\varphi=\sigma_e\tan\varphi$$

式中，$\sigma_e=\sigma-u$ 为有效应力。当土体比较松散时，受到振动后，土的骨架必然相互靠紧，产生变形，当砂土饱和，而孔隙水又不能排出时，部分围压力即转嫁于孔隙水，从而产生孔隙水压力，这时土体承受的有效应力σ_e降低，所以砂土的抗剪强度$\tau=\sigma_e\tan\varphi$随之下降。当围压σ全部转嫁于孔隙水之后，$u=\sigma$，$\tau=0$，即孔隙水压力等于围压，土体抗剪强度为零。这时砂土不能承受任何剪应力，在无封闭时砂与水的混合物会流动，与液体性能相同，所以称为液化。

当 $0<u<\sigma$时，砂土抗剪强度虽然降低甚多，但尚未完全丧失，仍然保存一部分抗剪强度

$$\tau=(\sigma-u)\tan\varphi>0$$

这时可称为部分液化。部分液化是一个宏观定义，它并未定义 u 应为σ的百分之几十，即使人为地规定一个数值，也由于此数值在孔隙压增长上并无特殊的飞跃现象，故无特殊重要意义，只不过表示孔隙压已有不小的增长，但尚未达到围压。

上述现象一定要在不排水情况下才能产生。当可排水时，在振动过程中土骨架加密，部分原来由骨架承受的外力向孔隙水转嫁，立即产生水的渗透流动，压力加不到水上去，所以只能产生土骨架压密，孔隙水流动，土体积减小，而不产生液化现象。

8.3.2.2 轻亚粘土的液化

当受振动的粘性砂土具有一定凝聚力 c 时，在不排水条件下，土体原来承受的总压力σ逐步为孔隙水压力 u 所代替，但由于粘性颗粒的存在，透水性不及纯砂土，会使土体内部某些局部地方形成的较高的孔隙水压不能立即传到附近孔隙水压较低的地方，所以即使某一点的有效应力完全丧失，孔隙水压升高到等于围压，但作为土体整个截面还有一些局部仍处于部分液化状态，土体的抗剪强度并未完全丧失，变形不致无限增长；另一方面，由于粘性颗粒的存在，土体具有一定的凝聚力 c，此凝聚力在振动过程中可能会有所降低，但不会完全丧失，因此粘性土的抗剪强度为

$$\tau=(\sigma-u)\tan\varphi+c$$

式中右边第一项代表那些有效应力尚未完全消失的部分，第二项 c 代表振动后仍然保留的那部分凝聚力。因此，最后的现象是，粘性土在振动作用下，$\sigma_e=\sigma-u$ 可能在某一时段内并未完全在土体内消失，凝聚力 c 不为零，所以抗剪力并不完全消失，变形不会无限加大。因此，上述砂土液化的定义不能全部搬用，而采用按变形定义的液化。根据实际应用的要求，若土体变形达到某一较大值，如γ_0，即达到危险状态，则称之为相应于变形γ_0 的液化。我国常用的是相应于 5%或 10%变形的液化，国际常用的有 5%、10%、20%变形的液化。

8.3.2.3 密砂的液化——循环流动化

对中密或密实的饱和砂土进行同样的试验，在初始阶段，情况与松砂相似，孔隙水压逐步增高而达到很大，变形也逐步显著加大；但是当振动继续时，孔隙水压成波动状态变化，上升峰点可以达到极大值，即达到围压，但由于密砂在振动时有变松的趋势，即产生膨胀现象，又使孔隙水压下降，从而阻止变形进一步加大；砂土愈密则此现象愈明显，土体的变形也就愈小，如图 8.3.3 所示。

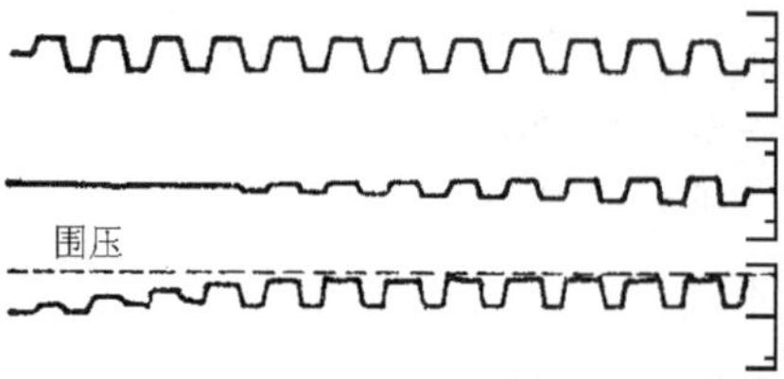

图 8.3.3 密砂的循环流动化

这一现象表明，对于密度较大的饱和砂土，在一循环之中的某些时刻孔隙水压可以暂时达到围压，即有效应力可以暂时为零，变形虽然增加但还是有限的。假若仅从孔隙水压达到很高的数值这一点来定义液化，则虽然也是一种液化现象，但却与松砂的液化有明显的差别。

希德等人将孔隙水压第一次达到围压称为初始液化。现在对于上述第三种孔隙水压在一周内达到围压又因土体膨胀而使孔隙水压立即下降，从而使变形随循环次数增加而增加但保持为有限的这种现象称为循环流动化（Cyclic Mobility），后一名词是卡萨格兰德 1969 年提出来的（Castro and Poulos，1977；Seed，1979）。

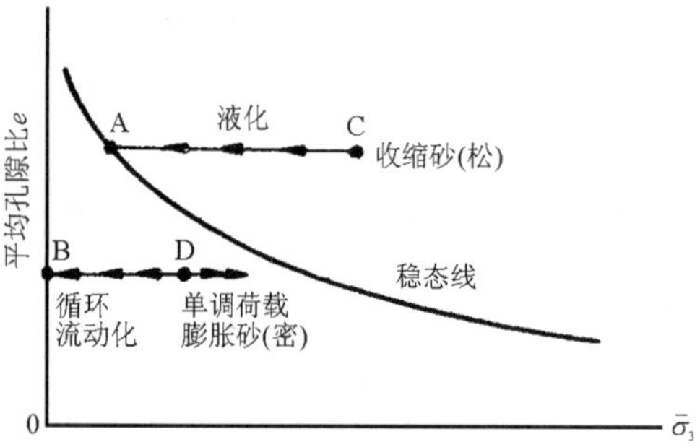

图 8.3.4 砂土的液化与循环流动化

液化与循环流动化的差别可以用图 8.3.4 来说明。图中横坐标 $\bar{\sigma}_3$ 为最小主应力，纵坐标为土体平均孔隙比 e。稳态线表示土壤可以在孔隙比不变、最小主应力不变、剪应力不变的状态下流动（由稳态线上一点表示）。稳态的孔隙比即为临界孔隙比。

液化可以用图中从点C到点A的过程来表示。一饱和松散砂土的原始状态为点 C，在受到干扰后，在不排水的条件下，随着孔隙水压的增长，有效应力减小，而最后达到 A 点。在外部荷载的继续作用下将保持孔隙比 e_A 和最小应力 $\bar{\sigma}_A$ 而流动，即变形无限增长。

当一密砂原处于 D 点的状态，若受到单调力（静力）作用，在不排水的状态下，它将向右变化直到达到稳态为止；但是假若砂受到循环荷载作用，在不排水条件下，因为孔隙水压逐步增加，故最小主应力逐步减小，砂的状态逐步向左移动，与液化时相同；若循环荷载足够大，循环次数足够多，则砂可在每次有效应力为零时都达到 B 点。在荷载循环作用下，砂体的应变增加，若应变足够大，则称为出现了循环流动化。由此可见，初始状态对砂土的液化或循环流动化有重要影响。

由于目前对于粘性砂土和密实砂土的液化或循环流动化还应用得不广，规律性还不很清楚，本节将只介绍松砂土的液化，其他问题可参考有关文献。

8.3.3 砂土液化的估计

研究砂土液化的工程目的在于估计某些场地砂土液化的可能性，以便采取可能的措施。现有的估计方法有三：①简便法。根据现有认识，对具体情况估计一些重要的参数，根据这些简单参数来估计液化的可能性。②反应计算法。对土层的地震反应进行详细的动力过程分析，然后加以简化，再进行液化可能性的估计。③经验法。根据历史地震中液化与不液化的事例，用简单参数总结出规律，据此估计液化可能性。

8.3.3.1　简便法（Seed and Idriss，1971）

此法首先将作用于土体的地震动简化为 N 周具有等剪应力振幅 τ_{av} 的简谐波，并取平均剪应力为

$$\tau_{av} = 0.65\gamma \cdot h \cdot r_d \cdot a_{max} \tag{8.3.1}$$

式中，γ 为土体总单位重量；h 为土体至地表的深度，γh 即为总覆盖压力；a_{max} 为地震动水平最大加速度，以 g 为单位；r_d 为考虑土体为非刚体时产生的深度折减系数，在地表 10m 内，r_d 可以在 1.0（地表）到 0.9（地下 10m）之间变化；系数 0.65 是认为平均应力振幅为最大应力的 0.65 倍。循环次数 N 与地震动持续时间有关，主要决定于震级 M，希德等曾建议对震级 M=7，7.5 和 8 分别取 N=10，20 和 30（Valera and Donovan，1977）。

其次，估计土壤在现场的抗剪强度 τ_R。他们室内试验的结果为

$$\tau_R / \sigma'_v = \left(\frac{\sigma_{dc}}{2\sigma_a}\right)_{D=50} \times C_r \cdot \frac{D_r}{50} \tag{8.3.2}$$

式中，σ'_v 为土体有效应力；σ_{dc} 为循环偏应力；σ_a 为原固结压应力；D_r 为以百分数表示的相对密度；C_r 为将室内结果用于现场的修正系数，D_r 为 0，20，40，60，80 和 90 时，C_r 分别为 0.55，0.55，0.55，0.60，0.69 和 0.74；$\sigma_{dc}/(2\sigma_a)$ 为 N 次循环应力下室内试件产生液化时的应力比，它是平均粒径 d_{50} 的函数。图 8.3.5 给出了 $\sigma_{dc}/(2\sigma_a)$ 与 d_{50} 和 N 的关系。

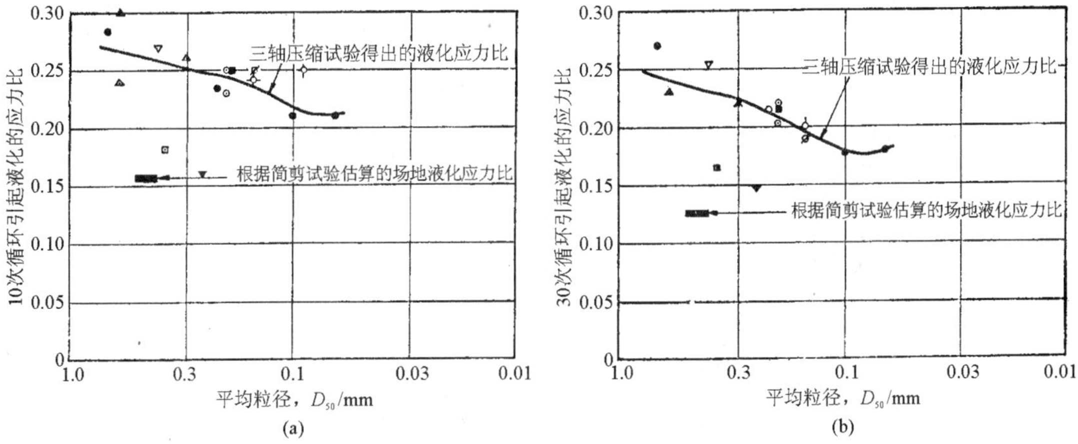

图 8.3.5　应力比 $\sigma_{dc}/(2\sigma_a)$

对比按式（8.3.1）和（8.3.2）求得的地震动剪应力 τ_{av} 与土体剪应力强度 τ_R，若 $\tau_{av} > \tau_R$ 即有液化危险。图 8.3.6 给出了按这一方法求得的结果。

希德后来得到的结果是直接用震级 M 来代替循环资料 N，见图 8.3.9。

由上述结果可知，液化的可能性决定于两类因素：一类是地震动，包括地震动加速度大小 a_{max} 和循环次数 N；另一类是砂土特性，包括砂的颗粒粗细（d_{50}）、相对密度 D_r、有效应力或埋深。

8.3.3.2　经验法

利用上述方法于现场液化的估计是可行的，但是要确定相对密度等参数有时不便，由于

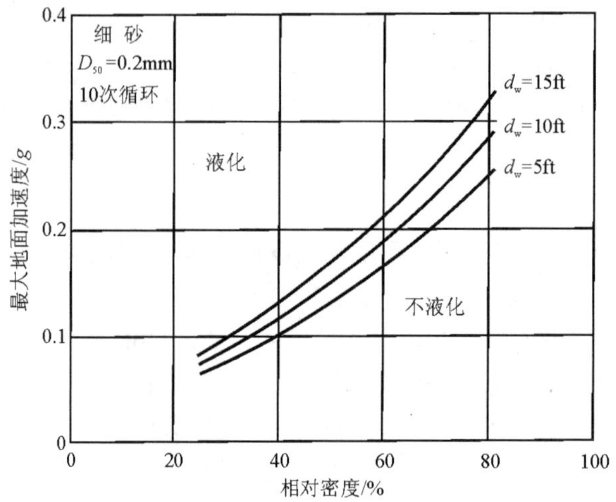

图 8.3.6　液化估计

（1ft=30.48cm）

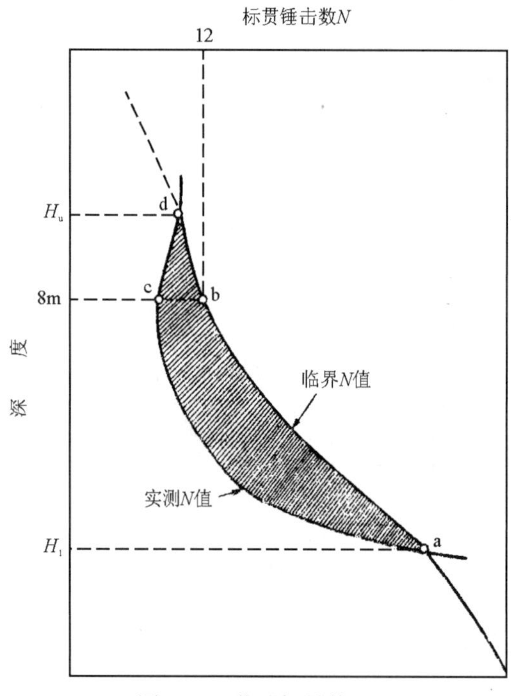

图 8.3.7　临界标贯数 N_{cr}

相对密度通常是通过标贯锤击数确定的，所以可以直接采用标贯锤击数 N 来估计液化的可能性。

大崎顺彦（1966）首先将此法应用于日本新潟地震砂土液化结果的分析。他根据市内在地震前后均有的标贯数据，得到了不同深度 H 处地震前后标贯数无变化的曲线。临界标贯锤击数 N_{cr} 与 H 的关系，如图 8.3.7 所示。假若实际在某一点测得的标贯数小于图中所示的数值，则将液化。大崎然后根据新潟的具体情况，选定图 8.3.7 中临界液化线上的一点 H=8m，N_{cr}=12 锤，并与新潟市的各地点这一深度的实测标贯数 N 对比，结果发现，用这种方法判断可能液化的地点集中于信浓川两岸 ，而这一带正好就是房屋破坏最严重的地区。由此可见，标贯数是判别液化的有效指标。

我国利用 20 世纪 60 年代以来的大量数据，总结出利用标贯数来判断液化与否的规律，并在 1974 年及以后的抗震规范中采用。1974 年与 1978 年的工业与民用建筑抗震规范规定，凡是标贯数小于下式给出的数值时，则可能液化：

$$N_{cr} = \overline{N} \cdot [1 + 0.125(d_s - 3) + 0.05(d_w - 2)] \tag{8.3.3}$$

式中，d_s 为砂土埋深；d_w 为地下水位深，均以 m 计；$\overline{N}$ 为 d_s=3，d_w=2 时的临界标贯锤击数；

当地震烈度为Ⅶ、Ⅷ、Ⅸ时，$\overline{N}$ 分别为6，10，16。

我国的这一工作尚可进一步改进，以考虑持续时间或循环次数对液化的影响，改进的技术途径是明确的。最简便的方法是分别不同的震级来统计烈度资料，即考虑 $\overline{N}$ 是烈度与震级两个因素的函数。现有认识都表明，持续时间是震级的函数，并不是烈度的函数（见第六章）；而且可以较好地估计持续时间与震级的关系。我国的地震资料很多，足以进行这种统计。

由于20世纪70年代中在地震活动性和估计地震的震级和位置上，在边坡抗震设计和减少震害上，都有了许多进展，与之相应，希德等人1977年也得到过相似的结果，并在以后的工作中加以改进，从而形成了当前比较完整的简便方法来估计砂土液化的可能性。其方法包括以下几个主要步骤（Seed，1981）：

(1) 确定所考虑水平砂层的标准贯入锤击数 N（每 30.5cm 的锤击数）；并将之换算为围压为 $9.75N/cm^2$ 时的锤击数 N_1，

$$N_1 = C_N \cdot N \tag{8.3.4}$$

系数 C_N 见图 8.3.8。

(2) 根据 N_1 和震级 M，从图 8.3.9 求出静应力比 $\alpha=\tau_{fc}/\sigma_{fc}=0$ 时的孔隙水压比为 100%所需要的循环应力比 τ/σ'_v；图中震级 M 代表希德等以前研究的等振幅循环应力次数的影响，因为循环次数决定于强地震动的持续时间，而持续时间又主要决定于震级；系数 $\alpha=\tau_{fc}/\sigma_{fc}$ 为地震动作用于砂层之前的初始水平剪应力 τ_{fc} 与初始有效竖向正应力 σ_{fc} 之比；在水平地表面下，$\alpha=0$，在倾斜地表面下 $\alpha \neq 0$。

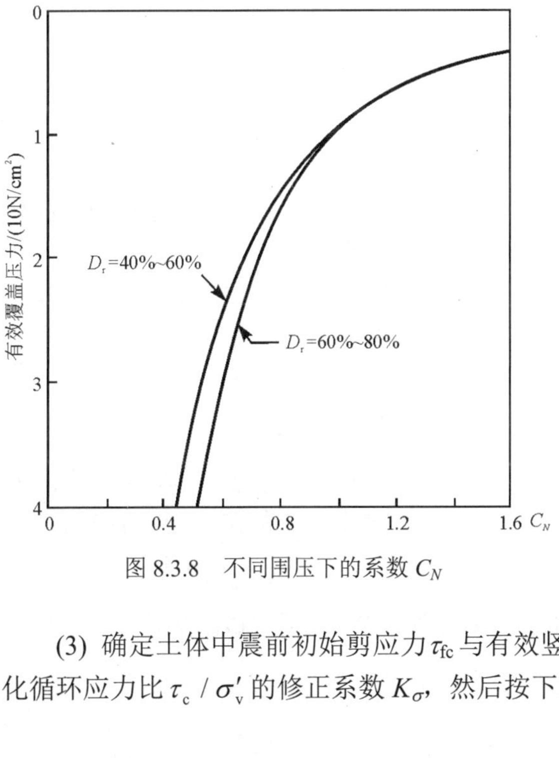

图 8.3.8　不同围压下的系数 C_N

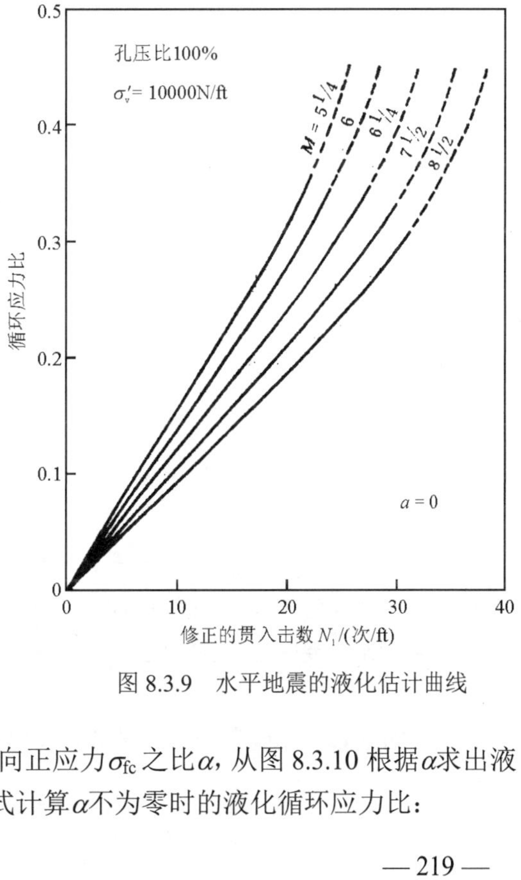

图 8.3.9　水平地震的液化估计曲线

(3) 确定土体中震前初始剪应力 τ_{fc} 与有效竖向正应力 σ_{fc} 之比 α，从图 8.3.10 根据 α 求出液化循环应力比 τ_c/σ'_v 的修正系数 K_σ，然后按下式计算 α 不为零时的液化循环应力比：

$$(\tau_c / \sigma'_v)_{l,\alpha} = (\tau_c / \sigma'_v)_{l,\alpha=0} \cdot K_\sigma \tag{8.3.5}$$

若有效竖向应力σ'_0大于13.7N/cm^2，则须再乘以图8.3.11中给出的初始有效应力修正系数K_σ，即

$$(\tau_c / \delta'_v)_l = (\tau_c / \delta'_v)_{l,\alpha} \cdot K_\sigma \tag{8.3.6}$$

系数K_σ可用以考虑非水平地表的影响。

(4) 最后可得使孔隙水压增加到100%时所需要的循环剪应力为

$$\tau_c = (\tau_c / \sigma'_v)_l \cdot \sigma'_v \tag{8.3.7}$$

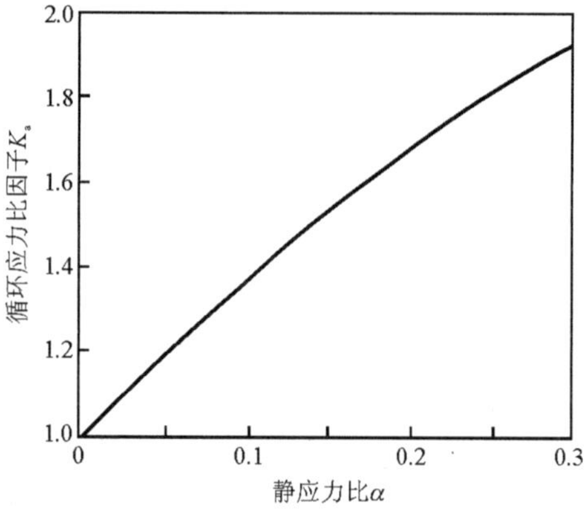

图8.3.10　初始剪应力对液化的影响

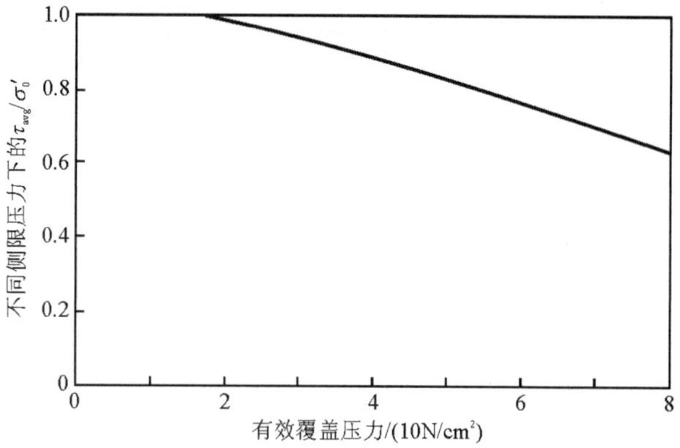

图8.3.11　初始有效应力修正系数K_σ

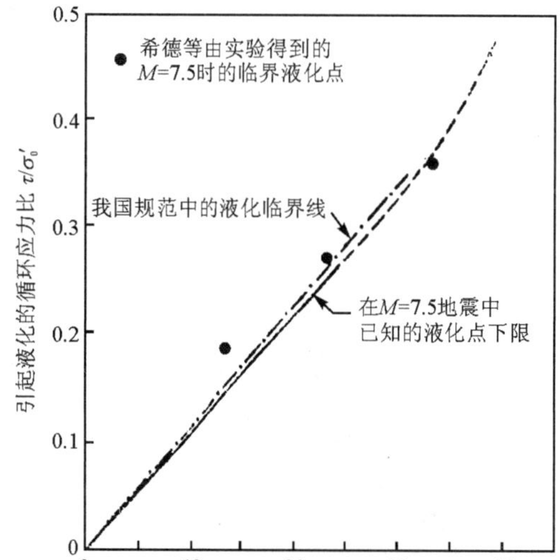

图8.3.12　我国规范与希德方案的对比

上述方法主要根据震害现场经验，与我国规范法类似，结果也极为接近（如图8.3.12），但考虑因素更多。与式（8.3.1）、（8.3.2）表示的计算方法相比，其优点有：①避免依靠有限次试验数据作出分析；②避免由于土壤试件的取样、运输和处理而产生的干扰；其主要缺点是众所周知的估计标准贯入锤击数的困难。

新西兰的研究者（Davis and Berrill，1982）从能量观点出发，认为一次地震的地震波能量可以表示为

$$E_0 = 10^{1.5M+1.8}$$

在离震源体略远时，能量是以能中距R的R^{-2}做几何扩散的，故在R处的能量是

$$E(R) = C_1 E_0 R^{-2}$$

式中，C_1为常数。此能量中的一部分将使饱和砂土中的孔隙水压上升，故增加的孔隙水压可写为

$$\Delta u = \frac{C(N)}{R^2\sqrt{\overline{\sigma}_0}} \cdot 10^{1.5M} \tag{a}$$

或

$$C(N) = R^2\sqrt{\overline{\sigma}_0} \cdot 10^{-1.5M} \cdot \Delta u \tag{b}$$

要使砂土液化，则孔隙水压Δu应达到初始有效覆盖应力$\overline{\sigma}_0$，即

$$C(N) = R^2 \cdot \overline{\sigma}^{3/2} \cdot 10^{-1.5M} \tag{c}$$

$C(N)$为从宏观现场根据砂土液化与否而确定的函数，它与标贯数N有关。

在根据57个宏观数据绘成的$\overline{N}$与$R^2\overline{\sigma}_0^{3/2} \cdot 10^{-1.5M}$图上（$\overline{N} = 0.77N\lg\frac{20.4}{\overline{\sigma}_0}$，$\overline{\sigma}$以10N/cm^{2}为单位），求得$C(\overline{N}) = 450\overline{N}^{-2}$，将之代入式(a)得

$$\Delta u = \frac{0.464}{R^2\overline{N}^2\sqrt{\overline{\sigma}_0}} \cdot 10^{1.5M} \tag{d}$$

式中，距离R以m计，Δu与$\overline{\sigma}_0$均以10N/cm^{2}计。式(d)是根据宏观资料得到的，从震级M和距离R来判断孔隙水压的增长。若Δu可以达到$\overline{\sigma}_0$则认为可液化。

8.3.3.3　*其他液化估计方法*

除了上面提过的经验法、反应计算法与简便法之外，还有一些其他方法，如判别法（Tanimoto and Noda，1976；郁寿松，石兆吉，1980）、概率法（Haldar and Tang，1979）、能量法（Mostaghel and Habibagahi，1979）等，都还在发展研究中，尚未见广泛实用。

8.3.4　液化危害性分析（岩崎敏男等，1980；乔太平，刘惠珊，1984）

砂土液化和震害的关系并不简单，前面列举了大量事例说明砂土液化会加重结构物的震害；但也指出过，其上足够厚而坚实的覆盖层可以起到减轻上部结构震害的作用。由此可见，液化与震害是两件事。现有经验说明，当液化砂层接近地表时，砂层液化可以引起基础不均匀沉陷，而导致上部结构物的破坏；但是，当液化砂层埋藏较深时，它不一定会引起上部结构物的破坏，这是其一。第二，现在对液化可能性的估计有一个过渡阶段，在比较明确的情况下可以肯定不会液化或肯定会液化，但在这两者之间存在着一个过渡阶段，即可能会液化，但并不一定。为了考虑这两种情况，可以定义液化危害性指数P_L：

$$P_L = \int_0^H F \cdot w(z)\mathrm{d}z$$

式中，H为所考虑的地基总深度；$w(z)$为权函数，在地表处$w(z=0)=k$,在最深处$z=H$，$w(z=H)=0$，中间为直线变化；F的取值如下：设$F_L=R/L$为抗液化指标，R为地基某深度处土壤的抗液化强度，L为同一深度的地震动液化强度；当$F_L<1$时，$F=1-F_L$；当$F_L\geqslant 1$时，$F=0$。岩崎等人用H=20m，k=10，R与L均用应力比；乔太平等用H=15m，k=10，R与L均用标贯锤击数。他们各自对日本和中国（海城，唐山）的数据进行了这种统计分析。结果发现P_L与震害的关系如表8.3.1。

加权函数中的常数$w(0)=k$最好取为$2/H$，使所乘的权函数$\int_0^H w(z)\mathrm{d}z = 1$；或者将上式写为

$$P_{\mathrm{L}}=\int_0^H Fw(z)\mathrm{d}z\Big/\int_0^H w(z)\mathrm{d}z$$

若如此，则表中岩崎等人的 P_{L} 分界点（危害性小与高、高与很高）为 0.05 和 0.15；乔、刘两人的分界点为 0.04 和 0.08。这表示在加权平均之后，F=0.05～0.10 左右，即 R 平均小于 L 约 5%～10%。注意，此平均值为分布于全深度 H 之上的。

表 8.3.1　液化危害性指数 P_{L}

研究者 \ 危险程度	很　小	小	高	很　高
岩崎等	0	1~5	5~15	＞15
乔、刘	0	1~3	3~6	＞6

上述液化危害性 P_{L} 考虑了液化强度 R 比地震液化作用 L 大多少和液化砂层的埋深影响，前者用 1－R/L 的数值来表示，后者用主观的倒三角形权函数来表示；但是 $R>L$ 时，R 和 L 的大小都不考虑，即按 $R/L>1$ 判断为不液化的土层对于其下可能液化砂层的抑制作用，并不认为与 R 和 L 的大小有关；而按 $R/L<1$ 判断为可能液化的砂层的危害性，则认为与 L 和 R 的大小有关。另外，P_{L} 并未考虑液化砂层可以不传播或少传播剪切波的作用，而只考虑了液化砂层可能产生的地基失效的不利影响，这些，都是有待研究的问题。

8.4　地基地震反应

地基的地震反应分析有两方面的意义。第一，它有助于地震动的分析，如从基岩地震动推算地表土层的地震动或地震动特性；或反过来从地表土层的地震动推算基岩地震动，两者都有重要的实用意义。第二，研究地基的抗震性能，如上节所述的砂土液化分析。

地基反应分析的对象是土壤，和结构反应相比，它具有两个特点：第一，土壤具有强烈的非线性；第二，和结构尺寸相比，可以认为地基土壤向地下是没有边界的，因而在地震反应分析中必须考虑到这种半无限空间的特性，从而产生了半无限空间、透能边界或几何扩散阻尼这样的问题。

地基地震反应分析可以分为两类。一类只适用于水平土层，专门为此而提出的方法是有实用意义的。属于这类方法的有 1964 年彭津提出的集中体系法（见第 8.6.2 节），是为了研究桩基反应提出的；希德等提出的专用于水平土层的等效线性化波动解法近十余年来获得了广泛的应用；里查特等（Richart，1975）将水力学中常用的特征线法应用于地基地震反应分析；希德和莱斯默（Lysmer，1978）又将有限元法应用过来。后两方法既可用于水平土层，又可用于二维甚至三维问题。下面分别对此加以介绍。

8.4.1　水平土层地震反应分析——等效线性化法（Martin and Seed，1982；Schnabel et al.，1972）

8.4.1.1　基本原理

现考虑如图 8.4.1 所示的半无限空间上的 n 层弹粘性材料的水平层，剪切地震波沿竖向传播时，在每一层内都要满足下述剪切波动方程：

$$\rho_j \frac{\partial^2 u_j}{\partial t^2} = G_j \frac{\partial^2 u_j}{\partial z_j^2} + \eta_j \frac{\partial^3 u_j}{\partial z_j^2 \partial t} \quad \text{(a)}$$

式中，u_j为第j层某点在水平向的位移。上式的稳态解为

$$u_j(z_j,t) = U_j(z_j)\mathrm{e}^{\mathrm{i}\omega t} \quad \text{(b)}$$

$$U_j(z_j) = E_j \mathrm{e}^{\mathrm{i}k_j z_j} + F_j \mathrm{e}^{-\mathrm{i}k_j z_j} \quad \text{(c)}$$

式（c）右边第一项为向上传播的波，即为由层下面向上的入射波；第二项为向下传播的波，即为从层上面向下的反射波；$k_j=\omega/V_j$，式中U_j，E_j，F_j都是频率ω的函数；波速V_j为

$$V_j^2 = (G_j + \mathrm{i}\omega\eta_j)/\rho_j = \frac{G_j}{\rho_j}(1+\mathrm{i}2\zeta_j) = G_j^*/\rho_j \quad \text{(d)}$$

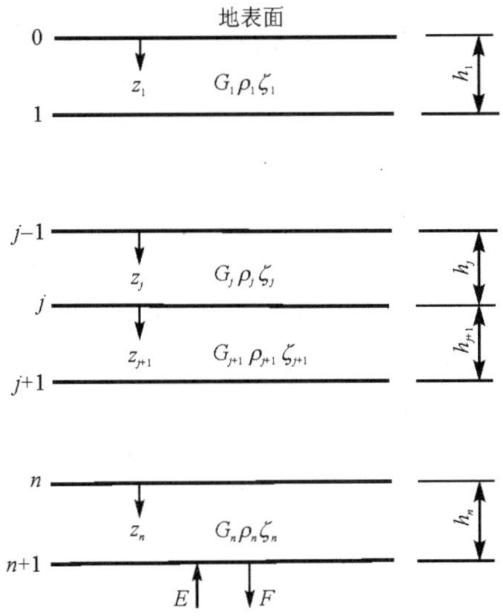

图 8.4.1 多层水平土层的一维问题

式中，ζ_j为第j层的临界阻尼比；G_j^*为第j层的复剪切模量（参见第 7.8 节）。

注意到各层内的剪应力为$\tau = G\dfrac{\partial u}{\partial z} + \eta\dfrac{\partial^2 u}{\partial z\partial t} = G^*\dfrac{\mathrm{d}u}{\mathrm{d}z}$，则相邻层剪力与位移的连续条件为

$$\tau_j\Big|_{z=h_j} = \tau_{j+1}\Big|_{z=0},\quad u_j\Big|_{z=h_j} = u_{j+1}\Big|_{z=0}$$

由此即得

$$\left.\begin{aligned} E_{j+1} &= \frac{1}{2}\left[E_j(1+\alpha_j)\mathrm{e}^{\mathrm{i}k_j h_j} + F_j(1-\alpha_j)\mathrm{e}^{-\mathrm{i}k_j h_j}\right] \\ E_{j+1} &= \frac{1}{2}\left[E_j(1-\alpha_j)\mathrm{e}^{\mathrm{i}k_j h_j} + F_j(1+\alpha_j)\mathrm{e}^{-\mathrm{i}k_j h_j}\right] \end{aligned}\right\} \quad (8.4.1)$$

$$\alpha_j = \rho_j V_j/(\rho_{j+1}V_{j+1})$$

由式（c）可得，在第j层的顶面（z_j=0）处，地震动的振幅A_j为

$$A_j = U_j(z=0) = E_j + F_j \quad (8.4.2)$$

其中包括入射波幅E_j和反射波幅F_j。在自由表面，剪应力为零，即$\tau_1\big|_{z=0}=0$，故得E_1=F_j；再令$U_1(0)$=A_0=地表位移振幅，由此可得

$$E_1 = F_1 = \frac{1}{2}A_0 \quad (8.4.3)$$

从这些方程式，可以用自由表面振幅A_0，或多层中任一点的幅值来表示出全部幅值E_j与F_j(j=1，2，…，n+1)。例如，假若已知A_0，则可以从式（8.4.3）知道E_1和F_1；然后从式（8.4.1）逐步递归地求得E_2与F_2，E_3与F_3，…，E_{n+1}与F_{n+1}。

假若给定的是第m层顶面（z_m=0）的位移A_m，则从式（8.4.2）、（8.4.3）可得

$$A_0/A_m = 2E_1/(E_m+F_m) \quad (8.4.4)$$

因此，只要先假设 E_1，按上述方法逐步计算出 E_2，F_2，…，E_m，F_m，即可用上式求得 A_0。

这里应注意两个问题。第一，给定的位移是 $u(t, z)$，需要先用傅里叶变换求得其频域表示 $U(\omega, z_j)$，在自由面处即为 $U(\omega, z_1=0)=A_0$；在第 m 层顶面即为 $U(\omega, z_m=0)=A_m$。第二，在这里的推导中，$u(t, z)$均指位移过程，$U(\omega, z_j)$均指位移的ω分量的幅值。实际上述诸公式也适用于速度或加速度，只要认为 $u(t, z)$是速度或加速度即可。

假若已知从基岩竖直传向第 n 层的底面入射波 $E_{n+1}=\frac{1}{2}B_0$（这里 B_0 为如不存在 n 层地表层而第 n+1 层面即为自由表面时的地表运动），则按上述同样方法先假设 E_1，再逐步计算 E_2 与 F_2，…，E_n 与 F_n，E_{n+1} 与 F_{n+1}；最后再用式（8.4.4），但取 $m=n+1$，即得

$$\frac{A_0}{B_0}=\frac{2E_1}{2\cdot E_{n+1}}=\frac{E_1}{E_{n+1}} \tag{e}$$

就可以求得 A_0。注意，这里 B_0 并非在有 n 层覆盖层时在第 n+1 层顶面处的地震动记录，而是在 n 层土不存在时的地震动记录的 1/2。当存在 n 层土层时，第 n+1 层顶面的地震动记录 $u_{n+1}(t, z_{n+1}=0)$的频域表示为

$$U_{n+1}(\omega, z_{n+1}=0)=E_{n+1}+F_{n+1}$$

因此，假若已知的是地下第 n+1 层顶部的地震动 $U_{n+1}(\omega, z_{n+1}=0)=A_{n+1}$，则 A_0 应从下式求得：

$$A_0/A_{n+1}=2E_1/(E_{n+1}+F_{n+1}) \tag{f}$$

式(e)与(f)的结果是不一样的，因为由于上部 n 层土的存在，就有了相互作用，使得 E_{n+1} 一般不等于 F_{n+1}。此法已编为 SHAKE 程序。

假若只考虑顶层的放大作用，则由式（8.4.1）、（8.4.2）可得第 2 层顶面的地震动振幅为

$$A_2=E_2+F_2=E_1\mathrm{e}^{\mathrm{i}k_1h_1}+F_1\mathrm{e}^{-\mathrm{i}k_1h_1}$$

顶层顶面为自由面，故 $E_1=F_1$，则

$$A_0=A_1=E_1+F_1=2E_1$$

故传递函数或放大关系为

$$H(\omega)=\frac{A_0}{A_2}=\frac{2}{\mathrm{e}^{\mathrm{i}k_1h_1}+\mathrm{e}^{-\mathrm{i}k_1h_1}}=\frac{1}{\cos(wh_1/V_1)}$$

当考虑复阻尼时，由式（d）可知，只要用 $V_1\sqrt{1+2\zeta_1\mathrm{i}}$ 代替 V_1 即可。故最后得有阻尼的传递函数为

$$H(\omega)=\frac{1}{\cos\left(\dfrac{\omega h_1}{V_1\sqrt{1+2\zeta_1\mathrm{i}}}\right)}=\frac{2(A-B\mathrm{i})}{A^2+B^2} \tag{g}$$

式中

$$\left.\begin{aligned}&A=(\mathrm{e}^{-kd}+\mathrm{e}^{kd})\cos(kc),\quad B=(\mathrm{e}^{-kd}-\mathrm{e}^{kd})\sin(kc)\\&c=\left(\frac{\sqrt{1+4\zeta^2}+1}{2(1+4\zeta^2)}\right)^{1/2},\quad d=\left(\frac{\sqrt{1+4\zeta^2}-1}{2(1+4\zeta^2)}\right)^{1/2},\quad k=\frac{\omega h_1}{V_1}\end{aligned}\right\} \tag{h}$$

从式(g)可以方便地得到单层土的传递函数。

8.4.1.2　计算步骤

当考虑到土体材料的非线性时，严格说，上述频域的解法是不适用的，因为叠加原理不再成立。但实践证明，近似的等效线性化法仍然可以得出满意的结果。在第 7.4 节中说明了这一点。因此这里只简单列举出对于水平土层的计算步骤。

(1) 先划分土层。第一是选定基岩面（第 n+1 层面）。假若该场地有基岩面，而且又不太深，即采用真正的基岩面；假若基岩面埋藏太深，或缺乏此数据，则应选择ρV有突变的界面（如下层ρV为相邻上层的 2 倍以上），而且此界面之下无更软弱的夹层作为等效基岩面。第二是覆盖层的划分，不同性质的土层自然应分为不同计算层；相同性质的土层若过厚时亦应再划分为较薄的几层，原因在于不同深度处的应力状态不同，变形大小也不同，由于土壤非线性很强，不同变形对应于不同的等效线性参数，只有分层才便于处理。

(2) 根据第 m 层给定的地震加速度（其他运动量亦可，只须作相应的改变）过程 $u(t, z_m)=a(t)$，估计各土层的等效模量 G_j 与阻尼比ζ_j(j=1，2，…，n+1)；若无经验，可以取它们为线性时的数值。

(3) 求 $a(t)$的傅里叶变换 $U(\omega, z_m)$，此时注意选择Δt 和总数据点数 N，并要在 $a(t)$之后加上一段零值，见第 7.4 节。

(4) 假设 $E_1(\mathrm{i}\omega)=F_1(\mathrm{i}\omega)=\dfrac{1}{2}U_1(\mathrm{i}\omega,z_1=0)$，按公式（8.4.1）进行递推代数运算，逐步求得 $E_2(\mathrm{i}\omega)$，$F_2(\mathrm{i}\omega)$；…；$E_m(\mathrm{i}\omega)$，$F_m(\mathrm{i}\omega)$；…；$E_{n+1}(\mathrm{i}\omega)$，$F_{n+1}(\mathrm{i}\omega)$。按原则说，$\Delta t$ 与总数 N 选定之后，$\Delta\omega$即已选定，所以要求计算全部频率$\omega=k\Delta\omega$（k=1，2，…，N/2+1）处的 E_j 和 F_j（j=1，2，…，n+1）值，但在实际计算中可以减少。减少的原因有二：第一，由于要避免一些误差引起的干扰，需要进行高低频滤波；第二，由于函数 $E_j(\mathrm{i}\omega)$与 $F_j(\mathrm{i}\omega)$都是共振型的函数，只在自振周期处才变化较快，而在远离自振周期处则变化平缓，可以适当少算一些点而用内插法计算其他点。但是，这种内插并非必要，因为 $E_j(\mathrm{i}\omega)$与 $F_j(\mathrm{i}\omega)$的计算都是直线的代数运算，并不费时。

(5) 根据给定的 $U(\omega, z_m)$，从公式（8.4.1）计算 $A_0(\mathrm{i}\omega)$。若给定点正好在第 m 层顶面，则 $U(\omega, z_m=0)=A_m$。为方便计，在分层时，即考虑将给定地震动过程的点划分为一个层面。

(6) 有了 $A_0(\mathrm{i}\omega)$和 $E_j(\mathrm{i}\omega)$，$F_j(\mathrm{i}\omega)$（j=1，2，…，n+1）之后，即可计算各层中点的剪应变$\gamma_j=(\tau/G^*)_j=(\mathrm{d}u/\mathrm{d}z)_j$ 的频域表示($z_j=h_j/2$)

$$\varGamma(\mathrm{i}\omega,z_j)=\mathrm{i}k_j(E_j\mathrm{e}^{\mathrm{i}k_jz_j}-F_j\mathrm{e}^{-\mathrm{i}k_jz_j})$$

再利用傅里叶逆变换求得其时域过程$\gamma_j(t, z_j)$；最后用等效简谐振动概念，把它等效为平均应变振幅$\overline{\gamma_j}=C\gamma_{j,\max}$，$C$ 通常取为 0.65。

(7) 对比计算所得的$\overline{\gamma_j}$（j=1，2，…，n+1）与在第②步中假定的等效模量 G_j 与阻尼比ζ_j是否相符；若不相符，则按计算结果重新假定新的 G_j 与ζ_j（j=1，2，…，n+1），重复第④到第⑥步计算，直到 G_j 与ζ_j（j=1，2，…，n+1）全部无明显改变时为止。

8.4.1.3　迭代的收敛性

作者曾对一个分为 12 层的 25m 厚的土层地震反应进行过计算。已知唐山余震天津医院

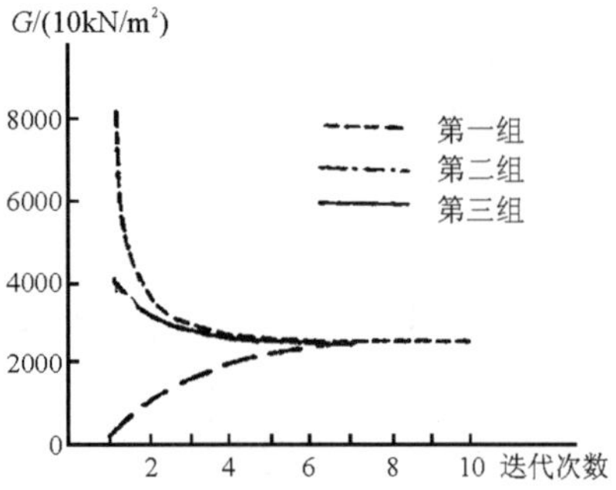

图 8.4.2 土层等效非线性反应计算的收敛过程

地表记录 $a(t)$，在给定等效复模量 G_j^* (j=1，2，…，n+1)时，用上述方法计算出 25m 下的基岩地震动加速度过程 $a_g(t)$。然后以此为 25m 处的地震动输入，计算地表反应。为了观察初始假设的 G_j 与 ζ_j 值对迭代收敛的影响，分别采用了三种不同的初始值：情况①取相当于很小的剪应变 $\gamma=0.3\times10^{-5}$ 的复模量 G_j^*；情况②取相应于很大剪应变 $\gamma=0.01$ 的复模量；情况③取一组各土层完全相等的复模量，进行反应分析。结果发现，每一次迭代都向着正确的复模量收敛，收敛过程见图 8.4.2。结果均收敛于同一组解，即反演计算求 $a_g(t)$所用的各土层的复模量，经过 6～10 次的迭代即得最终结果。

大崎顺彦（Ohsaki，1982b，c）对这一问题有过详细的介绍，并附有线性和非线性反应计算程序。

8.4.2 不同方法的对比（Martin and Seed，1982）

马丁和希德对 6 个真实地基：土层厚度 30～240m，材料分层各不相同，分别受到各自的真实地震动，用三种不同方法和程序（SHAKE，CARHL≡CHARSOIL，MASH，后者为逐步数值积分的有限元法）进行了计算，对比结果见表 8.4.1，所用土壤参数见图 8.2.6 和图 8.2.7。

表 8.4.1 不同计算方法的对比（Martin and Seed，1982）

场　地	分析方法	地面加速度/g	截面中部剪应力/(10N/cm²)	最大谱加速度/g	卓越频率/Hz	谱放大
1．梅兰迪牧场	SHAKE	0.55	0.39	1.6	5	2.9
30m 干砂	CARHL	0.22	0.32	0.92	5.4	4.2
0.57g 于基础	MASH	0.27~0.3	0.35	1.2	4	4.0
2．日本，新潟	SHAKE	0.175	0.70	0.62	3	3.4
76m 砂	CARHL	0.115	0.61	0.65	3	5.6
0.15g 于基础	MASH	0.15	0.67	0.75	3	5.0
3．加州州立大厦	SHAKE	0.12	0.19	0.47	7.7	3.9
61m 砂	CARHL	0.09	0.22	0.34	7.7~10	3.8
0.07g 于基础	MASH	0.11	0.24	0.42	7.7~10	3.8
4．奥里昂大街	SHAKE	0.17	1.46	0.43	0.9	2.5
245m 砂和砾石	CARHL	0.12	1.56	0.60	2.5	5.0
0.26g 于基础	MASH	0.15	1.71	0.77	2.5	5.1
5．委内瑞拉，卡拉巴莱达	SHAKE	0.137	0.46	0.58	3.6	4.2
88m 砂、砂砾石和粘土						
0.055g 于基础	MASH	0.115	0.50	0.49	3.6	4.3
6．委内瑞拉，帕洛斯格兰德斯	SHAKE	0.085	0.66	0.33	3.5	3.9
198m 砂和砾石	CARHL	0.08	0.58	0.26	3.5	3.3
0.05g 于基础	MASH	0.075	0.68	0.29	3.5	3.9

对比结果表明，就总体而言，这三种方法互相符合良好，都能给出合理的结果。就它们之间的差别而言，等效线性化法对 5～10Hz 内的地震动有较大的阻尼作用，这与等效线性化原则有关。特征线法总是给出比其他两法较小的最大地表加速度反应，这与其距离线性内插的方法有关，当非线性不强时，则无此现象；有限元法引入了极大的高频振动。就需要的计算时间而言，MASH 与 CARHL 相差不多，一层一步或一单元一步在 CDC7600 计算机上约需时 200μs，就同一题的整个解而言，MASH 需时约为 CARHL 的 10～15 倍，因为 CARHL 用的层数少，时间步长少；SHAKE 则与 CARHL 大体相近。

8.4.3 非水平土层的有限元分析法

平面应变有限元法是分析非水平土层的适当方法，曾被广泛应用于非水平地表、非水平基岩、地基土壤中透镜体以及边坡与土坝等的地震反应分析。当考虑土壤非线性性能时，虽然可以在时域中逐步积分，但更常用的是在频域中的等效线性化法求解。从原则上说，当土体很不规则时，下述原理与解题步骤同样可以应用于三维有限元法（Reimer et al.，1973）。

对于像堤坝和边坡这样的问题，当在一个方向土体截面变化不大而所研究的又是在此截面内的地震动反应时，可以作为平面应变问题来处理。先用适当的有限元网格将所研究的土体划分为足够多个平面应变有限元，根据动力学原理则可得下述矩阵形式表示的运动方程：

$$\underline{M}\underline{\ddot{u}}+\underline{K}\underline{u}=\underline{m}_1\ddot{u}_\mathrm{g}-\underline{m}_2\ddot{v}_\mathrm{g}$$

式中，$\underline{u}$ 为节点位移，包括在截面内的水平与竖向两个分量；$\underline{M}$ 为质量矩阵；$\underline{K}$ 为复刚度矩阵，包括阻尼影响，当考虑土壤非线性时，它是各单元应变的函数；$\underline{K}\,\underline{u}$ 也可以用 $\underline{C}\underline{\dot{u}}+\underline{K}\underline{u}$ 代替，后者 $\underline{K}$ 为实刚度矩阵；$\ddot{u}_\mathrm{g}$ 与 $\ddot{v}_\mathrm{g}$ 分别为水平与竖向地震动加速度，作用于基底上；$\underline{m}_1$ 与 $\underline{m}_2$ 为有关的质量矢量。

在建立此运动方程时，需要重视如下几个问题：第一，地基边界的处理，现在已经有一些有效的方法来处理无反射的边界条件（见第 7.11.3 节），所以地基范围可以适当取小一点，只要略远离所研究的土体即可；第二，除了专门研究地震波在沿地表的传播（如面波）之外，在地基竖直边界上，不考虑施加地震动 $\ddot{u}_\mathrm{g}$ 与 $\ddot{v}_\mathrm{g}$；第三，有限元的网格尺寸不能过大，过大的单元尺寸会阻碍高频振动的传播。经验表明，网格在波传播方向的尺寸不得大于所考虑最高频率波的 1/8 或 1/4 波长；第四，在采用瑞利阻尼时要注意，人为的假定可能削弱高频分量的反应（见第 7.8.4 节）。

上述运动方程可以在时域中用逐步积分法求得非线性解，也可用振型叠加或者频域中的等效线性化法求解（第 7.4 节与第 7.9 节）。希德等人编制的 FLUSH 程序就是在频域中用等效线性化法求解的（Lysmer et al.，1975），此程序可以用于不规则边界地基的地震动分析，也可用于土结相互作用分析，程序中还包括土结相互作用中三维影响修正和上部结构中的梁单元，但只考虑一个方向的水平地震动输入 $\ddot{u}_\mathrm{g}(t)$。

8.5 土坝与边坡的地震稳定性

8.5.1 实际震害与地震动观测的经验

到目前为止，我国已有上百座土坝受到了不同强度的地震动作用，其中有些产生了震害，也有个别土坝取得了强震观测记录。总结这些土坝的震害特点，分析震害产生的原因，对于土坝抗震设计和研究都有重要意义。工程力学研究所土坝组曾汇总过重要的震害实例（中国科学院工程力学研究所土坝组，1981）。唐山地震时两座土坝的震害如下。

8.5.1.1 密云水库白河主坝

密云水库位于北京市密云县境内，在北京城东北70多km处。白河主坝高65.3m，坝长约1km。坝基为砂卵石和卵石覆盖层，最大厚度40余m，下为岩石。主坝有一薄粘土斜墙，斜墙上游保护层的材料为砂砾石，坡度为3∶1；下游的棱体也由砂砾石组成，下游水面在河床地面以下，因此下游的砂砾石棱体处于干燥状态。主坝的典型截面如图8.5.1所示。坝体砂砾料中粒径大于5mm的粗粒含量略大于60%。

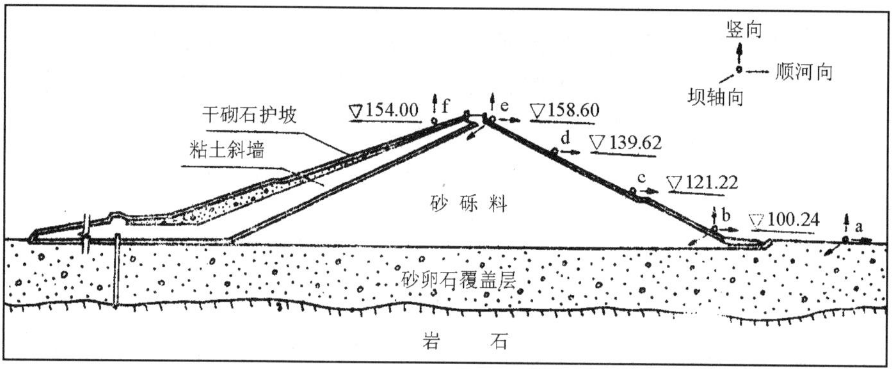

图 8.5.1 白河土坝截面与有关情况

1976年唐山地震时，震中距约150km，坝址周围地区地震烈度Ⅳ度。白河主坝上游斜墙护坡层沿粘土斜墙从水库水面以下滑落至坡脚外 40～100m。坝体及附近地面布设有强震加速度仪，记录到完整的振动过程。记录表明坝基与坝顶的最大加速度分别为0.05g和14g，全部记录持续时间140s。分析结果表明，迎水面砌石坝坡下的砂粒料垫层由于粗颗粒成分较少，不能构成完整骨架，在地震动作用下产生液化，从而导致滑坡。

8.5.1.2 陡河土坝

陡河水库在唐山市东北约15km处，为砂粘土均质碾压土坝，高22m，顶长约6km；地基为砂粘土和粘砂土，在地表8～10m下有一厚约20m的粉细砂层，50m以下为砂砾层。坝基设有粘土铺盖，厚1.5m，长100m。唐山地震时，坝址附近地震烈度为Ⅸ度坝体破坏严重，幸而地震时水位很低，库内水深仅 6m，未造成溃坝事故。坝体在上下游面均出现几条贯穿全坝深的纵向张性裂缝。上游面裂缝在坝面宽约1～1.5m，可见深度1.5m；下游面裂缝在坝面宽约1.5m，可见深为2m。坝顶公路面上出现横缝90余条，但均不深；坝顶最大沉陷均为1.5m，公路路面呈波浪状起伏（见图8.1.5）。大坝在下游面出现管涌口，冒泥浆约1天多，大坝下游坡上残留有喷出的粉细砂。大坝下游河道及树林中也零星出现多起喷砂冒水孔。地震后，坝两侧测压管水位上升4～5m。分析结果表明，坝体破坏主要由地基下饱和粉细砂层液化所致。

根据前述震害总结可见，土坝的震害主要在于砂质土坝和地基下的可液化砂层。因此地震反应分析的重点应该放在砂质土坝和砂质地基上。

8.5.2 准静力分析法

此法将施加于一可能的滑动质量块上的地震作用表示为一等效水平静力，它等于地震系数 k 与可能滑动体的重量 W 之积，如图 8.5.2。此法用试探法寻求边坡中一个圆弧形截面 adc，从其绕弧形的圆心 O 的平衡条件得到抗滑稳定系数

$$G_S = \frac{SLR}{EW + kFW} \tag{8.5.1}$$

式中，L 为 adc 弧长；S 为此弧上土体抗剪强度。假若能够在土体中找到一个圆弧，使得 $G_S \leqslant 1$，则表示可以沿此边坡产生滑坡；相反，若任何圆弧都使得 $G_S > 1$，则此边坡是稳定的；能够找到的最小的 G_S 值，是此边坡的抗滑稳定系数。

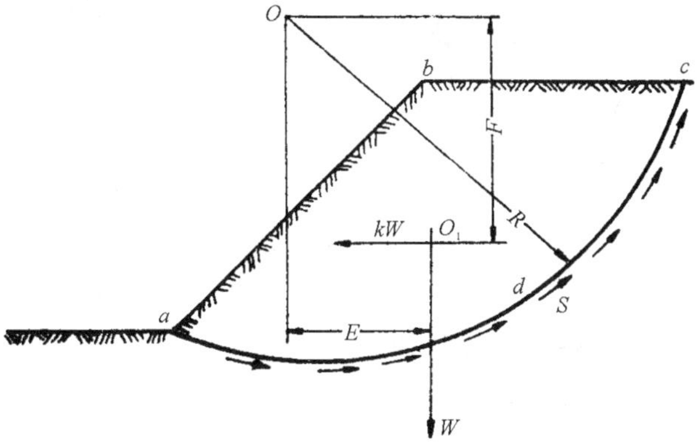

图 8.5.2 边坡抗震稳定分析的准静力法

式中地震系数 k 值与地震动的强弱有关。1950 年以前，有人建议按不同地震烈度选择 k 值，如 k=0.1（罗西·福雷尔烈度Ⅸ），0.25（罗西·福雷尔烈度Ⅹ），或 0.5（灾难性）。

早在 1950 年，泰沙基就明确指出：公式（8.5.1）“假定水平加速度 k_g 永久地、只是向一个方向地作用于边坡材料上。所以，它所代表的作用于边坡上的地震作用至少是很不准确的。从理论上说，G_S=1 应表示滑坡，但是实际上，即使 $G_S<1$，边坡可能仍然稳定，而在 $G_S>1$ 时却可能破坏，视边坡形成的材料特性而定。最稳定的材料是在塑性状态下灵敏度低的粘土、密砂，以及在水位线上的松砂。最敏感的材料是略有粘性的粒料，如黄土以及在水下或部分在水下的粘砂”。

泰沙基在土力学的各个方面都有很大的影响，但是在土坝抗震设计上，他的警告即未被注意，土坝仍然是按照公式（8.5.1）这样的准静力法设计，而且采用的地震系数 k 比上述数值还要小得多。在美国最强烈的地震区加州常用的 k 值在 0.05～0.15 之间；在日本常小于 0.2；在世界强地震区都采用了相似的数值，工程师们显然认为这样低的数值就是他们用来保证抗震稳定到适当程度所需要的。似乎对边坡和地基材料的性质并无特殊考虑，若计算出来的安全系数 $G_S>1$，就认为抗震稳定问题已满意地得到解决。

研究表明，准静力法不能保证发现砂性堤坝或建于砂性地基上的堤坝的破坏，有些坝已发生这种破坏，但用准静力法并不能确认这种破坏。

纽马克（Newmark，1965）建议了一个计算堤坝变形的方法，适用于地震时强度无显著丧失的材料（如粘性土、干砂和非常密实的无粘性材料）。可以证明，当坝顶加速度≤0.75g

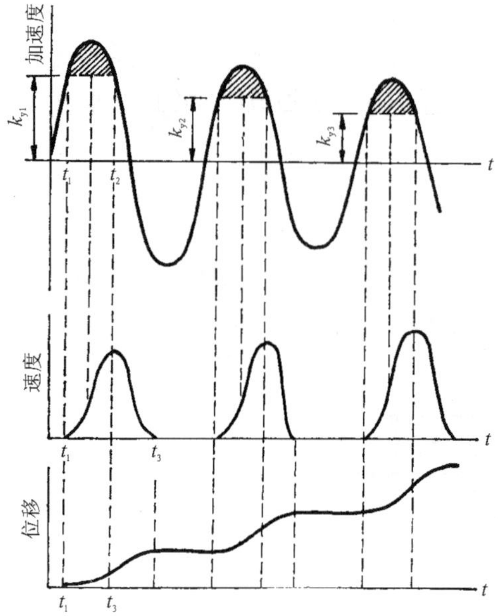

图 8.5.3 纽马克的土坝变形计算法

时，若用准静力法计算，当 k=0.15 而 G_S ≥1.15 左右，则堤坝的变形通常较小，可以接受。纽马克的变形估计法将堤坝材料简化为刚塑性或弹塑性的，假设只有在加速度起过 k_y（使材料达到屈服极限时的地震系数）时，坝体才发生永久变形；由于边坡的重力作用，永久变形总是单方向向下，故计算变形时，只考虑 $k>k_y$ 的部分，如图 8.5.3，积分两次后即得永久位移。这一方法间接表明，准静力法可以保证对于地震时强度无大损失的土体的地震变形的控制作用。

8.5.3 饱和无粘性土坝的地震反应

与粘性土壤、密砂不同，松散至中密的砂土不存在明确的弹性极限强度，这种材料的地基反应由于会产生高孔隙水压，此水压在地震中或以后重新分布而变得极为复杂。在循环荷载作用前后，这种松散材料的应力应变关系可得十分不同，对于这种材料的堤坝，必须考虑地震动引起的孔隙水压及其重要影响。

1966 年，希德提出过一种方法来估计土坝的变形，以后又得到不少补充和改进，其基本原则如下：

(1) 确定下述事项：坝或边坡的截面，包括部分地基在内；此土体所需考虑的最大地震动输入过程；地震前土体中已经存在的初始静应力；有效的分析方法，当前以有限元法最为有效；土体所包括的各种土壤的动力特性，如剪切模量、阻尼特性、体变模量或泊松比，这些与土体反应密切相关的参数，都是应变的函数。

(2) 用适当的动力有限元法计算由所选择的地震动输入过程引起的土体动应力，考虑土体非线性特性。

(3) 将计算所得的初始静应力和附加的动应力同时加于土体材料有代表性的单元上进行试验，确定由此产生的孔隙水压的增长和应变的发展。进行足够多的这种试验，以便能用内插法对土体全部单元的动力反应作出估计。

(4) 根据地震引起的孔隙压力、土壤变形性能和强度特性，估计土体在地震中和在地震后的安全系数。若土体是安全的，则根据静动荷载联合作用引起的应变来估计土体的总变形。

(5) 在前面四个步骤中，要注意作出必要的判断，这些判断是以典型土壤特性，有限元分析的主要细节和过去地震中土体反应的详细了解为指导的。

上述方法比较复杂，不少人提出过一些简化方法。最简单的方法是完全不用计算分析，而代之以简单估计，这种估计是以对土体材料性能的了解、由过去进行的许多计算分析和已有土体地震反应的观测和调查为基础的。但是必须注意，整个动力分析方法是由这些步骤共同组成的，一个步骤错误，则分析结果可以是十分错误的；那就反而不如不进行这种分析，因为错误的结果会导致错误的行动。

这一方法最好的方式是在估计地震中和地震后的孔隙水压时，同时用计算程序考虑孔隙压的形成和消散（Booker et al.，1976），并用有限元法进行土体各单元之间的应变协调最后情况的估计（Serff et al.，1976）。

应用上述方法分析边坡破坏的一个例子是下圣费尔南多坝，结果如图 8.5.4（a）所示，图中的黑面积表示该处在地震停止后剩余孔隙水压的 100%；图 8.5.4（b）示出一个危险截面，对比两图，可知沿该截面将产生滑坡。对同一地震时的另一土坝——上圣费尔南多坝进行的分析表明，地震动在此土坝中也引起了不小的高孔隙水压区，但尚不足以导致滑坡破坏。地震时此坝已产生显著变形，坝顶向下游移动了 1.7m；上述动力分析估计的移动为 1.3m。

上述分析方法曾用于分析 8 座已知地震表现的土坝，其中两座有巨大滑坡，一座产生大变形，一座产生小变形，另外 4 座未见破坏。所有分析结果均与实际情况符合。

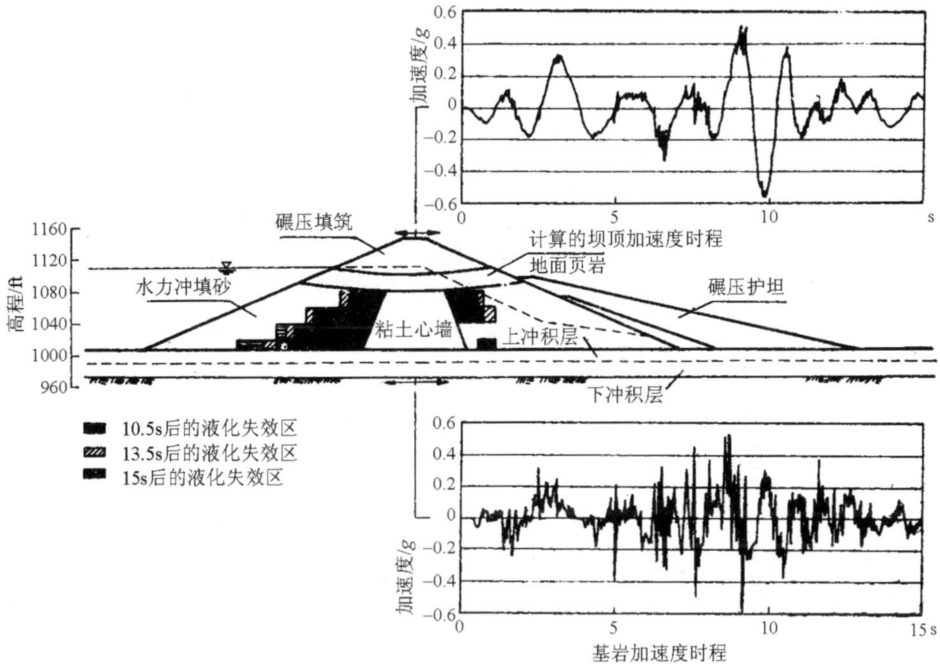

(a) 坝的地震反应分析

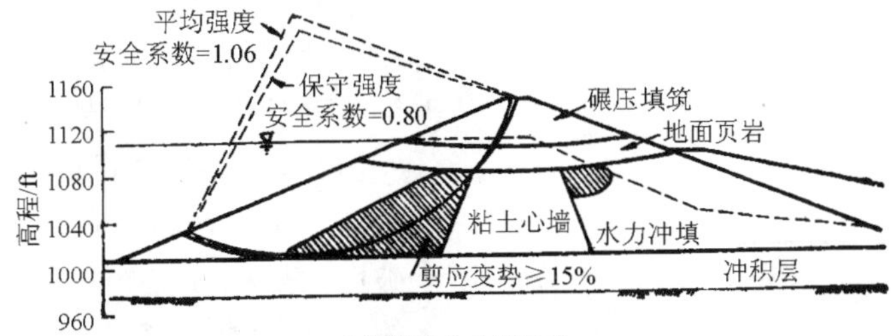

(b) 土坝的稳定分析示意

图 8.5.4　土坝稳定分析示意

lft=30.48cm

8.6 桩基地震反应

桩基大多用于建在软弱而厚的地基上的结构。自从近海平台大量修建以来，桩基问题更为突出。本节仅就近代发展起来的有关桩基与结构的共同作用作一介绍。

8.6.1 桩基的震害与强震观测

8.6.1.1 震害

桩基是在软弱地基上经常采用的有效基础形式，在常规环境条件下已经有了可靠的设计方法，但是在地震作用下如何设计，则尚待研究改进。

强地震经验表明，桩基远比无桩的基础具有更好的抗震性能。经常发现附近一般结构物震害严重，而有桩基的结构物则震害要轻得多。但是，桩基也经常出现震害现象。早在日本1948年福井地震、1952年十胜冲地震时，位于软弱地基中的基础，常常导致上部结构与支承结构过大的不均匀沉陷和严重的震害。1964年的新潟地震、阿拉斯加地震和1968年十胜冲地震更进一步表明，砂土液化可以导致桩基的破坏，从而引起上部结构的严重破坏。例如新潟地震时，横跨信浓川的昭和大桥，有 5 孔落梁。事后的调查表明（高田孝信等，1965），地下10m左右的砂土液化导致桩的严重变形，使桥墩变形过大，从而导致桥梁破坏。图8.6.1表示在此桥墩下震后拔出的一根钢桩的变形示意。

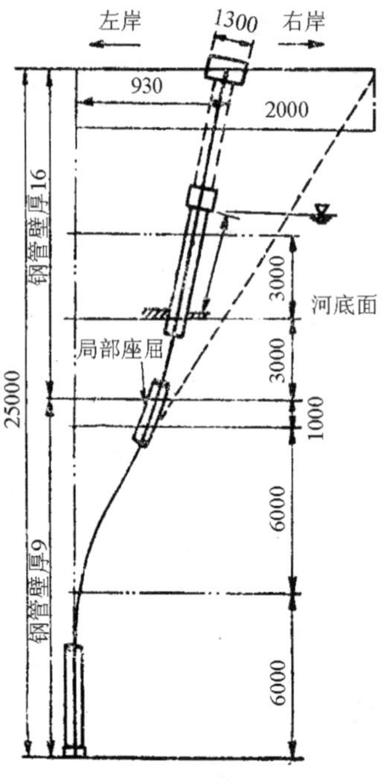

图8.6.1 钢桩变形示意图（单位：mm）

1975年我国海城地震时，盘锦地区双台子河西岸赵圈河附近钻孔钢套管在地面下 7～14m 间显著变形，即在砂土液化发生处附近。正在施工中的田庄台辽河桥，震后两岸河滩的桥墩与桥台均向河心滑移或倾斜，最严重的 6 号墩墩身向河心偏离 4m 多，倾斜约 13%，各墩均有不同程度的下沉；两岸及河滩普遍出现顺河向裂缝，不均匀沉陷达1m左右。震后，对个别台墩进行浅开挖检查，发现桩在头部附近出现裂缝，裂缝均在河心一侧。震后对落梁段基础中桩的钻孔表明，在液化层内，桩中有裂缝，已灌入薄层粉细砂。

这些结果表明，地下砂层的液化会导致地基滑动，使桩断裂，从而造成桥台或桥墩的转动，严重时可以造成上部结构的坠落。

1978年6月12日日本宫城县近海地震时，仙台市几个事例表明，有些高层建筑物下的桩也完全破坏。表8.6.1是经过开挖检查后发现确有桩破坏的几个事例，除第五例之外，地表地形均平坦，地下也为水平土层，未见滑坡现象，但发现房屋的沉陷在地震之后仍继续发展，才进行开挖发现桩的破坏。桩破坏大部分发生在桩顶附近，除第一例房屋倒塌之外，其他房屋均无损坏或仅轻微损坏。研究者认为，破坏产生于振动，而且桩破坏愈重者房屋破坏愈轻（Sugimura，1980）。

表 8.6.1　1978 年宫城县冲地震房屋桩基的破坏

房屋类型	层数	桩　型	桩长/m	桩直径/m	桩破坏类型	房屋破坏	地形	主要地基
箱型 RC	三	RC	5	0.25	弯裂	倒毁	平	淤泥，粘土
箱型 RC	四	预应力 RC	5	0.35	弯剪裂碎	不均匀沉陷	平	粘土，砂
型钢 RC	十一	预应力 RC	12	0.60	弯剪裂碎	不均匀沉陷和轻微破坏	平	粘土，砂
型钢 RC	十四	预应力 RC	24	0.60,0.50	弯剪裂碎		平	淤泥，砂
RC	四	预应力 RC	10	0.3	弯剪裂		坡	垆　坶

8.6.1.2　强震观测

日本在 20 世纪 70 年代进行了多处桩基结构物的强震观测，并取得了许多中小地震记录。观测过的结构物包括：①千叶县七层钢筋混凝土公寓房屋，地基以砂为主，含粉土或粘土，地表 4～5m 为填土，桩深 12m。观测包括两组，一组为结构，一组为自由地基，分别如图 8.6.2 中黑点与白圈所示；结构组共 4 点，从桩基到屋顶；自由地基组共 5 点，每点观测三个分量的运动。从 1971 年到 1978 年共记录到 80 多次地震。②海岸填土地区化工厂的三座塔状结构物，置于同一复合基础上。塔高分别为 50m、30m 和 15m。地表 6m 内为填土，以下直到 90m 深处均为砂与粘土互层。基础板为实体混凝土板，15.7m×8.55m×1.8m，支承于 14 根钢管桩上，桩长约 40m。观测点如图 8.6.3 所示，包括－85，－45（桩尖），－10，－2（桩顶），0（板顶与地面，和结构物顶部，以水平振动观测为主。观测进行至 1965 年末约 4 个月，共记录到中小地震动约 14 次。③东京一高约十四层钢与钢筋混凝土房屋的观测，房屋平面为 10m×80m，屋高约 39m，水平基本自振周期约为 0.73s，扭转自振周期为 0.63s。地基为水平土层，地表 25m 以下为较坚硬的洪积层，由砂与卵石组成；地表 3～4m 内为填土，25m 内为粉细砂层互层；桩长约 26m，预应力桩。共有 21 个分量的强震观测，6 个在地下，6 个在桩内，7 个在基础顶部，2 个在屋顶与中间楼层处。3 年内共得到 30 多次地震记录。本节主要介绍第③项观测的结论（Sugimura，1977）。

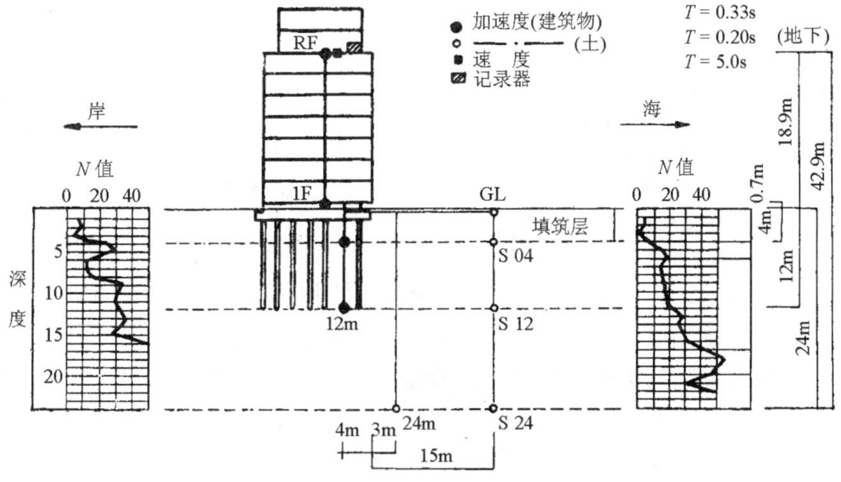

图 8.6.2　千叶县桩基房屋观测点示意图

RF 为顶层；1F 为第 1 层；GL 为地表；S 为地下

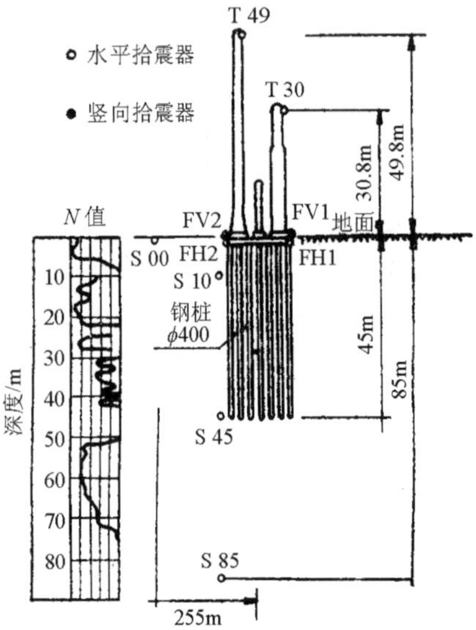

图 8.6.3　化工厂塔形结构物的观测点示意图

T 为塔；F 为基础；S 为地下；V 为竖向；H 为水平向

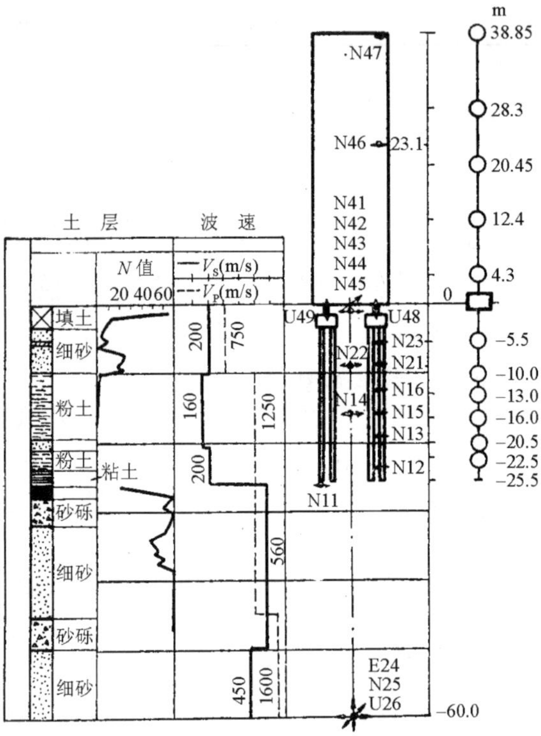

图 8.6.4　东京桩基房屋强震观测示意图

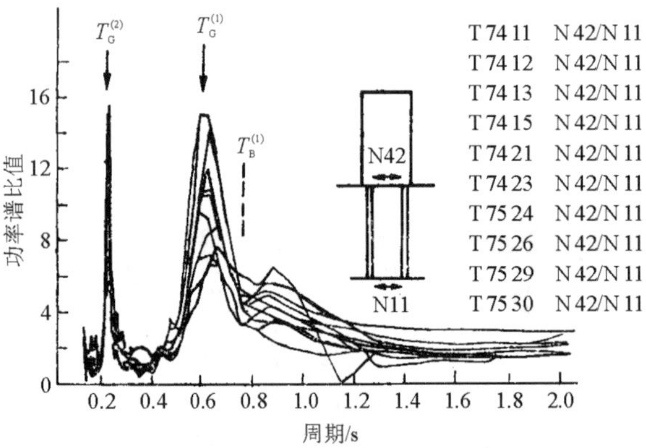

图 8.6.5　桩顶与桩尖的功率谱之比

杉村得到的主要结论有：①从房屋顶部与底部功率谱之比来看，卓越周期在 0.06～0.73s 之间，与分析方法求得的刚基房屋自振周期一致，放大系数也与观测相符合；②从桩顶与桩尖的功率谱之比来看，有两个卓越周期，一个在 0.57s，另一个在 0.18s，如图 8.6.5 所示。它们分别对应于用分析方法求得的地基第一、第二自振周期($T_G^{(1)}$和$T_G^{(2)}$)；在结构自振周期 $T_B^{(1)}$=0.73s 处则为一谷点；③由此得到一个重要结论：整个桩的振动由地基的振动特性所控制，但在桩顶附近，由于房屋与桩的相互作用，房屋振动特性的影响不可忽视。

8.6.2　桩基地震反应分析——集中体系模型（威格尔，1970，第 14 章）

桩基地震反应分析与土结相互作用分析相似，主要差别在于如何模拟桩在地震中的作用。目前模拟桩作用的方法可以分为三类：①集中体系模型；②弹性介质中的梁模型；③有限元模型。本节介绍第一种，后两种在后面两节介绍。

集中体系模型又称明德林静力模型，它将桩基结构共同体系的地震动分析分为两个步骤，第一步考虑无桩无结构时地基的地震反应，求出在基底地震动 $u_{\mathrm{g}}(t)$作用下地基深度内各点的地震动过程 $u_i(t)$，i 为沿不同深度的点；第二步考虑桩基结构共同体系在基底地震动 $u_{\mathrm{g}}(t)$和桩沿深度各点的地震动 $u_i(t)$两者共同作用下的反应。

先讨论第一步，从基底地震动 $u_{\mathrm{g}}(t)$求地基不同深度处的地震动 $u_{\mathrm{g}}(t)$。这实际上是第 8.4 节中讨论的地基反应问题，可以用已介绍过的方法求解，但为保持本节的完整，将集中体系的方法留在这里来介绍，它应该给出与第 8.4 节介绍的其他方法相近的结果。

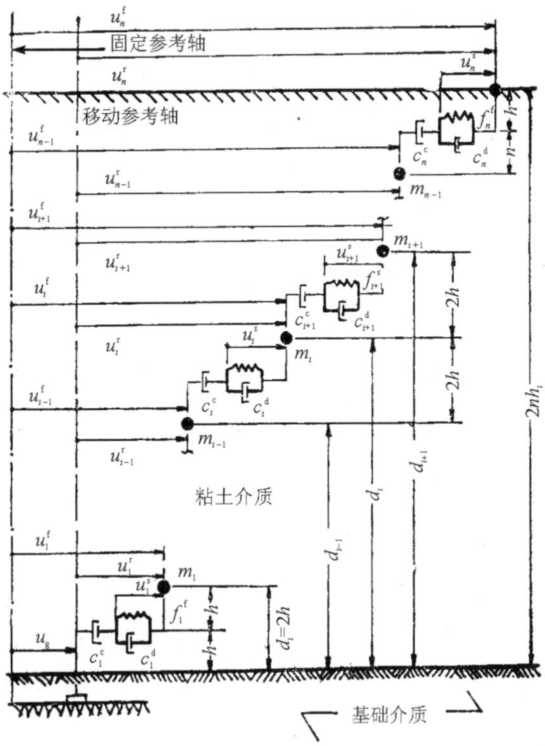

图 8.6.6　水平土层的集中体系模型

如图 8.6.6，将水平土层看做一维问题，只考虑剪切波的竖向传播，将土层视为集中体系，从地表面起将地基分为 $2h_i$ 厚的分层，每一分层的作用用一集中质点 m_i、弹簧 k_i（或 f_i^{s}）和阻尼 c_i^{c}与c_i^{d}代替，如图表示。为简化计可取每一分层的厚度 $2h_i$ 相等，即 h_i=h，故每一分层的集中质量为 $m_i=2\gamma h/g$(i=1，2，3，…，$n-1$)，集中于分界面处，而在自由表面则为 $m_n=\gamma h/g$（式中γ 为土壤单位质量）。离散质点数要选得足够多，使离散体系能反映连续体系的变化。相邻两质点之间的每一连接参数，都由土壤的非线性应力应变关系决定。假若采用双直线型恢复力特性，如图 8.6.7，则 $k_i=2hG_i$；当 k_i 是双直线时，G_i 也应该是双直线的，当然，在这一步中，也可以采用第 8.4.1 节的等效线性化方法进行，那时，k_i 即为应变的函数。

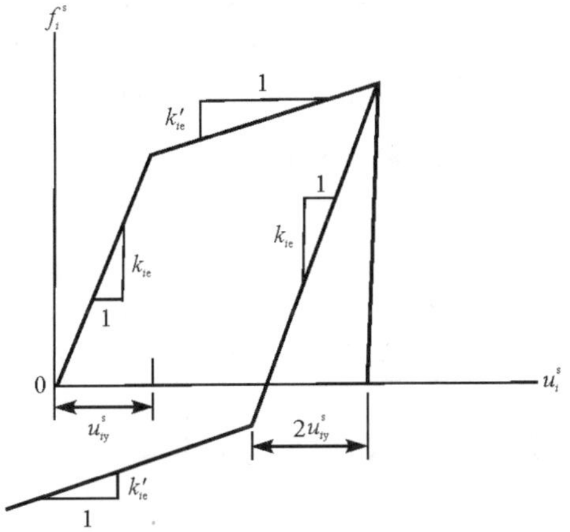
图 8.6.7　双线性恢复力模型

假若按照彭津的建议，取图 8.6.6 中所示的两质点之间的作用力的参数 c_i^{c} 表示土壤中的蠕变效应，c_i^{d} 则表示土壤中其他能量耗损作用，f_i表示非线性恢复力。参数 c_i^{c}，c_i^{d} 和 f_i 中参数 $k_{i\mathrm{e}}$，$k_{i\mathrm{p}}$ 和 $u_{i\mathrm{y}}^{\mathrm{s}}$ 都需要根据土壤动力试验确定。质点 i 的位移 u_i^{s} 是从点 i 到点 $i-1$ 的蠕变阻尼器 c_i^{c} 之前的相对位移，不包括 c_i^{c} 产生的变位，u_i^{r} 则为相对于地基基底的位移，u_i^{t} 为绝对位移；因此，若 u_{g} 为基底的地震动位移，则 $\ddot{u}_i^{\mathrm{t}}=(\ddot{u}_i+\ddot{u}_{\mathrm{g}})$ 即为质点 i 的绝对加速度。切

过两个相邻的 $(c^{\mathrm{d}}, f^{\mathrm{s}})$ 所取出的隔离体的平衡条件可得

$$m_i\ddot{u}_i^{\mathrm{r}} + c_i^{\mathrm{d}}\dot{u}_i^{\mathrm{s}} - c_{i+1}^{\mathrm{d}}\dot{u}_{i+1}^{\mathrm{s}} + f_i^{\mathrm{s}} - f_{i+1}^{\mathrm{s}} = -m_i\ddot{u}_{\mathrm{g}} \qquad (i = 1,2,\cdots,n) \tag{8.6.1}$$

另外切过相邻的(c^{d}，f^{s})和 c^{c} 所取出的隔离体的平衡条件可得

$$c_i^{\mathrm{c}}(\dot{u}_i^{\mathrm{r}} - \dot{u}_{i-1}^{\mathrm{r}} - \dot{u}_i^{\mathrm{s}}) - c_i^{\mathrm{d}}\dot{u}_i^{\mathrm{s}} - f_i^{\mathrm{s}} = 0 \qquad (i = 1,2,\cdots,n) \tag{8.6.2}$$

上两式中共有 $2n$ 个方程，可以求解 $2n$ 个未知量 u_i^{s}和$u_i^{\mathrm{r}}(i = 1,2,\cdots,n)$，当然它们都是时间 t 的函数。上式的求解方法与一般多自由度体系的非线性反应求解同。

再讨论第二步，即从给定的基底地震动 $\ddot{u}_{\mathrm{g}}(t)$ 和第一步中求得的地基中各点 $i(i = 1,2,\cdots,n)$ 的 $u_i^{\mathrm{r}}(t)$ 或 $u_i^{\mathrm{t}}(t) = u_i^{\mathrm{r}} + u_{\mathrm{g}}$ 来确定桩基结构的地震反应。图 8.6.8 代表一个结构物的桩基结构体系的集中体系简化模型。图中 v_i^{r} 表示桩质点 i 相对于基底的位移；而 u_i^{r} 为该处土体相对于基底的位移；M_i 为桩质点的集中质量，包括有效土壤质量 M_i^{e} 在内；c_i^{c}，c_i^{d} 和 k_i 均为桩与土壤相互作用的阻尼和刚度；m_i^{b} 为上部结构集中质量；c_i^{b} 为上部结构中的阻尼；θ为基础的转角；刚度影响系数 k_{ij}^{b} 和 $k_{i\theta}^{\mathrm{b}}$ $(i, j = 1,2,\cdots,m)$ 表示上部结构的弹性特征；k_{0j}^{b} 表示上部结构对于基础的弹性力特征；刚度影响系数 $k_{\theta j}^{\mathrm{b}}$ 和 $k_{\theta\theta}^{\mathrm{b}}$ 表示由上部结构施加于基础的弹性力矩；质量 M_n 为基础的质量，其旋转惯性矩为 I_n；k_θ 表示抵抗基础旋转的力矩，它来自桩群中产生的轴向力；c_θ 表示相应于基础转动的阻尼。这里上角标 b 表示上部结构，若将它换为 a，则指桩群。例如 $k_{\theta j}^{\mathrm{a}}$ 与 $k_{\theta\theta}^{\mathrm{a}}$ 表示由于桩加于基础的弹性力矩。$S_i(i = 1,2,\cdots,m)$ 表示上部结构质点 i 处所受外

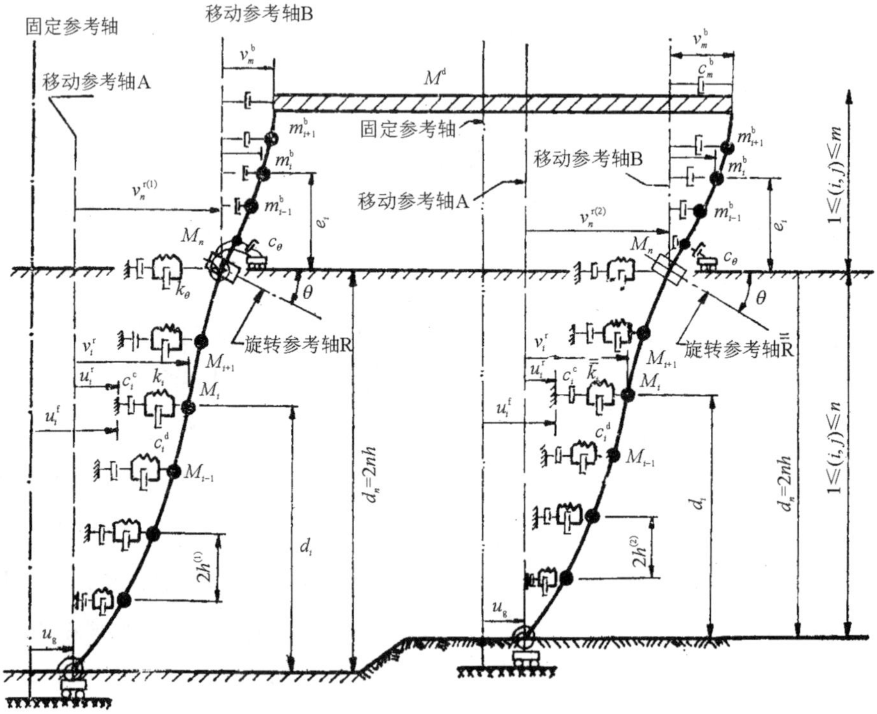

图 8.6.8　桩基结构共同体系模型

加竖向荷载，$T_i(i=1,2,\cdots,m)$ 表示桩质点 i 处所受外加竖向荷载，图中未绘出。

图 8.6.8 示出一个有两个柱子和一个刚性横梁的结构。两个柱子及其下的群桩与基底可能不完全相同，因此，在下述公式中用上角标（1）表示属于左边的柱及其下的群桩，用（2）表示属于右边的柱及其群桩，图中则未区分。因此，上部结构顶部横梁处相对于基底的位移为

$$v_n^{\mathrm{r}(1)}+v_m^{\mathrm{b}(1)}=v_n^{\mathrm{r}(2)}+v_m^{\mathrm{b}(2)}$$

现在考虑图中简化模型在基底处受到水平地震动 $\ddot{u}_{\mathrm{g}}(t)$ 并在地基各桩质点处受到水平地震动 $\ddot{u}_i^{\mathrm{t}}(t)(i=1,2,\cdots,n)$ 的同时作用，则体系的运动方程为

$$\underline{M}_i\underline{\ddot{v}}_i^{\mathrm{r}}+\underline{c}_i^{\mathrm{d}}\underline{\dot{v}}_i^{\mathrm{s}}+\underline{F}_i^{\mathrm{s}}+\underline{k}_{ij}^{\mathrm{a}}\left(\underline{v_i^{\mathrm{r}}-\frac{d_i}{d_n}v_n^{\mathrm{r}}}\right)+\left(\underline{\theta-\frac{v_n^{\mathrm{r}}}{d_n}}\right)\underline{k}_{i\theta}^{\mathrm{a}}+\underline{T}_{ij}\underline{v}_i^{\mathrm{r}}=\ddot{u}_{\mathrm{g}}\underline{M}_i\underline{I}+\underline{M}_i^{\mathrm{e}}\underline{\ddot{u}}_i^{\mathrm{t}} \tag{8.6.3a}$$

$$\underline{m}_i^{\mathrm{b}}(\underline{\ddot{v}_i^{\mathrm{b}}+\ddot{v}_n^{\mathrm{r}}})+\underline{c}_i^{\mathrm{d}}\underline{\dot{v}}_i^{\mathrm{b}}+\underline{k}_{ij}^{\mathrm{b}}\underline{v}_i^{\mathrm{b}}+\theta\underline{k}_{i\theta}^{\mathrm{b}}+\underline{S}_{ij}\underline{v}_i^{\mathrm{b}}=-\ddot{u}_{\mathrm{g}}\underline{m}_i^{\mathrm{b}}\underline{I} \tag{8.6.3b}$$

$$\begin{aligned}&M_n\ddot{v}_n^{\mathrm{r}}+c_n^{\mathrm{d}}\dot{v}_n^{\mathrm{s}}+F_n^{\mathrm{s}}+\underline{k}_{nj}^{a}\left(\underline{v_i^{\mathrm{r}}-\frac{d_i}{d_n}v_n^{\mathrm{r}}}\right)+k_{n\theta}^{\mathrm{a}}\left(\theta-\frac{v_n^{\mathrm{r}}}{d_n}\right)+\underline{k}_{0j}^{\mathrm{b}}\underline{v}_i^{\mathrm{b}}\\&+\frac{T_n}{d_n-d_{n-1}}v_{n-1}^{\mathrm{r}}-\left(\frac{T_n}{d_n-d_{n-1}}+\frac{S_1}{e_1}\right)v_n^{\mathrm{r}}+\left(\underline{\frac{S_i}{e_i}}\right)(\underline{v_n^{\mathrm{r}}+v_i^{\mathrm{r}}})=-\ddot{u}_{\mathrm{g}}M_n+M_n^{\mathrm{e}}\ddot{u}_n^{\mathrm{t}}\end{aligned} \tag{8.6.3c}$$

$$\begin{aligned}&M^{\mathrm{d}}(\ddot{v}_m^{\mathrm{b}(1)}+\ddot{v}_n^{\mathrm{r}(1)})+c_m^{\mathrm{d}(1)}\dot{v}_m^{\mathrm{b}(1)}+\underline{k}_{mj}^{\mathrm{b}(1)}\underline{v}_i^{\mathrm{b}(1)}+\theta^{(1)}k_{m\theta}^{\mathrm{b}(1)}+\frac{S_m^{(1)}(v_{m-1}^{\mathrm{b}(1)}-v_m^{\mathrm{b}(1)})}{e_m^{(1)}-e_{m-1}^{(1)}}\\&+c_m^{\mathrm{d}(2)}\dot{v}_m^{\mathrm{b}(2)}+\underline{k}_{mj}^{\mathrm{b}(2)}\underline{v}_i^{\mathrm{b}(2)}+\theta^{(2)}k_{m\theta}^{\mathrm{b}(2)}+\frac{S_m^{(2)}(v_{m-1}^{\mathrm{b}(2)}-v_m^{\mathrm{b}(2)})}{e_m^{(2)}-e_{m-1}^{(2)}}=-\ddot{u}_{\mathrm{g}}M^{\mathrm{d}}\end{aligned} \tag{8.6.3d}$$

$$I_n\ddot{\theta}+\underline{k}_{\theta j}^{\mathrm{b}}\underline{v}_i^{\mathrm{b}}+k_{\theta\theta}^{\mathrm{b}}\theta+\underline{k}_{\theta j}^{\mathrm{a}}\left(\underline{v_i^{\mathrm{r}}-\frac{d_i}{d_n}v_n^{\mathrm{r}}}\right)+k_{\theta\theta}^{\mathrm{a}}\left(\theta-\frac{v_n^{\mathrm{r}}}{d_n}\right)+k_\theta\theta+c_\theta\dot{\theta}=0 \tag{8.6.3e}$$

$$\underline{c}_i^{\mathrm{c}}(\underline{\dot{v}_i^{\mathrm{r}}-\dot{v}_i^{\mathrm{s}}})-\underline{c}_i^{\mathrm{d}}\underline{\dot{v}}_i^{\mathrm{s}}-\underline{F}_i^{\mathrm{s}}=\underline{c}_i^{\mathrm{c}}(\underline{\dot{u}_i^{\mathrm{t}}-\dot{u}_{\mathrm{g}}}) \tag{8.6.3f}$$

式中表示矩阵（和矢量）的写法与常规不同，这里是除单位矢量外将矩阵中的下标变量写出来了。例如，$\underline{m}_i^{\mathrm{b}}$ 与 $\underline{M}_i$ 都是对角线质量矩阵，其对角线元即为 m_1^{b}，$m_2^{\mathrm{b}},\cdots$ 和 M_1，M_2，…；$\underline{k}_{ij}^{\mathrm{a}}$ 与 $\underline{k}_{ij}^{\mathrm{b}}$ 即为刚度矩阵，在弯曲梁模型中是满阵；$\underline{k}_{nj}^{\mathrm{a}}$ (j=1，2，…)是行矢量，$\underline{v_i^{\mathrm{r}}-\frac{d_i}{d_n}v_n^{\mathrm{r}}}(i=1,\ 2,\ \cdots)$ 是列矢量，两者的乘积为一标量。

上述联立方程中，式（a）表示桩质点 M_i(i=1，2，…，n－1)在水平方向的运动方程，共 n－1 个；式（b）表示上部结构质点 m_i^{b} (i=1，2，…，m－1)在水平方向的运动方程，共 m－1 个；式（c）和（e）分别给出基础质点 M_n 的水平和转动运动方程，式（d）给出上部结构顶部质点 M^{d} 的水平运动方程，以上三式各一个；另外式（f）表示桩土相互作用的平衡关系，相当于式（8.6.1），式中 F_i^{s} 为非线性弹簧中的内力，相当于图 8.6.7 中的 f_i^{s}，式（f）共有 n

个。因此上述联立方程共$(n-1)+(m-1)+3+n=2n+m+1$个，可以用来求解$2n+m+1$个未知量，即n个桩质点位移v_i^{r} (i=1，2，…，n)，n个桩土相互作用变位v_i^{s} (i=1，2，…，n)[见式（f）]，m个上部结构位移v_i^{b} (i=1，2，…，m)和一个基础转角θ（就一根桩而言）。这些反应量和输入地震动量$\ddot{u}_{\mathrm{g}}$和u_i^{t}都是时间t的函数，而且刚度和阻尼系数都是应变的函数。

关于分析中涉及的参数的确定，可参阅彭津原文（威格尔，1970，第14章）。

8.6.3 桩基地震反应分析——梁模型（Kagawa and Kraft，1980；1981）

为简化计，可以考虑桩为一个在均匀地基内的温克勒梁，将本来是沿桩深度而改变的土壤反力系数用一与深度无关的平均反力系数代替，以求得比较简单的解。

8.6.3.1 *p-y* 曲线

为研究桩土相互作用，需要知道地基土壤中单位压力p作用下产生的变位y，p与y的关系常称为p-y曲线。

现考虑一基岩上的均匀土层，基岩地震动为$u_{\mathrm{g}}\mathrm{e}^{\mathrm{i}\omega t}$，桩顶作用有力矩$M\mathrm{e}^{\mathrm{i}\omega t}$和水平力$F\mathrm{e}^{\mathrm{i}\omega t}$，由于桩与地基是轴对称的，故地基的运动方程可写为

$$\left.\begin{aligned}(\lambda^* + 2G_{\mathrm{s}}^*)\frac{\partial \Theta}{\partial r} - \frac{G_{\mathrm{s}}^*}{r}\cdot\frac{\partial \overline{\omega}_z}{\partial \theta} &= \rho_{\mathrm{s}}\frac{\partial^2 u_r}{\partial t^2} - G_{\mathrm{s}}^*\frac{\partial^2 u_r}{\partial z^2} - \omega^2\rho_{\mathrm{s}} u_{\mathrm{g}}\cos\theta\,\mathrm{e}^{\mathrm{i}\omega t}\\ (\lambda^* + 2G_{\mathrm{s}}^*)\frac{1}{r}\frac{\partial \Theta}{\partial \theta} + G_{\mathrm{s}}^*\frac{\partial \overline{\omega}_z}{\partial r} &= \rho_{\mathrm{s}}\frac{\partial^2 u_\theta}{\partial t^2} - G_{\mathrm{s}}^*\frac{\partial^2 u_\theta}{\partial z^2} + \omega^2\rho_{\mathrm{s}} u_{\mathrm{g}}\sin\theta\,\mathrm{e}^{\mathrm{i}\omega t}\end{aligned}\right\} \tag{8.6.4}$$

其中

$$\Theta = \frac{1}{r}\frac{\partial}{\partial r}(r u_r) + \frac{1}{r}\frac{\partial u_\theta}{\partial \theta}$$

$$\overline{\omega}_z = \frac{1}{r}\frac{\partial}{\partial r}(r u_\theta) - \frac{1}{r}\cdot\frac{\partial u_r}{\partial \theta}$$

$$\lambda^* = 2vG_{\mathrm{s}}^*/(1-2v)$$

$$G_{\mathrm{s}}^* = G_{\mathrm{s}}(1+\mathrm{i}2\zeta)$$

桩在土中的弯曲振动方程为

$$\rho_{\mathrm{p}}\pi r_0^2\frac{\partial^2 u_{\mathrm{p}}\mathrm{e}^{\mathrm{i}\omega t}}{\partial t^2} + EI\frac{\partial^4 u_{\mathrm{p}}\mathrm{e}^{\mathrm{i}\omega t}}{\partial z^4} = \overline{p}(z) + \omega^2\rho_{\mathrm{p}}\pi r_0^2 u_{\mathrm{g}}\mathrm{e}^{\mathrm{i}\omega t} \tag{8.6.5}$$

这里下标 s 与 p 分别表示土壤与桩；$u_{\mathrm{p}}\mathrm{e}^{\mathrm{i}\omega t}$为桩相对于基底的位移；$\rho_{\mathrm{p}}$，$r_0$与$EI$分别为桩的质量密度、半径和弯曲刚度。坐标$z$取在桩尖，向上为正。设桩尖无移动，但可自由转动。

式（8.6.4）的解可以写为

$$\left.\begin{aligned}u_r &= \sum_{n=1}^{\infty}\left\{-A_n\left[\frac{1}{r}K_1(\alpha_n r) + \alpha_n K_0(\alpha_n r)\right] + \frac{B_n}{r}K_1(\beta_n r) + f_n\right\}\cos\theta\sin k_n z\mathrm{e}^{\mathrm{i}\omega t}\\ u_\theta &= \sum_{n-1}^{\infty}\left\{-\frac{A_n}{r}K_1(\alpha_n r) + B_n\left[\frac{1}{r}K_1(\beta_n r) + \beta_n K_0(\beta_n r)\right] - f_n\right\}\sin\theta\sin k_n z\mathrm{e}^{\mathrm{i}\omega t}\end{aligned}\right\} \tag{8.6.6}$$

式中，$k_n = (2n-1)\pi/(2H)$；K_0与K_1分别为零阶和一阶第二类修正贝塞尔函数，H为桩长；

$$\alpha_n = \xi_n \overline{\omega} / V_{\mathrm{P}}, \qquad \beta_n = \xi_n \overline{\omega} / V_{\mathrm{S}}$$

$$f_n = 4u_{\mathrm{g}} / [(2n-1)\pi \xi_n^2], \qquad \xi_n^2 = (2n-1)^2 - (\omega / \overline{\omega})^2$$

$$\overline{\omega} = V_{\mathrm{S}} \pi / (2H)$$

$$V_{\mathrm{P}}^2 = (\lambda^* + 2G_{\mathrm{s}}^*) / \rho_{\mathrm{s}}, \qquad V_{\mathrm{S}}^2 = G_{\mathrm{s}}^* / \rho_{\mathrm{s}}$$

V_{P}与 V_{S}分别为土层中 P 波速与 S 波速；f_n为自由场反应。

令 $\overline{p}(z)$ 表示在振动方向上单位桩长的土壤反力，它可以从土应力水平分量δ_r与$\tau_{r\theta}$积分求得，

$$\begin{aligned}\overline{p}(z) &= \int_0^{2\pi} \left\{ \sigma_r \Big|_{r=r_0} \cdot \cos\theta - \tau_{r\theta} \Big|_{r=r_0} \cdot \sin\theta \right\} r_0 \mathrm{d}\theta \\ &= \rho_{\mathrm{s}} \pi r_0 \sum_{n=1}^{\infty} \xi_n^2 \overline{\omega}^2 \left\{ A_n^2 K_1(\alpha_n r_0) + B_n K_1(\beta_n r_0) \right\} \sin k_n z \mathrm{e}^{\mathrm{i}\omega t}\end{aligned}$$

引用桩截面在振动时保持不变这一条件，上式简化为

$$\overline{p}(z) = \rho_{\mathrm{s}} \pi r_0 \sum_{n=1}^{\infty} P_n \sin k_n z \mathrm{e}^{\mathrm{i}\omega t} \tag{8.6.7}$$

式中傅里叶系数为

$$P_n = \xi_n^2 \overline{\omega}^2 \frac{K_1(\alpha_n r_0) + K_1(\beta_n r_0)[2K_1(\alpha_n r_0) + \alpha_n r_0 K_0(\alpha_n r_0)]}{2K_1(\beta_n r_0) + \beta_n r_0 K_0(\beta_n r_0)} A_n$$

将式（8.6.7）代入桩运动方程（8.6.5）中即得

$$u_{\mathrm{p}} = a \sin \mu z + b \cos \mu z + c \mathrm{sh} \mu z + d \mathrm{ch} \mu z + \Sigma U_n \sin k_n z \tag{8.6.8}$$

式中

$$U_n = (\rho_{\mathrm{s}} \pi r_0 P_n + \rho_{\mathrm{p}} \omega^2 \pi r_0^2 \xi_n^2 f_n) / (EIk^4 - \rho_{\mathrm{p}} \pi r_0^2 \omega^2)$$

$$\mu^4 = \omega^2 \rho_{\mathrm{p}} \pi r_0^2 / EI$$

积分常数 a，b，c，d，则由下述四个边界条件决定：

$$z = 0 \text{时}, \quad u_{\mathrm{p}} = 0, \quad \frac{\mathrm{d}^2 u_{\mathrm{p}}}{\mathrm{d}z^2} = 0$$

$$z = H \text{时}, \quad EI = \frac{\mathrm{d}^2 u_{\mathrm{p}}}{\mathrm{d}z^2} = M, \quad EI \frac{\mathrm{d}^3 u_{\mathrm{p}}}{\mathrm{d}z^3} = -F$$

另外，在 $r=r_0$，$\theta=0$ 处，$u_r=u_{\mathrm{p}}$。

最后可得下述无量纲动力 p-y 曲线：

$$p / [E^*(u_{\mathrm{p}} - u_{\mathrm{f}})] = p / (E_{\mathrm{s}}^* y) = \delta_1 + \mathrm{i}\delta_2 = \delta \tag{8.6.9}$$

式中，p 即为$-\overline{p}(z)$；E_{s}^* 为土壤的复杨氏模量；u_{f}为自由土壤场的位移；$y=u_{\mathrm{p}}-u_{\mathrm{f}}$为桩相对于自由场的位移；$\delta_1$表示土桩间的弹簧，$\delta_2$表示介质的材料和辐射阻尼引起的能量损耗。

8.6.3.2 影响 p-y 曲线的因素

(1) 荷载条件。

在推导式（8.6.9）时，地基与桩受到基底地震动 $u_{\mathrm{g}}\mathrm{e}^{\mathrm{i}\omega t}$和桩顶振动 $M\mathrm{e}^{\mathrm{i}\omega t}$和 $F\mathrm{e}^{\mathrm{i}\omega t}$的作用，假如用下标 h 与 f 分别表示桩顶力与基底振动所引起的量，则式（8.6.9）可以写为

$$\frac{p}{E_s^* y}=\frac{1}{E_s^*}\frac{p_h-p_f}{y_h+y_f}=(\delta_h y_h+\delta_f y_f)/(y_h+y_f)=\delta$$

由此可见，这三个 p-y 关系δ_h，δ_f和δ分别相当于三种荷载条件：情况 A——桩顶荷载，u_g=0；情况 B——基底地震动，M=F=0（有桩，但桩顶无荷载）；情况 C——桩顶有结构，基底有振动。

从桩与地基来看，包括下述物理参数，G_s或E_s，ρ_s，ζ，v，EI，r_0，H，ρ_p，写出无量纲形式则有ρ_s/ρ_p，桩细长比 $H/(2r_0)$，桩刚度系数 $K_r=EI/E_sH^4$ 和 v 与ζ。

(2) 沿桩深度。

从式（8.6.7）可知，δ_1和δ_2与傅里叶级数展开的项有关，只有在桩相对于自由场位移的形状正好与土层某一振型重合时，δ_1和δ_2才可能在各深度处是常数。一般情况并不如此。

(3) 桩刚度系数 K_r。

图 8.6.9 绘出了 K_r 对 p/E_s^*，δ_1和δ_2沿桩深度的影响，振动的频率为土层的基频。δ_1和δ_2变为无限是由于桩位移 y=0 所致。这一结果还表明，对于柔桩，只有 y=0 以上的一部分土壤（图中桩深＜H/8 内）才有较大的反力。

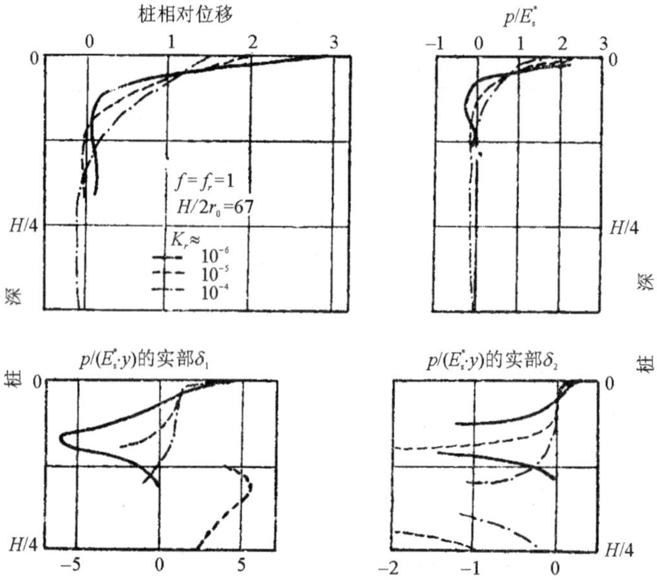

图 8.6.9　K_r 对 p-y 曲线的影响

(4) 桩细长比 $H/2r_0$。

细长比愈大，则桩上的平均反力愈小，能量损耗也愈小。

(5) 上部结构。

上部结构特性对 p-y 曲线的影响是通过 M 与 F 引入的。图 8.6.10 给出水深 61m、122m 和 305m 的上部结构对 p-y 曲线的影响（所考虑结构为海洋平台）。

(6) 频率。

频率对 p-y 曲线的影响可以从图 8.6.10 中看出。另外，图中未示出的一个重要影响是，当 f/f_1≈10 以后，δ_2变得很大，并继续随 f/f_1 加大而增加，因为频率增高后，辐射阻尼增加得很大。

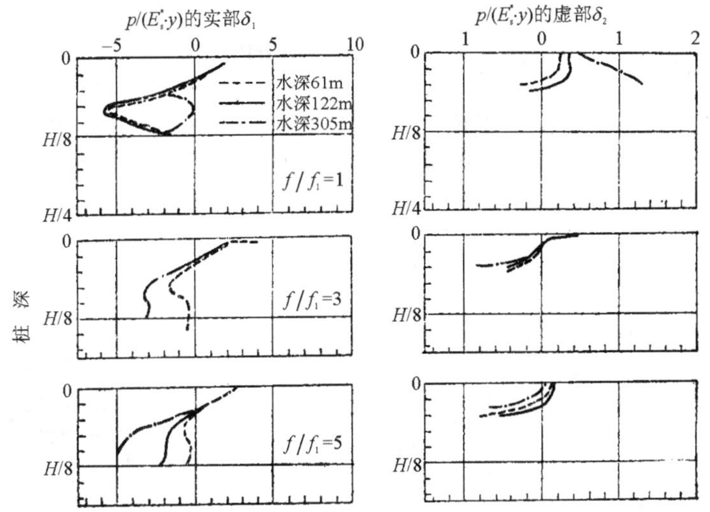

图 8.6.10 上部结构对 $p-y$ 曲线的影响

8.6.3.3 平均 $p-y$ 反应

为了简化桩基结构土壤共同作用的动力反应中的 $p-y$ 反应，可以用一个不随深度改变的常数 $\overline{\delta}$ 值来代替随深度变化的 δ 函数，并用此平均值 $\overline{\delta}$ 于温克勒梁型结构反应分析中，以求得位移、弯矩和剪力。为此，现考虑两个体系，一个是连续体系或精确体系，土壤反应为 p，位移为 y；另一个是温克勒梁基础，土壤反力为 $\overline{p} = E_s^* \overline{\delta}\overline{y}$，位移为 $\overline{y}$。这两个体系中，土壤反力对桩位移所作的功分别为 W_1 和 W_2，

$$W_1 = \int_0^H py\mathrm{d}z, \quad W_2 = \int_0^H E_s^* \overline{\delta}\overline{y} \cdot \overline{y}\mathrm{d}z$$

若两个体系能产生完全相同的桩位移 $\overline{y} = y$，并令 $W_1=W_2$，则得

$$\overline{\delta} = \int_0^H py\mathrm{d}z \Big/ \int_0^H E_s^* y^2 \mathrm{d}z = \overline{\delta}_1 + \mathrm{i}\overline{\delta}_2 \tag{8.6.10}$$

图 8.6.11 和 8.6.12 给出两组结果的对比，由此可见，平均 $p-y$ 反应可以给出很好的结果。

8.6.3.4 非均匀土层的 $p-y$ 反应

对于不均匀土层，式（8.6.10）中的 E_s^* 将随深度而变，这时，可用推导式（8.6.10）同样的方法求得平均的 $\overline{E}_s^*$

$$\overline{E}_s^* = \int_0^H E_s^*(z) y^2 \mathrm{d}z \Big/ \int_0^H y^2 \mathrm{d}z \tag{8.6.11}$$

8.6.3.5 非线性 $p-y$ 反应

如式(8.6.9)、(8.6.10)，单位桩长的土壤反力 p 为

$$p = E_s^* \overline{\delta} y$$

此式中有两个吸能机制，一个是材料阻尼，由 E_s^* 中的虚部表示；一个是辐射和材料阻尼，由 $\overline{\delta}$ 中的虚部表示。对于基底地震动与桩顶力的作用，$\overline{\delta}$ 的虚部可以近似地用吸收 P 与 S 波的

吸能器来表示，如图 8.6.13，即

$$p = p_1 + p_2 = E_s \bar{\delta}_1 y + 2\rho_s B(V_P + V_S)\frac{dy}{dt}$$

式中，p 为由于桩位移 y 产生的土壤反力；p_2 表示由于 $\bar{\delta}$ 虚部产生的反力，并用阻尼器代替；V_P 与 V_S 为自由土层中的 P 波与 S 波波速。

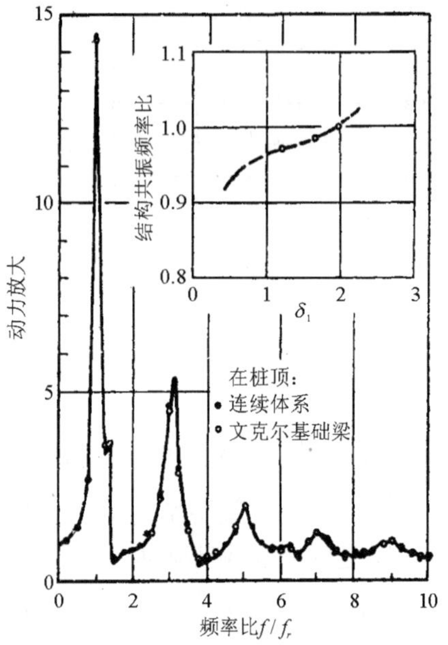

图 8.6.11　桩顶位移反应的放大倍数

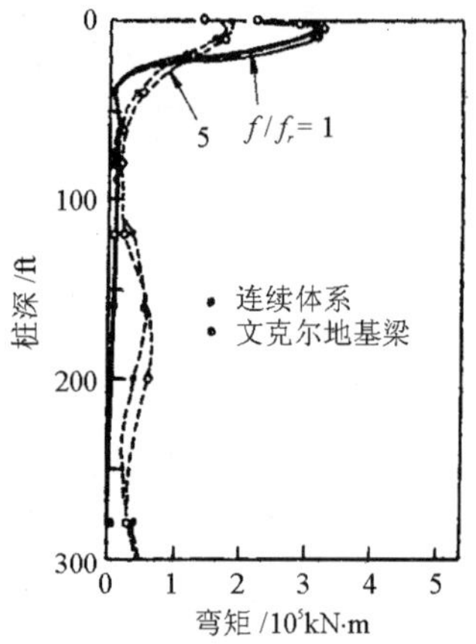

图 8.6.12　桩中弯矩沿深度的变化

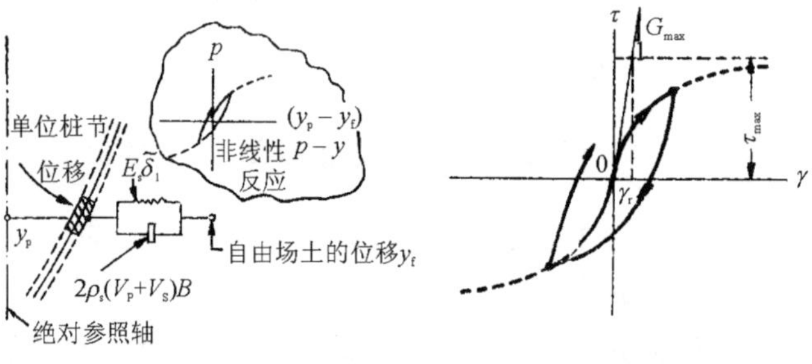

图 8.6.13　土壤、桩等效联系与土壤非线性

图 8.6.13 中给出了常用的土壤非线性关系（第 8.2.4 节）：

$$\tau = G_{max} \cdot F'(\gamma / \gamma_r) \cdot \gamma$$

若剪切模量与有效应力的平方根成比例，则

$$\tau = \left(\frac{\sigma'_{m,0} - \Delta u}{\sigma'_{m,0}}\right)^{1/2} \cdot G_{max} \cdot F(\gamma / \gamma_r) \cdot \gamma$$

式中，$\sigma'_{m,0}$ 为加载前的有效平均主应力；Δu 为超孔隙压；因此得

$$p_1 = (1-r)^{1/2} \cdot 2(1+v) \cdot G_{\max} F(\gamma / \gamma_{\mathrm{r}}) \cdot \overline{\delta}_1 \cdot y \tag{8.6.12}$$

式中，$r=\Delta u/\sigma'_{m,0}$为孔隙压比，γ 可以取为自由场中的土壤应变，但由于土桩作用而引起的土壤应变一般较小，也可以不考虑。

非线性 p-y 曲线的计算步骤如下：

第一，计算时间 t 的非线性自由场反应。分析可以按有效应力进行，以包括超孔隙压的发生与消失的影响，也可以按总应力进行。

第二，用从上一步得到的自由场的土壤非线性性能和一假定的$\overline{\delta}_1$值，计算 p-y 曲线。

第三，用上一步得到的 p-y 曲线，计算土桩结三者联合体系在时刻 t 的反应。若这一步所得的$\overline{\delta}_1$与上一步中假设的相差不小，则修改$\overline{\delta}_1$，再重复第二、第三两步。估计土壤刚度退化和由于土桩共同作用而增加的孔隙压比 r。若 r 不小，则应在修改$\overline{\delta}_1$中考虑。

第四，估计下一步长中的体系参数值，再回到第一步。

经验证明，对于典型近海桩和较密的砂与较粘土场地，$\overline{\delta}_1$=1.4～1.75，所以初始$\overline{\delta}_1$可以取为 1.5～1.6（当 K_r=10^3～10^4时），若 K_r 大于 10^4，则$\overline{\delta}_1$应略小些。

8.6.4 桩基地震反应分析——有限元模型

此法将桩与地基用环形有限元表示，如图 8.6.14，竖向边界的有限元可以采用透射边界，以包括辐射阻尼影响。此图只考虑单桩，故将中心线放在桩中心线上，即得轴对称的体系模型。地基中心线上的有限元为桩的有限元。桩单元（如图中 1 和 2）具有下述特性：第一，它包括一个无重量的梁单元，此梁的轴在竖向；第二，它包括一个无刚度的质量单元；第三，它在单元上下两底面有刚性环，无水平（即径向）变形。

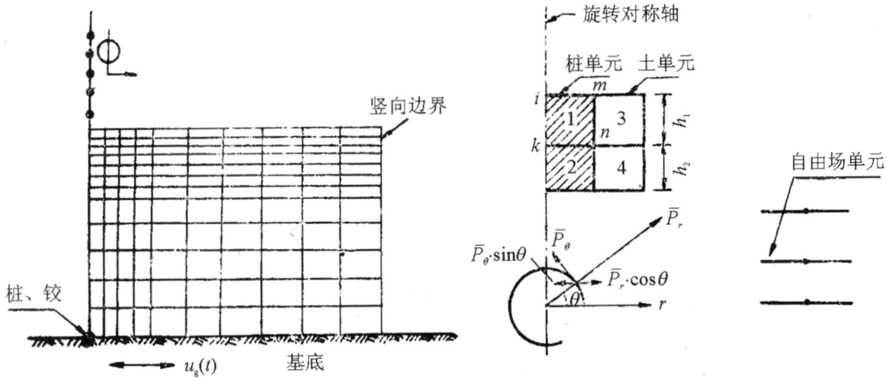

图 8.6.14　桩基结构体的有限元模型

引入此单元后，即可采用 ALUSH 程序进行计算（Berger et al.，1975），从而求得桩的 p-y 曲线为

$$p/(E_{\mathrm{s}}^* y) = \delta_1 + \mathrm{i}\delta_2$$

为计算桩表面节点 n 处的 p 值，可将自由体节点力 P_r 与 P_θ 分解到所求干扰振动方向上来，再对圆周积分，即得

$$P = \int_0^{2\pi} (\overline{P}_r \cos^2\theta - \overline{P}_\theta \sin^2\theta) \mathrm{d}\theta = \pi(\overline{P}_r - \overline{P}_\theta)$$

这里，$\overline{P}_r$ 与 $\overline{P}_\theta$ 为土单元 3 和 4 在节点 n 上的单元节点力之和。单位桩长的土壤反力为 $p=2P/(h_1+h_2)$，桩对于自由场的位移 y 为节点 k 与同一水平线上相应的自由场的反应在径向的位移之差。

第九章　结构与地基实际地震反应及其观测

前面三章讨论了地震工程学中最主要的理论问题，即强地震时，地面是如何振动的，结构与地基基础是如何反应的。这些理论以各种实际资料和经验为依据。在地震动特性的估计中，包含了据以反推地震动的宏观震害经验，以及赖以总结地震动规律的仪器强震观测记录；在结构地震反应分析中，结构物动力特性模型来自震害经验、模型试验与实物实测的分析和总结（见第十章）。一般认为，结构物震害经验和结构物强震观测的结果的可靠性高于人们对地震动估计的结果，现在，结构地震动反应分析是有一定可靠性的。本章就各类结构物与地基的实际地震震害与观测结果来说明这一点（Bertero，1980；Degenkolb，1980；Osawa et a1.，1976）。

9.1　几次近代大地震中结构反应的宏观经验

表 9.1.1 列举了近几十年来国内外几次地震中发现或重复发现的震害特性或值得着重总结的地震工程经验的问题。表中列举的并非全部抗震经验，只是作为一些例子，而且着重近代的发现。根据已有的地震震害，人们发现并总结过的主要经验可以概括为以下三类。第一类是众所周知而且已经为绝大部分抗震规范所采用的经验（见第十三章），即在平面、立面总体上要求均匀、规整；要选择对抗震最为有利的结构类型，无筋土、石、砖结构不利于抗震，木、钢结构有利于抗震；要重视构件之间的联结与支撑和施工管理。第二类是为大多数抗震工作者所承认但尚未为抗震规范所接受的经验。第三类是近年一些大地震中新提出、尚待更多地震检验的经验。本节只介绍后面两类中的一些主要经验。

9.1.1　加强延性，防止脆性破坏

图 9.1.1 绘出两种结构物的总体变形与内力的关系，结构 1 与结构 2 的强度、刚度与屈服极限变形 u_y 都相差不多，但是结构 1 的极限延伸变形 u_{max} 能力远小于结构 2，通常称 $\mu=u_{max}/u_y$ 为延性系数或延伸率。结构 1 的延性系数略大于 1，而且当变形达到 u_{max} 后，结构强度大为下降或立即消失，这种结构破坏称为脆性破坏。结构 2 的延性系数可以很大，常达 6～10，甚至更大，而且在变形达到 u_{max} 以后，结构的强度虽有下降但比较缓慢，在达到破坏以前，变形还可以有很大的增长，这种结构破坏称为延性破坏。强震经验多次表明，倒塌是人身伤亡的主要原因；加强结构物的延性明显有利于防止结构倒塌。

脆性破坏不但决定于结构类型，而且也决定于结构细部构造和受力情况。砖石结构的破坏大多属于脆性破坏，所以它的抗震能力很差，这是众所周知的。属于脆性破坏的还有：①细部构造的断裂，如木构件联结处垂直于木纹的拉力，预制构件的焊接；②钢筋混凝土梁柱节点中的剪切破坏；③梁中缺负弯矩配筋而在出现负弯矩时的混凝土受拉破坏；④钢筋混凝土柱的剪切破坏，特别是短柱；由于短柱的刚度大而剪力大，抗剪强度若不足，则产生混凝土剪切脆性破坏；⑤柱中的 P-Δ影响，会使内力-变形关系提早出现下降段而呈失稳破坏；未考虑到的因素会加大这些局部的内力；1979 年美国南加州英佩里亚尔河谷地震时，县服务大

表 9.1.1　近代大地震震害特点

年.月.日	地　震	M	工程或震害特点
1964.6.16	日本新潟	7.5	砂土液化
1966.3	邢　台	6.8, 7.2	土坯房震害重；砂土液化
1967.7.29	委内瑞拉加拉加斯	6.5	震害选择性(高房重，矮房重，所有房屋都重，因地而异)来自土结相互作用。非结构构件影响、刚度突变影响、柱破坏(特别是倾覆行为)
1967.7.22	土耳其阿达帕扎勒		柱破坏
1967.12.11	印度柯依纳	7.0	混凝土坝颈部裂缝，坝上有强震记录，土、石房震害重
1970.1.5	通　海	7.7	详细震害调查；场地条件对震害的影响
1970.3.28	土耳其盖迪兹	7.1	长周期共振
1971.2.9	美国圣费尔南多	6.6	医院震害严重；刚性突变、柔底层影响大、延性作用重要。生命线工程经验教训多；土坝濒临倒毁；得到大批强震记录(地面；结构)
1973.4.26	美国夏威夷	6.2	非结构构件破坏；300km 外长周期振动的影响
1974.5.9	日　本 伊豆半岛冲	6.8	地基失效(断层，滑坡)影响极大，振动震害轻微。砖石结构震害严重
1975.1.19	印度金瑙尔	6.8	土房震害重
1975.2.4	海　城	7.3	液化；工业厂房支撑与连接破坏 烟囱、桥梁破坏 长短不同周期结构的震害
1975.4.21	日本大分	6.4	刚度不均匀的影响大；脆性破坏(短柱)
1976.7.28	唐　山	7.8	地震大小估计不准 脆性破坏(预制板与砖墙) 地下结构 构造柱 液化(轻亚粘土) 长周期破坏(天津) 工业设备 土坝
1978.6.12	日本宫城县冲	7.4	生命线工程的破坏 延性的重要性
1979.10.15	美　国 英佩里亚尔 河　谷	6.6	a_{max}=1.74g，大批强震记录(地面，结构) 震害严重而又有强震记录的结构(一栋六层 RC 房屋) 刚性突变，柔底层的震害

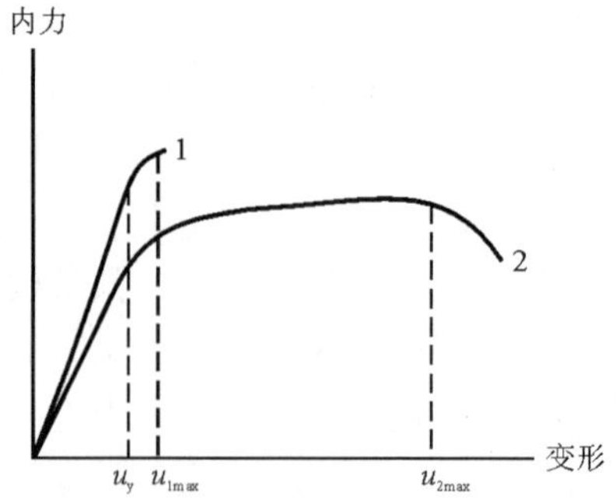

图 9.1.1　结构的变形与内力关系

楼 1 楼柱破坏严重，变形很大，濒临倒塌，但由于柱的延性较好，故幸免于倒塌。

9.1.2 利用多道抗震防线

由于现在未能准确地估计未来地震动的大小，为防止意外过大的地震动作用而产生的结构倒塌和人身伤亡，因地制宜地采取花费不大的多道抗震设防，是可以防止许多倒塌事故的，如预制屋面板与楼板高质量的焊接，桥梁支承处较大的支承长度，适当的支撑系统，利用结构物的多次超静定作用等。

地震动作用是动力作用，无论是外部干扰还是结构内部破坏，都有一个过程；只要能够防止倒塌而使结构物在振动过程中仍然保持有一定的抗震强度甚至是抗重力破坏的强度，以结构的变形来换取时间，以多道防线中的局部或一道防线的破坏来换取时间，消耗地震动输入的能量而防止致命的倒塌，至少可以减少人身伤亡和避免贵重仪器设备的损失；以实现“大震时裂而不倒”的抗震策略。

9.1.3 结构分析模型要符合实际

在结构地震反应分析中，常常将一部分构件作为非结构构件，如某些间隔墙、填充墙或围护墙，并认为它们不参与地震力的抗御工作。但是，在实际条件下，这些构件并未与结构构件脱离，所以它们是参与了结构物的抗震作用的，而且由于它们常具有较大的刚度，所以常常参与了不少抗震作用，但是，它们不一定有适当的强度来完成这一作用，因而常常会过早地导致其本身的破坏；另一方面，由于它们承担的那部分地震力还常常要转嫁到一些结构构件上去或改变其他构件的受力状态，如框架填充墙会将它所承担的力加到框架上去，从而导致这些结构构件的破坏；不到顶的隔墙常常使钢筋混凝土长柱变为短柱，从而使柱的弯曲作用变为剪切作用；地基基础上的填土使室内外地面提高，地面的混凝土铺面具有足够的刚度，使钢筋混凝土柱在此有一刚度很大的支撑作用，从而改变了柱的支撑点和受力状态；这些都未在计算分析和设计中考虑，从而造成柱中的剪切破坏或其他构件的破坏。

9.1.4 慎重对待有争论的抗震设计原则

有些抗震设计原则是有争论的，并未得到实践的确切验证，甚至还有不少实例已经否定了这样的原则。柔底层就是这样一个例子，早在 20 世纪 30 年代就已经认为是不恰当的这一理论，又有人加以提倡（Fintel and Khan，1969），而且不少结构物的确是这样建造的，主要原因是由于底层常被用作停车或商店等公共用途，从而减少或取消剪力墙而代之以刚度小得多的抗弯刚架。这种理论认为柔底层可以防止地震动向上部结构传播，从而使上部结构不受地震损害。

1971 年 1 月 9 日美国圣费尔南多地震中，橄榄景医疗中心主楼的破坏即为一例。主楼为 6 层，如图 9.1.2，此钢筋混凝土房屋的上面 5 层有四个翼，底层连在一起，并在平面上超过上 5 层，如图中立面所示。底层在西与北侧为地下室；底层顶部超出上层的部分作成地面形式。顶上四层有剪力墙和螺箍柱，但地下层与第 2 层则无剪力墙，只有包括系箍杆的抗弯刚架。因此顶上四层的刚度与强度都远大于下面两层，从而形成了柔底层的结构形式。地震时严重的结构震害均集中于下面两层，上部 4 层震害轻微，底层的永久位移达到 25cm，第 2 层达 76cm，底层水平向延伸出上层平面者因支承柱的脆性破坏而倒塌，底层的系箍柱有同样的破坏。螺旋箍柱虽能产生明显的延性变形，但因螺旋箍过早终止，使柱混凝土剥落和开裂而部分遭到破坏。此层所有系箍柱均受到剪切破坏。

主楼距地表发震断层约 3km，无强震观测记录。从帕科伊马坝记录到的最大加速度

a_{max}=1.25g 来分析，若去掉地形影响，估计医院处的地表地震动最大加速度可能在 0.5g 左右，其中可能包括一个大的速度脉冲。

因此，大多数人认为，引起此房屋破坏的主要原因在于：地震动强烈，上四层与下两层之间刚度与强度有突变，柔底层形式并无相应措施以保证底层能产生很大的变形而不破坏，系箍柱不足以保证足够的延性。

1979 年 10 月 15 日美国英佩里亚尔河谷地震时，英佩里亚尔县服务大楼在东西向也属于柔底层钢筋混凝土框架结构，剪力墙在底层不连续，如图 9.2.8 所示，特别是东端，在上部剪力墙之下用四根钢筋混凝土柱承重。地震时，此四柱破坏严重，柱底混凝土大量剥落，竖剪严重屈曲，水平系筋松断。主震后，柱缩短 23cm，一次最大的余震中又缩短 7cm。

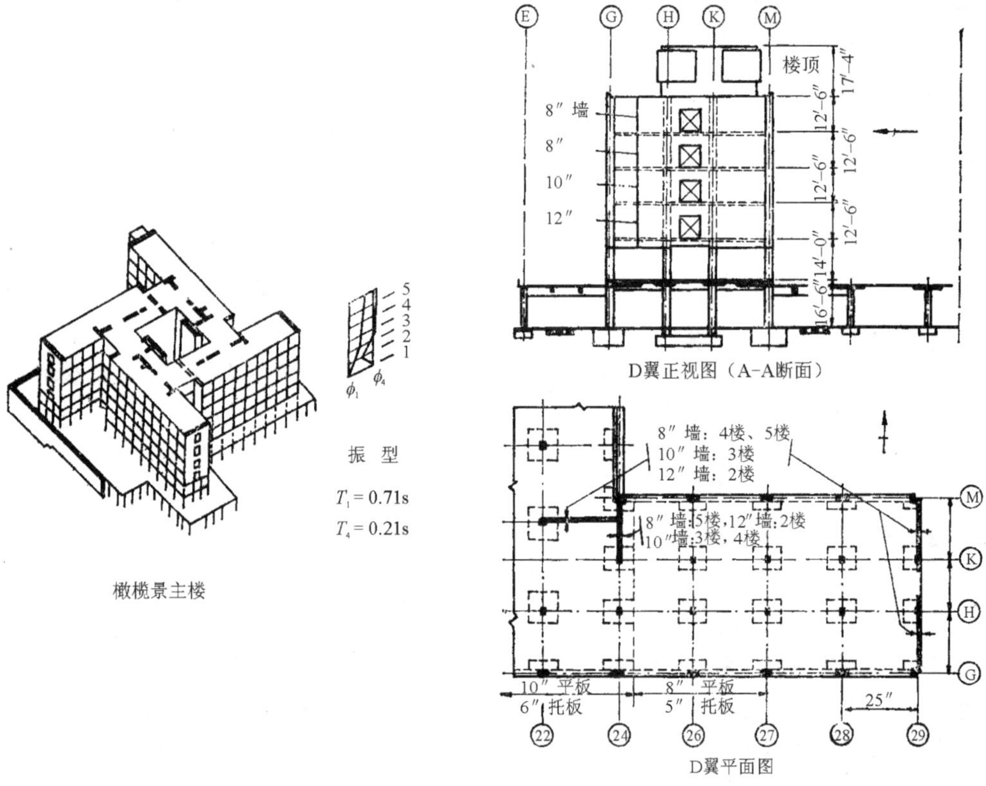

图 9.1.2　橄榄景主楼 D 翼

1977 年阿根廷圣胡安地震，一学校房屋为四层钢筋混凝土空间框架，底层无纵墙，上部三层均有砖填充墙。地震时，底层柱产生很大非弹性变形，主震后永久水平层间位移达 4cm，余震后增至 6cm。地震后，用附近 2km 的地震动记录对此房屋进行分析，结果表明：①上部钢筋混凝土框架中的填充墙大大增加了上部三层的刚度，从而改变了振动的模式，使此房屋完全成为柔底层的结构；②底层柱的内力超过弹性极限；③非线性反应分析得到的永久位移为 3.8cm，与实际结果很一致；④所设计的底层柱正好足以提供所需要的延性系数μ=2.5（Bertero et a1.，1980）。

1963 年南斯拉夫斯科普地震与 1967 年 7 月 29 日委内瑞拉加拉加斯地震时都有类似的事例。

这些事例一致说明了一个事实，即柔底层的严重破坏和其上部结构的轻微破坏，柔底层像“保险丝”一样，毁坏了自己而隔断了地震动传向上层的道路，这一点意见是一致的。因此，柔底层隔震这一概念的成功与否，关键在于此“保险丝”是否在损坏之后可以再换上新的“保险丝”，或者不换新的能否使上部结构物仍可安全使用。现在的状况是，反对者认为柔底层的变形必大，尚无法使之不坏，而坏了之后又不能更换；赞成者则正在提出一些方案，如第 10.4 节所述。

9.1.5 刚度突变常导致破坏

上述柔底层可以看做是刚度、强度突变的一个例子，在一般情况下，其不利影响已很明显。这种对于刚度、强度连续式、过渡式的变化，不但是上层和底层，同时也包括在竖向及水平向相邻层之间的变化，进而可以扩大为在平、立面内的几何形状、刚度、强度和质量的变化，都应力求均匀，否则，将会引起结构反应性状的变化，如产生过大的扭转，从而引起某些部位的内力或变形的集中而导致破坏。

9.1.6 重视柱的破坏

在许多地震中，钢筋混凝土柱的破坏曾引起严重后果，如 1967 年委内瑞拉加拉加斯地震。为此，美国在 20 世纪 70 年代曾强调强柱弱梁的设计原则。引起钢筋混凝土柱破坏的原因很多，主要的有过大的侧移而产生的 $P\text{-}\Delta$效应，角柱的双向地震动影响，房屋倾覆和竖向地震动产生的柱轴向内力，箍筋不足等。柱是钢筋混凝土房屋中承受静力的主要构件，其强度降低和变形加大会使柱丧失其承担竖向力的作用而导致房屋倒塌。

9.1.7 超载是可能的

现在采用的设计地震荷载或地震动并不是最安全的，而是一种平均的。例如，在采用地震烈度作为设计指标的规范中，所规定的地震系数 $k=a/g$ 或地震动加速度 a 并非属于该烈度的最大值，而只是一种平均值或等效值。如我国 1978 年规范规定Ⅷ度为 $0.2g$，Ⅶ度为 $0.1g$ 就不是已经发现过的属于这些烈度的最大值；如 1979 年美国英佩里亚尔河谷地震曾得到的最大加速度 $1.74g$ 和许多 $0.5g$ 或更大的地点，烈度仅为Ⅶ。因此，当地震动属于同一烈度时，实际加速度有一半的可能性会超过规范中所规定的数值。

另外，现有地震烈度之类的估计或地震危险性估计的准确度都很不高，如唐山地震中的Ⅺ度或Ⅹ度均发生于过去认为只可能为Ⅵ至Ⅷ度的地区。短期内，这种估计的精度还不会有明显改善，因此，结构物还会受到比设计中考虑的更大的地震动。

上述这些方面的经验教训，以及今后将继续取得的这样的经验教训，无疑将不断改进我们对结构物地震反应的了解，从而改进结构的抗震设计。另一方面，人们还在不断地根据地震时结构物地震反应的宏观调查和仪器记录的分析，进行地震反应分析对比，从而验证现有地震反应分析方法的可信程度；或改进现有的方法，从而发现结构中的薄弱环节，直接改进结构抗震设计，以弥补宏观分析的不足。下面详细介绍这两方面的现状。

9.2 结构或地基地震反应记录及其分析

9.2.1 地基与土体结构的地震反应

最先利用地震记录校核地基反应计算方法的是日本金井清等人，他们根据地震波在水平土层中传播的一维线性理论解，从地表记录推算地下记录过程，然后和强震观测结果对比，结果符合得很好。他们假定土层是线性的，或可以线性化的，从地表反应记录可以求得其卓越周期，并假设它就是土层的等效自振周期，故可以按一维波在线性水平土层中垂直入射的解，导出地下地震动与地表地震动之间的关系。此关系异常简单，可以容易地从地表地震动求得地下地震动（Kanai and Yoshizawa 1963；1964）。

希德等人在 20 世纪六七十年代对地基的地震反应进行了大量工作，其中包括地震记录与计算结果的对比。其地基地震反应分析方法已在第 8.4 节中介绍过。主要事例如下。

(1) 1957 年 3 月 22 日旧金山地震时，在旧金山市内基岩地基的台站金门公园和相距不远的土层上的几栋房屋的室内地面取得了强震加速度过程 $a(t)$记录。希德等人将基岩记录 $a(t)$作为其他场地基岩底部的输入，用等效线性化法，计算了上部土层的反应，对比了地面记录与计算过程的反应谱，几处对比均符合尚好（Schnabel et al.，1972；Seed and Idriss，1969）。图 9.2.1 示出州立大厦反应谱对比的结果。此地基下为 60m 的砂层，记录到的地面最大加速度为 105Gal，原计算结果为 112Gal，阻尼改进后为 103Gal。

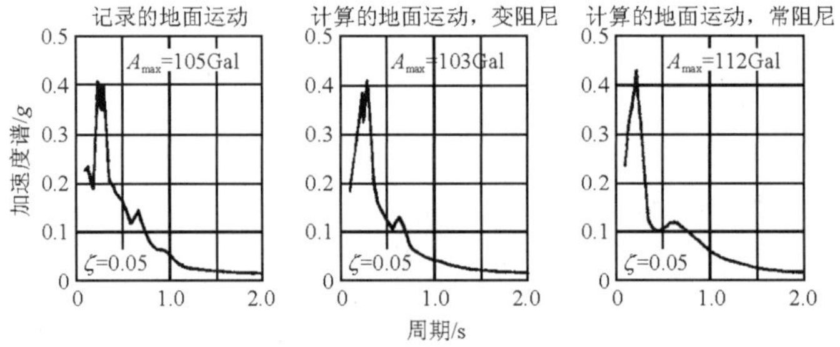

图 9.2.1　1957 年旧金山地震州立大厦反应谱对比

(2) 1971 年 2 月 9 日美国圣费尔南多地震时，下圣费尔南多土坝发生大滑坡，土坝濒临倒溃，希德等人作了详细分析（Seed et al.，1975）。坝的构成及滑坡如图 8.5.4（b）所示。此次地震为 6.6 级，震源深度约 13km，坝距震中约 11km。有名的帕科伊马坝强震记录是在震中距 8km、在此坝之东 4.8km 处得到的，最大水平加速度约 1.25g，可能有地形影响。克拉夫等在经过分析、去掉地形影响后，求得基岩处输入的水平最大加速度约为 0.76g（Reimer et al.，1973）。另外，在下圣费尔南多坝上有两台强震计，一在东坝端岩石地基上，一在中段坝顶。在坝顶的此台仪器，地震时随滑坡落入水中，水退后又重新收回，并发现地震时取得了记录，如图 9.2.2。由此可见，坝端的震动无主要方向，而坝中段顶部则以顺河流向为主。根据这两个记录的对比，坝顶记录与坝端差不多长，可见滑坡发生于震动接近强震段的尾期。设于坝端的那一台强震计由于仪器有缺陷，记录中出现了不应有的高频杂音，斯科特（Scott，1973）以此记录中的附加高频作为时间讯号，从而将图 9.2.2 中的记录转换为坝端加速度过程 $a(t)$，如图 8.5.4（a）下部所示；从而推断，最大加速度不致超过 0.55～0.6g；杜克等人也认为坝端岩石地基上最大加速度约为 0.5g。设于坝中段顶部的那台强震记录无此高频杂音，故无时间讯号，不能作此转换。

震后几分钟的调查发现上游面大滑坡，坝顶已被滑掉，坝高降低约 10m，坝濒临倒溃。事后进行了详细的开挖与钻孔调查，发现在中部粘土墙上游面近下部的水力冲填砂壳部分大面积液化，从而引起坝上游坡产生大滑坡。

在进行了坝体地震反应的准静力分析之后，又进行了动力反应分析。分析包括希德等提出的下述步骤：第一，确定坝体地震前的初始应力；第二，确定坝基的地震动输入；第三，确定坝的动力反应；第四，同时考虑静力与动力反应，研究坝体单元的砂土液化与变形；第五，根据坝体单元变形，研究坝体的整体变形，最后结果见图 8.5.4（a），输入用斯科特得到的坝端岩石地基的地震动，所得坝顶反应加速度过程见图上部，由此可见，最大加速度与输入相近，这与坝顶记录相符。图中部还绘出了高孔隙水压区，变形可能达 5%～30%。图 8.5.4（b）中阴影部分表示剪应变可能高达 15%以上的范围。若这一部分土壤无抗剪力，则可能产生图所示的滑坡。这一分析结果表明，在强震动的尾部，坝体上游面已产生大面积液化区，足以产生大滑坡，这与实际震害是符合的。

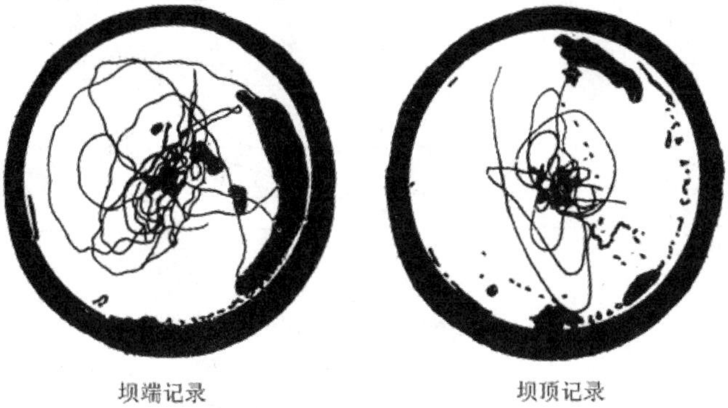

图 9.2.2　坝端及坝顶强震计记录

9.2.2　地基与土体结构震害的分析

9.2.2.1　边坡震害

地震时由于边坡失稳而引起大滑坡的事例很多，绝大多数事例中并无地震动记录可供分析。希德等人的方法是根据当地的地震条件，估计土体底部可能的地震动特性，从而利用第 6.6 节人造地震动的方法估计输入的地震动加速度过程 $a(t)$，然后分析土体的地震反应，判断能否产生滑坡以及产生的原因。他在 1967 年第四次泰沙基讲座上总结了这一结果（Seed，1968）。他分析过的震害实例中包括 1964 年阿拉斯加地震、1966 年智利地震、1925 年圣巴巴拉地震及其他地震中的多种滑坡现象，他认为，许多地震滑坡是由于地下或坝体内的饱和松散的粉细砂层液化引起的，还有少数是由于地基中的薄砂层甚至很薄的砂透镜体的液化引起的。图 9.2.3 为 1964 年阿拉斯加安科雷奇市特纳盖恩高地的滑坡解释。

9.2.2.2　土坝变形

钱尼（Chaney，1979）用与希德等相似的步骤，分析过表 9.2.1 中所示的三个土坝在地震后产生的永久变形。在分析中采用有限元法计算坝体反应，然后估计各单元的变形，从而估计坝体的变形。由表中结果可见，结果大致相符。

9.2.3　结构地震反应观测的分析

现在已积累了很多结构地震反应观测的数据，多数为结构小变形的，这时结构物尚无破坏。这种记录的分析现在发展成为一种用以确定并研究结构力学模型的典型方法之一，并名之为“结构识别”或“结构辨识”，即利用结构基底的地震动输入与结构上部地震动反应输出的时间过程，来研究结构体系的力学模型，见第 10.9 节。本节只讨论正演（即从输入计算输出）结果与强震观测结果的对比，以检查现有分析方法的有效性和结构抗震的经验。

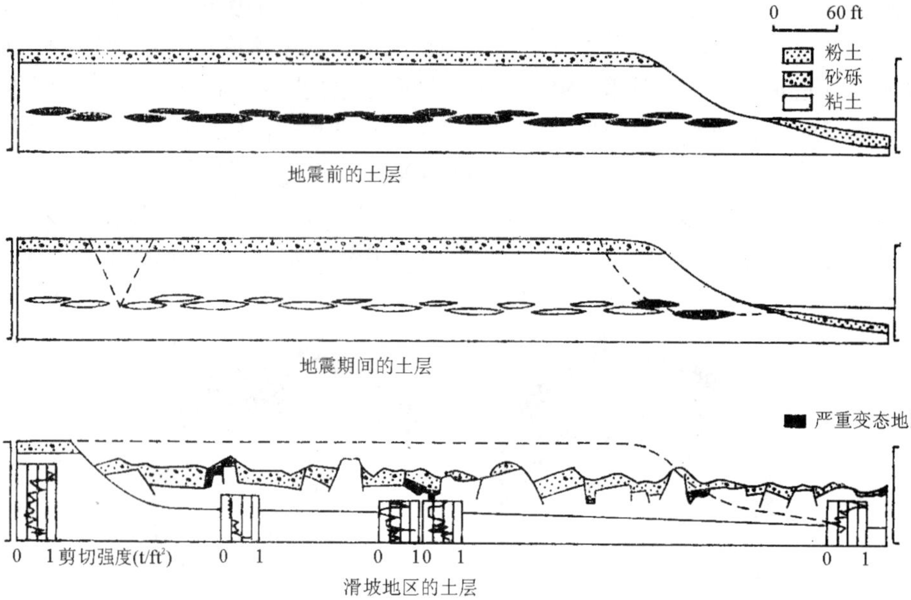

图 9.2.3　安科雷奇市特纳盖恩高地滑坡

表 9.2.1　土坝永久变形的分析

坝	材　　料	坝高/ft	地　　震	M	估计 a_{max}/g	坝顶变形/ft			
						竖　向		水　平	
						实际	计算	实际	计算
赫本根湖	土石坝	87	1959 年蒙大拿	7.1	0.4	2.8 下	2.01 下	0.8 下南	0.61 上南
干　　谷	水力冲填碾压粉细砂	63	1952 年塔夫特	7.6	0.1	0.3 下	1.42 下	0.3 上南	0.4 上南
下范诺曼	碾压均匀土坝	63	1971 年圣费尔南多	6.6	0.6	0.42 下	0.44 下	—	0.24 下南

注：1ft=30.48cm。

9.2.3.1　无震害或小震害房屋地震记录的分析

(1) 洛杉矶鹿岛国际大厦。

1971 年 2 月 9 日美国圣费尔南多地震时，在距震中约 30km 的洛杉矶鹿岛大厦受到强烈震动，但无明显结构破坏。此大厦为钢框架结构，总高 63m，平面尺寸为 20m×29m，其一部分与三层停车楼相邻，两结构之间有 1cm 的抗震缝，在三层楼处有明显碰撞的痕迹。在每一水平方向抗侧力体系为 4 榀框架。结构上布置有 3 台 AR-240 型强震仪。结构与强震仪位置如图 9.2.4 所示。强震仪记录示于图 9.2.5，部分记录放大后示于图 9.2.6，以便分析。

初步近似分析采用设计中的结构基本周期 T=0.1N（N 为房屋总层数）。按 1961 年设计时当地抗震规范计算基底剪力系数 $V/W=CZk_\beta$，地震分区系数 Z=1，结构参数 C=0.67，反应谱纱数 $k_\beta=0.05T^{-1/3}=0.0437$，由此得基底剪力系数为

$$k=0.029$$

实测最大加速度为 a/g=0.164，约为设计用 k 值的 5 倍多，因此，结构可能进入非线性反应阶

段，需要仔细分析。

根据震前风激振动的实测，此房屋的基本周期为 1.9s，再结合这次强震记录看，可以近似取为 3.0s。这表明第 2 振型的周期接近 1.0s，从而可见图 9.2.5 中房屋顶部在 8s 左右的记录主要以第 2 振型反应为主，而在 16.5s 附近则以第 1 振型反应为主；但 8s 的反应大于 16.5s 附近的反应。从图 9.2.6 的记录可以估计出在 16.5s 左右，在将记录平滑后，第 15 层与第 8 层的加速度反应振幅分别为 0.072*g* 和 0.04*g*，这是第 1 振型的反应。有了第 1 振型的这两个高程上的幅值之后，可以近似假定整个振型，从而计算出各楼板处振型的加速度峰值，由此即可算出各楼层的第 1 振型剪力与弯矩。现在将以第 1 振型反应为主的层间剪力 V_1 和弯矩 M_1 与设计值对比。由此得出基底设计剪力 V 与实际剪力 V_1 之比为 V/V_1=381/560，弯矩之比为 M/M_1=18.8/70.0（注：这里考虑了当时规定采用的倾覆力矩折减系数 J=0.382）。由此可见，V_1=1.5V，M_1=4M。基底弯矩对底层外侧柱影响最大（这一结果附带表明，倾覆力矩折减系数不符合实际情况，以后的抗震规范中不再采用，这是正确的修改）。由此可见，结构不一定进入了非线性反应阶段。

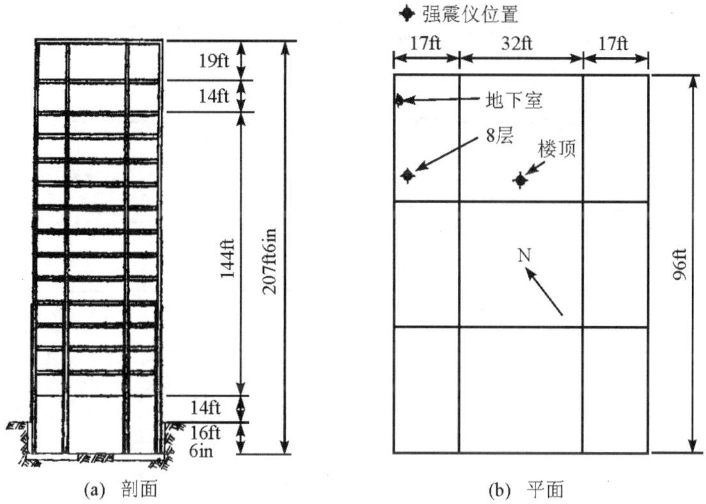

图 9.2.4　洛杉矶鹿岛大厦

1ft=30.4cm，1in=2.54cm

按照相似的方法，先将 8s 附近的记录进行平滑，从而得到第 1、2 振型反应的幅值，进而得到顶层与第 8 层的加速度反应幅值分别为 0.12*g* 和 0.15*g*；此时的第 1 振型反应分别为 0.02*g* 和 0.014*g*，根据这些值，可以求得 8s 附近第 1、2 振型的剪力与弯矩分布，从而得到两振型反应组合后的总反应为

$$V_2 = \sqrt{550^2 + 200^2} = 590 \quad (\text{或最大为}750)$$

$$M_2 = \sqrt{23^2 + 25^2} = 34 \quad (\text{或最大为}48)$$

当然，对于高振型反应，主要危险在结构上部。

层间位移可以从第 1 振型反应估计。这时，a=0.072g，T_1=2.8s，故得屋顶层的位移为 d=2.2cm，与设计所用容许值 d=0.0025cm，h=2.2cm 相符。

按电子计算机详细分析得到的结果为：基底剪力 V=860，基底弯矩 M=90，最大顶层位移为 2.3cm；并确认仅某些构件进入弱非线性反应区，故无明显结构震害。由此可见，详细分析得到的结果与近似分析略有不同。

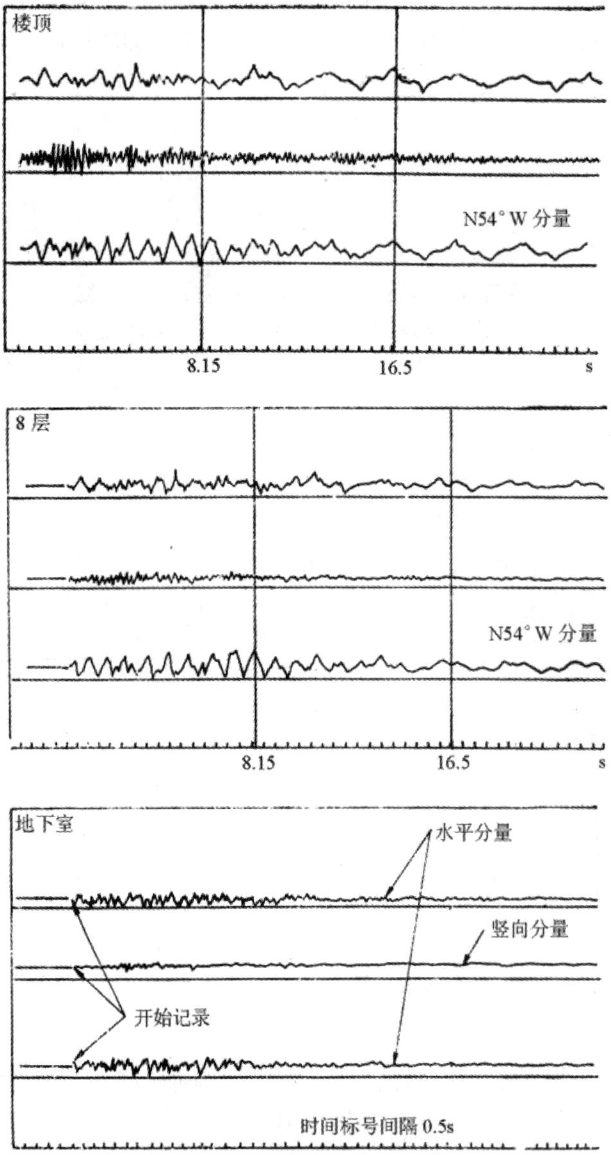

图 9.2.5　鹿岛大厦地震记录

(2) 1978 年 2 月 20 日日本宫城县冲地震时住友生命仙台大楼（内田直树等，1978）。

此大楼平面尺寸为 32.4m×32.6m，地下两层地上十八层，总高 76.3m，型钢钢筋混凝土框架结构，地基较好。在地下 2 层，地上 9 层和 18 层设有强震加速度仪。1978 年 2 月 20 日宫城县冲地震（M=6.8，h=56km）时，水平最大加速度地下室为 0.1g，屋顶达 0.36g，强震持时约 5s；1978 年 6 月 12 日宫城县冲地震时这两处的加速度分别为 0.28g 和 0.58g。两次地震时，此房屋破坏均轻微。

根据强迫振动实验，求得了结构物的自振特性，如表 9.2.2，和这次地震中表现出来的相比自振周期要短，这是很典型的结果，因为地震时的振幅要大得多，略有非线性反应。计算中采用的振型与实测结果很相近。图 9.2.7 给出了实际地震记录到的加速度过程 $a(t)$与加速度反应谱 S_a/g 与弹性计算的对比。由此可见，反应谱符合得很好，加速度过程的前 4s 也符合得很好，但 4s 之后则相差较多，计算值大一倍多。这可能与结构轻微损坏后的阻尼变化有关。

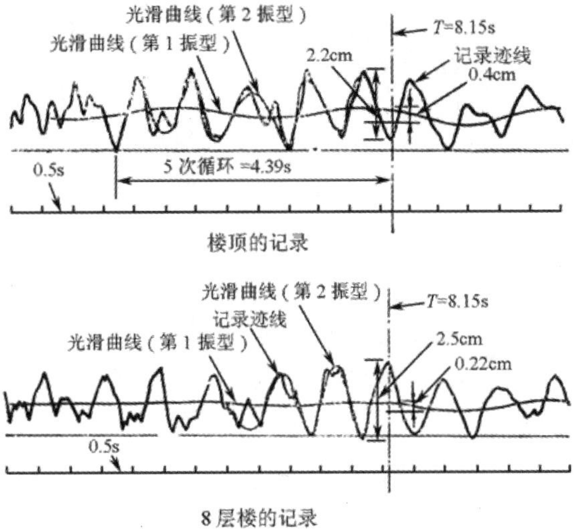

图 9.2.6　放大后的鹿岛大厦地震记录（部分）

表 9.2.2　水平自振周期(s)

振型	强迫振动 1973.10		环境振动 1973.10		地　震 1978.2.20		设计时 弹性分析用		这　次 弹性分析用	
	南北	东西	南北	东西	南北	东西	南北	东西	南北	东西
1	0.84	0.81	0.84	0.78	1.17	1.08	1.29	1.27	1.21	1.10
2	0.23	0.24	—	—	0.27	0.28	0.30	0.34	0.31	0.31
3	0.14	0.12	—	—	—	—	0.17	0.17	0.16	0.16

9.2.3.2　*有震害房屋地震记录的分析*

(1) 英佩里亚尔县服务大楼（Saiidi，1981）。

1979 年 10 月 15 日美国加州英佩里亚尔河谷地震时，在埃尔森特罗市的此大楼震害严重，濒临倒塌，而且在房屋上取得了很好的强震记录，很有分析价值。

此房屋为高六层的办公大楼，平面尺寸为 23m×42m，支承于长 15～20m 的混凝土桩上。在东西向（纵向），水平侧力由间距 8.2m 的 4 榀钢筋混凝土框架承受；在南北向（横向），水平侧力则由钢筋混凝土剪力墙承担。剪力墙在 2 层楼板处中断，上部五层的剪力墙布满整个屋宽；在底层，东端无剪力墙，仅有 4 根钢筋混凝土柱，而且缩进楼上外墙之内，西端剪力墙缩进，和另外三片内剪力墙一样，宽度仅为屋宽的一半，如图 9.2.8 所示，从而构成柔底层的结构。图中同时示出房屋内的 13 个测点和室外 100m 处自由地面上 3 个互相垂直分量的测点，在这些测点上都取得了良好的记录。

地震时，房屋底层东端剪力墙缩进处的 4 根钢筋混凝土柱在底部严重破坏，外柱破坏远重于内柱，混凝土剥落，主钢筋屈曲成灯笼状，系箍筋拉断或松开。底层的所有梁、柱均有损坏，但以此 4 柱为最重。

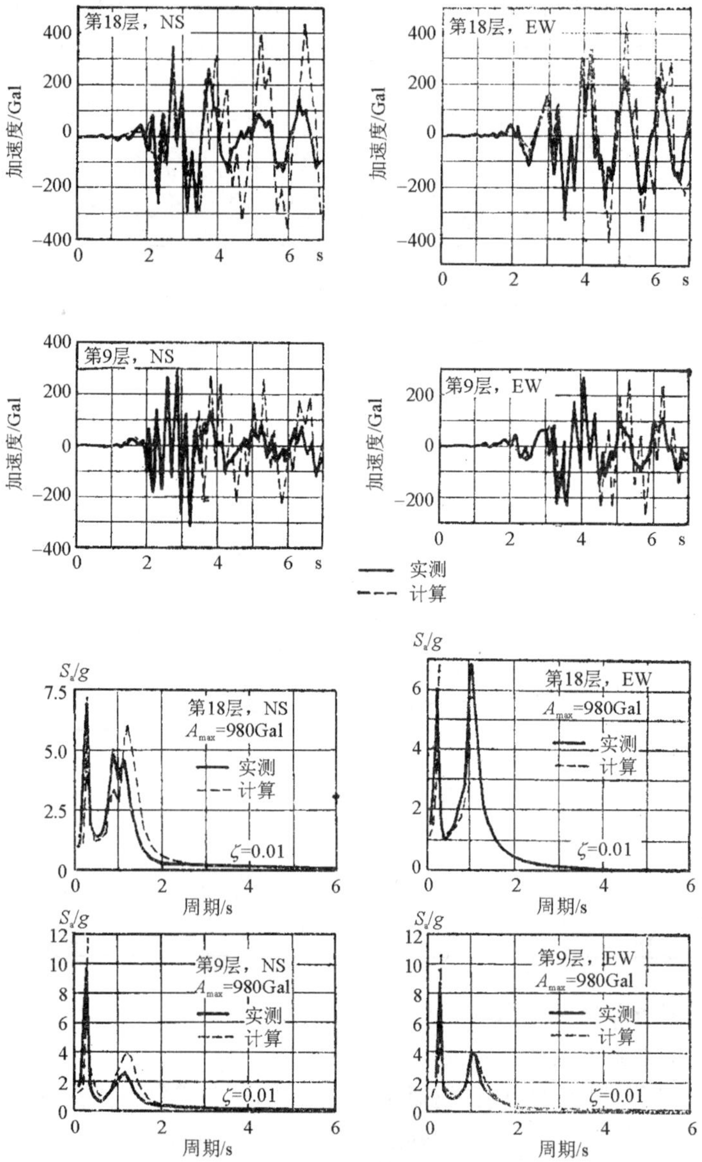

图 9.2.7　住友生命仙台大楼地震实测结果与计算的对比

此房屋在地震前后均进行过环境振动测量，所得自振周期见表 9.2.3。结构地震反应记录见图 9.2.9。图中 1～$2^{3}/_{4}$ s 内的初始震动阶段看来与震前测量的小振幅自振特性相符。从纵向的几个测量记录（4，5，6 号）来看，这一时段内的自振周期约为 0.3s，再加上这三层记录的相位特性，它应属于纵向第 2 自振周期，第 1 周期为 0.65s。在 $2^{3}/_{4}$ s 后，振动周期突然加长，东西向的 4，5，6 号三个记录相位也大致相同，周期约为 1.6s，这似乎意味着很大的非线性反应，估计底层柱底的半铰接状态在此时发生，也许由东侧两角柱（东北与东南）在双向地震作用下反应同时达到最大值。在东西向的振动记录中，这一长周期振动持续到地震动

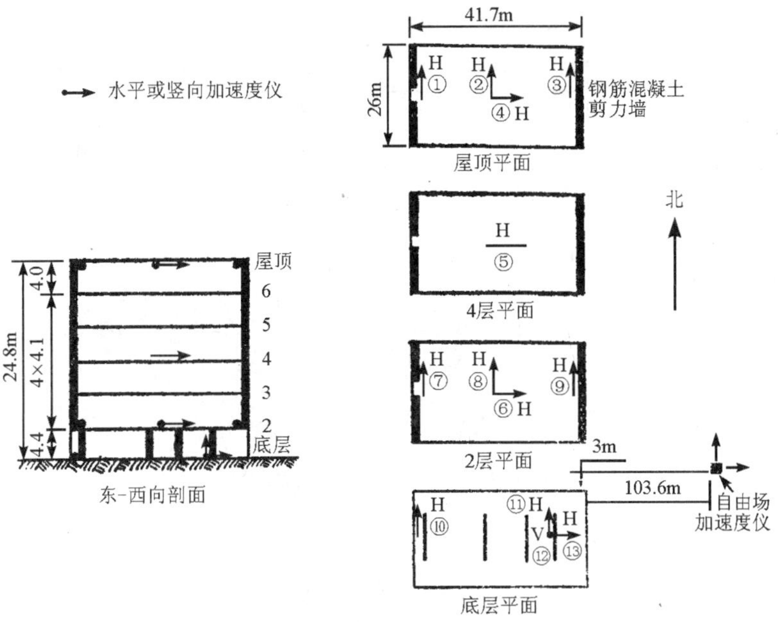

图 9.2.8　英佩里亚尔县服务大楼及强震仪测点①～⑬布置示意

末期，周期并逐步增长到 2s。在 $7^1/_2$ s 处，差不多所有记录都出现一组高频破裂振动，尤以 3 号和 9 号记录最为强烈，这两个记录正好是在 4 根破坏严重柱子之上部取得的，估计它们与这些柱子的最后屈曲破坏有关。

南北向环境振动周期 0.45s 可见于第 1～3 号记录的开始时段，同时仍可见尚有另一振型同时出现。在 $2^3/_4$ s 时，所有南北向记录均有高频单一脉冲，但不见于室外记录；此单一脉冲在两端与中部较大，而在东端最小，由于此脉冲看来是由下向上传播的，估计它可能是由下部基础中引起的，如桩顶裂断；另一可能性是它反映底层顶部两道内剪力墙中的斜裂缝，但室内地面与 2 楼记录的脉冲方向并未相反。

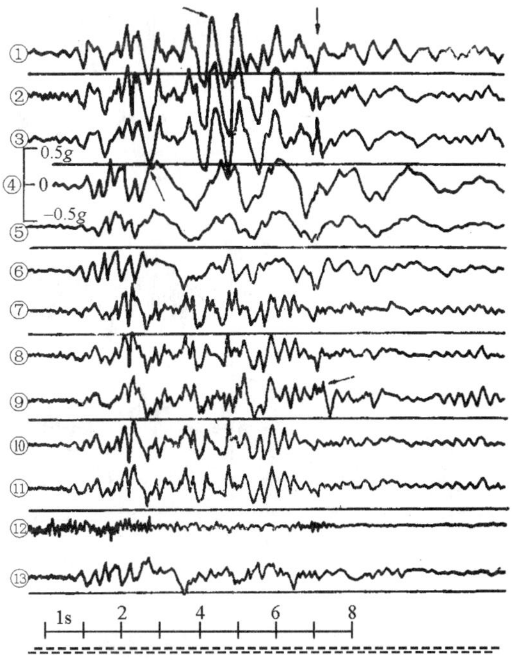

图 9.2.9　英佩里亚尔县服务大楼①～⑬测点结构地震加速度记录

记录①号、③号和⑦号、⑨号（图 9.2.8）是为了研究扭转振动。从记录看，在前 7s 之内，扭转并不明显，但在 7s 之后，⑨号记录与其他大不相同，这也许表明东侧柱的破坏使上部出现了非对称的扭转振动，东端运动大于西端（Housner and Jennings，1982，112～118）。

表 9.2.3　环境振动测量自振周期(s)

	东西向	南北向	扭　转
震　　前	0.65	0.45	0.36
震　　后	0.83	0.52	0.43

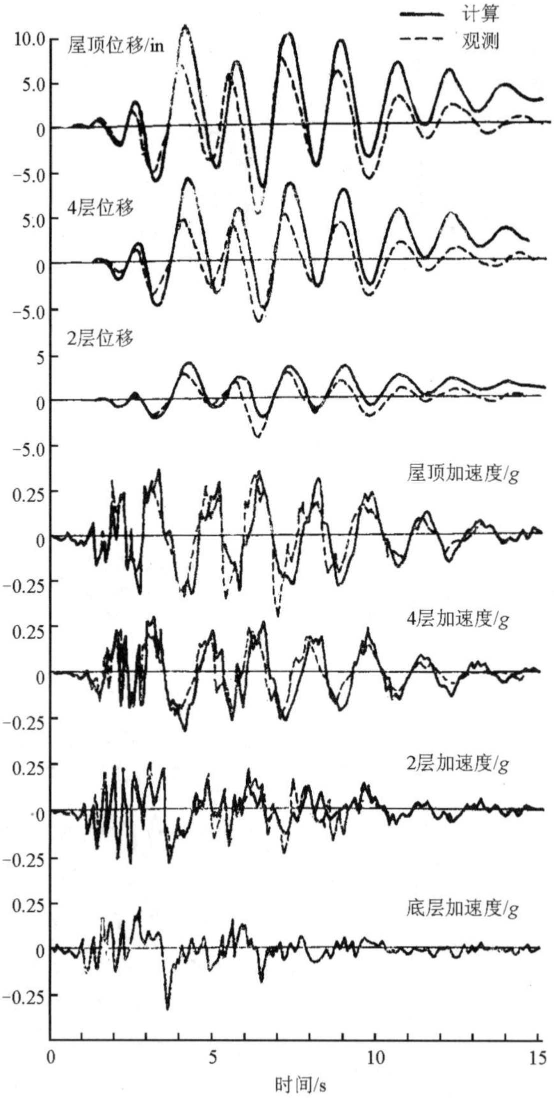

图 9.2.10　英佩里亚尔县服务大楼
计算与观测的地震反应对比
1in=2.54cm

美国伊利诺大学苏曾等在进行了大量试验之后，提出过两个简化的结构非线性反应计算模型（Saiidi and Sozen，1980），他们按此模型计算了此房屋的地震反应。结果发现纵向的计算结果与观测结果颇为一致，如图 9.2.10 所示，但是横向地震反应结果则相差较多。这是由于在横向，底层结构颇不对称，从而引入了不小的扭转振动所致，而计算模型中没有考虑这一因素。

(2) 1976 年 11 月 15 日宁河地震天津医院。

天津医院为七层砖填充墙钢筋混凝土框架房屋（图 9.2.11），地基为很厚的软弱土层。在 1976 年 7 月 28 日唐山 7.8 级地震时，震中距约 100km，填充墙破坏严重；1976 年 11 月 15 日宁河地震（M=6.9，震中距 67km）时，简单修复的填充墙再次破坏。地震前在此楼房的第 1，3，5，7 楼板上设置了强震加速度仪（图 9.2.11），主震时记录不良，但宁河地震则记录良好。根据计算简图，按非线性逐步积分得到的地震反应过程，与记录对比，符合良好（Yin et al.，1981）。

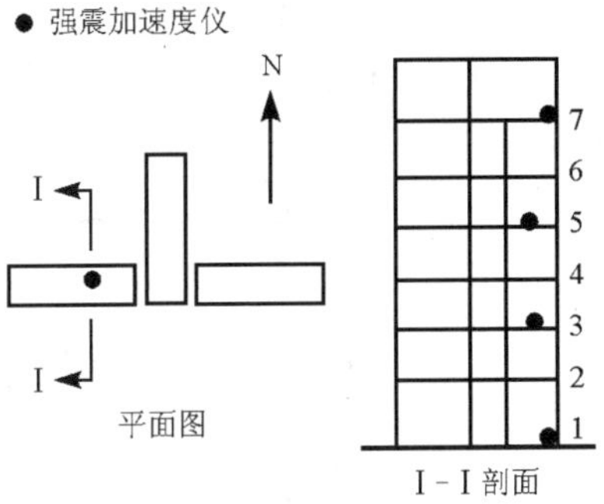

图 9.2.11　天津医院示意

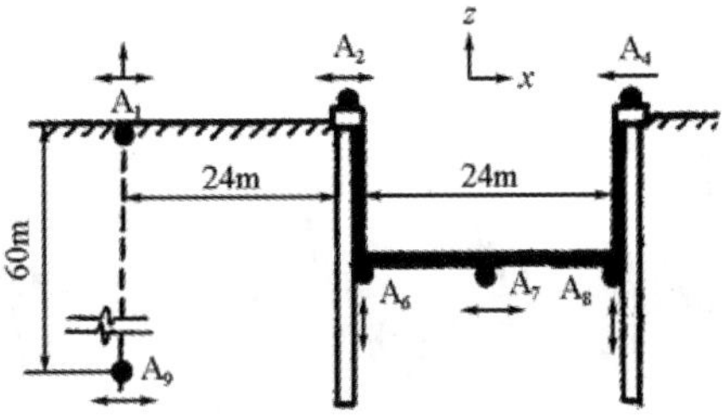

图 9.2.12　静冈水罐观测点布置

9.2.3.3　*地下液罐地震反应*（Hamada et al.，1980）

钢筋混凝土圆筒形贮液罐常建于填土地区，图 9.2.12 示出静冈县一化工厂废水罐及强震观测点布置图，罐内径 24m，高 10.3m，侧墙与底板各厚 90cm 和 20cm，地表层上 6m 多为砂石填土，高程+1.75～11.0m 为冲积的砂与粉土，N=5～10；－50m 以下为砂岩，环境振动表明地基的卓越周期为 0.9s。

布置的仪器包括 9 台加速度仪，7 台在罐顶与罐底（A_2～A_8），两台（A_1，A_9）远离液罐，13 个应变仪 S 放在罐侧墙内侧，用以测量油罐墙的应变，它测量标距 1m 的变形；另有 4 个土压计 P。

图 9.2.13 示出罐土相互作用计算示意，不考虑罐的惯性力，假设罐是在弹性地基上的圆筒壳体，罐的变形由罐边地基变形决定。

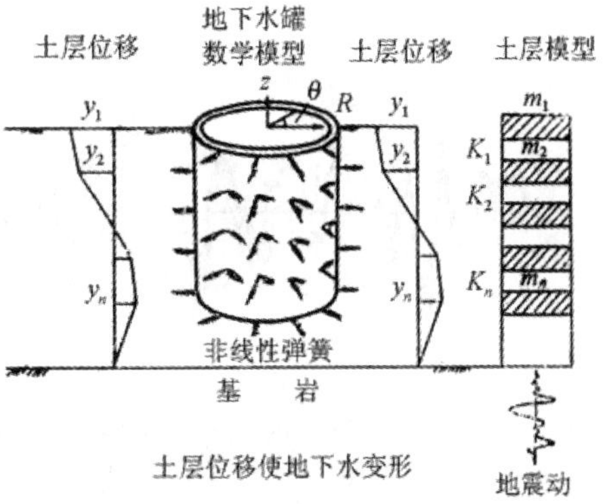

图 9.2.13　水罐计算简图

1974 年 11 月 30 日记录到一次 M=7.6 的地震，震中距约 600km，从记录可见，地表附近各观测点的卓越周期大于 0.9s，基岩处的卓越周期约为 2.05s，1.41s，4.67s，0.94s（按功率谱峰值上大小排列），地表则为 0.94s，4.55s，1.41s，2.05s 和 0.59s，谱比最大者在 0.94s，可以认为它就是地表层的基本周期；而 4.55s 的周期则来自罐中的液体振荡，它是由基岩处 4.67s 周期振动激起的，自由表面 A_1 与罐上 A_2 和罐底 A_7 的波型非常相近；另外，还有迹象表明液罐做刚体振动。

实测与计算结果见图 9.2.14，包括地表加速度和罐应变的时间过程，对比结果符合良好。此外，通过观测还得到以下四点结论：第一，罐应变的频率特性与地基加速度的频率特性非常相近，除了罐水振荡影响之外，未见惯性力对卓越周期有何影响；第二，地震时罐变形呈椭圆形；第三，罐壁竖向应变与环向应变几乎同量级；第四，当把地基位移作为对罐应力最重要的因素时，反应分析的结果与实际观测非常接近。

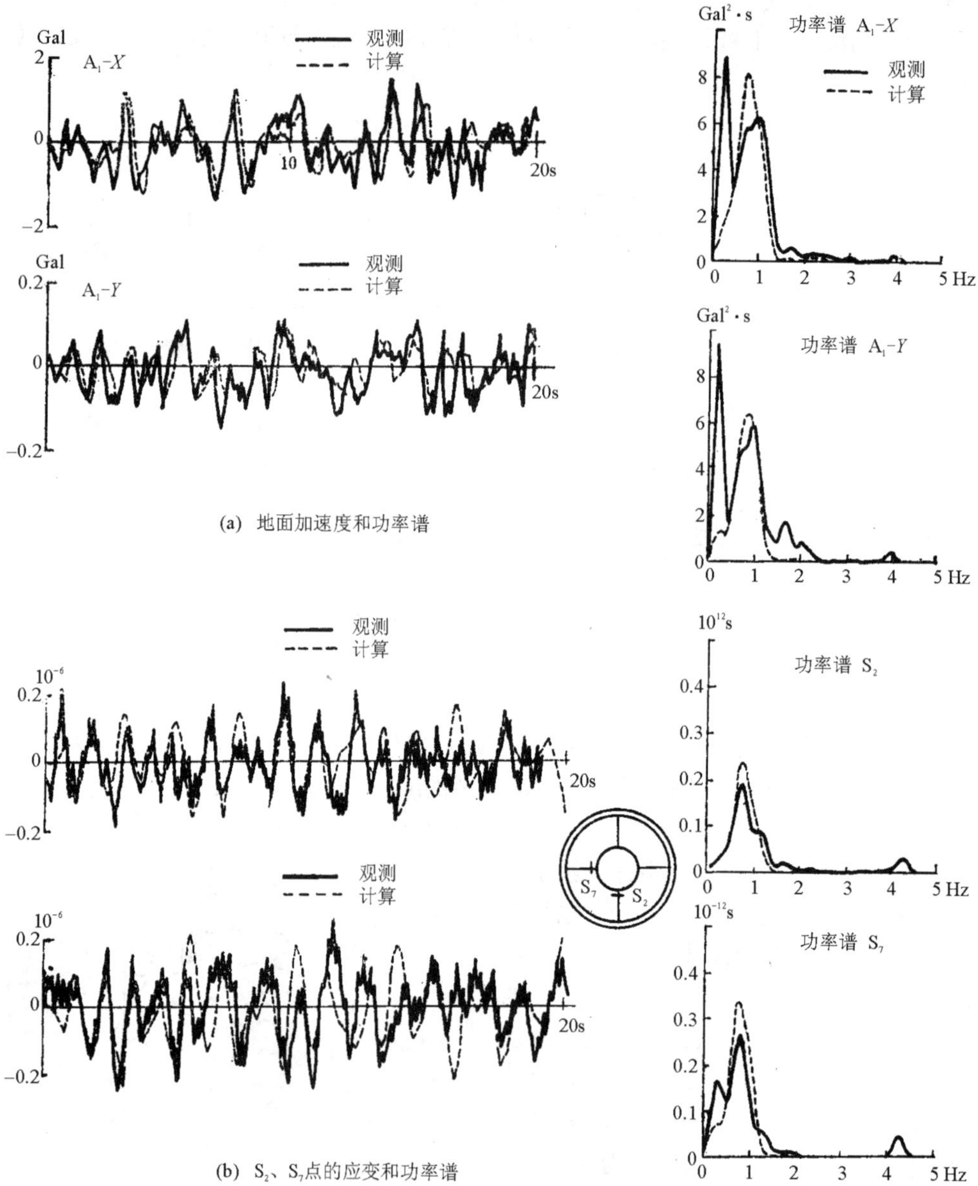

图 9.2.14 水罐的观测与计算结果

9.2.4 结构震害的分析

9.2.4.1 唐山地震时天津的震害异常（谢君斐、石兆吉，1981）

1976 年 7 月 28 日唐山 M=7.8 地震时，在距震中近 100km 的天津市区内，出现了震害最严重的地区（A 区）和较轻微的地区（B 区），两区相邻；而且在这两区，历次大地震均有与此类似的经验，地震烈度常相差 1～2 度；唐山地震时的房屋倒塌率 A 区为 12%，B 区为 6.4%。50m 深的地基钻探结果表明，地基均为粉细砂、砂粘土和粘土的互层；两区的地基土层虽有差异，但不明显。

谢君斐等分析了这一情况，取 1976 年 11 月 15 日宁河地震时天津医院的地震动记录，通过反演计算求得等效基底（50m 深处）的地震动，用以代替唐山地震主震时的基底地震动。这两次地震在天津医院均有记录，但主震记录不良，不能直接应用；然而由于主震震级大，震中距远，而宁河地震震级略小，但震中略近，所以尚可近似借用。利用这样反算出来的基底地震动作为 A 和 B 两区的地震动输入，从而计算出两区的地基振动，所得反应谱与地基中的应力分布如图 9.2.15 所示。由图可见，两地基在长周期处的滤波特性相似，但在短周期段的滤波特性颇不相同，A 区几乎不能传播高频波，因此在 1.5Hz 以上，B 区的加速度反应谱要比 A 区大 1 倍以上，地面加速度之比 a_B/a_A=4.4，用其他地震动（如迁安地震动或埃尔森特罗地震动）作为基底输入来计算两区的地震反应，a_B/a_A 亦达 2 左右，这一结果与震害是相符的。

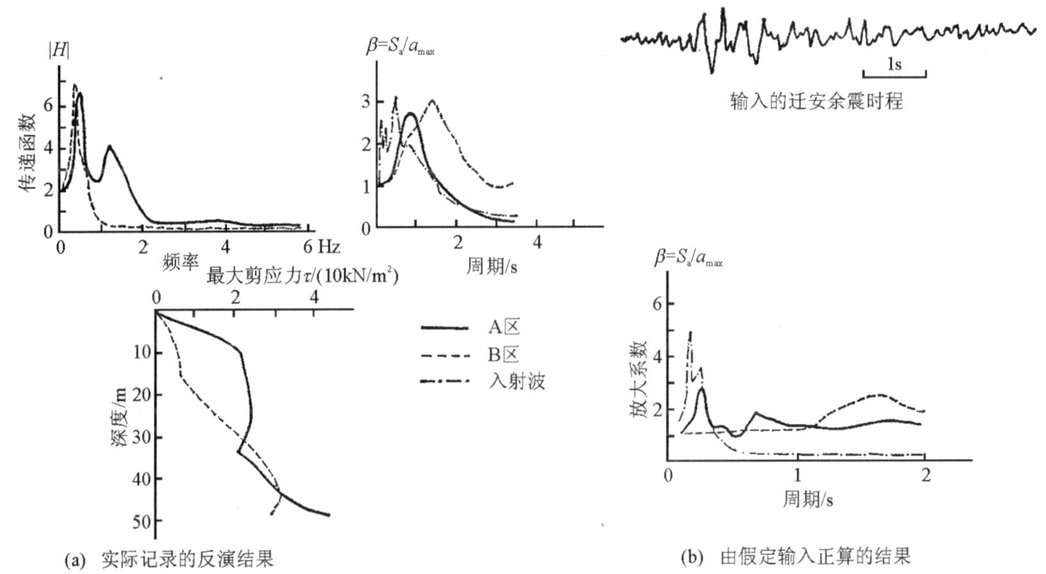

图 9.2.15　震害重区 A 与轻区 B 的对比

9.2.4.2　1977 年布加勒斯特地震计算中心的破坏

1977 年 3 月 4 日罗马尼亚布加勒斯特地震时，布加勒斯特市交通部计算中心破坏严重，且与 1964 年阿拉斯加地震时安科雷奇市四季公寓和 1971 年圣费尔南多地震时橄榄景医院的破坏相似，设计与现行抗震规范相符，但仍然破坏严重。

计算中心为一栋三层钢筋混凝土房屋，其两端为设有楼梯、电梯的服务塔，中间主楼为平板结构，与两端在结构上是分开的，地震中服务塔无损，而中间主楼破坏严重，中间主楼平面尺寸为 30m×30m，现浇柱与楼板，墙为预制大板，楼板支承于 3 排钢筋混凝土柱上，每排 3 根共 9 根柱，如图 9.2.16；上两层的柱为方形系箍柱，底层亦为系箍，但柱截面逐步变为近似四角星形，由于外墙每层楼均有水平连续长窗，不能设计为剪力墙以控制层间相对变

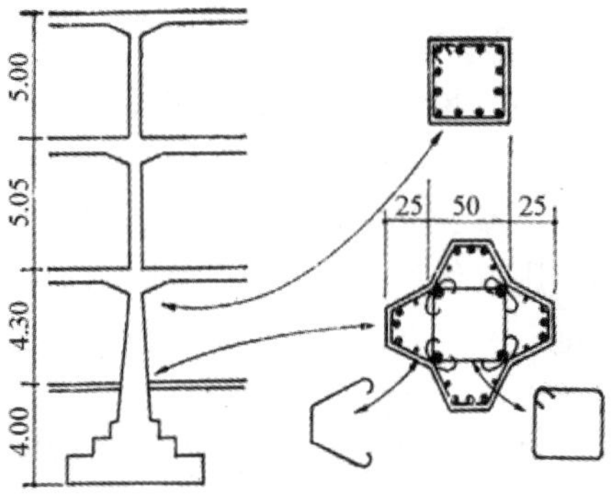

图 9.2.16　计算中心的内柱细部构造

形；在底层，外墙缩进，与柱不在同一平面内，主楼的侧向刚度与强度完全由 9 根柱子所决定。底层柱有 20～30 根直径 20～25mm 的纵向钢筋，箍筋为 8mm 直径的系箍，除中间一柱外，部分纵筋未达全柱高，箍筋间距在下部 1.25m 内为 15cm，更高则为 20cm，4 根纵筋在封闭箍筋之内，其余在外，见图 9.2.16，房屋破坏的主要表现为柱顶破坏，纵筋屈曲，混凝土剥落，箍筋拉开或拉断。

动力分析表明，中间主楼的自振周期与振型如图 9.2.17，基本周期为 T=0.86s。设柱在地基上为固端支承，楼板为刚性，实际自振周期可能更长一些。此楼无地震动记录，但在几公里之内的建筑研究所内强地震动记录给出的反应谱如图 9.2.18 所示。这次地震动的周期特别长，反应谱的主峰点在 1.5～2.0s，而且强度也很大，其谱强度约为 1940 年埃尔森特罗的两倍。由此可见，计算中心破坏严重的原因可能有五：第一，此次地震动异常强烈；第二，地震动主要周期很长，与结构基本周期很接近，特别是考虑到结构局部破坏后自振周期会变长，两者将更为接近；第三，柱箍筋不良，纵筋在柱顶过早切断；第四，无第二道抗震防线；第五，此楼为柔底层结构。

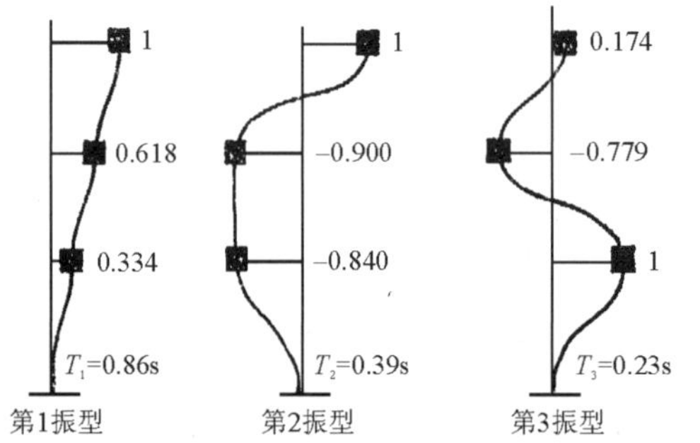

图 9.2.17　主楼振型

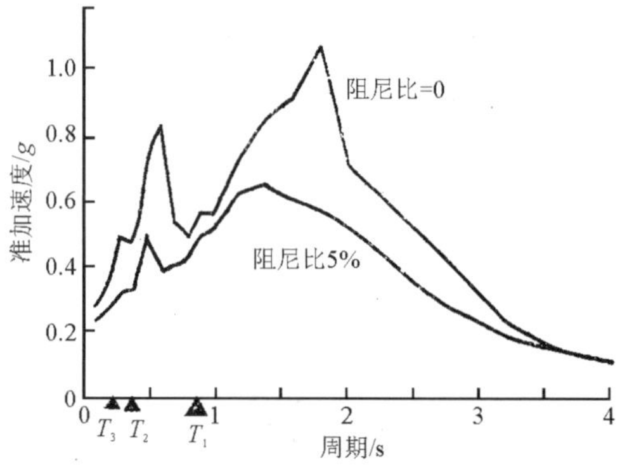

图 9.2.18　输入地震动的反应谱

9.3　结构强震观测结果的重要作用

强震对地震工程的推动作用是众所周知的，这种推动来自两个方面：第一，一次强烈地震之后，损失常常是惨重的，例如我国 1976 年唐山地震时死亡 20 余万人，财产损失无数，总是使人感到责任重大，一定要防止或减少这样的灾害再次发生，从而强调抗震工程的重要意义，促进地震工程的发展；第二，强烈地震中各类结构物受到不同程度的损坏，从中可以总结出很多经验教训，这些教训有助于改进抗震工作。

人们通过两种途径总结抗震经验，一种是根据宏观震害现象的分析，求得抗震的定性概念。由于存在大量的震害现象，此法应用很广，但只能得到定性的结果。另一种是力求获得强震观测记录，以得到定量分析结果。但记录颇不易得，难以得到可用的资料。这两种途径经常互相补充，在地震工程的发展过程中共同推动着这一学科进展。

9.3.1 地震工程学发展历史与实际地震反应的作用

9.3.1.1 静力法的确认

将地震动对于结构物的影响简化为一个水平力，并且基于刚性结构的概念，认为此水平力等于物体的质量与地震动加速度的乘积，这是日本所谓的震度法，即

$$V = kW$$

式中，V 为结构物所受的水平力；W 为结构物总重量；地震系数 $k=a/g$ 即为震度，a 为地震动加速度。这一理论虽早在 19 世纪末就由意大利工程师和日本的大森房吉等人提出，后来由物部长穗和佐野利器等人加以发展。考虑了 1891 年日本浓尾地震、1894 年酒田地震以及 1906 年美国旧金山地震，佐野利器重述上述震度的概念，后来并按此理论在东京设计了几栋房屋，但是直到 1923 年关东大地震之后，由于这样设计的房屋成功地经受了这次强烈地震的考验，而其他许多房屋则严重损坏或倒塌，人身伤亡与财产损失均极为严重，所以在 1924 年日本修改了其设计规范，肯定了震度设计法的思想，并在市区建筑法规范中规定 $k \geqslant 0.1$，安全系数取为 3.0，从而正式确定了抗震设计法，确认了抗震设计的重要作用。与静力法被确认的同时，非常重要的经验是从震害总结中得到的有关结构抗震措施，也在规范中以明确的规定加以确认（见第 13.5 节）。

9.3.1.2 美国抗震设计规范的执行

由于 1906 年旧金山 M=8.3 的大地震和 1925 年圣巴巴拉 M=6.3 地震的影响，美国地震活动性强烈的西部应用的统一建筑规范，1927 年版在附录中列有抗震设计的规定供参考，但并未受到普遍重视。1933 年 3 月 10 日长滩发生 M=6.3 的地震，砖石结构的公共学校破坏严重，因而在同年 4 月 10 日通过了菲尔德法令，要求新建的所有公共学校建筑物必须具有高度的抗震能力；1940 年英佩里亚尔河谷和 1952 年 7 月 21 日克恩县的地震，证明了后来按照菲尔德法令新建的公共学校的确比以前未考虑抗震的公共建筑震害要小得多，从而使抗震设计在该地区普遍被接受。简单地说，由于强震震害的推动，美国西岸的抗震设计从 1933 年后受到重视，1952 年后更为普及。

9.3.1.3 反应谱理论的提出和普及

前面说过，使抗震理论从静力阶段过渡到反应谱阶段，地震动记录起了重要作用；假若要评价反应谱发展的推动力，则除此之外，还应该强调历次地震中表现出来的不同类型结构物的不同震害表现的历史经验，以及以共振效应为理论基础的分析。例如 1952 年美国克恩县地震，在震中附近的两个市——贝克斯菲尔德和克尔克的震害中，一、二层房屋的震害比多层房屋重，而在远离震中的洛杉矶市则正好相反，破坏只限于五至六层以上的房屋，一、二层房屋的震害则轻得多或无损坏。这些现象以及不同地震动记录显示出来的不同频谱特性，不但使人们接受反应谱理论，而且进一步接受按照一些已知因素调整反应谱的方案，如考虑场地土影响的规定，在我国、日本、土耳其和美国的一些抗震规范中均已采用，这一抗震计算方法已经成为抗震规范中最常用的一种。这种理论除了用于一般房屋建筑外，还广泛应用于一些新型的、特别重要的工程结构物，如核电站与海洋平台的抗震分析；并且，将原则上只适用于弹性结构分析的反应谱法，推广应用于结构物的非弹性反应，除强度之外并且考虑

结构的非弹性变形，如日本近几年新采用的二次设计法。

9.3.1.4　地下管道的抗震设计（Ariman et al.，1981）

久保庆三郎（Kubo，1975）根据历次震害经验和仪器观测结果指出以下几点：第一，地下管道破坏的主要原因与地上结构不同，它不是由于结构的惯性力，而是地表层的变形，因此反应谱理论不适用；第二，虽然管道也产生弯曲变形，但轴向变形是主要的；第三，引起管道轴向变形的原因有二：一个是地基内不同点之间在地震时有相对的地震动，另一个是管道周围不同土层的相对运动，即使基岩处输入地震波是同相位的，地基中土层各点也有相对运动；第四，管道的延性与接头的柔性是管道抗震的重要因素；第五，软弱地基上，地震动变形大，震害也大；第六，管道与附近土壤的相对运动小。总之，地下管线的抗震设计理论是以地基变形为基础的，这一结论也是以实际结构的震害和强震观测结果为依据的。

9.3.1.5　直接动力设计

现有的准静力法仍然把地震动对结构物的影响看做是一个作用于结构上的等效静力，此静力的大小除了受到地震动大小影响之外，还随结构动力特性而异，这就是反应谱法。但是近年的强震经验多次表明，特别是 1971 年圣费尔南多地震之后，许多人认识到现在设计方法中，至少是在规范中，设计地震动规定得过小，而安全系数又过大，采用的方法又是以弹性理论为指导的，且没有考虑强地震动持续时间的影响，所以它不能反映真实的结构地震反应作用，因而建议对于重要的、新型式的和特殊的结构物，采用以反应过程分析为基础的真正动力法。此法已在不少实际抗震设计中使用，特别是核电站、大坝等影响重大的结构。

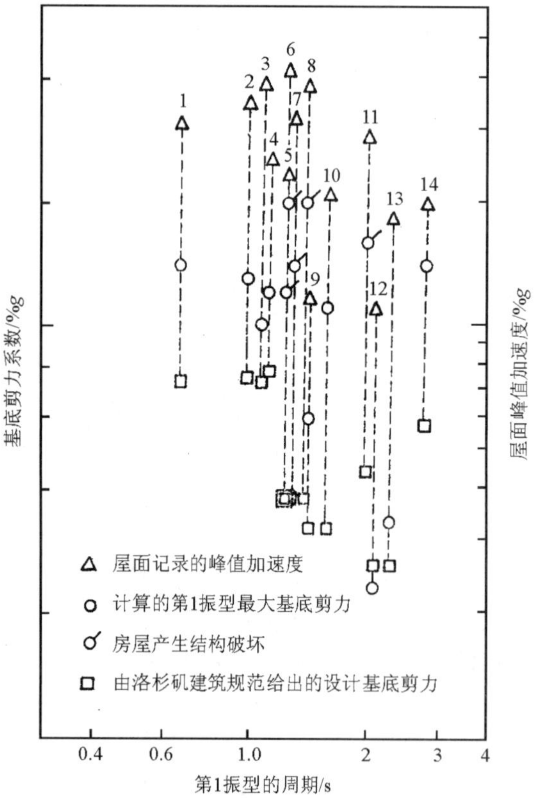

图 9.3.1　实际房屋的地震反应

9.3.2　当前研究中的有关动向

9.3.2.1　正确估计地震动和结构抗震能力

现有设计方法一般过低估计了地震时结构所受的地震动和结构物的实际反应，同时又过低估计了结构物的抗震能力，因而采用了过小的地震动加速度和过低的结构容许强度或应力，或过大的安全系数。现在还有不少抗震规范规定设计地震动加速度在不太强烈的地震区内为 0.05g 或 0.1g，如苏联；同时，采用比实际结构强度低几倍的容许应力，进行不符合实际情况的弹性分析，用同时降低荷载与强度的方法来达到平衡。图 9.3.1 中给出 1971 年圣费尔南多地震时有仪器记录的房屋的顶层最大加速度反应 a/g（图中△符号），从实际记录得到的第 1 振型基底系数 V/W

（图中圆圈）和设计时采用的基底剪力系数（图中方块），带画的圆圈为地震时受损坏的房屋，但损坏不重。这些房屋都是1964年以后修建的，均考虑了抗震要求，由此可见，在这次并不很大的地震中，大多数地区仅为Ⅶ和Ⅵ度，实际的基底剪力已为设计时采用值的几倍（2～4倍），但房屋并未破坏或仅轻微破坏，这说明结构物的实际抗震能力远大于设计值。另外，现在许多规范中规定的地震动加速度值，并非实际地震动中偏于安全的值，例如我国抗震规范规定的数值相当于0.1g（Ⅶ度）、0.2g（Ⅷ）、0.4g（Ⅸ）；但是，不少实测结果表明它们只相当于该烈度的平均值，实际地震时，大约有一半是超过这些值的，而且常常可以超过几倍，有时甚至超过几十倍。

另一方面，对于钢结构或钢筋混凝土结构而言，它们都具有明显的延性，其抗震能力同时也决定于其变形能力而不单是其强度；但是，现有的绝大多数抗震设计方法是以强度为指标的，至少在名义上是以强度为指标的，其原则是想通过强度验算来考虑结构的变形能力，这种间接的方法，在概念上不清楚，易造成混乱；在具体问题上，无法考虑各种结构物的真实抗震能力，目前只有日本的建筑抗震规范采用了强度、变形并用的二次设计法（见第十四章），我国新修改的抗震规范也采用类似的方法。

9.3.2.2　结构分析模型的改进

无论应用结构识别还是其他方法分析对比结构物强震观测记录时，都可以发现并改进现有结构分析模型中不完善的地方。例如，从强地震前后和地震中结构自振特性的对比，明确了结构物的自振周期会在强震中增长，证实了非线性理论的必要性，并为之提供了数据。当前的结论还包括：①非结构构件对结构物的强度和变形、甚至结构的破坏类型都有很大影响，应该包括在分析模型中（Wakabayashi，1977）；②土结相互作用对于柔基上的刚性结构影响很大，并会产生较大的扩散阻尼；③地下结构地震反应的重要问题在于地基的地震变形和结构物对于这种变形的适应性。这些问题都可能对抗震设计有重要的影响。

9.3.2.3　结构非线性反应

人们早就从震害分析认识到结构非线性反应的重要作用，认识到应该考虑一般结构物的非线性反应，但是直到20世纪70年代，人们才开始取得较多的有严重破坏结构物上的强震观测加速度过程，可以进行非线性反应的定量分析，1971年圣费尔南多地震时，橄榄景医院和公路桥的震害是严重的；1979年英佩里亚尔河谷地震时，英佩里亚尔县服务大楼的破坏也是严重的，并且就在这些结构物上取得了很好的强震观测记录，这些结果的深入分析必然会推动地震工程的发展。当时根据震害和强震记录的分析，正在研究中的问题除了上述模型的改进外，还包括：地震动中大速度脉冲对结构非线性变形的影响，$P-\Delta$效应引起的恢复力曲线中的下降段对变形迅速增加的影响，以及地震动持续时间的影响。

第十章　结构振动试验与结构动力性能

10.1　结构试验的目的

地震震害调查与强震观测、结构振动实验和结构振动理论，是地震工程学赖以发展的三大知识源泉。结构物的实际地震表现是真实的客观实践，一次强烈地震之后，总是包含有极为丰富的震害事例；但是，地震动与结构都极为复杂，包含有大量不确定的未知因素和许多不能控制的条件，因此，不能按照人们的计划来进行这种实践，也不能根据必要的给定的条件来分析这些震害事例。结构振动实验正是为了弥补这些不足而提出的一种手段。

结构振动试验是在控制条件下，为了研究某一特定因素的影响或结构物某一特定性能而进行的专门实验。例如，砂土在循环荷载作用下的液化发展过程，或地基刚度对于结构自振特性的影响，我们可取一些砂土样本，在三轴动力作用下测量孔隙水压与样本的变形过程；或者制造一小栋房屋的模型，甚至只有一个开间，而将其基底放在具有不同刚度的基础上来测量其自振周期，从而了解这些周期的差异。结构实验与结构物在实际地震动中强震观测或震害调查有以下几个重要差别：第一，在实验中，结构本身是可以控制的，其性能是已知的；而在震害现场，若在震前考虑，可以选择已有的结构物作对象，了解其性能，但不能改变它；若在震后从震害总结经验，则无法了解结构物原来的力学性能。第二，在实验中，可以控制或选择施加于结构上的干扰或地震动；在实际地震的强震观测中只能通过观测来了解，因而不能控制和选择；在一般的事后震害分析中则不能知道地震动的任何定量数据。第三，在实验中，可以选择研究某一因素的影响，如循环荷载的周数对液化的影响或基础刚度对上部结构自由振动特性的影响；在实际地震中则无法区分或选择。这些，都是实验的优点。实验的缺点在于它所试验的结构物是理想化了的或简化了的，它能否真实反映客观实际，则要仔细研究。例如，上面所说的砂土在现场的状态或房屋模型与地基模型是否可以代表实际房屋和地基，它们是否由与实际相同的材料制成，是否因尺寸大小不同而带来性能上的差别，是否存在因振动大小与方式不同而产生反应上的差异等等。

除了由于上述目的而进行的整体结构试验之外，还需要进行大量的材料与构件的试验。这种试验的目的在于了解材料和构件（包括连接）的基本力学性能，因为总体结构的地震反应决定于组成这一总体的各部分的性能。这一点，在结构静力分析中也是如此。但结构地震反应有两个特殊性：第一，它是一种短期的动力作用，几秒到几十秒强震动后就停止；第二，它是稀有的强烈作用，在地震作用时，结构本身一般会产生局部破坏而呈现强烈的非线性反应。为此，必须研究材料、构件和结构的强非线性或接近破坏阶段的动力特性，以及强度与变形的发展变化规律。

10.2　结构振动实验与抗震理论的关系

结构振动实验是人们对强震现场实践资料进行理论分析后感到不足而提出的一种可控性

实践，因此，其内容、要求、方法与分析都是在一定理论指导下进行的，会随着人们对事物认识的水平而改变。对试验中有关动力学原理若理解不当，则试验的设计与分析就会导致错误的结果或得不到结果。例如，当想要研究高频振动的振型时，就要知道振型的大致形状，以便将激振点放置在要研究的振型的振幅较大的地方，同时又是其他振型，特别是相邻振型的振幅较小的地方；而且在多点激振时更要注意是同相还是反相激振。由于事先并不知道振型的确切形状，所以要用重复试验技术，改变激振点的位置。由此可见，在设计试验和分析数据时，要充分利用现有的理论知识，以取得最好的效果。

前面曾多次提到，地震工程经历过静力、反应谱和动力这三个发展阶段。本节简单分析一下结构试验的发展过程，说明它与地震工程理论发展阶段的关系，从而加深对结构实验的认识。

10.2.1 早期的结构试验

早期的结构振动实验以研究结构的自振特性为主，包括自振周期、振型和振型阻尼。由于结构的自振特性是振动的基本特性，所以在开始研究地震工程问题时就进行了大量的自振特性测量。日本学者在20世纪初期就重视这一问题，并且认识到地基土壤条件对它们的影响。美国学者在1930年前后，受日本地震工程研究的促进，也开始重视地震工程中的问题，1931年在其海岸和大地测量局开展了这一工作，在开展强震观测的同时，也开展了房屋自振特性的现场实测工作（Carder，1936，1966），从1934年起，到1962年，共测量了约400栋房屋，44座高架水塔和许多特殊结构，如桥梁、坝。开始这一工作时，根据当时金井清等人的思想，认为地震时各地点有其卓越周期，因此设计的主导思想在于所设计的结构的自振周期避开当地的卓越周期。后来虽然放弃了这一思想，但结构自振特性仍是重要参数。我国也曾在1960年左右进行了大量的砖石结构和多层钢筋混凝土结构房屋的现场测量工作，后来被推广到各种工业结构物与构筑物以及桥、坝等特殊结构自振特性的测量（地震工程论文报告集，中国科学院工程力学研究所，第一集1962年，第二集1965年）。由于自振特性可以在小振幅试验下求得，不会使结构出现过大的振动和损坏，因此，常在现场进行实物试验，只是对特殊结构才进行模型试验。

在地震工程发展的初期，结构自振特性是理论研究中最重要的参数；在反应谱理论阶段，它是决定地震反应的主要参数；在动力理论阶段，它仍是重要参数。因此，直到现在，这一工作仍在进行，差别是：以前，它常常是实验的惟一目的；现在，它只是实验的目的之一。

在早期的结构振动模型试验中，由于工作都是在弹性理论下进行的，所以常常采用小比例尺模型，因而特别重视模型动力相似律的满足，希望像静力那样，将模型试验结果换算为原型的特性。早期的振动台、激振器等加振装置大都是以施加简谐振动为主的，也有施加冲击振动的，目的在于进行共振与自由振动试验。

另一方面，人们也进行了一些结构非弹性和材料极限强度与变形的试验工作。结构非弹性特性在强地震前后的自振特性测量中是可以看到的。人们多次发现，大地震后，结构的自振周期变长，阻尼变大，从而认识到这是由于结构物的非结构构件或结构构件和联结的破坏造成的。材料和构件的极限强度与变形特性试验，在早期主要是用静力试验进行的。

10.2.2 近代的结构振动试验

20世纪60年代以后，除了对于复杂的、特殊的结构物仍然继续进行小振幅自振特性试验之外，结构试验工作有了两大发展。第一，开展了结构物在一维或二维地震动作用下的弹性和非弹性反应试验；第二，用伪静力法开展了局部结构或构件的破坏性试验。现分析如下。

10.2.2.1 结构物在地震作用下的反应

自从建成了模拟地震动的大型振动台之后，才真正有可能对大比例尺模型进行地震作用下结构物反应的试验（Clough et al.，1973；Clough and Hidalgo，1973；Rea and Penzien，1973）。这种振动台不同于早期的振动台，它具有下述几个特点：第一，它能施加人们要求的任意地震动，以便进行模拟地震动试验，而且常常可以在不同方向施加所需要的地震动；第二，体积大，台面常达5m×5m以上；振动也可以很强烈，以便进行大比例尺模型或原型结构的非线性试验，研究结构在破损阶段的反应；第三，数据采集与处理都近代化了，由电子计算机控制，以便进行大量数据的自动采集、保存与分析加工。

在这种振动台上可进行复杂结构的弹性反应试验，也可进行简单结构或局部结构的非线性和破损阶段试验，例如，海洋平台的水平和扭转振动反应、二至三层钢筋混凝土框架的梁柱节点内部在地震作用下的非弹性应力与变形、多层有填充墙的钢筋混凝土框架、钢筋混凝土墙与框架联合体系、砖房屋、水电设备、坝水联合体系（河向振动）、货物架、储液罐、刚体、空间导管、土体结构、地下结构等多种结构体系在地震作用下的反应。试验的目的也是多种多样的，一般是以非弹性反应为主兼及弹性反应，更多的是研究二维强地震动作用的各种非线性反应。下面用几个例子说明这一点。

(1) 多层钢筋混凝土框架、剪力墙结构体系中刚度突变的影响（Sozen and Moehle，1980）。

在实际震害中多次发现刚度突变会导致震害加剧。沿房屋竖向或水平向，刚度可以突然改变；如在房屋上、中或下部，由于构造原因，刚度突然削弱，如上层的剪力墙在底部改为抗弯刚架，而成为柔底部结构即为一例。利用实验方法，可以制成各种刚度突变模型，在大型振动台上试验，以分析不同刚度突变的优劣。

(2) 储液罐的破坏机制与加固。

1980年美国的一次小地震中，一家酒厂的一百多个圆柱形酒罐中约半数发生破坏，破坏形式与过去相同，大部属于底部出现环状局部失稳向外屈曲的“象足”形破坏，和由上向下或由下向上成倒“人”字形或“人”字形排列的菱形局部失稳的“菱形”破坏。在振动台上用原型结构研究罐中液体的影响、水平与竖向地震动同时作用的影响、支座不锚固而产生翘离的影响，以及加厚罐壁的作用。试验中重现了上述破坏形式。

(3) 刚体倾倒（Yim et al.，1980；Psycharis and Jennings，1983）。

不同大小和不同几何尺寸的刚体，浮置于刚性地面，在地震作用下是否倾倒的研究，不但有助于理解地震现场石碑、家具等的反应，更重要的是还有助于理解储液罐等在地震过程中在地面上的摆动和翘起对这类结构地震破坏的重要作用，以及柔底层房屋破坏中倾覆力矩的作用。

(4) 基础隔振系统的作用（Kelley et a1.，1983）。

在机械系统中常用的隔振措施是否可以用于地震动的隔震，一直是一个引人注意的问题。研究问题有二：第一，隔振系统的现实性与长期有效性；第二，在复杂地震动作用下的效果。前者是一个材料与设计问题，后者是振动问题。在大型振动台上的多次试验证明隔振效果是良好的，而且这种效果可以用等效线性化阻尼来表示。

(5) 有X支撑系统的管柱近海平台的延性（Ghanaat and Clough.，1983）。

美国石油协会(API)要求地震区的近海平台不但要有足够的强度，而且要有足够的延性，以防止强震时倒塌。理论分析、准静力试验和大型振动台上模拟地震动的试验可以相互补充验证一些新的设计，对比不同设计的优劣。图10.2.1给出试验与计算结果的对比。由于X支撑以抗拉为主，所以压杆失稳是非线性的主要原因，计算中的一个重要因素是如何模拟失稳压杆的作用。

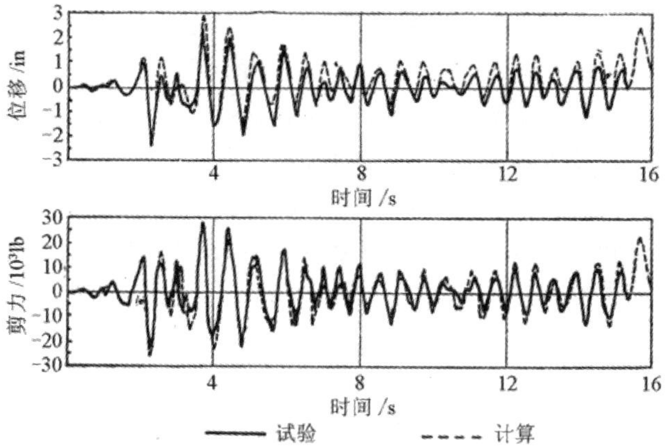

图 10.2.1　海洋平台顶部位移与基底剪力时程

1 in=2.54cm，1 lb=0.454kg

(6) 空间管道体系与其支承系统的地震反应（Schneider et al.，1982；Stiemer and Chow，1984）。

核电厂中复杂空间管道体系在二维水平与竖向地震动同时作用下的反应，以及支承系统的吸能设备是核电厂中的重要问题之一，大型振动台试验是研究此问题的一种手段，试验中研究了不同支承条件对管道地震反应的影响和支承材料的低周疲劳问题。

(7) 海洋平台水平与扭转联合振动反应研究及损伤检验。

研究海洋平台的自振特性，包括前两个水平振型和一个扭转振型，并进行了有局部损坏时这些自振特性的变化，从而得到一个通过振动测量来检验结构有无损坏的简单方法，与杨觉生等人提出的随机衰减（RANDOMDEC）法有相同功能，见第10.7.2节。

10.2.2.2　*构件或局部结构的非线性特性试验*

由于地震的特殊性，结构中一些构件的受力情况也有其特殊性。地震动的特性有以下几点：第一，地震可能很强烈，因此必须考虑结构构件的非线性；第二，地震动至少是三维同时作用的，即在两个水平和一个竖直的方向上，因此要考虑构件在几个方向上同时受力的状态；在非线性受力状态下，不同方向的作用不能叠加；第三，地震动作用的时间不长，强烈部分更短，一般仅为几秒至几十秒钟，存在低周疲劳问题；第四，由于地震动还有一些现在尚不十分清楚的特性，和上述特性综合在一起，在实际抗震结构中引入了一些细部和抗震构造，需要了解这些特殊构造的抗震效果。这些特性当然对整体结构有特定的要求和影响，这些要求和影响又常常要在构件或局部中考虑。为此，必须研究构件、构件之间的联结和结构的局部，正像研究构件力学性能时也要研究材料力学性能一样；构件的力学性能取决于材料力学性能和构件中材料的几何位置；结构的力学性能取决于构件、联结等组成部分的力学性能和它们在整体结构中的几何位置。因此，构件或结构局部的动力试验一直是地震工程学的一个重要基础。

为抗震研究而进行过试验的构件有梁、柱、交叉支撑和墙，进行过试验的接头或连接有梁柱节点、底座螺栓和各种接头，进行过试验的局部结构有一或两榀框架、或有填充墙、一或几个开间的多层房屋。由于重点在非线性，所以模型都很大，常为1∶3～1∶2，还有不少是1∶1的模型。这些试验大多是用伪静力装置循环加载试验的。

综合上述在模拟地震动的大型振动台上进行的结构地震反应试验和在循环加载的伪静力装置上进行的构件试验，可以看出近代试验的如下几个特点：第一，从小振幅弹性试验过渡到大振幅非弹性试验，以结构物破坏阶段为研究重点；第二，由于结构非线性振动模型相似率难以得到满足，所以大多采用大比例尺结构模型，因而要用大型振动台；第三，由于非线性阶段叠加原理不适用，所以要用模拟地震动的振动台，而不是简谐振动激振；第四，为适应地震动的特殊要求，开展了大型构件的伪静力循环加载试验，这一发展与当前地震工程学中的直接动力法、容许强地震时出现一些非致命性损坏、利用结构延性来提高抗震性能的理论是完全一致的。

10.3　结构试验方法

按试验的对象，结构试验可以分为结构整体试验、结构局部试验、构件试验和材料试验。整体试验是根本目的，局部和构件试验是有针对性地分析结构整体的组成部分的性能，材料试验是基础。另一方面，从加载方式上可以分为静力和动力试验两种，静力包括单调加载和循环加载，动力包括自由振动（自由释放或冲击）和强迫振动。强迫振动又可分为简谐振动与模拟地震动和天然振动。不同试验方法有不同的目的，试验设备也不同。

10.3.1　静力试验

静力试验是早期普遍使用的主要方法，现在用得最多的是大型伪静力试验。

早期的静力试验大多是在标准试验机或试验架上进行的。无论是用压力机、千斤顶或重量，荷载都是逐级缓慢施加的，使之不产生振动影响；试验目的在于研究材料、构件和结构物的内力分布、刚度、强度与变形特性。在研究内力分布与刚度时，多用小变形；在研究强度、变形能力和非线性特性时才用大荷载，有时达到大变形。现在的试验也常在开始时进行这种试验，但并不是试验的主要内容。

10.3.2　伪静力试验

伪静力试验指的是往复循环加载多次作用的静力试验，就是使构件或结构在正反两方向重复加载和卸载过程，用以模拟地震动时结构在往复振动中的受力和变形过程。这种方法企图用静力法求得振动的效果，所以称为伪静力。由于目的大多在于研究构件或结构超过弹性极限后的性能，所以构件较大，加载装置也大。

伪静力试验装置一般包括三个部分，一是试验架，用以支承试件和加载器；一个是加载器，用以施加所需要的力或变形；还有一个是支承一些测量仪器的支架。试验架除了要有足够刚度之外，关键是要保证试件需要满足的边界条件，确保试件的受力情况；伪静力试验用的加载器大都是多个液压激振器，每个最大出力可高达几百千牛力，有同步装置．以便多点加力或控制变形。激振器多为推挽式，可推可拉。这种加载装置都为小型，可移动，容易操作、低速循环加载、出力大、位移行程大（可达正负几十厘米），可以适应试件进入破坏阶段的大推力与大位移的要求。荷载与反应的记录大都是自动控制的。

伪静力试验装置大小不一，小的可以进行几米大小的构件或节点试验，大的可以进行多层房屋模型试验。多层房屋的伪静力试验要求很高的、刚度很大的反力墙，以便施加水平反复荷载。以日本建筑省建筑研究所的一个钢筋混凝土反力墙为例，它高达25m、宽20m、厚6.6m，可承受4×10^7N的剪力，（4～7）$\times10^8$N·m的弯矩，可以在不同高程多点同时加载；在它的两旁各有一个大试验台面，台面竖向荷载可达10^6Pa，面积分别为20m×24m和20m×15m。

伪静力试验的重要问题之一是施加怎样变化的荷载。早期常用的荷载是反复施加的循环荷载，不产生振动效应，荷载有时是用相对位移控制的，激振器施加于试件的位移从$+d$到$-d$之间连续变动，由于时间不是一个变量，所以内力反应与位移有函数关系。常用的方法是按最大位移$\pm d_1$循环加载几周，若反应稳定，则加大幅值至$d_2(|d_2|>|d_1|)$再循环几周；如此逐步增加，直至破坏。伪静力试验也可施加模拟地震动的变形过程。其步骤是先对一结构进行地震动反应分析，分析中假定结构或部件的力与变形的关系，考虑非线性特性，从而求得结构或其构件的变形或受力的时间过程$d(t)$；然后对此结构或构件的模型施加此变形或受力过程$d(t)$。这种施加力或变形的加载器和量测仪器可以由计算机控制或人工控制。

10.3.3 伪动力试验

为了用与伪静力试验相似的方法更好地模拟地震动的反应，又开展了所谓“伪动力”试验，即施加的荷载或变形和结构构件的非线性力学特性两者都同结构物在地震动作用下所经历的真实过程完全一致。在非线性反应中，结构物的反应依赖于其非线性特性，因此，按前述伪静力试验方法，不可能从一次试验中同时得到结构在真实地震作用下所受的变形和非线性特性，所以要知道结构在真实地震动作用下产生的变位，必须知道构件在真实地震变位情况下的非线性特性；而要知道这种特定荷载作用下的特性，又必须先知道它的变形过程，两者互为因果。伪动力试验就是用电子计算机与试验和测量装置在线联结，将结构试验中得到的结构反应量立即输入到电子计算机中，进行加工之后得到此试验结构的瞬时非线性特性，将之立即送入联机的计算机中，计算结构下次加载之后的变形，并立即将计算所得的各控制点的变形变为控制讯号，输入到加载器中，强迫试验结构按真实地震反应变位或受力。由于在这样的试验中，结构的变形与内力过程均与真实地震动相同，但它是用静力法进行的，不是在振动过程中进行的，所以称为“伪动力法”。在结构振动试验中，最早开展这一工作的是日本(Iemura，1977)。

10.3.4 自由振动试验

自由振动试验是早期常用的主要试验手段之一，通过自由振动可以求得结构的基本周期、振型和阻尼。小阻尼时单自由度体系的自由振动可以写为

$$u(t)=c\mathrm{e}^{-\zeta\omega_0 t}\cdot\sin(\omega_1 t+\theta)$$

式中，$\omega_1=\omega_0\sqrt{1-\zeta^2}$ 为有阻尼自振圆频率；$\zeta(\ll1)$为阻尼比。由此可知，经过一个周期T_1之后，振动幅值前后之比为

$$\frac{u(t_0)}{u(t_0+T_1)}=\mathrm{e}^{\zeta\omega_0 T_1}=\mathrm{e}^{-2\pi\zeta/\sqrt{1-\zeta^2}}$$

或

$$\lambda = \ln \frac{u(t_0)}{u(t_0 + T_1)} = 2\pi\ \zeta / \sqrt{1-\zeta^2}$$

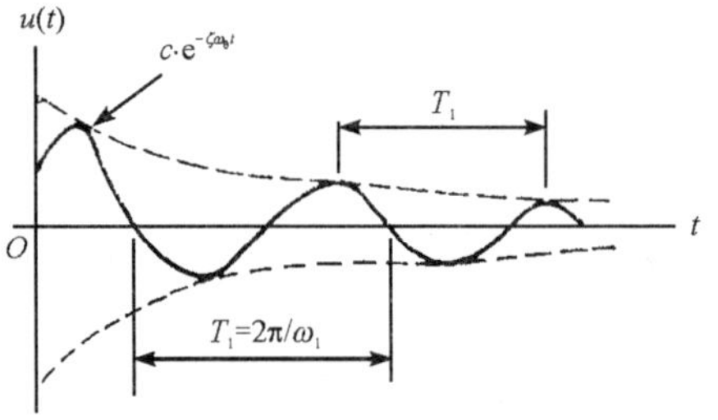

图 10.3.1　自由振动试验原理

常数λ称为对数衰减（logarithmic decrement），它和阻尼比ζ都可以表示体系的阻尼，其物理意义为每一个周期之后，振动幅值的降低比例。由上式可知，只要采取适当方法，如脉冲法（土火箭、撞冲）或突然释放法，可得图10.3.1所示的记录，即可从图中量得n个周期后的振幅比，其对数即为$n\lambda$，由此可求得对数衰减λ或阻尼比ζ。自振周期可以从图中直接量出。自振振型则要从不同测点的振型相对值求得。

用自由振动法一般只能求得结构中频率最低振型的特性，因为高频振动很快就衰减掉，即使有意激起高振型振动，在自由振动中它也不会持久，自由振动常转变到基频振动。因此，在分析基频振动时，常常要避开起始阶段可能出现的高频振动影响。

由于基频振动在自由振动中极易出现，所以自由振动试验有时也会出现问题，当结构在两个相互垂直的水平方向或一个水平方向与一个扭转方向的基频比较接近时，如烟囱、水塔等对称结构中，在用自由释放法引起自由振动时，一个困难之处在于怎样使结构仅在一个水平面内产生振动，而不引起另一个方向的自由振动。在实际情况下，经常出现两个频率很接近的不同方向的两个振型的振动，从而出现拍的现象，如图10.3.2所示。图10.3.2(a)中前两条与后两条记录分属两次水塔中储水不同的试验，图10.3.2(b)中每条记录分属不同结构的试验。

对于简单结构或构件，通过自振周期的测量可以确定结构的刚度或材料的模量。

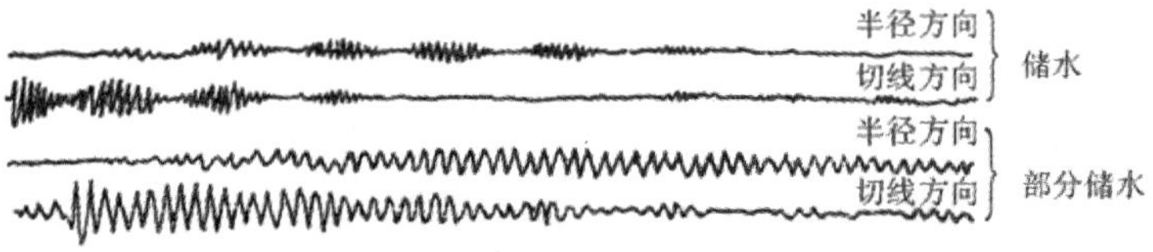

图 10.3.2(a)　水塔自由振动试验

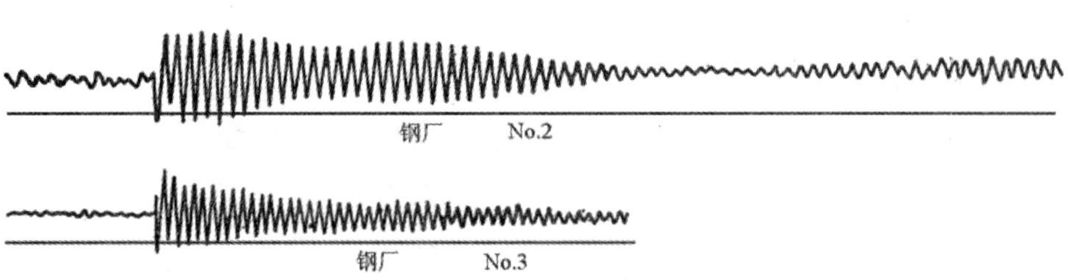

图 10.3.2(b)　烟囱自由振动试验

10.3.5　共振试验

共振试验比自由振动试验更见经常使用，其原因有二：第一，它可以给出各阶自振特性，而不只是第一阶振型；第二，它可以给出不同振幅时的自振特性，有利于研究非线性特性。共振试验又可以称为强迫振动试验，通常用激振器施加于结构物上的简谐外力是$u_0(t)=a\sin\omega t$，小阻尼单自由度体系的稳态位移反应为

$$u(t) = \beta_1 a \sin(\omega t - \theta)$$

其中，β_1为放大系数，

$$\beta_1 = \left[\left(1-\frac{\omega^2}{\omega_0^2}\right)^2 + \left(2\zeta\frac{\omega}{\omega_0}\right)^2\right]^{-\frac{1}{2}}$$

θ为相位差，

$$\theta = \arctan\left[2\zeta\frac{\omega}{\omega_0}\Big/\left(1-\frac{\omega^2}{\omega_0^2}\right)\right]$$

若$u_0(t)=u_g(t)=a\sin\omega t$为结构基底位移，则

$$u(t) = \beta_2 a \sin(\omega t - \theta)$$

$$\beta_2 = \beta_1\left(\frac{\omega}{\omega_0}\right)^2$$

欲求体系的速度反应和加速度反应放大系数，则应分别将β_1或β_2乘以ω/ω_0和$(\omega/\omega_0)^2$。

通过共振试验求自振特性的步骤是：先对结构物进行一次快速变频试验（即将强迫振动频率从零变到很大的数值），大致确定可能出现的峰点的频率，然后对不同频率进行强迫振动试验，记录稳态振动下频率输入与输出的振幅，在放大系数为峰值的附近，频率要变得缓慢一些，即试验频率要加密。最后可以得到如图10.3.3所示的共振曲线$\beta_1(\omega)$，以此可以求得自振频率和阻尼比。

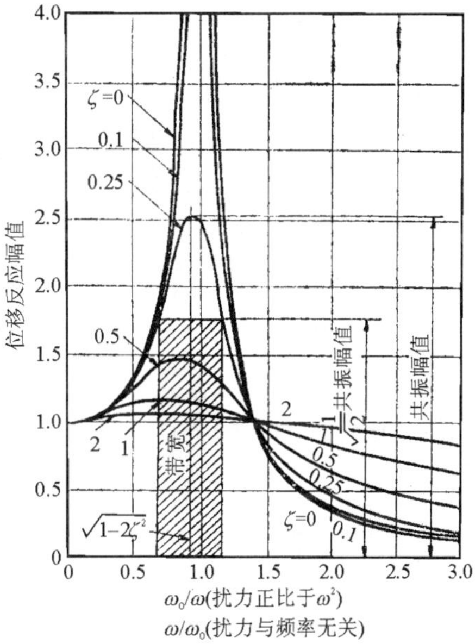

图 10.3.3　共振试验分析

自振周期$T_0=2\pi/\omega_0$可以直接从共振峰点处的频率 $\omega_0\sqrt{1-2\zeta^2}$ 求得，当$\zeta\leqslant 0.1$时，$\sqrt{1-2\zeta^2}\geqslant 0.99$。因此，若取此处的周期$T_0=2\pi/\omega_0$而忽略系数$\sqrt{1-2\zeta^2}$，误差不过1%。阻尼比一般是从半功率带宽（即放大系数曲线中$\beta=\frac{1}{\sqrt{2}}\beta_{max}$之间频带宽度）$\Delta B$来确定，从放大系数$\beta$的表达式中可以得到小阻尼时半功率带宽约为

$$\Delta B = 2\zeta\omega_0$$

强迫振动的振型只有在结构不同位置上同时进行测量时才能得到。当拾振器不足时，可以固定一个拾振器不动，而将其他拾振器轮流移动，在共振峰点频率的强迫振动中多次进行试验，即可求得振型。

当对体积大的结构物进行高振型的强迫振动试验时，可以采用多个激振器在结构物不同位置上进行激振。这时，多个激振器要具有同步运转的装置，要求激振器按照事先估计的相位与大小进行激振，以便更好地激发所寻求的振型；但要特别注意不要使强迫振动改变振型

表 10.3.1　国际主要模拟地震动大型振动台

单　位	年代	国家	台面/(m×m)	最大模型重/t	频率范围/Hz	运动方向	最大单向行程		
							位移/mm	速度/(mm/s)	加速度/*g*
伊利诺斯大学	1968	美	3×3	4.5	0~50	水平	200	250	7.5
加州大学（伯克利）	1971	美	6.1×6.1	45	0~20	水、竖	152H 51V	635 381	1.5 1.0
鹿岛研究所	1975	日	4×4	20	0~50	水、竖	150H 75V	1140 455	2.0 1.0
墨西哥大学	1975	墨西哥	4.5×4.5	20	0~50	水平	51	381	1.2
CEM萨克莱	1978	法	2×2	5	0.1~200	水、竖	125H 85V	1000 660	2.0 1.0
利迈赫大学		伊朗	5×5	50	0~50	水平	50	—	0.6
建筑省	1979	日	6×8	100	0~30	水平	75	600	0.7
凯利尔-密托吉大学	1980	南斯拉夫	5×5	40	0.1~30	水、竖	125H 50V	635 380	0.67 0.40
意大利A.M.N.	1980	意大利	3.5×3.5	2.5	0.1~60	水、竖	75H 75V	860 550	1.65 1.65
东芝电力公司	1980	日	5×5	20	0.1~30	水、竖	75H 38V	400 250	1.0 0.7
国立防灾科学中心	1970	日	15×15	500H 200V	0.1~50	水或竖	30 30	370	0.55 1.00
国立防灾科学中心	1983	日	6×6	75	0~50	三向	200H 100V	1000 750	1.20
高砂研究所	1983	日	6×6	80	0~50	三向	50H 40V	280	0.6
石川岛重工业公司	1983	日	4.5×4.5	35	0.1~50	六分量	100H 67V	750H 500V	1.5H 1.0V
大成科技研究所	1983	日	4×4	20	0~50	六分量	200H 100V	1000H 500V	1.0
奥村组殿技术研究所	建设中	日	4×4			六分量			
原子工学试验中心	1981	日	15×15	1000	0~30	水、竖	200H 100V	750 375	1.84 0.92
铁道技术研究所	1979	日	12×8	250	0~20	水平	50	400	0.4
纽约州立大学（水牛城）	1983	美	3.6×3.6	20	0.1~60	水、竖	0.3 0.15	762 508	1.0 1.0V
水科院	1986	中	5×5	25	0.1~120	六分量	25H 12.5V	400 200	1.0 0.8
HRB		西德	5×5	25	0.1~100	水、竖	100H 75V	800 400	2.0 1.0
水利研究所		苏	6×6	50	0.1~100	三向	100H 75V	600 500	1.2 1.0
国立工业大学		希腊	4×4	10	0.1~60	三向	100	900,600 800	1.5,1.1 1.8V
同济大学	1984	中	4×4	15	0.1~50	双水平	100 50	1000 600	1.2 0.8

的形状。

10.3.6 模拟地震动试验

在地震工程中，强震经验、实践和理论分析一直在指导着其发展，而实际要求一直是发展的推动力量。从20世纪60年代以来，像核电站、近海平台、大桥、大坝以及其他特殊建筑物都要进行详细可靠的抗震分析和设计。自从电子计算机普及以后，与地震反应计算相比，人们对结构非线性性能和结构震害的认识都显得落后，如何保证设计能够满足抗震要求的可靠性，是一个重要的未解决的问题。

另一方面，在几十年的地震工程实践中，人们逐步认识到对于一般结构而言，必须容许结构进入非弹性阶段，因为要求结构在强烈地震中仍然处于弹性阶段是很不经济的，有时甚至是不可能的。为此，结构非弹性研究在近几十年来获得了迅速的发展；与此相配合，结构试验工作也变为以破坏阶段为主；结构模型也不断增多，从各种结构到地基，几乎无所不包；试验设备愈来愈大；外加干扰也愈来愈接近于地震动。这一发展集中表现在模拟地震动的大型振动台上。

模拟地震动的大型振动台是在1970年左右从美国开始的。这几十年中发展迅速。国际上现有的大型振动台如表10.3.1所示。到1983年，日本的大型振动台在数量、台面大小和可控运动方向三方面都超过了美国。总的发展趋势是走向多向可控运动（双向、三向或六分量）、大台面（15m×15m；10m×10m）、大推力（100t模型重量）和强地震动（≥1.0g），参见第10.2.2和第10.8节。

模拟地震动的另一种方法是所谓的“伪动力试验”，见第10.3.3和第10.8.2节。

10.4 材料动力性能[①]

10.4.1 加载速率的影响

材料动力性能和静力性能是有差异的，这种差异来自加载或变形速率。在一般情况下，材料的动力模量大于静力模量，动力强度高于静力强度，而材料的动力变形能力则低于静力变形能力，即动力延性小。因此，在动力作用下比较容易出现脆性破坏。在地震动可能产生的变形速度下，对于钢材，这种影响较小；而对于混凝土，特别是砖石、土壤而言，这种影响较大。

图10.4.1给出结构物中常用的几种钢材的屈服极限与应变速率$\dot{\gamma}$的关系，由此可见，在地震可能产生的应变速率内，屈服极限约比其静力值加大5%～15%。图10.4.2给出混凝土受压和受拉的应力应变关系的变化，由此可见，应变率对混凝土的影响比钢材略大。应变率对粘土强度的影响要比钢材和混凝土两者更大；但是，应变率对砂的强度影响很小，而对木材的影响又很大。材料的动力性能和材料蠕变性能是材料力学性能的两个方面，当加载或应变速率快于常规静力时为动力效应，慢时为蠕变效应。虽然现在还没有理论能很好地将这两种现象一起讨论，但有两点值得注意：第一，蠕变效应大的材料，动力效应也大，如上述例子，它们的动力性能与蠕变效应也相似；第二，两者都可以用同一数学模型描述，如由阻尼器和弹簧并联、串联而成的开尔文、沃伊特、马克斯韦尔材料力学性能模型或其复杂的组合。

① Newmark and Rosenblueth，1971；土木学会，1973。

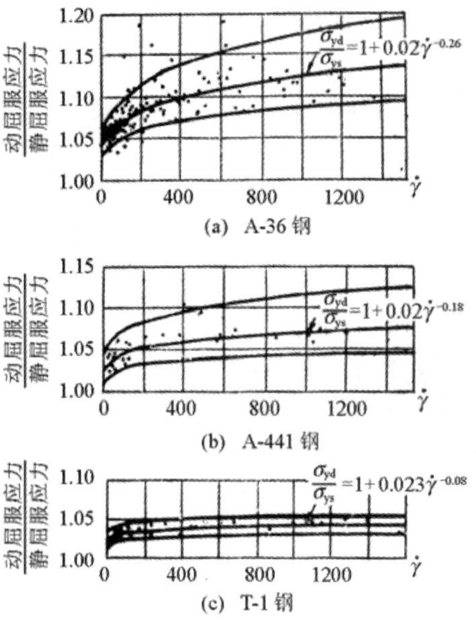

图 10.4.1 结构用钢材的屈服极限

10.4.2 低周疲劳

除了加载或应变速率的差别之外，地震动和静力的差别还与加载或应变的循环次数有关。由于地震动是一种振动现象，所以变形是多次循环反复的。当循环次数很多时，会出现疲劳现象。疲劳强度不但与材料性能有关，而且还与试件的大小有关，这是因为试件大小与受力状态会影响应力梯度，同时还有破坏概率的影响和非线性应力应变关系的影响。对高周疲劳强度而言（即引起破坏的循环次数高达几千、几万次以上的情况），迈因纳疲劳准则认为，对于振幅大小变化不定的情况，疲劳强度由下式确定：

$$\sum_i \frac{n_i}{N_i}=1 \tag{10.4.1}$$

式中，n_i和N_i分别为应力或变形变化于某一特定范围内的实际循环次数(n_i)和引起疲劳破坏的次数(N_i)。用上式表示的这一理论认为，n_i/N_i是这一特定范围内循环n_i次之后所引起的损伤程度，损伤程度是可以线性叠加的，而各循环的先后次序则影响不大。实验数据表明，疲劳破坏中应力或变形的历史有重要影响，所以上述理论并不总是正确的；但是，如果过程是随机的，相邻循环之间的相关性很差，则上述理论可能给出可用的精度。

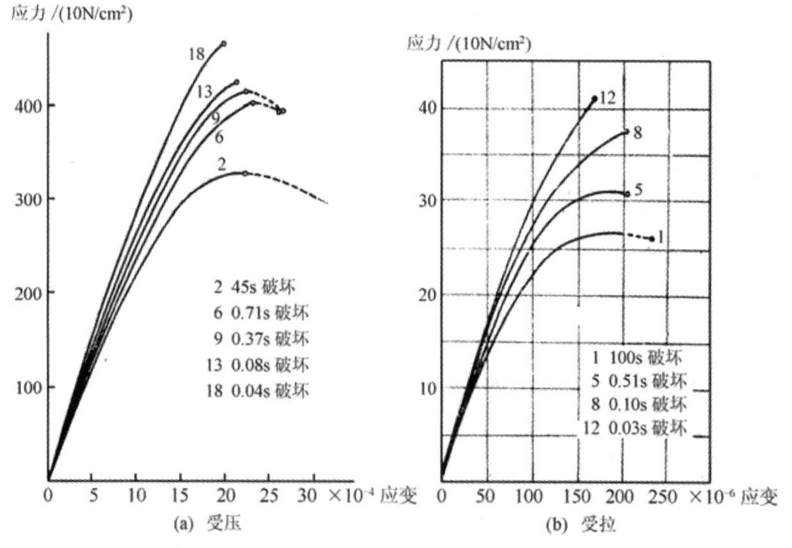

图 10.4.2 混凝土的应力应变关系

在地震反应中，循环次数一般不会达到高周疲劳时那么多，假设强地震持续时间为20s，体系反应的频率是5Hz，则循环次数约为100次。因此，地震中考虑的循环次数只是几次至几百次的低周疲劳问题。

姚治平等（Yao and Munse，1962）提出用下式表示低碳钢在单向应力状态下的低周疲劳准则：

$$\left.\begin{aligned}&\sum_i (\Delta p_i/\varepsilon_{ui})^z = 1\\&z = 1 - 0.86\Delta n_i/\Delta p_i\end{aligned}\right\} \tag{10.4.2}$$

其中，Δp_i是第i次塑性变形反号时最大正塑性应变与最小负塑性应变之差（即绝对值之和）；ε_{ui}是这一周的特定的预压塑性应变与所对应的破坏拉应变之比（对低碳钢，可平均取为ε_{ui}=0.85）；Δn_i是此周拉伸塑性应变之前的预压塑性应变，如图10.4.3所示。姚等（Yao et al.，1969）曾将此准则应用于一组单自由度框架的地震反应分析。他们发现，由地震产生的损坏，在同一延性系数下是自振频率的增函数，原因在于循环周数的影响，而式（10.4.2）是自振频率的函数。

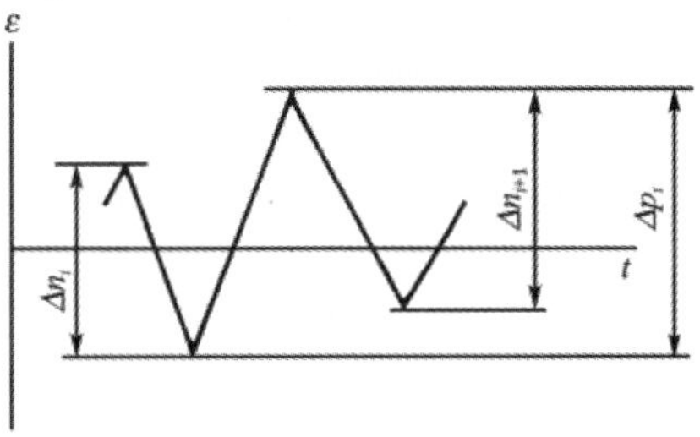

图 10.4.3　塑性应变的定义

式(10.4.1)与式（10.4.2）很相似，但后者用应变而不用应力，对低调疲劳更适当；它们都没有考虑循环先后次序的影响。

对于混凝土材料的低周疲劳问题，日本曾得到下述结果：第一，疲劳破坏应变与最大应力、疲劳寿命和加载频率无关，而与加载次数有关；第二，最大应力随疲劳寿命的对数值的增加而线性减小；第三，对于同一最大应力，加载频率愈高，则疲劳寿命愈长；第四，当最大应力不变时，应力振幅愈大，则疲劳寿命愈短。图10.4.4给出混凝土材料低周疲劳的应力应变关系。

与低周疲劳关系密切的是循环荷载的应力或应变幅值很大时，会出现明显的强度与刚度退化现象，如图10.4.5所示。不论是强度或刚度退化还是低周疲劳，其根本原因在于大应力或变形下材料中出现微破裂。由于这些微破裂出现，导致了刚度降低。而在更多的荷载循环下，微破裂会发展，使刚度继续下降，直到破坏。

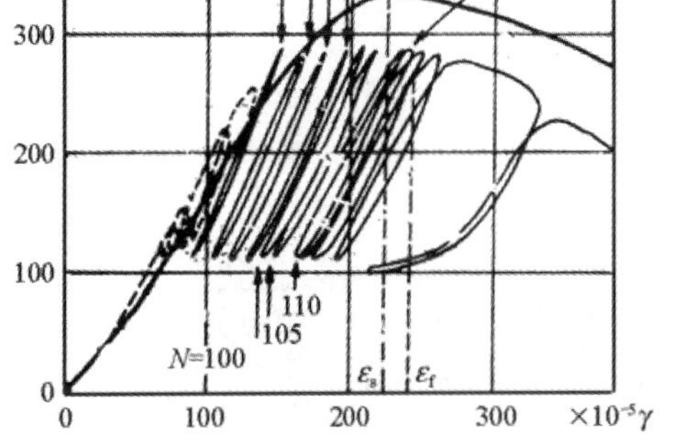

图 10.4.4　混凝土低周疲劳应力应变关系

N 为荷载循环次数；N_f为破坏时的 *N* 值；ε_s为静力试验的破坏应变；ε_f为疲劳试验的破坏应变

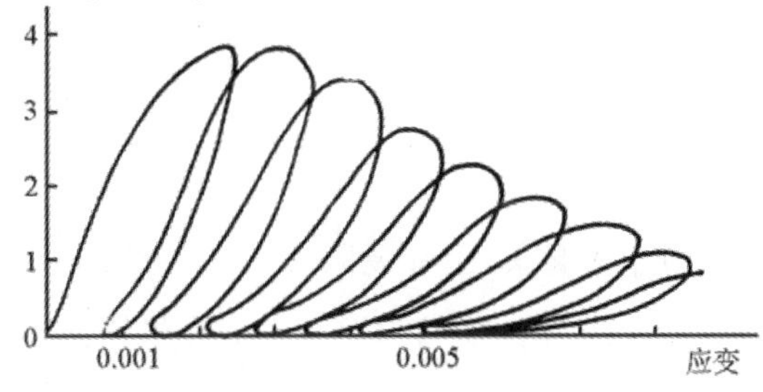

图 10.4.5　受压混凝土的强度与刚度退化

1 lb=0.454kg，1in=2.54cm

10.5 构件动力性能

10.5.1 受弯构件——钢筋混凝土梁

钢筋混凝土梁的非疲劳反应可以通过简单试件的试验求得，但下述几点则须特别研究：第一，一旦钢筋混凝土梁中出现明显斜拉裂缝而梁的刚度将迅速退化时，如图10.5.1所示；第二，当钢筋出现明显滑动时，也会出现类似情况；第三，具有弯钩或弯转的钢筋所产生的高周疲劳强度低于同样的直钢筋；第四，在静力或不产生反弯曲的循环荷载下，直杆的受压钢筋即使在大应变时，通常也不会在混凝土中屈曲，甚至在无箍筋时也是如此；对于截面角部的钢筋，则需要箍筋以防止纵向钢筋的屈曲；第五，当弯矩会反号，而且在反复变号时主钢筋都会进入塑性变形阶段，主筋更容易屈曲而脱离混凝土，因而需要横向钢筋来防止这种破坏，加密箍筋即为有效的防御措施。

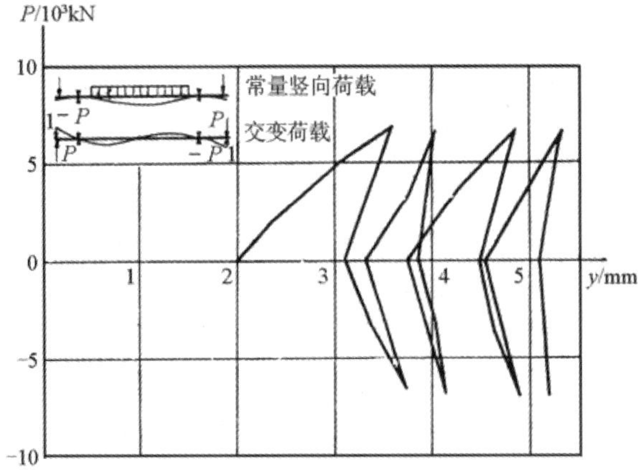

图 10.5.1 钢筋混凝土梁斜拉开裂

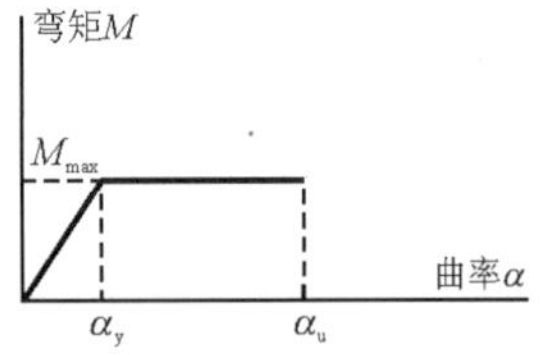

图 10.5.2 钢筋混凝土梁的弯矩和曲率

在适当设计的钢筋混凝土梁中，布卢姆等（Blume et al.，1961）曾提出过一些设计准则，在多次重复循环荷载下也适用。他们将弯矩-曲率关系理想化为弹塑性的，具有极限最大曲率α_u，如图10.5.2，通常可取最大弯矩M_{max}为屈服弯矩M_y。对于无受压钢筋矩形截面梁而言，

$$\frac{\alpha_u}{\alpha_y}=\frac{\varepsilon_{cu}}{\varepsilon_y}\cdot\frac{1-k}{1+k_u}\leqslant 20 \tag{10.5.1}$$

式中，ε_{cu}为混凝土的极限应变；ε_y为受拉钢筋的屈服应变；$k=\sqrt{(np)^2+2np}-np$，$k_u=pf_y/f_{cu}$，n为钢筋与混凝土的模量比，p为配筋率，f_y为钢筋弹性极限，f_{cu}为混凝土极限平均压应力。在无围压的素混凝土圆柱中，受轴向压力时，$\varepsilon_{cu}=(2.0\sim3.5)\times10^{-3}$；但在受弯时，取$\varepsilon_{cu}=4.0\times10^{-3}$是安全的。平均混凝土应力$f_{cu}$可取为$0.7f_c'$(当$f_c'\leqslant350\times10\text{N/cm}^2$)，这里$f_c'$为标准圆柱强度，对于更高的强度$f_c'$，可取$f_{cu}=105+0.4f_c'$，计量单位同上。

附加受压钢筋将增加延性。它对k几乎无影响，但会使k_u降低甚多，通常可取

$$k_u = (p - p')f_y / f_{cu} \qquad (p' < p)$$

式（10.5.1）可以代之以下述更粗略的估计：

$$\frac{\alpha_u}{\alpha_y} = \min\left(\frac{10}{p - p'}, 20\right)$$

即$10/(p-p')$与20两者较小的一个。这一估计是偏于安全的。

当弯矩图已知时，梁的实际曲率图还受许多因素的影响。布卢姆等建议用图10.5.3的近似估计。设图中A为反弯点，B为支点。实际曲率沿梁轴变化可能如图中实线所示，而阴影部分为超过弹性的部分，这部分可以用一个绕B点转动的塑性铰的转角来近似代替，如图中虚线所示。设塑性区宽度为x_0，可近似取为梁的有效高度，但不得超过AB长的一半。在图中虚线的假设下，梁的曲率包括两部分，一部分是弹性曲率从A点到B点线性变化到极限曲率α_u，再加上x_0区内塑性曲率的铰变形，后者等于$x_0(\alpha_u - \alpha_y)$。

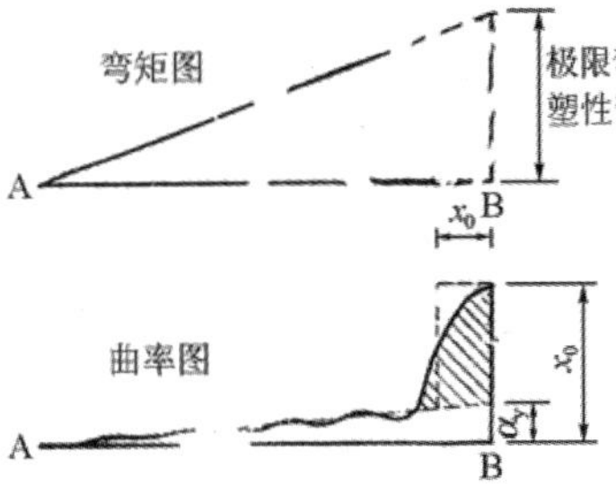

图 10.5.3　钢筋混凝土梁中曲率的计算

比值α_u/α_y是梁受弯时局部曲率延性系数，梁整体的延性系数小于局部变形的延性系数，正如结构整体的延性系数小于其单个构件的延性系数一样，见第10.6.3节。

由于强度和延性是决定结构抗震性能的两个同等重要的因素，因此，在设计中要同时考虑这两方面的情况，不可偏废。试验表明，按传统要求设计的构件，常常显示出一些弱点，不能保证足够的延性。这些弱点包括以下一些原因：因纵向钢筋的重复屈服和梁的斜裂而使混凝土剥落，钢筋局部丧失握裹力，而出现握裹退化，导致钢筋的滑动或混凝土的劈裂，引起钢筋锚固区的破坏；由于纵向钢筋塑性伸长的积累，裂缝张开较大，剪力集中于纵向钢筋，使它曲折，因而使附近的混凝土劈裂；混凝土剥落、握裹退化、裂缝张开和反复循环中混凝土弹性模量的降低都可以使钢筋混凝土构件的刚度退化，即使强度不损失，也会使吸收能量的能力大为降低。大多数使刚度退化的不利因素都可以采用在塑性铰区或可能出现混凝土剥落区加密封闭箍筋来防止。

中等细长比的钢筋混凝土构件在压弯作用下的低周疲劳也有一些试验结果（Yamada，1969）。试验表明，混凝土填充钢管在非弹性阶段具有极大的吸能能力；当轴向力加大时，只要梁产生平衡破坏，即受拉钢筋屈服与混凝土压碎同时发生，延性系数α_u/α_y逐步下降到6左右。

与普通钢筋混凝土梁相比，预应力钢筋混凝土梁的吸能能力要小得多。当预应力梁的非线性是由于受拉区弯曲开裂引起时，其滞回圈很狭窄，这时，可以用弹性双线性来模拟它，附加百分之几的阻尼比。但是在重复荷载作用下，它却比普通钢筋混凝土梁更不易出现退化现象。

10.5.2　钢筋混凝土梁柱节点

在重复荷载作用下，构件的节点是最易受损伤的部位之一。试验表明，节点内混凝土在相当低的应力下，只要重复作用几次，就可能产生大的斜裂缝；而节点内混凝土的侧向约束

是防止节点损伤的有效办法。图10.5.4（a）和（b）都是对重复荷载作用不良的节点，而（c）所示的节点由于在节点内部附加了箍筋，增加了箍内混凝土的侧向约束，非常有利于防止节点的破坏。

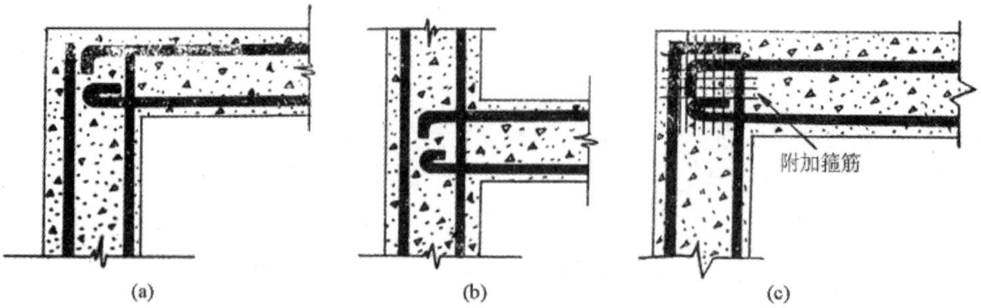

图 10.5.4　钢筋混凝土结构的几种节点

在实际结构中，钢筋混凝土框架常常是三维的，垂直于框架的另一根梁对于框架平面内的节点有侧向约束作用，常常可以防止节点内混凝土的破坏。

10.5.3　局部构件的动力性能——部分框架

部分框架指的是由两个柱和一根梁组成的基本框架组合，或者框中有填充墙。这种组合结构的动力性能由各构件与节点的性能决定，需要注意的是，在进入非弹性阶段后各构件之间的内力重分布。梅村和青山（Umemura and Aoyama，1969）提出了详细的原则，从构件性能计算钢筋混凝土框架的非线性变位，包括构件和节点的剪切变形。但是，更常用的方法是直接根据试验结果给出基本框架的非线性特性。下面介绍几种常用非线性恢复力模型。

10.5.3.1　双线性模型——理想弹塑性模型

此模型是常用的模型之一，其优点是以很简单的形式描述最主要的非线性特性。现在还常用于可以简化为剪切梁模型的框架房屋，特别是钢框架高层房屋。此模型在楼层达到屈服点之前，剪力Q与层间位移Δ的关系是线性的，坡度为k；一旦达到屈服点(Q_y，Δ_y)之后，刚度突然变小；或者由于钢材在达到屈服极限之后还有一段应变硬化阶段，或者由于其他构件的作用而仍然保持少量的强度增加，从而出现第二直线阶段，坡度为pk，如图10.5.5所示，此模型由于未考虑刚度或强度的退化作用，故有时只能用于少次循环荷载。

若p=0，则此模型变为理想弹塑性模型，即第二直线变为水平线。若再取Δ_y=0，则为刚塑性模型。纽马克（Newmark，1965）曾用刚塑性模型分析过土坝边坡滑移的变形。

10.5.3.2　兰伯格-奥斯古德模型（梭型）

此模型曾用于土壤和包括钢结构在内的各种结构物的非线性反应分析，见第8.2.4节。

10.5.3.3　克拉夫刚度退化模型（Clough，1966）

钢筋混凝土构件及其他构件与局部结构在多次反复荷载作用下常常表现出刚度退化现象。刚度退化的原因在于钢筋、混凝土及两者的握裹作用的非线性变形、裂缝和滑移。这是前面几个早期常用的模型所不能表示的。在20世纪60年代后期提出的几种考虑刚度退化的模型中，克拉夫模型是较早的。此模型可以分为六个部分。如图10.5.6，在开始时，前面三个部分（①～③）与图10.5.2的理想弹塑性模型一样；但是，在已经发生过屈服之后，卸载部分④刚度退化。这时，刚度由图中以下两点决定：正卸载的终点（即卸载曲线与变形Δ轴的交点），当时的负屈服点（CYP_n）；下面两部分（⑤、⑥）又与理想弹塑性模型相同；接着的第⑦部分是加载，与上述第④部分卸载极为相似，刚度退化取决于第⑥部分与Δ轴交点和当时的正屈服点（CYP_p）；加载部分⑧与正卸载部分⑨和②与③相同；卸载部分⑩与④的原则相同。此模型常被用于剪切梁或弯曲梁。

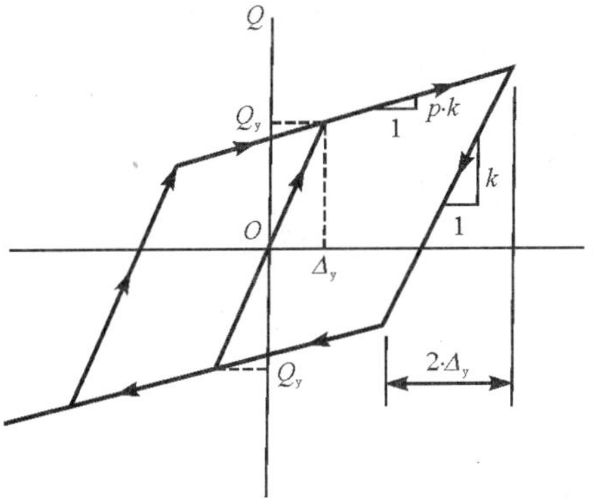

图 10.5.5　双线性恢复力模型

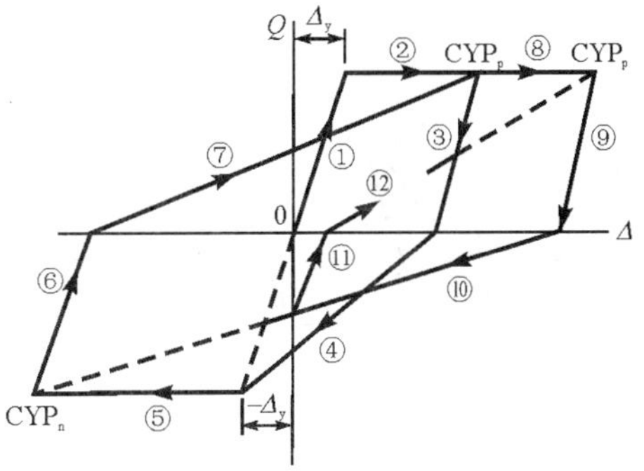

图 10.5.6　克拉夫刚度退化模型

10.5.3.4　X支撑模型（滑动型、反S型、Z型）

当考虑图10.5.7(a)中的X支撑局部构件在图示水平力作用时，由于两斜杆的细长比都很大，可以认为它们都是只承受拉力的杆件；和斜杆相比，两竖杆中的剪力亦可忽略不计。当水平力H向右作用时，杆2屈曲，杆1承受全部水平力，直到H=H_y（H_y为杆1的屈服极限力的水平分量）以前，H-Δ关系是线性的，由图10.5.7(b)中OA表示；当H=H_y时，杆1屈服，且此刻位移Δ迅速加大，由水平线AB表示；当水平力H降低时，H＜H_y，杆1又恢复其弹性刚度，直到H=0。在这一过程中，X支撑的力-变位关系完全由杆1决定。从开始卸载到H=0，杆1中残留了拉伸变形，其水平分量为Δ_0，当H进一步想要反号变为向左作用的力时，即在图10.5.7(b)中D点进一步卸载，杆1受压屈曲，不能承担任何水平力，而这时杆2并未恢复到图10.5.7(b)中的点O原位置，故尚处于屈曲状态，也不能承担任何水平力，所以这时无抵抗向左作用的水平力的构件，则在H-Δ关系曲线中出现一个滑移阶段，直到支撑完全恢复到初始状态，即H=0，Δ=0。当水平推力继续作用时，杆2开始受拉而起作用（图b中的OC部分），当H向左继续增加到H=－H_y后，杆2受拉屈服，内力不能再增加。若于E点再开始加载，使H＞－H_y（$|H|$＜H_y），直到H=0（点F）时，杆2中残留有塑性拉伸变形，其水平分量为Δ_1，直

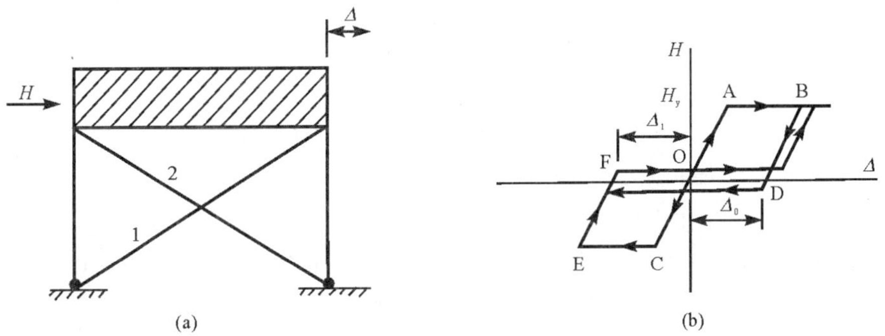

图 10.5.7　X 支撑结构

到此局部结构返回到H=0和Δ=0时。这一过程与原来H向右作用时完全相似；但是，一个重要的区别在于两杆斜杆都被拉长了，其水平分量分别为Δ_0和Δ_1。因此，当H想要继续向右作用时，此体系不能像开始时那样出现OA线段所表示的情况，而是沿Δ轴继续移动Δ_0后，斜杆1才返回到原来拉伸了的长度。若H继续向右作用，则杆1要重新被拉伸而开始作用，从而出现图(b)中的情况，由D点再向B点移动。

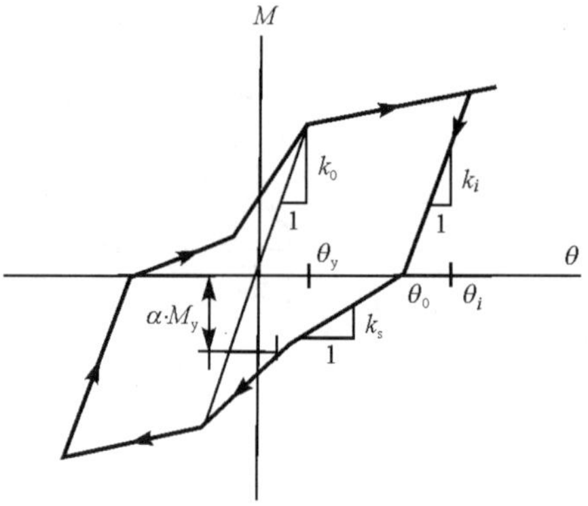

图 10.5.8　捏拢模型

10.5.3.5　捏拢模型

对于钢筋混凝土构件，若剪切、轴压力、握裹或滑移影响明显，则恢复力滞回曲线中部会出现明显的捏拢现象，这时可以用比较复杂的模型，如图10.5.8表示。图中，

$$k_0 = M_y / \theta_y$$

$$k_i = (\theta_y / \theta_i)^r k_0$$

$$k_s = \lambda \cdot M_y / (\theta_y + \theta_0)$$

这里常数r，α与λ均由实验确定，它们均小于1。这种捏拢现象在结构整体或局部中也存在。

10.6　结构动力性能

10.6.1　小振幅自振特性

关于小振幅的强迫或自由振动试验，已经积累了大量结构自振特性的数据。这种试验大多是为了寻求简单的经验关系来估计结构自振特性，以满足抗震规范的要求，方便设计。许多国家的抗震规范都已根据他们自己的结构类型给出了这样的公式。例如，我国1974年和1978年《工业与民用建筑抗震设计规范》就曾采用下述规定：

(1) 对于体型较规整、高度H不超过50m、具有抗震墙或填充墙的多层钢筋混凝土框架房屋，

$$T_1 = 0.22 + 0.035 H B^{-1/3}$$

式中，B为计算方向的房屋宽度，以米计。

(2) 独立烟囱：

钢筋混凝土烟囱

$$T_1 = 0.45 + 0.0011 H^2 D^{-1} \ (H \leqslant 120\text{m})$$

砖烟囱

$$T_1 = 0.26 + 0.0024 H^2 D^{-1} \ (H \leqslant 60\text{m})$$

式中，D为烟囱筒身1/2高度处截面的外直径，以m计。

结构物的阻尼比ζ，在小振幅振动时，一般在0.1以下。如我国在20世纪五六十年代实测的结果：ζ=0.02～0.06（多层剪力墙或填充墙钢筋混凝土框架房屋），0.02～0.10（砖房屋），其中包括地基非刚性引起的土结相互作用的扩散阻尼。

结构物的整体振动，对于不高的房屋而言，大多可以看做以剪切变形为主的梁式振动，

其基本振型常可取为直线变化，我国早期对多层砖房的实测结果也表明如此；对于框架房屋也可以采用剪切梁模型，层间剪切刚度即为框架柱的弯曲刚度，通常假定楼板刚度很大，可以作为刚性看待。但是，对于高耸结构（如烟囱等），则必须考虑弯曲变形。对于横向长度很大的厂房与多层房屋，还会出现空间变形而产生空间振动。

10.6.2 振幅对自振特性的影响

在现场试验与强震观测中早已发现，结构物的自振特性会随振动幅值的大小改变。当振幅加大时，自振周期变长，阻尼比加大。例如，在北京饭店上面布置了一组强震加速仪，并在事先进行了环境振动测量，又于1975年和1976年分别记录到海城和唐山地震。海城地震时结构未见任何破坏现象，唐山地震时非结构构件出现轻微损坏。三次测得基本周期如表10.6.1所示。表10.6.2中给出日本丸之内大楼从建筑中、经过两次地震后、又加固后的基本自振周期的变化情况。表10.6.3(a)和(b)分别给出美国加州洛杉矶的联合银行大楼和帕萨迪纳的喷气式飞机试验室在1971年圣费尔南多地震前、地震中、地震后沿长轴的自振周期和阻尼比的变化，或地震前与地震中的测量结果。这样的数据很多，它们一致表明上述的一般趋势，即：①地震前的微振幅振动测得的自振周期最短，阻尼最小；因为振动幅值最小，结构未受任何损坏。②在地震中，结构振动的幅值很大，出现非线性变形，因而自振周期变长，阻尼变大，地震愈强烈则变化愈大。③在大地震之后，虽然仍用小振幅振动进行测量，但由于结构物经历强烈地震之后出现了轻重不同的损坏，损坏小时外表看不出，大时则有震害现象，所以结构的刚度降低，自振周期比地震前用同样测量方法得到的结果略有增长，阻尼略有加大。

表 10.6.1 北京饭店自振周期（s）的变化

测量时间	激振方式	长轴方向	短轴方向
1974年10月	环境振动	1.00	0.90
1975年2月4日	海城地震	1.10	0.95
1976年7月28日	唐山地震	1.30	1.40

表 10.6.2 丸之内大楼自振周期（s）的变化

测量时间	结构状态	南北	东西
1921年12月	建设中	1.11	1.14
1922年2月	刚建成	0.89	0.94
1922年5月	浦贺水道地震刚过后	1.01	1.09
1922年10月	加固后	0.67	0.71
1923年12月	关东大地震刚过后	1.11	1.18
1926年5月	加固后	0.50	0.48

表 10.6.3(a) 联合银行自振周期与阻尼比的变化

测量时间	激振方式	周　期/s				阻尼比/%			
		T_1	T_2	T_3	T_4	ζ_1	ζ_2	ζ_3	ζ_4
1971年前	环境振动	3.1	1.1	0.6	0.4	1.7	1.5	18	2.0
1971年2月9日	圣费尔南多地震	4.61	1.49	1.00	0.66	4.2	5.8	13(?)	6.6
1971年后	环境振动	3.8	1.3	0.8	0.5	—	—	—	—

表 10.6.3(b) 喷气机试验室自振周期与阻尼的变化

测量时间	激振方式	周　期/s				阻尼比/%			
		T_1	T_2	T_3	T_4	ζ_1	ζ_2	ζ_3	ζ_4
1971年前	强迫振动	0.99	0.33	0.20	—	0.5	1	2	2
1971年2月9日	圣费尔南多地震	1.29	0.42	0.26	—	4	6	6	—

振幅对自振特性的影响在其他结构中也常有发现。例如日本山王海土坝在大小不同地震动时的结果即表明，随坝基加速度加大，坝自振周期加长，而坝顶对坝基的放大倍数则减小。图10.6.1给出的实验室试验中得到的土坝自振试验的结果和图10.6.2给出的土层自振周期的试验结果，也表明同一趋势。

振幅大小对自振特性的上述影响可以从结构物非线性性能来理解。现以图10.6.3所示双线性型非线性单自由度体系为例来说明。体系的运动方程为

$$m\ddot{u}+c\dot{u}+F=P$$

式中，$P=P_0\sin\omega t$为外力；F为恢复力，由图10.6.3所示的规律决定。现在考虑强迫振动时的稳态反应$u=u_0\sin(\omega t+\theta)$。假设它可以用等效线性化体系来代替，则运动方程可以写为

$$\ddot{u}+2\zeta_e\omega_e\dot{u}+\omega_e^2u=\frac{P_0}{m}=\sin\omega t$$

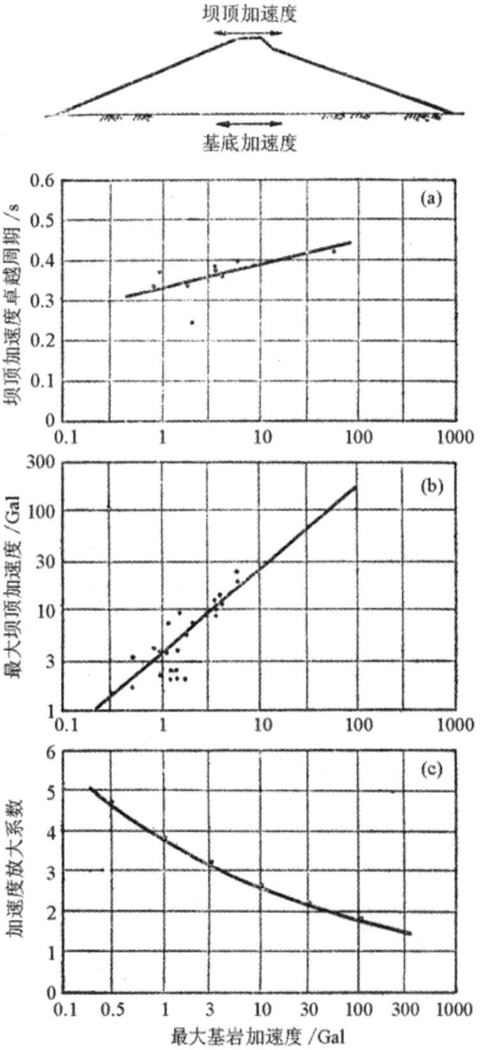

图 10.6.1 土坝模型试验结果

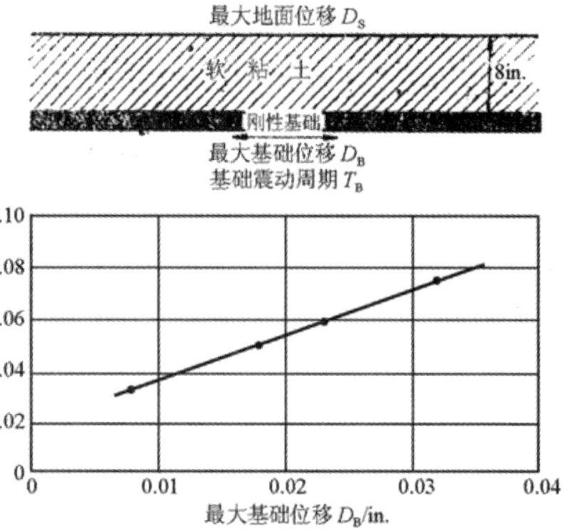

图 10.6.2 软粘土层自振周期的变化

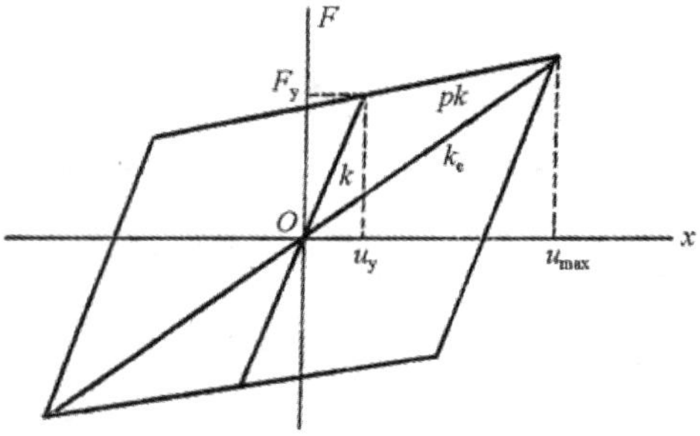

图 10.6.3 双直线体系的等效自振周期与阻尼

其中，ω_e与ζ_e分别为等效线性体系的频率和阻尼比。上式的稳态解仍为$u=u_0\sin(\omega t+\theta)$。等效刚度一般为图中所示的对角线的斜率$k_e$，所以等效自振频率为

$$\begin{aligned}\omega_e &= \sqrt{k_e/m} = \sqrt{k/m}\cdot\sqrt{k_e/k}\\ &= \omega_0\sqrt{p+(1-p)/\mu}\\ &= \omega_0\sqrt{1/\mu} \qquad (若 p=0)\end{aligned}$$

等效阻尼则从每一循环所消耗的能量相等的原则求得，即

$$\begin{aligned}\Delta W &= \int_0^{2\pi/\omega}(C\cdot\dot{u})\mathrm{d}u = \pi C\omega u^2{}_{\max}\\ &= 2\pi\zeta_e\frac{\omega}{\omega_e}u^2{}_{\max} \qquad (等效线性体系)\\ &= 4k_e(1-p)u_y(u_{\max}-u_y) \qquad (双线性体系)\\ \zeta_e &= \frac{2}{\pi}\cdot\frac{(1-p)(1-1/\mu)}{1-p+p\mu} \qquad (\mu=u_{\max}/u_y\geqslant 1)\\ &= \frac{2}{\pi}(1-\frac{1}{\mu}) \qquad (若 p=0，即理想弹塑性)\end{aligned}$$

由此可知，当振幅$u_{\max}$加大时，等效自振频率降低，等效阻尼加大。若为理想弹塑性体系，当延性系数μ=1.2时，自振周期约可增长10%，阻尼比可增加0.1。由此可见，只要不大的塑性，即可得到上述诸例中的变化。

10.6.3 结构物的非线性动力性能

结构物整体的性能和构件的性能之间的关系同构件与材料之间的关系相似，结构物整体的性能取决于构件的性能，但又不同于构件的性能。材料性能的试验数据是大量的，构件的资料也不少，但结构整体的试验资料却少得多。当前人们对结构物整体非线性动力性能的了解途径，除了根据少量震害经验与强震记录（第九章）之外，还可以根据构件与节点的非线性性能进行计算分析。

10.6.3.1 非线性变形的集中

在结构物震害分析中，虽然有时震害大体上均匀分布于结构物各部分，但是也常见到个别楼层震害集中的事例。第九章提到的柔底层震害严重即为一例。

有一座三层钢筋混凝土厂房，属强梁弱柱结构，1976年7月28日唐山地震时，此厂房损坏严重，柱两端均开裂，甚至混凝土酥碎，箍筋弯钩拉长，主筋外露压屈，层间有明显残余变形。震害以2层最重，底层最轻。个别梁有弯曲裂缝。同年9月，用钢筋混凝土“外套”加固了该房屋的酥裂部位，包括2层13个柱根和3个整柱，底层与顶层各3个柱根和一个柱顶。11月15日6.9级地震，使此房屋倒塌，底层柱压成S形，2层柱中整柱加固者完整落地。图10.6.4给出此厂房各层层间位移加固前后的计算值和屈服值。由图可见，2层的屈服极限值由于加固而有很大提高，而底层与顶层则没有多大改变；另外，由于加固集中于2层，故2层层间位移反应大为减小，顶层变化不大，而底层反应则几乎加大了一倍，从而超过屈服值很多。这一分析与6.9级地震后现象是相符的，结果表明，非线性变形集中于底层（He and Wei，1981）。

我国研究者（尹之潜等，1981，1983；He and Wei,1981）结合抗震规范的修订，对钢筋混凝土多层剪切型房屋进行了大量计算分析，发现结构的层间非线性变形不仅与控制弹性地

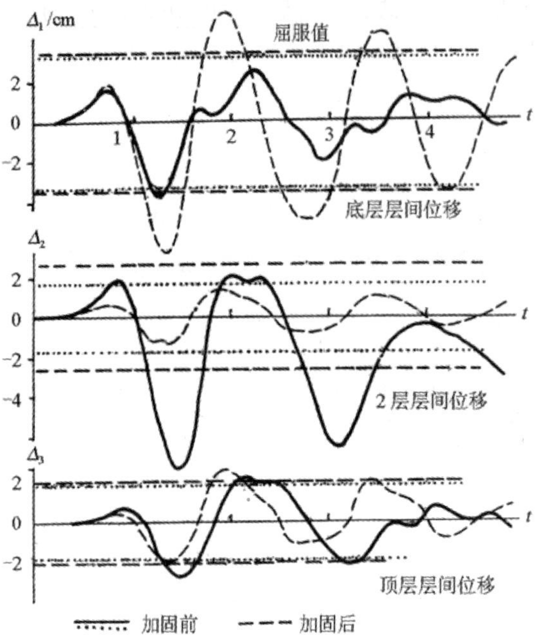

图 10.6.4　加固前后的层间位移

震反应的因素有关，还特别与楼层的屈服强度及其分布有密切关系。

人们早就指出过（Borges and Ravara，1969），若将结构整体延性系数定义为结构最大位移与弹性极限位移之比，则此延性系数总是小于层间延性系数；当层间延性系数为2.1～5.1之间时，整体延性系数常在1.6～2.1之间。当有的楼层过于安全或危险时，整体与楼层延性差别更大。他们并且指出，整体与楼层延性系数之比随楼层数增加而减小。

10.6.3.2　整体结构非线性特性（武汉建筑材料工业学院、石家庄市建筑材料工业局，1982）

整体结构非线性特性试验在国内外都进行得不很多。从现有的少数结果看，其特性与局部结构与一跨门式刚架颇为相似，只要设计合理，都可以有不小的延性，而强度退化不大。

(1) 钢筋混凝土框架。

有一幢五开间、二跨、三层原型空框架轻板管柱房屋，开间3.2m，跨长4.5m，层高2.8m。基本构件为300mm× 300mm方管柱和3200mm×4500mm双钢筋井式肋形大楼板，楼板四角支承于柱上，相邻楼板之间均有10cm宽的现浇钢筋混凝土带与板相联，节点亦为现浇，以保证整体性。几组节点试验表明，梁端位移延性大于5。

试验在房屋横向进行，从上向下，在各楼层顶加力之比为3∶2∶1。先进行小荷载试验，然后逐步加大，以往复式伪静力试验为主，中间穿插几次小振幅振动试验。图10.6.5给出最后几个滞回圈变形，纵坐标为施加的总荷载，横坐标为3楼柱顶位移。

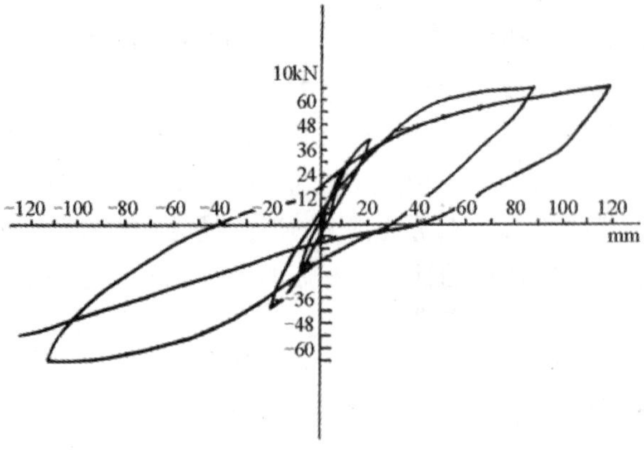

图 10.6.5　钢筋混凝土框架房屋恢复力滞回曲线

从试验结果分析，在荷载不超过300kN时，刚度降低不大，未见主要破坏现象；当荷载达420kN时，底层横梁及柱端普遍出现裂缝，接着相继出现塑性铰，可以认为初始屈服荷载为420kN，这时楼顶位移达2.13cm，平均刚度下降为初始值的0.66倍；当660kN荷载作用至第二循环时，顶部位移即达24.9cm，延伸率已达11.7。

(2) 钢框架。

日本进行的房屋原形非线性试验较多。参考文献（若林实，1981）中还给出了一些试验结果。

10.7 环 境 振 动

环境振动过去曾称为脉动，日本称其为常时微动，它指的是由于机械、车辆、房屋等人为原因或风、浪、地球内部等自然原因引起的微小地面振动和结构振动；地基振动的最大位移幅值约在1mm左右，有时不到1μm，所以，只有用放大数千倍或十万倍的仪器才能记录到。在城市中，由于人为干扰较强，故环境振动较大；在无人烟的荒野地，特别是基岩上，振动幅值特别小。地基环境振动的频率范围很广，从0.1s到几十秒的周期分量都有。地震工程中最关心的只是其中的高频部分，常为0.1～1.0s或0.05～5.0s左右的振动。

10.7.1 地基环境振动

10.7.1.1 主要特征

不论是地基还是结构物的环境振动，其主要的特征为随机性。从理论上，它几乎满足影响因素极为众多而又无一突出的随机变量的要求；从现象上，它完全满足每一段都不完全重复的随机过程的要求；只要在排除特殊干扰因素（如车辆或机械在很近的地方干扰）之后，它完全可以看做是各态历经平稳随机过程，在地震工程中这是少有的可以随时取样的地震动，而且时间可以任意长，次数任意多；它没有特定的传播方向，没有特定的震源。

由于环境振动是随机的，它所包含的信息反应了地基的微幅振动特性，但这一信息中同时又包含了许多噪音，因此必须采取随机过程的处理方法，以大量数据的统计为基础，否则难以得到所需要的信息。图10.7.1所示的地表环境振动是比较简单的地基上的记录，其频谱具有很简单的形状，分别代表四种硬软不同的地基上的环境振动：(a)是Ⅰ类地基，以基岩或坚硬土层为代表，主要频率成分为0.1～0.2s周期的振动，但有时在完整基岩上主要频率成分也很广，可以包括0.1～0.6s中大多数分量；(b)是Ⅱ类地基，以洪积层为代表，土层坚硬且较厚，主要成分为0.3～0.4s周期的振动；(c)是Ⅲ类地基，以冲积层为代表，土层松软较厚，主要成分是0.4～0.6s周期的振动；(d)是Ⅳ类地基，以人工填土和沼泽地为代表，土层异常松软而且很厚，主要成分为0.6～0.8s周期的振动。我国的塘沽和营口海边的地基一般属于第Ⅲ、Ⅳ类，另外，从振动的位移幅值看，地基愈硬，则振幅愈小，愈软则振幅愈大。

10.7.1.2 金井清等的工作（金井清等，1954～1968）

日本的金井清等在20世纪五六十年代从地震工程学观点，对地基的环境振动进行了详细研究，其结果早已被日本抗震规范采用为地基类别划分标准。由于他们的研究，曾经在地震工程界引起了关于“场地的地震动究竟是否存在固定的卓越周期”的讨论，从而使人们对此问题加深了理解。他的研究成果可以概括为以下两点：

第一，地基的环境振动反映了场地的固有特性，这一特性即为地表一二十米内土层的自振特性。

他们在日本许多地方进行了大量环境振动观测，其中包括同一地点连续24小时的观测和常年多次反复观测，从而研究白天和晚上、一年四季中环境振动有无变化。结果发现，晚上环境振动的振幅较小，但频谱形状基本不变，而且在同类地基上频谱形状相似，即在坚硬地基上的频谱峰点在高频段（0.1s附近），而且很尖锐，但在软而厚的地基上，频谱峰点在低频段（0.7s左右），而且很平坦。

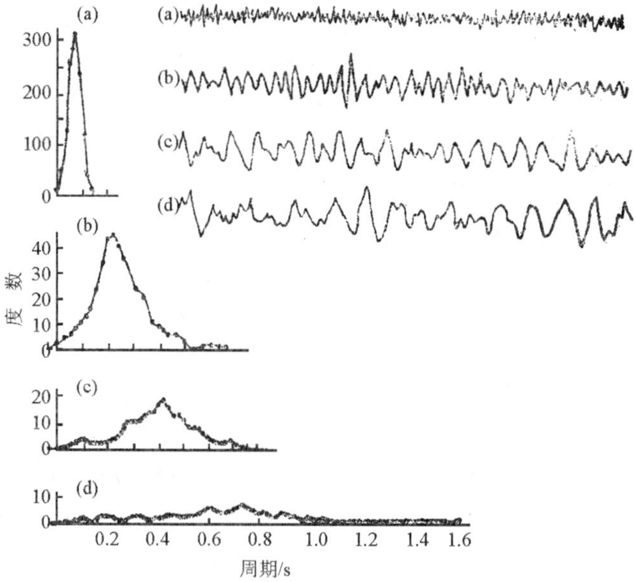

图 10.7.1　地基环境振动典型记录

他们又进行了地表与地下环境振动的同时观测，认为水平地表土层的振动主要是由竖向传播的水平方向振动的剪切波多次重复反射引起的，记录中的卓越周期，即为表层土的自振周期。

这一工作的实用意义明显，因为环境振动的测量比较简单易行，可以代替土层钻孔。我国在1964年抗震规范草案中也曾规定以地基振动的卓越周期作为地基划分的几个指标之一。

第二，同一地基的环境振动与地震动的频谱有相似的形状。

金井清等认为，地基环境振动的卓越周期即为地表层的自振周期，而地震动的卓越周期亦为地表层的卓越周期，所以两者相似。他们专门测量了美国已有强震记录的一些台址处的地基环境振动，求得了它们的频谱，图10.7.2是两者相符的例子。

值得指出的有以下几点：①金井清等对比的是地震动加速度过程$a(t)$和环境振动的速度过程$v(t)$；②他们用于求频谱的方法是比较粗略的。他们取相邻两次零交点之间的时距d_i的两倍作为周期T_i=2d_i，然后分区统计属于不同周期段的次数n_i，即为频数。这样计算的频谱可能有不少的误差。例如，以图10.7.2中的1957年金门公园记录为例，他们所得的卓越周期为0.1s，而加速度反应谱的峰点则在0.2s附近；③根据他们得到的频数周期曲线，约有一半的环境振动$v(t)$与地震动$a(t)$的频谱并不相似，所以他们所谓符合良好的结论是可疑的。

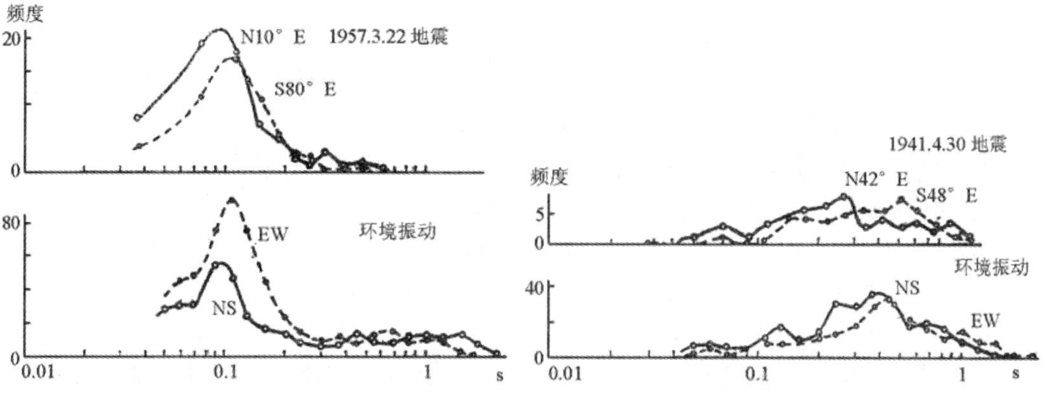

(a) 旧金山、金门公园 (b) 圣巴巴拉

图 10.7.2 地基环境振动与地震动频谱对比

10.7.1.3 地基环境振动与地震动的关系

虽然金井清等认为地基环境振动与地震动的频谱形状相似，但多数人对此表示怀疑；除了对于他们采用的分析方法有疑问之外，还有以下两个原因。一个原因是从实际测量数据出发，常常得不到频谱一致的结果。我国1962～1966年曾进行过类似的测量，有时也不能取得令人满意的结果。另一原因是从理论出发，环境振动的地基应变极小，而强地震动的地基应变则很大。如表8.2.1所示，环境振动引起的地基应变要小于地震勘探时土壤中的应变，所以强地震动引起的地基应变要比环境振动大三四个量级以上。在第八章中已经指出，土壤具有强非线性，在大应变下地基刚度变得很低，不可能具有相同的频谱；另外，地震动与环境振动两者的震源完全不同，震源特性若对地表震动的频谱有影响，则两者也可能不同。

根据强地震动记录和经验，作者认为，有些地基上的地震动具有明确简单的频谱特性，而另一些地基上的地震动则极为复杂而不确定，既不能简单地认为两者具有相似的频谱，也不能认为两者之间毫无关系。

对于软而厚的简单土层的地基，如墨西哥城，或者天津、溏沽、上海，地基的滤波特性较强，自振周期较长，在远震作用下，地震动会以地基土层的自振周期为卓越周期，因而具有较强的地基特性；另一方面，由于距离较远，震源特性影响不大，所以在这种情况下的地震动会明显表现出地基特性；但是，由于土壤非线性的影响，它可能具有比环境振动更长的卓越周期。在不同应变下，土层自振周期的变化是可以估计的（见第八章）。

对于土层情况复杂，不呈水平成层的地基，则其过滤特性复杂，其环境振动的频谱常常具有多峰点，或频谱较广、较平坦。因此，在强震作用下，地震动的卓越周期会随震源特性不同而引起土层的不同反应，从而出现颇不相同的频谱特性；不同大小的地震动，由于引起的地基应变大小不同，也会产生颇不相同的频谱，不易发现频谱中包含的地基特性。

总之，地基的环境振动与地震动的共同之处是两者都反映了地基振动特性，不同之处有二，即：①震源特性不同；②环境振动反映的是地基小振幅特性，地震动反映的是地基大振幅特性。因此，将环境振动的结果外推到地震动必须慎重。不少地震工程研究者在研究地震小区划（见第十二章）时，常采用此手段外推强地震动特性（——1973；Sherif，1981），他们常将微幅振动中得到的结果直接用于强地震动，这是值得商榷的。

地基振动特性的理想外推方法有两个要点。第一，要考虑地基土壤的非线性。从环境振动中得到的地基振动特性是在应变小于10^{-6}时的特性，而强地震时应变可能达到10^{-2}左右，这么大的应变差异在土壤材料中会引起模量、阻尼的很大变化；定性而言，土壤的等效模量或刚度会降低到只有原来的几分之一甚至几十分之一，而阻尼则会增加几倍（见第8.2节）。这种变化，可以近似地用等效线性化后的地基共振曲线来表示。当刚度降低到原来的1/10时，自振周期约可增到原来的3倍；若原来小振幅时卓越周期为0.2s，到强地震时，它可以增加到0.6s；阻尼加大几倍会使原来颇为尖锐的卓越共振峰点变得很平坦。第二，要考虑到震源差异的影响。环境振动的振源不明，常常可以近似看做是白噪声；而地震动的震源特性则与震级大小和距离远近有密切关系；一般认为：近震、小震的震源谱以高频为主，可能接近Ⅰ类地基上的地表振动，如图10.7.1(a)；而远震、大震的震源谱则以长周期为主，如图10.7.1(d)。第一个要点是地基振动特性的变化，第二个要点是地基输入特性的变化，而地表振动的特性正是取决于地基振动特性和输入特性，如式(7.5.3)所示。若地基的传递函数为$H(\mathrm{i}\omega)$，地表振动$y(t)$的功率谱为$S_y(\omega)$，地基底部的输入$x(t)$的功率谱为$S_x(\omega)$，则

$$S_y(\omega)=H(\mathrm{i}\omega)\cdot H^*(\mathrm{i}\omega)S_x(\omega)$$

当从环境振动外推强地震动时，由于函数$H(\mathrm{i}\omega)$和$S_x(\omega)$都已改变，表示地表本身振动特性的$S_y(\omega)$当然也要改变。

10.7.2　环境振动分析

前面说过，环境振动是典型的各态历经平稳随机过程，可以用正规的随机过程分析处理，即用时域平均代替集系平均，计算相关函数和功率谱密度函数。这里先介绍早期环境振动分析中的两种方法，然后再介绍常规的随机振动分析方法的要点。

10.7.2.1　频数周期曲线法

金井清等在分析地基环境振动时采用这种近似方法。此法是当时电子计算机不普及时采用的一种近似方法，精度可疑，所得谱在长周期部分很不可靠，故不宜继续采用。

10.7.2.2　随机衰减法（randomdec）

早在1935年，高桥浩一郎（尹之潜、彭克中，1962）就提出一种统计方法，其基本概念是：当一弹性体系受到随机因素影响而振动时，所产生的振动是强迫振动与自由衰减振动两者之和，而随机强迫振动的平均过程应该趋近于零；因此，同一结构体系环境振动的多次取样，其平均过程应该趋近于此结构的自由衰减振动。为此，他提出图10.7.3所示的统计法。

杨觉生等（Yang et al.，1976）提出的方法与高桥的方法很相似。由于此法提出来时是为了利用体系的自由衰减振动测定阻尼，所以称为随机衰减法。此法在原理上同高桥法相似，在具体计算时则采用电子计算机，编制了专用程序。

如图10.7.4所示，$u(t)$为一体系的随机振动过程，假若在任意时刻截去前面的振动过程，如在t_1，仅考虑t_1以后的振动$u(t\geqslant t_1)$，则它必然包括三个组成部分：$t=t_1$时的位移$u(t_1)$和速度$\dot{u}(t_1)$引起的自由衰减振动和在$t\geqslant t_1$时间内的强迫振动。他们建议选择大小适当的u_0，使得在分析时段长度内过程$u(t)$有足够多的次数超过或达到u_0。记录时段长度常达几分钟。在一个足够大的峰点附近，$u=u_0$的水平线与$u(t)$有两个交点，如图中t_1与t_2，t_5与t_6等处。在t_1与t_2两点的速度$\dot{u}(t_1)$与$\dot{u}(t_2)$的绝对值一般相近，但方向相反，因此假若如图10.7.4(b)所示，将$u_1(t-t_1)$和$u_2(t$

$-t_2)$加以平均，则所得的平均过程$u'(\tau)=\frac{1}{2}[u_1(\tau)+u_2(\tau)]$，在$u_1(t-t_1)$中，$\tau=t-t_1$；在$u_2(t-t_2)$中，$\tau=t-t_2$（如图中虚线所示），将比较接近于仅由$u=u_0$引起的自由衰减振动过程。他们的经验是，在实际计算中，取400～500个$u_i(t-t_i)(i=1, 2, \cdots, 400$或$500)$的平均，$u'(\tau)=\frac{1}{n}\sum_{i=1}^{n}u_i(\tau=t-t_i)$，即可取得比较平滑的自由衰减振动曲线。最后，根据自由衰减曲线即可得阻尼。

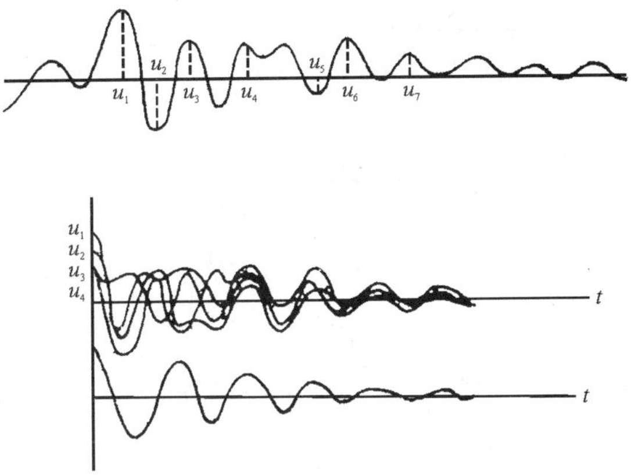

图 10.7.3　高桥统计法

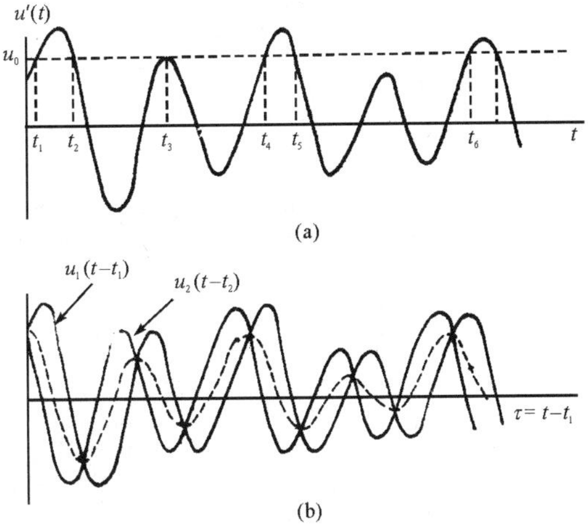

图 10.7.4　随机衰减法

杨觉生等的工作有两个特点。第一，他们写成了专用的FORTRAN程序，在电子计算机上可直接进行数据的采样和分析，计算方法极其简单迅速，仅为加减平均。第二，他们将此方法作为一种探伤方法，得到了实际应用。他们的试验表明，当结构物产生局部损坏时，自由衰减振动曲线的形状将发生变化。

日本曾用测定自振周期的方法来检验桥台有无损伤，其原理与此相似。这些探伤方法的原理是利用结构一旦出现局部损伤，结构物刚度必然变化，从而引起自振特性的变化。但是这种方法尚不能指出损伤所在的位置，而且要求事先对此结构或类似结构的自由衰减振动有所了解。

10.7.3　结构物环境振动分析

前面说过，结构物的环境振动和地基的环境振动一样，也是理想的各态历经平稳随机振动，图10.7.5示出几个典型的例子，同图10.7.1对比可以发现结构物环境振动有两个特点：第一，它具有狭频带的特点，不像地基振动常常是宽频带的，这是由于结构物的狭频滤波特性所致；第二，它常常具有拍的现象，即振幅值包线从小到大又从大到小不断地变更，似乎表示振动能量在与其他振动交换，或者是具有两个密集频率的振动所组成的拍的现象。

由于结构物环境振动具有狭频带特性，所以很容易找到其频谱的第一卓越周期，它通常就是结构物的自振周期。许多试验都证明，按照环境振动求得的结构物的基本周期与阻尼比和按照其他试验方法（10.3.4～10.3.5节）所得结果颇为一致，表10.7.1即为一例（尹之潜、彭克中，1962）。1965年，作者利用傅里叶谱与功率谱的随机过程分析方法来处理结构物环境振动记录，在没有电子计算机的条件下，得到前三个自振周期和两个振型；在条件略作改进后，当时估计可以得到更多的自振特性（胡聿贤等，1965）。1980年前后，宝志雯等（宝志雯、来晋炎，1981）用电子计算机取得了更好的结果，求得每一方向的前几阶自振振型的特性。

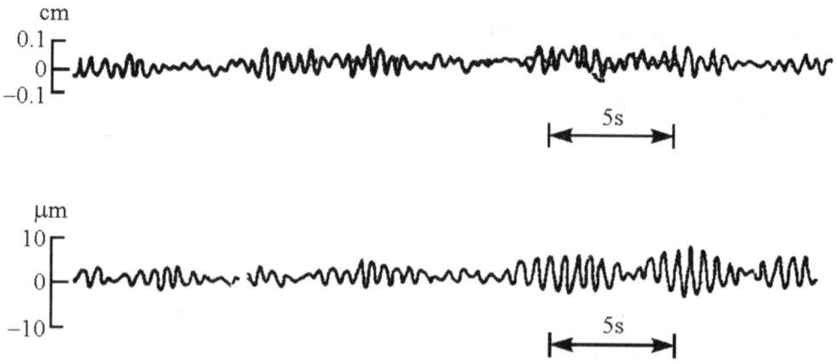

图 10.7.5　结构物环境振动

表 10.7.1　环境振动与其他强迫振动法测量到的自振特性的对比

建筑类别	编号	主要结构	激振观测结果			脉动观测结果		观测方向
			基本周期/s	阻尼比	激振方法	统计法 周期/s	统计法 阻尼比	
砖石民用建筑	1	三层砖石房屋(办公室)	0.34	0.06	起振机	0.31	0.042	短轴向
	2	三层砖石房屋(宿舍)	0.25	0.15	起振机	0.25	0.13	
多层钢筋混凝土框架房屋	3	十三层装配式钢筋混凝土框架房屋(宾馆)	0.53	0.032	起振机	0.53	0.032	
	4	十三层浇注钢筋混凝土框架房屋	0.725	0.029	起振机	0.70	0.029	
	5	十一层浇注钢筋混凝土框架房屋(办公室)	0.51	0.044	起振机	0.49	0.036	
	6	十二层浇注钢筋混凝土框架房屋(主结构六层，屋顶钟楼六层)	0.63	0.04	起振机	0.64	0.021	
大跨度公用建筑	7	礼堂(40m 高)	0.555	0.045	起振机	0.556	0.058	沿中轴
工业建筑	8	煤矿洗选车间(八层钢筋混凝土框架结构)	0.421	0.058	冲击	0.43	0.03	纵向
	9	棉纺厂机织车间(单层钢筋混凝土排架)	0.2	0.064	起振机	0.23	0.087	沿排架向
	10	轧钢车间(单层多跨钢筋混凝土排架)	0.92	0.02	冲击	0.90	0.024	
	11	水电站发电车间(单层混凝土排架)	0.53	0.027	地震及爆破	0.534	0.022	
	12	炼钢车间(单层单跨混凝土排架)	0.675	0.03	冲击	0.665	0.026	
钢筋混凝土排架	13	变电站出线架	0.468	0.04	地震	0.45	0.02	
冶金建筑	14	炼钢高炉(容量 255m^3)	0.318	0.03	起振机	0.318	0.015	垂直斜桥向
	15	炼钢高炉(容量 1442m^3)	0.455	0.022	冲击	0.431	0.04	
铁路桥梁	16	铁路桥(三跨连续桁架, 120m 跨度)	0.50	0.026	起振机	0.51	0.028	横向
水工建筑	17	混凝土大头坝	0.189	0.05	地震及爆破	0.193	0.05	沿河流向

在进行结构物环境振动测量中，假若只研究前几个振型的特性，可以采用位移记录；若研究高振型特性，则应采用加速度记录。测点的布置要考虑放在足以说明更多振型的位置，假如，若拟研究扭转振动，则应在平面上将测点布置在结构四面边缘附近；若要研究高振型，则应在振型的正负各局部最大值附近布设测点。在记录与分析中要重视各测点之间的相位差。

从试验确定阻尼常常不容易精确。当前较好方法之一是滤波衰减法（Rainer，1979），此法先求得结构反应的傅里叶振幅谱，然后确定待分析的振型频率，将其附近的频率成分保留而滤掉其他相距较远的更高或更低的频率成分；第三步是再求过滤后的时间过程，这时会得到像图10.7.3所示的接近单自由度体系的衰减振动；第四步就可以按对数衰减率的定义求得阻尼比$\zeta=(1/2n\pi)\ln(Y_n/Y_0)$，这里$Y_0$是起始的最大峰值，$Y_n$为$n$个周期后的峰值。

10.8　结构破坏试验

前面多次强调过，结构物的破坏机制与破坏阶段的特性是地震工程中研究的重点之一，而在 20 世纪 70 年代以后，结构破坏试验也日益受到重视。伪静力试验与模拟地震动大型振动台的迅速普及也说明了这一点。伪静力试验的主要步骤如下：①先根据对地震时结构非弹性反应的了解，选择试验时应加于试件或试验结构上各点的力或变位的组合(这种组合是因试验而异的)；②再根据对地震动和地震时结构反应过程的了解，选择这些力或变位的时间变化过程。这两个步骤是决定试验是否能真实代表地震反应的关键。试验时所加的力或变位是缓慢施加的，中间可以随时停下来进行各种反应量的测量，因为此试验的关键假定是：结构受力大小、先后顺序是最重要的，时间快慢是次要的，或在这种试验中根本不考虑。这种方法是当前国际上大量使用的方法。优点是可以详细研究结构和构件的非弹性地震反应，试验中加载和测量都容易实现。缺点是试验结果决定于事先对结构非弹性性能的定性和定量的假定，应变速度影响未考虑。当前广泛采用的模拟地震台和伪动力试验，就是为了克服这些缺点的(见第 10.3.3 和 10.3.6 节)。下面介绍一个结构破坏试验的大型计划来说明现代的试验规模、步骤与目的。

1977 年美日两国成立了一个计划组，对利用大型试验设备提出联合研究计划；经过两年的讨论，于 1979 年提出了具体研究计划。研究的总目的是：通过足尺试验、小比例试验、构件试验和分析研究的对比，以改进抗震设计。在制定计划中，力图满足下述要求：①尽可能真实地代表整个房屋体系；②在试件的简单、经济和能代表真实试验结构两者之间力求平衡；③在小比例、构件与足尺试验之间保持平衡；④代表两国现行设计与施工的最佳水平；⑤校核新提出的抗震设计方法；⑥保持一定的灵活性以考虑在试验过程中的新知识与新条件(U.S.-Japan Planning Group，1979)。

10.8.1　计划的提出

1968 年日本十胜冲地震，许多近代设计建造的钢筋混凝土学校房屋受到严重破坏，为了总结经验，改进设计，于 1970 年在日本召开了第一次日美合作科学计划会议，出版了一本会议录。1973 年在美国召开了第二次联合讨论会，研究了美国 1971 年圣费尔南多地震的经验。1975 年在夏威夷又召开了一次会议，提出了 19 篇论文，经过讨论，肯定两国协作的成功，并提出了“美日在地震工程领域中合作的建议”，其中第二项建议明确指出，此计划应着重利用现有的专门设计的加载架、反力墙和大型振动台，进行现场原型房屋和室内大比例模型的可控动力试验。这种试验应能提供这种结构的恢复力关系、能量吸收和破坏特性资料。第三项建议要求组织一个委员会，负责草拟详细计划来实现第二项建议。与此同时，两国政府关于抗风和抗震的美日小组代表也在进行协商。到 1974 年召开的第六次小组会议上作出决定，一定要尽早实现研究条件的合作利用和人员交往。1975 年召开的第七次小组会议上，决定在大比例模型试验上合作，报告中说："……2.结构大比例模型试验。在结构分析和设计中，在很大程度上依赖于我们的理论与计算机的技术能力，以提出抗震结构设计的概念。许多这样的概念已经从震害的事后调查和振动台试验结果中产生。虽然这些概念很有益，但也存在许多问题，它们并不能从调查或小比例模型试验中得到解决。这样的问题很多，如构件和足尺结构在控制的模拟地震力作用下的三维反应；房屋中各构件单元产生的结构阻尼特性的估计；不同结构构件与设备的联结；由结构与设备相互作用引起的作用于设备上的力；非结构构件体积过大、过小而不能在振动台上考虑又无把握在分析上考虑的其他构件的联结，等等"。

为了得到解决这些问题所需要的资料，可以开展下述研究：①不同材料和类型的现有结构的大比例试验；②特殊设计的足尺构件和结构的伪动力试验；③大型振动台试验，用以检验伪动力试验或对足尺试件进行试验。

1978 年第十次小组会同样明确地支持了这一工作。1977 年得到美国政府的支持，成立了一个专门委员会；从 1977 年 7 月到 1979 年 12 月，负责提出正式合作的建议。经过美日两国 22 人四次商讨，提出了下节中介绍的建议。

10.8.2 美日利用大比例模型试验设备合作研究计划建议

此计划包括四项内容：①钢筋混凝土房屋足尺试验和有关试验；②钢房屋足尺试验和有关试验；③伪动力试验法可行性研究；④分析研究。这里只介绍第①和第③部分。

10.8.2.1 钢筋混凝土房屋足尺试验和有关试验

试验包括一栋足尺的七层钢筋混凝土房屋，许多构件、部分结构和小比例模型的试验，一部分在两国同时进行，主要项目见表10.8.1。

表 10.8.1 美日联合试验计划（七层钢筋混凝土房屋）

美　国	日　本
1．伪静力试验——构件组合 外柱—梁组合；内柱—梁组合；墙梁组合	同左 顶层外柱—梁组合；墙
2．伪静力试验——平面结构 单片墙；墙—框架；平面框架	— 同左
3．模拟地震振动台试验 1/10与1/3模型	原型三层房屋 原型七层房屋

足尺七层钢筋混凝土房屋建议选取两国常用的形式，结构墙与框架共同承担水平力，房屋平面尺寸为18.5m×16m，底层高3.75m，上部六层各高3m，按1976-UBC规范设计，试验地震动沿长轴作用，仅在房屋中部沿长轴方向布置一道宽5.5m（两柱之间）、从底到顶的钢筋混凝土剪力墙，墙厚20cm，每层楼有50cm×50cm的钢筋混凝土柱12根。

在足尺七层房屋试验之前，除了上述部分结构伪静力试验和小比例模拟地震动试验之外，还要求利用现有知识进行计算分析，从而选择足尺试验采取的地震动过程；试验应考虑伪动力法，在第一次试验出现微破坏之后，进行结构修复，然后在更强的模拟地震动下进行多次试验，直到接近倒塌。最后试验的目的在于了解修复后的有效性，并确定结构的大变形和破坏特性。

10.8.2.2 建议的伪动力法研究

估计结构地震反应最直接的方法是模拟地震动对结构进行振动试验。但是，许多研究对象由于太大、太重或太强，而不能在台上试验到破坏。为此而提出了伪动力试验法或计算机与伪静力试验装置联机的在线试验法。在线试验中，计算机是用来采集反应数据、计算结构反应和进行试验加载控制的，使通过激振器施加于结构的变形控制与结构在地震下的计算反应相同。此计算中所用的结构各构件的恢复力特性是试验中刚刚测量出来的，所施加的反应的变位是从联机的计算机中刚刚计算出来的。由于试验是在非线性破损阶段中进行的，所以恢复力特性需要不断地根据前一步加载中的测量结果进行计算，只有在计算机联机的条件下，才有可能迅速不断地进行这种测量、计算和变位控制。

伪动力试验法的优点是：①可以采用从试件中直接实测的恢复力关系；②反应过程可以顺序按地震时的变位或受力历史过程进行；③便于测量反应量和数据处理。其缺点是：①应变速度与实际不符，阻尼不易考虑；②要求多个激振器的精确相位控制。

在线试验方法已经研究了多年，自从1972年以来，东京大学生产技术研究所（IIS）等单位已经提出了在线试验的控制算法。同时，美国也在密执安大学和加州大学伯克利分校进行过同样的工作，但未能像东京大学那样进行下去。现在双方都在努力使在线试验在日本茨城建筑研究所大型试验设备中心和美国加州大学伯克利分校地震工程研究中心得以实现。

1978年美日小组在东京讨论时，集中研究了在用8个或更多的电、液千斤顶来进行伪动力试验的可行性。密执安大学证明过单自由度体系伪动力试验的可行性，东京大学证明过一或二自由度体系的可行性。1978年这次讨论主要是同时控制8个自由度的能力，以及控制位移和测量力所需要的精度能否保证。为解决此问题，需要进行以下三方面的研究：第一，将运动方程和计算机控制的试件联系起来的数值语言的证明和灵敏度的研究，东京大学IIS提出的中心差分法是否为当前问题最准确、最有效的算法语言，尚待进一步研究；应该考虑其他的积分方法。第二，在多点位移控制过程中，液压千斤顶是否能正常工作。在每一加载点的同时增量运动中，若激振器能进行位移时间控制，则可消除试件对于测点力的不准确的反馈。为解决此问题，需要试验一个试件，其力和变形的关系与足尺试验结构中的相似。第三，基本的运动微分方程是否能准确地代表房屋体系的实际动力反应，只有对比在线试验与振动台试验的结果才能证明，美日双方的工作如表10.8.2所示。

表 10.8.2 美日伪动力试验的合作研究

<table>
<tr><th>美 国</th><th>日 本</th></tr>
<tr><td>1. 算法的验证与灵敏度的研究</td><td rowspan="2">1. 日本建筑研究所伪动力试验方法的验证研究
（二层框架试验）</td></tr>
<tr><td>2. 计算机控制系统的验证</td></tr>
<tr><td>3. 数学模型离散形式的验证</td><td rowspan="2">2. 伪动力试验与振动试验的相关研究
（二层框架试验）</td></tr>
<tr><td>4. 钢与钢筋混凝土框架的伪动力试验</td></tr>
</table>

10.8.3 小比例模型破坏试验的意义

当模拟地震的振动台不很大时，为了能够在振动台上进行整体或部分结构物的试验，常常不得不采用较小比例尺，如1/10左右。在小比例模型的动力破坏性试验中，不少动力相似律的条件得不到满足，如：①混凝土的封闭程度；②材料的力学性能；③钢筋表面的变形（会影响握裹特性）；④不同钢筋类型的细节。而钢筋混凝土结构的非线性特性与这些条件有很大关系，所以不能将小比例模型的试验结果直接用于原型结构。那么，小比例模型试验的意义何在呢？如何解决这一矛盾呢？

小比例模型试验，由于满足了一些主要的动力相似律，它虽然存在着严重缺点，仍能反映许多重要信息，其中包含：①为七层足尺模型试验结构所应采用的荷载提供重要信息；②验证用小比例模型估计足尺模型反应的可靠性；③为足尺模型试验作好准备；④与原有计算方法结果对比，发现问题；⑤对比研究某些构件的影响，如非结构构件；⑥小比例模型的部分结果仍能反映原型结构的特性。

小比例模型试验结果不能直接应用于足尺或原型结构。补救方法有二：第一，如前所述，先进行小比例模型试验，再进行中比例模型试验（如1/3左右），最后进行足尺试验；研究大、中、小三种比例尺的模型试验结果，从而寻求从小比例模型试验结果外推大比例模型的反应的方法；第二，按照小比例模型中实际采用的构件材料和尺寸等数据，进行局部结构试验，了解局部结构的非线性性能，从而再用小比例模型试验结果校核并改进非线性反应的计算方法。这一理解认为存在两套结构体系，一套是小比例结构，用小比例的构件与局部结构模型与之配套，用以校核破坏阶段的计算方法，若能证明方法可靠，则根据原型构件与局部试验结果，按此计算方法，推算原型结构的破坏阶段特性。上述两种方法是相互配合使用的。

10.9 结构识别

结构识别亦名结构辨识或系统识别，它借用近代控制理论，研究如何根据已知的系统输入和输出来确定系统的模型或参数。系统识别从20世纪70年代以来，广泛引入结构动力学的许多领域，包括航空航天、机械工程和地震工程（张令弥，1981；Beck，1982；Hart and Yao，1976）。

10.9.1 结构识别的内容

动力分析中考虑的是输入、结构、输出三个因素之间的关系。这里所谓结构可以指研究对象的实体，如房屋、坝与水、海洋平台与海底土壤和水、地基土壤与其下的基岩等都属于结构体系，在自动控制中称为系统；也可以指实验室中的一个构件、一个节点、一片框架。输入指的是使结构受力或产生振动的外因，如地震动或实验室中所施加的力。输出是指结构在输入下的反应，如屋顶的运动过程、柱子中的剪力或变形。这三个因素中若已知两个，可以按结构动力学原理去求第三个。随着待求的因素不同，结构动力分析可分为输出正演、输入反演和结构识别，如表10.9.1所示。

表 10.9.1　三种结构动力分析问题

问　　题	已　　知	待　　求
输出正演	结构，输入	输出
输入反演	结构，输出	输入
结构识别	输入，输出	结构

以线性体系为例，在频域中，根据第7.4.1～7.4.2节的推导，将时域表示的运动方程用傅里叶变换变到频域中去，即得

$$Y(\mathrm{i}\omega)=H(\mathrm{i}\omega)\cdot U(\mathrm{i}\omega)$$

式中，U与Y分别为输入过程$u(t)$与输出过程$y(t)$的傅里叶变换；$H(\mathrm{i}\omega)$为结构体系的传递函数，即在输入$u(t)=\mathrm{e}^{\mathrm{i}\omega t}$作用下，结构的某一反应$y(t)=H(\mathrm{i}\omega)\mathrm{e}^{\mathrm{i}\omega t}$与输入$u(t)=\mathrm{e}^{\mathrm{i}\omega t}$之比。这时表中所进行的三个问题可以写为：

输出正演：已知$u(t)$和$H(\mathrm{i}\omega)$，求$y(t)$：

$$y(t)\leftarrow Y(\mathrm{i}\omega)=H(\mathrm{i}\omega)\cdot U(\mathrm{i}\omega)\leftarrow u(t)$$

输入反演：已知$y(t)$和$H(\mathrm{i}\omega)$，求$u(t)$：

$$u(t)\leftarrow U(\mathrm{i}\omega)=H^{-1}(\mathrm{i}\omega)\cdot Y(\mathrm{i}\omega)\leftarrow y(t)$$

结构识别：已知$u(t)$和$y(t)$，求$H(\mathrm{i}\omega)$：

$$H(\mathrm{i}\omega)=\frac{Y(\mathrm{i}\omega)\leftarrow y(t)}{U(\mathrm{i}\omega)\leftarrow x(t)}$$

当前，输出正演是经常进行的，结构识别也有大量的研究，只是输入反演研究尚少。在我国，作者于1978年开始利用土坝与地表上得到的地震动加速度过程，研究基岩地震动加速度过程（胡聿贤，1978；1982；Hu，et al.，1981），后来又用来分析房屋结构反应中的地震动输入，并提出过结构识别与输入反演或识别的混合方法。

10.9.2 结构识别的原则

结构识别的原则是使输出误差为最小，设$\underline{x}(t)$和$\underline{y}(t)$分别为实测到的输入与输出过程，已知结构模型，但其中包括待定参数$\underline{\alpha}$。它们都是矢量，即$\underline{x}(t)$和$\underline{y}(t)$分别为多点输入与多点输出的实测值。由于测量可能有误差，所以它们并不是真正的输入与输出。再设输出$\underline{y}(t)$的初始条件为$\underline{y}^0(t=0)$，$\underline{a}=\begin{Bmatrix}\underline{y}^0\\ \underline{\alpha}\end{Bmatrix}$表示初始条件与参数的估计值。由图10.9.1可知，输出误差

$$\underline{v}(t,\underline{\alpha})=\underline{y}(t)-\underline{y}'(t,\underline{a},\underline{x})\tag{10.9.1}$$

为待定参数$\underline{\alpha}$的函数，令$J(\underline{a})$表示输出误差$v(t,\underline{a})$的某种选定函数，或目标函数，则参数识别的原则是使$J(\underline{a})$为最小来选择$\underline{a}$，即

$$J(\underline{a})=\int_0^T\left|\underline{v}(t,\underline{a})\right|^2\mathrm{d}t+\left|\underline{a}_0-\underline{a}\right|^2=\min\tag{10.9.2}$$

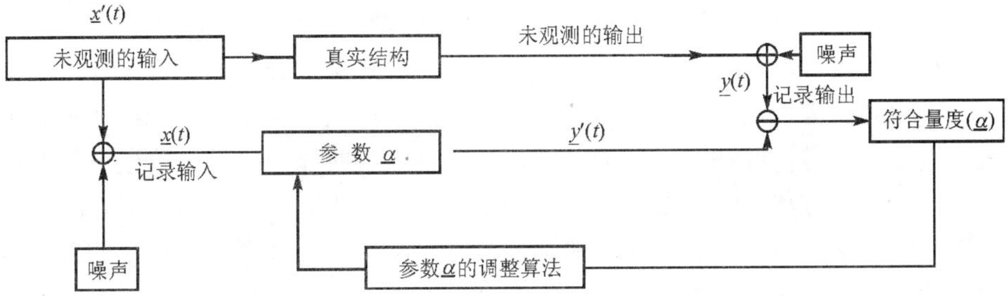

图 10.9.1 参数识别原则——输出误差函数法

式中，T 为持续时间；$\underline{a}^0$ 为 $\underline{a}$ 的事先估计值。式中的目标函数为常用的一种目标函数，其中包括有初始条件 $\underline{y}^0(t=0)$ 的事先估计和模型参数 $\underline{\alpha}$ 的事先估计 $\underline{\alpha}_0$。

上式可以是线性的，也可以是非线性的，其解可以用常规的线性规划或非线性规划中的方法（Eykhoff，1974，第 113 和 446 页）。高斯牛顿最小比方法是常用的。

上式是在时域中表示的输出误差函数原则，其在频域中的表示为

$$\left.\begin{aligned} J(\underline{a}) &= \int_0^{\infty} \left|\underline{V}(\omega,\underline{a})\right|^2 \mathrm{d}\omega + \left|\underline{a}_0 - \underline{a}\right|^2 = \min \\ \underline{V}(\omega,\underline{a}) &= \underline{Y}(\omega) - \underline{Y}'(\omega,\underline{a},\underline{X}) \end{aligned}\right\} \tag{10.9.3}$$

式中，$\underline{V}$，$\underline{Y}$，$\underline{Y}'$ 与 $\underline{X}$ 分别为 $\underline{v}(t,\ a)$，$\underline{y}(t)$，$\underline{y}'(t;\ \underline{a},\ \underline{x})$ 和 $\underline{x}(t)$ 的傅里叶变换。

作者曾于 1982 年提出过输入输出误差函数的原则，即

$$\left.\begin{aligned} J(\underline{a}) &= \int_0^{T} \left|\underline{v}(t,\underline{a})\right|^2 \mathrm{d}t + \int_0^{T} \left|\underline{x} - \underline{x}'\right|^2 \mathrm{d}t + \left|\underline{a}_0 - \underline{a}\right|^2 = \min \\ \underline{v}(t,\underline{a}) &= \underline{y}(t) - \underline{y}'(t;\underline{a},\underline{x}') \end{aligned}\right\} \tag{10.9.4}$$

式中，$x'(t)$ 为修正后的输入。这一原则与常用的输出误差原则的区别在于它认为实际观测到的输入函数 $\underline{x}(t)$ 也是有误差的，所以式（10.9.4）与（10.9.2）相比增加了一项，即 $\underline{x}'(t)$ 与 $\underline{x}(t)$ 之差表示噪声。按这一原则，在识别结构体系的过程中，需要同时估计 $\underline{x}(t)$。

10.9.3　从强震记录识别结构特性的现有结果

现在绝大多数人采用在频域中的结构识别法，即式（10.9.3）。对于非线性反应则采用等效线性化法。其中大多数人并采用振型分解法，根据传递函数的峰点确定体系的振型参数。大多数研究者采用整个记录时段长求传递函数，只有少数研究者用总时段长的几分之一作为窗宽，每次只用一个窗内的记录长度来估计传递函数，从而研究由于非线性反应而产生的自振频率的时变特性（Udwadia and Trifunac，1974；McVerry，1979；Pauschke et al.，1981）。采用传递函数方法的主要缺点是它要求记录时段很长；另外，作为分母的输入功率谱或傅里叶谱接近零值的点将会带来很多困难。

采用输出误差函数法可以避免上述缺点。按照这一方法，使输出误差的目标函数在最小二乘的意义上为最小，从而确定几个主要振型的周期、阻尼和参与系数。此法在时域、频域均可应用。对于线性体系，两者结果相同；但经验表明，当记录时段长度较短时，时域法似乎更可靠；非线性反应时，时域或频域法均可近似采用。这种方法有三个优点，第一，当在低频段两相邻振型耦联时，可以同时估计其参数；第二，它可以同时利用多点反应来估计振型参数（或称模态参数）；第三，它可以研究用线性模型逼近强震记录。

应当指出，上述讨论不仅适用于原型结构的强震观测记录分析，而且同样适用于模拟地震振动台上进行的结构与构件的模型试验记录的分析。加州大学伯克利分校在地震工程研究中心的大型振动台上进行过许多这样的试验，有的进入了明显的非线性阶段。他们在识别原则上用输出误差函数方法（Distefano et al.，1976；Kaya and McNiven，1978），在方法上常用修正的高斯牛顿算法，使输出误差函数最小，在输出反应中同时采用同一点的加速度与位移过程，因为两者同时取得了记录。

10.9.3.1　线性时不变模型

绝大多数研究者采用这一模型来估计几个较低振型的自振频率，也有同时估计阻尼和振型参与系数的。贝克（Beck，1978）曾经证明，若拟惟一确定 N 个自由度体系的刚度矩阵 $\underline{K}$ 与阻尼矩阵 $\underline{C}$，必须在每一自由度进行输出测量；若拟求得参数空间的局部惟一性，则要求测量 $N/2$ 个自由度以上的输出过程，这里假设无测量噪声，质量矩阵 $\underline{M}$ 为已知，对 $\underline{K}$ 和 $\underline{C}$ 无特殊限制，但要保证它们是对称和正定的，而且具有广义特征向量。由于上述惟一性和其他原因，在采用线性时不变模型时，最好采用实测数据直接估计振型参数，而不是估计 $\underline{K}$ 和 $\underline{C}$；然后，再从求得的振型参数研究如何估计 $\underline{K}$ 和 $\underline{C}$ 的特性，作为两个分开的问题。

10.9.3.2　模型结构的评价

系统识别可以回答的一个重要问题是线性时不变模型与实验资料符合的程度，输出误差法正好适宜于回答这个问题。假若实测记录中的噪声不大，而这种最佳模拟的符合程度又不好，就表明所用的数学模型有问题，经验表明，加速度过程测量中的噪讯比不大。

根据 1971 年圣费尔南多地震中 13 组有输入输出地震动记录而无明显结构破坏的房屋振动记录，用上述时域、频域两种方法分析，结论是线性时不变模型可以较好地符合实测结果。当然，这并不是说这些结构在当时的反应真的是线性的；与此相反，几乎对于 13 组中的任一组而言，假若在模型中允许振型周期与阻尼随时间改变，这些参数会有不小的变化。分时段研究的结果（McVerry，1979）表明，模型试验与实测结果相符合的良好程度可以分为三种：极好（低幅振动，一般最大加速度≤0.05g），很好（中幅振动，0.1g～0.2g），好和不好（更大的振幅，不好的属于有损坏的结构上取得的记录）。图 10.9.2 给出一个线性时不变模型与实测数据符合极好的例子，虽然顶层最大的加速度接近 0.4g，最大应力几乎达到屈服极限，但

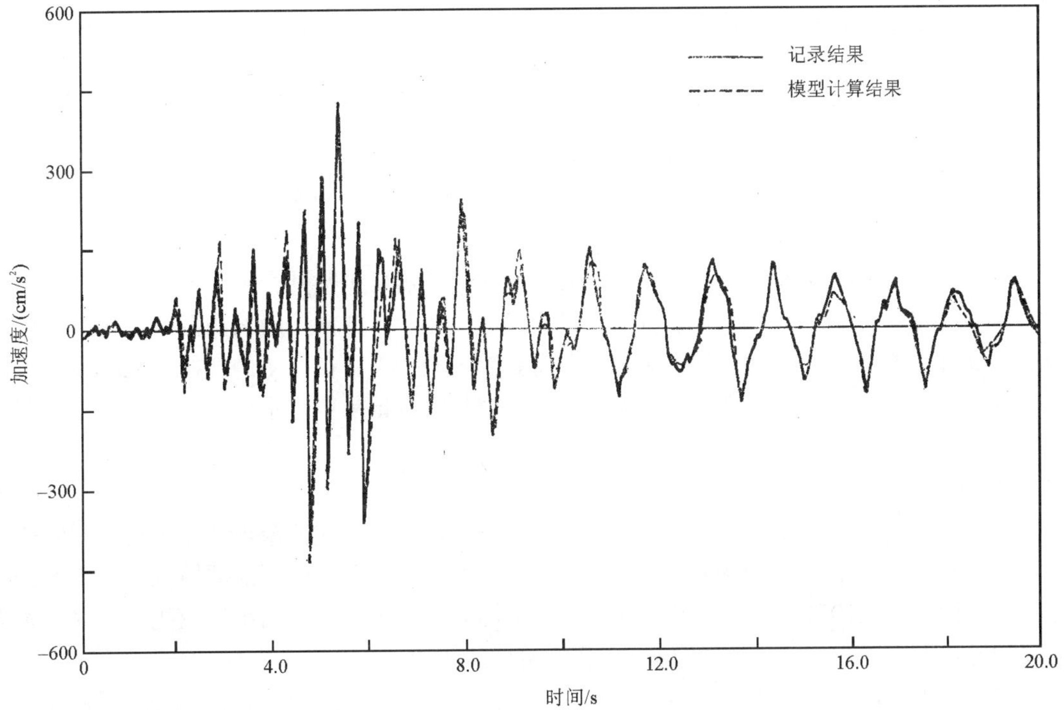

图 10.9.2　1971 年圣费尔南多地震 JPL 房屋顶层记录与模型结果

未见结构有明显损坏。结构识别中用最小二乘法估计前三个振型的参数，同时还估计了各振型的初始条件。实际上当记录足够长时，初始条件的估计并非必要，只是在将整个记录分为若干较短时段后，初始条件才变得很重要。

作为另一个例子，在图 10.9.3 中给出同一地震中加州银行的实测与识别结果的对比。对比分两段进行，在记录开始的前 10s 内[图(a)]，结构可能破坏尚不严重；而在 19～39s 的这 20s 之内[图(b)]，结构可能破坏较重，所以分别进行了结构识别。根据此两不同时段的数据，所得的前两个振型的参数估计很不相同，第一时段的结果为：T_1=1.47s，ζ_1=8%，参与系数 p_1=1.5；T_2=0.47s，ζ_2=4.9%，p_2=－0.5；第二时段的结果为：T_1=2.35s，ζ_1=12%，p_1=1.5；T_2=0.82s；ζ_2=48%，p_2=－0.8。第二时段中得到的ζ_2与 p_2 虽然十分可疑，但此振型对此时段内的振型反应几乎无影响，用线性时不变模型来估计这一组反应，结果自然不好。

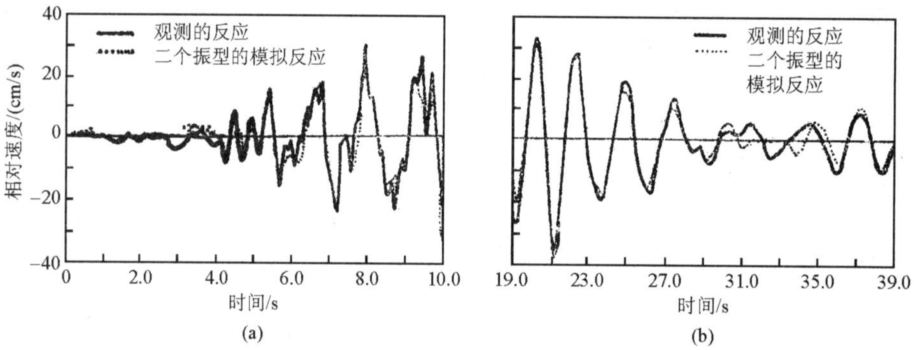

图 10.9.3　1971 年圣费尔南多地震加州银行前后两时段的记录与识别的对比

输出误差的目标函数 $J(\underline{a})$可以作为识别好坏的标准，这时需要将它写成无量纲形式，即

$$J(\underline{a})=\int_0^T\left|\underline{v}(t,\underline{a})\right|^2\mathrm{d}t\Big/\int_0^T\left|\underline{y}(t)\right|^2\mathrm{d}t+\left|\underline{a}_0-\underline{a}\right|^2/\left|\underline{a}_0\right|^2 \tag{10.9.5}$$

在频域中也应作相应的改变。若 $J(\underline{a})$=0，则实测与模型完全恒等，实际上是不会有这种情况的，经验是：当 $J(\underline{a})\leqslant 0.1$ 即为极好的符合，有时会出现 $J(\underline{a})\geqslant 0.5$ 这样符合不好的例子。后者均属于有结构破坏的情况。

应用输出误差法常常肯定人们的一个估计，即：只需要少数几个振型便可模拟一般结构物的地震反应。为了模拟房屋顶层和中间层的记录，在一个方向一般只用两三个振型即可；为了模拟附近地基或结构物底层的反应，则需要较多的振型；在记录的初始反应阶段，也常需要较多的振型，但是高振型反应很快消失，模拟与实测记录符合不好的例子大多来自非线性而不是高振型。

10.9.3.3　周期

关于周期，最有意义的规律是在强震时，周期明显加长，即使未出现结构构件屈服或损坏，周期的加长也很明显，因此在全部反应过程中的有效周期要比震前环境振动中微幅振动时的周期长得多。1971 年圣费尔南多地震中，7 栋无损伤房屋识别的结果表明，平移基本周期增加的典型值为 30%～60%，而有明显损坏的房屋则增加 100%。

出现屈服之前的周期增长，一般认为是在大变形时非结构构件与结构体系分离所引起的，当然结构中的某些细微裂缝、联结松动和地基软化也有一定影响。对比地震前后周期的永久变化可知，有些刚度退化是永久性的。

有的研究结果（Hart et al.，1975）表明，虽然周期增长不少，但是，基本扭转与平移的周期之比和基本平移与第二平移周期之比则相当稳定，这表明大变形产生的周期增长的影响对这三个周期都差不多。假若这一结论能为更多事例所证实，那就很有实用价值。

10.9.3.4　阻尼

目前采用的识别方法，对阻尼的识别精度远低于周期的识别，其原因有二：一是阻尼对振型的影响远小于对周期的影响；二是由于同一振型的阻尼比与参与系数的强相关性。振型反应与参与系数和阻尼比之比有关，因此，识别的方法可以可靠地估计参与系数和阻尼比这两个量的比值，但不能可靠地估计这两个量。

两个识别参数的相关性的估计方法如下。设α_i与α_j为待识别的参数矢量$\underline{\alpha}$的两个元，则灵敏度矩阵$\underline{S}$的元为

$$S_{ij}=\frac{\partial^2 J}{\partial\alpha_i\partial\alpha_j} \tag{10.9.6}$$

上式在$\underline{\alpha}$的估计值处取值。假若α_i与其他参数之间有显著相关性，则确定参数α_i的精度与$(S_{ij}^2)^{1/2}$成比例；假若α_i仅与α_j有强相关，而与其他参数不相关，则α_i的精度近似于与$(1-I_{ij}^2)^{1/2}\cdot(S_{ii})^{1/2}$成比例，这里$I_{ij}$为相互作用或相关系数，由下式定义

$$I_{ij}=-S_{ij}/\sqrt{S_{ii}S_{jj}} \tag{10.9.7}$$

少量的研究结果指出，振型参数之间，除同一振型的参与系数与阻尼之间外，相关性都不显著，但是，对于两相邻很近的振型，不同振型的系数之间的相关性变得很重要，低振型的参与系数与阻尼的相关系数常为0.5～0.9；而周期的灵敏系数$(S_{ii})^{1/2}$要比其他两个参数的灵敏系数大10～25倍。因此，不同研究者根据同一组数据用不同方法得到的周期是相差不大的，一般第一振型周期相差约在10%以内，第二振型周期相差约在20%以内；但阻尼比则常相差20%～50%（第一振型）或 50%～100%（第二振型）。由此可见，阻尼比的估计精度是很低的。

10.9.3.5　线性时变模型

对于一特定输入而言，任何非线性模型都可以用线性时变模型来代替，这种认识问题的方式的优点之一是可以了解结构参数如何随时间变化，从而可能求得自振周期与阻尼随时间变化的经验关系，就可以进一步作为一种非线性模型。

线性时变模型研究通常采用移动窗传递函数法（Pauschke et al.，1981；Udwadia et al.，1974），或用移动窗输出差误法（Beck，1978；McVerry，1979）。

10.9.3.6　非线性模型

当结构反应是强非线性时，一般说来，结构模型是否惟一就有问题。

有人（Udwadia and Marmarelis，1976）提出根据威纳积分展开的一种非参数非线性模型，对结构性能事先不要求什么假定，在白噪声输入下，根据实测的结构反应用互相关法来估计威纳核。他们将此法用来分析米尼肯图书馆屋顶1971年的地震记录，先求出一阶核，它是屋顶和地下室加速度之间的脉冲反应函数，表示线性反应部分；然后求出二阶核，它表示非线性反应部分；更高阶核要求的计算时间太长，他们未进行计算。图10.9.4给出他们得到的结

果。由此可见，在东西分量中，第 5～7s 之间非线性影响较大。若用符合标准 J 来衡量，从 3～43s，仅用线性反应的一阶核时，J=0.31；包括二阶核在内考虑非线性之后，J=0.19。麦克维里（McVerry，1979）也分析过此房屋，他用 0～40.96s 长的记录，用两个线性模型，J=0.27。

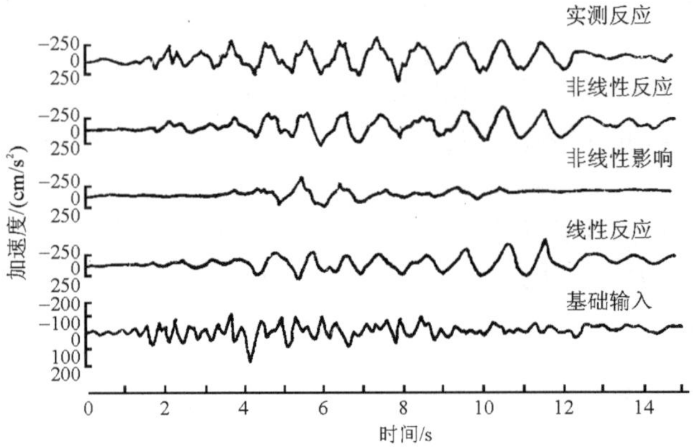

图 10.9.4　米尼肯图书馆记录东西分量的分析

家村浩和等（Iemura and Jennings，1974）也研究过这一房屋的地震记录，他们开始采用两个时不变模型分析整个记录，一个模型是线性的，另一个是双线性的，所得结果都不好；然后他们选择时变模型，一个是线性的，另一个是非线性的，将 40s 长的记录分为 4 个 10s 长的记录，分别求每一时段的模型参数，两个模型都能给出满意的结果。

加州大学伯克利分校的研究者麦克尼文等也进行过这一工作，他们利用的是模拟地震的大型振动台上得到的模型结构的试验结果，包括局部进入屈服的钢框架模型；他们采用两个单自由度模型，一个线性，一个兰伯格·奥斯古德非线性，线性的有 2 个参数，非线性的有 4 个参数；根据一个地震动试验的结果，用最小二乘输出误差法识别，然后将所得数学模型应用于同一结构的其他地震动试验记录进行对比。虽然试验中已出现局部屈服，但线性模型却能给出惊人地符合于实测加速度过程的结果，线性模型给出的加速度过程虽然不及非线性模型，但考虑到后者多了两个参数，结果自应更佳。这两个模型虽然给出较好的加速度结果，但位移结果不及加速度，因为数学模型中未能反映出实测中得到的永久变形。这是可以预料的，因为永久变形属于长周期反应，加速度过程很难反映长周期振动，读数误差也会引起长周期噪声，而大多数长周期分量都在常规数据处理中被过滤掉了。

总之，从现有经验看，将结构物简化为参数不多的数学模型，再通过原型的强震观测、大比例尺的大型振动台试验和伪动力试验所取得的数据的多种分析，包括结构识别，从而确定这些参数，是有可能对结构非线性反应作出适当估计的。现有方法，即使是等效线性化模型也能给出不坏的结果。从模型选择上看，可以先用非参数识别选择结构模型的形状，然后用参数识别确定其中参数；从方法上看，虽然有许多算法，但修正的高斯牛顿算法是适合输出误差函数最小比准则的。这一方法的困难在于阻尼和参与系数的强相关性使得分别确定这两个参数颇有困难；另一困难在于难以判断是否已达到总体最小值。这些困难在频域分析法中表现为难以分辨计算传递函数中振型共振峰点和其他峰点。

第十一章　基础隔震和能量耗散技术及结构振动控制概论

11.1　基础隔震技术的发展概况

在以上各章中讨论的抗震理论和方法都是建立在提高结构和构件的抗震强度和变形能力的基础之上的。由于地震对结构物的作用力可能很大，往往需要依靠结构和构件的塑性变形来耗散地震输入结构的能量。而塑性变形对于结构来讲实际是一种损伤。传统的抗震设计方法一方面要利用结构的塑性变形能力或延性来减小地震作用，又要使结构不发生严重的损伤，其实质可以说是对相互矛盾的目标进行某种妥协。长期以来研究人员一直在追求一种既经济又可靠的抗震措施，同时还要使结构不受损伤或减小损伤，这就是本章要讨论的基础隔震和阻尼耗能技术。

基础隔震是限制地震能量进入上部结构的方法。近百年来已提出了许许多多的隔震方案（周锡元等，2002）。常用的隔震机构和体系，如叠层钢板橡胶支座、复位弹簧和平面滑板并联机构、摩擦摆体系（Friction Pendulum System，简称 FPS）和其它隔震、减震复合体系已用于许多实际工程。

FPS 实际是依靠重力复位的摩擦摆滑动机构（Zayas，1990；Hussaini and Zayas，1994）（图 11.1.1），当隔震层的水平刚度远小于上部结构的相应刚度时，隔震结构的自振周期 $T = 2\pi\sqrt{2R/g}$，此处 R 是滑动球面的半径；g 是重力加速度。依据同样的原理，日本奥村公司发展了将小圆柱体置于大圆柱凹面中的摆轴机构（Tuned Roller-Pendulum Damper，简称 TRD）（Fujita，1991）作为基础隔震装置（图 11.1.2）。隔震结构的自振周期 $T = 2\pi\sqrt{\dfrac{2(R_2 - R_1)}{g}}$，此处 R_1 和 R_2 分别是小圆柱和大圆柱凹面的半径。这种机构只对摆动方向起隔震作用，为满足 X、Y 两个方向的隔震要求，需要应用双层 TRD 结构（图 11.1.3）。

如果将小圆柱体改成小球，大圆柱凹面改成大球凹面，则可称之为滚球机构，隔震结构周期计算公式不变，只需将 R_1 和 R_2 看做是小球半径和大球凹面的半径即可。滚轴和滚球机

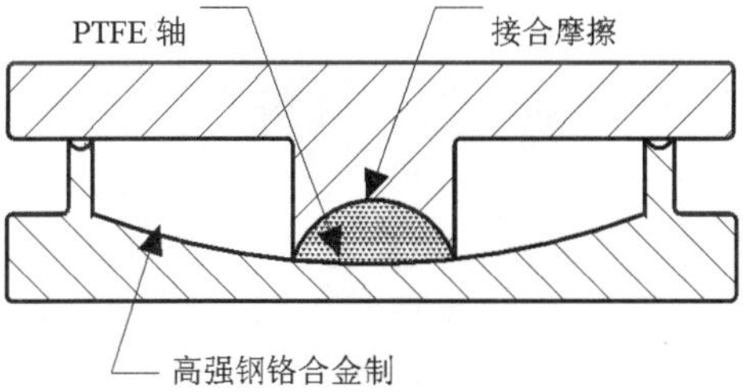

图 11.1.1　FPS 隔震机构

图 11.1.2　摆轴减振机构（TRD）

图 11.1.3　双层 TRD 机构

构与 FPS 同属于重力复位型隔震机构，其原理是一样的，但在 FPS 中，摩擦滑块和滑动面是面接触，且能在滑移过程中耗散能量。滚轴和滚球装置分别是线接触和点接触，不利于支承上部结构很大的重力荷载，因此通常只用来支承所谓的调谐质量阻尼器（Tuned Mass Damper，简称 TMD）的质量块。平面摩擦滑动隔震方法由于造价较低，长期以来一直备受重视。由于平面摩擦滑动机构本身没有自复位能力，因此应该采用弹性或弹塑性恢复元件。在摩擦滑动隔震系统的设计中如何合理地选择或优化摩擦系数和复位刚度，以及保持摩擦系数长期不变等问题是提高隔震效果和性能可靠度的关键。叠层钢板橡胶支座隔震体系已相对比较成熟，对自振周期较短的房屋，减震效果都是比较好的，其技术经济指标一般也是可以接受的。不足之处是对竖向震动一般没有减振效果，对长周期水平震动存在共振危险性，前者主要影响上部结构，后者则主要影响到隔震支座本身的安全。近几年来，国内对橡胶支座的水平刚度、回转刚度和设置在底层柱顶上的橡胶支座与柱的串联系统的水平刚度进行了实验和理论分析（周锡元等，2001b）。在竖向隔震机构的研究方面，亦已开始受到重视（Spencer and Hu，2001）。

从 1994 年 2 月美国洛杉矶北部北岭地震和 1995 年日本阪神地震中隔震房屋的反应和有关研究结果和经验来看，以上两个问题带来的附加风险是比较小的(周福霖，1997)。目前在推广应用中的主要问题还是造价与常规抗震技术相比尚属偏高，因此需要继续研究开发经济高效的隔震橡胶支座及其配套机构，充分发挥橡胶支座的竖向承载能力和水平变形能力。降低造价的主要途径是适当减低上部结构的设防标准和使用比较小的橡胶支座。为做到确保安全，应该开展以下研究工作：①隔震机构在大变形和后屈曲条件下的潜力、性态和必要的保护措施（周锡元等，2000）；②隔震层设置限位挡块以后可能发生的撞击作用及其影响（这些问题近几年内已取得了一些进展）（韩淼等，1999）；③配套的上部结构和转换层设计方法，特别是在框剪结构中剪力墙底部隔震支座的设计计算和构造要求等，编制细部构造图集；④建立相应的高技术产业，进一步提高橡胶支座的性能指标，完善质量保证体系；⑤开发具有自适应能力的智能型隔震系统（Spencer and Hu，2001）；橡胶支座隔震体系尽管已趋于成熟，但也还有一些问题值得继续研究，例如由于倾覆力矩引起的局部提离和受拉、固端的转动影响、高阻尼橡胶支座、复杂结构的隔震分析方法和计算机软件等。此外，隔震体系的优化设计方法也是值得进一步研究的问题。

11.2　规则型隔震房屋和桥梁的简化分析

对于多层房屋和规则型桥梁，常采用图 11.2.1 所示的隔震模型。它们都可以用多自由度体系来模拟，其共同的特点是隔震层的水平刚度都小于其余部分。不同的是：①房屋的隔震层通常设在底部，桥梁则设在桥墩的顶部；②房屋的质量沿高度的分布比较均匀，各层的质量（包括隔震层）差别都不太大；桥梁的质量则主要集中在上部，这是因为桥面系统（包括

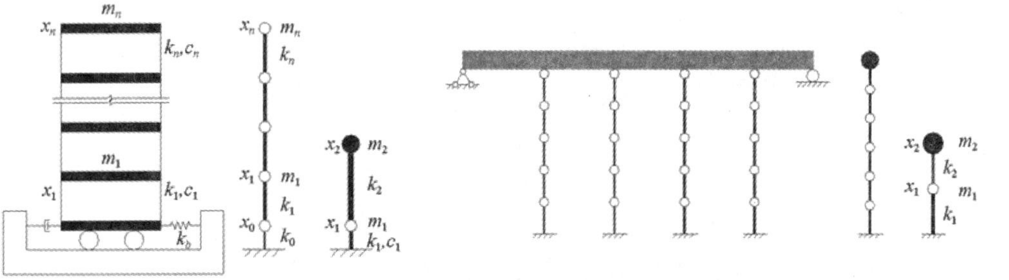

图 11.2.1 多层房屋和规则型桥梁常用的隔震模型

箱梁）的质量一般都大于桥墩的质量。如果把房屋的上部结构和桥墩看做是与隔震系统串连的子结构，相对于隔震层而言它们都属于刚性结构，因此可以只考虑基本振型而将它们等价为一个单质点体系。按照瑞利阻尼的假定，广义质量、阻尼、刚度、荷载和振型阻尼比可按第 7 章中的公式进行计算。由此看来，对于一般的多层房屋和比较规则的桥梁都可以简化为剪切型双自由度体系。此时运动方程式为

$$\boldsymbol{M}\ddot{\boldsymbol{x}}+\boldsymbol{C}\dot{\boldsymbol{x}}+\boldsymbol{K}\boldsymbol{x}=\boldsymbol{M}\boldsymbol{e}\ddot{x}_{\mathrm{g}} \tag{11.2.1}$$

式中，$\boldsymbol{x}$ 为系统的位移向量 $\boldsymbol{x}=\{x_1 \quad x_2\}^{\mathrm{T}}$；$\boldsymbol{e}$ 为位置向量；$\ddot{x}_{\mathrm{g}}$ 是地面运动加速度时程，系数矩阵为

$$\boldsymbol{M}=\begin{bmatrix} m_1 & \\ & m_2 \end{bmatrix} \qquad \boldsymbol{K}=\begin{bmatrix} k_1+k_2 & -k_2 \\ -k_2 & k_2 \end{bmatrix} \qquad \boldsymbol{C}=\begin{bmatrix} c_1+c_2 & -c_2 \\ -c_2 & c_2 \end{bmatrix}$$

当式（11.2.1）中的 $\boldsymbol{C}=0$，$\ddot{x}_{\mathrm{g}}=0$ 时，即为无阻尼自由振动方程，求解后即可得到系统的如下自振频率：

$$\omega^2=\frac{1}{2}\left(\frac{k_1+k_2}{m_1}+\frac{k_2}{m_2}\right)\pm\frac{1}{2}\sqrt{\left(\frac{k_1+k_2}{m_1}+\frac{k_2}{m_2}\right)^2+4\frac{k_2^2}{m_1m_2}} \tag{11.2.2}$$

$$\frac{\phi(1)}{\phi(2)}=1-\frac{m_2}{k_2}\omega^2 \tag{11.2.3}$$

当采用高阻尼橡胶支座、铅芯橡胶支座或在隔震系统中引入较大的附加粘性阻尼器时，以上自由振动方程式中的阻尼矩阵一般不符合瑞利阻尼的假定，但是为了简单起见，还是可以按照（Veletsos and Ventural（1986）的近似方法用无阻尼振型进行解耦，即忽略阻尼矩阵中的非对角线元素。Hwang 等通过对规则型桥梁的复振型分析，认为这样处理在工程上已能满足要求。根据已知的质量阵 $\boldsymbol{M}$、刚度阵 $\boldsymbol{K}$、阻尼阵 $\boldsymbol{C}$ 和振型 ϕ_j、频率 ω_j，根据 Veletsos and Ventural（1986）和 Hwang 等人的研究结果，振型阻尼比可按下式计算（Hwang et al.，1997；周锡元等，2001a；李中锡等，2001）。

$$\zeta_j=\frac{C_{jj}^*}{2m_{jj}^*\omega_j}=\frac{\zeta_{01}\left(\dfrac{\omega_j^2}{\omega_{02}^2}\right)^2\eta+\zeta_{02}\sqrt{\eta\dfrac{k_2}{k_1}}\left(1-\dfrac{\omega_j^2}{\omega_{02}^2}\right)^2}{\dfrac{\omega_j}{\omega_{02}}\left[\eta+\left(1-\dfrac{\omega_j^2}{\omega_{02}^2}\right)^2(1-\eta)\right]} \qquad (j=1,2) \tag{11.2.4}$$

式中，

$$m_{jj}=\boldsymbol{\Phi}_j^{\mathrm{T}}\boldsymbol{M}\boldsymbol{\Phi}_j$$

$$C_{jj}=\boldsymbol{\Phi}_j^{\mathrm{T}}\boldsymbol{C}\boldsymbol{\Phi}_j$$

$$\eta=\frac{m_2}{m_1+m_2}=\frac{\mu}{1+\mu},\quad \mu=\frac{m_2}{m_1}$$

$$\zeta_{01}=\frac{c_1}{2\sqrt{(m_1+m_2)k_1}},\quad \zeta_{02}=\frac{c_2}{2\sqrt{m_2k_2}}$$

$$\omega_{02}^2=\frac{k_2}{m_2}$$

从以上分析中我们已看到，当应用双自由度体系来模拟隔震房屋和桥梁时都有 $m_2>m_1$ 的特征，至于刚度分布情况就不同了：对于房屋，$k_2\gg k_1$；对于桥梁 $k_1\gg k_2$。根据以上特征，可以将式(11.2.2)～(11.2.4)进行一些简化处理，得到更适合实际工程应用的近似计算公式(周锡元等，2001a；李中锡等，2001)。隔震房屋和桥梁自振特性的简化计算公式分别列于表 11.2.1 中。

表 11.2.1　规则型房屋和桥梁自振特性的简化计算公式

		房　　屋	桥　　梁
自振频率	ω_1	$\sqrt{\frac{k_1}{m_1+m_2}}\frac{1}{\sqrt{1+\frac{m_2k_1}{(m_1+m_2)k_2}}}$	$\sqrt{\frac{k_2k_1}{m_2(k_1+k_2)}}$
	ω_2	$\sqrt{\frac{k_2}{m_2}\left(1+\frac{m_2}{m_1}\right)\left(1+\frac{m_2k_1}{(m_1+m_2)k_2}\right)}$	$\sqrt{\frac{k_1+k_2}{m_1}\left(1+\frac{m_1k_2^2}{m_2(k_1+k_2)^2}\right)}$
振型	$\frac{\phi_1(2)}{\phi_1(1)}$	$1+\sqrt{\frac{k_1m_2}{(m_1+m_2)k_2}}$	$1+\frac{k_1}{k_2}-\frac{m_1}{m_2}$
	$\frac{\phi_2(2)}{\phi_2(1)}$	$-\frac{m_1}{m_2}\left(1-\frac{m_2k_1}{(m_1+m_2)k_2}\right)$	$-\frac{m_1k_2}{m_2(k_1+k_2)}$
阻尼比	ζ_1	$\frac{c_1}{2\sqrt{k_1(m_1+m_2)}}\mathrm{e}^{-\frac{m_2k_1}{(m_1+m_2)k_2}}$	$\frac{c_2}{2\sqrt{m_2k_2}}\left(\frac{k_1}{k_1+k_2}\right)^{3/2}+\frac{c_1}{2\sqrt{k_1m_2}}\left(\frac{k_2}{k_1+k_2}\right)^{3/2}$
	ζ_2	$\frac{c_1}{2\sqrt{k_1(m_1+m_2)}}\frac{m_2}{m_1+m_2}\sqrt{\frac{m_2k_1}{m_1k_2}}+\frac{c_2}{2\sqrt{k_2m_2}}\sqrt{1+\frac{m_2}{m_1}}$	$\frac{c_2}{2\sqrt{m_2k_2}}\sqrt{\frac{m_2k_2}{m_1(k_1+k_2)}}+\frac{c_1}{2\sqrt{m_1(k_1+k_2)}}$
振型参与系数	r_1	$\left(1-\frac{\frac{m_2^2k_1}{m_1k_2(m_1+m_2)}}{1+\frac{m_2}{m_1}+2\frac{m_2^2k_1}{m_1(m_1+m_2)k_2}}\right)\left(1+\sqrt{\frac{m_2k_1}{k_2(m_1+m_2)}}\right)$ $\phi_1(2)=1$	$\frac{\frac{k_2}{k_1+k_2}+\frac{m_2}{m_1}}{\left(\frac{k_2}{k_1+k_2}\right)^2+\frac{m_2}{m_1}}$ $\phi_1(2)=1$
	r_2	$\frac{k_1m_1^2\left(1-\frac{m_2k_1}{k_2(m_1+m_2)}\right)}{k_2(m_1+m_2)m_2\left(1+2\frac{m_2k_1}{k_2(m_1+m_2)}\right)}$ $\phi_2(2)=1$	$\frac{k_1}{k_2\left[1+\frac{m_2}{m_1}\left(1+\frac{k_1}{k_2}\right)^2\right]}$ $\phi_2(2)=1$

对于线性系统，当已知振型、频率、振型参与系数和阻尼比时，即可按前面叙述的振型分解反应谱分析方法计算地震反应。

11.3 叠层钢板橡胶支座的简化计算模型

11.3.1 等价刚度

在基础隔震结构中广泛应用的橡胶支座是由薄层钢板和橡胶交替粘结在一起的叠合结构，其水平截面通常是正方形或圆形。在分析其水平和竖向刚度时，通常采用等效均质柱作为替代模型。在叠层钢板橡胶支座中，由于钢板和橡胶相比可以认为是无限刚的，支座的压缩和剪切变形完全是由橡胶引起的，这样橡胶支座的剪应变应等于橡胶的总的水平变形与总高度的比值，因此支座作为匀质柱的等价杨氏模量 E_e 和剪切模量 G_e 可表示为

$$E_e = \frac{nt_r + (n-1)t_s}{nt_r} E_0 \tag{11.3.1}$$

$$G_e = \frac{nt_r + (n-1)t_s}{nt_r} G_0 \tag{11.3.2}$$

式中，n 为橡胶的层数；t_r 为橡胶层的厚度；t_s 为分隔钢板的厚度；E_0 和 G_0 分别为橡胶的杨氏模量和剪切模量，它们与橡胶的硬度关系列于表 11.3.1 中。

表 11.3.1 橡胶的硬度和弹性模量

硬度/IRHDI2	杨氏模量 E_0/MPa	剪切模量 G_0/MPa	k
30	0.92	0.30	0.93
35	1.18	0.37	0.89
40	1.50	0.45	0.85
45	1.80	0.54	0.80
50	2.20	0.64	0.73
55	3.25	0.81	0.64
60	4.45	1.06	0.57
65	5.85	1.37	0.54

叠层橡胶支座的等价弯曲刚度 EI 可按以下经验公式计算：

$$EI = (1 + BS_1^2)E_e I \tag{11.3.3}$$

此处，S_1 为一次形状系数，其值为橡胶层被约束的表面积与自由表面积之比，对圆形支座 $S_1 = r/2t_r$，对矩形支座 $S_1 = lb/2t_r(l+b)$，r 为圆盘半径；l，b 分别为矩形橡胶层的长度和宽度；B 为修正系数，可在 0.5～0.65 之间取值。

11.3.2 强度验算和侧向变形能力

叠层钢板橡胶支座的抗压强度应区分为在正常使用荷载下的无侧移和在地震作用下发生侧移两种情况。试验结果表明，在中心受压（无侧移）条件下，叠层钢板橡胶支座的抗压强度可能达到接近于钢板的强度。考虑到稳定性方面的要求，当满足一定条件，如一次形状系数 $S_1 \geqslant 15$，二次形状系数 $S_2 \geqslant 5$，硬度为 45～60 时，叠层钢板橡胶支座抗压强度可取不大于 15MPa 的值。

叠层钢板橡胶支座的抗压承载力还应与最大的剪切变形相协调，此时允许压应力可按下式确定：

$$\sigma = 6G_e S_1^2 e_2 \tag{11.3.4}$$

式中，e_2为橡胶层的压缩变形，可取为0.1。

按照以上竖向压应变小于0.1的要求，允许法向应力也可按以下公式计算：

$$\sigma = 0.1\left(\frac{E_c E_\infty}{E_c + E_\infty}\right) \tag{11.3.5}$$

式中，E_c为表观杨氏模量，$E_c = E_0(1+2kS_1^2)$，系数k与硬度有关，可按表11.3.1采用，当硬度为35～65时k值为0.93～0.54，E_∞为本体模量，一般可取为2000MPa。

叠层橡胶支座应满足在罕遇地震下的侧向变形不应超过支座在承载条件下的允许极限。试验和分析结果表明，当形状系数满足条件，如$S_1 \geqslant 15$，$S_2 \geqslant 5$时，叠层钢板橡胶支座最大水平位移不得大于直径的0.55倍，同时还应使橡胶的最大剪应变不大于300%。

11.3.3　隔震橡胶支座的水平刚度计算公式

在轴力P和水平力作用下，考虑P-Δ效应时，一端固定、一端可沿水平向滑动的匀质柱（图11.3.1）的水平刚度系数可表示为如下的形式（Kelly，1997；唐家祥，1993）：

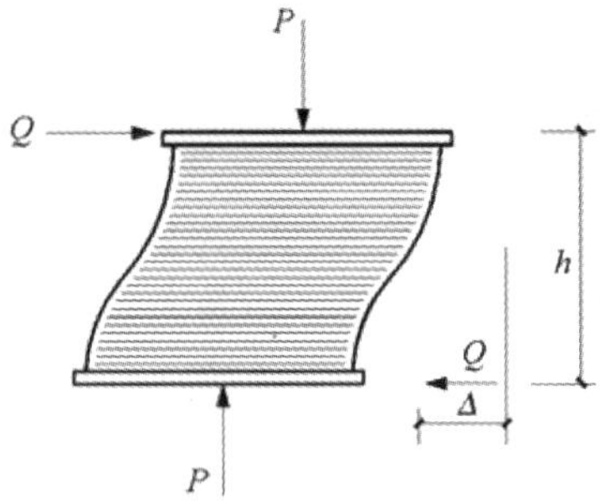

图11.3.1　叠层钢板橡胶支座的弯剪变形模量

$$K_H(P) = \frac{\alpha\beta P}{2\tan\dfrac{\alpha h}{2} - \alpha\beta h} \tag{11.3.6}$$

式中，

$$\alpha = \sqrt{\frac{P(P+GA)}{EIGA}} \tag{11.3.7}$$

$$\beta = \frac{GA}{P+GA} \tag{11.3.8}$$

h为等价均质柱的高度；G、E分别为其等价剪切模量和杨氏模量，可按式（11.3.2）和式（11.3.1）计算（为简单计这里略去了下角标e）；A和I分别为截面的面积和惯性矩。弯剪状态下的EI值可按式（11.3.3）进行计算。

当P=0时，从式（11.3.3）中可得

$$K_H(P=0) = \left(\frac{h}{GA} + \frac{h^3}{12EI}\right)^{-1} \tag{11.3.9}$$

为便于分析轴力对水平刚度系数$K_H(P)$的影响，可将式（11.3.6）改写为以下无量纲的形式（周锡元等，1998），即

$$\frac{K_H(P)}{K_H(P=0)} = \left(1+\frac{\lambda^2}{12}\right)\frac{p}{2\sqrt{1+\dfrac{\lambda}{p}}\tan\left(\dfrac{p}{2}\sqrt{1+\dfrac{\lambda}{p}}\right) - \lambda} \tag{11.3.10}$$

式中，p和λ均为无量纲参数，分别与轴力和弯、剪刚度比有关，即

$$p=\frac{Ph}{\sqrt{EIGA}} \tag{11.3.11}$$

$$\lambda=\sqrt{\frac{GAh^2}{EI}} \tag{11.3.12}$$

当$\lambda\to0$时，橡胶支座以剪切变形为主，式(11.3.10)可简化为

$$\frac{K_{\mathrm{H}}(P)}{K_{\mathrm{H}}(P=0)}=\frac{p}{2\tan(p/2)} \tag{11.3.13}$$

不难发现，当$p=0$时，即不考虑轴压力对水平刚度的影响或P-$\varDelta$效应时，式（11.3.10）和式（11.3.13）给出的值为1。考虑到式（11.3.12）所示的关系，式（11.3.9）和式（11.3.11）也可改写为

$$K_{\mathrm{H}}(P=0)=GA\left(1+\frac{\lambda^2}{12}\right)^{-1} \tag{11.3.14}$$

$$p=\frac{P\lambda}{GA} \tag{11.3.15}$$

式（11.3.11）和式（11.3.15）所示为轴力P的无量纲表达式。按照式（11.3.14），对于以剪切变形为主的橡胶支座，即当$\lambda\to0$时，橡胶支座的水平刚度可近似取为GA。这一近似适用于体型很矮胖的橡胶支座。令式（11.3.10）所表示的水平刚度等于零，可得临界力，其无量纲形式为

$$p_{\mathrm{cr}}=\sqrt{\frac{\lambda^2}{14}+\pi^2}-\frac{\lambda}{2} \tag{11.3.16}$$

从式（11.3.12）和（11.3.16）中可以看到，当$\lambda\to0$时，剪切变形起主导作用，$p_{\mathrm{cr}}=\pi$；同样当$\lambda\to\infty$时，弯曲变形起主导作用，可得

$$p_{\mathrm{cr}}=\frac{\pi^2EI}{h^2} \tag{11.3.17}$$

隔震建筑中常用的叠层钢板橡胶支座通常满足$S_1\geqslant15$，$S_2\geqslant5$的条件，此时还可以采用以下近似公式计算水平刚度：

$$\frac{K_{\mathrm{H}}(P)}{K_{\mathrm{H}}(P=0)}=1-\left(\frac{p}{p_{\mathrm{cr}}}\right)^2 \tag{11.3.18}$$

式（11.3.13）和式（11.3.18）均适合于当λ很小时的情况。当不满足以上条件时，应用以下近似公式可以得与精确公式（11.3.10）几乎相同的结果（周锡元等，1998）：

$$\frac{K_{\mathrm{H}}(P)}{K_{\mathrm{H}}(P=0)}=\left(1-\frac{p}{p_{\mathrm{cr}}}\right)\left(1+\frac{p}{p^*}\right) \tag{11.3.19}$$

式中，p_{cr}应按式（11.3.16）确定，p^*可按下式确定：

$$p^*=p_{\mathrm{cr}}(0.88+0.79\lambda^{1.57}) \tag{11.3.20}$$

当$\lambda=0.2$时，$p^*\approx p_{\mathrm{cr}}$，式（11.3.18）才给出与式（11.3.19）相同的结果。

为了比较式（11.3.18）和式（11.3.19）的计算精度，在图 11.3.2 中将按以上公式计算的 $\frac{K_{\mathrm{H}}(P)}{K_{\mathrm{H}}(P=0)}$ 值与按精确公式（11.3.10）计算得到的相应值进行了比较。从图 11.3.2 中可以看到近似公式（11.3.19）是很精确的，而式（11.3.17）则只适用于当 $\lambda<1$ 时的情况。图 11.3.2 中按公式（11.3.10）计算曲线与文献（AIJ，1994）中的图表相比引用参数少，表达简明扼要，免除了繁琐的曲线图表，因此更为合理和方便使用。

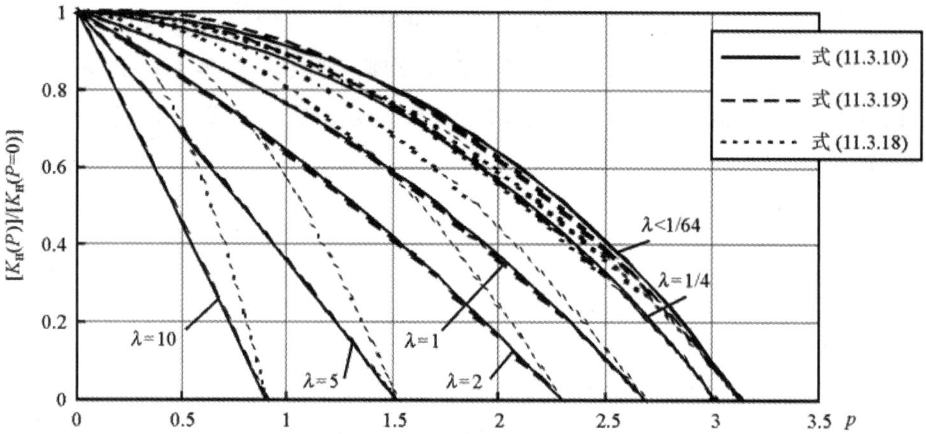

图 11.3.2　不同轴力下橡胶支座水平刚度的变化曲线

以上公式适用于当橡胶支座的顶面和底面均不能转动的情况。当支座设在柱顶时，柱子对橡胶支座而言相当于一个转动弹簧。不难证明，这种情况可视为用刚性板连接的组合橡胶支座水平刚度计算公式的特例，详见周锡元等的文献（2001b）。

11.4　结构减震消能技术概述

从策略上讲，减震消能方法是将地震输入结构的能量引向特别设置的机构和元件加以吸收和耗散，以保护主体结构的安全。这里所说的消能方法也就是阻尼耗能技术。这与传统的依靠结构本身及其节点的延性耗散地震能量相比显然是前进了一步。但是消能元件常常是主体结构的一个组成部分，而且与主体结构是不能分离的，因此不能完全避免主体结构出现弹塑性变形。由此看来，它还不能完全脱离延性结构的概念，而只是其进一步的发展和改良。目前已开发出许多类型的阻尼器，这里只选择几种作简要介绍。

11.4.1　摩擦阻尼器

摩擦阻尼器本身虽只具有理想弹塑性的特点，但可通过与主体结构串并联使用，获得具有接近双线性滞回特性的阻尼耗能效果。常用的形式有简单摩擦阻尼器（图 11.4.1），保尔摩擦阻尼器（A.S.Pall and R.Pall，1996）（图 11.4.2）、钢丝绳摩擦阻尼器（如美国 Enidine 公司、华中理工大学的螺旋圈式阻尼器以及日本沙瓦特立公司的钢丝绳张拉阻尼器(Fujita，1991)）、筒式滑块锁紧阻尼器等（Fujita，1991；T.T.Soong 等，1997）。这些阻尼器可用普通材料制作，其中有些机构的结构和加工工艺也比较简单，适合在多层和高层建筑中使用。

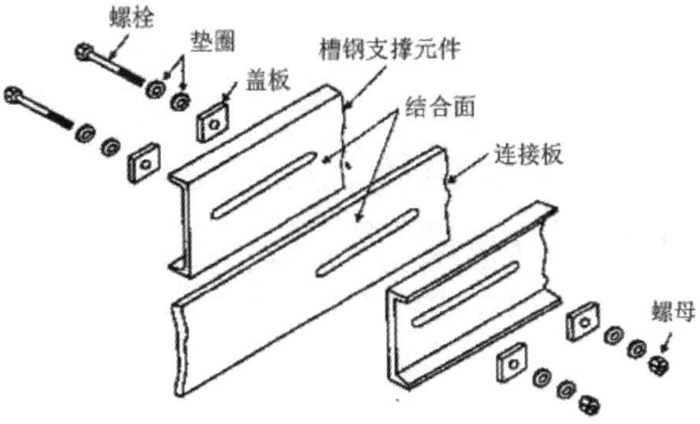

图 11.4.1　简单摩擦阻尼器

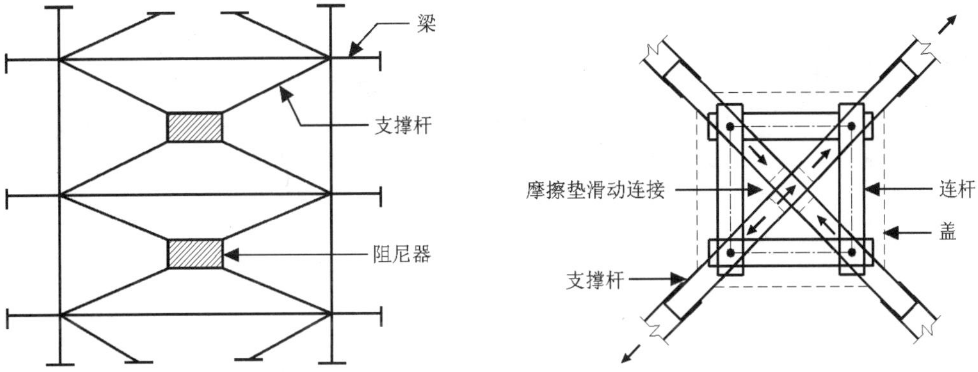

图 11.4.2　Pall 摩擦阻尼器

摩擦阻尼器本身虽无自复位能力，但是可以依靠结构本身的刚度复位，其主要问题是单一不变的锁紧力往往不能满足不同强度地震的消能要求，为此已发展了多级摩擦阻尼器（张维嶽等，1997）。另外，由于螺栓的应力松弛影响，如何使紧固力在使用期内始终保持不变也是比较困难的。

筒式滑块锁紧阻尼器虽然构造比较复杂，价格也较高，但是由于它能使摩擦力随滑动位移线性增加，并具有自复位功能，有助于减小滑移量。此外还能通过改变初始状态的设置调整滞回特性，因此适应性比较强（图 11.4.3）。当初始状态被设置为图 11.4.3（c）所示的情况时，滞回特性呈三角形，具有某种变刚度控制的功能，此时当滑块位移和速度的符号一致（同为正或负）时，刚度取较大值，否则取较小值（Soong 等，1997）。对平面摩擦滑动机构也可以使摩擦系数随着离开中心的距离增大而增大，从而限制其滑动位移。

11.4.2　软钢和合金阻尼器

此类阻尼器属于弹塑性阻尼器，具有丰满的滞回特性，可以串连在支撑构件中，也可以设置在剪力墙顶部与梁的中间部位以及其它相对变形较大的部位。其中有一些可以与基础隔震机构并联使用。常用的钢制阻尼器有剪切型钢板、弯曲型钢板、剪切型蜂房式梳形阻尼器、钢环阻尼器以及应用于房屋连接通道两端的钟形阻尼器（Fujita，1991）。弯曲型钢板阻尼器通常由三角形板组成，两端用螺栓连接，由于它具有等强度悬臂杆的性质，滞回曲线比较饱满。最近的试验表明，即使采用矩形板，也具有很好的阻尼耗能能力。

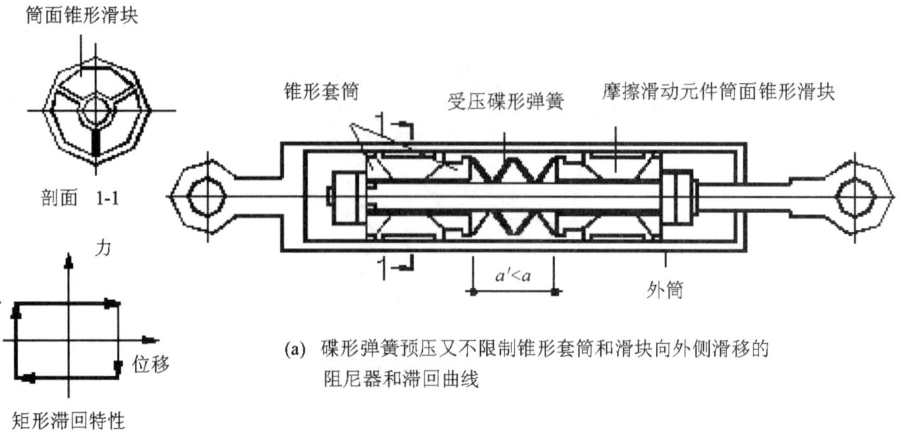

(a) 碟形弹簧预压又不限制锥形套筒和滑块向外侧滑移的阻尼器和滞回曲线

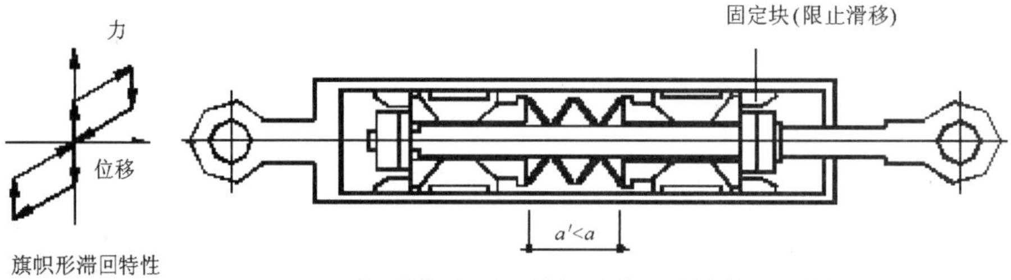

(b) 碟形弹簧预压且限制锥形套筒和滑块向外侧滑移的阻尼器和滞回曲线

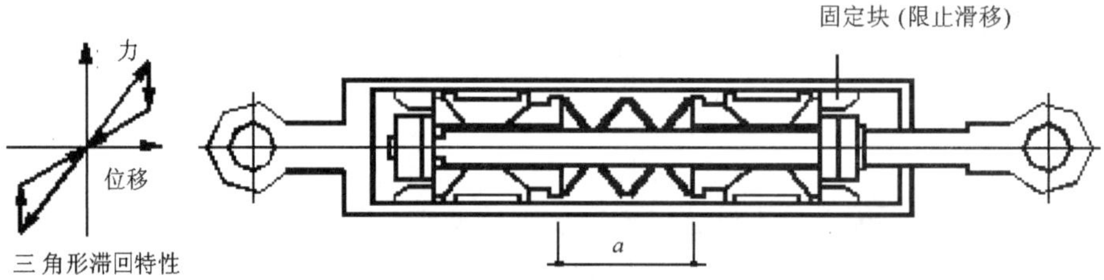

(c) 碟形弹簧不预压但限制锥形套筒和滑块向外侧滑移的阻尼器和滞回曲线

图 11.4.3　筒式滑块锁紧阻尼器

此外，目前已在高层建筑中广泛使用的偏心钢支撑实际也是一种阻尼耗能装置。

以上阻尼器构造都十分简单，性能稳定，价格低廉，易于推广应用。当然也还可以根据需要设计出更实用、新型、简单的阻尼装置，发展相应的分析计算方法。

11.4.3　铅阻尼器

新西兰罗宾逊等首先生产的铅阻尼器，利用纯铅在恒定屈服应力作用下从小孔流出时可视为不可压缩弹塑性固体的无摩擦挤压特性，设计了收缩管型和鼓凸轴型铅挤压阻尼器（Skinner 等，1996），已在许多工程中加以应用。铅阻尼器具有理想的弹塑性性质，其滞回特性呈矩形，与摩擦阻尼器很相似，虽然屈服极限可调，但一经设定就不能改变。在这种情况下如果屈服极限选择得太低，在大震作用下变形将明显增大，耗能能力相应减弱；反之如果屈服极限选择得太低，在中小地震中将不起阻尼耗能作用。尽管可以通过优化设计权衡选择适当的屈服极限，但还是不能达到理想的效果。因此，研究人员开始探索和开发对小震和大震都能起很好作用的铅阻尼器（Monti and Robinsosn，1996）。图 11.4.4 所示是国电公司北京电力设计院姚德康等研制的一种阻尼器，基本具备了上述特性，而改进的推拉式铅阻尼器则可以获得接近三角形的滞回特性（图 11.4.5）。

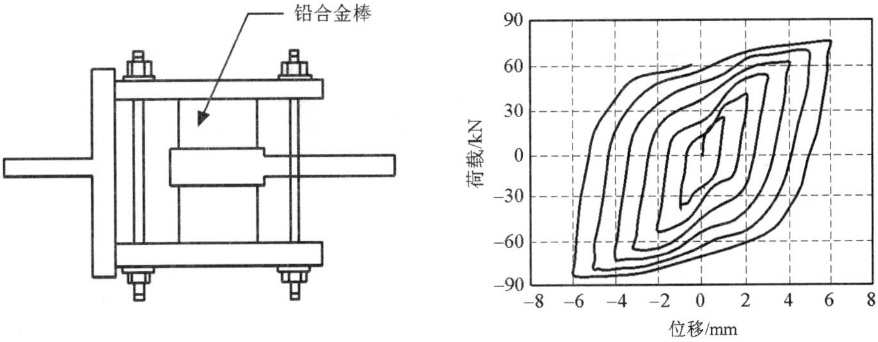

图 11.4.4　弯剪型铅阻尼器

11.4.4　粘弹性阻尼器

这是阻尼力与速度成比例(或与速度呈一定幂次方关系)的线性或弱非线性弹粘性元件，通常用聚胺脂、硅胶材料和其它高分子材料制成。其主要优点是没有明显的阈值，对大震和小震都能起作用。应用中的关键问题是提高材料的弹性模量、变形能力和减小温度影响。美国 3M 公司对粘弹性阻尼器具有较长的开发历史，目前已有很多研究者对 3M 公司的产品进行过研究。设有粘弹性阻尼器的钢支撑框架在北京工业大学进行过多次试验，并在此基础上发展了设计计算方法（Lal，1995）。这种阻尼器的价格比较低，但在材料和制造工艺方面有一定的技术难度，其耐久性也有待提高。国内对粘弹性阻尼器的研究和应用亦已受到重视。

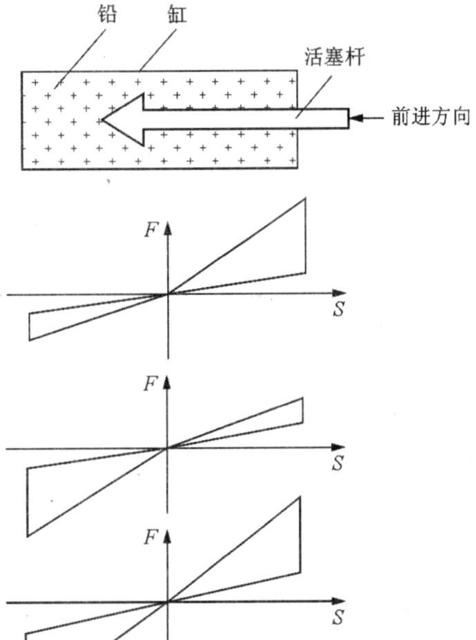

图 11.4.5　推拉式铅阻尼器

11.4.5　油阻尼器

油阻尼器也称为粘滞阻尼器，一般是利用活塞推动油缸中的油通过节流孔时产生阻尼力的原理制成的（图 11.4.6），通过合理的设计可使阻尼力与活塞运动速度的 0.5、1.0 或 2 次方成正比，也就是说可以设计出线性或非线性油阻尼器（Seleemah and Constantinou，1997）。由于油阻尼器不提供附加的刚度，因此不会因安装阻尼器而减小结构的自振周期，从而增加地震作用，因此更适合于对已有结构进行抗震加固。这种阻尼器的性能和质量取决于制造工艺、精度和油料的质量。目前常用的油料是硅油。这种阻尼器的性能稳定，可以方便地进行伺服控制，国外已有定型产品，例如美国泰勒公司和 Enidine 公司生产的粘滞阻尼器，国内也有一些研发机构正在开发、制造和试验各种类型的粘滞阻尼器。北京展览馆和北京火车站的抗震加固中已经应用了粘滞阻尼器。

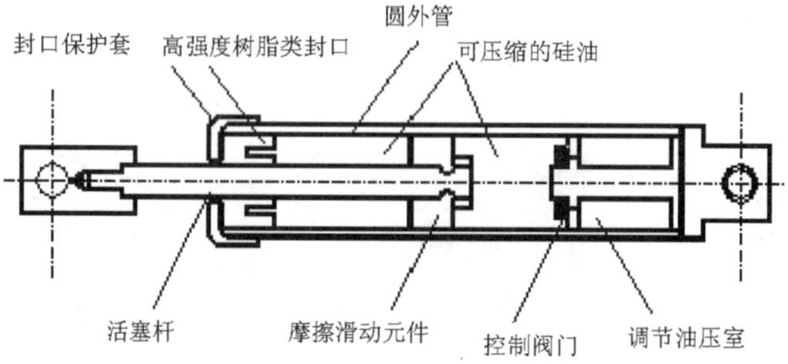

图 11.4.6 油阻尼器原理图

11.4.6 TMD 与 TLD 系统

调谐质量阻尼器（Tuned Mass Damper，简称 TMD）和调谐液动阻尼器（Tuned Liquid Damper，简称 TLD）是利用二次系统吸引主体结构的振动能量而使主体结构减振的设备。这方面的研究和分析工作已做得比较多（林均岐等，1996；龙复兴等，1998），但试验研究和工程应用还不是很多。日本清水建设公司在 20 世纪 90 年代初研究开发了应用于高层建筑的集成式 TMD。这种阻尼器在强震作用下具备一定的制动和保护装置。该公司同时开发了可用于高塔和高楼的分层式 TLD，已用于高 106m 的横浜海运塔和直径 38.2m、高 149.4m 的旅馆。日本库玛伽古姆尔公司开发了两种阻尼器，在形式上与清水建设公司有所不同(Fujita，1991)。为了拓宽可能调谐的频率范围，采用质量和刚度稍有不同的多个 TMD 组合方案或 MTMD（Multiple Tuned Mass Damper，简称 MTMD）的设计方法也已提出（Jangid，1995；C.Li.，2000）。在 TMD 的实际应用方面，我国研究者曾在电视塔和加层房屋方面进行了分析和方案设计，此外还对 TMD 和基础隔震的组合应用方法进行过探讨。如果将 TLD 中的储液容器改成 U 形管道也能起到同样的减震效果，这样就产生了一种新的液动阻尼器，也就是 TLCD（Tuned Liquid Column Damper，简称 TLCD），近几年来这方面的研究也已引起注意（Xue，et al.，1999；2000）。TMD、TLD 和 TLCD 的减振效果主要取决于主次结构的质量比，频率比和阻尼比，由于后面两个参数在振动过程中是可变的，因此很难使系统在各个阶段都处在最佳的减振状态，但可以通过实时调节参数或施加一定作用力的方式加以改进。在被动控制方面，除了 TMD 和 TLD 以外，刘季等在 20 世纪 90 年代初研究开发的液压质量控制系统（Hydraulic Mass System，简称 HMS），在减小底层柔性结构的地震反应方面也很有效，后来他们在该系统中省去了质量块，使整个系统更加简化，但仍有较好的减振效果(刘季等，1995)。此外，在被动控制中，附加智能控制的设想也已提出。TMD、TLD、HMS 和消能减振方法简单实用，所需费用也比较低，今后可以在已有成就的基础上结合各类结构的特点，开发新型实用的机构，发展定型产品，研究配套的设计计算方法和构造措施，扩大其在实际工程中的应用，充分发挥减灾效果。有关 TMD 的设计要点将在第 11.7 节中作介绍。

11.5 阻尼器的基本特性

结构本身的固有阻尼通常是很小的，等价阻尼比约为 0.02～0.05。在结构中设置附加的机械阻尼器可以有效地减小其地震反应。

如上所述，用金属制造的弹塑性阻尼器具有较好的耗能能力，而且价格低廉，适宜在各类结构中使用。这种阻尼器可以用图中的力一位移环线来描述，通常称为滞回模型。图 11.5.1（a）为理想弹塑性模型，（b）称为双线性模型，（c）称为幂函数模型，它首先是由莱姆伯格一奥斯古特提出的（Ramberg & Osgood，1943）。

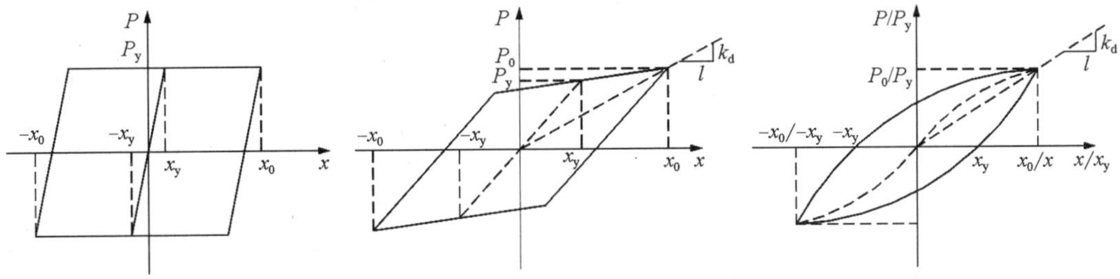

(a) (b) (c)

图 11.5.1　弹塑性阻尼器的滞回模型

在理想弹塑性模型中，当位移小于 d_y 时，阻尼器的力和位移呈线性关系，初始刚度为

$$k_e = P_y / x_y \tag{11.5.1}$$

当位移大于 x_y 时，位移可以继续增加，但荷载保持为 P_y，并称为屈服极限。设阻尼器的最大位移为 $\pm d_0$，当荷载不大于 P_y 时，在一个振动循环中耗散的能量为

$$E_D = 4P_y(x_0 - x_y) \qquad x_0 \geqslant x_y \tag{11.5.2}$$

对于图 11.5.1（b）所示的双线性模型，当阻尼器的位移小于 d_y 时，力—位移关系呈线弹性，初始刚度同理想弹塑性模型，但是，当位移大于 d_y 时，力随位移增长的比例减小，屈服后的刚度 k_h 小于弹性刚度 k_e，即 $k_h<k_e$。同理，当阻尼器的最大位移为 $\pm x_0$ 时，在一个振动循环中耗散的能量为

$$E_D = 4(k_e - k_h)x_y(x_0 - x_y) \qquad x_0 \geqslant x_y \tag{11.5.3}$$

图 11.5.1（c）中的多项式模型的骨架曲线为

$$\frac{x}{x_y} = \frac{P}{P_y} + \alpha\left|\frac{P}{P_y}\right|^{\gamma} \tag{11.5.4}$$

式中，x 为阻尼器两端的相对位移；x_y 系特征位移；P 是作用在阻尼器上的荷载；P_y 是特征荷载；α 是控制滞回曲线面积的正常数；γ 是控制骨架曲线的正常数，通常取正奇数。卸载和再加载时符合玛欣（Massion）准则，即达到最大值 x_0/x_y 后的卸载曲线为

$$\frac{x}{x_y} - \frac{x_0}{x_y} = \left[\frac{P}{P_y} - \frac{P_0}{P_y} + 2\alpha\left|\frac{P-P_0}{2P_y}\right|^{\gamma}\right] \tag{11.5.5}$$

同理，在达到负的最大值$-x_0/x_y$后的再加载曲线为

$$\frac{x}{x_y}+\frac{x_0}{x_y}=2\left[\frac{P}{P_y}+\frac{P_0}{P_y}+\alpha\left|\frac{P}{P_y}+\frac{P_0}{P_y}\right|^{\gamma}\right] \tag{11.5.6}$$

不难证明，在一个简谐运动周期内的耗能即滞回环的面积为

$$E_D=4\alpha x_y P_y\left[(\gamma-1)/(\gamma+1)\right](P_0/P_y)^{\gamma+1} \tag{11.5.7}$$

以上弹塑性阻尼器在一个振动循环中的耗能E_D均取决于阻尼器刚度、屈服特性和最大位移，而与变形速度无关，因此通常也称其为位移相关型阻尼器。

阻尼器的等效阻尼比可以用一周内的耗能和最大应变能E的比值来表示：

$$\zeta_e=\frac{E_D}{4\pi E} \tag{11.5.8}$$

上式中最大应变能E为

$$E=\frac{k_s x_0^2}{2} \tag{11.5.9}$$

式中，k_s为与位移幅值x_0相应的割线刚度或等价刚度。

对双线性弹塑性阻尼器，从图 11.5.1（b）中可以看到，

$$k_s=\frac{P}{x_0}=\frac{\left[k_e x_y+k_h(x_0-x_y)\right]}{x_0}\qquad x_0\geqslant x_y \tag{11.5.10}$$

设上式中的$k_h=0$，即得理想弹塑性阻尼器的等价刚度，并有$k_s=k_e x_y/x_0$。

如果设图 11.5.1（a）中理想弹塑性阻尼器滞回环线中的$x_y\to 0$，$k_e\to\infty$，并取$x_y k_e=P_y=P_0$，即得理想摩擦阻尼器的滞回特性。由此看来，摩擦阻尼器可以看做是理想的刚塑性阻尼器，并有$k_s=P_y/x_0$。

对于图 11.5.1（c）中所示的幂函数滞回模型，最大位移为x_0时的等价刚度为

$$k_s=P_0/x_0 \tag{11.5.11}$$

其中，P_0是骨架曲线方程（11.5.4）上对应于x_0的值，即方程（11.5.4）当$x=x_0$时解得的P值。

在莱姆伯格－奥斯古特模型中，通常定义$k_0=P_y/x_y$为初始刚度（图 11.5.1c），并可在k_s/k_0与x_0/x_y之间建立以下关系式：

$$\frac{k_s}{k_0}=\frac{1}{1+\alpha\left|\frac{k_s}{k_0}\frac{x_0}{x_y}\right|^{\gamma-1}} \tag{11.5.12}$$

图 11.5.2 给出了当$\alpha=50$时由上式给出的与不同γ值k_s/k_0与x_0/x_y的对应关系。从图中可以看出，在给定α和γ值的条件下，k_s/k_0值是随x_0/x_y值增加而减小的。

从式（11.5.8）和式（11.5.12）中消去x_0/x_y后，还可得到等效阻尼比ζ_e与k_s/k_0之间的以下简单关系：

$$\zeta_e=\frac{2(r-1)}{\pi(r+1)}\left(1-\frac{k_s}{k_0}\right) \tag{11.5.13}$$

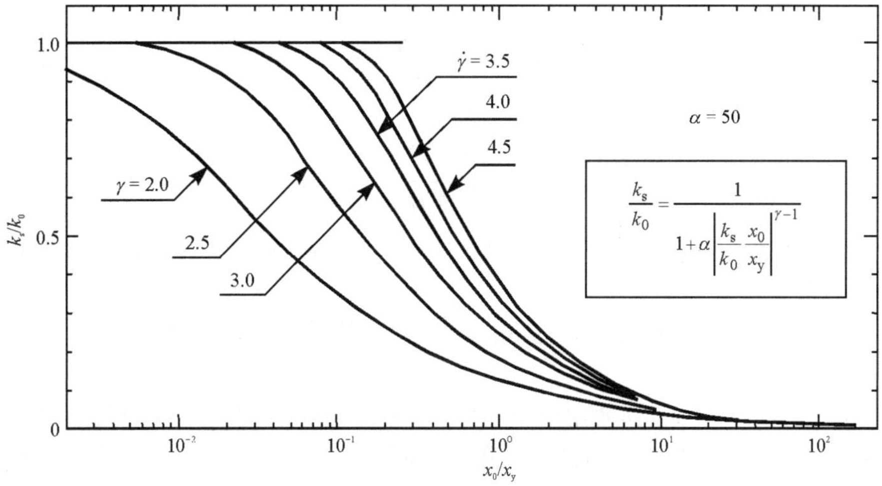

图 11.5.2　不同γ值条件下$\frac{k_s}{k_0}$与$\frac{x_0}{x_y}$的对应关系

当阻尼器产生的阻力与相对速度有关时称为粘滞阻尼器，也称为速度相关型阻尼器。为简单起见，我们先考虑线性粘滞阻尼器，即假设阻尼力与速度的一次方成正比。线性粘滞阻尼器在稳定状态简谐运动中的力一位移关系呈椭圆形（图 11.5.3），它所包围的面积即是一个往复运动中的阻尼耗能，即

$$E_D=\frac{2\pi^2 c_v x_0^2}{T} \tag{11.5.14}$$

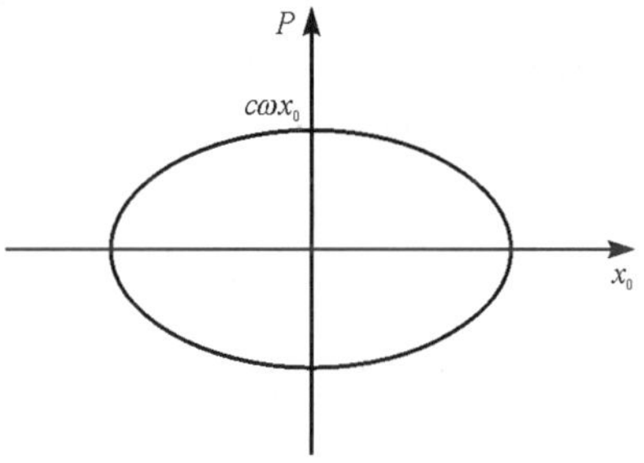

图 11.5.3　粘滞阻尼器的滞回特性

式中，c_v为阻尼系数；T为振动周期；x_0为振幅。

从以上公式中可得线性粘滞阻尼器的阻尼系数为

$$c_v=\frac{E_D T}{2\pi^2 x_0^2} \tag{11.5.15}$$

一般情况下，粘滞阻尼器的阻力与速度之间存在以下关系式：

$$P(t)=c_v|\dot{x}|^{\gamma}\operatorname{sgn}(\dot{x}) \tag{11.5.16}$$

此处，c_v系阻尼系数，可能与频率有一定的关系，但在 4Hz 以下可取为常数，γ在 0.3 与 2.0 之间取值，当γ=1 时即为线性粘滞阻尼器。当γ值较小时，阻尼器能起到缓冲作用，用于抗震和抗风时，γ值在 1.0 左右比较合适。与线性粘滞阻尼器一样，非线性阻尼器在谐波作用下一周内的耗能为

$$E_D=\pi c_v\omega^{\gamma}x_0^{\gamma+1} \tag{11.5.17}$$

如上所述，粘滞阻尼器本身是没有刚度的。对单自由度结构，当它与结构的弹性元件并联应用时，仍可按式（11.5.8）计算等价阻尼比，式中的E可取结构弹性元件的最大变形能：

$$E = \frac{kx_0^2}{2} \tag{11.5.18}$$

因此，

$$\zeta_e = \frac{c_v}{2\sqrt{km}} \tag{11.5.19}$$

这就是线性系统的阻尼比计算公式。从式中可以看到，此时的阻尼比与振幅 x_0 无关。

11.6 装置附加阻尼器的结构抗震设计

上一节讨论了常用附加阻尼器的基本特征（滞回曲线）和阻尼比的计算公式（11.5.19）。这一公式主要应用于按振型分解方法计算地震反应。对于非线性阻尼器，等价刚度 k_s 和等价阻尼比ζ_e一般都是未知振幅 x_0 的函数，因此在应用等价线性化方法计算地震反应时需要先假设变形振幅 x_0，然后计算等价刚度和阻尼比，进而计算地震反应，确定 x_0 的新值。当计算得到新值与假定的 x_0 不一致时，可用新值代替原来假设的值，重复同样的计算过程，直到计算值与假设值相一致（可允许有一定误差），也就是说需要进行迭代计算。此外，也可用时程分析方法计算地震反应，这时知道附加阻尼器的阻尼系数 c_v 而不是阻尼比。对于粘滞阻尼器，阻尼系数 c_v 值可以根据 E_D 值按式（11.5.15）和（11.5.17）确定。为了将弹塑性阻尼器等非线性阻尼器等价成线性粘滞阻尼器并确定其阻尼系数 c_v，常用的方法是令式（11.5.2）、（11.5.3）和式（11.5.7）中的一周内耗能与由式（11.5.14）所表示的线性粘滞阻尼器的相应值相等，并从恒等式中解出 c_v 值。从而获得以下结果（Hanson and Soong，2001）：

(1) 对理想弹塑性阻尼器，

$$c_v = \frac{4P_y(x_0 - x_y)T}{2\pi^2 x_0^2} \qquad x_0 \geqslant x_y \tag{11.6.1}$$

(2) 对双线性弹塑性阻尼器，

$$c_v = \frac{4(k_e - k_h)x_y(x_0 - x_y)T}{2\pi^2 x_0^2} \qquad x_0 \geqslant x_y \tag{11.6.2}$$

(3) 对幂函数型阻尼器，

$$c_v = \frac{4\alpha x_y T(\gamma - 1)P_0^{\gamma+1}}{2\pi^2 x_0^2 P_y^{\gamma}} \tag{11.6.3}$$

当结构中安装有速度相关型或位移相关型附加阻尼器（消能器）时，只要明确知道阻尼器的本构模型（滞回特性）以及与之相接的构件的基本性能，都可以建立单元和结构的恢复力模型，并在给定输入地震作用下进行时程分析。这一工作通常可以借助于已有的计算机软件。但是无论从概念设计的角度和工程实用的观点，都还需要考虑简化分析方法。除线性粘滞阻尼器以外，附加阻尼器通常具有非线性的本构关系。未安装附加阻尼器以前的原有结构可以是线性的，也可以是非线性的。由于结构的非线性通常只限于某些特殊的部位，附加的非线性阻尼器自然也可以列入这些特殊部位，这样就可以用子结构法将线性和非线性结构分别用不同的方法求解，使问题得以简化，然后考虑连接构件的耦合作用进行整体分析。许多结构动力分析程序都是这样处理的，如 DRIN、SAP2000、IDARC、3D-BASIS 和 CANNY 等。但是在实际设计中，特别是初步设计中，更常用的是线性化方法。

对于多层建筑，假设已知各质点的地震作用或等效地震力 $F_i(i=1，2，\cdots，n)$及其引起的相对位移 $u_i\,(i=1，2，\cdots，n)$，当不计及扭转影响时，装设附加阻尼器的结构的总应变能为

$$w_{\mathrm{s}}=\frac{1}{2}\Sigma F_i u_i \tag{11.6.4}$$

当结构中设有附加阻尼器时，总阻尼比应为结构构件本身提供的阻尼比ζ_0和由机械阻尼器提供的附加阻尼比ζ_{a}之和，即

$$\zeta_{总}=\zeta_0+\zeta_{\mathrm{a}} \tag{11.6.5}$$

式中，ζ_{a}也称为由包括阻尼器在内的耗能部件（消能部件）所附加的有效阻尼比，可按公式（11.6.6）进行计算。

$$\zeta_{\mathrm{a}j}=\frac{T_j}{4\pi M_j}\varphi_j^{\mathrm{T}}c_0\varphi_j \tag{11.6.6}$$

式中，T_j、M_j分别为j振型周期和质量；$\boldsymbol{\varphi}_j$为j振型函数。

速度相关型阻尼器在水平地震作用下所消耗的能量可按下式估算：

$$w_{\mathrm{c}}=\pi\Sigma c_i(\dot{u}_i)\cos^2\theta_i u_i\dot{u}_i \tag{11.6.7}$$

式中，T_1 为装设附加阻尼器的结构基本自振周期；$c_i(\dot{u}_i)$为阻尼器两端相对速度幅值为$\dot{u}_i$时阻尼系数；θ_i为第 i 个阻尼器的阻尼力作用线方向与水平面的夹角；u_i为第 i 个阻尼器两端的相对位移幅值；$\dot{u}_i$为第 i 个阻尼器两端的相对速度幅值，有时可按近似公式$\dot{u}_i\approx\omega u_i$确定，此处$\omega$为等价线性系统的基本频率。以上计算方法仅适用于$\zeta_0+\zeta_{\mathrm{a}}$不大于 0.2 的情况。

附加阻尼器在框架结构的布置可以有多种选择，图 11.6.1 和图 11.6.2 所示为几种常用的形式（Hanson and Soong，2001）。

图 11.6.1 和图 11.6.2 中的连杆能使阻尼器两端的相对位移得到一定程度的放大，从而提高阻尼器的减震效果。相应的位移放大系数的计算公式参见文献（Seleemah and Constantinou，1997）和（Hanson and Soong，2001）。安装附加阻尼器以后，结构的层间总刚度可以看做是

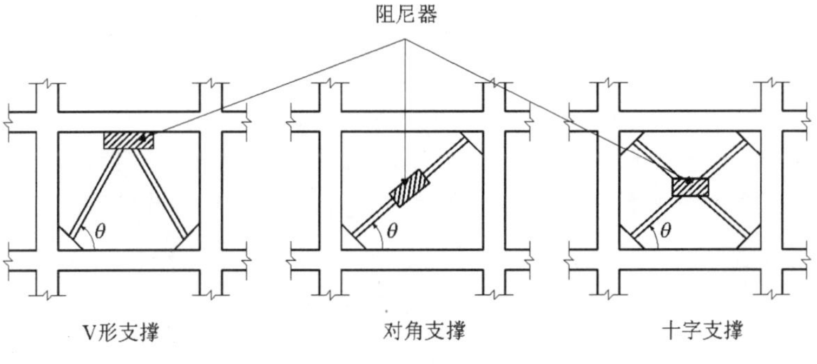

图 11.6.1　阻尼器支撑装配构造

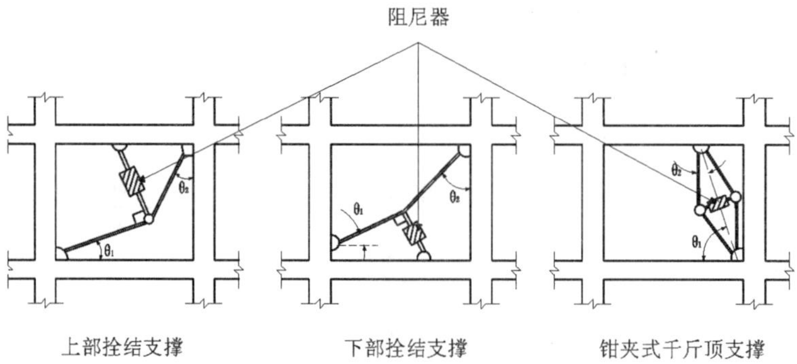

图 11.6.2 拴结阻尼器与钳夹式千斤顶支撑装配构造

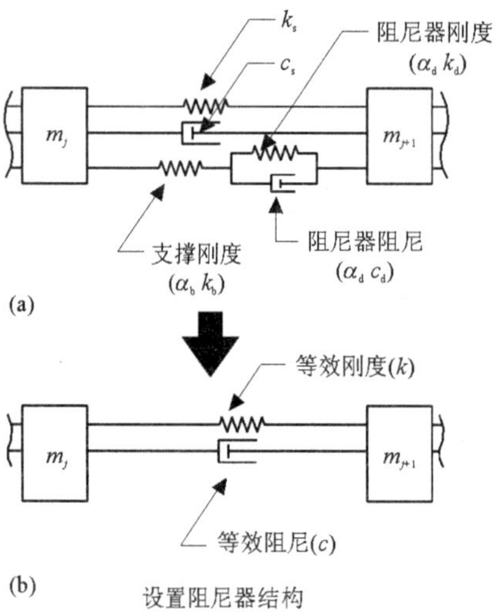

图 11.6.3 简化分析模型

它们与结构固有刚度、支撑系统的刚度和阻尼器的串联结果（图 11.6.3）。根据图 11.6.3（a）中所示的串、并联体系不难得图 11.6.3（b）中总刚度 k 和阻尼系数 c 值（Hanson and Soong，2001）。

在实际计算中除了上面介绍的迭代和试算以外，还可以选择几种附加阻尼器的布置方案，每个阻尼器的阻尼系数 c_j 值，按线性理论进行分析，获得相应于每种方案、每个阻尼系数时的结构地震反应，从中筛选出符合设计要求(例如满足在给定地震作用下的层间位移角限值)，然后按所要求的阻尼系数和阻尼器两端的相对变形和速度幅值选配阻尼器。

11.7 调谐质量阻尼器的原理和简化设计方法

这一节将以单自由度结构为例来阐述调谐质量阻尼器的原理和设计计算方法。调谐质量阻尼器(TMD)是利用附加在主体结构上的小质量弹簧体系的“鞭梢效应”来吸收主体结构的振动能量，从而达到减振的目的，因此也称为吸振器。邓哈托最早对吸振器的减振机理进行了分析（林均岐等，1996）。他假设主体单质点结构的阻尼为零，在其上附加无阻尼小质量弹簧系统（TMD）形成双自由系统。分析表明，当 TMD 的自振频率等于激振频率时，主体结构的振动完全消失，这是因为此时 TMD 与主体结构之间的作用力恰好等于激振力，但方向相反，外荷载的输入能量全部由 TMD 吸收。这自然是理想的情况。当主体结构和 TMD 的阻尼不等于零时，组合系统便是有阻尼双自由度系统（图 11.7.1）。此体系在地面运动 $\ddot{x}_g$ 影响下的运动认可用方程式（11.2.1）来描述。质量、刚度和阻尼矩阵也如同该式的附式，式中，$\boldsymbol{x}$ 为系统的位移向量，$\boldsymbol{x}=[x_1,x_2]^{\mathrm{T}}$，$x_1,x_2$ 分别是主体结构质量 m_1 和 TMD 质量 m_2 相对于地面的位移，其余符号均同前面一样。令 TMD 相对于结构的位移为 x_d，即

$$x_d = x_2 - x_1 \tag{11.7.1}$$

将上式代入方程（11.2.1）并简化后得

$$\begin{cases}\ddot{x}_1+2\xi_1\omega_1\dot{x}_1+\omega_1^2x_1-\mu\left(2\xi_d\dot{x}_d+\omega_d^2x_d\right)=-\ddot{x}_g\\ \ddot{x}_1+\ddot{x}_d+2\xi_d\omega_d x_d+\omega_d^2x_d=-\ddot{x}_g\end{cases}\tag{11.7.2}$$

此处，$\omega_1=\sqrt{k_1/m_1}$

$$\omega_d=\sqrt{k_2/m_2}$$

$$\xi_1=\frac{c_1}{2\sqrt{k_1m_1}}$$

$$\xi_d=\frac{c_2}{2\sqrt{k_2m_2}}$$

$$\mu=\frac{m_2}{m_1}$$

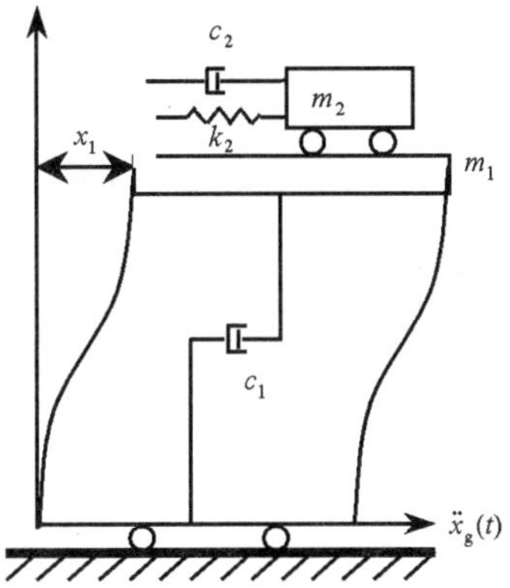

图 11.7.1　由主体结构和 TMD 组成的双自由度系统

当主结构基座遭受简谐振动，即当

$$\ddot{x}_g=e^{i\omega t}\tag{11.7.3}$$

时，此双自由度体系的稳态反应亦为简谐运动：

$$\begin{cases}x_1(t)=H_1(\omega)e^{i\omega t}\\ x_d(t)=H_d(\omega)e^{i\omega t}\end{cases}\tag{11.7.4}$$

$H_1(\omega),H_d(\omega)$ 为动态响应系数或传递函数。

将式（11.7.3）和式（11.7.4）代入式（11.7.2）中，经整理后得

$$\begin{bmatrix}\omega_1^2-\omega+2\xi_1\omega_1(\mathrm{i}\omega) & -\mu\left[\omega_d^2+2\xi_d\omega_d(\mathrm{i}\omega)\right]\\ -\omega^2 & \omega_d^2-\omega^2+2\xi_d\omega_d(\mathrm{i}\omega)\end{bmatrix}\begin{Bmatrix}H_1(\omega)\\ H_d(\omega)\end{Bmatrix}=-\begin{Bmatrix}1\\ 1\end{Bmatrix}\tag{11.7.5}$$

由以上方程式中可解出结构响应的传递函数：

$$H_1(\omega)=\frac{1}{\Delta(\omega)}\left[\omega^2-(\mathrm{i}\omega)(1+\mu)2\xi_d\omega_d-(1+\mu)\omega_d^2\right]\tag{11.7.6}$$

$$H_d(\omega)=\frac{-1}{\Delta(\omega)}\left[(\mathrm{i}\omega)2\xi_1\omega_1-\omega_1^2\right]\tag{11.7.7}$$

其中，

$$\begin{aligned}\Delta(\omega)=&\ \omega^4-\mathrm{i}\omega^3\left[2\xi_1\omega_1+2\xi_d\omega_d(1+\mu)\right]-\omega^2\left[\omega_1^2+(1+\mu)\omega_d^2+4\xi_1\xi_d\omega_1\omega_d\right]\\ &+\mathrm{i}\omega\left[2\xi_1\omega_1\omega_d^2+2\xi_d\omega_d\omega_1^2\right]+\omega_1^2\omega_d^2\end{aligned}\tag{11.7.8}$$

现在假设基底输入的加速度 $\ddot{x}_g(t)$ 为零均值白噪声平稳过程，其功率谱为常数 s_0，根据平稳随机过程理论，结构响应方差为

$$\sigma_{x1}^2=s_0\int_{-\infty}^{\infty}\left|H_1(\omega)\right|^2\mathrm{d}\omega\tag{11.7.9}$$

$$\sigma_{xd}^2=s_0\int_{-\infty}^{\infty}\left|H_d(\omega)\right|^2\mathrm{d}\omega\tag{11.7.10}$$

TMD 系统对主结构在白噪声作用下的减振效果可以采用设置 TMD 后主结构的反应方差 σ_{x1}^2 与未设置 TMD 的主结构反应方差 σ_x^2 之比 SR，即

$$\mathrm{SR} = \sigma_{x1}^2 / \sigma_x^2 \tag{11.7.11}$$

来表示，并有

$$\sigma_x^2 = \frac{\pi s_0}{2\xi_1 \omega_1^3} \tag{11.7.12}$$

将式(11.7.6)代入式(11.7.9)，完成积分后在代入式(11.7.11)，经整理并注意到式(11.7.12)所示的关系可得（林均岐等，1997；Wirsching，1974）

$$\mathrm{SR} = \frac{2\xi_1 \left[B_1 (A_2 A_3 - A_1) + A_3 (A_1^2 - 2B_0) + A_1 \right]}{A_1 (A_2 A_3 - A_1) - A_0 A_3^2} \tag{11.7.13}$$

式中，

$$A_0 = f^2$$

$$A_1 = 2\xi_1 f^2 + 2\xi_{\mathrm{d}} f$$

$$A_2 = 1 + (1+\mu) f^2 + 4\xi_1 \xi_{\mathrm{d}} f$$

$$A_3 = 2\xi_1 + 2(1+\mu)\xi_{\mathrm{d}} f$$

$$B_0 = -(1+\mu) f^2$$

$$B_1 = (1+\mu)^2 f^2$$

$$\xi_1 = \omega_{\mathrm{d}} / \omega_1$$

林均岐等（1996）在以上公式的基础上，采用模式搜索法寻找最小反应方差比 SR，结果发现，SR 的最小值主要决定于结构和 TMD 的阻尼比，并获得了图 11.7.2 中所示的结果。与此最小值 SR 相应的质量比 μ 和频率比 f 分别示于图 11.7.3 和图 11.7.4 中，它们显然也是与 ξ_1 和 ξ_{d} 值有关的。从图 11.7.2 中的曲线可以看到，TMD 的减振效果在很大程度上取决于主体结构的阻尼。一般来讲，ξ_1 值愈小，减振效果愈好，当 ξ_1 小于 0.05 效果才比较好。而对 TMD，则要求有较大阻尼比值 ξ_{d}，ξ_{d} 值太小，减振效果不易发挥，但当 ξ_{d} 达到 0.2，减振效果几乎达到最小值，继续增大 ξ_{d} 已没有意义。这一点不难从图 11.7.3 中所要求的质量比中看到。该图表明，当 ξ_{d} 达到 0.2 时，为使 SR 值取最小值，要求质量比大于 0.2 左右（取决于 ξ_1 值）。一般来讲，ξ_{d} 愈大，μ 值要相应增加，价格也要相应增加，因此是不经济的。图 11.7.4 表明，随着 ξ_{d} 值的增大，频率比需要相应减小，这是比较容易做的，也不影响造价，因此并不起控制作用。

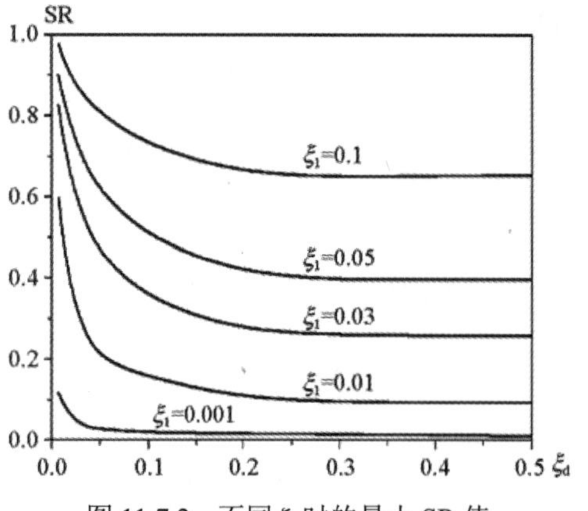

图 11.7.2　不同 ξ_1 时的最小 SR 值

由于多自由度线性体系可以按振型分解为若干单自由度体系，因此上述优化设计图表原则上也是适用的。不过在多自由度系

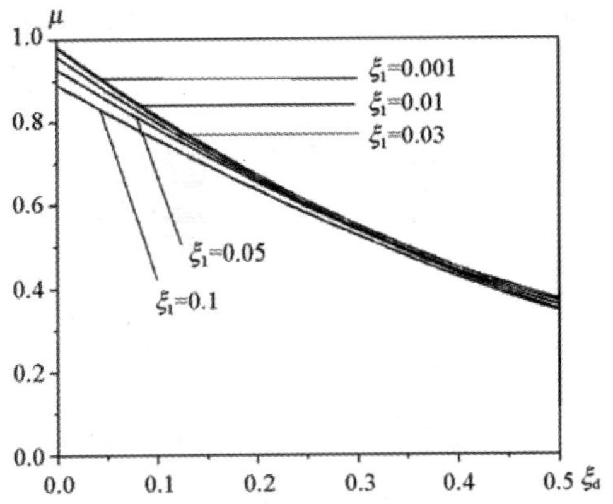

图 11.7.3　与最小 SR 值相应的质量比 μ

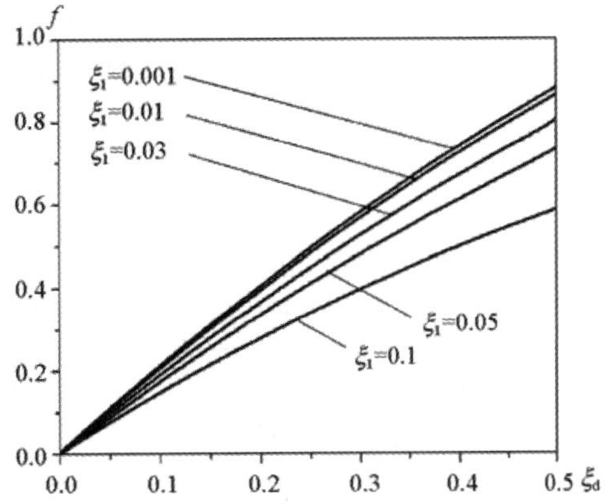

图 11.7.4　与最小 SR 值相应的频率比 f

统中除了阻尼比、频率比和质量比以外，振型参与系数的大小对 TMD 的减振效果也是有影响的。文献（龙复兴等，1998）按照求传递函数极小值的方法，假定结构的阻尼比为零，给出了以下给定 j 振型质量比 μ_j 、振型参与系数 η_j 和 TMD 阻尼比 ξ_d 时的最佳频率比：

$$f_j=\sqrt{\frac{1}{1+\mu_j/\eta_j}\left(2\xi_d^2+1\right)} \tag{11.7.14}$$

上式表明，f_j 值是随 ξ_d 和 η_j 增加而增加，随 μ_j 增加而减小的。但这三个参数的影响都不是很大，f_j 值约在 0.98～0.3 之间变化。

11.8　主动控制概述①

振动主动控制系统一般由以下 5 个部分组成：①受控对象。受控对象是某个结构或结构系统的总称，它可以是单自由度系统、多自由度系统或无限自由度系统。系统可以是线弹性的、非线性的或时变的。土木工程中的房屋建筑和桥梁都可作为受控对象。②作动器。作动器亦称作动机构，是用于提供作用力以改善受控对象振动状态的装置。主动控制作动器可直接将力或力矩施加于受控对象，常用的作动器有液压伺服型和电磁型等。③控制器。控制器是主动控制系统的指挥中枢，它接受来自测量系统的信号，并按某种控制律的要求输出驱动作动器的指令。控制器中这一传递关系的实现是由计算机完成的。④测量系统。测量系统用于采集受控对象和（或）外界扰动（如地震动或风）的振动信号并输入控制器。常用的测量装置有加速度计、位移计及相应放大器和滤波器等。⑤能源。能源用于提供作动器运行所需的能量，如电源和油源。

上述主动控制系统的运行框图和示意图如图 11.8.1 和图 11.8.2。

根据自动控制的经典定义，主动控制系统可分为开环和闭环两大类。开环控制的控制律与受控对象的状态无关,仅需检测外界扰力的信号并通过控制器驱动作动装置（图 11.8.1 中的环路（O））。闭环控制需要采集受控对象的状态信号，将其作为反馈信息输入控制器中，再转换为驱动作动器的指令（图 11.8.1 中的环路（C））。闭环控制是土木工程振动控制中应用

① Housner，1997；顾仲权等，1997。

最为广泛的方式，也是本节介绍的重点。至于同时采集受控对象状态和外界扰力两者的信号实施主动控制的方式，则称为开-闭环控制。

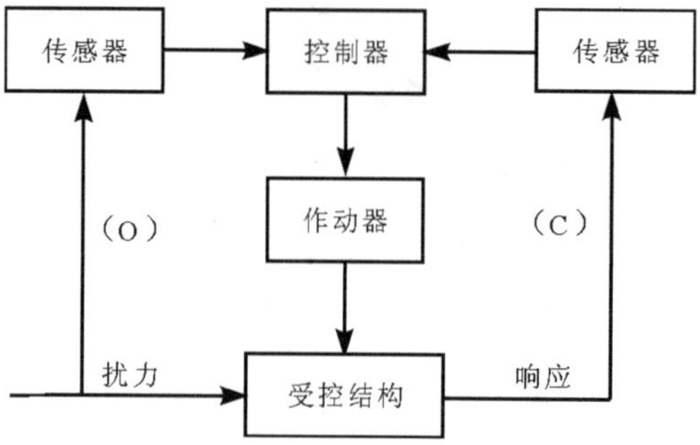

图 11.8.1　主动控制系统运行框图

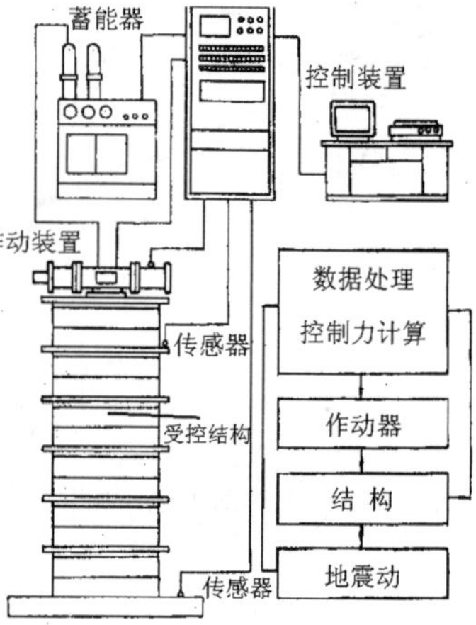

图 11.8.2　主动控制系统示意图

一般来说，一个主动控制体系的设计，原则上可由两种途径实现，一为"物理设计"（PDP, Physical Design Problem），二为"理想设计"（IDP, Idealizations of the Design Problem）。所谓物理设计，系指避免寻求问题的数学解。这一方法可以建立数学模型，亦可不建立系统数学模型而直接选择控制体系的参数和控制规则，通过控制体系的试算或实验得出直观满意的解答。这一途径避免了数学求解的困难，然而，对于复杂控制体系的无限多种可能的设计一一进行检验是不可能实现的。相对而言，理想设计要建立控制体系和外界环境的近似数学模型，就数学模型的解确定控制设计，这是当前多数研究和设计者使用的方法。当然，任何数学模型都仅是物理体系的近似。由于缺乏有效的数值方法，只有某些简单的数学模型才存在解答；而且，只有适当的简化模型在分析和设计中才便于掌握。值得注意的是，简化的数学模型可能遗漏一些重要信息，控制体系的模型化是极其重要的研究领域。目前也并不存在一种可靠的理论可供选择控制器的模型。

如前所述，主动控制系统是由相互连接的若干环节组成的，这些环节（如受控对象、测量系统和作动器等）一般都是动力系统，其运动规律可用微分方程描述。在地震工程研究中，动力系统习惯用二阶微分方程（或方程组）表述，但在结构控制研究的文献中，一个动力系统常写为一阶微分方程（或方程组）的标准形式。从数学分析的角度，任意 n 阶的微分方程均可转换为一阶微分方程，同时方程的个数将增加至 n 倍。二阶微分方程组到一阶微分方程组的转换如下。

地震作用下动力系统的二阶微分方程组为

$$\boldsymbol{M}\ddot{\boldsymbol{X}}(t)+\boldsymbol{C}\dot{\boldsymbol{X}}(t)+\boldsymbol{K}\boldsymbol{X}(t)=-\boldsymbol{M}\boldsymbol{I}\ddot{x}_{\mathrm{g}}(t) \tag{11.8.1}$$

受控结构的微分方程为

$$\boldsymbol{M}\ddot{\boldsymbol{X}}(t)+\boldsymbol{C}\dot{\boldsymbol{X}}(t)+\boldsymbol{K}\boldsymbol{X}(t)=-\boldsymbol{M}\boldsymbol{I}\ddot{x}_{\mathrm{g}}(t)+\boldsymbol{H}\boldsymbol{U}(t) \tag{11.8.2}$$

式中，$\boldsymbol{M}$、$\boldsymbol{C}$、$\boldsymbol{K}$ 分别为受控结构的质量矩阵、阻尼矩阵和刚度矩阵；$\ddot{\boldsymbol{X}}$、$\dot{\boldsymbol{X}}$、$\boldsymbol{X}$ 分别为结构相应的相对加速度矢量、相对速度矢量和相对位移矢量；$\ddot{x}_{\mathrm{g}}$ 为地震动加速度；$\boldsymbol{H}$ 为控制力

作用位置矩阵；$\boldsymbol{U}(t)$为控制力矢量。

控制结构分析中一般将式（11.8.2）的二阶微分方程组写为一阶微分方程组的形式，令 $\boldsymbol{Z}=\{\boldsymbol{X},\dot{\boldsymbol{X}}\}^{\mathrm{T}}$，$\dot{\boldsymbol{Z}}=\{\dot{\boldsymbol{X}},\ddot{\boldsymbol{X}}\}^{\mathrm{T}}$，代入式（11.8.2），得：

$$\dot{\boldsymbol{Z}}(t)=\boldsymbol{A}\boldsymbol{Z}(t)+\boldsymbol{B}\boldsymbol{U}(t)+\boldsymbol{W}\ddot{\boldsymbol{x}}_{\mathrm{g}}(t) \tag{11.8.3}$$

其中，$\boldsymbol{A}$ 为只含结构参数的系统矩阵；$\boldsymbol{B}$ 为控制指示矩阵；$\boldsymbol{W}$ 为地震作用指示矢量。

$$\boldsymbol{A}=\begin{bmatrix}[0] & [\boldsymbol{I}]\\ [-\boldsymbol{M}^{-1}\boldsymbol{K}] & [-\boldsymbol{M}^{-1}\boldsymbol{C}]\end{bmatrix},\quad \boldsymbol{B}=\begin{bmatrix}[0]\\ [\boldsymbol{M}^{-1}\boldsymbol{H}]\end{bmatrix},\quad \boldsymbol{W}=\begin{Bmatrix}\{0\}\\ -\{\boldsymbol{I}\}\end{Bmatrix}$$

为了建立主动控制系统的数学模型，画出一个闭环系统的状态结构图 11.8.3。

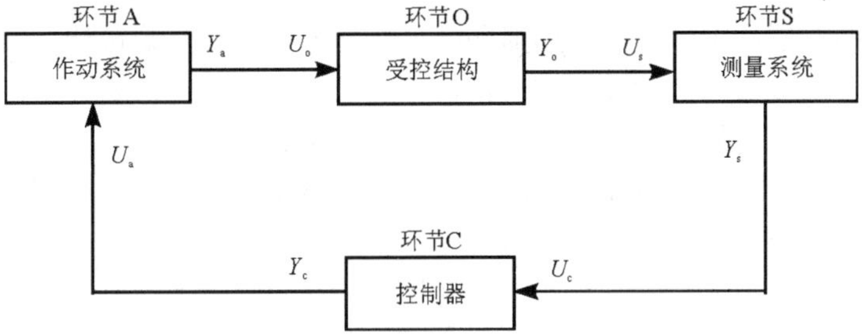

图 11.8.3　闭环系统的状态空间结构图

该闭环系统中，受控结构的状态方程和输出方程分别为

$$\dot{\boldsymbol{Z}}_{\mathrm{o}}=\boldsymbol{A}_{\mathrm{o}}\boldsymbol{Z}_{\mathrm{o}}+\boldsymbol{B}_{\mathrm{o}}\boldsymbol{U}_{\mathrm{o}}+\boldsymbol{W}\boldsymbol{f} \tag{11.8.4}$$

$$\boldsymbol{Y}_{\mathrm{o}}=\boldsymbol{C}_{\mathrm{o}}\boldsymbol{Z}_{\mathrm{o}}+\boldsymbol{D}_{\mathrm{o}}\boldsymbol{U}_{\mathrm{o}} \tag{11.8.5}$$

其中，$\dot{\boldsymbol{Z}}_{\mathrm{o}}$ 为受控结构的状态矢量；$\boldsymbol{U}_{\mathrm{o}}$ 为控制力矢量；$\boldsymbol{f}$ 为扰力矢量；$\boldsymbol{Y}_{\mathrm{o}}$ 为受控结构的输出矢量；$\boldsymbol{A}_{\mathrm{o}}$ 为系统矩阵；$\boldsymbol{B}_{\mathrm{o}}$ 为控制指示矩阵；$\boldsymbol{C}_{\mathrm{o}}$ 为输出矩阵；$\boldsymbol{D}_{\mathrm{o}}$ 为传递矩阵（常取 $\boldsymbol{D}_{\mathrm{o}}$=0）；$\boldsymbol{W}$ 为扰力指示矩阵。状态矢量、控制力矢量、扰力矢量、输出矢量等均为时间变量，为公式书写简洁，均省略了标识(t)。

类似地，可以写出测量系统、控制系统和作动系统的状态方程和输出方程如下：

对于测量系统，

$$\dot{\boldsymbol{Z}}_{\mathrm{s}}=\boldsymbol{A}_{\mathrm{s}}\boldsymbol{Z}_{\mathrm{s}}+\boldsymbol{B}_{\mathrm{s}}\boldsymbol{U}_{\mathrm{s}} \tag{11.8.6}$$

$$\boldsymbol{Y}_{\mathrm{s}}=\boldsymbol{C}_{\mathrm{s}}\boldsymbol{Z}_{\mathrm{s}}+\boldsymbol{E}_{\mathrm{s}}\boldsymbol{\gamma} \tag{11.8.7}$$

其中，$\boldsymbol{E}_{\mathrm{s}}$ 为测量噪声指标矩阵；$\boldsymbol{\gamma}$ 为测量噪声矢量。

对于控制器系统，

$$\dot{\boldsymbol{Z}}_{\mathrm{c}}=\boldsymbol{A}_{\mathrm{c}}\boldsymbol{Z}_{\mathrm{c}}+\boldsymbol{B}_{\mathrm{c}}\boldsymbol{U}_{\mathrm{c}} \tag{11.8.8}$$

$$\boldsymbol{Y}_{\mathrm{c}}=\boldsymbol{C}_{\mathrm{c}}\boldsymbol{Z}_{\mathrm{c}}+\boldsymbol{D}_{\mathrm{c}}\boldsymbol{U}_{\mathrm{c}} \tag{11.8.9}$$

对于作动器系统，

$$\dot{\boldsymbol{Z}}_{\mathrm{a}}=\boldsymbol{A}_{\mathrm{a}}\boldsymbol{Z}_{\mathrm{a}}+\boldsymbol{B}_{\mathrm{a}}\boldsymbol{U}_{\mathrm{a}} \tag{11.8.10}$$

$$\boldsymbol{Y}_{\mathrm{a}}=\boldsymbol{C}_{\mathrm{a}}\boldsymbol{Z}_{\mathrm{a}} \tag{11.8.11}$$

根据联接条件 $\boldsymbol{U}_{\mathrm{o}}=\boldsymbol{Y}_{\mathrm{a}}$、$\boldsymbol{U}_{\mathrm{s}}=\boldsymbol{Y}_{\mathrm{o}}$、$\boldsymbol{U}_{\mathrm{c}}=\boldsymbol{Y}_{\mathrm{s}}$、$\boldsymbol{U}_{\mathrm{a}}=-\boldsymbol{Y}_{\mathrm{c}}$，可得闭环系统的状态方程和输出方程如下：

$$\begin{Bmatrix} \dot{\boldsymbol{Z}}_a \\ \dot{\boldsymbol{Z}}_o \\ \dot{\boldsymbol{Z}}_s \\ \dot{\boldsymbol{Z}}_c \end{Bmatrix} = \begin{bmatrix} \boldsymbol{A}_a & 0 & -\boldsymbol{B}_a\boldsymbol{D}_c\boldsymbol{C}_s & -\boldsymbol{B}_a\boldsymbol{C}_c \\ \boldsymbol{B}_o\boldsymbol{C}_a & \boldsymbol{A}_o & 0 & 0 \\ \boldsymbol{B}_s\boldsymbol{D}_o\boldsymbol{C}_a & \boldsymbol{B}_s\boldsymbol{C}_o & \boldsymbol{A}_s & 0 \\ 0 & 0 & \boldsymbol{B}_c\boldsymbol{C}_s & \boldsymbol{A}_c \end{bmatrix} \begin{Bmatrix} \boldsymbol{Z}_a \\ \boldsymbol{Z}_o \\ \boldsymbol{Z}_s \\ \boldsymbol{Z}_c \end{Bmatrix} + \begin{Bmatrix} 0 \\ \boldsymbol{W} \\ 0 \\ 0 \end{Bmatrix} \boldsymbol{f} + \begin{Bmatrix} -\boldsymbol{B}_a\boldsymbol{D}_c\boldsymbol{E}_s \\ 0 \\ 0 \\ \boldsymbol{B}_c\boldsymbol{E}_s \end{Bmatrix} \gamma \tag{11.8.12}$$

$$\begin{Bmatrix} \boldsymbol{Y}_a \\ \boldsymbol{Y}_o \\ \boldsymbol{Y}_s \\ \boldsymbol{Y}_c \end{Bmatrix} = \begin{bmatrix} \boldsymbol{C}_a & 0 & 0 & 0 \\ \boldsymbol{D}_o\boldsymbol{C}_a & \boldsymbol{C}_o & 0 & 0 \\ 0 & 0 & \boldsymbol{C}_s & 0 \\ 0 & 0 & \boldsymbol{D}_c\boldsymbol{C}_s & \boldsymbol{C}_c \end{bmatrix} \begin{Bmatrix} \boldsymbol{Z}_a \\ \boldsymbol{Z}_o \\ \boldsymbol{Z}_s \\ \boldsymbol{Z}_c \end{Bmatrix} + \begin{Bmatrix} 0 \\ 0 \\ \boldsymbol{E}_s \\ \boldsymbol{D}_s\boldsymbol{E}_s \end{Bmatrix} \gamma \tag{11.8.13}$$

在上述控制体系的数学模型中，$\boldsymbol{A}_o$、$\boldsymbol{B}_o$、$\boldsymbol{C}_o$、$\boldsymbol{D}_o$、$\boldsymbol{A}_a$、$\boldsymbol{B}_a$、$\boldsymbol{C}_a$、$\boldsymbol{A}_s$、$\boldsymbol{B}_s$、$\boldsymbol{C}_s$、E_s、$\boldsymbol{W}$ 都是已知的有关控制对象、传感器、作动器和外界扰力的参数。控制设计就是要在外扰 $\boldsymbol{f}$ 的作用下，确定控制器的参数 $\boldsymbol{A}_c$、$\boldsymbol{B}_c$、$\boldsymbol{C}_c$ 和 $\boldsymbol{D}_c$，使受控对象在给定位置上的应力、应变、加速度、位移等小于某个期望的限值，达到性能指标的要求。尽管上述控制体系的数学模型只是近似的，但其复杂程度已令人望而生畏。在实际控制体系的分析中，有时会采用更为简化的模型，如忽略测量系统和作动器的动力特性等。

上述数学模型是控制体系的时域状态空间描述，在此基础上，也可建立系统的权函数描述（又称脉冲响应函数描述）。当然，也可由拉普拉斯变换得出频域的传递函数表述形式。由于土木工程结构的控制大多为多输入—多输出问题，系统的时域状态空间描述是最有效的分析模型。

众所周知，受控结构的参数具有不确定性，由量测系统得到的测量信号是有噪声的，作动器的输入和输出会有时滞，加之有时忽略测量系统和作动器的动力特性，这些因素均可能导致主动控制体系失稳。系统的稳定性是被动控制和主动控制的极其重要的差别，这一差别往往被数学模型所掩盖。下面用一个简单例子解释控制体系的稳定性问题。考虑一个简单的弹簧—质量体系的运动方程：

$$\boldsymbol{M}\ddot{\boldsymbol{X}} + \boldsymbol{C}\dot{\boldsymbol{X}} + (\boldsymbol{K} + \Delta\boldsymbol{K})\boldsymbol{X} = 0 \tag{11.8.14}$$

这一方程可以表示被动控制体系，也可表示主动控制体系。当按照预先给定的某个常数 $\Delta\boldsymbol{K}$ 直接改变体系的弹簧刚度时，系统是被动的保守系统；即使实际实现的 $\Delta\boldsymbol{K}$ 与设计值之间存在误差，但只要满足（$\boldsymbol{K}+\Delta\boldsymbol{K}$）≥0，系统总是稳定的。在主动控制中，该运动方程表示体系承受一个控制力 $\boldsymbol{U}=-\Delta\boldsymbol{K}\times\boldsymbol{X}$ 的作用，控制力由位移 $\boldsymbol{X}$ 的在线测量决定。由于传感器和作动器都存在动力效应和时滞，当 $\boldsymbol{K}+\Delta\boldsymbol{K}$ 超过某个限度时，体系将发生失稳。

在控制体系建模的过程中，可能出现四类误差，即模型参数的误差、模型阶数的误差、忽略某些扰动引起的误差和忽略某些非线性引起的误差。目前，还没有一种理论方法可以处理所有这四类误差。因此，在控制设计中，设计者不应完全相信和依赖分析计算，模型实验和现场原型实验是设计的必要组成部分；计算分析仅可减少获得最终控制设计所花费的时间。

11.9 主动控制算法

控制器设计是实现主动控制最关键的、也是结构控制研究最活跃的领域之一。二十多年以来，大量控制算法被引入土木工程，部分已获得实际应用。本节将摘要介绍几种主要的控制算法。详细的算法推导和有关模型降阶、溢出和稳定性、传感器和作动器的定位以及时滞等重要问题的讨论已超出了本节有限篇幅的范围。

11.9.1 经典利卡提控制

经典利卡提控制是在优化概念上推导得出的。所谓“优化”一般意味着最好，但实际工程的优化都是附有条件的。主动控制的优化问题都是就某个性能指标（亦称目标函数）在一定约束条件下定义的。线性体系的优化控制多采用对二次性能指标求极值实现。若不考虑作动器个数和位置的优化设置（这也是主动控制研究的重要问题），优化设计至少要涉及控制力和受控结构状态这两个因素。就此而言，优化的实现存在两个基本途径：其一是输出约束控制（OCC, Output Constraint Control），其二是输入约束控制（ICC, Input Constraint Control）。前者是在系统输出的 L_2 范数小于某个给定值的约束下，使控制力的二次性能指标达到最小；后者是在控制力的 L_2 范数小于某个给定值的约束下，使系统输出的二次性能指标达到最小。兼顾受控结构的响应和控制力两者互相矛盾的要求的优化算法是经典的利卡提算法，这一算法相对简单，在现代控制理论和应用中占有重要地位。利卡提算法的推导如下（瞿伟廉，1991；Yang，1975）。

对于由式（11.8.3）表述的受控结构，定义二次型目标函数如下：

$$J=\int_0^T(\boldsymbol{Z}^{\mathrm{T}}\boldsymbol{QZ}+\boldsymbol{U}^{\mathrm{T}}\boldsymbol{RU})\mathrm{d}t \tag{11.9.1}$$

如前所述，$\boldsymbol{Z}$、$\boldsymbol{U}$ 分别为状态矢量和控制力矢量；$\boldsymbol{Q}$、$\boldsymbol{R}$ 为权矩阵，$\boldsymbol{Q}$ 至少应为半正定矩阵，$\boldsymbol{R}$ 为正定矩阵。改变 $\boldsymbol{Q}$、$\boldsymbol{R}$ 两个权矩阵的取值，可权衡对控制力大小和控制效应的要求。积分上限 T 为扰力作用的持续时间，上角标 T 表示转置。

现在的问题是，在受控结构运动方程（11.8.3）的约束下，求泛函 $\boldsymbol{J}$ 的极小值以确定控制力 $\boldsymbol{U}$。

使用拉格朗日变分方法，再作辅助泛函 $\boldsymbol{J}^*$：

$$\boldsymbol{J}^*=\int_0^T\left[(\boldsymbol{Z}^{\mathrm{T}}\boldsymbol{QZ}+\boldsymbol{U}^{\mathrm{T}}\boldsymbol{RU})+\boldsymbol{\lambda}^{\mathrm{T}}(t)(\boldsymbol{AZ}+\boldsymbol{BU}+\boldsymbol{W}\ddot{\boldsymbol{x}}_{\mathrm{g}}-\dot{\boldsymbol{Z}})\right]\mathrm{d}t \tag{11.9.2}$$

式中，$\boldsymbol{\lambda}(t)$为拉格朗日乘子矢量。泛函 $\boldsymbol{J}^*$存在无条件极值的必要条件，就是目标函数 $\boldsymbol{J}$ 存在条件极值的必要条件。引入哈密尔顿函数 $\boldsymbol{H}$：

$$\boldsymbol{H}(\boldsymbol{Z},\boldsymbol{\lambda},\boldsymbol{U})=(\boldsymbol{Z}^{\mathrm{T}}\boldsymbol{QZ}+\boldsymbol{U}^{\mathrm{T}}\boldsymbol{RU})+\boldsymbol{\lambda}^{\mathrm{T}}(\boldsymbol{AZ}+\boldsymbol{BU}+\boldsymbol{W}\ddot{\boldsymbol{x}}_{\mathrm{g}}) \tag{11.9.3}$$

辅助泛函 $\boldsymbol{J}^*$则可记为：

$$\boldsymbol{J}^*=\int_0^T\left[\boldsymbol{H}(\boldsymbol{Z},\boldsymbol{\lambda},\boldsymbol{U})-\boldsymbol{\lambda}^{\mathrm{T}}\dot{\boldsymbol{Z}}\right]\mathrm{d}t \tag{11.9.4}$$

由泛函极值定理，可得 $\boldsymbol{J}^*$存在极值的条件为

$$\left.\begin{aligned}&\frac{\partial\boldsymbol{H}}{\partial\boldsymbol{Z}}+\frac{\mathrm{d}}{\mathrm{d}t}\frac{\partial}{\partial\dot{\boldsymbol{Z}}}\boldsymbol{\lambda}^{\mathrm{T}}\dot{\boldsymbol{Z}}=0\\&\frac{\partial\boldsymbol{H}}{\partial\boldsymbol{\lambda}}-\frac{\partial}{\partial\boldsymbol{\lambda}}\boldsymbol{\lambda}^{\mathrm{T}}\dot{\boldsymbol{Z}}=0\\&\frac{\partial\boldsymbol{H}}{\partial\boldsymbol{U}}=0\end{aligned}\right\} \tag{11.9.5}$$

上式即为哈密尔顿—庞特亚金（H—P）方程。注意到$\frac{\partial}{\partial \dot{\boldsymbol{Z}}}\boldsymbol{\lambda}^{\mathrm{T}}\dot{\boldsymbol{Z}}=\boldsymbol{\lambda}$，$\frac{\partial}{\partial \boldsymbol{\lambda}}\boldsymbol{\lambda}^{\mathrm{T}}\dot{\boldsymbol{Z}}=\dot{\boldsymbol{Z}}$，则

$$\dot{\boldsymbol{\lambda}}=-\frac{\partial \boldsymbol{H}}{\partial \boldsymbol{Z}},\ \frac{\partial \boldsymbol{H}}{\partial \boldsymbol{U}}=0\ \text{和}\ \dot{\boldsymbol{Z}}=\frac{\partial \boldsymbol{H}}{\partial \boldsymbol{\lambda}} \tag{11.9.6}$$

由$\frac{\partial \boldsymbol{H}}{\partial \boldsymbol{U}}=0$，由式（11.9.3）可得

$$\boldsymbol{RU}+\boldsymbol{B}^{\mathrm{T}}\boldsymbol{\lambda}=0\text{，即}\ \boldsymbol{U}=-\boldsymbol{R}^{-1}\boldsymbol{B}^{\mathrm{T}}\boldsymbol{\lambda} \tag{11.9.7}$$

将上式代入（11.8.3），则有

$$\dot{\boldsymbol{Z}}=\boldsymbol{AZ}-\boldsymbol{BR}^{-1}\boldsymbol{B}^{\mathrm{T}}\boldsymbol{\lambda}+\boldsymbol{W}\ddot{\boldsymbol{x}}_{\mathrm{g}} \tag{11.9.8}$$

由式（11.9.7）可见，在线性体系中，$\boldsymbol{U}$与$\boldsymbol{\lambda}$呈线性关系，可取$\boldsymbol{U}$为$\boldsymbol{Z}$的线性函数。设

$$\boldsymbol{\lambda}=\boldsymbol{PZ}+\boldsymbol{G} \tag{11.9.9}$$

式中，$\boldsymbol{P}$、$\boldsymbol{G}$分别为未知矩阵和矢量。由式（11.9.6）和式（11.9.3）的哈密尔顿函数，可得

$$\dot{\boldsymbol{\lambda}}=-\frac{\partial \boldsymbol{H}}{\partial \boldsymbol{Z}}=-\boldsymbol{QZ}-\boldsymbol{A}^{\mathrm{T}}\boldsymbol{\lambda} \tag{11.9.10}$$

$$\frac{\partial \boldsymbol{H}}{\partial \boldsymbol{U}}=\boldsymbol{RU}+\boldsymbol{B}^{\mathrm{T}}\boldsymbol{\lambda}=0 \tag{11.9.11}$$

将式（11.9.9）代入式（11.9.10），有

$$\boldsymbol{P}\dot{\boldsymbol{Z}}+\dot{\boldsymbol{G}}=-\boldsymbol{QZ}-\boldsymbol{A}^{\mathrm{T}}\boldsymbol{PZ}-\boldsymbol{A}^{\mathrm{T}}\boldsymbol{G} \tag{11.9.12}$$

将式（11.9.9）代入式（11.9.8），得

$$\dot{\boldsymbol{Z}}=\boldsymbol{AZ}-\boldsymbol{BR}^{-1}\boldsymbol{B}^{\mathrm{T}}\boldsymbol{PZ}-\boldsymbol{BR}^{-1}\boldsymbol{B}^{\mathrm{T}}\boldsymbol{G}+\boldsymbol{W}\ddot{\boldsymbol{x}}_{\mathrm{g}} \tag{11.9.13}$$

将式（11.9.13）代入式（11.9.12），经整理得

$$(\boldsymbol{PA}+\boldsymbol{A}^{\mathrm{T}}\boldsymbol{P}-\boldsymbol{PBR}^{-1}\boldsymbol{B}^{\mathrm{T}}\boldsymbol{P}+\boldsymbol{Q})\boldsymbol{Z}=-\dot{\boldsymbol{G}}+(\boldsymbol{PBR}^{-1}\boldsymbol{B}^{\mathrm{T}}-\boldsymbol{A}^{\mathrm{T}})\boldsymbol{G}-\boldsymbol{PW}\ddot{\boldsymbol{x}}_{\mathrm{g}} \tag{11.9.14}$$

由式（11.9.7）的结果和式（11.9.9）设定的关系，有$\boldsymbol{U}=-\boldsymbol{R}^{-1}\boldsymbol{B}^{\mathrm{T}}(\boldsymbol{PZ}+\boldsymbol{G})$。若仅考虑闭环反馈控制，可将控制力$\boldsymbol{U}$仅取为状态矢量$\boldsymbol{Z}$的线性函数，令$\boldsymbol{G}=0$可得

$$\boldsymbol{U}=-\boldsymbol{R}^{-1}\boldsymbol{B}^{\mathrm{T}}\boldsymbol{PZ} \tag{11.9.15}$$

同样将$\boldsymbol{G}=0$代入式（11.9.14），有：

$$(\boldsymbol{PA}+\boldsymbol{A}^{\mathrm{T}}\boldsymbol{P}-\boldsymbol{PBR}^{-1}\boldsymbol{B}^{\mathrm{T}}\boldsymbol{P}+\boldsymbol{Q})\boldsymbol{Z}+\boldsymbol{PW}\ddot{\boldsymbol{x}}_{\mathrm{g}}=0 \tag{11.9.16}$$

在抗震控制中，地震动$\ddot{\boldsymbol{x}}_{\mathrm{g}}$是不可预知的，因此不能由上式得到严格的闭环控制优化解。若考虑地震动$\ddot{\boldsymbol{x}}_{\mathrm{g}}$是均值为零的白噪声过程，大量计算表明，未知矩阵$\boldsymbol{P}$在地震作用的几乎全过程中都是常量，仅在接近最后的很短时间内趋于零。常量矩阵$\boldsymbol{P}$可由求解以下利卡提代数方程求出：

$$\boldsymbol{PA}+\boldsymbol{A}^{\mathrm{T}}\boldsymbol{P}-\boldsymbol{PBR}^{-1}\boldsymbol{B}^{\mathrm{T}}\boldsymbol{P}+\boldsymbol{Q}=0 \tag{11.9.17}$$

求得$\boldsymbol{P}$矩阵后，即可由式（11.9.15）在线计算控制力$\boldsymbol{U}$，实施闭环控制。显然，利卡提闭环控制并不是严格的优化解，且在前述目标函数下，抗震结构不能实施开环和开闭环控制。

大量的数值模拟、实验和实际工程表明，用上述算法得出的闭环控制是有效的，利卡提

反馈控制算法在抗震控制中有广泛的应用。

11.9.2 瞬时优化控制（IOC，Instantaneous optimal control）（Yang，1987）

作用于工程结构的地震动输入是不可预知的，这是土木工程抗震控制研究的一个重要特点。在前述利卡提控制算法的推导过程中，系统性能指标取为结构状态和控制力加权平方在地震全过程中的积分，由于地震输入是未知的，我们不得不在闭环控制中忽略地震动输入，而开环控制和开闭环控制则不可能实现。为克服这一困难，可重新定义一个表示为时间函数的性能指标如下：

$$\boldsymbol{J}(t)=\boldsymbol{Z}^{\mathrm{T}}(t)\boldsymbol{QZ}(t)+\boldsymbol{U}^{\mathrm{T}}(t)\boldsymbol{RU}(t) \tag{11.9.18}$$

式中各符号定义同前。利卡提反馈控制的性能指标是在全部扰力作用时间内的积分，而瞬时优化控制的性能指标是在每个时刻 t 定义的，对上述性能指标求极小，可得闭环控制力矢量为

$$\boldsymbol{U}(t)=-\frac{1}{2}\Delta t\boldsymbol{R}^{-1}\boldsymbol{B}^{\mathrm{T}}\boldsymbol{QZ}(t) \tag{11.9.19}$$

$$\boldsymbol{Z}(t)=\left[\boldsymbol{I}+\left(\frac{\Delta t}{2}\right)^{2}\boldsymbol{BR}^{-1}\boldsymbol{B}^{\mathrm{T}}\boldsymbol{Q}\right]^{-1}\left[\boldsymbol{\Phi D}(t-\Delta t)+\frac{\Delta t}{2}\boldsymbol{W}\ddot{\boldsymbol{x}}_{\mathrm{g}}(t)\right] \tag{11.9.20}$$

$$\boldsymbol{D}(t-\Delta t)=\mathbf{e}^{\omega\Delta t}\boldsymbol{\Phi}^{-1}\left\{\boldsymbol{Z}(t-\Delta t)+\left(\frac{\Delta t}{2}\right)\left[\boldsymbol{BU}(t-\Delta t)+\boldsymbol{W}\ddot{\boldsymbol{x}}_{\mathrm{g}}(t-\Delta t)\right]\right\} \tag{11.9.21}$$

式中，$\boldsymbol{I}$ 是单位矩阵；Δt 是时间步长；$\boldsymbol{\Phi}$是由受控结构特征矢量组成的振型矩阵；$\mathbf{e}^{\omega\Delta t}$ 是对角矩阵，对角线上第 i 个元素为 $\mathrm{e}^{\omega_i\Delta t}$，$\omega_i$ 为受控结构的第 i 个特征值。

显然，t 时刻的控制力可由当前时刻的地震动输入以及前一时刻的地震动输入和结构响应计算得出。这一计算在线进行，不需要求解利卡提方程。

由于瞬时优化控制不需预知地震动输入，故亦可实现开环和开闭环控制。

开环控制力为

$$\boldsymbol{U}(t)=-\left[\left(\frac{\Delta t}{2}\right)^{2}\boldsymbol{B}^{\mathrm{T}}\boldsymbol{QB}+\boldsymbol{R}\right]^{-1}\left[\left(\frac{\Delta t}{2}\right)\boldsymbol{B}^{\mathrm{T}}\boldsymbol{Q\Phi D}(t-\Delta t)-\left(\frac{\Delta t}{2}\right)^{2}\boldsymbol{B}^{\mathrm{T}}\boldsymbol{QW}\ddot{\boldsymbol{x}}_{\mathrm{g}}(t)\right] \tag{11.9.22}$$

开闭环控制力为

$$\boldsymbol{U}(t)=\left(\frac{\Delta t}{4}\right)\boldsymbol{R}^{-1}\boldsymbol{B}^{\mathrm{T}}\left[\boldsymbol{GZ}(t)+\boldsymbol{q}(t)\right] \tag{11.9.23}$$

式中，矩阵 $\boldsymbol{G}$ 和矢量 $\boldsymbol{q}$ 分别为

$$\boldsymbol{G}=-\left[\left(\frac{\Delta t^{2}}{8}\right)\boldsymbol{QBR}^{-1}\boldsymbol{B}^{\mathrm{T}}+\boldsymbol{I}\right]^{-1}\boldsymbol{Q} \tag{11.9.24}$$

$$\boldsymbol{q}(t)=\boldsymbol{G}\left[\boldsymbol{\Phi D}(t-\Delta t)+\left(\frac{\Delta t}{2}\right)\boldsymbol{W}\ddot{\boldsymbol{x}}_{\mathrm{g}}(t)\right] \tag{11.9.25}$$

上述瞬时优化控制算法是对线性时不变系统推导得出的，但由于控制律的推导是在每个时刻 t 对目标函数求极小，故可用于时变系统或结构参数 $\boldsymbol{K}$、$\boldsymbol{C}$ 为非常量情况下的结构控制。

11.9.3 随机优化控制（SOC，Stochastic optimal control）（顾仲权等，1997；Abdel-Rohman，1981）

将地震动视为随机过程在地震工程界被普遍认同，此外，结构参数的不确定性、结构的无穷自由度、观测信号的噪声和非完整性等，也可用随机理论进行处理。因此，随机方法在土木工程抗震控制中有广阔的应用前景。一般来说，随机振动控制的研究内容包括：

(1) 确定在随机扰动下动力系统的控制策略和输出噪声的测量，使控制体系满足某个预定目标的要求；

(2) 由非完整的、带噪声的输出信号估计动力系统的状态；

(3) 按照某个二次统计量合成控制器；

(4) 就参数和输入的不确定性评估动力系统的稳定性等。

假定地震动输入的加速度时间过程是均值为零的平稳（或非平稳）高斯过程，观测误差是均值为零的白噪声，对于具有二次性能指标的线性体系，可构成经典的 LQG (Linear Quadratic Gauss) 问题。重新写出受控结构的状态方程和观测方程为

$$\dot{\boldsymbol{Z}}(t)=\boldsymbol{A}\boldsymbol{Z}(t)+\boldsymbol{B}\boldsymbol{U}(t)+\boldsymbol{W}\ddot{\boldsymbol{x}}_{\mathrm{g}}(t) \tag{11.9.26}$$

$$\boldsymbol{Y}(t)=\boldsymbol{C}\boldsymbol{Z}(t)+\boldsymbol{V}(t) \tag{11.9.27}$$

式中，$\boldsymbol{Y}(t)$为输出矢量；$\boldsymbol{V}(t)$为测量噪声矢量。随机优化控制的目标函数为

$$\boldsymbol{J}(t)=\boldsymbol{E}\left\{\int_0^T[\boldsymbol{Z}^{\mathrm{T}}(t)\boldsymbol{Q}\boldsymbol{Z}(t)+\boldsymbol{U}^{\mathrm{T}}(t)\boldsymbol{R}\boldsymbol{U}(t)]\,\mathrm{d}t\right\} \tag{11.9.28}$$

式中，$\boldsymbol{E}\{\bullet\}$表示$\{\bullet\}$的数学期望。根据分离定理，LQG 系统的优化反馈控制力为

$$\boldsymbol{U}(t)=-\boldsymbol{K}(t)\hat{\boldsymbol{Z}}(t) \tag{11.9.29}$$

其中，$\boldsymbol{K}$ 为确定性反馈增益矩阵，

$$\boldsymbol{K}(t)=\boldsymbol{R}^{-1}\boldsymbol{B}^{\mathrm{T}}\boldsymbol{P}(t) \tag{11.9.30}$$

$\boldsymbol{P}(t)$是在初始条件 $\boldsymbol{P}(0)=\boldsymbol{P}_0$ 下，如下利卡提方程的解：

$$\dot{\boldsymbol{P}}(t)=-\boldsymbol{P}(t)\boldsymbol{A}-\boldsymbol{A}^{\mathrm{T}}\boldsymbol{P}(t)+\boldsymbol{P}(t)\boldsymbol{B}\boldsymbol{R}^{-1}\boldsymbol{B}^{\mathrm{T}}\boldsymbol{P}(t)-\boldsymbol{Q} \tag{11.9.31}$$

$\hat{\boldsymbol{Z}}(t)$ 是系统状态矢量 $\boldsymbol{Z}(t)$ 的最佳估计，可由下述卡尔曼滤波方程得到：

$$\dot{\hat{\boldsymbol{Z}}}(t)=\boldsymbol{A}\hat{\boldsymbol{Z}}(t)+\boldsymbol{B}\boldsymbol{U}(t)+\boldsymbol{K}_1(t)\left[\boldsymbol{Y}(t)-\boldsymbol{C}\hat{\boldsymbol{Z}}(t)\right] \tag{11.9.32}$$

$\boldsymbol{K}_1(t)$为过滤增益矩阵：

$$\boldsymbol{K}_1(t)=\boldsymbol{P}_1(t)\boldsymbol{C}^{\mathrm{T}}\boldsymbol{R}_1^{-1}(t) \tag{11.9.33}$$

$$\boldsymbol{R}_1^{-1}(t)=\boldsymbol{E}\left\{\boldsymbol{V}(t)\boldsymbol{V}^{\mathrm{T}}(t)\right\} \tag{11.9.34}$$

$\boldsymbol{P}_1(t)$是下述利卡提方程的解：

$$\dot{\boldsymbol{P}}_1(t)=\boldsymbol{A}\boldsymbol{P}_1(t)+\boldsymbol{P}_1(t)\boldsymbol{A}^{\mathrm{T}}-\boldsymbol{P}_1(t)\boldsymbol{C}^{\mathrm{T}}\boldsymbol{R}_1^{-1}(t)\boldsymbol{C}\boldsymbol{P}_1(t)+\boldsymbol{W}\boldsymbol{Q}_1(t)\boldsymbol{W}^{\mathrm{T}} \tag{11.9.35}$$

$$\boldsymbol{Q}_1(t)=\boldsymbol{E}\left\{\ddot{\boldsymbol{X}}_{\mathrm{g}}(t)\ddot{\boldsymbol{X}}_{\mathrm{g}}^{\mathrm{T}}(t)\right\} \tag{11.9.36}$$

上述算法是就线性体系推导得出的，对于非线性体系，在极小化性能指标的过程中，不可避免需要非线性估计的递推算法，这是一个限制非线性体系随机控制的困难问题。一般情况下，非线性系统首先要被线性化，然后就时域的 LQG 问题（或频域的 $\boldsymbol{H}_2$ 范数控制）求解。

11.9.4 独立模态空间控制（IMSC，Independent mode space control）

从线弹性体系的振动理论可知，任何复杂系统的振动均可由对应不同振型的单自由度体系的振动叠加构成，换言之，系统振动可就模态空间进行研究。实际工程中，多自由度体系的振动可由少数低阶单自由度体系的振动足够近似地模拟；因此，多自由度振动体系的控制亦可由少量振动模态的控制近似实现。模态控制方法中，独立模态空间控制（IMSC）可实现对目标模态的独立控制、而不影响其他的非控模态；这一控制方法设计简单，是目前模态控制的主流算法。

下面就简单的无阻尼振动体系解释独立模态空间控制算法（顾仲权等，1997）。

无阻尼控制体系的运动方程为

$$\boldsymbol{M}\ddot{\boldsymbol{X}}(t)+\boldsymbol{K}\boldsymbol{X}(t)=-\boldsymbol{M}\boldsymbol{I}\ddot{\boldsymbol{x}}_{\mathrm{g}}(t)+\boldsymbol{H}\boldsymbol{U}(t) \tag{11.9.37}$$

设 $\boldsymbol{X}(t)=\boldsymbol{\Phi}\boldsymbol{q}(t)$ 对上述运动方程作变换。$\boldsymbol{\Phi}$为熟知的振型矩阵；$\boldsymbol{q}(t)$为广义坐标矢量。利用振型的正交性，可将运动方程解耦，得到各振型的运动方程如下：

$$\ddot{\boldsymbol{q}}_i+\omega_i^2\boldsymbol{q}_i=-\boldsymbol{\eta}_i\ddot{\boldsymbol{x}}_{\mathrm{g}}+\boldsymbol{F}_i \tag{11.9.38}$$

式中，$\boldsymbol{q}_i$为 i 振型广义坐标矢量；ω_i为 i 振型圆频率；$\boldsymbol{\eta}_i$为 i 振型的振型参与系数；$\boldsymbol{F}_i$为 i 振型的控制力。

$$\boldsymbol{\eta}_i=\frac{\boldsymbol{\Phi}_i^{\mathrm{T}}\boldsymbol{M}\boldsymbol{I}}{\boldsymbol{M}_i^*},\quad \boldsymbol{F}_i=\frac{\boldsymbol{\Phi}_i^{\mathrm{T}}\boldsymbol{H}\boldsymbol{U}(t)}{\boldsymbol{M}_i^*},\quad \boldsymbol{M}_i^*=\boldsymbol{\Phi}_i^{\mathrm{T}}\boldsymbol{M}\boldsymbol{\Phi}_i$$

式中，$\boldsymbol{\Phi}_i$为 i 振型的振型矢量。i 振型的反馈控制力可取为广义坐标状态矢量的线性函数：

$$\boldsymbol{F}_i=-g_i\boldsymbol{q}_i-h_i\dot{\boldsymbol{q}}_i \tag{11.9.39}$$

式中，g_i 和 h_i 分别为位移增益系数和速度增益系数。将式（11.9.39）代入式（11.9.38），可得受控结构 i 振型的闭环系统方程如下：

$$\ddot{\boldsymbol{q}}_i+h_i\dot{\boldsymbol{q}}_i+(g_i+\omega_i^2)\boldsymbol{q}_i=-\boldsymbol{\eta}_i\ddot{\boldsymbol{x}}_{\mathrm{g}} \tag{11.9.40}$$

系统的总控制力为

$$\boldsymbol{U}(t)=\frac{-\sum_i(g_i\boldsymbol{q}_i+h_i\dot{\boldsymbol{q}}_i)}{\boldsymbol{H}\sum_i\left(\dfrac{\boldsymbol{\Phi}_i}{\boldsymbol{M}_i^*}\right)} \tag{11.9.41}$$

对于某阶模态控制力，其位移增益和速度增益系数可由多种方法得出。例如，可将利卡提控制算法用于由式（11.9.38）表示的单自由度体系控制方程，建立二次性能指标求出反馈增益矩阵，这时只需求解二阶利卡提方程。

如上所述，实施独立模态空间控制一般包括如下四个步骤：①测量被控结构的位移响应 $\boldsymbol{X}(t)$和速度响应 $\dot{\boldsymbol{X}}(t)$；②从 $\boldsymbol{X}(t)$和 $\dot{\boldsymbol{X}}(t)$ 中提取广义坐标 $\boldsymbol{q}_i$ 和 $\dot{\boldsymbol{q}}_i$；③确定受控模态的位移增益 g_i 和速度增益 h_i；④由模态控制力叠加得到实际总控制力。其中第②个步骤是重要的，称为“滤模态”。滤模态可由模态观测器或模态滤波器实现。

上述独立模态空间控制，即非耦合模态控制，具有计算量小、设计方便和系统稳定等优点，但是，这一控制方法要求作动器的数量至少应等于受控模态的数量。欲使用少量控制器控制较多的模态振动，则可运用耦合模态控制方法或分块独立模态空间控制方法。

11.9.5 特征值配置（极点配置）控制（Pole assignment）

线性系统的动态响应可由其闭环特征值完全决定，因此，可进行控制律设计直接满足闭环特征值与特征矢量的预定要求，改善系统的动态特性。系统的稳定性可由其特征值实部的正负来判定，具有负实部特征值的系统是稳定的，否则是不稳定或临界稳定的。系统的动力响应也与特征矢量有关，特征矢量虚部与外扰频率的接近程度对动力响应有重要影响；此外，特征值实部与虚部的比值是系统模态阻尼比的度量，它影响共振状态下的动力响应，也影响振动随时间的衰减。

特征值配置可基于状态反馈或输出反馈控制进行。以下简介基于状态反馈控制的特征值配置方法（Abdel-Rohman，1982；1978）。

对式（11.9.42）所示线性反馈控制系统，取控制力 $\boldsymbol{U}(t)=-\boldsymbol{KZ}(t)$，则有

$$\dot{\boldsymbol{Z}}(t)=(\boldsymbol{A}-\boldsymbol{BK})\boldsymbol{Z}(t)+\boldsymbol{W}\ddot{x}_{\mathrm{g}}(t) \tag{11.9.42}$$

该系统的特征值可由下式确定：

$$\left|\lambda\boldsymbol{I}-\boldsymbol{A}+\boldsymbol{BK}\right|=0 \tag{11.9.43}$$

式中，$\boldsymbol{I}$ 为单位矩阵。因该式中包含反馈增益矩阵 $\boldsymbol{K}$，显然可以通过选择适当的 $\boldsymbol{K}$，使闭环系统的动态特性满足预期要求。反之，若给出所希望的系统特征值$\lambda_i(i=1，2，\cdots，n)$，则可确定增益矩阵。所谓极点即是系统的特征值。

式（11.9.43）可改写为以下形式：

$$\left|\lambda\boldsymbol{I}-\boldsymbol{A}\right|\cdot\left|\boldsymbol{I}+\boldsymbol{\Phi}(\lambda)\boldsymbol{BK}\right|=0 \tag{11.9.44}$$

式中，$\boldsymbol{\Phi}(\lambda)=(\lambda\boldsymbol{I}-\boldsymbol{A})^{-1}$。对于某个闭环特征值，上式左边的行列式$|\lambda\boldsymbol{I}-\boldsymbol{A}|$可能为零也可能不为零，但当矩阵$[\boldsymbol{I}+\boldsymbol{\Phi}(\lambda)\boldsymbol{BK}]$中的某行或某列为零时，行列式$|\boldsymbol{I}+\boldsymbol{\Phi}(\lambda)\boldsymbol{BK}|$必然为零。换言之，行列恒等式（11.9.43）可由以下条件代替，这就提供了得出与闭环特征值相应的反馈增益矩阵的算法。

$$\left|\boldsymbol{I}+\boldsymbol{\Phi}(\lambda)\boldsymbol{BK}\right|=0 \tag{11.9.45}$$

将特征值λ_i代入上式，使矩阵$[\boldsymbol{I}+\boldsymbol{\Phi}(\lambda)\boldsymbol{BK}]$的 j 列为零，则

$$\boldsymbol{e}_j+\boldsymbol{K\varphi}_j(\lambda_i)=0 \tag{11.9.46}$$

式中，$\boldsymbol{e}_j$为单位矩阵 $\boldsymbol{I}$ 的第 j 列；$\boldsymbol{\varphi}_j(\lambda_i)$为矩阵$\boldsymbol{\Phi}(\lambda_i)\boldsymbol{B}$ 的第 j 列。对全部特征值$\lambda_i(i=1，2，\cdots，n)$重复以上步骤，可得如下方程组：

$$[\boldsymbol{e}_{j1},\boldsymbol{e}_{j2},\cdots,\boldsymbol{e}_{jn}]+K[\boldsymbol{\varphi}_{j1}(\lambda_1),\boldsymbol{\varphi}_{j2}(\lambda_2),\cdots,\boldsymbol{\varphi}_{jn}(\lambda_n)]=0 \tag{11.9.47}$$

由上述方程组可解出增益矩阵 $\boldsymbol{K}$，

$$\boldsymbol{K}=-[\boldsymbol{e}_{j1},\boldsymbol{e}_{j2},\cdots,\boldsymbol{e}_{jn}]\cdot[\boldsymbol{\varphi}_{j1}(\lambda_1),\boldsymbol{\varphi}_{j2}(\lambda_2),\cdots,\boldsymbol{\varphi}_{jn}(\lambda_n)]^{-1} \tag{11.9.48}$$

应当注意的是，$\boldsymbol{K}$ 没有惟一的解，它依赖于建立方程时选择矩阵$[\boldsymbol{I}+\boldsymbol{\Phi}(\lambda)\boldsymbol{BK}]$的哪一列为零。就此而言，特征值配置控制方法不是最优的。但是，在 $\boldsymbol{K}$ 的一组解中，将包含一个与利卡提控制相同的增益矩阵。此法无须求解利卡提方程，算法较为简单。

11.9.6 自适应控制（Adaptive control）

实际控制系统的各环节及其参数都存在不同程度的不确定性，如建模方法、线性化处理、

降阶处理带来的误差、受控结构在使用过程中的变化、外界环境的变化、控制器设计中的近似处理、作动器和观测仪器的误差以及计算截断误差等等。受这些因素的影响，一个给定的反馈控制往往不能满足预期的性能要求。如果控制器自身具有适应上述变化的能力，在外界条件和系统条件变化时控制器能自动作出响应，使系统在性能指标变化的条件下仍尽可能保持最优状态，这就是自适应控制的基本思想。

目前应用较为成功的自适应控制体系有两类，一类为模型参考自适应系统，另一类为具有辨识功能的自适应系统。前者以理想的参考模型作为基准，当控制对象的输出与参考模型输出发生差异时，则通过自适应算法改变控制器参数，使系统输出与参考模型的输出尽可能接近一致。后者以被控过程作为基准，用系统识别的在线算法作为适应机构修改模型，使之适应变化的条件。

下面介绍巴—卡纳简化自适应控制算法，这是模型参考自适应控制(MRAC, Model reference adaptive control)的一种（顾仲权等，1997）。

受控结构的数学模型为：

$$\dot{\boldsymbol{Z}} = \boldsymbol{AZ} + \boldsymbol{BU} \tag{11.9.49}$$

$$\boldsymbol{Y} = \boldsymbol{CZ} \tag{11.9.50}$$

引入稳定的参数模型：

$$\dot{\boldsymbol{Z}}_{\mathrm{m}} = \boldsymbol{A}_{\mathrm{m}}\boldsymbol{Z}_{\mathrm{m}} + \boldsymbol{B}_{\mathrm{m}}\boldsymbol{U}_{\mathrm{m}} \tag{11.9.51}$$

$$\boldsymbol{Y}_{\mathrm{m}} = \boldsymbol{C}_{\mathrm{m}}\boldsymbol{Z}_{\mathrm{m}} \tag{11.9.52}$$

取反馈控制力为

$$\boldsymbol{U} = \boldsymbol{K}(t)\boldsymbol{r} \tag{11.9.53}$$

式中，

$$\boldsymbol{r}^{\mathrm{T}} = \left[\boldsymbol{e}_{\mathrm{y}}^{\mathrm{T}}, \boldsymbol{Z}_{\mathrm{m}}^{\mathrm{T}}, \boldsymbol{U}_{\mathrm{m}}^{\mathrm{T}}\right] \tag{11.9.54}$$

$$\boldsymbol{e}_{\mathrm{y}} = \boldsymbol{Y}_{\mathrm{m}} - \boldsymbol{Y} \tag{11.9.55}$$

$$\boldsymbol{K}(t) = \left[\boldsymbol{K}_{\mathrm{e}}(t), \boldsymbol{K}_{\mathrm{z}}(t), \boldsymbol{K}_{\mathrm{u}}(t)\right] \tag{11.9.56}$$

增益矩阵 $\boldsymbol{K}(t)$为积分增益 $\boldsymbol{K}_{\mathrm{I}}(t)$与比例增益 $\boldsymbol{K}_{\mathrm{p}}(t)$之和，即

$$\boldsymbol{K}(t) = \boldsymbol{K}_{\mathrm{I}}(t) + \boldsymbol{K}_{\mathrm{p}}(t) \tag{11.9.57}$$

$$\dot{\boldsymbol{K}}_{\mathrm{I}}(t) = \boldsymbol{L}\boldsymbol{e}_{\mathrm{y}}\boldsymbol{r}^{\mathrm{T}}\boldsymbol{T} \tag{11.9.58}$$

$$\boldsymbol{K}_{\mathrm{p}}(t) = \overline{\boldsymbol{L}}\boldsymbol{e}_{\mathrm{y}}\boldsymbol{r}^{\mathrm{T}}\overline{\boldsymbol{T}} \tag{11.9.59}$$

式中，$\boldsymbol{L}$、$\overline{\boldsymbol{L}}$ 为权矩阵；$\boldsymbol{T}$、$\overline{\boldsymbol{T}}$ 为相应维数的常数矩阵（亦称自适应增益），由设计者选择确定。

上述自适应控制系统渐近稳定的充分条件为：

(1) 矩阵 $\boldsymbol{T}>0$，$\overline{\boldsymbol{T}} \geqslant 0$，$\boldsymbol{L}=\boldsymbol{L}^{\mathrm{T}}>0$，$\overline{\boldsymbol{L}} \geqslant 0$；

(2) 受控结构是准严格正实的(Almost strictly positive real）。

模型参考自适应控制流程如图 11.9.1。

自适应控制一般用于某些参数未知或不确定的被控结构。然而，对于参数不确定的结构

并不一定必须使用自适应控制方法。自适应控制器的分析和设计比非自适应控制要复杂得多，在决定采用自适应控制之前，首先宜考虑其它可能的替代方式。如果一个固定参数的鲁棒控制器可以被设计为满足实际系统的需要，则应采用这类鲁棒控制器。如果被控结构的参数在很大的运行条件范围内变化，可以设计不同的固定参数增益控制器以适应不同的运行状态。在不确定因素很多或结构参数有不可预测的变化时，应考虑采用自适应控制。

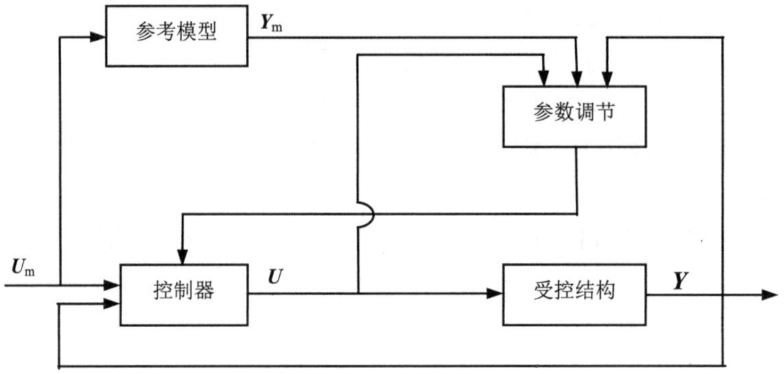

图 11.9.1　模型参考自适应控制系统框图

11.9.7　预测控制（Predictive control）（顾仲权，1997；Jose Rodellar，1987）

预测控制一般包括预测模型、滚动优化和反馈校正等三个环节。预测模型的功能是根据受控对象的历史信息和对未来扰力的预测推断未来的输出。状态方程和传递函数均可用于预测模型。滚动优化是在每个采样时刻优化受控对象的性能指标；该性能指标仅涉及从当前时刻到未来某个时刻的有限时间，随着采样时刻的推移，优化性能指标的时段同步推移。不同时刻性能指标的形式是相同的，但所包含的时间段不同，优化过程在线滚动实现是预测控制的基本特点。最终的预测控制由反馈校正实现。预测控制流程见图 11.9.2。

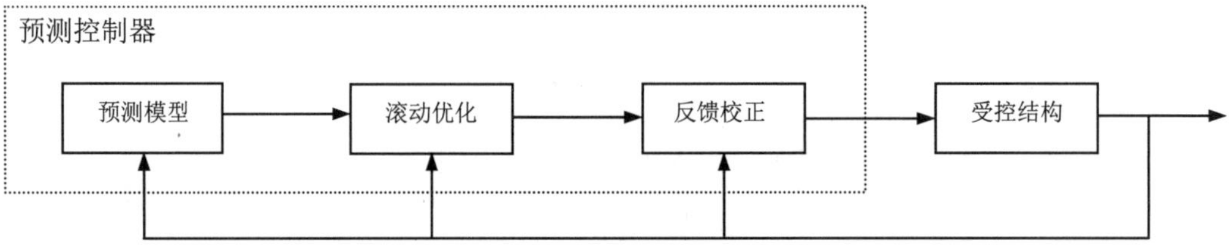

图 11.9.2　预测控制框图

在离散时间序列中受控系统的状态方程可写为

$$\dot{\boldsymbol{Z}}(k+j\,|\,k)=\boldsymbol{AZ}(k+j-1\,|\,k)+\boldsymbol{BU}(k+j-1\,|\,k) \tag{11.9.60}$$

$$\boldsymbol{Y}(k+j\,|\,k)=\boldsymbol{CZ}(k+j\,|\,k) \tag{11.9.61}$$

式中，$\boldsymbol{Z}(k+j\,|\,k)$为在 k 时刻预测的 $k+j$ 时刻的状态矢量。为求优化控制力，对以下目标函数求极小：

$$\begin{aligned}J=&\frac{1}{2}\sum_{j=0}^{\tau}\left[Y(k+j\,|\,k)-Y_{\mathrm{p}}(k+j)\right]^{\mathrm{T}}Q(j)\left[Y(k+j\,|\,k)-Y_{\mathrm{p}}(k+j)\right]\\&+\frac{1}{2}\sum_{j=0}^{\tau-1}U^{\mathrm{T}}(k+j\,|\,k)R(j)U(k+j\,|\,k)\end{aligned} \tag{11.9.62}$$

式中，τ 是在 k 时刻后的某个时刻；$\boldsymbol{Y}_p$ 为系统输出的参考轨线，可在每个采样时刻重新定义。如将测量的 $\boldsymbol{Y}(k)$定义为 $\boldsymbol{Y}_p(k)$，再依某个预定机制逐步推算 $\boldsymbol{Y}_p(k+j)$(j=1，2，⋯，τ)。例如，可将参考轨线取为初值为 $\boldsymbol{Y}_p(k)$的阻尼衰减振动曲线。

极小化上述目标函数，可得 k 时刻的控制力为

$$\boldsymbol{U}(k) = -\boldsymbol{K}(k)\boldsymbol{Z}(k) + \boldsymbol{U}_o(k) \tag{11.9.63}$$

增益矩阵 $\boldsymbol{K}(k)$可由下式令 j=0 得出

$$\boldsymbol{K}(k+j) = \boldsymbol{R}^{-1}(j)\boldsymbol{B}^{\mathrm{T}}(\boldsymbol{A}^{\mathrm{T}})^{-1}\left[\boldsymbol{P}(k+j) - \boldsymbol{C}^{\mathrm{T}}\boldsymbol{Q}(j)\boldsymbol{C}\right] \tag{11.9.64}$$

利用 $\boldsymbol{P}(k+\tau)=\boldsymbol{C}^{\mathrm{T}}\boldsymbol{Q}(\tau)\boldsymbol{C}$，$\boldsymbol{P}(k)$可由下列离散时间序列的利卡提矩阵方程向后递推求解，

$$\boldsymbol{P}(k+j) = \boldsymbol{C}^{\mathrm{T}}\boldsymbol{Q}(j)\boldsymbol{C} + \boldsymbol{A}^{\mathrm{T}}\boldsymbol{P}(k+j+1)\left[\boldsymbol{I} + \boldsymbol{B}R^{-1}(j)\boldsymbol{B}^{\mathrm{T}}\boldsymbol{P}(k+j+1)\right]^{-1}\boldsymbol{A} \tag{11.9.65}$$

类似地，$\boldsymbol{U}_o(k)$可由下式令 j=0 求得，

$$\boldsymbol{U}_o(k+j) = \boldsymbol{R}^{-1}(j)\boldsymbol{B}^{\mathrm{T}}(\boldsymbol{A}^{\mathrm{T}})^{-1}\left[\boldsymbol{\eta}(k+j) - \boldsymbol{C}^{\mathrm{T}}\boldsymbol{Q}(j)\boldsymbol{Y}_p(k+j)\right] \tag{11.9.66}$$

$\boldsymbol{\eta}(k)$可由$\boldsymbol{\eta}(k+\tau)=\boldsymbol{C}^{\mathrm{T}}\boldsymbol{Q}(\tau)\boldsymbol{Y}_p(k+\tau)$，利用下式向后递推求解：

$$\begin{aligned}\boldsymbol{\eta}(k+j) = {} & \boldsymbol{C}^{\mathrm{T}}\boldsymbol{Q}(j)\boldsymbol{Y}_p(k+j) + \boldsymbol{A}^{\mathrm{T}}\boldsymbol{\eta}(k+j+1) - \boldsymbol{A}^{\mathrm{T}}\boldsymbol{P}(k+j+1) \\ & \cdot\left[\boldsymbol{I} + \boldsymbol{B}\boldsymbol{R}^{-1}(j)\boldsymbol{B}^{\mathrm{T}}\boldsymbol{P}(k+j+1)\right]^{-1}\boldsymbol{B}\boldsymbol{R}^{-1}(j)\boldsymbol{B}^{\mathrm{T}}\boldsymbol{\eta}(k+j-1)\end{aligned} \tag{11.9.67}$$

显然，若令 k=0，$\tau=T$（系统振动响应停止时刻），且 $\boldsymbol{Y}_p$=0，则预测控制变为经典利卡提控制。

预测控制的特点是计算简单，便于在线实现；采用滚动优化方法，可在每个采样间隔内对受控结构状态进行估计实施控制。在求得 k 时刻的控制力后，只能实现对当前时刻的控制，到下一时刻，还要检测受控结构的实际输出，进行新一轮的预测修正和优化控制。应当注意的是，参数 τ 对控制结果有一定影响。研究表明，在给定理想输出的条件下，较小的 τ 可增加控制效果，但同时增大控制能量。

11.9.8 滑动模态控制（SMC，Sliding mode control）

滑动模态控制亦称变结构控制，是一种开关控制法，它与自适应控制都涉及被控结构参数的不确定性。一个二阶线性（或非线性）反馈控制体系的响应状态可用相平面（Phase plane）表述。相平面的横轴和竖轴分别为系统响应的位移和速度。在一个阶跃外扰作用下，二阶系统的响应时程在相平面中形成一条轨迹曲线，一系列阶跃外扰作用下的系统响应形成一个曲线族。显然，若相平面中的曲线族轨迹趋向无穷大，系统是不稳定的；相反，若曲线族趋向平面原点或附近，则控制系统是稳定的。所谓滑动模态控制就是要将任意的初始状态引入相平面中的滑动面（亦称开关面），而后由设计的控制器，使系统响应在滑动面内稳定地趋向原点，实现闭环系统对于系统参数不确定的鲁棒性，达到控制的目的（图 11.9.3）。

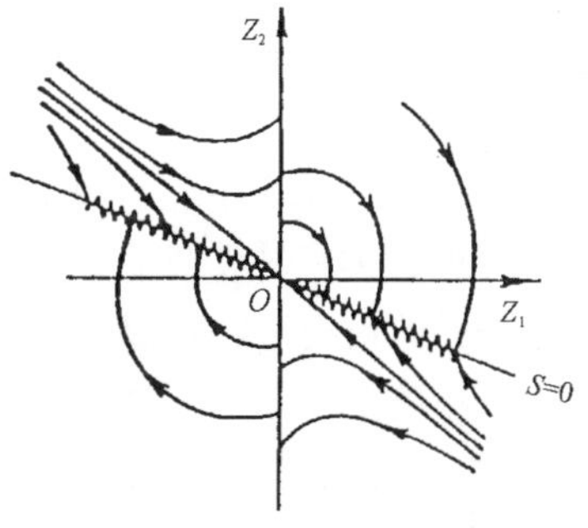

图 11.9.3　滑动模态控制的相平面

一个线性体系的状态空间模型为

（Yang，1995a，b）

$$\dot{\boldsymbol{Z}}(t)=\boldsymbol{AZ}(t)+\boldsymbol{BU}(t)+\boldsymbol{W}\ddot{\boldsymbol{x}}_{\mathrm{g}}(t) \tag{11.9.68}$$

欲设计一个控制器使受控结构的响应轨线进入滑动面，并使滑动面内的运动保持稳定，首先应对滑动面进行定义。令滑动面为

$$\boldsymbol{S}=\boldsymbol{PZ}=0 \tag{11.9.69}$$

式中，$\boldsymbol{S}$ 为滑动矢量，$\boldsymbol{S}$=0 表示相平面中的一个超曲面。矩阵 $\boldsymbol{P}$ 可由特征值配置方法或线性二次规划得出，它使滑动面内的运动保持稳定。若使用线性二次规划方法，矩阵 $\boldsymbol{P}$ 可通过建立如下目标函数求极小得出：

$$\boldsymbol{J}=\int_0^T \boldsymbol{Z}^{\mathrm{T}}(t)\boldsymbol{QZ}(t)\mathrm{d}t \tag{11.9.70}$$

滑动模态控制器须使状态轨线进入滑动面 $\boldsymbol{S}$=0，为此，利用 Lyapunov 函数 $V=0.5\boldsymbol{S}^{\mathrm{T}}\boldsymbol{S}=0.5\boldsymbol{Z}^{\mathrm{T}}\boldsymbol{P}^{\mathrm{T}}\boldsymbol{PZ}$。显然，使受控体系运动处于滑动模态（即处于滑动面 $\boldsymbol{S}$=0 内）的充分条件是 $\dot{V}=\boldsymbol{S}^{\mathrm{T}}\dot{\boldsymbol{S}}\leqslant 0$。

对李雅普诺夫（Lyapunov）函数 V 求导并利用式（11.9.68）的运动方程，可得

$$\dot{V}=\boldsymbol{\lambda}(\boldsymbol{U}-\boldsymbol{G})=\sum_i \lambda_i(u_i-G_i) \tag{11.9.71}$$

式中，$\boldsymbol{\lambda}$、$\boldsymbol{G}$ 都是矢量，λ_i、G_i 则为矢量中的函数元素。

$$\boldsymbol{\lambda}=\boldsymbol{S}^{\mathrm{T}}\boldsymbol{PB}\;;\quad \boldsymbol{G}=-(\boldsymbol{PB})^{-1}\boldsymbol{P}(\boldsymbol{AZ}+\boldsymbol{W}\ddot{\boldsymbol{x}}_{\mathrm{g}}) \tag{11.9.72}$$

那么，连续的滑动模态控制力可由下式给出：

$$\boldsymbol{U}=\boldsymbol{G}-\bar{\boldsymbol{\delta}}\boldsymbol{\lambda}^{\mathrm{T}}\quad 或\quad U_i(t)=G_i-\delta_i\lambda_i \tag{11.9.73}$$

式中，$\bar{\boldsymbol{\delta}}$ 为对角矩阵，δ_i 为对角线元素。$\bar{\boldsymbol{\delta}}$ 矩阵规定了滑动范围。

在实际应用中，将面临某个控制器出力有限的情况，即$|u_i(t)\leqslant u_{i\max}|$。这时，连续的滑动模态饱和控制器的施力规则为

$$u_i(t)=\begin{cases}\alpha_i G_i-\delta_i\lambda_i & 如果|\alpha_i G_i-\delta_i\lambda_i|\leqslant u_{i\max}\\ u_{i\max}\mathrm{sgn}(\alpha_i G_i-\delta_i\lambda_i) & 如果|\alpha_i G_i-\delta_i\lambda_i|>u_{i\max}\end{cases} \tag{11.9.74}$$

式中，$0\leqslant\alpha_i\leqslant 1$，$\alpha_i$ 和 $u_{i\max}$ 都是在系统控制设计中给定的；sgn(•)为符号函数。

Yang, T. N.等（Yang，1995b）亦将滑动模态控制用于具有非线性滞回特性的土木工程地震反应控制中。采用上述饱和控制器，可以解决控制体系的颤振（chattering）效应。另外，滑动模态控制器亦可就输出反馈进行设计，其优点是仅需利用有限的传感器测量的输出信号。

滑动模态控制已就若干算例进行了数值模拟，其中包括承受地震荷载的单自由度非线性体系、采用混合控制（基底隔震和主动控制）的多层房屋和固定基底柔性建筑等，模拟结果表明滑动模态控制具有显著效能。其原因之一是在控制器设计中考虑了地震输入。在房屋每层都设置控制器的情况下，可以实现对地震扰动的完整补偿，使结构响应状态达到零。该控制方法对参数不确定体系的控制具有鲁棒性。控制体系的振动台地震模拟实验也表明滑动模态控制是一种很有前途的控制方法。

11.9.9 H∞控制

H∞控制的目标是设计一个稳定的控制器，使闭环传递函数的无穷大范数小于某个给定的

小量。$\mathbf{H}_\infty$范数$\|H(s)\|_\infty$定义为 $\sup(\sigma(H(j\omega)))$，其中 $H(s)$为传递函数；$\sigma(\bullet)$为最大奇异值。$\mathbf{H}_\infty$控制可对比 $\mathbf{H}_2$ 控制，即线性二次高斯问题（LQG）的优化控制进行解释。由前述随机最优控制可见，受控结构是线性时不变体系，系统输入为高斯白噪声，$\mathbf{H}_2$ 控制的性能指标是对总能量的优化控制。由地震工程研究可知，白噪声是地震动的近似理想描述，实际地震动是非平稳的，在某个频段上可能存在很高的振动分量；另外，结构参数具有不确定性，尤其在强烈地震作用下结构构件刚度会发生变化。因此，$\mathbf{H}_2$ 控制不能保证在非平稳输入下的系统性能。对比而言，$\mathbf{H}_\infty$控制是控制传递函数的无穷大范数，即控制能量放大倍数的上界，亦即考虑对系统输入和响应最不利情况的功率进行控制，从而提供土木工程抗震控制的新途径。

下面介绍一种考虑受控结构时变不确定性的鲁棒 $\mathbf{H}_\infty$反馈控制算法（Allison Smith，1994）。

受控结构时变状态空间模型为

$$\dot{\boldsymbol{Z}}(t)=\boldsymbol{A}(t)\boldsymbol{Z}(t)+\boldsymbol{B}\boldsymbol{U}(t)+\boldsymbol{W}\ddot{\boldsymbol{x}}_{\mathrm{g}}(t) \tag{11.9.75}$$

$$\boldsymbol{Y}(t)=\boldsymbol{C}_1\boldsymbol{Z}(t) \tag{11.9.76}$$

$$\boldsymbol{Y}_1(t)=\boldsymbol{C}_2\boldsymbol{Z}(t) \tag{11.9.77}$$

式中，$\boldsymbol{A}(t)$为具有时变特性的系统矩阵；$\boldsymbol{Y}(t)$为观测的输出矢量；$\boldsymbol{Y}_1(t)$为调制的输出矢量。具有时变不确定性的系统矩阵 $\boldsymbol{A}(t)$可表示为常数矩阵 $\boldsymbol{A}_{\mathrm{o}}$ 和一个具有时变不确定性的矩阵$\Delta\boldsymbol{A}(t)$之和：

$$\boldsymbol{A}(t)=\boldsymbol{A}_{\mathrm{o}}+\Delta\boldsymbol{A}(t) \tag{11.9.78}$$

$\mathbf{H}_\infty$控制的目标，是极小化闭环控制系统传递函数的无穷范数，使其在采用反馈增益 $\boldsymbol{K}$ 后，小于某个给定的常数γ，若$\gamma\to\infty$，则 $\mathbf{H}_\infty$控制将变为 $\mathbf{H}_2$ 控制。现暂不考虑系统的时变不确定性（即令$\Delta\boldsymbol{A}(t)=0$），上述目标可表示为

$$\left\|\boldsymbol{C}_2(\boldsymbol{SI}-\boldsymbol{A}_{\mathrm{o}}+\boldsymbol{BK})^{-1}\boldsymbol{W}\right\|_\infty\leqslant\gamma \tag{11.9.79}$$

其中，反馈增益矩阵 $\boldsymbol{K}$ 定义为

$$\boldsymbol{K}=-\frac{1}{2}\boldsymbol{B}^{\mathrm{T}}\boldsymbol{P} \tag{11.9.80}$$

由式（11.9.79）的目标函数，可得如下利卡提方程：

$$\boldsymbol{A}_{\mathrm{o}}^{\mathrm{T}}\boldsymbol{P}+\boldsymbol{P}\boldsymbol{A}_{\mathrm{o}}+\boldsymbol{PWW}^{\mathrm{T}}\boldsymbol{P}/\gamma^2-\boldsymbol{PBB}^{\mathrm{T}}\boldsymbol{P}+\boldsymbol{C}_2^{\mathrm{T}}\boldsymbol{C}_2\leqslant 0 \tag{11.9.81}$$

若上式存在矩阵 $\boldsymbol{P}$ 的对称正定解，则可得控制力为

$$\boldsymbol{U}(t)=-\frac{1}{2}\boldsymbol{B}^{\mathrm{T}}\boldsymbol{PZ}(t) \tag{11.9.82}$$

现在考虑系统的不确定性。当$\Delta\boldsymbol{A}(t)$不为零时，式（11.9.81）所示利卡提方程显然要变得更为复杂。首先，需要有关于不确定性的更为具体清晰的定义。一种定义是将$\Delta\boldsymbol{A}(t)$考虑为有界范数，

$$\Delta\boldsymbol{A}(t)=\boldsymbol{DF}(t)\boldsymbol{E} \tag{11.9.83}$$

其中 $\boldsymbol{D}$、$\boldsymbol{E}$ 为已知的常量矩阵；$\boldsymbol{F}(t)$是未知的函数矩阵，它在全部时间域上是有界的；$[\boldsymbol{F}^{\mathrm{T}}(t)\boldsymbol{F}(t)-\boldsymbol{I}]$恒为负定矩阵。

利用上述关于系统不确定性的有界范数定义，可得求解矩阵 $\boldsymbol{P}$ 的利卡提方程为

$$\boldsymbol{A}_{\mathrm{o}}^{\mathrm{T}}\boldsymbol{P}+\boldsymbol{P}\boldsymbol{A}_{\mathrm{o}}+\boldsymbol{P}(\boldsymbol{W}\boldsymbol{W}^{\mathrm{T}}/\gamma^{2}+\varepsilon\boldsymbol{D}\boldsymbol{D}^{\mathrm{T}}-\boldsymbol{B}\boldsymbol{B}^{\mathrm{T}})\boldsymbol{P}+(\boldsymbol{E}^{\mathrm{T}}\boldsymbol{E}/\varepsilon+\boldsymbol{C}_{2}^{\mathrm{T}}\boldsymbol{C}_{2})\leqslant 0 \tag{11.9.84}$$

式中，ε是一个正数。

用范数表示结构整体的不确定性是不容易做到、也不好理解的，一般都倾向于分别就不同构件描述其不确定性，对这类方法也有研究，如 Allison Smith（1994）。

若干研究者就 $\mathbf{H}_{\infty}$控制在土木工程中的应用进行了理论和数值模拟研究。其中包括，基底隔震建筑、多层剪切型房屋、土结相互作用体系和桥梁的 $\mathbf{H}_{\infty}$控制，使用多重 TMD 和层间拉索的 $\mathbf{H}_{\infty}$控制，鲁棒控制，卡尔曼滤波、滑动模态控制和极点配置方法在 $\mathbf{H}_{\infty}$控制中的结合使用。研究还涉及作动器饱和、控制器降阶等问题。

11.9.10　智能控制（Intelligent control）（Amini，1994；阎石，2000）

智能控制源自人工智能，是对人脑功能的模仿。与智能控制有关的方法主要包括人工神经网络和模糊逻辑。其中人工神经网络在结构控制中的应用最引人注目。为便于了解神经网络控制的原理，下面首先对神经网络的基本结构作一简要介绍。

神经网络由神经元、层和连接权构成，神经元是神经网络的最基本的组成部分（图 11.9.4）。

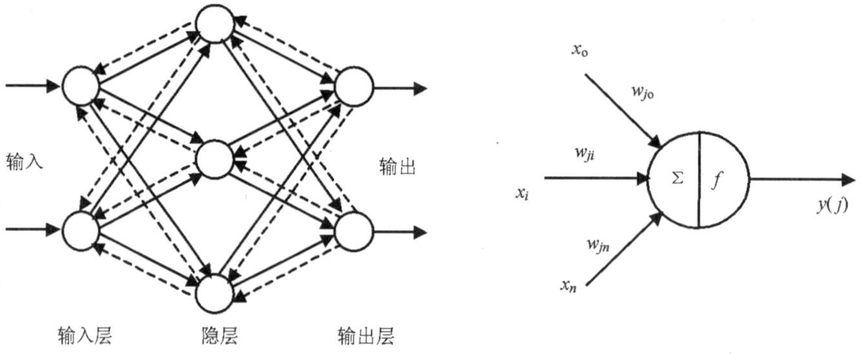

(a) 神经网络　　(b) 神经元

图 11.9.4　神经网络和神经元

神经网络有多层结构，除输入层和输出层外，还可以包括多个隐层。层数和每层中单元个数由模拟的要求确定。一个神经元具有简单的输入和输出关系，一般可表示为

$$y_j=f(s_j)；\quad s_j=\sum_i w_{ji}x_i \tag{11.9.85}$$

式中，y_j 为神经元 j 的输出，它是与该神经元有联系的输入信号加权和 s_j 的映射；$f(\bullet)$为神经元的传递函数，亦称输出函数，是映射变换关系；w_{ji} 是与 j 神经元有关的来自上一层神经元信号的连接权；j 是当前层神经元序号；i 是上一层神经元序号。其中传递函数多取为简单的初等函数，如直线函数、双曲函数、阶跃函数、符号函数、饱和函数和 S 型（Sigmoid）函数。

神经网络有多种类型，其中以多层前向误差向后传递网络（即 BP 网络）应用最为广泛。所谓前向（Feed Forward）是从输入到输出的过程，如图 11.9.4 中实线所示；而误差向后传递（Error back propagation）系虚线所示的训练途径。多层神经网络可以模拟任意复杂的线性或非线性系统的输入输出关系，对某个具体系统的模拟是通过训练实现的。训练开始之前，

首先对各连接权赋初值，初值一般取为小的随机数。训练需要训练样本集，即关于欲模拟系统的输入和输出的已知信息。将一组输入信息输入网络，计算得到网络的输出，将此输出与相应的训练样本的输出进行比较，得到输出误差。然后将此误差逐层向后传递并修改连接权，这一训练过程直至误差符合要求及全部训练样本使用完毕为止，各权值的修正由误差对连接权的梯度决定。上述训练方法为采用“有教师”方式的误差纠正训练方法，此外，还有“无教师”的训练方式，是依据外界环境的统计规律调节网络结构和自身参数。除误差纠正学习算法外，还有竞争学习算法，即保留竞争获胜的连接、淘汰竞争失败的连接。

在“有教师”的误差纠正训练方法中，定义单元j的输出误差为

$$e_j = \frac{1}{2}(y_j - \hat{y}_j)^2 \tag{11.9.86}$$

式中，y_j为网络的计算输出；$\hat{y}_j$为训练样本中的已知输出。

同一层中各单元输出误差的总和为

$$e = \sum_j e_j = \frac{1}{2}\sum_j (y_j - \hat{y}_j)^2 \tag{11.9.87}$$

向后递推误差修正规则为

$$w_{ji}(n+1) = w_{ji}(n) - \eta \frac{\partial e}{\partial w_{ji}} \tag{11.9.88}$$

式中，$w_{ji}(n+1)$为$n+1$步运算中被修正的连接权；$w_{ji}(n)$为前一步运算中的连接权；η为学习率，可经试算确定。欲求连接权的修正量$\Delta w_{ji} = w_{ji}(n+1) - w_{ji}(n)$，关键在于求偏导数$\frac{\partial e}{\partial w_{ji}}$，根据复合函数的求导方法，

$$\frac{\partial e}{\partial w_{ji}} = \frac{\partial e}{\partial e_j}\frac{\partial e_j}{\partial y_j}\frac{\partial y_j}{\partial s_j}\frac{\partial s_j}{\partial w_{ji}} = (y_j - \hat{y}_j) f_s' \cdot x_i \tag{11.9.89}$$

因此，连接权的修正量为

$$\Delta w_{ji} = -\eta (y_j - \hat{y}_j) f_s' \cdot x_i \tag{11.9.90}$$

一般 BP 网络的学习收敛速度不快，为加速训练进程，可使用增加动量项或改变η的大小。

传统的结构控制首先需要建立能反映受控结构和控制器与结构间相互作用的数学模型。建立结构数学模型是一件困难的工作，而且数学模型只是真实结构的某种程度的近似，模型参数、环境荷载都具有不确定性，这将影响结构控制的效能和稳定性。神经网络控制的根本特点是不需要有关系统数学模型的知识，而且还具有以下重要特点：①信息分布存贮于若干神经元中，而且在神经网络的每一层中，各神经元对信息的处理是同时进行（并行）的，这使神经网络具有强大的信息处理能力。②当神经网络的输入信息或网络参数发生有限扰动时，网络仍能保持正常的和稳定的输入—输出关系，这是神经网络的鲁棒性。③当网络中部分接点或连接权失效时，网络也能保持正常的和稳定的输入—输出关系，这是神经网络的容错性。④对于某个集合内的非训练样本，网络仍具有正确的输入—输出关系，这是神经网络的泛化

能力（Generalized capability）。因此，神经网络是处理没有准确数学模型的系统控制的有力工具。

利用神经网络可以建立受控结构和控制系统的网络模型。下面简述控制系统网络模型的一例。主动控制神经网络由输入层、输出层和一个隐层组成，输入层设三个神经元节点，分别输入连续前 3 个时刻的结构位移响应，隐层设 4 个节点，输出层一个节点，输出量为当前时刻的控制力（图 11.9.5）。

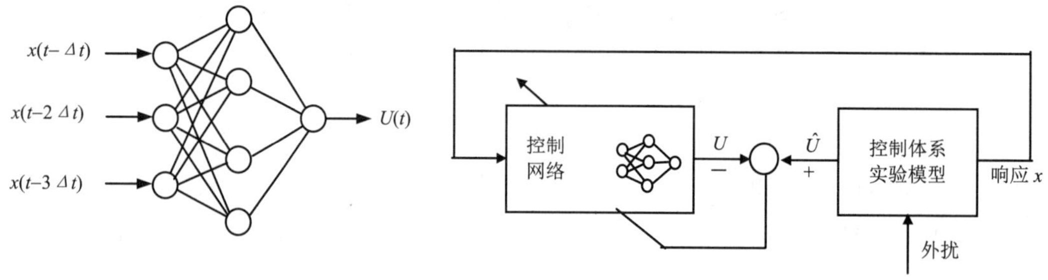

图 11.9.5　神经控制网络和神经控制网络的学习

可以使用该主动控制系统模型实验的数据对网络进行训练。训练完成后，该网络即可由反馈的结构位移响应输出相应的控制力信号，驱动作动装置实施主动控制。显然，这一网络可以在线处理控制系统的时滞问题。

11.10　半主动控制和混合控制

限制主动控制工程应用的重要因素之一是能源问题，在强烈地震发生的短暂时间内，控制系统所需要的强大外界能源供应是难以保障的。仅就这一点考虑，开发对外界能源需求更少的控制技术是必要的。另外，工程上还需要能够适应强烈外扰作用的作动装置，需要降低作动装置的造价和维护费用，需要提高控制系统的可靠度和鲁棒性，需要有适应新材料的控制技术。目前提出的半主动控制和混合控制方法，既能减少对外界能量的依赖，又有优于被动控制的效果，有助于上述问题的解决，引起了研究者和工程界的极大关注。

11.10.1　半主动控制（Semi-active control）（阎维明，1998；Spencer，1997）

半主动控制是通过调整控制装置的状态，进而改变受控体系的刚度、阻尼达到减少体系振动响应的目标。半主动控制通过特殊的半主动控制装置实现，这些半主动控制装置，通常被分为变刚度和变阻尼装置两类，但实际上，改变刚度和改变阻尼这两种机制往往同时存在。例如，刚度的变化必然造成恢复力的滞回特性，这其中就包含了阻尼耗能作用。目前被研究的半主动控制装置将在 11.11 节中作具体介绍。与主动控制相比较，半主动控制装置一般并不直接输出控制力，而是通过控制装置改变受控结构的刚度、阻尼等系统参数；在半主动控制中，对控制装置状态的调节需要利用受控结构状态的反馈信号，这又与主动控制有相同之处。被动控制也是利用控制装置改变受控结构的刚度和阻尼特性，但其控制装置是预先设计、不可在运行中进行人为调节的。这是半主动控制与主动、被动控制的联系与区别。

半主动控制具有被动控制和主动控制两者的优点，是当前结构控制研究中的热点。首先，半主动控制不向被控结构输入机械能，故不需要主动控制的巨大能源。目前开发的很多半主动控制装置可仅依靠电池运行，因此，没有潜在的失稳危险。但是，半主动控制同样可在优化意义上减少系统的振动反应。研究表明，适当的半主动控制设计，其效能比被动控制好，与主动控制相接近。

目前的半主动控制研究大量集中于半主动控制装置的开发，较少涉及控制算法。其原因在于：①半主动控制装置具有强非线性，强非线性体系的控制方法是有待解决的困难问题；②可借鉴目前主动控制研究中提出的可用于非线性体系的控制方法。下面介绍半主动控制算法的两例。

简单的采用变孔流体阻尼器的单自由度半主动变刚度控制体系的运动方程可写为

$$\boldsymbol{m}\ddot{\boldsymbol{x}}(t)+\boldsymbol{c}\dot{\boldsymbol{x}}(t)+\boldsymbol{k}\boldsymbol{x}(t)=-\boldsymbol{m}\ddot{\boldsymbol{x}}_{\mathrm{g}}(t)+\boldsymbol{u}(t) \tag{11.10.1}$$

考虑使用简单的符号控制律：当受控结构动力响应的速度与位移方向相同时，结构的层间变形有继续增大的趋势，这对结构是不利的；在这种状态下，宜向结构提供附加刚度。相反，当速度与位移的方向相反时，结构运动趋向静平衡点，即层间位移有减小的趋势；在这种状态下，不向结构提供附加刚度。这种控制律只有“开”、“闭”两种状态，两种状态仅由位移和速度的方向确定，故称符号控制律，表述如下：

$$\boldsymbol{u}(t)=-\mathbf{H}\left[\dot{\boldsymbol{x}}(t)\boldsymbol{x}(t)\right]\Delta\boldsymbol{k}\boldsymbol{x}(t) \tag{11.10.2}$$

式中，$\mathbf{H}[\bullet]$为阶梯函数；$\Delta\boldsymbol{k}$ 为半主动装置可提供的附加刚度。将式（11.10.2）代入（11.10.1），

$$\boldsymbol{m}\ddot{\boldsymbol{x}}(t)+\boldsymbol{c}\dot{\boldsymbol{x}}(t)+\left[\boldsymbol{k}+\mathbf{H}(\bullet)\Delta\boldsymbol{k}\right]\boldsymbol{x}(t)=-\boldsymbol{m}\ddot{\boldsymbol{x}}_{\mathrm{g}}(t) \tag{11.10.3}$$

$$\mathbf{H}[\bullet]=\begin{cases}1 & \text{当}\dot{\boldsymbol{x}}(t)\boldsymbol{x}(t)\geqslant 0\text{时}\\ 0 & \text{当}\dot{\boldsymbol{x}}(t)\boldsymbol{x}(t)<0\text{时}\end{cases} \tag{11.10.4}$$

注意，这里的控制不是由直接施加控制力实现的，而是通过在线观测结构响应的速度和位移，决定变刚度装置的开、闭，改变系统刚度参数达到结构控制的目的。

另一个采用可控制流体阻尼器（MR）的半主动控制体系的状态方程和输出方程为（Dyke，1996）

$$\dot{\boldsymbol{Z}}=\boldsymbol{A}\boldsymbol{Z}+\boldsymbol{B}\boldsymbol{U}+\boldsymbol{W}\ddot{\boldsymbol{x}}_{\mathrm{g}} \tag{11.10.5}$$

$$\boldsymbol{Y}=\boldsymbol{C}\boldsymbol{Z}+\boldsymbol{D}\boldsymbol{U}+\boldsymbol{V} \tag{11.10.6}$$

式中，$\boldsymbol{V}$ 为测量噪声矢量。这里的控制力 $\boldsymbol{U}$ 是阻尼器提供的粘滞阻尼力，优化控制力 $\boldsymbol{U}_{\mathrm{c}}$ 为

$$\boldsymbol{U}_{\mathrm{c}}=\pounds^{-1}\left\{-\boldsymbol{K}(s)\pounds\begin{Bmatrix}\boldsymbol{Y}\\ \boldsymbol{U}\end{Bmatrix}\right\} \tag{11.10.7}$$

式中，$\pounds\{\bullet\}$为拉普拉斯变换；增益 $\boldsymbol{K}(s)$可由 Dyke 的有限优化控制算法确定。

通过改变 MR 阻尼器的励磁电压，可以使阻尼器提供近似的优化控制力。具体为：

当阻尼器提供的控制力 $\boldsymbol{U}$ 等于优化控制力 $\boldsymbol{U}_{\mathrm{c}}$时，励磁电压 v 应保持当前水平；若控制力 $\boldsymbol{U}$ 的幅值小于优化控制力 $\boldsymbol{U}_{\mathrm{c}}$、且 $\boldsymbol{U}\cdot\boldsymbol{U}_{\mathrm{c}}$ 大于零时（即 $\boldsymbol{U}$ 与 $\boldsymbol{U}_{\mathrm{c}}$ 符号相同），励磁电压应提高到最高水平 $v_{\max}$，使控制力跟踪优化控制力；反之，控制电压置零，这里半主动控制是由改变阻尼器的励磁电压实现的，控制方程为

$$v=v_{\max}\mathbf{H}\{(\boldsymbol{U}_{\mathrm{c}}-\boldsymbol{U})\cdot\boldsymbol{U}\} \tag{11.10.8}$$

式中，v_{max} 是相当于阻尼器饱和状态的最大励磁电压；$\mathbf{H}\{\bullet\}$为阶梯函数。这一控制方法的特点在于，尽管在系统分析中阻尼器的力学模型是重要的，但在控制律设计中并不需要这一模型。

该系统的电压控制规则和系统控制框图如图 11.10.1。

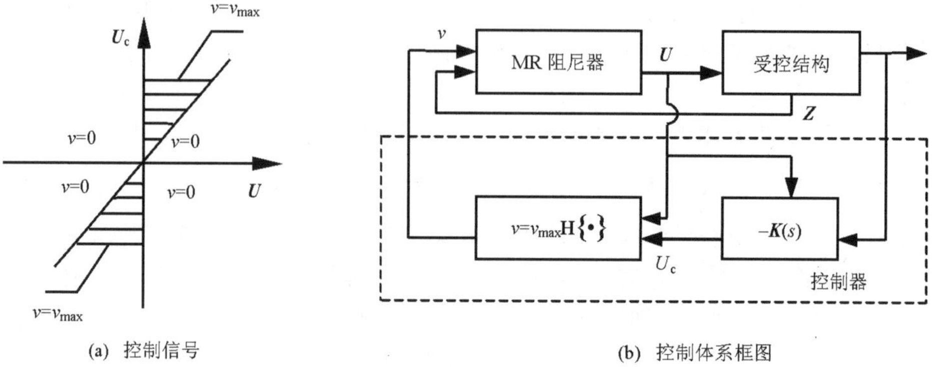

图 11.10.1　使用 MR 阻尼器的半主动控制

11.10.2　混合控制和多结构控制（阎维明，1998；Akira Mita，1994）

顾名思义，混合控制即是主动控制与被动控制的组合。目前采用的混合控制方式，主要有基底隔震与主动控制的组合，亦有被动阻尼减振与主动控制的组合，其目的都是利用主动控制改善被动控制的效能，同时尽可能减少主动控制对外界能量的需求，从而提高系统运行的可靠性。混合控制有助于减轻单一控制方式的约束和限制，可以发挥主、被动控制两者的优点。目前，主动控制技术的应用，大多通过混合控制来实现。就混合控制中主动和被动控制所起作用的相对大小来看，可有两种组合方式：其一是主从方式，即以某种控制为主，另一种控制起辅助作用；其二是并列方式，即两种控制分别独立运行。近年研究最多的是以被动控制为主的主从方式。两种典型的控制策略为：

(1) 被动控制用作结构在常遇外扰下的保护装置，主动控制用作罕遇外扰作用下防止结构破坏的最后防线；

(2) 将被动控制作为混合控制的主体，主动控制作为被动控制体系的限位装置，并提供所需的恢复力。

将主动控制与基底隔震相结合，主要用于减少隔震层的过大位移。也有在隔震体系的上部结构设置层间主动控制拉筋的研究，以减少上部结构的层间相对位移。研究和应用最多的混合控制体系是混合质量控制体系（HMD，Hybrid mass damper），它是主动调谐质量体系(AMD，Active tuned mass damper）与被动调谐质量阻尼器（TMD，Tuned mass damper）的结合。HMD 混合控制结构的减振主要依靠 TMD，来自 AMD 的控制力在于进一步提高效能，提高对动力特性变化的鲁棒性。HMD 系统运行所需的能量远小于同等性能条件下的单独 AMD 控制系统。

在混合控制体系中，主动控制装置可以采用前述各种控制算法。考虑到基底隔震建筑的强非线性特点，相应的主动控制宜使用非线性鲁棒控制；模糊控制、神经网络控制、自适应非线性控制等在混合隔震体系中的应用已有研究。有的研究者采用随扰力水平变化的反馈增益，以考虑主动作动器冲程和控制力的限制。

关于结构控制的另外一类设想是多结构控制（或结构自调谐控制），即在大系统的子结构间设置控制装置。其控制装置可以是被动的、主动的或半主动的。从实际工程着眼，很多现代建筑都可以分为互相连接的子结构，每个子结构的运动可视为一个振子的运动，调节各子结构间的相互连接作用，可以形成多自由度调谐质量体系。与传统的调谐质量控制体系相比较，两者控制原理是相同的，但多结构控制不需要巨大的附加质量。在相邻的两个地上建筑间设置控制装置是这种控制设想的一个特例。

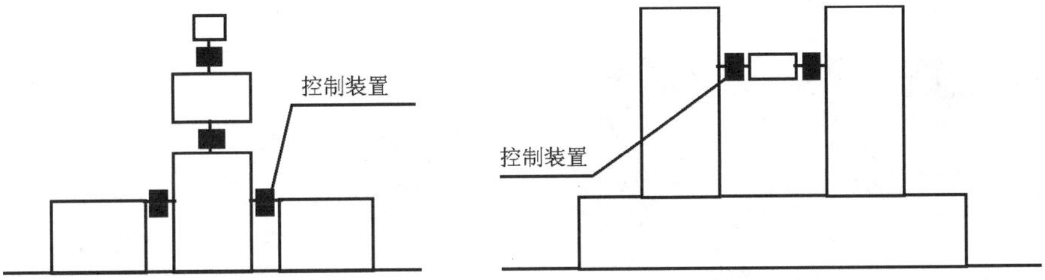

(a) 多结构自调谐控制　　　　(b) 相邻结构的控制

图 11.10.2　多结构控制示意图

11.11　主动控制装置和工程应用

11.11.1　主动控制装置

研究和应用中最早涉及的主动控制装置为主动调谐质量装置(AMD)、主动拉索装置(ATS，Active tendon system)和主动斜撑装置(ABS，Active brace system)。

主动调谐质量装置（图 11.11.1）是由作动器驱动的弹簧阻尼质量系统，常用单自由度振子来表示，它是目前主动控制工程最多采用的控制装置。AMD 自身机理简单，研究和应用均表明它有良好的抗风和抗震控制作用。在实际应用中，该装置一般设于高层建筑顶部附近楼层，有落地和悬挂两种支承方式。为节省建筑空间，这种装置多采用多级悬吊支承方式。目前，普遍认为这种装置的以下弱点有待改进：①设施笨重，附加质量一般要达到建筑总质量的 1%左右；②结构复杂，造价较高，维护工作量大；③需要强大的外界能源支持；④系统运行对刚度参数较敏感。

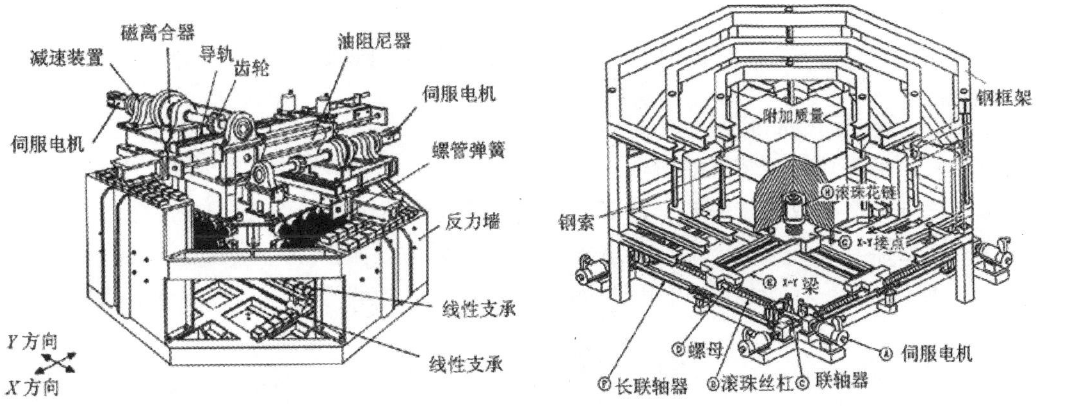

(a)　　　　(b)

图 11.11.1　主动调谐质量装置

主动拉索装置和主动斜撑装置十分类似，它们都是将主动作动器与拉索或支撑串连相接，直接提供轴向控制力、调整拉索或支撑张力的装置。这两种装置直接设置于结构构件中，无须附加空间。另外，这类装置对阻尼和刚度不敏感，可用以减少结构水平向振动或减低扭转效应，对抗震、抗风都有良好效果。它们除用于新建主动控制结构外，还可方便地加固现有结构。这类装置也同样需要强大的外界能源的支持；相对而言，对时滞更为敏感。

多种 HMD 装置在工程上有广泛的应用，除个别将 AMD 和 TMD 分别设置外，多数是将两种装置设计为一体。如 V 型 HMD 和 DUOX 系统（图 11.11.2～图 11.11.4）。

图 11.11.2　混合调谐质量装置

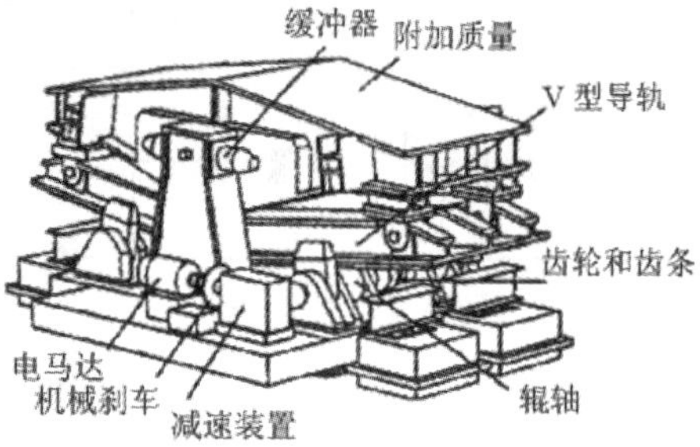

图 11.11.3　V 型混合调谐质量装置

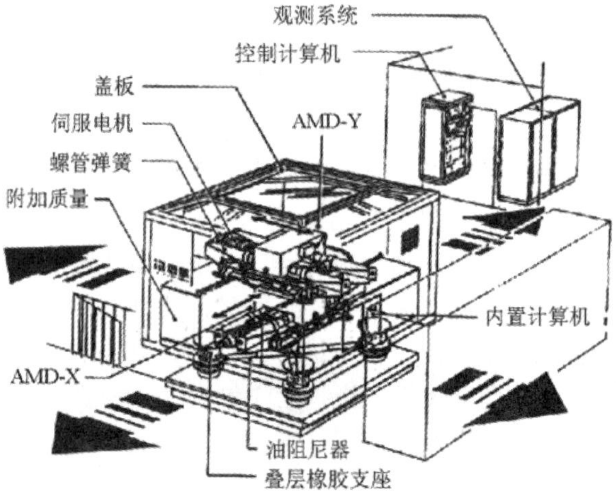

图 11.11.4　DUOX 混合调谐质量装置

11.11.2　半主动控制装置

近年来，半主动控制装置的研究取得了迅速进展。这类装置大都是在被动控制装置的基础上增加控制回路构成的，主要有以下几类：①变孔流体阻尼器（Variable-orifice dampers）；②变摩擦阻尼器（Variable-friction dampers）；③可控调谐吸振器 (Controllable tuned dampers)；④可控流体阻尼器 (Controllable-fluid dampers)；⑤可控冲击阻尼器 (Controllable impact dampers)。

变孔流体阻尼装置一般由液缸、活塞、旁通回路和支撑构件组成，液缸缸体和活塞杆分别与被控结构可产生相对变位的两部分相连接，例如，将缸体与建筑物某层的底板相连接，而活塞杆与该层顶板连接。结构的相对变位将带动活塞在缸体内运动；反之，通过控制活塞在缸体内的运动可改变受控体系的刚度和阻尼，达到减少振动响应的目的（图 11.11.5）。

最简单的变孔流体阻尼器见图 11.11.6。显然，通过控制变孔阀的开启大小，将改变液缸内液体流动的阻力。若变孔阀完全关闭，并假定液体不可压缩，则阻尼器通过其支撑对结构提供一个附加刚度；调节变孔阀可改变这一附加刚度。变孔阀的调节是在测量结构响应的基础上由反馈信号驱动的。

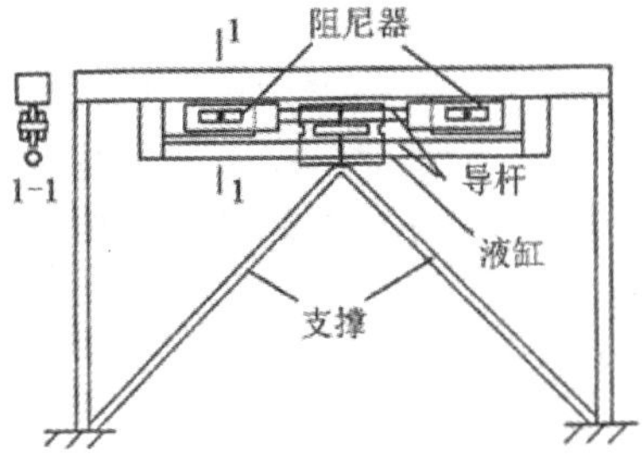

图 11.11.5　半主动控制体系示意

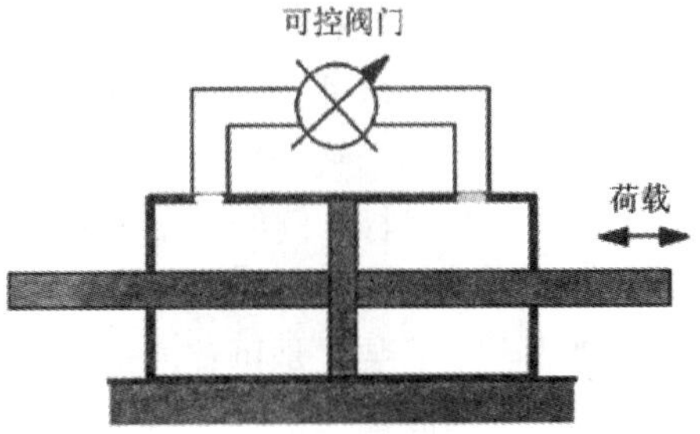

图 11.11.6　变孔流体阻尼器示意

另一种更为复杂的变孔流体阻尼器见图 11.11.7。阻尼器缸体内充满具粘滞性的硅油，附有蓄能器。该装置可在－40～70℃的环境温度范围内稳定运行。除变孔阀可调节外，活塞头上也设有溢流孔。变孔阀关闭对应高阻尼状态，变孔阀开启对应低阻尼状态。利用反馈信号调节变孔阀，可改变阻尼器的粘滞阻尼系数，从而改变阻尼力。

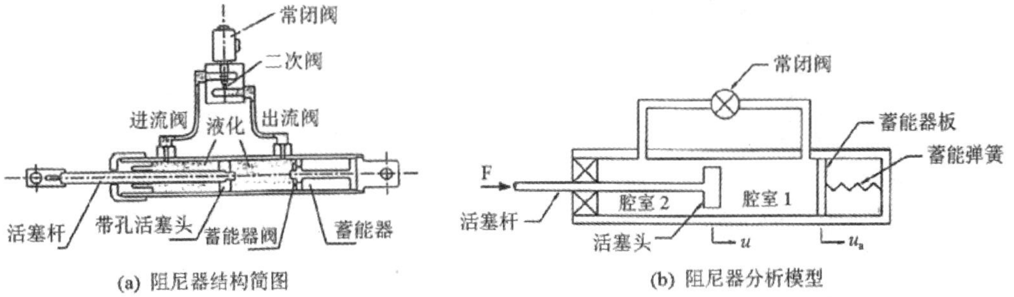

图 11.11.7　带蓄能器的变孔粘滞流体阻尼器

将简单变孔流体阻尼器相组合或与其他类型阻尼器结合使用，可以达到更佳的控制效果。图 11.11.8 所示两种半主动 AVSD 装置，由变孔流体阻尼器和摩擦阻尼器组合而成，它既可改变体系刚度，又可改变体系阻尼。其中（b）所示阻尼器具有将相对位移放大的功能。

变摩擦阻尼器是由被动摩擦阻尼器加控制装置组成的，其原理与变孔流体阻尼器相类似，

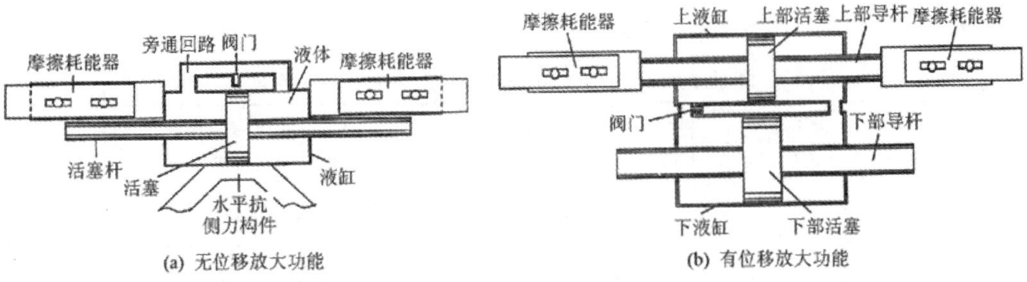

图 11.11.8　半主动 AVSD 阻尼器

可以利用反馈信号调整摩擦面上的锁紧装置，从而改变阻尼器所提供的摩擦力。这类阻尼器对受控体系的刚度和阻尼都有影响。半主动摩擦阻尼器的控制策略有多种，摩擦力可连续调节或分阶段非连续调节；当受控结构位移响应变换方向的瞬间放松摩擦面而又立即锁紧，也能达到增加耗能的目的。

可控调谐吸振器是基于被动调谐质量阻尼器（TMD）或被动调谐液体阻尼器（TLD）开发的半主动控制装置。TMD 和 TLD 依赖调谐振动减少受控结构动力的响应，但是，由于体系参数的不确定性或强烈外扰作用下体系参数发生变化而改变设计的调谐状态时，其控制效果将大为降低。可控调谐吸振器则可根据受控结构的反馈信号，适时调整阻尼器参数，保持调谐状态以实现控制目标。例如，在线调整 TMD 的刚度或调整 TLD 容器的长度都可使吸振器的频率更接近受控结构的自振频率。

与此类似的半主动装置是可控冲击阻尼器。一种被动非线性冲击阻尼器见图 11.11.9，它由容器和置于其中的固体球构成。将这一装置设置在受控结构上，在随机扰力作用下，固体球在容器内运动，伴随球体与容器壁的碰撞和塑性变形，可以减少结构振动。研究表明，影响控制效果的重要因素之一是球体与容器壁之间的间隙。可以在阻尼器附近的结构部位设置传感器，在线监测结构响应；依据测量的反馈信号，调整冲击阻尼器的内部间隙，可以改善控制效果。

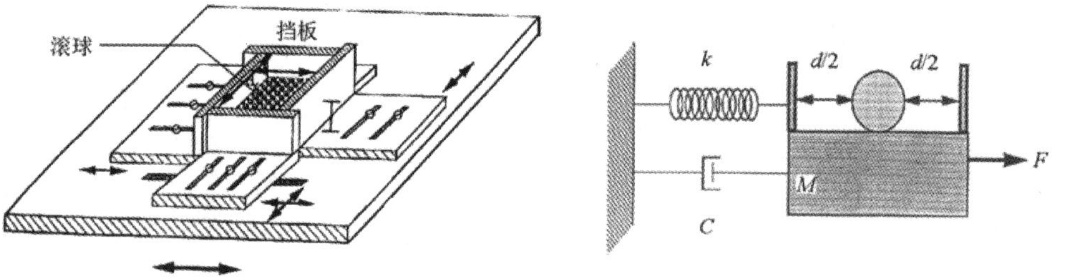

(a) 冲击阻尼器实验模型　　(b) 单自由度受控体系模型

图 11.11.9　可控冲击阻尼器

可控流体阻尼器是近年来最为引人注目的半主动控制装置。所谓可控流体，目前专指电流变液（ER, Electrorheological）和磁流变液（MR, Magnetorheological）。电流变液是高介电常数固体微粒分布于低介电常数液体中形成的悬浮液。磁流变液是由可磁化固体微粒分布于矿物油或植物油中形成的悬浮液。前者在外部电场作用下，后者在外部磁场作用下，均可在几毫秒的短暂时间内产生相变，极化后的微粒形成链状结构，使自由流动的线性粘滞流体变为可控屈服强度的半固体，这一特性为开发半主动控制阻尼器提供了广阔的可能性。两种流变体的物理力学性能的比较见表 11.11.1。

表 11.11.1　ER 流变体和 MR 流变体的主要性能参数

性能	最大场强	最大屈服应力/kPa	粘度/Pa·s	适用温度/℃	对杂质的敏感度	响应时间	质量密度/(g/cm^3)	耗电功率/W
电流变体	4 kV/mm	2~5	0.2~1.0	10~90	敏感	毫秒量级	1~2	2~50 (2~5kV, 1~10mA)
磁流变体	250 A/mm	50~100	0.2~1.0	−50~150	不敏感	毫秒量级	3~4	2~50 (2~25V, 1~2A)

由表可见，在出力、适用温度、对杂质的敏感度等方面，磁流变体明显优于电流变体。因此，基于 MR 流体的阻尼器的开发进展迅速。图 11.11.10 所示即为其中一例。

如前所述，变孔流体阻尼器等的控制都是由电磁阀及相应机械部件实现的，在长期运行期间，保证控制装置的可靠性和日常维护都是不容易的。而可控流体阻尼器的参数控制是通过电场或磁场的改变实现的，除活塞外再无可移动部件，这亦有利于提高控制体系的可靠度。

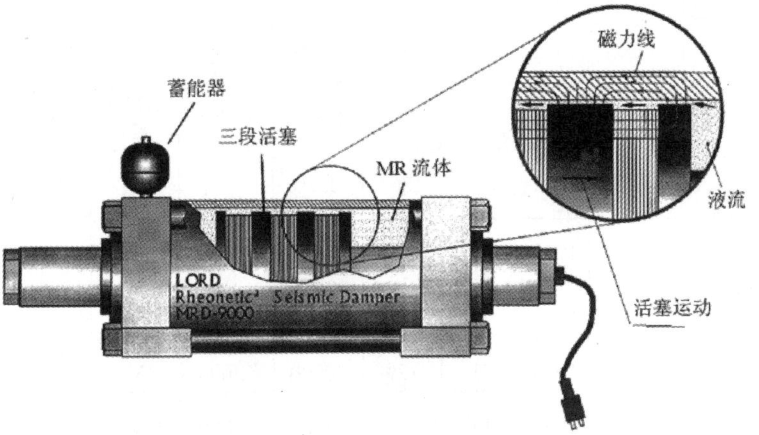

图 11.11.10　磁流变阻尼器

11.11.3　主动控制的工程应用

随着主动控制研究的进展，自 20 世纪 80 年代末开始，在世界范围内已陆续建造了数十座主动控制工程（含房屋和桥梁），其中大多数使用混合控制技术（表 11.11.2 和 11.11.3），也有若干半主动控制工程已建成或在修建中。

由日本鹿岛建筑公司于 1989 年建造的东京京桥成和（Seiwa）大厦是世界上第一座主动控制建筑。该建筑系钢结构，共十一层、高度 33m、平面宽度仅 4m，高宽比 8.25，总建筑面积 423m^2。结构顶部设置两台悬吊式 AMD 装置，均采用液压伺服系统驱动，使用经典利卡提控制。设于中部和端部的控制装置分别用于减低水平横向振动和扭转振动。中部 AMD 装置的调谐质量为 4100kg，端部的调谐质量为 1000kg。

建成于 1990 年、位于东京调布市的鹿岛公司技术研究所实验楼，是第一座采用主动主动变刚度控制装置 AVS（Active Variable Stiffness）控制装置的房屋。该房屋系三层钢结构建筑，各层均设控制装置（共 6 台）。这种控制装置占用空间少，设置灵活，且造价低于 AMD 控制。该建筑建成后，曾经历 0.25g 的地面地震加速度作用，控制系统运行正常；与非控制结构相比较，加速度和位移响应均有大幅度降低。

表 11.11.2　主动控制建筑*

建筑名称	地　点	建造年代	层数	高度/m	质量/t	建筑面积/m^2	控制装置/个数	附加质量/t	质量比**/%	作动装置
京桥成和(Seiwa)大厦	日本东京	1989	11	33	400	423	AMD (2)	5	1.0	液压
竹中技研所实验室	日本东京	1989	7	23			AMD			

建筑名称	地　点	建造年代	层数	高度/m	质量/t	建筑面积/m^2	控制装置/个数	附加质量/t	质量比**/%	作动装置
鹿岛技研所	日本东京	1990	3	12	400		AVS (6)			液压
清水技研所实验室	日本东京	1991	7	30			AMD			
世田谷通信中心	日本东京	1992	11	58	3280	10600	AMD (2)	72	1.2	液压
凯旋塔 (Applause Tower)	日本大阪	1992	35	161	13943	89868	HMD (2)	480		液压
关西机场控制塔	日本大阪	1992	7	86	2570		HMD (2)	10		伺服电机
ORC 200 标志塔	日本大阪	1992	50	200	56980	72097	HMD (2)	200	0.4	伺服电机
界标塔 (Land Mark Tower)	日本广岛	1993	70	296	260610	231060	HMD (2)	340	0.2	伺服电机
长期信用银行	日本东京	1993	21	129	40000	63000	HMD	195	0.5	液压
安藤西木町大厦	日本东京	1994	14	54	2600	4928	HMD	22	0.8	伺服电机
河滨 (Riverside)住田大厦	日本金泽	1994	33	134	52000	60000	AMD (2)	100		伺服电机
皇家宾馆	日本广岛	1994	35	150	83000		HMD	80		伺服电机
新宿公园塔大厦	日本东京	1994	52	227	130000		HMD (3)	330	0.25	伺服电机
三菱横滨大厦	日本横滨	1994	34	152	61800		HMD	60		伺服电机
滨松 ACT 塔	日本滨松	1994	46	212	107500	153000	HMD (2)	180	0.2	伺服电机
神保町小区大厦 (Hikarigaoda J-City)	日本东京	1994	26	110	29300		HMD (2)	44		伺服电机
凤凰宾馆海洋(Ocean) 45	日本宫琦	1994	43	154	83650		HMD (2)	240		伺服电机
世贸中心大厦	日本大阪	1994	52	252	80000		HMD (2)	100	0.2	伺服电机
东和火灾(Dowa Kasai)凤凰塔	日本大阪	1995	28	145	26000		HMD (2)	84	0.3	伺服电机
环门塔 (Rinku Gate Tower)	日本大阪	1995	56	255	75000		HMD (2)	160	0.2	伺服电机
广部宫大厦 (HirobeMiyake)	日本东京	1995	9	31	273		HMD	2	0.8	伺服电机
市原(Plaza)购物中心	日本千叶	1995	12	61	5760		HMD (2)	14		伺服电机
高雄国际广场大厦	中国台湾	1996	85				HMD (2)	350		伺服电机
南京电视塔	中国南京	1998		310			AMD	60	2.0	液压

* 本表系主动控制建筑的不完全统计，资料来自 Spencer (1997)、周福霖（1997）和田石柱（1999）。

** 质量比系控制装置的附加质量与受控建筑质量之比，受控建筑质量一般指受控建筑的总质量，部分为第一振型质量。

表 11.11.3　主动控制桥梁

桥梁名称	结构类型	建造年代	桥塔高度/m	桥塔质量/t	频率范围/Hz	附加质量/t	附加质量比*/%	控制振型	控制算法
彩虹桥 (Rainbow)	悬索	1991~ 1992	塔(1) 119	4800	0.26~0.95	2×6	0.6	3	反馈
			塔(2) 117	4800	0.26~0.55	2	0.14	1	DVFB**
鹤见桥 (Tsurumi-Tsubasa)	斜拉	1992~1993	183	3560	0.27~0.99	10×2	0.16	1	DVFB
白鸟桥 (Hakucho Bridge)	悬索	1992~1994	塔(1) 128	2400	0.13~0.68	9	0.4	1	次优反馈
			塔(2) 131	2500	0.13~0.68	4×2	0.36	1	DVFB
明石海峡桥 (Akashi Kaikyo)	悬索	1993~1995	293	24650	0.127~	28×2	0.8	1	DVFB
名港中央大桥 (Meiko-Central Bridge)	斜拉	1994~1995	塔(1) 190	6200	0.18~0.42	8×2	0.98~1.2	1	H_∞
			塔(2) 190	6200	0.16~0.25		0.17~0.4	1	
来岛 1 号桥 (Kurushima)	悬索	1995~1997	塔(1) 112	1600	0.23~1.67	6×2	0.15~2.1	3	次优化
			塔(2) 145	2400	0.17~1.70	10×2	0.3~2.6	3	H_∞
来岛 2 号桥 (Kurushima)	悬索	1994~1997	塔(1) 166	4407	0.17~1.06	10×2	0.41	2	DVFB/H_∞
			塔(1) 143	4000	0.20~1.45	10×2	0.54~1.0	>3	模糊
来岛 3 号桥 (Kurushima)	悬索	1994~1996	塔(1) 179	4500	0.13~0.76	11×2	0.3~2.4	1	DVFB
			塔(1) 179	4600	0.13~0.76	11×2	0.3~2.4	1	H_∞
中岛桥 (Nakajima)	斜拉	1995~1996	71	580	0.21~1.87	3.5×2	1.0~10.6	3	模糊

* 附加质量比为附加质量与结构第一振型质量之比。

** DVFB 为直接速度反馈控制。

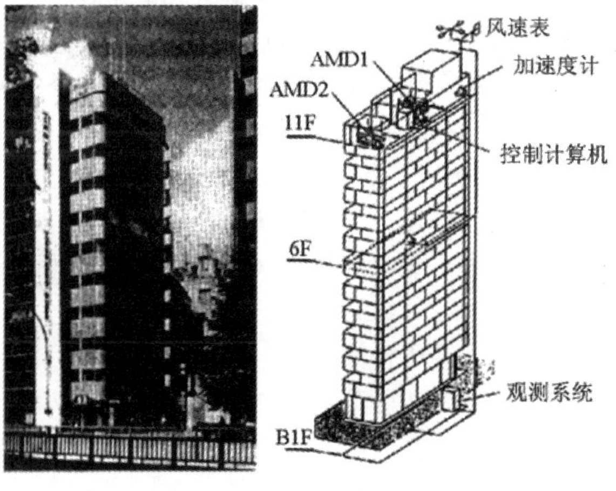

图 11.11.11　设置 AMD 的京桥大厦

图 11.11.12　设置 AVS 的实验楼

建成于 1994 年的东京新宿公园塔大厦，是当时日本单层面积最大的建筑，采用 V 型 HMD 主动控制装置。该建筑使用 3 台 HMD 装置，这种装置很容易调整 TMD 的基频，又可节省主动 AMD 控制的能量。

建成于 1993 年的广岛界标塔（Land Mark Tower）是当时日本最高的建筑，使用 2 台多阶摆式 HMD 装置，每台的调谐质量达 170t。

建成于1994年的安藤西木町大厦，系十四层4柱支撑的钢结构建筑。使用HMD(DUOX)装置；其中AMD的调谐质量2块，每块质量2000kg，TMD的调谐质量为18000kg。该建筑经历了1993年的钏路近海地震，控制系统运行正常，发挥了明显的减振效果。

图 11.11.13　新宿公园塔大厦

图 11.11.14　界标塔大厦

图 11.11.15　安藤西木町大厦

中国南京电视塔是310m高的柔性建筑，在强风作用下，位于塔高236m处观光厅内的人有不舒适感。该塔的主动控制系统于1998年建成，在观光厅内设置了主动AMD控制装置，采用3个液压伺服作动器，驱动滑动摩擦面上60t的环型质量块，附加质量相当于塔体总质量的2%。作动器最大出力100kN，最大行程80cm。设计中，使用多种控制律进行比较分析，其中包括LQG、H_∞和滑动模态方法，最终采用滑动模态控制。

中国台湾高雄市的国际广场大厦是八十五层超高层建筑，建筑高度为台湾之最。该建筑于1996年建成，采用2台三阶悬吊式HMD控制装置，调谐质量为350t。使用伺服马达作动器，控制装置与广岛界标塔大厦相同。

除高层建筑和高柔结构之外，主动控制技术亦应用于桥梁工程。位于美国俄克拉何马州的州际高速公路桥，是美国第一座采用主动控制装置的实际工程。该桥梁使用半主动变孔流体阻尼器。日本东京的彩虹（Rainbow）悬索桥桥塔高达119m，使用拱型HMD控制装置，附加质量2000kg，质量比为0.14%。控制器设计使用直接速度反馈算法。

11.11.4　土木工程抗震控制研究的前沿领域和发展前景

土木工程的抗震控制引起学术界和工程界的广泛兴趣，并开展范围广阔的研究已有三十年的历史。三十年间，在该领域的理论、技术取得迅速进展的同时，更深刻地认识到所面临的困难。这些困难源自地震动和建筑结构的自身特点。地震动是罕遇的、又可能是非常强烈的，地震动是不可准确预知的、又并非平稳的随机过程。相对于机械工程而言，土木工程结构既是庞大的、又是粗糙的；复杂多样的建筑结构、非均匀的建筑材料、连接状态不明确的结构构件、大量存在的非结构构件，这些因素使建筑结构的准确分析十分困难。因此，控制理论在机械工程中成功应用的经验，并不能被土木工程简单地直接利用。为了进一步推进建筑结构抗震控制技术的发展和应用，以下问题有待解决和发展完善。

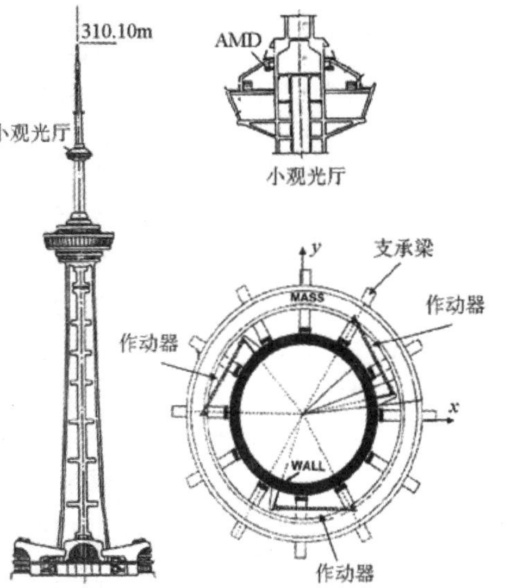

图 11.11.16　南京电视塔

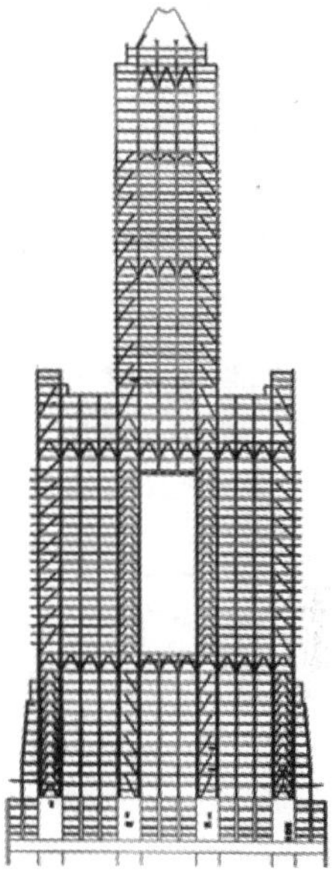

图 11.11.17　高雄国际广场大厦

图 11.11.18　半主动控制高速公路桥

图 11.11.19　建造中的混合控制索桥

(1) 地震动的研究有待深入，尤其是近断层强烈地震动的特性、涉及长大结构的多点地震动以及地震动随机场的确定。地震动引起结构的振动响应、强烈地震动将带来结构体系参数的大幅度变化都直接涉及结构的安全。这些与控制策略、控制方法和作动器能力等密切相关的地震环境因素，在当前的抗震控制研究中尚未被系统深入地研究。

(2) 在某些情况下，土结相互作用效应会明显影响结构体系参数和动态响应。显然，这种效应也在控制结构中存在。考虑土结相互作用的控制体系的理论分析和应用，如相互作用效应对控制效果的影响和相互作用体系中的控制算法，在抗震控制结构研究中较少涉及，尚处于起步阶段。

(3) 控制体系和受控结构的模型化是结构控制的最基本问题，然而，建立一个物理体系的精确数学模型是难以做到的。主动反馈控制需要测量结构反应状态，控制力的施加要经过测量系统、控制系统和作动系统等多个复杂环节，建模是否正确不但涉及控制效能，而且可能影响系统的稳定性。显然，控制系统的建模比非控制结构的建模更为严格。仅就受控结构而言，利用实测数据反演识别结构参数通常并没有惟一解，利用非完整的测量信息识别系统参数的一些假定条件有待证实。在控制体系中，对忽略某些环节的动力特性而得出的模型应作严格论证。控制体系的建模需在模型的准确性和使用方便之间做出权衡。

(4) 结构体系的非线性，尤其是抗震结构在强烈地震作用下系统参数的变化往往是不可忽略的。另外，一些变结构体系的控制方法本身就基于系统刚度、阻尼等参数的在线调整，因此，非线性系统的有效控制方法是需要的。针对这一问题，若干研究者已就瞬时优化算法、自适应算法、滑动模态算法以及简单的符号控制算法等做了研究。但是，非线性体系的优化控制在理论上是困难的，一些适当简单、效能与优化控制接近的算法更适于工程应用。

(5) 由于控制体系的各个环节都具有不确定性，有必要对控制结构的整体可靠度进行分析。如果说，在某些简单假定条件下对线性体系振动响应方差已可做出估计，但就大多数控制算法而言，系统可靠度的估计仍然进展甚微。这里，除涉及非线性体系可靠度理论分析等重大困难之外，控制体系各环节参数不确定性的定量知识也有待在实践中逐步积累。

(6) 目前控制系统的优化设计，一般是针对给定的控制算法和控制器设置建立目标函数，就控制力和（或）响应状态两者进行权衡。作动器个数和设置位置的优化问题也已提出，但尚无圆满的理论结果。若要进一步在各种控制算法和控制装置间进行综合比较以寻优，则还没有可供使用的理论和方法。

(7) 根据近期的研究，混合控制、半主动控制与单纯主动控制相比显示了突出的优越性，新的控制技术不但减少了对外界能源的需求（这在工程应用中是十分重要的），而且可以提高控制体系的稳定性。从现有的控制技术研究和应用成果来看，混合控制、半主动控制将是结构反馈控制应用的主流方向。

(8) 智能控制（含神经网络控制和模糊控制）方法具有可不完全依赖控制体系数学模型的重要特点，以及良好的稳定性、容错性和泛化能力等引人之处。这两种控制方法或两者的结合，对难以建立数学模型或体系参数存在较大不确定性的受控结构最为适合。

(9) 材料科学的研究成果将对新型传感器和作动器的开发起到重大推进作用。目前，与结构控制相关的新型材料的研究十分活跃。电流变和磁流变材料、电致伸缩和磁致伸缩材料、压电材料、形状记忆合金、光纤、机敏混凝土、机敏聚合材料等的研究将为开发更灵敏、精确、稳定和价廉的传感器、作动器奠定基础。

(10) 为推进结构抗震控制技术的应用，缩尺模型和足尺模型的实验是必要的，这又涉及模型实验理论、实验设备和实验方法的改进和完善。在进行实验室内的准静力实验、拟动力实验、振动台实验和现场实验的同时，振动台台阵以及拟动力实验和振动台实验的直接结合是实验原理和实验技术的新进展；与动力相似律有关的模型材料研究和缩尺模型设计等问题也有待深入探讨。

(11) 为对不同控制方法的数值模拟和实验结果进行比较，建立若干受控结构的标准模型是有利的。这种标准模型包括标准的计算模型和实验模型，它们应针对不同结构类型（如房屋和桥梁）分别建立；考虑到广泛的适用性，这类标准模型不宜太复杂，实验模型的尺寸应能被多数实验设施所承受。这一问题早在几年前已被国际结构控制研究界以“基准（Benchmark）”问题为名做了建议。

(12) 随着结构抗震反馈控制研究和应用的进展，建立相关实验、设计和施工的技术标准已提上议事日程。只有在相关理论、技术、方法和经验方面达成共识，才能推进结构抗震控制工程在更广的范围内积极稳妥地发展。

第四篇　工 程 抗 震

第十二章　地震危险性、危害性分析和地震区划

12.1　地震危险性及危害性分析

对未来地震作防震抗震准备时，需要知道未来的地震活动性，它是引起灾害的外因。工程师在设计一项工程时，希望具体了解此工程在其使用寿命内可能遭遇到的地震动强弱及其它特性，以便合理地进行设计。然而地震的发生和地震动特性都不能精确地预测，必须在概率含意上推测工程可能受到的地震威胁或危险，这就是地震危险性分析。

工程师除了要求了解地震动之外，为了适当的或最优的防震抗震准备，还需要了解他设计的结构物的抗震性能，并估计一旦地震发生时工程可能受到的损害，这就是地震危害性分析。

几十年来，地震危险性分析的研究和应用都取得了很大进展，使这一工作已成为联系地震学与地震工程学两者的重要纽带，使结构抗震安全性有了科学的概率含意。在这发展历史中，地震危险性、危害性分析经历了两个阶段。开始阶段，它指的只是地震动本身，而且把地震危险性当作是一种确定性现象来处理，即认定某一地区今后可能发生的地震动加速度不致超过某一强度如 0.2g；或同时再指定一个标准反应谱；再把这些地震动参数当作是确定的数值，进行工程结构抗震设计。这种方式的特点有二：一为其确定性观点，二为其所包含的主观判断因素较多。经近几十年资料的积累，特别是地震发生的资料、地震动观测资料和强震震害资料，推动了地震危险性和危害性分析的研究；再加上结构静力和抗风设计已经过渡到以极限状态概率为安全度标准的概率设计阶段，从而也推动了地震危险性和危害性分析的发展与应用。后一阶段的特点在于它认为地震的发生与地震动特性都具有随机因素，必须用可靠性理论的方法支解决，因此，地震动的估计以及震害影响的估计，如房屋的损坏与倒塌、工程设施的破坏、人身的伤亡与社会经济政治影响，均用一定的超越概率表示。

在危险性分析初期，首先出现 risk 一词，后来又出现 hazard 这个词，1982 年安布雷赛斯提出了下述定义：

$$\text{risk} = \text{hazard} \times \text{vulnerability}\ (\text{危害} = \text{危险} \times \text{易损性})$$

现在较多的人将 hazard 译为危险性，对地震而言，它指的是地震威胁的大小，如 50 年内超越概率为Ⅷ度或 0.2g 的地震动；vulnerability 为易损性，表示某一工程的抗震能力；risk 则译为危害性，或可能的损失后果。简单地说，危险性指的是一个地区可能受到的地震危险，是一个事件的外因，易损性是事物的抗震能力，危害性是可能受到的损失。对地震这样的突变自然现象而言，可谓险事，有险则可能有灾，也可以不构成灾害，主要看事物的抗震能力强或弱。

图 12.1.1 以工程结构为对象，给出了地震危险性、危害性和有关问题的内容和关系，它大体上符合现在多数人的理解。

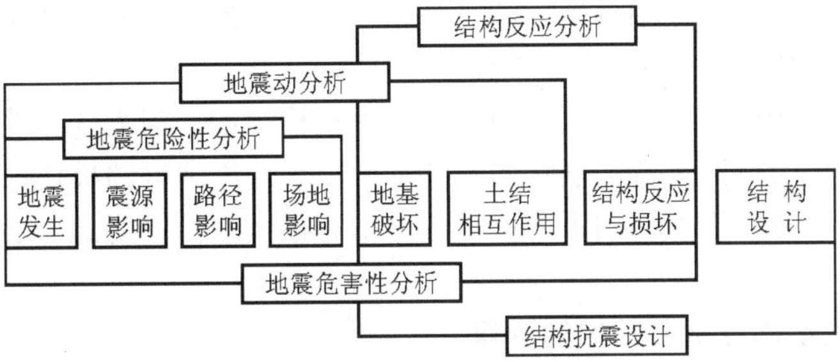

图 12.1.1 地震危害性与危险性分析内容划分

地震危害性分析的目的是要了解在所在的地震环境下结构物可能发生的危险程度的概率，以便作出设计决策。地震危害性分析需要的背景资料是：附近地区历史地震资料和地震仪器记录资料，地区近几十万年以来的地质历史资料，以及附近地区的强震和中强震地震动加速度记录资料，根据这些资料可以估计地震区带的划分及其地震活动性，抗震设计中需要的地震动参数及其随震源、距离和场地条件而变化的衰减规律，结构地震反应与地震动参数的关系，结构设计中所能容许的结构破坏状态。地震危害性分析就是根据这些结果，确定在结构物的使用寿命（如 20，50，100 或 200 年）之内，结构可能超过容许破坏状态的概率。这一分析包括如下几个主要步骤：第一，先根据结构特性选定地震动应采用何种参数，如最大加速度、速度、反应谱或地震烈度，以及是否还需要强地震动持时；第二，根据地震区划分，分别对每一地震区作危险性分析。根据地震活动性中确定的震级-频度关系（即假定发生一次地震，某一震级的可能性如何）和地震动衰减规律，来估计一次地震时的地震动危险性；然后再根据地震活动性中确定的地震发生的次数的概率（通常由泊松分布决定），估计发生多次地震的地震动危险性；最后，考虑周围所有可能有影响的地震区，求得总的地震危险性；第三，根据结构反应与地震动的关系，和地震动发生的概率，求得结构反应超过其容许值的概率；第四，进而考虑各种不确定因素对危害性的影响。

实际上影响结构物安全的有两类地震因素，一类是地震引起的地基失效，包括地基不均匀沉陷、变位和滑坡以及断层错动；另一类是结构的振动影响。当前的地震危害性分析主要指的是后一类，即地震动的振动效应，前一类因素只是在设计时由设计者考虑，有时也在地震小区划中加以考虑。

当前，地震危险性分析已广泛应用于地震区划和具体场地地震动的估计，前者服务于一般结构的抗震设计或土地利用，后者服务于特殊的或重大的工程建设项目，如核电站。不同重要性的结构和地区地震资料的多寡对地震危险性的要求可以有不同的深度，对于一般房屋建筑可以只要求一个地震危险性区划图，即可按抗震规范进行设计；对于特别重要的大型建筑，如核电站、海洋平台、大坝、大型化工设备等工程以及大城市，通常要求对场地地震危险性进行专门研究，工程的抗震设计则以此为依据。过高估计地震危险性，会增加巨额投资；过低估计地震危险性，可能带来生命和财产的严重损失。因此，地震危险性分析是极为重要的实际地震工程问题。

12.2 地震活动性分析

在第 2.5 节中已经简单介绍过地震活动性这一概念，指出，所谓地震活动性指的是地震发生的时、空、强规律。本节将详细讨论这一问题。

一个地区的地震活动性决定于两类因素，即板块构造运动应力场和地壳介质的强度和变形能力，因此，地震活动性具有强烈的地区特征。板块边缘地区与板块内部地区的地震活动性可以颇不相同，同一板块内部的不同地区也可以有很大差异。为此，必须进行地震活动性的分区研究。

12.2.1 地震活动性分析所依据的资料

12.2.1.1 地震地质资料

地质构造资料记录着地壳构造运动的重大事件，其中包括强烈地震的痕迹，其记录年代悠远，长达几十万年以上，为任何历史文献记载所不及。肉眼可见的地表断层及仪器可测的深部断层都可能是历史地震的发源地和后果，有历史记载的强烈地震（如 $M \geqslant 7$）大多发生于深大断层上即为明证。当前的困难是尚缺乏现实可行的方法来确认哪些地质构造现象是由历史地震引起的，以及这些地质现象与历史地震的定量关系。20 世纪 70 年代，这方面取得了重要进展。

一次强烈地震可以留下多种地震地质痕迹。首先，它可以在近地表的地层中产生断层而被长期保留下来；它也可以在地表产生断层崖，或者保留于地表，或者为后期的沉积物所掩盖，留待将来研究发现。第二，强烈地震的震中区产生的强烈地震动可以对地表层产生影响，如喷砂坑或滑坡，喷砂坑是由于地表下砂土液化而喷出地表、并在地表遗留下小火山形的砂丘或喷砂孔中充填的砂柱。

上述地震地质现象最好通过横切断层带用开槽来观察。近几十年在开槽技术和年龄测定方面的进展产生了显著效果。例如美国在洛杉矶附近横切圣安德烈斯断层开了一些槽沟，从而发现几条支断层，相距仅数米，切割了几层砂与泥炭的互层，泥炭层年龄的放射性测定指出这些互层是过去两千年的沉积物。断层错位的大小和时期也由下部更老地层来确定，更年轻的地层常无错位。所有这些错位都与以后地震中发生的断层的重复错动相关。在几个水平层面上已发现了喷砂坑的明显痕迹，它们表明那些时期的强烈震动。美国的研究者根据所有这样取得的地震地质数据，证明除了 1857 年强烈地震之外，在这一段圣安德烈斯断层上还有几次相近的史前大地震，并确定这些大地震发生的年代为公元 260，350，590，735，845，935，1015，1083，1350，1550 及 1720 年，相邻最近的两次相距 65 年，最远的两次相距 250 年，平均约 150 年。

同样，在犹他州沃萨奇断层也进行了这种现场调查，表明该处的破坏性地震沿此断层平均约 500 年一次。

这是第一次通过地震地质证据，确认沿一断层段破坏性地震发生频度的定量分析，其意义是显而易见的。我国和世界上不少地方都在进行类似的工作。这样的结果比仅仅只是鉴定一条断层是活动的或不活动的，自然是一大进步。

对于地表发震断层不明的地区，有时可以利用其他地质现象来推断地震复发周期。有些地区，强烈地震带伴有俯冲现象，发生于地表几公里下的浅倾滑断层上。这类断层上的强烈地震几乎总是与明显地区性隆起相联系，如 1964 年阿拉斯加地震出现的高 10m 突然隆起。这种隆起在沿岛海岸上常留有连续的上升海滩。例如阿拉斯加海湾的米德尔顿岛上五处明显的上升海岸线经 ^{14}C 测定年龄，表明像 1964 年这样大的地震在该处过去 5000 年内平均约 850 年一次。

12.2.1.2　历史地震资料

由于人类有文字记载的历史不过几千年，而且又仅限于个别地区，就记载最悠久的我国而言，较可靠的、系统可用的资料也仅有两千余年，这还是就全国而言，若就一个地区而言，有的地区仅有几百年，西藏地区甚至更短。但是无论怎么短或不完全，努力地去整理这类历史文献资料总是地震活动性分析必不可少的重要一步，因为历史记载的地震资料可以比地质资料更详细、更准确，不但可以了解强烈地震，也可以了解中强地震，如 M=5～6 左右的地震。

但是，即使资料较多，在使用时也要注意其局限性。首先，历史地震资料可能遗漏 $M \leqslant 5$ 的部分地震；其次，从短时期的地震记录外推未来是危险的。我国有两三千年的历史地震记录，在长时期内，强烈地震的发生频度可以有颇大的变动。国际上的资料也表明，在一条断层带上，大地震可能几百年也不发生一次，所以，短时期记录不能包括这样的地震。因此，比较合理的办法，是综合考虑历史地震资料与地震地质资料，并分别地震大小，来推测未来的地震活动性。

12.2.1.3　仪器地震资料

仪器地震资料包括两种，一种是地震仪得到的关于地震震源情况的资料，一种是强震加速度仪得到的关于地震动特性的资料。

由于地震仪比人的感觉更灵敏，它可以发现更多的地震事件，因而可以用这些近代仪器来了解当前的地震活动情况；利用这种仪器记录还可以更准确地确定震源位置、震级大小和震源特性，从而确定活动断层的位置、高低活动性区和其他因素。特别要注意的是，短时期内的仪器地震资料，无论它如何完全（指大小震分布而言），都不得随意用于外推过长的时期，对低活动区更是如此。

另一种仪器地震资料是强震加速度仪的资料，它主要用于地震动衰减规律和地震动特性的研究，由于其布置密度较高，有时可能有助于确定震源特性。

12.2.2　地震发生规律

在利用上述资料时，首先要解决的问题是如何确定地震发生的规律。现有的方法可以分为两类，一类是宏观方法，一类是统计方法，现分述如下。

12.2.2.1　地震发生规律的宏观描述

20 世纪 50 年代苏联和我国在进行地震区划时，关于地震活动性规律的描述采用了两条原则，即：第一，曾经发生过地震的地区，同样强度的地震今后还可能重演；第二，地质条件相似的地区，地震活动性也可能相似。这两条原则实际上等于对一个地区的地震活动性规律作了下述三个假定：第一，在曾经发生过地震的地区，最大地震已经包括在人们掌握的数据之中；第二，一地区内最大地震随时都可能发生，其发生的次数与前次大地震之间的时间间隔都无规律可循；第三，地质条件相同的地区，随时会发生同样的最大地震。这三个假定的主要缺点有三：一是它不考虑今后的最大地震有可能大于历史最大地震；二是它不考虑最大地震发生的概率；三是它不考虑最大地震在时间上的非平稳性和空间（同样地质条件的区带内）上的非均匀性。

现在国际上广泛采用的地震活动性规律是：在同一地震区带内，地震的活动性在时间上是平稳的，在空间上是均匀的；和上述 20 世纪 50 年代的方法相比，有所改进。现在广泛采用的地震发生模式是泊松模式，它假定在同一地震区内，地震的发生在时间上和空间上都是均匀分布的，具有概率意义，克服了上述第二个缺点；在地震大小上则采用震级-频度关系[式（2.5.1）或式（12.2.6b）]，容许未来地震大于历史上已发生过的最大地震，克服了第一个缺点；所假定的泊松模式和震级-频度关系中的参数，是根据历史地震活动性数据，用统计方法确定的。因此，按这一规律估计的未来地震，可以大于历史最大地震，也可以小于或等于历史最大地震，完全由发生的概率来表示。用来表示这种概率的可以是年平均概率，也可以是其倒数，即重复期。但是，这一方法仍然具有上述第三个缺点，即地震活动性在时间上是平稳的、在空间上是均匀的假定，未能考虑地震的平静期与活跃期这样的特性。

近几十年来，我国地震工作者在分析我国大量地震活动性数据之后，提出了下述意见：

(1) 强震活动的重复性：根据我国几百次 6 级以上历史地震记载，发现强地震具有重复性，但不是如过去所假定的无条件重复，而是有条件的。这些条件是：第一，在本活动期内未发生过大地震（$M \geqslant 7$）的同一地震带内；第二，在同一构造部位（如活动性深大断裂交汇、拐弯部位，某些断层的强裂活动段，隆起或凹陷的交汇部位，新盆地或盆地的特殊地段），发生大地震的可能性较大；第三，8 级以上的地震未见原地重复，7～8 级之间的地震在原地重复者极少，6 级左右的地震原地重复者略多，我国西部多于东部，但也仅占 1/5 左右，且多发生于不同活跃期。

(2) 强震活动的迁移性：在一个地震带内，强震的发生先在某一处然后到另一处，若具有一定规律者，称为带内迁移性；在不同地震带之间迁移者，称为活动区迁移性。迁移的规律也很复杂，而且因地而异。大致说来，可以分为单向迁移、往返迁移和双向迁移。这些规律常常不是很明确可靠的，只能供地震活动性分析时参考。

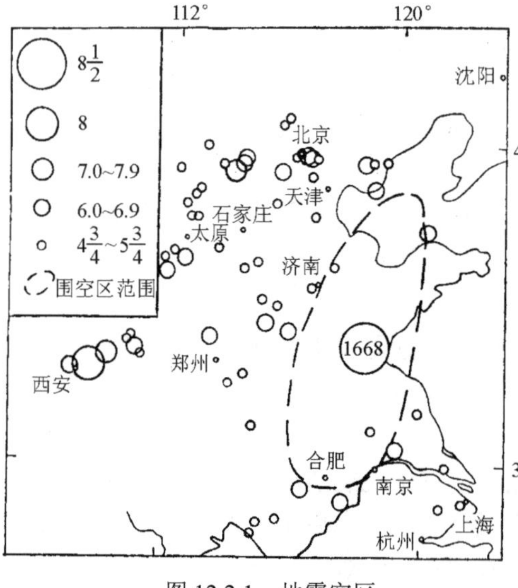

图 12.2.1　地震空区

(3) 强震活动的填空性：强震的填空性是指大地震发生前的一段时间内，在周围地区（一般指同一地震带内）发生过一系列震级相对较小的地震，这些地震的震中围绕成一个相对平静的无地震的空区，未来大地震则可能发生于此空区内，如图 12.2.1。在分析我国历史地震资料时还发现，空区的大小与未来地震的大小有下述关系：

$$\left.\begin{aligned} M &= -0.57 + 1.79\lg A \\ M &= -0.31 + 0.316\lg L \end{aligned}\right\} \tag{12.2.1}$$

式中，A 为空区面积（km^2）；L 为空区长度（km）。

国外也有与上述观点相近的研究结果（——1982，Earthquake Eng.Research），他们指出，在一长时期内高地震活动的地震带内，如阿留申群岛或美国西岸，假若可以清楚地区划出某一段在若干年之内无地震活动，则可能有一次大地震填补于此空区。中国、墨西哥、日本、阿拉斯加、智利及其他地区均有过这种经验。

我国在编绘 1978 年区划图时，力图考虑地震活动的平静期与活跃期的规律，改进现代地震活动性研究中在时间上活动性是平稳的假定，从而总结出下述三条规律，应用于 1978 年的区划图之中。第一，通过我国丰富的历史地震资料，认识到历史地震的重复性和填空性、周期性和迁移规律、强震与弱震的相互关系，地震活动带应变能的积累和释放规律，以及地震大小与空区大小之间的关系等等，考虑了强地震在时间上的非平稳性，对今后一段时间（50 年，100 年，200 年）内可能出现的地震次数与大小作出了预测；第二，通过我国丰富的地震、地质资料，发现了一些地震地质标志，即强地震发生地区的地质构造特征；在同一地震活动带内，不同大小的地震常发生于具有不同地震地质标志的地区；第三，综合应用国际通用的多种地震活动性分析方法，包括各种数理统计方法，在上述三条规律综合分析的基础上，提出了一个从 1973 年计算起的以后 100 年内的最大震级分布图。

从改进国际上惯用的地震活动在时间上是平稳的这一点来看，我国上述地震活动性分析是一项重要的尝试，但是它是一个确定性的地震活动性预测，缺乏现在国际上常用的概率意义。

12.2.2.2　地震发生规律的统计分析

虽然现在已经明确，板块构造运动是地震发生的主要原因，但是，一个板块的受力状态很复杂，特别是我们很关心的板块内部，其受力状态可以有许多种可能性；再加上地壳断裂及强度上的未知差异，就难以用板块力学理论来分析和推断其地震活动性；看来，只能从经验统计方法着手。但是，现有结果多次表明，在缺乏足够长时期地震活动数据时，经验统计方法是不能应用于外推的，简单的外推不能保证结果的精度。下面用我国的事例来说明这一点。

我国关中（指陕西西安附近）地区，历史悠久，人烟稠密，地震记录长达千年。但是，根据现有结果看，像 1556 年那样特大的地震，也就那一次。当采用历史最大地震今后仍可能发生这一假定时，该地区四百余年来若按此地震估计，显然过高。与此相反，近十余年来，华北平原发生的一系列强震，如 1976 年唐山地震，几乎都超过了该地区历史上曾发生过的最大地震，因此，若按上述假定，利用 20 世纪 60 年代以前的资料所估计的地震都偏低。这两个例子都说明，根据现有地震活动性记录外推未来地震，都不可能有 100%的把握，都需要对所作的估计赋于科学的概率意义。利用数理统计方法可以给出具有概率意义的地震活动性估计。以下几节专门讨论这一途径。

12.2.3　地震活动性的统计分析方法

在地震区带已经划分之后，需要应用一些方法来表示此区带地震活动性的特征。这里只介绍最常用的泊松模型，它是当前国际上广泛使用的方法。

12.2.3.1　泊松分布

地震的发生在空间和时间上都具有随机性，若不考虑地震的大小而只考虑其发生与否，并将时间或空间的区间 t 分为许多小段 Δt 之后，再来研究地震是否在 Δt 内发生这一随机事件。若此事件符合下述三个条件，则此事件称为泊松事件。

条件 1：独立性。事件可以在任一分段内独立地发生，不受其他无搭接分段内事件数的影响。

条件 2：平稳性。在一分段内，事件发生的概率与Δt的大小成正比，而与此分段在全体中的位置无关，因此，此概率可表示为$\nu\Delta t$或$\nu\Delta A$，这里常数ν是事件发生的平均率，即在单位时间长Δt或单位面积ΔA中的事件平均发生次数。在时域中这一条件称为平稳性；在空间内，这一条件称为均匀性。

条件 3：不重复性。多个事件同时在一分段内发生的概率远小于$\nu\Delta t$或$\nu\Delta A$，可以忽略不计。

当一事件满足上述三条件时，可以证明（Ang and Tang，1975），在区间 t 内事件发生 n 次的概率为

$$P(n) = (\nu t)^n \mathrm{e}^{-\nu t} / n! \quad (n = 0,1,2\cdots) \tag{12.2.2}$$

这就是泊松分布。对于泊松分布，事件发生次数 n 的期望值为 $E[n]=\nu t$，标准差亦为νt。在地震活动性研究中，t 为时间，以年为单位；ν为年平均发生率。

12.2.3.2　指数分布

令 t 为从上一次事件到下一次事件之间的时间间隔，这就是说在时间间隔 t 之内，事件发生的次数 n 为零。若此事件符合泊松分布，则

$$P(0) = 1 - F(t) = (\nu t)^0 \mathrm{e}^{-\nu t} / 0! = \mathrm{e}^{-\nu t}$$

式中，$F(t)$为在时间长 t 内至少发生一次事件的概率，所以 $1-F(t)$为无事件发生的概率。由上式得

$$F(t) = 1 - \mathrm{e}^{-\nu t} \tag{12.2.3}$$

其概率密度函数则为

$$f(t) = \frac{\mathrm{d}F}{\mathrm{d}t} = \nu\, \mathrm{e}^{-\nu t} \tag{12.2.4}$$

这就是指数分布，或称负指数分布。此分布的平均值与方差分别为ν^{-1}和ν^{-2}，所以泊松过程的平均重现期为ν^{-1}。另外，从式（12.2.3）可得，当 t=1 年而且ν很小时，$F(t=1)=1-\mathrm{e}^{-\nu}\cong 1-(1-\nu+\frac{1}{2}\nu^2-\cdots)\cong\nu$，即年发生概率为 $P_{1年}=F(t=1)=\nu$。

12.2.3.3　无记忆性

泊松分布常被称为无记忆性的，即事件的将来发生与否与当前或过去的事件是否发生是独立的。泊松到达时间 t 与指数分布的无记忆性可以从下述条件概率来说明。设已知 $t>t_0$，而在 t_0 时间长之内无事件发生，则在 t 时间长内无事件发生的条件概率为

$$\begin{aligned} F_1(t) &= \frac{F(t) - F(t_0)}{1 - F(t_0)} = \frac{(1 - \mathrm{e}^{-\nu t}) - (1 - \mathrm{e}^{-\nu t_0})}{\mathrm{e}^{-\nu t_0}} = 1 - \mathrm{e}^{-\nu (t - t_0)} \\ f_1(t) &= \nu\, \mathrm{e}^{-\nu (t - t_0)} \end{aligned} \tag{12.2.4a}$$

和式（12.2.4）相比，上式只是将 t 改为 $t-t_0$ 而已，这就表明，即使已知在时间从 0 到 t_0 的间隔内无事件发生，并不改变从上次事件(t=0 时)到下次事件发生时间 t 之间的时间间隔的估计。

12.2.4 震级-频度关系

在第 2.5 节中讨论到地震活动性时曾经指出，里克特根据历史地震资料总结出来的震级-频度关系为指数分布，即震级不大于 M 的地震的发生概率为

$$\left.\begin{aligned} F(M) &= k_1[1-\mathrm{e}^{-\beta(M-M_0)}] \\ k_1 &= [1-\mathrm{e}^{-\beta(M_u-M_0)}]^{-1} \end{aligned}\right\} \qquad (M_0 \leqslant M \leqslant M_u) \tag{12.2.5}$$

其概率密度函数为

$$f(M) = k_1\beta\,\mathrm{e}^{-\beta(M-M_0)} \tag{12.2.6}$$

若不考虑震级上限，$M_u \to \infty$，则 $k_1=1$，上式变为

$$F(M) = 1-\mathrm{e}^{-\beta(M-M_0)} \tag{12.2.5a}$$

$$f(M) = \beta\,\mathrm{e}^{-\beta(M-M_0)} \tag{12.2.6a}$$

它与式（12.2.4a）的形式完全相同，只是在式（12.2.4a）中变量为上下两次事件之间的时间间隔，而式（12.2.6a）中的变量为震级 M。式（12.2.5）或（12.2.6）这一结果一直沿用至今，但其形式常写为

$$\begin{aligned} N &= \mathrm{e}^{\alpha-\beta M} \\ \ln N &= \alpha - \beta M \end{aligned} \tag{12.2.6b}$$

其物理意义为，此地震区带内发生震级不小于 M 的地震的年平均次数为 N。这就是里克特采用的形式。

在采用上述关系时，需要确定下限震级 M_0 和上限震级 M_u。下限 M_0 通常取为 $4\sim4^3/_4$，这决定于历史文献所能不遗漏地记录到的最小地震。此值若选择过大，则可供统计分析的数据常感不足；若选择得过小，则由于小震常为历史记录所遗漏而引起过大的误差，因为在整个地震区带内，常有历史上人烟稀少的地区，M=4 左右以下的地震有可能不为人们所感觉或重视而不见于历史文献记载。上限震级 M_u 的估计有三类方法：第一类是经验性方法，如取为本地震区带内已发生最大地震的震级再加 0.5 作为上限震级 M_u，若历史地震记录很长，可以不加；也可以根据专家们的宏观判断选定。第二类是地震活动性推断法，即根据地震活动性资料来推断，如取 N=1 时的 M 值，即 $M_u=M(N=1)=\alpha/\beta$；或参数地震空区大小确定；或根据应变积累的大小来估计。第三类是统计方法，如按极值分布选择某一概率的震级作为 M_u，或按地震的时间序列外推。这三类方法常被综合在一起来考虑。总之，在确定上限震级时要特别慎重，因为它对地震危害性的影响较大。一般说来，在选择 M_u 时要考虑下述三方面的资料：第一，在附近较大地区范围内大地震的仪器和历史资料；第二，与其他地质条件相似地区而地震资料较全者相比较；第三，本地区可能引起大地震的断层特性。地质学家们早就认识到，浅断层上不会发生大地震，而且冲断层、正断层和走滑断层上能够发生的最大地震也不相同。

12.3 地震危险性分析

地震危险分析要求给出一场地将来遭遇到超过地震动给定值的概率，或称超越概率 $P[A \geqslant a]$，常用地震动超越概率曲线表示。常用的地震动参数有地震烈度、地震动加速度和速度，

也有用反应谱的。超过概率可以用年超越概率 $P_{1年}$表示，也可以用 T 年内超越概率 P_T表示，或重复期 T_r 表示，$T_r=1/P_{1年}$。

地震动超越 a 的概率可以写为下式：

$$\left.\begin{aligned}&P[A\geqslant a]=\sum_j P[A\geqslant a|E_j]\cdot P[E_j]\\&P[A\geqslant a|E_j]=\iint\cdots\int P_j[A\geqslant a|x_1,x_2,x_3,\cdots]\cdot f_j(x_1)\cdot f_j(x_2|x_1)\cdot f_j(x_3|x_1,x_2)\cdots \mathrm{d}x_3\cdot \mathrm{d}x_2\cdot \mathrm{d}x_1\end{aligned}\right\} \tag{12.3.1}$$

式中，A 为所要求的地震动参数，a 为其给定值；$P[A\geqslant a]$为 A 超过 a 的概率，它代表给定地点的地震危险性；j 为第 j 个潜在震源区；E_j 表示第 j 个震源区发生地震；$P_j[A\geqslant a|E_j]$为第 j 震源区发生地震时场地地震动超过 a 的概率；$x_i(i=1, 2, \cdots)$为所考虑的因素，如震级、距离和断层破裂长度，或震源区划分的变量；$f(\cdot)$表示概率或条件概率密度函数。下面将就几种常用的方法进一步说明其应用。

12.3.1　地震动衰减规律

在第 6.5 节中已经从确定性观点介绍过现有一些有代表性的地震动衰减关系，本节再从随机变量的观点作一补充。考虑到许多原因可以引起地震动的不确定性，其衰减规律可以写为下述一般形式：

$$A=g(M,R)\cdot\varepsilon \tag{12.3.2}$$

式中，A 为代表地震动的任一参数，如加速度、速度或反应谱；$A=g(M, R)$为确定性的地震动衰减规律；ε 假设为对数正态分布的随机变量，其平均值接近于 1，具有常方差 $\sigma^2_{\ln\varepsilon}$。

在地震动危险性分析中常用的地震动衰减关系有下述两种函数形式，一种是早期用的地震烈度 I 衰减关系：

$$I=c_1+c_2M-c_3\ln R \tag{12.3.3a}$$

由于通常是从等震线推算烈度衰减关系，所以它通常不是平均值，而是意义不明的外包线估计。另一种是现在普遍采用的地震动 A（加速度，速度，谱反应等）衰减关系：

$$A=b_1\mathrm{e}^{b_2M}\cdot R^{-b_3} \tag{12.3.3b}$$

在第三和第六章中曾给出了一些常用的具体表达式和一些表示地震动衰减关系不确定性的随机变量ε的方差值。由于工程常以近场为主，多取 $c_4=b_4=0$。

12.3.2　点源地震的地震动危险性分析

最先系统地进行地震危险性研究的是科内尔（Cornell，1968）。他假设一次地震的震源是点源，但是一个地震区或带的形状可以是点、线或面。他研究了这三种潜在震源区形状下地震烈度 I 和地震动 A 的危险性分析和结构危害性分析，由于一次地震的震源简化为点源，所以有时可以得到解析解。洪华生等（Kiureghian and Ang，1977）修改了关于点源的假定，见第 12.3.3 节。

如式（12.3.1）所示，地震动危险性计算包括两个步骤，一是确定发生一次地震的地震危险性 $P[A\geqslant a|E_j]$，另一是考虑多次发生地震的可能性来确定总地震危险性 $P[A\geqslant a]$。

对于点源地震假定而言，通常只考虑震级和距离（如震源距 R）这两个因素。这时，式（12.3.1）的第二式即为

$$P[A \geqslant a|E_j] = \iint_{RM} P_j[A \geqslant a|M,R] \cdot f_j(M) \cdot f_j(R|M)\mathrm{d}M\mathrm{d}R \tag{12.3.4}$$

设在一工程场地附近地区共有 n 个潜在震源带或区足以对场地构成威胁。令 ν_i 表示第 j 震源区发生 $M \geqslant M_0$ 地震的年平均次数，则所有震源区总年平均次数为

$$\nu = \sum_1^n \nu_j$$

这里 n 为总潜在地震区数。而在第 j 个地震区带内发生一次 $M \geqslant M_0$ 的地震的概率为

$$P[E_j] = \nu_j / \nu \tag{12.3.5}$$

这时，就容易导出，在此场地发生多次地震时地震动 A 大于给定值 a 的概率为

$$P[A \geqslant a] = \frac{1}{\nu}\sum_{j=1}^n \nu_j P[A \geqslant a|E_j] \tag{12.3.6}$$

一地区内未来地震（特别是大地震）的发生可以看做是泊松事件，即在时、空上是独立的。每发生一次大地震，就会使场地的地震动 $A \geqslant a$ 有一概率 $P[A \geqslant a]$，所以 $A \geqslant a$ 事件的发生亦为泊松事件，平均发生率为 $\nu P[A \geqslant a] = \sum_1^n \nu_j P[A \geqslant a \mid E_j]$。由此参考式（12.2.3），即得一年内场地地震动 $A \geqslant a$ 的概率为

$$P_{1年}[A \geqslant a] = 1 - \mathrm{e}^{-\sum_1^n \nu_j P[A > a|E_j]} \tag{12.3.7}$$

当年超过概率很小（如≤0.05）时，

$$P_{1年}[A \geqslant a] \cong \sum_1^n \nu_j P[A \geqslant a|E_j] \tag{12.3.8}$$

而重复期为

$$T_a = \left(\sum_1^n \nu_j P[A > a|E_j]\right)^{-1} \tag{12.3.9}$$

T 年内至少发生一次的最大地震动 a 从式（12.3.8）可得，一年内 $A<a$ 的积累概率分布为

$$F_{1年}(a) = 1 - P_{1年}(A > a) = 1 - \sum_{i=1}^n P_i[A > a|E_i]\nu_i$$

将连续的时间分为离散的时间增量，假设各年之间场地的年最大地震动 a 在统计上是独立的，而各年的年超过概率保持不变，采用伯努利重复独立试验序列，则在 T 年内地震动超过某一给定值 a 的概率为

$$P_T(A > a) = 1 - F_{1年}^T(a) = 1 - \left[1 - \sum_{i=1}^n P_i(A > a|E_i)\nu_i\right]^T$$

应用上述结果时，主要任务在于计算条件概率 $P[A \geqslant a|E_j]$，即第 j 地震区带发生一次地震时场地地震动 $A \geqslant a$ 的概率。计算的方法之一是根据全概率公式，先考虑在同一震源距 R 处，各种可能的震级引起的 $A \geqslant a$ 的概率。

计算条件概率 $P[A \geqslant a|E_j]$的一种方法是考虑同一震级 M 的地震在各种可能的距离 R 处发

生时的情况，即在式（12.3.4）中先对 R 求积分，当然，这时式（12.3.4）中应该用 $f_j(R)\cdot f_j(M|R)$ 代替 $f_j(M)\cdot f_j(R|M)$。结果是

$$P[A \geqslant a|E_j] = 1 - F(a) = \int_d^{r_0} P[A \geqslant a|E_{j,r}] f_j(r)\mathrm{d}r \tag{12.3.10}$$

式中，$E_{j,r}$ 为在第 j 地震区在 $R=r$ 处发生一次地震的事件；$f_j(r)$为该震源区震源距 r 的概率密度函数。积分限 d 和 r_0 的定义见图 12.3.1 及其说明。

在下面的叙述中，用 l 表示一次地震时断裂的长度，用 L 表示一潜在震源带的总长度。

现在说明，当采用式（12.3.2）为地震动指标时应用式（12.3.10）的计算过程。这一过程分为两步，第一步是在距离 R 不变时对震级求积分，第二步是对距离 R 求积分。

当一地震发生时，在震源距 $R=r$ 的场地 D 处，地震烈度 $I \geqslant i$ 的概率为

$$P[I \geqslant i|R = r] = P[c_1 + c_2 M - c_3 \ln(r) \geqslant i|R = r]$$

这里，取 $c_4=0$。当 M 与 R 独立无关时，

$$P[I \geqslant i|R = r] = \mathrm{e}^{-\beta\left[\frac{i + c_3 \ln r - c_1}{c_2} - M_0\right]} \tag{12.3.11}$$

由于 $M \geqslant M_0$，故得

$$\frac{i + c_3 \ln r - c_1}{c_2} \geqslant M_0$$

或

$$i \geqslant c_2 M_0 + c_1 - c_3 \ln r$$

若 i 小于上式右端，则 $I \geqslant i$ 的概率为 1（当震级$>M_0$，$R=r$ 时）。

现在考虑所有可能的震源距 r 的影响。设 $M \geqslant M_0$ 的地震发生于震源距 r 处的概率密度函数为 $f(r)$，则得式（12.3.10）所示的 $I \geqslant i$ 的概率为

$$P[I \geqslant i] = 1 - F(i) = \int_d^{r_0} P[I \geqslant i|R = r] f(r)\mathrm{d}r \tag{12.3.12}$$

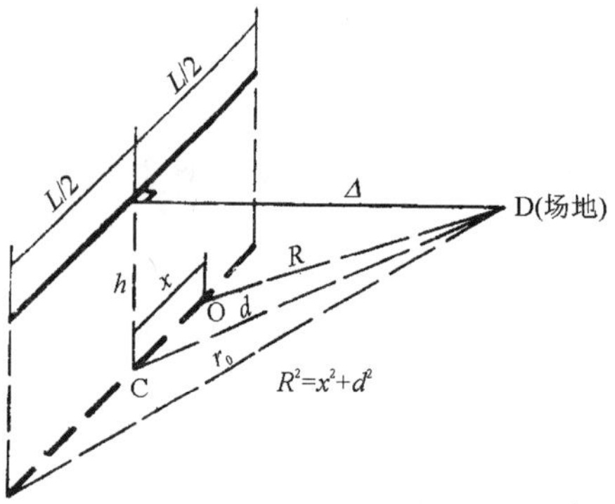

图 12.3.1　场地到震源的距离

下面分别讨论在线状和面状震源带时上式的计算。

12.3.2.1　线状震源带

设在地表下深度 h 处有一潜在线状震源带，长为 L，如图 12.3.1 所示，地震可能发生于图中虚线上的任何一点，即震源 O（与中点 C 点距离为 x）发生于虚线（$-\dfrac{L}{2} \leqslant x \leqslant \dfrac{L}{2}$）上任何一点的概率是均等的。这里先假设场地 D 正好位于通过 C 点的竖直平面内。由此，立即可以导出 r 的概率密度分布 $f(r)$。先求 r 的积累概率分布，即地震发生在$\leqslant r$ 内的概率为

$$F(r) = P[R \leqslant r] = P[R^2 \leqslant r^2] = P[x^2 + d^2 \leqslant r^2]$$

$$=P\left[|x|\leqslant\sqrt{r^2-d^2}\right]=\frac{\sqrt{r^2-d^2}}{L/2}\qquad (d\leqslant r\leqslant r_0)$$

此式表明，地震发生于任一 x 值（$|x|\leqslant\frac{L}{2}$）的概率是均匀的，故其积累分布随 $x=\sqrt{r^2-d^2}$ 线性增长，当$|x|$值从 0 到 $L/2$ 时，概率从 0 到 1。由上式即得 r 的概率密度分布为

$$f(r)=\frac{\mathrm{d}}{\mathrm{d}r}\left(\frac{2\sqrt{r^2-d^2}}{L}\right)=\frac{2r}{L\sqrt{r^2-d^2}}\qquad (d\leqslant r\leqslant r_0)\tag{12.3.13}$$

将此式和式（12.3.11）代入式（12.3.12）后，由于积分复杂，只是对于地震烈度 i 较大时，可以得到下述近似表示式：

$$1-F(i)=P[I\geqslant i]=\frac{1}{L}cG\mathrm{e}^{-\frac{\beta}{c_2}i}\qquad (i\geqslant i')\tag{12.3.14}$$

式中，i'是烈度的下限，

$$i'=c_1+c_2M_0-c_3\ln d\tag{12.3.15}$$

c 与 G 为常数，c 值决定于烈度衰减关系和震级-频度关系中的常数，

$$c=\mathrm{e}^{\beta\left(\frac{c_1}{c_2}+M_0\right)}\tag{12.3.16}$$

G 值则决定于潜在震源与场地的几何关系：

$$G=2\int_d^{r_0}\frac{\mathrm{d}r}{r^{\gamma}\sqrt{r^2-d^2}}=\frac{2}{d^{\gamma}}\int_0^{\operatorname{arc\,sec}(r_0/d)}(\cos u)^{\gamma-1}\mathrm{d}u\tag{12.3.17}$$

式中

$$\gamma=\beta\frac{c_3}{c_2}-1\tag{12.3.18}$$

式（12.3.17）只能用数值积分求积。假若潜在震源带很长，则可取 $r_0\to\infty$，这时，

$$G=\frac{2\pi}{(2d)^{\gamma}}\cdot\frac{\Gamma(\gamma)}{\left[\Gamma\left(\frac{\gamma+1}{2}\right)\right]^2}\tag{12.3.19}$$

上面给出了一次地震（$M\geqslant M_0$）发生于一线状震源带时，场地 D 处地震烈度可能超过给定值 i 的概率[式（12.3.14）]。下面还需要研究在任意时间长 T 之内发生任意次地震时的情况。设地震发生为泊松事件，一潜在震源带的年平均地震发生率为ν，则正好发生 n 次地震的概率为（第 12.2.3 节）

$$P(n)=\mathrm{e}^{-\nu T}(\nu T)^n/n!$$

对于某场地地震动而言，发生一次地震，在某场地的地震动超过一定值 i 或 a 的概率仅为 P_1 则可用 $P_1\nu$代替 ν，从上式可得在时间长 T 内场地地震烈度$\geqslant i$ 的次数为 n 的概率是

$$P(n)=\mathrm{e}^{-P_1\nu T}(P_1\nu T)^n/n!\qquad (n=0,\ 1,\ 2,\ \cdots)\tag{12.3.20}$$

式中，P_1 由式（12.3.14）给出，即

$$P_1=P[\geqslant i]=\frac{1}{L}cGe^{-\frac{\beta}{c_2}i} \tag{12.3.21}$$

具有特殊工程意义的是时间长 T 内某场地最大地震烈度 $I_{\max}^T$ 小于给定值 i 的概率

$$\begin{aligned}P[I_{\max}^T \leqslant i]&=P[\text{在时间长 } T \text{ 年内，地震烈度超过 } i \text{ 的事件为零次}]\\&= P(n=0)=\mathrm{e}^{-P_1\nu T}\end{aligned} \tag{12.3.22}$$

$$P[I_{\max}^T > i]=1-\mathrm{e}^{-P_1\nu T} \tag{12.3.22a}$$

故 $I_{\max}^T > i$ 的地震动的重复期 $T_i=\dfrac{1}{P_1\nu}=-\dfrac{T}{\ln(1-P)}$。例如，若 50 年内某地震动超越概率为 10%，则此地震动的重复期为 $T_i=-\dfrac{50}{\ln(1-0.1)}=475$ 年。从上式还可知，$P_1\nu T=\dfrac{T}{T_i}=1$ 时，P[$I_{\max}^T > i$]=1−e^{-1}=0.63，即一重复期为 T 年的地震动，在 T 年内有 63%的概率被超过。若取 T=1 年，则 $I_{\max}^1$ 即为年最大烈度，从上式可得

$$\begin{aligned}F_1(i)=P[I_{\max}^1 \leqslant i]&=\mathrm{e}^{-P_1\nu}=\exp\left[-\bar{\nu}cG\exp\left(-\frac{\beta}{c_2}i\right)\right] \quad (i\geqslant i')\\&=0 \quad (i\leqslant i')\end{aligned} \tag{12.3.23}$$

式中，$\bar{\nu}=\dfrac{\nu}{L}$ 为每年单位长度上的地震平均发生率。

由上述分析得到的结果是，对于工程上关心的较大地震烈度，年最大烈度具有冈贝尔 I 型或双指数分布。此分布在工程上广泛用于极值事件的研究，故又称极值分布。这里想指出一个重要事实，即上述结果并不是从常用的渐近极值观点导出的，分布形式决定于上述一些关系的形式，如震级-频度关系和烈度衰减关系。有人曾指出（Cornell，1968），泊松型的事件发生和指数型的事件大小两者结合在一起，总是能导致最大事件具有冈贝尔型分布的结果。因此，地震烈度 I 的指数型分布与地震发生的泊松分布结合起来就得到冈贝尔分布。地震烈度 I 的指数分布并不要求震级 M 的指数分布，只要如式（12.3.2）那样烈度 I 与 $\ln R$ 有线性关系，即使震级 M 是多项式分布也可以得到 I 为指数分布的结果。

当年超越概率足够小（如≤0.05）时，$I_{\max}^1$ 的分布即可近似取为

$$\begin{aligned}1-F_1(i)=P[I_{\max}^1 \geqslant i]&=1-\mathrm{e}^{-P_1\nu}\cong 1-(1-P_1\nu)=P_1\nu\\&=\bar{\nu}cG\exp\left(-\frac{\beta}{c_2}i\right) \quad i\geqslant i'\\&=0 \quad i\leqslant i'\end{aligned} \tag{12.3.24}$$

地震烈度≥i 的平均重复期 T_i=1/[1−$F_1(i)$]即为

$$T_i\cong\frac{1}{\bar{\nu}cG}\exp\left(\frac{\beta}{c_2}i\right)=\frac{1}{P_1\nu} \quad i\geqslant i' \tag{12.3.25}$$

而 T_i 年的最大地震烈度即为

$$i \cong \frac{c_2}{\beta}\ln(\bar{v}cGT_i) \tag{12.3.26}$$

通过同样的步骤，可以由式（12.3.3）表示的地震动的年最大值 $A'_{\max}$ 的概率分布

$$F_1(a)=P[A'_{\max}\leqslant a]=\exp[-\bar{v}cG\cdot a^{-\beta/b_2}]=\mathrm{e}^{-P_1\nu} \qquad a\geqslant a'$$
$$=0 \qquad a\leqslant a' \tag{12.3.27}$$

即冈贝尔Ⅱ型极值分布。当年超越概率足够小时，$A'_{\max}$ 的分布即可近似取为

$$1-F_1(a)=P[A'_{\max}\geqslant a]\approx\bar{v}cG\cdot a^{-\beta/b_2}=\frac{1}{T_a} \qquad a\geqslant a' \tag{12.3.28}$$

地震动最大值 $A'_{\max}\geqslant a$ 的平均重复期即为

$$T_a \cong \frac{1}{\bar{v}cG}a^{\beta/b_2} \qquad 或 \qquad a=(\bar{v}cGT_a)^{b_2/\beta} \tag{12.3.29}$$

常数 c 由下式表示：

$$c=e^{\beta M_0}\cdot b_1^{\beta/b_2} \tag{12.3.30}$$

几何系数 G 仍由式（12.3.17）或（12.3.19）表示，其中

$$\gamma=\beta\frac{b_3}{b_2}-1 \tag{12.3.31}$$

有效的地震动下限 a'则为

$$a'=b_1\mathrm{e}^{b_2M_0}\cdot d^{-b_3} \tag{12.3.32}$$

假若潜在震源带只是一个点，即 $l\to0$，$r_0\to r\to d$，则直接可以从式（12.3.11）和式（12.3.14）得

$$P[I\geqslant i]=\mathrm{e}^{-\beta i/c_2}\cdot\mathrm{e}^{-\frac{\beta c_3}{c_2}\ln d}\cdot\mathrm{e}^{\beta\left(\frac{c_1}{c_2}+M_0\right)}=c\cdot G\mathrm{e}^{\beta i/c_2}$$

因为如式（12.3.16）所示 $c=\mathrm{e}^{\beta\left(\frac{c_1}{c_2}+M_0\right)}$，故得对于点状震源区的几何系数

$$G=\mathrm{e}^{-\frac{\beta c_3}{c_2}\ln d}=d^{-\beta c_3/c_2}=d^{-(\gamma+1)} \tag{12.3.33}$$

由此可见，只要用式（12.3.33）给出的 G 值，则式（12.3.23）、（12.3.26）、（12.3.27）和（12.3.30）均可用，而 ν则为此点状震源区 $M\geqslant M_0$ 的地震年平均次数。

12.3.2.2　面状震源区

对于那些地质构造背景不明确或无明确方向性的地区，历史地震震源分布也常散布在一个面上。大多数板块内部小震级的地震区属于这一类。这时，只得假定此区内未来地震的震中发生于此区内任一地点的概率是相等的。如图 12.3.2，设有一环状潜在面状震源区，内半径为Δ，外半径为 L，与之相应的至场地 D 的距离为 d 和 r_0，这时，由式（12.3.23）和

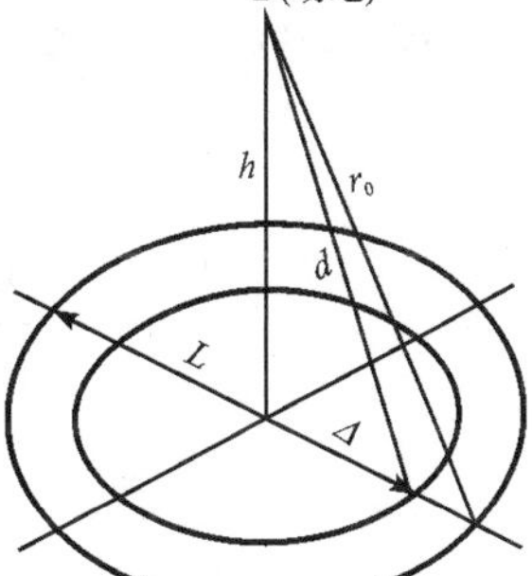

图 12.3.2　面状震源区

式（12.3.27）表示的最大烈度与地震动概率分布仍然可用，但几何常数 G 应改为

$$G=\frac{2\pi}{(\gamma-1)d^{\gamma-1}}\left[1-\left(\frac{r_0}{d}\right)^{-(\gamma-1)}\right] \tag{12.3.34}$$

而γ值仍然分别由式（12.3.18）给出。常数$\bar{\nu}$则为单位面积上的地震年平均发生率，即

$$\nu=\frac{\nu}{\pi(L^2-\varDelta^2)} \tag{12.3.35}$$

设一场地受到 n 个同类型震源区的影响，令 $F_j(a)$表示由于第 j 地震区影响，场地地震动最大值不超过 a 的概率，如式（12.3.27），则在 n 个震源区影响下，场地地震动最大值仍不超过 a 的概率为

$$F(a)=F_1(a)\cdot F_2(a)\cdot\cdots\cdot F_n(a)=\prod_1^n F_j(a)$$

则从式（12.3.27）可知，在地震动 A_j 各自满足其衰减关系式（12.3.3b）时，

$$F(a)=\exp\left[-\sum_{j=1}^{n}\bar{\nu}_j c_j G_j\cdot a^{-\beta_j/b_{2j}}\right]\qquad a>a'$$

式中，a'为 a'_j 中的最大值。假若 n 个震源区都具有同一活动性规律($b_j=\beta$)和同一地震动衰减规律($b_{ij}=b_j$，i=1，2，3)，则上式变为

$$F(a)=\exp[-c\bar{\nu}Ga^{-\beta/b_2}]\qquad a>a' \tag{12.3.36a}$$

当 $F(a)$很小时，从上式可得

$$1-F(a)\cong P[A\geqslant a]=ca^{-\beta/b_2}\cdot\sum_{j=1}^{n}\bar{\nu}_j G_j\qquad a>a' \tag{12.3.36b}$$

式（12.3.36a）中

$$\bar{\nu}G=\sum_{j=1}^{n}\bar{\nu}_j G_j \tag{12.3.37}$$

上述关系意味着一组独立泊松事件之和亦为一泊松事件，其平均发生率为各泊松事件发生率之和，即式（12.3.27）。

有了上述关系之后，就可以计算不对称震源区的影响，图 12.3.3 示出两种不对称情况。对于图 12.3.3（a）的情况，可以分别计算 $2L_1$ 和 $2L_2$ 的几何系数 G_1 和 G_2，则震源带 AB 的影

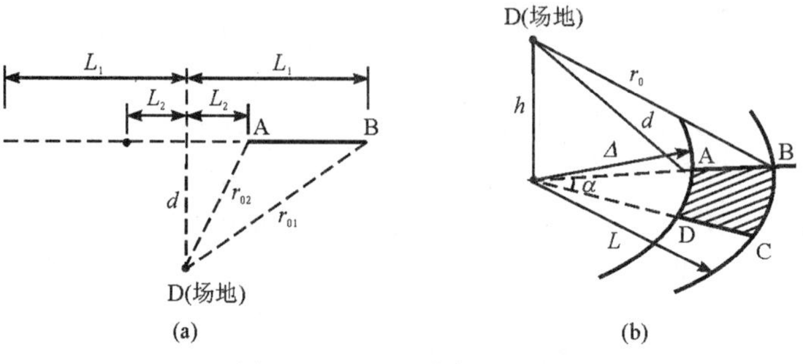

图 12.3.3　不对称的震源区

响即为

$$G_{AB}=\frac{1}{2}(G_1-G_2) \tag{12.3.38}$$

对于图 12.3.3（b）所示的震源区 ABCD，则其影响为

$$G_{ABCD}=\frac{\alpha}{2\pi}G_{2\pi} \tag{12.3.39}$$

这里，$G_{2\pi}$为内半径$\varDelta$和外半径 L 形成的整个环形区的影响。

12.3.2.3　例

设有一深度为 h=20km 的线状震源区，长 650km，从 T=1953 年的历史地震资料得到的地震活动性可以用下式表示：

$$\lg N'=5.51-0.644M$$

M_0=5。由此可得单位长度上的 $M\geqslant5$ 的地震平均发生率为

$$\bar{v}=10^{5.51-0.644(5)}/[(1953)(650)]=1.5\times10^{-4}/(\text{年}\cdot\text{km})$$

$$\beta=0.644\ln10=1.48$$

假若采用下述烈度衰减关系：

$$I=8.16+1.45M-2.46\ln R$$

现在要求计算在断层中部而断层距$\varDelta$=40km 处场地的烈度危险性。利用上述参数可得

$$d=\sqrt{h^2+\varDelta^2}=44.6\text{km}$$

$$\gamma=\beta\frac{c_3}{c_2}-1=1.52$$

$$c=\mathrm{e}^{\beta\left(\frac{c_1}{c_2}+M_0\right)}=6.85\times10^8$$

$$G\cong\frac{2\pi}{(2d)^\gamma}\cdot\frac{\varGamma(\gamma)}{\left[\varGamma\left(\frac{\gamma+1}{2}\right)\right]^2}=7.04\times10^{-3}$$

若考虑有限震源带长 L=650km，按式（12.3.17）进行数值积分，则得 G=6.58×10^{-3}，两者相近，可见式（12.3.19）的近似性尚可用于这种情况。最后从式（12.3.26）得重复期为 T_i 的场地烈度为

$$i\cong\frac{c_2}{\beta}\ln(\bar{v}cGT_i)=0.98\ln(6.9T_i)$$

而上式的应用下限是：

$$i'=c_1+c_2M_0-c_3\ln d=6.08$$

此结果绘于图 12.3.4。

若采用 $a=2000\mathrm{e}^{0.8M}R^{-2}$，或 $v=16\mathrm{e}^{M}R^{-1.7}$，同样可得到场地最大加速度 a（或速度 v）的危险性为

$$a\cong(\bar{v}\,cGT)^{b_2/\beta}=(18.467T)^{0.54}$$

$$v=(0.117T)^{0.676}$$

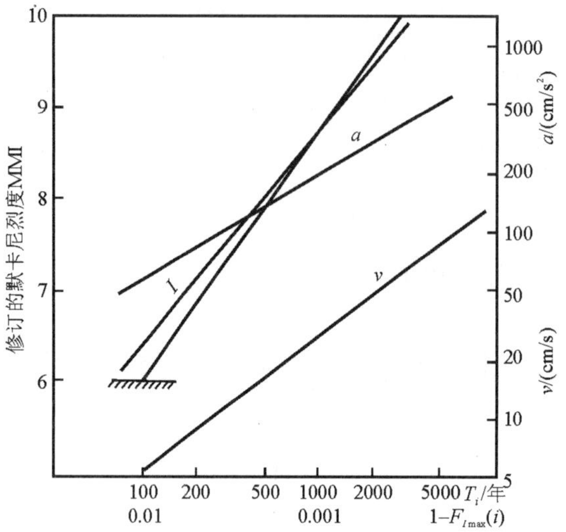

图 12.3.4　场地烈度危险性（例）

此结果亦绘于图 12.3.4 中。

12.3.3　断层破裂模式的地震动危险性分析（Kiureghian and Ang，1977）

12.3.3.1　地震特性及地震动衰减

洪华生等的地震危险性分析断层破裂模型修改了科内尔地震危险性分析中关于震源为点源的假定，考虑了有限长度的断层从震源初始破坏点开始破裂，逐步向两端发展的有限面积面源。他们采用前人研究结果，认为震级与断层水平断裂长度 l 的关系可以用下式表示：

$$l = e^{a+b'M} \tag{12.3.40}$$

如图 12.3.10，式中 a 与 b'为常数。假若一次地震时初始断裂是在断裂长度 l 的中点，并采用公式（12.2.5）表示的地震活动性关系。

对于地震动 A 的衰减关系，他们采用一般的函数关系：

$$\left.\begin{aligned} A &= g(M,R) \\ M &= \phi_1(A,R) \\ R &= \phi_2(A,M) \end{aligned}\right\} \tag{12.3.41}$$

12.3.3.2　危险性模型的建立

洪华生等的模型考虑了一次地震时震源处的断层不是点源而是有限水平长度为 l 的断裂线。其模型包括下述四个假定：第一，未来地震的发震断层发生于潜在震源区带内各地的概率相同，即空间内的发震概率均匀；第二，一次地震的初始断裂点在该地震断裂长度 l 的中点；第三，场地地震动 A 决定于震级 M 和场地到断层 l 的最短距离；第四，每一震源区的平均震源深度 h 是已知常数。第一与第四两个假定是科内尔点源破裂模型中就已经采用了的；第二、三两个假定是断层破裂模型中所增加的；但是，这两个假定要比点源模型的点源假定更符合实际情况，而且点源模型可以看做是断层破裂模型的特例（l=0）。

和点源模式相比，断层破裂模式多考虑了一个参数 l，假若考虑式（12.3.40）的不确定性，则式（12.3.1）的第二式可以写为

$$P[A \geqslant a|E_i] = \iiint_{R\,M\,l} P_j[A \geqslant a|M,l,R] f_j(M) \cdot f_j(l|M) \cdot f_j(R|M,l)\mathrm{d}M\mathrm{d}l\mathrm{d}R$$

周锡元等进行过这样的分析。但是，现行方法是先不考虑式（12.3.40）的不确定性，计算超越概率 $P[A \geqslant a|E_j]$后再考虑不确定性对所得结果进行修正。下面分别介绍 1 型、2 型和 3 型潜在震源区三种不同情况的计算步骤。

(1) 1 型震源区。1 型震源区就是前述线状震源带，这种震源是未来地震的发震断层有充分把握发生于已有断层上的那些潜在震源，新断层将与老断层同方向同位置，如我国四川的炉霍、道孚地震带，美国西岸的圣安德烈斯断层带。对于给定场地而言，它与这种潜在震源的相对位置是固定的，如图 12.3.5 所示。很大地震（如震级 M=8 左右）的潜在震源常属这一

类型。

首先如图所示，考虑一个特殊情况，即潜在震源以场地到此断层线的垂足 P 点为端点。

对于一给定震级 M 和场地的地震动 a，从式（12.3.41）得临界距离 $R=\phi_2(a, M)$。对于给定的场地而言，任一震级为 M 的地震，若其最短距离 r 小于 R，则场地的地震动 A 可以超过 a；若其最短距离 $r>R$，则此地震将不对场地造成影响。与此临界距离 R 相应的临界 x 值为 X，即

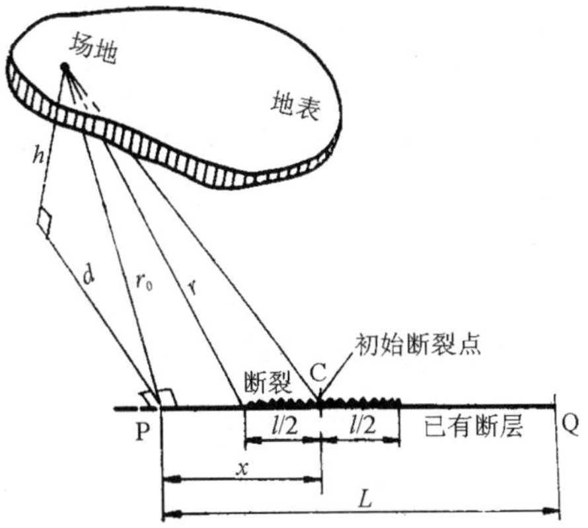

图 12.3.5　线状震源带破裂模式

$$X=(R^2-r_0^2)^{1/2}+\frac{l}{2}=[\phi_2^2(a,M)-r_0^2]^{1/2}+\frac{l}{2} \tag{12.3.42}$$

R 是实际 x 小于 X 的震级为 M 的地震，在场地处 A 就大于 a。本模型只考虑 x 是否小于 X，而不考虑小多少，所以并不对 A 超过 a 多少作估计，而只是估计是否超过 a 和超过的概率 $P(A \geqslant a| E_{j,M})$。假设

$$P[A>a|E_{j,M}]=\begin{cases}0 & \text{若} R<r_0\\ \dfrac{X}{L} & \text{若} X<L, R\geqslant r_0\\ 1 & \text{若} X\geqslant L, R\geqslant r_0\end{cases} \tag{12.3.43}$$

则从式（12.3.4）可得

$$P(A>a|E_j)=\int_{M_1}^{M_2}\frac{X}{L}f(M)\mathrm{d}M+1-F(M_2) \tag{12.3.44}$$

式中，M_1 为 M_0 和 M_1'中的较大者，而 M_1'为相应于 $R=r_0$ 的震级，即 $M_1'=\phi_1(a, r_0)$；M_2 为相应于 $X=L$ 的震级，可由下式求得

$$[\phi_2^2(a,M_2)-r_0^2]^{1/2}+\frac{l}{2}=L \tag{12.3.45}$$

注意，上式中的 l 并非常数，而是 M_2 的函数（以下对于 l 均有类似情况），由式（12.3.40）决定。M_2 的物理意义是潜在震源区带内断裂长度对应的震级，即该地由断裂长度推算所能出现的最大震级。但是当 $M_2>M_u$ 时，条件概率分布应用下式：

$$P(A>a|E_j)=\int_{M_1}^{M_u}\frac{X}{L}f(M)\mathrm{d}M \tag{12.3.46}$$

或者当 a 值很大，只有在全部已知断层长度 L 都破裂时才可能发生 $A>a$ 的情况。这时，条件概率分布为

$$P(A>a|E_j)=\int_{M_1}^{M_u}f(M)\mathrm{d}M=1-F(M_1) \qquad \text{若} M_1<M_u$$

$$=0 \qquad \text{若} M_1\geqslant M_u \tag{12.3.47}$$

上面考虑的图 12.3.5 所示的是一种特殊情况，即当已知断层是从垂足点 P 开始向场地的

一侧延伸的。对于图 12.3.6 所示的其他两种 1 型地震源，可以先把它们分为 L_1 和 L_2 两种情况，然后计算两者条件概率之和或差来处理。

(2) 2 型震源区。2 型震源是地表已知断层的具体位置不明，但其方向是已知的。这一模式适用于当一震源区存在一组自平行的发震构造，或断层未出露地表但有理由认为发震构造的方向是已知的。如图 12.3.7 所示，A 表示潜在震源区的面积，震源深度为 h，主要断裂方向为 x。现将震源区面积 A 视为许多小区 dA_i，其中心的坐标为 b，d。现考虑初始断裂点在 ΔA_l 中，而且震级 M 足够大的地震，使得场地处地震动 A 大于 a。假若震级 M 很大，使得断裂超过垂足点 P，则场地至断层最短距离为 r_0，这时震级 M_1 应按式（12.3.41）取为

$$M_1 = \phi_1(a, r_0)$$

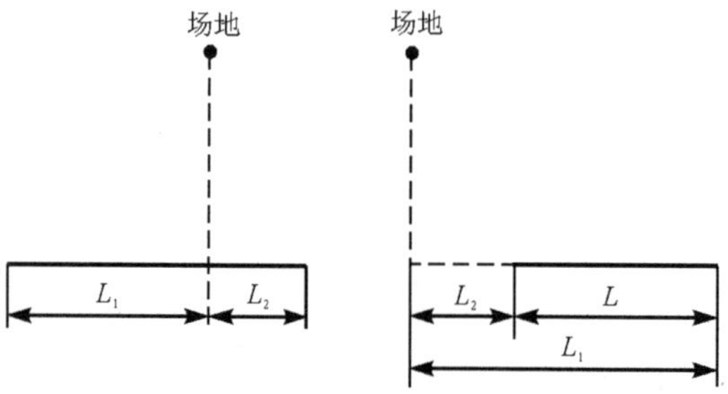

图 12.3.6　线源的一般情况

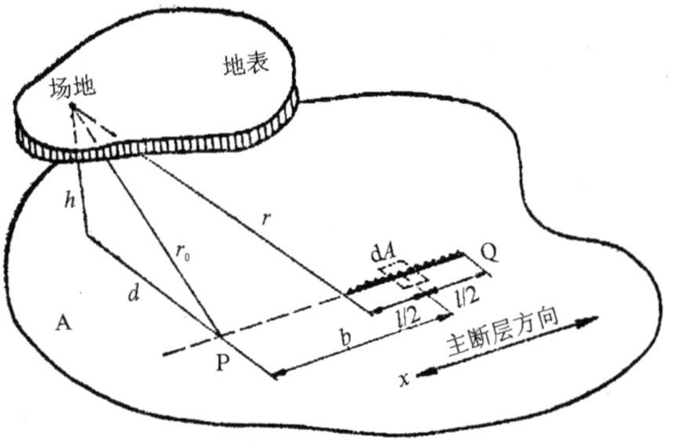

图 12.3.7　面源地震区定向破裂模式

若断裂不到 P 点，则场地至断层最短距离为

$$r = \left[r_0^2 + \left(b - \frac{l}{2} \right)^2 \right]^{1/2}$$

故震级 M_1 为

$$M_1 = \phi_1 \left(a, \left[r_0^2 + \left(b - \frac{l}{2} \right)^2 \right]^{1/2} \right)$$

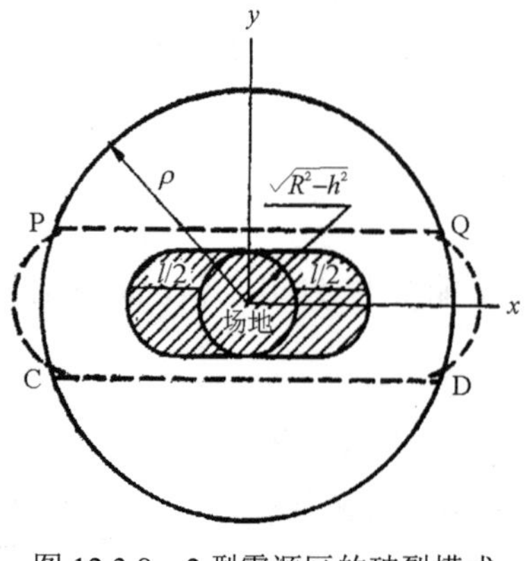

图 12.3.8　2 型震源区的破裂模式

当震级 M 超过 M_1 时，场地地震动 A 即超过 a，故得

$$P(A > a | E_i) = P(M > M_1) = 1 - F(M_1)$$

上面是对于 dA_i 中发生地震而言，下面讨论如何考虑整个潜在震源区 A 中发生地震的条件概率。如图 12.3.8，x 为主断层方向，设只有在距场地 ρ 半径之内发生的地震才对场地可能有影响。对于震级为 M 的地震，若在场地上 $A > a$，则它到断裂的最短距离必须小于 $R = \phi_2(a, M)$，其水平分量为 $\sqrt{R^2 - h^2}$。这表示只有在地震的震级为 M，断层破裂达到以场地为中心，以 $\sqrt{R^2 - h^2}$ 为半径的圆内时，场地地震动

A 才可能大于 a；因此，震源初始破裂点应在 x 方向距此圆周 $l/2$ 的距离之内，即圆中阴影面积之内。

因为假设地震活动性是均匀分布的，所以条件概率 $P(A>a|E_{j,M})$ 等于图中阴影面积与潜在震源面积$\pi\rho^2$之比。对于很大的震级，$\sqrt{R^2-h^2}+\dfrac{l}{2}>\rho$，可以近似用大圆弧 PC 与 QD 代替在 PC 与 QD 附近以 $\sqrt{R^2-h^2}$ 为半径的小圆弧来计算阴影面积，如此即得下述条件概率的公式

$$P(A>a|E_{j,M})=\begin{cases}0 & 若R\leqslant h\\ P_1=\dfrac{R^2-h^2}{\rho^2}+\dfrac{2l}{\pi\rho}\left(\dfrac{R^2-h^2}{\rho^2}\right)^{1/2} & 若\sqrt{R^2-h^2}+\dfrac{l}{2}\leqslant\rho\\ P_2=1-\dfrac{2}{\pi}\arccos\left(\dfrac{R^2-h^2}{\rho^2}\right)^{1/2} & \\ \quad+\dfrac{2}{\pi}\left[\dfrac{R^2-h^2}{\rho^2}\left(1-\dfrac{R^2-h^2}{\rho^2}\right)\right]^{1/2} & 若\rho-\dfrac{l}{2}<\sqrt{R^2-h^2}<\rho\\ 1.0 & 若\sqrt{R^2-h^2}\geqslant\rho\end{cases}\tag{12.3.48}$$

这时条件概率 $P(A>a|E_j)$可以写为

$$P(A>a|E_j)=\int_{M_1}^{M_2}P_1f(M)\mathrm{d}M+\int_{M_2}^{M_3}P_2f(M)\mathrm{d}M+1-F(M_3)\tag{12.3.49}$$

式中，M_1、M_2 与 M_3 按下述条件确定：M_1 为 M_0 与 $M_1'=\phi_1(a,h)$中的较大者；M_2 为满足条件 $\sqrt{R^2-h^2}+\dfrac{l}{2}=\rho$ 的震级，或由下式确定：

$$[\phi_2^2(a,M_2)-h^2]^{1/2}+\frac{l}{2}=\rho\tag{12.3.50}$$

而 M_3 则为 $M_3=\phi_1(a,\sqrt{\rho^2+h^2})$。当然，若 M_1、M_2 或 M_3 大于上限震级 M_u，式（12.3.49）应作相应的修改。

(3) 3 型震源区。对这种震源的了解最少，一般只知道两点，即平均震源深度为 h，潜在震源面积为 A 及其与场地的相对位置。通常用于区内已知断层无明确主要方向，或不知有何主要断层，多见于较小的地震。

假定断裂初始点以均匀概率发生于面积 A 内的任一点，断裂长度 l 可以取任意方向。后一假定表示断裂方向可以在 0～π内均匀分布。现在首先考虑图 12.3.9 中在水平向距场地为 d 处的一单元面积 ΔA_i 的点 F 发生一次震级为 M 的地震。场

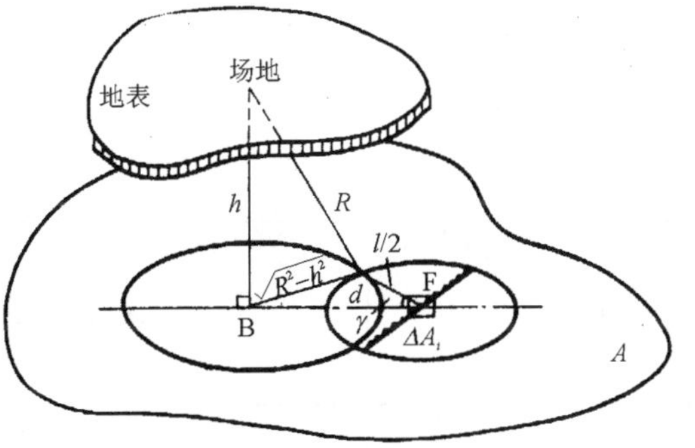

图 12.3.9　无定向震源的破裂模式

地距断层的最短距离 $R=\phi_2(a,\ M)$，因此，只要断裂延伸至以垂足 B 为中心、以$\sqrt{R^2-h^2}$为半径的圆周之内，则场地地震动 A 大于 a。这时，由于断裂是否延伸至B圆内决定于两圆半径及圆心距离，而有多种可能情况，如表 12.3.1，各种情况的条件概率 P 均不相同。从表中的概率 P 可得条件概率为

$$P(A>a|E_i)=\int_{M_1}^{M_2}\frac{2\gamma}{\pi}f(M)\mathrm{d}M+\int_{M_2}^{M_3}\frac{2\alpha}{\pi}f(M)\mathrm{d}M+1-F(M_3) \tag{12.3.51}$$

式中的 M_1、M_2、M_3 分别按下述条件确定：M_1 为 M_0、M'_1 和 M''_1 中之最大者，$M'_1=\phi_1(a,\ h)$，M''_1 相应于条件$\sqrt{R^2-h^2}+l/2=d$，或由下式确定：

$$[\phi_2^2(a,M_1'')-h^2]^{1/2}+\frac{l}{2}=d \tag{12.3.52}$$

M_2 相应于条件$\sqrt{R^2-h^2+\frac{l^2}{4}}=d$，或由下式确定：

$$\left[\phi_2^2(a,M_2)-h^2+\frac{l^2}{4}\right]^{1/2}=d \tag{12.3.53}$$

M_3 相应于条件$\sqrt{R^2-h^2}=d$ 或 $M_3=\phi_1\left(a,\sqrt{d^2+h^2}\right)$。注意，在上面所有公式中，$l$ 并不是常数，而是震级的函数，必须与所求的震级 M''_1 或 M_2 相对应。另外，角度γ与α也都与断裂长度 l 有关，所以都是震级 M 的函数，在求积分时是可变函数。

表 12.3.1　3 型震源的几种情况

情况	$P(A>a\|E_{i,M})$	控制不等式	位置简图
1	0	$R<h$	
2	0	$\sqrt{R^2-h^2}+\frac{1}{2}<d$	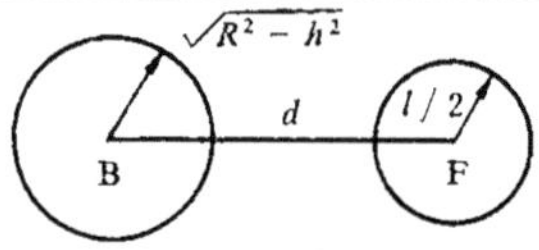
3	$\frac{2\gamma}{\pi}$	$\sqrt{R^2-h^2+(l^2/A)}<d<\sqrt{R^2-h^2}+(l/2)$	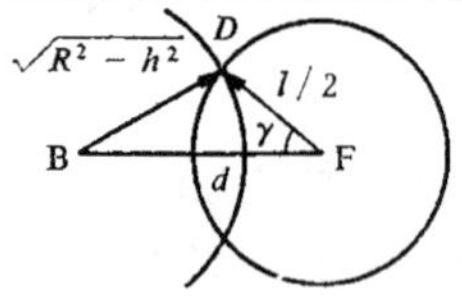
4	$\frac{2a}{\pi}$	$\sqrt{R^2-h^2}<d<\sqrt{R^2-h^2+(l^2/4)}$	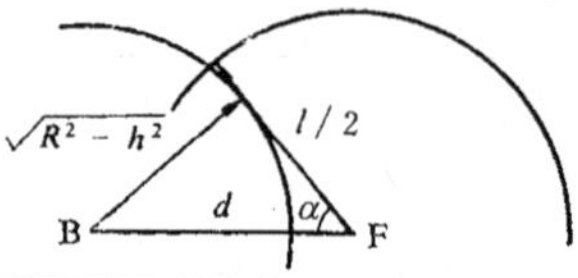
5	1.0	$d<\sqrt{R^2-h^2}$	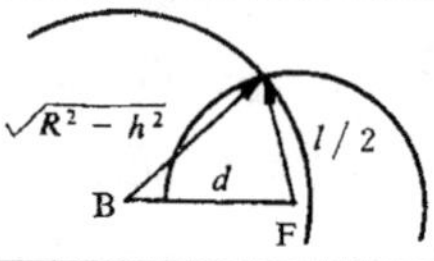

对于远离场地的震源ΔA_i，M_3 甚至 M_2 都可能大于 M_u，这时条件概率分别为

$$P(A \geqslant a \mid E_i) = \int_{M_1}^{M_2} \frac{2\gamma}{\pi} f(M)\mathrm{d}M + \int_{M_0}^{M_u} \frac{2\alpha}{\pi} f(M)\mathrm{d}M \qquad 若 M_2 < M_u < M_3$$

$$= \int_{M_1}^{M_2} \frac{2\gamma}{\pi} f(M)\mathrm{d}M \qquad 若 M_u < M_0 \qquad (12.3.54)$$

另外，由于ΔA_i的确定只与水平距离 d 有关，所以ΔA_i可以定义为一个环状带，面积为$2\pi d \cdot \Delta d$。有了各个环状带发生地震引起的超越概率后，可以容易地求得整个第 j 震源区发生地震引起的超越概率 $P[A \geqslant a \mid E_j]$。

上面结束了关于三种不同了解程度的震源区及其条件概率 $P[A > a \mid E_j]$的估计，这样就可以根据公式（12.3.8）求得一年内场地地震动 A 超过 a 的概率，再从式（12.3.9）求得重现期T_a。

12.3.3.3　模型应用时的参数选择

在应用上述地震危险性模型时，有一些参数或关系需要事先确定，这些关系有的具有地区特性，有的则具有一般性。这些参数和关系包括下述几种：

(1) 物理关系。地震动 A 的衰减关系，A（M，R，场地）；断裂长度 l 与震级 M 的关系 $l(M)$。

(2) 地区地质。各潜在震源的位置和类型。

(3) 统计参数。震级-频度关系中的参数 b 或β，M_0，M_u 和年平均发生率ν。根据经验，对工程有意义的地震动 A 而言，M_0 在 3.5 到 4.5 中变化对所得的危险性估计无显著影响，因此 M_0 常取为 4 左右，甚至更大。重要问题在于在选用实测数据来确定震级-频度关系中的常数时，和在应用此关系计算超过地震动 a 的危险性时，两者中采用的M_0要一致。

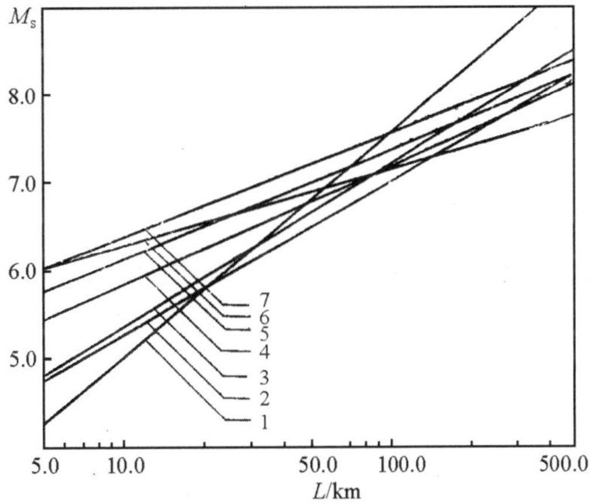

图 12.3.10　断层长度与震级的关系

1. 南美；2. 菲律宾；3. 中国；4. 阿拉斯加—阿留申；5. 日本；6. 土耳其；7. 美国西部

参数ν和 b 或β可以一同从震级-频度关系的确定中得出，此关系的选择应小心，不同ν与β的多种可能组合均应加以考虑，它们对最后估计的危险性可能有重要影响。

上限震级 M_u 对强地震动危险性的估计有重要影响。图 12.3.11 和 12.3.12 中给出 1 型震源的几种结果。由此可见，地震动愈大，则 M_u 的影响愈大，在 M_u 的实用范围（7～9）内，其影响是很大的；对于 1 型震源，断层长 L 在超过 100km 后影响大多较小，对于 $L \geqslant 300$km 或无限长的断层，差别更小。

12.3.4　不确定性的影响

前述一些关系，如潜在震源区的划分、地震动衰减关系和断层长度与震级的关系，都包含有很大的不确定性。在危险性分析中采用的这些关系均属其平均关系。正如当考虑到材料强度或荷载大小的离散性对结构破坏概率的影响一样，我们应当了解危险性分析中采用关系的离散性对危险性估计的影响。

洪华生等在考虑这一影响时，把它表示为使地震动 A 增大的方式，即考虑各种不确定性

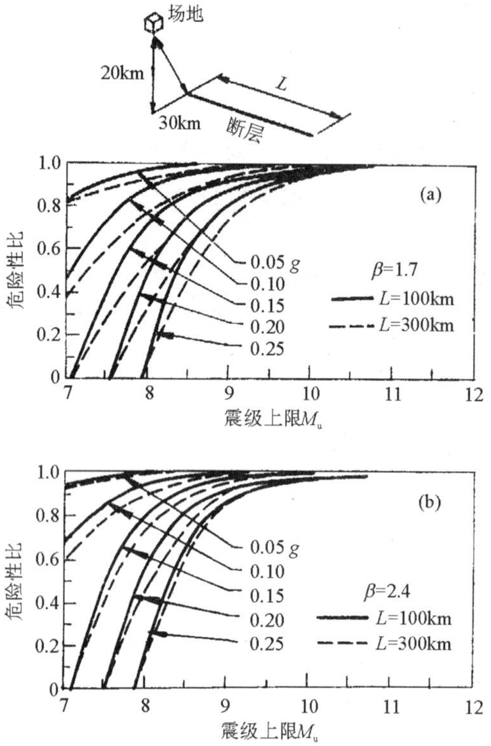

图 12.3.11　震级上限对危险性的影响

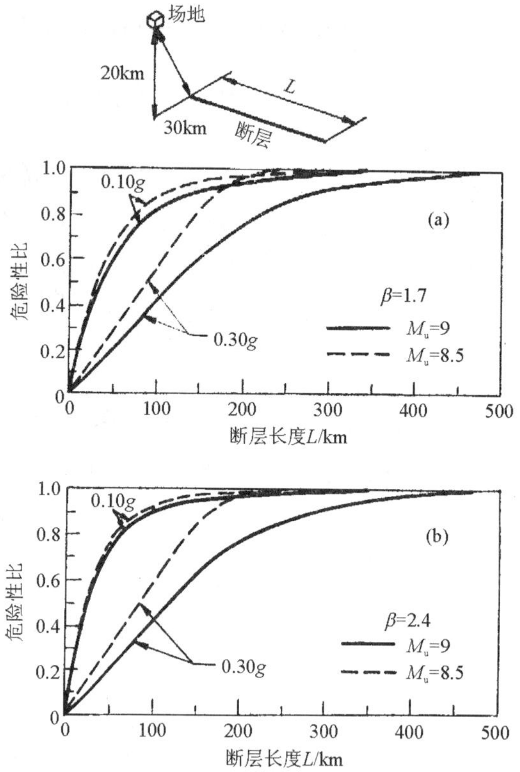

图 12.3.12　断层长度对危险性的影响

之后，实际的地震动 A_a 变为εA，$\varepsilon>0$。当只考虑地震动衰减关系和断层长度-震级关系这两种不确定性时，取$\varepsilon=\varepsilon_1\varepsilon_2$，$\varepsilon_1$ 表示地震动衰减式（12.3.2）中随机变量ε的不确定性影响，ε_2 表示断层长度-震级关系不确定性对地震动的影响。ε_1 与ε_2 都是随机变数，其平均值均接近于 1.0，假若采用的关系是平均关系，则它们的离散系数Ω_1 和Ω_2 就表示各自的不确定性。按第一次近似考虑，则得

$$E[\varepsilon]\cong 1.0,\qquad \Omega\cong(\Omega_1^2+\Omega_2^2)^{1/2} \tag{12.3.55}$$

过去部分资料表明，Ω_1=0.54～0.84，Ω_2=0.17～0.30。在考虑到不确定性之后，超过 a 的概率就可以写为

$$P(A_a>a)=P(\varepsilon A>a)=\int_0^\infty P(\varepsilon A>a|\varepsilon=\mu)f(\mu)\mathrm{d}\mu$$

$$=\int_0^\infty P(A>\frac{a}{\mu})f(\mu)\mathrm{d}\mu$$

式中，$f(\mu)$为ε的概率密度函数。因为在ε中ε_1 占主导地位（因为$\Omega_1>\Omega_2$），而地震动加速度和速度 A 近似于对数正态分布，所以ε的分布函数 $f(\mu)$可以认为是对数正态的。

洪华生等曾就旧金山的地震危险性进行具体分析。图 12.3.13（a）给出所考虑的潜在震源区，震源区 1～3 是 1 型，它们按次序为圣安德烈斯断层、海沃德断层和加拉维拉斯断层；震源区 4～9 为 2 型，并给出了各自的可能范围；震源区 10～19 为 3 型，用圆环区表示。采用的断裂长度震级关系为 $l=\exp(0.84M-1.08)$；加速度衰减关系为 $A=0.135(R+25)^{-1.52}\cdot e^{0.58M}$，

以 g 为单位。

表 12.3.2　五种可能组合

情况	b	M_0	$N(M_0)$
1	1.22	4.0	1.57
2	1.22	4.5	0.88
3	1.30	4.0	1.57
4	1.39	4.0	2.35
5	1.22	4.0	1.57

根据当时的资料，他们取 M_0=4 或 4.5，在分析震级-频度关系时，考虑了三种可能的β值，即β=1.22，1.30 和 1.39，与之相应的震级≥M_0 的地震的年平均发生率 $N(M_0)$分别见表 12.3.2。利用前述断层破裂模型的计算公式可以分别求得各潜在震源对场地加速度 A 可能超过 a 的概率 $P(A>a|E_i)$及各潜在震源区的影响之和，如图 12.3.13（b）所示，图中横坐标最大地震加速度即为 a。从此图中可以看出以下两点结论：第一，影响场地最主要的震源区是圣安德烈斯断层，影响最小的是 10 个 3 型震源影响之和；大加速度主要决定于前者，如 a=0.3g 就完全是前者的影响，这是因为圣安德烈斯断层距场地最近而可能的震级又大；第二，图中还给出了唐诺万根据点源模型得到的结果，由此可见，点源模型得到的结果总是低估了危险性，特别在加速度较大时，这是由于断层破裂模型有更多的机会使断层接近场地。例如在 a=0.35g 时，点源模型的重复期为 1000 年，而破裂模型仅为 180 年。图中还给出了不确定性校正后的结果，由此可见这一影响是很大的，它大约使危险性加大了一倍。

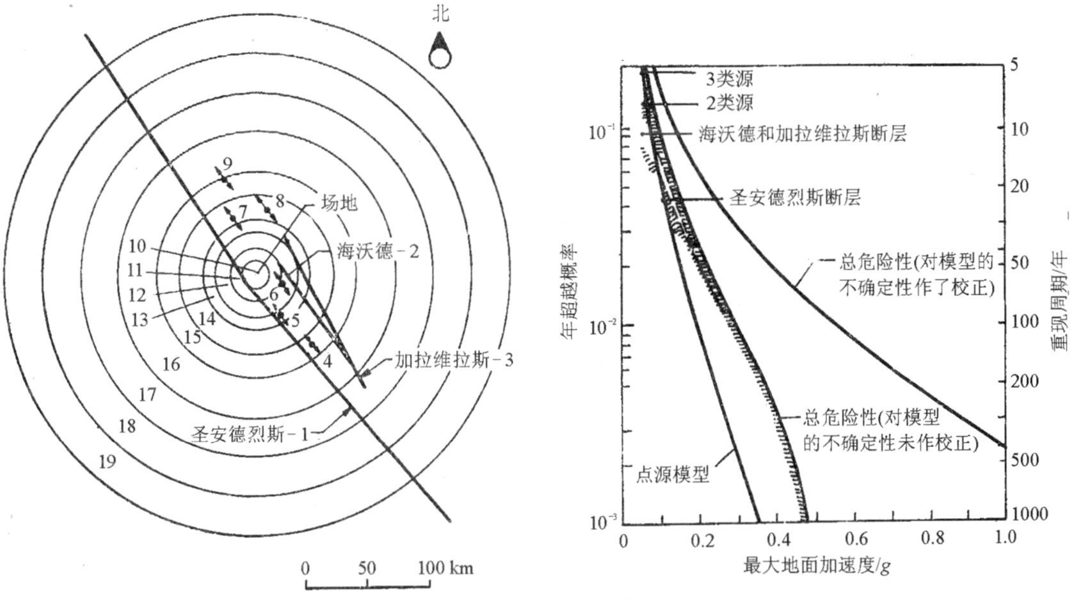

(a) 理想化震源　　　　(b) (加速度)危险性估计

图 12.3.13　旧金山场地的危险性分析（例）

12.3.5　地震动危险性分析在重要工程设计中的应用

地震动危险性分析的主要目的之一是为在第 12.4 节中将要讨论的结构危害性分析用的，但该方法也可以直接用来研究给定场地的地震动，并已直接应用于工程设计。

直接将地震动危险性分析用于工程的有两大方面，一个是地震区划，将在第 12.5 节中讨论；另一个是在重要工程建设项目中的应用，本节将作一简略介绍。

对于特殊或重大工程建设，如核电站、危险化工设备、特大桥梁或水坝与海洋平台，其抗震设计都有专门的要求。在地震动方面，要求对具体工程场地给出在一定危险性概率下设计中应采用的地震动。这种要求，一般是给出地震动加速度值（在一定超越概率下的），有时还要求给出由地震动加速度和速度值决定的频谱和持续时间，以及一组满足此规定的地震动时程 $a(t)$，如 1978 年的美国 ATC-3 和 1979 年的日本新抗震设计规范（见第 14.2 节）。

下面通过一个例子来说明这一应用（Cornell，1968）。图 12.3.14 给出了厚冲积平地上场地 D 附近有影响的 4 个地震区：两个线状地震带 1 和 2；一个面状地震区，可能的震源在 AB 线的下方；一个点地震源。在整个地区内，均取 b=1.6，M_0=4，h=28.3km。年平均发生率为 $\bar{\nu}=1.0\times10^{-4}$/km（线源 1 和 2），$1.0\times10^{-6}/\text{km}^2$（面源），0.09（点源）。图 12.3.14 中绘出了求面源的几个扇区，表 12.3.3 给出了场地地震动加速度 a、速度 v 和位移 d 受 4 个地震区影响的有关系数的计算。计算是按点源断裂考虑的。最后得到的结果是：在 T 年内最大加速度 a、速度 v 和位移 d 的概率积累分布为

$$F(a)=\exp(-14.7Ta^{-2})$$
$$F(v)=\exp(-0.0367Tv^{-1.6})$$
$$F(d)=\exp(-0.142Td^{-1.33})$$

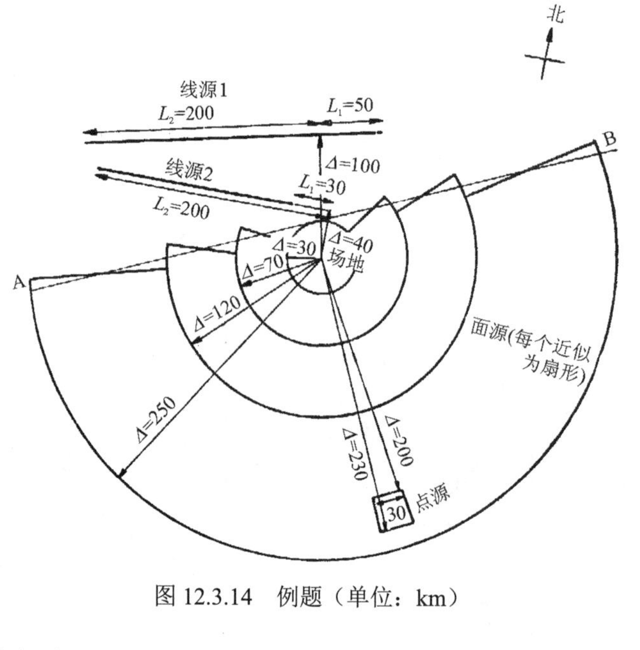

图 12.3.14　例题（单位：km）

从上式可得年最大值超过 a、v 和 d 的概率、重复期和与重复期相应的地震动最大值分别为

$$1-F(a)\cong 14.7a^{-2}\quad T_a=0.681a^2\quad a=3.83T_a^{0.5}$$
$$1-F(v)\cong 0.0367v^{-1.6}\quad T_v=27.3v^{1.6}\quad v=0.126T_v^{0.625}$$
$$1-F(d)\cong 0.142d^{-1.33}\quad T_d=7.05d^{1.33}\quad d=0.231T_d^{0.75}$$

假若以 200 年重复期为基础来确定设计反应谱，则设计地震动为 a_{200}=55cm/s^2=0.054g，v_{200}=3.5cm/s，d_{200}=12.5cm。用这些值，根据纽马克（见第 13.4.8 节）对核电站设计的建议可得图 12.3.15 所示的设计反应谱。

从上述超过概率表示中 a、v 与 d 的幂来看，可知若各地震动量均按同一给定比例增加，

表 12.3.3　例题参数计算（表中符号参见第 12.3.2 节）

地震区			d/km	r_0/km	G_j			$\bar{v}_j G_j$		
					a	v	d	a	v	d
线源 1	右部		104	115.3	5.12×10^{-7}	1.73×10^{-4}	3.66×10^{-3}	5.12×10^{-11}	1.73×10^{-8}	3.66×10^{-7}
	左部		104	241	1.06×10^{-6}	3.17×10^{-4}	5.99×10^{-3}	10.6×10^{-11}	3.17×10^{-8}	5.99×10^{-7}
线源 2	正部		49	206	3.18×10^{-5}	1.98×10^{-3}	1.55×10^{-2}	318×10^{-11}	19.8×10^{-8}	15.5×10^{-7}
	负部		49	57.5	-7.28×10^{-6}	-0.94×10^{-3}	-1.082×10^{-2}	-72.8×10^{-11}	-9.4×10^{-8}	-10.82×10^{-7}
面源	扇形	α								
	1	2π	28.3	45	24.9×10^{-4}	2.44×10^{-1}	1.76	249×10^{-11}	24.4×10^{-8}	17.6×10^{-7}
	2	4.38	45	75.5	7.0×10^{-4}	1.14×10^{-1}	1.28	70×10^{-11}	11.4×10^{-8}	12.8×10^{-7}
	3	3.78	75.5	123.5	2.11×10^{-4}	0.65×10^{-1}	0.98	21.1×10^{-11}	6.5×10^{-8}	9.8×10^{-7}
	4	3.44	123.5	252	0.8×10^{-4}	0.61×10^{-1}	1.16	8.0×10^{-11}	6.1×10^{-8}	11.6×10^{-7}
	5	π	252	∞	0.23×10^{-4}	0.6×10^{-1}	10.49	2.3×10^{-11}	6.0×10^{-8}	104.9×10^{-7}
点源				216	4.7×10^{-10}	4.4×10^{-7}	1.1×10^{-6}	4.3×10^{-11}	4.1×10^{-8}	9.8×10^{-7}
总和								616×10^{-11}	73.7×10^{-8}	182×10^{-7}

参数　h=28.3km，β=1.6，M_0=4，$A=b_1 e^{b2M} R^{-b3}$

A	b_1	b_2	b_3	c
加速度/(cm/s^2)	2000	0.8	2.0	2.4×10^{9}
速　度/(cm/s)	16	1.0	1.7	4.98×10^{4}
位　移/cm	7	1.2	1.6	7.8×10^{3}

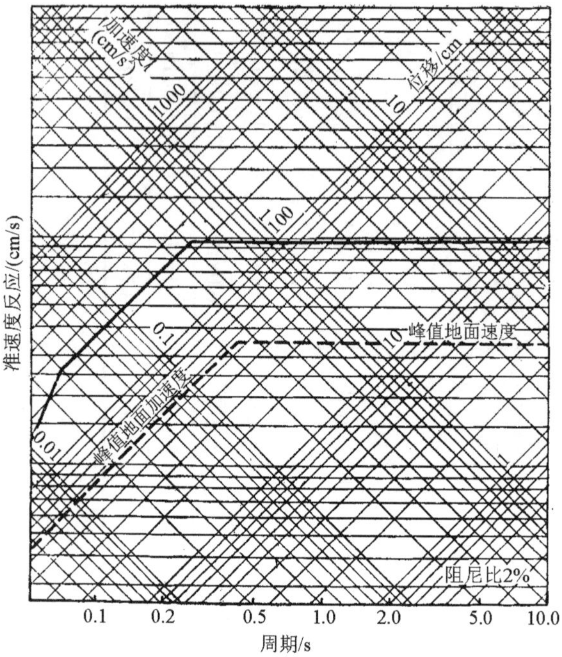

图 12.3.15　例题的设计反应谱

则危险性（由超过概率 $1-F$ 或 $1/T$ 来衡量）以加速度降低得最快，位移降低得最慢。这一结果意味着：若将地震动设计值增加同一比例，则短周期结构比长周期结构危险性降低得更多。

另外，从表 12.3.3 的数值来看，对加速度危险性影响最大的是最近的断层（当震级是一样的时候），甚至是较小的、更常发生的地震也可以使局部的加速度很大；但是更远的地震区则对长周期结构有显著影响，因为在位移危险性中它们的影响显著增加（由 v_jG_j 表示）。位移随距离的衰减较慢，故远震也有明显影响。这说明 d_{200}=12.5cm 远大于与 a_{200}=0.054g 所对应的位移。

12.4　结构易损性与地震危害性分析[①]

本章一开始就介绍过，地震危害性分析的概率理论包括地震危险性、结构易损性和结构危害性这三个部分。第 12.3 节详细介绍的地震危险性分析是这三个部分中应用最早、了解较多的。后两个部分了解得相对较少。

结构易损性研究是对结构物的抗震强度进行估计。首先根据使用要求，用多个极限状态来定义结构物的不同破坏程度，这些极限状态可以用确定的物理量或主观的模糊量来描述，然后考虑结构强度的随机性，认为结构任一极限状态的强度或抗力都需要用概率分布描述，而易损性就定义为所有极限状态的概率分布，如图 12.4.1（b）中的 $f_i(R)$。当前的主要困难在于缺乏一个大家满意的极限状态定义，即如何定义结构物的破坏及其概率描述，并将此与地震动联系起来。当前的地震危害性分析是根据一些简化的结构破坏理论进行的，如二态准则、多态准则和渐变破坏准则，都是以单参数为指标的。本节将详细介绍单指标破坏准则的危害

① Lomnitz and Rosenblueth，1976，见第九章。

性分析，最后再简单介绍关于双指标破坏准则的研究。

12.4.1 结构破坏状态与易损性

在作决策时，人们需要知道各种设计方案在结构使用寿命中可能遇到的易损性，在抗震设计中也要知道地震引起的结构破坏的易损性。易损性是由各种地震影响与结构各种反应两者共同决定的，其中包括地震动[①]A、地震反应 Q 和地震反应的容许值 R 这三个因素，结构破坏状态就决定于估计的地震反应是否超过其容许值。例如一般房屋的抗震设计，常常涉及层间剪力与层间变形，在所考虑的地震动下结构中可能产生的最大层间剪力与变形就是地震反应 Q，它决定于地震动特性和结构动力特性；而房屋各层实际上所能承担的极限层间剪力与极限层间变形就是 R，它决定于结构局部或构件的抗力。

12.4.1.1 破坏状态

如图 12.4.1（a），它可以是层间剪力 Q 与层间变位$\varDelta$的恢复力骨架曲线，实线是实际试验结果，虚线是简化结果。R_y 与$\varDelta_y$ 是弹性极限剪力与变位，R_{max} 与$\varDelta_{max}$ 是极限剪力与极限容许变位，延性系数为$\mu_{max}=\varDelta_{max}/\varDelta_y$。$R_y$ 与$\varDelta_y$ 对应于弹性极限抗力，R_{max} 与$\varDelta_{max}$ 或μ_{max} 对应于破坏极限抗力，两者都可称为反应容许值 R。对于给定结构，它在地震动下的反应估计值 Q 可以为图中实线或虚线（包括水平虚线的右延伸使$\varDelta$超过$\varDelta_{max}$ 的部分）上的任意值，视地震动的特性而定，Q 可以大于、等于或小于其容许值 R。

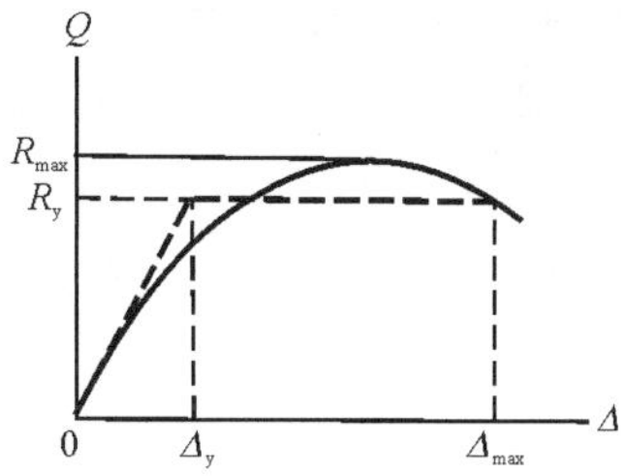

图 12.4.1(a) 结构反应与抗力

结构物的状态就是由 Q 与 R 的关系决定的。结构物的强度或易损性就决定于这些 R 值的大小及其出现的概率的大小，R 值愈小，其被超过的概率愈大，则结构的易损性愈大。下面以二态和五态破坏准则为例来定义结构物的状态。

二态准则	$Q<R_0$	完好	状态 0	S_0
	$Q>R_0$	破坏	状态 1	S_1
五态准则	$Q<R_0$	完好	状态 0	S_0
	$R_0<Q<R_1$	轻微破坏	状态 1	S_1
	$R_1<Q<R_2$	中等破坏	状态 2	S_2
	$R_2<Q<R_3$	严重破坏	状态 3	S_3
	$R_3<Q$	完全破坏	状态 4	S_4

在二态准则中，只有一种破坏状态，在五态准则中，则有四种破坏状态，这些破坏状态均由结构抗力 R_i 来确定。这里用 S_i 来表示第 i 状态，S_0 是完好状态，S_i 是第 i 种破坏状态。图 12.4.1（a）所示的情况可以看做是三态准则，R_y 或$\varDelta_y$ 作为 R_0，R_{max} 或$\varDelta_{max}$ 作为 R_1，$Q<R_0$ 为完好，$R_0<Q<R_1$ 为中等破坏，$R_1<Q$ 为完全破坏状态。

在实际应用中，结构反应 Q 也可以是震害或经济损失，并按此而作状态的划分。例如用 Q 表示强地震引起的经济损失，R_0=1%建造费，R_1=4%，R_2=10%，R_3=30%，R_4=50%，即为六态准则划分。

① 在本书中，地震动 A 用来泛指所有地震动的有用参数，可以把它看做是一个包括这些参数在内的矢量。

12.4.1.2　结构破坏状态与地震动的关系

结构破坏状态与地震动的关系是通过结构地震反应来定义的。首先，需要选定可以造成结构破坏的主要反应变量。例如在多层房屋中，结构反应量很多，有梁或柱中的轴力、剪力和弯矩，及与之相应的变形，但是它们有的只有局部影响，对于结构总体反应影响不大，所以一般不采用这种反应，而是以层间剪力与变形作为结构破坏指标。这种具有总体性的反应 Q 当然是由地震动 A 和结构动力特征共同决定的。因此，我们所要研究的结构破坏状态与地震动的关系可以用条件概率 $P[R_i|A]$来表示，它表示在地震动已知为 A 时，结构反应 Q 与 R_i 的相对大小关系的概率，即 $R_{i-1}<Q<R_i$ 发生的概率，或状态 S_i 发生的概率 $P[S_i|A]$。这里，地震动 A 从原则上可以是很复杂的地震动表示，如地震动时程 $a(t)$，但是在实用中常常只是一个单一的参数，如最大加速度、速度或地震烈度，有时也用反应谱。

在地震危害性分析中，国际上通用的只限于考虑地震动 A 的一个单一参数，其发生的概率 $P[A]$由上节介绍的地震动危险性分析来确定。

12.4.2　危害性分析

狭义而言，危害性就是结构物出现某种破坏状态的概率。假若结构破坏状态与地震动都是离散变量，如前所假定，则结构物出现第 i 种破坏状态 S_i 的概率为

$$\begin{aligned}P[S_i]&=\sum_j P[S_i|A_j]P[A_j]\\&=\sum_j(P[<R_i|A_j]-P[<R_{i-1}|A_j])\cdot P[A_j]\end{aligned}\tag{12.4.1a}$$

$$P[S_i]=\sum_j P[S_i|A_j](P[A_j]-P[A_{j+1}])\tag{12.4.1b}$$

式（12.4.1a）用于 A_j 为离散变量时，如地震烈度，式（12.4.1b）用于 A_j 为连续变量的离散划分时，这时 A_j 到 A_{j+1} 划分为 A_j。式中 $P[<R_i|A_j]$ 为在给定 A=A_j 时，反应 $Q<R_i$ 的条件概率；$P[<S_i|A_j]$ 为在给定 A=A_j 时，状态 S_i 出现的概率，它显然等于 $P[<R_i|A_j]-P[<R_{i-1}|A_j]$ 或 $P[>R_{i-1}|A_j]-P[>R_i|A_j]$。对于二态准则，由于只存在一个抗力 R_0，故上式简化为

$$P[S_1]=\sum_j P[S_1|A_j]P[A_j]=\sum_j P[>R_0|A_j]P[A_j]\tag{12.4.2}$$

假若地震动 A 是连续随机变量，如地震动最大加速度或速度，则结构物出现第 i 种破坏状态的危害性为

$$P[S_i]=\int(P[>R_{i-1}|A_j]-P[<R_{i-1}|A])f(A)\mathrm{d}A\tag{12.4.3}$$

式中，$f(A)$是地震动 A 的概率密度函数，其概率积累函数为 $F(a)=P[<A]=\int_0^A f(a)\mathrm{d}a$。假若结构物反应也是连续随机变量，则上式变为

$$\begin{aligned}P(S_i]&=P[<R_i]-P[<R_{i-1}]=\int_{R_{i-1}}^{R_i}\frac{\mathrm{d}P[<R]}{\mathrm{d}A}\mathrm{d}A\\&=\int_{R_{i-1}}^{R_i}F(R\mid A)f(A)\mathrm{d}A\end{aligned}\tag{12.4.4}$$

式中，$F[R|A]=P[<R|A]$为在地震动已经出现 A 值时，反应小于 R 的条件概率；$\mathrm{d}P[<R]/\mathrm{d}A=F(R|A)f(A)$即为地震动为 A 值、反应小于 R 的概率密度。

上面的危害性分析是在结构抗力 R_i 为确定值的假定下进行的。事实上，由于结构物的几何尺寸与强度、刚度等许多不确定性影响，R_i 常常不是确定性的，而是随机变量，这时就要用 R_i 的概率分布来表示其规律。如图 12.4.1（b）中实线所示，$F_i(R)=P_i[<R]$为第 i 个抗力 R_i 的概率积累分布，$f_i(R)=\mathrm{d}F_i/\mathrm{d}R$ 为概率密度函数；所有抗力的$f_i(R)$的集合即为结构易损性。图中虚线表示 R_i 为确定变量。为了求得在这种情况下的危害性，先要求得在所有可能的地震动 A 下反应正好等于 Q 的概率密度函数$f(Q)$：

$$f(Q)=\int_0^{\infty} f(Q\mid A)f(A)\mathrm{d}A \tag{12.4.5}$$

式中，$f(Q|A)=\mathrm{d}F(Q|A)/\mathrm{d}Q$ 为在地震动已经出现 A 值时，反应正好为 Q 值的概率密度。在考虑到抗力 R_i 的随机性后，出现破坏状态 $S_i(R_{i-1}<Q<R_i)$的概率即为

$$\begin{aligned}P[S_i]&=P[>R_{i-1}]-P[>R_i]=\int_0^{\infty}F_{i-1}(Q)f(Q)\mathrm{d}Q-\int_0^{\infty}F_i(Q)f(Q)\mathrm{d}Q\\&=\int_0^{\infty}[F_{i-1}(Q)-F_i(Q)]f(Q)\mathrm{d}Q\end{aligned} \tag{12.4.6}$$

注意，上式中 $P[>R_i]$表示地震反应 Q 大于抗力 R_i，$F_i(Q)$表示结构抗力 R_i 小于 Q 值的概率积累分布。

上述危害性分析结果明显指出，地震危害性分析包括三个因素，即地震动活动性$f(A)$、结构反应分析 $F(Q|A)$或$f(Q|A)$、结构抗力 R。地震动活动性分析已在第 12.2 节中讨论，它有两个组成部分，一个是地震带区的划分和地震活动性，这主要是地震学家们的职责；一个是地震动 A 中参数的选择及其衰减规律，这应该是地震学家与地震工程学家们的共同职责，可能还应以后者为主，因为地震动参数的选择应该以它对结构物影响的重要大小为根据。结构反应分析已在第七章中考虑，结构抗力已在第十章中考虑，这两个因素的确定都是地震工程学者们的职责。

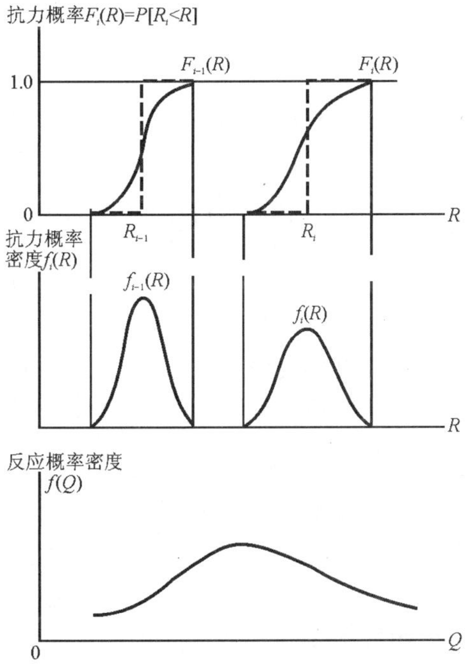

图 12.4.1(b) 结构抗力的概率分布 $F_i(R)$与$f_i(R)$和结构反应的概率分布 $f(Q)$

下面介绍破坏状态划分的现有主要成果。

12.4.3 二态准则的危害性分析

12.4.3.1 随机地震动

最简单的结构破坏准则是二态准则。它假设结构只有完好与破坏这两个可能的状态，或者说它将结构状态划分为这两个状态。出现破坏状态的概率就是结构的危害性，由式（12.4.2）计算。二态准则的破坏状态定义已在前节介绍，现在只需要研究如何确定条件概率 $P[S_1|A_j]$和地震动超过 A 的概率 $P[A_j]$。

(1) 超越概率。现在结构反应中普遍采用的理论是地震反应 Q 与地震动 A 都可以只用一个参数代表，即地震动 A 可用最大加速度、速度或地震烈度，地震反应 Q 可用最大剪力、最大内力或最大变形，而且在 Q 与 A 两者之间存在单值函数关系，即

$$Q = Q(A) \qquad 或 \qquad A = A(Q) \tag{12.4.7}$$

在弹性体系反应中，上述关系是线性的；在非弹性体系反应中，两者的关系可以很复杂。当前广泛采用的假定是结构反应超过反应容许值或结构抗力 R_0 的概率 $P=P[>R_0]$，就等于地震动超过 $A=A(R_0)$的概率 p，通常可近似取它等于下式：

$$p = cA^{-k} \tag{12.4.8}$$

由于上式的建立包括了地震动 A 与反应 Q 的关系（12.4.7）以及结构抗力 R_0，所以系数 c 与 k 就是结构动力特性与强度特性的函数；另外，又由于上式表示地震动超过 A 的概率，又考虑了地震动危险性，所以系数 c 与 k 又是地震活动性与衰减规律的函数。

式（12.4.8）中惟一尚未考虑的因素是在场地处地震动出现 A 值的概率。令 ν 表示地区强地震年平均发生率，则地震动超过 A 值的年平均率为

$$\nu_a = \nu p = \nu c A^{-k} \tag{12.4.8a}$$

令 S_1^n 表示结构物在其使用寿命期 T 年内正好发生 n 次破坏状态 S_1 的事件。这里假设结构物在发生一次 S_1 事件后，在下一次地震到来之前就已经修复到原来完好的状态。在确定性危害性分析中，S_1^n 相当于地震动正好 n 次超过 $A=A(R_0)$。这时，根据泊松分布规律可得

$$P[S_1^n] = (\nu_a T)^n \cdot e^{-\nu_a T} / n! \tag{12.4.9a}$$

因此，结构物在 T 年中始终未发生破坏的概率 $P[S_1^0]$ 为

$$P[S_0] = P[S_1^0] = e^{-\nu_a T} = \exp(-\nu c T A^{-k}) \tag{12.4.9b}$$

这就是极值II型分布。最后即得结构至少受到一次破坏的概率为

$$P[S_1] = 1 - P[S_0] = 1 - \exp(-\nu c T A^{-k}) \tag{12.4.10}$$

和公式（12.4.2）相比，上述推导用式（12.4.7）、（12.4.8）的假定代替了条件概率 $P[S_1|A_j]$，而 $P[A_j]$和求和则是通过泊松分布来计算的。

例 若对某一地点，式（12.4.8a）超过 A 的年平均率为

$$\nu_a = 0.0004 A^{-2}$$

这里 A 以重力加速度 g 为单位，它表明 $A \geqslant 0.1g$ 的重复期为 $T=1/\nu_a=(0.04)^{-1}=25$ 年。假若一房屋是按 $0.2g$ 的最大加速度设计的，即要求在 $0.2g$ 时不损坏，这就表明 $R_0=R(0.2g)$。由式（12.4.10）可知，在 $T=50$ 年内，加速度将超过 $0.2g$ 至少一次的概率 ν_a 和结构破坏的概率或危害性 $P[S_1]$分别为

$$\nu_a = 0.0004(0.2)^{-2} = 0.01$$

$$P[S_1] = 1 - e^{-0.01(50)} = 0.39$$

用同样的步骤可以计算出按 $0.3g$ 和 $0.4g$ 设计的房屋的危害性分别为 0.2 和 0.12。

(2) 设计地震动。上述地震危害性分析可以用来作为定义设计地震动的依据。例如，人

们可以根据经验选定在结构使用寿命期内超越概率为10%的地震加速度作为设计地震动 A。这时，根据式（12.4.9）得

$$
\begin{aligned}
&P[S_0]=1-0.1=0.9=\exp(-\nu cTA_{0.1}^{-k})\\
&\nu cTA_{0.1}^{-k}=0.1054\\
&A_{0.1}=(\nu cT/0.1054)^{1/k}
\end{aligned}
$$

假若用地震烈度 I 表示地震动，则应用下式代替式（12.4.8a）：

$$
\nu_I=\nu \mathrm{e}^{-c_1 I} \tag{12.4.11}
$$

它表示地震烈度超过 I 的年平均率。最后即得结构危害性为

$$
P[S_1]=1-\mathrm{e}^{-\nu_I T}=1-\exp(\nu T\mathrm{e}^{-c_1 I}) \tag{12.4.12}
$$

例　若对某一地区有 ν_I=2000$\mathrm{e}^{-1.53I}$，它表明 I≥Ⅻ的重复期为23年。由上式可得，在50年内烈度超过Ⅷ、Ⅸ、Ⅹ的概率分别为0.35，0.09和0.02。

12.4.3.2　随机抗力

在二态准则中，式（12.4.6）可以写为

$$
P[S_1]=P[>R_0]=\int_0^\infty F_0(Q)f(Q)\mathrm{d}Q \tag{12.4.13}
$$

在地震动 A 是连续量而且结构抗力 R_0 是随机量时，当地震动 A 达到特定值 A_0=$A(R_0)$时，结构物不一定破坏。下面假设抗力 R_0 的概率积累分布 $F_0(R)$=$P[<R_0]$=$F_0(A(R))$为

$$
F_0(R)=F_0(A)=\begin{cases}0 & A<A_0\\ \left(\dfrac{A-A_0}{A_0}\right)^2 & A_0<A<2A_0\\ 1 & 2A_0<A\end{cases}
$$

注意，在 $F_0(A)$中，A=$A(R)$，A_0=$A(R_0)$都是通过地震动参数 A 来表示抗力的，参见图12.4.1。

地震动超过 A 值的概率由式（12.4.9b）给出，其对 A 的微分即为概率密度分布 $f(A)$，

$$
f(A)=\frac{\mathrm{d}}{\mathrm{d}A}[\exp(-\nu cTA^{-k})]=k\nu cTA^{-k-1}\exp(-\nu cTA^{-k})
$$

这时，由于已经将公式（12.4.13）中的变量 R 都改为地震动 A 来表示，故最后得危害性为

$$
\begin{aligned}
P[S_1]=P[>R_0]&=\int_0^\infty F_0(A)\cdot f(A)\mathrm{d}A\\
&=\int_{A_0}^{2A_0}\left(\frac{A-A_0}{A_0}\right)^2\cdot f(A)\mathrm{d}A+\int_{2A_0}^\infty f(A)\mathrm{d}A\\
&=\int_{A_0}^{2A_0}\left[\left(\frac{A}{A_0}\right)^2-2\frac{A}{A_0}\right]f(A)\mathrm{d}A+\int_{A_0}^\infty f(A)\mathrm{d}A\\
&=\int_{A_0}^{2A_0}\left[\left(\frac{A}{A_0}\right)^2-2\frac{A}{A_0}\right]((k\nu cTA^{-k-1})\exp(-\nu cTA^{-k}))\mathrm{d}A+[1-\exp(-\nu cTA_0^{-k})]
\end{aligned}
$$

式中右边第二项是确定抗力 $R_0(A_0$=$A(R_0))$时的解，见式（12.4.10）；第一项是考虑到抗力 R_0

的随机性 $F_0(R)$之后的修正。

例 如前例，取 νc=0.0004，k=2，T=50 年，则 νcT=0.02，当取 A_0=0.3g 时，由上式得危害性为

$$P[S_1] = -0.12 + 0.20 = 0.08$$

由此看来，不考虑抗力 R_0（用 A_0）的随机性，则危害性为 0.20，考虑抗力 R_0（或 A_0）的上述修正后，危害性降为 0.08，似乎影响很大。实际原因在于上述比较是不恰当的。对于所给的 $F_0(A)$，抗力 R（用 A 表示）在 A_0 到 $2A_0$ 之间呈三角形分布，重心在(5/3)A_0 处，所以抗力的平均值不在 A_0，而应该取为(5/3)A_0。因此，若将具有此分布的抗力简化为确定性抗力时，A 值应取为 A=(5/3)A_0=0.5g，这时由式（12.4.10）得危害性为

$$P[S_1] = 1 - \mathrm{e}^{-0.02A^{-2}} = 0.077$$

它与按随机变量所得的结果 0.08 是一样的。这一结果说明，上述抗力 R_0 的离散性对危害性的影响并不大。

假若用地震烈度 I 代替地震动 A，并用式（12.4.11）表示地震烈度超过 I 的年平均率，则式（12.4.6）应改为

$$P[S_1] = \Sigma F_0(I) \cdot P(I)$$

$$P[I] = P[<I+1] - P[<I] = \exp(-\nu T\mathrm{e}^{-c(I+1)}) - \exp(-\nu T\mathrm{e}^{-cI})$$

注意，这里 $P[<I] = F(I) = \exp(-\nu T\mathrm{e}^{-cI})$，这就是冈贝尔极值 I 型分布。这时，通过地震烈度表示的结构抗力 R_0 的积累概率分布 $P[<R_0]$与图 12.4.1 相似，表 12.4.1 中给出一个例子。它大致适用于美国 1947～1969 年按加州房屋规范设计的房屋，R_0 意味着修复费为修建费的 10%以上的中等至严重破坏。与采用地震动 A 时相同，和式（12.4.6）相比，在 $P[I]$的计算中已经包括了 $P[<R_i|A]\cdot f(A)$的影响，而且是用积累分布的差分代替密度函数 $f(A)$，所以式（12.4.6）中的连续积分也改变为上式中的有限和。

表 12.4.1 用地震烈度 I 表示的二态准则危险性分析例题

地震烈度 I	Ⅴ	Ⅵ	Ⅶ	Ⅷ	Ⅸ	Ⅹ
$P[<R_0]$	0	0	0	0.22	0.8	1.00
ν_I	9.3×10^{-1}	2.0×10^{-1}	4.3×10^{-2}	9.3×10^{-3}	2.0×10^{-3}	4.3×10^{-4}
$P[I]$	4.5×10^{-5}	0.120	0.510	0.280	0.070	0.020
$P[<R_0]\cdot P[I]$	0	0	0	0.062	0.056	0.020

例 设式（12.4.10）为 $\nu_I=2000\mathrm{e}^{-1.53I}$，$T$=50 年，$P[<R_0]$如表 12.4.1 所列。通过表 12.4.1 中的计算后可得 $P[S_1]$=0.14，即在 50 年内有 14%的概率发生破坏，主要影响来自Ⅷ和Ⅸ度地震动，Ⅹ度地震动由于发生的机会很少，影响也较小。

12.4.3.3 随机地震反应

前面两个例子考虑的是通过地震动 A 或地震烈度用确定性的关系来求得结构反应 Q，而在实际情况中，结构反应与地震动的关系也是随机的。这时，就需要明确地考虑式（12.4.3）、（12.4.5）中的条件概率 $P[<R_i|A]$或 $f(Q|A)$。

对于一小阻尼的单自由度体系，设已知平稳地震动加速度 A 的标准差为σ，则体系位移

反应 Y 的概率分布为

$$P[<R_0|A]=P[\leqslant Y|\sigma]=F(Y|\sigma)=\exp\left[-\frac{\omega_0 T_{\mathrm{d}}}{\pi}\exp(-Y^2/2{\sigma_Y}^2)\right]$$

式中，ω_0 为体系的自振频率；σ_Y^2 为反应 Y 的方差；T_{d} 为振动持续时间，均见第 7.5 节。

在结构反应随机分析中，决定反应大小的是地震动 A 的标准差σ，因此在上式的条件概率 $P[\leqslant Y|\sigma]$中的条件是用标准差σ表示的；同时，在式（12.4.6）中也要用σ的概率密度函数 $f(\sigma)$代替 $f(A)$。但是，从结构随机反应分析可知，地震动最大值 A 与标准差σ大体上是成比例的，所以在 T 年内σ的最大值的分布与最大值 A 的分布可以认为具有同一形状，即 $\exp(-\nu cT\sigma^{-k})$，参见式（12.4.9b）。因此，从式（12.4.4）可得 T 年内无破坏的概率为

$$\begin{aligned}P[S_0]&=P[\leqslant Y]=F[Y]=\int F(Y|\sigma)\cdot f(\sigma)\mathrm{d}\sigma\\&=\int F(Y|\sigma)\frac{\mathrm{d}}{\mathrm{d}\sigma}\exp(-\nu cT\sigma^{-k})\mathrm{d}\sigma\\&=k\nu cT\int\exp\left[-\frac{\omega_0 T_d}{\pi}\exp\left(-\frac{Y^2}{2{\sigma_Y}^2}\right)\right]\cdot\sigma^{-k-1}\cdot\exp(-\nu cT\sigma^{-k})\mathrm{d}\sigma\end{aligned}$$

上述分析考虑了结构反应 Y 与地震动标准差σ之间的随机关系，从而得到当地震动标准差为σ时，反应小于 Y 的概率 $F(Y|\sigma)$。从第 7.5.4 节的研究可知，$Y=r\sigma_Y$（r 是峰值因子）是出现最大值 Y 的概率的函数，反应 Y 的标准差σ_Y是地震动标准差σ的确定函数，$\sigma_Y=H\cdot\sigma$，H 为结构的传递函数，它是确定函数，因此可得 $Y=rH\sigma$。在实际情况下，$r\cong 2.65$ 是一个随机性不强的随机量，可以作为常数看待。这一结果也可以从这些随机量的离散系数 C_{V} 得到说明，Y 的方差写为

$$C_{\mathrm{V}Y}^2=C_{\mathrm{V}\sigma}^2+C_{\mathrm{V}r}^2+C_{\mathrm{V}\sigma}C_{\mathrm{V}r}$$

现有数据表明，$C_{\mathrm{V}\sigma}>1$，而 $C_{\mathrm{V}r}=0.1\sim0.3$ 左右，所以和 $C_{\mathrm{V}\sigma}$相比，$C_{\mathrm{V}r}$是可以忽略不计的。这时，反应 Y 的离散性主要来自地震动 A 的离散性。这表明，反应 $Y=rH\sigma$可以看做是确定函数关系，即 rH 是确定常数。这时 T 年内无破坏的概率可以简化如下：

$$\begin{aligned}P[S_0]&=F(Y)=P[r\sigma_Y\leqslant Y]=P[\sigma_Y\leqslant Y/r]\\&=P(Y/r\geqslant\sigma_Y]=F(\sigma_Y)=\exp(-\nu cT{\sigma_Y}^{-k})\end{aligned}\tag{12.4.14}$$

这与式（12.4.9）形式相同，极为简单。

12.4.4 多态破坏准则的危害性分析

12.4.4.1 多态破坏状态的划分

地震工程学近代的发展之一是震害预测日益受到重视。震害预测的目的在于防灾救灾。震害预测的面很广，既要考虑常见的中小地震，因为它多而常见；更要考虑稀有的强大地震，因为它破坏严重而且影响面广。二态破坏准则过于简单，对破坏轻重不加区分，不能满足震害预测的需要。国内外研究者都曾经提出过多态准则来区分轻重不同的震害程度。

1970 年，作者在调查分析我国通海地震震害时，曾提出完好、裂缝、局部墙倒、墙倒架正、墙倒架歪和倒平等六个状态来区分土墙围护木构架房屋的震害，并提出用震害指数 i 来定义，取 i=0.1，0.3，0.5，0.7，0.9 为这六种反应状态的分区界限（通海地震影响场调查组，

1977)。杨玉成等也曾将砖房反应分为基本完好、轻微损坏、中等破坏、严重破坏和倒塌等五种状态（民用建筑抗震组，1977）。惠特曼等（Lomnitz and Rosenblueth，1976）曾在 1974 年和 1975 年提出过六种震害状态：O 为无震害，震害比为 0～0.05%；L 为轻微，震害比为 0.05%～1.25%；M 为中等，震害比为 1.25%～20%；H 为严重，震害比为 20%～65%；T 为完全破坏，震害比为 65%～100%；C 为倒塌，震害比为 100%。

另外，在结构设计理论方面，近几十年已广泛采用极限状态理论，将设计目标分为两个或三个极限状态，如使用极限状态及修复极限状态。使用极限状态指的是不出现明显破坏现象，不须修复仍可继续使用。修复极限状态指的是可修复与不可修复之间的临界状态，超过此极限，结构即出现局部或全部倒塌。在这种极限状态的定义下，结构反应可以出现三种状态：完好、可修复破坏、不可修复破坏；使用极限与修复极限即为这三种状态的分界。当采用三种极限状态定义时，结构反应可以出现四种状态：完好、可修复破坏、不可修复破坏与倒塌破坏。抗震设计理论正在逐步采用这些概念。例如我国建筑抗震规范中提出的原则“小震不坏，大震不倒”即为一种三状态准则；国际上在核电站及其他重要结构的抗震设计中规定的“使用基准地震”与“安全停产地震”是以另外一种三状态准则来定义的；“小震不坏，中震可修，大震不倒”则为四状态准则所定义。

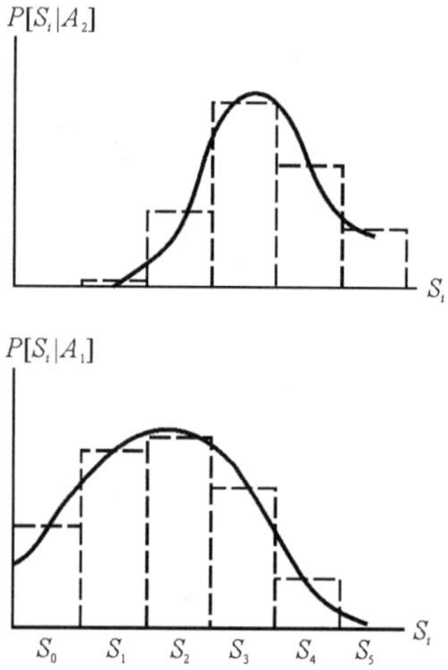

图 12.4.2　震害分布函数 $P[S_i|A]$

12.4.4.2　破坏概率

由于结构设计和施工水平不一样，材料和构件性能可能有很大差异，按同一标准建造的房屋，在受到同一种地震动干扰时，结构的反应和震害都会有不小的差别，特别是在将地震动干扰简化为可以只用一个参数如最大加速度来描述时，差异就更大。因此，在同一地震动强度下，震害或反应需要用一个概率分布函数 $P[S_i|A]$来描述，图 12.4.2 给出了强地震动 A_2 与弱地震动 A_1 的震害分布示意，图中实线是实际情况，是连续破坏状态 S 下的震害概率分布 $f(S|A_j)$；虚线则为简化后的有限多个震害状态 S_i 的概率分布 $P[S_i|A_j]$。

震害概率分布函数的一个用途是估计一结构处于某种破坏状态 S_i 的概率。为此，首先要计算此结构遭受破坏状态 S_i 的年平均率 v_{Si}，这可以通过式（12.4.1b）和式（12.4.11）来完成，

$$\begin{aligned} v_{Si} &= \sum_I P[S_i|I]P[I] \\ &= \sum_I P[S_i|I](v_I - v_{I+1}) \end{aligned} \tag{12.4.15}$$

式中，v_I 为地震烈度超过 I 的年平均率。求得 S_i 的年平均超过率后，即可用 v_I 代替 v_a 按式（12.4.9a）来计算 T 年内受到 S_1 某一破坏次数 n 的概率 $P[S_1{}^n]$。

12.4.4.3　震害概率矩阵

国内外都曾在强地震的震害调查中统计过在各种地震烈度时的房屋震害分布函数 $P[S_i|I]$，这时，用地震烈度 I 代替地震动 A_i。当考虑到不同烈度 I 的震害分布函数时，即得震害概率矩阵 $P[S_i|I]$。表 12.4.2 给出按某一要求设计的房屋的震害概率矩阵。由表中数据可见，

这种设计要求相当于地震烈度为Ⅶ度左右，因为在这种房屋受到Ⅶ度地震时，其破坏以轻微为主，很少有严重破坏的。符合小震不坏、大震不倒的要求。

表 12.4.2　按某种要求设计的房屋的震害概率矩阵 $P[S_i|I]$

震害状态 S_i	地震烈度 I						
	Ⅴ	Ⅵ	Ⅶ	Ⅶ$\frac{1}{2}$	Ⅷ	Ⅸ	Ⅹ
O	100	57	25	5	0	0	0
L	0	43	50	48	25	0	0
M	0	0	25	41	53	20	0
H	0	0	0	6	21	52	0
T	0	0	0	0	1	23	80
C	0	0	0	0	0	5	20

表 12.4.3 中的地震烈度超过 I 的年平均率 ν_I 是从表 12.4.1 来的，它表示这里研究地区的地震动危险性；表中 ν_{Si} 是根据式（12.4.15）计算的，震害概率矩阵 $P[S_i|I]$取自表 12.4.2，而 ν_{Si} 中各烈度的影响，即式（12.4.15）中的各项，列入表中相应烈度之下；$\nu_{S\geqslant i}$ 表示破坏状态等于或超过 S_i 的年平均超过率。发生 S_i 或更严重震害的概率则可由式（12.4.12）计算，如 S_i=$S_{\rm H}$，T=50 年时，

$$P[\geqslant S_{\rm H}]=1-\exp[-0.0033(50)]=0.15$$

这一类值和通过表 12.4.1 的计算结果很相近，那里得到的危险度是 $P[S_1]$=0.14，主要危险也是来自Ⅷ和Ⅸ度。

表 12.4.3　表 12.4.2 中房屋各种状态的年平均率

烈度	Ⅴ	Ⅵ	Ⅶ	Ⅷ	Ⅸ	Ⅹ	ν_{Si}	$\nu_{S}\geqslant i$
ν_I	9.3×10^{-1}	2.0×10^{-1}	4.3×10^{-2}	9.3×10^{-3}	2.0×10^{-3}	4.3×10^{-4}	—	—
$\nu_I-\nu_{I+1}$	7.3	1.6	3.3	7.3	1.6	4.3	—	—
$\nu_{\rm SO}$	7.3	0.89	0.8	0	0	0	8.3×10^{-1}	9.3×10^{-1}
$\nu_{\rm SL}$	0	0.67	1.6	1.8	0	0	8.6×10^{-2}	1.0×10^{-1}
$\nu_{\rm SM}$	0	0	0.8	3.9	0.31	0	1.3×10^{-2}	1.6×10^{-2}
$\nu_{\rm SH}$	0	0	0	1.5	0.82	0	2.3×10^{-3}	3.3×10^{-3}
$\nu_{\rm ST}$	0	0	0	0.1	0.36	3.4	7.8×10^{-4}	9.4×10^{-4}
$\nu_{\rm SC}$	0	0	0	0	0.07	0.9	1.6×10^{-4}	1.6×10^{-4}

12.4.5　生命线网路的危害性分析（Taleb-Agha，1977）

在许多历史强震中，常发现生命线的破坏对加重震灾有很大影响。所谓生命线，一般指重要的上下水管道、有线电讯系统、公路铁路交通系统以及供电系统。比较简单的生命线网路可以表示为图 12.4.3 中的三种情况，其中图（a）的串联网路由五个分段组成，只要其中一段破坏，则全部网路破坏；图（b）的网路由 4 个分支线路并联构成，其破坏则要求每一分支都破坏；而图（c）的并串联网路则由四个各具有五分段串联的分支并联而成，每一分支中 5 个分段之一破坏即造成该分支的破坏，但并不造成从 I 到 O 线路的功能丧失。由此可见，网路系统的破坏有其特殊性。下面仅就图中所示三种较简单的网路介绍这类结构体系的危害性

分析特点。下面均考虑地震动主要参数 A 的衰减规律为

$$A = b_1 e^{b_2 M} \cdot r^{-b_3} \tag{12.4.16}$$

式中，r 为震源距，而且网路的破坏完全决定于 A 值的大小。因此，某一支线路的强度可以通过强度 R 与地震动 A 的关系

$$A = A(R)$$

用 A 来表示。

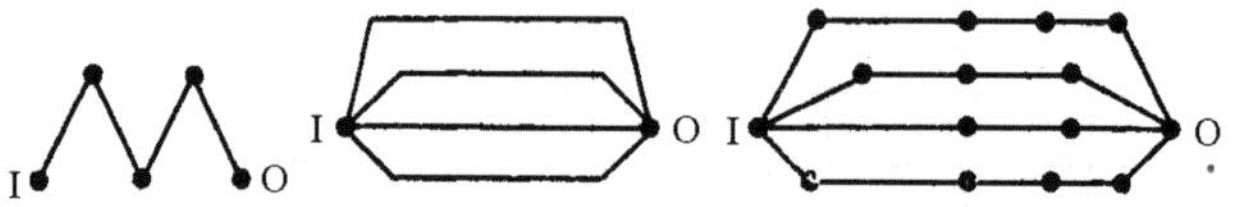

(a) 串联网路　(b) 并联网路　(c) 并、串联网路

图 12.4.3　几种基本网路

12.4.5.1　串联网路

设有一串联网路如图 12.4.4（a）所示。现考虑一地震发生于 $E(x，y)$处，x，y 为水平坐标，表示 E 点位置。网路中任一分段 L_i 的破坏概率可以表示为

$$\begin{aligned} P[L_i\text{破坏}|\mathrm{E}(x,y)] &\equiv P_f[L_i|(x,y)] \\ &= P[R_i \leqslant b_1 e^{b_2 M} r_i^{-b_3}|(x,y)] \\ &= P[M \geqslant \frac{1}{b_2}\ln\frac{\overline{R}_i}{b_1}|(x,y)] \end{aligned} \tag{12.4.17}$$

式中，R_i 为网路第 i 分段 L_i 的强度，通过物理量 A 表示；$\overline{R}_i$ 为转换到震源距离 r=1km 处的强度，即

$$\overline{R}_i = R_i r_i^{b_3} \tag{12.4.18}$$

由此即得震源距 r=1km 处，强度为 R_i 的网路 i 刚刚产生破坏的震级为

$$\overline{M}_i = \frac{1}{b_2}\ln\frac{\overline{R}_i}{b_1} \tag{12.4.19}$$

本书称之为网路 i 的单位距离破坏震级。因此上述破坏概率为

$$P_f[L_i|(x,y)] = P[M \geqslant \overline{M}_i|(x,y)] = 1 - F(\overline{M}_i) \tag{12.4.20}$$

式中，$F(\overline{M}_i)$ 为该地区发生震级小于 $\overline{M}_i$ 的概率，见式（12.4.5）。

有了上述破坏概率，就可以计算全部网路的破坏概率。首先，将图 12.4.4（a）转换到图（b）中去。由于采用转换强度 $\overline{R}_i$ 代替实际强度 R_i，就相当于把所有分段都转换到一个单位圆上去；这时，分段的强度由 $\overline{R}_i$ 的大小表示，$\overline{R}_i$ 小的分段将比 $\overline{R}_i$ 较大的分段先受到破坏。因此，串联网路的破坏决定于最小的 $\overline{R}_i$ 值，称为此网路的临界转换强度，以 $\overline{R}_{cr}$ 表示，即

$$\overline{R}_{cr} = \min\{\overline{R}_i \mid i = 1,2,\cdots,n\} \tag{12.4.21}$$

所以，临界 $\overline{M}$ 值即为

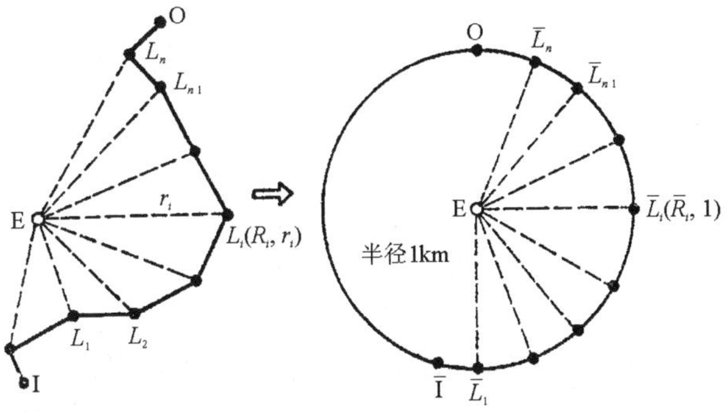

(a) 实际网路　　(b) 变换网路

图 12.4.4　串联网路分析简图

$$\overline{M}_{cr}=\frac{1}{b_2}\ln\frac{\overline{R}_{cr}}{b_1} \tag{12.4.22}$$

本书称之为整个网路的单位距离破坏震级。最后得串联网路的破坏概率为

$$P_f[\text{串联网路}|E(x,y)]=1-F(\overline{M}_{cr}) \tag{12.4.23}$$

12.4.5.2　并联网路

对于图 12.4.3（b）中所示的并联网路，每一分支只有一段，因此，它可以如图 12.4.4 一样用转换强度 $\overline{R}_i$ 转换到单位圆上去。这时，先需要将 n 个分支按 $\overline{R}_i$ 从小到大顺序排列，即 $\overline{R}=\{\overline{R}\,|\,k=1,2,\cdots,n\}$，其中 $\overline{R}_j<\overline{R}_{j+1}$，$j=1,2,\cdots,(n-1)$。对于某一分支的转换强度 $\overline{R}_q$ 可以从式（12.4.19）求得，使分支 L_q 破坏的单位距离破坏震级 $\overline{M}_q=\dfrac{1}{b_2}\cdot\ln\dfrac{\overline{R}_q}{b_1}$，然后由此得其破坏概率为

$$P_f[L_q|(x,y)]=1-F(\overline{M}_q)$$

由于

$$\overline{R}_q>\overline{R}_j \qquad (j=1,2\cdots,q-1)$$

所以只要分支 L_q 破坏，则 $L_j(j=1,2\cdots,q-1)$ 也已破坏。又因为 $1-F(\overline{M}_q)=P(\overline{M}\geqslant\overline{M}_q)$ 表示震级 $\overline{M}$ 大于 $\overline{M}_q$ 的概率，而不是正好等于 $\overline{M}_q$ 的概率，所以其余分支 $L_j(j=q+1,\cdots,n)$ 也可能有破坏。因此最后得

$$P_f[\text{至少}q/n\text{分支破坏}|(x,y)]=1-F(\overline{M}_q) \tag{12.4.24}$$

而刚好在 n 个分支中有 q 个破坏的概率为

$$P_f[q/n\text{分支破坏}|(x,y)]=F(\overline{M}_{q+1})-F(\overline{M}_q) \tag{12.4.25}$$

12.4.5.3　并串联网路

对于图 12.4.3（c）中所示的并串联网路，设一共有 m 个分支，而第 j 分支中有 n_j 个分段。若某一分支中有一分段破坏，则该分支完全破坏。按串联网路中危害性的分析方法可以得出各分支的临界转换强度 $\overline{R}_{jcr}(j=1,2\cdots,m)$，然后将这些分支的 $\overline{R}_{jcr}$ 从小到大顺序排列为

$\overline{R}_k(k=1,2\cdots,m)$，最后再按并联网路的分析方法可得 m 个分支中至少 q 个完全破坏的概率为

$$P_f[\text{网路}|(x,y)] \equiv P_f[\text{至少}q/(n_{j,m})|(x,y)] = 1 - F(\overline{M}_{q,\text{cr}}) \tag{12.4.26}$$

式中，$\overline{M}_{q,\text{cr}}$ 是按下式求得的 m 个分支中至少有 q 个网路破坏的单位距离破坏震级，

$$\overline{M}_{q,\text{cr}} = \frac{1}{b_2}\ln\frac{\overline{R}_q}{b_1}$$

式中，$\overline{R}_q$ 为在从小到大的 $\overline{R}_k(k=1,2\cdots,m)$ 中第 q 个临界转换强度。注意，它一般并不是第 q 个分支的临界转换强度。

12.5 地 震 区 划

地震区划工作早在 20 世纪 30 年代即已开始，区划的目的、内容和方法均在不断改进和丰富，到 20 世纪 80 年代，一些地震活动性强、科学技术水平较高的国家和地区，都有自己的地震区划图，作为抗震设计和土地利用的重要依据。本节首先讨论地震区划的目的和内容，然后按发展过程介绍地震活动性区划、地震烈度区划和地震动危险性区划，地震小区划与多指标区划问题将在第 12.6 节中介绍。

12.5.1 地震区划的目的和内容

地震区划是地震区域划分的简称，指的是在地图上按地震情况的差异，划分出不同的区域。区划一词在英文中有 mapping，zoning 或 zonation，regionalization 与之相应，这些英文名词的含意不尽相同，但均可用区划一词来概括。从广义上说，地震区划可以有三种不同的目的和指标。第一，地震活动性区划，以地震的发生为指标，包括地震的发生、大小和次数；目的在于了解近代地壳构造和地震活动性的地理分布。地质学家、地震学家和工程师都关心这种区划；地质学家从中可以了解地壳构造，地震学家从中可以了解地震活动性，工程师则要据此确定地震动危险性。第二，震害区划，以地震造成的灾害为指标，包括人身伤亡、工程损失和社会经济损失；目的在于为政府机构和社会团体提供资料，以便在土地利用和城市规划决策时作参考，并有利于防灾、减灾、保险工作。这种区划图除了需要标明历史的和未来的地震时空强和概率之外，还要包括这些地震引起各类震害的地区分布。政府、地震学家和工程师关心这种区划。政府关心是因为要考虑到防灾、救灾，地震学家关心是因为这是表示地震中长期预报成果的一种方式，工程师关心是因为工程灾害的估计是自己的任务。第三，地震动区划，以地震动的振幅、频谱和持时三要素为指标，包括这三个要素出现或被超过的概率的区划，有时称为地震动危险性区划。地震动区划的目的在于用它来设计新建工程，鉴定并加固已建工程。为此，它要求在地震活动性区划中除了发震的时、空、强、概率之外，还要包括发震断层活动类型，因为它对地震动有重要影响。另外，从不同工程的使用寿命来看，它要求给出未来 20，50，100，200 年内地震动三要素的不同概率的估计。这种区划图是地震工程者最直接关心的。对地震工程而言，地震活动性区划是重要的前提，震害区划是粗略的后果估计，而地震动危险性区划则是进行工程结构抗震设计的根据。下面几节将分别介绍这三种区划。

地震区划的主要优点是事先集中主要力量，提出大区域的地震区划图，给有关部门提供

一个地震危险性的全貌，用于土地利用、城市规划，场址选择、抗震防震管理和一般工程建设的抗震设计和鉴定加固。若不进行区划，而是对一具体工程进行其建设场地的地震动危害性分析，就不便集中这方面的专业力量，不利于深入，又缺乏整个大地区地震危险性的全貌；但后者的优点是针对性强，可以按具体要求详细进行工作。因此，地震区划适用于一般工程结构，而对于特殊的、重大的工程和大城市，则必须另外进行专项的地震动估计。

图 12.5.1 给出的框图表明了地震区划所依据的资料、数据，所提出的结果和应用范围。根据本科学当前的发展情况，地震区划可以分为地震活动性区划、地震动区划和震害区划三种。

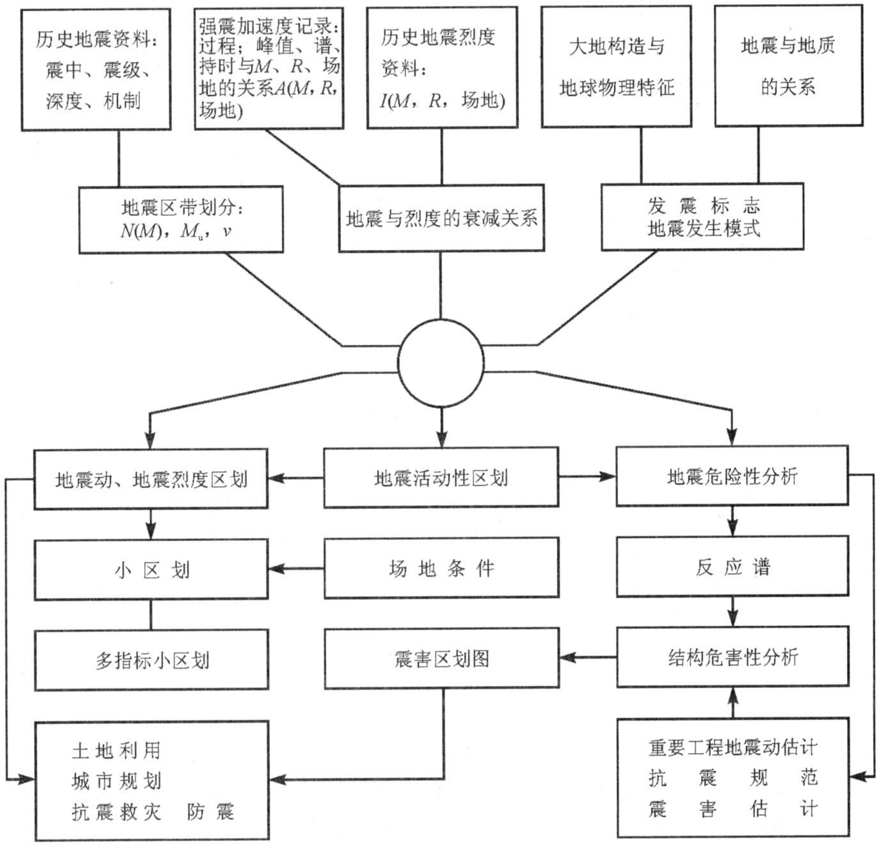

图 12.5.1 地震区划框图

12.5.2 地震活动性区划

本书用地震活动性区划一词表示以地震震源本身的某些参数为指标所进行的区划，以区别于震害区划或地震动区划。图 12.5.2 为我国 20 世纪 70 年代地震活动性区划图的一部分，它用区划的形式给出 1973～2073 年的 100 年内可能出现的最大地震的震级分布；它是用第 12.2.2 节中所述的方法得出的一种确定性的地震活动性分析的估计。图 12.5.3 则为美国地震区带划分图的一个局部，它给出了美国西部的地震分区，各区的震级频度曲线[公式(12.2.5b)]和上限震级 M_u 都是已知的。新西兰也作过类似的全国地震活动性分区图。这种活动性分区图是地震危险性分析所必需的。它就是第 12.3.2 和 12.3.3 节中在进行地震动危险性分析时所需要的潜在地震区带划分图。

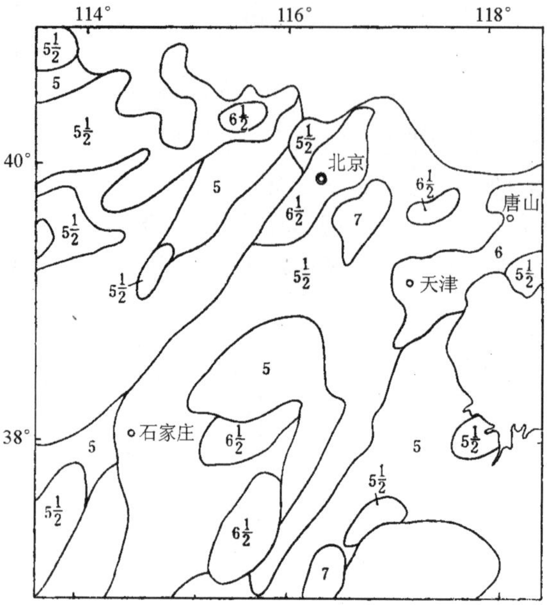

图 12.5.2 中国地震活动区划图（局部）

除了上述两种地震活动性区划图之外，龙尼茨（Lomnitz，1974，第 13 章）提出一种历史地震活动性图，它完全以历史地震在一定年代内所释放地震能量之和为指标，从而绘出能量等值线。地震能量按里希特公式

$$\lg E = 1.5M + 11.4$$

从震级换算。他根据 1904～1952 年之间震级等于或大于 6.5 的地震，在经纬度各 5°的方块内求得每年每平方公里的能量，以 10^{15}erg（1erg=10^{-7}J）为单位，绘出了一些地区的地震能量等值线图。这样的图件只能给出历史地震活动性强弱的概念，在工程上不见使用。

在国外文献中常见地震区划或地震活动性区划一词，但其意义均非本节所述，而指的是震害区划或地震动区划，见以下各节。

12.5.3 震害区划——地震烈度区划

地震烈度区划是地震动区划的早期形式，是以表示震害的地震烈度为指标的区划图，因为当时是将地震烈度看做地震动的一种主要表示。苏联在 1933 年就研究过这种区划，到 1947 年更为系统化，1949 年戈尔什科夫等编制的烈度区划图，区划出Ⅴ到等于或大于Ⅸ度的五个烈度区，具有法律意义，工程设计单位必须使用。1948 年美国海岸和大地测量局（USCGS）的乌尔里克提出过一个美国地震概率图，将美国区划为 0，1，2，3 等四区，相当于无损坏、轻度损坏、中等损坏和严重损坏，或＜Ⅴ，Ⅴ～Ⅵ，Ⅶ，≥Ⅷ等四个区，这种不以烈度名称出现的区划，常称为工程区划，在国际上是常见的。工程区划也可以是以地震动为根据的。1950 年海岸和大地测量局公布了这个区划图，1952 年又因受到部分人的反对而正式宣布收回；但自 1955 年以后，却长期为统一房屋规范（UBC）所采用，如图 12.5.4 为 1969 年所给。1959 年里希特按照苏联方式绘制了一幅美国的烈度区划图，分为Ⅴ，Ⅵ，Ⅶ，Ⅷ，Ⅸ（偶然），Ⅸ（经常）等 6 个区，然未见采用。

苏联的地震动区划从 1937 年起一直都是以地震烈度为指标的。1937 年的烈度区划图是苏联科学院地球物理研究所提出的，并在抗震规范中得到正式采用。除了无地震区之外，分为Ⅵ，Ⅶ，Ⅷ，≥Ⅸ等四个地震区。这种区划一直延用。由于在地震活动性区划中没有考虑地震发生的概率，所以这种烈度区划也不能给出所估计的烈度的超过概率。

印度曾用同样方法绘出喜马拉雅山附近的震级、烈度、地震动加速度区划图（Kaila and Rao，1980）。还有人曾为应用于保险事业而绘制过全世界的重复期为 50 年的烈度区划图（Berz and Smolka，1980），分为≤Ⅴ，Ⅵ～Ⅶ，Ⅷ，Ⅸ四区。

当已经完成了地震活动性区划并选定地震烈度作为区划指标之后，必须确定地震烈度的衰减规律，才能绘制具有概率意义的烈度区划图。烈度衰减规律包括两个部分，即震中烈度

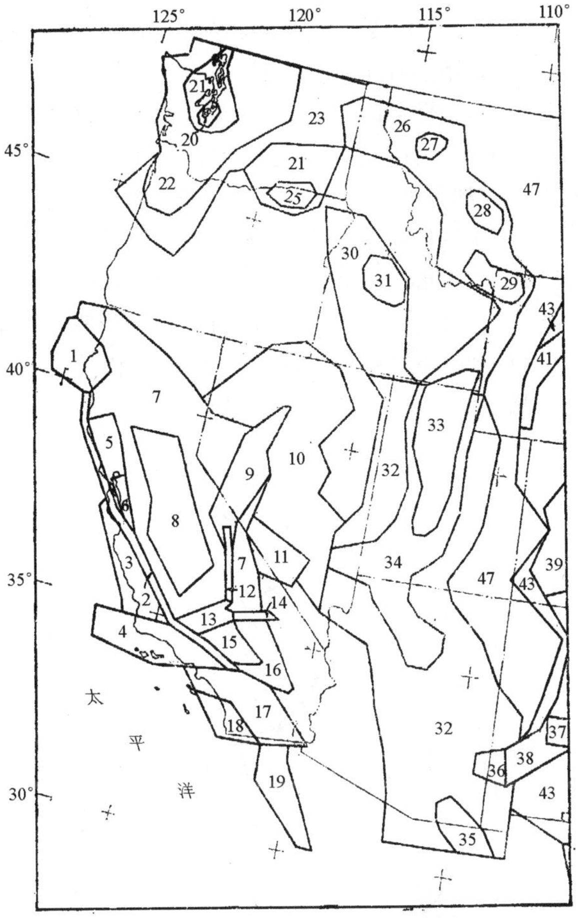

图 12.5.3　美国西部地震区带划分

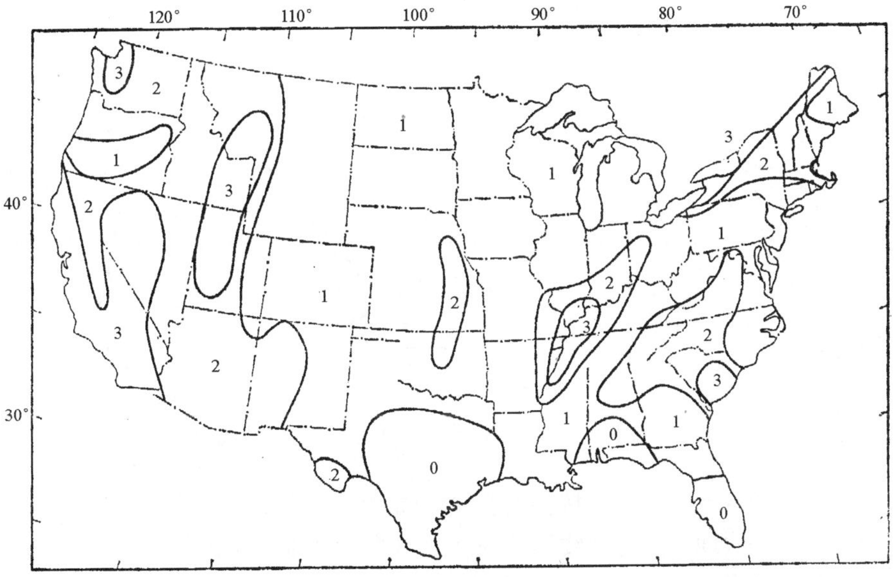

图 12.5.4　美国地震区划图

0 区：无损坏；1 区：轻度损坏，远震时基本周期大于 1s 的结构引起的损坏，相当于 MM=Ⅴ～Ⅵ度

2 区：中等损坏，相应于 MM=Ⅶ度；3 区：严重损坏，相应于 MM≥Ⅷ度

与震级的关系和烈度随距离变化的关系。在第 4.6 节中已对这一问题作了详细介绍，这里只补充我国 1978 年烈度区划中采用的几个主要步骤。

第一，由于地震烈度衰减与震源和地壳介质的特性的关系很复杂，一次地震的等震线形状常常是不规则的，如第 5.4 节所介绍的我国近代几次大地震；同一地震区内不同地震的等震线以及不同地震区的等震线都有很大的差异，任何平均的烈度衰减关系也都与实际观察值有很大的离散。以华北地震区震中烈度为Ⅸ度的统计为例，采用的有三个地震，即 1626.6.28 山西灵丘、1937.8.1 山东菏泽，1966.3.8 河北邢台，等震线图如图 12.5.5（a）所示。这些原始等震线都是不分场地条件的；但由于大多数自然村都位于一般场地条件上，所以认为这样得到的规律适用于一般场地条件。这些原始等震线已经是光滑化了的，实际上，在一个烈度区内还有不少高于或低于此烈度的零星点和成片的异常区。

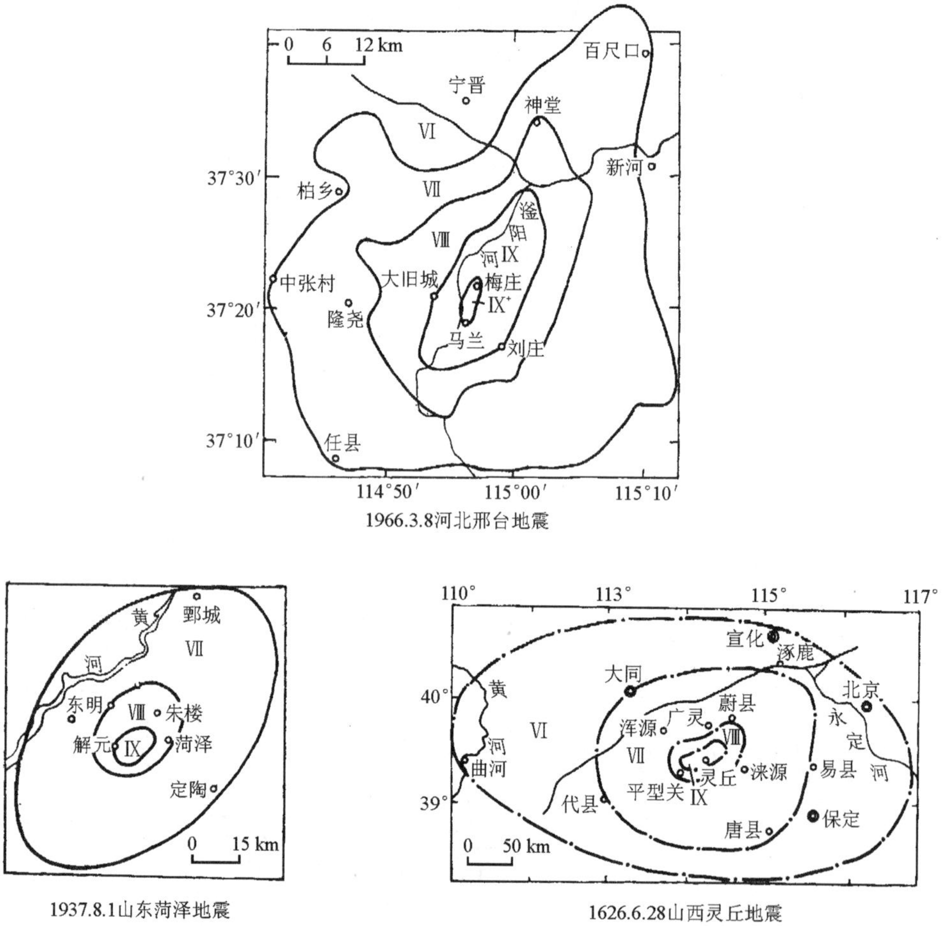

图 12.5.5(a) 华北地区震中烈度Ⅸ的等震线图

第二，当等震线接近圆形时，按各烈度线围成的面积等效为圆形而求得其半径；当等震线为瘦长形时，按各次地震的等震线等效为椭圆形的长短轴半径 a 和 b；当同一地震中不同烈度线的长短轴方向很不相同时，按各烈度线自己的长短轴半径考虑，如图 12.5.5（b），而在将不同地震的烈度衰减求平均时，不管长短轴的方向是否一致。烈度衰减关系就是这样得到的，等效圆半径取为$r=\sqrt{ab}$。

第三，在应用所求得的平均烈度衰减规律进行烈度区划时，按下述条件处理：①若地震发震区内的发震构造比较清楚时，认为高烈度线是椭圆的，发震构造方向即长轴方向，其垂直方向即短轴方向；②当地震发震区内有几组活动性构造相互交汇或发震构造判断不清时，认为等烈度线是圆形的。

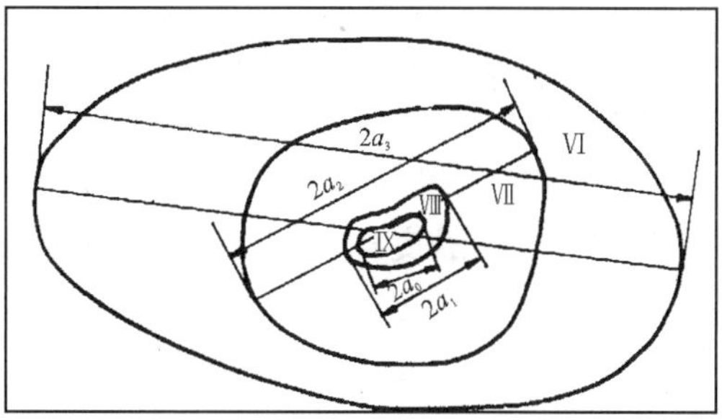

图 12.5.5(b)　等效椭圆烈度衰减规律

第四，潜在震源区的边缘线取为极震区的边缘线。

由此可知，烈度衰减关系中包括了很大的不确定性。不确定性的来源有二：第一，烈度分布的不均匀性，它包含在将自然村的原始烈度分布勾画为光滑的等震线并用椭圆代替各等震线的步骤中；第二，等烈度线的形状规律性不明，它包括将非圆形等震线简化为圆形，将内外等震线长短方向不一致的情况作为长轴方向一致来处理。

假若根据当前国际上广泛采用的在时间上平稳、在地震带内地震活动性均匀的假定，并以地震烈度作为指标进行区划，当考虑震源断裂为点源时，可以用 12.3.2 节中的公式，当考虑震源断裂为面源时，可以用第 12.3.3 节中相应的公式进行数值积分，从而计算某一场地烈度的年超过概率。在烈度区划计算中，先把待区划的地区按经度、纬度方向划分为方格，间隔大小以有足够密的点以便进行像勾画等高线那样勾画等超过概率的等烈度线为准，常用的格距视地区大小而变，有时用 0.5°～1°的经纬度，有时用几十公里。国内外已有不少计算机通用程序进行这种计算。

图 12.5.6 是我国 1978 年地震烈度区划图中取出的华北部分，它与图 12.5.2 的地震活动性图是相对应的。我国 1978 年区划图是按确定性方法绘制的，无概率意义。它根据图 12.5.2，以该图的边界为震中烈度线，然后按各地区的衰减规律绘出外围低烈度的等震线。

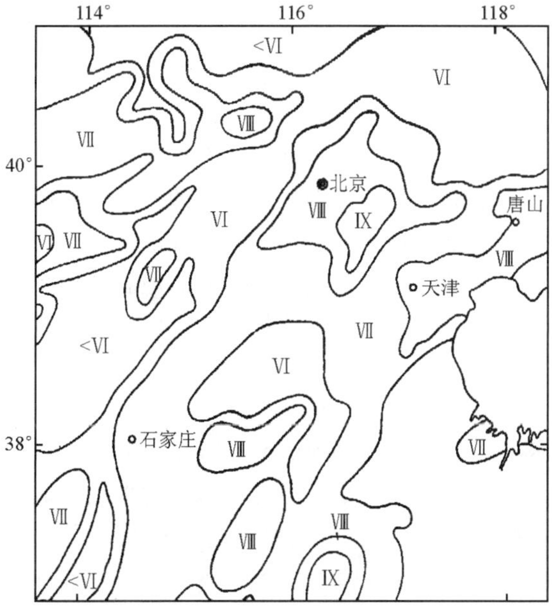

图 12.5.6　华北地震烈度区划图

除了烈度区划图之外，还有专门对地质、地基震害进行的区划图，见第 12.5.6 节。

12.5.4　地震动区划

地震烈度区划是地震动区划的早期形式，盛行于 20 世纪 50～60 年代，从 60 年代起还以工程或烈度区划的形式盛行于抗震规范中。真正以地震动参数为指标的地震动区划是从 20 世纪 60 年代后期开始提出，到 70 年代迅速发展，并开始见于抗震规范中。从发展趋势看，地震烈度区划将逐步为地震动区划所代替。

以加速度或速度为指标的地震动区划图可以分为两类，一类是利用烈度与地震动参数的关系，先按烈度区划，然后将烈度换算为地震动加速度或速度；另一类则是直接按地震动区划，不涉及烈度。下面分别介绍这两类。

12.5.4.1　利用烈度与地震动参数关系的区划

第 6.4 节中，已经给出了根据实测数据得到的地震烈度与加速度、速度或位移的统计关系，如表 6.4.1。利用这些关系可以直接将前节中得到的烈度区划转移为地震动区划，但是更常用的方式是先将烈度 I 与地震动 A 的关系

$$I = y_1(A)$$

代入烈度衰减关系（注意，这里 R 代表震中距、震源距或其他距离）

$$I = y_2(M, R)$$

中，得

$$y_1(A) = y_2(M, R)$$

从此求得经过烈度换算的地震动衰减关系

$$A = y(M, R)$$

然后用此代替从强震观测资料得到的地震动衰减关系，从而进行地震动危险性分析，最后按选定的超过概率求得给出地区内的地震动 A 等值线，即为地震动区划图。地震动 A 的等值线可以取任何增量值，不受地震烈度整度数的限制。因为烈度整度的变化大体相应于地震动 A 成倍的变化，一般总觉过大，当采用地震动 A 时，常在中间加密，即使不加密或加密不多，一般可容许在两条地震动等值线之间作线性内插，从而可以得到连续值，像等高线那样。

采用烈度与地震动参数关系进行区划的事例很多，最早的可能是河角广 1951 年提出的日本地震动区划图（Ohsaki，1972），以重复期为 100 年的地震动加速度为指标。村松都荣（Marumatu，1966；1967）提出过以速度为指标的日本区划图。最近的可能是 1982 年加拿大区划图（Basham et al.，1982），区划分加速度与速度两个图，加速度(g)等值线为 0.04，0.08，0.11，0.16，0.23 和 0.32 的 0 至 6 等七个区；速度 m/s 等值线为 0.04，0.08，0.11，0.16，0.23，0.32 的 0 至 6 等七个区，超过概率均为 50 年内 10%。其根据是加拿大东部与西部的烈度衰减资料和美国西部的强震数据。他们经过分析后认为，加拿大西部与美国西部的地震情况相近，故将美国西部的地震动衰减直接用于加拿大西部；但是由于加拿大东部地震情况与西部不同，所以根据上述原则，通过东部的烈度衰减和烈度与地震动关系求得的地震动衰减用于加拿大东部。危险性分析用科内尔的高源模型（第 12.3.2 节）和麦圭尔的计算程序（Mc-Guire，1976）。

按照上述原则绘成的地震动区划图还有：世界区划图（Berz and Smolka，1980），重复期为 50 年的加速度值，以地震保险为目的；喜马拉雅区划图（Kaila and Rao，1980），以加速度为指标，完全以历史地震的最大震级和震中烈度也能发生于未来这一假定为根据，故其区划无概率基础；土耳其区划图（Yarar et al.，1980），此区划图分为两种，一种是烈度区划图，分Ⅶ，Ⅶ$\frac{1}{2}$，Ⅷ，Ⅷ$\frac{1}{2}$四个区，一种是按上述原则以硬地基加速度 m/s^2 为指标的地震动区划图，分 2，2.5，3，3.5，4，5，6，7，8，9，重复期均为 200 和 500 年两种，按麦圭尔程序计算。

12.5.4.2 直接按地震动区划

直接按地震动参数进行区划时，地震动衰减关系是从本地强震观测数据得到的，或认为本地地震、地质情况与有强震记录的外地相近而借用外地的，或者是参考本地情况而将外地地震动衰减关系加以修正的（见第 6.5.3 节）。

直接按照本地地震动区划进行的地震动区划图只有美国西部和日本。

美国的区划在 1976 年以前都是以烈度为背景，按工程区划分为 0，1，2，3 等四个区进行；到 1976 年美国地质调查局才给出地震动区划图（Algermissen and Perkin，1976），以基岩加速度(g)为区划指标，50 年内超过概率 10%，按 0.04，0.1，0.2，0.4，0.6 等值线绘成，在 0.6g 圈内，最大加速度达到 0.8g。到 1978 年，ATC-3 样本规范则根据 1976 年地震动区划图提出美国的有效加速度区划图和有效速度区划图，分别以地震动加速度和速度为区划指标。这种分别用加速度和速度作指标而绘成两个区划图的方法，是地震动区划中最先进的方法，其目的在于用区划图的形式来反映地震动频谱随震级与距离的变化关系。

这种以地震动加速度和速度两个指标来简化地震动频谱的最早观念可能来自纽马克，他的学派早在 20 世纪 60 年代初（Wiggins，1964）就提出来用地震动最大加速度、速度、位移这三条线来简化地震动频谱，后来并进而提出了一套从地震动谱估计线性反应谱和非线性反应谱的方法和数据（见第 7.9.2 节）。对一般结构的抗震设计，前两个指标即已足够，最大位移这个指标只对长周期结构有影响。因此只用加速度和速度两个指标，是三指标的简化。麦圭尔（McGuire，1974）首先提出了这一点，并建议用地震动最大加速度（约相当于周期为 0.2s 的反应谱值）和周期为 1s 的反应谱作为谱的简化指标，这就是 ATC-3 规定的由来。

日本直接以地震动为指标的区划开展得较早。金井清与铃木富太郎（Kanai and Suzuki，1968）首先提出了重复期为 75 年、100 年或 200 年的日本基岩速度 v_0 区划图，图中以 $v_0=\sqrt{T_g}/5=1$，3，4，5，6，8，10 为指标的等值线（T_g 为地震动卓越周期，以 s 为单位；v_0 以 cm/s 为单位）。大崎顺彦（Ohsaki et al.，1980）又提出了重复期为 50 年、100 年和 200 年的日本基岩速度区划图，与金井清结果颇不相同，大彦结果大于金井清等；服部定育（Hattori，1980）更以基岩速度和土层加速度为指标的区划方法，将速度(cm/s)图绘为 0.5，1，2，5，10，15，20，30，40 的等值线，将加速度(g)图绘为 0.02，0.05，0.1，0.15，0.2，0.3，0.4 的等值线，不但进行了日本的区划，而且进行了包括中国在内的东南亚和巴尔干等地区的区划。

此外，奥利维拉（Oliveira，1980）用两种方法进行了葡萄牙的地震动区划，分别以地震动加速度、速度和位移为指标，由于葡萄牙地震活动性不强，故用重复期 1000 年。杜雷特（Durate，1980）在对葡萄牙进行区划时，除了考虑地震动加速度 a、速度 v 和位移 d 之外，还考虑到持时 T_d，并且考虑到震级 M 和距离 R 的不同组合可能引起的 a，v，d 及 T_d 四个参数的不同组合。

日本的片山恒雄（Katayama，1980）可能是首先实现直接用反应谱坐标作区划的研究者，他采用重复期 75 年，绘出了日本的结构周期(s)为 0.2，1.0 和 4.0 的加速度反应谱坐标的区划图。他给出的资料，可供绘制各种地基、重复期和结构周期的谱坐标的区划图。

综合上述情况可知，由于现代的抗震设计正在逐步走向安全度要求高、分析方法力求符合实际的阶段，要求在抗震设计中考虑地震动的振幅、频谱与持时这三个要素，所以地震动区划也逐渐从简单粗略的烈度区划向更复杂的各地震动参数指标过渡。由于方法已经提出，且为大家所接受，一旦强震加速度数据少的地区也可以对地震动衰减作出可靠的估计，则今后的采用会更迅速而普遍，从而在抗震规范中逐步有所体现。

12.6 地震小区划

地震小区划是地震小区域划分的简称，有时更简称为小区划，如国际地震小区划会议的前两次会议的名称即为国际小区划会议，直到 1982 年第三次会议时才改为国际地震小区划会议。地震小区划是当前地震工程中很活跃的领域之一。

12.6.1 地震小区划的目的与内容

地震小区划的目的是为了详细指出一个不大的地区内对工程抗震有重要影响的因素是如何影响地震动的，并在地图上标出考虑这些因素之后的地震动和其他影响，这些因素都是在小地区范围内经常变化的，如地基土壤的类型、分层和厚度，地下水位，局部地形、地貌等，通常称之为场地条件。

和地震区划相比，从地区大小来看，小区划考虑的是小地区，如一个市或县、一个工程场地，常用几万分之一比例尺的地图；而地震区划考虑的则是大地区，如一个国家或一个省、一个州，常用几百万分之一比例尺的地图。从考虑的影响因素来看，小区划必须注意局部场地条件，因为在一个小地区内，地震活动性不会有多大变化，而地震区划则仅考虑地震带上的地震活动性及影响这些因素的地质构造，而不考虑局部场地条件。从区划的指标来看，小区划考虑更多的是对工程抗震有影响的因素，如地震动、结构震害和地基破坏等影响，而地震区划则仅仅是地震动和烈度。从服务对象来看，小区划服务于具体工程项目，特别是大城市或重大或特殊的工程项目的设计、鉴定加固和震害预测，地震区划则服务于土地利用、城市规划和抗震规范规定的一般结构物的抗震设计。

和地震区划一样，地震小区划的发展也是从简单到复杂，从烈度小区划，到地震动小区划和多指标小区划。下面按顺序分别介绍这几种小区划。

12.6.2 烈度小区划

系统的地震小区划方法是苏联的默德韦杰夫（Медведев，1962）在 1952 年首先提出，详细情况见第 4.7.1 节。苏联曾按此方法进行过许多城市的地震小区划，这种方法在 20 世纪 60 年代也曾在国际上广泛应用，例如我国进行了北京的小区划，东欧许多国家都采用这种方法进行过一些城市的地震小区划，如南斯拉夫的斯科普里市。

苏联地震区划自成系统。他们认为小区划是在地震区划的基础上进行的，地震区划考虑震源与传播特性，给出一个地区的烈度；小区划再考虑场地条件对地震区划结果进行烈度调整，调整后的烈度即为场地烈度。

这种小区划方法的优点是简单、明确、易行，其缺点是不能适应近代地震工程发展的需要，原因在于烈度只是一个粗略的概念，不能满足当前对地震动的振幅、频谱与持时三要素的要求，而只能考虑振幅值变化的影响。即使是只考虑振幅，它也有缺陷。因为地震烈度只能以度为单位变化，所能考虑的地震动振幅的变化也只能是成倍的，即烈度每差一度，震动相关一倍，如 1，2，4，8……等等，中间的数字如 3，5，6，7 倍以及非整倍都是不存在的。对于地震动，如加速度(g)从 0.1—0.2—0.4—0.8 的跳跃式变化在设计中均嫌过大。因此个别抗震规范采用了半度的尝试，其目的即在于缩小地震动或地震力的过大跳跃式变化。

12.6.3 场地小区划

场地小区划以日本和我国开展较早。其根据主要是宏观地震震害经验，后来又补充了强震地震动记录分析的结果。所谓场地小区划法即按场地条件进行地震小区划，因为此法认为小区域因素主要是场地因素，小区域因素对地震动的影响是通过场地类别来体现的，在抗震规范中是这样，在震害经验中也是这样。

日本早在20世纪40年代就从宏观地震震害中总结出场地土壤条件对震害有重要影响（见第4.8节）。1951年他们提出按不同地基条件分别规定不同的设计地震系数 $k=a/g$。他们将地基分为四类，如表14.2.1，划分的标准是土壤宏观描述与表土层厚度。到20世纪60年代，金井清又提出利用地基环境振动（又称为常时微动或脉动）的振幅与周期特性来进行地基分类。他们曾按此法进行过许多场地的地震小区划。

他们的这种场地小区划方法在国际上也很有影响，曾用于一些欧洲国家如南斯拉夫和南美洲的智利，联合国1972～1974年计划中同时指出可以用默德韦杰夫法与金井清法进行地震小区划。

我国的地震小区划方法是在1964年左右提出来的。那时，我们根据国际上的强地震记录的分析，发现不同场地上的地震动频谱有显著的变化，从而将场地条件的影响规定为对设计反应谱形状的影响（见第14.2节），而不是对烈度或地震动振幅的影响，因而将过去的烈度小区划改为场地小区划，并在1964年抗震规范草案试行中对我国一些工程场地和城市进行过这种小区划，如北京、天津等。当时也将场地分为四类，以地基土壤的宏观描述为指标，并补充了一些场地的动力学指标，如卓越周期、横波速度、地基承载力等，此法一直沿用至今，后来补充了平均剪切模量作为参考指标。此法的优点也在于简单，并可进而考虑场地条件对反应谱的影响。关键是将千变万化的场地条件简化为少数几个类别，是否足以反映场地对地震动的复杂影响，还是一个待研究的问题。

虽然日本早在1951年的抗震规范中就提出场地条件对各类结构的影响是不一样的，从而含有对地震动反应谱形状影响的意义，但是直到1969年他们才在抗震规范中明确这一影响（见第14.2节）。

20世纪初至20世纪60年代，美国不大考虑场地条件对地震动的影响。他们认为在微小地震动时，软弱地基与坚硬地基上的地震动确有差别，软弱地基上的地震动较大，但是抗震设计所考虑的主要是强地震动，而在强地震动下，软弱地基的强度不足，无力传播过大的地震动，所以不同地基上的震动可能相差不大。这种观点只看到地震动的振幅，没有考虑到地震动的频谱组成，是不全面的。到20世纪70年代，美国也明确提出场地土层的影响主要在于反应谱形状的改变（第14.2节）。

12.6.4 反应谱小区划

反应谱小区划是以地震动反应谱形状作为主要指标进行的小区划。此法的一般原则是综合考虑各种因素的影响，如震源、距离和场地条件，但认为在一小地区内，地震动的峰值加速度、速度两者之一的变化可能不大，而反应谱形状的变化更为主要，因而认为应该以反应谱作为小区划的指标。上节场地小区划可以认为是一种反应谱小区划，因为场地土壤条件的主要影响只是对反应谱形状的影响。

本节所谓的反应谱小区划有两个特定的意义：第一，在反应谱影响中除场地土壤条件外，还可以同时考虑震级与距离的影响；第二，场地土壤条件对反应谱的影响通常是通过一维非线性地基反应时间过程计算出来的。

在第 6.3 节中已经提到，震级、距离、场地条件三者对反应谱都有影响，现在有些抗震规范只承认场地的影响，有可能是将震级与距离的影响放到场地条件中去了，这是因为数据是偏的，软场地上的地震动记录大多是在大震级、远距离处得到的，即软场地、大震级、远距离三者常同时存在，因为这时硬场地上地震动过小而记录不到。假若认为场地条件是影响地震动反应谱的惟一因素，那就可以像前节那样按场地条件进行区划，然后对不同场地规定不同的反应谱。但是，假若同时也承认震级、距离对反应谱的影响，则场地条件区划就有缺陷了。现在以我国规范规定的反应谱为例来说明这一点。

设在一小地区内有 A，B 两个场地，A 为硬场地（Ⅰ类），B 为软场地（Ⅲ类）。按照我国 1978 年抗震规范规定，它们的设计反应谱如图 12.6.1 所示。但是，假若此地区的地震危险性主要来自近震，即可能的震源就在本地，则实际地震在场地 B 上产生的反应谱并不是图中的曲线 B，而是 B′。图 12.6.2 是在我国台湾省 SMART-1 台阵得到的两次近震记录（Loh et al.，1982），记录场地为相当软的场地，但由于不大的震级和距离（震中距Δ分别为 10km 和 30km），所以反应谱只相当于基岩和硬土场地。这种影响在反应谱区划中是可以考虑的。

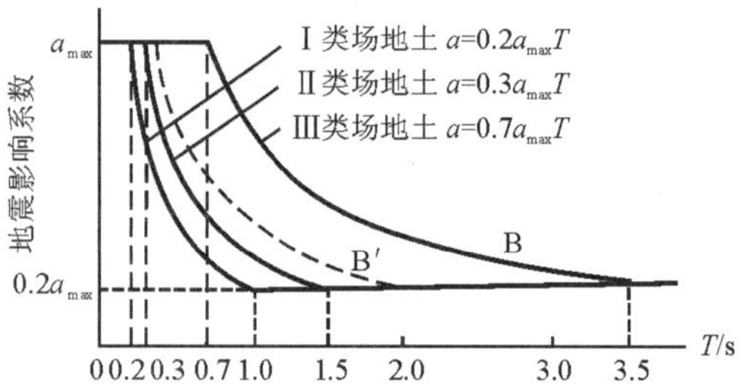

图 12.6.1　不同场地条件的反应谱

美国的麦圭尔（McGuire，1974）可能最早明确提出反应谱区划的概念，但是，他考虑的只是震级与距离对反应谱的影响，并未考虑局部场地条件的影响。他明确指出，只用一个地震动参数加速度最大值 a_{max} 进行的区划，不可能考虑谱形的变化；若要考虑谱形，至少要用两个可独立变化的地震动参数，如加速度与速度的最大值a_{max}和v_{max}；但是麦圭尔认为，a_{max} 和 $S_a(T=1s)$可以很好地反映谱形的变化，并按此绘出了一个假想地区的具有概率意义的地震动危险区划图。

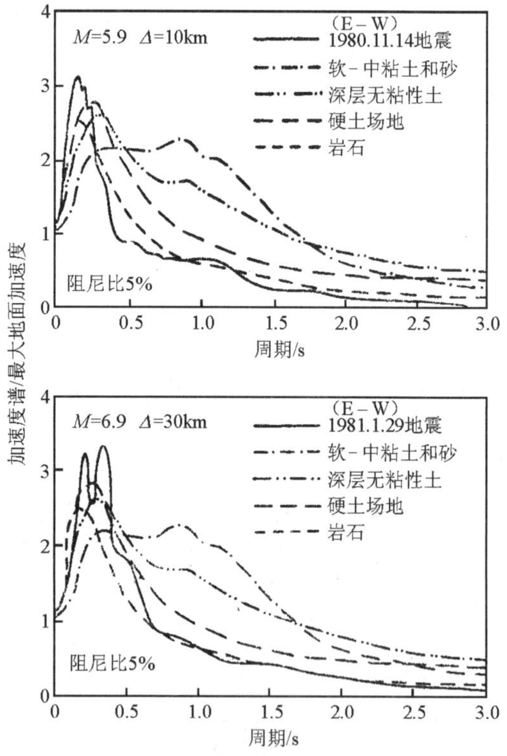

图 12.6.2　SMART-1 记录的反应谱

我国、日本和美国都曾对个别城市进行过反应谱小区划。这种小区划的步骤是：①确定对地区有影响的潜在震源和各震源可能发生地震的震级大小；②据此估计地区基岩上的地震动参数，从而确定地区基岩上的地震动过程$a(t)$；③根据基岩地震动过程，考虑场地土层的土壤动力特性，包括非线性特性，分别按一维模型计算各场地的地表地震动过程及反应谱；④根据反应谱形状进行分类，从而根据这些类别进行地区的小区划。第④步有时表现为以不同自振周期的反应谱值作为区划指标进行小区划，多个不同周期反应谱值的小区划图共同反映反应谱。有时，甚至可以用不同结构物的反应（如最大位移为延性系数μ）作为小区划的指标，这时就需要根据场地的地表运动过程计算结构物的反应。

周锡元等（Zhou et al.，1980）利用这种方法进行了北京市区的小区划。他们给出了加速度最大值 a_{max} 的小区划，并根据不同场地反应谱的形状，给出卓越周期小区划和三种典型结构（T=0.28～0.32s 的四至五层砖房；T=0.65～0.75s 的十二至十三层框架房屋；和 T=1.0～1.2s 的 30～45m 高的砖烟囱）反应小区划。图 12.6.3（a～e）给出了这五种区划图。由此可见，a_{max} 区划图与高频反应（T≅0.3s）区划图有颇为相似的形状，因为加速度最大值决定于振动的高频部分；不同周期反应的区划图形状是不同的。对比地震动卓越周期和反应区划可知，反应谱值与地震动卓越周期有明显关系，反应大者多半是结构自振周期与地震动卓越周期相近，如 T=1.0～1.2s 区划图的中部与上部；相反，反应小者多半是结构自振周期与地震动卓越周期相差较多者，如 T=0.28～0.32s 区划图的右部。此区划图与 1976 年唐山地震在北京市引起的震害大致相符。

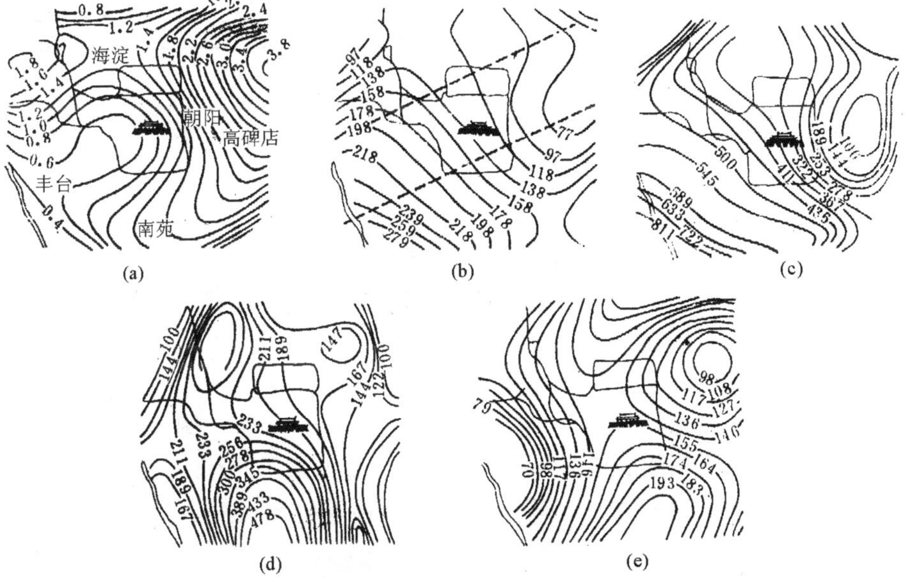

图 12.6.3　北京地区五种区划图

(a) 土层卓越周期等值线（单位：s）；(b) 峰值加速度(Gal)等值线；(c) 四至五层砖房谱加速度(Gal)等值线(T=0.28～0.32s)；(d) 十二至十三层框架房屋谱加速度(Gal)等值线(T=0.65～0.75s)；(e) 30～45m 砖烟囱谱加速度(Gal)等值线(T=1.0～1.2s)

小林启美等（Kobayashi and Kagami，1972）在弹性地基假定下，对东京与横滨之间的川崎市进行了反应谱小区划，给出了 T(s)=0.3，0.5 和 1.0 时的加速度反应谱 $S_a(T)$的区划图；不同重复期（50 年、100 年）、自振周期（T=0.3s）、不同极限强度（$Q_y/m=S_a/\mu$=0.3）时要求的延性系数的区划图；不同重复期（50 年、100 年）、自振周期（T=0.3s）、不同延性系数（μ=3，5）时的设计地震系数 a_{max}/g 的区划图。北川和松岛（Kitagawa and Matsushima，1980）以仙台小区划为例说明了他们建议的反应谱区划。由于缺乏本地区土壤非线性资料，他们在弹性地基的假定下，求得了地震动加速度 a_{max} 与速度 v_{max} 和不同初始刚度（用自振周期表示）的退化双线性单自由度体系反应μ为指标的仙台市小区划。

美国地质调查局的海斯等（Hays et al.，1978）在盐湖城进行过反应谱小区划，给出了相应于一至二层房屋 T=0.1～0.2s 的反应比（场地与基岩反应之比）和相应于三至七层房屋 T=0.2～0.7s 的反应比的区划图。

阿郎索和厄宾纳（Alonso and Urbina，1978）提出了一种与反应谱区划相似的方法，并将此法用于委内瑞拉的加拉加斯市等地区。他们先进行场地区划，如图 12.6.4 所示的覆盖土层厚度分布图，然后按照他们总结出来的地震动之间的关系，从场地特性（覆盖土层厚度 H 与场地自振周期 T_s）和震源距离，用简单图表示的数据估计场地反应，如图 12.6.5 所示。

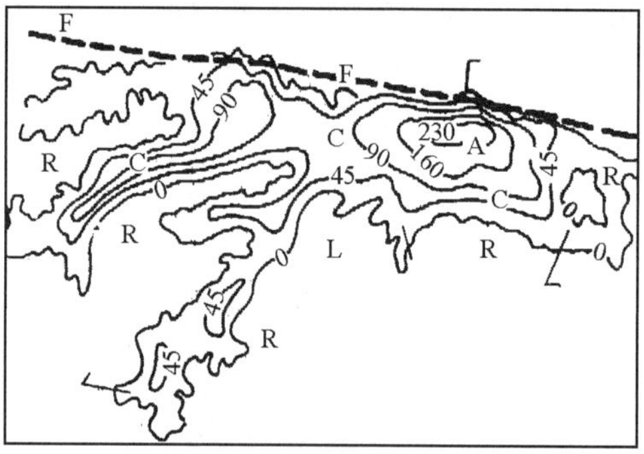

图 12.6.4　加拉加斯谷土层厚度分布

L：滑坡区；C：厚的无粘性土；F：活动断层；
A：很厚的无粘性土；R：岩石－坚硬场地

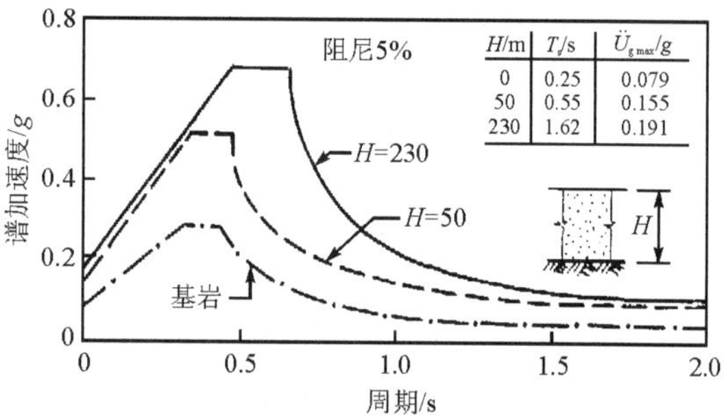

图 12.6.5　加拉加斯谷地震动反应谱

12.6.5　多指标地震小区划（Borcherdt，1975）

多指标的地震小区划图是美国地质调查局在 1972 年第一届国际小区划会议上提出来的，1975 年进一步加以总结，1978 年又在第二届国际小区划会议上加以补充。中国地震局兰州地震研究所也在 1981 年开展过这一工作（孙崇绍、陈丙午，1982）。

这种小区划的主要概念是，对于一个地区，需要用一组小区划图而不是一张小区划图来满足抗震要求，每张小区划图的指标各不相同，已经提出来了的有：活动断层图、基岩振动图、地基资料图、地基反应定性估计图、海啸影响图、砂土液化势图、滑坡可能性图。下面分别略加说明。

(1) 活动断层图：此图绘出足以产生破坏性地震的断层位置和宽度，这些断层上期望的震级、期望的断层位移大小、地震或断层错位时发生的变形性质和分布，已知断层上发震的频度。沿一已知断层上未来地震的最大震级和频度是根据第 12.1 节中的原理估计的。

(2) 基岩地表震动：给出基岩地表地震动最大加速度、速度、位移和持续时间与震级和距离的关系，地震动参数的等值线图。由此可以从加速度、速度与位移求出反应谱。

(3) 地表沉积物分区图：给出局部地形图、地表土层图（包括土性、厚度和波速）、地基危险分区图（包括液化和ρV_S值，ρV_S可用于地表地震动估计）。

(4) 局部地质单元对地震动的反应：给出局部地质单元图（基岩、冲积土和湾泥），其中给出了它们对地震动和地震烈度的影响。在地震动影响中研究了对谱的影响，在烈度影响中

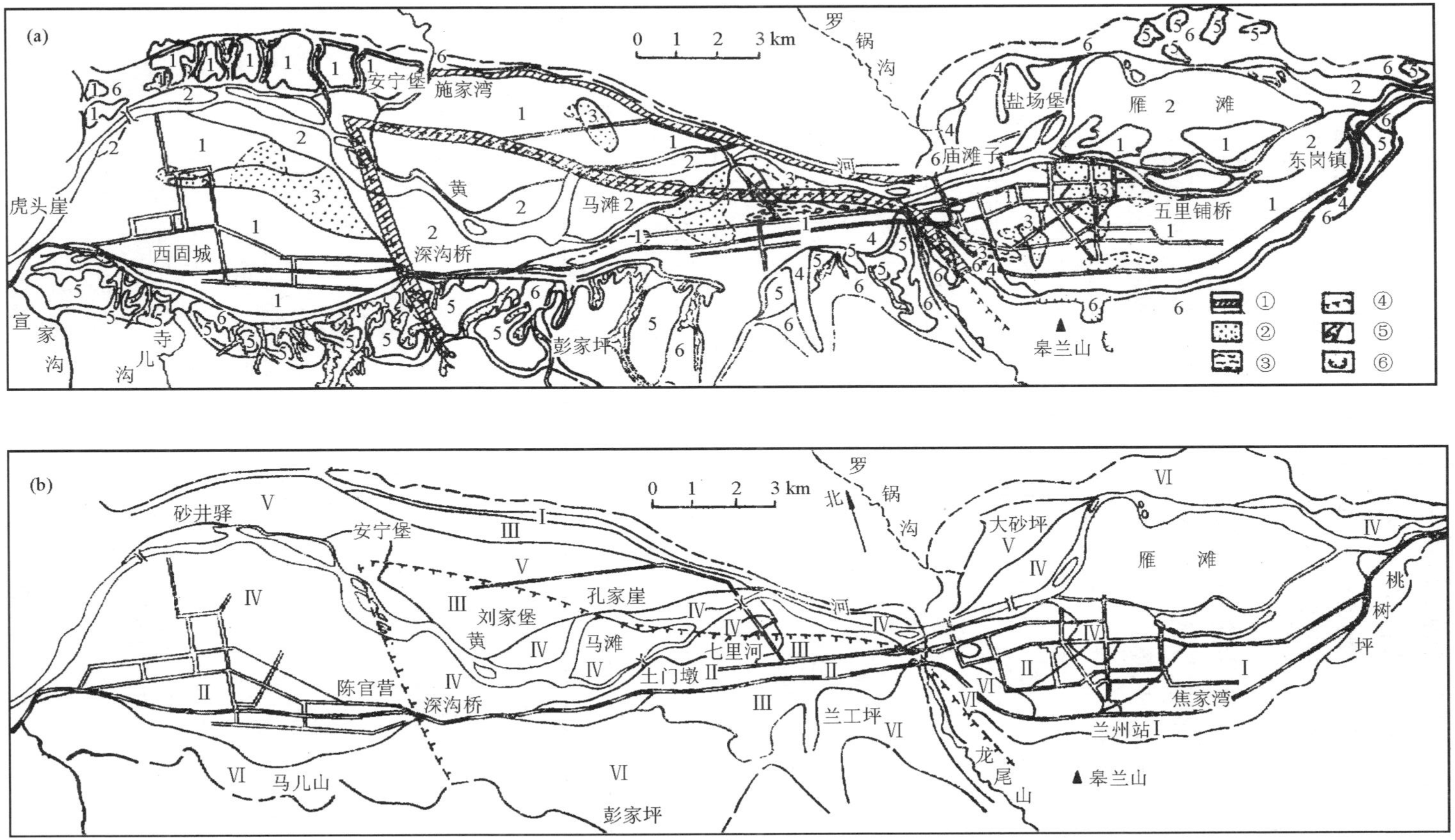

图12.6.6 兰州市小区划

①基岩陡坡带；②饱和粉细砂及轻亚粘土；③饱和淤泥；④七里河断陷；⑤黄土冲沟；⑥滑坡

给出了地震的震害轻重分区图，并给出了场地地震动估计方法。

(5) 砂土液化势图：根据上述地震动的估计，用希德等人的液化判别法，根据地震动加速度值和循环周数，判断各种地基情况的液化势，最后给出液化势分区图。后来又提出了根据宏观描述判断液化的方法和液化势区划图。

(6) 滑坡图：根据历史地震资料，给出了地区的滑坡分区图，按地形坡度和表层土壤情况，区分出高度稳定、可能稳定、一般稳定、临界稳定、可能不稳定、一般不稳定、局部滑坡等几种地区。

图 12.6.6 给出了兰州市的小区划图，图（b）是地震动分区图，表 12.6.1 给出了图中反应谱分区的标准；图（a）是场地条件分区图，按从 1 到 6 的六个区给出了强震时可能产生的物理地质和工程地质现象以及地面永久变形（这里省略了这些说明）。

表 12.6.1　兰州市各区标准反应谱

反应谱示意图	区	α_{max}	T_1	C_a	T_2	α_{min}
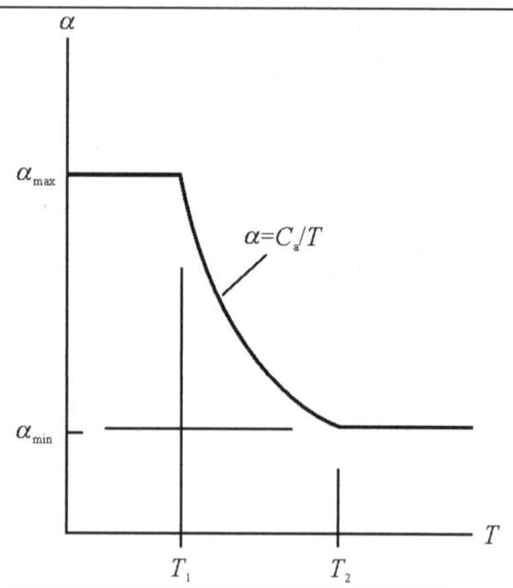	Ⅰ	0.34	0.4	0.136	2.0	0.07
	Ⅱ	0.45	0.4	0.180	2.0	0.09
	Ⅲ	0.45	0.5	0.225	2.5	0.09
	Ⅳ	0.56	0.4	0.225	2.0	0.12
	Ⅴ	0.68	0.4	0.204	1.5	0.14
	Ⅵ	0.68	0.5	0.340	2.5	0.14

第十三章　抗震设计原则和构造措施

工程设计目前还是一种试图用经验方法达到优化目的的手段，结构抗震设计也是这样。在某一方面，设计意味着考虑不同的设计方案、估计其结果、对比这些方案并作出最好的选择。在方案对比时，需要有一个优化的目标。对于结构抗震设计而言，优化目标常常并不明确，而是采用与现状接近的经济与安全的对比原则，即就总体而言，安全性约相当于现有的经验，经济上也不得相差过大。这一原则，在规范制定者是明确的，但并不反映于规范具体文件中，所以规范使用者并不一定注意到这一点。

规范使用者还容易忽视另一个问题，即规范中控制的参数常常是为了简单，为了照顾传统习惯而选定的，它们只是近似地代表更重要的一些参数。例如当前抗震规范多用基底剪力和反应谱来控制设计地震动，用容许强度和变形来控制结构物，但是它们都代表着或包含着实际的结构反应，如地震动发生的多种可能危险值的变化、反应谱形状与持时的变化，又代表着局部和总体结构的变形、延伸率和各种破坏状态的安全度。设计者若能对所控制的参数与实际结构反应之间的关系有所了解并在设计中有所考虑，则所设计的结构物就可以达到安全与经济的合理结合。

规范中规定的设计地震动大小和反应容许值是安全与经济综合考虑的结果。因此，结构抗震设计的优化目的可以概括为“小震不坏、中震易修、大震不倒”。本章先回顾抗震设计理论的发展历史，讨论如何达到这种目的的一般原则，然后讨论各类结构物抗震设计的特点。

13.1　结构抗震理论的发展历史

随着人们对于地震动和结构动力特性的理解深度，结构抗震理论在过去几十年中可以划分为静力、反应谱、动力和结构控制等四个阶段。这四个阶段的形成、特色和发展速度，标志着人类科学技术加速加深认识的规律。总结这些规律，有助于我们对地震工程学有一个更为全面的了解。为此，本节先就这四个发展阶段作一介绍。

13.1.1　静力理论阶段（20 世纪 10～40 年代）（金多洁，1976；小高昭夫等，1972；佐野利器、武藤清，1935，藤本一郎，1982）

从世界范围来看，日本位于环太平洋地震带上，全国均属强震区，地震活动频繁，故抗震理论发展较早。在 20 世纪 20 年代以前，他们就引入了震度法的概念，从而创立了水平静力抗震理论，成为该时期抗震理论的标志。此理论认为，结构物所受地震作用可以简化为作用于结构上的水平等效静力，其大小等于 $V=kW$，$k=a/g$，a 为地震动最大水平加速度，g 为重力加速度，W 为结构重量，地震系数 k 即为震度，约为 1/10，与结构特性无关。在此理论创立时，一般认为结构是刚性的，故结构物上任何一点的加速度都等于地震动加速度。

这一理论的形成与震度 k 数值上的选择，是根据多次地震震害分析得来的。1891 年浓尾地震（M=7.4）震害严重，促进了人们对地震工程的重视，翌年在文部省下设置了“震灾预防调查会”，开始了建筑与土木工程的抗震研究。1906 年美国旧金山大地震，多种结构物受到检验，引起各方面的重视，日本的佐野利器等人进行现场调查，取得了重要经验；1916 年佐野发表了长篇报告《家屋耐震构造论》，引入了震度法的概念，并根据大森房吉的烈度表确定了国际上几次大地震的震度，认为 k=0.3 是结构破坏的界限，若取结构物在一般荷载下的安全系数为 3，在地震荷载下的安全系数可降低到 1，则设计震度 k=0.1。内藤多仲 1921 年按 k=1/15 设计了日本兴业银行等房屋，1923 年关东大地震时，周围房屋破坏严重，而内藤设计的兴业银行等房屋则几乎无损坏，从而肯定了水平静力震度法的有效性。

震度法以刚性结构物假定为基础，但是结构振动研究表明，结构是可以变形的，有其自振周期。对于结构振动，共振是很重要的现象，直接影响着结构反应的大小。因此，在 20 世纪 20～30 年代引起了一场刚柔理论之争。这一刚柔之争一直继续到 40 年代仍无结论；但是由于震度法简便易行，柔性结构的定量分析当时无力解决，柔性结构的实现又有困难，所以后来用于实际的仍为以刚性理论为基础的震度法。这一争论虽无结果，但对于促进抗震研究却起了良好作用。值得注意的是当时还提出了另外三个抗震理论：

第一个是绝缘理论，又称免震、消震、隔震或减震结构理论。其原理是在结构物与地基连接处隔断水平力的传递，使地震动无法从地基传到上部结构中去。其实现方法可以有多种，如：①在结构与地基之间设一缓冲层，如碎石、砂、水平的软弹簧、水、滚珠、球支承等；②将结构基础底部作成圆弧形，使上部结构可以作自由的水平摆动；③将整个结构悬挂于几根支柱上。有的方案虽曾试用于个别房屋，但由于当时无法处理上下水道和煤气管道等问题，造价又高，未见广泛实用。

第二个是能量耗散理论。20 世纪 30 年代后期，妹泽克惟与金井清从理论上研究了弹性波在结构与地基中的传播与扩散后指出，由于结构物中的阻尼耗能和由结构向地基中的能量扩散作用，具有适当强度的结构物不致因共振而完全破坏；结构物的破坏由地基的加速度、地基的周期、结构物的类型和结构与地基的耗能性质四者共同决定，因此，即使达到共振，也不一定破坏。能量的耗损作用来自结构材料的内部抵抗和空气抵抗、地基的非弹性变形以及地震波向地下的扩散，而地震波向地下的扩散是很大的。

第三个是抗震设计的能量理论。棚桥谅曾指出，结构物与地震动的周期相接近是难以避免的，与其追求无把握的避开共振周期，不如接受下述两项理论：地震动的破坏力与最大速度的平方成正比、结构物的抗震能力由达到破坏时所能储蓄的势能来衡量。当时，这一新的观点曾受到刚柔两论的共同批判。

由于当时人们对地震动和结构振动性能均不够了解，这三种抗震理论并未受到应有的重视，但是它们对当时的抗震理论起了重要的推动作用。例如到此阶段的后期，日本和美国均修正了当时通行的静力震度法，或者是认为结构上部加速度大于下部而加大高层结构上部的震度（日本），或者是认为柔性结构的地震作用应减少而降低高层结构物的总震度（美国）（见第 14.2 节）。另外，这三种理论和刚柔之争虽然各有缺陷，但都有其合理部分，所以在抗震理论发展的后几个阶段，都可以看到这些理论的继续发展。

在这一阶段中，美国在地震工程的发展上，除了强震观测工作外，一般都落后于日本。1906 年旧金山强震虽然损失严重，约相当于日本关东大地震，但是在旧金山地震后，美国并未重视地震工程工作，只是要求按 146kgf/m^2 的风力设计；直到 1925 年圣巴巴拉地震之后，才开始有组织的抗震研究，由地质调查局承担地震研究；1927 年的规范开始对抗震有所要求，直到 1933 年长滩地震之后，才正式采用静力震度法设计，取 k=0.02～0.08。

13.1.2 反应谱理论阶段（20 世纪 40～60 年代）

日本的石本已世雄在 20 世纪 30 年代初开始强地震动加速度过程的观测（石本，1931），并取得了不少中弱震记录，最大加速度约 0.04g。他用此研究过不同场地条件对地震动最大振幅和卓越周期的影响，得到了一些有意义的结果。但是在他去世后，其工作未受到应有的重视而中止；与此相反，美国则在日本的影响下开展并发展了强震观测工作。

20 世纪 30 年代，美国地震工程的发展受到日本的影响很大。1929 年在东京召开万国工业会议时，美国派多人去东京地震研究所等单位了解抗震设计和地震动研究（金多洁，1976），并注意强震动的记录和观测问题。此后，组织了以弗里曼等人为中心的活动，宣传强震仪器观测的重要意义，1931 年得到国家的支持，拨出特别经费由海岸地调局负责这一工作，并邀请日本当时的地震研究所所长末广恭二去美国四所大学讲学，对地震工程作了一系列详细的报告，鼓励美国进行强地震动加速度过程的观测，因此，1932 年在加州布设了 9 个台，1933 年长滩地震开始得到第一批强地震动过程的记录（Matthiesen，1980），以后继续增设强震观测台站并积累强震记录，其中有特别意义的是 1940 年 5 月 18 日英佩里亚尔河谷地震时取得的埃尔森特罗记录，这次地震的震级为 M=6.3，震中距为$\varDelta$=9.3km，附近的地震烈度为Ⅷ，最大水平加速度为 a_h=0.34g，最大竖向加速度为 a_v=0.21g，最大水平速度为 v_h=37cm/s，最大水平位移为 d_h=20cm，持续时间约为 20s，卓越周期约在 0.3～0.5s（见第 6.2 节）。一般认为此记录具有典型强震动特性，可以作为工程抗震设计的地震动输入；因此在国际上曾被经常引用。

到 20 世纪 40 年代，美国已经取得了不少有工程意义的强地震动加速度过程的记录，这些记录丰富了人们对地震动工程特性的认识，从而促进了抗震设计理论一个重要发展，使抗震理论进入了反应谱阶段。

反应谱理论的提出是加州理工学院一些研究者对地震动加速度记录的特性进行分析后所取得的一个重要成果。比奥特在 20 世纪 40 年代初明确提出从这样的记录中计算反应谱的概念，而由豪斯纳在 20 世纪 50 年代初加以实现，并同时在加州的抗震规范中首先采用反应谱作为抗震设计理论，以取代过去的静力震度法。由于这一理论正确而简单地反映了地震动的特性，并根据强震观测资料提出了可用的数据，因而迅速在国际上得到广泛承认。到 20 世纪 50 年代，这一抗震理论基本上取代了震度法，从而确定了反应谱理论的主导地位。

反应谱理论可以称为准动力法。它通过反应谱考虑结构物的动力特性（自振周期、振型和阻尼）所产生的共振效应，但是，在设计中它仍然把地震惯性力看做是静力，因而只能称为准动力理论。

当反应谱理论在 20 世纪 50 年代被广泛接受时，抗震设计是以弹性理论为基础的。20 世纪 60 年代，结构非线性反应研究盛行，提出了极限设计的概念。这种思潮在抗震理论上的反映是结构非线性地震反应的研究，以伊利诺大学纽马克为首的研究者们取得了有意义的成果。他们提出了延性这个简单概念来概括结构物超过弹性阶段的抗震能力，延性大小是结构物抗震能力强弱的重要标志。他们认为在抗震设计中，除了强度与刚度之外，还必须重视加强延性，并提出了按延性系数将弹性反应谱修改成为弹塑性反应谱的具体方法和数据（见第 7.9 节），从而使抗震设计理论进入了非线性反应谱阶段。

20 世纪 60 年代中抗震理论的另一重要成果是随机振动理论的应用。这一理论的应用也是以人们对地震动特性的深入认识为基础的。美国的豪斯纳在 20 世纪 40 年代后期已经注意到了地震动的随机特性。到50年代末和60年代初，苏联、美国、日本和我国的地震工作者都进行了这一研究，包括结构物地震反应的随机理论的研究。这一理论不但为振型组合提供了普遍接受的方法，更重要的是为今后发展的抗震设计概率理论奠定了基础。

20世纪60年代抗震设计理论的另一进展是考虑了场地条件对反应谱形状的影响。场地条件对地震动和结构物的影响是历次强震震害反复表明了的，但是由于经验不足，对地震动的认识不深，在国际上也引起过一场争论。早在1906年美国旧金山地震和1923年日本关东地震时就已经认识到坚硬地基上的震害轻于松软地基的经验，从而出现了加大松软地基上结构物设计地震动的规定。但与此同时，也曾明确被提出过的柔性结构在大远震、松软地基上震害重，刚性结构在小近震、坚硬地基上震害重的经验，却常被忽视。到60年代初，这些不同的经验或不同的认识，形成了互相矛盾的思想或理论：美国多数人趋向于认为场地条件对小地震有明显影响，松软地基上的地震动可能较大，但是到了足以危害结构安全的强烈地震动时，松软地基无力传递这种地震动，因而不同场地上的加速度并无明显区别；苏联则以震害调查为依据，提高松软地基上结构物的设计烈度，认为松软地基上的加速度较大；美国的古登堡根据中小地震动的记录持同样意见；罗马尼亚主编的八国抗震规范草案，按金井清的理论，认为地震动的加速度将随地震动的卓越周期加长而减小，而松散地基上的卓越周期是较长的，所以地震动加速度也较小，从而形成了软地基上的地震动加速度和坚硬地基上相比要大、要小、差不多这三种截然不同的意见同期并存的混乱局面。我国研究者比较全面地总结分析了与此问题有关的震害经验和地震动观测数据，提出了松软地基上容易产生的地基失效影响，应该用选择场地与地基、构造措施来考虑，场地土壤对地震动的影响应该用调整反应谱的方法来考虑，主要表现为对软地基加大反应谱的长周期部分。这一调整反应谱的理论，现在证明是较正确的，已逐渐为更多的国家所采用。

13.1.3　动力理论阶段（20世纪70年代至今）

20世纪60年代中，除了反应谱理论的推广普及外，在地震工程学的基本研究中还取得了许多重要的进展，其中包括电子计算机的普及和试验技术（特别是模拟地震动大型试验台）的发展，使人们对各类结构物在地震动作用下的线性与非线性反应全过程有较多的了解；重大特殊的工程，如核电站、近海平台、输油管等结构，形状复杂、安全度要求高、实际震害经验阙如，因而对结构抗震设计提出了更深入的要求；美、日、中等许多国家又相继发生了一些强烈地震，使许多新型结构有了地震经验；又由于强震观测台站的不断扩充，不少地震现场取得了许多结构、有些甚至是受到严重地震损坏的结构物的地震反应记录，同时还大量丰富了地震动的数据，包括地基内部反应的观测数据。这许多有利因素，促进了地震工程研究的迅速发展，在抗震设计上也出现更多的成果，向着真正的动力理论阶段过渡。

从地震动的振幅、频谱和持时三要素来看，抗震设计理论的静力阶段考虑了高频振动振幅的最大值，反应谱阶段考虑了频谱，持时则始终未能在设计理论中有明确的反映。1971年美国圣费尔南多地震的震害使人们认识到“反应谱理论只说出了问题的一半”，从而推动了按地震动加速度过程 $a(t)$计算结构反应过程的动力法的研究，不但考虑了地震动的持时，并且也考虑了地震动中反应谱所不能概括的其他特性。对于复杂的结构体系，特别是在多维地震反应时，由于振型密集产生的耦联，以及平均反应谱中不同周期并非同时出现的影响，使得反应谱理论有较大的误差；对于结构出现破坏后的强烈非线性反应，除极为规整简单的结构物外，反应谱理论难以给出合理结果。在这些情况下，一般均需用动力法进行地震反应分析和抗震设计。

任一抗震设计理论都由下述四个方面内容构成：输入地震动、结构和构件的动力模型、实用的动力反应分析方法，以及设计原则。在静力理论中，这四个方面都作了极大的简化，输入地震动只考虑根据历史震害估计的地震动最大加速度；不要求结构动力模型和动力反应分析，而代之以假定的沿高度分布的质量和振动加速度；设计原则是静力的容许应力。在反应谱理论中，这四个方面作了重大的简化，输入地震动也只要求规定地震动最大加速度，反应谱是规定的或按场地条件规定的平均反应谱值；结构假定为弹性，或者再考虑结构总体的容许延性系数；动力分析仅作弹性的特征值问题；设计原则可用弹性的容许应力也可用极限设计。动力抗震设计理论的特点如下：输入地震动要求给出符合场地情况的、具有概率含意的加速度过程 $a(t)$，对于复杂结构要求给出三个分量的过程及其空间相关性；结构和构件的动力模型要更为接近实际，要包括非线性特性；动力反应分析方法要考虑反应的全过程，包括变形和能量损耗的积累；设计原则要考虑到多种使用状态和安全的概率保证。由此可见，在这四个方面，动力理论都有更具体的要求，更明确的规定，更详细的计算，从而可以得到更可靠的设计。

在地震动输入上，动力法通常要求根据周围地震环境和场地条件（一般根据震级、距离和场地分类）和强震观测中得到的经验关系，确定场地地震动的振幅、频谱和持时，选用或制造多条地震动加速度过程。这些加速度过程要能反映地震和场地环境以及结构特点的要求，如对多点支承结构，要考虑地震动空间相关性，对有低周疲劳问题的，要特别重视地震动持时。

在结构模型上，动力法要求给出每一构件或单元的动力性能，包括非线性恢复力模型，而其他方法只考虑结构总体模型，因此，动力法是当前惟一可以考虑各构件非线性特性的结构模型。构件的动力性能是根据构件实验得到的规律确定的。

在分析方法上，动力法均在电子计算机上进行，在时域中进行逐步积分，或在频域中进行变换运算。在弹性反应时一般采用频域分析或振型分解后的逐步积分；在非线性分析时，均在时域中进行逐步积分。只有这种方法才可能考虑每个构件的瞬时非线性特性，也只有这种方法才可能真正考虑土结相互作用中地震参数的频率依赖关系。通过这种分析可以求得各种反应量，包括局部和总体的变形和内力，也可以在计算分析中考虑各种因素，如 $P\text{-}\Delta$效应、多维输入和多维反应，这是其他分析方法所不能考虑的。当进行概率统计分析时，原则上可以进行蒙特卡罗法运算，从每一加速度过程的反应分析所得结果用统计方法求结构反应的统计特征。

在设计原则上，在弹性范围内考虑强度极限，在非线性范围内考虑变形极限和能量损耗，以具体体现小震不坏、中震易修，大震不倒的要求，并进一步要求对超过设计地震动、出现不容许的使用状态、可能引起的损失等作概率分析和工程决策分析。

动力理论的形成有如下几个标志：地震危害性概率分析、特殊重点工程和超高层房屋的动力抗震设计、1981 年正式执行的新日本建筑抗震规范。这三个方面已分别在第十二章与第 13.4 节中专门介绍，这里仅指出其中几个抗震设计理论的共同原则。第一，使地震动的估计具有概率意义，如一般结构物地震动的超越概率约为 10^{-2}/年，核电站设计的正常运行地震动 OBE 的超越概率为 10^{-2}/年，安全停止运行的地震动 SSE 为 10^{-3}～10^{-4}/年。第二，要求三维加速度过程，而且要考虑不同的震级、距离和场地条件对振幅、频谱与持时三者的影响，从而估计一组加速度过程。如日本在制定其新抗震规范时要求“时程反应分析法采用的输入地震波，……，至少为三种波形”，“根据地震的主要因素，考虑如图……所示的周期特性的决定性影响，至少要采用相当于震级约为6，7，8的三种波形”（冶金工业部建筑研究总院工程抗震研究室，1982，38～39页）。又如美国石油协会规范API RP2A规定“若用时程分析法，至少要考虑三组地震动时程输入”，每组包括三个分量，满足规定的反应谱。第三，采用非线性结构模型及其动力设计。如武藤清（1977）所采用的超高层动力设计法，要求房屋对三级地震设计，第一级为小震（a=0.1g），要求结构处于弹性阶段，无不安全感觉；第二级为中震（0.2g），结构可以有轻微损坏，但要求强度与变形均在容许值以下；第三级为大震（0.3g），结构处于强非线性，只要求结构不倒塌，第二级即为通常抗震设计所考虑的地震动。

13.2 抗震设防标准

工程设防标准是以最少的代价建造具有合理安全度的、满足实用要求的工程结构，这是设计的传统思想。开始，人们认为安全就是不破坏，只要结构强度超过荷载引起的内力，结构就是安全的。后来认识到结构强度与外部荷载都有一定随机性，从而引入了安全度的概念，认为只要采用一个较保守的结构强度 R_0 和一个较大的外部荷载引起的结构反应 R，由此定义的安全度 R_0/R 大于1（一般取2左右），即可以得到安全的设计。这时，虽然已经引入了概率思想，但还很不具体。直到20世纪60年代，极限状态思想较为普及时，人们才真正认识到，至少是对于偶然性很大的荷载，如洪水、风、地震，要想使结构强度一定大于结构反应，几乎是不可能的，而且肯定是不经济、不现实的；设防标准不能追求绝对的安全性，而需要从危险概率的大小来定义安全度，从而形成以概率为基础的设防准则，到20世纪70年代，这样的准则广泛应用于一般静力和风荷载作用下的结构设计中。

在这种概率基础的设防准则中，所谓合理的安全度指的是在经济与安全之间的合理的平衡，这是现在一切设计的总原则，也是抗震设计的总原则。这一原则可以表示为下述使总效益 E 为最大的形式：

$$E=\text{收益}-\text{生产投资}-\text{可能的损失（包括修复）}=\text{最大} \tag{13.2.1}$$

式中，收益包括所考虑的工程建成后的直接与间接收获；生产投资包括兴建此工程的资金及其投资于它处可能得到的收益；损失包括人身伤亡、政治社会经济影响、物资财产的间接损失和连锁反应的损失。由于人身伤亡与社会经济政治影响通常不能以费用来衡量，所以上式只能用决策分析方法处理。

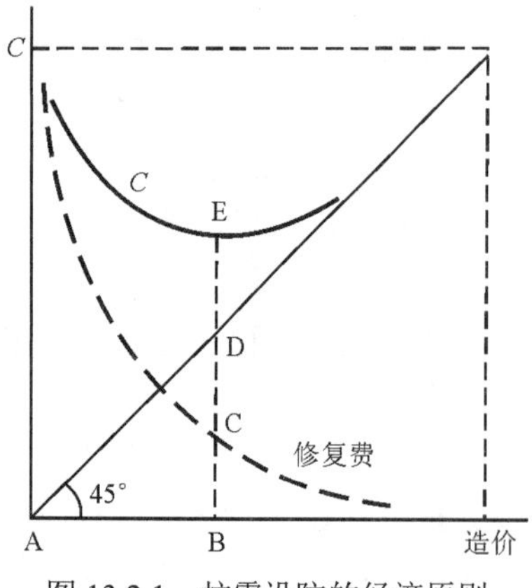

图13.2.1 抗震设防的经济原则

假若不考虑非结构损失，则上式有时也改写为

$$C=\text{造价}+\text{修复费}=\text{最小} \tag{13.2.2}$$

这些费用中除了材料费之外，自然应该包括施工管理等费用。从上式可见，减少一分造价就会增加一分损坏的可能性或危险性，从而增加一分可能的修复费用，如图13.2.1所示，这里可能存在一个总费用 C 的最小值（点E）。图中，

BD=AB=造价

BC=DE=修复费

BE=BD+DE=C=总费用

由于地震的发生以及结构物可能产生的损坏是随机事件，故修复费是随机变量，必须用概率来计算，因此总费用 C 也是一个具有概率含意的量。设发生某一地震动 y 的概率密度为 P_y，而此地震动可能引起结构破坏，修复破坏后的结构至原有强度所需要的费用为 B_y，则修复费的期望值为

$$\int_0^{y_{\max}} B_y P_y \mathrm{d}y$$

式中，$y_{\max}$ 为该工程所在地可能发生的最大地震动。

上面是从概率意义上描述抗震设防这一基本原则的。从确定意义上也可以描述这一基本原则。首先根据确定性的思想规定两种甚至三种地震动，常称之为小震和大震，或小震、中震和大震。小震指的是对工程建设地点而言经常发生的，中震是指在工程的使用年限内仅偶然发生的，大震则指在使用年限内发生概率极小的地震。举例而言，有人认为，在使用年限内（设为 50 年），小震发生频度约为 5 次/50 年，中震约为 1 次/50 年，大震则远小于 1 次/50 年。在确定了小震、中震、大震这种发生频度的定义之后，即可根据地区的地震活动性确定场地的这三种地震动的参数值。这时抗震设计基本原则常表示为下述三个要求：在小震作用下，结构物不需修理，仍可正常使用；在中震作用下，结构物无重大损坏，经修复后仍可继续使用；在大震作用下，结构物可能产生重大破坏，但不致倒塌伤人或损坏重要设备。这种方式用主观规定的三个阶段代替式（13.2.1）或式（13.2.2），就是我们常说的“小震不坏，中震可修，大震不倒”的设防标准。

这种多级设防思想首先在核电站抗震设计中提出，而后逐步在其他重大工程（如近海平台、高压贮液设备、生命线等）中采用。由于这些结构的破坏影响极大，所以通常是要求小震不停止运转使用，大震则要求可以安全地停止运转，而不容许破坏。

13.3 抗震设计原则

根据当前的强震经验教训和理论认识，良好的抗震设计应该尽可能地考虑下述原则。

13.3.1 场地选择

除了根据地震危险性分析尽量选择比较安全的场址之外，还要考虑一个地区内的场地选择。选择的原则是：避免地震时可能发生地基失效的松软场地，选择坚硬场地（见第 8.1 节）。基岩、坚实的碎石类地基、硬粘土地基而且地形平坦的场地是理想的建筑场地；饱和松散粉细砂、人工填土与极软的粘土地基或不稳定的坡地及其影响可及的场地是危险地区。在地基稳定的条件下，还可以考虑结构与地基的振动特性，力求避免共振影响。在软弱地基上，设计时要注意基础的整体性，以防止地震引起的动态的和永久的不均匀变形。

13.3.2 体型均匀规整

无论是在平面上或立面上，结构的布置都要力求使几何尺寸、质量、刚度、延性等均匀、对称、规整，避免突然变化，如平面上呈 L，T，H，U，Y 形的结构和附加的结构物，容易加大结构的扭转振动、局部振动或空间振动；立面上的屋顶小房、平面面积呈阶梯性向上收

缩或柔弱的低层，常引起过大的局部振动和应力与变形的集中，从而造成严重的破坏。多层房屋中延性不均匀或迅速突变常常引起极大的集中非线性变形而导致破坏。

13.3.3 提高结构和构件的强度和延性

结构物的振动破坏来自从地震动引起的结构振动，因此抗震设计要力图使从地基传入结构的振动能量为最小，并使结构物具有适当的强度、刚度和延性，以防止不能容忍的破坏。在不增加重量、不改变刚度的前提下，提高总体强度和延性是两个有效的抗震途径。刚度的选择有助于控制变形，强度与延性则是决定结构抗震吸能能力的两个重要参数。由于地震动是多次循环作用，还要注意循环作用下刚度与强度的退化。提高强度而降低延性不是良好的设计。

13.3.4 等安全度设计

理想的设计是使结构中各构件都具有近似相等的安全度，即不要存在局部薄弱环节；更适当的要求可能是等破坏设计，即各构件达到破坏而引起结构物达到破坏的安全度相近。例如在框架房屋中，这两种不同的提法可以导致两种不同的设计原则。等安全度要求同等充分利用梁和柱的强度延性储备；等破坏设计则要求强柱弱梁，因为柱的破坏会造成整个房屋的破坏，而梁的破坏只有局部影响。这一原则同样适用于社会经济与行政管理的抗震设防。

13.3.5 多道抗震防线

使结构物具有多道支撑和抗水平力的体系，则在持续时间较长的强地震动过程中，一道防线破坏后尚有第二道防线可以支承结构，避免倒塌。因此，超静定结构优于同种类型的静定结构。

13.3.6 防止脆性与失稳破坏，增加延性

脆性与失稳破坏常常导致倒塌，故应防止。常见的脆性破坏现象有：砖、石、素混凝土结构的开裂，钢筋混凝土梁的剪切破坏，混凝土无约束受压区的破坏等等。常见的失稳破坏有：斜撑和柱的失稳和柱中纵向钢筋在箍筋不足时的压屈，以及薄壁钢结构的局部压屈等等。这些破坏常见于设计不良的细部构造。

13.4 各类工程抗震设计特点

13.4.1 房屋

由于一般房屋结构设计的原则是小震不坏，中震可修，大震不倒，所以在强震作用下，容许这类结构进入强非线性，非线性设计的要求就成为一般房屋设计的特点，在钢结构或钢筋混凝土房屋中，这一特点很突出。

20 世纪 60 年代以来，结构非线性反应研究的重要成果之一是在房屋设计中考虑结构的延性或耗能能力，在我国抗震规范中它反映为结构系数 C，在美国抗震规范中它反映为结构系数 R 或 K。这一规定容许延性大或耗能能力强的结构可以按较小的地震动设计，可以有较小的强度。

当结构反应进入非线性阶段后，强度就不是控制设计的惟一指标，可能的或容许的变形能力变得同等重要。如图 13.4.1，当结构反应进入强非线性阶段后，设计上要同时满足极限强度 R 和极限变形 u_{max}，只满足强度 R 而不满足变形要求 u_{max} 的设计 1($u_1 < u_{max}$)，是经受不住所考虑的地震而不倒塌的。当然，满足 R 和 u_{max} 这两个指标的结构可以有多种组合，可以

有设计 3 或 4 那样可能的组合，同时满足其他荷载和使用要求的某一设计是可以选择的。日本 1979 年批准使用的新设计标准明确规定变形验算作为第二次设计标准。我国抗震规范也过渡到这一形式。

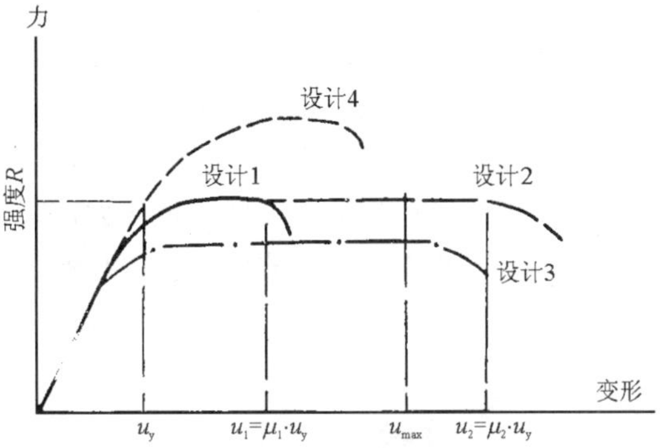

图 13.4.1　结构恢复力模型

国内外现有研究已经表明，对于体形规整的多层框架房屋，假若各层的剪力强度与最大弹性剪力之比 r 有突变时，则在突变处较小 r 值的一层楼出现很大的非线性变形，成为整个房屋中的薄弱环节，控制整个设计。这种非线性变形容易集中的现象，要求我们不要随意加大某层的设计强度（见第 7.9 节）。

由于这种非线性变形集中的现象在相邻层 r 不大的变化时也可能出现，而且不同的地震动[指 $a(t)$不同]可以导致不同的结果，所以要对一组可能的地震动进行这一研究。

13.4.2　高耸结构

随着工业的迅速发展，结构类型日益增多。过去，高耸结构仅限于工业用烟囱或纪念塔，现在，则增加了很多超高层房屋。核电厂中的排气筒、电视与环境卫生中用的高塔杆，以及海洋钻井平台，高度均可达数百米。这类结构物的共同特点为，在体形上是瘦高型的塔杆式结构，平截面构造简单对称；在动力性能上是基本自振周期很长，一般在 1s 至几秒以上，刚性较小，故在地震动作用下位移较大，因而又称为高柔结构。在抗震设计中要注意一些特殊问题，例如，由于这种长周期特性而特别仔细地研究输入地震动中长周期分量的估计和高振型反应与竖向振动等。本节仅以烟囱为例，讨论几个主要问题。

13.4.2.1　*震害经验*

高耸结构中烟囱的震害经验是很多的，国内外都有过很多报道（钱培风，1983a 和 b），概括起来有如下几点。第一，砖烟囱和钢筋混凝土烟囱都容易受到震害，特别是无筋砖烟囱。第二，破坏形式是多样的。对于无筋砖烟囱而言，有的成段倒向一侧，有的零星散落四周；有的掉头，有的头部倾斜扭转；有的斜裂缝，有的水平裂缝；有的龟裂或震酥（图 13.4.2）。第三，破坏不仅发生于极震区，也常见于离震中很远的地方，在强烈地震的极震区，烟囱多掉头或大段倒塌，破坏严重；在远离震中处，烟囱多裂而不倒，且多为水平环裂。第四，破坏部位多在烟囱上半部（图 13.4.2），且常见多道水平裂缝。第五，破坏截面的高度似随场地刚度降低而降低，如图 13.4.3（a）、（b）。第六，破坏形式与震动强度有关，在低烈度地区，以裂缝为主，呈水平的、斜的、交叉的或螺旋形的；在高烈度地区，则在裂缝处常有明显的错位，呈水平的或扭转的，裂缝处常有破碎现象；当烈度更高时，特别是在高烈度的震中区，烟囱常出现掉头或倒塌现象，有时会出现一些难以置信的现象，如图 13.4.2（b）。第七，据少数目击者描述，地震时烟囱的振动并非如钟摆那样单纯在一个平面内摆动，而是作蛇形多道弯曲的空间兜圈子的复杂运动，有时还可见顶部跳起、张口或撞击现象。

13.4.2.2　*高耸结构地震反应的特点*

综合分析烟囱这样的高耸结构的特点和震害经验，其地震反应特点可以概括为如下四点。第一，像烟囱、高塔杆这样体形简单、构件单一的结构，一个截面破坏就可造成整个结构的破坏，属静定结构；从多道抗震防线这一点看，其抗震能力低于超静定次数高的结构，无筋砖烟囱的抗震能力更低，所以震害一般较重。第二，高耸结构的基本自振周期 T_1 一般较长，以钢筋混凝土烟囱为例，高 40～60m 者，T_1 在 1s 左右，高 200～250m 时，T_1 可达 3.0～4.0s 左右；高度在 100m 以上的海洋平台，T_1 也可达几秒。对于烟囱、塔杆之类的陆上结构，总体结构均以弯曲变形为主，顶部位移很大，阻尼比很小（通常取为 0.02 左右）。第三，由于高耸结构的水平基本自振周期可以长达几秒，而水平地震动的主要周期常为 0.2～0.6s，与高耸结构的第二、第三甚至第四自振周期相近，从而使得高振型反应的影响变得十分重要。第

(a) 水平环裂错位　　　　(b) 顶断转 90° 搁置顶上

图 13.4.2　砖烟囱震害

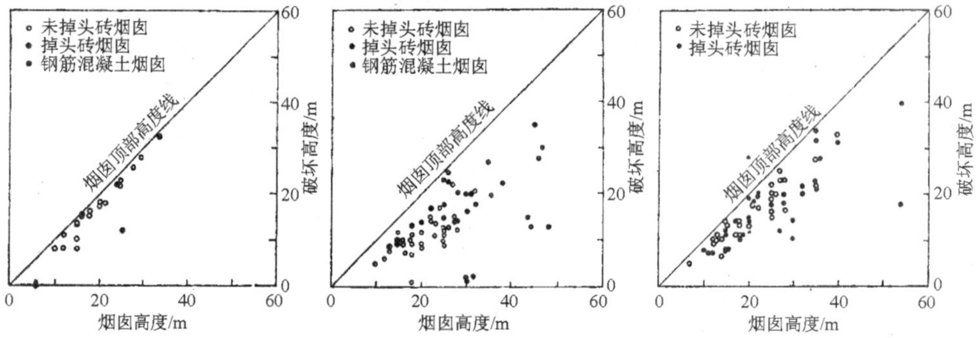

(a)　　　(b)　　　(c)

图 13.4.3　烟囱破坏截面高度统计

(a) Ⅶ度区，场地多为Ⅱ类；(b) Ⅷ度区，场地多为Ⅲ类　常见砂土液化；(c) Ⅸ度区

四，由于竖向地震动主要周期与水平向相差不大，但高耸结构的竖向自振周期远小于水平向，所以在一般情况下，竖向地震反应仍以第一振型为主。这些特性组合在一起就使得高耸结构的竖向地震反应变得重要。第五，高耸结构的位移反应较大，故 P-Δ效应也较大，所以其竖向地震反应的影响也较重要。这是烟囱破坏分析和设计中应予重视的主要特点。

13.4.2.3　高振型反应的影响（胡聿贤等，1983）

对于砖烟囱、钢筋混凝土烟囱、钢筋混凝土无线电讯塔等高耸的悬臂杆式结构，自振周期一般比房屋结构要长得多；对砖烟囱而言，若高度 H 为 30m 左右，则水平振动基本周期 T_1 可达 0.7s；H=50m 左右时，T_1=1.0s；H=100m 左右时，T_1=2.0s；H=150m 左右时，T_1^{h}=2.5s，水平振动的第二自振周期 T_2^{h} 约为第一周期的 1/4，即 $T_2^{\mathrm{h}} \approx T_1^{\mathrm{h}}/4$，第三自振周期约为 $T_3^{\mathrm{h}} \approx T_1^{\mathrm{h}}/11$，竖向第一自振周期则约等于水平第三自振周期，即 $T_1^{\mathrm{v}} \approx T_3^{\mathrm{h}}$。

在一般情况下，水平地震动的主要周期约为 $T_{\mathrm{g}}^{\mathrm{h}}$=0.2～0.6s，竖向约为 $T_{\mathrm{g}}^{\mathrm{v}}$=0.1～0.3s。和烟囱的自振周期相比，可见在一般情况下，水平向地震动主要周期接近于烟囱水平向第一至第三自振周期，对于 50m 左右高度的烟囱而言，则接近于第二至第三自振周期；竖向地震动主要周期则接近或大于烟囱竖向第一自振周期。由此对比可知，一般情况下，在烟囱的水平振动中，高振型的影响比较大，甚至会以第二或第三振型反应为主；而在竖向，则多以基本振型反应为主。假若再考虑到地震动的水平分量一般大于竖向分量，则水平向高振型的影响就显得重要了。

13.4.3　桥梁

近几十年来，随着工业技术的发展，桥梁在数量上日益增加，在类型上引入了一些新型式，在跨度上加大，在山区还建造了一些高墩桥梁。由于地震工程学的迅速发展，桥梁抗震设计水平也随之提高，特别是对大型桥梁，由于要求有更大的安全度，其抗震要求又不同于一般中小桥梁。几十年来国际上的强震经验教训也为桥梁的抗震设计提供了重要资料。

13.4.3.1　震害经验教训（中国科学院工程力学所，1979；中国科学院工程力学所、河北省地震局抗震组，1978；ATC，1979）

强地震时，桥梁曾受到不同程度的损坏，轻者桥台或桥墩倾斜或开裂、支座锚栓剪断或拉长，重者桥台、桥墩滑移、落梁、倒塌。由于公路桥梁一般荷载比铁路桥梁小，故其基础常较浅，震害一般较高。国内外对桥梁震害都进行过调查总结，现将主要经验概括如下。

(1) 桥台桥墩滑移。

当桥梁跨越河流时，桥台均建于岸坡上，桥墩也常在河岸缓坡上。当地基或边坡含有软弱土层（如可液化的砂层）时，在强地震动作用下边坡易产生滑坡，从而带动桥台、桥墩向河心滑移，引起桥台、桥墩断裂、倾斜、沉陷，甚至倒塌；对于桥台而言，背后填土在地震时产生的土动压力会使桥台滑移或倾斜，破坏翼墙或使填土下沉。这种震害多见于冲积平原河流上的桥梁。

图 13.4.4 为 1976 年唐山地震中唐山市胜利桥震后示意图。此桥横跨陡河，位于震中区，为 1966 年建成的钢筋混凝土简支 T 型梁式桥，上部结构为 5 孔 11m 跨，油毡支座；下部结构中 2 号墩为单排钻孔桩 3 柱式，钢筋混凝土柱直径 0.8～1.0m，柱高约为 6m；桩直径 1.0m，长 18m，桩底位于粉质轻亚粘土层上。桥台为浆砌片石后倾式，混凝土整体基础，基底位于松散饱和中细砂层上。两岸地表下只有 3～6m 厚的硬塑粘土覆盖层，以下为不同粒径、不同

密度的砂土层，地下水位约在此砂土层顶部，桥台基础即在此砂层内。

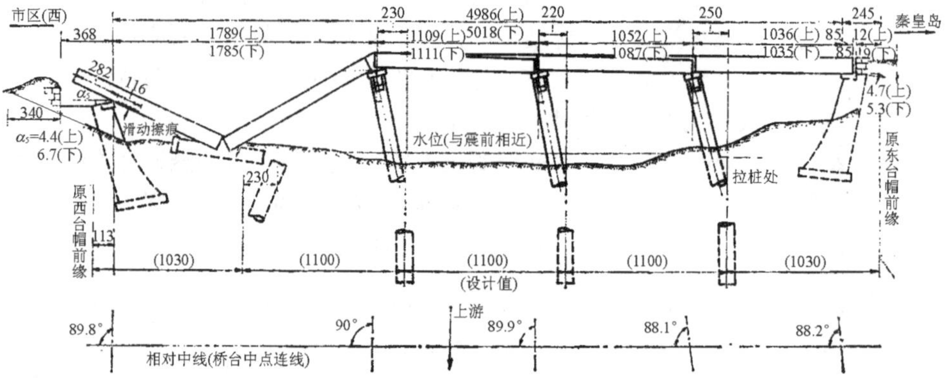

图 13.4.4　1976 年唐山地震胜利桥震害（单位：cm）

地震时，沿老断裂带的一组新地裂属这次地震可见断裂的北端，距桥梁尚远，约在西桥台之西 1.6km 处；但在桥台之后有多条滑坡型地裂分布于桥台后二三十米之内，尤以西岸为重，形成了一条与河岸平行的破碎下沉带，宽约 1.7m；在桥梁附近有不同程度的喷砂冒水现象和岸坡塌滑；河床变形明显。按震后两岸地面形态判断，岸坡滑移影响范围，东岸约 5*H*，西岸约为 3*H*，影响深度约为 1.5*H*，这里 *H*=6m 为河床深度。地震时，位于岸坡的两桥台随岸坡土体向河心滑移，造成桥孔压缩，两台距离缩短约 3.5m，约为桥长的 7%。从东岸算起，1～3 号墩的顶部均向西倾斜，在墩顶，梁与柱之间有严重环形裂缝，其下亦有细微裂缝；4 号墩折断，落入河中。1～5 号孔主梁在纵向依次向两岸推移，结果将西桥台胸墙剪坏，并连同墙后土体相对向岸推移，梁端移出桥孔最大者达 3.5m，图示一梁移出 2.82m，但另有 1.16m 在梁肋底部有明显滑动擦痕。地震后所有台墩均下沉约 1m 左右；梁端肋部大都挤紧。肋部顶接处及肋与盖梁接触处局部混凝土破碎剥落露筋；除端部外，梁的其他部分均完好；梁墩间未发现上下撞的明显破坏现象；上部结构虽然产生大幅度纵横向位移，但主梁间的纵横整体性仍保持完好，即使是在落梁孔，各梁间的接合处也未见明显开裂。

图 13.4.5　1976 年唐山地震唐遵线陡河桥 2 号墩剪断倾斜

综合上述震害现象，胜利桥的破坏是由于地下饱和粉细砂层液化引起边坡滑移，使桥台墩基础相互靠拢，但台墩顶部受到梁在纵向的约束，从而使桥墩水平断裂，并使西部端跨在桥台处的支座破坏，使最近西端的桥墩折断，上部坠落河中，西部两孔梁亦随之坠落。

图 13.4.5 为 1976 年唐山地震中唐遵线陡河铁路桥 2 号墩的震害素描。此桥为 3

孔 16m 钢筋混凝土梁，全长 48.3m，圆混凝土桥墩，高约 7.4m，钻孔桩基础，桩长 24m。此桥接近唐山震中区，烈度为X度。地震后两端桥台向河心滑移，桥孔缩短 3.7m，但两墩间距未变。梁向唐山方向移动，唐端桥台上部受梁向岸方向推力，下部受河岸向河心滑移推力，将桥台沿施工缝剪成三段，下段向河心错动 2.58m，中段错动 1.88m。当梁向唐端方向移动时，沿纵向将 1 号和 2 号墩顶带向唐方，使墩在 4.5m 下的施工缝处折断（如图）；墩上部倾斜 20°，下部墩身压酥剥落，濒临倒塌。

(2) 落梁。

落梁是桥梁震害严重时的常见现象。落梁原因有二，一是由于边坡失稳，带动桥台桥梁向河心滑移，当滑移量过大，或者桥墩折断时，导致相邻两跨坠落，如图 12.4.4 所示；或者是梁支座破坏，被邻梁推出墩顶，而产生落梁，如图 13.4.6 所示，此梁仅由于采取了落梁保护措施才免于坠落。图 13.4.7 为北京至山海关线上下行线蓟运河桥（即 55 号桥）的示意图。此桥位于茶淀至汉沽间，建成于 1887 年，U 形料石桥台，高 7.9～9.5m；1 号及 2 号为混凝土桥墩，高 4.5m，桩长 65m；3～5 号墩为料石桥墩，高 5.2m；台墩均为木桩基础，基底为淤泥质砂粘土。1976 年唐山地震时，桥附近烈度达Ⅸ度。岸边产生大致平行于河岸的地裂缝 3～4 条；宽 10～30 厘米，桥头路堤下沉，轨排悬空，属滑坡型地裂；两桥台向河心移动，全桥梁端缝顶死，全桥缩短 2.25m，第 1、3、6 孔梁均向山台方向推出桥墩，由于钢轨及防震联接钢板的联系，形成一悬吊跨才未落入河中；1 号梁顶断高台胸墙，进入路基 0.4m。落梁现象比较常见，如日本 1964 年新潟地震时的昭和大桥也是一个典型事例。1975 年海城地震盘山梁公路桥也属于此原因。

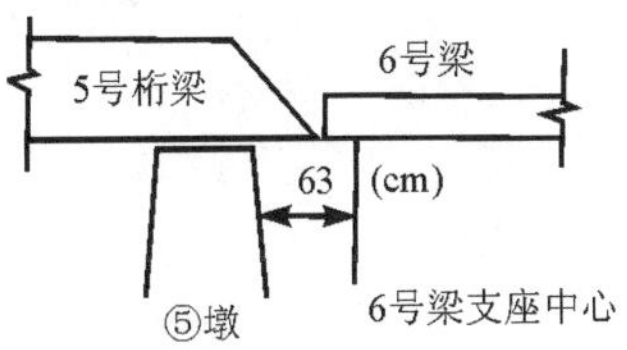

图 13.4.6　55 号桥 5 号墩上钢梁和桥墩相对移动

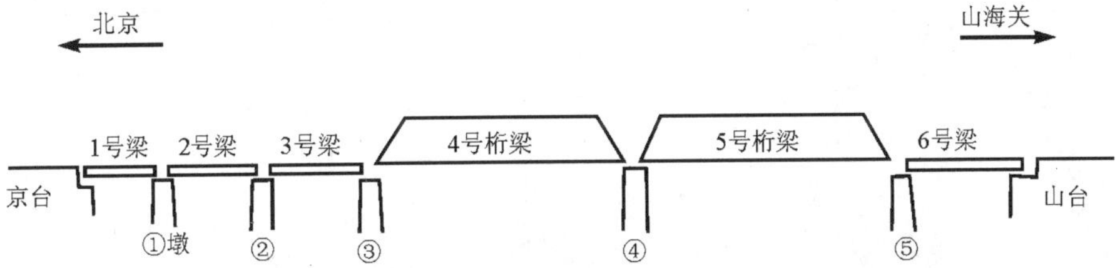

图 13.4.7　京山上下行线蓟运河大桥（55 号桥）示意图

落梁的另一原因是振动造成的，这种震害相对较少。当地震动过大而持久或大震后的强余震时，桥梁会产生沿纵向的振动，而且各桥墩之间还有相对振动，这种相对振动可以是由于各桥墩之间的振动性能不一致（或者说是一种整体的高振型振动），也可以是由于各台墩底地震动差异产生的。当振动过大时，桥梁支座常被破坏；当位移过大时，还可能使上部结构被拉离墩梁而产生落梁。滦河公路桥建于 1974 年，上部结构为 35 孔钢筋混凝土 T 型简支梁，每跨长 22.2m；活动支座为摆动式；桥墩为石砌，墩下为双桩式承台基础，桩直径为 1.25m，长 26～30m，支承于砂夹卵石层上。1976 年 7 月 28 日唐山 7.8 级地震时，该地属Ⅷ度地区，未见桥梁破坏现象，车辆尚可通行；但下午 7.1 级地震时，虽仍属Ⅷ度区，但桥梁倒塌严重，从西岸算起，第 2 至 24 孔梁均坠入河中，其余未坠落的梁，相对于墩顶而言，在活动支座处有向东 21～50cm 的纵向移位，向东的横向移位最大达 36cm。桥墩底部桩顶在地下 1～2m 处有许多裂缝。由于此桥地基良好，震后未见边坡或地基有滑移迹像，故一般认为，其震害主要由于桥梁振动所致，或者由于上部结构纵向振动，使梁与墩顶之间出现过大相对位移而引起落梁；或者由于桥墩地震动反应过大，引起桥墩或墩下地基顶部开裂折断，甚至倒塌，造成落梁。此两因素以何为主尚难肯定。附近爪村的滦河桥 31 孔，其他与滦县滦河大桥相同，桥址烈度两次地震时也相同。有意思的是，震害也极为相似，7.8 级主震时，未见落梁，7.1 级地震时第 10、11 两孔落梁，目击者说，前后猛烈晃动就落梁了（Li，1982）。

(3) 桥墩或柱的破坏。

地震时桥墩破坏常见于软弱地基，那是一种地基失效型的破坏，已如前述。和落梁一样，桥墩或柱的破坏也可以是由于桥梁振动效应引起的。这种震害多见于基础良好的桥梁中，如低山丘陵地区的桥梁和立交桥。

图 13.4.8　海城地震赵家堡西河铁路桥 3 号和 4 号墩震害

图 13.4.8 为 1975 年海城地震时西河铁路桥的主要破坏。此桥全长约 100m，5 孔 16m 钢筋混凝土 T 型简支梁，T 型桥台，素混凝土截锥形圆墩，高 7m，托盘下直径 2.2m，底部直径 2.73m，扩大基础。南台及 1 号墩地基为千枚岩，2～4 号墩及北台地基为砂卵石。地震时，附近为Ⅸ度区，4 号墩在托盘下约 0.75m 处环裂，裂缝下混凝土剥落；3 号墩在托盘下约 2.3m 处断裂，裂缝下混凝土劈开；2 号墩无损；1 号墩在托盘下约 3m 处环裂，周围有龟裂；南台梁相对于墩柱向下游移动 22cm；两桥台有分别向上下游移动的痕迹，梁互相碰撞，端部混凝土剥落；横隔板断裂；支座锚栓全部剪断，桥台向河心推移，桥墩基础周围地面有许多裂缝。从震害分析，此桥台亦受到地基失效的影响，但横向振动影响很大，且有扭转现象。桥墩破坏均产生于强度薄弱的施工缝处。

图 13.4.9 为美国 1971 年圣费尔南多地震时一立交桥的破坏情况。此桥为两跨连续梁，每跨长 37.2m，现浇预应力结构，除桥台之外，只有 0.9m×2.1m 截面的钢筋混凝土柱为桥墩。台墩下均有桩基，地震时，柱下端破坏（如图所示），混凝土压酥散落，钢筋压屈，从而使桥面在中墩处下沉 1.2m。此柱仅有间距 30cm 的环箍，不足以围护箍内混凝土和防止纵筋屈曲失稳。开挖表明，柱下的桩基无损，震害是振动引起的。

美国圣费尔南多地震中，许多立交桥破坏，几座桥全部倒塌。其中一座长 235m 的曲线桥，半径为 244m，共 7 跨，在第 3 跨中有一铰，桥墩为 1.2m×2.4m 截面的八角形近椭圆单柱，墩下有桩基；设计时考虑地震力系数为 0.04。地震破坏发生于墩柱底部，桥梁全部向曲线外倾倒成几段。分析结果表明，地震时上部结构因振动产生的巨大倾覆力使桥墩一侧桩受拉，桩柱联结处受拉钢筋锚固不足，握裹联接破坏，直角弯钩被拉直，致使墩柱芯连同纵筋由桩帽中拔出，桥梁因而倒塌。

图 13.4.9　1971 年美国圣费尔南多立交桥的震害

(4) 支座破坏。

桥梁支座破坏是上部结构中最常见的一种，其他上部结构破坏，如相邻梁端的碰撞或梁纵、横向移位，大多以支座破坏为前提。和落梁、墩断裂等破坏一样，支座破坏的原因也可以有两种，即地基失效或结构振动。不论是哪一种原因，桥梁支座处都受到很大的剪力或变形，一旦剪力超过锚栓强度，锚栓即被剪断或被拉长。一旦变位超过活动支座的容许道，桥即倾倒或支座落位。据统计，1976 年唐山地震时，仅铁路桥，支座锚栓被剪断者至少有 19 座。滦河公路桥在唐山地震当日下午的 7.1 级余震后，全部活动支座上的梁都从支座上落下，固定支座上下钢板的焊缝均被破坏。图 13.4.6 和图 13.4.7 所示蓟运河 55 号桥，支座大部被剪断或从支承垫石中拔出。当支座过分接近墩台边缘时，还可能发生支座处的混凝土破坏。

13.4.3.2　桥梁的抗震设计特点

由于桥梁的特定环境，其抗震设计有如下特点。

(1) 桥梁破坏虽然很少伤人，但为了保证交通的应急需要，要求强震后桥梁仍能通车，至少要求在短期抢修后能通车，因此应防止落梁事故。图 13.4.7 所示的震害实例说明落梁是可以防止的。落梁的原因在于梁与台墩之间的相对位移，这种相对位移来自桥梁各部运动的相位差、横向位移、基础转动或不均匀沉陷，只要桥梁能适应这种位移或限制这种位移的产生，则桥梁是安全的。现有的防止落梁有效措施就是这样考虑的，如：加强不连续部分的联系以防止坠落，如钢梁端的联结钢板和混凝土梁的防止落梁钢筋；加大墩台帽尺寸也是有效措施，但需要加大 1m 左右才能有效；限制梁纵横向位移时，要注意由此带来的影响。

(2) 跨河桥梁，由于边坡可能失稳滑移，特别是在平原地区，地基下常夹有不良土层，地下水位常较高，大部分桥梁落梁和桥墩倒塌事故是由地基失效引起的。在桥梁设计中，一定要重视这种可能性并采取相应措施。选址时要重视工程地质条件，研究液化与边坡失稳的可能性；选择合理的基础形式，深基、桩基有利于抗震；选择合理的结构形式，箱涵相当于有地梁的桥梁，有利于抗震；在软弱地基上，墩台以重力式为主，并可适当加大跨度，以跨过不良地基，将桥墩置于稳定土层；避免斜交桥，以防止扭转破坏；施工缝处应埋设榫头或钢筋，增强接缝的抗剪能力。

(3) 立交桥由于桥下空间要求，常采用单柱式桥墩。事实证明，对这种静定形式的桥墩，应认真设计；加强结构延性，要注意加密柱中箍筋，防止脆性破坏；加强纵筋的搭接和锚固；提高短柱的延性。

13.4.3.3 国际现行桥梁设计规定（ATC，1979）

(1) 美国（ATC，1979，第 115～140 页）。

1971 年以前，公路桥梁抗震规范采用建筑规范中的一部分，1973 年加州交通局在地震动中考虑了场地土壤和震中距离的影响和结构动力性能，1975 年用于全国公路桥梁规范。下面介绍 1977 年加州交通局规范和正在研究中的新规范的主要内容，这是一个很有特色的规范。

1977 年加州桥梁抗震设计标准是美国现行桥梁抗震规范中的代表。此标准明确提出，设计中要考虑下述因素对桥梁地震反应的影响：桥梁距断层的距离，活断层最大可信地震，场地表土层，地震动引起的桥梁动力反应，降低设计力增加延性和危险性考虑。同时，还要求此标准能适应将来地震工程的新发展。

规定中用下述 4 个参数计算设计地震动：

A_a——基岩峰值加速，根据断层活动性和衰减关系确定，给出了加州最大可信基岩加速度等值线图，$A_a \leqslant 0.7g$；

S_a——基岩加速度放大倍数反应谱，根据实际地震动记录确定，见图 13.4.10；

S——场地土壤系数，它表示同地震动加速度从基岩输入时，不同周期的放大倍数，根据实际地震动记录和计算分析确定；

Z——延性（危险性）系数，根据震害、结构延性和重要性确定，见图 13.4.11。

前三个系数之积 $A_aS_a(T)S$ 给出最近断层上最大可信地震引起的场地弹性反应谱；在这些反应谱中，T>5s 后，反应谱取常值；用系数 Z 修正后得 $A_aS_a(T)SZ$，即得桥梁的设计地震力，系数 Z 随结构而异。

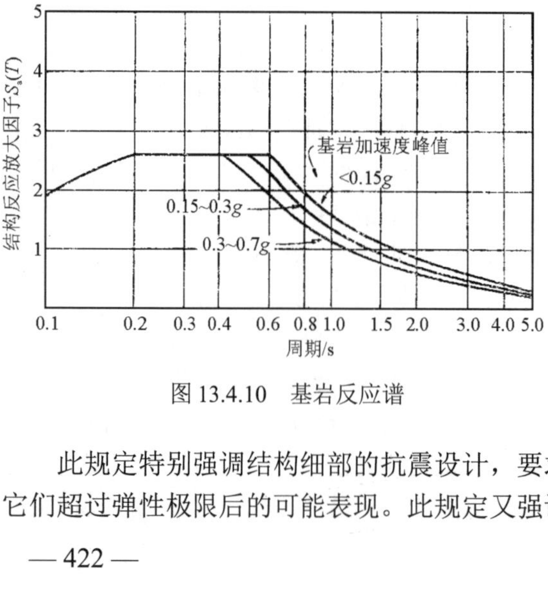

图 13.4.10 基岩反应谱

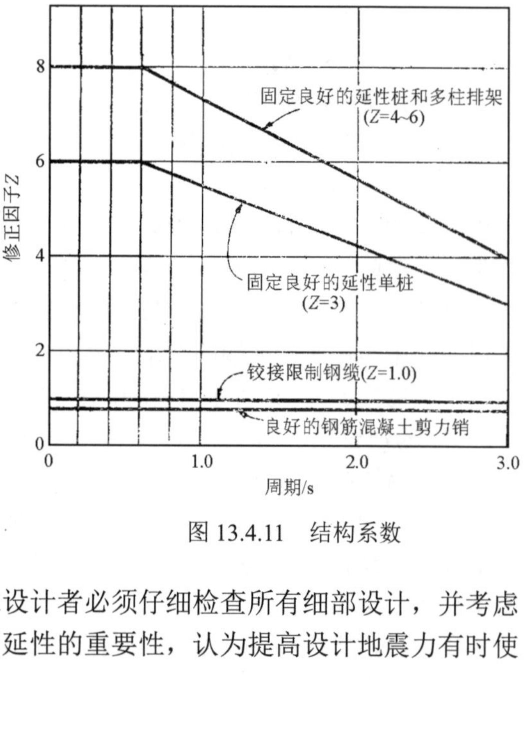

图 13.4.11 结构系数

此规定特别强调结构细部的抗震设计，要求设计者必须仔细检查所有细部设计，并考虑它们超过弹性极限后的可能表现。此规定又强调延性的重要性，认为提高设计地震力有时使结构变得脆而更弱，设计者一定要预见并防止所有可能倒塌机制的发生，但严重破坏则可以容忍。下述三方面是需要仔细研究的细部：第一，接缝变形控制，主要是防止过大变形而在伸缩缝处附加钢缆；第二，柱的细部，强调在最大弯曲处增加侧向箍筋；第三，剪切榫细部，主要是桥台和伸缩缝处的混凝土榫。

1977 年美国联邦公路管理局认为需要有一个全国公路桥梁抗震理论，为此，它资助应用技术委员会（ATC）的一项计划，评价现行规范并提出一个新规范。到 1979 年，他们已确定了制订新规范的方法和内容，以加州公路桥梁规范和新西兰的力设计法为根据，包括下述主要内容。第一，地震动强度。有两种考虑：或者采用基岩加速度等值线图，或者采用 ATC-3（见第 14.2 节）的有效峰加速度 EPA 和有效峰值速度 EPV 等值线图。第二，土壤影响。采用 ATC-3 方法，将场地土分为硬、深无粘性土、软土三类，分别采用不同的反应谱形。第三，设计原则。小、中震无损坏，按现实的强震动作设计；大地震无倒塌或局部倒塌。现在有两种设计方法来达到这一目标。一种是新西兰规范方法，要求在中、小地震时桥梁处于弹性阶段而防止损坏；在大地震时，桥梁要有足够的延性，在柱中可能出现弯曲塑性铰，但在基础和其他节点不得出现显著破坏。另一种是加州交通局 1973 年规定的，先按最大可信地震的弹性设计反应谱确定内力，对于细部设计再乘以系数 Z=1.0～1.25；对于围封良好的柱，则乘以 Z=0.12～0.25。这两种方法表面似乎颇不相同，实则相差不大。建议中的规范从震害经验教训出发，特别强调设计位移的考虑，它与地震力有同等的重要性。为此，建议中的规范草案一部分是加州交通局与新西兰的力设计法，另一部分则是相对位移设计。新规范还引入如下三项规定：①在台墩处梁支承长度有一最小规定，柱和铰支座可以承受现行方法尚不能计算的相对位移，最新日本规范也有与此相似的规定；②构件设计内力要考虑到地震动方向的不定性和同时双向水平振动；③规定基础处的设计要求与设计力，用以减少地震损坏；第四，分析步骤。草案规定，按不同情况采用三种分析方法：地震系数法、单一振型法和多振型的反应谱法。在后两种方法中需要的弹性反应谱为

$$S_a(T) = 1.2A_v \cdot S \cdot T^{-2/3} \leqslant 2.5A_a$$

式中，分别对三类场地土取 S=1，1.2 和 1.5；A_v、A_a、T 等均见第 6.2 和 14.2 节。第五，抗震要求分类。草案提出按桥梁的重要性分类 IC（分为Ⅰ、Ⅱ两类，Ⅱ类是重要桥梁）和可能遭受的地震动大小（由速度的加速度表示 A_v 衡量）进行抗震分类（SPC），如表 13.4.1，根据桥梁的重要性分类 IC 和所在地区的地震动大小，分为 A、B、C、D 四类。然后按表 12.4.2 所示的 SPC 和结构特性选择分析方法 1、2 或 3。除了计算分析方法之外，还规定根据不同的抗震要求分类规定抗震措施。第六，最短支承长度。草案规定，梁支承或搭接最短长度 D 为

$$D=20.3+0.167L+0.667H \qquad \text{(SPC 为 A 和 B)}$$

$$D=30.5+0.25L+H \qquad \text{(SPC 为 C 和 D)}$$

式中，L 为桥面伸缩缝间距离；H 为柱高，均以 m 计；相邻两梁或梁段之间的缝宽 D_1 为

$$D_1 \geqslant D/4$$

D 与 D_1 均以 cm 计。第七，要求混凝土柱有足够延性。中、小地震要求柱在弹性范围内反应，具体规定采用加州工程师协会对建筑物的要求，在希望产生弯曲屈服的截面处有足够的箍筋以保证围压，防止脆性剪切破坏；纵向配筋有适当的锚固。第八，基础与桥台设计中，使弯曲屈服先发生于柱中，防止桩破坏。

表 13.4.1　美国桥梁新规范草案的设计抗震分类

A_v \ IC	II	I
＞0.29	D	C
0.20～0.29	C	C
0.11～0.19	C	B
0.06～0.10	B	A
≤0.05	A	A

表 13.4.2　分析方法

跨数 \ SPC	D	C	B	A
单跨	1	1	1	—
≥2 连续跨	2	1	1	—
≥2 连续跨有 1 铰	3	2	1	—
≥2 连续跨有≥2 铰	3	3	1	—

注：1.地震系数法；2.单一振型反应谱法；3.多振型反应谱法。

(2) 日本（ATC，1979，第 43～65 页）。

1926年日本公路设计规范中开始考虑抗震问题，采用静力法，取水平地震系数为k=0.15～0.4，随地区与场地土壤条件而异。中间经过几次修改，到 1971 年对刚性结构用常用的地震系数法，取 k=0.1～0.24；对比较柔性结构用修正地震系数法，采用反应谱，取 k=0.05～0.3，随结构自振周期及地区、场地、重要性而异。此规定一直使用到 1977 年。1979 年又提出了一个修正草案。下面介绍此草案的主要内容。

和 1971 年规范相比，1979 年草案有下述几项重要修改。第一，场地分类中增加了地基特征周期 $T_g=\sum_i \frac{4H_i}{V_{si}}$，这里 H_i 与 V_{si} 分别为第 i 层土的厚度与剪切波速；T_g=0.2s、0.4s 和 0.6s 为这四类场地的分界。T_g 的物理意义是在小应变下场地的自振周期，强地震动时的自振周期近似取为 T_s=1.25T_g；这时四类场地的分界为 0.25s、0.5s 和 0.75s。场地分类中土层厚度的影响只考虑冲积层厚度，取 0m、10m、25m 为四类场地的分界。第二，对砂土液化作了详细规定，规定了需要校核液化可能性的范围。给出了液化的计算公式，对于可液化砂层规定降低其承载力的折减系数（0～2/3）。第三，规定对于建在柔软地基上的桥梁按 $T=2\sqrt{\delta}$ 计算其基本周期（s），这里δ为桥墩受其上部结构的自重及 80%地面以上的下部结构自重的水平力时所产生的最大位移（m）。

1979 年草案的重大补充是关于地震动和延性的规定。以前的规范对于需要进行地震动力反应分析的桥梁只笼统规定为需要详细研究的桥梁，草案则规定得较具体，它规定为：结构体系颇不相同者、具有新结构形式者、特别柔软的场地土壤而地震时可能发生大变形者，以及需要详细研究结构的延性要求者，并规定对于这些桥梁可以采用反应谱或时程分析法进行动力反应分析。在采用时程分析法时，应考虑桥梁特性从而在强震加速度记录中选择输入震动过程。在确定输入地震动时，有两种方法：一种是根据桥梁使用年限和地震重复期估计期望的烈度；另一种是根据潜在地震的地点和震级估计期望的地震动，或称地震和场地相关的地震动。在后一种方法中，可以用地震空区理论或历史地震的统计来估计地震动。草案并建议根据地震反应分析的目的来选用地震动输入。草案还规定，对于在桥梁使用期内可能发生的两次地震动，桥梁应能保持其功能，而在只发生一次或更少的地震下应不倒塌。在附录中，草案给出了从强震加速度记录统计分析得到的有代表性的反应谱和地震动最大水平加速度的衰减关系 a（M，Δ，场地）。

草案规定，必须使钢筋混凝土结构具有足够的延性，以防止脆性破坏。为此，增加了延性的钢筋混凝土桥墩设计中应采用的地震系数 $k_{hd}=C\cdot k_h$，这里 k_h 为弹性地震系数；C 为考虑延性的结构系数，草案建议取 $C=2$。

13.4.4 地上贮液罐

随着工业的发展，贮液罐的应用在生命线和工业设备中日益广泛，特别是石油工业用的油罐，直径可达百米左右。贮液罐可以是半地下的、地面的、支架支承的，或海底的；有的是钢筋混凝土的，但近代多由薄金属板制成。这里主要介绍支承于地面的地上贮液罐，这种罐结构简单，包括薄金属板圆柱形罐壁、薄平底板和顶盖。地上贮液罐的支承方式有两种，一种是通过螺栓将底座锚固于钢筋混凝土底座上，一种是浮搁于底座上。

13.4.4.1 震害经验教训

贮液罐的震害经验教训很多。贮液罐破坏的主要影响不在罐和罐内液体的经济损失，而在这些液体不能供应和流失出罐后可能引起的重大损失和震害。如 1933 年美国长滩地震时，一水罐破坏，使居民供水受到严重影响。假若罐内液体是可燃的或有毒的，则影响更大。如 1964 年日本新潟地震引起油罐燃油溢出，导致严重火灾。同年美国阿拉斯加地震，第一次造成大规模贮油罐破坏，燃油流失，漫天大火持续三日。1971 年圣费尔南多地震，地上、地下水池均有破坏。1978 年阿根廷地震和 1980 年 1 月美国加州中部地震都使近百贮液罐破坏。这些地震的经验，为贮液罐的破坏形式和规律提供了极为宝贵的经验（郭骅，1982）。

(1) 金属罐壁失稳。

圆柱形薄壁金属贮液罐的外壁局部失稳是常见的破坏形式。这种失稳又分为两种，一种是象足凸鼓，一种是菱形折皱。前者多发生于近地面处，后者多先产生于近地面处，但立即分两支各自延斜线向上传播。象足失稳是罐壁局部由于竖向受压而失稳，一小段薄壁向外凸出，当作用力逐步向一侧移动时，则形成一条水平失稳带，失稳区可以只是一段圆弧（图 13.4.12a），严重时常可沿环向伸延遍及整个圆周，形成一条车胎形的环箍，形如大象足底部凸鼓处，故名象是凸鼓。图 13.4.12 中罐高 15m，直径 12.3m，底部有混凝土环形地梁支承罐壁，象足凸鼓出现于底部的东南侧。这次地震时，在埃尔森特罗市之北的南太平洋管道公司的罐场有 18 座石油或柴油罐，直径 6～24m 不等，高约 12～15m。这些罐浮搁于地上的混凝土环梁上或直接放在铺卵石的地基上，无锚固，顶盖是浮动式的。近底部的半埋小管破坏等现象证明罐底在地震过程中曾被翘离地面，侧壁与底板间的焊缝有的破坏，有的在混凝土环梁处的罐壁上产生象足凸鼓，比直接放在地面上的更发展得完整；直接放在卵石地基上的罐则有切入地下的趋向，有时切入 5～8cm，从而使底板在外壁处向内转动。这次地震时，许多罐壁上的凸鼓与切入均发生在罐的东西侧，与附近断层的初动方向相符。统计结果表明，损坏最重的是 12～18m 直径而高 H 与直径 D 之比不小于 1 的罐，而且在地震时是满载的。

1971 年圣费尔南多地震时，也造成了一些罐的这种象足破坏。在北圣费尔南多河谷的西尔马和格拉纳代山地，洛杉矶水电局有一焊接的钢水罐，高 12.6m，直径 27.6m，容量为 $7500m^3$，地震时贮水 $7100m^3$，按洛杉矶建筑规范 $0.2g$ 水平地震动设计。此罐建于填土地基上，在罐下填土厚约 12～16m，试验证明，填土密度不满足要求。在这次地震之前，从 1965 年起，罐地基沉陷量为 9～10cm；地震后总沉陷量增加到 25～33cm，说明地震时产生了约 16～23cm 的沉陷。地震时，此罐在距罐底 7.2m 高处的南侧罐壁有一 150°弧长的象足凸鼓，西南侧的木板顶盖被顶开，有几处地基与底板之间脱开 5cm 之多。

1980 年 1 月 24 日加州中部迪亚布洛山地震时，利弗莫尔的温特兄弟酒厂共有 177 座不

(a) 罐体翘离引起的象足凸鼓

(b) 菱形失稳块

图 13.4.12　1971 年圣费尔南多地震水罐的破坏

锈钢酒罐，罐为圆柱型，直径 D 为 1.8～6.6m，高径比 H/D 在 0.8～3.0。罐放于高出地面 0.6～1.2m 的混凝土台上，多数罐在一边用两个锚栓固定在混凝土台上，有些则用 6～8 个锚栓。有的罐装有冷却套，它为第二层钢板，包于罐外，冷却水在两层钢板之间循环。这次地震震级为 5.5，震中在酒厂西北约 13km。地震时，47 座罐是空的或贮酒不多，其中 40 座未损坏或仅有轻微损坏；其余 130 座在主震时都是满的，其中 10 座无损，24 座有轻微损坏，如轻微混凝土脱落，锚焊破坏或轻微局部失稳，70 座中等破坏，大多数锚栓破坏，薄壳失稳，变位双幅值在 5cm 以上，而且多数有永久的总体变形，如底部翘离最大达 7.5cm，罐壁有肉眼可见的倾斜，还有一座在底部破坏。统计分析表明，第一，空罐无损或仅有轻微损坏；第二，高径比 H/D 与震害有关，高径比小者($H/D<1.5$)主要产生大变形的象足凸鼓，延贯全周；中等比值者($1.5<H/D<2.0$)局部失稳形状各异，象足凸鼓与菱形折皱有不同组合；比值大者($H/D>2.0$)，罐壁无损或仅轻微损坏，但锚焊或栓破坏；第三，冷却套位置对震害也有影响，当附加钢板接近罐底时，罐壁无损；当套在罐底以上 1～1.2m 时，在套与罐底之间产生不小的失稳。

象足破坏现象如此常见，贮液罐结构也不复杂，但是对于产生这种破坏的原因却尚未解释清楚。一般认为这是由于在水平地震动作用下，罐中液体晃动很大，使浮置在地面上的罐底部分翘离地面，罐倾向对面一侧，该侧罐壁受到过大的压应力而产生局部失稳；由于地震动方向是经常变化不定的，所以罐的晃动方向也经常改变，罐壁压力集中点也经常改变，从而容易使已出现的局部失稳区沿圆周方向延伸而形成弧形或环形的象足凸鼓现象。这一解释也可以从震害现象的分析中取得支持。例如多次地震实例表明，第一，象足现象大多数发生于液体满载时，空载时或半载时则不发生，这就说明液体存在的重要作用；第二，象足现象大多发生于浮置地面的罐，锚固于地基上而锚栓未破坏者则很少发生，这说明贮液罐局部翘离地面可能是一重要因素；第三，有些实例证明，发生过象足现象的罐在地震动过程中曾经在周边都翘离过。1964 年阿拉斯加地震时，惠蒂尔市几座有象足凸鼓现象的贮液罐在地震时周围有雪包围，震后雪溶化之后，发现底板下有一层薄冰，可以认为，这是由于地震时在罐晃动局部循环翘离地面时，雪坠入底板下所形成的（——，1973，The Great Alaska Eqk. of 1964）。1979 年 10 月 15 日南加州地震时，前述南太平洋管道公司的一组油罐近底部半埋小管破坏，也说明是由于罐水平晃动使罐底局部翘离地面所致。许多地震实例中底板锚固螺丝被拉长达几十厘米之多，也表明底板的局部翘离。以豪斯纳为主席的美国地震工程研究委员会在总结 1982 年以前几年的成绩时说："壳体失稳，由于总体弯曲或结构的梁式作用产生的过大轴向压力所引起；""罐内液体晃动，它可以在罐壁中引起异常大的应力。损坏开始的现象之一是沿罐壁上的象足凸鼓。持续的振动会使凸鼓进一步发展，可能导致倒塌"（——，1982，Earthquake Engg Research）。

第二种罐壁局部失稳现象也是由于罐壁局部竖向受压过大而失稳，当作用力继续保持或重复作用时，失稳部分以前所承受的内力将向两边转让。这种内力重分布将使局部失稳区沿两斜线向上发展，而形成在两组斜线上排列的菱形失稳块图案，如图 13.4.12（b）所示。当罐底局部翘离地面而支承于罐壁的同一侧的时间过长或次数过多时，容易产生菱形失稳块的分支发展；当支承于罐壁的点随地震动方向变动而改变时，容易沿周边发展为象足凸鼓。

(2) 接缝破裂。

接缝破裂常见于罐顶与罐壁联结处，原因在于这些接缝常很薄弱。对于无毒液体罐，这种破坏并不导致很大危害。但是底板与罐壁接缝的破裂，则将使液体外流，若为可燃油料，则常引起火灾。1964 年新潟地震与阿拉斯加地震都发生过由此引起的火灾。1979 年南加州地震时，上述南太平洋管道公司的一组油罐中，一直径 12.6m、高 14.9m 的油罐，底板与侧壁间从焊缝出现一条长 10.2cm 的裂口，约 $3.8m^3$ 油从此流出，为防止进一步流失引起危险事故，救火管道管理人员立即注水罐内，使油上浮，故流出者为水，同时将油抽出，从而防止了火灾。

(3) 顶盖与罐壁上部失稳。

强烈地震时，薄壁贮液罐顶盖与罐壁上部失稳破坏，在震害调查中并不罕见。这种震害与罐内液体巨大晃动和罐底提离有关，晃动时液体可以直接冲击顶盖和罐壁上部而造成破坏；罐底提离地面，使整个罐体变形，对顶部也有影响。1964 年阿拉斯加地震时，在安科雷奇市有些油罐就发生过这种破坏，油罐顶盖是由柱支撑的锥形薄壳，一罐顶盖和罐壁在主震时只受到中等屈曲失稳破坏，但在大雪雪重的压力和余震作用下变形继续加大而倒塌。

(4) 管道接头破坏。

管道接头的破坏来自贮液罐与管道之间的运动不一致，特别是罐的沉陷与翘离。

13.4.4.2　贮液罐的计算分析

(1) 刚性壁贮液罐的动力分析。

豪斯纳（威格纳，1977；郭骅，1982）在刚性罐壁假定下提出了动力分析理论，除了壁为刚性外，并假设液体是无旋、不可压缩、均匀、无粘，他考虑到在罐的水平振动过程中，内贮液体有一部分随罐一起运动(m_1)，另一部分则与壁之间有相对运动（m_2），而后一部分又常可简化为一个具有质量 m_2 和弹簧系数 k 的单自由度体系，它代表罐内液体振荡的第一振型反应，而高振型则可忽略，如图 13.4.13。豪斯纳在上述假定下导出了作用于罐壁的液体动压力之后，在总剪力与倾覆力矩等价的前提下得到了计算参数 m_1，m_2，h_1，h_2，液体振荡的第一自振频率ω，以及质量 m_1 与 m_2 产生于罐底的剪力 F_1，F_2 与力矩 M_1，M_2。按随机遇合原理，罐底总剪力 F 与倾覆力矩 M 为

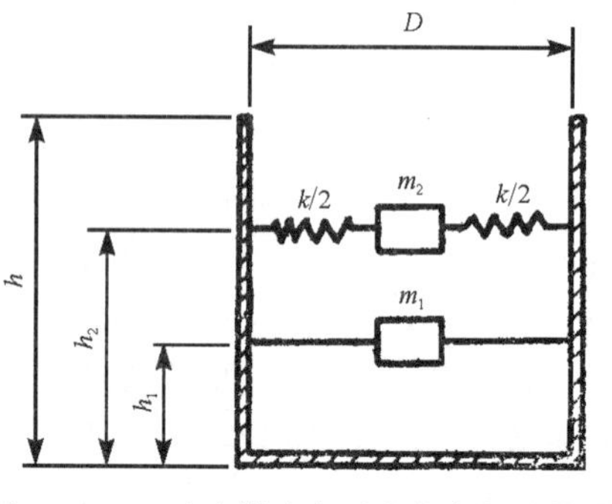

图 13.4.13　贮液罐动力反应的豪斯纳模型

$$F=\sqrt{F_1^2+F_2^2}$$

$$M=\sqrt{M_1^2+M_2^2}$$

最后可以按材料力学方法求得罐壁在底部的最大轴向应力。上述公式适用于圆柱形罐，可用于固定于地面的或支架支承的贮液罐。

上述近似公式没有考虑流体的粘性。由于一般流体的粘性很小，这一假定是适当的。在特殊情况下，若要考虑流体粘性的影响，可以根据第一振型衰减振荡的实验，按下述阻尼比ζ的近似公式进行罐体计算。对于圆柱形贮液罐，

$$\zeta=\frac{0.451}{2\sqrt{R_1}}\left[\frac{1.3}{\mathrm{sh}\sqrt{\frac{27}{2}\cdot\frac{h}{D}}}\left(\frac{1-\frac{2h}{D}}{\mathrm{ch}\sqrt{\frac{27}{2}\cdot\frac{h}{D}}}+1\right)+4.09\right] \tag{13.4.1a}$$

式中，R_1为第一振型的雷诺常数，

$$R_1 \approx \frac{\omega \cdot D^2}{4\nu}$$

其中ω为第一振型频率，ν为流体粘滞系数。当 $h>D/2$ 时，阻尼比与 h/D 比值无关，即

$$\zeta = 0.92\Big/\sqrt{R_1} \tag{13.4.1b}$$

在振动中，液体除了产生作用于罐壁的动压力之外，还会改变作用于罐底上的静力矩。

(2) 罐壁变形的影响。

近几十年贮液罐震害经验表明，按上述刚壁理论校核一些罐虽然符合设计要求，但仍产生破坏。这些罐大多是尺寸很大而矮胖型的和浮置地上的，因此罐变形和罐底翘离的影响应受到重视。

维莱特索斯 1974 年提出了一个按简单悬臂梁模型来考虑圆柱形罐壁变形的影响（郭骅，1982）。其结果表明，刚性罐壁假定在抗震设计中是偏于不安全的。他采用了四个假定：第一，在平面上，动液压的分布按余弦变化，即在振动方向的两端绝对值最大，与此方向垂直的两端则为零；第二，贮液罐在振动中圆截面保持不变；第三，在竖向，罐轴线的变形可以用单自由度体系来模拟，振型为$\phi(y)$，在罐顶取$\phi(h)=1$；第四，假设罐的高径比 h/D 很小（0.4 以下），可以近似取半无限库水的动水压力分布作为罐壁上的压力分布。根据这些假定，他得到在平面上总液体动压力沿高度 y 的分布为

$$p(y,t) = C_p(y)\rho h\ddot{w}(t) \tag{13.4.2}$$

图 13.4.14 表示$\phi(y)=1$，$1-\cos\frac{\pi y}{2h}, \frac{y}{h}$ 或 $\sin\frac{\pi y}{2h}$ 时的动压力 $p(y)$沿高度的分布曲线 $C_p(y)$，$\phi(y)=1$ 即为刚壁假定。

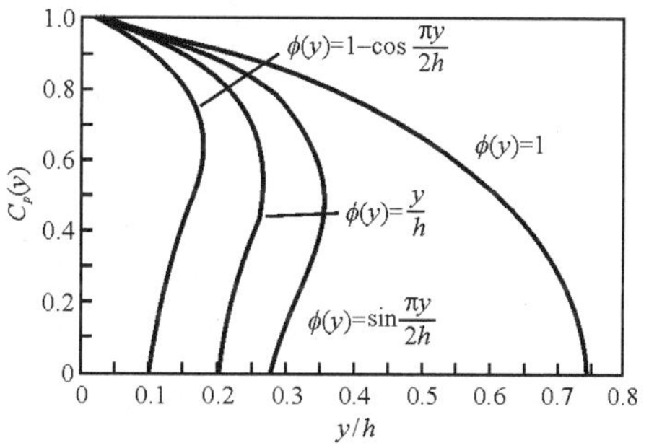

图 13.4.14　动水压力分布 $C_p(y)$

上式中，$\ddot{w}(t)$为在水面处($y=h$)罐壁的绝对加速度。根据罐壁相对于罐底的变形为单自由度体系振型的假定，可得此单自由度体系任何一点的绝对加速度 $\ddot{w}(y,t)$ 为

$$\ddot{w}(y,t) = \ddot{u}_0(t) + \phi(y)\ddot{u}(t) \tag{13.4.3}$$

式中，$\ddot{u}_0(t)$是已知的地面运动；$\ddot{u}_0(t)$为水面处罐壁和地面的相对加速度；$\phi(y)$为振型，$\phi(h)=1$。$u(t)$可以从单自由度体系的地震反应求得，因为在液体作用于罐壁上的动压力已经用式（13.4.2）通过 $w(t)$表示，其他作用于罐上的力都可以用常规方法通过振型$\phi(y)$和罐体运动 $w(t)$来表示。

前述这两种理论，在贮液罐的抗震分析中都得到广泛应用，对于罐体自由振动特性和地震反应中的总体运动量而言，都可以给出良好的结果，但是，都不能用来估计罐壁中的应力。

(3) 地上浮置贮液罐。

地上浮置贮液罐应用日益广泛，其震害也有明显的特点，即罐底翘离和由此而产生的局部失稳。上述理论都是以固定罐为前提的，不适用于有翘离现象的反应分析。当然，翘离现象和由此产生的局部失稳破坏并不局限于浮置罐，对于锚固不良的地上罐，在锚固被破坏时

也会产生这种现象。因此，翘离和罐失稳的试验与计算是20世纪70年代后期以来大家关心的研究课题，当前尚无大家满意的理论。

在美国，对这一问题研究得较多的有两个大学。一个是加州大学伯克利分校的地震工程研究中心，它进行了不少模型和原型贮液罐的静力和地震振动台动力试验，重现了现场发现的这种局部失稳破坏现象。加州理工学院地震工程研究室在小振动台上进行了塑料模型试验。这些试验和震害经验一起，为理论分析提供了宝贵资料。

13.4.4.3 美国贮液罐抗震设计规范（郭骅，1982）

美国贮液罐抗震设计规范主要有二，即美国石油协会（API）和美国水工协会（AWWA）的标准，这两个标准在抗震设计方面均在1979年有了新规定，都是由芝加哥钢铁公司的工程师沃茨尼亚克任编制委员会主席，因此两者基本上相同。贮液罐的抗震设计以前述豪斯纳理论为基础，并按罐壁可变形的理论对矮胖型罐加以修正，这里介绍API-1979年标准的主要内容。

(1) 地震动分区系数 Z：采用ATC-3中建议的地震动速度等值线图，将之分为0到4的五个区，以速度最大的4区为基准，取分区系数 Z=1，第3，2，1区分别取 Z=0.75，0.375，0.1875，第0区则不考虑抗震设计。这五个区分别相当于ATC-3图中的：＞0.4，0.2～0.4，0.1～0.2，0.05～0.1和＜0.05的五个区。

(2) 重要性系数 I：对一般贮液罐取 I=1，也可根据使用者的要求采用1～1.5之间的值，但是 $I\leqslant 1.5$，而且只是对于地震后应急措施所必须保证其功能者才采取 I=1.5。

(3) 基底罐壁中的倾覆力矩 M：

$$M = ZI(C_1W_sh_s + C_1W_rh + C_1W_1h_1 + C_2W_2h_2) \tag{13.4.4}$$

式中，W_s，W_r，W_1 和 W_2 分别为罐壁重量、罐顶的重量、罐内与罐一致运动的液体重量 m_1g 和与罐不一致运动的液体重量 m_2g；h_s，h，h_1 和 h_2 分别为从罐底量起的罐壁重心、罐顶、W_1 和 W_2 在水平方向作用点的高度。

(4) 地震系数 C_1 与 C_2：系数 C_1 代表罐体质量及附加质量，与罐体的自振特性有关。由于地上贮液罐的刚度一般较大，基本自振周期约为0.1～0.25s。为简单计，按房屋统一规范取 C_1 为常数0.24。C_1 数值取得较大的原因有三：阻尼小，缺乏其他多余的结构构件，罐壁在竖向压力下缺乏延性。系数 C_2 代表罐内液体晃动影响，与液体晃动的基本周期 T 和场地土壤条件有关，标准规定：

$$\left.\begin{aligned} C_2 &= \frac{0.30S}{T} \qquad \text{当} T < 4.5\text{s} \\ &= \frac{1.35S}{T^2} \qquad T > 4.5\text{s} \end{aligned}\right\} \tag{13.4.5}$$

式中，S 为场地土壤系数，对岩石和硬土、很深（大于60m）的硬土层、软土层分别取 S=1.0，1.2和1.5；T 为液体晃动的第一周期。标准还同时允许根据使用者的要求，按场地反应谱和罐体动力特性来确定这两个系数。C_1 的反应谱应按阻尼比2%和取反应谱的最大加速度为0.24g；C_2 的反应谱可以 C_1 的谱为基础，但要换算到阻尼比0.5%。

(5) 液体作用：式（13.4.4）中，W_1，W_2，h_1 与 h_2 是代表罐中液体影响的，标准确认这一影响与贮液高度 h 和罐直径 D 之比 h/D 有关，为此，标准规定：

$$\left.\begin{aligned}
&\frac{W_1}{W}=\frac{\mathrm{th}0.866D/h}{0.866D/h}, \qquad \frac{h_1}{h}=0.375, \quad 当\frac{2h}{D}<1.5 \\
&\frac{W_1}{W}=1.0-0.218\frac{D}{h}, \qquad \frac{h_1}{h}=0.500-0.094\frac{D}{h}, \quad 当\frac{2h}{D}>1.5 \\
&\frac{W_2}{W}=0.230\frac{D}{h}\mathrm{th}\left(\frac{3.67}{D/h}\right), \qquad \frac{h_2}{h}=1.0-\frac{\mathrm{ch}\left(\frac{3.67}{D/h}\right)-1.0}{\frac{3.67}{D/h}\mathrm{sh}\left(\frac{3.67}{D/h}\right)}
\end{aligned}\right\} \tag{13.4.6}$$

标准中给出的结果是根据上述公式绘制的曲线。

(6) 基底板下的倾覆力矩：考虑罐中液体对底板的动水压力影响，可将 h_1 与 h_2 作如下修改，即可按式(13.4.4)计算作用于底板下的倾覆力矩。

$$\left.\begin{aligned}
h_1&=\frac{h_1'}{h}=0.375\left[1.0+1.333\left(\frac{0.866D/h}{\mathrm{th}0.866D/h}-1.0\right)\right], \quad 当\frac{2h}{D}<1.5 \\
&=0.500+0.060D/h \qquad\qquad 当\frac{2h}{D}>1.5 \\
h_2&=\frac{h_2'}{h}=1.0-\frac{\mathrm{ch}\left(\frac{3.67}{D/h}\right)-1.937}{\frac{3.67}{D/h}\mathrm{sh}\left(\frac{3.67}{D/h}\right)}
\end{aligned}\right\} \tag{13.4.7}$$

(7) 液体振荡基本周期：

$$T=2\pi\sqrt{\frac{D}{3.67g\,\mathrm{th}\left(\frac{3.67}{D/h}\right)}}=0.1048\sqrt{\frac{D}{\mathrm{th}\frac{3.67}{D/h}}}\approx k\sqrt{D} \tag{13.4.8}$$

标准中给出的结果是随 D/h 而变的 k 值曲线。

(8) 抗倾覆强度：标准规定，可以用来抵抗罐体倾覆的重量有两部分：一部分是罐体重量；另一部分为翘离液体重量 W_L，见式（13.4.9）（用于浮置地上的贮液罐），有效翘离罐壁长度为图 13.4.15（b）中弧长 DBE，或为锚栓强度（用于固定式贮液罐）。参考图 13.4.15。

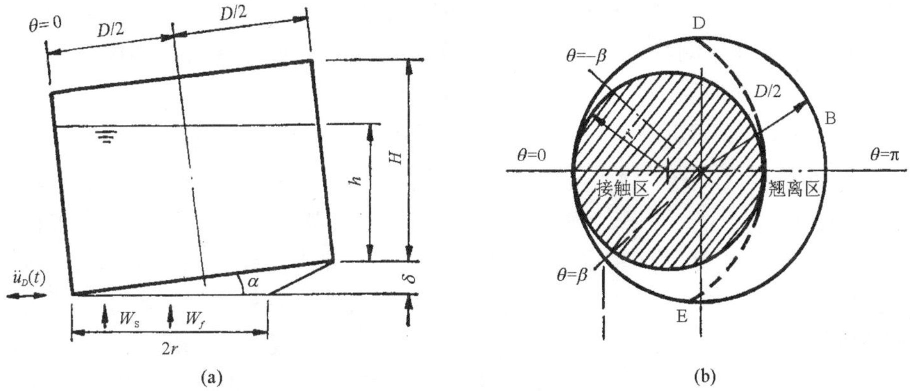

图 13.4.15　罐翘离分析示意

先按下式求得沿罐壁圆周单位长度上可以翘离的最大液体重量 W_L:

$$W_L = wL = 2\sqrt{wM_p} = t_b\sqrt{F_{by}\rho gh} \tag{13.4.9}$$

式中，w 为底板单位面积上的液体重量；$M_p=F_{by}t_b^2/4$ 为单位宽度底板条的塑性弯矩；F_{by} 为底板材料的屈服极限；t_b 为底板厚。

(9) 罐壁压力：对于锚固式罐或无翘离的浮置罐，罐壁压力 N_c 即为作用于环形罐壁上的倾覆力矩 M 引起的最大压力与罐体（罐壁与罐顶）静重引起的压力 W_t 之和，

$$\frac{M}{I}\cdot\frac{D}{2} = \frac{M}{\pi(D/2)^3}\cdot\frac{D}{2} = \frac{4M}{\pi D^2} = 1.273M/D^2 \tag{13.4.10}$$

$$N_c = W_t + \frac{1.273M}{D^2} \tag{13.4.11}$$

对于有翘离的浮置罐，有下述近似关系：

$$\frac{N_c + W_L}{W_t + W_L} = \frac{1}{0.6262 - 0.18667[M/D^2(W_t + W_L)]^{2.4}} \tag{13.4.12}$$

它仅适用于 $0.785 < M/D^2(W_t+W_L) < 1.5$ 范围内。当 $M/D^2(W_t+W_L) \leqslant 0.785$ 时，不产生翘离，可仍用公式(13.4.8)。这就是标准中规定的曲线。当 $M/D^2(W_t+W_L) > 1.57$ 后，罐壁即将失稳，为防止失稳可以增加壁厚、底板厚或比值 D/H，或采用固定式基础。

按照此规定求得的罐壁压应力 $\sigma_c=N_c/t_s$，t_s 为罐壁厚。远小于实测值。由此可见，这一问题尚待进一步研究解决。

13.4.5 地下管线

随着工业、交通运输和城市的迅速发展，出现了所谓的生命线工程，由于它们对于城市人民生命与生活极为重要，在强地震发生后，更需要它们发挥作用以利抗震救灾和恢复生产，故名为生命线。其中煤气石油管道、上下水道、隧道、电力与通讯管线等很大一部分是在地下的，统称为地下管线。例如 1906 年美国旧金山地震与 1923 年日本关东地震，由于地下水管破坏，震后大火无法扑灭，由此造成的人身与财产损失在有些地区更甚于地震。1971 年美国圣费尔南多地震后，生命线工程的地震安全性就受到人们的普遍重视。

13.4.5.1 震害经验教训

多次地震表明，地下埋设管道的破坏大多数发生于管道接头处，其破坏形式有以下几种：第一，承插式接头处的填充材料松动或接头拔出，管线漏水；第二，铸铁管接头断裂或拉开；第三，薄钢管局部屈曲压缩；第四，弯管处断裂；第五，管道与建筑物连接部位破坏。不少研究者总结了这些破坏的原因和规律，主要经验如下：

(1) 软弱地基和复杂地基中比基岩地基中的地下埋设管线震害重得多。

1923 年日本关东地震时，就地下给水管道的震害而言，基岩最轻，均匀的软弱地基或明显的不均匀地基最重（冈木舜三，1971，第 16.2 节），1948 年福井地震时，山中良好地基上水管线震害极轻，而在不良的地基中，最严重的震害平均是在 12.5 延米内即有一处破坏。1964 年新潟地震时，新潟市位于地基良好地方的地下埋设水管几乎未受损坏，而埋设于市内软土地基的部分则受害很重，总长 470km 中，有 215 处破坏；在最严重的液化地区检查的 155 个接头中，滑脱者 65 个，松动者 76 个；其他不少地震都有类似现象。王汝梁等（Wang and

O'Rourke，1977）在总结中提到，卡查多里安在总结 1964 年 3 月 27 日阿拉斯加地震、1971 年 2 月 9 日圣费尔南多地震和 1968 年 10 月 14 日西澳大利亚地震之后认为，地质土壤条件对地下管线震害的轻重与多少有明显影响：基岩上震害最小，粘土与粉土等细颗粒土壤上震害最大。

(2) 地变形与裂缝发育的地区地下管线的震害重。

1971 年 2 月 9 日美国圣费尔南多地震中明显表示出这一规律，图 13.4.16 示出这次地震的震中区内的构造地裂缝、构造破裂区和地变形，以及区内的地下管道和统计分区。图中各分区的水管破坏数见表 13.4.3。对照图与表可见，震害最重的第⑩区就是地变形大而突变的地区，又是构造裂缝区；第③区与第⑤区也就是次重的地变形大而突变的地区；第②，④，⑩，㉕，㉖等重震害区也均位于地变形和构造地裂缝地区。

表 13.4.3　1971 年圣费尔南多地震地下水管破裂统计

分　区	破坏数	分　区	破坏数	分　区	破坏数
②	37	⑧	28	㉑	6
③	96	⑨	0	㉒	2
④	46	⑩	143	㉓	14
⑤	79	⑪	44	㉔	8
⑥	0	⑫	25	㉕	22
⑦	0	⑬	26	㉖	38

1964 年阿拉斯加地震也说明了上述规律。1973 年出版的这次地震专辑（——1973，The Great Alaska Earthquake of 1964）总结说，设备震害有三个原因：第一是地震动效应。但对于地下埋置的设备而言，地震动本身并不是震害的主要原因。第二是地震的次生效应，如地震动引起的地裂缝、滑坡、地沉陷、海啸、局部波浪与火灾等。在发生地堑、严重裂缝、不均匀沉陷、压力脊和滑坡的地方，地下设备均破坏。例如，在特纳盖恩高地滑坡地区，地上出现巨大拉伸缝，一直发展到滑坡边缘之后约 70m 内，地下设备破坏。第三是地震震源区产生的构造升降。这次地震时，有的地区下沉约 2m，有的地区则上升约 2m，在约 3 万 km^2 的地区内地表高程有了改变。地下水道在大面积升或降的地区之内可能并不发生破坏，但丧失其上下水功能。

(3) 地下管线的破坏不是由于惯性力，而是地基变形。

多次地震经验表明，地下管线的破坏与否，并不决定于管线上的惯性力，而是决定于管线的变形或应变大小、地震动过程中的动应变或永久变形。这是地上结构物和地下管线抗震设计中应考虑的重要区别。由于基岩或坚硬地基中的永久变形很小，动应变也不大，所以震害较轻；但是，在软弱地基中，容易产生永久变位，而且动应变较大，所以震害较重。软地基中动应变较大是可以理解的，因为软弱地基中波速 v 较低，若地震波周期 T 相同，则软地基中波长 $\lambda=vT$ 当然较短；若振幅 u 相同，则平均动应变 $\bar{\varepsilon}=2u/(\lambda/2)=4u/\lambda$ 较大；在明显横向不均匀地表中，由于振动特性不一，动应变远大于均匀地基，永久变形或不均匀沉陷也常常很大；均匀土层的应变一般小于斜坡土层，这些地变形当然会受地震动的大小和振动持续时间的影响。在地下，管线受到这种土体变形的作用，假若其刚度很小，它将和土体发生同

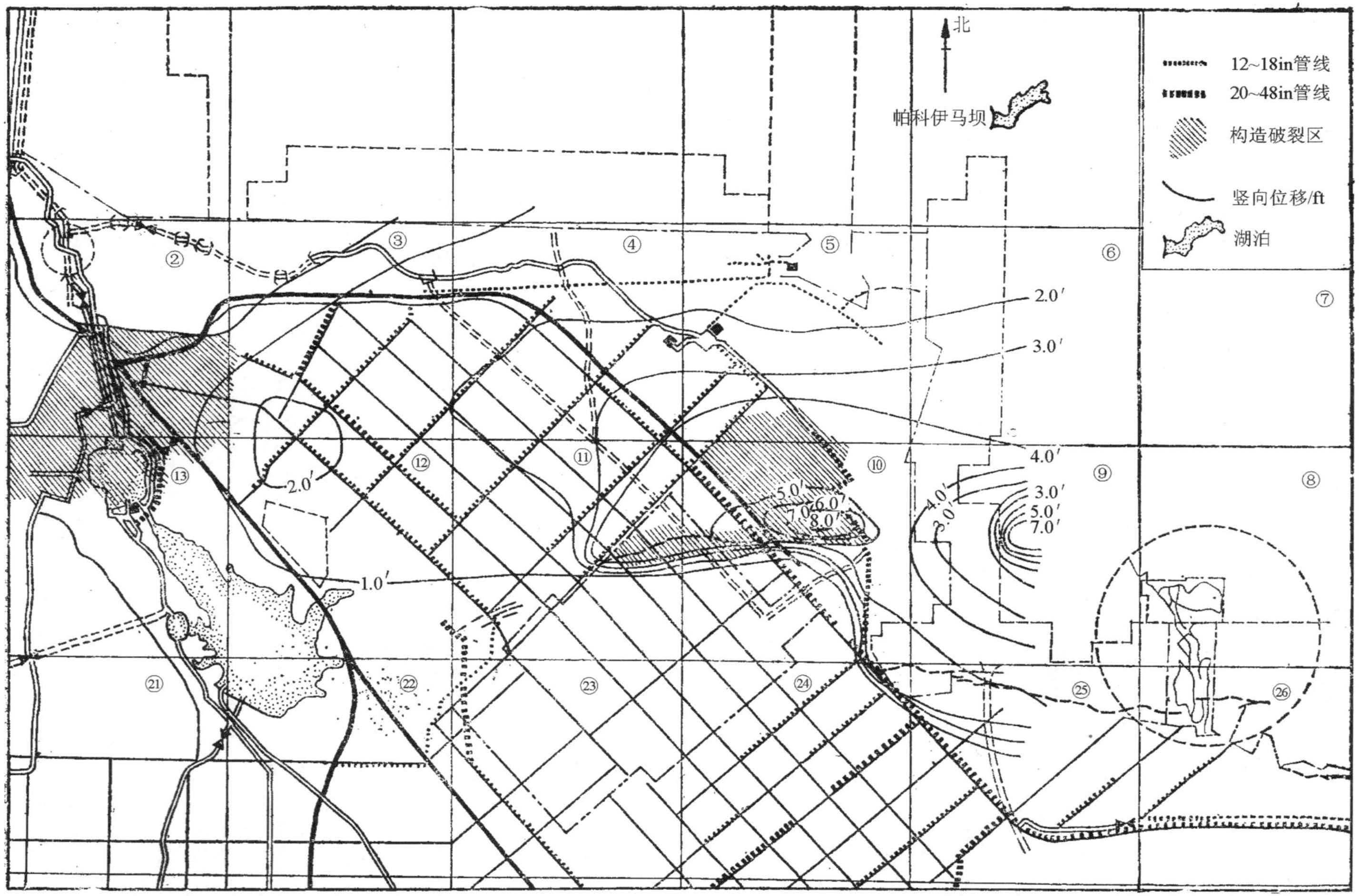

图13.4.16 1971年圣费尔南多地震中地下管线震害与地变形的关系

1in=2.54cm；1ft=0.3148m

样的变形而不破坏；假若它的刚度较大，就必须承担很大的准静力，即改变附近土体变形所需要的力，若承担不了这么大的力，则在管道附近或管土接触面上发生破坏。在受弯曲、拉伸时，接头是薄弱环节，在受压时，薄壁管也是薄弱环节，在这些薄弱环节处，破坏最容易发生。地震对地下管线的破坏作用大小决定于地基可能产生的变形或应变以及管线的相对刚度；所以在横向不均匀地基、斜坡地基、软弱地基和构造地裂处，震害一般较重。

(4) 地下管线的抗震能力主要决定于其柔性和延性，特别是接头。

1971 年美国圣费尔南多地震经验表明，柔性的接头和管道所受的震害在数量上和程度上一般均小于更为刚性的接头和管道，如在铸铁管道中，柔性较好的铅封和橡胶垫封接头优于水泥封，而以橡胶垫封为最好；在钢管中，槽沟接头或柔性钢机械耦联接头优于其他刚性过大的接头；在最大变形地区，钢管优于铸铁管，铸铁管优于石棉水泥管。研究结论有二：第一，现有的材料、设计和制造的地下管线均不足以抗御地变形过大引起的那么大的地震反应；第二，柔性和延性是地下管道抗震设计中的关键。

鉴于地下管道接头的柔性和延性的需要，设计管道时要注意到以下两点：第一，在不漏水的条件下，力求接头在弯曲、拉压时有足够的滑动变形；第二，由于接头处的变形有一定的限度，所以同时还要力求管道有尽可能大的柔性。为此，应采用特殊接头，如橡胶垫封和球式插座接头。这种接头可以容许在接头处 10°～20°的弯曲变形。在接头的球部，外表用塑料涂料作成一光滑、致密、无粘性表面，这种表面可以减少土壤对接头的附着力和腐蚀。今后还可以考虑外包一层袜式套衣，保证地震时球节点的自由运动，以免破坏接头。另外，还可以考虑一种滑动接头，当管道受到轴向力作用时，可以有一定能力的滑动伸缩。这种望远镜式的接头要求同时受到弯曲作用时也能有效地工作。

(5) 地下管道中轴向变形的影响大于弯曲变形。

日本在松代地区，利用松代地震群，在 20 世纪 60 年代进行了地下钢管道的观测试验（Ariman and Muleski，1981），最大震级为 5.3，最大加速度为 83Gal。从所得到的位移记录看，地基与管道的运动是非常相近的，在管道轴向的地震动与横向属同一量级。对于浅埋管道而言，面波可能比剪切波对地下管道的抗震设计有更大影响。应变观测结果表明：第一，管道中轴应变比弯曲应变大得多；第二，管道弯曲部分的弯曲应变与直管部分相近；第三，在地震动加速度达最大值时，应变并未达最大值，应变最大值发生较晚。

轴向变形对地下管道震害的重要影响，在震害现象的分析中也很受重视。不少管道接头的拉开与受压屈曲的形状表明，轴向变形是主要的、常见的。在均匀介质中轴向变形可以看做是波传播过程中空间各点运动之间的相位差引起的；在不均匀介质中，它可以看做是不同介质运动不一而产生的相对运动引起的。

13.4.5.2　理论分析

(1) 静力理论。

先将地下管线简化为弹性地基上的梁，则其运动方程为

$$\left.\begin{aligned}&\rho A_0\frac{\partial^2 w}{\partial t^2}+EI\frac{\partial^4 w}{\partial x^4}+k_{\mathrm{b}}w=K_{\mathrm{b}}w_{\mathrm{g}}(x,t)\ \text{(横向)}\\&\rho A_0\frac{\partial^2 u}{\partial t^2}-EA_0\frac{\partial^2 u}{\partial x^2}+ku=ku_{\mathrm{g}}(x,t)\quad\text{(轴向)}\end{aligned}\right\}\tag{13.4.13}$$

式中，ρ，E，A_0 和 I 分别为管道的材料密度、弹性模量和管道截面积和惯性矩；k_b 与 k 分别为横向与轴向管道单位长度上地基的弹簧常数；w 和 u 分别为管道的横向和竖向位移；w_g 和 u_g 为相应方向的地基变形。上两式的解为

$$\left.\begin{aligned} w(x,t) &= \frac{1}{D_b} w_g(x,t) \\ u(x,t) &= \frac{1}{D_u} u_g(x,t) \end{aligned}\right\} \tag{13.4.14}$$

其中

$$\left.\begin{aligned} D_b &= 1 + \left(\frac{\omega}{\omega_0}\right)^2 \left(\frac{v_b}{v}\right)^4 - \left(\frac{\omega}{\omega_0}\right)^2 \\ D_u &= 1 + \left(\frac{\omega}{\omega_0}\right)\left(\frac{v_P}{v}\right)^2 - \left(\frac{\omega}{\omega_0}\right)^2 \end{aligned}\right\} \tag{13.4.15}$$

式中，$\omega_0 = \sqrt{k / \rho A_0}$ 为刚体管道在弹性支承上的自振频率；$v_b = \sqrt[4]{EI\omega^2 / \rho A_0}$ 为由管道传播的弯曲波速；$v_P = \sqrt{E / \rho}$ 为由管道传播的纵波速。

由于在一般情况下，地下管道的刚性自振频率 ω_0 要比地震动的频率 ω 大得多（特别是在软土地基中），即（ω/ω_0）^{2}<<1，而且管道周围土体的阻尼又很大，所以可以忽略动力作用而只考虑静力作用，则得所谓准静力分析的结果为

$$\left.\begin{aligned} D_b &= 1 + \left(\frac{EI}{k_b}\right)\left(\frac{2\pi}{L}\right)^4 \text{(横向)} \\ D_u &= 1 + \left(\frac{EA_0}{k}\right)\left(\frac{2\pi}{L}\right)^2 \text{(轴向)} \end{aligned}\right\} \tag{13.4.16}$$

$$L = vT$$

$$T = \frac{2\pi}{\omega}$$

式中，v 为地震波沿管道轴线传播的速度；T 为地震动周期。由此可得，由于地基变形而在管道中产生的弯曲与轴向的应变分别为

$$\left.\begin{aligned} \varepsilon_b &= \left(\frac{2\pi}{L}\right)^2 \frac{1}{D_b} \cdot u_0 r_0 \qquad \text{(弯曲应变)} \\ \varepsilon &= \left(\frac{2\pi}{L}\right) \cdot \frac{1}{D_u} u_0 \qquad \text{(轴向应变)} \end{aligned}\right\} \tag{13.4.17}$$

$$u_0 = a_{max} / \omega^2 = \frac{a_{max} T^2}{4\pi^2}$$

式中，u_0 为地基地震动的位移振幅；a_{max} 为相应的加速度振幅；r_0 为管道外半径。上两式也可以写为管道与地基位移之比 R_b 和 R 如下：

$$\left.\begin{aligned} R_b &= \frac{k_b/(EI)}{\left(\frac{2\pi}{L}\right)^4 + \frac{k_b}{EI}} = \frac{1}{D_b} \\ R &= \frac{k/(EA_0)}{\left(\frac{2\pi}{L}\right)^2 + \frac{k}{EA_0}} = \frac{1}{D_u} \end{aligned}\right\} \tag{13.4.18}$$

当管线细而长时，$D_b \approx 1$，$D_u \approx 1$，故最后得简化的弯曲应变与轴向应变分别为

$$\left.\begin{aligned} \varepsilon_b &= \left(\frac{2\pi}{L}\right)^2 u_0 r_0 \quad \text{或} R_b \approx 1.0 \\ \varepsilon &= \frac{2\pi}{L} u_0 \quad \text{或} R \approx 1.0 \end{aligned}\right\} \tag{13.4.19}$$

这表示管道的位移与地基的位移相等，即静力理论。由此可得管道轴向应变与弯曲应变之比$\varepsilon/\varepsilon_b$为

$$\frac{\varepsilon}{\varepsilon_b} = \frac{L}{2\pi r_0} \tag{13.4.20}$$

结果如图 13.4.17 所示。由此可见，只要不是长径比很小的管道，其轴向应变都远大于弯曲应变，即$\varepsilon \gg \varepsilon_b$。这一结论与震害观测结果相符。

简单地假设管道应变等于地基应变，地下管道应变就可以仅用地震动的参数来表示。由此，沿管道轴向应变ε、曲率应变ε_b/r_0、节点之间的相对变位ε_L和节点相对转角变形ε_θ分别为

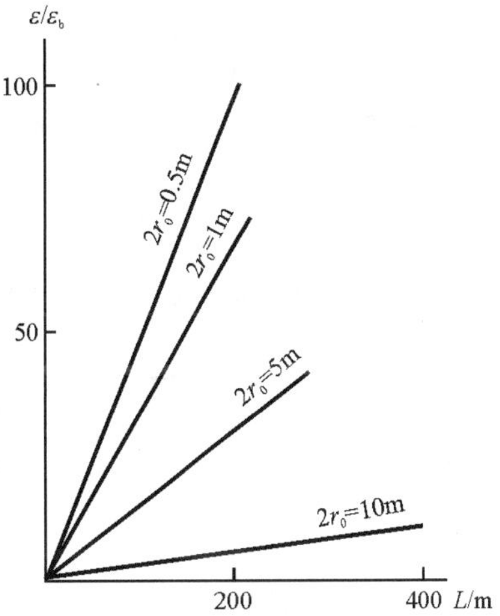

图 13.4.17　地下管道的应变

$$\left.\begin{aligned} \varepsilon &= \dot{u}/v_P = \frac{2\pi u_0}{vT} = \frac{2\pi u_0}{L} \\ \varepsilon_b/r_0 &= \frac{\ddot{u}}{v_S^2} = \left(\frac{2\pi}{T}\right)^2 \frac{u_0}{v_S^2} = \left(\frac{2\pi}{T}\right)^2 u_0 \\ \varepsilon_L &= \varepsilon L \\ \varepsilon_\theta &= \varepsilon_b L \end{aligned}\right\} \tag{13.4.21}$$

式中，$\dot{u} = \frac{u_0 T}{2\pi}$和$\ddot{u}$分别为地震动的质点速度和加速度；$L$为两节点之间的长度；$v_P$，$v_S$分别为纵横波速，这些结果与式（13.4.19）完全一致。由此可知，管道轴应变与地震波沿管道线的传播速度v成反比，与质点振动速度$\dot{u}$成正比。由于在软土地基上，v小而$\dot{u}$大，所以管道的应变也大，则震害亦大。另外，这一关系又说明，轴向应变与最大加速度的振幅无关，这也与地震反应观测结果相符。

(2) 弹性地基梁理论。

1975 年帕米利和勒德基（Arimen and Muleski，1981）提出半弹性地基梁理论来分析地

下管道中的土管相互作用。他们假设，在半无限弹性地基表面下 h 处有一半径为 r_0 的地下管道（图 13.4.18），土管共同体系的动力反应可以用在管道处的一个水平集中力产生的静力位移 u 来代替，由此得体系的运动方程为

$$M\frac{\partial^2 u}{\partial t^2}+C\frac{\partial u}{\partial t}+ku=-M\frac{\partial^2 u_g}{\partial t^2} \tag{13.4.22}$$

式中，k 为管道中产生单位相对位移时的弹性抗力；$M=M_p+M_s$ 为管道质量 M_p 与土壤的有效质量 M_s 之和；C 为代表土壤与管道相互作用的阻尼作用；u 为管道相对于土壤的位移；u_g 为地基震动使管道产生的位移。他们求得

$$\left.\begin{aligned} k&=C_k(\alpha)E_s\\ M_s&=C_M(\alpha)\rho_s\\ C&=\frac{C_s L}{A r_0^2}C_C(\alpha)\end{aligned}\right\} \tag{13.4.23}$$

式中，C_k，C_M 与 C_C 均为比值 $\alpha=h/r_0$ 的函数，如图 13.4.19 所示；E_s，ρ_s 与 C_s 分别为土壤的弹性模量、质量密度和在长 L、截面面积 A 的土壤上测得的阻尼系数。有了这些参数之后，就可以研究管道的动力特性和地震反应。结果发现，管道与地基之间的相对位移 u 是小的，这表明管道几乎是与地基土壤共同运动的，而不是在土壤中穿来移去。作者们也指出这一理论如下的一些局限性：第一，在理论中取泊松比 $\nu=0.5$ 以简化明德林方程，对于许多土壤而言

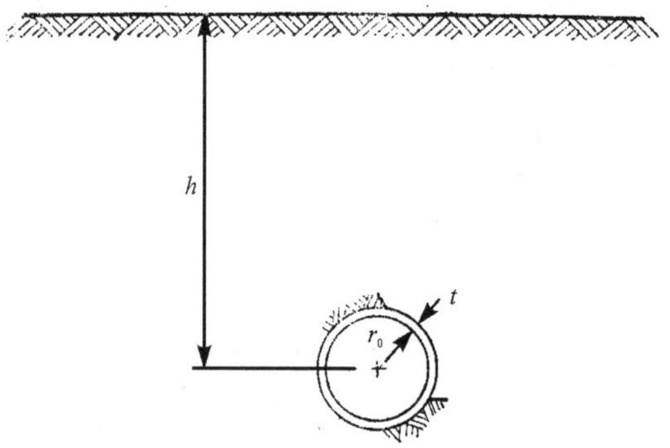

图13.4.18 真实体系的典型部分（单位长度）

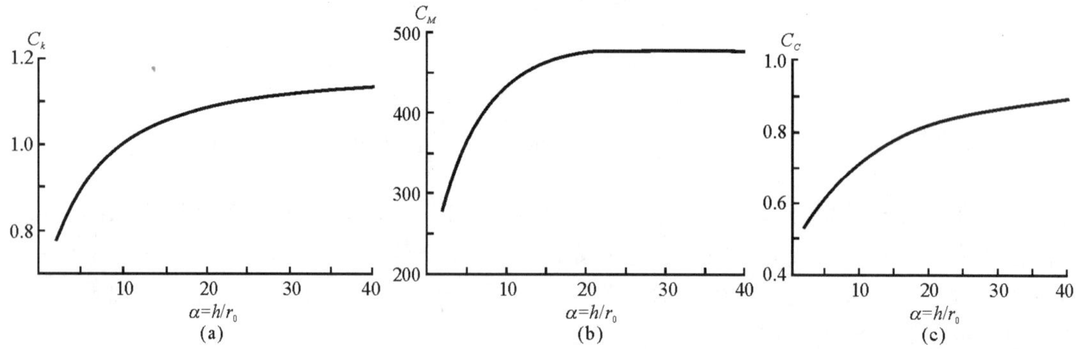

图 13.4.19 函数 C_k，C_M 和 C_C

(a) 函数 C_k；(b) 函数 C_M；(c) 函数 C_C

此为其上限；第二，均匀半无限弹性空间的假定与实际不符；第三，未考虑屈曲失稳，不能用于破裂分析，梁式理论显然不能用来分析壳体作用。

(3) 壳体理论。

阿里曼与马莱斯基 1979 年提出了壳体理论（Ariman and Muleski，1981），假设管道为粘弹介质中的弹性各向同性薄圆柱壳。此理论不但可以用来研究失稳与破裂问题，而且可以研究管道曲率引起的其他位移。假若沿轴向管道的变形是简谐的，则管道径向位移ε_r和轴向位移ε_u与地基轴向位移ε_s之振幅比$R_w=\varepsilon_r/\varepsilon_s$与$R_u=\varepsilon_u/\varepsilon_s$分别为

$$\left.\begin{aligned}R_w&=\frac{-\nu\varepsilon\omega^3-\dfrac{2\nu}{1-\nu}\varepsilon^2\omega}{(1-\nu^2)\omega^4+(2\nu+3)\varepsilon\omega^2+\dfrac{2}{1-\nu}\varepsilon^2}\\R_u&=\frac{\nu\omega^3R_w+\left(\dfrac{2\nu}{1-\nu}\omega R_w+\omega^2\right)\varepsilon+\dfrac{2}{1-\nu}\varepsilon^2}{\omega^4+\dfrac{3-\nu}{1-\nu}\varepsilon\omega^2+\dfrac{2}{1-\nu}\varepsilon^2}\end{aligned}\right\}\tag{13.4.24}$$

式中ω与地变形波长成反比；ε为一无量纲参数，与土壤刚度和管道拉伸刚度之比成正比；ν为泊松比。图 13.4.20 和 13.4.21 绘出了这两个比值的函数。图中示出三个区，区Ⅰ中，土壤刚度足够大，管道基本不变形；区Ⅲ中管道与土壤的轴向变形几乎相等，径向位移振幅达到一极限值；区Ⅱ为从区Ⅰ向区Ⅲ的过渡区。对于典型的地下管道，参数$\varepsilon\geqslant0.001$，由图可见，$R_u$=0.85～1.00，$R_w$=0.002～0.0025，$R$ 值与式（13.4.18）的结果相近，它们都表明，在许多情况下，地震时地下管道与地基的运动是一致的。

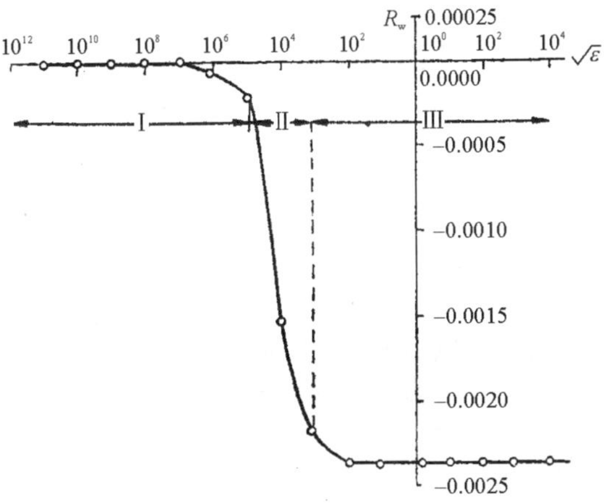

图 13.4.20　管道径向位移比 R_w 的变化

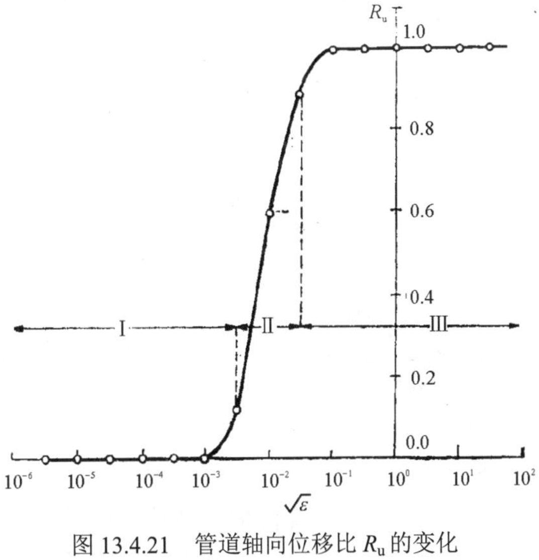

图 13.4.21　管道轴向位移比 R_u 的变化

(4) 跨过大断层的地下管线。

在研究横跨阿拉斯加的油管时，纽马克和霍尔（Newmark and Hall，1975）提出了考虑管道承受大位移的非线性变形的设计分析方法。如图 13.4.22，设在断层两边各有长 L 的一段管道在 A、B 两点支承于地上，断层错动位移为 D，断层与管道之间的夹角为ϕ。由于断层错

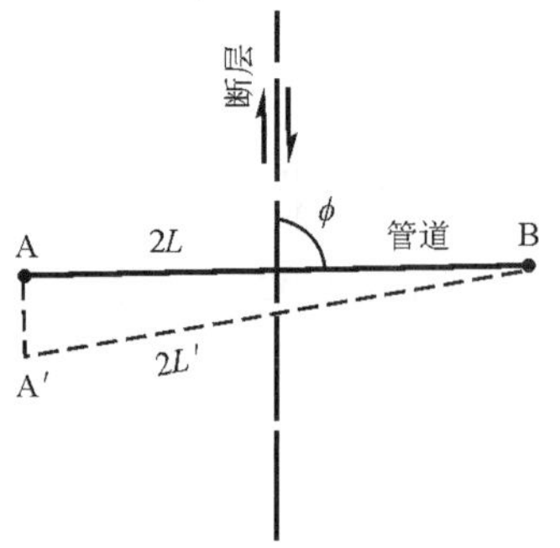

图 13.4.22 横跨断层管道位移

移，AB 线段长度的改变量为

$$\Delta(2L) = D\cos\phi \quad 或 \quad \varepsilon = \frac{\Delta(2L)}{2L} = \frac{D}{2L}\cos\phi$$

但是，即使在ϕ=90°时，管道长度仍有变化量$\Delta(2L)$。

$$(2L')^2 = (2L)^2 + D^2$$

$$\left(\frac{2L'}{2L}\right)^2 = \left[1+\frac{\Delta(2L)}{2L}\right]^2 = 1+2\varepsilon+\varepsilon^2 = 1+\left(\frac{D}{2L}\right)^2$$

$$\varepsilon+\frac{1}{2}\varepsilon^2 = \frac{1}{2}\left(\frac{D}{2L}\right)^2$$

由此得，当断层与管道斜交时，管道的平均应变ε为

$$\varepsilon+\frac{1}{2}\varepsilon^2 = \frac{1}{2}\left(\frac{D}{2L}\right)^2+\frac{D}{2L}\cos\phi \tag{13.4.25}$$

将上式中的第一次近似值$\varepsilon = \dfrac{D}{2L}\cos\phi$代入上式左边的$\dfrac{1}{2}\varepsilon^2$中，则最后得横跨断层长 $2L$ 管道的平均应变为

$$\varepsilon = \frac{D}{2L}\cos\phi+\frac{1}{2}\left(\frac{D}{2L}\right)^2\sin^2\phi \tag{13.4.26}$$

上式可以用来求得管道中需要的平均应变ε，也可以从式（13.4.25）求解具有平均应变能力ε的管道的容许值 $D/2L$，从而求得最小支承长度 $2L$。

根据上述结果，在进一步研究之后，得到关于地下钢管道的下述几点结论：第一，管道外壁的摩擦力愈小，承受断层错动的能力愈强。即使在饱和松散土壤中也不能认为管道是浮于液化土中的，因为一旦水排除之后，将出现有不小摩擦力的危险情况。第二，钢材等级愈低，其塑性愈大，故管道的变形能力愈强。第三，对于所研究的钢管而言，若断层错动不超过 3m，则管道可以垂直跨过断层，覆盖层不得超过 2.4m，假若断层方向不定，在采用特殊措施后，覆盖层厚度不得超过 3m，这种情况要保持到断层两边各 60m 以上，而且在水平与竖向面中要有弯曲率不大的弯管，且不得有锚固点。

13.4.5.3 设计与规范

许多上下水管道的抗震设计包括下述原则要求（Wang and O′ Rourke，1977）：

(1) 管线应尽量远离地震断层线，至少不应平行于断层的可能变形最大的走向。因此，在设计时，要注意可能错位的断层位置及变位方向，从而选择地下管线的布局设计。在必须跨越断层的地点，要注意管道与断层斜交，以减少管道中的剪切作用。

(2) 尽可能避免在陡坡上修建管线。

(3) 在分水系统中，布置多回路，即用更多的小管道代替单一的大管道，以避免单一管道破坏使整个输水系统破坏。

(4) 选择富有延性的管道材料，如钢、延性铁、铜或塑料，使能承受更大的变形。

(5) 在强地震活动区，应考虑采用柔性接头，如橡胶垫和球座型接头，对于滑动管道接头应采用特别长的约束套管。

(6) 在主要管道跨过活动断层处，考虑采用特殊的柔性伸缩接头，设计中要容许大的地震运动。

如前所述，地下管道的抗震设计与地上结构物完全不同，管道中的惯性力已直接由周围土壤所承担，不再是控制管道的设计因素，地基变形才是控制地下管道的设计因素。为此，设计步骤应该是：①根据工程重要性，选择此工程所应采用的危险性大小；②根据所选定的危险性，确定设计地震动的最大速度 $\dot{u}$ 和最大加速度 $\ddot{u}$，这些值可以根据危险性分析确定（见第十二章）；③利用简化的静力法[公式（13.4.21）]估计管道的最大应变和最大相对节点位移，为此，需要知道管道所在地基的波传播速度；④若要求更详细一些的分析，可以采用准静力法[公式（13.4.15）和（13.4.16）]，需要知道地基弹簧常数；⑤将上两步骤中得到的管道应具有的变形能力与管道所能达到的变形能力相对比，从而确定适当的设计方案。

13.4.6 重大工程和特殊工程的特殊要求

对于核电站、海洋平台、特大桥梁、高压贮液设备、大坝等工程结构，或者由于重要性，一旦破坏则危害极大，或者由于其结构特殊复杂，无震害或设计经验，有的要求安全度特别高，有的要求设计上作特殊考虑，在下面几节中将分别介绍这种类型结构的特点，本节先简单讨论一下它们共同的而不同于一般结构抗震设计的要求。

由于这类结构一般安全度要求都很高，所以设计时必须采取如下三种相应的设计措施。

保证高安全度的设计措施之一是规定两级设计地震动，一级是在结构使用寿命内可能遇到的地震动，要求重大工程在此地震动下能正常运转，发挥其使用功能，此地震动常称为安全生产地震动；一级是在结构使用寿命内该地区内几乎不大可能发生的最大地震或地震动，在此地震动下，虽不要求结构生产运转，但要求它不出危险，在地震之后，仍能继续正常使用，此地震常称为安全停产地震或安全停产地震动。这里所谓“可能”或“几乎不可能”是一种需要判断的主观概念，并无一个为大家都接受的科学定义。按照多数人的理解，假若与常规结构物的抗震设计要求相比，前者约相当于常规要求，而后者的要求约较高一级，如设计烈度提高 1 度；若用地震动发生概率来衡量，前者相当于年超越概率 10^{-2}～10^{-3}，后者约为 10^{-4}～10^{-5}；若用地震动的最大加速度来衡量，后者约为前者的 1.5～2.0 倍。

核电站抗震设计中最早采用这两级设计地震动，并称之为安全运行或运行依据地震（OBE，Operating Basis Earthquake）和安全停堆地震（SSE，Safe-Shotdown Earthquake），已为国际所通用。美国农垦局最近对大坝分析规定了运动依据地震动、设计依据地震动和最大可信地震动三级可能性大小不同的地震动，要求大坝在这些地震作用下，分别达到下述三级要求，即安全运转、地震后安全运转、不倒溃。

保证高安全度的设计措施之二是周密考虑所能遭遇地震动的各种特性。例如美国洛杉矶地区，地震强烈而频繁。他们曾按下述步骤设计过一些高层房屋、海洋平台、核电站、大桥和大坝（Housner，1979）：第一步，确定附近对工程场地可能有影响的所有断层；第二步，确定上述各断层上可能发生的最大地震的震级 M 和到工程场地的距离 R；第三步，从这些断层的活动性中选择有代表意义的下述范围内的多种地震动，从大远震（M=8^{+}，R=55km）到小近震（M=5，R=0）；第四步，针对这些地震动分别选用或制造出可以代表它们的一组地震动过程 $a(t)$；第五步，分别对每一地震动过程 $a(t)$计算结构的各种反应，要求结构能安全地经受这些地震动。

保证高安全度的设计措施之三是要求高精度的分析方法，除了容许采用当前公认的近似方法之外，还常常同时要求采用动力分析方法，如反应谱法或直接动力法。现在的趋向是，对于特别重要的工程结构，特别是在考虑第二级或第三级的强地震动时，常常规定必须按直接动力法进行分析。

13.4.7 混凝土重力坝

大坝的安全性十分重要，其破坏会带来人身和财产的巨大损失。1975 年我国河南地区由于特大暴雨使几座土坝崩溃所带来的灾难即为明证。美国 1971 年圣费尔南多地震时下圣范诺曼土坝濒临倒溃，虽未造成溃坝的巨大危害，但它表明按常规设计的混凝土坝是可以受到地震破坏的。20 世纪 70 年代中，大坝抗震设计取得了很大进展，在坝、水、地基的相互作用方面，改变了过去极为粗略的估计方法；在非线性反应方面，考虑了坝缝的张开、坝体的裂缝和动水压力等问题；现在又对各种坝体的抗震分析提出了计算程序。当前，对重力坝的设计比较成熟，计算分析结果已为过去不多的震害经验所证实。本节以重力坝为主，说明混凝土大坝抗震设计的一些主要特点。

13.4.7.1 常规抗震设计评价

(1) 常规抗震设计方法。

常规抗震设计方法将地震力简化为静力，静、动水压力和重量相组合；分析主要包括两点：第一，把坝体看做是刚性的，研究其抗倾覆与滑移的稳定性。第二，按照简单梁理论计算坝体中的应力，校核是否超过容许值。此法既不考虑地震动的特性和坝水相互作用，又不考虑竖向地震动的影响。在水平向由地震力引起的侧力有二，一为惯性力，它等于坝体质量与坝体地震加速度的乘积；二为动水压力，是在刚性坝面和水不可压缩的假定下，根据坝体地震动求得的。坝体的地震动加速度大多取为常数，在美国常取为 0.05～0.10*g*。

对于坝体应力，常规设计准则通常不允许出现拉应力，在少数情况下虽然允许出现拉应力，但并不严格考虑混凝土开裂的可能性。一般认为，应力并不是混凝土重力坝设计中的控制因素，因此，常规设计方法着重于满足抗倾覆和滑移稳定性的要求。对于重力坝的抗倾覆与滑移，常规设计要求在准静力法的计算下，重力坝的安全系数一般不得小于 1。

(2) 新丰江大坝与柯依纳大坝的地震反应。

1962 年河源地震中我国新丰江混凝土支墩坝和 1967 年印度柯依纳地震时柯依纳混凝土重力坝的地震破坏非常相似。两次地震都是水库型地震，都发生在过去认为地震活动性不强的地区，震源距离很近，震级不很大，分别为 M_S=6.1 和 7.0；最大烈度新丰江是Ⅷ度，柯依纳是Ⅷ～Ⅸ度；新丰江坝区设计地震烈度原定Ⅵ，未考虑抗震设计，柯依纳坝按照加速度 a=0.05*g* 设计；新丰江最大高度为 105m，柯依纳坝最大高度为 103m；坝截面形状也是很相似的；地震后破坏现象也是相似的。1967 年 12 月 11 日地震时，柯依纳坝近坝底的通廊内记录到的最大加速度达 0.5*g*，在近坝顶截面突变处水平开裂，下游面裂缝长而宽，虽然坝体并未倒塌或失水，但裂缝严重，因而在下游面用混凝土支墩加固。新丰江的情况与此相似，地震后也在下游面此变截面处产生长约 89m 的水平缝。有意义的是，新丰江坝原为支墩坝，损坏后则在下游面两支墩之间用混凝土充填，使之接近重力坝。

震后的动力计算校核包括坝水相互作用和坝体的水平与竖向线性振动反应。分析表明，对柯依纳坝，在记录到的地震动作用下，坝顶变截面附近拉应力较大，上游面超过 400N/cm^2，下游超过 600N/cm^2，见图 13.4.23，超过坝顶混凝土抗拉强度 250N/cm^2 的两倍多。新丰江坝的校核结果也相近。由此可见，这两个坝的颈部裂缝是由于过大的水平地震力造成的。

(3) 常规设计方法的局限性。

上述例子显然表明，常规分析给出的坝体应力与实际地震时的坝体应力完全不同。柯依纳坝是按照整个坝体加速度均为 0.05g 设计的，并要求坝中不出现拉应力，认为即可不发生裂缝。这种常规方法显然存在下述三个缺点：

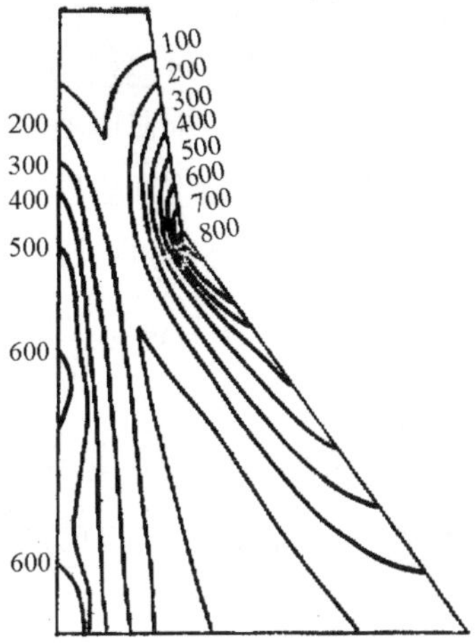

图 13.4.23　柯依纳坝的应力分布

（单位：1 磅力=0.45kgf=4.5N；1 英寸^2=2.54^{2}cm^2=6.45cm^2）

第一，设计地震动的规定与实际相差过大。原因之一是对当地地震活动性强度估计不足，特别是没有考虑到建坝后形成的水库对地震活动性可能产生的影响。如新丰江坝区原定为Ⅵ度区，结果发生了Ⅷ度地震，因而引起破坏。

第二，常规设计方法采用的地震动过低。常规的静力抗震设计法是根据建筑结构震害经验总结得来的。例如我国 1974 年工民建抗震规范的指导思想是“小震不坏，大震不倒”；美国加州工程师协会的建议侧力要求明确规定“小震完好，中震无结构损坏，大震不倒”。这些要求对房屋结构是合理的，因为一般房屋结构具有较大的延性，只要能避免倒塌，即可避免人身伤亡，用延性能力来补偿强度；另外，一栋房屋的破坏仅危及少数人的安全。但是，这一原则并不适用于大坝，大坝的破坏将危及千万人的安全，而且素混凝土并无多少延性。所以房屋的抗震经验不能简单搬用于大坝的抗震设计。在 1964 年我国抗震规范草案出现之前，房屋抗震规范规定的最大设计加速度约为现行规定的 1/3，这一数值远低于实际地震动。我国混凝土坝的抗震规范则一直采用这种远低于实际的数值，直到 1978 年。

第三，常规设计方法中常用的沿坝高加速度相等的假定不符合实际。这种不符合实际的假定，使工程界有了一种不恰当的认识，从而形成了在坝顶采用较低强度的混凝土的做法，柯依纳坝就是这样做的。但是坝的动力分析表明，坝体的地震反应是动力的，一般以第一振型为主，坝顶加速度反应远大于坝底。

第四，常规设计方法采用的动水压力过低。例如若按美国垦务局 1966 年设计规范规定，当采用 0.1g 加速度时，坝底附加的动水压力约为静水压的 7%，上部也大体如此。这样的动水压力对坝体的计算几乎无影响。这一结果是根据刚性坝体和水不可压缩两个假定得到的；假若考虑坝体的弹性变形和水的可压缩性，则动水压力影响将增加到可观的程度。

13.4.7.2　简化分析方法

根据上节所述原因，现在一般认为，在混凝土大坝抗震分析中，必须考虑下述三个因素的影响：①符合场地实际条件的水平与竖向地震动特性，其中应包括强度和谱特性；②坝体与地基共同体系的动力性能，其中包括自振周期、振型，特别是阻尼；③坝水相互作用对坝体动力反应特性的影响。现在已有精确的方法来考虑这些影响，但需要在电子计算机上进行运算，比较复杂。为便于初步设计中考虑地震影响，可加以简化（Chopra，1978）。在这种简化方法中，第一，可以采用通用的地震反应谱，按最大加速度值加以调整，并可只考虑水平方向的振动而忽略竖向振动；第二，由于混凝土重力坝刚性较大，可以只考虑坝体第一振型反应。

(1) 水平振动时坝体基本振型反应的精确解。

坝体相对位移可以表示为 $v(y, t)=Y(t)\cdot\phi(y)$，这里 $\phi(y)$ 为空库时坝体的基本振型，$Y(t)$ 为广义坐标反应，其他振型反应忽略不计。在水平地震动加速度 $a_g(t)=e^{i\omega t}$ 作用下，广义坐标反应可以写为 $Y(t)=H_Y(\omega)e^{i\omega t}$，这里，$H_Y(\omega)$ 为基本振型的传递函数。假若考虑坝水相互作用，即考虑坝体为弹性的，水为可压缩的，则复频反应函数 $H_Y(\omega)$ 为

$$H_Y(\omega)=\frac{-[L+B_0(\omega)]}{-\omega^2\{m^*+\mathrm{Re}[B_1(\omega)]\}+\mathrm{i}\omega\{C^*-\omega\,\mathrm{Im}[B_1(\omega)]\}+k^*} \tag{13.4.27}$$

式中，$m^*=\int_0^h m_s(y)\cdot\phi^2(y)\mathrm{d}y$ 为振型质量；h 为坝高；$m_s(y)$ 为单位高度的坝体质量；$k^*=\omega_s^2 m^*$ 为振型刚度，ω_s 为空库坝体第一频率；$C^*=2m^*\omega\zeta$ 为振型阻尼系数，ζ 为振型阻尼比；$L=\int_0^h m_s(y)\phi(y)\mathrm{d}y$；Re 与 Im 分别表示复函数的实部与虚部；

$$B_n(\omega)=\int_0^{h_w}\bar{p}_n(y,\omega)\phi(y)\mathrm{d}y \qquad (n=0\text{ 或 }1)$$

$$\bar{p}_n(y,\omega)=\frac{2w}{gh_w}\sum_{j-1}^{\infty}\frac{I_{nj}}{\sqrt{\lambda_j^2-\dfrac{\omega^2}{C^2}}}\cos\lambda_j y \tag{13.4.28}$$

式中，$I_{nj}=\int_0^h f_n(y)\omega^2\lambda_j y\mathrm{d}y$，$f_0(y)=1$，$f_1(y)=\phi(y)$；$w$ 为库水单位重量；h_w 为库深；$\lambda_j=(2j-1)\pi/2h_w$；C 为库水声速；y 为坝高度变量。

在上述反应计算中，由于坝水相互作用影响，项 $B_n(\omega)$ 是频率的函数，使得计算颇为复杂，从而提出下述简化方法，采用一个与频率无关的函数来代替 $B_n(\omega)$。

(2) 水平振动时坝体基本振型反应的简化解。

在简化方法中采用一个等效体系，在此体系中，除质量外，其他参数全部采用空库坝体的参数，而等效体系的质量则定义为

$$\overline{m}_s(y)=m_s(y)+\frac{\bar{p}_1(y,\overline{\omega}_s)}{\phi(y)} \tag{13.4.29}$$

式中，$\overline{\omega}_s$ 为包括坝水相互作用的坝体基本频率。由于 $\overline{\omega}_s<\omega_s$ 和 $\overline{\omega}_s<\omega_r=\pi C/2h_w$，所以 $\bar{p}_n(y,\overline{\omega}_s)$ 为实数，因而 $\bar{p}_1(y,\overline{\omega}_s)/\phi(y)$ 亦为实数，这时，等效体系的复频反应为

$$\overline{H}_Y(\omega)=\frac{-\overline{L}}{-\omega^2\overline{m}^*+\mathrm{i}\omega C^*+k^*} \tag{13.4.30}$$

式中，$\overline{L}=\int_0^h\overline{m}_s(y)\phi(y)\mathrm{d}y$，$\overline{m}^*=\int_0^h\overline{m}_s(y)\phi^2(y)\mathrm{d}y$。可以证明：$\overline{L}=L+B_0(\overline{\omega}_s)$，$\overline{m}^*=m^*+B_1(\overline{\omega}_s)$；所以 $\overline{H}_Y(\overline{\omega}_s)=H_Y(\overline{\omega}_s)$，即此等效体系的基本频率为包括坝水相互作用影响的坝体自振频率 $\overline{\omega}_s$。等效体系的阻尼比 $\bar{\zeta}_s$ 与坝体本身的阻尼比 ζ 的关系为

$$\bar{\zeta}_s=\frac{\overline{\omega}_s}{\omega_s}\zeta$$

由于 $\overline{\omega}_s < \omega_s$，所以 $\overline{\zeta}_s < \zeta$。图 13.4.24 中对比了此简化解与精确解的结果 $H_{\ddot{Y}}(\omega) = \omega^2 H_Y(\omega)$，计算是对某一典型坝截面按数值法进行的，取 ζ=0.1。从这一组对比可见，虽然等效体系是单自由度体系，其反应与坝水相互作用体系的复杂情况颇不相同，但在共振峰点处，简化法给出了令人满意的结果。由于在共振峰点附近简化法颇为保守，所以对于地震动这样的宽频谱干扰而言，简化法给出的结果将偏于保守。从此图还可以看出，假若取 $\overline{\zeta}_s=\zeta$，即取等效体系的阻尼比仍为坝体本身的阻尼比，则在共振峰点附近过低估计反应值，但在其余部分仍然是保守的。许多计算表明，若取 $\overline{\zeta}_s=\zeta$，对地震动干扰而言，结果一般还是保守的。因此这里建议，在采用简化分析方法时，假定 $\overline{\zeta}_s=\zeta$。

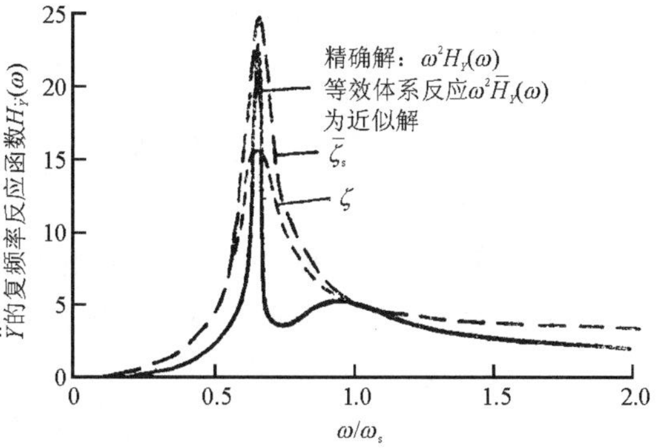

图 13.4.24　坝体传递函数 $H_{\ddot{Y}}(\omega)$ 的对比

韦斯特加德关于动水压力的经典研究是以地震动周期不小于 1s 的假定为前提的，在记录到地震动加速度过程之前这是常见的假定。根据这个假定，得到了坝体变形与水可压缩性可以忽略不计的结论，从而将库水的影响简化为随坝一起运动的附加质量。在取得了大量强地震动加速度时程记录之后，进一步的坝水相互作用研究表明，需要考虑坝体的弹性和水的可压缩性。虽然简化方法也把库水影响当作附加质量 $\overline{p}_1(y,\omega)/\phi(y)$ 处理，但是此附加质量是随坝体基本振型和频率而变的，见公式（13.4.28），而且弹性坝和可压缩水的相互作用影响是与坝体的基本频率有关的。

(3) 空库侧力。

只考虑坝体基本振型，水平地震动的最大影响可以用一组沿坝高分布的侧力 $f_s(y)$ 表示：

$$f_s(y) = \frac{L}{m^*} \cdot \frac{S_a(T_y,\zeta)}{g} \cdot w_s(y) \cdot \phi(y) \tag{13.4.31}$$

式中，$S_a(T_y, \zeta)$为地震动加速度反应谱 $S_a(T, \zeta)$在 $T=T_s$ 时的坐标；$w_s(y)=gm_s(y)$为坝体在高度 y 处的单位高度上的重量。

由于混凝土重力坝的截面变化不是特别大，计算结果表明可以采用图 13.4.25 所示的标准基本振型和周期 T_s，而且在取$\phi(y=h)=1$ 时，L/m^*略小于 3.0，这些都可以作为标准值采用，可以给出偏于安全的结果。

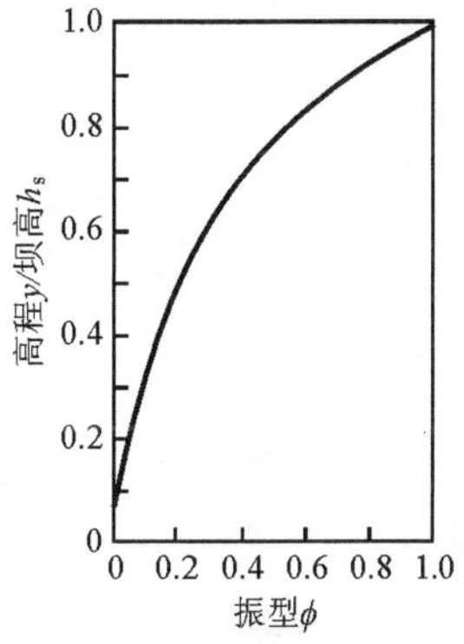

图 13.4.25　混凝土坝空库基本振型和周期

周期 $T_s=0.113h_s/\sqrt{E}$；h_s 为坝高(m)；
E 为混凝土弹性模量(10N/cm²)

(4) 有水时的侧力。

采用前述等效体系，在水平地震动下的最大反应可以表示为一组沿坝高分布的侧力 $f_s(y)$：

$$f_s(y) = \frac{\overline{L}}{\overline{m}^*} \cdot \frac{S_a(\overline{T}_s,\zeta)}{g} \cdot \overline{w}_s(y)\phi(y) \tag{13.4.32}$$

式中，$\overline{w}_s(y)=g\cdot\overline{m}_s(y)$。在将公式中坝体等效质量 $\overline{m}_s(y)$ =坝体质量+附加库水质量代入上式之后即得

$$f_s(y)=\frac{\overline{L}}{\overline{m}^*}\cdot\frac{S_a(\overline{T}_s,\zeta)}{g}[W_s(y)\phi(y)+g\overline{p}_1(y\overline{\omega}_s)] \tag{13.4.33}$$

为了进行简化计算，图 13.4.26 中给出了不同贮水深度 h_w 和不同坝体混凝土弹性模量 E 时，坝体有水与无水时基本自振周期 $\overline{T}_s$ 与 T_s 之比 $\overline{T}_s/T_s$。另外，为了计算 $\overline{p}_1(y,\overline{\omega}_s)$，先将 n=1 时的公式（13.4.28）改写为

$$\frac{g}{w\cdot h_w}\overline{p}_1\left(y,\frac{\omega_s}{\omega_r}\right)=\frac{4}{\pi}\sum_{j-1}^{\infty}\frac{1}{2j-1}\frac{I_{\ln}}{\sqrt{1-\frac{1}{(2j-1)^2}(\omega_s/\omega_r)^2}}\times\cos\frac{2j-1}{2}\pi\hat{y} \tag{13.4.34}$$

式中，$\hat{y}=y/h$，$\omega_r=\pi C/2h$ 为水中脉冲压力基本共振频率，h 为总水深；

$$I_{\ln}=\int_0^1\phi(\hat{y})\cos\frac{2j-1}{2}\pi\hat{y}\mathrm{d}\hat{y} \tag{13.4.35}$$

是 h_s/h 的函数，可以近似写为

$$I_{\ln}(h_s/h)=\left(\frac{h_s}{h}\right)^2 I_{\ln}(1) \tag{13.4.36}$$

$I_{\ln}(1)$可以用下述方法确定：先按式（13.4.35）计算的精确值 $I_{\ln}(h_s/h)$，从式（13.4.34）计算不同 $\overline{\omega}_s/\omega_r$ 值时 $\omega\overline{p}(\hat{y},\frac{\overline{\omega}_s}{\omega_r})$，然后用近似公式（13.4.36）计算此函数。对比这两组结果，即得图 13.4.27 所示的 $I_{\ln}(1)$。

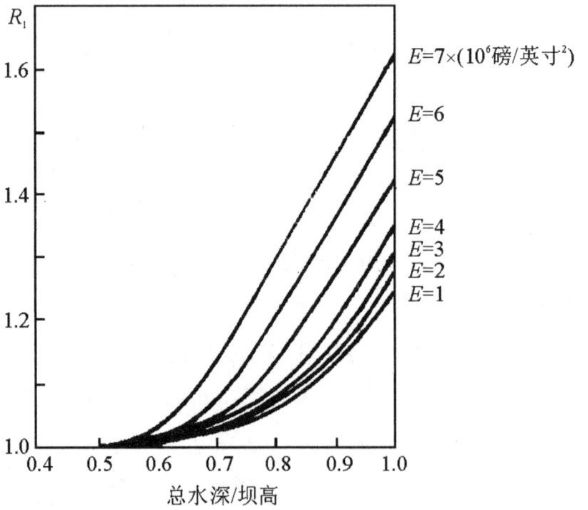

图 13.4.26　混凝土坝满库基本自振周期

R_1=满库自振周期 $\overline{T}_s$/空库自振周期 T_s

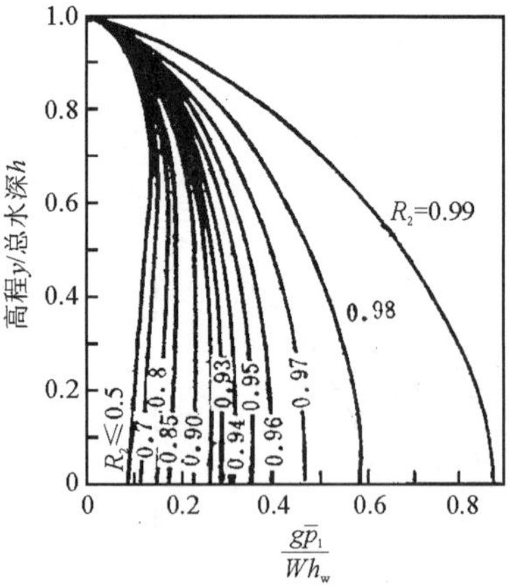

图 13.4.27　函数 $\hat{I}_{\ln}(1)$

$R_2=\frac{4h_w}{\overline{T}_s C}$

(5) 简化分析法的计算步骤。

第一，计算空库坝体基本自振周期：T_s=1.22$h/\sqrt{E}$，h 以 m 计，E 以 10N/cm² 计。

第二，计算包括库水影响的坝体基本自振周期 $\overline{T}_s = R_1 \cdot T_s$，$R_1$ 见图 13.4.26。

第三，根据脉冲压力基本自振周期 ω_r 和 $\overline{T}_s$，计算 $R_2 = \dfrac{4h_w}{\overline{T}_s C}$，这里 C=1440m/s 为水中声速。

第四，按式（13.4.34）求 $\dfrac{g\overline{p}_1(y)}{w \cdot h_w}$，它相应于 h_w/h=1。

第五，按公式（13.4.33）计算包括动水压力影响，沿坝高分布的侧向地震力 $f_s(y)$，并取 $\overline{L}/\overline{m}^*$=4 和 $\overline{p}_1(y,T_s) = (h_w/h)^2\,\overline{p}_1(y)$。

第六，无动水压力影响的侧向地震力按下式计算：

$$f_s(y) = \frac{L}{m^*} \cdot \frac{S_a(T_s,\zeta)}{g} w_s(y) \cdot \phi(y) \tag{13.4.37}$$

并取 L/m^*=3。

13.4.7.3　现行的一种设计方法

混凝土大坝的设计原则应该是：对于常发生的中等地震，反应处于弹性范围内；在非常强烈的地震下，可以容许一些局部的开裂，在经济上要易于修复，在安全上要无害于其贮水能力。

(1) 设计地震。

地震动的选择自然要考虑地区的地震活动性历史，坝址到活动断层的距离，可能的断裂长度，相似条件下记录到的地震动等因素。应该选择可以代表结构寿命内可能遇到的中等地震动和能够发生的强烈地震动。应该给定两种振动强度的水平与竖向地震动分量的时间过程，或者用人造地震波，或者用适当的现有地震动记录加以调整。对于初步设计，可以只用水平向的平滑化的反应谱。

(2) 弹性设计。

采用一个两步设计的方法：第二，在初步设计中用上述简化分析方法，第二，在动力反应校核中用电子计算机进行更详细更准确的分析。在初步设计中，拉、压应力均不得超过容许值。过去采用的常规设计方法中关于抗倾覆与抗滑移稳定的计算，在抗震的动力分析中没有什么意义，应该废除。

混凝土的拉、压强度均与加载速度有关，对于地震荷载，可以提高 50%。若只进行抗压强度试验，则抗拉强度可以取为抗压强度的 10%。

(3) 强烈地震动的设计。

在地震活动性强的地区，地震动可以很大。这时，若仍要求坝体反应处于弹性阶段，则设计将很不经济。但是，如新丰江坝或柯依纳坝所表明，它们发生明显开裂之后，仍然能继续保持贮水功能，因此，对于难得发生的强烈地震动而言，容许产生有限的开裂是合理的，只要这种裂缝不使坝体丧失贮水功能而又是经济上可以修复的。

从原则上看，重力坝的非线性分析，包括裂缝开展，是可以做到的。但是，裂缝开展的计算对混凝土材料性能的假定很敏感，还需要更可靠地确定这些材料性能。

13.4.7.4　中国台湾翡翠大坝的抗震设计

翡翠拱坝于 20 世纪 70 年代后期开始设计，由于靠近大城市台北市（见图 13.4.28），故

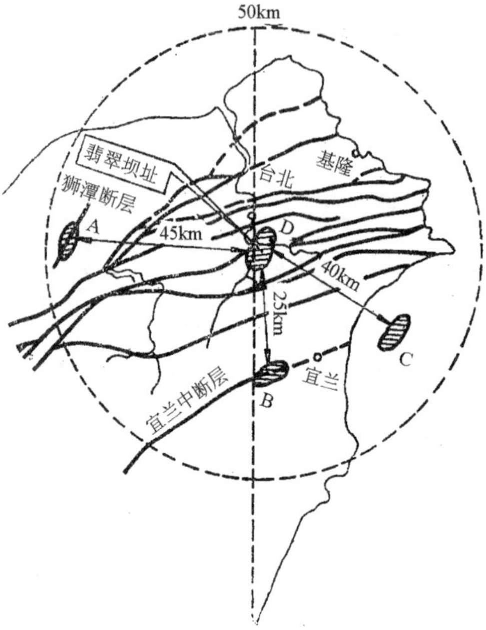

图 13.4.28　中国台湾翡翠坝附近的潜在震源

安全度要求特别高；又由于受到美国大坝抗震设计思想的影响，参照核电站抗震设计的方法，采用了如图 13.4.29 所示的确定设计地震动的原则，并规定翡翠拱坝设计中除沿用传统的静力法外，同时采用动力分析法，而动力分析结果应同时满足下述三种设计地震动的要求：第一，最大可信地震动（MCE）：在发生最大可信地震动时，允许坝体发生有限程度的损坏，但不得造成突然或无法控制之库水泄放，而且计划中若干主要设计设施应能维持运转；第二，设计依据地震动（DBE）：此地震动为在大坝经济寿命中可能发生一次的地震，取回归期为 100 年；要求在发生此地震动时，坝体虽可容许易于修复之损坏，但必须保证坝体主要设施的运转功能；第三，运行依据地震动（OBE）：取回归期为 25 年，在发生此地震动时，大坝及其一切重要设施都应保持其功能，且不容许有任何破坏。由于此坝的抗震设计原则明确，代表着今后发展的一些趋向，这里详为介绍其主要内容如下：

(1) 设计地震的确定。

根据坝址周围的历史地震与微震活动、地质及大地构造活动，在进行详细的统计分析后，采用确定性方法，确定 A，B，C，D 四个潜在震源区，如图 13.4.28 所示，以及各区的设计

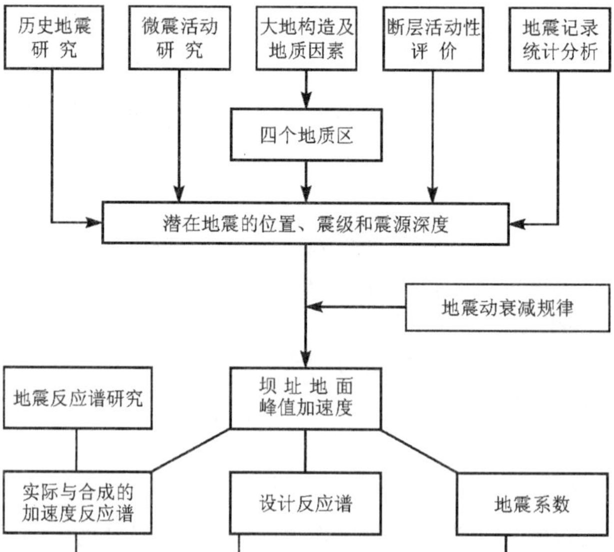

图 13.4.29　翡翠坝址地震动强度确定原则和步骤

地震、震源深度 Δ及震中距离 h，如表 13.4.4 所示。

(2) 坝址地震峰值加速度 PGA 的确定。

按照地震地质条件相似的日本与美国地区的地震动衰减规律，根据表 13.4.4 中各潜在震源区的震级、震中距与震源深度，求得表 13.4.5 中所示的坝址地震峰值加速度。由此可见，对坝区地震动起控制作用的是 C 区，并由此确定坝址地区地震峰值加速度 PGA，如表所示。竖向地震动取为水平的 0.6 倍。

表 13.4.4　翡翠坝潜在地震区的设计地震

潜在震源区		M	Δ/km	h/km
A	MCE	7.1	45	5
	DBE	7.1		
	OBE	6.5		
B	MCE	6.6	25	5
	DBE	6.6		
	OBE	6.1		
C	MCE	8.0	40	10
	DBE	7.5		
	OBE	7.3		
D	MCE	8.3	0	80
	DBE	8.0		
	OBE	7.3		

表 13.4.5　统计方法求得的翡翠坝址峰值加速度

地质区	地震动	M	Δ/km	h/km	a_1/g	a_2/g	a_3/g	a_4/g	坝址区设计/PGA	
									H 向	V 向
A	MCE	7.1	45	5	0.11	0.20	0.17	0.15		
	DBE	7.1	45	5	0.11	0.20	0.17	0.15		
	OBE	6.5	45	5	0.06	0.14	0.11	0.09		
B	MCE	6.6	25	5	0.14	0.21	0.22	0.21	0.40	0.24
	DBE	6.6	25	5	0.14	0.21	0.22	0.21	0.25	0.15
	OBE	6.4	25	5	0.11	0.19	0.20	0.17	0.20	0.12
C	MCE	8.0	40	10	0.38	0.29	0.28	0.37		
	DBE	7.5	40	10	0.21	0.26	0.22	0.24		
	OBE	7.3	40	10	0.16	0.24	0.20	0.20		
D	MCE	8.3	0	80	0.17	—	0.15	0.16		
	DBE	8.0	0	80	0.12	—	0.14	0.13		
	OBE	7.3	0	80	0.05	—	0.09	0.07		

注：a_1 为金井清地震衰减规律的结果；a_2 为冈本舜三规律的结果； a_3 为施纳贝尔・希德规律的结果； a_4 为茅声焘台湾公式的结果。

(3) 准静力法中地震系数的选定。

在进行翡翠拱坝动力分析时，不论用反应谱法或加速度时程法，上面求得的坝址地震峰值加速度 PGA 可直接用来确定反应谱与加速度时程。在进行准静力法分析时，不宜直接采用 PGA 进行分析，而应予以折减，原因有三：第一，实际阻尼远大于计算中采用的阻尼；第二，坝基尺寸较大，坝基的总体运动为在坝基范围内自由场运动的平均值，故坝基的 PGA 小于自由场各点的 PGA；第三，由于坝基高程不同，坝基各点也会存在相位差，平均加速度亦应折减。为此，翡翠拱坝准静力法分析中取坝基的设计加速度为 PGA 之半。

另外，根据 1978 年日本大坝协会新订的大坝设计规定，只采用一种设计地震，即百年一遇者。同时，此基准规定坝体的地震系数为坝基地震动的两倍。为此，确定在准静力分析中，翡翠拱坝坝基与坝体的地震系数分别为 0.13 和 0.25。

(4) 准静力分析法。

坝体的加速度反应取为坝基处的两倍，即坝体的惯性力的 $F=0.2W$，W 为坝重，动水压力用韦斯特加德的刚性坝与不可压缩水的假定，对竖直面取为 $p_{\mathrm{w}}=\frac{7}{8}\times 0.2\rho gh(h-y)$；对倾斜面则用赞格公式。

(5) 动力分析法。

①反应谱法：按常规的反应谱法求各振型反应的最大值，然后用平方和开平方法求各内力振型组合后的反应最大值。

②加速度时程法：根据反应谱与坝址地质条件选用或制造一个地震动记录，然后进行数值计算。计算时用韦斯特加德法求得的动水压力转化为附加质量进行动力反应分析。

(6) 设计准则。

①混凝土容许压应力：正常荷载 0.25 f_{c}'；地震荷载：在动力分析法中，0.33 f_{c}'（OBE），0.5 f_{c}' (DBE)，f_{c}' (MCE)；在准静力法中，1.3×0.25 f_{c}' (DBE)，f_{c}' 为混凝土 365 天抗压强度。

②基础抗剪滑安全系数：当用准静力法时取 4（正常荷载、OBE 和 DBE）和 1.33（MCE）。

③基础抗滑安全系数：当用准静力法时取 1.5（正常荷载）、1.3（OBE 和 DBE）和 1.1（MCE）。

13.4.8 核电站

13.4.8.1 核电站概况

自从 20 世纪 50 年代中叶英美先后建立核电站后，到 1983 年底国际上有 26 个国家和地区拥有核电站，运行中的商业核电站反应堆达 309 座。近几年来核电站建设约每年一二十座，法国核电比例占其全国全部电能的 50%以上，居世界首位；但在数量上以美国为最多，达 80 余座。核反应堆除提供能源、热交换器将其转换为蒸汽之外，涡轮发电机将之转变为电能，核电站与火力电站很相近。现在使用的多为压水型（PWR）或沸水型（BWR）两种，压水型通过炉内加压水中的热在外部的热交换器中产生蒸汽，沸水型则内炉直接将轻水沸腾产生蒸汽。

核电站一般包括核反应堆及其屏蔽、涡轮机房、控制室、管理室、柴油发电机、冷却塔、排气筒、废料处理房以及结构物之间的各种水管回路系统等，各部分结构迥异。核反应堆及其屏蔽包括在刚度、厚度很大的混凝土块体基础上的堆芯、屏蔽墙及安全壳，压力控制室、冷却器及各种平台；涡轮机房包括涡轮发电机及其基础、回水器、冷却器等大型机械和回水管道，管道是复杂三维柔性体系。这些大多为钢筋混凝土结构。

图 13.4.30 示一核反应堆厂房，由堆芯压力容器（RPV），内部γ射线屏蔽墙（GSW）、内部钢板壳（PCV）和混凝土屏蔽墙（SW）组成的安全壳，和外墙（W_1，W_2，W_3）以及统一的巨大混凝土整体基础（BMT）所组成，房屋顶部为钢架，外墙 W_1，W_2，W_3 之间有多层钢

筋混凝土楼板相联。主要抗侧力单元是外墙 W_1，W_2，W_3 和屏蔽墙 GSW 和 SW；堆芯压力容器和安全壳的内部钢板 PCV 虽无抗侧力作用，但必须研究它们在地震作用下的安全。在侧向振动时，这一部分的计算简图可以取如图（b）所示，图中基础简化为 F_1，F_2 和 F_3，在侧向水平方向由细刚性杆相连，变位相同，但可独立转动。

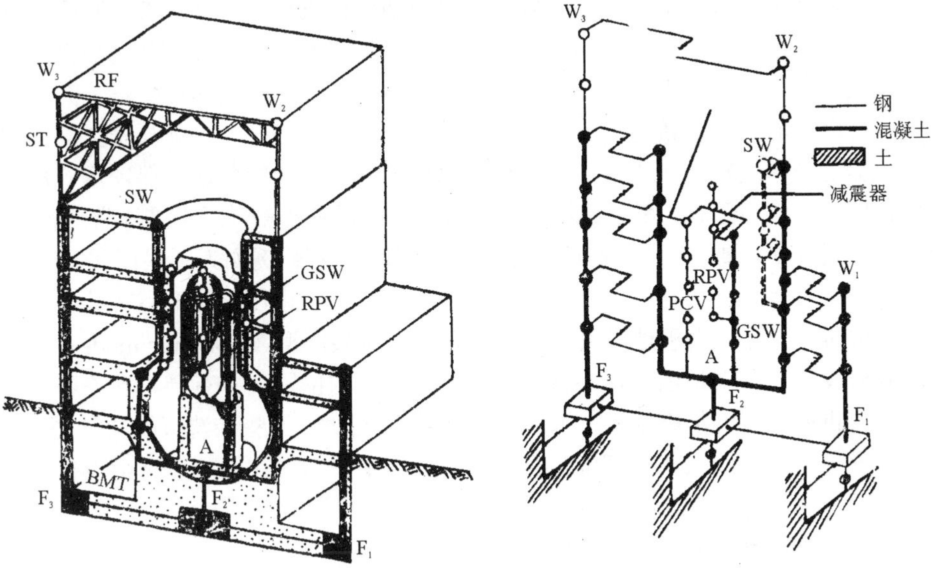

图 13.4.30 核反应堆厂房（a）及其计算模型（b）

13.4.8.2 抗震设计的基本原则和特点

核电站抗震设计的基本要求是在遇到大地震时不会对附近居民和工作人员带来放射性灾害，因而对防止放射性污染扩大化必须有严格的措施，这是核电站抗震设计的特殊要求。抗震设计既要防止结构物和管道等破裂而产生放射性物质扩散，又要保证核扩散防止措施的正常功能（如冷却水的供应）与核扩散紧急防止措施的运转功能（安全停堆）。

由于核电站事故的巨大危害性，所以规划设计阶段就要求采取周密的安全措施。为此，首先要考虑各种可能发生的事故，并采取明确的保护措施。在抗震设计上，核电站要求在一般情况下不停止生产，在极特殊的情况下也不产生核扩散事故；前者称为安全运行或运行依据地震 OBE，后者称为安全停堆地震 SSE（见第 13.4.6 节）。

与一般房屋相比，核电站的抗震经验与要求颇有不同：

第一，核电站结构物缺乏抗震经验。由于核电站事故后果的严重性，所以其设计要求有更高的安全度，安全度表现在地震动的选择（如 OBE 与 SSE 的强度和频谱与持时特性）、分析方法的精度、设计规定（如不得产生过大的非弹性变形，考虑概率极小的荷载组合），以及质量保证（要求安全试验）。但是，核电站抗震并没有震害经验，而且短期内也不会有这些经验，因为核电站的设计所考虑的是近千年一遇的强地震，它与其他事故的组合发生的概率更要小得多，都不是在几十年内可以积累到足够现场经验的。因此，现有核电站没有出现地震事故并不能作为抗震设计是安全的证明，不能以此认为现在核电站设计的安全度是适当的，是在各部分各步骤之间平衡的，而不是过于保守的。因此，核电站设计安全度是否恰当的论证，需要有一个不同于一般房屋的方法，这个特殊的方法看来在于更多地依靠试验。过去，核电站抗震设计已经强调对设计制造成的各结构构件和联结、重要仪器设备的支承联结，以及重要机电设备和仪器，都要进行设计规定荷载的试验鉴定；今后的趋势是要加强这种试验鉴定。

第二，核电站既要保证结构安全，又要保证其中的机电设备和仪器的安全。一般房屋在强烈地震时，若能不倒塌、不伤人，可以认为是成功的抗震设计，而不考虑其中的机电设备是否能安全运转；但是，对于核电站，不能只限于对房屋的这种要求，凡是与核扩散危险有关的核电站结构物，都要求不出现非弹性变形，或只出现轻微的非弹性变形，并且还要能保证与结构物有联结的机电设备与仪器的安全运转（在 OBE 下），或保证与安全停堆措施有关的设备与仪器的安全运转（在 SSE 下）。这种对仪器设备运转的要求是保证反应堆正常运转或安全停止所必须的，否则将引起或不能防止放射性物质的扩散，后果是异常严重的。因此，在核电站抗震设计中，要求对结构物与仪器的安全都要重视。例如为了保证在发生 SSE 时能够安全停堆，常常有几项并行的措施来达到这一目的，以防止在强烈地震时某一项措施发生故障而不能停堆。但是，由于地震所造成的灾害常常是共同型（Common mode）的，即各项破坏可能同时发生，特别是当停堆装置都安装于同一结构位置上并有同一支承条件时（例如多个柴油发电机放在同一基础底板上），当此结构振动过大，这些装置可能同时失效，为此应将多项防灾紧急措施分装在不同部位甚至不同结构物中，以便在强地震时至少有一项可以工作。

13.4.8.3　地震荷载与设计

美国、加拿大、欧洲等国均采用第 13.4.6 节所述的运行依据地震 OBE 与安全停止地震 SSE 两级，根据具体场址及其周围地震活动情况确定相应于 OBE 与 SSE 的地震动加速度最大值，通常 OBE 的加速度不得小于 SSE 的一半。

美国及其他国家在核电站设计中都采用固定形状的反应谱，反应谱的绝对数值与设计地震动加速度成比例。豪斯纳 1959 年根据四个地震记录（1940 年埃尔森特罗，1934 年埃尔森特罗，1949 年奥林匹亚，1952 年塔夫脱）得到的平均光滑反应谱，后来被 1963 年美国原子能委员会的 TID 7024 所采用，并推荐采用与有代表性的地震动记录相近的最大加速度。这一规定一直沿用到 1969 年。这时，纽马克和霍尔主要根据 1940 年埃尔森特罗记录得到的平滑反应谱，并建议 SSE 加速度不得小于 $0.1g$，竖向反应谱为水平谱的 2/3。1972 年蔡念虔等对纽马克和霍尔谱又作了修正，后来亦为核电站所采用。在这一时期美国设计的核电站，SSE 加速度大多为 $0.1\text{~}0.25g$，只有圣奥诺费核电站高达 $0.5g$ 和 $0.67g$；西班牙、瑞士、印度这时设计的核电站也是这样；而我国台湾则由于地震活动性较高，采用了 $0.3g$ 和 $0.4g$；日本则统一采用 $0.48g$ 为最大地震加速度值。1973 年，纽马克和布卢姆分别统计了更多地震动记录之后，提出了纽马克·布卢姆·卡珀反应谱，同年为美国原子能委员会规程指南 1.60 所采用，适用于基岩和硬土场地，并取竖向反应谱同水平反应谱，一直沿用至今。图 13.4.31 绘出了这四种反应谱。对比这些谱，可以看出美国的核电站设计日趋保守，在反应谱上也表现为从平均反应谱变为包线反应谱。从图可见，1963 年 TID 7024 采用的豪斯纳反应谱，阻尼比 $\zeta=0.02$ 的反应谱在 0.25s 处放大倍数为 2.3，在 0.04s 处收敛于 1.0；几年之后，1969 年纽马克和霍尔的反应谱中，在 0.15～0.25s 处放大倍数提高到 4.3；蔡念虔等修正后的谱略有降低，放大倍数从 4.3 下降为 3.5；可是到 1973 年的规程指南 1.60 中又提到 4.0 左右，结果约为 TID 7024 的两倍。

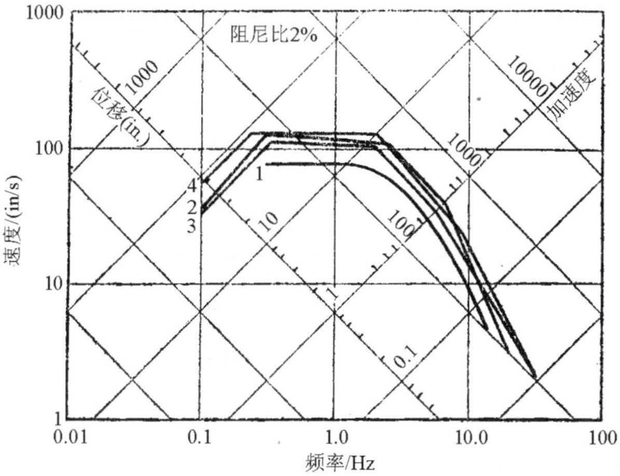

图 13.4.31 美国核电站设计谱的沿革

1. 豪斯纳 TID-7024(1959)；2. 纽马克-霍尔(1969)；
3. 改进的纽马克-霍尔谱(1972)；4. 纽马克-布鲁姆-卡珀(1973)
1in=2.54cm

美国规定，对于复杂的结构物，可以采用地震动时间过程输入，进行直接动力反应分析。为此，需要从规定的地震动加速度和反应谱，估计地震动过程。早期常采用 1940 年埃尔森特罗记录，调整其加速度值；到 20 世纪 70 年代则常同时采用人造地震波，使之满足给定的加速度与反应谱，方法参见第 6.6 节。

美国规定，在 OBE 地震动作用下，电站各部分应能照常运转，安全发电，这不但要求各种结构物完好无损，而且要求各项重要机器和设备均能正常运转，如反应堆冷却水系统为了保证正常供水，必须保证水泵正常运转，这时，要求结构的各部分容许应力都不得超过弹性极限的 0.5 左右；在 SSE 地震动作用下，则不但要求各种结构物不得产生重大损坏而造成核辐射泄漏事故，而且停堆的应急措施必须能正常工作，以保证安全停堆，这时，要求各部分的应力一般不超过屈服极限，万一超过，则其延性要能确保关键结构无重大破坏，并使变形不过大而影响关键应急设备的运转，以达到安全停堆。

日本核电站的抗震设计规定按设计对象的重要程度采取不同的地震动要求。他们将结构物按重要性分为四类，如表 13.4.6 所示，表中 k_0 为建筑基准法中所规定的设计地震系数；S_1 为设计用地震动，即 $3k_0$，相当于美国的 OBE，用于 A_s 和 A 类结构抗震设计；S_2 为 S_1 的 1.5 倍，仅用于 A_s 类结构物的安全校核。设计均按建筑基准法规定的容许应力值。由此表可见，对于重要性高的 A_s 类、A 类结构的主要振动方向（水平向），要求进行动力分析。在动力分析中，常采用埃尔森特罗和塔夫脱记录的时程曲线 $a(t)$ 的形状，加速度值则按比例调整到表 13.4.7 中所规定的 $3k_0(S_1)$ 或 $4.5k_0(S_2)$。

受美国影响，日本也有单独根据场地具体情况确定基岩上的 S_1 和 S_2 地震动的趋向，S_1 是场地预期的适当地震动，是考虑历史震级和震中位置而决定的最强地震；S_2 则为可能的上限地震，是历史上该地区尚未发生的假想强地震；并且有用最大地震动速度来代表加速度规定 S_1 和 S_2 的大小的趋向。

13.4.8.4 核电站抗震设计的发展趋向

核电站抗震设计的发展趋向有三。第一，要求对核电站安全度有一合理估计，使核电站的设计既安全又合理；第二，现有设计规定，一般来说过于保守，应使之符合实际情况；第三，要加强设计的鉴定试验。

表 13.4.6　核电站结构重要性分类设计要求

类别	重要性	结构举例	荷载组合	地震荷载（静力与动力）之间较大者		
				方向	静力	动　力
A_s	A 类中安全上特别重要者	安全壳，停堆装置	常用荷载＋事故荷载＋地震荷载(安全校核时不用事故荷载)	水平	$3k_0$	S_1;S_2(用于安全校核)
				竖向	$1.5k_0$	—
A	其机能丧失会引起反应堆事故者或防止反应堆事故时核辐射扩散所必须者	反应堆结构、管理室，控制室	常用荷载＋事故荷载＋地震荷载	水平	$3k_0$	S_1
				竖向	$1.5k_0$	—
B	与核辐射有关而不属于 A 类者	涡轮机房、废料处理房	常用荷载＋地震荷载	水平	$1.5k_0$	—
C	不属于上述类别者	一般房屋与结构物	常用荷载＋地震荷载	水平	k_0	—

作为第一个趋向的例子是抗震安全余量研究计划（SSMRP）。此计划由美国核管理委员会（NRC）资助，劳伦斯·利弗莫尔国家实验室（LLNL 或 LLL）负责，在许多地震工程与核工业专家的参与下，从 1978 年开始了一个五年研究计划；其目的在于建立核电站抗震安全评价的合理要求，以地震概率估计方法为基础，从地震输入的定义开始到放射性物质扩散的概率估计等一整套设计方法。它包括下述三个主要内容：地震危险性的定义、电站反应（包括土结相互作用，主要结构反应和子结构与系统反应）和破坏的估计（包括各构件各设备的易损性定义，以及各部分之间的相互关系）。整个研究计划预计分为三个阶段，第 I 阶段已于 1981 年 1 月完成，目的在于建立一个概率计算步骤来核算已有电站的安全度余量；第 II 阶段是应用此法核算全国一些有代表性电站的安全度余量，并研究各种不确定性对安全度的影响，从而确定应该重点研究的内容，可以简化或需要精化的问题；第III阶段是从而建立一个估计安全度余量的方法和合理的建议。初步结果是，堆芯溶化和放射性物质扩散的主要危险在于安全壳结构与辅助结构物之间的相对运动和地基破坏引起的管道破坏和水泵破坏引起的紧急失电。

作为第二个趋向的例子是标准审查计划（SRP）的修订意见。这一研究简称为 TAP A-40，也是由美国核管理委员会资助、由 LLL 负责并有许多专家参与的研究计划，其目的在于弄清楚现行核电站抗震设计准则的保守性并作出定量分析，再提出下一次标准审查计划修订的建议。此计划共分十项内容，即：①抗震保守性的定量；②弹塑性抗震分析；③场地相关反应谱；④余震（后取消）；⑤ I 类结构非线性结构动力分析方法；⑥土结相互作用；⑦震源模型；⑧地震动分析和近场数据；⑨地震能量衰减函数；⑩审查和执行。此计划分两阶段完成，第 I 阶段是工程结构反应，包括上述 10 项中的①、②、③、⑤、⑥，已提出初步意见；第 II 阶段是地震动的地震特性，包括⑦、⑧、⑨三项。已有结果的主要建议如下：第一，管理导则 RG1.60 中规定的 1973 年纽马克·布卢姆·卡珀反应谱应该用纽马克·霍尔后来提出的反应谱代替，并作用于自由地表面；前者是平均谱，与地震地质条件无关，仅由地震动最大加速度决定其大小；后者是场地相关谱，与场地的地震地质条件有关，由场地地震动的最大加速度、速度和位移三者共同决定（见第 7.9 节）；第二，竖向地震动改为水平地震动的 2/3 以代替 1；第三，当采用地震动时程时，若只有一条时程曲线，它必须包络反应谱的平均加 1 倍离散值（MSD），若采用 5 条人工合成曲线或 7 条记录以上，则只要求其平均包络；第四，在土结相互作用分析中，要考虑土壤弹性模量估计的不确定性，分别考虑估计值、其两倍及其一半等三种情况进行分析，然后取其反应的 MSD；第五，对于埋置结构，必须考虑突变性不均匀位移以及液化、滑坡和侧向移动引起的地基破坏；第六，对于竖向塔状结构，必须考虑至少两个水平振型和一个竖向振型的组合；第七，在计算总反应时必须考虑高振型影响，并对相邻很近的振型采用完全二次式求和的组合方法；第八，将结构物分为 I_s、Ⅰ、Ⅱ、Ⅲ 等四类，分别容许不同的延性系数要求；第九，采用略大的阻尼比值，如表 13.4.7；第十，容许用直接方法求楼板反应谱，鼓励采用概率方法求楼板反应谱，相应于 0.84 不超越概率，而不须加宽谱峰；第十一，对于疲劳估计，可以只用两个 OBE 而不用 5 个；第十二，鼓励采用现场试验方法来求得重要设备和构件的设计安全度。

加强对设计制造出来的构件、设备与仪器抗震安全度的鉴定试验，是因为核电站缺乏强震经验。为了提高分析计算的可靠性，必须强调在现场对所采用的重要设备、构件、仪器按照设计条件进行破坏试验。在现有试验设备条件下，不少构件、联接和仪器是可以进行原型试验的；而对一些大型设备，现在则只能进行模型试验和理论分析来进行鉴定。

表 13.4.7　阻尼比（%）的改变（当应力接近屈服极限时，SSE）

材　　料	原规定 RG 1.61	建　议　值
钢筋混凝土	7	7~10
预应力钢筋混凝土	5	5~7
焊接结构	4	5~7
螺栓和铆接结构	7	10~15
管道	2 或 3	2~3

13.4.9　海洋平台

13.4.9.1　概况

由于对石油日益增长的需要，近几十年来，石油工业，特别是近海石油工业发展迅速，到 1982 年底，国际上已有近万个固定式近海平台，近海石油开发已形成一种重要的能源工业。如第 2.3 节所述，近海地区常属地震活动性强烈的大陆板块边缘，如我国的南海与东海地区即是。因此，海洋固定式平台的抗震问题已受到地震工程界的普遍重视。

固定式海洋平台有多种结构形式，用得最多的是桩基、三维钢桁架式结构，如图 13.4.32（a）所示，构件一般为中空的管状构件；另一种是混凝土重力式结构，一般包括几根圆筒斜柱，支承于大型内空的钢筋混凝土基础上，基础质量和刚度都很大，如图 13.4.33（a）所示，它直接放在海底，依靠重力来保证在侧力作用下的稳定，这两种结构的顶部都是一个钢结构的工作平台，平台上支承各种塔架。这两种平台的计算简化模型分别如图 13.4.32（b）和 13.4.33（b）所示。

13.4.9.2　基本设计原则

海洋平台的抗震设计一直采用较先进的设计原则，它要求在地震动的规定、结构抗震能力的考虑方面，都能采用较成熟的先进概念。现在，近海平台的设计原则是要求平台结构与基础均能安全地经受两级地震动：较低的称为设计地震，要求结构与基础在经受此地震时无显著结构损坏；较高的称为稀有强震，要求结构与基础在此地震动下无生命损失或严重的环境污染，容许结构与基础共同体系有一些损坏，但不倒塌。这一基本设计原则是与重要工程现代设计原则一致的。

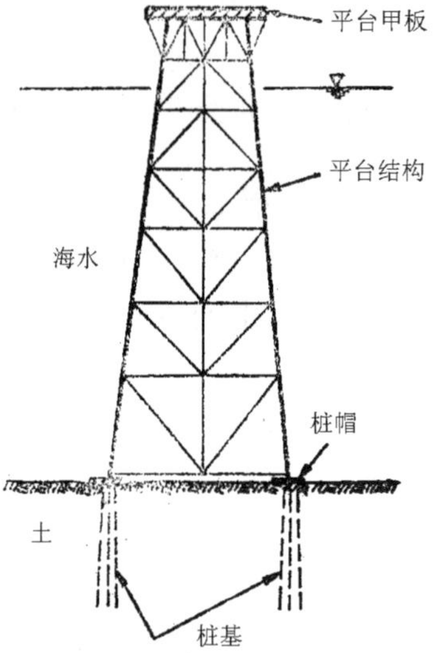

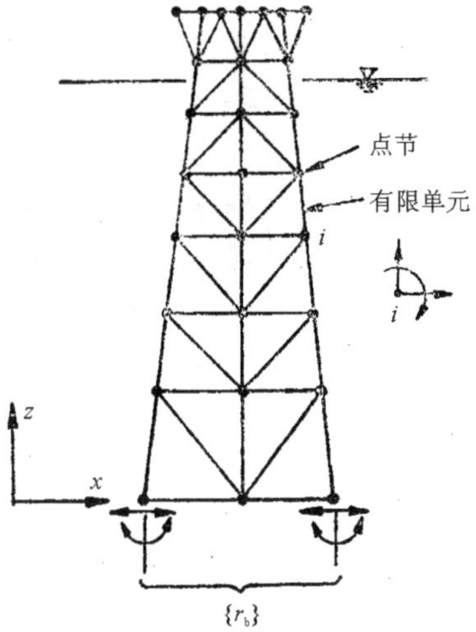

图 13.4.32(a) 钢桁架式平台　　图 13.4.32(b) 桁架式平台计算简图

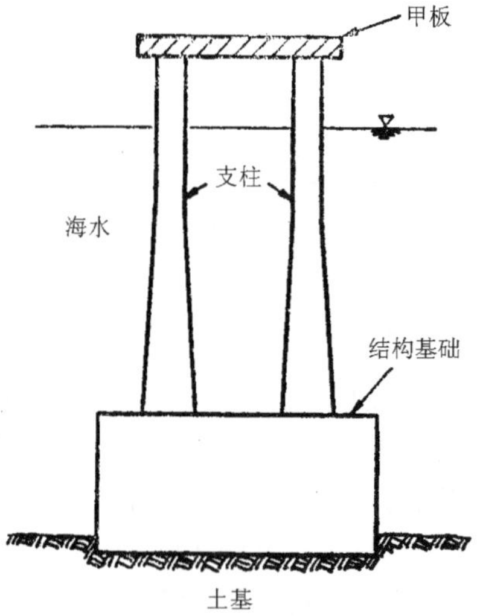

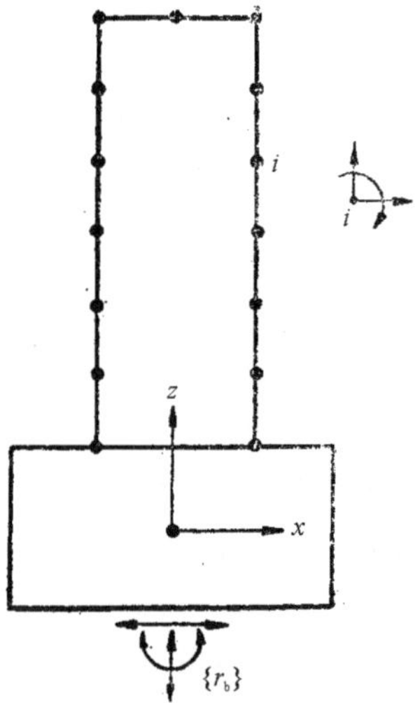

图 13.4.33(a) 重力式平台　　图 13.4.33(b) 重力式平台计算简图

平台的当前主要抗震设计规范都采用了上述基本设计原则，如适用于桩基钢桁架结构的美国石油协会 API-RP2A 规范，以及适用于重力式平台的美国混凝土协会 ACI-357 规范。

平台的抗震设计包括下述几个主要步骤：

(1) 地震活动性研究；

(2) 场地反应研究；

(3) 设计准则的选择；

迭代

(4) 动力分析；

(5) 应力分析；

(6) 破坏形式的估计；

(7) 延性要求的校核；

(8) 细部抗震设计。

第(4)到(8)步一般要经过几次迭代来完成。

在地震动方面，一般要求针对具体场地进行分析，按照这些具体条件估计地震动强度和其他特性。场地的具体条件包括对场地有影响的发震断层、断层类型、最大震级、地震发生率、断层至场地的距离、地震动衰减关系和场地土壤条件（见 API-RP2A 第 2.3.6 节）。但在缺乏数据时，也容许按一般情况进行强度设计。一般情况是从建筑抗震设计经验沿用的，即按照地震分区确定有效加速度值，并按场地土壤条件确定反应谱。若采用直接动力法，则可按所得加速度值与反应谱人工合成加速度时程曲线。分析中，要求考虑两个水平向和一个竖向振动分量三者同时作用，三者的比值可取为 1∶2/3∶1/2（API，1982）。

13.4.9.3　桩基钢桁架平台结构的设计

桩基桁架平台结构的抗震设计一般采用美国石油协会规范 API-RP2A。设计的基本原则是要求结构有多道力传递途径，从而形成多道抗震防线，一旦个别构件出现塑性变形，仍能保证破坏具有逐渐发展的性质，而不是突然的脆性破坏。结构总体与细部设计都要以此为目的。

(1) 动力分析。

平台结构的地震动力反应分析可以采用反应谱或直接动力法。这时考虑的是设计地震，要求结构无显著破坏，所以结构和基础可以认为是弹性的，假设阻尼小于 5％。

在采用反应谱法时若缺乏场地土层的具体资料，也可以采用图 13.4.34 中所示的反应谱，这些反应谱是因场地土壤条件而异的，均相应于地震动加速度为 0.1g。若场地土壤为软粘土、松砂或粉土时，应特别研究其反应谱，不得按此采用。按场地具体条件或地震区划确定场地自由地表的加速度值之后，将此值乘以图中的反应谱即得场地反应谱，然后按常规方法求各振型反应的最大值，再按平方和开平方法求总体反应的最大值。振型组合时，要同时考虑三个相互垂直地震动分量引起的反应，每一分量至少要有两个主要振型，还要考

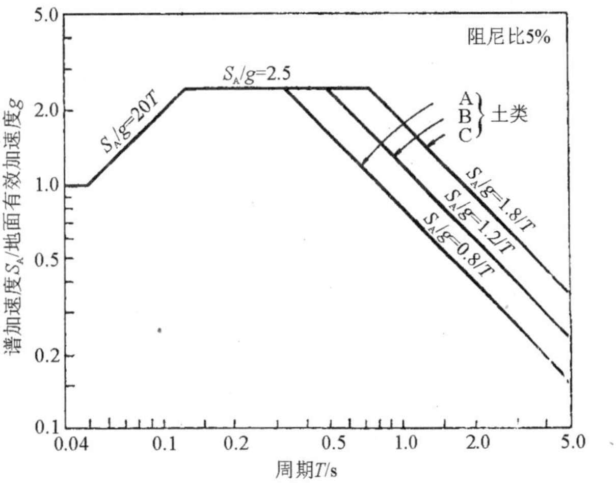

图 13.4.34　海洋平台结构反应谱

S_A=谱加速度；$S_V=\frac{T}{2\pi}\cdot S_A$=谱速度；$S_D=\left(\frac{T}{2\pi}\right)^2\cdot S_A$=谱位移；

A. 岩石——结晶岩、砾岩，或剪切波速大于 914m/s 的类岩石材料；

B. 薄的硬沉积层——剪切强度大于 72kPa、至下卧类岩石材料的厚度小于 61m 的密实的砂、粉土和硬粘土；

C. 厚的硬沉积层——至下卧类岩石材料的厚度大于 61m 的密实的砂、粉土和硬粘土

虑显著的扭转振型。和时程分析的直接动力法相比，此法的优点是简单迅速。

在采用时程分析法时，需要先求得地震动加速度时程 $a(t)$。时程 $a(t)$是根据反应谱和地震动加速度有效值确定的，按 API 规范规定，要求所选用的三分量的时程 $a(t)$不得少于三组，以考虑地震动不确定性的影响。反应最大值可取为几个过程 $a(t)$的反应最大值的平均。计算时常用振型分解，求各振型反应的时程变化 $u_j(t)$，然后按时间将各振型反应叠加以求得总反应 $u(t)=\sum_j u_j(t)$。此法的优点是不需要采用振型组合的假定，而且还可以知道反应的全过程，而不仅是其近似的最大值；其缺点是复杂而费时，从反应谱推算地震动过程 $a(t)$有一定的不确定性。

不论采用什么方法，都要注意以下几点：第一，上述 API 规范规定的地震动都是指海底自由地表的地震动，即该场地不存在平台结构时的地震动。这一点与美国核电站地震动的规定颇为相似，区别仅在于在核电站中规定的是自由地表下核电站基础底部的地震动。由于核电站与海洋平台均属大型结构，又均属重要工程结构，在土壤地基上，均应考虑土结相互作用，考虑的方法见第 7.11 节和 8.6 节。第二，对于软弱地基，规范规定其地震动要经过特殊研究来确定。可行的方法是，取具体场地下基岩的自由表面地震动如规范中所规定，然后用第 8.4 节所述方法研究地基的地震动，或直接研究地基与结构共同体系的地震反应。第三，假若地基不是基岩，土壤参数的选择要考虑与土体应变大小相适应。地基系数的大小对平台地震反应影响很大。

(2)延性校核。

API 规范规定，在稀有强震下要保证平台结构不倒塌，要求结构有足够的延性，至少能吸收四倍于设计地震时土结共同体系的最大应变的能量而不倒塌。在 1982 年的 API RP2A 说明中，列举了等效静力法、初始动能法、线加速度法以及非线性时域动力法等几种方法，用以估计平台结构的延性系数。不论采用哪一种方法，都要注意以下几点：第一，在估计设计地震和稀少强震时结构所吸收的能量中，地基与结构共同作用模型要一致。第二，最好用三维分析，若用三维分析，则应适当考虑扭转和另一水平方向的振动影响。第三，要考虑地基结构共同体系弹性与非弹性变形的 P-Δ效应和浮力与静水压力的影响。第四，钢管构件与地基土壤的合理非弹性模型应包括：反复循环荷载对刚度与强度的影响，由于塑性和失稳而产生的承载力的退化，轴向与弯曲承载力之间的相互作用。第五，合理模拟对主支撑系统延性有重要影响的附属支撑系统的非弹性。

(3) 细部设计。

构件的细部设计是结构抗震设计中的最重要问题之一，对平台结构亦不例外。总体抗震设计的目的在于控制结构破坏模式，保证在稀少强震下有良好非弹性变形性能。在平台结构的抗震设计中也有如下几点是与一般结构抗震设计相同的；第一，细部设计中要使破坏从构件中开始而不是从节点开始。第二，使破坏开始于对角支撑而不是开始于结构竖柱或桩。第三，在结构构架中要有适当的赘余体系，特别是在单个构件破坏后另外还有承受荷载的途径。API 规范根据钢管构件的用途规定了管件的直径 D 与壁厚 t 的不同比值 D/t。在需要通过显著的非线性变形来保持其承载能力的管道和桩时，这些构件通常要满足 $D/t\leqslant 36$ 的要求，因为其 D/t 过大，在应力超过屈服极限后只能有中等变形。

节点的设计要使节点强度高于与之连接的构件的屈服强度或失稳强度，使节点不致比构件更早破坏，使结构的总体延性得以充分发挥作用。

13.4.9.4　混凝土重力式平台结构设计

地震时，混凝土重力式平台的反应与桩基钢桁架平台的反应很不相同，虽然两者抗震设计的基本原则一样（还是要按两级地震设计，在设计地震时无明显破坏，在稀少强震下不倒塌），但是平台的动力性能、计算模型和分析方法则很不相同。

重力式平台有一个很宏大的沉箱或基础。以 200m 高的平台为例，沉箱基础底面积可达 1 万 m^2 以上，混凝土重量可达 3 万 t 以上。沉箱刚性极大，沉箱内部充水，也可以作蓄油库，钢管构件内部也是充水的；另外，水结共同作用可以用附加质量处理。这些内部贮液重量可达整个平台系统重量的一半以上。这样巨大的质量而且集中于下部，对结构计算模型有很大影响，还影响到二维模型的有效性。

由于海洋平台的抗震设计不少是以核电站抗震设计为参考的，所以将这两类主要结构的特性作一对比是有意义的。首先，和核电站相比，地基刚度有很大差别。对于同一地基土壤而言，刚性基础的平移刚度与基础半径成比例，而摇摆和扭转刚度则与半径的立方成比例。设平台基础半径为核电站反应堆房屋基础半径的 2～4 倍，则平台地基刚度将远大于电站基础，摇摆刚度则更大。另外，平台结构自振周期可达 2～3s，比电站大得多；核电站反应堆房屋在地下埋置很深，而重力平台基础则基本上是搁置于海底的。

由于重力平台的自振周期较长，前几个振型周期可能超过 1s，故平台地震动的选择要特别注意到长周期部分，所选用的地震动当然应该与场地土壤条件有关。现行规范是按场地加速度大小来调整反应谱大小的。一般认为，加速度主要反映地震动中的高频部分（0.1～0.5s），而速度则是反映中频部分（0.7～2.0s）的，因此应该估计场地地震动速度的有效值，然后按速度来调整反应谱。假若平台自振周期更长，如 5～6s，则应按地震动位移调整反应谱。由于速度随距离衰减比加速度慢，位移衰减又比速度慢，所以按速度调整的反应谱将大于按加速度调整的，而按位移调整的又大于按速度调整的，特别是在长周期部分。

重力式平台结构抗震设计的困难之一在于动力分析。如前所述，土结相互作用对重力平台地震动反应极为重要，地震时基础下土壤非线性很强，基础下的土壤参数又依赖于频率，从而使得土结相互作用参数既是非线性的，又是频率依赖的（见第 7.11.1 节），再加上巨大基础产生的三维影响，使得动力分析极为复杂。其他结构行之有效的两个方法，直接动力法和叠加法，用于重力平台都存在问题。

重力平台土结相互作用中用过的直接动力法是二维的等效线性化法，如图 13.4.35，步骤和第 7.11 节中所述相似，给定的地震动是海底自由地表的。这一方法在土壤非线性不强时是可行的，结果良好，但是重力平台基础下的土壤常呈强非线性，现行方法存在不少重要缺点。例如，土壤非线性性能只认为与变形大小有关，而不考虑荷载历史；土壤性能是按该应变大小处 5 个循环下的性能确定的，与强震时的循环次数不符；更重要的是此法并未考虑与真实土壤非线性相关的积累破坏，也未考虑在强震动持续时间内的刚度强度退化性能。

重力平台土结相互作用中用过的另一方法是叠加法。此法将基础下土体作用用等效弹簧和阻尼器代表，由于弹簧与阻尼的特性都是频率的函数，所以用此法时都假设体系反应是线性的。此法的优点是可以考虑三维影响，即在确定弹簧与阻尼特性时，地基按三维考虑；其缺点是只能用于线性假定。

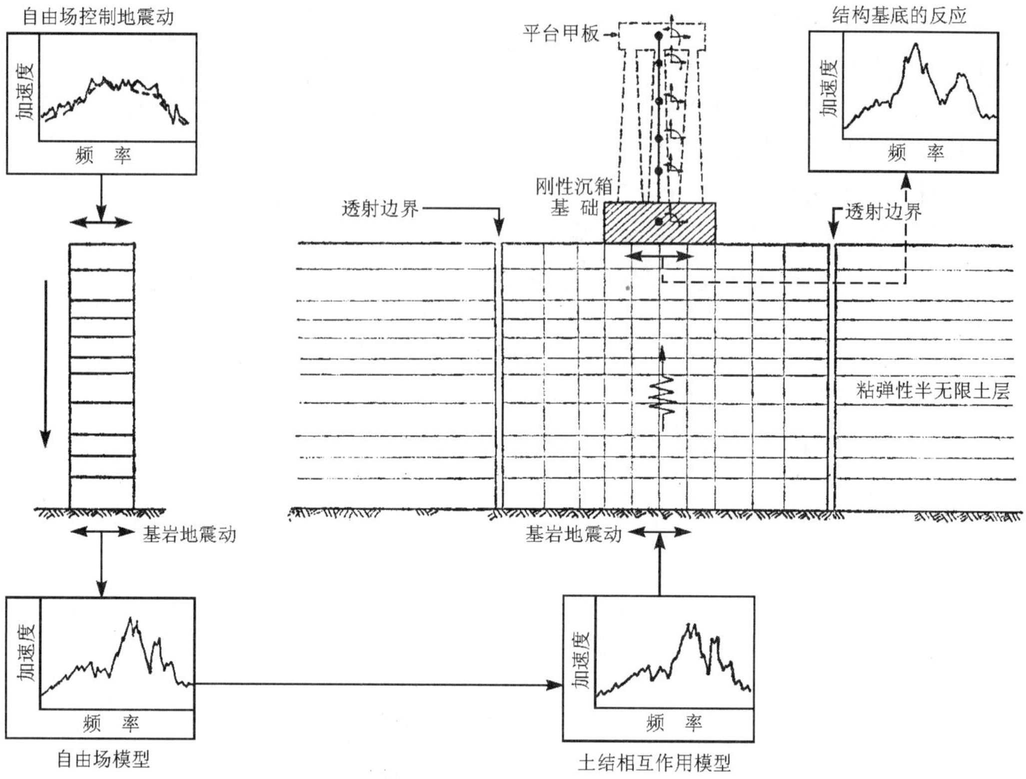

图 13.4.35　重力式平台的直接动力法

13.5 抗震构造措施

抗震措施按其包括范围的大小可以分为三大类：最广泛的抗震措施包括社会、行政、经济方向的措施，地震预报预防的措施和工程上的措施；在较狭义的范围内，工程抗震措施包括抗震规范的制订和执行，地震区划和抗震构造措施；最狭义的理解则仅指工程上的构造措施。本书属地震工程范畴，只讨论工程抗震问题。由于抗震规范与地震区划问题在其他有关章节中介绍，本书只讨论抗震构造措施。

13.5.1 抗侧力体系——竖向支撑体系

由于结构的抗震能力主要决定于其抗侧力体系，所以抗侧力体系的构造措施始终是抗震设计者重点考虑的对象。当前常见的抗侧力体系，从构造上分有：刚度较大的剪力墙、柔性较大的抗弯空间刚架、两者组合的抗震能力最强的剪力墙抗弯刚架，和刚度在两者之间的填充墙框架、刚斜撑框架和柔斜撑框架，如图 13.5.1 所示；从布置形式上分有：连层式、分散式和间断式，图 13.5.2 示出在立面上的不同分布形式。不同的构造和布置各有其特点，抗震能力大小优劣也不相同，其选用与结构物的使用条件、重要程度和所在的地震环境有密切关系。下面分别介绍几种主要体系的特性、受力状态、抗震能力及震害经验。

13.5.1.1　剪力墙

剪力墙早在 20 世纪 20 年代就被认为是有效的抗侧力体系，它特别适用于中低层房屋，其主要优点是刚度大，简便易行，可限制结构整体和局部产生过大变形，并减少非结构构件的损坏。剪力墙常常就是承重墙，同时承受常规竖向荷载和地震、风等侧向荷载，因此，可以称为结构墙，属于重要的结构构件。抗震剪力墙一般均为钢筋混凝土墙，但亦可为加筋砌体墙，其主要要求是要具有足够的抗侧力能力，在强度和延性两方面都要重视。通常认为钢筋混凝土剪力墙是良好的抗侧力构件。

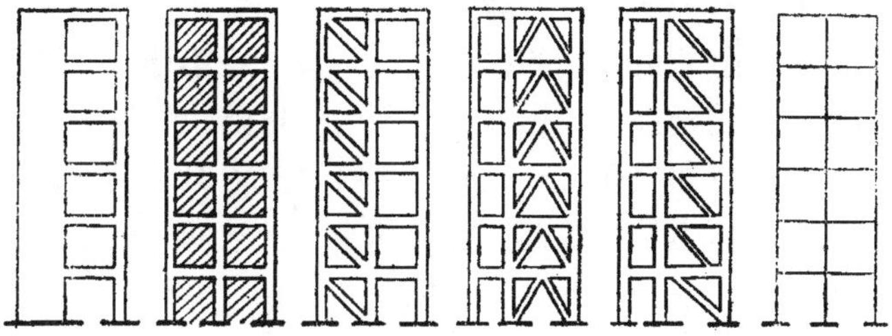

图 13.5.1　抗侧力体系构造类型

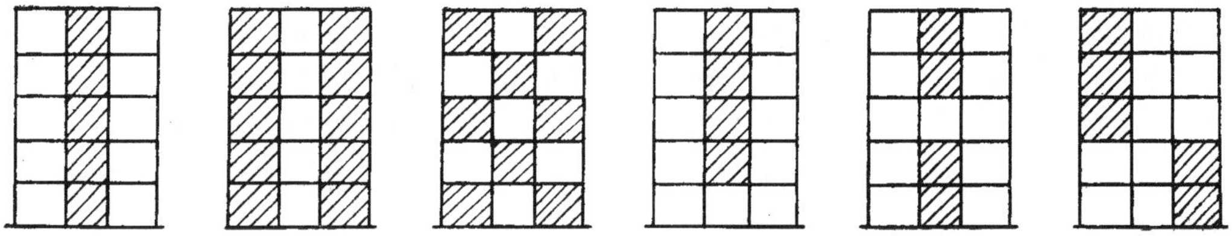

图 13.5.2　抗侧力体系(阴影部分)布置类型

(1) 剪力墙的设计原则。

剪力墙的作用是竖向伸臂梁，同时有剪、弯变形，矮时以剪切变形为主，高时以弯曲变形为主。若墙中无开孔或开孔很小，则剪切变形较小，墙的刚度与截面的惯性矩成比例，若无扭转，则在同一平面内的各墙承担的水平力与其刚度成正比。

对于剪力墙，特别是砌体墙，有些规范规定按容许应力法进行抗震设计，认为这是一种安全的设计方法，可以保证在地震动作用下不致出现脆性破坏。这其实是一种误解，因为规范中规定的设计地震荷载并不是真正的地震荷载，而是远低于实际的一种等效荷载。对于延性强、地震时允许出现一定程度损坏的结构而言，这种等效荷载可能适用，但是对于延性不大的剪力墙，按照过低的荷载设计，自然不能保证它在弹性阶段工作。另一方面，剪力墙刚性大，剪力墙结构的自振周期短，按照设计反应谱，所产生的惯性力常较大，加速度放大倍数常达 3 左右，对于像 1940 年埃尔森特罗那样的地震动，结构反应加速度可达 1.0*g* 左右。要求在这么大的作用力下剪力墙仍在弹性阶段工作，也是不经济的。

为此，剪力墙的抗震设计原则应该是，充分认识到在强烈地震动下墙的非弹性反应而进行设计，这时，必须同时重视墙的抗侧力强度和变形这两项要求。

(2) 剪力墙的抗震能力。

剪力墙的抗震能力由其强度与延性两者共同决定。设计时，要校核墙的压弯强度和延性，并要求抗剪强度略高于抗压弯强度，因为剪切破坏具有脆性性质，发生突然，危害很大。

在矩形截面墙体中，竖向钢筋若沿宽度均匀布置，当含筋量增加时，则墙体延性会降低；

弯曲配筋应更多地分布于墙端，而只将 0.25%最低容许量均匀分布于全宽度。这种配筋除有利于抗弯外，还有利于增加延性，但要注意过多竖向配筋集中于一处时引起的握裹力、锚固问题和受压筋的屈曲失稳问题。钢筋混凝土剪力墙还可以做成工字形的，工字形剪力墙的抗弯强度高，延性好。

在高宽比大于 2 的悬臂剪力墙中，压弯强度是控制因素；而在高宽比小于 1 的矮墙中，剪切强度则成为控制因素。悬臂剪力墙的抗剪强度可按一般梁计算，矮墙的抗剪强度则应特殊考虑。若要求矮墙有较好的延性，应提高其抗剪强度以防止剪切破坏，降低弯曲配筋量，强迫其出现弯曲破坏。由于弯曲破坏会产生较大裂缝，故混凝土不能抗剪，全部剪力均应由腹筋承受，水平配筋对承受剪力是有效的。竖向和水平向配筋量可相同。

在钢筋混凝土剪力墙中，沿施工缝容易出现滑动现象，因此设计时要采取措施，增加施工缝的混凝土面的粗糙程度和竖向配筋，配筋应沿宽度分布。

加筋砖剪力墙的试验表明，虽然这种墙体的强度与刚度退化明显，但是它们还是具有明显的延性。对于材料良好的悬臂式剪力墙，有下述几点结论：第一，在低于理论屈服位移时，有明显的耗能能力；第二，当延性系数μ不大于 2 时，强度与刚度退化均小，反应与钢筋混凝土剪力墙相似；第三，当$\mu \geqslant 4$后，若受压区有围封板，在剪力不大时反应亦良好；第四，在灌浆配筋砖墙中，若无围封板，则在$\mu > 2$后，退化迅速。这一结果表明，加筋砖墙若设计良好，可以有一定的延性。对于钢筋混凝土剪力墙而言，只要设计合理，适当的延性是可以保证的。

13.5.1.2　抗弯刚架

纯抗弯刚架一般用于钢结构，其构件以抗弯为主。在受侧力过程中，良好设计的抗弯刚架将因形成足够数量塑性铰的机构而产生整体或局部塑性倒塌破坏。但在设计不当或一些不理想的情况下，也可能发生早期破坏，如由于局部截面的破裂和失稳而在塑性铰出现之前即产生局部破坏，在形成机构之前原已形成塑性铰处不能产生足够的变形，个别构件或联结破坏等，这些过早的破坏大多是由局部或构件失稳与破裂所引起。施工不当、工作环境温度过低、三向受力形态或低周疲劳以及 P-Δ效应均可使延性急剧降低。

图 13.5.3 为一组在有轴向压力影响下梁柱低周循环试验的结果。梁柱为工字形截面钢梁，当试件的最大位移固定时，在循环荷载下，破坏首先表现为翼缘局部屈曲，在循环荷载继续

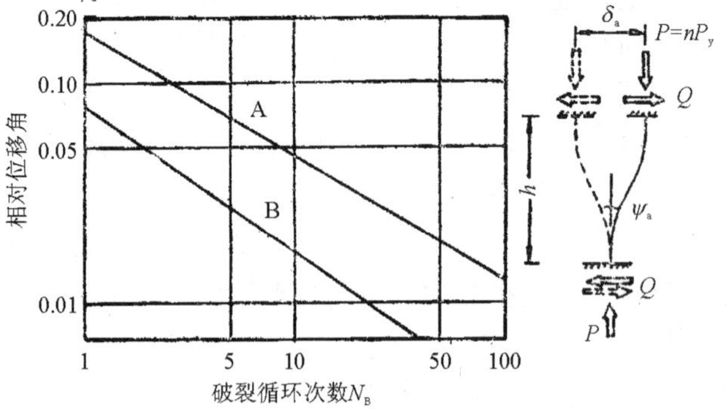

图 13.5.3　工形截面梁柱低周疲劳破坏

曲线 A：$\lg\psi_a = 1 - 0.54\lg N_B - 0.81 \quad (n = \frac{1}{3})$；　　曲线 B：$\lg\psi_a = 1 - 0.63\lg N_B - 1.13 \quad (n = \frac{1}{2})$

作用下，失稳延伸至腹板，从而导致倒塌。图中 $P_y=A\sigma_y$，A 为梁柱截面面积，σ_y 为钢材屈服强度，P 为轴向压力，$n=P/P_y$，$\psi_a=\delta_a/h$ 为柱转角，δ_a 为柱两端相对位移，h 为柱高。由此可见，当轴向压力增加时，梁柱的低周疲劳强度是下降的；局部失稳是引起低周疲劳现象的重要因素；局部的低周疲劳现象会使整个抗弯刚架出现局部破坏，从而达不到其整体破坏时的抗弯强度。

由于柱的破坏会带来局部倒塌，从而不能发挥整个抗弯刚架的抗震能力，所以提出了强柱弱梁的设计原则，即在设计上使柱有较大强度，除柱底部之外使塑性铰均出现于梁端，并在设计中使梁具有适当的塑性强度和塑性转角变形能力，即保证足够的变形而不丧失强度，使此框架可以达到在强烈地震作用下不倒塌的最终目的。

和剪力墙相比，抗弯刚架结构的刚度很小，因此整体和层间变形很大。变形来自五个方面，即：柱的弯曲与剪切变形、梁端转角与梁柱联结的变形、梁柱节点区内的变形、因柱轴向变形产生的总体变形、房屋在基础处的总体转动。对于强柱弱梁刚架而言，变形主要来自塑性铰，即梁端和柱底。

剪力墙主要依赖其大面积的总强度来抗震，抗弯刚架主要依靠其大变形来抗震，两者各有优缺点。抗弯刚架的优点是延性很大，不易倒塌；缺点是总体变形过大，容易引起非结构构件的破坏。因此，抗弯刚架常和其他抗侧力体系联合使用。

13.5.1.3　斜支撑体系

由于抗弯刚架虽有很好的抗震能力，但刚度太小而使变形很大，不能使结构物同时具有刚度和抗震能力，所以在钢结构中抗弯刚架一般常与斜支撑或重力墙体系联合使用。斜支撑体系有很多种，常用的有图 13.5.1（a）所示的 K 型支撑和 X 型支撑，其主要作用是抗侧力和加强侧向强度，而框架和剪力墙同时还承受竖向荷载。但是无论是斜支撑或剪力墙，它们主要是承担侧向剪力，由侧力引起的弯矩则由竖向构件承担。因此，对于高耸结构，水平力产生的弯矩很大，由于弯曲变形产生的侧向位移也很大，斜支撑与剪力墙加强刚度的效果就大为减少。这时，提高刚度的方法是使用斜支撑横贯整个结构，使整个结构在侧向形成一个整体，使侧力可以从左传到右，使两侧外柱成为整体弯曲的主要构件。

为了避免节点的细部设计造成困难，或避免在节点区内和柱内产生脆性或失稳破坏，有人提出了如图 13.5.1（e）所示的柔性钢斜支撑，只要注意避免梁端剪切破坏，可以设计得使塑性变形出现于梁中，而增加结构延性，也贯彻了强柱弱梁的设计意图。

13.5.1.4　框架填充墙体系

由于我国砖结构使用较多，框架填充墙体系成为使用较广的一种抗侧力体系，其优点是方便易行，只要设计适当，抗震效果良好。

框架填充墙体系是在框架平面内用砖墙或砌块墙充填而成的体系。框架的抗侧力刚度要比在该侧力方向的墙体小得多，因此为了保护墙体，不令墙体参与抗侧力作用，常采取特殊措施使墙体与框架之间有柔性连接，这时侧力完全由框架承担，填充墙的作用只是增加质量并不增加刚度或强度；另一方面，若拟增加结构的刚度和强度，常加强填充墙与框架之间的连接，并使墙体与框架均有足够的强度和延性，从而形成抗侧力的框架填充墙体系。这种抗侧力的框架填充墙体系和单独的填充墙和单独的框架相比，在刚度、强度和延性三个方面都有明显的变化。框架为填充墙提供外侧约束，这种约束作用在墙体开裂后更为重要；墙体的存在改变了框架的受力状态，特别是在墙体受压的角点部分。下面分别讨论这种抗侧力体系

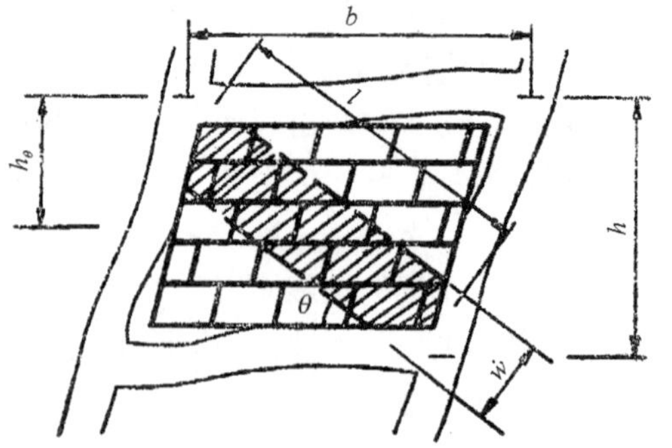

图 13.5.4　等效斜撑的填充墙

的刚度、强度、破坏形式和延性。

(1) 刚度。

在墙体处于弹性阶段时，可以按梁理论来估计墙的剪切刚度，这时应该用与此相应的剪切模量。但是在变形加大后，由于框架弯曲变形与墙体剪切变形的不协调而部分墙体与框架有脱开的趋势。对于钢筋混凝土框架，当填充墙中内力达到其极限强度的50%～70%时，即可发生这种现象。一旦达到这一情况，如图 13.5.4 所示，填充墙的作用相当于等效对角斜撑，等效宽度 w 与框架和墙的相对刚度和材料的应力-应变关系、及荷载或变形大小等因素有关。在达到填充墙极限强度的 50%左右时，可以取 $w=0.25l$，l 为节间的对角线长，如图所示。

(2) 强度。

填充墙框架的强度决定于下述各种破坏强度的最低者：

①柱抗拉强度。在水平荷载作用下，高层房屋中可以产生很大的总体弯矩，此弯矩将使框架柱产生拉力，特别是边柱。这是一种延性破坏。

②填充墙抗剪强度。在砖填充墙中，楼层高度中部的灰缝可能被剪断，这时可能导致框架柱的剪切破坏，也可能强迫柱的塑性铰发生于柱中高和顶底附近。这时，每一节间的填充墙框架的极限强度 V_u 为墙抗水平移动的摩擦强度 V_f 和柱抗弯强度之和：

$$V_u = \frac{2}{h_e}(M_t + M_c) + V_f \tag{13.5.1}$$

式中，M_t 和 M_c 分别为受拉柱与受压柱的极限抗弯强度；h_e 为每柱中两塑性铰距离，约等于层高 h 之半。当水平滑动刚开始时，等效的对角斜撑力为

$$R_s = (0.9 + 0.3\frac{b}{h}) f_{bs} ht \tag{13.5.2}$$

式中，b/h 为节间的长高比；t 为填充墙厚；f_{bs} 为砖与灰缝的粘结强度。

③对角等效斜撑抗压强度。从试验可得

$$R_c = \frac{2}{3} h_\theta t f'_m \sec\theta \tag{13.5.3}$$

式中，f_m' 为砖砌体抗压强度；θ为对角线倾度；h_θ为墙柱连接长度，

$$h_\theta = \frac{\pi}{2}\left(\frac{4E_f \cdot I_f \cdot h_m}{E_m \cdot t \cdot \sin 2\theta}\right)^{1/4} \tag{13.5.4}$$

式中，E_f 和 I_f 分别为框架柱的弹性模量和惯性矩；E_m 和 h_m 分别为填充墙的弹性模量和高度。

(3) 延性。

由于框架对填充墙的约束作用，在水平剪力使填充墙开裂后，仍然能保持一定的承载能力，所以填充墙框架具有一定的延性。对于正规砖填充墙框架，若无设计施工缺陷，一般认

为可以在设计时取延性系数为 2（Rosenblueth，1980）。

13.5.1.5　构造柱

1976 年唐山地震后，我国发现钢筋混凝土构造柱是加强承重砖墙结构抗震能力的简便可行的方法，因而进行了大量试验和分析研究。构造柱设置于外墙，一般在墙体薄弱处，如纵横墙交接处、过长的墙段中部。研究表明，和圈梁一起，这种构造柱的主要作用在于为砖墙提供支撑（砖墙外柱）和约束（砖墙内柱）使用，从而提高砖结构的延性，推迟脆性破坏的发生。假若在采用钢筋混凝土构造柱的同时再在墙的上下两端采用钢筋混凝土联系梁，能更进一步加强柱的联结，形成某种程度的框架作用，则抗震性更好。这种构造柱与联系梁的作用虽低于框架填充墙，但试验证明其效果非常显著。

13.5.1.6　抗侧力体系的布置

抗侧力体系的布置，既要考虑到建筑和使用等需要，又要考虑到力学上的合理性。从后者看，重要的原则在于力传递途径的合理性，即从力的作用点经连续、有效的途径，传递到结构体系的支承点。在传递途径中应力要力求连续均匀，充分利用材料的优点，避免其缺点。

图 13.5.2 中给出了几种可能的抗侧力体系的竖向布置。图（a）、（b）、（c）是连续的，图（d）、（e）和（f）则是间断的。在间断处，应力和变形都会集中，因而容易产生破坏。震害经验多次表明，像图（d）那样的柔底层结构会遭受严重的损坏（见第 9.1 节）。像（f）那样的间断也会在横梁处产生很大的应力集中，而产生破坏。图 13.5.5（a）的形式常用于框架剪力墙联合体系，适用于不过高的楼房，否则，以剪切作用为主的框架和以弯曲作用为主的剪力墙的变形将不协调（图 13.5.5b、c）。假若将两者（图 b 和 c）联合在一起而强迫两者协调一致，则在底部，侧力引起的剪力主要由剪力墙承担，在顶部，剪力墙的巨大质量将附在框架上运动，从而增加框架的内力；另外，在顶部，剪力墙水平截面由于受弯曲而产生转动，将使顶部框架的横梁两端产生巨大的局部应力或变形集中。若剪力墙在地基处转动，这一影响将更大。

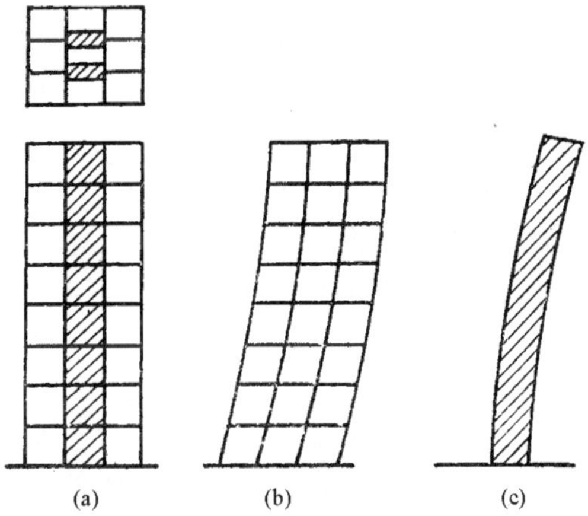

图 13.5.5　框架与剪力墙在侧力作用下的变形

为了提高剪力墙的抗弯能力，可以加宽剪力墙的翼缘，更有效的办法是增加剪力墙的宽度，如将图 13.5.2（a）和（b）中的剪力墙联合起来成一大片墙。不过，由于使用上的需要，有时只能采用图 13.5.2（b）那样的形式，这种形式常用于以剪力墙为主的结构，两组剪力墙之间常用刚而强的系梁相联系，这时，系梁的延性是防止其破坏的关键。

和在竖向上一样重要，在平面上，抗侧力体系的布置也要力求连续，使力在传递过程中不引起过大的不利影响。虽然大家都知道，在每个平面内，刚度中心应力求与质量中心相吻合或靠近，但由于建筑或使用上的要求，常常做不到这一点。因此，为了防止扭转的不利影响，抗剪力体系最好布置在结构物平面的外围，但由于外墙必须满足门窗的需要，这一点也不是常常能够得到满足的，因而常常出现利用电梯间的墙作为主要的抗侧力体系，如图 13.5.6（b）。这种布置，在两个水平方向可能均满足抗震要求，但由于扭转刚度不足，极容易产生扭转破坏，而且，从抗倾覆作用产生的竖向力来看，也不是高效率的设计；图 13.5.6（a）的布置则很理想。

所谓抗侧力体系布置的连续性还表现在抗侧力构件从楼层到楼之间的变化情况。例如图 13.5.6（d）与（e）都是比较理想而有效的布置，但是，假若在底层采用图（e）的布置，而在以上各层采用图（d）的布置，则将迫使在底层顶部上下之间的力传递不连续而要求楼板有一定的强度、刚度和延性来传递从上部传来的竖向、水平向和弯曲振动所产生的多种内力。为了传递水平剪力，可以将联结两剪力墙的楼板也设计为剪力墙，但是这一设计并不能很好地传递剪力墙的倾覆弯矩与由另一水平方向倾覆作用产生的竖向力。1979 年英佩里亚尔服务大楼的破坏，可能就是由于楼板没有足够的刚度保证由上部剪力墙传下来的竖向压力到下层的剪力墙，从而使剪力墙外的底层边柱受到严重的破坏。

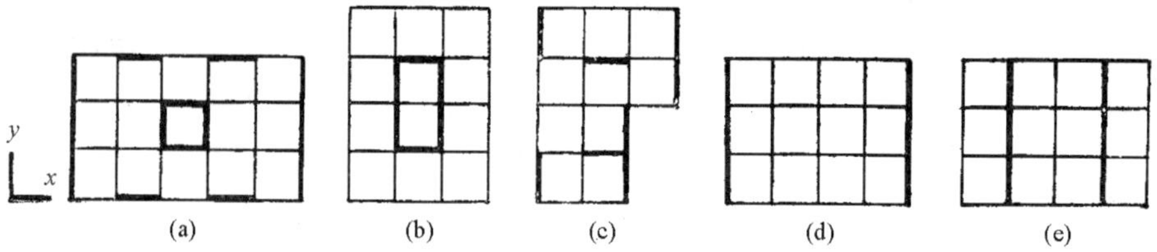

图 13.5.6　抗侧力体系的平面布置

为了保证抗侧力体系充分发挥作用，除了合理的布置之外，还要求有足够刚度的水平联系单元以保证结构作整体振动。楼板是理想的水平联系单元，若为预制楼板，要注意联结，使之成为整体，否则会引起局部破坏。在屋顶则常用屋面板或屋面支撑系统。水平联系单元的整体性、刚度、强度和延性对结构物的整体性都有重要影响。

13.5.2　细部构造措施

结构抗震的经验表明，细部构造的优劣对震害轻重有决定性影响。只注意结构计算分析而忽视细部构造措施，不可能得到良好的抗震结构。由于结构构造是因结构材料而异的，所以下面分别就混凝土、砖、钢等常见结构物，介绍一些主要的抗震要求。虽然具体的细部抗震措施颇不相同，但是总的原则都是：避免脆性破坏，加强延性。

13.5.2.1　钢筋混凝土结构

钢筋混凝土结构由于在世界范围内广泛使用，所以震害经验很多。经验教训之一就是：许多破坏是由细部构造不当引起的。钢筋混凝土在抗震结构中广泛使用的原因在于其易塑性和一定的延性，而且刚度大，可以控制强震时的结构变位，减少非结构构件的损坏；其主要缺点在于延性要求高时的配筋拥挤，强烈震动时有强度刚度退化现象，使得低周疲劳强度不高。现在抗震设计中的主要原则是加强延性，避免脆性破坏；在细部构造措施中主要是从构造上保证这一要求的实现。

(1) 强柱弱梁。

强柱弱梁是美国盛行的抗震设计思想，目的在于防止倒塌。为此，在设计时要采取可靠措施，保证框架中塑性铰发生于梁端。1968 年 5 月 16 日日本十胜冲近海地震时，几所学校房屋严重破坏，原因就在于其设计是强梁弱柱的缘故。

(2) 箍筋。

混凝土的延性与强度和受压区的围封有密切关系，密置的箍筋是围封的有效措施，可使强度和延性大为提高。许多钢筋混凝土构件的破坏都与箍筋不密、不当有关，震害和试验结果都反复说明了这一点。影响箍筋围封作用的因素有四：箍筋的间距、箍筋的连续性、箍筋对主筋的约束作用和箍筋的强度。因此，密置的箍筋、螺旋形箍筋效果较好。1971 年圣费尔南多地震时，橄榄景医院同一栋房屋中的联系箍筋柱与螺旋箍筋柱的破坏差异就很明显。箍筋的作用有二：一是对受压混凝土施加围压，以提高混凝土的强度和延性；二是对主要配筋提供侧向的约束，防止其向外屈曲。为此，圆形箍筋优于方形箍筋，矩形箍只是在矩形的角点上才有较好的侧向约束作用，所以图 13.5.7 中（b）、（c）所示的箍筋是有效的，图（a）的箍筋不佳。

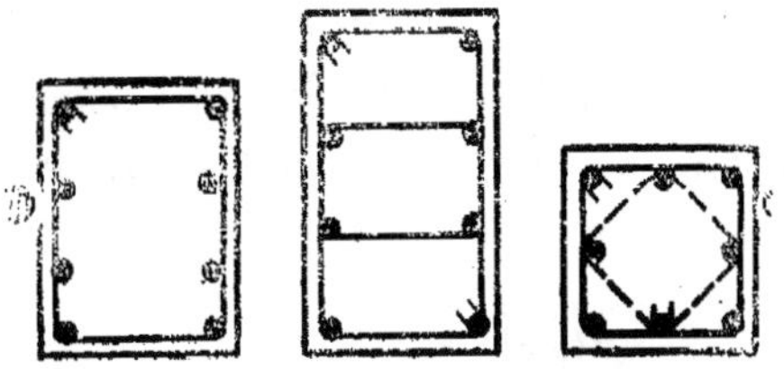

图 13.5.7　柱中箍筋的有效性

箍筋的抗震作用除了围封之外，还可以承担一定的剪力，密置的箍筋可以防止或减少斜裂缝的产生和扩张。柱子中部的斜裂缝常常与箍筋过弱有关。

(3) 主筋的锚固与搭接。

主钢筋的搭接是靠混凝土的握裹力传递应力的，所以搭接实际上是一个锚固问题，区别仅在于钢筋的锚固常有弯钩，而搭接仅为直筋。搭接或锚固长度应能使混凝土的握裹力达到钢筋的抗拉强度，锚固一般可使主筋弯转 90°或 180°，但锚固的作用主要依赖于混凝土的应力情况，受压区的锚固作用最好，受拉区的锚固作用不好，强拉力区不得作为锚固区。在震害中常见主钢筋被拔出的破坏现象。

(4) 梁柱节点。

不少钢筋混凝土框架的弱点在于梁柱的节点区。按照一般框架应力分析，只能求得梁与柱在节点外的应力，对于节点区总是采用多种假定来处理，因而过去并不专门研究节点区内发生破坏的可能性。但是震害经验多次表明，节点区也可以发生破坏。例如 1972 年 12 月 23 日马拉瓜地震中，两座正在建筑中的两层钢筋混凝土框架倒塌，原因在于梁柱节点破坏。

13.5.2.2　*砖结构*

震害经验多次表明，无筋砖结构的抗震性能比较差，因此，发达国家的强地震区一般不再使用无筋砖结构。我国砖结构房屋很多，有着丰富的震害经验教训。一般认为，只要设计施工适当，无筋砖结构可以在Ⅷ度区内修建，在Ⅸ度区内则应特别慎重，而且只能以不倒塌伤人作为努力的目标。我国的抗震经验表明，除地基失效外，结构布置和施工质量常常是遭致震害的重要原因，同时，结构构造措施不当也是十分突出的原因。概括起来，下述构造因素十分重要：

由于砖结构的抗拉强度低，墙体分段砌筑，墙体与楼板的连接多不牢固，因而结构的整体性能较差。为了加强整体性，必须重视各部分之间的联接。第一，纵横墙体之间的联结，在强地震区可以考虑水平配筋，如图 13.5.8 所示。第二，合理布设钢筋混凝土圈梁。在木楼板或装配式楼板中，由于楼板的整体性不强，常需要配置圈梁。和混凝土柱中的箍筋相似，圈梁要闭合，而且其自由长度不要过长，否则效果不大，如图 13.5.9，两内横梁处也应设置钢筋混凝土梁，使与外墙上的圈梁连成整体，则效果良好。圈梁除了可加强纵横墙体之间的联接外，还可以加强预制楼板与屋盖的整体性，减小墙体的自由长度，防止和约束墙体的倒塌与开裂。第三，设置钢筋混凝土构造柱，对提高砖墙房屋的抗震性能是有效的。构造柱以现浇为宜。第四，加强薄弱环节的联系，如女儿墙、山墙与屋顶小砖烟囱等，拉结和锚固是有效的措施。第五，要特别重视砖砌体的施工质量。第六，楼盖与墙体的联结。

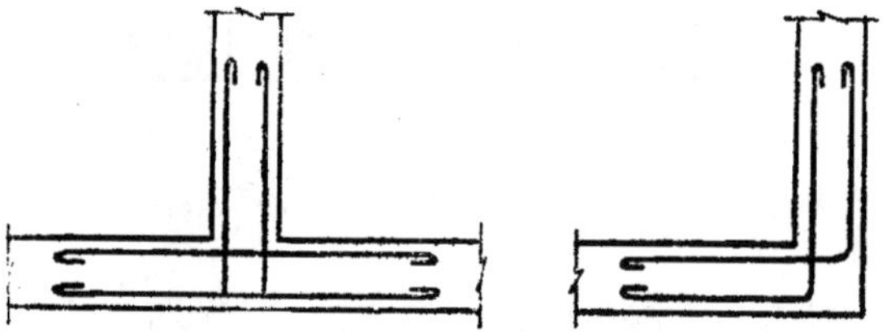

图 13.5.8　纵横墙联结处的水平配筋

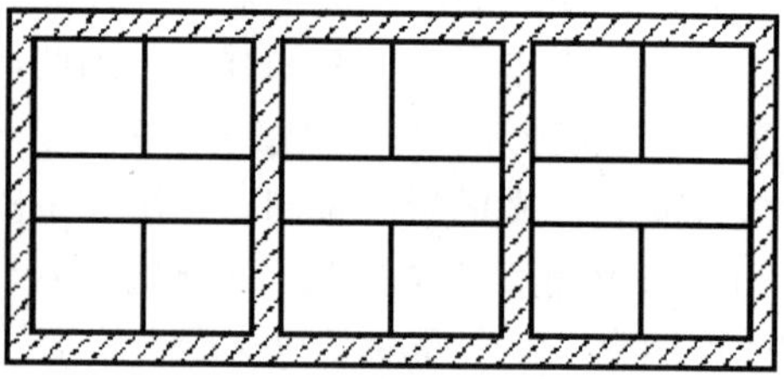

图 13.5.9　砖墙房屋中圈梁

第十四章　结构抗震设计规范

14.1　抗震设计规范的一般情况

从总体形式上看，抗震设计规范有两种形式，一种是与其他荷载作用的设计规范结合在一起，作为结构设计规范的一部分；另一种是与其他荷载作用的结构设计分开，单独考虑抗震。我国、日本、美国、苏联的抗震设计规范属于后一种；加拿大、墨西哥、新西兰的抗震设计规范属于前一种。

从要求的对象上看，现有抗震规范绝大多数是专门对建筑物规定的，也有不少是针对其他类型结构物、构筑物、特种设备或工程的，仅有少数同时考虑工程建设类型，如苏联。

从要求的程度上看，大约有三分之一的抗震规范是最低要求，以美国为代表，其余 2/3 则为规定要求，并不鼓励附加更多规范式的要求。

从规定的内容上看，一般规范可以分为三个大部分：第一部分是一般原则性的规定及说明，如指明该规范的适用范围、抗震设防原则、设计希望达到的总目标；第二部分是抗震设计中的计算分析，包括地震力计算方法、结构总体地震力与局部部件地震力的计算、容许应力或容许变形的规定，以及场地地基与结构物抗震能力的分类；第三部分是抗震设计中的定性防御方法，即抗震构造措施。本节仅对后两部分的常用情况作一简略介绍。

14.1.1　抗震设计中的计算分析

抗震设计经验，有的经过理论概括，可以通过力学原理来定量地计算结构中产生的内力、变形及安全性指标。这些经验，在规范中表现为计算分析部分。其主要内容常包括下述几个方面。

14.1.1.1　地震作用的计算

现有规范绝大多数以反应谱理论为根据，虽然仍有极个别的采用静力法，但因其属于趋向消失的旧形式，这里不予考虑。

现有规范中关于结构物所受地震作用的计算方法，常用两种形式，即等效静力法与振型分解法，常同见于一规范之内。等效静力法又分两种形式，一种规定结构底部剪力，另一种规定结构惯性力。

(1) 底部剪力法——等效静力法。

以此法首先规定底部剪力的计算方法与数据，然后规定如何以此求得结构各处的惯性力从而求得各楼层的剪力与弯矩，或直接规定各楼层的剪力与弯矩的计算方法。以前一种为例，其形式常为

水平底部剪力
$$\left.\begin{aligned} V_0 &= \alpha W \\ \alpha &= ZISC\beta k_0 \end{aligned}\right\} \tag{14.1.1}$$

这里，α称为水平地震影响系数，或地震系数；$k_0=a/g$ 为基本的地震作用系数，其中 a 为水平地震动加速度，它需要按地震分区系数 Z 修正，其乘积 Zk_0 称为分区地震力系数；I 为结构物

重要性系数；C 为结构特性系数；S 为场地地基系数；$\beta(T, \zeta)$为反应谱，它是结构自振周期 T 与阻尼比ζ的函数，对于一般房屋，阻尼比常取为 0.05；W 为结构总重量，包括全部静载及部分活载。

集中于不同高程 H_m 处的地震惯性力常规定为

$$\left.\begin{aligned} F_m &= (V_0 - F_D)\cdot W_m H_m \Big/ \sum_1^N (W_j H_j) \\ F_D &= C_D \cdot V_0 \end{aligned}\right\} \tag{14.1.2}$$

式中，W_m 为集中于高程 H_m 处的重量，$\sum_1^N W_j = W$；F_D 为集中于结构顶部的集中力，集中力系数 C_D 常取为 0～0.15，有时规定为结构基本周期 T 的函数，T 愈大，则 C_D 愈大。

(2) 振型分解法。

第 j 振型反应的底部剪力为

$$V_{0j} = ZIC\beta(T_j, \zeta_j, S)k_0 W_j \tag{14.1.3}$$

式中，下标 j 指属于第 j 振型的量；$\beta(T_j, \zeta_j, S)$为考虑场地条件影响 S 后的加速度反应谱在 T_j 和ζ_j时的值；W_j 为第 j 振型的重量。

在采用直接规定结构各处惯性力的形式时，第 m 质点处的惯性力常规定为下述形式：

$$F_{mj} = ZIC\beta(T_j, \zeta_j, S)k_0 \cdot \phi_{mj} \cdot \gamma_j W_m \tag{14.1.4}$$

式中，γ_j 为第 j 振型参数与系数；ϕ_{mj} 为第 j 振型在质点 m 处的值；W_m 为质点 m 处的重量。

在按上述方法求得底部剪力或各点惯性力之后，即可由此求得第 j 振型各截面的内力和各点的变位等反应 Q_j，然后用平方和开平方（SRSS）法求得总体反应：

$$Q = \sqrt{\Sigma Q_j^2} \tag{14.1.5}$$

14.1.1.2　结构系数 C 或其倒数 $1/C$

在按容许应力或极限强度法计算或校核截面大小时，要求反应量 Q 不得超过结构的相应强度量 R，即

$$Q \leqslant R \tag{14.1.6}$$

假若在式（14.1.1）和（14.1.4）中先不考虑结构系数 C 而是将上式写成下述形式：

$$CQ \leqslant R \tag{14.1.7}$$

则得

$$Q \leqslant R/C \tag{14.1.8}$$

结构系数 C 用来考虑结构耗能能力对结构抗震性能或反应的影响，结构耗能能力愈大，则动力反应愈小，所以 C 值也愈小。因此，C 又称为结构特性系数。

通常的方式是将结构抗侧力体系按其延性大小排列为延性抗弯空间刚架、抗弯刚架、剪力墙联合体系、剪力墙和脆性砖石墙，从而规范中规定大小不同的 C 或 $1/C$ 值，一般在下述范围内：C=1/7～1 或 $1/C$=1～7。

从上面两个公式看，若采用式（14.1.7），则意味着结构内力从 Q 降低为 CQ；若采用式（14.1.8），则可以理解为结构抗震强度从 R 提高为 R/C。因此有些规范称 $1/C$ 为结构性能系

数，C 值小或 $1/C$ 值大者表示结构延性性能好。式（14.1.7）的优点是能够明确表示结构耗能能力的影响在于降低或限制地震内力反应；式（14.1.8）的优点在于它将代表结构抗震能力的强度与变形能力的两个主要因素 R 和 C 集中表现于一项 R/C。

14.1.1.3 结构自振周期

为方便设计者，许多抗震规范都提供了典型结构物自振周期的简化计算公式，通常包括钢筋混凝土、钢与砖石房屋，钢、钢筋混凝土与砖烟囱等，公式均极简单，常常只包括房屋高度与底边长。

14.1.1.4 场地地基对地震动的影响

20 世纪 50 年代中，人们对场地地基条件对地震动影响的认识相差悬殊，有人认为软弱地基会加大地震反应，有人认为会降低地震反应，有人认为无多大影响。到 20 世纪 80 年代，人们对这一问题的认识逐步统一起来。这种从矛盾到统一的过程在抗震规范中得到了反映，见第 14.4.6 节。

为简便计，一般规范将场地地基按软硬程度简单划分为三类或四类，对不同场地地基类别规定不同的地震动。在 20 世纪 50 年代中是规定不同的加速度值，软弱场地上的加速度值较大。到七八十年代，所规定的不是加速度而是反应谱，软弱场地上反应谱长周期部分较大（见第 14.4.4 节）。我国早在 1964 年即已使用这一规定，美国和日本的规范则是在十年此后采用，苏联规范则迟至 1982 年才有所修改。

14.1.1.5 局部地震作用

前面所述地震作用的规定是对总体结构反应而言。实际结构物中常具有一些构件或设备，如屋顶突出部分、平台、女儿墙、隔墙，或支承于结构局部上的机、电、修饰等附属物，由于局部振动的影响，它们可以受到很大的地震作用。这种局部地震作用对总体结构地震反应的影响并不大，因为各个局部地震作用的最大值不是同时发生的；但是它对其本身及其支承则影响重大。为此，规范中大多规定了比计算总体地震反应大得多的局部地震作用，用以校核局部结构或设备支承的抗震安全性。局部地震作用有时比同一点的总体惯性力大几倍之多。

14.1.1.6 倾覆力矩

许多抗震规范都有关于倾覆力矩的规定，大都是从公式（14.1.2）或（14.1.4）计算。当前认识尚不一致的是是否需要采用折减系数。所谓倾覆力矩指的是在水平地震力作用下，各楼层所受的弯矩作用，此弯矩将由竖向构件（如柱、剪力墙等）承受。由于倾覆力矩是根据公式（14.1.2）或（14.1.4）计算的，而这些公式所规定的地震作用着眼点在于给出各楼层的最大剪力，所以以此计算的惯性力一般给出的弯矩过大，特别对于较高的房屋。因此，不少规范采用一个折减系数 J 使之降低；但不少规范无此规定，而且从同一规范来看，变化颇大，如美国加州结构工程师协会，1959 年取 $J=0.5/\sqrt[3]{T}\geqslant 0.33$，1966 年删除了关于最小值 0.33 的规定，1967 年修改为 $J=0.6/\sqrt[3]{T}$，1969 年完全废除了此规定，即取 $J=1$。

14.1.1.7 扭转振动

绝大多数抗震规范规定：在计算扭转振动时要考虑两种扭转效应，一种是由刚度中心与质量中心的静力偏心 e_S 引起的动力放大作用，用动力偏心 $e_d=1.5e_S$ 表示，另一种是由于刚度、质量和几何尺寸等偶然误差产生的偶然偏心，它与所考虑偏心方向的结构长度 B 成比例，通常取为 $0.05B$ 或 $0.1B$。因此大多数规范规定计算扭矩的偏心取下列两式中的最不利者：

$$e = 1.5e_S + 0.05B$$

或

$$e = e_S - 0.05B$$

有的规范取上式中 B 的系数为 0.1。有些规范不考虑偏心的动力放大作用，则用 1.0 代替上式中 e_S 的系数 1.5。有的规范不同时考虑静力偏心与偶然偏心，而取其大者。

14.1.1.8　侧移与层间位移的限制

为了使结构物具有足够的刚度或避免与相邻结构物相碰撞，和保证非结构部件的安全，一般抗震规范均对结构总体位移和楼层之间的变位或转角作出限制，如层间位移δ应满足

$$\delta \leqslant \theta h$$

式中，h 为楼层高；θ 为楼层转角，许多规范取θ=0.005。

由于在计算变形时采用的地震作用是按公式（14.1.1）等用结构系数进行了折减，而这种折减只是针对内力反应的，并不适用于变形计算。真实的变形大致相当于在公式中不用系数 C 的地震作用来计算。为此，多数规范规定，对按式（14.1.1）的地震作用计算的变形加以放大，有的规范规定放大系数 $1/C$；有的规范规定固定的放大系数，如 3 倍；但也有不放大的。

14.1.1.9　竖向地震作用

对于水平挑出构件，其竖向地震作用一般按局部地震作用处理；对于以自重为主的结构物，如重力坝，或对竖向振动敏感的结构物，如高烟囱等高耸结构，不少规范要求同时考虑水平与竖向地震动引起的结构反应，通常规定竖向地震作用系数为水平的一半。

14.1.2　抗震构造措施

除上节介绍的用于计算分析中的部分经验外，另一部分抗震经验以抗震构造措施或构造限制的形式出现于规范中。它们大多来自强地震的宏观经验。下列原则是特别重要的。

14.1.2.1　总体设计原则

不少抗震规范在原则上提出了一些希望遵守的准则，如建筑场地要尽量避开有滑坡或地变形的地段，而选择平坦、稳定的地基；结构体形要力求简单而规整，避免平面和立面上的突然变化和不规则形状；设计施工要提出保证质量的措施。

14.1.2.2　房屋部件的布置

对于房屋的总高度、楼层高度、女儿墙高度的最高限度和窗间墙宽度的最小限度，不少抗震规范规定了具体要求。有些规范还对圈梁与构造柱的设置条件作出了具体规定。

14.1.2.3　结构细部设计

不少抗震规范对结构细部设计提出了一些具体规定，如砖砌体的砂浆标号、钢筋混凝土构件中的主筋与箍筋、预制楼板的支承长度。这些规定大都来自震害与设计经验。

14.1.3　砂土液化

根据近几十年宏观震害经验和砂土振动试验研究，人们对砂土液化有了充分的重视和必要的了解，因此，有些先进的抗震规范对此作出了明确的液化判断，而且大多以标准贯入锤击数为指标，如我国规范。

14.2 中、日、美三国抗震规范的沿革与现状

日本的地震遍布全国，地震多而大，因而其抗震工作开展较早。美国强地震主要集中于西部沿海地区的圣安德烈斯断层带上，由于科学技术发达，工程建设普遍，并首先而且广泛地开展了核电站、海洋平台等特殊重大工程建设，他们在近代地震工程学上有不少新贡献，回顾并分析这两个国家和我国抗震规范的沿革历史，有助于我们认识地震工程的发展过程，从而主动地缩短现有认识与范围之间的差距，加强规范与经验之间的联系。

14.2.1 日本抗震规范的沿革

14.2.1.1 日本规范沿革年表

1915 年　佐野利器提出水平静力震度法，建议取结构设计水平力为结构重量的 k 倍，$k<1$ 并称 k 为震度。此法成为日本以后几十年抗震规范的基础。

1922 年　内藤多仲按震度法设计加固了一些房屋，取 k=1/15。

1923 年　关东大地震时，关东地区许多房屋受到严重破坏，但内藤按震度 k=1/15 设计加固了的房屋则成功地经受了考验。

1924 年　《市街地建筑物法》考虑抗震设计，采用震度法，取 k=0.1。此为日本最早的抗震规范。

1931 年　规范中限制地震区的房屋高度在 31m 以下。

1933 年　日本建筑学会出版钢筋混凝土设计规范，采用武藤清关于刚架在水平地震力作用下的分析方法。

1941～1943 年　抗震构造小委员会代表《建筑物耐震构造要项》，提出极限设计法，并提高结构上部的震度。

1944 年　采用极限设计法，取 k=0.15。

1947～1948 年　日本建筑学会规格 JES 建筑 3001 号，将震度提高到 k=0.2，同时将容许应力作了相应的提高。

1950 年　公布建筑基准法，代替 1924 年以来的规范，并适用于全国，抗震规范用 JES 3001，规定 k=0.2，对于房屋高度超过 16m 的部分增大震度 k，每 4m k 增加 0.01；在软弱地基上取 k=0.3；屋顶突出物取 k=0.3。

1951 年　基准法研究委员会第一小委员会发表《关于震度折减》的建议，提出将全国按地震危险性分为三区，分别采用地区折减系数 C_1=0.8，0.9 和 1.0；以将地基分为四类，将结构物分为四种，按表 14.2.1 采用地基折减系数 C_2。基他同 1950 年建筑基准法。

表 14.2.1　地基折减系数 C_2

地　　基	木 结 构	钢 结 构	钢筋混凝土结构	砖石结构
1．基岩，第三系	0.6	0.6	0.8	1.0
2．洪积层	0.8	0.8	0.9	1.0
3．冲积层	1.0	1.0	1.0	1.0
4．填土，厚冲积层	1.5	1.0	1.0	1.0

1952 年　建设省通告 1074 号采用上述《关于震度折减》的规定，取 k=0.2，并规定 $C_1C_2 \geq 0.5$。

这一规定一直沿用到 1981 年新抗震设计法正式生效时为止。

1953 年　水道协会提出水道设施抗震规定，采用河角广提出的 75 年重复期的加速度区划图，并作了两条补充：第一，用一修正系数，考虑地基和构造物类型，在 1 类地基上，此修正系数为 0.5（塔状构造物，水管桥），0.4（净水设施），0.3（埋设管道）；其他地基上则分别为 0.7（2 类），1.0（3 类），和 2.0（4 类），不分构造物类型；第二，采用修正系数后的地震力系数 k 最小为 0.1，最大为 0.4（塔状构造物，水管桥）或 0.3（其他）。

1955 年　国铁土木构造物设计标准（草案）在抗震上规定将全国分为 A，B，C 三个区，水平震度 k_h 按地基类别给定，竖向震度为水平之半。

1957 年　国际大坝会日本国内委员会坝设计标准草案规定设计震度。

1959 年　日本港湾协会港湾工事设计要览规定按地基类别及发生大地震的可能性给定。

1963 年　建筑基准法修改，废除了房屋高度限制。

1964 年　建设省设置高层建筑物构造审查会。日本建筑学会发表《高层建筑技术指针》。

1965 年　土木学会耐震构造设计委员会设计震度（草案）对 1955 年国铁土木构造物基准草案作了一些修改。

1967 年　建筑学会构造标准委员会振动分科会发表《高层建筑技术指针（增补修改案）》，适用于高 45m 以上的房屋，舍弃了过去几十年采用的设计震度法，第一次在日本明确采用反应应谱设计法，其主要规定如下：

底部剪力 $V_0=ZIC\alpha_1 W$

动力放大系数 $\alpha_1=\dfrac{0.18}{T}\sim\dfrac{0.36}{T}$（或 $\dfrac{0.15}{T}\sim\dfrac{0.30}{T}$）$\geqslant 0.05$，随场地地基和结构特性在上述范围内变化。

剪力沿高度的分布原则是以基底剪力 V_0 的一部分集中于顶部，其余沿高度适当分布。

1971 年　建筑学会钢筋混凝土设计基准修订，特别是抗剪强度部分。

1972 年　建设省综合技术开发中心制订“新耐震设计法开发”的五年计划，以建筑研究所和土木研究所为中心，预订于 1976 年完成。

1977 年　《新耐震设计法（草案）》发表。日本房屋防灾协会发表《现存钢筋混凝土房屋抗震安全性鉴定准则》。

1979 年　建设省设置“耐震设计基准研究会”，研究建筑基准法施行令应采用的新耐震设计法（草案）的内容、此草案的社会影响及实现的可能性。

1980 年　公布耐震建筑基准研究会建议的《改订建筑基准法施行令》。

1981 年　6 月，新耐震设计法开始正式生效。十余年来未修订。

14.2.1.2　日本新耐震设计法

(1) 新规范的产生。

从上节的年表可见，自从 1950 年日本建筑学会基准法公布到 1972 年已 22 年，在此期间，日本制订了许多结构物、构筑物和土木构造物的抗震规范，大都以建筑基准法为蓝本，原则上均属静力法。然而在这二十余年中，地震工程学在国际上有了很大发展，反应谱已被普遍采用于各国规范，更为详细的动力法也已应用于特殊、重大结构的抗震设计；强地震动记录在美、日都在迅速积累；阿拉斯加、新潟、十胜近海、圣费尔南多等地震提供了大量近代结构的抗震经验。1967 年，日本已提出对超高层（高 45m 以上）钢筋混凝土房屋采用动力设计法的规定。凡此种种，都标志着以静力法为基础的建筑基准法的不当，大都认为日本的低层建筑抗震设计落后于超高层。

1972 年开始的建设技术研究开发五年计划，表示了当时研究的基本方向。在此计划中，新抗震设计法的开发是主要的大型研究课题，费用达 10 亿日元。1972 年 3 月第四次建设技术开发会议上决定同年 7 月成立“耐震技术部会”，由武藤清任部会长，其调查讨论事项包括以下三项：①抗震构造技术研究的基本方向；②其中的重要开发项目；③其长期研究计划。部会确定了研究的大、中、小课题的五年计划（1972～1976 年），共 6 项大课题，即：

①地震动。估计各地区的地震活动性，分析基岩上的振动特性，确定因地基类别而异的标准设计地震动输入。

②土壤动力性能。研究各种土体结构的地震反应和土壤的破坏机制与强度。

③结构构件动力性能和抗震强度。研究主要构件和节点的这些性能及破坏的预防。

④结构物振动性能与地震反应分析。研究地基结构共同作用，考虑地基条件建立结构模型，进行地震反应分析；进行结构物破坏实验，检验结构振动特性与地震反应分析是否符合实际情况。

⑤结构抗震设计方法。提出以动力设计法为体系的、实用的新设计方法。

⑥地震灾害的预防。现在结构物抗震性能的鉴定和加固、防灾计划。

当总计划进入后半阶段时，任命了新部会长梅村魁，任务委托国土开发技术研究中心执行。在新部会的领导下完成了《新抗震设计法（草案)》第 I 篇（共通事项）、第II篇（土木构造物）和第III篇（建筑物）。1978 年土木技术资料上发表了几篇文章，作了详细报导。在随后的几年内，新设计法逐渐为人所理解；另一方面，1978 年发生的伊豆大岛近海及宫城县近海等一些地震证实了新设计法所指出的当时设计法的一些弱点。因此，到 1979 年建设省认真考虑了修改建筑基准法施行令，同时设立了“耐震建筑基准研究会”，考虑此施行令应采纳的内容等问题。此外，还收集了各界对修改的意见，并对技术界的适应性、设计手续、建设费用和实际设计的适用性等问题进行了统一的研究。更进一步由有关行政厅的代表组成联络会议，进一步收集了意见和讨论，从而完成了“修订建筑基准法施行令”，并于 1980 年 7 月公布，新抗震设计规范于 1981 年 6 月开始执行。与此同时，又出版了许多介绍新规范的书。

(2) 新抗震设计法简介。

新抗震设计法 1977 年草案中包括两个部分，即建筑物与土木构造物，前者已为建筑基准法采用。下面仅介绍这一部分。1981 年正式使用的新抗震设计规范包括下述主要内容。（本规范直至 1996 年未作重大修改。）

①期望的抗震能力。

二级设计：小震，在结构寿命中可能发生几次的地震动，结构处于弹性阶段。

大震，在结构寿命中不易发生一次的地震动，结构不倒塌伤人。

②地震侧向剪力。

第一级设计：第 n 层层间剪力为

$$Q_n^e \geqslant ZR_t A_n k_1 W_n, \quad k_1 = 0.2 \tag{14.2.1}$$

第二级设计：

$$Q_{un} \geqslant C \cdot C_{es} \cdot ZR_t A_n k_2 W_n, \quad k_2 = 1.0 \tag{14.2.2}$$

③各项系数。

地震分区系数 Z=1.0（A 区），0.9（B 区），0.8（C 区），0.7（D 区）

反应谱函数 $R_t = \beta(T)/\beta_{\max}$

$$
\left.\begin{aligned}
R_t &= 1.0 && \text{当 } T \leqslant T_0 \\
&= 1.0 - 2.0\left(\frac{T}{T_0}-1\right)^2 && T_0 \leqslant T \leqslant 2T_0 \\
&= 1.6T_0/T && T \geqslant 2T_0
\end{aligned}\right\} \tag{14.2.3}
$$

T_0=0.4s（Ⅰ类地基），0.6（Ⅱ类），0.8（Ⅲ类）

层间剪力分布系数

$$
A_n = 1 + \left(\frac{1}{\sqrt{\gamma_n}} - \gamma_n\right)\frac{2T}{1+3T} \tag{14.2.4}
$$

$\gamma_n = W_n/W_N$=第 n 层及以上重量之和/房屋总重量

构造特性系数 C=0.25（延性大）－1.0（无延性）

偏心刚度系数 C_{es}=1.0（规整结构）－2.25（极无规整）

④地下部分的地震惯性力系数

$$
k \geqslant 0.1\left(1-\frac{H}{40}\right)Z \tag{14.2.5}
$$

H=从地面至地下室底的高度（m）；若 $H>20$，取 H=20。

⑤局部地震力系数 k=1.0，无人身伤亡者 k=0.5。

⑥层间侧移限制，对第一级设计，$<\dfrac{1}{200}$。

⑦抗震设计流程图。

⑧设计步骤：

第一级设计：为各类房屋所必须，进行细部与弹性设计。

不需要进行第二级设计的第①类房屋包括：地面上三层以下的砖房和砌块造房；一、二层木房，总楼板面积不超过 500m^2；钢筋混凝土房屋；$H \leqslant 20$m 且 $25\Sigma A_w + 7\Sigma A_c + 10\Sigma A_c' > ZA_nW_n$，不等式左边的 A 为水平截面面积（cm^2），下标 W 表示墙，C 表示钢筋混凝土柱，C'表示型钢筋凝土柱。

第二级设计：对第②、③类房屋必须进行第二级设计。②类房屋是除①类外的高度不超过 30m 的房屋，其中包括下述房屋：

钢结构，其侧向地震剪力

$$
Q\text{（弹性）} = (1+0.7\beta)\,Q_n^e \leqslant 1.5\,Q_n^e \tag{14.2.6}
$$

β=支撑侧剪力/总侧剪力

钢筋混凝土结构，满足下述条件之一者；

$$
25\Sigma A_w + 7\Sigma A_c + 10A_c' \geqslant 0.75ZA_nW_n
$$

$$
18\Sigma A_w + 18\Sigma A_c \geqslant ZA_nW_n
$$

③类房屋是高度为 31～60m 的房屋。

特殊设计：一般指用地震动加速度过程 $a(t)$为输入的直接动力法及二级设计，用于（4）类房屋，必须由建设省审批。

(3) 新抗震设计法特色（大崎顺彦，1981）。

已为建筑基准法采用的新建筑抗震设计法是最低要求，它具有下述特色。

第一，采用了二级设计法。

新规范所采用的结构设计方法，首先将结构物按类型和高度分为四类。第④类是高度大于 60m 的结构物，其设计应作专门研究。所谓专门研究指的是更详细的分析研究，通常要进行以地震动过程 $a(t)$为输入的直接动力非线性反应分析，设计结果要由日本建筑中心超高层建筑结构审查委员会审查，再经建设省特批。前三类房屋均按新规范设计。

第①类是高度小于 31m 的日本最普遍的建筑结构形式，其中包括有较多剪力墙的矮房屋。日本对此类房屋有丰富的抗震经验，按第一级设计要求即可保证足够的抗震能力，故不要求进行第二级设计。其他两类房屋都要求二级设计。

所谓二级设计是要求对建筑物先后进行两级设计。第一级是常规设计或使用极限状态设计，与过去日本所用的抗震设计法相同，取地震力系数 k=0.2，其作用在于要求建筑物有足够强度，以保证小震不坏；第二级设计是倒塌极限状态设计，取地震力系数 k=1.0，按倒塌极限状态计算地震反应，其作用在于使结构物既有足够的极限强度又有足够的极限变形能力，以保证大震不倒。

按大小很不相同的两种地震动（k=0.2 和 1.0）分别进行结构设计，要求结构处于弹性状态或不倒塌，以保证小震不坏、大震不倒意图的体现。这种方法不是日本所首创，美国对核电站、海洋平台等特殊重大结构也是这样规定的，但日本新规范更为详细明确。

第二，强度与变形并重。

如前所述，第二级设计的目的在于保证结构物不倒塌。为此，新规范要求结构物具有必要的水平抗力，并同时要求在保持此抗力的条件下具有足够的塑性变形能力，并称此抗力为保有水平抗力。新规范要求房屋的层间保有水平抗力 Q_{un} 满足下式的要求：

$$Q_{un} \geqslant CC_{es}V_{n2} \tag{14.2.7}$$

式中 V_{n2} 为第二级设计中第 n 层层间剪力，

$$\left.\begin{aligned} V_{n2} &= \alpha_n W_n \\ \alpha_n &= ZR_t A_n k_2 \end{aligned}\right\} \tag{14.2.8}$$

下面着重解释构造特性系数 C，从而说明第二级设计中如何同时重视强度和变形这两种抗震能力的；然后再解释刚度偏心系数 C_{es}。

①构造特性系数 C 与我国规范中的结构系数 C 颇为相似，都是由结构延性确定的。在公式（14.2.7）中，它的含意是非弹性反应层间剪力折减系数，其大小决定于结构物的阻尼、耗能能力和塑性变形能力，或者说 CV_{n2} 是考虑到结构非弹性变形能力之后、在第二级设计中第 n 层所必须具有的保有水平抗力。构造特性系数 C 可以进一步分解为

$$C=C_{\zeta}C_{\mu} \tag{14.2.9}$$

式中

$$C_\zeta = \frac{1.5}{1+10\zeta} \tag{14.2.10}$$

表示由于阻尼比ζ产生的吸能作用，

$$Q_\mu = Q_y / Q_e$$

表示由于延性变形μ产生的吸能作用，Q_y为层间屈服剪力，Q_e为按弹性反应计算的层间剪力。按照经验，对于较长周期的结构可取

$$Q_\mu = Q_y / Q_e = 1/u \tag{14.2.11}$$

对于较短周期的结构，可按照能量相等的原理，近似取

$$Q_\mu = Q_y / Q_e = 1/\sqrt{2\mu - 1} \tag{14.2.12}$$

由这两个关系可得表 14.2.6 的结果。新规范对钢结构采用ζ=2%，对其他结构采用ζ=5%；并且根据关于延性系数μ的大量研究和实验结果以及式（14.2.12）定义的μ值，适用于钢筋混凝土结构的 C 值，及 C 与ζ，μ的关系。

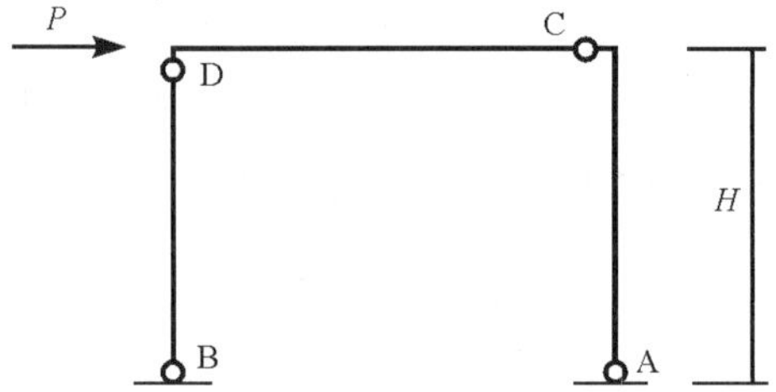

图 14.2.1　简单刚架的保有水平抗力

②保有水平抗力。是建筑物达到总体倒塌极限状态时的抗水平荷载的承载能力，通常用层间剪力表示。对于简单刚架房屋，可以用塑性铰组成可自由变形的机构作为倒塌极限，根据极限状态分析来确定其保有水平抗力。如图 14.2.1，使此简单刚节框架在 A，B，C，D 四点产生塑性铰的最小 P 值即为框架的保有水平抗力；若只考虑弯矩影响，则其保有水平抗力为

$$P = (M_A + M_B + M_C + M_D) / H$$

式中 $M_i(i=A，B，C，D)$为截面 i 的极限弯矩。

保有抗力的计算要用电子计算机，在规定的层间剪力竖向分布下，逐步加大层间剪力，根据各构件的恢复力特性，求塑性铰发生的先后顺序，直至形成机构，即得层间保有水平抗力。在计算保有抗力时，同时要计算各控制点的变形，要求在达到整体倒塌极限之前不出现局部构件的破坏；若某处的实际变形超过其最大容许值时，则该构件即认为已破坏而退出工作，不再计入保有抗力的计算。

③偏心刚度系数 C_{es}。新规范在第二级设计中要考虑结构体形是否规整对抗震能力的影响，在式（14.2.2）中要求保有抗力不得低于给定的下限，此下限也决定于偏心刚度系数 C_{es}，它就是结构体形是否规整的一种表示。按照规定。

$$C_{es} = C_e \cdot C_s \tag{14.2.13}$$

式中刚度均匀系数 C_s 表示刚度沿竖向分布是否均匀，它随各楼层刚度比 r_s 而变，$r_s=r_{si}/r_{sa}$，这里 r_{si} 为第 i 层层间变形角的倒数，$r_{sa}=\sum r_{si}/N$ 为各层 r_{si} 的平均值；偏心系数 C_e 随偏心率 r_e 而变。规范规定

$$\begin{aligned} C_s &= 1.0 \quad & 当\ r_s \geqslant 0.6 \\ &= 1.5 \quad & r_s \leqslant 0.3 \end{aligned}$$

$$C_e=1.0 \qquad 当\ r_e \leqslant 0.15$$
$$=1.5 \qquad r_e \geqslant 0.3$$

中间值均按直线变化规律内插。

刚度沿竖向是否均匀分布对结构物的地震安危有重要影响。因此，日本新规范规定 C_s 加大对该楼层保有抗力的要求，以提高其抗震能力是恰当的。

第三，层间剪力的竖向分布。

过去规范大多规定水平惯性力沿竖向的分布为直线或第一振型形，以求简单。由于高耸结构的大量出现，高振型反应的重要影响显得十分突出，因此，当前的趋向是加大结构顶部的惯性力，如不少规范取 15%的基底剪力作为集中惯性力加于顶部，其余的 85%再按常规沿竖向分布于其他楼层。日本新规范改为按结构自振周期作不同分布的规定，如式（14.2.4）中系数 A_n 所表示。由图 14.2.2 可见，$A_n \geqslant 1$，愈向结构顶部、且自振周期愈大时，则 A_n 愈大。由此可见，在式（14.2.1）中引入系数 A_n 的目的就在于加大结构顶部的地震剪力，房屋愈高，则顶部层间剪力愈大。对于刚性结构，$T=0$，故 $A_n=1$，即水平剪力作三角形分布（对于重量均匀分布的房屋而言）。这种随结构自振周期改变的剪力竖向分布是合理的。

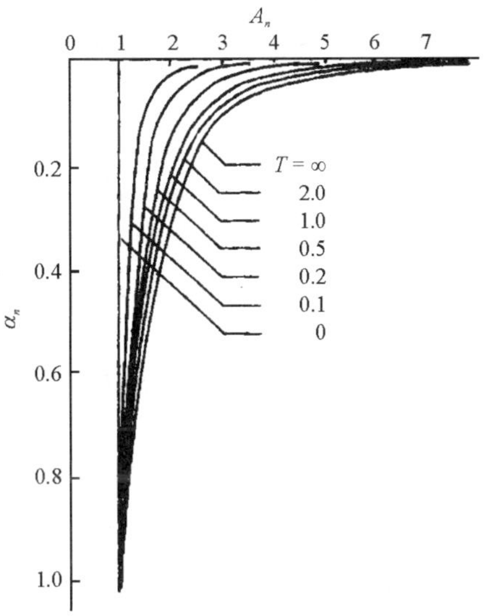

图 14.2.2　层间剪力竖向分布系数 A_n

除上述三项特色之外，和日本过去的建筑基准法相比，新规范在地基条件影响上，采用了调整反应谱的方法，对层间变位提出了限制，对局部地震力作出了明确规定，都比过去有所改进，但均为国际上一些规范所已有，故不列为特色。另外，原《新抗震设计法（草案）》中考虑了的结构重要性系数（I=1.0～2.0），正式规范中未引用，主要原因在于正式规范是作为最低要求提出来的，设计时可以根据需要采用更高的要求。因此，在有关地震力的计算中，如式（14.2.1）和（14.2.2），均采用大于、等于号。

(4) 新抗震设计规范的影响。

新抗震规范的主要影响是对日本及国际上其他抗震规范的学术影响。在新规范被批准之后，日本已经有一些抗震规范或规程按之作了相应的修改，已发表的有地基与桩基、房屋设备、贮液罐、烟囱等抗震规范或规程；核电站抗震规范也有一些相应的修改。在我国考虑修订 1978 年规范时，也着重考虑了其二级设计的概念，并结合我们自己在多层房屋非线性地震反应中变形集中于薄弱楼层和底层的研究结果，提出了我们自己的二级设计方法。当然，二级设计概念在抗震规范中最早可能来自核电站抗震设计，日本在其房屋建筑设计规范中加以具体充实，我们又有些发展。

14.2.2　美国抗震规范的沿革

14.2.2.1　美国规范沿革年表

美国是联邦政府，各州市可以有自己的法令，也可以有自己的抗震规范。由于美国强地震主要发生在西岸，所以抗震规范也主要产生并应用于西岸，特别是加州各市。

1906 年　旧金山地震后，房屋按 146kgf/m^2 的侧力设计。

1927 年　统一房屋规范（UBC）第一版，附录适用于抗震，k=0.075～0.10。

1933 年　菲尔德法令作为紧急措施于 4 月 1 日生效，对公共学校建筑，取 k=0.02～0.05。对砖石结构，取 k=0.10。赖利法令 5 月 26 日生效，对一般结构取 k=0.02。洛杉矶房屋条令对一般房屋取 k=0.08，对学校房屋取 k=0.10。长滩及南加州其他一些城市亦用此法令。

1935 年　统一房屋规范取 k=0.08（硬地基）或 0.16（软地基）。

1937 年　菲尔德法令采用 k=0.06～0.10（三层以下房屋或无抗弯刚架者），k=0.02～0.06（四层以上或有抗弯刚架者）。

1941 年　菲尔德法令采用 k=0.06～0.10，随地基而定。

1943 年　洛杉矶房屋规范规定层间剪力系数 α_n=0.06/(N−n+4.5)，N−n≤13，n 为从下算起的楼层数，N 为总层数。比奥特开始求得一些地震动的反应谱。

1946 年　统一房屋规范规定按地区调整 k 值。

1952 年　侧力联合委员会提出下述抗震规定：

底部剪力　$V_0=\alpha W$

$$\alpha=k/T,\ k=0.015,\ 0.02\leqslant\alpha\leqslant0.06\text{（房屋）}$$

$$k=0.025,\ 0.03\leqslant\alpha\leqslant0.10\text{（其他结构物）}$$

第 n 层地震惯性力 $F_n=V_0\cdot W_n H_n\Big/\sum_1^N W_j H_j$

H_j 为第 j 层顶的高度；W_j 为该处重量。

1953 年　菲尔德法令采用 $V_n=\alpha_n W_n$，α_n=0.06/(N−n+4.5)。赖利法令采用 k=0.03（高 13.3m 以下的房屋），k=0.02(高于 13.3m 的房屋)。

1956 年　旧金山房屋规范采用 1952 年侧力委员会规定，仅在数值上略有改变。

1957 年　加州结构工程师协会（SEAOC）设立地震委员会以制订全州适用的抗震规范。

1959 年　洛杉矶市抗震规范撤销了 N−n≤13 的限制并修改层间剪力系数为

$$\alpha_n=0.0046N/[N-n+0.9(N-8)]$$

当 N≤13 时，取 N=13。

SEAOC 提出第一版抗震设计规范建议，称为建议的侧力要求。此建议以后经常修订，虽无法律约束，但有重要学术影响，加州及一些国外规范常以此为蓝本。

第一版主要内容如下。

底部剪力　$V_0=C\alpha W$

$$\alpha=0.05/\sqrt[3]{T}\qquad T\geqslant0.1\text{s}$$

$$C=0.67-1.33$$

第 n 层惯性力　$F_n=V_0W_nH_n/\Sigma W_jH_j$（一般房屋）

$$\left.\begin{array}{l}F_n=0.9V_0W_nH_n/\Sigma W_jH_j\\ F_{\rm D}=0.1V_0\end{array}\right\}\text{（高柔房屋）}$$

基底倾覆力矩　　　$M = J\sum_{1}^{N} F_j H_j$

修正系数　　　$J = 0.5/\sqrt[3]{T} \geqslant 0.33$

第 n 层倾覆力矩　　$M_n=[(H_N-H_n)/H_N]M$

当房高大于 53m 或 13 层时，延性抗弯空间刚架至少应承担总地震力的 25%。要考虑重心与刚性中心的偏心和房屋边长 5%以上偶然偏心的不利组合引起的扭矩。

1961 年　统一房屋规范采用 SEAOC-1959 规定，并增加地震分区系数 Z，在 1～3 区内，Z 分别取 0.25，0.5 和 1.0。

SEAOC 认为其 1959 规定可以保证小震无损、中震无结构损坏、大震不倒。

1963 年　SEAOC 规范建议规定延性抗弯空间刚架承担至少总地震力的 25%的房屋，废除高度的限制。

1966 年　SEAOC 建议作下述修改：

α_{max}=0.1（当 T_{min}=0.1 时）

$F_D=0.004V_0(H_N/D)^2$，D 为房屋振动方向长度。删除了 J_{min}=0.33 这一限制。

倾覆力矩　$M_n = J_n[F_D(H_N - H_n) + \sum_{n+1}^{N} F_j(H_j - H_n)]$

$J_n = J + (1+J)(H_n/H_N)^3$

延性抗弯空间刚架，除钢结构外，还包括满足一定条件的钢筋混凝土刚架，均可用于 53m 以上的房屋。

所有按 C=0.67～0.80 设计的房屋必须有承担总地震力的 25%到 100%的延性抗弯空间刚架。

1967 年　SEAOC 建议作下述修订：

$J=0.6/\sqrt[3]{T}$，对房屋以外的结构取 J_{min}=0.45。若作动力分析，立面缩进的规定取销。统一房屋规定采用上述修订。

1968 年　SEAOC 建议作下述修订：

关于压弯柱剪切配筋的规定，钢结构的延性抗弯空间刚架的定义，加密系筋柱中系筋的规定。

1969 年　SEAOC 建议废除倾覆力矩折减系数。

1970 年　SEAOC 建议作下述修订：

混凝土剪力墙极限强度设计中剪力与斜拉力的计算方法和配筋的规定。

5 月，SEAOC 设计特别委员会审议规范的基本抗震设计原则，委员为 1957 年和 1970 年地震委员会成员。

1971 年　SEAOC 建议作下述修订：

所有抗震钢筋混凝土空间刚架必须为延性抗弯空间刚架；要求荷载组合计算应力加大地震力；轻混凝土加以强度限制；梁与柱抗震强度计算中考虑主筋实际屈服强度、减少箍筋间距，柱混凝土围压补强钢筋计算公式；允许使用预制混凝土构件；非抗侧力构件在变形达规定地震值 4 倍仍能承受竖向荷载。

加大混凝土剪力墙的设计地震力。

系筋柱中系筋的粗细、捆扎和间距。

统一房屋规范采用上述修订。

SEAOC 特别委员会提出抗震设计基本原则报告，主要内容包括：①几乎全部同意现行的以均匀结构动力分析为基础的等效静力法是实用的形式；②建议对重要结构和动力不均匀结构采用动力分析，以发现并加强薄弱环节；③大部分赞成提高设计地震荷载；④若延性无保证，地震荷载要加大很多；⑤保留现行结构系数 C，但应重新确定其数值；⑥强烈建议今后的抗震规范都要考虑地基土壤影响；⑦关于重要结构物的功能必须从公众安全的准则来评价规范现行规定。

美国混凝土协会规范 ACI318-71 在附录中专门考虑抗震设计。

应用技术委员会（ATC）成立。

1972 年　洛杉矶市颁布暂行抗震规定，采用动力分析法，与 SEAOC-1971 建议基本相同，但对于高度 53m 以下、无刚度不规则的房屋，采用静力分析；对重要结构（医院、消防、通讯中心等），地震力增加 50%。

1970 年设立的 SEAOC 特别委员会发表建议荷载要求的基本设计准则和附件，提出抗震规范修订的基本考虑。

1973 年　ATC 提出 ATC-3 计划《详细抗震设计规定》。

1974 年　SEAOC 建议基本上按特别委员会 1971 年建议作了修订，但在下述三方面作了重大修改：

(1) 增加了一些因素：$V=ZIC\alpha SW$

Z 为地震动分区系数：I 为重要性系数，一般结构 I=1，重要结构 I=1.5；S 为场地土壤系数，值为 1.0～1.5，随场地卓越周期 T_s 而异。

(2) 加大地震系数 α，取 $\alpha=1/15\sqrt{T}\leqslant 0.12$。和 1959 年相比，$T$=0.7s 时，$\alpha$ 加大了 60%；在 T=2.5s 时，加大了 13%。

(3) 对重要结构用动力分析。对形状极不规整、相邻楼层抗力与刚度差别大的房屋，要考虑结构动力特性对侧力分布的影响。

1976 年　统一房屋规范采用 SEAOC1974 年建议。

1977 年　ATC 发表样本规范 ATC3-06。

支持 ATC-3 计划的美国科学基金会领导变更，不再支持此计划经费，ATC-3 计划几乎中止。

1979 年　联邦紧急管理局（FEMA）成立，继承了领导全国地震危险减轻计划的权力，从而支持 ATC-3 计划，由房屋地震安全委员会（BSSC）执行。BSSC 为自愿的独立的建筑工业代表团体，其任务是考虑地震安全性，以修订规范。

1980 年　洛杉矶市抗震规范作下述修订：

对高于 53m 的任何结构物，均应作动力分析；输入地震动过程 $a(t)$ 应根据土壤、地质、地震报告，对给定的场地进行估计。

14.2.2.2 美国 ATC-3 样本规范

此规范对当时国际抗震规范有重要影响，和日本新建筑基准法同为当时颇有特色的典型，值得深入了解，故予专门介绍。

(1) ATC-3 规范的性质和目的。

应用技术委员会 ATC 是 1971 年 10 月在加州结构工程师协会 SEAOC 赞助下成立的一个非营利民间组织，目的在于将研究成果应用于实际。ATC-3 计划是 1973 年 12 月由 ATC 创议而开始的一项综合抗震设计规定的合作计划，由美国科学基金会（NSF）和美国标准局（NBS）资助。此计划的目的和要求有七。第一，评价现有研究成果和地震现场经验，归纳起来便于房屋抗震设计者和其他人员使用。第二，编写试验性设计规定，既容许创造性设计，又有评价设计的明确准则。第三，提供全国地震区可用的抗震准则。第四，可接受的地震危险性是一种公共政策，应由政府部门决定，而且应有下述考虑：对现有技术和知识的评价，防护的合理方法，地震危险性与其他危险的可接受危险性的对比，大灾害的经济与社会影响。第五，提出试验性设计规定，可用于包括已建成房屋的所有房屋、结构与结构部件，并包括结构分析、设计和细部，使典型房屋具有适当的抗震能力，使非典型房屋的设计有所遵循。第六，在房屋设计中，要控制重要设备的损坏程度，以保证其必要的功能。第七，提出规范编制说明，使使用者了解规定的内容和背景，并为采用其他方案提供便利。

此规范采用了下述九项新考虑。第一，采用实际的地震动强度；第二，考虑远震对长周期结构的影响；第三，反应修正系数或折减因子以固有的韧性、非弹性反应的阻尼作用和框架系统的抗震经验为基础；第四，分析和设计的详细程度随结构物的重要性或用途、设防标准分类和地震动强度等而改变；第五，简化的结构反应系数公式与房屋抗震体系的基本周期有关；第六，对建筑、机、电等体系规定详细抗震设计要求；第七，材料设计和分析以应力接近屈服为基础；第八，对现有房屋提出估计和系统降低其地震危险的指导性意见；第九，对已受震害的房屋提出估计地震震害程度、加固和修复的指导性意见。

由上述情况可见，ATC-3 抗震规范只是一个样本规范，在详细评价其可行性、实用性和经济影响之前，不能看作是一个规范。另外，此规范仅适用于房屋。

(2) ATC-3 规范的特色。

此样本规范虽仍以弹性设计为原则，但其中有许多重大改变。分析起来，此规范有以下六个特点。

第一，设计地震动。

此样本规范中的设计地震动是通过 A_a 和 A_v 这两个参数给出的。A_a 即为有效峰加速度 EPA，A_v 是用加速度系数表示的有效峰速度 EPV。

地震动特性是复杂的，为工程抗震设计使用方便，此规范的编制者认为当时最适用的设计地震动表示方法是平滑过的弹性反应谱，它可以同时反映地震动的振幅和谱形。虽然编制者意识到用一组（4～5 个）加速度过程 $a(t)$ 来代替设计地震动可能更好，但该方法更适用于特别重要的结构物，而不宜用于一般房屋。编制者特别强调远震对柔性房屋的重要影响，而只有采用可调整形状的反应谱才能考虑这一因素。为此，此样本规范摒弃了过去规范中普遍采用的只用一个参数（最大加速度）控制反应谱大小的方法，而改用两个独立的地震动参数，以同时控制反应谱的大小和形状。按照麦圭尔（McGuire，1974；1977）的研究，EPA 代表地震动的高频部分，约与 T=0.1～0.5s 的反应谱值成正比；EPV 代表谱的中频部分，约与 T=1.0s

附近的反应谱值成正比。若用 S_a 表示 T=0.1～0.5s 的加速度反应谱平均值，用 S_v 表示 T=0.8～2.5s 的速度反应谱的平均值，当阻尼比为ζ=0.05 时，有效峰加速度与速度分别定义如下：

$$\left.\begin{aligned} \mathrm{EPA} &= S_{\mathrm{a}} / 2.5 \\ \mathrm{EPV} &= S_{\mathrm{v}} / 2.5 \end{aligned}\right\} \tag{14.2.14}$$

这样定义的 EPA 和 EPV 不一定等于地震动最大加速度 a_{max} 和速度 v_{max}，也不一定与它们成比例；若地震动频率很高，如小、近地震的地震动，则 EPA 常小于 a_{max}，有时小很多；而大、远地震的地震动，则 EPV 常大于 v_{max}。

采用反应谱来描述地震动工程特性的一个重要缺点是未能考虑地震动持续时间的影响。虽然编制者注意到这一事实，但当时尚无简便可行的方法来克服这一缺点（参见第 7.9.4 节）。

为了计算形式的方便，EPA 与 EPV 又被改为无量纲参数 A_a 与 A_v。当 EPA 以重力加速度 g 为单位时，在数值上，A_a 就等于 EPA；而 EPV 则按下述关系

$$A_{\mathrm{v}}=\mathrm{EPV}/30 \tag{14.2.15}$$

换算为用无量钢加速度系数表示的有效峰速度，上式中 EPV 的单位是 in./s。式（14.2.15）的意义将在下述进一步解释。

第二，A_a 与 A_v 等值线图。

有效峰加速度 A_a 等值线图（图 14.2.3）是根据阿尔杰米森等（Algermissen and Perkins，1976）的基岩加速度等值线图绘制的美国 A_a 等值线图。此图具有下述特点：①它适用于坚硬地基；②阿尔杰米森图中有 A_a=0.6 的等值线，而本规范最高只有 0.4，采用这一上限的原因很多，主要是因为本规范中的 A_a 是有效值而不是峰值；③本规范的 A_a 等值线略有更多的平滑；④本图与阿尔杰米森原图在全国规范内具有同样的超越概率，即 50 年内 10%。

有效峰速度 A_v 等值线图（图 14.2.4）的绘制要比图 14.2.3 困难而复杂得多，其主要步骤

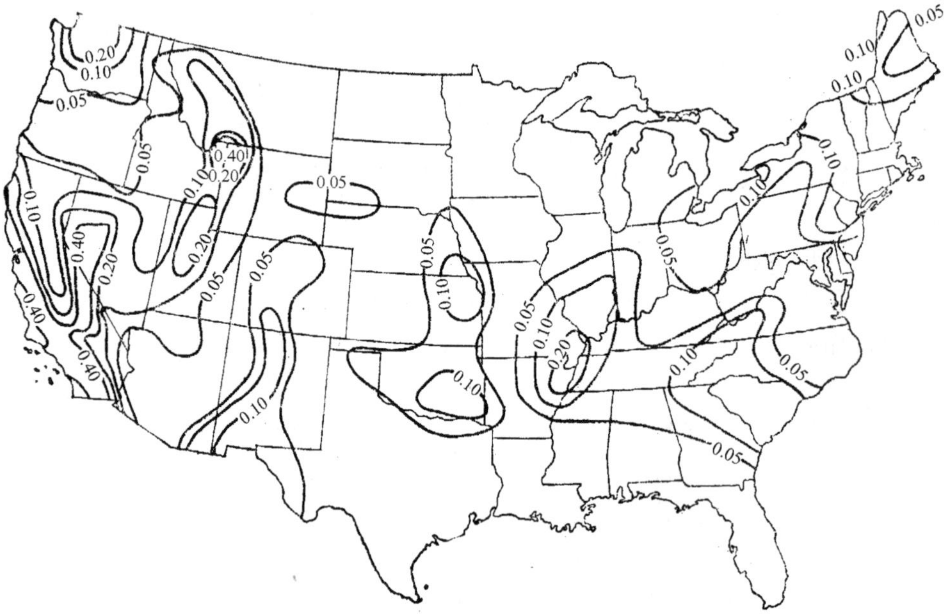

图 14.2.3　美国有效峰加速度 A_a 等值线

等值线上的数字是以 g 为单位的等效峰加速度值

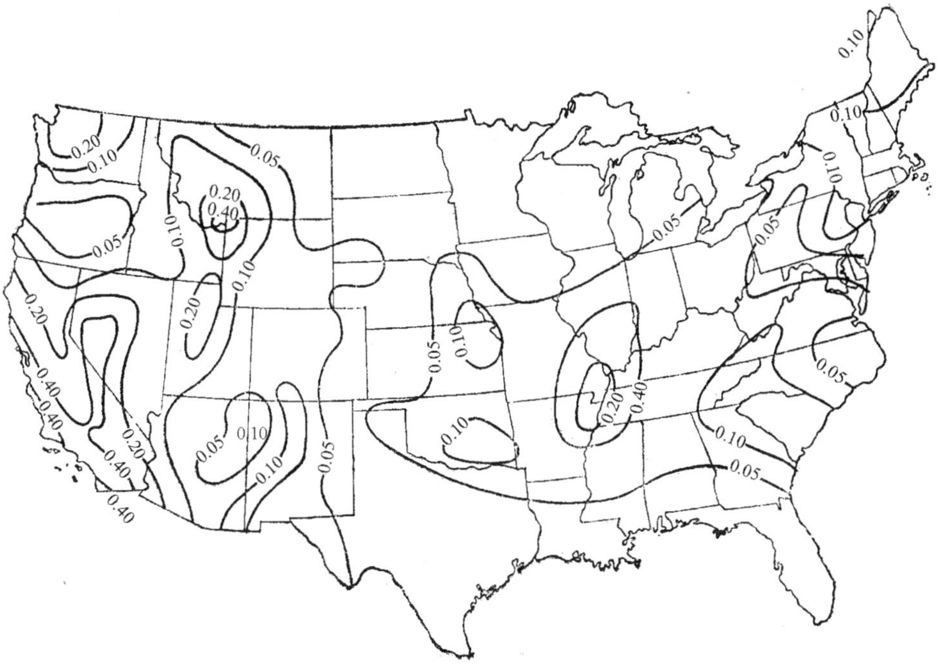

图 14.2.4　美国有效峰速度相关的加速度系数等值线

为：①先假设 A_a 等值线的最内圈即为 A_v 的最内圈。根据研究，影响反应谱的因素有场地土壤、震级、震源特性、距离和传播途径中的介质。A_a 图的最内圈均为震源区，故取 R=30～90km 内、中至大震级的加州坚硬地基上的实际地震动记录 $a(t)$，从而算出适用于内圈的反应谱，然后按内圈的 A_a 值确定谱的大小，并从此谱求得相应的 EPV，对于 A_a=0.4，求得 EPV=12in./s。为使 EPV=12in./s 具有与 A_a 相同的 A_v 值，则应用式（14.2.15），使 A_v=12/30=0.4。这就是式（14.2.15）的来源。这种换算只是为了数值上应用方便，这样得到的 A_v 值称为以加速度系数表示的有效峰速度值。对于具有其他数值的最内圈 A_a 线，若使此圈的 A_v 值等于 A_a，正好也得此换算公式。这表明，震中区的谱形变化不大。②美国西部 A_v 的衰减。麦圭尔（McGuire，1974）从加州数据求得了 EPV 的衰减，结果是：对于大震，约每 130km，EPV 衰减一半；但当时取得的数据在 R＞160km 后并不可靠，因此，对于更远的 A_v 值是按地震烈度推算的，即假设 1gEPV 与烈度 I 成正比。对于美国西部，烈度 I 与距离基本上有线性关系，所以仍按每 130kmEPV 减小一半的规律来计算 A_v 的等值线。③美国中西部与东部 A_v 的衰减。这些地区很少地震动记录，只能用上述 1gEPV 与 I 成正比的假定，从烈度 I 推算 EPV。从这些地区的烈度资料看，地震烈度 I 与距离的对数 1gR 成正比。结果表明，在 160km 之内，EPV 衰减与西部相似，更远，则比西部慢。取ΔR=130km，内圈 EPV=1。在从圈边缘起的第一个ΔR 处，EPV 均降低到 1/2，西部、中西部与东部相同；以后，西部每隔ΔR，EPV 降低一半；而在中西部或东部，则距离差每次要加大一倍，EPV 才降低一半；即从内圈边缘算起，距离差为ΔR，2ΔR，4ΔR 处，EPV 均降低前值的一半，如图 14.2.6 中虚线所示。然后用公式（14.2.15），将 EPV 换算为 A_v。最后再按 A_v 线不得在同值 A_v 线之内的要求，在必要时加以修正，因为速度衰减慢于加速度。图 14.2.5 给出几个城市的设计反应谱和相应的 A_a 和 A_v 值。由此可见，反应谱的形状是可变的。

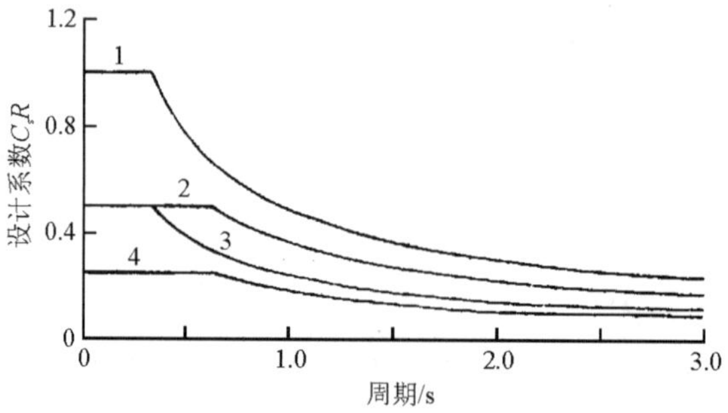

图 14.2.5　坚硬地基上四个不同城市的设计反应谱

	A_a	A_v
1. 旧金山	0.40	0.40
2. 萨克拉门托	0.20	0.30
3. 孟菲斯	0.20	0.20
4. 拉斯韦加斯	0.10	0.15

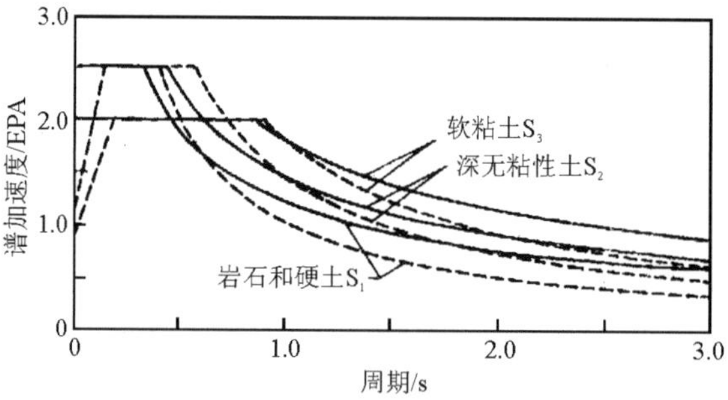

图 14.2.6　不同场地的自由场反应谱与设计反应谱

——设计反应谱　……自由场反应谱

第三，场地土壤影响。

本规范摒弃了过去美国采用的系数方式而采用调整反应谱形状的方式来考虑场地土壤的影响，在美国这是第一次，规范根据希德等（Seed et al.，1976）的结果，并将之简化而得图 14.2.6。其特点是不但调整谱形，而且还将软场地上的谱平台值从 2.5 降到 2.0，而国际上不少谱是将之提高的。场地土壤分类定义如下：

S_1：基岩，剪切波速 v_s＞830m/s；

稳定砂砾、硬粘土层，厚度小于 66m 而下为岩石者。

S_2：厚的无粘性土或硬粘土层；

厚度大于 66m 的稳定砂砾、硬粘土层。

S_3：软至中硬粘土和砂层。

第四，根据设防标准分别规定分析方法、构造体系和基础设计。

本规范认为，房屋抗震设防标准应该根据地震活动性强弱和房屋破坏后果的严重程度两个因素来确定，地震活动性强而且房屋破坏后果严重者，应该提高设防标准。后一因素是当前规范所公认的原则，前一因素（地震活动性强弱）的考虑则为本规范首次引入，对此问题的详细规定是本规范的一个特点。

地震活动性强弱是按 A_v 等值线图的分区划分、用地震活动性指数表示的，见表 14.2.2。

房屋破坏影响大小由重要性分类表示，Ⅲ类房屋是其内必须有需要连续运转或震后必须运转的关键机构，如消防、公安、外科手术室、防灾中心、电站等；Ⅱ类房屋包括有很多居民或人员疏散不便者，如托儿所、学校、贮存易燃或有毒流体的仓库等；Ⅰ类则为上述两类以外的房屋。房屋抗震设防标准按表 14.2.3 规定。由此可见，即使是重要的Ⅲ类房屋，若在地震活动性不强的Ⅰ区，也不必做过多的抗震设防。这显然是合理的。

表 14.2.2　地震活动性指数

A_a	地震动区划图分区	A_v	地震活动性指数
0.40	7	0.40	4
0.30~0.40	6	0.30~0.40	4
0.20~0.30	5	0.20~0.30	4
0.15~0.20	4	0.15~0.20	3
0.10~0.15	3	0.10~0.15	2
0.05~0.10	2	0.05~0.10	2
0.05	1	0.05	1

表 14.2.3　房屋抗震设防标准分类

地震活动性指数	房屋重要性分类		
	Ⅲ	Ⅱ	Ⅰ
4	D	C	C
3	C	C	B
2	B	B	B
1	A	A	A

抗震设计中有许多关键环节，如分析方法的详略、构造骨架延性的强弱、基础的好坏以及构造措施的多少等，都根据房屋抗震设计标准类别来规定。A 类是最低标准，D 类是最高标准。在分析方法上，对于 A 类，不必进行整体地震力分析，只需满足一些构造要求和最小构件地震力要求；对于 B 类，可以按等效侧力法分析地震反应；对 C 类和 D 类中体形规整的房屋也可按等效侧力法分析，但对 C 类和 D 类中体形不规整的房屋，则要进行动力分析，仅在竖向不规整的房屋，可以用反应谱进行振型分解的分析。在构造体系上，按延性分为四类，即承重墙、框架、抗弯框架、剪力墙与抗弯刚架双重体系。对于 A 类设防，可以任选一种；对于 B 类，除不得采用无筋或部分配筋的砖石剪力墙外，可以采用任何其他体系；对于 C 类和 D 类，除应符合 B 类要求外，还按房屋高度分别提出了一些要求。在基础设计中，A 类应满足一些要求；B 类要求正式地基调查报告，研究有无滑坡、液化、地裂等地基失效可能，允许使用立杆基础，即插入地基中的杆式结构，杆顶之间要有基础联系梁，桩基还要满足一些特殊要求；C 类要求更严，桩要有适当延性，不能用立杆式结构；在 D 类标准中，不得将预应力桩用于承受地震弯矩。对基础构造、土壤承载力与桩基的详细规定，也是本规范的特点。在抗震设防标准要求中，每一更严格的类别都包括较低类别的要求。

第五，土结相互作用。

在规范中用明确定量方法来考虑土壤与结构相互作用的，以此规范为首创。所谓土结相互作用有两个方面：一个是自由场地震动会因结构的存在而改变，另一方面是结构动力特性会因地基柔性而改变。有两个可能的途径来考虑土结影响：一个是从自由场地震动求出考虑相互作用后输入结构基础的修正地震动，按此地震动即可计算结构物的地震反应；另一个是先求出土结共同体系的动力特性，再求出此体系在自由场地震动下的反应。此规范用后一种。

由于地基土壤柔性的影响，土结共同体系动力特性与结构动力特性的重要差别有二，即自振周期加长，等效阻尼加大，后者主要来自地基的扩散阻尼效应。因此，主要步骤在于确定共同体系的自振周期、阻尼比和结构反应。规范中给出了包括埋置基础在内的侧向移动和转动基础刚度、共同体系的基本周期、等效阻尼比、考虑土结相互作用之后的底部剪力降低以及结构侧移的计算公式。

第六，现有房屋和有震害房屋的抗震鉴定和加固。

过去所有抗震规范都是针对新建结构设计规定的，对已有房屋的抗震鉴定和加固用规范形式附于一般抗震设计规范之中，是很少见的。

对于现有房屋的抗震鉴定，ATC-3 规范规定了定性的与定量的两种方法，先进行定性鉴定，若得不出肯定意见，可再进行定量的分析鉴定。

①定性鉴定：要求对房屋的主要结构体系和非结构部件进行逐项检查，判断是否满足下述各项要求：实际房屋是否与施工图一致，是否存在主要结构体系，主要结构体系的刚度沿高度有无危险的突变，平面是否很不规整而足以产生过大的扭转振动，建筑材料强度有无明显的退化，只有抗侧力框架的房屋的构件有无足够延性，柔底层房屋有无特殊抗震考虑，钢筋混凝土柱是否为部分高度的墙所限制而产生未考虑到的脆性破坏，剪力墙有无足够配筋，预应力构件的联结、细部是否适当等等，从而确定此房屋是否满足抗震要求。

②分析鉴定：按设计规范先计算已有房屋的现有底部剪切抗力 V_a 和应有的底部剪切抗力 V_r，令 $r=V_a/V_r$ 为抗震能力比。定性鉴定不满足抗震要求者，取 $r=0.1$。若 r 小于下面规定的最小值 r_c，则认为此房屋不满足抗震要求：

· 设防标准分类 D 中主要结构体系与非结构部件 $r_c=0.5$；

· 设防标准分类 C 中主要结构体与内部非结构部件 $r_c=0.25\left(1+\dfrac{\text{OP}-100}{700}\right)$ 或 0.5 中的较小者，其中 OP 为按使用面积计算的房屋中的人数；

· 设防标准分类 C 中外部非结构部件 $r_c=0.5$。

③加固要求：对于鉴定后不满足上述要求的房屋，要进行加固。加固的目标是达到上面规定的抗震能力比最小值 r_c 的两部，即应达到新建房屋的同等要求。规范中还规定了加固完毕的时间期限。

(3) ATC-3 规范的影响。

由于美国是联邦政府，各种法令的制订权在各州各市，联邦政府无权干涉，所以尚无全国共同的规范。自从 1978 年 ATC-3 规定正式公布后，在国内外已有重大影响。目前已知的有美国三军重要结构物抗震设计指南（于 1984 年完成）、哥伦比亚规范 Norma AIS 100-83（1984 年开始使用）、加拿大 1985 规范等采用与 ATC-3 或日本新规范相似的某些特点，现分别介绍如下。

①1984 年三军重要结构物抗震指南。

考虑场地上、震中距和震级来规定地震动，设计反应谱用 ATC-3-06 规定。

②哥伦比亚抗震规范。

首先翻译了 1974 年 SEAOC 规范。1979 年哥伦比亚地震工程协会认为 ATC-3 规范会有重要影响，又翻译了 ATC 3-06。1981 年决定采用规范 AIS 100-81，但大加修改，包括一至二层民房与砖石房，并采用地震危险性图修改本。修改后的规范即为 Norma AIS 100-83，作为一般房屋规范的一部分，从 1984 年起用于全国。

Norma AIS 100-83 规范的主要内容有如下几点：①地震危险性与设计反应谱。在 1978

年哥伦比亚地震危险性图上进行了修改，给出了全国的有效峰加速度 A_a 和有效峰速度 A_v 的等值线图，超越概率为 50 年 10%，完成于 1984 年。设计反应谱用 ATC 3-06。地震区按 A_a 与 A_v 分为三个地震危险性等级：A_a 或 A_v 小于 0.10 的低危险区，在 0.15～0.20 之间的中危险区，不小于 0.25 的高危险区。同一区内的 A_a 与 A_v 值不一定相同。各区的抗震设计要求不同。②设计方法有二，一个用于哥伦比亚常见的一、二层无筋砖石墙房屋，设计要求简单；另一个用于其他房屋，先根据等值线图求得 A_a 和 A_v 值确定地震危险性分区的级别（低、中、或高），再按各自规定的设计与分析方法进行设计。

③加拿大 1985 抗震规范 NBCC-1985。

1985 年加拿大抗震规范的主要改变包括如下几个重点：①依照 ATC 3-06 的方式，用两个水平地震动参数峰加速度 PHA 与峰速度 PHV 的等值线图作区划，分别用 Z_a 和 Z_v 表示两者的分区号如表 14.2.4，比值 PHA/PHV 是可变的，即反应谱形状可变；注意，表中 Z 值的分区线除 1 区至 2 区成倍以外，以后各区均按 $\sqrt{2}$ 倍增长。②地震动超越概率从 50 年 40%改为 50 年 10%，与国际趋势一致。③反应谱根据 Z_a 与 Z_v 分区决定。以 Z_v 为主，Z_a 与 Z_v 最多只容许相差 1，若相差过多，均需改为 $Z_a=Z_v\pm1$。反应谱的构成如图 14.2.7。在 $T\leqslant0.25$s 内，加速度反应谱 S 为常数，其大小由调整后的 Z_a 值决定；$T=0.25$～0.50s 时，若 Z_a 不等于 Z_v，则反应谱值 S 按直线内插决定；$T\geqslant0.5$s 时，反应谱值 S 由 Z_a 决定，S=常数/$\sqrt{T}$；当 $Z_a=Z_v$ 时，在 $T=0.25$～0.50s 时，亦用此公式，即 S=常数/$\sqrt{T}$。反应谱 S 的标定常数 S_n 则按下述原则确定：使新规范与原规范的反应谱值在全国范围内不要有过大的变动，由此得 $S_n=0.44$。

表 14.2.4　加拿大 1985 地震动分区

分区号 Z_a 或 Z_v		0		1		2		3		4		5		6
Z_a 或/g Z_v/(m/s) 分区线	0		0.04		0.08		0.11		0.16		0.23		0.32	
区中值		0		0.05		0.10		0.15		0.20		0.3		0.40

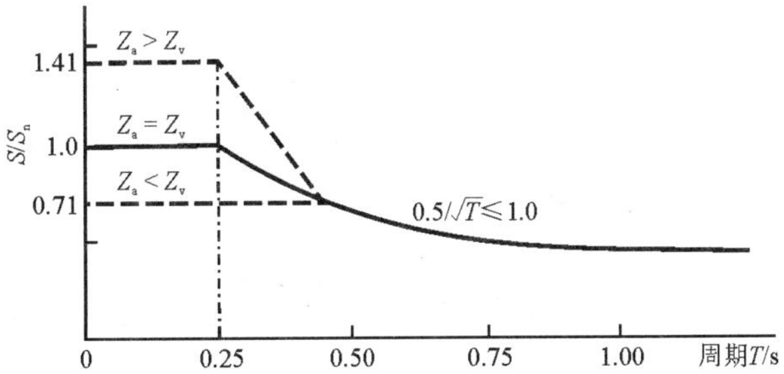

图 14.2.7　加拿大 1985 抗震规范

14.2.3　中国抗震规范的沿革

14.2.3.1　规范沿革年表

1955 年　翻译出版了苏联《地震区建筑规范 ПСП-101-51》。

1956 年　编制了第一幅中国地震烈度区划图，未正式使用。

1957 年　国家建委委托中科院土木建筑研究所负责主编我国抗震设计规范。

1958 年　在西安召开全国抗震规范学术讨论会。

1959 年　提出了第一个抗震设计规范草案，内容包括房屋、道桥、水坝、给排水等多种土建工程学科，并为设计单位试用，此草案参考了 1957 苏联 CH-8-57 规范。国家建委撤销，此草案被搁置。

1962 年　中科院土木建筑研究所改名为中科院工程力学研究所。国家建委恢复，责成中科院工程力学研究所重新主编抗震规范，参加编制的单位还有中国科学院地球物理所、建筑工程部西北工业设计院、给排水设计院、铁道部第一设计院、水电部水利科学研究院等。

1964 年　提出第二个抗震设计规范草案《地震区建筑设计规范（草案稿）》，不再包括水工结构部分，但除建筑物部分外，还包括给排水、农村房屋、道桥等。此规范有如下特点。

(1) 地震烈度：由于无成熟的全国地震烈度区划图，只采用若干重要城市的基本烈度作参考，与 1959 年草案同。

(2) 场地影响：废弃了 1959 年草案中按苏联经验采用的场地烈度概念，对场地影响不采用调整烈度的方式加以处理，而采用调整反应谱的方法，如图 14.2.8。这一方法的引入在美国和日本都在 20 世纪 70 年代中叶。

(3) 场地分类：改变了 1959 年草案中将场地分为三类的单纯宏观方法，而采用多物理指标法分为四类，如表 14.2.5。

(4) 地震系数：将 1959 年草案中的地震系数 k_c 改为 C 与 k 两个系数的乘积 Ck；使地震系数 k 明确表示实际地震动，即 $k=a_{max}/g$，a_{max} 为地震最大水平或竖向加速度，见表 14.2.6；

表 14.2.5　中国 1964 抗震设计规范草案地基分类

地基类别	一般描述	计算强度/(kg·f/m^2)	单位干容重/(t/m^3)		卓越周期/s	V_P/(km/s)
			砂土	粘土		
Ⅰ	稳定岩层	>40			<0.2	>2
Ⅱ	一般土壤，如砾砂、一般砂土、密实粘性土	15~40	>1.5	>1.4	0.15~0.5	1~3
Ⅲ	松软土壤，如松散砂土、软粘土、浸蚀黄土	8~15	1.4~1.6	1.2~1.5	0.35~0.7	0.3~1
Ⅳ	异常松软土壤，如极软粘土松厚填土	<8	<1.4	<1.2	>0.6	<0.3

表 14.2.6　地震系数 k

k \ 设防烈度	Ⅶ	Ⅷ	Ⅸ	Ⅹ
水平方向	0.075	0.15	0.30	0.60
竖直方向	0.038	0.075	0.15	0.30

而用结构系数 C 明确表示结构非弹性反应的影响，随结构类型而异，变化于 1/3 到 1 之间。

(5) 地震力计算方法：采用两种公认的方法，即等效静力法与反应谱法。

①等效静力法：

$$\left.\begin{aligned}&\text{底部剪力} \qquad V_0 = Ck\beta qW\\&\text{底部弯矩} \qquad M_0 = Ck\beta mW\overline{H}\end{aligned}\right\} \tag{14.2.16}$$

$$\left.\begin{aligned}&\text{剪力沿高度分布} \qquad V_n = V_0[1-(H_n/H_N)^{r_V}]\\&\text{弯矩沿高度分布} \qquad M_n = M_0[1-(H_n/H_N)^{r_M}]\end{aligned}\right\} \tag{14.2.17}$$

式中，$\overline{H}$ 为结构重心高度；q 为等效剪力系数；m 为等效弯矩系数，对于简单结构，q，m，r_V，r_M 的数值均有规定，如对均匀剪切梁：q=0.8，m=1.0，r_V=2，r_M=3/2；$\beta(T_1)$为反应谱比值在基本周 T_1 处的值，$\beta(T)$见图 14.2.8；k 为地震系数；C 为结构系数。此法适用于可以简化为伸臂梁的结构。

②反应谱法（略）：结构总体反应按各振型反应谱值的平方和平方根计算，一般取前三个振型。

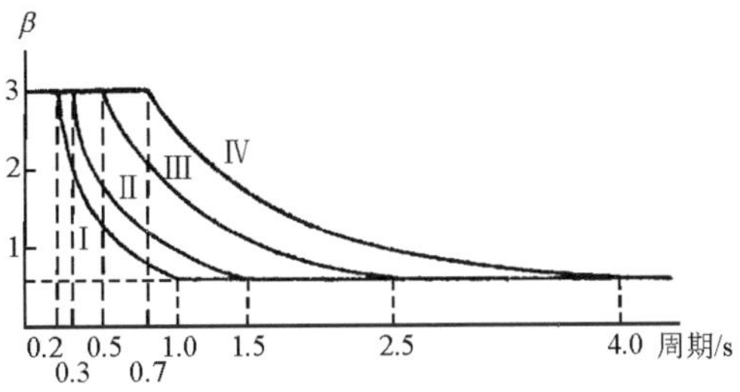

图 14.2.8 中国 1964 抗震设计规范草案设计反应谱

$0.6 \leqslant \beta = 3T_0/T \leqslant 3.0$

场地分类	Ⅰ	Ⅱ	Ⅲ	Ⅳ
T_0/s	0.2	0.3	0.5	0.8

(6) 竖向地震力：对下述结构应计算竖向地震力：稳定性依赖于自重维持的结构，如重力坝与挡土墙；位于高烈度区（震中区）的以自重为主要荷载的结构，如大跨桥梁与屋盖结构。

(7) 结构自振周期简化计算公式：根据国内实测结果与理论研究，给出了多层砖石房屋、多层钢筋混凝土楼房、坝、桥墩、烟囱与高架塔的自振周期计算公式。

1974 年 •第一个正式批准的抗震规范《工业与民建筑抗震设计规范 TJ11-74（试行）》出版，此规范仅包括工业与民用建筑部分，不包括给排水与道桥等。此规范有以下主要特点。

(1) 继承了 1964 年规范草案中关于按场地土壤调整反应谱的规定，不用场地烈度一词，但改场地土为三类。

(2) 场地分类：只采用宏观土性描述进行场地分类，改四类为三类。

(3) 地震荷载计算：

①等效静力法：

底部剪力 $V_0 = C\alpha W$

惯性力 $$F_n = V_0 \frac{W_n H_n}{\Sigma W_j H_j}$$

②振型分解法：同 1964 年规范。

(4) 砂土液化判别：根据我国近十余年地震现场经验，规范提出了下述砂土液化判别公式，凡标准贯入数小于下式给出的临界值 N_c 者即为可液化砂层。

$$N_c = N_0[1+0.125(d_s-3)-0.05(d_w-2)] \tag{14.2.18}$$

式中，d_s 为砂层上覆土厚（m）；d_w 为地下水埋深（m）；N_0 与地震烈度有关，在烈度为Ⅶ、Ⅷ、Ⅸ度时，分别为 6、10、16。

·台湾省《建筑技术规则》中有关抗震设计的规定公布施行。其规定与 1966 年美国 SEAOC 规定相近，但取

$$V_0 = C\alpha W$$

$$\alpha = 0.1/\sqrt[3]{T} \leqslant 0.1$$

区划图将台湾省分为强、中、弱三区，中区取上值，强区再乘以系数 1.25，弱区乘以系数 0.75。

1977 年 中国建筑科学研究院主编《工业与民用建筑抗震鉴定标准 TJ22-77》正式批准试行。这是我国第一个正式批准试行的抗震鉴定标准，在国际上也是首创，其中包括多层砖房、内框架房屋、单层钢筋混凝土厂房、多层钢筋混凝土框架房屋、单层空旷房屋与单层砖柱厂房、旧式木房、砖木房屋、农村房屋、烟囱与水塔等。

1978 年 ·工业与民用建筑抗震设计规范修订版 TJ11-78 出版，是 1974 年版在海域、唐山地震后按新经验有所修改。

·水电科学研究院主编的《水工建筑物抗震设计规范 SDJ10-78》批准试行。它具有以下主要特点：

(1) 按烈度分区设计。

(2) 抗震计算：

①静力法（用于高度小于 150m 的坝）：

惯性力 $F_n = Ck\alpha_n W_n$（土坝、堆石坝）

式中，C=1/4 为综合影响系数；k 为地震系数，k=0.1（烈度Ⅶ），0.2（烈度Ⅷ），0.4（烈度Ⅸ）；地震加速度系数 α_n 用图表给出，在基底处 α=1，在顶部 α=2.5。

底部剪力 $V_0 = Ck\alpha W$（混凝土重力坝）

α=1.0（底部）

α=3.0（H≤30m 或竖向）

α=5.0（H=30～70m）

α=6.0（H=70～150m）

惯性力 $$F_n = V_0 \cdot W_n \Delta_n / \Sigma W_n \Delta_n$$

其中 Δ_n 以图表形式给出。

②反应谱法（用于高 150m 以上的坝）：如图 14.2.9。

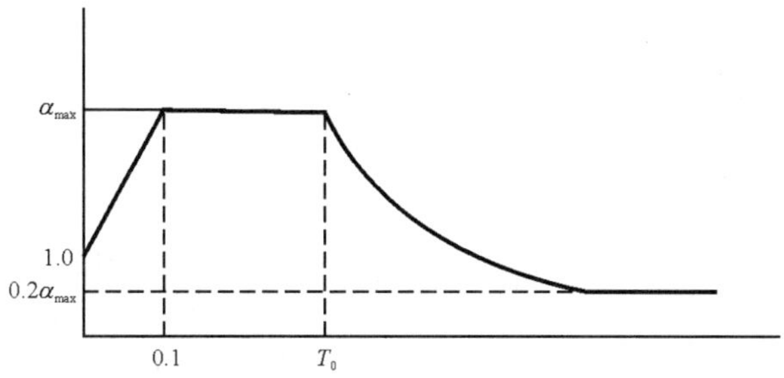

图 14.2.9　水电部规范反应谱

场地类别	I	II	III
T_0/s	0.2	0.3	0.7

(3) 砂土液化判别：除采用工民建规范的规定外，还增加用相对密度 D_r 于砂土和塑性指数 I_p 于少粘性土的规定。

• 煤炭工业抗震设计规定批准试行。

1980 年台湾大学地震工程研究中心抗震设计规范组提出对 1974 年《建筑技术规则》中有关抗震设计规定的修改建议，主要内容如下。

底部剪力　　$V_0=Zk\alpha IW$

Z=1.0（强震区），0.8（中），0.6（弱），地震分区图与 1974 年也有不同；

$$\alpha=\frac{1}{8\sqrt{T}}\leqslant 0.15$$

I=1.5（重要），1.25（中等重要），1.0（一般）

k=0.67～2.5，随结构延性而异；

竖向惯性力分布　　$F_n(V_0-F_D)\dfrac{W_nH_n}{\Sigma W_jH_j}$

$$F_D=0.07TV_0\leqslant 0.25$$
$$=0(T\leqslant 0.7\text{s})$$

1982 年　由中国建筑科学研究院负责主编，考虑工民建规范 TJ 11-78 的修订，1988 年完成送审稿。

1989 年　建筑抗震设计规范颁发。

2001 年　建筑抗震设计规范 GB50011－2001 出版。

14.2.3.2　89 规范修订

自从 1975 年海城地震与 1976 年唐山地震以来，地震工程界面对大量房屋的破坏和由此带来的人身伤亡和重大设备的损失，深感责任重大，对地震工程必须予以更大的重视，努力总结抗震防震的经验教训，改进抗震设计方法与规范，因而对工民建抗震规范 TJ11-74 迅速提出了修改而颁布了 TJ11-78；然而唐山地震经验的总结研究非一日之功，研究总结工作在继续深入，经验教训在继续积累。与此同时，唐山地区的重建工作也日益迫切，当地人民和设计工程师都要求在重建工作中能吸取更多先进经验，避免惨痛的震害重演，也对抗震设计与规范修订提出了更高的要求。

正在这个时期，在国际上出现了两个新的抗震规范，即美国的 ATC-3 和日本的新建筑基准法。这两个抗震规范是地震工程发展阶段的产物（见第 14.4 节），是在强震观测积累了大量数据、近代几次国际大地震为现代化结构提了丰富的经验教训、结构与构件试验数据的积累、理论工作的迅速发展以及核电站、海洋平台及大型化工企业等重大特殊结构物等因素所带来的必然发展，因而，抗震规范也有了一些重大的进展。

另外，在静力设计方面，国际结构设计规范也有了很大的进展。20 世纪 50 年代发展于苏联、60 年代发展于欧美的结构安全度理论已进一步发展为可靠度理论，并以分部荷载系数的形式应用于实际结构设计规范。国际标准化组织结构设计基础委员会（ISO/TC98）提出了国际标准 ISO2394《结构设计可靠度总原则（草案）》，国际结构安全度联合委员会（JOSS）提出了《结构统一标准规范国际体系，第一卷，对各类结构和各种材料的共同统一规则》的基本原则。继此之后，我国于 1980 年提出了相似的设计原则与方法，制订《建筑结构统一标准》，并决定此标准将为今后工业与民用建筑工程范围内编制荷载和各种材料（包括钢、钢筋混凝土、砖石、木）的结构设计规范应共同遵守的准则，是关于建筑结构设计的一项基本立法文件。在此期间，我国除地震以外的其他荷载规范均已决定按《建筑结构设计统一标准》的规定进行修改。因此，修订抗震规范 TJ11-78 时，也有此考虑。

经过规范修订组几十人的努力，于 1985 年提出初稿，并广泛征求意见。根据征求意见稿，此拟议中的规定，具有下述重点修改意见。

(1) 场地分类。

和 1978 年规范相比，草稿中增加了覆盖层厚度、承载力及横波速作为分类指标，并改三类场地划分为四类。

(2) 砂土液化。

和 1978 年规范相比，草稿作了三项重要修改。一项是考虑了轻亚粘土的液化可能性，在原液化判别公式中增加了粘粒含量。第二项修改是 N_0 值的确定。在 1978 年规范中 N_0 值由所在地区的地震烈度单独确定，但由现有研究成果可知，N_0 值与振动的循环次数关系很大，不是单纯由地震力确定的。为此，修订稿建议按地震烈度和震中距离远近两者综合确定。第三项修正是液化地基抗液化措施的规定，1978 年规范无此内容。

(3) 反应谱。

反应谱的修改是为了两个目的，一个是考虑近震、远震（或小震、大震）对反应谱的影响，另一个是为了减少原规范场地类别 II 到III时反应谱过大的变化。修改后的反应谱按表 14.2.7 选用图 14.2.10 中的曲线。修订稿不再采用反应谱最小值的限制，但只给出最大适用周期，约为 3s，对于更长周期的反应谱不包括在本修改稿之内。

表 14.2.7　反应谱的选用

场地 地震	I	II	III	IV
近　震	A	B	C	D
远　震	B	C	D	E

(4) 抗震变形验算——二级设计。

修改稿在总则中规定，在遭受较常遇到的、小于本地区规定的基本烈度的地震影响时，建筑物无损坏；在遭受到本地区规定的基本烈度地震影响时，建筑物包括非结构部分可能有损坏，但不修理或稍加修理即可恢复使用，不致危及人和生产设备的安全；在遭受到极少可能发生的、高于本地区基本烈度的地震影响时，建筑物不致倒塌或发生危及生命财产的严重破坏。

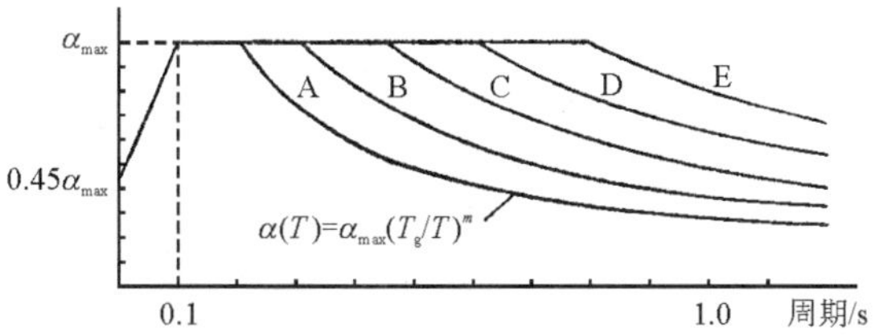

图 14.2.10　水平反应谱$\alpha(T)$

竖向反应谱$\alpha(T)=0.5\alpha(T)$

反应谱	A	B	C	D	E
m	0.8	0.8	0.9	0.9	1.0
T_g/s	0.2	0.3	0.45	0.6	0.8

地震烈度	Ⅶ	Ⅷ	Ⅸ
α_{max}	0.09	0.18	0.36

作为上述原则的具体体现，修改稿要求对小震和大震进行二级设计，小震定义约为基本烈度所对应的最大地震反应的 1/3，这时要求结构处于弹性状态，以保证结构无损坏，结构按弹性设计；大震定义为小震反应的 5～6 倍，即基本烈度地震反应的 2 倍，这时要求结构有足够的延性或变形能力，利用非弹性变形的耗能作用，要求校核结构变形，以保证结构不倒塌，从而保障人身安全，避免财产的重大损失。

仅对不规则结构、特殊重要的结构、和烈度高、场地软、周期长的房屋，才要求进行第二级设计；并给出了弹塑性变形计算方法、公式和容许极限。

(5) 弹性强度验算的概率格式。

在进行第一级设计时，将采用荷载分项安全系数，它们是根据破坏概率确定的。

在上述修订内容中，依赖于距离和场地的反应谱、砂土液化中对轻亚粘土的考虑以及抗震构造措施中构造柱的应用，都是我们所特有的，二级设计与日本建筑规范相似，按距离远近调整反应谱与 ATC-3 在原则是相似的。这些都反映了当代抗震规范的发展趋向；而将概率设计原则的分项安全系数法用于抗震规范，则我国早于日美。

14.2.3.3　《建筑抗震设计规范》(GB50011－2001) 出版

1984 规范草案到 1989 年才正式颁布为 GBJ11－89 规范；经过近十年的使用和发展，又颁布了现行的 GB50011－2001 正式规范。

1997 年底《中华人民共和国防震减灾法》颁布施行。2001 抗震规范据此制订《建筑抗震设计分类标准》(GB50223)，按此标准将建筑物分为四类。抗震设计规范也作了相应的规定，并结合地震工程的新进展，制订了我国的现行抗震设计规范《建筑抗震设计规范》(GB50011－2001)。此规范的主要改变如下：

(1) 规定了重要性分类。甲类提高一度设防；乙类按地震区划标准设防，抗震措施应符合提高一度的要求；丙类按当地烈度设防；丁类建筑的抗震措施可以比本地区设防烈度适当降低。

(2) 地震区划图已直接采用地震动加速度分区，不再采用地震烈度，两者关系见表 14.2.8，其发生的概率为 50 年 10%。与旧规范相比，现行规定将Ⅷ和Ⅸ度区又各细分为二。

(3) 由于 2001 年的新区划图采用了加速度 a 与速度 v 两个指标，或加速度与特征周期（$T_g=2\pi v/a$），建筑规范在加速度分区之外，又增加了地震动分组，即 0.35s，0.40s 和 0.45s 三个特征周期分组，见表 14.2.9。

表 14.2.8 加速度(g)分区与烈度的关系

地震烈度	Ⅵ	Ⅶ	Ⅷ	Ⅷ	Ⅸ	Ⅸ
加速度分区	0.05	0.10	0.15	0.20	0.30	≥0.40
加速度范围		0.09~0.14	0.14~0.19	0.19~0.28	0.28~0.38	≥0.38

表 14.2.9 特征周期 T_g(s)

场地类别	Ⅰ	Ⅱ	Ⅲ	Ⅳ
第一组	0.25	0.35	0.45	0.65
第二组	0.30	0.40	0.55	0.75
第三组	0.35	0.45	0.65	0.90

特征周期是用来考虑在同一烈度情况下，地震大小与远近影响的，即在同一地震烈度或加速度范围内，大震、远震的反应谱向长周期段延伸，如表 14.2.9 所示，第一组表示近、小震，第三组表示大、远震的特征周期。

由于抗震设计规范和地震区划图的这一改变，在Ⅷ和Ⅸ度区范围内各分为两个区，从而使得原来均分别按 0.10 和 0.20 设计的一部分地区分别提高到 0.15 和 0.30，从而有了较安全的要求。在新的规范中又提高了远程场地上较长周期房屋的设计要求，反应谱也在长周期段延伸至 6.0s。

上述修改的主要原因是为了要考虑地震大小与远近这两个因素对反应谱形状的影响，即除地震动加速度大小之外，还考虑反应谱形状的变化，加速度大小的变化仍用地震烈度表示，反应谱的形状从小震、近震时的窄谱（或主要在短期的谱）变到大震、远震时的宽谱（或主要向长周期延伸的谱）。国际先进规范，如美国，已在抗震设计规范中不再采用地震烈度一词，而直接用加速度和反应谱来规定各项要求。

(4) 由于社会发展的需要，中高层和高层建筑物与构筑物日益增多，从而要求考虑较长周期的反应谱，我国新规范也将反应谱从过去的 3s 伸缩至 6s，如图 14.2.11。2001 规范中关于设计反应谱的规定，考虑了国内外的强震观测记录，并考虑了我国的需要，长周期段止于 6.0s，反应谱下降段的形式简单、定性地考虑了地震大小与远近的影响，偏于保守。

(5) 增加了隔震和消能减震的规定。

2001 规范在我国首先引入了隔震、消能的规定，允许在有特殊使用要求和高烈度（Ⅷ、Ⅸ度）地区的多层砌体、混凝土框架和抗震墙房屋中使用。

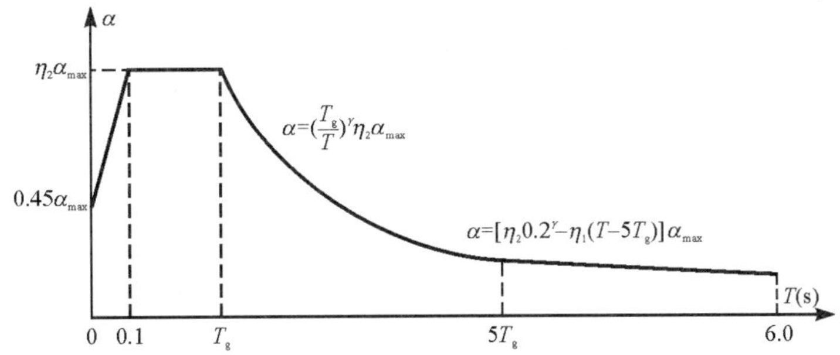

图 14.2.11　地震影响系数曲线

α—地震影响系数；α_{max}—地震影响系数最大值；η_1—直线下降段的下降斜率调整系数；
γ—衰减指数；T_g—特征周期；η_2—阻尼调整系数；T—结构自振周期

14.3　抗震设计规范一览表

上节从中、日、美三国抗震设计规范的沿革，纵观了三国抗震规范发展演变过程；本节介绍当前几十年国家或地区抗震规范的现状，从中也可以看到历史发痕迹。

为对比现有各地震规范，表 14.3.1 至 14.3.5 分别列出了各规范的设计原则和地震分区、设计反应谱、计算方法、其他设计因素、场地条件影响。为对比起见，也对少数规范的前一版本作了统计。

一般的说明和对比分别见第 14.1.1、14.1.2 和第 14.4 等节。表中符号参见图 14.1.1 及其说明。

表 14.3.1　各规范设计原则与地震分区

编号	国家或地区	年代	范围(建筑物及××)	设计原则	最小或法定	地震分区数			
						烈度		地震动	
						整度	不整	成倍	不成倍
1	阿尔及利亚	1955						3(0.035,0.070)	
2		1982			最小				(0.05~0.35)
3	阿根廷	1976		小震、大震	最小				4(0,0.04,0.07,0.1)
4	奥地利	1979					5(半度)		5(0.01,0.02,0.035,0.06,0.1)
5	保加利亚	1964				4(Ⅵ~Ⅸ)		$4(0,\frac{1}{40},\frac{1}{20},\frac{1}{10})$	
6	加拿大	1980			最小				等值级
7		1985			最小				同 ATC-3
8	智利	1972			最小			(不详)	
9	中国	1978		小震、大震		4(Ⅵ~Ⅸ)			
10		2001		小震、中震、大震					a,T_g双指标
11	哥伦比亚	1984							同 ATC-3

续表

编号	国家或地区	年代	范围(建筑物及××)	设计原则	最小或法定	地震分区数			
						烈度		地震动	
						整度	不整	成倍	不成倍
12	古巴	1964					(1 区)		
13	萨尔瓦多	1966			最小			3(0,0.06,0.12)	
14	埃塞俄比亚	1978			最小			5(0,0.025,0.05,0.1,0.15)	
15	法国	1967				4(Ⅵ~Ⅷ$^{+}$)			
16	西德	1976							5(0,0.025,0.04,0.065,0.1)
17	希腊	1978	水塔、烟囱、桥墩	中震、大震					5(0,0.04,0.06,0.08,0.10)
18	印度	1975	构筑物、桥、堤坝			5(Ⅴ~Ⅸ)			6(0,0.01,0.02,0.04,0.05,0.08)
19	印尼	1978	高架水塔						6(0,0.02,0.04,0.07,0.1,0.14)
20	伊朗	1973					(待划分)		
21	以色列	1975	所有结构				4(半度)		4(0,0.5,0.75,1.0)
22	意大利	1974						(待划分)	$\frac{S-2}{100}$
23	日本	1981		小震、大震					4(0.14,0.16,0.18,0.2)
24	墨西哥	1977	挡墙				(1 区)		
25	新西兰	1976			最小				3(0.1,0.125,0.15)
26	秘鲁	1977		小震、中震、大震	最小				3(0.3,0.7,1.0)
27	菲律宾	1972			最小				4(0,0.2,0.3,0.4)
28	葡萄牙	1961			最小			3(0.0.05,0.1)	
29	罗马尼亚	1970				4(Ⅵ~Ⅸ)		4(0,0.025,0.05,0.10)	
30		1977 1981							8(0,0.07,0.09,0.12,0.16,0.20,0.26,0.32)
31	西班牙	1974			最小	5(Ⅴ~Ⅸ)		5(0.02,0.04,0.08,0.15,0.30)	
32	土耳其	1996							4(0.03,0.06,0.08,0.1)
33	美国 ATC-3	1978			最小			(a, v)双指标	7
34	美国 UBC	1979		小震、中震、大震	最小	4(<Ⅵ~Ⅷ$^{+}$)			

续表

编号	国家或地区	年代	范围(建筑物及××)	设计原则	最小或法定	地震分区数			
						烈度		地震动	
						整度	不整	成倍	不成倍
35	苏联	1969	桥、水工	弹性设计、不倒塌、伤人		4(Ⅵ~Ⅸ)			
36		1981				4(Ⅵ~Ⅸ)			
37	委内瑞拉	1967						4(0,0.25,0.5,1.0)	
38		1984							4(0.08,0.15,0.2,0.3)
39	南斯拉夫	1964	同苏联			4(Ⅵ~Ⅸ)			
40		1981				4(Ⅵ~Ⅸ)			

表 14.3.2　各规范设计反应谱

编号	水平反应谱(基岩)					场地条件分类				震级或距离影响	基岩最大地震系数
	T_0	T_g	β_{max}	T_c	β_{min}	分类数	分类指标	最软 T_g	最软 $-m$		
1						3	宏观				
2	0	0.3	2.0	2.0	0.78	2	宏观，厚度	0.5	1/2		
3	0	0.2	0.8	1.0	0.2	3	承载力	0.8	−1		0.08
4	0.1	0.5	1.6	1.0	外推	4	宏观		1		0.18
5	0	0.3	3.0	1.5	0.6	4	宏观		1		0.3
6	0	0.25	1.0	T_{max}=1.5		3	宏观，厚度	0.6	1/2		
7	0	可变				3	宏观，厚度		1/2	考虑	
8	0	0.2	0.1	3.0	0.06	3	宏观	0.9	1③		
9	0	0.2	0.9	1.0	0.18	3	宏观	0.7	1		0.3
10	0.1	0.2	0.9	T_{max}=3.2		4	宏观，厚度，波速，承载力	0.8	0.9	远近震	
11	0.9	0.2	1.0			3	同 ATC-3				0.3
12	0	0.3	3.0			2	宏观		1		
13	0	0.2	1.0			(无)			1		0.12
14	0	0.22	0.15	T_{max}=2.0		3	宏观，厚度，标贯		1/2		
15	0	0.22				4	宏观		1/3 1/4		
16	0	0.45				4	宏观		0.8		
17	0	0.4	1.4	1.2	0.4	3	宏观，厚度，标贯，波速，强度	1.7	−1		0.14
18	0	0.25	0.95	T_{max}=3		3	宏观，标贯	0.25			0.08

续表

编号	水平反应谱(基岩)					场地条件分类				震级或距离影响	基岩最大地震系数
	T_0	T_g	β_{max}	T_c	β_{min}	分类数	分类指标	最软 T_g	最软 $-m$		
19	0	0.25 0.3	1.4	2.0	0.5	2	宏观，厚度，强度	0.6	−1	有所考虑	0.14
20	0	0.31	0.08	0.625	0.04	2	承载力		1		0.08
21	0	0.125	0.10	2.0	0.04	5	宏观，厚度	1.56	1/3②		0.13
22	0	0.8	1.0						2/3		$\frac{S-2}{100}$
23	0	0.4	1.0	2.5	0.25	3	宏观，厚度	0.8	−2①		0.2
24	0.3	0.8	0.16	—	—	3	宏观	3.3	1	(长周期)	0.16
25	0	0.45	0.1	1.2	0.05	2	宏观，强度	0.8	−1		0.15
26	0	0.3	0.4	1.2	0.16	3	宏观，卓越周期	0.9	1②		
27	0	0.125	0.1			3	宏观	0.125	1/3		0.1
28	0				(无反应谱)	2	宏观				0.1
29	0	0.3	3.0	1.5	0.6	3	宏观，承载力	0.45	1		0.3
30	0	1.2	2.0	3.2	0.75	3	宏观，承载力	1.56	1	深远震	0.19
31	0	0.5	1.0	1.73	0.5	5	宏观，纵波速		1/3		0.09
32	0	0.3	1.0	T_{max}=3.0		4	宏观，强度，标贯波速，D_r	1.2	1②		0.1
33	0	0.33	2.5	(可变)		3	宏观，厚度	0.85	2/3	考虑	(0.2)
34	0	0.31	0.12			连续	T_g	0.7	1/2		0.12
35	0	0.33	3.0	1.25	0.8	3	宏观，地下水位	0.33	1		0.3
36	0	0.33	3.0	1.25	0.8	3	宏观	0.75	1		0.3
37			(无谱)			2	宏观				0.085
38	0.15	0.4	2.2			3	宏观	1.0	0.6		
39	0	0.5	1.5	1.5	0.5	3	宏观	1.0	1		0.12
40	0	0.5	1.0	1.5	0.33	3	宏观	0.9	1		

注：①$\beta(T)=1-0.2(T/T_g-1)^2$　　$T_g \leqslant T \leqslant 2T_g$

　　$=1.6T_g/T$　　$T \geqslant 2T_g$

②$\beta(T)=$常数$(T+C)^{-m}$

③$\beta(T)=0.1\times 2TT_g/(T_g^2+T^2)$

表 14.3.3　各规范计算方法与竖向振动

编号	等效静力法		竖向地震力	局部地震力	房屋自振周期	振型反解		时程动力法考虑条件
	底部剪力	惯性力的竖向分布				考虑否	组　合	
1	$(Zk_0)C(S\beta)$	$1+0.02(H-10)$	2×	3×		不		(静力法)
2	$(Zk_0)CI(S\beta)$							
3	$(Zk_0)CI(S\beta)$	$C_D=1\sim0.1$		(1.5~10)×	有		SRSS 与绝对值平均	
4	$(Zk_0)IS\beta$	$C_D=0$	0.55×					
5		$C_D=0$		(2~5)×	$0.09\,H/\sqrt{B}$			
6		$C_D=0.004(H/B)^2$ $\leqslant0.15$		(1~10)×				
7	$[Zk_v\cdot ICS\beta]$						SRSS 与绝对值平均	
8	$IC(S\beta\,k_0)$	$C_D=0$					SRSS 与绝对值平均	
9	$(Zk_0)IC(S\beta)$	$C_D=0$	2/3×		$0.22+0.035\,H/\sqrt{B}$		SRSS	
10	$(Zk_0)C(S\beta)$	$C_D=aT_1+b$	1/2×				SRSS	极不规则;高>60m
11						是		
12		$C_D=0$		5×				
13		$C_D=0$	>0.4×	>2×			SRSS	
14	$ZIC(\beta k_0)$	$C_D=0.07T<0.25$ $(T>0.7)$		(1~20)×	$0.09\,H/\sqrt{B}$ $0.10N$			
15	$(Zk_0)S\beta$	$C_D=0$		(1~6.0)×	$(0.06\sim0.10)\,H/\sqrt{B}$			
16	$(Zk_0)CS\beta$	$C_D=0$	0.5×		$0.06\,H/\sqrt{B}$ $0.08\,H/\sqrt{B}$			
17	$ZIC(S\beta)k_0$	$C_D=0$		3×	$(0.075\sim0.12)\,H/\sqrt{B}$		SRSS	特批
18	$(Zk_0)IS\beta$	$C_D=0$	0.5×		$0.09\,H/\sqrt{B}$ $0.1N$		SRSS 与绝对值加权平均	
19	$(ZS\beta\,k_0)CIW$	$C_D=0.1$ $=0.2$(烟囱)	—	(2~8)×	$0.085H^{3/4}$ $0.06H^{3/4}$ $0.09\,H/\sqrt{B}$		SRSS	极不规则;>40m 刚度不均匀; 特别重要
20	$Z(\beta k_0)C$	$C_D=0$	—	(2.5~12.5)×	$0.09\,H/\sqrt{B}$			

续表

编号	等效静力法		竖向地震力	局部地震力	房屋自振周期	振型反解		时程动力法考虑条件
	底部剪力	惯性力的竖向分布				考虑否	组　合	
21	$(Zk_0)ICS\beta$	$C_D=0.004(H/B)^2$ $\leqslant 0.15$	0.8×	(1.6~8)×	$(0.09\sim0.1)\ H/\sqrt{B}$		SRSS	不
22		$C_D=0$			$0.1\ H/\sqrt{B}$		SRSS	
23	$Z(S\beta)k_0C$	$1+(\frac{1}{\sqrt{\alpha}}-\alpha)\frac{2T}{1+3T}$		(2.5~5)×	$0.020H$			>60m 高
24	$C(Sk_0)(S\beta)$	$C_D=0$			—		SRSS	>4 个 $a(t)$
25	$(Z\beta Sk_0)CI$	$C_D=0\sim0.2$		(1.3~13)×				$T_1>1.5$;非弹性
26	$ZICS(\beta k_0)$	$C_D=0\sim0.15$		(1~5)×	$(0.05\sim0.09)\ H/\sqrt{B}$ $0.1N$		SRSS 与绝对值平均	>3 个 $a(t)$
27		$C_D=0.004(H/B)^2$ $\leqslant 0.15$		(1~10)×	$0.09\ H/\sqrt{B}$ $0.1N$	不		不
28	$ZCSk_0$			(1~3)×	—	不		(静力法)
29	$(Zk_0)CIS\beta$		3×	(1~3)×			同苏联 69	
30	$(Zk_0)C(S\beta)$		(1.7~3.2)×	(1.7~6.4)×	$0.065\ H/\sqrt{B}$		SRSS	
31	$(Zk_0)S\beta I$		(1~2)×	(1.3~11)×	$(0.06\sim0.1)\ H/\sqrt{B}$		SRSS	
32	$(Zk_0)IC(S\beta)$	$C_D=0.004(H/B)^2$		3×	$0.09\ H/\sqrt{B}$ $(0.07\sim0.10)N$			极不规整；高>75m
33	$2.5CA_\alpha$	$C_D=0$；特殊处理			$0.09\ H/\sqrt{B}$			
34	$ZICS(\beta k_0)$	$C_D=0.07T$ $\leqslant 0.25$		(2.5~6.6)×	$0.09\ H/\sqrt{B}$ $0.1N$			
35	$(Zk_0)IS\beta$	$C_D=0$	—	(2~5)×			$(Q_i^2+\frac{1}{2}\Sigma Q^2)^{1/2}$	
36	$(Zk_0)IS\beta$	$C_D=0$					SRSS	
37		$C_D=0$		(2.5~10)×				(静力法)
38		$C_D=0.06\sim0.10$			$0.09\ H/\sqrt{B}$		SRSS	
39	$ZIS\beta k_0$	$C_D=0$	1/3×	(1.5~7)×			同苏联 69	
40	$(Zk_0)IC(S\beta)$	$C_D=0$		(2.5~10)×				

注：×表示为一般水平地震力的倍数。

表 14.3.4　各规范考虑的其他因素

编号	结构系数 C 变化范围	变形限制	倾覆力矩		扭转		有无构造措施	重要性系数 I 变化范围
			考虑否	折减系数	详细三维动力分析条件	偏心		
1								
2	2/3~1/6						有	1~1.6
3	1.0~1.8		是	J=10		e_D=0.1	有	0.8~1.3
4							无	0.9~1.0
5								0.5~2
6	0.7~0.3		是	J=0.5~0.8	e_S>0.25D	e_D=0.05	有	1~1.3
7	0.8~1.2	0.002h	是	0.8+0.2H_n/H_N	e>0.25D 加倍或动力分析	e_D=0.05D		0.8~1.2
8	0.8~1.2		是	0.8+0.2H_n/H		e_D=0.05*		0.8~1.2
9	0.25~0.50							
10								
11								1~1.5
12	1~2.6	0.002h			H/B>5	e_D=0.05		1~2
13	1~2.5	0.002h				e_D=0.05		
14	0.7~3.0	0.005h	是	J=1.0		e_D=0.05		1~1.3
15								
16								
17	0.75~3.0		是	$J=0.6T^{-1/4}\leqslant 1$		e_D=0.05	有	0.8~0.2
18	—	<0.004h	否					1~6
19	1~3	<0.005h <2cm	否		e_S>0.3D 高度不规则	e_D=0 e_D=0.05		1.0~2.0
20	1~2		是	$J=0.6T^{-1/3}\geqslant 0.45$				
21	0.67~3.0	0.001h	无		e>D/6	≥0.05D	有	1~1.2
22						e_D=0.05D		

续表

编号	结构系数 C 变化范围	变形限制	倾覆力矩		扭转		有无构造措施	重要性系数 I 变化范围
			考虑否	折减系数	详细三维动力分析条件	偏心		
23		$0.005h$				(1~1.5)×		
24	1~1/6	$0.008h$	是	$0.8+0.2\frac{H_n}{H}$		$e_D=0.1$		
25	0.64~3.0	$0.010h$ 或 $0.0006h$	有	$J=1$		$e_D=0.1$[1)]		1.0~2.0
26	1/1.5~1/6.0	$0.002h$	是	最上 10 层 $J=1;J\geqslant0.8$	不考虑	$e_D=0.05$		1.0~1.3
27	0.67~3.0	有	是	$J=0.6T^{-1/3}\geqslant0.45$	不考虑	$\pm0.05D$	有	
28	1~1.5	无	无		不考虑		有	>1
29	1.0~1.5					$e_S\pm0.05D$	有	0.5~2.0
30	0.15~0.35	$0.005hC$				$e_S\pm0.05D$		
31							有	1~1.33
32	0.6~3.0					$e_D=0.05$		1~1.5
33	1/1.25~1/8	$0.01h$	有	最上 10 层 $J=1;J\geqslant0.8$		$e_S\pm0.05D$	有	
34	0.67~2.5	$0.005h$	有			e_S 或 $0.05D$		1~1.5
35			无				有	0.5~2.0
36							有	0.5~2.0
37		$0.002h$	是	$0.8+0.2\frac{H_n}{H_N}$		$e_D=0.05$		
38	1~1/6				$>0.12D$	$e_D=0.1$[1)]		1~1.25
39							有	
40	1~2							0.75~1.5

1) 有特点。

表 14.3.5　各规范场地影响的规定

编号	调幅	调谱	
	场地Ⅰ；Ⅱ；Ⅲ；…	$T_g(T_c)$/s 场地Ⅰ；Ⅱ；Ⅲ；…	公式　Ⅰ；Ⅱ；Ⅲ；…
1			
2		0.3; 0.5	$2 \geqslant \sqrt{0.3/T} \geqslant 1$; $2 \geqslant \sqrt{0.5/T} \geqslant 0.78$
3		0.2; 0.4; 0.8	$0.8 \geqslant 0.95-0.75T \geqslant 0.2$; $1.0 \geqslant 1.2-0.5T \geqslant 0.4$; $1.2 \geqslant 1.5-0.375T \geqslant 0.6$
4			
5	0.5; 1.0; 2.0		
6		0.25; 0.42; 0.56	$1 \geqslant 0.5/\sqrt{T}$; $1 \geqslant 0.65/\sqrt{T}$; $1 \geqslant 0.75/\sqrt{T}$
7	1.0; 1.3; 1.5		
8		0.2; 0.3; 0.9	$1 \geqslant 2T\,T_g/(T^2+T_g^2)$
9		0.2; 0.3; 0.7	$1 \geqslant 0.2/T$; $0.3/T$; $0.7/T \geqslant 0.2$
10		0.2; 0.3; 0.45; 0.6 0.3; 0.45; 0.6 0.8	$1 \geqslant (T_g/T)^m$; m=0.8, 0.8, 0.9, 0.9 m=0.8, 0.9, 0.9, 1.0
11			
12	1.0→1.6		
13			
14	1.0; 1.25; 1.5		
15	0.9→1.3		
16	1.0; 1.1~1.2; 1.2~1.4; >1.4		
17		0.4; 1.1; 1.7 (1.2; 2.0; 2.3)	直线变化(考虑土层厚度，土类调谱)1.2; 1.3; 1.4 0.4
18	1.0; 1.2; 1.5		
19		0.25; 0.5(1 区) (2.0)	直线变化　0.14; 0.16　(1 区) 0.05; 0.08
20	1~1.25		
21		0.2; 0.4, 0.4~0.8, 0.4~1.4, 1.4	乘子 $0.8 \leqslant 0.7\sqrt[3]{T-T_g} \leqslant 1.3$
22			

续表

编号	调幅	调谱	
	场地Ⅰ；Ⅱ；Ⅲ；…	$T_g(T_c)$/s 场地Ⅰ；Ⅱ；Ⅲ；…	公式　Ⅰ；Ⅱ；Ⅲ；…
23		0.4, 0.6, 0.8	$1-0.2(\frac{T}{T_g}-1)^2$, $T=T_g-2T_g$; $1.6T_g/T$, $T\geqslant 2T_g$
24	1, 1.25, 1.5	(0.3, 0.5, 0.8) 0.8, 2.0, 3.3	$a_0+(c-a_0)T/T_{min}$, $T<T_{min}$　a_0=0.03, 0.045, 0.06 $c(T_g/T)^m$, m=1/2, 2/3, 1　$T>T_g$　c=0.16, 0.20, 0.24
25		0.45; 0.6, 0.7, 0.8	直线变化，与振动强度有关
26		0.3; 0.6; 0.9	$0.16\leqslant\frac{0.8}{(T/0.3)+1}\leqslant 0.4$; $0.192\leqslant\frac{0.96}{(T/0.6)+1}\leqslant 0.48$; $0.224\leqslant\frac{1.12}{(T/0.9)+1}\leqslant 0.56$
27	1; 1.3; 1.7		
28	1; 1.33; 1.5		
29	0.5; 1.0; 2.0		
30		1.2; 1.5; 1.56	$0.75\leqslant\frac{2.4}{T}$; $\frac{3.0}{T}\leqslant 2.0$; $0.75\leqslant\frac{3.0}{T}\leqslant 2.5$
31	1; 1.5; 2.5; 3.5; 7.0		
32		0.3; 0.4; 0.6; 0.9	$1/\lvert 1+T-T_g\rvert\leqslant 1.0$
33			
34			乘子 $1.0\leqslant\begin{cases}1.0+T/T_g-0.5(T/T_g)^2, & T<T_g,\\ 1.2+0.6T/T_g-0.3(T/T_g)^2, & T>T_g,\end{cases}\leqslant 1.5$
35	0.5; 1.0; 2.0		
36	0.5; 1.0; 2.0	0.33; 0.41; 0.75	$0.8\leqslant 1/T\leqslant 3$; $0.8\leqslant 1.1/T\leqslant 2.7$; $0.8\leqslant 1.5/T\leqslant 2.0$
37	1; 1.3		
38			
39	0.5; 1.0; 2.0		
40		0.5; 0.7; 0.9	$0.33\leqslant T_g/T\leqslant 1$; $0.47\leqslant T_g/T\leqslant 1.0$; $0.6\leqslant T_g/T\leqslant 1.0$

14.4 现有抗震规范的对比分析

14.4.1 抗震设防原则

近几十年来，一般常见荷载下的结构设计理论有了很大的发展，已经从按弹性理论的容许应力设计发展到考虑非弹性结构特性的极限状态设计理论，从确定性理论发展到以概率为基础的可靠度理论。在抗震设计原则方面，也受到相应的影响，并在抗震规范中有了反映。

最重要的发展是在抗震规范中明确提出了极限状态的概念。如我国规范中规定的“小震不坏、大震不倒”和中规定的“小震不坏、中震易修、大震不倒”，都具有使用极限状态（修复极限状态）和倒塌极限状态的意义，有些规范或所采用的地震动区划图并定义了这些极限状态的超越概率，它们代表着当前发展的方向。

按小震不坏、大震不倒的二级设防原则，一般取小震为在结构物使用寿命中较容易发生的强震，如 50 年内超越概率为 50%的地震动；而大震则改为在结构物寿命中难以遇见的强震，如 100 年内越过概率为 10%的地震动。

重要工程设计要求很高，又常有足够时间进行专门研究设计，有条件采用先进的设计原则，因而其设计规范常为一般结构设计规范的先驱。20 世纪 70 年代后期到 80 年代初，已经可以看到这种影响，如表 14.3.1 中列出的“小震、大震”设计原则的一些规范，都是 70 年代以后的，反映了这种趋向。

抗震设计原则的第二个进展是从静力到动力的日益明显的过渡。过去采用简单静力法的抗震规范都作了改变，在表 14.3.1 中列出的 40 个规范中只有 1961 年的葡萄牙规范还未修改，它甚至连反应谱也不采用。另外，真正的动力设计分析也日益受到重视，对于重大的、复杂的、特殊的结构，不少规范已规定了需要进行动力分析，见下面有关分析方法的讨论。

14.4.2 地震分区及其参数

从表 14.3.1 分区的数目看，分为三区的规范有 5 个、四区的有 17 个，五区的有 5 个，六区的有 2 个，八区的有 1 个。分区的多寡主要决定于该地区内地震动差异程度。

从划分地震分区的参数来看，可以分为两大类，即按地震烈度划分或按地震动划分。从表 14.3.1 看，按地震烈度划分者约占 1/3，按地震动划分者约占 2/3。在按地震烈度划分时，由于烈度只作整度改变，地震荷载大都规定作成倍加番。但在较高地震烈度区，设计者均感成倍增加地震荷载变化过大，因而出现了两种修正办法：一种是容许地震烈度成半度变化，另一种是当烈度很大时，规定的地震动并不是成倍增加的。这两种修改方式都是权宜之计，在烈度的定义上及烈度与地震动加速度回归关系上都缺乏根据；因此应用者甚少，不值得推广。

在按地震动划分者中，绝大多数是不成倍增长的，而是采用与等高线相似的等值线法，在相邻两线之间，在数值上可以内插，若作分区时，分区的间隔可以随工程需要确定。见下节关于地震动的讨论。

从规范历史沿革可以看到一定的趋势，即按烈度进行区划的规范有改为按地震动区划的趋向。以美国为例，其 20 世纪五六十年代的区划图是以烈度为背景的，但在抗震规范中只提分区号如 0、1、2、3 而不提地震烈度一词；到 70 年代，提出了直接按地震动加速度为指标作出的区划；70 年代后半期进而提出以地震动加速度与速度两个指标作出的区划，更进一步将区划等级划分演变为等值线这样一个赋值的定量含意。加拿大立即仿效美国的这一作法。罗马尼亚过去一直仿效苏联，地震烈度的应用很多，但在其 1981 年的规范中则将过去按烈度的分区（Ⅵ～Ⅸ）改为按地震动的分区（0.07，0.09，0.12，0.16，0.20，0.26，0.32）。日本抗震规范中关于地区地震大小的规定从来就没有采用过地震烈度，而是直接按地震动大小分为（1.0，0.9，0.8，0.7）等区的，意大利抗震规范以前按烈度分为两区，现在则直接采用地震动，地震系数改用$(s-2)/100$的形式来计算，如 $s=9$，则地震系数为 0.07；其区划尚待进行。

总之，从表 14.3.1 中可以清楚地看到一种趋势或现象，即地震力计算中引用的地震区分区指标大多是不成倍的，强地震动时更是如此。

14.4.3　场地分类

在抗震规范中，为了处理场地条件对地震动的影响、场地地基抗震能力、场地的有利不利因素，大都将场地分为少数几种类别，如表 14.3.2 所列，只第 34 号美国 UBC 规范采用地基卓越周期 T_g 为指标，连续可变，不分类；另两个规范（意大利和萨尔瓦多）未见提及，可以认为尚未考虑。将场地分为三类的最多，共 22 个；分为二类的有 7 个，分为四类的有 6 个，分为五类的有 2 个。

14.4.3.1　分类指标

表 14.3.1 中共统计了 40 个规范，除两个未考虑分类之外，只有 3 个仅采用场地土层物理量作划分指标，即承载力与卓越周期，其余 35 个均采用宏观描述作为唯一的或主要的指标。宏观指标多给出地基土壤的坚硬密实程度、土壤类别和成因。表 14.4.1 给出我国 1978 年规范中的规定作为一个例子。有的规范则采用洪积层、冲积层的描述、只以场地宏观描述为指标的分类有 16 个规范，前述三个以场地物理量为指标的也是单一指标。

表 14.4.1　1978 年中国工业与民用建筑抗震规范的场地分类

场地类别	分　类　标　准
Ⅰ	微风化和中等风化的基岩
Ⅱ	除Ⅰ、Ⅲ类场地土外的一般稳定土层
Ⅲ	饱和松砂、淤泥和淤泥质土、冲填土、杂填土等

比采用单一指标进行分类略复杂一些的是再增加一些场地土层的物理量；最常用的第二个指标是土层厚度。例如表 14.4.2 给出的 1980 年加拿大规范。以厚度作为第二指标的规范有 11 个。其他常采用的场地分类指标有承载力、强度、标准贯入锤击数和波速，各见采用四或五次；偶见采用一、二次的还有场地卓越周期、相对密度和地下水位。

表 14.4.2　1980 年加拿大抗震规范的场地分类

场地类别	土　的　类　型	土层厚度/m
Ⅰ	岩石；密实和很密实的粗粒土；很硬和硬的细粒土	
	压实的粗粒土，较坚硬的细粒土	0～15
Ⅱ	压实的粗粘土，较坚硬的细粒土	＞15
	很松的和松的粗粒土，很软的和软的细粒土	0～15
Ⅲ	很松的和松的粗粒土，很软的和软的细粒上	＞15

从采用指标个数多少来看，绝大多数仅用一、两个指标，各有 17 和 16 个规范；采用指标个数最多的是 5 个，表 14.4.3 即为一例。

表 14.4.3　1975 年土耳其抗震规范的场地分类

场地类别	场　地　描　述	标贯数 N	相对密度 D_r	抗压强度/(kgf/cm^2)	横波速/(m/s)
I	大块火山岩和基岩，未风化、坚硬的变质岩、很硬的、胶结的沉积岩	—	—	—	>700
	很密的砂	>50	85~100	—	
	很硬的粘土	>32	—	>4	
II	松的岩浆岩、有不连续面的风化沉积岩	—	—	—	400~700
	密岩	30~50	65~85	—	
	硬粘土	16~32	—	2～4	
III	风化的变质岩，有不连续面的、软的、胶结的沉积岩	—	—	—	200~400
	中密砂	10~30	35~64	—	
	中硬粘土，粉质粘土	8~16	—	1~2	
IV	地下水位高、软而厚的冲积层，沼泽地，冲填土，填土层	—	—	—	<200
	松散砂	0~10	≤35	—	
	软粘土，粉质粘土	0~8	—	≤0.1	

14.4.3.2　分类界限

相邻两类场地的划分界限当然与场地类别数有关，但不论是几类划分，第三纪及更老的坚硬岩石或半岩石类土，一般均属最坚硬的一类，即 I 类；而松散填土或饱和松散粉细砂且地下水位高的场地，属最软的一类。

规范中分类类别及指标虽然有很大差异，但均以宏观震害和地震动影响为依据，故仍有规律可寻。作者分析了各规范的有关规定，发现下述分类划分界限是最常见的。在 2 类划分中，分类界限在坚硬粘土与密砂，视基岩上覆盖的这类土层的厚度是否超过 10m 而定。在 3 类划分中，I、II类的分界线在砾石、极硬粘土和极密砂，承载力 40～50N/cm^2，标贯数 30；II、III类分界线在中软粘土与中密砂，承载力 8～20N/cm^2，标贯数 10。在 4 类划分中，I、II类的土性分界线与 3 类划分相近，但承载力 10～40N/cm^2，标贯数 30～45，剪切波速 700m/s，卓越周期在 0.3s；II、III类的分界线在坚硬与中软粘土、或密与中密砂之间，承载力 10～20N/cm^2，标贯数 10～30，横波速 200～400m/s，卓越周期 0.5～0.6s；III、IV类分界线在软粘土与松砂附近，承载力 5～10N/cm^2,横波速 100～200m/s，卓越周期 0.7～0.9s。

由上述分析可知，在规范中进行场地分类是有用的而且可行的，目前水平大多是分为 2～4 类，而以 3 类为最多；虽然大多数抗震工作者都认为场地的周期特性或刚度是很重要的，但由于其复杂性，目前仍以宏观描述为主，而辅之以一些明确易得的物理指标。这一情况也表明，当前还缺乏一个大家都能接受的简易方法来处理场地的这种特性。

14.4.4　地震设计反应谱

在现行规范中规定设计反应谱的方式有三。一种是将地震分区、土层影响等和地震反应谱分开来处理，一种是将之结合在一起，第三种是用加速度和速度两个指标来调整或控制反应谱。本节将先就反应谱形状进行一般分析对比，然后简单说明第三种方式。

14.4.4.1　反应谱的形状

规范中采用的设计加速度反应谱可以分为图 14.4.1（a～c）中所示的三种类型，而在 $T=0-T_0$ 段内偶然有采用图 14.4.1（d）中的形式。

在图 14.4.1（a）所示的反应谱形式中，可以有公式（14.4.1 a～d）四种，作为这四式中的第一式（a）的例子是我国（$m=1$）、美国 ATC-3（$m=2/3$）、加拿大 1980（$m=1/2$）、菲律宾（$m=1/3$）等规范；属于第二式（b）的例子有秘鲁，第三式（c）的有智利，第四式（d）的有土耳其。这四种不同公式所表示的曲线下降速度有很大差异。值得指出的是，式（14.4.1a）中若取 $m=1$，则表示速度为常数的谱值。

图 14.4.1（a）所示的这一种可以称为突降曲线型；图（b）所示的是直线型，采用这种形式反应谱的规范也不少，如新西兰、希腊、阿根廷、印度尼西亚等；图（c）所示的是渐变曲线型，在下降周期 T_g 处曲线下降较缓慢，只有日本属于这一种。

在短周期端，绝大多数规范采取 $\beta=\beta_{max}$ 这种平台类型，如图（a）、（b）、（c）所示；但有少数规范采用图（d）中的方式，如我国的修订方案、墨西哥和奥地利规范。采用这种形式的原因有二：第一，从理论上说，加速度反应谱在 $T=0$ 处应该下降，见第 7.2.4 节；第二，这一部分反应谱值有时很有实用意义，如对于刚度大的结构物（如重力坝），或对于距离远、震级大、场地软的短周期结构（如墨西哥市的矮房屋）。

在长周期端，反应谱的形式可有很大差异，这反映了人们对这部分反应谱的了解相对较少。如图 14.4.1（a）中所示有三种情况：第一，给反应谱规定一个最小值，$\beta(T)\geqslant\beta_{min}$，如我国 1978 年、阿根廷、日本、秘鲁、罗马尼亚、苏联，以及采用图(b)直线型反应谱的那些规范；第二，不规定最小值 β_{min} 的，如土耳其、美国 ATC-3 等规范；第三，规定一个反应谱适用的长周期极限，如加拿大 1980、埃塞俄比亚 1978、我国的修订方案等规范。

由于现有强震记录 $a(t)$ 在长周期部分具有的不确定性，图 14.4.1 中示出的 T_c 或 T_{max} 大致规定在 2～4s，这表明对于周期更长的结构物不得随意采用此反应谱，而应该专门研究决定，这里仅指出 β_{min} 的规定是极为保守的规定。图 14.4.2 对这一点作一解释。在第 7.2.4 节中解释过，在对数坐标上，反应谱可以绘成如图 7.2.4 的形式，加速度反应谱 S_a、速度反应谱 S_v、位移反应谱 S_d 均绘于同一图中，由同一曲线表示，只是各按图中所示的坐标 S_a，S_v，S_d 取值而已，横坐标 T 不变。在图 14.4.2 中，三条直线 S_a=常数、S_v=常数、S_d=常数即可构成一个反应谱，从理论上看它是合理的。规范中关于长周期端的规定也绘于图中。由此可见，采用 $\beta\geqslant\beta_{min}$ 这一规定，是将加速度反应谱取常值，它相当于速度反应谱随 T 而增长、位移反应谱随 T^2 而增长，这与一般认识不符，是极为保守的。

14.4.4.2　反应谱的绝对值

前面说过，反应谱有两个含意，一个只指单自由度体系在地震动作用下的最大反应，本书均用 S 表示，如 $S_a(T,\ \zeta)$，在讨论规范时有时用 $\alpha(T)$ 表示；另一种是单自由度反应的放大倍数，本书用 β 表示，如 $\beta(T)=S_a(T)/a_{max}$。对于抗震规范中常用的阻尼比 $\zeta=0.05$ 而言，$\beta(T=T_0)=\beta_{max}$ 约为 2.0～3.0。以我国规范修订方案为例，对于烈度Ⅸ，按我国 1978 烈度表规定 $a_{max}=0.5g$，若取小震为规定烈度的 a_{max} 值的 1/3，则得 $a_{max}=0.5\times2.25\times1/3\cong0.36$，这里取 $\beta_{max}=2.25$。

在表 14.3.2 中，凡 β_{max} 在 2.0～3.0 者，均为上述放大倍数谱；凡为 1 者，均为用 β_{max} 或 a_{max} 规一化后的谱形；为 0.1～0.4 者，均为 $Zk_0\beta(T)$，即加速度反应谱 $S_a(T)$。

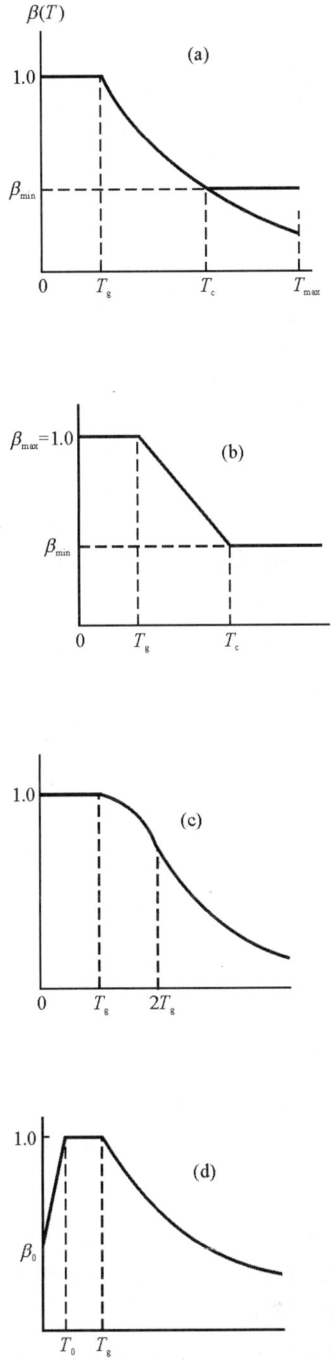

$T_g \leqslant T \leqslant T_c$ 或 T_{max} 时，

$$\beta(T) = (T_g / T)^m \tag{14.4.1a}$$

$$= \frac{2}{1 + (T / T_g)} \tag{14.4.1b}$$

$$= \frac{2(T / T_g)}{1 + (T / T_g)^2} \tag{14.4.1c}$$

$$= \frac{1}{|1 + T - T_g|} \tag{14.4.1d}$$

$$\beta = 1 - (1 - \beta_{min}) \frac{T - T_g}{T_c - T_g} \tag{14.4.2}$$

$T_g \leqslant T \leqslant 2T_g$ 时，

$$\beta = 1 - 0.2 \left(\frac{T}{T_g} - 1 \right)^2 \tag{14.4.3a}$$

$T \geqslant 2T_g$ 时，

$$\beta = 1.6 T_g / T \tag{14.4.3b}$$

$T \leqslant T_0$ 时，

$$\beta = \beta_0 + (1 - \beta) T / T_0 \tag{14.4.4}$$

其他同图(a)

图 14.4.1　各种设计反应谱的形状

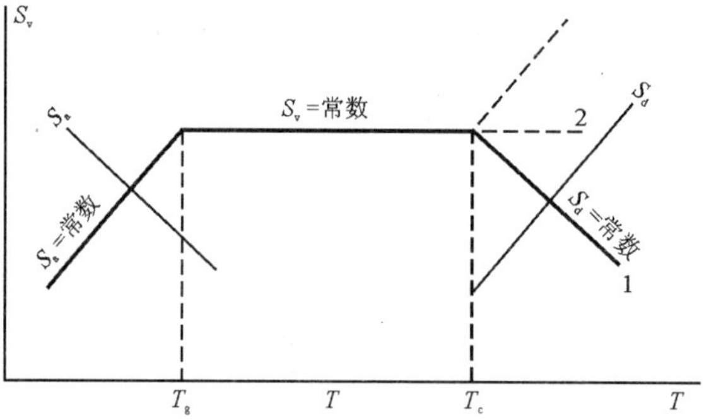

图 14.4.2　反应谱长周期端的处理

1. S_d=常数

2. S_v=常数，$S_a=S_{a,max}T_g/T$

3. S_a=常数

14.4.4.3　*规定 a，v 与反应谱的关系*

美国 ATC-3 规范采用了两个独立的变量来控制反应谱的绝对值，使过去只用一个参数的方法前进了一步。如前所述，过去用 Zk_0 来控制反应谱绝对值，$k_0=a/g$ 即为加速度 a。如图 14.4.2 所示，用此参数控制高频段($T\leqslant T_g$)是适当的，因为反应谱的高频段值大体上与地震动最大加速度 a 成正比。但是，反应谱的中频段值（$T=T_g\sim T_c$）则与地震动速度 v 大体成正比，而不与 a 成正比，而且地震动的 a，v 这两个量又是互相独立变化的，看震级 M 与距离 R 的组合如何而定(见第 6.3.1 和 6.3.2 节)，这样调整反应谱以考虑地震环境影响的方式，是 ATC-3 规范首先以普遍形式提出来的；但是根据地震环境调整反应谱形状则在规范中早已有之。最早的可能是墨西哥规范，它们早就在规范中采用了加大长周期谱值、减小短周期谱值的方式，其目的主要在于考虑场地条件影响，但与其地震环境（大震、远震）也可能有关。明确改变反应谱形式以考虑震级和距离影响的抗震规范有印度尼西亚、罗马尼亚、我国规范修订稿等，现分别介绍如下。

(1) 印度尼西亚 1978 年规范。此规范将全国划分为 6 个地震区，1 区最强，依次减弱，第 6 区则不考虑地震作用。从其他地震区划图可见，1 区是可能的强震震中区，4 区、5 区为强震远震区。此规范采用图 14.4.1（b）所示的反应谱，而采用表 14.4.4 中规定的 T_g 值。由此可见，在软场地上，反应谱有随远离震中而加大其长周期谱值的趋向。

(2) 罗马尼亚规范。在罗马尼亚 1970 年的规范中，所采用的反应谱如图 14.4.3 中虚线所示，与当时苏联规范相同。随着地震工程学的发展，特别是 1977 年 4 月在弗朗恰发生的一次 M=7.3 强震，由于震源深达 90km 左右，远震影响明显，长周期房屋破坏严重，地震动长周期分量很强，罗马尼亚、保加利亚的地震工程界都认为在当地的抗震设计中应该考虑大震、远距离造成的影响（Brankov and Sachanski，1980），因而在当年修改的抗震规范就采用了图 14.4.3 中实线所示的反应谱。和国际上所有现行规范相比，这组新的反应谱是十分特殊的，其下降周期 T_g 长达 1.2～1.56s，在刚性场地上 T_g 亦达 1.2s，这是绝无仅有的规定。

(3) 我国拟议中的修订方案。如图 14.2.10 所示，修订方案采用的反应谱将区分近震和远震，对于近震，四类场地上的下降周期分别为 T_g=0.2，0.3，0.45 和 0.6s；对于远震这一组数值即改变为 T_g=0.3，0.45，0.6 和 0.8s。考虑了距离远近而调整的幅值虽然不如罗马尼亚规范那么多，但这决定于各地区的地震环境，不能强求一律；而且这种改变在数值上还是不小的。

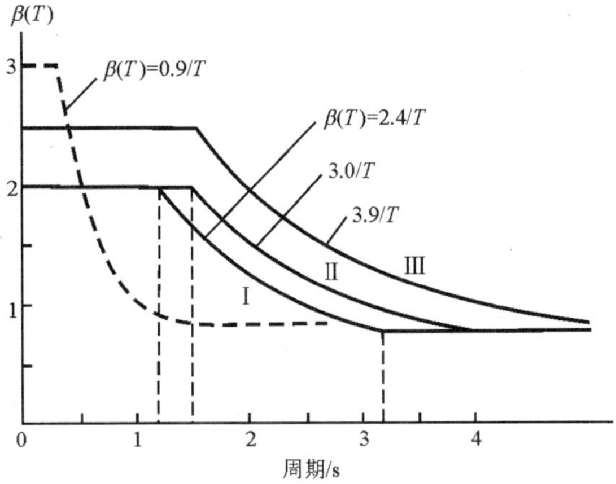

图 14.4.3　罗马尼亚抗震规范设计反应谱

表 14.4.4　印度尼西亚 1978 规范关于反应谱中 T_g 值的规定

场地 \ 分区	1	2	3	4	5
硬场地	0.25	0.3	0.3	0.2	0.4
软场地	0.5	0.5	0.55	0.8	0.5

14.4.4.4　现有规范反应谱形状的对比

图 14.4.4 给出了十几个规范中最硬场地上的反应谱。选择这种场地的原因是为了对比方便，因为最硬场地均包括基岩场地在内，以避免场地过大的差异。从曲线分布的范围看，它们是有代表性的，包括了下降周期 T_g 的最小值 0.125s 和最大值 1.2s；从长周期谱值（约在

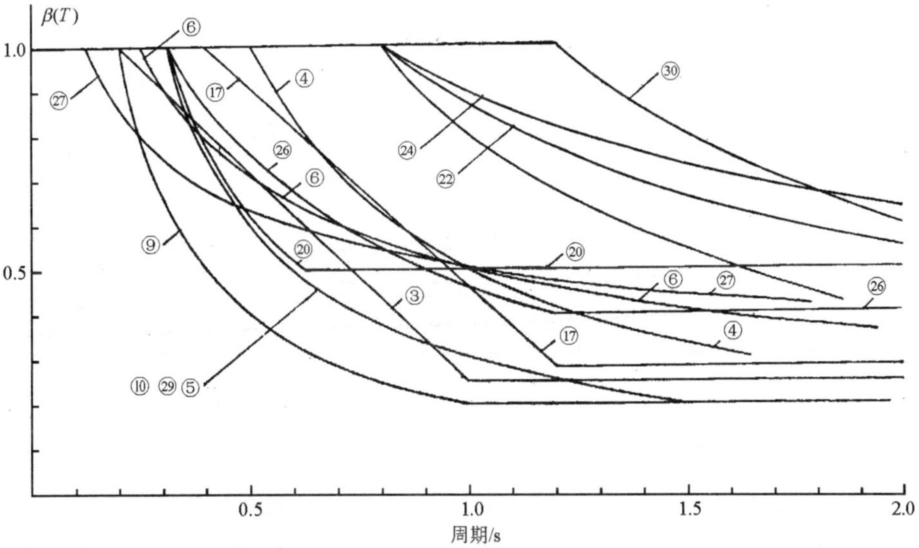

图 14.4.4　各规范反应谱形状对比

③直线；　⑥$(0.25/T)^{1/2}$；　⑳$2.5/(8T)$；　㉖$0.6/(T+0.3)$；

④$0.5/T$；　⑨$0.2/T$；　㉒$(0.8/T)^{2/3}$；　㉗$(0.125/T)^{1/3}$；

⑤⑩⑫㉙$0.3/T$；　⑰直线；　㉔$(0.8/T)^m$，m=1/2，2/3，1；　㉚$1.2/T$

T_c附近）的离散看，也包含了β_{min}=0.2 的很小的值和很大的罗马尼亚 1977 年的谱值。其余表 14.3.2 中的规范所规定的反应谱均在图 14.4.4 曲线范围之内。

从图 14.4.4 得到的第一个印象是各规范规定的同一类场地上的反应谱差别很大，在 T=1s 处，最小的β值为 0.2，最大的为 1.0。

下降周期 T_g 最长的三个规范是罗马尼亚 1977㉚、墨西哥㉔、意大利㉒。前面已经指出过，罗马尼亚 1977 规范的反应谱特别考虑到了他们地区所特有的地震环境，墨西哥与意大利规范也包含了这种考虑。在图 14.4.4 中假若去掉这四条曲线，则反应谱的离散性就减小了一半，对于其余的反应谱而言，最大值与最小值之比约为 1：2.5。这表示，对于国际上一般情况的反应谱而言，差别最多可达 2.5 倍。阿根廷与秘鲁规范的反应谱较接近于其平均，我国规范修订方案的远震谱值也接近于平均，而近震谱则为所有规范中的最低值。

14.4.4.5　现有规范反应谱大小的对比

为了对比反应谱绝对值的大小，图 14.4.5 绘出了一组反应谱，都是 I 类场地上的，且大体相当于地震烈度Ⅶ或各规范中所考虑的最低地震区。这样选择对比曲线的目的是为了尽量避免不同条件引起的差异。虽然如此，还有许多不同的条件仍然包含在图 14.4.5 中，故其离散性还是很大。

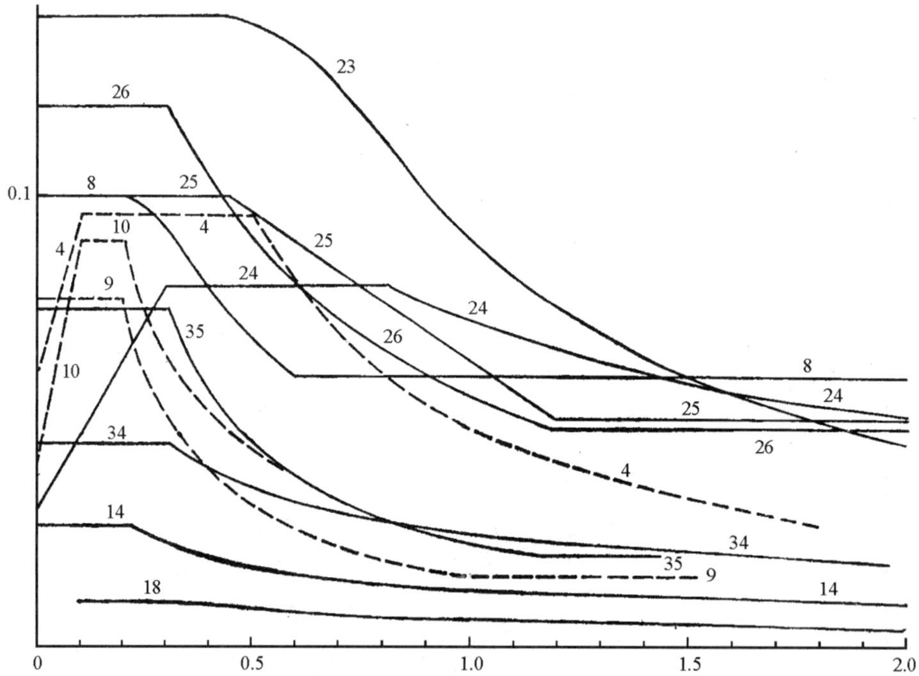

图 14.4.5　各规范设计反应谱的对比（编号参见表 14.3.1）

第一个差异来自地区地震活动性强弱不同。在一般国家或地区中，大多包括需要考虑抗震设计到不需要考虑的地区，即从地震烈度Ⅵ到更高的烈度区，或从 0.05g 到更大加速度的地区。对于这样的地区，假若选择最低一级设计区，则大体上相当Ⅶ度区或 0.1g 左右的设计水平；但是对于日本那样的地区，全国的地震活动性都很强烈，其最低设计区可能高于Ⅶ度区，这一点从他们所分的四个区的差异仅为 1.0～0.7 这样的系数之差来看，可能的确如此。

这也许是图 14.4.4 中第 23 号日本新规范高于其他规范反应谱的原因。注意，图中所用相当日本二级设计中的第一级，小震 k=0.2。

第二个重要的差别在于各规范采用的设计反应谱大多不是真正的地震作用，而是按照各自设计传统转换过了的“等效”地震作用，就像不采用真正的最大加速度 $a_{\max}$ 来研究刚体倾倒，而采用等效静力 F 相当的等效加速度 $a=F/m$ 来代替 $a_{\max}$ 一样。由于各国设计原则很不相同，有的用弹性设计，采用容许应力，并对地震作用加大容许应力，加大的比例各不相同；有的采用极限设计，或采用以概率为基础的分部荷载系数法。这些差别都可以导致“等效”地震作用几倍之差。

14.4.5　地震力的计算方法

现行规范都摒弃了古老的静力法，而采用反应谱原理。从表 14.3.3 可见，阿尔及尼亚 1955 规范和委内瑞拉 1967 规范原来也只采用静力法，但在 20 世纪 80 年代作了改变，摒弃了静力法。

最常用的振型组合法是平方和开平方（SRSS）法，即

$$Q=\sqrt{\Sigma Q_j^2}$$

由于此法给出的反应 Q 有时会略低于精确值，所以不少规范采用 SRSS 与绝对值和的加数平均，如下式：

$$Q=\frac{1}{2}\left[a\Sigma\left|Q_j\right|+b\sqrt{\Sigma Q_j^2}\right]$$

式中，a 与 b 为选择的权常数，而且满足 $a+b=2$。若取 $a=0$，$b=2$，即得 SRSS 法。不少规范取 $a=b=1$，即为简单平均

$$Q=\frac{1}{2}\left[\Sigma\left|Q_j\right|+\sqrt{\Sigma Q_j^2}\right]$$

值得指出的有两点：第一，由于新型结构的出现及计算要求的提高，现在常常要求考虑具有自振周期很接近的振型的反应，而上述 SRSS 法不能考虑这种情况。这种振型耦联的处理方法在第 7.6 节中介绍过。第二，苏联抗震规范在 1981 年以前采用的振型组合法是下式：

$$Q=\sqrt{Q_{i,\max}+0.5\sum_{j\neq i}Q_j^2}$$

它与 SRSS 法的差别在于对较小的振型反应只取 $0.5\,Q_j^2$。苏联 1981 年规范已经舍弃了这一方法而采用 SRSS 法。

14.4.6　场地影响

14.4.6.1　对地震动强度的影响

除了有些情况不明的规范之外，凡是考虑场地分类的规范都考虑了场地条件对地震动的影响，其中考虑对地震动强度或反应谱形状影响者各占 17 个。

在这 17 个考虑场地条件对地震动强度影响的规范中有 5 个采用地震烈度作为设计标准，他们均将场地分为 3 类，将场地影响用烈度调整的方法处理，Ⅰ类场地降低烈度 1 度，Ⅲ类场地则提高 1 度，Ⅱ类按原烈度，因此，结果为地震动强度或地震系数减一半或加一倍。这类规范以苏联 1969 规范为代表。

其余 12 个这类规范中有 11 个所规定的地震动强度调整的幅值都小得多，绝大多数是从

Ⅰ类场地的 1.0 调整到最软场地的 1.5，少数调到 1.3，1.4，1.6 或 1.7。另一个规范是西班牙 1974 规范，调整幅竟高达 1 到 7 之多。

14.4.6.2　对反应谱的影响

从发展过程看，调整反应谱是在 20 世纪六七十年代开始的，而调整地震烈度或调整地震动最大加速度则开始于 20 世纪 50 年代，因为反应谱也只是在 20 世纪六七十年代才普及。另外，有些规范是从原来调整地震动强度改变为调整反应谱。我国 1959 年的抗震规范是调整地震烈度的，到 1964 年规范（草案）则改为调整反应谱，1974 规范沿用了这一原则。苏联 1969 年及以前的规范是调整烈度的，1981 年规范则改为强度与反应谱同时调整。罗马尼亚规范的过程则与我国相似。

调整反应谱以考虑场地条件影响的共同原则是对软场地加大长周期部分的谱值，因为震害经验、强震动观测结果和理论分析都一致表明软场地对长周期地震动有较大放大作用。反应谱的调整方式有以下两种。

第一种是对不同场地规定不同的反应谱。图 14.2.10 给出了我国规范，图 14.4.3 给出了罗马尼亚 1977 规范的规定。图 14.4.6 及 14.4.7 给出了日、美、苏、新西兰、印度尼西亚和希腊的新规范的规定。

第二种是对原规定的反应谱采用一个与周期 T 相关的函数乘子，如以色列和美国 UBC。

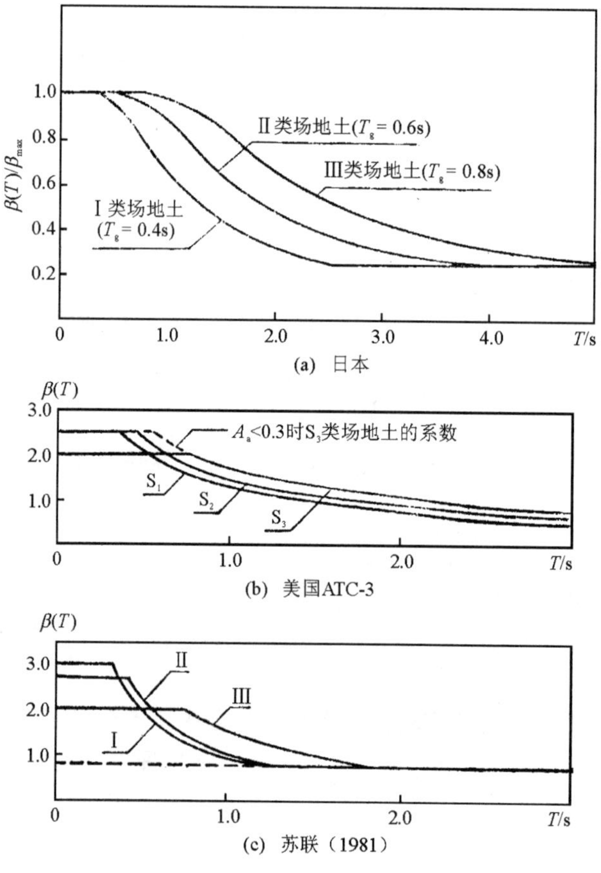

图 14.4.6　场地条件对反应谱影响的几个规定（一）

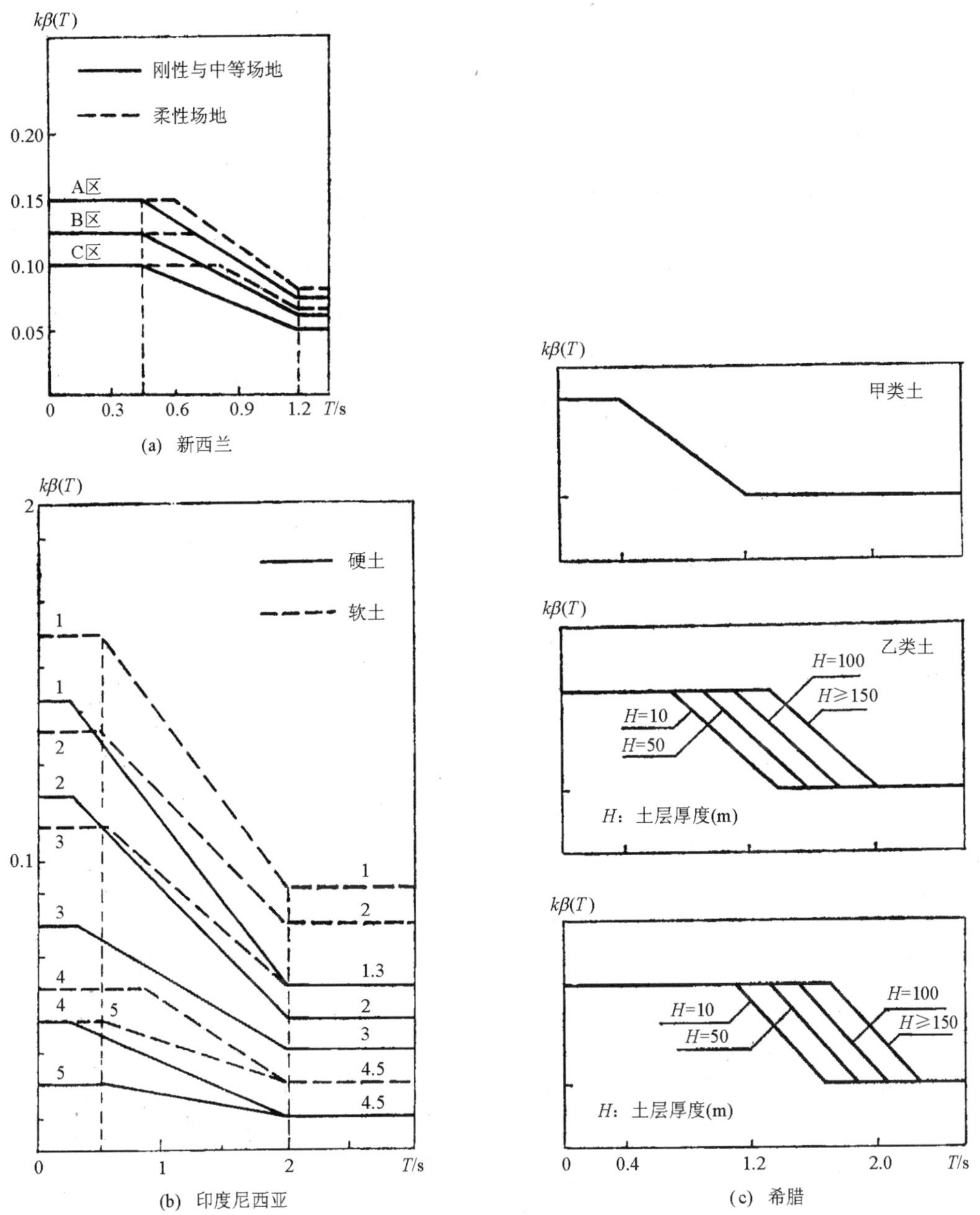

图 14.4.7 场地条件反应谱影响的几个规定（二）

图 14.4.8 绘出了在 T_g=0.6 和 0.9s 时的调整情况。

综合分析表 14.3.5 和图 14.4.6～14.4.8，可得下述结果：

(1) 从反应谱下降周期 T_g 调整的幅度看，较多规范是从 T_g=0.2 或 0.3s（Ⅰ类场地）到 0.8 或 0.9s（最软场地），也有一些到 T_g=1.2 或 1.4s。假若下降是按 T_g/T 的规律，而且在最软场地的 T_g 处，Ⅰ类场地反应谱尚未达到其下拐点周期，即 $T_c(I) > T_g(III)$或 T_g(软)，则长周期部分软场地上的谱值要比硬场地增加到 T_g(软)/$T_g(I)$倍，即 3～4 倍以上，这当然比地震动强度的一般规定 1.5 倍要大得多。

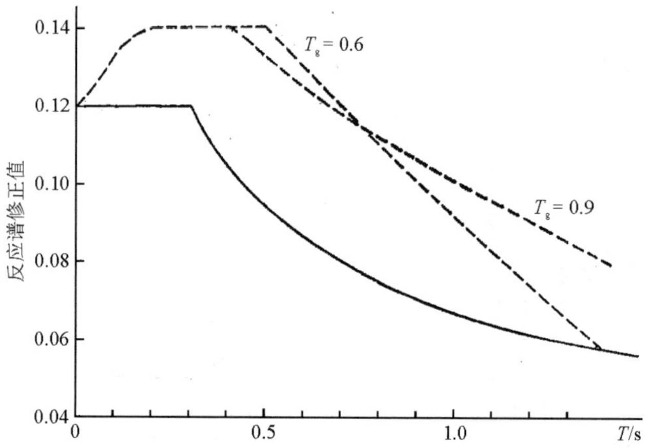

(a) 美国UBC

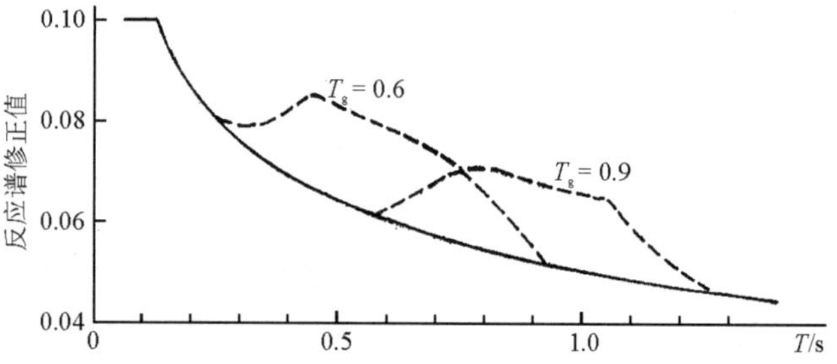

(b) 以色列

图 14.4.8　场地条件对反应谱影响的几个规定（三）

(2) 反应谱调整的最大幅度在 $T=T_g$（软）$T_c(I)$之间；一般在 $T\leqslant T_g(I)$时不调整；在极长周期 $T>T_c$（软）处则处理方法颇为分散，有的不调整，如我国 1978 规范、日本新设计法、罗马尼亚 1981 和希腊；有的略有调整，如土耳其、新西兰和秘鲁等规范；有的则调整幅度很大，如南斯拉夫和印度尼西亚的 1 区及 2 区。

(3) 不少规范是既调幅值又调反应谱的，这一点在表 14.3.5 中要仔细分析才能看清楚。属于这一类的不仅有苏联 1981、墨西哥而且还有新西兰、印度尼西亚、秘鲁、阿根廷等规范。

图 14.4.9 中绘出了阿根廷规范关于场地条件对反应谱影响的规定。假若将Ⅲ类和Ⅰ类场地分别减加 0.2，即取

$$\beta'_{\mathrm{III}}=\beta_{\mathrm{III}}-0.2$$

$$\beta'_{\mathrm{I}}=\beta_{\mathrm{I}}+0.2$$

则得图中所示的虚线所示的反应谱；若分别取Ⅲ类和Ⅰ类反应谱的 5/6 和 5/4 倍，即取

$$\beta''_{\mathrm{III}}=5\beta_{\mathrm{III}}/6$$

$$\beta'_{\mathrm{I}}=4\beta_{\mathrm{I}}/6$$

则得图中点划线所示的反应谱。这样采取了幅值修正后的反应谱与日本、希腊、土耳其、南斯拉夫和我国规范很相近。

(4) 希腊规范是惟一在场地影响中单独考虑覆盖土层厚度而调整反应谱形状的规范。图 14.4.7（c）中绘出了希腊规范反应谱，由图可见，调整的幅度很大，从最硬的Ⅰ类场地到Ⅲ

类场地中最厚的土层，下降周期 T_g 从 0.4s 变到 1.7s，下拐点周期 T_c 从 1.2s 变到 2.3s。这种调整幅度在其他规范中是很少见的。

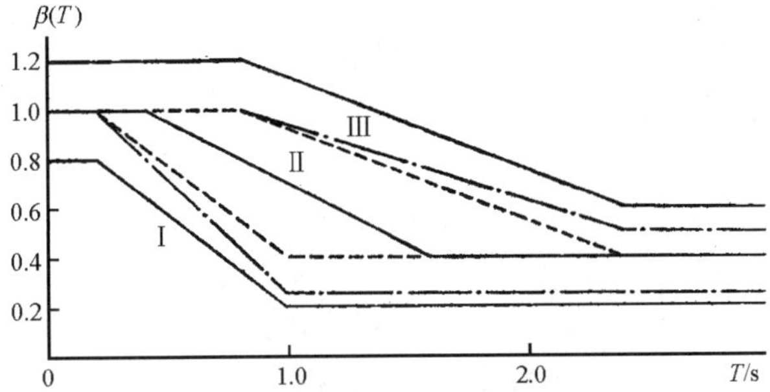

图 14.4.9　阿根廷规范关于场地影响规定的分析

(5) 对于短周期部分的Ⅲ类场地，处理的方法还有截然相反的规范。在短周期部分，一般规范不区分场地的影响，但是美国 ATC 规范则与苏联、秘鲁、罗马尼亚 1981 规范相反。这里值得指出的是，苏联规范同时调整幅值与反应谱，假若将烈度调整和反应谱调整综合在一起，即得图 14.4.10 的结果，由此可见，苏联规范大体还继承其过去规范的传统，即全面加大软场地上的地震力，只不过幅值略有减少而已。其他规范如罗马尼亚 1981、秘鲁 1977、阿根廷等，虽然也有这一趋势，但幅值小得多。

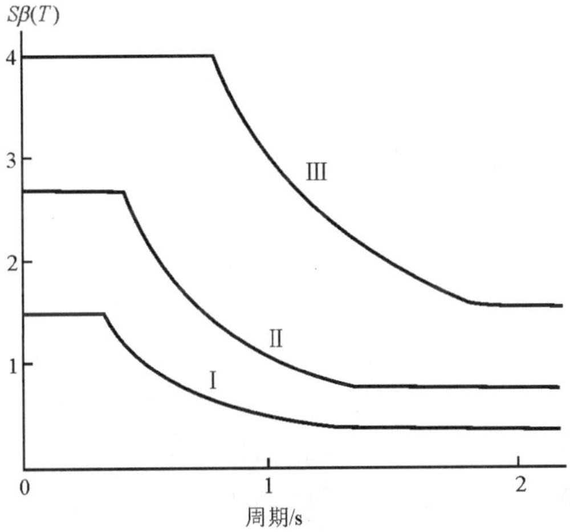

图 14.4.10　苏联 1981 规范关于场地影响的规定

14.4.7　竖向地震动

现有抗震规范都认为竖向地震动对结构物的影响一般小于水平地震动，可以不考虑，其原因有二：第一，竖向地震动一般小于水平地震动，平均约为水平地震动加速度的 0.5～0.7 倍；第二，结构物是按竖向荷载设计的，在竖向有较大的安全储备能力。因此，仅有约 1/3 的规范规定在特殊情况下才考虑竖向地震动的影响。

所谓“特殊”指的是位于竖向地震动可能较大的地区内对竖向地震动较敏感的结构。竖向地震动可能较大的地区是震中高烈度区，常指Ⅷ度区或震级大于 7 左右的震中区。对竖向地震动敏感的结构指靠自重维持稳定而稳定又为该结构的主要破坏危险者（如重力坝）或竖向地震反应很大的结构，如水平悬臂结构和高耸结构。

竖向地震动的规定也有很大差异，如表 14.3.3 所示，规定可以分为两类。一类规定竖向地震动约为水平的 1/3～2/3 倍，这大约是根据竖向地震动最大加速度约为水平的 1/2～2/3 倍这一事实；另一类则规定竖向地震力约为水平地震力的 2 倍，这可能是由于在这一特殊情况下，结构物的竖向反应有时可达水平反应的 2 倍左右。

14.4.8　结构系数

结构系数用来考虑结构耗能能力，因此包括阻尼较小的影响在内，但主要考虑结构进入非弹性反应阶段后的延性耗能，因此，许多规范主要按延性大小来规定结构系数的大小，如砖结构延性较小，故结构系数 C 较大，要求结构按较大地震力设计，使之有较大强度；对延性抗弯刚架，由于其延性好，则结构系数 C 小，结构可以按较小地震力设计，强度可以较低。从表 14.3.4 中可以看到，结构系数 C 的变化范围大致上可以分为两类，一类从 1 变到 2 左右，一类从 1 变到 6 左右。在后一类中，结构系数最大的是无筋砖石和土坯结构、加筋砖结构，以及水塔、烟囱等结构，最小的是钢、木结构和延性很好的钢筋混凝土空间刚架结构。属于第二类的规范有美国、秘鲁、墨西哥；属于第一类的有中四、罗马尼亚、阿根廷等。产生这两类差别的主要原因可能是各国结构物类型不同之故。

14.4.9　倾覆力矩

从表 14.3.4 的统计结果看，约有 1/3 的规范要求考虑倾覆力矩的作用，即考虑结构物在水平地震作用下产生的倾覆作用，结构中的竖向构件应能在承受水平力作用下，同时能承受倾覆作用产生于这些构件中的竖向力。

前面说过，由于规范中规定的水平地震作用是以各高程的水平剪力都能达到其最大值为主要目标的，因此，用这样的水平力计算出来的倾覆力矩就可能过大，特别是在高耸结构物的底部更是如此。例如为了照顾到高振型反应在高耸结构物上部产生的内力，不少规范规定取 10%～15%的底部剪力值作为水平力集中加于顶部，以加大近顶部的剪力和弯矩；但是，高振型作用对结构下部的影响并不大，按集中于顶部的附加集中力 F_D 计算出来的倾覆力矩对底部而言显然过大。因此，美国加州结构工程师协会规范建议 SEAOC 首先提出采用折减系数 J 将倾覆力矩加以折减。

到现在为止，折减系数的规定还是经验性的，因此，它经历了颇大的变迁。开始时，SEAOC 把折减系数规定得很小，1967 年委内瑞拉地震时柱子破坏较多，认为是倾覆力矩的影响，又于 1969 年废除了折减的规定。现在国际上的趋向是：按规定计算出来的倾覆力矩，在高耸结构物的下部需要折减，但不能折减过多。从表 14.3.4 的统计看，大多数规范规定 J=0.8～1.0，不少采用 $J=0.8+0.2H_n/H$，有的规范还规定顶部 10 层不折减；也有一些规范采用 $J=0.6T^{-1/3}\geq 0.45$ 作为底部的折减系数，然后按顶部为 J=1、底部为 $J=0.6T^{-1/3}$ 内插求中间楼层的折减系数。不少规范并不对此作任何规定。

14.4.10　扭转的计算

从表 14.4.4 的统计看，超过半数的规范要求考虑扭转影响。结构在地震时的扭转作用来自四个方面：①平面内质量中心与刚度中心不重合，其间的距离为 e_s，或称静力偏心，此偏心在振动过程中产生的反应可能大于静扭矩，在规范中常取放大系数为 1.5，因而等效为动偏心 $1.5e_s$；②偶然偏心，即刚度、质量、几何尺寸等不完全与计算值相同时可能出现的偏心，规范中常取为在偏心方向边长的 0.05 或 0.1 倍；③当结构进入非弹性反应阶段，在双向水平地震动作用下本来是对称的结构，也会出现随变形状态而变化的偏心，如一角柱的变形进入塑性状态后，刚度完全不同于弹性阶段，而其他角柱可能仍处于弹性状态，这时，水平力会产生很大的扭转作用；④地震动中可能具有的扭转作用。后两因素在规范中均未明确指出，可能均包括于偶然偏心之内。

从表中所统计的规范看，绝大多数都考虑了扭转影响，但考虑的具体规定有很大差异。有的不考虑偶然偏心，即取 e_D=0，而只考虑实际偏心 e_s。在这一类中，有的考虑动力放大作用，而取偏心为 1.5e_s，有的不考虑放大作用。第二类是只考虑偶然偏心 e_D，而不考虑实际偏心 e_s，或者说，这种规范认为 e_s 的作用可以包括在偶然偏心之内。第三类是选择上述两类中的较大偏心。第四类是考虑上述两种偏心之和。

几个有特色的关于扭转的规定如下：

新西兰规范取

$$e = 1.7e_s - e_s^2 / D + 0.1D$$
$$e = e_s - 0.1D$$

委内瑞拉 1984 规范取

$$e = \tau e_s + 0.1D$$
$$e = e_s - 0.1D$$

系数 τ =1.5，3.0 或 5.0，与刚度在平面内的分布有关，当水平与扭转振动显著耦联时，则取 τ=5.0。D 为房屋底部相应宽度。

智利规范则对偶然偏心采用下述折减系数：

$$J_k = 0.7 + 0.3H_k / H$$

它随房屋高程而变，顶部 J_k=1，底部 J_k=0.7。

当偏心很大时，水平与扭转振动会产生动力耦联作用，上述规定是不适用的。因此，有些规范，如加拿大、印度尼西亚、以色列、委内瑞拉等规范，规定在偏心过大时要进行三维动力分析，即每一楼层考虑两个水平自由度和一个扭转自由度的动力分析。

14.5 抗震设计规范的发展趋势

抗震设计规范会随抗震理论的提高而发展。现状是反应谱理论已在规范中全面得到了应用，真正的动力理论特别是非线性动力理论只在规范中作为特殊结构的设计要求。当然，现有的许多规定是以真正动力理论的分析结果为基础的。一般抗震设计规范的应用对象是面广、量大的结构物，复杂、费时的设计方法或原理要经过简化后才能为规范所采用，因此，如何将真正动力法的设计原则简化或转化为一些具体的、简单的规定和方法，是今后可能受到重视的问题，如我国规范修订稿中对一般房屋中非弹性变形集中的处理即为一例。

从抗震设计规范的发展历史，特别是从这种发展历史与结构抗震理论的发展历史对比起来分析，可以看到两者关系密切，以后者为依据并滞后于后者的。因此，从现在结构抗震理论的发展可以预料到今后抗震设计规范发展的一些趋向。下面就此作一推论，供读者参考。

14.5.1 直接采用地震动作设计指标

这一点，现在已经比较明朗，现有抗震规范已经出现了这一情况，但部分规范仍出于习惯在继续使用烈度作为结构抗震设计的指标。表 14.3.1 中列出了按照地震烈度作地震分区的规范，共 14 个，约占 1/3；但其中一部分只是按烈度分区，并不按烈度进行设计，如美国 UBC 规范就是这样，除了在其地震区划图中指出分区与烈度的对应关系之外，在规范中没有出现地震烈度一词。以烈度作为设计指标的规范有苏联、及受其影响的几个国家。这类规范，不仅按烈度进行地震分区，而且按烈度规定各项设计系数值和抗震构造措施，从而出现一些矛盾。如烈度只能按整度计算，从而使得一些设计参数成过大的阶梯式跳跃，如地震系数，从 0.05 到 0.1 是可以接受的，但从 0.2 跳到 0.4 则均嫌过大，因而有的规范采用了半度，但不少地震学家并不承认半度的烈度划分。又如同一烈度下采用形状变化很大的反应谱，如图 14.210，从而使得Ⅷ度区内Ⅳ类场地上的总震害要远大于同一烈度内的Ⅰ类场地，烈度本来是用来作为破坏程度总和的单位概念，现在又用它表示不同的震害程度。凡此种种矛盾都来自保留地震烈度这一古老而又简单的概念。直接在抗震设计中采用地震动参数则可以既方便地规定设计参数，又避免引入概念上的矛盾。

14.5.2 采用场地地震环境相关的反应谱代替标准反应谱

现有规范绝大多数采用的反应谱只考虑到场地条件的影响，对于震级与距离的影响则大多未考虑，而是用不同震级、不同距离上得到的平均反应谱来代替，并称之为标准反应谱。只有极少数规范考虑了这一影响，如美国 ATC-3、中国修订稿、罗马尼亚 1977 等。软场地上长周期分量较突出的反应谱，常常是大震级、远距离和软场地三者联合的结果，而不是软场地单一因素的产物，在第 6.4 节中已经讨论过这一点。美国 ATC-3 规范已经作了重要的改变，采用独立可变的两个地震动参数，加速度 EPA 和速度 EPV，从而改变了谱形，以考虑震级和距离的影响。日本在其编制新建筑抗震设计规范时也要求考虑对场地有影响的三个条件不同的地震动，即近小震、中中震、远大震。一些重要工程的抗震也有类似的要求。这一点，现在已有一些强震观测数据可以用作这样规定的基础。

采用加速度和速度两个独立的地震动参数来考虑反应谱的场地地震环境相关性，是可行的方法；对于长周期段，则进一步需要采用第三个独立的地震动参数，地震动位移。

14.5.3 按结构重要性、地震危险性大小和结构特性规定设计要求

美国 ATC-3 规范有与这一规定相似的要求。ATC-3 明确提出了用地震活动性指数来表示地震危险性大小，并规定按地震活动性指数和结构重要性共同确定抗震设防标准。重要结构物而又位于地震危险性大的地区，抗震设防标准最高；结构物虽重要，若位于地震危险低的地区，设防标准也可以较低。设防标准指的是抗震设计中的一些关键环节的要求，如分析方法的详略、构造骨架延性的强弱、基础的好坏以及构造措施的多少等。这是合理的规定。

14.5.4 长周期反应谱值的改进

由于高耸结构和新型结构的大量出现，原有反应谱在长周期部分的精度又相对较低，不能满足生产实践的要求，现行规范反应谱在长周期端差别较大即为一证。解决这一问题的第一个途径是重新分析周期 T=2～10s 中的强震记录的可靠性，特别是利用现在开始大量使用并已取得重要记录的数字强震仪的记录，重新确定反应谱长周期部分的谱值，极有可能得到可用的结果。解决这一问题的第二个途径是利用地震仪记录的结构，这种记录由于仪器的滤波特性较强，需要用近十余年发展起来的反演方法进行修正，才能了解其可用范围，从而充分

利用这一大部分记录，以补充强震加速度记录的不足。地震工程学者与地震学者的使用是解决这一途径的前提。

14.5.5 多级抗震设计和极限状态

自从核电站等重要工程抗震规范应用于前，日本新建筑设计法采用于后，二级设计法已开始进入了一般结构物的抗震设计规范。从结构设计的多级要求看，我们需要的是一种多级抗震设计术，用以考虑多种极限状态的需要。现在已有几个规范，如我国拟定中的修改案、秘鲁和美国 UBC 均已明确提出“小震不坏、中震易修、大震不倒”这样的三级要求，或三种极限状态与三种大小的地震动。不坏、易修、不倒都是极限状态，还需要赋之于适量的定量的定义，或提出一种在设计中处理模糊概念的设计方法。

采用多级抗震设计时，还要选定适当的三级地震动输入，从发生或超越概率来确定这些输入是可行的方法。

14.5.6 采用以概率为基础的抗震设计方法

我国拟订中的修改方案已经过渡到以概率为基础的分部荷载系数法的形式，但如何详细研究各种重要可变因素的不确定性或离散性以及这些因素的经济影响，则还有许多工作要做，其中特别重要的是地震活动性和结构易损性的离散性。当前的困难在于缺乏足够统计数据和理论概率模型，其中包括缺乏地震历史数据和地震动数据。

14.5.7 双重破坏准则与地震动持续时间的应用

从结构物的破坏或易损性看，需要考虑两个相互独立的物理量来定义破坏，如砂土液化和结构低周疲劳破坏，需要在现在常用的最大变形能力或极限强度之外，再考虑结构的积累能量损耗或振动重复周数；从地震动因素来看，影响结构反应这两个因素的是地震动的反应谱和持续时间。从结构抗震理论来看，低周疲劳的概念虽然早已引起地震工程界的重视，但除砂土液化之外，还没有得到实际的应用，目前正处于发展的初期，需要有大量的实验研究。因此，在抗震规范中如何应用，则还要晚一些；但是，从方向上看，是必然要考虑的一个重要方面。

14.5.8 抗震设计程序化与动力非线性分析是可能的

鉴于动力非线性分析的日益普及，当前已有一些计算程序处理常用结构的这种分析；微处理机日益普及，性能日益提高，在新型微机上处理动力非线性分析看来是可行的；因此，抗震设计的程序化，用机器来进行计算和设计也是可行的。首先，将是完善重要工程的设计程序化，接着就可以考虑实现一般结构抗震设计的程序化，从而应用非线性动力设计于一般结构。

附录一　参 考 文 献

(1) 说明

按文章语别分别列入中、日、西三类，西文包括英、俄等。

中译文书籍入中文。

(2) 简写

地震工程研究报告集：中国科学院工程力学研究所地震工程研究报告集，科学出版社。

东大震研(BERI)：日本东京大学地震研究所汇报

ATC: Applied Technology Council

BSSA: Bulletin of Seismological Society of America

CCEE: Canadian Conference on Earthquake Engineering

EERL: Earthquake Engineering Research Laboratory, CIT (California Institute of Technology)

EESD: International Journal of Earthquake Engineering and Structural Dynamics

Int. Conf. Microzonation: International Conference on (Earthquake) Microzonation for Safer Construction, Research and Application

JAM: Journal of Applied Mechanics

JAP: Journal of Applied Physics

J. ASCE: Journal of American Society of Civil Engineers

JEE: Journal of Earthquake Engineering

JEES: Japanese Earthquake Engineering Symposium

J. G. R.: Journal of Geophysical Research

NISEE: National Information Service for Earthquake Engineering

SMiRT: Transactions of the Structural Mechanics in Reactor Technology

State-of-the-Art Rept.: State-of-the-Art for Assessing Earthquake Hazard in the United States, US Army Engineering waterways Experiment Station

UCB/EERC: Earthquake Engineering Research Center, Univ. of California, Berkeley

WCEE: World Conference on Earthquake Engineering

Workshop Strong Motion Eqk Records: Workshop on Interpretation of Strong-Motion Earthquake Records Obtained in and/or near Buildings

(3) 中文参考文献（按汉语拼音顺序）

宝志雯、来晋炎，1981，建筑物的脉动信号分析，地震工程与工程振动，1 卷，2 期，71～87。

陈达生，1965，关于地面运动最大加速度与加速度反应谱的若干资料，地震工程研究报告集，2 集，53～84。

邓起东等，1980，中国地震烈度区划图编制的原则和方法，地震学报，2 卷，1 期。

地震工程概论编写组，1977，地震工程概论，科学出版社。

顾仲权、马扣根、陈卫东，1997，振动主动控制，国防工业出版社。

冈本舜三，1971，抗震工程学（译自日文），1977，中国建筑出版社。

郭骅，1982，美国贮液罐地震反应的研究概况，地震工程与工程振动，1 卷，3 期，75～104。

郭增建、秦保燕，1979，震源物理，地震出版社。

国家地震局全国烈度区划编图组汇编，1979，中国地震等震线图集，地震出版社。

国家地震局兰州地震研究所、宁夏回族自治区地震队，1980，一九二〇海原大地震，地震出版社。

河北省地震局抗震组，1978，唐山地震震害调查初步总结，地震出版社。

胡聿贤、周锡元，1962，弹性体系在平稳和平稳化地面运动下的反应，地震工程研究报告集，1集，33～50。
胡聿贤、周锡元，1965，在地震作用下结构反应振型组合的合理方法，地震工程研究报告集，2集，18～26。
胡聿贤等，1965，弹性体系非平稳地震反应的近似计算方法，地震工程研究报告集，2集，133～140。
胡聿贤等，1965 建筑物脉动的 Fourier 谱分析，地震工程研究报告集，2集，120～132。
胡聿贤，1978，结构振动的反演计算，中国科学院工程力学研究所报告，79-025。
胡聿贤等，1980，场地条件对震害和地震动的影响，地震工程与工程振动，试刊1期，41～54。
胡聿贤，1982，结构振动的反演计算，地震工程论文集，科学出版社，1～14。
胡聿贤等，1982，基岩地震动参数与震级和距离的关系，地震学报，4卷，2期，199～207。
胡聿贤、胡勇，1983，关于烟囱的地震反应，地震工程与工程振动，3卷，2期，59～73。
胡聿贤，1983，在抗震规范中不用地震烈度的一个建议，建筑结构学报，32～39。
胡聿贤，1985，从八届地震工程会议看地震工程发展趋势，世界地震工程，一卷一期，1～11。
韩淼、周锡元，1999，基础隔震建筑软碰撞保护分析，建筑科学，15卷，1期，14～20。
李善邦，1981，中国地震，地震出版社。
李国豪，（主编），1980，工程结构抗震动力学，上海科学技术出版社。
廖振鹏等，1980，建筑物对竖向地面运动的反馈影响和暂态透射边界的研究，地震工程与工程振动，试刊2期，9～25。
廖振鹏、王阜，1983，论结构物的竖向地震输入，地震工程与工程振动，3卷，2期，74～88。
李中锡、周锡元，2001，规则型隔震房屋的自振特性和地震反应分析方法，建筑科学，17卷，5期，14～18。
刘恢先，1965，关于设计规范中地震荷载计算方法的若干观点和建议，地震工程研究报告集，2集，1～17。
刘恢先（主编），1985～1986，唐山地震震害，地震出版社。
刘季、何立民，1983，烟囱在水平与竖向地震动联合作用下的反应，地震工程与工程振动，3卷，2期，89～98。
刘季、李惠，1995，设有液压质量控制系统（HMS）的底层柔性结构动力特性及其地震反应的振型分解方法，地震工程与工程振动，15卷，2期。
林均岐、王云剑，1996，调谐质量阻尼器的优化分析，地震工程与工程振动，16卷，1期，116～121。
龙复兴、张旭、顾平、姚进，1998，调谐质量阻尼器系统控制结构地震反应的若干问题，土木工程学报，29卷，2期，87～94。
民用建筑抗震组，1977，阳江地震中多层砖房的震害及其地震荷载系数的反算，地程工程研究报告集，3集，159～185。
钱培风，1983a，竖向地震力，地震工程与工程振动，3卷，2期，44～54。
钱培风，1983b，结构抗震分析，地震出版社。
瞿伟廉，1991，高层建筑和高耸结构的风振控制设计，武汉测绘科技大学出版社。
乔太平、刘惠珊，1984，可液化场地的危险性分析，地基与工业建筑抗震，地震出版社，69～75。
时振梁等，1973，我国强震活动和板块构造，地质科学，1期。
时振梁等，1974，中国地震活动的某些特征，地球物理学报，17卷，1期。
时振梁等，1982，中亚、东亚大陆地震活动特征，中国科学，13辑，9期，840～849。
孙崇绍、陈丙午，1982，兰州市建筑场地抗震小区划，地震工程与工程振动，1卷，3期，1～14。
宋雅桐、朱继澄，1983，地震动持续时间对多层结构反应的影响，地震工程与工程振动，3卷，4期，49～59。
唐家祥、刘再华，1993，建筑结构基础隔震，华中理工大学出版社。
唐•塔林、英琳•塔林，1978，大陆飘移浅说（译自英文），科学出版社。
田石柱，1999，建筑结构的 AMD 主动控制，哈尔滨建筑大学博士学位论文。

通海地震影响场调查组，1977，通海地震的烈度分布与场地影响，地震工程研究报告集，3集，1～14。
土坝组，1981，土坝的震害规律和抗震设计问题，地震工程研究报告集，4集，217～244。
土木水利工程学会，1981，地震工程研习会研习资料，中国台北市。
土木学会（编），1973，地震反应分析及实例（译自日文），1983，地震出版社。
王光远，1978，建筑结构的振动，科学出版社。
王前信、王孝信，1979，工程结构地震力理论，地震出版社。
武汉建筑材料工业学院、石家庄市建筑材料工业局，1982，石家庄 KQ-79 型框架轻板建筑三层空框架整体破坏性试验研究，地震工程与工程振动，2卷，2期，56～71。
威格尔（主编），1977，地震工程学（译自英文），科学出版社。
谢毓寿，1977，地震与抗震，科学出版社。
谢君斐、石兆吉，1981，地面运动的反演及其在震害分析中的应用，地震工程与工程振动，1卷，2期，9～24。
星谷胜，1974，随机振动分析（译自日文），1977，地震出版社。
徐果明等，1982，地震学原理，科学出版社。
冶金工业部建筑研究总院工程抗震研究室（编），1982，九国抗震设计规范汇编，地震出版社。
尹之潜、彭克中，1962年，建筑物脉动现象分析，地震工程研究报告集，1集，122～129。
尹之潜等，1981，在地震作用下多层框架结构的弹塑性反应，地震工程和工程振动，1卷，2期。
尹之潜等，1983，抗震设计方法中的几个问题的研究，中国科学院工程力学研究所报告，83-051。
郁寿松、石兆吉，1980，水平土层液化势的判别分析，地震工程与工程振动，试刊一期，121～136。
阎石，2000，结构振动智能控制的人工神经网络与模糊逻辑方法研究，大连理工大学博士学位论文。
阎维明，1998，房屋建筑减振控制理论和实验研究，国家地震局工程力学研究所博士后研究工作报告，LRZ966018。
周福霖，1997，工程结构隔震与控制，地震出版社。
张维嶽、杨蔚彪，1997，低周反复荷载下二阶摩擦减振控制支撑框架的试验研究，建筑科学，4期，3～7。
张令弥，1981，结构动力学中的几种模态识别方法，地震工程与工程振动，1卷，2期。
张晓志、胡聿贤，1982，局部加密傅里叶谱分析 ZOOMFT 的介绍，地震工程与工程振动，2卷，4期，94～104。
郑茂川，1978，最新防震工程，沧海书局，中国台湾。
中国科学院地球物理所，1975，地震仪概论，科学出版社。
中国科学院工程力学所（编），1979，海城地震震害地震出版社。
中国科学院工程力学所、河北省地震局抗震组，1978，唐山地震震害调查初步总结，地震出版社。
周福霖，1997，工程结构减振控制，地震出版社。
周四骏等，1983，在冲击振动下烟囱模型裂缝出现位置的实验研究，地震工程与工程振动，3卷，2期，99～107。
周锡元，1965，土质条件对建筑物所受地震荷载的影响，地震工程研究报告集，2集，27～44。
周锡元、苏经宇，1983，烈度、震中距和场地条件对地面运动反应谱的影响，地震工程与工程振动，3卷，2期，29～43。
周锡元、韩淼、马东辉、曾德民，1997，叠层钢板橡胶支座的稳定性分析与强度验算，建筑科学，6期，13～19。
周锡元、韩淼、马东辉、曾德民，1998，隔震橡胶支座水平刚度系数的实用计算方法，建筑科学，14卷，6期，3～8。
周锡元、韩淼、曾德民、樊水荣，2000，具有软着陆保护的橡胶支座隔震体系，建筑结构学报，21卷，5期，

1～9。
周锡元、李中锡，2001a，规则型隔震桥梁结构的简化分析方法，土木工程学报，34 卷，3 期，53～58。
周锡元、韩淼、马东辉、曾德民，2001b，用刚性板连接的组合橡胶支座水平刚度计算方法，土木工程学报，33 卷，6 期，38～44。
周锡元、阎维民、杨润林，2002，建筑结构的隔震、减振和振动控制，建筑结构学报，23 卷，2 期，1～12。
周锡元、马东辉、俞瑞芳，2005，工程结构中的阻尼与复振型地震响应的完全平方组合，土木工程学报，38 卷，1 期，31～39。
朱伯龙等，1981，工程结构抗震设计原理，上海科学技术出版社。
(4) 日文参考文献（按日文读音顺序）
村松郁荣，1967，地震危险度，地震，第 2 辑，Vol.20，No.4，281～290。
大崎顺彦（编），1981，建筑物の耐震设计法，コロナ社。
大桥宏、白木万博，1976，大型构造物耐震实验の现状と今后の动向，日本机械学会志，Vol.79，No.689，297～304。
高田孝信等，1965，桥梁关系の被害（新潟地震），土木研究所报告，No.125，173～210。
河角广，1951，有史以来の地震活动よた见たる我国各地の地震危险度及び最高震度の期待值，震研究汇报，Vol.29，No.3，469～482。
——，1973，地震灾害，共立出版株式会社。
后藤尚男等，1982，大规模断层破坏にょる地震动の推定，京都大学防灾研究所年报，No.25B-2，33～52。
加藤勉、秋山宏，1976，地震时にぉけせん断型多层骨组の倒坏条件，日本建筑学会论文报告集，No.244，33～39。
——，1978，地震时にぉける钢构造せん断多层骨组の损伤分布，日本建筑学会论文报告集，No.270，53～59。
金多洁，1976，耐震构造学，朝仓书店。
金井清，1954～1968，常时微动の测定，第 1 报～第 12 报，震研汇报。
梅村魁（编），1979，新しいム耐震设计，日本建筑センター。
末永昭纪等，1978，埋立地盘に杭支持された铁筋コンクリート造超高烟突の地震动观测，第 5 回日本地震工学シンポジウム讲演集，569～576。
内田直树等，1978，住友生命仙台ビルの强震时の实举动について，日本建筑学会论文报告集，No.290，69～81。
清水信行，1972，机器、配管系の耐震设计法に关する研究，东京大学生产技术研究所报告，Vol.22, No.1, 1～83。
秋山宏，1981，地震时における钢构造ラーメソ骨组の损伤分布则，日本建筑学会论文报告集，No.303，53～59。
秋山宏、大井谦一，1981，混合型の复元力特征をもつせん断型多层骨组の损伤集中特性，日本建筑学会论文报告集，No.303，31～39。
日本道路协会，1980，道路桥示方书・同解说，V，耐震设计篇。
日本建筑学会，1981，建筑物の耐震设计资料。
——，1983，地震动と地盘。
若林实，1981，耐震构造-建物の耐震性能，森北出版株式会社。
矢作枢等，1978，沈埋トンネルの地震观测と数值解析，第 5 回日本地震工学シソポジウム讲演集，937～944。
石本已世雄，1931a，地震加速度の观测，震研汇报，Vol.9, No.2, 159～167。

——，1931b，加速度地震计及びその记象，震研汇报，Vol.9, No.3, 316～332。

——，1931c，加速度地震计记象より考察せる地震の性质，震研汇报，Vol.9, No.4, 473～484。

——，1932，地震动の加速度にフいて，建杂杂志，No.554，223～238。

——，1935，地震动に就つい，土木会志，Vol.21, No.6, 757～765。

藤本一郎（编），1982，新耐震设计法入门，オーム社。

田治米辰雄等，1977，地盘と震害，槙书店。

望月利男、小林计代，1975，单体の运动カウ地震加速度を推定するたぬの研究，日本建筑学会论文报告集，No.248, 63～70。

武藤清，1977，构造物の动的设计，丸善株式会社。

西垣太郎、水畑耕治，1983，铁筋コソクリート构造物の动的耐震性评价に关する研究，日本建筑学会论文报告集，No.332, 19～29。

小高昭夫等，1972，耐震耐风构造，鹿岛出版社。

岩崎敏男等，1980，地震时地盘液状化の程度の予测にフムて，土と基础，Vol.29, No.4, 23～30。

玉松健一郎、铃木敏郎，1981，履历吸收エネルギーをパテメーターにした低层铁骨造组の耐震性评价に关する研究，日本建筑学会论文报告集，No.309, 60～71。

佐野利器、武藤清，1935，家屋耐震并耐风构造，常磐书房。

(5) 西文参考文献

——, 1973, The Great Alaska Earthquake of 1964, Engineering.

——, 1973, Влияние грунтов на интенсивностъ сейсмнческих колебаний, воп. инж. сейсмологин, вып.15, Наука, Москва.

——, 1979, recommendations for a US-JANPAN Cooperative Research Program Utilizing Large-Scale Testing Facilities, UCB/EERC-79/26.

——, 1980, Earthquake Resistant Regulations——A World List.

——, 1982, Earthquake Engineering Research, National Academy Press, Washington, D. C.

Agbabian, M. E., 1971, The Effect of Various Damping Assumptions on the Dynamic Response of Structures, Bulletin of Int. Inst. of Seismology and Earthquake Engineering, Vol.8, 217～236.

Algermissen, S. T., 1969, Seismic Risk Studies in the United States, Proc, 4WCEE, Vol.1, A1-14-27.

Algermissen, S. T. and Perkins, D. M., 1976, A Probabilistic Estimate of Maximum Acceleration in Rock in the Contiguous United States, USGS Open-File Rept. 76～416.

——, 1972, A Technique for Seismic Zoning: General Considerations and Parameters, Proc. 1st Int. Conf. on Microzonation, Vol.2, 865～878.

Alonso, J. L. and Urbina, L., 1978, A New Microzonation Technique for Design Purposes, Proc, 2nd Int. Conf. Microzonation, Vol.1, 523～534.

Ambraseys, N. N., 1969, Macroseismic Observations for Some Recent Earthquakes, Proc. 4WCEE, Vol.3, J2-20-35.

——, 1973, Dynamics and Response of Foundation Materials in Epicentral Regions of Strong Earthquakes, Proc. 5WCEE, Vol.1, CXXV1-CXLV111.

Ambraseys, N. N. and Sarma, S., 1969, Liquefaction of Soils by Earthquakes, BSSA, Vol.59, No.2, 651～664.

Amin, M. and Ang, A. H-S., 1968, Nonstationary Stochastic Model of Earthquake Motions. J. ASCE, EM2, 559～583.

Anderson, A. W. et al., 1952, Lateral Forces of Earthquake and Wind, J. ASCE, Vol.117, 716～780.

Anderson, J. G., 1980, Consistency of Probabilistic Seismic Risk Methods, Proc. 7WCEE,

Ang, A. H-S. (洪华生) et al., 1984, Seismic Damage of R. C. Buildings and Related Ground Motion Parameter, Proc. ATC Workshop on Earthquake Ground Motion and Building Damage Potential, San Francisco.

Ang, A. H-S. and Tang, W. H., 1975, Probability Concepts in Engineering Planning and Design, Vol.1, Basic Principles, John Wiley & Sons.
Ariman, T. and Muleski, G. E., 1981, A Review of the Response of Buried Pipelines under Seismic Excitations, PVP-34, ASME, 1-29; EESD, Vol.9, No.2, 133～152.
API, 1982, API recommended Practice for Planning, Designing, and Constructing Fixed Offshore Platforms (API RP 24), Am. Petroleum Institute.
Aptikaev, F. and Kopnichev, J., 1980, Correlation between Seismic Vibration Parameters and Type of Faulting, Proc. 7WCEE, Vol.1, 107～110.
Aristizabal-Ochoa, J. D. and Clark, A. J., 1980, Large-Scale Earthquake Simulation Tables, Proc. 7WCEE, Vol.7, 157～164.
Aslam, M. et al., 1980, Earthquake Rocking Response of Rigid Bodies, J. ASCE, ST2, 377～392.
ATC, 1978, Tentative Provisions for the Development of Seismic Regulations for Buildings, ATC-3-06.
Abdel-Rohman M. and Leipholz, H. H., 1978, Structural Control by Pole Assignment Method, Journal of Engineering Mechanics, Vol.104, No.5.
Abdel-Rohman M. and Leipholz, H. H., 1981, Stochastic Control of Structures, Journal of Engineering Mechanics, Vol.107, No.7.
Abdel-Rohman, M., 1982, Active Control of Large Structures, Journal of Engineering Mechanics, Vol.108, No.5.
Akira Mita and Mika Kaneko, 1994, Vibration Control of Tall Buildings Utilizing Energy Transfer into Sub-Structural System, First World Conference on Structural Control, Los Angeles, California, USA.
Allison Smith H. and Geoffrey Chase J., 1994, Robust Disturbance Rejection Using H_∞ Control for Civil Structures, First World Conference on Structural Control, Los Angeles, California, USA.
Amini, F., Chen H. M., Qi G. Z. and Yang, J. C. S., 1994, Neural Network for Identification and Control of Structures, First World Conference on Structural Control, Los Angeles, California, USA.
Architecture Institute of Japan (AIJ), 1994, Recommendation for the Design of Base Isolated Buildings, Second Edition.
Al-Hussaini, T. M., Zayas, V. A. and Constantinou, M. C., 1994, Seismic Isolation of Multi-Story Frame Structures Using Sliding Isolation Systems, Technical Report, State University of New York at Buffalo NCEER-94-0007.
——, 1979, Proc. Workshop on Earthquake Resistance of Highway Bridges, ATC 6-1.
Basham, P. W. et al., 1982, New Probabilistic Strong Seismic Ground Motion Maps of Canada: A Compilation of Earthquake Source Zones, Methods and Results, Earth Physics Branch Open-File 82-33, Energy, Mines and Resources, Canada.
Battis, J., 1981, Regional Modifications of Acceleration Attenuation Functions. BSSA, Vol.71, No.4, 1309～1321.
Bayo, E. and Wilson, E. L., 1983, Numerical Techniques for the Evaluation of Soil-Structure Interaction Effects in the Time Domain, UCB/EERC-83/04.
Benjamin, J. R. and Cornell, C. A., 1970, Probability, Statistics, and Decision for Civil Engineers, McGraw-Hill.
Beck, J. L., 1978, Determining Models of Structures from Earthquake Records, EERL 78-01.
——, 1982, system Identification Applied to Strong Motion Records from Earthquakes, Earthquake Ground Motion and Its Effects on Structures, AMD, Vol.53.
Berger, E. et al., 1975, ALUSH－A Computer program for Seismic Response Analysis of Axisymmetric Soil-Structure Systems, UCB/EERC 75-31.
Bertero, V. V., 1976, Establishment of Design Earthquake—Evaluation of Present Methods, Int. Symp. Earthquake Structural Engg. Vol.1, 551～580.
——, 1980, Detailed Study of Building Damage, Advances in Earthquake Engineering, U. C. Berkeley.
Bertero, V. V. et al., 1980, Lessons from Structural Damages Observed in Recent Earthquakes, Proc. 7WCEE, Vol.4, 257～264.

Berz, G. and Smolka, A., 1980, A World Map of Seismic Risk and Its Application to Insurance, Proc. 7WCEE, Vol.1, 245～252.

Blume, J. A. and Kiremidjan, A. S., 1979, Probabilistic Procedures for Peak Ground Motion, J. ASCE, ST11, 2293～2311.

Blume, J. A. et al., 1961, Desiqn of Multistory Reinforced Concrete Buildings for Earthquake Motions, Portland Cement Association.

Болотин, Б. Б., 1960, Применение статистических методов для оценки прочности конструкций при сейсмических воэдеиствиях, Инж. сб., т. 27.

——, 1965, Статистические методы в строителбной мсханике, Москва.

Bolt, B. A., 1981, Interpretation of Strong-Motion Ground Motion Records, State-of-the-Art Rept., Rept.17.

Bolt, B. A. and Abrahamson, N. A., 1982, New Attenuation Relations for Peak and Expected Accelerations of Strong Ground Motion, BSSA, Vol.72, No.6, 2307～2322.

Bolt, B. A. et al., 1982, Earthquake Strong Motion Recorded by a Large Near-Source Array of Digital Seismographs, EESD, Vol.10, n.4, 561～573.

Booker, J. R. et al., 1976, GADFLEA－A Computer Program for the Analysis of Pore Pressure Generation and Dissipation during Cyclic or Earthquake Loading, UBC/EERC 76-24.

Borcherdt, R. D. (ed.), 1975, Studies for Seismic Zonation of the San Fernando Bay Region, Geological Survey Prof. Paper 941-A, USGS.

Borges, J. F. and Ravara, A., 1969, Seismic Design of Traditional and Prefabricated Reinforced Concrete Buildings. Proc. 4WCEE, Vol.3, B-5, 13～27.

Brankov, G. and Sachanski, S., 1980, Effects of Vranchea Earthquake, March 1977 on the Territory of Bulgaria, Proc. 7WCEE, Vol.9, 446～452.

Campell, K. W. and Duke, C. M., 1974, Bedrock Intensity Attenuation and Site Factors form San Fernando Earthquake Records, BSSA, vol.64, No.1, 173～185.

Carder, D. S., 1936, Vibration Observations, Earthquake Investigations in California 1934～1935, USCGS, Special Publ. No.201.

——, 1966, Earthquake Investigations in the Western US 1931～1934, USCGS, Publ. No.41-2.

Carmona, J. S. and Castano, J. C., 1972, Analysis of Seismic Risk on the Site of Special Constructions in Argentina, Proc. 1st conf. Microzonation, vol.1, 249～263.

Castro, G. and Poulos, S J., 1977, Factors Effecting Liquefaction and Cyclic Mobility, J. ASCE, GT6, 501～516.

Caughey, T. K. and Stumpf, H. J., 1961. Transient Response of a Dynamic System under Random Excitation, JAM, Vol.28, No.4, 563～566.

Chandra, U. et al., 1979, Attenuation of Intensities in Iran, BSSA, Vol.69, No.1, 237～250.

Chaney, R. C., 1979, Earthquake Induced Deformations in Earth Dam, Proc, 2nd US Nat. conf. On Earthquake engineering, 633～642.

Chang, M. K. et al., 1979, ARMA Models for Earthquake Ground Motions, UCB/EERC-79/19.

Chopra, A. K., 1978, Earthquake Resistant Design of Concrete Gravity Dams, J. ASCE, ST6, 953～971.

Clough, R. W. et al., 1973, Earthquake Simulator Test of a Three Story Steel Frame Structure, 5WCEE, Vol.1, 308～311.

Clough, R. W. and Hidalgo, P., 1973, Design of a Shaking Table Test for a Reinforced Concrete Frame Structure, 5WCEE, Vol.1, 304～307.

Clough, R. W. and Penzien, J., 1975, Dynamics of Structures, McGraw-Hill.

Coats, D. W., 1980, Recommend Revisions to Nuclear Regulatory Commission Seismic Design Criteria, NUREG/CR-1161 RD.

Cornell, C. A., 1968, Engineering Seismic Risk Analysis, BSSA, Vol.58, No.5, 1583～1606.

——, 1971, Probabilistic Analysis of Damage to Structures under Seismic Loads, Ch. 27, Dynamic Waves in Civil Engg (ed. Howell), John Wiley & Sons, New York.

——, 1980, Probabilistic Seismic Hazard Analysis: A 1980 Assessment, Research Conf. on Earthquake Engineering, 3～17.

Cornell, C. A. et al., 1979, Seismic Motion and Response Prediction Alternatives, EESD, Vol.7, No.4, 295～315.

Cornell, C. A. and Vanmarcke, E. H., 1969, The Major Influences on Seismic Risk, Proc. 4WCEE, Vol.1, A1-69-83.

Davenport, A. G., 1964. Note on the Distribution of the Largest Value of a Random Function with Application to Gust Loading, Proc. Inst. Civil Engr., Vol.28, 187～196.

Davis, R. O. and Berrill, J. B., 1982, Energy Dissipation and Seismic Liquefaction in Sands, EESD, Vol.10, No.1, 59～68.

Degenkolb, H. J., 1980, Learning from Earthquakes, Advances in Earthquake Engineering, U. C. Berkeley.

Di Stefano, N. et al., 1976, System Identification of Frames under Seismic Loads, J. ASCE, EM2, 313-330.

Duda, S. J. and Nuttli, O. W., 1974, Earthquake Magnitude Scale, Geophysical Surveys, Vol.1, No.4, 429～458.

Durate, R. T., 1980, An Investigation on the Influence of Large Magnitude Earthquakes on Seismic Risk, Proc. 7WCEE, Vol.1, 293～300.

Dowdell D. J. and Cherry S., 1994, Structural Control Using Semi-Active Friction Dampers, First World Conference on Structural Control, Los Angeles, California, USA.

Dyke, S. J., Spencer, Jr. B. F., Sain, M. K. and Carson, J. D., 1996, Experimental Verification of Semi-Active Structural Control Strategies using Acceleration Feedback, Proceedings of The Third International Conference on Motion and Vibration Control, Chiba, Japan, Vol.III.

Esteva, L. 1976, Seismicity, Ch. 6, Seismic Risk and Engineering Decisions (ed. Lomnitz and Rosenblueth) Elsevier, New York.

——, and Rosenbluech, E., 1964, Espectros de Temblors a Distancias Moderadasy Grandes Bol. Soc. Mex. Ing. Sim., Vol.2, No.1, 1～18.

Eykhoff, P., 1974, System Identification－Parameter and State Estimation, John Wiley & sons, New York.

Fenzine, J. and Watabe, M., 1975, Characteristics of 3-Dimensional Earthquake Ground Motions, EESD, Vo1.3, No.3, 365～373.

Finn, W. D. L. et al., 1978, Comparison of Dynamic Analyses for Saturated Sands, ASCE Geotechnique Specialty Conf. on Earthquake Engg and Soil Dynamics, vol.1, 472～491.

Fintel, M. and Khan, F. R., 1969, Shock-Absorbing Soft Story Concept for Multistory Earthquake Structures, ACI Journal, Vol.66, No.5, 381～390.

Fujita, T. (ed.), 1991, 11th International Conference on Structural Mechanics in Reactor Technology (SM.RT 11), Tokyo, Japan, 18～33.

Gajardo, E. and Contreras, M., 1980. Seismic Risk Evaluation Studies for Zones with Scarce Amount of Data, Proc. 7WCEE, Vol.1, 387～390.

Garcia, L. E., 1984, Development of the Colombia Seismic Code, Proc. 8WCEE, Vol.1, 747～754.

Ghanaat, Y. and Clough, R. W., 1983, Analytical Correlation of a Dynamic Brace Buckling Experiment, EESD, Vol.11, No.1, 111～120.

Goto, H. (後藤尚男) and Toki, K. (土岐憲三), 1969, Structural Response to Nonstationary Random Excitation, Proc, 4WCEE, 130～144.

Green, N. B., 1978, Earthquake Resistant Building Design and Construction, Van Nostrand Reinhold Co.

Gupta, A. K. and Cordero, K., 1981, Combination of Modal Responses , 6th Int. Conf. SMi RT, Vol.K(a), K7/5。

Gutenberg, B. and Richter, C. F., 1942, Earthquake Magnitude, Intensity, Energy, and Acceleration, BSSA, Vol.32, No.3, 163～191.

——, 1956, Earthquake Magnitude, Intensity, Energy, and Acceleration (Second Paper), BSSA, Vol.46, No.2, 105～146.
Hadjian, A. H., 1972, Scaling of Earthquake Accelerograms——A Simplified Approach, J. ASCE, ST2, 547～551.
Haldar, A. and Tang, W. H., 1979, Probabilistic Evaluation of Liquefaction Potential, J. ASCE, GT2, 145～551.
Hamada, M. (浜田正则) et al., 1980, Behavior of Underground Tanks during Earthquakes, Proc. 1JEES, 583～590.
Hanks, T. C., 1979a, b Values and ω-γ Seismic Source Models: Implications for Tectonic Stress Variations along Active Crustal Fault Zones and the Estimation of High-frequency Strong Ground Motion, J. G. R., Vol.84, No.B5, 2235～2242.
——, 1979b, Seismological Aspects of Strong Motion Seismology, Proc, 2nd US Conf. Earthquake Engineering, 898～912.
Hanks, T. C. and Kanamori, H. (金森博雄), 1979, A Moment Magnitude Scale, J. G. R., Vol.84, n.B5, 2348～2350.
Hardin, B. O. and Drnevich, V. P., 1972, Shear Modulus and Damping in Soils, J. ASCE, Vol.98, SM6, 603～624(I); SM7, 667～692(II).
Hart, G. C. et al., 1975, Torsional Response of High-Rise Buildings, J. ASCE. Vol.101, ST2, 397～416.
Hart, G. C. and Yao, J. T. P. (姚治平), 1976, System Identification in Structural Mechanics, JASCE, EM6, 1089～1104.
Hasegawa, H. S. et al., 1981, Attenuation Relations for Strong Seismic Ground Motion in Canada, BSSA, Vol.71, 1943～1962.
Hattori, S. (服部定育), 1980a, Seismic Risk Maps in Asian Countries——China, Philippines, Indonesia and Others, Proc. 7WCEE, Vol.1, 383～386.
——, 1980b, Seismic Risk Maps in Turkey, Iran and Mediterranean Areas, Proc. 7WCEE, Vol.1, 285～292.
Hays, W. W. et al., 1978, Preliminary Ground Response Maps for the Salt Lake City, Utah, Area, Proc, 2nd Int. Conf. Micorzonation, Vol.1, 497～508.
He, Q. J. (何广乾) and Wei, L. (魏琏), 1981, On Aseismic Strengthening of Existing Reinforced Concrete Frames, Proc. US/PRC Workshop on Seismic Analysis and Design of Reinforced Concrete Structures, 215～226.
Heidebrecht, A. C. and TSO, W. K., 1983, Proposed Seismic Loading Provision－National Building Code of Canada 1985, Proc. 4th CCEE, K-19-33.
Hershberger, J., 1956, A Comparison of Earthquake Accelerations with Intensity Ratings, BSSA, Vol.46, No.4, 317～320.
Housner, G. W., 1947. Characteristics of Strong Motion of Earthquakes , BSSA, Vol.37, No.1, 19～31,
——, 1961, Vibration of Structures Induced by Seismic Waves, Part 1, Shock and Vibration Handbook, Vol.3, Ch.50.
——, 1963, The Behavior of Inverted Pendulum Structures during Earthquakes, BSSA, Vol.53, No.2, 403～418.
——, 1969, Engineering Estimates of Ground Shaking and Maximum Earthquake Magnitude, Proc, 4WCEE, Vol.1, A1-1-13.
——, 1979, Earthquake and Earthquake Engineering, Proc, 3rd CCEE, Vol.1, 1～22.
Housner, G. W. and Jennings, P. C. 1964, Generation of Artificial Earthquake , J. ASCE, Vol.90, EM1, 113～150.
——, 1972, The San Fernando California Earthquake EESD, Vol.1, No.1, 5～32.
——, 1973, Problems in Seismic Zoning, Proc, 5WCEE, Vol.2, 1626～1635.
——, 1982, Earthquake Design Criteria, EERI.
——(ed.), 1982, Earthquake Engineering Research－1982, National Academy Press.
Hu, Y. (胡聿贤), 1980, Input Identification from Structural Vibration Responses, UCB/EERC-80/26.
Hu, Y. et al., 1981, Inverse Problem of Structural Vibrations Proc. US/PRC Workshop on Seismic Analysis and De-

sign of Reinforced Concrete Structures, 85～97.
——, 1984, Analyses of Earthquake Damage of Brick Smokestacks, Proc. 8WCEE, Vol.7, 15～21.
Hu, Y. and Sun, P. S. (孙平善), 1982, Seismic Microzonation and Site Effects, Proc, 3rd Int. Conf. Earthquake Microzonation Vol.2, 587～598.
Hu, Y. and Tao, X. X. (陶夏新), 1984, Selection and Estimation of Earthquake Motion for Critical Structure Engineering Sites, Proc, Int. Workshop on Earthquake Engineering, Vol.1, A-8, Shanghai.
Hu, Y. and Zhang, M. Z. (张敏政), 1983, Attenuation of Ground Motion for Regions with No Ground Motion Data, Proc. 4CCEE, 485～494.
Hu, Y., 2003, Application of Consequence-based Design Criteria in Regions of Moderate Seismicity, Earthquake Engg & Engineering Vibration, Vol.2, No.1, 35～38.
Hanson, R. D. and Soung, T. T., 2001, Seismic Design with Supplement Energy Dissipation Devices, EERI, NN-8.
Hwang, J. S., Chang, K. C. and Tsa, M. H., 1997, Composite Damping Ratio of Seismically Isolated Regular Bridges, Engineering Structures, Vol.19, No.1, 55～62, Elsevier Science Ltd.
Housner G. W. et al., 1997, Structural Control: Past, Present, and Future, Journal of Engineering Mechanics, Vol.123, No.11.
Husid, R. L., 1969, Analisis de Terremotos: Analisis General, Revista del ID1EM, Santiago Chile, Vol.8, No.1, 21～42.
Ibanez, P., 1977, Review of Analytical and Experimental Techniques for Improving Structural Dynamic Models, Rept. 1149-1, Applied Nucleonics Co.
Idriss, J. M., 1978, Characteristics of Earthquake Ground Motion, Rept. Of Woodward-Clyde Consultants, San Francisco; ASCE Geotechnical Engg Division, Specialty Conf. on Earthquake Engineering and Soil Dynamics, Vol.3, 1151～1265.
Idriss, J. M. and Kennedy, R. P., 1980, Report by the Ad Hoc Group on Soil-Structure Interaction of the Committee on Nuclear Structures and Materials of the Structural Division of ASCE, analysis for Soil-Structure Interaction Effects for Nuclear Power Plants.
Iemura, H. (家村浩和), 1977, Earthquake Response of Stationary and Deteriorating Hysteretic Structures, Dept. Civil Engineering, Kyoto Univ.
Iemura, H. and Jennings, P. C., 1974, Hysteretic Response of a Nine-Storey Reinforced Building, EESD, Vol.3, No.2, 183～201.
Ishihashi, I. (石原研而), 1981, Dynamic Soil Properties, Proc. Joint US/PRC Microzonation Workshop, 17.1-17.21; 中译文，国外地震工程，No.6, 1981.
Ishiyama, Y. (石山和雄), 1980, Review and Discussion on Overturning of Bodies by Earthquake Motions, Building Research Institute, Japan Ministry of Construction, Res. Paper No.85.
Iwan, W. D., 1984, Characteristics of Digital Strong-Motion Accelerographs, Proc. Int. Workshop on Earthquake Engineering, Vol.1, A19-1-16.
Iwan, W. D. and Gates, N. C., 1979, Estimating Earthquake Response of Simple Hysteretic Structures, J. ASCE, EM3, 391～405.
Iyengar, R. N. and Iyengar, K. T. S. R., 1969, A Stationary Random Process Model for Earthquake Accelerograms, BSSA, Vol.59, No.3, 1163～1188.
Joyner, W. B. and Boore, D. M., 1981, Peak Horizontal Acceleration and Velocity from Strong-Motion Records Including Records from the 1979 Imperial Valley, California, Earthquake, BSSA, Vol.71, n.6, 2011～2038.
Jangid, R. S., 1995, Dynamic Characteristics of Structures with Multiple Tuned Mass Damper, Structural Engineering and Mechanics, Vol.3, No.5, 497～509.
——, 1982, Prediction of Earthquake Response Spectra, USGS, Open-File Rept. 82～977.

Kagawa, T. and Kraft, L. M., Jr., 1981, Dynamic Characteristics of Lateral Load-Deflection Relationships of Flexible Piles, EESD, Vol.9, No.1, 53～68.

——, 1980a, Lateral Load-Deflection Relationships of Piles Subjected to Dynamic Loadings, Soils and Fourdations, Vol.20, No.4, 19～36.

——, 1980b, Seismic Responses of Flexible Pile, J. ASCE, GT8, 899～918.

Kaila, K. L. and Rao, N. M., 1980, Expected Maximum Magnitude, Intensity and Peak Horizontal Ground Acceleration Maps of the Himalayan Region, Proc. 7WCEE, Vol.1, 233～236.

Kamada, T., 1980, Earthquake Force Prediction Considering Local Seismic Source Activity, Proc. 7WCEE, Vol.1, 379～382.

Kameda, H. (龟田弘行) et al., 1982, Microzonation and Spatially Correlated Earthquake Motions, Proc. 3rd Conf. Earthquake Microzonation, Vol.3, 1463～1474.

Kanai, K. (金井清) et al., 1966, Observation of Strong Earthquake Motions in Matsushiro Area, Part 1, BERI, Vol.44, No.3, 1269～1296.

Kanai, K. and Suzuki, T. (铃木富太郎), 1968, Expectancy of the Maximum velocity Amplitude of Earthquake Motions at Bed Rock, BERI, Vol.46, No.3, 663～666.

Kanai, K. and Yoshizawa, S. (右泽静代), 1963, Some New Problems of Seismic Vibrations of a Structure , Part 1, Vol.41, No.4, 825～833.

——, 1964, Some New Problems of Seismic Vibrations of a Structure, Part 2, Vol.42, No.2, 237～243.

Karnik, V. and Algermissen, S. T., 1978, The Assessment and Mitigation of Earthquake, Risk UNESCO; 中译文，1982，地震危险性的评定和减缓，地震出版社。

Katayama, T. (片山恒雄), 1980, Distribution of Structure's Period-Dependent Seismic Risk in Japan, Proc. 7WCEE, Vol.1, 331～338.

Kaul, M. K., 1978, Stochastic Characterization of Earthquakes through Their Response Spectrum, EESD, Vol.6, No.5, 497～509.

Kaya, I. And McNiven, H. D., 1978, Investigation of the Nonlinear Characteristics of a Three-Story Steel Frame Using System identification, UCB/EERC-78/25.

Kelly, J. M. (ed.), 1981, Control of Seismic Response of Piping Systems and Other Structures by Base Isolation, UCB/EERC-81/01.

Kelly, J. M. and Beucke, K. E., 1983, A Friction-Damped Base Isolation System with Fail-Safe Characteristics, EESD, Vol.11, No.1, 33～56.

Kiremidjian, A. et al., 1980, A Time and Space Dependent Model for Earthquake Occurrences, Seismological Soc. Am. Meeting, Seattle, Wash.

Kitagawa, Y. (北川良和) and Matsushima, Y. (松岛丰), 1980, Study of Dynamic Ground Characteristics in Range of Short and Long Periods, Proc. 7WCEE, Vol.2, 459～466.

Kitazawa, K. (北泽功次) et al., 1980, Damping Characteristics of R. C. Highrise Chimney Based on Earthquake Motion Measurement, Proc, 7WCEE, Vol.5, 475～482.

Kiureghian, A. Der, 1980, Structural Response to Stationary Excitation, J. ASCE, EM6, 1195～1213.

——, 1981, A Response Spectrum Method for Random Vibration Analysis of MDF Systems, EESD, Vol.9, No.5, 419～435.

Kiureghian, A. Der and Ang. A. H-S., 1977, A Fault-Rupture Model for Seismic Risk Analysis, BSSA, Vol.67, No.4, 1173～1194.

Kobayashi, H. (小林启美) and Kagami, H. (镜味洋史), 1972, A Method for Local Seismic Intensity Zoning Maps on the Basis of Subsoil Conditions, Proc. 1st Int. Conf. Microzonation, Vol.2, 513～528.

Kovacs, W. D. et al., 1971, Dynamic Moduli and Damping Ratio for a Soft Clay, J. ASCE, SM1. 59～75.

Krawinkler, H., 1979, Possibilities and Limitations of Scale-Model Testing in Earthquake Engineering, Proc. 2nd US Nat. Conf. Earthquake Engineering, 283～292.

Kubo, K. (久保庆三郎), 1975, Fundamental Concept of Aseismic Design of Underground Piping Systmes, Proc. 5th European Conf. Earthquake Engineering, Vol.2, Ch.6.

Kubo, T. (久保哲夫) and Penzien, J., 1976, Time and Frequency Domain Analysis of Three Dimensional Ground Motiors, San Fernando Earthquake, UCB/EERC 76-6.

——, 1979, Analysis of Three-Dimensional Strong Ground Motions along Principal Axes, San Fernando Earthquake, EESD, Vol.7, No.3, 265～278.

Kuribayashi, F. (粟林荣一) et al., 1973, Effects of Seismic and Subsoil Conditions on Earthquake Response Spectra, Proc. 5WCEE, Vol.1 668～671.

Kelly, J. M., 1997, Earthquake Resistant Design with Rubber, Second Edition, Springer-Verlag London Limited.

Lai, S. S. P. (赖世声) and Biggs, J. M., 1980, Inelastic Response Spectra for Aseismic Building Design, J. ASCE, ST6, 1295～1310; Proc. 7WCEE, Vol.4, 36～368.

Lal, M. L. et al., 1995, Experimental and Analytical Study of Full Scale Viscoelastically Damped Steel Frame, ASCE, Journal of Structural Engineering.

Li, C., 2000, Performance of Multiple Tuned Mass Damper for Attenuating Undesirable Ocsillations of Structures Under the Ground Acceleration, Earthquake Engineering and Structural Dynamics, Vol.29, 1405～1421.

Li, G. H. (李国豪), 1982, Earthquake Response of Luan River Bridge near Tangshan, Proc. US/PRC Bilateral Workshop on Earthquake Engineering, Vol.1, B6-1-11.

Liao, Z. P. (廖振鹏) and Wong, H. L., 1984, A Unified Transmitting Boundary of discrete Models, Proc. Int. Workshop on Earthquake Engineering, Vol.1, A6-1-16.

Lin, Y. K. (林幼堃), 1967, Probability Theory of Structural Dynamics, McGrwa-Hill, New York.

Liu, H. X. (刘恢先) et al., 1982, Physical Measure of Earthquake Intensity Studied by Statistical Discrimination, Proc. US-PRC Bilateral Workshop Earthquake Engg, Harbin. Vol.2, F6-1-17.

Liu, S. C. (刘师琦), 1972, An Approach to Time Varying Spectral Analysis, J. ASCE, EM1, 243～253.

Loh, C. H. (罗俊雄) et al., 1982, Engineering Analysis of SMART-1 Array Accelerograms, EESD, Vol.10, No.4, 575～591.

Lomnitz, C., 1974, Global Tectonics and Earthquake Risk, Elsevier Sc. Publ. Co., N. Y.

Lomnitz, C. and Rosenblueth, E. (ed.), 1976, Seismic Risk and Engineering Decisions, Elsevier Sc. Publ. Co., N. Y.

Luco, J. E., 1976, Vibrations of Rigid Displacement on a Layered Viscoelastic Medium, Nuclear Engineering and Design, Vol.36, No.2, 325～340.

——, 1982, Linear Soil-Structure Interaction: A Review, Earthquake Ground Motion and Its Effects on Structures (ed. Datta), ASME, 41～57.

Luco, J. E. and Westmann, R. A., 1971, Dynamic Response of Circular Footings, J. ASCE, EM5, 1381～1395.

Lysmer, J., 1978, Analytical Procedures in Soil Dynamics, UCB/EERC 78～29.

Lysmer, J. et al., 1975, FLUSH——A Computer Program for Approximate 3-D Analysis of Soil-Structure Interaction Problems, UCB/EERC 75～30.

Lysmer, J. and Kuhlemeyer, R. L., 1969, Finite Dynamic Model for Infinite Media, J. ASCE, EM4, 859～877.

Martin, P. P. and Seed, H. B., 1982, One Dimensional Dynamic Ground Response Analysis, J. ASCE, GT7, 935～952.

Matthiesen, R. B., 1980, Building Instrumentation Programs, Proc. Workshop Strong-Motion Earthquake Records, 5～21.

McGuire, R. K., 1974, Seismic Structural Response Risk Analysis, Incorporating Peak Response Regressions on

Earthquake Magnitude and Distance, MIT, Dept. Civil Engg Res. Rept. R74～51.
——, 1976, EQRISK——Evaluation of Earthquake Risk to Site USGS, Open-File Rept. 76～67.
——, 1977, Seismic Design Spectra and Mapping Procedure Using Hazard Analysis Based Directly on Oscillator Response, EESD, Vo1.5, No.2, 211～234.
McGuire, R. K. and Barnhard, T. P., 1979, The Usefulness of Ground Duration in predicting the Severity of Seismic Shaking, Proc. 2nd US Nat, Conf. Earthquake Engineering, 713～722.
McVerry, G. H., 1979, Frequency Domain Identification of Structural Models from Earthquake Records, EERL 79～02.
Медведев, С. В., 1962, Инженерная сейсмология, Госстрой-издат, Москва.
Milne, W. G. and Rogers, G. C., 1972, Evaluation of Earthquake Risk in Canada, Proc. 1st Int. Conf. Microzonation, Vo1.1, 217～230.
Mortgat, C. P., 1979, A Probabilistic Definition of Effective Acceleration, Proc. 2nd US Nat, Conf. Earthquake Engineering, 743～752.
Mostaghel. N. and Habibagashi, K., 1979, Cyclic Liquefaction Strength of Sands, EESD, Vo1.7, No.3, 213～233.
Monti, M. D. and Robinsosn, W. H., 1996, A Lead Shear Damper Suitable for Reducing the Motion Induced by Wind and Earthquake, 11 WCEE, Mexico, 23～28.
Muramatu, I. (村松郁荣), 1966, Expectation of Maximum Velocity of Earthquake Motion within 50 Years throughout Japan, Sci. Rep. Gifu Univ., Vo1.3, 470～481.
Murphy, L. M. (ed.), 1973, San Fernando, California, Earthquake of February 9, 1971, US Dept. Commerce, Wash. D. C.
Nagahashi, S. (长桥纯男), 1980, Effects of Ground Motion Duration upon Earthquake Response of Structure, Proc. 7WCEE, Vol.2, 357～364.
Nagata, S. et al., Mathematical Modelling of Hysteretic Loops for Reinforced Concrete Columns, Proc. 7WCEE, Vol.7, 389～396.
Nau, J. M. and Hall, W. J., 1982, An Evaluation of Scaling Methods for Earthquake Response spectra, Str. Rse. Ser. No.499, Civil Engg Studies, Univ. of Illinois, USA.
Neumann, F., 1952, Some Generalized Concepts of Earthquake Motion, Proc. Symp. on Earthquakes and Blast Effects on Structures, EERI, 8～19.
——, 1954, Earthquake Intensity and Related Ground Motion, Univ. of Wash. Press.
——, 1958, Damaging Earthquake and Blast Vibrations, Trend in Engineering, Univ. of Wash., No.1, 5～10; 24～28.
Newmark, N. M., 1965, Effects of Earthquakes on Dams and Embankments, Geotechnique, Vo1.15, No.2, 139～160.
——, 1979, Earthquake Resistant Design and ATC Provisions, Proc. 3rd CCEE, Vo1.1, 609～651.
——, 1959, A Method of computation for Structural Dynamics, J. ASCE, EM3, 67～94.
Newmark, N. M. and Hall, W. J., 1969, Seismic Design Criteria for Nuclear Reactor Facilities, Proc. 4WCEE, Vo1.2, 37～50.
——, 1975, Pipeline Design to Resist Large Fault Displacement, Proc. 1st US Nat. Conf. on Earthquake Engineering, 416～425.
Newmark, N. M. and Rosenblueth, E. A., 1971, Fundamentals of Earthquake Engineering, Prentice-Hall.
Nickell, R. E., 1973, Direct Integration in Structural Dynamics, J. ASCE, EM2, 303～317.
Nuttli, O. W., 1973, Design Earthquakes for the Central United States, State-of-the-Art Rept, Rept. 1.
——, 1977, The Relation of Sustained Maximum Ground Acceleration and Velocity to Earthquake Intensity and Magnitude, State-of-the-Art-Rept, Rept. 16.

Ohsaki, Y. (大崎顺彦), 1966, Niigata Earthquakes, 1964, Building Damage and Soil Condition, Soil and Foundations. Vo1.6, No.2, 14～17.
——, 1972, Japanese Microzonation methods, Proc. 1st Int. Conf. Microzonation, Vo1.1, 161～182.
——, 1979, On the Significance of Phase Content in Earthquake Ground Motions, EESD, Vo1.7, No.5, 427～439.
——, 1982a, Some Notes on Masing's Law and Nonlinear Response of Soil Deposits, 大崎顺彦博士论文集，384～407.
——, 1982b, Dynamic Characteristics and One-Dimensional Linear Amplification Theories of Soil Deposits, 大崎顺彦博士论文集，479～600.
——, 1982c, Dynamic Nonlinear Model and One-Dimensional Nonlinear Response of Soil Deposits, 大崎顺彦博士论文集，601～653.
Ohsaki, Y. et al., 1980, Analyses of Seismic Ground Motion Parameters Including Vertical Components, Proc. 7WCEE, Vo1.2, 97～104.
Oliveira, C. S., 1980, Seismic Hazard Analysis for Zones of Intermediate Seismicity, Proc. 7WCEE, Vo1.1, 269～276.
Osawa, Y. et al., 1976, Observational Studies on the Earthquake Response of Buildings in Japan, Proc. Int. Symp. on Earthquake Structural Engineering, Vo1.2, 1123～1149.
Ozaki, M., 1980, Study of Regional Characteristics of Earthquake Motions Based on Activity in Japan, Proc. 7WCEE, Vo1.1, 217～220.
Otani, S., 1974, SAKE——A Computer Program for Inelastic Response of R/C Frames to Earthquakes, SRS No.413, UILU-ENG-74-2029.
Park, Y. J. and Ang, A. H-S., 1983, A Mechanistic Seismic Damage Model for Reinforced Concrete, J. ASCE, Vo1.111, ST4, 722～739.
Patwardhan, A. et al., 1980, A Semi-Markov Model for Characterizing Recurrence of Great Earthquakes, BSSA Vol.70, 323～347.
Pauschke, J. M. et al., 1981, A Preliminary Investigation of the Dynamic Response of the Imperial County Services Building during the October 15, 1979 Imperial Valley Earthquake, Rept. No.49, John A Blume Earthquake Engg Center, Stanford Univ.
Pall, A. S. and Pall, R., 1996, Friction-Dampers for Seismic Control of Buildings, a Canadian Experience, 11 WCEE, Acapulco Mexico.
Pilkey, W. D. and Chohen, R. (ed.), 1972, System Identification of Vibrating Structures, ASME, N. Y.
Popov, E. P. and Bertero, V. V., 1977, On Seismic Behavior of Two R/C Structural Systems for Tall Buildings, Structural and Geotechnical Mechanics (ed. Hall), 117～140.
Priestley, M. B., 1981, Spectral Analysis and Time Series, Academic Press.
Psycharis, I. M. and Jennings, P. C., 1983, Rocking of Slender Rigid Bodies Allowed to Uplift, EESD, Vo1.11, No.1, 57～76
Rainer. J.H., 1979, Dynamic Testing of Civil Engineering Structures, Proc. 3rd CCEE.Vo1.1, 551～574.
Ramberg, W. and Osgood, W. R., 1943, Description of Stress-Strain Curves by Three Parameters, NACA Tech Note 902.
Rea, D. and Penzien, J., 1973, Dynamic Response of a 20ft×20ft Shaking Table, Proc. 5WCEE, Vo1.2, 1447～1456.
Reimer, R. B. et al., 1973, Evaluation of the Pacoima Dam Accelerogram, Proc. 5WCEE, Vo1.2, 2328～2337.
Richart Jr. E. E., 1975, Some Effects of Dynamic Soil Properties on Soil-Structure Interaction, J. ASCE, GT12, 1197～1240
Riddel, R. and Newmark, N. M., 1979, Statistical Analysis of the Response of Nonlinear Systems Subjected to Earthquakes, SRS 468, C. E. Studies, Univ. of Illinois.

Rizzo, P. C. et al., 1975, Vertical Design Response Spectra for Rock sites, 3rd Int. Conf. SMiRT, Vo1.K, K1/9.
Roesset, J. M. and Tassoulas, J. L., 1982 Nonlinear Soil Structure Interaction: An Overview, Earthquake Ground Motion and Its Effects on Structures (ed. Datta), 59～76
Rosenblueth, E. (ed.), 1980, Design of Earthquake Resistant Structures, Pentech Press.
Rodellar Jose, Barbat Alex H. and Martin-sanchez Juan M., 1987, Predictive Control of Structures, Journal of Engineering Mechanics, Vol.113, No.6.
Saiidi, M., 1981, Seismic Study of Imperial County Service Building Proc. 2nd ASCE Specialty Conf. on Dynamic Response of Structures (ed. Hart) 431～444
Saiidi, M. and Sozen, M., 1980, A Naive Model for Nonlinear Response of Reinforced Concrete Buildings, Proc. 7WCEE, Vo1.7, 8～14.
Saragoni, G. R. and Hart, G. C., 1974, Simulation of Artificial Earthquakes, EESD. Vo1.2, No.2, 249～267.
Savy, J. B. et al., 1980, Nonstationary Risk Model with Geophysical Input, J. ASCE, Vol.106, ST1, 145～163.
Sawada, Y. (泽田义博) et al., 1980, On the Characteristics of Accelerograms Recorded on Bedrock near Origins, Proc. 7WCEE, Vo1.2, 239～246.
Свешиников, А. А., 1961, Прикладные Методы Теории Случайных Функций, Судпромиз.
Schnabel, P. et al., 1972, Modification of Seismograph Records for Effects of Local Soil Conditions, BSSA,Vo1.62, No.6, 1649～1664.
Schneider, H. M. et al., 1982, Experimental Behavior of a Spatial Piping System with Shock Arrestors and Energy Absorbers under Seismic Excitation, UCB/EERC-82/03.
Scholl, R.E (ed.), 1984, Experimental Research Needs for Improving the Earthquake-Resistant Design of Buildings. EERI Rept. No.84-01.
Scott, R. F., 1973, The Calculation of Horizontal Accelerations from Seismoscope Records, BSSA, Vo1.63, No.5. 1637～1661.
Seed, H. D., 1968, Landslides during Earthquakes due to Soil Liquefaction, J. ASCE, SM5, 1053～1122.
——, 1970, Analysis of Ground Motions at Union Bay, Seattle during Earthquakes and Distant Nuclear Blasts, BSSA, Vo1.60. No.1, 125～136.
——, 1979, Soil Liquefaction and Cyclic Mobility, J. ASCE, GT2, 201～255.
——, 1981, Earthquake-Resistant Design of Earth Dams, Int. Conf. on Recent Advances in Geotechnical Earthquake Engineering and Soil Dynamics, Vo1.3, 1157～1173.
Seed, H. B. and Chan, C. K., 1966, Clay Strength under Earthquake Loading Conditions, J. ASCE, Vo1.92. SM2, 53～78.
Seed, H. B. et al., 1969, Characteristics of Rock Motions during Earthquakes, J. ASCE. SM5, 1199～1218.
——, 1957, The Slides in the San Fernando Dams during the Earthquakes, of February 9, 1971, J. ASCE, GT7, 651～688.
——, 1976, Site Dependent Spectra for Earthquake-Resistant Design, BSSA, Vo1.66, No.1, 221～244.
Seed, H. B. and Idriss, I. M., 1969, Influence of Soil Conditions on Ground Motions during Earthquakes, J. ASCE, SM1, 99～137.
——, 1971, Simplified Procedure for Evaluating Soil Liquefaction Potential, J. ASCE, SM9, 1249～1273.
Seed, H. B. and Lee, K. L., 1966, Liquefaction of Saturated Sands during Cyclic Loading, J. ASCE, SM6, 105～134.
Seismology Committee, SEAOC, 1980, Recommended Lateral Force Requirements and Commentary, San Francisco.
Serff, N. et al., 1976, Earthquake Induced Deformations of Earth Dams. UCB/EERC. 76-4.
Seleemah, A. A. and Constantinou, M. C., 1997, Investigation of Seismic Response of Buildings with Linear and Nonlinear Fluid Viscous Dampers, NCEER-97-004.

Sherif, M. A., 1981, Microzonation with Respect to Site Amplification and Soil Liquefaction, Proc. US/PRC Workshop on Earthquake Microzonation 2-1-64.

Shibata, H. (柴田碧) et al., 1978, On Ground Motion Records for Engineering Purpose Other Than horizontal Ground Acceleration Record, 5JCEE, 185～192.

Shih, C. F., 1981, Failure of Liquid Storage Tanks due to Earthquake Excitation EERL 81～04.

Shima, E. (嶋悦三) and Imai, T. (今井常雄), 1982, The Estimation of Strong Ground Motions due to the Future Earthquakes－A Case Study for Saitama Prefecture, Japan Proc. 3rd Int. Conf on Earthquake Microzonation, Vo1.1. 519～530.

Shinozuka, M. and Sato, Y., 1967, Simulation of Nonstationary Random Process, J. ASCE, EM1, 11～40.

Silver, M. L. and Seed, H. B., 1971a, Deformation Characteristics of Sands under Cyclic Loading, J. ASCE, SM8, 1081～1098.

——, 1971b, Volume Changes in Sands during Cyclic Loading, J. ASCE. SM9, 1171～1182.

Singh, J. P., 1982, Importance of Local Structure and Source Characteristics in Estimation of Near Field Strong Ground Motion, Proc. 3rd Int. Conf. on Earthquake Microzonation, Vol.2, 623～636.

Skinner, R. I., Robinsosn, W. H. and McVerry, G. H., 1996，工程隔震概论（译自英文），地震出版社。

Slemmons, D. B., 1977, Faults and Earthquake Magnitudes, State-of-the-Art Rept. No.6.

Sozen, M. A. and Moehle, J. P., 1980, Effect of Wall Height on Earthduake Response of Reinforced Concrete Multistory Frame-Wall Structures, Proc. 7WCEE Vo1.6, 439～446.

Soong, T. T. and Dargush, G. F., 1997, Passive Energy Dissipation System in Structural Engineering, Jhon Wiley and Sons, Baffins Lane, Chichester, West Susses PO 19, 1UD, England.

Steinbrugge, K. V. and Cloud, W. K., 1962, The Earthquake at Hebgen Lake, Montana, on August 18, 1959(GCT): Epicentral Intensities and Damage, BSSA, Vo1.52. No.2. 181～234.

Steinbrugge, K. V. and Morar, D. F., 1954, An Engineering Study of the Southern California Earthquake of July 21, 1952 and Its Aftershocks, BSSA, Vo1.44, No.2B, 199～462.

Stiemer, S. F. and Chow, F. L., (周福霖), 1984, Curved Plate Energy Absorbers for Earthquake Resistant Structures, Proc. 8WCEE, Vol.5, 967～974.

Streeter, V. L. et al., 1974a, Soil Motion Computation by Characteristics Method, J. ASCE, Vo1.100, GT3.

——, 1974b, CHARSOIL, NISEE, Univ. Calif. Berkeley.

Sues, R. H. et al., 1983, Stochastic Seismic Performance Evaluation of Buildings, UILUENG-83-2008, Univ. of Illinois.

Sugimura, Y. (杉村义广), 1977, Earthquake Observation and Dynamic Analysis of a Building Supported on Long Piles, Proc. 6WCEE, Vo1.2, 1570～1575.

Spencer, B. F. and Hu, Y. X. (eds), 2001, Earthquake Engineering Frontiers in the New Millennium, A.A.Balkem Publisher.

Spencer, Jr. B. F. and Sain M. K., 1997, Controlling Buildings: A New Frontier in Feedback, Special Issue of The IEEE Control System Magazine on Engineering Technology, Vol.17, No.6.

Symans, M. D., Constantinov, M. C., Taylor, D. P. and Garnjost, K. D., 1994, Semi-Active Fluid Viscous Dampers for Seismic Response Control, First World Conference on Structural Control, Los Angeles, California, USA.

Takanashi, K. (高梨晃一) et al., 1980, Pseudo-Dynamic Tests on a 2-Story Steel Frame by Computer-Load Test Apparatus Hybrid System, Proc. 7WCEE, Vo1.7, 225～232.

Takizawa, H. (多喜泽), 1980, Destructive Capability of Extreme Earthquake Motions Examined in Two Dimensions of Horizontal Plane, Proc. 7WCEE, Vo1.2, 365～372.

——, and Jennings, P. C., 1980, Collapse of a Model for Ductile Reinforced Concrete Frames Under Extrame Earthquake Motions, EESD, Vo1.8, No.2, 117～144.

Taleb-Agha, G., 1977, Seismic Risk Analysis of Lifeline Network, BSSA, Vo1.67, No.6. 1625～1645.

Tanimoto, K. (谷木喜一) and Noda, T. (野田耕), 1976, Prediction of Liquefaction Occurrence, of Sandy Deposits during Earthquake by a Statistical Method, Proc. of JSCE, No. 256.79～86.

Trifunac, M. D. and Brady, A. G., 1975, On the Correlation of Peak Acceleration of Strong Motion with Earthquake Magnitude Epicentral Distance and Site Condition Proc. US Nat. Conf. Earthquake Engineering. 43～52.

Tsai N. C. (蔡念虔)，1984, A New Method for Spectral Response Analysis, Proc. 8WCEE, Vo1.4, 171～177.

Tsai N. C. et al., 1974, The Use of Frequency-Independent Soil-Structure Interaction Parameters, Nuclear Engineering and Design, Vo1.31, No.2, 168～183.

Udwadia, F. E. and Marmarelis, P., 1976, The Identification of Building Structural System: I, the Linear Case, BSSA, Vo1.66. No.1, 125～151.

Udwadia, F. E. and Trifunac. M. D., 1974, Time and Amplitude Dependent Response of Structures, EESD, Vo1.2, No.4, 359～378.

Umemura, H. (梅村魁) and Aoyama, H. (青山博之), 1969, Evaluation of Inelastic Seismic Deflection of Reinforced Concrete Frame Based on the Tests of Members. Proc. 4WCEE, Vo1.1, B2-91-107.

Unruh, J. F. and Kana, D. D., 1981, An Iterative Procedure for the Generation of Consistent Power/Response Spectrum. Nuclear Engineering and Design, Vol.66, No.3, 427～435.

US-Japan Planning Group. 1979, Recommendations for a US-Japan Cooperative Research Program Utilizing Large-Scale Testing Facilities, UCB/EERC-79-26.

Vaidya, N. R. and Eggenberger, A. J., 1984, Feasibility Evaluation of Base Isolation for the Aseismic Design of Structures, D'Appolonia Consulting Engineers' Report to N. S. F.

Vanmarcke, E. H., 1972, Properties of Spectral Moments with Applications to Random vibrations, J. ASCE, EM2, 425～446.

——, 1976, Structural Response to Earthquakes. Ch. 8 in Seismic Risk and Engineering Decisions(ed. Lomnitz and Rosenblueth), Elsevier Sc. Publ. Co., Amsterdam and New York.

Vanmarcke, E. H. and Lai, S. S. P. (赖世声), 1980, Strong Motion Duration and RMS Amplitude of Earthquake Records, BSSA, Vo1.70. No.4 1293～1307.

Velera, J. E. and Donovan, N. C., 1977, Soil Liquefaction procedure－A Review, J. ASCE., GT6, 607～625.

Veletsos, A. S. and Wei, Y. T., 1971, Lateral and Rocking Vibration of Footings, J. ASCE, SM9, 1227～1248.

Veletsos, A.S. and Ventura, C.E., 1986, Model Analysis of Non-classically Damped Systems, Earthquake Engineering and Structural Dynamics, Vol.14, 217～243.

Villaverde, R., 1984, On Rosenblueth's Rule to Combine the Model of Systems with Closely Spaced Natural Frequencies, BSSA Vo1.74, No.1, 325～338.

Wakabayashi, M. (若林实)，1977, Behavior of Systems, Proc. 6WCEE, Vo1.1, 56～76.

Wang, L. R. L. (王汝梁) and O'Rourke, M. J., 1977, State of the Art of Buried Lifeline Earthquake Engineering, The Current State of Knowledge of Lifeline Earthquake Engineering, Proc. Technical Council on Lifeline Earthquake Engg, Specialty Conf., ASCE, 252～266.

Watt, B. J., 1980, Design of Offshore Structures to Resist Earthquake, Advances in Earthquake Engineering, Univ. of California. Berkeley.

Wiggins, J. H. Jr. 1964, Effect of Site Conditions on Earthquake Intensity, J. ASCE, Vo1.9, ST2, 279～313.

Wiegel, R. L. (ed.) 1970, Earthquake Engineering, Prentice-Hall.

Wirsching, P. H., 1974, Minimizing Structural Response Under Random Excitation Using the Vibration Absorbors, EESD Vol.2, 303～312.

Xue, S. D., Ko, J. M. and Xu, Y. L., 1999, Experimental Study on Performance of Tuned Liquid Column Damper in Suppressing Pitching Vibration of Structures, Journal of Intelligent Material Systems and Structures, Vol.10,

386～396.
Xue, S. D., Ko, J. M. and Xu, Y. L., 2000, Optimum Parameters of Tuned Liquid Column Damper for Suppressing Pitching Vibration of an Undamped Structure, Journal of Sound and Vibration, Vol.234(4), 639～653.
Wylie, E. B and Henke, R., 1979, Nonlinear Soil Dynamics by Characteristics Method, Proc, 2nd US National Conf. on Earthquake Engineering, 563～572.
Xu, Z. X. (徐植信) and Weng, D. G. (翁大根), 1982, The Effect of Duration of Strong Ground. Motion on the Collapse of Structures, Proc. US-PRC Bilateral Workshop on Earthquake Engineering, Vo1.1, A6-1-20.
Yamada, M. (山田稔), 1969, Low Cycle Fatigue Fracture Limits of Various Kinds of Structural Members Subjected to Atternately repeated Plastic Bending under Axial Compression as an Evaluation Basis or Design Criteria for Aseismic Capacity, Proc. 4WCEE, Vo1.1, B2-137-151.
Yang, J. C. S. (杨觉生) and Caldwell, D., 1976, Measurement of Damping and the Detection of Damages in Structures by the Random Decrement Technique, 46th Shock and Vibration Bulletin, Pt.4, 126～136.
Yang, J. C. S. et al., 1981, Application of the Random Decrement Technique in the Detection of and Induced Crack on an Offshore Platform Model.
Yang, R. L., Zhou, X. Y. and Liu, X. H., 2002, Seismic Structural Control Using Semi-Active Tuned Mass Dampers, Earthquake Engineering and Structural Dynamics, Vol.1.
Yang, J. N., 1975, Application of Optimal Control Theory to Civil Engineering Structure, Journal of Engineering Mechanics, Vol.101, No.6.
Yang, J. N., Abbas Akbarpour, Peiman Ghaemmaghami, 1987, New Optimal Control Algorithms for Structural Control, Journal of Engineering Mechanics, Vol.113, No.9.
Yang, J. N., Wu, J. C. and Agrawal, A. K., 1995, Sliding Mode Control for Nonlinear and Hysteretic Structures, Journal of Engineering Mechanics, Vol.121, No.12.
Yang, J. N., Wu, J. C. and Agrawal, A. K., 1995, Sliding Mode Control for Seismically Excited Linear Structures, Journal of Engineering Mechanics, Vol.121, No.12.
Yao, J. T. P. (姚治平) and Munse, W. H. 1962. Low-Cycle Axial Fatigue Behavior of Mild Steel, ASTM, Spec. Tech. Publ. 338, 5～24.
Yarar, R. et al., 1980, A Preliminary Probabilistic Assessment of the Seismic Hazard in Turkey, Proc. 7WCEE, Vo1.1, 309～316.
Yegian, M. K., 1979, Probabilistic Seismic Hazard Analysis, State-of-the-Art Rept. No.13.
Yegulalp, T. M. and Kuo, J. T. 1974, Statistical Prediction of the Occurrences of Maximum-Magnitude Earthquakes, BSSA, Vo1.64, No.2, 393～414.
Yim, C. S. et al., 1980, Rocking Response of Rigid Blocks to Earthquakes, EESD, Vo1.8. No.6, 565～587.
Yin, Z. Q. (尹之潜) et al., 1981, Aseismic Problems of Multistroy R. C. Frame with Infill Walls, Proc. US/PRC Workshop on Seismic Analysis and Design of Reinforced Concrete Structures, 252～262.
Yucemen, M. S., 1980, Uncertainty Analysis in the Evaluation of Seismic Risk, Proc. 7WCEE, Vo1.1, 301～308.
Zayas, V. A., Low, S. S. and Mahin, S. A., 1990, A Simple Pendulum Technique for Achieving Seismic Isolation, Earthquake Spectra, Vol.6, No.2.
——, 1994, Architecture Institute of Japan, Recommendation for the Design of Base Isolated Buildings, Second Edition.
Zhou, X. Y. (周锡元) et al., 1984, The Seismo-Geological Background and the Earthquake Response of Typical Structures in Beijing, Proc. 7WCEE, Vo1.2, 507～514.
Zhou, X. Y., Yu R. F. and Di, D., 2004, Complex mode superposition algorithm for seismic responses of non-classically damped linear system, Journal of Earthquake Engineering, Vol.8, No.4, 597～641.
Zhou, X. Y., Han M. and Yang, L., 2003, Study on protection measures for seismic isolation rubber bearings, ISET Journal of Earthquake Technology.

附录二 人名译名表

（按译名汉语拼音顺序排列）

M

N

O

P

Q

附录三　地名及单位译名表

（按译名汉语拼音顺序排列）

H

J

K

L

M

Y

Z

附录四　中英名词对照表及索引

（按汉语拼音顺序）

D

G

H

M

N

P

Q

R

S

T

W

X

Y